洞悉与之相关的生命奇迹。

“死去何所道，托体同山阿。”

再渺小的生命，

也会在这生命之树上，

拥有属于自己的位置。

科学家们梦寐以求、前仆后继，

便是拼凑起这些吉光片羽，

然后“寻根达杪”以致“十分之见”。

三千年的博物知识，

三百年的现代科技，

在近三十年终于，

将生命之树的轮廓勾勒得越来越清晰。

和山水共舞，延续人类的文明，

与自然同行，阐明生命的奥秘。

“仰观宇宙之大，俯察品类之盛。”

俯仰之间，大道成就，大树繁荣。

国家科学技术学术著作出版基金资助出版

中国维管植物生命之树

TREE OF LIFE FOR CHINESE VASCULAR PLANTS

陈之端　路安民　刘　冰　叶建飞 等　著

by　CHEN Zhiduan，LU Anmin，LIU Bing，YE Jianfei　et al.

科　学　出　版　社

北　京

内 容 简 介

本书是一部论述中国维管植物系统演化的专著。著者利用多基因序列数据重建了中国分布的目、科、属的生命之树，在此基础上提出了中国维管植物的分类系统。第一篇总论部分介绍了生命之树的概念、研究历史、建树方法和应用前景，以及中国维管植物的生命之树和系统排列等。第二篇按目、科演化顺序，以鉴别特征为线索，结合树图生动展示了中国分布石松类植物 3 目、蕨类植物 11 目、裸子植物 7 目和被子植物 57 目，共 78 目、327 科、3087 属维管植物的亲缘关系，各科、属鉴别特征，科内属、种数目和地理分布，各属配置了彩色照片或线条图。

本书强调科学性，兼顾科普性，图文并茂，生动易懂，可供从事系统与进化生物学、生态学、环境科学、遗传发育生物学、保护生物学的研究人员、教师、本科生和研究生及生物学爱好者参考。

图书在版编目（CIP）数据

中国维管植物生命之树 / 陈之端等著. —北京：科学出版社，2020.6
ISBN 978-7-03-063560-0

Ⅰ. ①中… Ⅱ. ①陈… Ⅲ. ①维管植物－研究－中国 Ⅳ. ①Q949.4

中国版本图书馆CIP数据核字（2019）第272920号

责任编辑：王海光 赵小林 / 责任校对：郑金红 / 责任印制：吴兆东
封面设计：北京图阅盛世文化传媒有限公司 / 封面图片：李爱莉 绘

科学出版社 出版
北京东黄城根北街16号
邮政编码：100717
http://www.sciencep.com

北京捷迅佳彩印刷有限公司 印刷

科学出版社发行 各地新华书店经销

*

2020年6月第 一 版 开本：889×1194 1/16
2023年1月第二次印刷 印张：65
字数：2 100 000

定价：980.00元

（如有印装质量问题，我社负责调换）

《中国维管植物生命之树》著者分工

陈之端、路安民： 策划、总论、目科属分支关系、统稿

（以下按姓氏拼音排序）

常敏敏： 夹竹桃科（合作）

陈　闽： 八角科、五味子科、堇菜科

付新星： 葫芦科

韩保财： 紫草科、破布木科、厚壳树科、天芥菜科

赖阳均： 兰科（合作）

李洪雷： 豆科、海人树科、野牡丹科

林若竹： 桑寄生科

刘　冰： 菖蒲科、泽泻科、水蕹科、天南星科、花蔺科、丝粉藻科、水鳖科、水麦冬科、海神草科、眼子菜科、川蔓藻科、冰沼草科、岩菖蒲科、大叶藻科、棕榈科、石蒜科、天门冬科、仙茅科、鸢尾科、鸢尾蒜科、兰科（合作）、阿福花科、菊科、鸭跖草科、田葱科、雨久花科、水玉簪科、薯蓣科、沼金花科、蜡梅科、莲叶桐科、樟科、秋水仙科、白玉簪科、百合科、藜芦科、菝葜科、番荔枝科、木兰科、肉豆蔻科、莼菜科、睡莲科、芒苞草科、露兜树科、百部科、霉草科、无叶莲科、马兜铃科、胡椒科、三白草科、凤梨科、刺鳞草科、莎草科、谷精草科、须叶藤科、灯芯草科、禾本科、帚灯草科、香蒲科、黄眼草科、鼠李科（合作）、蔷薇科（合作）、大麻科（合作）、桑科（合作）、榆科（合作）、荨麻科（合作）、美人蕉科、闭鞘姜科、兰花蕉科、竹芋科、芭蕉科、姜科、南洋杉科、罗汉松科、三尖杉科、柏科、金松科、红豆杉科、苏铁科、麻黄科、银杏科、买麻藤科、松科；全书中文名和拉丁名拼写的校正与统一、图片选编

娄树茂： 爵床科、茜草科

鲁丽敏： 省沽油科、桦木科、瘿椒树科、沟繁缕科、金莲木科、莲科、悬铃木科、山龙眼科、赤苍藤科、铁青树科、山柚子科、檀香科、青皮木科、海檀木科、葡萄科

路安民： 五桠果科、杜仲科、领春木科、昆栏树科

牛艳婷： 五福花科、忍冬科

史成成： 蔷薇科（合作）、鼠李科（合作）、大麻科（合作）、桑科（合作）、榆科（合作）、荨麻科（合作）、唇形科（合作）

苏　艳：苦苣苔科（合作）

苏俊霞：节蒴木科、十字花科、山柑科、番木瓜科、青钟麻科、红厚壳科、安神木科、藤黄科、毒鼠子科、古柯科、大戟科、金丝桃科、黏木科、小盘木科、蚌壳木科、叶下珠科、川苔草科、核果木科、大花草科、红树科、杨柳科、红木科、半日花科、龙脑香科、瑞香科、使君子科、隐翼木科、千屈菜科、桃金娘科、柳叶菜科、芸香科、无患子科、苦木科

孙　苗：卫矛科、梅花草科、金虎尾科、锦葵科、胡颓子科

田　琴：伞形科（合作）

武生聃：白刺科、蒺藜科

向坤莉：木通科、防己科、罂粟科、毛茛科、大血藤科

向小果：木麻黄科、壳斗科

杨　拓：冬青科、心翼果科、青荚叶科、粗丝木科、猕猴桃科、桤叶树科、岩梅科、柿科、杜鹃花科、玉蕊科、帽蕊草科、五列木科、花荵科、报春花科、山榄科、肋果茶科、安息香科、山矾科、山茶科、远志科、十齿花科、亚麻科、西番莲科、牛栓藤科、杜英科、酢浆草科、清风藤科、漆树科、熏倒牛科、橄榄科、楝科、小二仙草科；封二图片说明

叶建飞：五加科、海桐科、鞘柄木科、桔梗科、草海桐科、睡菜科、五膜草科、花柱草科、伯乐树科、刺茉莉科、旱金莲科、金鱼藻科、金粟兰科、山茱萸科、绣球科、蓝果树科、秋海棠科、马桑科、四数木科、南鼠刺科、丝缨花科、夹竹桃科（合作）、钩吻科、龙胆科、马钱科、狍牛儿苗科、茶茱萸科、紫葳科、香茜科、苦苣苔科（合作）、唇形科（合作）、狸藻科、母草科、角胡麻科、通泉草科、木樨科、列当科、泡桐科、胡麻科、透骨草科、车前科、玄参科、马鞭草科、蛇菰科、茶藨子科、旋花科、田基麻科、楔瓣花科、伞形科（合作）、金毛狗科、桫椤科、瘤足蕨科、木贼科、双扇蕨科、里白科、膜蕨科、合囊蕨科、瓶尔小草科、紫萁科、爬树蕨科、铁角蕨科、蹄盖蕨科、乌毛蕨科、冷蕨科、骨碎补科、碗蕨科、肠蕨科、鳞毛蕨科、肿足蕨科、鳞始蕨科、藤蕨科、肾蕨科、蓧蕨科、球子蕨科、水龙骨科（合作）、凤尾蕨科、轴果蕨科、三叉蕨科、金星蕨科、岩蕨科、松叶蕨科、蘋科、槐叶蘋科、海金沙科、莎草蕨科、水韭科、石松科、卷柏科；全书图片选编

张　剑：黄杨科、旌节花科、小檗科、星叶草科

张景博：胡桃科、杨梅科、马尾树科、茄科

张晓霞：番杏科、苋科、钩枝藤科、落葵科、仙人掌科、石竹科、茅膏菜科、瓣鳞花科、针晶粟草科、粟米草科、猪笼草科、紫茉莉科、商陆科、白花丹科、蓼科、马齿苋科、蒜香草科、土人参科、柽柳科、凤仙花科、蕈树科、连香树科、景天科、锁阳科、虎皮楠科、金缕梅科、鼠刺科、芍药科、扯根菜科、虎耳草科；全书统编

赵慧玲：白花菜科、辣木科、木樨草科、斑果藤科

周超群：水龙骨科（合作）

前　言

2007年6月3～7日，著者作为大会秘书长在北京组织召开了生命之树国际学术研讨会。会议主题是“Evolutionary Biology in the 21st Century—Tracing Patterns of Evolution through the Tree of Life”，对以下问题进行了深入探讨：①中国的生物多样性编目工作完成以后，系统与进化生物学领域所面临的国际形势和主要任务是什么？②如何启动中国生命之树研究计划，且如何与国际生命之树研究协调和合作？③探索利用基因和基因组数据构建生命之树的策略、方法和技术，建立组装生命之树的策略、超大树整合技术和信息化分析方法。共有7个国家26个单位37位特邀代表做了大会学术报告。在6月6日，国家自然科学基金委员会组织了座谈会，代表们就如何在我国开展生命之树研究提出了建议。会后，我们启动了“中国维管植物生命之树重建”的预备工作和材料搜集工作。

2009年3月，中国科学院计算机网络信息中心黎建辉主任到香山商谈合作建立陆地植物系统发育分析平台，在建设分析平台的过程中，我们着手构建中国维管植物生命之树。2009年6月，深圳市中国科学院仙湖植物园张寿洲研究员和刘红梅博士应邀到北京稻香湖参加该项目讨论并加入了这项计划。经过三方密切合作，目前该平台已经建成，并改称：达尔文树－分子数据分析和应用环境（DarwinTree：Molecular Data Analysis and Application Environment）（Meng et al.，2015），实现了系统发育序列数据的自动下载、清洗和更新，以及系统发育树的自动构建、随DNA序列加入实时生成和展示等功能（http://www.darwintree.cn/index.shtml）。

中国维管植物生命之树重建的取样策略定位于属级水平，目标是涵盖中国维管植物3328属；大属（包含超过30个国产物种）取样达到其种数的10%，并尽可能地包括属下等级（如亚属或组）的代表；利用4个叶绿体基因（*rbc*L、*mat*K、*atp*B、*ndh*F）和一个线粒体基因（*mat*R）的序列重建中国维管植物的系统发育关系。本书所呈献给读者的就是包括了3114属和6093种的中国维管植物生命之树。

本书按目、科演化顺序，以鉴别特征为线索，介绍中国分布的维管植物的科、属亲缘关系；强调科学性，兼顾科普性，图文并茂，力求生动易懂。在各章开篇，首先展示“目”的系统发育关系框架图，与Christenhusz等（2011a，2011b）、APG Ⅲ（2009）分子系统，以及主要依据形态学证据构建的各主要分类系统，特别是与Wu等（2002），吴征镒等（1998，2003）和Takhtajan（2009）（请见总论部分主要参考文献）进行比较，讨论各目概念的变动和在目内科间关系的不同，简要说明各科的系统位置，树图中以“#”表示支持率＜50%的分支。关于科内的系统发育关系，编写顺序和格式如下。

属、种数目及分布：介绍每科包含的世界及中国属、种数和地理分布。

科内系统发育：简述各科内主要分支，以树图展示属间关系，图中以“#”表示支持率＜50%的分支，以“§”表示非单系类群。

鉴别特征：文字介绍按重要性列出，突出重点。

属间关系展示：按照科内系统发育关系分支图，每个属选择 1 个代表种，配以能反映其鉴别特征的 1 张彩色照片，没有彩色照片时，则使用线条图。早分化的属排在晚分化的属之前。

中国维管植物生命之树工作的开展和完成，是在中国科学院植物研究所系统与进化植物学国家重点实验室植物系统发育重建研究组和仙湖植物园张寿洲研究员及中国科学院计算机网络信息中心黎建辉主任领导的科研团队长期的密切合作下进行的，仙湖植物园李勇主任、朱伟华主任和王晓明主任先后对该项工作给予了关心和支持。感谢山西师范大学生命科学学院张林静教授和苏俊霞副教授的长期合作与支持。感谢中国科学院昆明植物研究所李德铢研究员和孙航研究员、复旦大学生命科学学院马红教授、中国科学院武汉植物园王青锋研究员、深圳国家兰科中心刘仲健教授、浙江大学生命科学学院傅承新教授、中国科学院植物研究所系统与进化植物学国家重点实验室覃海宁研究员和文献中心崔金钟主任的合作或经费支持。感谢美国佛罗里达大学 Douglas E. Soltis 和 Pamela S. Soltis 教授在前者 2010 ~ 2011 年执行中国科学院国外杰出科学家项目期间的资助与合作。感谢中国科学院植物研究所系统与进化植物学国家重点实验室孔宏智主任、张宪春馆长、冯旻副主任和洪德元院士、汪小全所长、葛颂副所长的大力支持。感谢系统与进化植物学国家重点实验室徐克学研究员和李敏高级工程师建设的中国植物图像库的支持，以及下列同事和同学提供了实验材料，他们是：韩保财（紫草科）、陈又生和高天刚（菊科）、金效华和向小果（兰科）、李振宇（石竹科等）、张树仁（莎草科）、张明理和朱相云（豆科）、周世良（蔷薇科）、王强（唇形科）、王印政和李鹏伟（苦苣苔科）、于胜祥（凤仙花科）、杨永和刘冰（樟科）、叶建飞（伞形科）。感谢国内大学和研究单位的同行提供了实验材料，他们是：深圳国家兰科中心刘仲健（兰科），中国科学院武汉植物园王青锋（水生植物），仙湖植物园张寿洲、万涛、廖一颖、杨蕾蕾（单子叶植物等），中国科学院昆明植物研究所邓涛（茜草科等），南京植物园刘启新、董晓宇（伞形科），台湾林业试验所钟诗文和中国科学院华南植物园简曙光（一些被子植物），广西植物研究所张强、刘演（苦苣苔科），北京师范大学魏来（芸香科）。

本项工作得以完成，特别感谢中国科学院植物研究所马克平所长和方精云所长的不断鼓励及经费支持，以及以下项目的资助：中国科学院战略性先导科技专项（XDA19050103, XDB31000000），国家自然科学基金重大项目（31590822），科技部国家重大科学研究计划项目（2014CB954100），中国科学院中 - 非联合研究中心境外机构建设项目项目（SAJC201613），深圳市科技创新基金（KQC201105310009A），国家自然科学基金面上项目（31270268 和 31270269），中国科学院国际合作局对外合作重点项目（GJHZ201321），中国科学院国外杰出科学家项目（2011T1S24）和科技部基础研究专项（2013FY112100）。

本书是我们植物系统发育重建研究组和合作者集体努力的结果。本研究组杨拓、林立、鲁丽敏、李洪雷、孙苗、苏俊霞、Naeem Rehan、刘冰、陈闽、牛艳婷、叶建飞、曹志勇、王伟、张景博、张剑、向坤莉、李睿琦，仙湖植物园刘红梅、廖一颖、杨蕾蕾、张寿洲，中国科学院计算机网络信息中心孟珍、曹伟、黎建辉，山西师范大学生命科学学院武生聃、赵慧玲、郭婧、谭鑫鑫、张林静，深圳国家兰科中心李明和、张国强、刘仲健，中国科学院武汉植物园杜志渊、王青锋参加了中国维管植物生命之树的构建工作，并对不同版本生命之树的系统关系进行了反复核查与校正。生命之树的部分成果以专辑的形式发表在 *Journal of Systematics and Evolution* 第 54 卷第 4 期上（Special Issue：The Tree of Life: China Project）。

在总论部分，我们主要参考了近年来本研究组发表的论文［如鲁丽敏等，2014，2016；Chen et al.，2016b；彭丹晓等，2017（详细出处请见总论部分主要参考文献）］，通过更新和增删之后提炼而成。随着分子系统学的蓬勃发展，维管植物目、科的概念在过去的 30 年产生了较大变化，因此在第二篇我们对较为流行的分子和形态分类系统进行了详细比较，希望帮助读者理解维管植物生命之树大框架，即各大类群的进化脉络。此外，为了更好地显示中国分布科在全球生命之树上所处位置和所占比重，我们同时展示了包括世界所有科和仅包括中国分布科的“目”的系统关系框架图，对中国分布科用彩色线条表示以达到直观、突出的效果。

在科内属间关系方面，我们对根据形态分类得到的亚科、族或者亚族等用不同的符号表示在分子系统树上，可以清楚地看出根据形态学证据提出的科内分类群是否为单系，这样极大地方便了比较根据形态数据和分子数据得到的分类或系统发育结果的吻合程度，也有助于理解科下分类群的共近裔特征（共衍征），同时指出哪些类群需要开展更加深入的研究。科内各属排列，按照在树图上从根部到树梢的顺序依次列出；在属的形态描述上，尤其强调鉴别特征或者关键创新性状；为了方便野外使用，每属精选彩色照片，个别没有照片的属，配用线条图。我们提出的以上要求无疑增加了写作难度，但令人感到欣慰和骄傲的是一批训练有素的年轻有为的学者已经成长起来了，如刘冰、叶建飞、苏俊霞、鲁丽敏、杨拓、张晓霞，他们在本书工作中承担了科属部分的大多数内容。他们不仅有扎实的形态分类的基本功，能辨认大量植物，而且在实验室得到了良好的分子系统学训练，可以结合分子生物学和形态学证据有效地开展分类学和系统学研究。除本研究组的作者之外，山西师范大学的田琴、常敏敏、苏艳、周超群和曲阜师范大学的史成成也承担了部分写作任务（详细请见著者分工）。各属彩色照片为本书增色不少，我们感谢各位提供照片的朋友和同事（详细请见图片提供者名单），个别属所配的线条图取自《中国高等植物图鉴》，我们感谢图鉴编者和图片作者。

张晓霞、娄树茂、史成成、张强、董聪聪、常敏敏参加了本书的录入和部分编辑工作；宣晶、李敏承担排版工作，他们采用的数字排版技术大大提高了效率；科学出版社王海光编辑负责校稿，对本书的编辑工作进行了全程指导；通化师范大学周繇、朱俊义教授，中国科学院西双版纳热带植物园刘红梅研究员，以及中国科学院植物研究所徐克学研究员对书稿相关章节进行了审定；以下各位老师和同仁对本书部分内容提出了宝贵的修改意见：西南林业大学石明、徐波和蒋凯文，云南林业职业技术学院刘强，浙江大学刘军，江西农业大学李波，中山大学刘莹，香港嘉道理农场暨植物园张金龙，信阳师范学院朱鑫鑫，美国威斯康星大学马政旭，中国热带农业科学院杨虎彪，中国科学院昆明植物研究所乐霁培和向春雷，华南植物园邓云飞和周欣欣，西双版纳热带植物园丁洪波，广西植物研究所温放，辰山植物园陈彬、刘夙和韦宏金，植物研究所王强、林秦文、卫然、蒋日红和王钧杰，特此致谢。

著　者

2019 年 5 月于北京香山

目　录

第一篇　总　论

第二篇　中国维管植物目、科、属的系统发育分析

Content

PART ONE INTRODUCTION

PART TWO PHYLOGENETIC ANALYSES OF ORDERS, FAMILIES AND GENERA OF CHINESE VASCULAR PLANTS

第一篇

总论

第一章 什么是生命之树

生命之树（tree of life）是具有进化思想的一个概念，达尔文在其《物种起源》中对物种之间的关联及其进化历史做了详细的描述——地球上的每一种生命形式和生物门类，从单细胞的微生物到复杂的动物和植物都是同源的，就像一棵树，有根、主干和枝叶，每一个现存和绝灭的生物物种，根据其起源与分化的早晚存在于生命之树上的某个位置（Darwin, 1859）。简言之，生命之树可以把所有现存的和灭绝的生物种类联系在一起，反映生命和各大门类生物的起源、演化和亲缘关系。因此，生命之树成了系统发育（系统发生、种系发生）（phylogeny）的代名词。

人类对生命世界的认识开始于对生物的分类和命名。直到达尔文确立了进化理论以来，博物学家们才有可能系统地研究生物的进化和亲缘关系，根据物种间的亲缘关系进行分类，并最终建立分类系统。早期利用单一或者少数几个形态性状对物种进行划分，进而利用多个形态性状，直到20世纪六七十年代通过计算机对大量性状进行聚类分析。由于地球上的生物种类繁多，门类庞杂，早期分类学家的工作往往被限定在某一个类群中。随着测序技术的发展，生物学家能够利用DNA序列和其他分子性状进行分类及重建分类群间的系统发育关系。与形态性状相比，分子性状不仅丰富，而且可以根据其进化速率快慢，在不同的分类阶元水平上进行生命之树重建。分子水平上的变异在高阶元上（如界、门、纲、目、科）的同源性易于识别，为构建大规模的生命之树提供了可能，也为分类学家对分类群进行广泛的比较奠定了基础。当前，生命之树已经成为系统与进化生物学领域研究的热点，随着分子数据的快速增长及建树方法的不断发展和完善，目前生命之树的规模越来越大，可信度越来越高，其用途也日益广泛，同时，系统发育树作为一种工具正广泛地应用于生态学、遗传学和发育生物学、保护生物学等相关学科的研究，正如美国系统生物学家David Hillis所指出的那样："当你翻开任何一本生物学期刊，不管它属于哪个领域，都有系统发育数据（You pick up any biological journal—it doesn't matter what field it is—and it will have phylogenetic data）"（Pennisi，2003）。

尽管生命之树的概念在150年前就提出来了，但是，生命之树作为一个专业名词，被大众接受的程度还不高，就中国维管植物生命之树而言，还没有相关的专著和科普著作。然而近年来，公众对于生命之树或者系统发育的关注度却在不断提高，我们常被问到一些问题，甚至我们本专业的研究生有时也对建树的方法和树的可靠性提出如下疑问。

（1）在构建分子系统发育树时，可以完全摈弃形态性状吗？若完全摈弃，在如此多的植物类群中，如何确定运用哪个基因或者DNA片段来断定物种间的亲缘关系？

（2）建树过程中，对于同一类群，依据不同的分子数据是否会构建出不同的系统树呢？如果答案是肯定的，那就可以建出很多亲缘关系不同的系统树，但事实上物种的演化方向是一定的，应该只有一棵系统树。这样岂不是很混乱？

（3）在分支分类学中提到，该学派"依赖实证法并严格遵守演化准则重建分类群之间的关系，如对形态性状区分为祖征、共近裔特征（共衍征）、自衍征等，而非依据形态相似性进行分门别类"。对于分子性状而言，这里的"实证法"和"演化准则"指的是什么？

（4）利用分子和形态性状构建生命之树，是只能构建现存生物的生命之树吗？若是，那如何推断已灭绝生物类群之间的亲缘关系？

（5）从生命之树表观来讲，仅提供物种间亲缘关系的相关信息，它又如何阐明生命的地理分布式样？如何充当解释生物与外界环境相互作用的桥梁?

（6）在研究生物多样化进程及其影响因素时，说明某气候或环境因子促进了某物种的形成或某类群的快速多样化的依据是什么？物种是如何适应环境的?

（7）对于系统位置难以确定的类群（如“流浪类群”），有植物学家建议移除这些类群以提高系统发育树的支持率，但它们毕竟也是要研究的目的类群，如何确定它们的系统位置?

（8）在对一个地区的植物进行系统发育重建时，对于外来物种应该如何处理?

（9）植物分类系统的创建除学术研究外，更是为了方便人们使用，但在不同分类系统中（特别是引入分子系统学，创建 APG 系统后），同一物种在不同科属之间不停变动，连植物学家都有可能迷惑，更是让普通人摸不着头脑，这样做意义何在?

这些问题涉及本学科的各个方面和不同层次，我们将在后面的章节回答。可以说，植物系统学发展到今天，已成为一个较为成熟的学科，特别是分子系统学的方法建立后，研究手段日趋多样和有效。随着适合用于重建生命之树的性状越来越丰富，树的可信度大大提高了。形态学证据与分子生物学证据结合共同用于生命之树重建，转录组、基因组（包括线粒体基因组、叶绿体基因组和核基因组）被测序的物种越来越多，可用于系统发育重建的基因或其他分子数据也越来越多，这样，可以选择进化速率各异的基因，在保证同源性的前提下，有针对性地用于不同分类阶元的系统发育研究。虽然生命之树研究无法还原生物群的起源、亲缘关系和生物多样化的真实历史及过程，但植物学家利用形态、分子和基因组证据，根据物种亲缘关系提出生物类群的分类系统已取得了突破性进展。在维管植物中，石松类和蕨类、裸子植物、被子植物基于分子数据的分类系统均已发表，并得到不断修订，显示出很高的可重复性，特别是目、科级的关系已经比较稳定了。

第二章 生命之树研究历史

尽管在公元前600年的中国和公元前300年的古希腊，人类就开始对生物进行分门别类了，特别是林奈在260多年前就已尝试按照某些形态性状把生物排列起来（Linnaeus，1753），但建立在生物进化论基础上的生命之树概念则是由达尔文明确提出的（Darwin，1859）。生物进化论打破了神创论的束缚，认为物种不是上帝创造的，不是固定不变的，且地球上的任何生命形式都是由共同祖先逐渐进化而来的。如果所有的生命最终都可以追溯到同一个"根"上，那么就不难想象整个生命世界就像一棵"树"，每一个物种都可以根据其最近的祖先找到它在这棵树上的位置。《物种起源》中唯一的一幅插图就是一棵生命之树，达尔文用五页纸的篇幅对这幅插图进行了生动的描述，并结合生命之树对"物种"、"共同祖先"、"起源"、"竞争"和"自然选择"等概念进行了形象的阐述。最后他总结道：枝丫上生长出新芽，而新芽如果足够健壮，就会再分生出其他枝条遮盖四周较弱枝条，巨大的"生命之树"随着时间不断进化出新的物种，其中有的灭绝了，有的生存至今。这棵大树用它枯落的枝叶填充了地壳，用它生生不息的美丽点缀了地球表面。

既然生命之树的概念在160年前就已经提出了，那么为何在最近的几十年才受到人们的关注呢？这和系统与进化生物学的发展历史有关。在达尔文及其后很长的时期内，人们一直利用形态性状来研究生物的分类、系统关系和进化过程，并且从最初利用单个形态性状发展到后来采用多个性状，进展是相对缓慢的。为了使分类学工作更为客观，在20世纪50年代，以Charles Michener和Robert Sokal为代表的学者提出了表征分类学（phenetics）或数量分类学（numerical taxonomy）（Wiley et al.，1991；Doolittle & Bapteste，2007），这些学者因此被称为表征学派。该学派采用数值方法对研究类群的形态性状进行统计，再借助统计学方法（如聚类分析）对这些数值进行客观分析，从而得出被研究类群之间的关系。这一方法为分类学提出了一个相对客观的数据分析策略，但在性状的选择和描述过程中，依旧无法避免主观因素的影响。更为重要的是，该方法过分强调形态性状的相似性，但不能对性状在物种间的演化进行有效的分析（Michener & Sokal，1957；de Queiroz & Gauthier，1992）。

基于Theodosius Dobzhansky的思想（Dobzhansky，1937），Willi Hennig（1950）建立了分支分类学（cladistics），Hennig及其追随者被称为分支学派。该学派强调研究类群的单系性（monophyly）和性状的同源性（homology），对性状进行祖征（plesiomorphy）和衍征（apomorphy）的区分，旨在重建一个单系类群的系统发育关系（phylogenetic relationship），并通过分支图（cladogram）对类群关系进行展示（Richter & Meier，1994；Doolittle & Bapteste，2007）。分支分类学与表征分类学的区别在于其依赖实证法并严格遵循演化准则重建研究类群之间的关系，而非仅仅根据形态相似性进行分门别类（de Queiroz & Gauthier，1992）。可见，具有演化思想的分支分类学为构建达尔文提出的生命之树提供了有效的研究手段。

20世纪60年代，随着Fred Sanger的蛋白质测序技术的成熟，生物学家利用线粒体细胞色素C蛋白序列研究了动物及真菌的系统发育关系（Fitch & Margoliash，1967）；后来，还通过凝血纤维蛋白肽（blood-clotting fibrinopeptide）在动物体内的变异构建了脊椎动物的系统发育关系（Doolittle，1999）。

20世纪70年代，Carl Woese和George Fox开创性地采用16S核糖体小亚基核苷酸序列构建了包括动物、植物和微生物的地球生命之树（universal tree of life）（Woese & Fox，1977）。通过这棵树他们发现了古生菌界（Archaea），并提出了对地球生命世界的三界（细菌、古生菌、真核生物）划分。与蛋白质序列相比，核苷酸序列具有更多的变异信息位点，可以应用到更广泛的类群中。而后随着DNA测序和计算机技术的更新与发展，重建生命之树的各种算法和软件不断涌现。在用于构建生命之树的分子数据选择上，已经历了从单基因（或

DNA 片段）、多基因（或 DNA 片段）、质体或线粒体基因组到核基因组的发展，为准确构建包括更大范围类群的生命之树提供了可能（Hillis et al.，1994；陈之端和冯旻，1998）。

目前，测序成本大幅度降低，序列数据海量增加，在生命之树重建和利用生命之树开展的相关研究方面正呈现出以下发展趋势：①以大量的物种取样和更多的基因或 DNA 片段取样，特别是利用核基因组数据来构建大尺度的系统发育树（Bininda-Emonds，2004；Cracraft & Donoghue，2004；Hodkinson & Parnell，2006）；②利用基因组数据研究杂交、基因水平转移和谱系筛选等对建树结果的影响，探讨基因树之间及基因树与物种树之间的冲突；③分子生物学、生态学、基因组学、生物信息学、数学、物理学、计算机科学等学科的快速发展与交叉综合，为构建全球范围的生命之树并深入挖掘其中的生命信息提供了前所未有的机遇和挑战。"生命之树"可有效地调动全球的科学家合作互动，建立一棵能将所有现存的和灭绝的生物类群联系在一起的系统发育树。生命之树不仅能揭示生命的起源和生物类群间的亲缘关系，还可以阐明地理分布式样、生物多样化进程、关键创新性状演化等科学问题，从而为物种保护、生物多样性维持、环境改善等人类当前面临的重大问题提供科学依据和解决方案。

第三章 生命之树及其应用

第一节 重建分类群之间的关系

用树状结构来展示分类群之间的亲缘关系是生命之树最基本的用途。生命之树有很多类型。根据拓扑结构是否置根，生命之树可分为有根树（rooted tree）和无根树（unrooted tree）。有根树具有方向性，可以反映物种的共同祖先和性状的演化方向；无根树没有方向性（Yang，2006）。根据是否显示枝长，系统树可以用分支图（cladogram）和谱系图（phylogram）的形式来呈现，前者只表示亲缘关系而不表明分支长度，后者既表示亲缘关系，又显示分支长度。根据建树所采用的数据类型，生命之树可分为形态树、分子树、分子形态联合树等。形态树是指根据类群形态性状构建的系统发育树，也是生命之树早期的存在形式（Sokal & Sneath，1963；Sneath，1995）；分子树是近 20～30 年来生物学家根据核苷酸、蛋白质等分子数据所构建的系统发育树（Clegg，1993；Williams et al.，2012）；由于灭绝事件隐去了许多重要的进化痕迹，近年来有些科学家开始尝试结合化石证据构建分子形态联合树以探究特定类群甚至整个生物界完整的进化历史（Gatesy et al.，2013）。基于建树方法不同，生命之树有邻接（neighbor joining，NJ）树、最大简约树（maximum parsimony tree，MPT）、严格一致树（strict consensus tree）和多数一致树（majority consensus tree）等。这些树各有其优缺点，应用时应根据类群和数据特点选择最优树或采用多种结果相互比较印证（Hall，2005；Yang & Rannala，2012）。根据建树类群的分类阶元，可建立科水平、属水平、种水平及居群水平的生命之树。根据进化树所反映的是物种间真实的进化关系还是某个基因的进化历史，生命之树又有物种树（species tree）和基因树（gene tree）之分。利用某一基因或者若干基因所承载的系统发育信息重建的系统发育树，称为基因树，它代表了基因或者基因家族的进化历史；而反映物种间真实进化关系的系统发育树，称为物种树，它代表了物种水平上的进化历史（Maddison，1997；Sun et al.，2015）。随着测序技术的进步和越来越多的分子片段应用于系统发育重建，随之产生的基因组间、基因间的建树冲突成为系统发育研究中日益突出的问题（邹新慧和葛颂，2008）。为此，生物学家提出了许多理论来解释这些冲突问题，如杂交 / 渐渗（hybridization/introgression）、谱系筛选（lineage sorting）、基因水平转移（gene horizontal transfer）等，并创建了许多新的方法和模型以重建较为真实、可靠的系统发育关系（Liu，2008；Burleigh et al.，2011；Song et al.，2012；Sun et al.，2015）。当然这不能说明物种树比基因树更重要。在研究多基因家族的进化时，基因树更有助于了解成员基因的进化历史和基因重复过程（Nei & Kumar，2000）。

生命之树的构建包括以下几个步骤：数据准备；序列拼接（sequence assemblage）；序列比对（sequence alignment）；模型选择（model selection）；建树方法选择；树的显示与保存（Hall，2008）。

（1）数据准备：目前，构建生命之树常用的数据包括形态数据和分子数据（核苷酸、氨基酸和蛋白质序列等）。形态矩阵主要通过对形态性状进行编码来获取；分子数据主要通过公共数据库（如 GenBank；Benson et al.，2011）下载或通过实验获取。

（2）序列拼接：为了提高序列的准确性，往往需要对所测正反向序列进行拼接和校正，常用的拼接软件有 Contig Express、Geneious（created by Biomatters，available from http://www.geneious.com）、Sequencher（Gene Codes Co.，Ann Arbor，Michigan，U.S.A.）等。

（3）序列比对：为了保证序列的同源性和所得系统发育关系的可靠性，需要对原始序列进行比对和校正。自动比对序列的软件包括 Clustal（Thompson et al.，1997；Larkin et al.，2007）、MAFFT（Katoh et al.，2002）、MUSCLE（Edgar，2004）等；手工校对序列的软件有 BioEdit（Hall，1999）、Se-Al（Rambaut，2002）、Geneious 等。

（4）模型选择：在建树之前，通常要对矩阵的最佳模型进行评估。常用的软件有 ModelTest（Posada & Crandall，1998）、MrModelTest（Nylander，2004）、jModelTest（Posada，2008）等。

（5）建树方法选择：当前最常用的建树方法有距离法、最大简约法（maximum parsimony，MP）、最大似然法（maximum likelihood，ML）和贝叶斯法（Bayesian inference，BI）。最大简约法（MP）认为进化历程中发生碱基替代次数最少的系统发育树为最优树（Fitch，1971；Steel & Penny，2000），MP 常用的分析软件为 PAUP 软件包（Swofford，2003）。由于最大简约法不能对长枝的平行突变作出校正，可能会得到错误的拓扑结构。最大似然法（ML）基于碱基替代模型，认为似然值最大的系统发育树为最优树（Steel & Penny，2000），ML 法常用的分析软件有：GARLI、PHYML、RAxML（Stamatakis，2006）等。贝叶斯法（BI）采用与 ML 一致的评分标准，但并不直接选取似然值最大的树，而是在马尔可夫链中取样，选取出现频率最高的系统发育树为最优树（Rannala & Yang，1996；Mau et al.，1999）。BI 分析常用的软件为 MrBayes（Ronquist & Huelsenbeck，2003；Ronquist et al.，2012）。相对其他方法所建系统树，贝叶斯法所得的多数一致树被认为更能真实地反映类群间的系统关系（Hall，2005）。

（6）树的显示与保存：常用的编辑和显示树图的软件有 FigTree（Rambaut，2009）、TreeView（Page，1996）、MEGA（Tamura et al.，2011）等。

20 世纪 80 年代以来，系统分类学家根据形态性状，建立并完善了被子植物分类系统（如 Cronquist，1988；Dahlgren，1989；Takhtajan，1997）。自 20 世纪 90 年代，人们开始利用分子数据，特别是 DNA 序列探讨被子植物各大类群之间的关系。随着植物分子系统学的快速发展，目前既有针对整个被子植物门的系统发育分析（提出 APG 系统，并不断得到修订）（APG，1998；APG Ⅱ，2003；APG Ⅲ，2009；APG Ⅳ，2016），同时也有针对大量的目、科、属级水平的专门研究（Stevens，2001； Wang et al.，2009；Su et al.，2012；Sun et al.，2016）。这些不同尺度的研究为重建生命之树积累了丰富的分子数据。目前被子植物系统框架在目、科级水平上基本稳定，仅有一部分类群的系统位置或内部关系不确定、支持率不高，或根据不同基因组数据得出的拓扑结构不一致，如五桠果科（Dilleniaceae）、金虎尾目（Malpighiales）等（Soltis & Soltis，2013）。

第二节 解决基因树间的冲突

近年来，二代测序技术（如 Roche 454，Illumina Solexa，ABI SOLiD）日益成熟，越来越多物种的基因组被测序，系统发育基因组学（phylogenomics）应运而生（Soltis et al.，2009；Soltis & Soltis，2013）。系统发育基因组学不仅可以澄清生命之树各大支及深层的系统发育关系，还可以揭示物种本身的进化历史。除了利用单基因、多基因和基因组数据，通过广泛地利用多源生物信息数据，包括形态、化石等非分子数据，可以进一步验证前人的研究工作及确立的框架，解析不同基因树间冲突的原因，从而揭示潜在系统发育关系冲突背后的生物进化事件。随着系统发育大框架的基本确立，人们开始较多地关注系统关系存在冲突的分支，如被子植物蔷薇类的 COM 分支（Zhu et al.，2007；Qiu et al.，2010；Zhang et al.，2012；Sun et al.，2015）。

目前已有不少探讨系统发育关系冲突原因及其解决方法的研究和综述（如 Maddison，1997；Wendel & Doyle，1998；Delsuc et al.，2005；Degnan & Rosenberg，2009）。Seelanan 等（1997）根据冲突的显著与否，将造成系统发育关系冲突的原因分为软冲突（soft incongruence；人为因素和序列因素）和硬冲突（hard incongruence；生物过程）。

软冲突主要包括人为因素和序列因素，通常是由各种分析方法或实验设计（如取样不足）的缺陷所引起的数据异质性、系统发育信息“噪音”或非同源相似性，即同塑性（homoplasy）而得出错误的基因树。硬冲突一般出现在来自不同基因组的基因之间，或者非连锁的核基因之间。导致硬冲突的原因常常来自生物过程本身，如杂交 / 渐渗、谱系筛选、基因水平转移、基因重复 / 丢失、基因重组等（Page & Charleston，1997）。

物种在相对较短的时间内快速分化通常会得到内部分支较短且置信度较低的基因树。关系越近或分化时间越短的物种之间（新近分化的类群间）发生杂交或基因渐渗的事件就越频繁（Simpson，2012）。核基因树与单亲遗传的叶绿体或者线粒体基因树之间的冲突往往是物种间杂交事件造成的。谱系筛选一般发生在祖先类群在很短时间内经历连续物种分化事件的类群中，且分化时间间隔越短，有效种群越大，发生不完全谱系筛选的可能性越大（Pamilo & Nei，1988；Rokas & Carroll，2006；Galtier & Daubin，2008；Degnan & Rosenberg，2009）。基因水平转移是相隔较远物种间的非有性生殖的基因交流，尤其是寄生类群之间（Davis & Wurdack，2004），其冲突效果与杂交 / 渐渗事件类似，基因树会因基因间交流的次数和性质不同而相异（Galtier & Daubin，2008）。同样，由于基因重复事件产生了两个或多个拷贝，进化过程中某些拷贝在部分类群中丢失导致不完全的拷贝在后代中保留下来，那么利用这个基因建树就会得到与物种本身的进化历史不一致的基因树（Page & Charleston，1997）。基因重组通常发生在物种各世代减数分裂期间的核基因组内（Wang et al.，2002），且重组的过程常常伴随着基因漂变和自然选择，从而导致不同的谱系遗传定位到等位基因的不同位点上（Linder & Rieseberg，2004）。

目前普遍认为，通过增加数据量和应用更合适的分析方法能够消除人为因素对系统发育重建的影响（Rokas et al.，2003；Delsuc et al.，2005；Wortley et al.，2005；Yang & Rannala，2012）。如果冲突是测序技术的局限性使得所用基因或 DNA 片段较短或信息量不足而导致的，随着下一代测序技术与基因组时代的到来，基因或 DNA 片段的长度与信息量不再成为问题，而且测序的错误率也有效地降低（Delsuc et al.，2005）。在分子系统发育研究中，如何选择合适的基因或 DNA 片段进行系统发育关系重建一直是个颇具争议的问题（de Queiroz et al.，1995；Wendel & Doyle，1998）。如果所选基因的进化速率太慢，提供的系统发育信息不足，那么系统发育关系问题将得不到很好的解决；如果所选基因的进化速率太快，正确的系统发育信息常常会被大量的非同源相似信号给淹没，从而导致长枝吸引（Felsenstein，1978）。Rokas 等（2003）通过矩阵的模拟分析建议，至少要选用 20 个非连锁的基因才能得出具有相当高支持率的物种树，利用个别或少数基因得出的系统关系是有风险的。Hillis（1996）通过矩阵模拟探讨了核苷酸数量与系统发育重建准确性的关系，他指出应用与 *rbc*L 相近长度的 5000 多个核苷酸信息位点的矩阵就能让 90% 的建树模型正确地推导出系统发育关系。

针对长枝吸引，可以通过增加类群取样或增加分子性状来打破长枝，从而建立正确的系统发育树（Xiang et al.，2002）。目前，针对数据异质性和非同源相似等序列因素造成冲突的有效解决方法还有第三密码子移除法、RY 编码法、快速进化位点移除法等。这些方法可以有效地降低核苷酸序列中置换饱和、进化速率和碱基组成成分异质性的影响。对于编码蛋白的基因，相对于第一、二位密码子，第三位密码子受功能制约较小，进化速率通常较快。因此，通过排除第三密码子快速进化位点的影响，能够在一定程度上建立较为可靠的系统发育关系。同时，受基因功能和选择的制约，碱基间发生转换的频率要高于颠换，因此将四种核苷酸状态归为嘌呤（A，G = R）和嘧啶（C，T = Y）两类，即 RY 编码法，也能够有效减少置换饱和给系统发育分析带来的噪音（Delsuc et al.，2003；Phillips & Penny，2003；Phillips et al.，2004；Gibson et al.，2005）。移除快速进化位点也是排除快速位点给系统发育关系带来误导的另一种行之有效的方法（Brinkmann & Philippe，1999；Lopez et al.，1999；Burleigh & Mathews，2004；Pisani，2004）。该方法是先对矩阵所有位点的进化速率进行计算、排序，然后按照一定的顺序逐渐移除快速进化的位点，利用剩余位点反复建树，直至拓扑结构不再发生变化，从而得到稳定可靠的系统发育关系（Goremykin et al.，2010）。另外，数据与模型不匹配也会产生与真实系统发育信号相抗衡的错误信号。这些噪音通常会在序列中随机分布，现行的建树方法可以从中提取更多的信息位点。但是，当生物进化信息的信号很微弱时，噪音就会占主导，就可能将不相关的类群聚在一起。因此，在进行系统发育重建时，应增加数据的容量及来源，熟练掌握各建树模型的优点与不足，有针对性地利用不同的建树方法和模型（Yang & Rannala，2012）。

系统发育网络分析法（phylogenetic network）、基因树简约法（gene tree parsimony）和基于溯祖理论（coalescence-based method）的物种树分析法是目前解决基因树冲突、探讨生物进化过程较为常用的方法。系统发育网络分析法可以直观地展现生物网状进化中的拓扑结构分歧，该方法常用的软件有 SplitsTree4（Huson &

Bryant，2006；http://ab.inf.uni-tuebingen.de/software/splitstree4/welcome.html）等。

基因树简约法是根据导致基因树冲突的生物事件（基因重复 / 丢失、谱系筛选、基因水平转移等）发生的最少次数来推测物种树的（Goodman et al.，1979；Maddison，1997）。基于溯祖理论的物种树分析法是针对解决不完全谱系筛选提出来的，考虑了基因树间的异质性，但由于假设数据中不存在重组现象而引起了很大争议（Gatesy & Springer，2013；Springer & Gatesy，2014，2016；Lu et al.，2018a）。在不同研究尺度上，系统发育冲突的原因往往不同。例如，不完全谱系筛选和杂交 / 渐渗通常发生在近缘物种间，而科、目以上水平的冲突常常是基因或基因组多倍化，以及基因丢失和基因组重组等进化事件综合作用的结果。此外，由杂交和不完全谱系筛选造成的冲突在实际案例中通常难以区别。因此，即使在基因组时代的大背景下，揭示更多的冲突机制，针对特定的冲突原因进一步优化模型和方法仍然是该领域的重点与难点（鲁丽敏等，2016）。

第三节 研究生物地理分布格局及其形成历史

对地球上生物的扩散或迁移过程进行重建是生物学最基本的任务之一，而生物地理学就是研究生物在时间和空间上起源、分化、分布格局及其成因的学科。生命之树为生物地理学研究提供了新的研究思路。

生命之树自身就包含着物种形成、演化和灭绝等线索，例如，具有枝长的系统树便能够反映各类群之间的演化程度。人们自然想到如果赋予生命之树时间和空间的度量，就可以将物种在时间和空间上的演化过程更直观地展示出来。时间维度上，Emile Zuckerkandl 和 Linus Pauling 于 1965 年提出“分子钟”的概念（Zuckerkandl & Pauling，1965）。这一概念认为物种间 DNA 或蛋白质序列的差异和其分化时间遵从函数关系，而比较 DNA 或蛋白质序列差异就能够估算出物种分化的时间。最初的分子钟为一种全局固定速率（one global rate）的严格分子钟（strict clock），基于这种分子钟估算的分化时间常受到质疑，因为不同类群之间的碱基替换频率往往不同，甚至同一类群不同基因之间也存在着碱基替换速率的差异（Rutschmann，2006）。而松弛分子钟（relaxed clock）概念允许碱基替换速率依据不同的情形而变化（Welch & Bromham，2005），从而达到更为合理地估算分化时间的目的。

赋予生命之树空间维度较容易理解，这个过程即通过生命之树上现存类群（tips）的分布情况推测各个节点（node）所处地理位置的过程。推测各节点的过程，即祖先分布区重建往往依赖于“基于事件的推测方法”（event-based method）（Ronquist，1995）。这一推测方法引入了“cost”概念，结合不同的生物地理模型，通过简约法得出形成现有分布区最简约的历史过程（Ronquist，2003）。根据 Ronquist 和 Sanmartín（2011）的综述，最常见的生物地理模型包括扩散模型（diffusion model）、岛屿模型（island model）、层次地理隔离模型（hierarchical vicariance model，HVM）和网状模型（reticulate model）等。其中扩散模型将地理分布区视为连续变量（continuous variable），而后三种模型则将不同的地理分布区视为不连续的独立单元（discrete unit），这样能够赋予不同的地理分布区不同的权重，从而得出更合理的分析结果（Ronquist & Sanmartín，2011）。岛屿模型强调类群在相邻分布区之间的扩散与传播；HVM 则强调祖先分布区内产生的隔离，进而引起原分布区的破碎化及伴随的各隔离区内新种的产生，以对应二歧分支的系统发育树式样；而网状模型则认为地理区域间的隔离和融合是更为复杂的过程，在一定时间内可能经历复杂的往复过程。

在估算分化时间方面，目前基于松弛分子钟的软件得到了较广泛应用，如 r8s（Sanderson，2003）、multidivtime（Thorne & Kishino，2002）及 BEAST（Drummond & Rambaut，2007）等。尽管 BEAST 的开发时间最晚，但使用却最为广泛。Thomas 和 Ware（2011）总结 BEAST 的优点主要包括以下几点。首先，其与 r8s 和 multidivtime 一样，均为免费软件，但其具有更为直观友好的运行界面，具有多款关联工具（BEAUti、FigTree、LogCombiner、Tracer、TreeAnnotator 等），且具有多种碱基或氨基酸替代模型，使其操作和设置更为简易准确。其次，BEAST 考虑了类群系统关系的不确定性，它根据提供的序列矩阵先构建系统关系再估算分化时间，而 r8s 和 multidivtime 则直接依赖于使用者提供的系统树进行分析。再次，BEAST 在标定时间点上采用了多种分布模型，而不仅仅是最大值、最小值，或是其他某一个特定值。最后，BEAST提供的结果是以置信区间的形式展现的，这种形式更为合理。尽管分子钟估算时间的方法已经相对成熟，但要进行准确的时间估算还要注意以下几点：①系统树的准确；②化石标定要准确合理，这包括对化石系统位置的确定、估计化石出现时间的准确性及标定模型（distribution prior）的合理选择；③所选各个标定化石之间应该具有清晰的系统关系，保证标定时间不存在冲突（Thomas & Ware，2011）。

在地理分布区重建方面，现在广泛应用的软件有DIVA（Ronquist，1997，2001）、Bayes-DIVA（Harris & Xiang，2009）、S-DIVA（Yu et al.，2010）、Lagrange（Ree & Smith，2008）和BioGeoBEARS（Matzke，2014）等。DIVA基于系统树的结构对隔离分化（vicariance）、扩散（dispersal）和灭绝（extinction）事件进行评估，进而对祖先分布区进行估算（Ronquist, 1997）。DIVA的优点在于其计算速度快、需要信息量小，但它的缺点是依靠固定的树形进行分析，忽略了系统关系的不确定性（Yu et al.，2010）。而基于Bayes检验方法的Bayes-DIVA和S-DIVA则规避了这个问题。Lagrange基于ML扩散-灭绝-分支发生（dispersal-extinction-cladogenesis，DEC）模型检验方法，并且将不同地质时期内各区域之间的隔离程度纳入考量范畴，使分析的结果更能反映真实的历史过程。此外借助Mesquite（Maddison & Maddison，2001）等非专用于地理重建的软件，将地理分布区视为一个性状而进行祖先状态重建，也能达到赋予系统树空间维度的目的。BioGeoBEARS在之前方法（如Lagrange DEC、parsimony DIVA和BayArea）的基础上发展并优化出更多模型，强调奠基者事件物种形成（founder-event speciation）在地理重建中的作用（Matzke，2014），有的模型考虑了区域间距离的变化对扩散事件的影响（van Dam & Matzke，2016）。该方法通过R软件包BioGeoBEARS来实现，目前软件作者正在测试开发的模型中还加入了关键创新性状和化石等元素（http://phylo.wikidot.com/biogeobears）。此外，BioGeoBEARS中的Biogeographic Stochastic Mapping（BSM）功能可以根据最优模型重建类群分化过程中可能发生的历史事件。该方法的代表性案例包括软件作者本人参与的茄科地理重建工作（Dupin et al.，2016）等。

第四节 揭示生物多样化过程及其影响因素

利用具有时间标定的系统发育树（时间树）不仅可以研究生物地理分布的格局和历史，还可以关联各种地球环境因子，从而来研究生物起源和多样化过程（Benton & Ayala，2003；Benton，2010；Hoorn et al.，2010）。随着古地质学、古气候学和古生态学等领域取得重大进展（Wolfe & Upchurch，1987；An et al.，2001；Hartley，2003；Miller et al.，2005），地学和生物学的结合使得古生物学在生物多样化研究中的作用越来越重要（Near et al.，2005；Wu et al.，2012；Benton，2013）。结合分子系统发育树和化石标定点对类群分化时间进行估算，可以促进生命科学和地球科学等多学科领域的交叉和渗透，以探讨类群生物多样性的进化及其对不同地史时期地质变迁和气候变化的响应（Donoghue，2008；Gehrke & Linder，2011）。多样化分析不仅能够阐明生命演化过程所展现出的不同式样，而且可以揭示参与塑造这一过程的诸多因素。一个分类群物种多样性高可能是由物种的快速多样化（Haffer，1969）、较低的灭绝速率（Stebbins，1974）或古老支系多样性的长期积累（Couvreur et al.，2011）造成的。近年有研究表明，大多数类群的物种多样性高是由物种快速多样化所引起的（Benton，2010；Hoorn et al.，2010），而物种的快速多样化通常与气候环境的变化（McKenna et al.，2009；Hoorn et al.，2010）或关键创新性状的分化相关（Blackledge et al.，2009；Carlson et al.，2011；Biffin et al.，2012），即高的物种多样性归因于“生态机会”（ecological opportunity；包括地质和气候事件等）或“关键创新”（key innovation；包括形态、行为、生理等）（Yoder et al.，2010；Vamosi JC & Vamosi SM，2011）。目前绝大多数关于物种快速多样化的原因的研究都集中在生态机会上，如气候变化（Vieites et al.，2007；Arakaki et al.，2011；Nagalingum et al.，2011；De-Nova et al.，2012）、地质变化（Hoorn et al.，2010；Schweizer et al.，2011）、栖息生境的转变（Renaud et al.，2005；Hou et al.，2011），以及外界生物因素（Whittall & Hodges，2007；Bouchenak-Khelladi et al.，2009）等。生物类群所栖息的生态环境的变化作为外因是必需的，然而外界环境的剧变并不能直接导致物种的快速多样化（Renaud et al.，2005；Burbrink et al.，2012），类群本身还必须通过进化创新来响应环境的变化，从而促进物种的快速多样化。只有阐明了关键创新和生态机会之间的相互联系，才能真正理解物种多样性的进化历史或动态变化规律。

目前，生物多样化分析主要基于生灭（birth-death）模型。该模型认为物种在固定时间间隔内以恒定的概率发生物种分化与灭绝事件（Nee, 1994）。通过基于似然值的模型分析，判断物种的多样化速率是否发生改变（Rabosky，2006a）。分析软件主要包括在 R 语言平台下的 APE（Paradis et al.，2004）、LASER（Rabosky，2006b）、TreePar（Stadler，2011）、BAMMtools（Rabosky et al.，2014）等软件包。在多样化研究中，不同程度的取样缺失是一个普遍存在的问题。目前也有许多方法致力于研究在不同程度的取样缺失情况下，对生物的多样化作出正确的评估（Magallón & Sanderson, 2001）。Bayesian Analysis of Macroevolutionary Mixtures（BAMM）在解决取样缺失问题和优化分析结果方面都有良好表现，成为目前的主流方法（Jones et al.，2017）。目前更多的研究倾向于探寻影响生物多样化的内因与外因，相应的模型和分析手段也在迅速发展。在 R 语言环境下的 diversitree（Fitzjohn，2012）软件包，能综合分析性状、地理分布等因素与生物多样化速率的关系，有助于进一步阐明生物多样化的规律（Maddison et al.，2007；Goldberg et al.，2011）。

第五节 在生物多样性理论研究和保护中的应用

生物多样性（biodiversity）是生物及其与环境形成的生态复合体，以及与此相关的各种生态过程的总和，由遗传多样性（genetic diversity）、物种多样性（species diversity）和生态系统多样性（ecosystem diversity）三个层次组成（Hawksworth，1996）。近年来，中国在生物多样性研究领域取得了重要进展（马克平，2013），如对中国特有木本种子植物多样性的研究（如 Huang et al.，2012）；基于生态学代谢理论（metabolic theory of ecology）解释物种多样性分布规律的研究（如王志恒等，2009；Wang et al.，2009），以及对中国山地生物多样性分布格局的研究（如 Tang et al.，2006）。然而，生物多样性在不同区域丰富度的变化不仅受到该区域的生态环境和历史地理因素（包括隔离、保存、迁移和灭绝）的深刻影响，而且与生物类群的系统发育和进化过程密切相关。对于物种不均匀分化较强的地区，在解释气候生态因子与生物多样性之间的关联度时，就要充分考虑到进化过程的影响（Francis & Currie，2003），如中国东喜马拉雅和横断山地区在 1 000 万年内迅速抬升，导致物种的快速分化，对生物多样性格局产生了巨大影响。由于分类群在科水平上的分化时间比在属和种水平上的分化时间长，因此，在不同的分类阶元上环境因子对生物多样性的解释能力也存在差异。在科水平上，大尺度环境的解释能力常常强于属、种水平（Mao，2013）。传统的生物多样性一般都聚焦在物种丰富度上，但是由于在系统演化上比较孤立的物种通常携带有更多稀有的生物性状，因此人们有时很难对基于物种数量的生物多样性作出正确评估和量化（Vane-Wright et al.，1991；Rosauer & Moors，2013）。此外，并不是每一个物种或者类群（或地域）都需要同样的保护等级，这就要求人们寻找合理有效的方法对物种的分类等级和特异性进行分辨与排序（Faith，1992；Vane-Wright et al.，1991）。因此，当前的生态学研究迫切需要通过系统树和时间树了解群落中物种间的进化关系及多样性格局的形成时间；系统发育研究也希望引入生态因子及相关分析方法，结合关键创新来探讨生物多样性的成因。生命之树为学科间的交叉和综合提供了很好的平台，它使得人们从一个全新的角度理解生物多样性，并为今后生物多样性的维持和保护提供了新的指标。

近十年来，基于生命之树框架的系统发育多样性（phylogenetic diversity，PD）研究备受关注（Mace et al.，2003；Santamaria & Mendez，2012；Winter et al.，2013）。系统发育多样性也称为进化多样性（evolutionary diversity），是基于系统发育关系（或物种的进化历史）衡量物种间距离，是对某一特定关联类群进化的独特性或者基因和功能多样化的评估，是衡量生物多样性的重要指标（Hartmann & Andre，2013；Winter et al.，2013）。系统发育多样性不仅能提供许多物种多样性（species diversity）无法反映的重要信息，还可以准确评估和预测生态系统的稳定性，对于未来生物多样性中心的确定具有重要指导意义（Vane-Wright et al.，1991；Faith，1992）。目前，已经有不少学者依据系统发育多样性指数对部分生物多样性热点地区展开了研究，并提出了一系列相关的分析方法（Redding & Mooers，2006；Cadotte et al.，2010）。在系统发育多样性指数（Faith，1992）和进化特异性指数（Isaac et al.，2007）的基础上，Rosauer 等（2009）及 Cadotte 等（2010）分别提出了系统发育特有性指数和地理空间权重进化特异性指数。这些测度方法完善了生物多样性的评估指标，将在今后生物多样性保护区的确定和相关保护政策的制定中发挥重要作用。根据分类群的阶元，可以建立科水平（APG，1998；APG Ⅱ，2003；APG Ⅲ，2009；APG Ⅳ，2016）、属水平（Wang et al.，2009；苏俊霞，2012）、种水平（DNA 条形码）及居群水平（Niu et al.，2018）的生命之树。不同层次生命之树的构建将为全面评估与预测生物多样性提供更好的平台。

利用生命之树来解释群落中物种组成和共存机制是生物多样性研究领域一个新的生长点，这一交叉学科被称为群落系统发育学或系统发育群落生态学（phylogenetic community ecology）（葛学军，2013）。对于影响现存群落物种共存格局的因素，生态学者关注最多的是环境过滤、竞争排除、随机灭绝等，直到 Webb 等（2002a）提出系统发育群落生态学的概念之后，人们才开始利用系统发育途径来探讨物种共存和生物多样性的维持机制问题（葛学军，2013），其中物种生态位的系统发育保守性（phylogenetic niche conservatism，PNC）奠定了从群落系统发育出发研究物种共存机制的理论基础（Wiens & Graham，2005；Donoghue，2008），且相关研究也证实了群落系统发育格局对物种共存的影响（Kembel & Hubbell，2006；Silvertown et al.，2006）。Mi 等（2012）对亚洲、美洲温带和热带地区的 15 个森林动态样地的长期观测及分析发现：在 6 个干扰较小的森林（gap-dominated forest）中，稀有种具有较高的系统发育多样性指数，与优势种关系较远，这种结果支持生态位分化（niche differentiation）假说，说明稀有种在时空上多样的生态位使其获得了与优势种共存的机会；而在 6 个干扰较大的森林（disturbance-dominated forest）和 3 个干扰较小的森林中，稀有种的系统发育多样性指数相对较低，与优势种关系较近，该结果支持生境过滤在群落的构建中起主导作用的观点。该研究利用系统发育多样性指数，为理解群落物种组成和多样化格局提供了新的角度。Kress 等（2009）提出，通过 DNA 条形码构建分辨率更高的群落系统发育树可以提高群落物种组成关系的识别率。Pei 等（2011）基于 3 个条形码（*mat*K、*rbc*L 和 *trn*H-*psb*A）对广东鼎湖山 20hm^2 森林样地内 183 个木本植物的群落系统发育关系重建的结果表明：在低海拔区域，近缘的物种倾向于共存在一起，生境过滤在群落构建中起主要作用；而在高海拔区域，物种间的系统发育关系趋向于发散，物种间的竞争排斥在群落构建中起主导作用。这些在不同海拔对植物群落系统发育格局的研究，对于生物多样性保护政策的制定和可持续发展战略的实施具有重要指导意义，也可用来预测全球变化对群落物种组成的影响（Graham & Fine，2008；Cavender-Bares et al.，2009）。另外，生态相关性状的系统发育保守性近来也引起了人们的极大兴趣（葛学军，2013），Zhang 等（2011）对中国境内 98 个样点 618 种树木的木材性状进行了研究，发现 11 个性状的空间分布格局均与系统发育相关，受到生境和系统发育的共同影响。

用于系统发育多样性分析的常用软件有 Biodiverse（Laffan et al.，2010）和基于 R 语言的 Picante 软件包（Kembel et al.，2010）等。计算系统发育多样性指数通常需要进化树、物种名称、地理分布、物种性状等数据，分析过程常需要建立模型和进行统计检验。Picante 可以方便地导入来自其他软件的数据，且可以与 R 的其他软件包（如 Phylocom）（Webb et al.，2008）整合使用，最重要的是除了系统发育多样性指数 PD，Picante 还可以计算很多种指数（如系统发育 beta 多样性指数；Comdist，即地点 A 与地点 B 内部物种两两之间系统发育距离的平均值；Phylosor，即地点 A 与地点 B 内部物种共有枝长占总枝长的比值等）。目前，系统发育多样性研究的许多模型和算法还处于摸索阶段，该领域最新的模型和统计方法几乎都是在 R 中实现的（彭丹晓等，2017）。

在系统发育群落生态学中，Phylomatic（http://www.phylodiversity.net/phylomatic）是早期用于构建系统发育树的软件，该软件基于 APG 系统，使用时只需要输入物种名录即可方便快速地得到这些物种的系统发育树，但 APG 系统仅在科的水平上提供被子植物系统发育树，数据量有限，当群落中同属甚至同科的物种较多时，它们将形成多歧分支（polytomy），因此系统树的分辨率较低（葛学军，2013）。随着植物 DNA 条形码技术的发展，最近的研究采用 DNA 条形码序列构建群落内物种的系统发育树，且树的分辨率和可靠性优于 Phylomatic 建树（Kress et al.，2009；Pei et al.，2011）。

第四章 生命之树研究展望

第一节 超大树构建方法的革新

由于测序技术的快速发展，大规模分子数据的获取已经不再是进行系统发育分析的难题。系统学领域对大尺度系统发育树的构建也逐渐受到关注（Bininda-Emonds，2004；Cracraft & Donoghue，2004；Hodkinson & Parnell，2006）。基于大量物种取样所进行的系统发育研究，已经解决了许多进化上的问题，如类群的起源、快速辐射及多样化过程等（Bininda-Emonds et al.，2007；Christin et al.，2008；Magallón & Castillo，2009；Spinger et al.，2012）。目前，构建超大系统发育树，主要有两类方法：超树方法和超矩阵方法（Sanderson et al.，1998；de Queiroz & Gatesy，2007）。超树方法利用一系列基于不同基因、具有部分共同物种的基因树，得到最终的物种树；而超矩阵方法直接将各类数据整合为超级矩阵"supermatrix"，以此构建系统树，目前得到了更广泛的应用（Marjoram & Tavaré，2006）。以超矩阵为主要手段的系统学研究取得了丰硕的成果，同时在研究中也出现了如下一些问题。

（1）多序列比对困难。超矩阵中序列的来源十分广泛，序列间显著的长度差异和遗传距离差异给多序列比对造成了困难。已经有许多研究致力于解决序列间异质性所导致的多序列比对困难，例如，在蛋白质水平进行分析（Driskell et al.，2004）时，只对相似序列进行比对，以此控制序列间的异质性（McMahon & Sanderson，2006）。

（2）基因树与物种树的冲突。通常超矩阵方法假设所有基因都经历了相同的进化历程。然而，由于杂交、基因水平转移和基因重复 / 丢失等，这个假设并不是永远都正确（Maddison，1997）。

（3）在超矩阵中，存在一些被称为"流浪类群"的物种，它们的系统位置对于树的似然值等评价标准影响很小，在多次重复分析中系统位置并不固定（Sanderson & Shaffer，2002）。导致流浪类群的主要原因有错误鉴定、信息位点稀少等。一些研究表明，移除流浪类群有助于提高系统发育树的可靠性（Thorley & Wilkinson，1999；Thomson & Shaffer，2010）。

（4）取样缺失。在大尺度下的系统发育研究，不同程度的取样缺失是一个普遍现象。许多研究表明，在取样不完全的情况下，超矩阵方法可能对系统发育关系产生错误的估计（Kearney & Clark，2003；Degnan & Rosenberg，2009），而在这种情况下，超大树得出的结果通常更为精确（Salamin et al.，2002；Bininda-Emonds et al.，2007；Degnan & Rosenberg，2009）。

第二节 生命之树应用前景

生命之树不仅能帮助人们理解生物间的亲缘关系、生命的起源和进化等，还可以应用于人们日常生活的方方面面，如流行病预防、医药鉴定、食品安全、海关、国防等。许多致命性传染病，如艾滋病、严重急性呼吸综合征（俗称"非典型性肺炎"）、禽流感等，短时间内无法得到控制的主要原因在于致病菌的高度变异性。通过重建不同寄主体内致病菌的系统关系可以了解病菌的起源和分化，从而找到天然宿主、中间宿主，为中断传播途径和研制有效疫苗提供依据（Holmes et al.，1995；Liu et al.，2013）。

在各分类阶元水平上，基于生命之树的物种鉴定在中药鉴定标准化和资源保护方面显示了广阔的应用前景（陈士林等，2007）。随着中草药市场的国际化和资源的过度开发利用，已有相当一部分珍贵药用植物资源受到严重破坏或濒临灭绝。近年来，国内不少学者利用 DNA 条形码技术对柴胡、人参、重楼等传统药用植物进行了分类和鉴定（朱英杰等，2010；马祥光等，2012；孙涛等，2013）。这些研究对药材的准确鉴定和中药市场的规范化具有重要意义。DNA 条形码技术具有快速、准确、简便、易行等优点，将来在出入境检疫中必然会得到广泛应用。该技术的应用可以防止外来有害生物的入侵，达到保护我国生态环境和生物多样性的目的；同时通过快速鉴别物种资源，可有效防止我国种质资源流失，控制珍稀野生动植物进出口贸易（张裕君等，2010）。基于生命之树的 DNA 条形码鉴定技术也开始应用在法医物证分析方面（陈庆等，2009）。如果设想的条形码扫描仪可以成为现实，将会减少海关、法医等行业对传统分类学人力和物力的需求与依赖（宁淑萍等，2008）。

生命之树还具有一定程度上的教育、文化、娱乐和美学价值。在生物多样性教学和科普过程中，一棵完整的生命之树有着不可替代的作用，其直观性、可视性与宏大的背景有助于科学家走出“象牙塔”，与大众进行更广泛、深入的交流，使大众对系统与进化生物学的理解不仅局限于对生物名称和进化论浅显的认知，更趋向于了解系统与进化生物学的发展及应用。生命之树的文化价值也是不容忽视的。孔子的“诗教”理论提到，读诗可以“多识于鸟兽草木之名”，体现的就是我国文化自古以来倡导的人与自然和谐共存的精神。通过生命之树的相关研究，结合科学技术史学的证据，我们可以从别样的角度理解人类认识自然的文化进程，所谓“寻根达杪”以求“十分之见”矣。在物质文明高速发展、精神文明和生态文明共同进步的今天，大众的精神追求日益提高，追求返璞归真，寄情于山水之间。以生命之树为框架搭建的信息平台，包含物种描述、照片、食 / 药用价值、地理分布诸多条目。这些海量的信息结合多媒体终端随时随地丰富、快速的呈现，让对生物感兴趣的人们在获取知识的同时，对生命展示出的美有更深刻的认识；在获得身心愉悦的同时，对这个神奇的地球和浩瀚的宇宙发出由衷的赞叹：“仰观宇宙之大，俯察品类之盛，所以游目骋怀，足以极视听之娱，信可乐也”。

第五章 中国维管植物及其研究历史

中国产维管植物 312 科 3 328 属 31 362 种（Wu et al.，1994–2013），属于世界生物多样性最丰富的国家之一（Huang et al.，2013）。中国丰富的植物区系与许多因素有关，其中最重要的一个是自然地理因素（Qian & Ricklefs，2000）。中国可以划分为三个主要的地理区域：东部的平原，多在海拔 500m 以下；西部的青藏高原，被称为"世界屋脊"，海拔一般在 4 000m 以上；在两者之间，从东北到西南有一系列南北或东西走向的山脉纵横交错，海拔多为 1 000~2 000m，这三个区域形成中国地形的三大台阶（吴征镒等，2003）。这种地形在冬季可以阻挡来自西伯利亚的寒流，使其不能长驱直入东部和东南部，而在夏季受太平洋和印度洋暖湿季风的影响在东部与南部形成丰沛的降水，为植物的生长和生存提供了适宜的生境。此外，中国东部和南部作为避难所保存了一些古近纪自 6 500 万年前以来甚至更早起源的植物类群；同时，不同海拔和各种走向的山脉形成小气候和小生境也为物种快速分化提供了条件（Axelrod et al.，1996）；再者，除多样而又独特的科、属、种是从中国本土起源外，与邻近区域的联系和特殊的地史事件进一步促成了中国植物区系来源的多样性，包括热带亚洲和北温带的劳亚来源，热带美洲和非洲、印度及大洋洲的冈瓦纳来源，特提斯海消失前后中亚和西亚的特提斯来源等（吴征镒，1965，1991；路安民，1999）。

中国素有"植物采集家天堂"和"世界园林之母"之称，从 18 世纪下半叶至 20 世纪早期吸引了大批植物学家来中国采集标本、收集种质资源。例如，法国采集家 Jean Marie Delavay（1834—1895）于 1867 ~ 1895 年，在云南采集了逾 200 000 号植物标本（Hu & Watson，2013）。中国作为生物多样性的热点区域，一直都是世界科学家研究维管植物分类学及系统发育、生物地理学、引种驯化和园艺学，以及生态学的向往之地（Hong & Blackmore，2013）。

中国维管植物研究历史至少可以追溯到 3 000 年前的西周，因为当时人们已经开始用甲骨文记录植物名称。至公元前 6 世纪，古籍《诗经》上记载了 130 多种植物（Wang，1994）。在进入清朝之前，中国对植物的实际用途和相关知识已经有了相当全面的记载及深入的理解，这些体现在经典的著作中，如《神农本草经》（公元 100 ~ 200 年）、《齐民要术》（公元 533 ~ 544 年）、《本草纲目》（1552 ~ 1578 年）（Hu & Watson，2013；Peng，2013）等。自 20 世纪 20 年代开始，我国老一辈植物学家开始对中国维管植物进行分类学研究，在极其艰苦的条件下，经过几代人坚持不懈的努力，终于在 2004 年完成《中国植物志》中文版（*Flora Reipublicae Popularis Sinicae*，FRPS）（80 卷 126 分册），在 2013 年完成了英文版中国植物志（*Flora of China*，FOC）（26 卷），实现了中国乃至世界植物学历史上的伟大创举（Hong et al.，2008；Peng，2013；Hu & Watson，2013；Zhang & Li，2013）。中国植物分类学家不仅完成了分类学巨著，还发表了维管植物各大门类的分类系统。例如，秦仁昌提出了蕨类植物水龙骨科的新系统，先后发表了《关于水龙骨科的自然分类》（Ching，1940）和《中国蕨类植物科、属的系统排列和历史来源》（秦仁昌，1978a，1978b），其大多数结果得到当代分子系统发育研究的支持（Schneider et al.，2004；Smith et al.，2009；Liu，2016）。郑万钧等提出中国裸子植物系统（郑万钧和傅立国，1978）。胡先骕提出一个多元的被子植物分类系统，那时，他已经注意到单沟花粉与三沟花粉及雄蕊向心发育与离心发育等性状在被子植物系统上的重要性（Hu，1950）。最近，吴征镒等建立了一个被子植物八纲系统，提出被子植物的演化可能是多系 – 多期 – 多域的（吴征镒等，1998，2003；Wu et al.，2002）。

最近 30 年，分子系统发育研究极大地促进了我们对植物各大门类分类系统和演化的理解，如石松类和蕨类植物（Smith et al.，2009），种子植物（Chase et al.，1993；APG，1998；Qiu et al.，1999，2010；APG Ⅱ，2003；APG Ⅲ，2009；Soltis et al.，2011；Zhang et al.，2013；Zeng et al.，2014；APG Ⅳ，2016），维管植物

（Qiu et al.，2006；Fiz-Palacios et al.，2011；Soltis et al.，2013；Ruhfel et al.，2014）。在中国，分子系统学研究首先从裸子植物（王艇等，1997；Wang et al.，1997，2000）、桔梗科 Campanulaceae（Ge et al.，1997）、苦苣苔科 Gesneriaceae（Wang & Li，1998）、壳斗目 Fagales（陈之端等，1998；Chen et al.，1999）、金缕梅科 Hamamelidaceae（Shi et al.，1998）和禾本科 Poaceae（Ge et al.，1999）开始，然后扩展到各个类群和其他相关领域，如生物地理学、谱系地理学及 DNA 条形码鉴定（Li et al.，2011；Zhang & Li，2013；Chen et al.，2018）。

生态学家近年来开始利用系统发育树研究群落结构和生物多样性分布格局（Webb et al.，2002b；Cavender-Bares et al.，2009），并在通过广泛取样构建超大树方面取得进展（Smith et al.，2009；Fiz-Palacios et al.，2011；Izquierdo-Carrasco et al.，2011；Donoghue & Edwards，2014；Zanne et al.，2014）。然而，系统学家用于测序构建系统树的物种经常与生态学家感兴趣的用于探讨大进化的物种不匹配（Pearse et al.，2013；Hennequin et al.，2014）。一个区域的生命之树可以为系统发育多样性、群落内的物种组成和相互关系、特定区域的生物多样性分布格局、生态性状的空间格局及生物地理区划提供分析平台（鲁丽敏等，2014；Lu et al.，2018b；Ye et al.，2019）。本书利用四个叶绿体基因和一个线粒体基因在属级水平上构建中国维管植物生命之树，取样包括 3 114 属 6 093 种，期待在系统学和生态学研究者之间建立起交流的桥梁，增进合作和学科交叉。

第六章 中国维管植物生命之树重建

第一节 取样策略和建树方法

中国维管植物科、属接受名依据的是英文版中国植物志(*Flora of China*, FOC)(Wu et al., 1994–2013; 附录)。中国科学院植物研究所覃海宁研究员提供种和种下等级的接受名，共包括 38 115 个拉丁名称（石松类和蕨类除外）。

我们利用系统发育分析平台 DarwinTree（http://www.darwintree.cn/index.shtml）并根据在公共数据库中的序列数量和适合度评价筛选用于维管植物系统发育重建的 DNA 分子标记，最后选择了四个叶绿体基因（*atp*B、*mat*K、*ndh*F、*rbc*L）和一个线粒体基因（*mat*R）组装种子植物数据矩阵；选择 3 个叶绿体基因（*atp*A、*atp*B、*rbc*L）组装石松类和蕨类植物数据矩阵。利用 DarwinTree 从公共数据库下载被选基因的所有序列并对序列进行清洗（Meng et al.，2010）。在同一个分类单元（OTU）的同一个基因的序列不止一条时选择最长的。为了达到最大程度的类群覆盖并尽量减少缺失数据，我们采取以下取样策略：①对于单型属或在中国只分布单种的属（1 173 属），取 1 种；②对于含 2 ~ 30 种的属（1 736 属），取 2 种并优先考虑 DNA 序列最多的种，在 DNA 序列数目相同时优先选择在中国有分布的种类；③对于多于 30 种的属（267 属），选取至少 10% 的种尽可能代表其属下等级（如亚属或组），根据目标基因数目选取中国分布种类。对于在公共数据库中没有目标 DNA 片段的 781 属，我们通过野外采集获得 513 属，利用中国科学院植物研究所标本馆（PE）的标本材料，从 400 属中成功获取了 47 属的序列。

我们采用基于最大似然法的 RAxML 8.0.24 软件构建了系统发育树（Stamatakis，2014）。外类群选择 5 种苔藓植物：台湾角苔 *Anthoceros angustus*、花叶溪苔 *Pellia endiviifolia*、隐片苔 *Aneura mirabilis*、山赤藓 *Syntrichia ruralis* 和小立碗藓 *Physcomitrium patens*。在被子植物系统发育网站（http://www.mobot.org/MOBOT/Research/APweb/）（Stevens，2001 onwards）上核查科间关系，根据最新的研究核查科内属间关系。对于位置异常的种类，我们首先核实序列的正确性，如果发现序列错误，我们或者从 GenBank 中获取其他序列代替错误的序列或者采集样品测序，无法获得新序列时，将从数据矩阵中删除，然后利用修改后的矩阵重新建树，这种过程重复若干次直到不再发现矩阵中有任何错误为止。newick 格式的最大似然树可以从 DarwinTree 网站上下载，系统发育关系利用安装在 DarwinTree 网站上的 FigTree 软件打开阅读。

第二节 系统发育分析结果

本书所展示的生命之树共包括中国维管植物 323 科 3 114 属和 6 093 种(不包括外类群)，其中被子植物 2 909 属，裸子植物 42 属，石松类 5 属，蕨类 158 属。自测序列 1 800 条，包括 349 条 *mat*K、568 条 *rbc*L、357 条 *atp*B、181 条 *ndh*F 和 345 条 *mat*R 序列。在我们得到的 ML 最优树上，大多数科的单系性得到了强支持，大多数的科内关系和科、目间关系与之前的研究，特别是与最近的石松类、蕨类、裸子植物和被子植物的分子分类系统一致（图 1）。在维管植物大支的关系上，石松类作为所有种子植物的姐妹群和买麻藤类作为其他所有种子植物的姐妹群还需要深入研究，尽管这些结果在之前的研究中都曾得到过。

1. 石松类和蕨类

石松类和蕨类的大多数科都得到 100% BS 支持 (bootstrap support)，在蕨类植物较早分化的分支中，依次

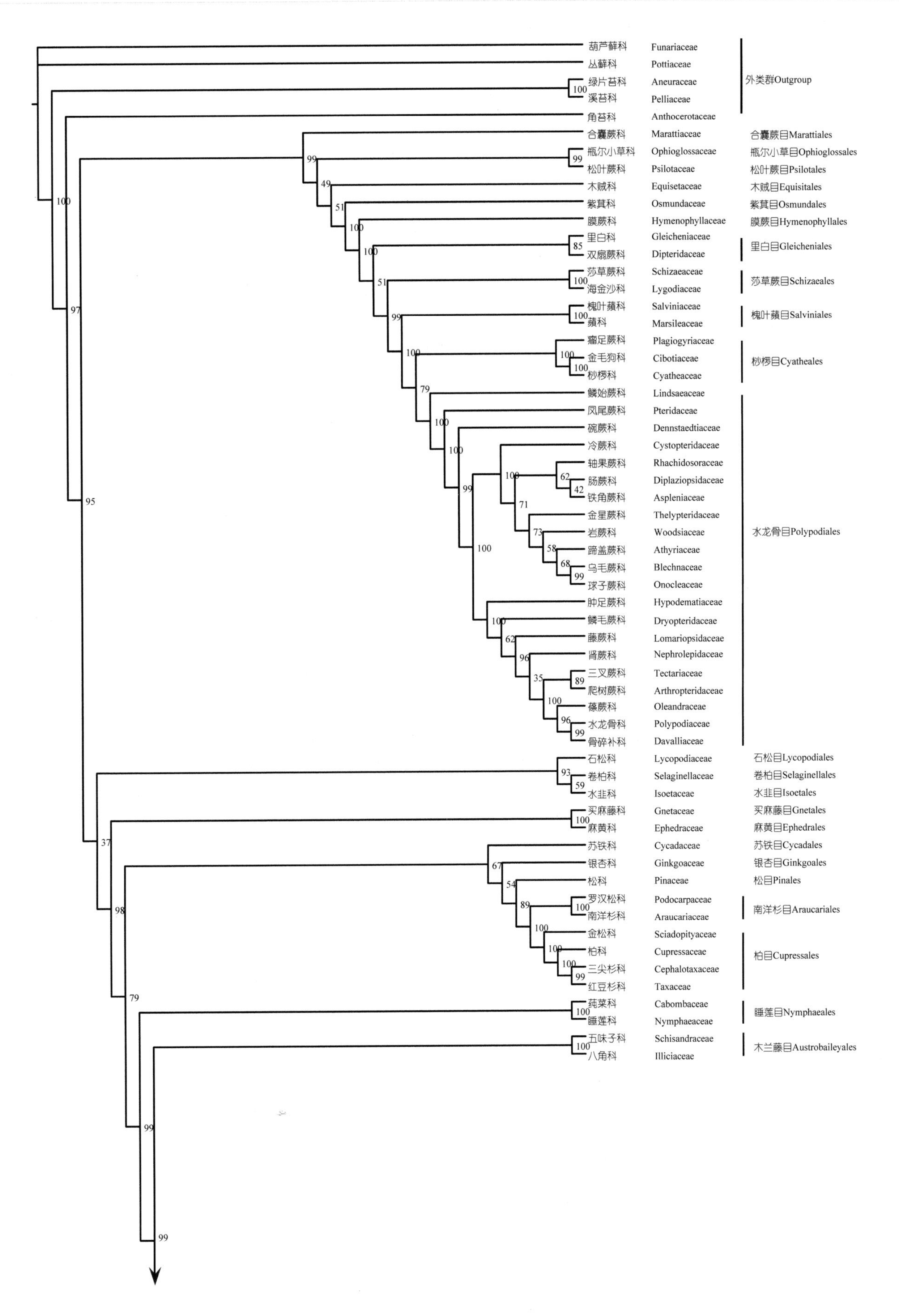

图1 中国维管植物目、科生命之树（1）

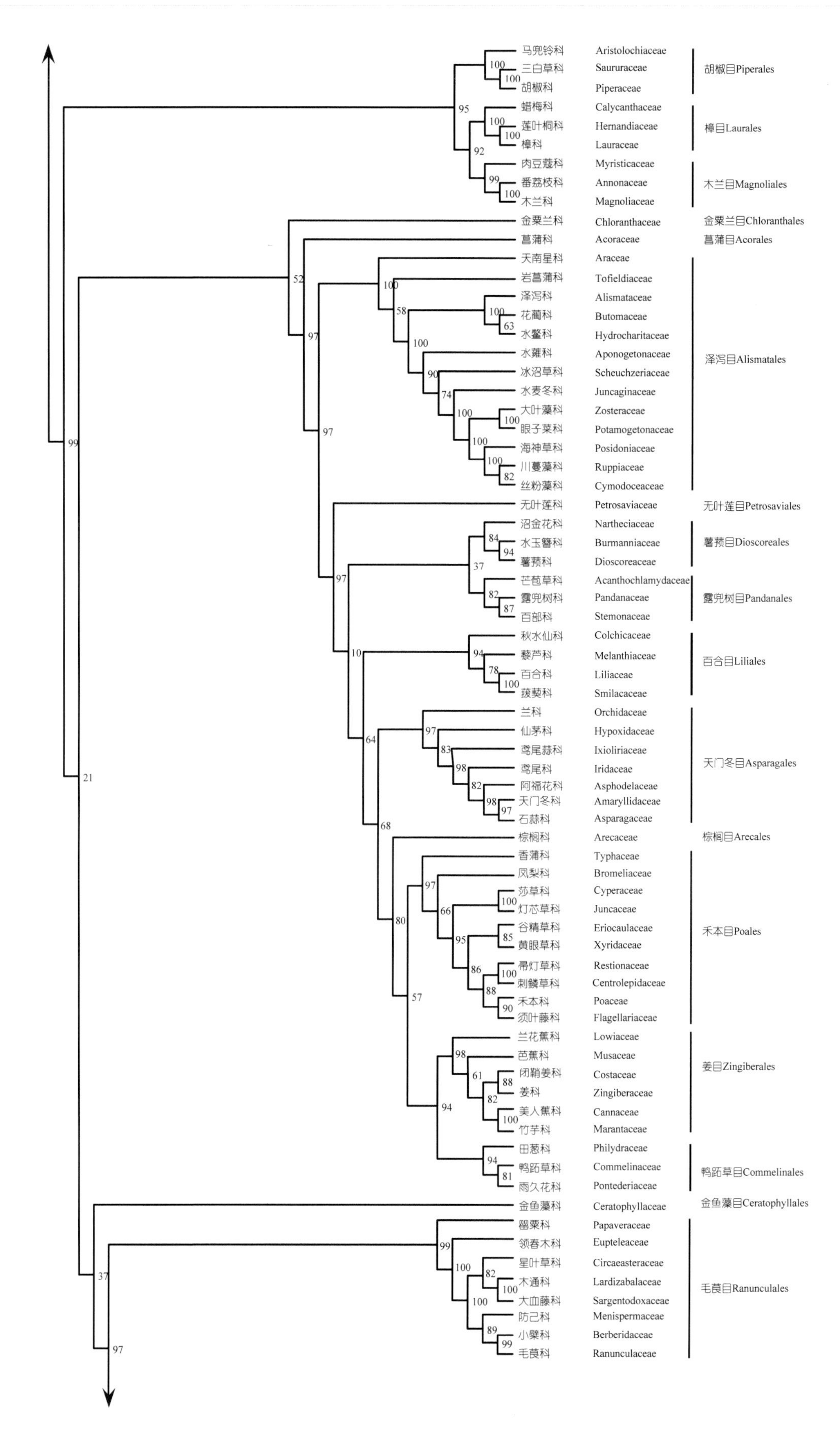

图 1 中国维管植物目、科生命之树（2）

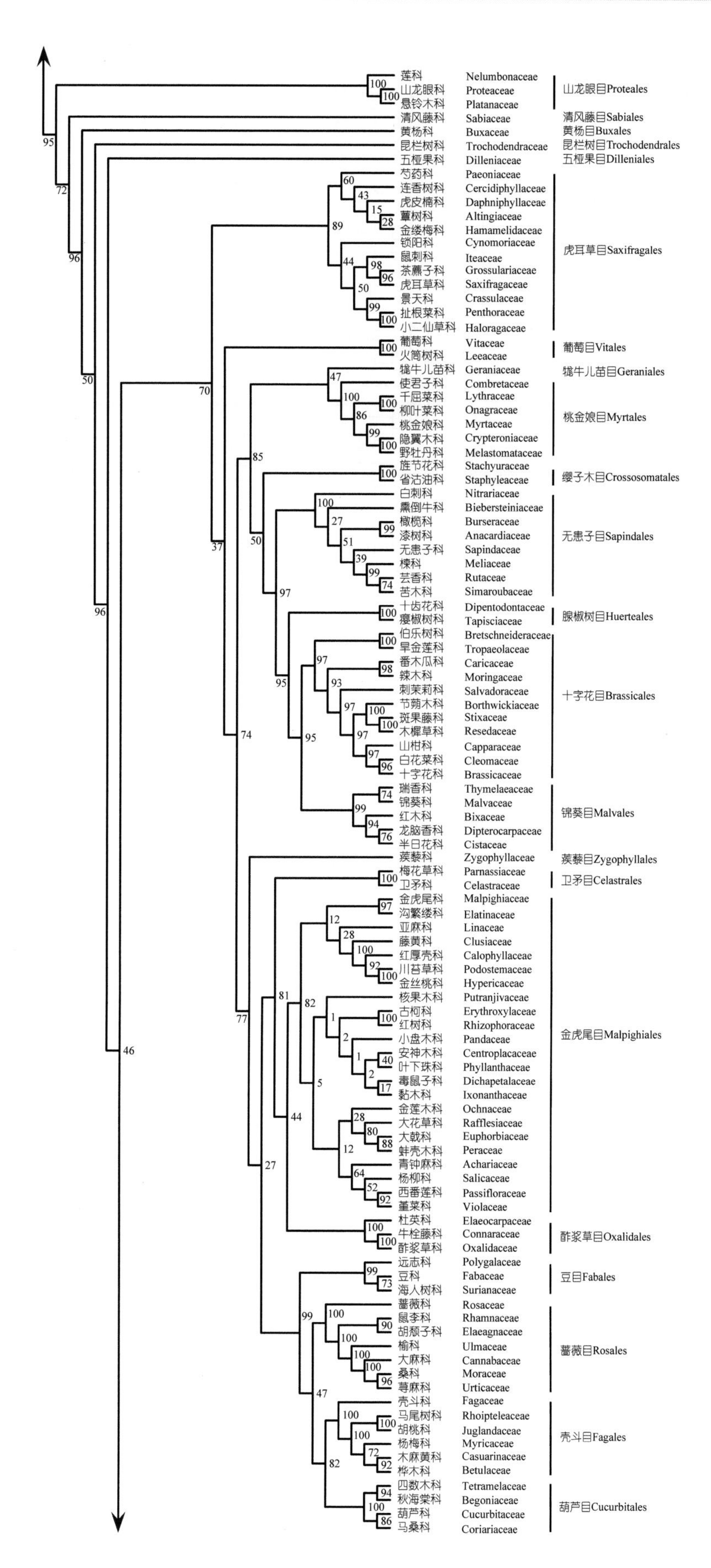

图 1 中国维管植物目、科生命之树（3）

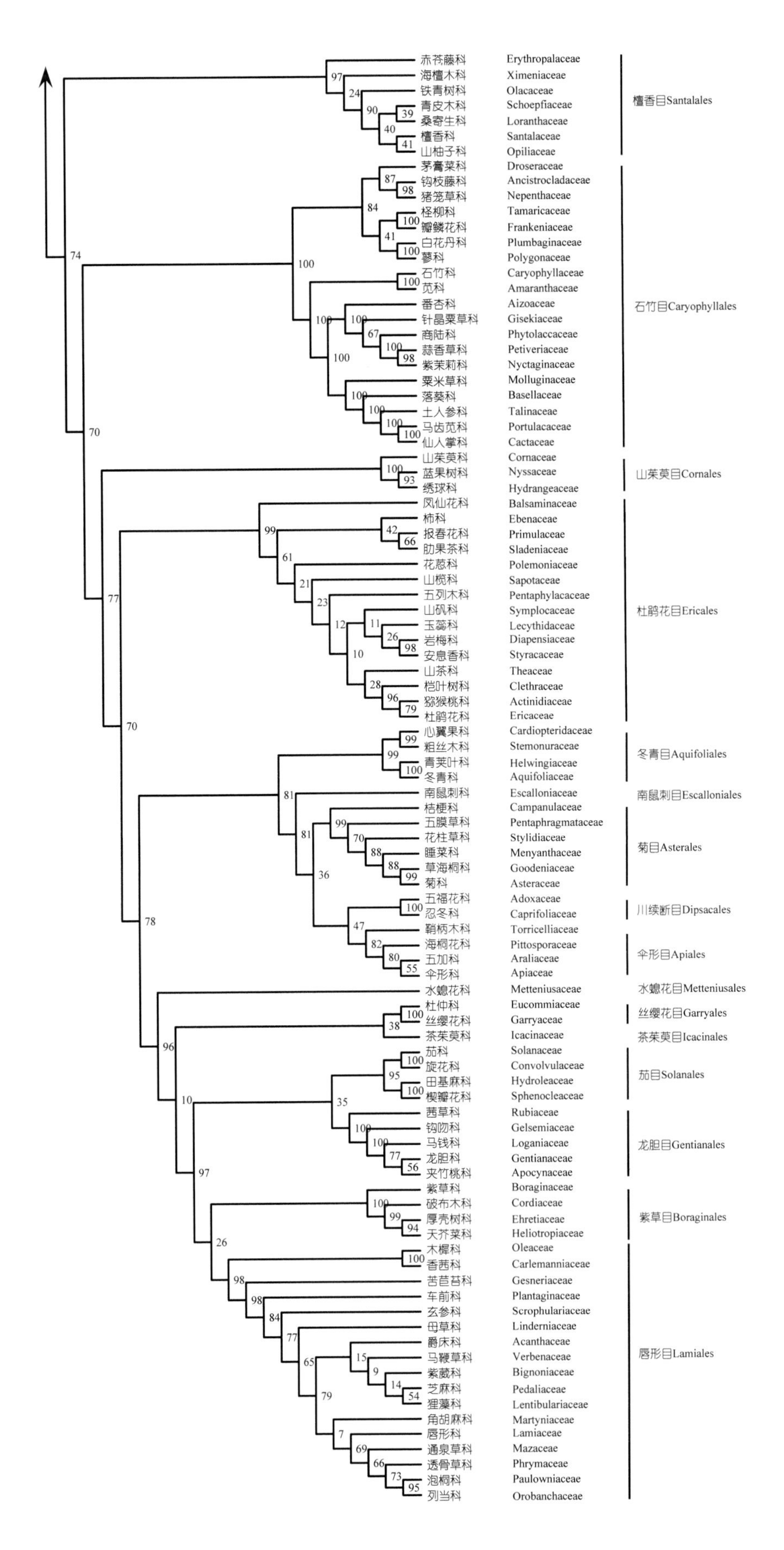

图 1 中国维管植物目、科生命之树（4）

是合囊蕨科 Marattiaceae、瓶尔小草科 Ophioglossaceae、松叶蕨科 Psilotaceae 和木贼科 Equisetaceae，木贼科 Equisetaceae 是薄囊蕨类（leptosporangiate ferns）的姐妹群。一些较大的科，如膜蕨科 Hymenophyllaceae、凤尾蕨科 Pteridaceae、金星蕨科 Thelypteridaceae、鳞毛蕨科 Dryopteridaceae 和水龙骨科 Polypodiaceae，其单系性得到了强支持。在薄囊蕨分支，一些姐妹群关系，如里白科 Gleicheniaceae 与双扇蕨科 Dipteridaceae、莎草蕨科 Schizaeaceae 与海金沙科 Lygodiaceae、槐叶蘋科 Salviniaceae 与蘋科 Marsileaceae 得到较强支持。科间关系与最近的分子系统学研究结果一致，如鳞毛蕨科 Dryopteridaceae 与水龙骨科 Polypodiaceae。石松类中，石松科 Lycopodiaceae、水韭科 Isoetaceae 和卷柏科 Selaginellaceae 被取样，形成单系分支，为种子植物的姐妹群。

2. 裸子植物

在我们主要基于叶绿体基因的分析中，裸子植物的单系性没有得到支持。买麻藤目 Gnetales 和麻黄目 Ephedrales，包括买麻藤属 *Gnetum* 和麻黄属 *Ephedra* 形成其他裸子植物和所有被子植物的姐妹群。除买麻藤目和麻黄目之外的裸子植物聚为一支，苏铁科 Cycadaceae 是最早分化的分支，接着为银杏科 Ginkgoaceae。松科 Pinaceae、罗汉松科 Podocarpaceae、南洋杉科 Araucariaceae、金松科 Sciadopityaceae、柏科 Cupressaceae、三尖杉科 Cephalotaxaceae 和红豆杉科 Taxaceae 的单系性都得到 100% BS 支持。

3. 被子植物

被子植物最早分化的分支包括睡莲目 Nymphaeales（含睡莲科 Nymphaeaceae、莼菜科 Cabombaceae）；木兰藤目 Austrobaileyales，包括五味子科 Schisandraceae（五味子属 *Schisandra*、南五味子属 *Kadsura*）和八角科 Illiciaceae（八角属 *Illicium*）。接下来的分支是胡椒目 Piperales，包括胡椒科 Piperaceae、三白草科 Saururaceae 和马兜铃科 Aristolochiaceae；木兰目 Magnoliales，包括番荔枝科 Annonaceae、木兰科 Magnoliaceae 和肉豆蔻科 Myristicaceae；樟目 Laurales，包括樟科 Lauraceae、莲叶桐科 Hernandiaceae 和蜡梅科 Calycanthaceae。以上目、科都得到较强支持，BS 支持率从 92% 到 100%。真双子叶类的金粟兰科 Chloranthaceae 是单子叶植物的姐妹群，但支持率不高（52% BS）。

单子叶植物的单系性得到 97% BS 支持。菖蒲科 Acoraceae 是其他所有单子叶植物的姐妹群，得到 96% BS 支持。单子叶植物的大多数科、目和目间关系都得到高度支持。泽泻目 Alismatales 的多数科为水生植物，包括泽泻科 Alismataceae、水鳖科 Hydrocharitaceae、花蔺科 Butomaceae、水蕹科 Aponogetonaceae、冰沼草科 Scheuchzeriaceae、水麦冬科 Juncaginaceae、丝粉藻科 Cymodoceaceae、川蔓藻科 Ruppiaceae、海神草科 Posidoniaceae、大叶藻科 Zosteraceae、眼子菜科 Potamogetonaceae、岩菖蒲科 Tofieldiaceae 和天南星科 Araceae；大部分科的单系性都得到强支持。薯蓣目 Dioscoreales 和露兜树目 Pandanales 的关系只得到部分支持。薯蓣目 Dioscoreales 包括薯蓣科 Dioscoreaceae、水玉簪科 Burmanniaceae 和沼金花科 Nartheciaceae，每个科的单系性均得到 100% BS 支持。露兜树目 Pandanales 包括得到强支持的露兜树科 Pandanaceae、百部科 Stemonaceae 和单型的芒苞草科 Acanthochlamydaceae。百合目 Liliales 包括 4 个得到 100% BS 支持的科：百合科 Liliaceae、菝葜科 Smilacaceae、藜芦科 Melanthiaceae 和秋水仙科 Colchicaceae。兰科 Orchidaceae 在中国多样化程度高，其单系性得到 100% BS 支持。兰科的姐妹群是同属于天门冬目 Asparagales 的其他科，包括仙茅科 Hypoxidaceae（100% BS）、鸢尾蒜科 Ixioliriaceae、鸢尾科 Iridaceae（100% BS）、阿福花科 Asphodelaceae（100% BS）和两个较大的科：石蒜科 Amaryllidaceae（91% BS）和天门冬科 Asparagaceae（36% BS）。棕榈目 Arecales 仅含单系的棕榈科 Arecaceae（100% BS）。姜目 Zingiberales 包括大科姜科 Zingiberaceae（100% BS）、闭鞘姜科 Costaceae、美人蕉科 Cannaceae、竹芋科 Marantaceae、芭蕉科 Musaceae 和兰花蕉科 Lowiaceae 与包括鸭跖草科 Commelinaceae（100% BS）、雨久花科 Pontederiaceae（100% BS）和田葱科 Philydraceae 的鸭跖草目 Commelinales 近缘，两个“目”的姐妹群关系得到 94% BS 支持。在禾本目 Poales，香蒲科 Typhaceae 是最早分

化的分支，凤梨科 Bromeliaceae 次之，莎草科 Cyperaceae（100% BS）与灯芯草科 Juncaceae 互为姐妹群，禾本科 Poaceae 的单系性得到 96% BS 支持，*Leptaspis cochleata* 是其他所有禾本科植物的外类群，并得到 96% BS 支持。须叶藤科 Flagellariaceae、刺鳞草科 Centrolepidaceae、帚灯草科 Restionaceae、黄眼草科 Xyridaceae 和谷精草科 Eriocaulaceae 之间的关系没有得到较强的支持，但莎草科和禾本科的科内关系均得到较好的分辨。

金鱼藻科 Ceratophyllaceae 作为真双子叶的姐妹群只得到 37% BS 支持。在真双子叶植物内部，毛茛目 Ranunculales 是最早分化的分支，该目包括罂粟科 Papaveraceae（99% BS）、领春木科 Eupteleaceae、木通科 Lardizabalaceae（95% BS）、大血藤科 Sargentodoxaceae、星叶草科 Circaeasteraceae（100% BS）、防己科 Menispermaceae（100% BS）、小檗科 Berberidaceae（100% BS）和毛茛科 Ranunculaceae（100% BS）。其他基部真双子叶植物有山龙眼目 Proteales（100% BS）包括莲科 Nelumbonaceae、悬铃木科 Platanaceae 和山龙眼科 Proteaceae、清风藤目 Sabiales［含清风藤科 Sabiaceae（清风藤属 *Sabia*、泡花树属 *Meliosma*）］、黄杨目 Buxales 和昆栏树目 Trochodendrales。

核心真双子叶植物 core Eudicots 包括五桠果目 Dilleniales、超蔷薇目 Superrosids（虎耳草目 Saxifragales、蔷薇类 Rosids）、超菊类 Superasterids（檀香目 Santalales、石竹目 Caryophyllales、菊类 Asterids）。五桠果目 Dilleniales 是其他所有核心真双子叶植物的姐妹群。

葡萄目 Vitales 是其他所有蔷薇类的姐妹群，但仅得到 37% BS 支持。葡萄目之后，是两个主要分支：豆类 Fabids（71% BS）和锦葵类 Malvids（78% BS），分别相当于豆亚纲 Fabidae（或 Eurosids I）和 锦葵亚纲 Malvidae（或 Eurosids II）（如 Soltis et al.，2007，2011；Wang et al.，2009）。锦葵类共有 7 个目：牻牛儿苗目 Geraniales（牻牛儿苗科 Geraniaceae 100% BS）；桃金娘目 Myrtales［包括使君子科 Combretaceae（100% BS）、千屈菜科 Lythraceae（94% BS）、柳叶菜科 Onagraceae（100% BS）、桃金娘科 Myrtaceae（100% BS）、隐翼木科 Crypteroniaceae 和野牡丹科 Melastomataceae（100% BS）］；缨子木目 Crossosomatales［旌节花科 Stachyuraceae（99% BS）、省沽油科 Staphyleaceae（100% BS）］；无患子目 Sapindales（100% BS）［白刺科 Nitrariaceae（100% BS）、熏倒牛科 Biebersteiniaceae、漆树科 Anacardiaceae（86% BS）、橄榄科 Burseraceae（100% BS）、无患子科 Sapindaceae（100% BS）、楝科 Meliaceae（94% BS）、苦木科 Simaroubaceae（100% BS）、芸香科 Rutaceae（100% BS）］；腺椒树目 Huerteales（100% BS）［瘿椒树科 Tapisciaceae、十齿花科 Dipentodontaceae（99% BS）（含十齿花属 *Dipentodon* 和核子木属 *Perrottetia*）］；锦葵目 Malvales（99% BS）［锦葵科 Malvaceae（100% BS）、瑞香科 Thymelaeaceae（99% BS）、红木科 Bixaceae，并系的龙脑香科 Dipterocarpaceae 和半日花科 Cistaceae］，以及十字花目 Brassicales（89% BS）几个分化较早的科，包括旱金莲科 Tropaeolaceae、伯乐树科 Bretschneideraceae、辣木科 Moringaceae、刺茉莉科 Salvadoraceae 和其他科［十字花科 Brassicaceae（89% BS）、白花菜科 Cleomaceae（100% BS）、山柑科 Capparaceae（80% BS）、木樨草科 Resedaceae（100% BS）、斑果藤科 Stixaceae（100% BS）和单型的节蒴木科 Borthwickiaceae］。以上各目都得到强支持。牻牛儿苗目和桃金娘目构成姐妹群关系（47% BS），并与其他依次形成姐妹群关系的各目构成姐妹群关系（78% BS）。在豆类，分辨出两个亚支，一个亚支为固氮分支（Soltis et al., 1995, 2005），包括豆目 Fabales［豆科 Fabaceae（92% BS）、海人树科 Surianaceae、远志科 Polygalaceae（99% BS）］；蔷薇目 Rosales［蔷薇科 Rosaceae（99% BS）、鼠李科 Rhamnaceae（93% BS）、胡颓子科 Elaeagnaceae（100% BS）、榆科 Ulmaceae（100% BS）、大麻科 Cannabaceae（98% BS）、桑科 Moraceae（100% BS）和荨麻科 Urticaceae（97% BS）］；葫芦目 Cucurbitales［葫芦科 Cucurbitaceae（99% BS）、马桑科 Coriariaceae（100% BS）、四数木科 Tetramelaceae 和秋海棠科 Begoniaceae（100% BS）］；以及壳斗目 Fagales［壳斗科 Fagaceae（100% BS）、马尾树科 Rhoipteleaceae、胡桃科 Juglandaceae（100% BS）、杨梅科 Myricaceae、木麻黄科 Casuarinaceae（100% BS）和桦木科 Betulaceae（100% BS）］。另一亚支包括蒺藜目 Zygophyllales（97% BS）和 COM 支（即卫矛目 Celastrales- 酢浆草目 Oxalidales- 金虎尾目 Malpighiales 分支，84% BS），COM 支是最近研究定义的分支，并得到形态学和线粒体 DNA 序列证据的支持（Endress & Mattews，2006；Zhu et al.，2007；Qiu et al.，2010）。在

COM 支内部，卫矛目 Celastrales（100% BS）［卫矛科 Celastraceae（80% BS）、梅花草科 Parnassiaceae（100% BS）］为酢浆草目 Oxalidales 的姐妹群但仅得到弱支持。酢浆草目包括杜英科 Elaeocarpaceae（100% BS）、酢浆草科 Oxalidaceae（100% BS）和牛栓藤科 Connaraceae（100% BS），其单系性也得到 100% BS 支持。金虎尾目 Malpighiales（86% BS）是一个大目，包括以下科：金虎尾科 Malpighiaceae（99% BS）、沟繁缕科 Elatinaceae（99% BS）、藤黄科 Clusiaceae（100% BS）、红厚壳科 Calophyllaceae（97% BS）、川苔草科 Podostemaceae（100% BS）、金丝桃科 Hypericaceae（100% BS）、叶下珠科 Phyllanthaceae（100% BS）、安神木科 Centroplacaceae、核果木科 Putranjivaceae（100% BS）、青钟麻科 Achariaceae（64% BS）、堇菜科 Violaceae（100% BS）、西番莲科 Passifloraceae（100% BS）、杨柳科 Salicaceae（99% BS）（包括部分刺篱木科 Flacourtiaceae）、红树科 Rhizophoraceae（100% BS）、古柯科 Erythroxylaceae（100% BS）、小盘木科 Pandaceae、亚麻科 Linaceae（100% BS）、金莲木科 Ochnaceae（95% BS）、黏木科 Ixonanthaceae、毒鼠子科 Dichapetalaceae（87% BS）、大花草科 Rafflesiaceae、蚌壳木科 Peraceae 和大戟科 Euphorbiaceae（83% BS）。该亚支各目的单系性和大多数科之间的关系都得到很好的支持。尽管本研究与之前主要根据叶绿体基因研究的结果一致，即 COM 支与固氮分支同属于豆类，但我们最近利用三个基因组的数据研究发现，COM 支与锦葵类 Malvids 关系比与豆类 Fabids 更近（Sun et al.，2015）。

虎耳草目 Saxifragales 常与扩展的蔷薇类和扩展的菊类共同形成一个未被分辨的三歧分支（Qiu et al.，2010）。该“目”的单系性得到 89% BS 支持。在虎耳草目内部，金缕梅科 Hamamelidaceae（82% BS）、虎皮楠科 Daphniphyllaceae、蕈树科 Altingiaceae（100% BS）、连香树科 Cercidiphyllaceae 和芍药科 Paeoniaceae 形成一个弱支持亚支（57% BS）。其他两个亚支：一个亚支包括锁阳科 Cynomoriaceae、景天科 Crassulaceae（99% BS）、扯根菜科 Penthoraceae 和小二仙草科 Haloragaceae（100% BS），锁阳科是景天科、扯根菜科和小二仙草科的姐妹群，但仅得到 31% BS 的弱支持；另一个亚支为核心虎耳草目（99% BS），包括鼠刺科 Iteaceae、茶藨子科 Grossulariaceae（100% BS）和虎耳草科 Saxifragaceae（99% BS）。

檀香目 Santalales 和石竹目 Caryophyllales 均是得到强支持的单系（分别为 97% BS 和 98% BS）。石竹目与菊类形成一个分支（72% BS），该分支为檀香目的姐妹群（79% BS）。在檀香目，檀香科 Santalaceae 是并系。在石竹目，根据形态划分的几个大科，如苋科 Amaranthaceae［包括藜科 Chenopodiaceae（99% BS）］、石竹科 Caryophyllaceae（97% BS）、蓼科 Polygonaceae（100% BS）均得到很好的支持。由仙人掌科 Cactaceae（99% BS）、马齿苋科 Portulacaceae、土人参科 Talinaceae、落葵科 Basellaceae（100% BS）、粟米草科 Molluginaceae（100% BS）、番杏科 Aizoaceae（89% BS）、针晶粟草科 Gisekiaceae、商陆科 Phytolaccaceae、蒜香草科 Petiveriaceae 和紫茉莉科 Nyctaginaceae（100% BS）结合的分支得到 100% BS 支持，与石竹科 Caryophyllaceae 和苋科 Amaranthaceae 组成的分支呈姐妹群关系。茅膏菜科 Droseraceae、猪笼草科 Nepenthaceae 和钩枝藤科 Ancistrocladaceae 形成一个分支（91% BS）；瓣鳞花科 Frankeniaceae 为柽柳科 Tamaricaceae 的姐妹群；白花丹科 Plumbaginaceae 是一个很好的单系科（100% BS），与蓼科 Polygonaceae 互为姐妹群。

菊类作为一个单系类群得到 80% BS 支持。在菊类内部，山茱萸目 Cornales（100% BS）包括绣球科 Hydrangeaceae（100% BS）、蓝果树科 Nyssaceae（100% BS）、山茱萸科 Cornaceae（100% BS）；杜鹃花目 Ericales（98% BS）含报春花科 Primulaceae［包括紫金牛科 Myrsinaceae（99% BS）］、肋果茶科 Sladeniaceae、柿科 Ebenaceae（100% BS）、凤仙花科 Balsaminaceae（100% BS）、山榄科 Sapotaceae（98% BS）、五列木科 Pentaphylacaceae（68% BS）、山茶科 Theaceae（99% BS）、山矾科 Symplocaceae（100% BS）、花荵科 Polemoniaceae、岩梅科 Diapensiaceae（100% BS）、安息香科 Styracaceae（78% BS）、玉蕊科 Lecythidaceae、桤叶树科 Clethraceae、猕猴桃科 Actinidiaceae（99% BS）。杜鹃花目作为真菊类 Euasterids 的姐妹群得到中度支持（70% BS）。真菊类（Soltis et al.，2000）是一个仅得到弱支持的单系。真菊类具有两个主要分支，一支得到 83% BS 支持，由以下目组成：冬青目 Aquifoliales［心翼果科 Cardiopteridaceae（96% BS）、粗丝木科 Stemonuraceae、青荚叶科 Helwingiaceae、冬青科 Aquifoliaceae（100% BS）］为早出分支；南鼠刺目

Escalloniales（以八角枫叶多香木 *Polyosma alangiacea* 为代表的南鼠刺科 Escalloniaceae）；伞形目 Apiales 含伞形科 Apiaceae（59% BS）、五加科 Araliaceae（73% BS）、海桐科 Pittosporaceae、鞘柄木科 Torricelliaceae；川续断目 Dipsacales（100% BS）包括五福花科 Adoxaceae（100% BS）和忍冬科 Caprifoliaceae（100% BS）；菊目 Asterales（98% BS）包括桔梗科 Campanulaceae（100% BS）、五膜草科 Pentaphragmataceae、花柱草科 Stylidiaceae、睡菜科 Menyanthaceae（99% BS）、草海桐科 Goodeniaceae（100% BS）、菊科 Asteraceae（98% BS）。另一支被称为唇形类（Cantino et al.，2007），得到 96% BS 的支持，由以下目组成：丝缨花目 Garryales 含单型的杜仲科 Eucommiaceae，以桃叶珊瑚属 *Aucuba* 为代表的丝缨花科 Garryaceae 和茶茱萸目 Icacinales（多系的茶茱萸科 Icacinaceae）。紫草目 Boraginales 有天芥菜科 Heliotropiaceae（100% BS）、厚壳树科 Ehretiaceae（100% BS）、破布木科 Cordiaceae（94% BS）、紫草科 Boraginaceae（100% BS）。茄目 Solanales 含茄科 Solanaceae（100% BS）、旋花科 Convolvulaceae（100% BS）、楔瓣花科 Sphenocleaceae、田基麻科 Hydroleaceae。龙胆目 Gentianales（99% BS）包含茜草科 Rubiaceae（100% BS）、钩吻科 Gelsemiaceae、马钱科 Loganiaceae（100% BS）、龙胆科 Gentianaceae（100% BS）、夹竹桃科 Apocynaceae（99% BS）。唇形目 Lamiales（98% BS）包括木樨科 Oleaceae（100% BS）、香茜科 Carlemanniaceae（100% BS）、苦苣苔科 Gesneriaceae（98% BS）、车前科 Plantaginaceae（61% BS）、玄参科 Scrophulariaceae（100% BS）、母草科 Linderniaceae（100% BS）、爵床科 Acanthaceae（99% BS）、狸藻科 Lentibulariaceae（100% BS）、芝麻科 Pedaliaceae、马鞭草科 Verbenaceae（89% BS）、紫葳科 Bignoniaceae（99% BS）、角胡麻科 Martyniaceae、通泉草科 Mazaceae（100% BS）、列当科 Orobanchaceae（98% BS）、泡桐科 Paulowniaceae、透骨草科 Phrymaceae（98% BS）、唇形科 Lamiaceae（100% BS）。

第三节 科的概念和命名

在维管植物各大门类的分子分类系统中，科的概念和数目不尽相同。对于被子植物来说，我们基本上采用 APG III (2009) 中科的概念，但这与 FOC 有些科的概念不同。本书接受的科，除并系的龙脑香科和檀香科，以及多系的茶茱萸科之外，其他大多数科在我们的树上作为单系分支得到较好的支持。

我们把 FOC 的一些科或者属做了合并，例如，浮萍科 Lemnaceae 被合并到天南星科 Araceae，角果藻科 Zannichelliaceae 合并到眼子菜科 Potamogetonaceae，蒟蒻薯科 Taccaceae 合并到薯蓣科 Dioscoreaceae，水青树科 Tetracentraceae 合并到昆栏树科 Trochodendraceae，火筒树科 Leeaceae 合并到葡萄科 Vitaceae，榆科 Ulmaceae 部分属合并到大麻科 Cannabaceae，刺篱木科 Flacourtiaceae 一部分属合并到杨柳科 Salicaceae，刺篱木科余下的属（大风子属 *Hydnocarpus* 和马蛋果属 *Gynocardia*）合并到青钟麻科 Achariaceae，菱科 Trapaceae 合并到千屈菜科 Lythraceae，骆驼蓬科 Peganaceae 合并到白刺科 Nitrariaceae，槭科 Aceraceae 和七叶树科 Hippocastanaceae 合并到无患子科 Sapindaceae，戟橄榄科 Cneoraceae 合并到芸香科 Rutaceae，木棉科 Bombaceae、椴树科 Tiliaceae 和梧桐科 Sterculiaceae 合并到锦葵科 Malvaceae，槲寄生科 Viscaceae 合并到檀香科 Santalaceae，八角枫科 Alangiaceae 合并到山茱萸科 Cornaceae，单室茱萸科 Mastixiaceae 合并到蓝果树科 Nyssaceae，紫金牛科 Myrsinaceae 合并到报春花科 Primulaceae，萝藦科 Asclepiadaceae 合并到夹竹桃科 Apocynaceae，锦带花科 Diervillaceae、川续断科 Dipsacaceae、刺参科 Morinaceae、北极花科 Linnaeaceae 和败酱科 Valerianaceae 合并到忍冬科 Caprifoliaceae，伞形科 Apiaceae 的天胡荽属 *Hydrocotyle* 合并到五加科 Araliaceae。另外，一些科从原来的大科分出，例如，芒苞草科 Acanthochlamydaceae 从石蒜科 Amaryllidaceae 分出，星叶草科 Circaeasteraceae（包括星叶草属 *Circaeaster* 和独叶草属 *Kingdonia*）从毛茛科 Ranunculaceae 分出，安神木科 Centroplacaceae 从卫矛科 Celastraceae 分出，蕈树科 Altingiaceae（包括蕈树属 *Altingia*、枫香树属 *Liquidambar* 和半枫荷属 *Semiliquidambar*）从金缕梅科 Hamamelidaceae 分出，土人参科 Talinaceae 从马齿苋科 Portulacaceae 分出，红厚壳科 Calophyllaceae 和金丝桃科 Hypericaceae 从藤黄科 Clusiaceae 分出，蚌壳木科 Peraceae、叶

下珠科 Phyllanthaceae 和核果木科 Putranjivaceae 从大戟科 Euphorbiaceae 分出，海檀木科 Ximeniaceae、赤苍藤科 Erythropalaceae 和青皮木科 Schoepfiaceae 从铁青树科 Olacaceae 分出。一些科的概念产生了大的变化，有分、合或者重新组合，FOC 的百合科 Liliaceae 在形态上异质性很大，与石蒜科 Amaryllidaceae 和天门冬科 Asparagaceae 关系较近，并纠缠在一起。本书的结果大多数与 APG Ⅲ的分子系统是一致的，支持成立岩菖蒲科 Tofieldiaceae、无叶莲科 Petrosaviaceae、沼金花科 Nartheciaceae、藜芦科 Melanthiaceae、秋水仙科 Colchicaceae、菝葜科 Smilacaceae、阿福花科 Asphodelaceae 和狭义百合科 Liliaceae *s.s.*，而某些属归并到石蒜科 Amaryllidaceae 和天门冬科 Asparagaceae。本书的结果中虎耳草科 Saxifragaceae 的概念与 FOC 中的也非常不同，其被分成了鼠刺科 Iteaceae、茶藨子科 Grossulariaceae、狭义虎耳草科 Saxifragaceae *s.s.*、扯根菜科 Penthoraceae、梅花草科 Parnassiaceae 和绣球科 Hydrangeaceae，而且在分子系统树上的位置非常隔离，某些仍在虎耳草目 Saxifragales，有些则在菊类早出分支山茱萸目 Cornales，而梅花草科 Parnassiaceae 位于卫矛目 Celastrales。被子植物科产生最大变动的当属唇形目，其中的玄参科 Scrophulariaceae 在 FOC 中是个大科，但在本书中是一个小科了，原属于广义玄参科的属分别归并到透骨草科 Phrymaceae、通泉草科 Mazaceae 和列当科 Orobanchaceae，而泡桐科 Paulowniaceae 和母草科 Linderniaceae 从中分出；广义玄参科与车前科 Plantaginaceae 重组，水马齿科 Callitrichaceae 和杉叶藻科 Hippuridaceae 归并入车前科，苦槛蓝科 Myoporaceae 和部分马钱科 Loganiaceae 并入狭义玄参科 Scrophulariaceae *s.s.*。唇形目的另一个科马鞭草科 Verbenaceae 在范围上也产生了大的变化，一些属并入唇形科 Lamiaceae，红树林植物海榄雌属 *Avicennia* 并入爵床科 Acanthaceae。最近广义紫草科 Boraginaceae *s.l.* 被分成 7 科（Weigend et al.，2013；Refulio-Rodríguez & Olmstead，2014），其中有 4 个原产我国：狭义紫草科 Boraginaceae *s.s.*、天芥菜科 Heliotropiaceae、破布木科 Cordiaceae 和厚壳树科 Ehretiaceae。越来越多的植物学家已赞成紫草目多科划分处理，因此本书采用这种方案。

我们需要强调的是，对于那些东亚特有或者主要分布在东亚的单型或寡型科，如果它们有关键创新性状或者独特的识别特征，建议最好保留其作为单独的科而不被合并进近缘科，尽管有时它们与近缘科形成姐妹群关系。如八角科 Illiciaceae、大血藤科 Sargentodoxaceae、马尾树科 Rhoipteleaceae、伯乐树科 Bretschneideraceae、梅花草科 Parnassiaceae、鞘柄木科 Torricelliaceae 和芒苞草科 Acanthochlamydaceae。分子系统学的研究建议将伯乐树属 *Bretschneidera* 归入产于澳大利亚的叠珠树科 Akaniaceae（Rodman et al.，1996；Bayer & Appel，2003；APG Ⅲ，2009），而芒苞草属 *Acanthochlamys* 置于翡若翠科 Velloziaceae 作为其 5 个独特的属之一。翡若翠科另外 4 属主要分布在南美洲和非洲（北部至阿拉伯半岛），单种属芒苞草属与该 4 属形成姐妹群关系（Mello-Silva et al.，2011）。然而，我们认为伯乐树科和芒苞草科应该作为单独科成立的理由是：两科均具有明显的鉴别特征，各自与其呈大陆间断的近缘类群相区别。在形态上，伯乐树科具有周位（perigynous）、两侧对称（zygomorphic）花，而不同于叠珠树科的下位（hypogynous）、辐射对称（actinomorphic）花（Cronquist，1981；Bayer & Appel，2003）；芒苞草科为丛生低矮的（dwarf caespitose）多年生草本，只有一对叶脉，而与灌木状具多对叶脉的翡若翠科植物相区别（Kubitzki，1998）。对于在本研究和之前研究中发现是并系或者多系的科，如龙脑香科和茶茱萸科，在本书中暂时保留科名，待通过全球广泛取样进行深入研究之后再做处理。

第四节 科内关系和属的单系性

对于一些主要分布在中国的大科或大属，我们通过较密集取样，不但科的单系性得到充分证实，而且能够较好地分辨这些科内的亚支及其之间的关系，确认属的单系性。例如，我们在种类丰富的一些蕨类植物科中得到的系统发育关系与近期发表的对这些科在全球范围内取样开展的分子系统学研究结果非常一致，如鳞毛蕨科 Dryopteridaceae (Liu et al.，2007)、水龙骨科 Polypodiaceae (Schneider et al.，2004)、凤尾蕨科 Pteridaceae (Schuettpelz et al.，2007) 和金星蕨科 Thelypteridaceae (He & Zhang，2012)。在裸子植物中，柏科 Cupressaceae 包括 5 个主要亚支，每一亚支都得到 100% BS 支持；松科 Pinaceae 中国有 10 属，可以分成两个主要的亚支并得到很好的支持。在被子植物中，虽然一些科内的关系没有得到好的分辨，如苦苣苔科 Gesneriaceae、伞形科 Apiaceae、五加科 Araliaceae、菊科 Asteraceae、十字花科 Brassicaceae、兰科 Orchidaceae 和禾本科 Poaceae，但是对于大多数的单子叶植物类 Monocots、蔷薇类 Rosids、檀香目 Santalales、虎耳草目 Saxifragales 和石竹目 Caryophyllales 中的科来说，科内主要亚支及其亚支之间的关系均得到支持。

本研究支持以下各属为单系：黄芩属 *Scutellaria*、鼠尾草属 *Salvia*、紫珠属 *Callicarpa*（唇形科 Lamiaceae）、马先蒿属 *Pedicularis*（列当科 Orobanchaceae）、拉拉藤属 *Galium*（茜草科 Rubiaceae）、龙胆属 *Gentiana*（龙胆科 Gentianaceae）、番薯属 *Ipomoea*（旋花科 Convolvulaceae）、冬青属 *Ilex*（冬青科 Aquifoliaceae）、棱子芹属 *Pleurospermum*、柴胡属 *Bupleurum*（伞形科 Apiaceae）、天胡荽属 *Hydrocotyle*（五加科 Araliaceae, 在 FOC 属于 Apiaceae）、荚蒾属 *Viburnum*（五福花科 Adoxaceae）、忍冬属 *Lonicera*（忍冬科 Caprifoliaceae）、沙参属 *Adenophora*（桔梗科 Campanulaceae）、兔儿风属 *Ainsliaea*、蒲公英属 *Taraxacum*、天名精属 *Carpesium*、火绒草属 *Leontopodium*、飞蓬属 *Erigeron*（菊科 Asteraceae）、杜鹃花属 *Rhododendron* 和白珠树属 *Gaultheria*（杜鹃花科 Ericaceae）、猕猴桃属 *Actinidia*（猕猴桃科 Actinidiaceae）、安息香属 *Styrax*（安息香科 Styracaceae）、山矾属 *Symplocos*（山矾科 Symplocaceae）、柃木属 *Eurya*（五列木科 Pentaphylacaceae）、凤仙花属 *Impatiens*（凤仙花科 Balsaminaceae）、柿属 *Diospyros*（柿科 Ebenaceae）、杜茎山属 *Maesa* 和紫金牛属 *Ardisia*（报春花科 Primulaceae）、山茱萸属 *Cornus*（山茱萸科 Cornaceae）、溲疏属 *Deutzia* 和山梅花属 *Philadelphus*（绣球科 Hydrangeaceae）、大黄属 *Rheum*（蓼科 Polygonaceae）、金腰属 *Chrysosplenium*（虎耳草科 Saxifragaceae）、茶藨子属 *Ribes*（茶藨子科 Grossulariaceae）、红景天属 *Rhodiola* 和景天属 *Sedum*（景天科 Crassulaceae）、蛇葡萄属 *Ampelopsis*（葡萄科 Vitaceae）、葶苈属 *Draba*（十字花科 Brassicaceae）、山柑属 *Capparis*（山柑科 Capparaceae）、槭属 *Acer*（无患子科 Sapindaceae）、老鹳草属 *Geranium*（牻牛儿苗科 Geraniaceae）、蒲桃属 *Syzygium*（桃金娘科 Myrtaceae）、杨属 *Populus*（杨柳科 Salicaceae）、堇菜属 *Viola*（堇菜科 Violaceae）、野桐属 *Mallotus*（大戟科 Euphorbiaceae）、杜英属 *Elaeocarpus*（杜英科 Elaeocarpaceae）、梅花草属 *Parnassia*（梅花草科 Parnassiaceae，在 FOC 置于虎耳草科 Saxifragaceae）、黄芪属 *Astragalus*、棘豆属 *Oxytropis*、木蓝属 *Indigofera*、胡枝子属 *Lespedeza*、猪屎豆属 *Crotalaria*、羊蹄甲属 *Bauhinia*（豆科 Fabaceae）、雪胆属 *Hemsleya*（葫芦科 Cucurbitaceae）、秋海棠属 *Begonia*（秋海棠科 Begoniaceae）、柯属 *Lithocarpus* 和锥属 *Castanopsis*（壳斗科 Fagaceae）、桦木属 *Betula*（桦木科 Betulaceae）、冷水花属 *Pilea*（荨麻科 Urticaceae）、榕属 *Ficus*（桑科 Moraceae）、鼠李属 *Rhamnus*（鼠李科 Rhamnaceae）、栒子属 *Cotoneaster*、绣线菊属 *Spiraea*、蔷薇属 *Rosa*（蔷薇科 Rosaceae）、紫堇属 *Corydalis*（罂粟科 Papaveraceae）、千金藤属 *Stephania*（防已科 Menispermaceae）、小檗属 *Berberis* 和淫羊藿属 *Epimedium*（小檗科 Berberidaceae）、唐松草属 *Thalictrum* 和毛茛属 *Ranunculus*（毛茛科 Ranunculaceae）、润楠属 *Machilus*（樟科 Lauraceae）、马兜铃属 *Aristolochia*（马兜铃科 Aristolochiaceae）、薯蓣属 *Dioscorea*（薯蓣科 Dioscoreaceae）、兰属 *Cymbidium* 和石斛属 *Dendrobium*（兰科 Orchidaceae）、葱属 *Allium*（石蒜科 Amaryllidaceae）、黄精属 *Polygonatum* 和沿阶草属 *Ophiopogon*（天门冬科 Asparagaceae）、飘拂草属 *Fimbristylis*（莎草科 Cyperaceae）、灯芯草属 *Juncus*（灯芯草科 Juncaceae）、谷精草属 *Eriocaulon*（谷精草科 Eriocaulaceae）、碱茅属 *Puccinellia* 和早熟禾属 *Poa*（禾本科 Poaceae）。

不支持以下各属为单系：水苏属 *Stachys*、香科科属 *Teucrium*、大青属 *Clerodendrum*、香茶菜属 *Isodon*、姜味草属 *Micromeria*（唇形科 Lamiaceae）、婆婆纳属 *Veronica*（车前科 Plantaginaceae）、旋蒴苣苔属 *Boea* 和报春苣苔属 *Primulina*（苦苣苔科 Gesneriaceae）、耳草属 *Hedyotis*、蛇根草属 *Ophiorrhiza*、水锦树属 *Wendlandia*（茜草科 Rubiaceae）、獐牙菜属 *Swertia*（龙胆科 Gentianaceae）、鸡蛋花属 *Plumeria* 和球兰属 *Hoya*（夹竹桃科 Apocynaceae）、齿缘草属 *Eritrichium*（紫草科 Boraginaceae）、鹅掌柴属 *Schefflera*（五加科 Araliaceae）、海桐属 *Pittosporum*（海桐科 Pittosporaceae）、党参属 *Codonopsis*（桔梗科 Campanulaceae）、紫菀属 *Aster*、蒿属 *Artemisia*、风毛菊属 *Saussurea*、须弥菊属 *Himalaiella*、蓟属 *Cirsium*、斑鸠菊属 *Vernonia*、

蟹甲草属 *Parasenecio*、橐吾属 *Ligularia*、千里光属 *Senecio*（菊科 Asteraceae）、越橘属 *Vaccinium*（杜鹃花科 Ericaceae）、山茶属 *Camellia*（山茶科 Theaceae）、杨桐属 *Adinandra*（五列木科 Pentaphylacaceae）、珍珠菜属 *Lysimachia*、点地梅属 *Androsace*、报春花属 *Primula*（报春花科 Primulaceae）、绣球属 *Hydrangea*（绣球科 Hydrangeaceae）、蓼属 *Polygonum*（蓼科 Polygonaceae）、蝇子草属 *Silene*、无心菜属 *Arenaria*、繁缕属 *Stellaria*、白鼓钉属 *Polycarpaea*（石竹科 Caryophyllaceae）、雾冰藜属 *Bassia* 和猪毛菜属 *Salsola*（苋科 Amaranthaceae）、唢呐草属 *Mitella* 和虎耳草属 *Saxifraga*（虎耳草科 Saxifragaceae）、蚊母树属 *Distylium*（金缕梅科 Hamamelidaceae）、乌蔹莓属 *Cayratia*（葡萄科 Vitaceae）、瑞香属 *Daphne*（瑞香科 Thymelaeaceae）、米仔兰属 *Aglaia* 和樫木属 *Dysoxylum*（楝科 Meliaceae）、拟芸香属 *Haplophyllum* 和花椒属 *Zanthoxylum*（芸香科 Rutaceae）、大戟属 *Euphorbia* 和 油桐属 *Vernicia*（大戟科 Euphorbiaceae）、金丝桃属 *Hypericum*（金丝桃科 Hypericaceae）、卫矛属 *Euonymus*（卫矛科 Celastraceae）、花楸属 *Sorbus*、悬钩子属 *Rubus*、委陵菜属 *Potentilla*（蔷薇科 Rosaceae）、木防己属 *Cocculus*（防己科 Menispermaceae）、十大功劳属 *Mahonia*（小檗科 Berberidaceae）、翠雀属 *Delphinium*、乌头属 *Aconitum*、银莲花属 *Anemone*（毛茛科 Ranunculaceae）、山胡椒属 *Lindera* 和木姜子属 *Litsea*（樟科 Lauraceae）、百合属 *Lilium*（百合科 Liliaceae）、薹草属 *Carex* 和莎草属 *Cyperus*（莎草科 Cyperaceae）、玉山竹属 *Yushania*、披碱草属 *Elymus*、羊茅属 *Festuca*（禾本科 Poaceae）。

第五节 总结和展望

本书中所展示的中国维管植物生命之树，是根据 5 个基因，6 098 个分类单元（OTU）的数据矩阵分析得到的，包括中国维管植物全部科(除蛇菰科)、约 93% 的属。中国维管植物的大多数目、科的范围得到确认，科间和科内关系得到分辨和支持。它所揭示的维管植物，特别是石松类植物、蕨类植物和被子植物的系统发育关系与自 20 世纪 90 年代以来根据叶绿体、线粒体、核糖体基因或 DNA 片段及叶绿体基因组数据构建的分子分类系统是相当一致的（Chase et al., 1993；Soltis et al., 1997, 2000；Savolainen et al., 2000；Hilu et al., 2003；APG Ⅲ, 2009；Qiu et al., 2010；Ruhfel et al., 2014）。

近年来的一些研究，用目、科较少取样通过增加序列数目或分子性状来提高维管植物大分支之间的系统发育关系支持率（如 Soltis et al., 2011, 用 17 个基因 640 个分类群对被子植物系统关系的研究）。这些分析中各大分支在目和科级水平的系统发育关系得到强支持，为将来通过较多取样证实这些分支的稳定性和单系性提供了很好的框架。中国维管植物生命之树在属级水平上揭示了一些新的科间和科内关系。半日花科 Cistaceae 的半日花属的分布中心在欧洲–地中海地区，只有一种半日花 *Helianthemum songaricum* 分布在中国新疆北部至内蒙古的荒漠中，有趣的是该种与热带雨林的建群类群龙脑香科 Dipterocarpaceae 的种类聚成一支，得到 77% BS 支持，说明龙脑香科可能不是一个单系群，值得通过扩大取样，进行深入研究证实。我们对伞形科和五加科均有较多取样，结果表明天胡荽属 *Hydrocotyle* 的 4 种植物与五加科植物形成一个稳定分支，得到 100% BS 支持，而在 FOC 中该属被置于伞形科 Apiaceae。山榄科 Sapotaceae 梭子果属 *Eberhardtia* 只有 3 种，中国分布 2 种，本研究首次对该属两种植物取样进行分子系统学研究，发现该属是除肉实树属 *Sarcosperma* 之外所有其他山榄科植物的姐妹群，这有助于我们理解该科的系统发育关系。在我们的生命之树上，在一些较大科，如菊科 Asteraceae、兰科 Orchidaceae、伞形科 Apiaceae 等，分辨出新的亚支；通过较密集取样对中国大属的单系性进行了验证，这些属包括紫菀属 *Aster*、蒿属 *Artemisia*、橐吾属 *Ligularia*、风毛菊属 *Saussurea*、马先蒿属 *Pedicularis*、獐牙菜属 *Swertia*、龙胆属 *Gentiana*、杜鹃花属 *Rhododendron*、凤仙花属 *Impatiens*、报春花属 *Primula*、蝇子草属 *Silene*、无心菜属 *Arenaria*、虎耳草属 *Saxifraga*、黄芪属 *Astragalus*、锦鸡儿属 *Caragana*、秋海棠属 *Begonia*、冷水花属 *Pilea*、榕属 *Ficus*、悬钩子属 *Rubus*、蔷薇属 *Rosa*、委陵菜属 *Potentilla*、翠雀属 *Delphinium*、乌头属 *Aconitum*、铁线莲属 *Clematis*、小檗属 *Berberis*、玉山竹属 *Yushania*、披碱草属 *Elymus* 和猪毛菜属 *Salsola*。

除以上系统关系外，植物学家和生态学家正利用在属级，甚至种级水平上高分辨的系统发育树研究中国植物区系的来源和演化、生物多样性保护和地理格局，以及群落的结构和动态规律（鲁丽敏等，2014；Lu et al.，2018b）。能反映物种间真正亲缘关系的高精度的系统发育树对于实现这些目标是至关重要的，我们建议在未来的研究中对以下三个方面给予特别关注：①对更多的种类进行取样以更好地反映中国植物区系的进化历史。②随着对属内近缘物种取样的增加，数据质量，包括物种鉴定和序列的准确度成为构建正确系统发育树的关键而应予以重视；选择增加更适合的基因或DNA片段，并用来自同一个DNA样品测序得到的序列代表同一个种，也可以补充和清洗公共数据库中的DNA数据［应用这些数据库（如GenBank）中的序列会遇到不少问题］，包括去除物种鉴定和污染导致的序列错误。③分子系统学家期待信息学家在构建超大树方面提供更加快速便捷的分析技术，包括序列比对、运算速度和高精度分析方法的应用等（鲁丽敏等，2014）。

第七章 中国维管植物分类系统

石松类植物 Lycophytes

石松目 Lycopodiales

1 石松科 Lycopodiaceae

(1) 石杉属 *Huperzia*

(2) 小石松属 *Lycopodiella*

(3) 石松属 *Lycopodium*

水韭目 Isoetales

2 水韭科 Isoetaceae

(1) 水韭属 *Isoetes*

卷柏目 Selaginellales

3 卷柏科 Selaginellaceae

(1) 卷柏属 *Selaginella*

蕨类植物 Ferns

合囊蕨目 Marattiales

1 合囊蕨科 Marattiaceae

(1) 天星蕨属 *Christensenia*

(2) 观音座莲属 *Angiopteris*

(3) 合囊蕨属 *Ptisana*

瓶尔小草目 Ophioglossales

2 瓶尔小草科 Ophioglossaceae

(1) 阴地蕨属 *Botrychium*

(2) 七指蕨属 *Helminthostachys*

(3) 瓶尔小草属 *Ophioglossum*

松叶蕨目 Psilotales

3 松叶蕨科 Psilotaceae

(1) 松叶蕨属 *Psilotum*

木贼目 Equisetales

4 木贼科 Equisetaceae

(1) 木贼属 *Equisetum*

紫萁目 Osmundales

5 紫萁科 Osmundaceae

(1) 紫萁属 *Osmunda*

(2) 桂皮紫萁属 *Osmundastrum*

膜蕨目 Hymenophyllales

6 膜蕨科 Hymenophyllaceae

(1) 膜蕨属 *Hymenophyllum*

(2) 毛杆蕨属 *Callistopteris*

(3) 厚叶蕨属 *Cephalomanes*

(4) 长片蕨属 *Abrodictyum*

(5) 毛边蕨属 *Didymoglossum*

(6) 瓶蕨属 *Vandenboschia*

(7) 假脉蕨属 *Crepidomanes*

里白目 Gleicheniales

7 里白科 Gleicheniaceae

(1) 假芒萁属 *Sticherus*

(2) 芒萁属 *Dicranopteris*

(3) 里白属 *Diplopterygium*

8 双扇蕨科 Dipteridaceae

(1) 燕尾蕨属 *Cheiropleuria*

(2) 双扇蕨属 *Dipteris*

莎草蕨目 Schizaeales

9 莎草蕨科 Schizaeaceae

(1) 莎草蕨属 *Schizaea*

10 海金沙科 Lygodiaceae

(1) 海金沙属 *Lygodium*

槐叶蘋目 Salviniales

11 槐叶蘋科 Salviniaceae

(1) 满江红属 *Azolla*

(2) 槐叶蘋属 *Salvinia*

12 蘋科 Marsileaceae

(1) 蘋属 *Marsilea*

桫椤目 Cyatheales

13 瘤足蕨科 Plagiogyriaceae

(1) 瘤足蕨属 *Plagiogyria*

14 金毛狗科 Cibotiaceae

(1) 金毛狗属 *Cibotium*

15 桫椤科 Cyatheaceae

(1) 白桫椤属 *Sphaeropteris*

(2) 桫椤属 *Alsophila*

水龙骨目 Polypodiales

16 鳞始蕨科 Lindsaeaceae

(1) 乌蕨属 *Odontosoria*

(2) 鳞始蕨属 *Lindsaea*

(3) 香鳞始蕨属 *Osmolindsaea*

(4) 达边蕨属 *Tapeinidium*

17 凤尾蕨科 Pteridaceae

(1) 凤了蕨属 *Coniogramme*

(2) 珠蕨属 *Cryptogramma*

(3) 卤蕨属 *Acrostichum*

(4) 水蕨属 *Ceratopteris*

(5) 金粉蕨属 *Onychium*

(6) 凤尾蕨属 *Pteris*

(7) 粉叶蕨属 *Pityrogramma*

(8) 翠蕨属 *Cerosora*

(9) 竹叶蕨属 *Taenitis*

(10) 薄叶翠蕨属 *Anogramma*

(11) 铁线蕨属 *Adiantum*

(12) 车前蕨属 *Antrophyum*

(13) 一条线蕨属 *Monogramma*

(14) 书带蕨属 *Haplopteris*

(15) 戟叶黑心蕨属 *Calciphilopteris*

(16) 金毛裸蕨属 *Paragymnopteris*

(17) 旱蕨属 *Pellaea*

(18) 隐囊蕨属 *Notholaena*

(19) 碎米蕨属 *Cheilanthes*

(20) 泽泻蕨属 *Parahemionitis*

(21) 黑心蕨属 *Doryopteris*

(22) 粉背蕨属 *Aleuritopteris*

18 碗蕨科 Dennstaedtiaceae

(1) 碗蕨属 *Dennstaedtia*

(2) 鳞盖蕨属 *Microlepia*

(3) 稀子蕨属 *Monachosorum*

(4) 蕨属 *Pteridium*

(5) 姬蕨属 *Hypolepis*

(6) 曲轴蕨属 *Paesia*

(7) 栗蕨属 *Histiopteris*

19 冷蕨科 Cystopteridaceae

(1) 羽节蕨属 *Gymnocarpium*

(2) 亮毛蕨属 *Acystopteris*

(3) 冷蕨属 *Cystopteris*

20 轴果蕨科 Rhachidosoraceae

(1) 轴果蕨属 *Rhachidosorus*

21 肠蕨科 Diplaziopsidaceae

(1) 肠蕨属 *Diplaziopsis*

22 铁角蕨科 Aspleniaceae

(1) 铁角蕨属 *Asplenium*

(2) 膜叶铁角蕨属 *Hymenasplenium*

23 金星蕨科 Thelypteridaceae

(1) 针毛蕨属 *Macrothelypteris*

(2) 紫柄蕨属 *Pseudophegopteris*

(3) 卵果蕨属 *Phegopteris*

(4) 沼泽蕨属 *Thelypteris*

(5) 金星蕨属 *Parathelypteris*

(6) 凸轴蕨属 *Metathelypteris*

(7) 栗金星蕨属 *Coryphopteris*

(8) 假鳞毛蕨属 *Oreopteris*

(9) 毛蕨属 *Cyclosorus*
(10) 钩毛蕨属 *Cyclogramma*
(11) 溪边蕨属 *Stegnogramma*
24 岩蕨科 Woodsiaceae
(1) 滇蕨属 *Cheilanthopsis*
(2) 岩蕨属 *Woodsia*
(3) 膀胱蕨属 *Protowoodsia*
25 蹄盖蕨科 Athyriaceae
(1) 对囊蕨属 *Deparia*
(2) 双盖蕨属 *Diplazium*
(3) 安蕨属 *Anisocampium*
(4) 角蕨属 *Cornopteris*
(5) 蹄盖蕨属 *Athyrium*
26 球子蕨科 Onocleaceae
(1) 东方荚果蕨属 *Pentarhizidium*
(2) 球子蕨属 *Onoclea*
(3) 荚果蕨属 *Matteuccia*
27 乌毛蕨科 Blechnaceae
(1) 狗脊属 *Woodwardia*
(2) 乌毛蕨属 *Blechnum*
(3) 光叶藤蕨属 *Stenochlaena*
(4) 苏铁蕨属 *Brainea*
28 肿足蕨科 Hypodematiaceae
(1) 肿足蕨属 *Hypodematium*
(2) 大膜盖蕨属 *Leucostegia*
29 鳞毛蕨科 Dryopteridaceae
(1) 节毛蕨属 *Lastreopsis*
(2) 黄腺羽蕨属 *Pleocnemia*
(3) 实蕨属 *Bolbitis*
(4) 舌蕨属 *Elaphoglossum*
(5) 网藤蕨属 *Lomagramma*
(6) 符藤蕨属 *Teratophyllum*
(7) 肋毛蕨属 *Ctenitis*
(8) 贯众属 *Cyrtomium*
(9) 耳蕨属 *Polystichum*
(10) 柳叶蕨属 *Cyrtogonellum*
(11) 鞭叶蕨属 *Cyrtomidictyum*
(12) 毛枝蕨属 *Leptorumohra*
(13) 复叶耳蕨属 *Arachniodes*
(14) 黔蕨属 *Phanerophlebiopsis*
(15) 鳞毛蕨属 *Dryopteris*
(16) 轴鳞蕨属 *Dryopsis*
(17) 假复叶耳蕨属 *Acrorumohra*
(18) 柄盖蕨属 *Peranema*
(19) 红腺蕨属 *Diacalpe*
(20) 鱼鳞蕨属 *Acrophorus*
30 藤蕨科 Lomariopsidaceae
(1) 藤蕨属 *Lomariopsis*
31 肾蕨科 Nephrolepidaceae
(1) 肾蕨属 *Nephrolepis*
32 三叉蕨科 Tectariaceae
(1) 三叉蕨属 *Tectaria*
(2) 牙蕨属 *Pteridrys*
33 爬树蕨科 Arthropteridaceae
(1) 爬树蕨属 *Arthropteris*
34 篠蕨科 Oleandraceae
(1) 篠蕨属 *Oleandra*
35 骨碎补科 Davalliaceae
(1) 骨碎补属 *Davallia*
36 水龙骨科 Polypodiaceae
(1) 剑蕨属 *Loxogramme*
(2) 棱脉蕨属 *Goniophlebium*
(3) 瘤蕨属 *Phymatosorus*
(4) 星蕨属 *Microsorum*
(5) 薄唇蕨属 *Leptochilus*
(6) 翅星蕨属 *Kaulinia*
(7) 瓦韦属 *Lepisorus*
(8) 伏石蕨属 *Lemmaphyllum*
(9) 毛鳞蕨属 *Tricholepidium*
(10) 扇蕨属 *Neocheiropteris*
(11) 盾蕨属 *Neolepisorus*
(12) 鳞果星蕨属 *Lepidomicrosorium*
(13) 鹿角蕨属 *Platycerium*
(14) 石韦属 *Pyrrosia*
(15) 连珠蕨属 *Aglaomorpha*
(16) 槲蕨属 *Drynaria*
(17) 戟蕨属 *Christopteris*
(18) 雨蕨属 *Gymnogrammitis*
(19) 节肢蕨属 *Arthromeris*
(20) 修蕨属 *Selliguea*
(21) 假瘤蕨属 *Phymatopteris*
(22) 多足蕨属 *Polypodium*
(23) 睫毛蕨属 *Pleurosoriopsis*
(24) 滨禾蕨属 *Oreogrammitis*
(25) 穴子蕨属 *Prosaptia*
(26) 荷包蕨属 *Calymmodon*
(27) 锯蕨属 *Micropolypodium*
(28) 革舌蕨属 *Scleroglossum*
(29) 裂禾蕨属 *Tomophyllum*
(30) 蒿蕨属 *Themelium*

裸子植物 Gymnosperms

买麻藤目 Gnetales
1 买麻藤科 Gnetaceae
(1) 买麻藤属 *Gnetum*
麻黄目 Ephedrales
2 麻黄科 Ephedraceae
(1) 麻黄属 *Ephedra*
苏铁目 Cycadales
3 苏铁科 Cycadaceae
(1) 苏铁属 *Cycas*
银杏目 Ginkgoales
4 银杏科 Ginkgoaceae
(1) 银杏属 *Ginkgo*
松目 Pinales
5 松科 Pinaceae
(1) 银杉属 *Cathaya*
(2) 松属 *Pinus*
(3) 云杉属 *Picea*
(4) 落叶松属 *Larix*
(5) 黄杉属 *Pseudotsuga*
(6) 雪松属 *Cedrus*
(7) 金钱松属 *Pseudolarix*
(8) 铁杉属 *Tsuga*
(9) 油杉属 *Keteleeria*
(10) 冷杉属 *Abies*
南洋杉目 Araucariales
6 罗汉松科 Podocarpaceae
(1) 鸡毛松属 *Dacrycarpus*
(2) 陆均松属 *Dacrydium*
(3) 竹柏属 *Nageia*
(4) 罗汉松属 *Podocarpus*
7 南洋杉科 Araucariaceae
(1) 南洋杉属 *Araucaria*
(2) 贝壳杉属 *Agathis*
柏目 Cupressales
8 金松科 Sciadopityaceae
(1) 金松属 *Sciadopitys*
9 柏科 Cupressaceae
(1) 杉木属 *Cunninghamia*
(2) 台湾杉属 *Taiwania*
(3) 水杉属 *Metasequoia*
(4) 北美红杉属 *Sequoia*
(5) 巨杉属 *Sequoiadendron*
(6) 柳杉属 *Cryptomeria*
(7) 水松属 *Glyptostrobus*
(8) 落羽杉属 *Taxodium*
(9) 罗汉柏属 *Thujopsis*
(10) 崖柏属 *Thuja*
(11) 扁柏属 *Chamaecyparis*
(12) 福建柏属 *Fokienia*
(13) 翠柏属 *Calocedrus*
(14) 侧柏属 *Platycladus*
(15) 刺柏属 *Juniperus*
(16) 柏木属 *Cupressus*
10 红豆杉科 Taxaceae
(1) 穗花杉属 *Amentotaxus*
(2) 榧属 *Torreya*
(3) 红豆杉属 *Taxus*
(4) 白豆杉属 *Pseudotaxus*
11 三尖杉科 Cephalotaxaceae
(1) 三尖杉属 *Cephalotaxus*

被子植物 Angiosperms

睡莲目 Nymphaeales
1 莼菜科 Cabombaceae
(1) 莼菜属 *Brasenia*
(2) 水盾草属 *Cabomba*
2 睡莲科 Nymphaeaceae
(1) 萍蓬草属 *Nuphar*
(2) 睡莲属 *Nymphaea*
(3) 芡属 *Euryale*
木兰藤目 Austrobaileyales
3 八角科 Illiciaceae
(1) 八角属 *Illicium*
4 五味子科 Schisandraceae
(1) 南五味子属 *Kadsura*
(2) 五味子属 *Schisandra*
胡椒目 Piperales
5 马兜铃科 Aristolochiaceae
(1) 马蹄香属 *Saruma*
(2) 细辛属 *Asarum*
(3) 线果兜铃属 *Thottea*
(4) 马兜铃属 *Aristolochia*
6 胡椒科 Piperaceae
(1) 齐头绒属 *Zippelia*
(2) 草胡椒属 *Peperomia*
(3) 胡椒属 *Piper*
7 三白草科 Saururaceae
(1) 蕺菜属 *Houttuynia*
(2) 三白草属 *Saururus*
(3) 裸蒴属 *Gymnotheca*
木兰目 Magnoliales
8 肉豆蔻科 Myristicaceae
(1) 红光树属 *Knema*
(2) 风吹楠属 *Horsfieldia*
(3) 肉豆蔻属 *Myristica*
9 番荔枝科 Annonaceae
(1) 蒙蒿子属 *Anaxagorea*
(2) 依兰属 *Cananga*
(3) 木瓣树属 *Xylopia*
(4) 鹰爪花属 *Artabotrys*
(5) 瓜馥木属 *Fissistigma*
(6) 紫玉盘属 *Uvaria*
(7) 杯冠木属 *Cyathostemma*
(8) 尖花藤属 *Friesodielsia*
(9) 皂帽花属 *Dasymaschalon*
(10) 假鹰爪属 *Desmos*
(11) 哥纳香属 *Goniothalamus*
(12) 异萼花属 *Disepalum*
(13) 霹雳果属 *Rollinia*
(14) 番荔枝属 *Annona*
(15) 藤春属 *Alphonsea*
(16) 鹿茸木属 *Meiogyne*
(17) 野独活属 *Miliusa*
(18) 蕉木属 *Chieniodendron*
(19) 暗罗属 *Polyalthia*
(20) 嘉陵花属 *Popowia*
(21) 澄广花属 *Orophea*
(22) 金钩花属 *Pseuduvaria*
(23) 海岛木属 *Trivalvaria*
(24) 银钩花属 *Mitrephora*
10 木兰科 Magnoliaceae
(1) 鹅掌楸属 *Liriodendron*
(2) 盖裂木属 *Talauma*
(3) 天女花属 *Oyama*
(4) 厚朴属 *Houpoea*
(5) 木莲属 *Manglietia*
(6) 北美木兰属 *Magnolia*
(7) 长喙木兰属 *Lirianthe*
(8) 焕镛木属 *Woonyoungia*
(9) 玉兰属 *Yulania*
(10) 厚壁木属 *Pachylarnax*
(11) 拟单性木兰属 *Parakmeria*
(12) 长蕊木兰属 *Alcimandra*
(13) 含笑属 *Michelia*
樟目 Laurales
11 蜡梅科 Calycanthaceae
(1) 夏蜡梅属 *Calycanthus*
(2) 蜡梅属 *Chimonanthus*
12 莲叶桐科 Hernandiaceae
(1) 莲叶桐属 *Hernandia*
(2) 青藤属 *Illigera*
13 樟科 Lauraceae
(1) 无根藤属 *Cassytha*
(2) 厚壳桂属 *Cryptocarya*
(3) 油果樟属 *Syndiclis*
(4) 孔药楠属 *Sinopora*
(5) 琼楠属 *Beilschmiedia*
(6) 土楠属 *Endiandra*
(7) 新樟属 *Neocinnamomum*
(8) 檬果樟属 *Caryodaphnopsis*
(9) 莲桂属 *Dehaasia*
(10) 楠属 *Phoebe*
(11) 油丹属 *Alseodaphne*
(12) 鳄梨属 *Persea*
(13) 赛楠属 *Nothaphoebe*
(14) 润楠属 *Machilus*
(15) 檫木属 *Sassafras*
(16) 月桂属 *Laurus*
(17) 单花木姜子属 *Dodecadenia*
(18) 山胡椒属 *Lindera*
(19) 香面叶属 *Iteadaphne*
(20) 华檫木属 *Sinosassafras*
(21) 拟檫木属 *Parasassafras*
(22) 樟属 *Cinnamomum*
(23) 新木姜子属 *Neolitsea*
(24) 木姜子属 *Litsea*
(25) 黄肉楠属 *Actinodaphne*
金粟兰目 Chloranthales
14 金粟兰科 Chloranthaceae
(1) 雪香兰属 *Hedyosmum*
(2) 金粟兰属 *Chloranthus*
(3) 草珊瑚属 *Sarcandra*
菖蒲目 Acorales
15 菖蒲科 Acoraceae
(1) 菖蒲属 *Acorus*
泽泻目 Alismatales
16 天南星科 Araceae
(1) 臭菘属 *Symplocarpus*
(2) 紫萍属 *Spirodela*
(3) 浮萍属 *Lemna*
(4) 少根萍属 *Landoltia*
(5) 无根萍属 *Wolffia*
(6) 石柑属 *Pothos*
(7) 假石柑属 *Pothoidium*
(8) 藤芋属 *Scindapsus*
(9) 崖角藤属 *Rhaphidophora*
(10) 上树南星属 *Anadendrum*
(11) 雷公连属 *Amydrium*
(12) 麒麟叶属 *Epipremnum*
(13) 刺芋属 *Lasia*
(14) 千年健属 *Homalomena*
(15) 广东万年青属 *Aglaonema*
(16) 隐棒花属 *Cryptocoryne*
(17) 落檐属 *Schismatoglottis*
(18) 水芋属 *Calla*
(19) 魔芋属 *Amorphophallus*
(20) 细柄芋属 *Hapaline*
(21) 大薸属 *Pistia*
(22) 海芋属 *Alocasia*
(23) 芋属 *Colocasia*
(24) 岩芋属 *Remusatia*
(25) 泉七属 *Steudnera*
(26) 半夏属 *Pinellia*
(27) 天南星属 *Arisaema*
(28) 犁头尖属 *Typhonium*
(29) 斑龙芋属 *Sauromatum*
(30) 疆南星属 *Arum*
17 岩菖蒲科 Tofieldiaceae
(1) 岩菖蒲属 *Tofieldia*
18 泽泻科 Alismataceae
(1) 泽泻属 *Alisma*
(2) 黄花蔺属 *Limnocharis*
(3) 拟花蔺属 *Butomopsis*
(4) 毛茛泽泻属 *Ranalisma*
(5) 泽苔草属 *Caldesia*
(6) 慈姑属 *Sagittaria*
19 花蔺科 Butomaceae
(1) 花蔺属 *Butomus*

20 水鳖科 Hydrocharitaceae
(1) 水鳖属 *Hydrocharis*
(2) 水蕴草属 *Egeria*
(3) 水筛属 *Blyxa*
(4) 水车前属 *Ottelia*
(5) 喜盐草属 *Halophila*
(6) 海菖蒲属 *Enhalus*
(7) 泰来藻属 *Thalassia*
(8) 茨藻属 *Najas*
(9) 黑藻属 *Hydrilla*
(10) 虾子菜属 *Nechamandra*
(11) 苦草属 *Vallisneria*
21 水蕹科 Aponogetonaceae
(1) 水蕹属 *Aponogeton*
22 冰沼草科 Scheuchzeriaceae
(1) 冰沼草属 *Scheuchzeria*
23 水麦冬科 Juncaginaceae
(1) 水麦冬属 *Triglochin*
24 眼子菜科 Potamogetonaceae
(1) 角果藻属 *Zannichellia*
(2) 篦齿眼子菜属 *Stuckenia*
(3) 眼子菜属 *Potamogeton*
25 大叶藻科 Zosteraceae
(1) 大叶藻属 *Zostera*
(2) 虾海藻属 *Phyllospadix*
26 海神草科 Posidoniaceae
(1) 海神草属 *Posidonia*
27 川蔓藻科 Ruppiaceae
(1) 川蔓藻属 *Ruppia*
28 丝粉藻科 Cymodoceaceae
(1) 针叶藻属 *Syringodium*
(2) 二药藻属 *Halodule*
(3) 丝粉藻属 *Cymodocea*

无叶莲目 Petrosaviales
29 无叶莲科 Petrosaviaceae
(1) 无叶莲属 *Petrosavia*

薯蓣目 Dioscoreales
30 沼金花科 Nartheciaceae
(1) 肺筋草属 *Aletris*
31 水玉簪科 Burmanniaceae
(1) 水玉簪属 *Burmannia*
(2) 腐草属 *Gymnosiphon*
(3) 水玉杯属 *Thismia*
32 薯蓣科 Dioscoreaceae
(1) 蒟蒻薯属 *Tacca*
(2) 裂果薯属 *Schizocapsa*
(3) 薯蓣属 *Dioscorea*

露兜树目 Pandanales
33 芒苞草科 Acanthochlamydaceae
(1) 芒苞草属 *Acanthochlamys*
34 露兜树科 Pandanaceae
(1) 藤露兜树属 *Freycinetia*
(2) 露兜树属 *Pandanus*
35 百部科 Stemonaceae
(1) 金刚大属 *Croomia*
(2) 百部属 *Stemona*
36 霉草科 Triuridaceae
(1) 霉草属 *Sciaphila*

百合目 Liliales
37 秋水仙科 Colchicaceae
(1) 嘉兰属 *Gloriosa*
(2) 山慈姑属 *Iphigenia*
(3) 万寿竹属 *Disporum*
38 藜芦科 Melanthiaceae
(1) 棋盘花属 *Zigadenus*
(2) 藜芦属 *Veratrum*
(3) 重楼属 *Paris*
(4) 延龄草属 *Trillium*
(5) 白丝草属 *Chionographis*
(6) 丫蕊花属 *Ypsilandra*
(7) 胡麻花属 *Heloniopsis*
39 菝葜科 Smilacaceae
(1) 菝葜属 *Smilax*
(2) 肖菝葜属 *Heterosmilax*
40 百合科 Liliaceae
(1) 扭柄花属 *Streptopus*
(2) 油点草属 *Tricyrtis*
(3) 七筋姑属 *Clintonia*
(4) 洼瓣花属 *Lloydia*
(5) 顶冰花属 *Gagea*
(6) 猪牙花属 *Erythronium*
(7) 郁金香属 *Tulipa*
(8) 假百合属 *Notholirion*
(9) 大百合属 *Cardiocrinum*
(10) 贝母属 *Fritillaria*
(11) 百合属 *Lilium*
(12) 豹子花属 *Nomocharis*
41 白玉簪科 Corsiaceae
(1) 白玉簪属 *Corsiopsis*

天门冬目 Asparagales
42 兰科 Orchidaceae
(1) 三蕊兰属 *Neuwiedia*
(2) 拟兰属 *Apostasia*
(3) 朱兰属 *Pogonia*
(4) 香荚兰属 *Vanilla*
(5) 山珊瑚属 *Galeola*
(6) 倒吊兰属 *Erythrorchis*
(7) 杓兰属 *Cypripedium*
(8) 兜兰属 *Paphiopedilum*
(9) 双唇兰属 *Didymoplexis*
(10) 隐柱兰属 *Cryptostylis*
(11) 葱叶兰属 *Microtis*
(12) 指柱兰属 *Stigmatodactylus*
(13) 铠兰属 *Corybas*
(14) 肥根兰属 *Pelexia*
(15) 绶草属 *Spiranthes*
(16) 斑叶兰属 *Goodyera*
(17) 袋唇兰属 *Hylophila*
(18) 钳唇兰属 *Erythrodes*
(19) 二尾兰属 *Vrydagzynea*
(20) 旗唇兰属 *Kuhlhasseltia*
(21) 齿唇兰属 *Odontochilus*
(22) 叠鞘兰属 *Chamaegastrodia*
(23) 血叶兰属 *Ludisia*
(24) 菱兰属 *Rhomboda*
(25) 开唇兰属 *Anoectochilus*
(26) 爬兰属 *Herpysma*
(27) 线柱兰属 *Zeuxine*
(28) 叉柱兰属 *Cheirostylis*
(29) 翻唇兰属 *Hetaeria*
(30) 无喙兰属 *Holopogon*
(31) 双袋兰属 *Disperis*
(32) 鸟足兰属 *Satyrium*
(33) 合柱兰属 *Diplomeris*
(34) 玉凤花属 *Habenaria*
(35) 阔蕊兰属 *Peristylus*
(36) 白蝶兰属 *Pecteilis*
(37) 兜蕊兰属 *Androcorys*
(38) 孔唇兰属 *Porolabium*
(39) 角盘兰属 *Herminium*
(40) 苞叶兰属 *Brachycorythis*
(41) 舌喙兰属 *Hemipilia*
(42) 小红门兰属 *Ponerorchis*
(43) 无柱兰属 *Amitostigma*
(44) 兜被兰属 *Neottianthe*
(45) 红门兰属 *Orchis*
(46) 盔花兰属 *Galearis*
(47) 掌裂兰属 *Dactylorhiza*
(48) 舌唇兰属 *Platanthera*
(49) 手参属 *Gymnadenia*
(50) 尖药兰属 *Diphylax*
(51) 无叶兰属 *Aphyllorchis*
(52) 金佛山兰属 *Tangtsinia*
(53) 头蕊兰属 *Cephalanthera*
(54) 火烧兰属 *Epipactis*
(55) 鸟巢兰属 *Neottia*
(56) 竹茎兰属 *Tropidia*
(57) 管花兰属 *Corymborkis*
(58) 芋兰属 *Nervilia*
(59) 珊瑚兰属 *Corallorhiza*
(60) 蝴蝶兰属 *Phalaenopsis*
(61) 山兰属 *Oreorchis*
(62) 杜鹃兰属 *Cremastra*
(63) 毛梗兰属 *Eriodes*
(64) 筒瓣兰属 *Anthogonium*
(65) 竹叶兰属 *Arundina*
(66) 笋兰属 *Thunia*
(67) 白及属 *Bletilla*
(68) 独蒜兰属 *Pleione*
(69) 曲唇兰属 *Panisea*
(70) 足柱兰属 *Dendrochilum*
(71) 蜂腰兰属 *Bulleyia*
(72) 贝母兰属 *Coelogyne*
(73) 新型兰属 *Neogyna*
(74) 石仙桃属 *Pholidota*

(75) 耳唇兰属 *Otochilus*
(76) 坛花兰属 *Acanthephippium*
(77) 苞舌兰属 *Spathoglottis*
(78) 虾脊兰属 *Calanthe*
(79) 鹤顶兰属 *Phaius*
(80) 黄兰属 *Cephalantheropsis*
(81) 带唇兰属 *Tainia*
(82) 云叶兰属 *Nephelaphyllum*
(83) 吻兰属 *Collabium*
(84) 滇兰属 *Hancockia*
(85) 布袋兰属 *Calypso*
(86) 独花兰属 *Changnienia*
(87) 筒距兰属 *Tipularia*
(88) 丫瓣兰属 *Ypsilorchis*
(89) 小沼兰属 *Oberonioides*
(90) 原沼兰属 *Malaxis*
(91) 无耳沼兰属 *Dienia*
(92) 羊耳蒜属 *Liparis*
(93) 沼兰属 *Crepidium*
(94) 鸢尾兰属 *Oberonia*
(95) 厚唇兰属 *Epigeneium*
(96) 石斛属 *Dendrobium*
(97) 金石斛属 *Flickingeria*
(98) 石豆兰属 *Bulbophyllum*
(99) 大苞兰属 *Sunipia*
(100) 短瓣兰属 *Monomeria*
(101) 禾叶兰属 *Agrostophyllum*
(102) 毛兰属 *Eria*
(103) 蛤兰属 *Conchidium*
(104) 矮柱兰属 *Thelasis*
(105) 馥兰属 *Phreatia*
(106) 盾柄兰属 *Porpax*
(107) 柄唇兰属 *Podochilus*
(108) 牛齿兰属 *Appendicula*
(109) 毛鞘兰属 *Trichotosia*
(110) 气穗兰属 *Aeridostachya*
(111) 苹兰属 *Pinalia*
(112) 宿苞兰属 *Cryptochilus*
(113) 牛角兰属 *Ceratostylis*
(114) 藓兰属 *Bryobium*
(115) 柱兰属 *Cylindrolobus*
(116) 拟毛兰属 *Mycaranthes*
(117) 钟兰属 *Campanulorchis*
(118) 美柱兰属 *Callostylis*
(119) 拟石斛属 *Oxystophyllum*
(120) 粉口兰属 *Pachystoma*
(121) 美冠兰属 *Eulophia*
(122) 地宝兰属 *Geodorum*
(123) 合萼兰属 *Acriopsis*
(124) 兰属 *Cymbidium*
(125) 多穗兰属 *Polystachya*
(126) 凤蝶兰属 *Papilionanthe*
(127) 钗子股属 *Luisia*
(128) 蜘蛛兰属 *Arachnis*
(129) 花蜘蛛兰属 *Esmeralda*
(130) 火焰兰属 *Renanthera*
(131) 叉喙兰属 *Uncifera*
(132) 槽舌兰属 *Holcoglossum*
(133) 风兰属 *Neofinetia*
(134) 鸟舌兰属 *Ascocentrum*
(135) 万代兰属 *Vanda*
(136) 钻喙兰属 *Rhynchostylis*
(137) 短距兰属 *Penkimia*
(138) 指甲兰属 *Aerides*
(139) 羽唇兰属 *Ornithochilus*
(140) 萼脊兰属 *Sedirea*
(141) 白点兰属 *Thrixspermum*
(142) 五唇兰属 *Doritis*
(143) 湿唇兰属 *Hygrochilus*
(144) 长足兰属 *Pteroceras*
(145) 火炬兰属 *Grosourdya*
(146) 胼胝兰属 *Biermannia*
(147) 带叶兰属 *Taeniophyllum*
(148) 巾唇兰属 *Pennilabium*
(149) 红头兰属 *Tuberolabium*
(150) 虾尾兰属 *Parapteroceras*
(151) 鹿角兰属 *Pomatocalpa*
(152) 盆距兰属 *Gastrochilus*
(153) 香兰属 *Haraella*
(154) 拟万代兰属 *Vandopsis*
(155) 小囊兰属 *Micropera*
(156) 脆兰属 *Acampe*
(157) 隔距兰属 *Cleisostoma*
(158) 掌唇兰属 *Staurochilus*
(159) 毛舌兰属 *Trichoglottis*
(160) 匙唇兰属 *Schoenorchis*
(161) 蛇舌兰属 *Diploprora*
(162) 钻柱兰属 *Pelatantheria*
(163) 异型兰属 *Chiloschista*
(164) 大喙兰属 *Sarcoglyphis*
(165) 坚唇兰属 *Stereochilus*
(166) 盖喉兰属 *Smitinandia*
(167) 寄树兰属 *Robiquetia*
(168) 槌柱兰属 *Malleola*

43 仙茅科 Hypoxidaceae
(1) 仙茅属 *Curculigo*
(2) 小金梅草属 *Hypoxis*

44 鸢尾蒜科 Ixioliriaceae
(1) 鸢尾蒜属 *Ixiolirion*

45 鸢尾科 Iridaceae
(1) 番红花属 *Crocus*
(2) 鸢尾属 *Iris*
(3) 射干属 *Belamcanda*

46 阿福花科 Asphodelaceae
(1) 独尾草属 *Eremurus*
(2) 芦荟属 *Aloe*
(3) 山菅兰属 *Dianella*
(4) 萱草属 *Hemerocallis*

47 石蒜科 Amaryllidaceae
(1) 葱属 *Allium*
(2) 穗花韭属 *Milula*
(3) 文殊兰属 *Crinum*
(4) 葱莲属 *Zephyranthes*
(5) 水仙属 *Narcissus*
(6) 全能花属 *Pancratium*
(7) 石蒜属 *Lycoris*

48 天门冬科 Asparagaceae
(1) 绵枣儿属 *Barnardia*
(2) 知母属 *Anemarrhena*
(3) 龙舌兰属 *Agave*
(4) 玉簪属 *Hosta*
(5) 吊兰属 *Chlorophytum*
(6) 鹭鸶草属 *Diuranthera*
(7) 天门冬属 *Asparagus*
(8) 朱蕉属 *Cordyline*
(9) 异蕊草属 *Thysanotus*
(10) 龙血树属 *Dracaena*
(11) 夏须草属 *Theropogon*
(12) 舞鹤草属 *Maianthemum*
(13) 黄精属 *Polygonatum*
(14) 竹根七属 *Disporopsis*
(15) 异黄精属 *Heteropolygonatum*
(16) 球子草属 *Peliosanthes*
(17) 山麦冬属 *Liriope*
(18) 沿阶草属 *Ophiopogon*
(19) 铃兰属 *Convallaria*
(20) 白穗花属 *Speirantha*
(21) 蜘蛛抱蛋属 *Aspidistra*
(22) 长柱开口箭属 *Tupistra*
(23) 吉祥草属 *Reineckea*
(24) 开口箭属 *Campylandra*
(25) 万年青属 *Rohdea*

棕榈目 Arecales

49 棕榈科 Arecaceae
(1) 钩叶藤属 *Plectocomia*
(2) 蛇皮果属 *Salacca*
(3) 省藤属 *Calamus*
(4) 黄藤属 *Daemonorops*
(5) 水椰属 *Nypa*
(6) 椰子属 *Cocos*
(7) 槟榔属 *Areca*
(8) 山槟榔属 *Pinanga*
(9) 琼棕属 *Chuniophoenix*
(10) 桄榔属 *Arenga*
(11) 瓦理棕属 *Wallichia*
(12) 鱼尾葵属 *Caryota*
(13) 海枣属 *Phoenix*
(14) 蒲葵属 *Livistona*
(15) 轴榈属 *Licuala*
(16) 棕榈属 *Trachycarpus*
(17) 石山棕属 *Guihaia*
(18) 棕竹属 *Rhapis*

禾本目 Poales

50 香蒲科 Typhaceae
(1) 黑三棱属 *Sparganium*

(2) 香蒲属 *Typha*
51 凤梨科 Bromeliaceae
(1) 凤梨属 *Ananas*
52 莎草科 Cyperaceae
(1) 石龙刍属 *Lepironia*
(2) 擂鼓簕属 *Mapania*
(3) 割鸡芒属 *Hypolytrum*
(4) 一本芒属 *Cladium*
(5) 裂颖茅属 *Diplacrum*
(6) 珍珠茅属 *Scleria*
(7) 鳞籽莎属 *Lepidosperma*
(8) 剑叶莎属 *Machaerina*
(9) 三肋莎属 *Tricostularia*
(10) 黑莎草属 *Gahnia*
(11) 赤箭莎属 *Schoenus*
(12) 刺子莞属 *Rhynchospora*
(13) 扁穗草属 *Blysmus*
(14) 蔺藨草属 *Trichophorum*
(15) 羊胡子草属 *Eriophorum*
(16) 藨草属 *Scirpus*
(17) 嵩草属 *Kobresia*
(18) 薹草属 *Carex*
(19) 荸荠属 *Eleocharis*
(20) 球柱草属 *Bulbostylis*
(21) 星穗莎属 *Actinoschoenus*
(22) 飘拂草属 *Fimbristylis*
(23) 三棱草属 *Bolboschoenus*
(24) 细莞属 *Isolepis*
(25) 芙兰草属 *Fuirena*
(26) 大藨草属 *Actinoscirpus*
(27) 水葱属 *Schoenoplectus*
(28) 翅鳞莎属 *Courtoisina*
(29) 莎草属 *Cyperus*
(30) 湖瓜草属 *Lipocarpha*
(31) 海滨莎属 *Remirea*
(32) 水蜈蚣属 *Kyllinga*
(33) 扁莎属 *Pycreus*
53 灯芯草科 Juncaceae
(1) 地杨梅属 *Luzula*
(2) 灯芯草属 *Juncus*
54 谷精草科 Eriocaulaceae
(1) 谷精草属 *Eriocaulon*
55 黄眼草科 Xyridaceae
(1) 黄眼草属 *Xyris*
56 帚灯草科 Restionaceae
(1) 薄果草属 *Dapsilanthus*
57 刺鳞草科 Centrolepidaceae
(1) 刺鳞草属 *Centrolepis*
58 须叶藤科 Flagellariaceae
(1) 须叶藤属 *Flagellaria*
59 禾本科 Poaceae
(1) 囊稃竺属 *Leptaspis*
(2) 鹧鸪草属 *Eriachne*
(3) 小丽草属 *Coelachne*
(4) 柳叶箬属 *Isachne*
(5) 芦竹属 *Arundo*
(6) 刺毛头黍属 *Setiacis*
(7) 蓝沼草属 *Molinia*
(8) 芦苇属 *Phragmites*
(9) 针禾属 *Stipagrostis*
(10) 三芒草属 *Aristida*
(11) 齿稃草属 *Schismus*
(12) 蒲苇属 *Cortaderia*
(13) 扁芒草属 *Danthonia*
(14) 类芦属 *Neyraudia*
(15) 九顶草属 *Enneapogon*
(16) 镰稃草属 *Harpachne*
(17) 画眉草属 *Eragrostis*
(18) 结缕草属 *Zoysia*
(19) 鼠尾粟属 *Sporobolus*
(20) 隐花草属 *Crypsis*
(21) 米草属 *Spartina*
(22) 隐子草属 *Cleistogenes*
(23) 草沙蚕属 *Tripogon*
(24) 细画眉草属 *Eragrostiella*
(25) 龙爪茅属 *Dactyloctenium*
(26) 垂穗草属 *Bouteloua*
(27) 野牛草属 *Buchloe*
(28) 固沙草属 *Orinus*
(29) 毛俭草属 *Mnesithea*
(30) 獐毛属 *Aeluropus*
(31) 茅根属 *Perotis*
(32) 乱子草属 *Muhlenbergia*
(33) 锋芒草属 *Tragus*
(34) 千金子属 *Leptochloa*
(35) 尖稃草属 *Acrachne*
(36) 弯穗草属 *Dinebra*
(37) 穇属 *Eleusine*
(38) 肠须草属 *Enteropogon*
(39) 虎尾草属 *Chloris*
(40) 小草属 *Microchloa*
(41) 细穗草属 *Lepturus*
(42) 真穗草属 *Eustachys*
(43) 狗牙根属 *Cynodon*
(44) 总苞草属 *Elytrophorus*
(45) 淡竹叶属 *Lophatherum*
(46) 粽叶芦属 *Thysanolaena*
(47) 酸模芒属 *Centotheca*
(48) 马唐属 *Digitaria*
(49) 伪针茅属 *Pseudoraphis*
(50) 黍属 *Panicum*
(51) 须芒草属 *Andropogon*
(52) 臂形草属 *Brachiaria*
(53) 砂滨草属 *Thuarea*
(54) 糖蜜草属 *Melinis*
(55) 尾稃草属 *Urochloa*
(56) 野黍属 *Eriochloa*
(57) 钝叶草属 *Stenotaphrum*
(58) 类雀稗属 *Paspalidium*
(59) 狗尾草属 *Setaria*
(60) 鬣刺属 *Spinifex*
(61) 狼尾草属 *Pennisetum*
(62) 蒺藜草属 *Cenchrus*
(63) 囊颖草属 *Sacciolepis*
(64) 稗属 *Echinochloa*
(65) 露籽草属 *Ottochloa*
(66) 凤头黍属 *Acroceras*
(67) 求米草属 *Oplismenus*
(68) 弓果黍属 *Cyrtococcum*
(69) 钩毛草属 *Pseudechinolaena*
(70) 膜稃草属 *Hymenachne*
(71) 距花黍属 *Ichnanthus*
(72) 雀稗属 *Paspalum*
(73) 地毯草属 *Axonopus*
(74) 耳稃草属 *Garnotia*
(75) 野古草属 *Arundinella*
(76) 葫芦草属 *Chionachne*
(77) 荩草属 *Arthraxon*
(78) 玉蜀黍属 *Zea*
(79) 香茅属 *Cymbopogon*
(80) 蜈蚣草属 *Eremochloa*
(81) 细柄草属 *Capillipedium*
(82) 筒轴茅属 *Rottboellia*
(83) 沟颖草属 *Sehima*
(84) 双花草属 *Dichanthium*
(85) 束尾草属 *Phacelurus*
(86) 雁茅属 *Dimeria*
(87) 蛇尾草属 *Ophiuros*
(88) 牛鞭草属 *Hemarthria*
(89) 假金发草属 *Pseudopogonatherum*
(90) 薏苡属 *Coix*
(91) 莠竹属 *Microstegium*
(92) 金须茅属 *Chrysopogon*
(93) 黄金茅属 *Eulalia*
(94) 大油芒属 *Spodiopogon*
(95) 白茅属 *Imperata*
(96) 鸭嘴草属 *Ischaemum*
(97) 甘蔗属 *Saccharum*
(98) 芒属 *Miscanthus*
(99) 楔颖草属 *Apocopis*
(100) 高粱属 *Sorghum*
(101) 水蔗草属 *Apluda*
(102) 金发草属 *Pogonatherum*
(103) 筒穗草属 *Germainia*
(104) 苞茅属 *Hyparrhenia*
(105) 菅属 *Themeda*
(106) 裂稃草属 *Schizachyrium*
(107) 黄茅属 *Heteropogon*
(108) 孔颖草属 *Bothriochloa*
(109) 皱稃草属 *Ehrharta*
(110) 假稻属 *Leersia*
(111) 稻属 *Oryza*
(112) 水禾属 *Hygroryza*
(113) 菰属 *Zizania*
(114) 山涧草属 *Chikusichloa*

(115) 空竹属 *Cephalostachyum*
(116) 篾篣竹属 *Schizostachyum*
(117) 泡竹属 *Pseudostachyum*
(118) 梨竹属 *Melocanna*
(119) 单枝竹属 *Bonia*
(120) 泰竹属 *Thyrsostachys*
(121) 巨竹属 *Gigantochloa*
(122) 牡竹属 *Dendrocalamus*
(123) 簕竹属 *Bambusa*
(124) 梨藤竹属 *Melocalamus*
(125) 赤竹属 *Sasa*
(126) 筱竹属 *Thamnocalamus*
(127) 大节竹属 *Indosasa*
(128) 少穗竹属 *Oligostachyum*
(129) 苦竹属 *Pleioblastus*
(130) 矢竹属 *Pseudosasa*
(131) 业平竹属 *Semiarundinaria*
(132) 酸竹属 *Acidosasa*
(133) 箬竹属 *Indocalamus*
(134) 唐竹属 *Sinobambusa*
(135) 香竹属 *Chimonocalamus*
(136) 铁竹属 *Ferrocalamus*
(137) 鹅毛竹属 *Shibataea*
(138) 玉山竹属 *Yushania*
(139) 须弥筱竹属 *Himalayacalamus*
(140) 刚竹属 *Phyllostachys*
(141) 寒竹属 *Chimonobambusa*
(142) 悬竹属 *Ampelocalamus*
(143) 箭竹属 *Fargesia*
(144) 镰序竹属 *Drepanostachyum*
(145) 短颖草属 *Brachyelytrum*
(146) 毛蕊草属 *Duthiea*
(147) 显子草属 *Phaenosperma*
(148) 冠毛草属 *Stephanachne*
(149) 三蕊草属 *Sinochasea*
(150) 芨芨草属 *Achnatherum*
(151) 落芒草属 *Piptatherum*
(152) 针茅属 *Stipa*
(153) 沙鞭属 *Psammochloa*
(154) 细柄茅属 *Ptilagrostis*
(155) 三角草属 *Trikeraia*
(156) 直芒草属 *Orthoraphium*
(157) 扁穗茅属 *Brylkinia*
(158) 甜茅属 *Glyceria*
(159) 臭草属 *Melica*
(160) 裂稃茅属 *Schizachne*
(161) 龙常草属 *Diarrhena*
(162) 短柄草属 *Brachypodium*
(163) 虉草属 *Phalaris*
(164) 黄花茅属 *Anthoxanthum*
(165) 落草属 *Koeleria*
(166) 三毛草属 *Trisetum*
(167) 异燕麦属 *Helictotrichon*
(168) 燕麦草属 *Arrhenatherum*
(169) 燕麦属 *Avena*
(170) 凌风草属 *Briza*
(171) 野青茅属 *Deyeuxia*
(172) 拂子茅属 *Calamagrostis*
(173) 剪股颖属 *Agrostis*
(174) 棒头草属 *Polypogon*
(175) 鸭茅属 *Dactylis*
(176) 洋狗尾草属 *Cynosurus*
(177) 假牛鞭草属 *Parapholis*
(178) 绒毛草属 *Holcus*
(179) 发草属 *Deschampsia*
(180) 水茅属 *Scolochloa*
(181) 黑麦草属 *Lolium*
(182) 羊茅属 *Festuca*
(183) 鼠茅属 *Vulpia*
(184) 银须草属 *Aira*
(185) 碱茅属 *Puccinellia*
(186) 硬草属 *Sclerochloa*
(187) 小沿沟草属 *Colpodium*
(188) 沿沟草属 *Catabrosa*
(189) 莎禾属 *Coleanthus*
(190) 梯牧草属 *Phleum*
(191) 早熟禾属 *Poa*
(192) 沟稃草属 *Aniselytron*
(193) 杯禾属 *Cyathopus*
(194) 菵草属 *Beckmannia*
(195) 看麦娘属 *Alopecurus*
(196) 单蕊草属 *Cinna*
(197) 粟草属 *Milium*
(198) 扇穗茅属 *Littledalea*
(199) 新麦草属 *Psathyrostachys*
(200) 雀麦属 *Bromus*
(201) 大麦属 *Hordeum*
(202) 赖草属 *Leymus*
(203) 旱麦草属 *Eremopyrum*
(204) 冰草属 *Agropyron*
(205) 小麦属 *Triticum*
(206) 披碱草属 *Elymus*
(207) 假鹅观草属 *Pseudoroegneria*
(208) 山羊草属 *Aegilops*
(209) 黑麦属 *Secale*

鸭跖草目 Commelinales

60 田葱科 Philydraceae
(1) 田葱属 *Philydrum*
61 雨久花科 Pontederiaceae
(1) 凤眼莲属 *Eichhornia*
(2) 雨久花属 *Monochoria*
62 鸭跖草科 Commelinaceae
(1) 聚花草属 *Floscopa*
(2) 水竹叶属 *Murdannia*
(3) 钩毛子草属 *Rhopalephora*
(4) 杜若属 *Pollia*
(5) 网籽草属 *Dictyospermum*
(6) 鸭跖草属 *Commelina*
(7) 竹叶子属 *Streptolirion*
(8) 竹叶吉祥草属 *Spatholirion*
(9) 锦竹草属 *Callisia*
(10) 紫露草属 *Tradescantia*
(11) 穿鞘花属 *Amischotolype*
(12) 孔药花属 *Porandra*
(13) 假紫万年青属 *Belosynapsis*
(14) 蓝耳草属 *Cyanotis*

姜目 Zingiberales

63 兰花蕉科 Lowiaceae
(1) 兰花蕉属 *Orchidantha*
64 芭蕉科 Musaceae
(1) 芭蕉属 *Musa*
(2) 象腿蕉属 *Ensete*
(3) 地涌金莲属 *Musella*
65 竹芋科 Marantaceae
(1) 柊叶属 *Phrynium*
(2) 竹叶蕉属 *Donax*
(3) 竹芋属 *Maranta*
(4) 穗花柊叶属 *Stachyphrynium*
66 美人蕉科 Cannaceae
(1) 美人蕉属 *Canna*
67 闭鞘姜科 Costaceae
(1) 闭鞘姜属 *Cheilocostus*
68 姜科 Zingiberaceae
(1) 长果姜属 *Siliquamomum*
(2) 地豆蔻属 *Elettariopsis*
(3) 豆蔻属 *Amomum*
(4) 山姜属 *Alpinia*
(5) 大豆蔻属 *Hornstedtia*
(6) 偏穗姜属 *Plagiostachys*
(7) 茴香砂仁属 *Etlingera*
(8) 喙花姜属 *Rhynchanthus*
(9) 大苞姜属 *Monolophus*
(10) 舞花姜属 *Globba*
(11) 姜花属 *Hedychium*
(12) 姜黄属 *Curcuma*
(13) 土田七属 *Stahlianthus*
(14) 象牙参属 *Roscoea*
(15) 直唇姜属 *Pommereschea*
(16) 凹唇姜属 *Boesenbergia*
(17) 山柰属 *Kaempferia*
(18) 姜属 *Zingiber*
(19) 苞叶姜属 *Pyrgophyllum*
(20) 距药姜属 *Cautleya*

金鱼藻目 Ceratophyllales

69 金鱼藻科 Ceratophyllaceae
(1) 金鱼藻属 *Ceratophyllum*

毛茛目 Ranunculales

70 罂粟科 Papaveraceae
(1) 蓟罂粟属 *Argemone*
(2) 罂粟属 *Papaver*
(3) 绿绒蒿属 *Meconopsis*
(4) 花菱草属 *Eschscholzia*
(5) 血水草属 *Eomecon*
(6) 博落回属 *Macleaya*
(7) 海罂粟属 *Glaucium*

(8) 秃疮花属 *Dicranostigma*
(9) 金罂粟属 *Stylophorum*
(10) 白屈菜属 *Chelidonium*
(11) 荷青花属 *Hylomecon*
(12) 角茴香属 *Hypecoum*
(13) 荷包藤属 *Adlumia*
(14) 荷包牡丹属 *Lamprocapnos*
(15) 烟堇属 *Fumaria*
(16) 紫金龙属 *Dactylicapnos*
(17) 紫堇属 *Corydalis*
71 领春木科 Eupteleaceae
(1) 领春木属 *Euptelea*
72 星叶草科 Circaeasteraceae
(1) 星叶草属 *Circaeaster*
(2) 独叶草属 *Kingdonia*
73 大血藤科 Sargentodoxaceae
(1) 大血藤属 *Sargentodoxa*
74 木通科 Lardizabalaceae
(1) 猫儿屎属 *Decaisnea*
(2) 串果藤属 *Sinofranchetia*
(3) 木通属 *Akebia*
(4) 长萼木通属 *Archakebia*
(5) 野木瓜属 *Stauntonia*
(6) 八月瓜属 *Holboellia*
75 防己科 Menispermaceae
(1) 古山龙属 *Arcangelisia*
(2) 连蕊藤属 *Parabaena*
(3) 球果藤属 *Aspidocarya*
(4) 大叶藤属 *Tinomiscium*
(5) 天仙藤属 *Fibraurea*
(6) 青牛胆属 *Tinospora*
(7) 蝙蝠葛属 *Menispermum*
(8) 风龙属 *Sinomenium*
(9) 秤钩风属 *Diploclisia*
(10) 夜花藤属 *Hypserpa*
(11) 细圆藤属 *Pericampylus*
(12) 千金藤属 *Stephania*
(13) 轮环藤属 *Cyclea*
(14) 锡生藤属 *Cissampelos*
(15) 粉绿藤属 *Pachygone*
(16) 木防己属 *Cocculus*
(17) 密花藤属 *Pycnarrhena*
(18) 藤枣属 *Eleutharrhena*
(19) 崖藤属 *Albertisia*
76 小檗科 Berberidaceae
(1) 十大功劳属 *Mahonia*
(2) 小檗属 *Berberis*
(3) 南天竹属 *Nandina*
(4) 红毛七属 *Caulophyllum*
(5) 囊果草属 *Leontice*
(6) 牡丹草属 *Gymnospermium*
(7) 鲜黄连属 *Plagiorhegma*
(8) 淫羊藿属 *Epimedium*
(9) 鬼臼属 *Dysosma*
(10) 桃儿七属 *Sinopodophyllum*
(11) 山荷叶属 *Diphylleia*
77 毛茛科 Ranunculaceae
(1) 黄连属 *Coptis*
(2) 铁破锣属 *Beesia*
(3) 菟葵属 *Eranthis*
(4) 升麻属 *Cimicifuga*
(5) 类叶升麻属 *Actaea*
(6) 黄三七属 *Souliea*
(7) 侧金盏花属 *Adonis*
(8) 金莲花属 *Trollius*
(9) 鸡爪草属 *Calathodes*
(10) 乌头属 *Aconitum*
(11) 翠雀属 *Delphinium*
(12) 飞燕草属 *Consolida*
(13) 星果草属 *Asteropyrum*
(14) 铁筷子属 *Helleborus*
(15) 驴蹄草属 *Caltha*
(16) 唐松草属 *Thalictrum*
(17) 蓝堇草属 *Leptopyrum*
(18) 拟耧斗菜属 *Paraquilegia*
(19) 尾囊草属 *Urophysa*
(20) 天葵属 *Semiaquilegia*
(21) 耧斗菜属 *Aquilegia*
(22) 人字果属 *Dichocarpum*
(23) 拟扁果草属 *Enemion*
(24) 扁果草属 *Isopyrum*
(25) 美花草属 *Callianthemum*
(26) 碱毛茛属 *Halerpestes*
(27) 鸦跖花属 *Oxygraphis*
(28) 角果毛茛属 *Ceratocephala*
(29) 毛茛属 *Ranunculus*
(30) 水毛茛属 *Batrachium*
(31) 银莲花属 *Anemone*
(32) 獐耳细辛属 *Hepatica*
(33) 白头翁属 *Pulsatilla*
(34) 罂粟莲花属 *Anemoclema*
(35) 铁线莲属 *Clematis*
(36) 锡兰莲属 *Naravelia*

山龙眼目 Proteales
78 莲科 Nelumbonaceae
(1) 莲属 *Nelumbo*
79 悬铃木科 Platanaceae
(1) 悬铃木属 *Platanus*
80 山龙眼科 Proteaceae
(1) 山龙眼属 *Helicia*
(2) 假山龙眼属 *Heliciopsis*
(3) 澳洲坚果属 *Macadamia*

清风藤目 Sabiales
81 清风藤科 Sabiaceae
(1) 泡花树属 *Meliosma*
(2) 清风藤属 *Sabia*

昆栏树目 Trochodendrales
82 昆栏树科 Trochodendraceae
(1) 水青树属 *Tetracentron*
(2) 昆栏树属 *Trochodendron*

黄杨目 Buxales
83 黄杨科 Buxaceae
(1) 黄杨属 *Buxus*
(2) 野扇花属 *Sarcococca*
(3) 板凳果属 *Pachysandra*

五桠果目 Dilleniales
84 五桠果科 Dilleniaceae
(1) 锡叶藤属 *Tetracera*
(2) 五桠果属 *Dillenia*

锁阳目 Cynomoriales
85 锁阳科 Cynomoriaceae
(1) 锁阳属 *Cynomorium*

虎耳草目 Saxifragales
86 鼠刺科 Iteaceae
(1) 鼠刺属 *Itea*
87 茶藨子科 Grossulariaceae
(1) 茶藨子属 *Ribes*
88 虎耳草科 Saxifragaceae
(1) 虎耳草属 *Saxifraga*
(2) 金腰属 *Chrysosplenium*
(3) 涧边草属 *Peltoboykinia*
(4) 大叶子属 *Astilboides*
(5) 鬼灯檠属 *Rodgersia*
(6) 岩白菜属 *Bergenia*
(7) 槭叶草属 *Mukdenia*
(8) 独根草属 *Oresitrophe*
(9) 落新妇属 *Astilbe*
(10) 变豆叶草属 *Saniculiphyllum*
(11) 峨屏草属 *Tanakaea*
(12) 唢呐草属 *Mitella*
(13) 黄水枝属 *Tiarella*
89 景天科 Crassulaceae
(1) 东爪草属 *Tillaea*
(2) 伽蓝菜属 *Kalanchoe*
(3) 落地生根属 *Bryophyllum*
(4) 费菜属 *Phedimus*
(5) 红景天属 *Rhodiola*
(6) 瓦松属 *Orostachys*
(7) 石莲属 *Sinocrassula*
(8) 八宝属 *Hylotelephium*
(9) 瓦莲属 *Rosularia*
(10) 景天属 *Sedum*
90 扯根菜科 Penthoraceae
(1) 扯根菜属 *Penthorum*
91 小二仙草科 Haloragaceae
(1) 小二仙草属 *Gonocarpus*
(2) 狐尾藻属 *Myriophyllum*
92 芍药科 Paeoniaceae
(1) 芍药属 *Paeonia*
93 连香树科 Cercidiphyllaceae
(1) 连香树属 *Cercidiphyllum*
94 金缕梅科 Hamamelidaceae
(1) 红花荷属 *Rhodoleia*
(2) 马蹄荷属 *Exbucklandia*
(3) 壳菜果属 *Mytilaria*

(4) 山铜材属 *Chunia*
(5) 双花木属 *Disanthus*
(6) 檵木属 *Loropetalum*
(7) 蜡瓣花属 *Corylopsis*
(8) 金缕梅属 *Hamamelis*
(9) 假蚊母属 *Distyliopsis*
(10) 水丝梨属 *Sycopsis*
(11) 蚊母树属 *Distylium*
(12) 银缕梅属 *Parrotia*
(13) 秀柱花属 *Eustigma*
(14) 牛鼻栓属 *Fortunearia*
(15) 山白树属 *Sinowilsonia*
95 虎皮楠科 Daphniphyllaceae
(1) 虎皮楠属 *Daphniphyllum*
96 蕈树科 Altingiaceae
(1) 枫香树属 *Liquidambar*

葡萄目 Vitales

97 葡萄科 Vitaceae
(1) 火筒树属 *Leea*
(2) 蛇葡萄属 *Ampelopsis*
(3) 白粉藤属 *Cissus*
(4) 俞藤属 *Yua*
(5) 地锦属 *Parthenocissus*
(6) 葡萄属 *Vitis*
(7) 酸蔹藤属 *Ampelocissus*
(8) 乌蔹莓属 *Cayratia*
(9) 崖爬藤属 *Tetrastigma*

蒺藜目 Zygophyllales

98 蒺藜科 Zygophyllaceae
(1) 蒺藜属 *Tribulus*
(2) 四合木属 *Tetraena*
(3) 驼蹄瓣属 *Zygophyllum*

卫矛目 Celastrales

99 卫矛科 Celastraceae
(1) 假卫矛属 *Microtropis*
(2) 永瓣藤属 *Monimopetalum*
(3) 盾柱榄属 *Pleurostylia*
(4) 南蛇藤属 *Celastrus*
(5) 雷公藤属 *Tripterygium*
(6) 卫矛属 *Euonymus*
(7) 沟瓣木属 *Glyptopetalum*
(8) 美登木属 *Maytenus*
(9) 巧茶属 *Catha*
(10) 裸实属 *Gymnosporia*
(11) 五层龙属 *Salacia*
(12) 扁蒴藤属 *Pristimera*
(13) 斜翼属 *Plagiopteron*
(14) 翅子藤属 *Loeseneriella*
100 梅花草科 Parnassiaceae
(1) 梅花草属 *Parnassia*

酢浆草目 Oxalidales

101 杜英科 Elaeocarpaceae
(1) 杜英属 *Elaeocarpus*
(2) 猴欢喜属 *Sloanea*
102 酢浆草科 Oxalidaceae
(1) 酢浆草属 *Oxalis*
(2) 阳桃属 *Averrhoa*
(3) 感应草属 *Biophytum*
103 牛栓藤科 Connaraceae
(1) 红叶藤属 *Rourea*
(2) 牛栓藤属 *Connarus*
(3) 螫毛果属 *Cnestis*
(4) 栗豆藤属 *Agelaea*
(5) 单叶豆属 *Ellipanthus*
(6) 朱果藤属 *Roureopsis*

金虎尾目 Malpighiales

104 金虎尾科 Malpighiaceae
(1) 翅实藤属 *Ryssopterys*
(2) 三星果属 *Tristellateia*
(3) 风筝果属 *Hiptage*
(4) 盾翅藤属 *Aspidopterys*
105 沟繁缕科 Elatinaceae
(1) 田繁缕属 *Bergia*
(2) 沟繁缕属 *Elatine*
106 藤黄科 Clusiaceae
(1) 藤黄属 *Garcinia*
107 红厚壳科 Calophyllaceae
(1) 红厚壳属 *Calophyllum*
(2) 铁力木属 *Mesua*
(3) 格脉树属 *Mammea*
108 川苔草科 Podostemaceae
(1) 川藻属 *Dalzellia*
(2) 川苔草属 *Cladopus*
(3) 水石衣属 *Hydrobryum*
109 金丝桃科 Hypericaceae
(1) 黄牛木属 *Cratoxylum*
(2) 金丝桃属 *Hypericum*
(3) 三腺金丝桃属 *Triadenum*
110 叶下珠科 Phyllanthaceae
(1) 秋枫属 *Bischofia*
(2) 五月茶属 *Antidesma*
(3) 银柴属 *Aporosa*
(4) 木奶果属 *Baccaurea*
(5) 雀舌木属 *Leptopus*
(6) 喜光花属 *Actephila*
(7) 土蜜树属 *Bridelia*
(8) 闭花木属 *Cleistanthus*
(9) 蓝子木属 *Margaritaria*
(10) 白饭树属 *Flueggea*
(11) 龙胆木属 *Richeriella*
(12) 叶下珠属 *Phyllanthus*
(13) 守宫木属 *Sauropus*
(14) 黑面神属 *Breynia*
(15) 珠子木属 *Phyllanthodendron*
(16) 算盘子属 *Glochidion*
111 安神木科 Centroplacaceae
(1) 膝柄木属 *Bhesa*
112 核果木科 Putranjivaceae
(1) 核果木属 *Drypetes*
(2) 假黄杨属 *Putranjiva*
113 青钟麻科 Achariaceae
(1) 马蛋果属 *Gynocardia*
(2) 大风子属 *Hydnocarpus*
114 堇菜科 Violaceae
(1) 三角车属 *Rinorea*
(2) 鼠鞭草属 *Hybanthus*
(3) 堇菜属 *Viola*
115 西番莲科 Passifloraceae
(1) 蒴莲属 *Adenia*
(2) 西番莲属 *Passiflora*
116 杨柳科 Salicaceae
(1) 脚骨脆属 *Casearia*
(2) 天料木属 *Homalium*
(3) 箣柊属 *Scolopia*
(4) 柞木属 *Xylosma*
(5) 刺篱木属 *Flacourtia*
(6) 山拐枣属 *Poliothyrsis*
(7) 栀子皮属 *Itoa*
(8) 山羊角树属 *Carrierea*
(9) 山桂花属 *Bennettiodendron*
(10) 山桐子属 *Idesia*
(11) 杨属 *Populus*
(12) 柳属 *Salix*
(13) 钻天柳属 *Chosenia*
117 红树科 Rhizophoraceae
(1) 山红树属 *Pellacalyx*
(2) 竹节树属 *Carallia*
(3) 木榄属 *Bruguiera*
(4) 红树属 *Rhizophora*
(5) 秋茄树属 *Kandelia*
(6) 角果木属 *Ceriops*
118 古柯科 Erythroxylaceae
(1) 古柯属 *Erythroxylum*
119 小盘木科 Pandaceae
(1) 小盘木属 *Microdesmis*
120 亚麻科 Linaceae
(1) 亚麻属 *Linum*
(2) 青篱柴属 *Tirpitzia*
(3) 石海椒属 *Reinwardtia*
(4) 异腺草属 *Anisadenia*
121 金莲木科 Ochnaceae
(1) 蒴莲木属 *Sauvagesia*
(2) 金莲木属 *Ochna*
(3) 赛金莲木属 *Campylospermum*
122 黏木科 Ixonanthaceae
(1) 黏木属 *Ixonanthes*
123 毒鼠子科 Dichapetalaceae
(1) 毒鼠子属 *Dichapetalum*
124 大花草科 Rafflesiaceae
(1) 寄生花属 *Sapria*
125 蚌壳木科 Peraceae
(1) 刺果树属 *Chaetocarpus*
126 大戟科 Euphorbiaceae
(1) 白树属 *Suregada*
(2) 麻风树属 *Jatropha*

(3) 巴豆属 *Croton*
(4) 叶轮木属 *Ostodes*
(5) 三宝木属 *Trigonostemon*
(6) 油桐属 *Vernicia*
(7) 石栗属 *Aleurites*
(8) 东京桐属 *Deutzianthus*
(9) 斑籽木属 *Baliospermum*
(10) 变叶木属 *Codiaeum*
(11) 留萼木属 *Blachia*
(12) 宿萼木属 *Strophioblachia*
(13) 黄桐属 *Endospermum*
(14) 大戟属 *Euphorbia*
(15) 红雀珊瑚属 *Pedilanthus*
(16) 响盒子属 *Hura*
(17) 海漆属 *Excoecaria*
(18) 裸花树属 *Gymnanthes*
(19) 乌桕属 *Triadica*
(20) 浆果乌桕属 *Balakata*
(21) 白木乌桕属 *Neoshirakia*
(22) 澳杨属 *Homalanthus*
(23) 地杨桃属 *Microstachys*
(24) 橡胶树属 *Hevea*
(25) 木薯属 *Manihot*
(26) 山麻杆属 *Alchornea*
(27) 白茶树属 *Koilodepas*
(28) 墨鳞属 *Melanolepis*
(29) 缅桐属 *Sumbaviopsis*
(30) 肥牛树属 *Cephalomappa*
(31) 蝴蝶果属 *Cleidiocarpon*
(32) 风轮桐属 *Epiprinus*
(33) 沙戟属 *Chrozophora*
(34) 地构叶属 *Speranskia*
(35) 丹麻秆属 *Discocleidion*
(36) 蓖麻属 *Ricinus*
(37) 棒柄花属 *Cleidion*
(38) 粗毛藤属 *Cnesmone*
(39) 黄蓉花属 *Dalechampia*
(40) 白桐树属 *Claoxylon*
(41) 山靛属 *Mercurialis*
(42) 铁苋菜属 *Acalypha*
(43) 轮叶戟属 *Lasiococca*
(44) 水柳属 *Homonoia*
(45) 粗毛野桐属 *Hancea*
(46) 血桐属 *Macaranga*
(47) 滑桃树属 *Trevia*
(48) 野桐属 *Mallotus*

豆目 Fabales

127 豆科 Fabaceae

(1) 羊蹄甲属 *Bauhinia*
(2) 紫荆属 *Cercis*
(3) 李叶豆属 *Hymenaea*
(4) 油楠属 *Sindora*
(5) 酸豆属 *Tamarindus*
(6) 缅茄属 *Afzelia*
(7) 仪花属 *Lysidice*
(8) 无忧花属 *Saraca*
(9) 任豆属 *Zenia*
(10) 长角豆属 *Ceratonia*
(11) 顶果木属 *Acrocarpus*
(12) 肥皂荚属 *Gymnocladus*
(13) 皂荚属 *Gleditsia*
(14) 云实属 *Caesalpinia*
(15) 采木属 *Haematoxylum*
(16) 山扁豆属 *Chamaecrista*
(17) 腊肠树属 *Cassia*
(18) 决明属 *Senna*
(19) 扁轴木属 *Parkinsonia*
(20) 凤凰木属 *Delonix*
(21) 老虎刺属 *Pterolobium*
(22) 格木属 *Erythrophleum*
(23) 盾柱木属 *Peltophorum*
(24) 海红豆属 *Adenanthera*
(25) 榼藤属 *Entada*
(26) 假含羞草属 *Neptunia*
(27) 合欢草属 *Desmanthus*
(28) 银合欢属 *Leucaena*
(29) 球花豆属 *Parkia*
(30) 含羞草属 *Mimosa*
(31) 朱缨花属 *Calliandra*
(32) 合欢属 *Albizia*
(33) 牛蹄豆属 *Pithecellobium*
(34) 金合欢属 *Acacia*
(35) 雨树属 *Samanea*
(36) 象耳豆属 *Enterolobium*
(37) 南洋楹属 *Falcataria*
(38) 猴耳环属 *Archidendron*
(39) 香槐属 *Cladrastis*
(40) 红豆属 *Ormosia*
(41) 罗顿豆属 *Lotononis*
(42) 猪屎豆属 *Crotalaria*
(43) 黄花木属 *Piptanthus*
(44) 沙冬青属 *Ammopiptanthus*
(45) 冬麻豆属 *Salweenia*
(46) 野决明属 *Thermopsis*
(47) 马鞍树属 *Maackia*
(48) 银砂槐属 *Ammodendron*
(49) 槐属 *Sophora*
(50) 山豆根属 *Euchresta*
(51) 藤槐属 *Bowringia*
(52) 紫穗槐属 *Amorpha*
(53) 丁癸草属 *Zornia*
(54) 紫檀属 *Pterocarpus*
(55) 落花生属 *Arachis*
(56) 笔花豆属 *Stylosanthes*
(57) 黄檀属 *Dalbergia*
(58) 链荚木属 *Ormocarpum*
(59) 坡油甘属 *Smithia*
(60) 合萌属 *Aeschynomene*
(61) 田菁属 *Sesbania*
(62) 百脉根属 *Lotus*
(63) 刺槐属 *Robinia*
(64) 甘草属 *Glycyrrhiza*
(65) 猪腰豆属 *Afgekia*
(66) 鸡血藤属 *Callerya*
(67) 紫藤属 *Wisteria*
(68) 紫雀花属 *Parochetus*
(69) 鹰嘴豆属 *Cicer*
(70) 车轴草属 *Trifolium*
(71) 芒柄花属 *Ononis*
(72) 苜蓿属 *Medicago*
(73) 胡卢巴属 *Trigonella*
(74) 草木樨属 *Melilotus*
(75) 野豌豆属 *Vicia*
(76) 豌豆属 *Pisum*
(77) 山黧豆属 *Lathyrus*
(78) 兵豆属 *Lens*
(79) 旱雀豆属 *Chesniella*
(80) 雀儿豆属 *Chesneya*
(81) 米口袋属 *Gueldenstaedtia*
(82) 高山豆属 *Tibetia*
(83) 骆驼刺属 *Alhagi*
(84) 岩黄芪属 *Hedysarum*
(85) 驴食豆属 *Onobrychis*
(86) 刺枝豆属 *Eversmannia*
(87) 羊柴属 *Corethrodendron*
(88) 锦鸡儿属 *Caragana*
(89) 铃铛刺属 *Halimodendron*
(90) 棘豆属 *Oxytropis*
(91) 黄芪属 *Astragalus*
(92) 蔓黄芪属 *Phyllolobium*
(93) 鱼鳔槐属 *Colutea*
(94) 无叶豆属 *Eremosparton*
(95) 苦马豆属 *Sphaerophysa*
(96) 瓜儿豆属 *Cyamopsis*
(97) 木蓝属 *Indigofera*
(98) 双束鱼藤属 *Aganope*
(99) 相思子属 *Abrus*
(100) 乳豆属 *Galactia*
(101) 刀豆属 *Canavalia*
(102) 崖豆藤属 *Millettia*
(103) 拟大豆属 *Ophrestia*
(104) 灰毛豆属 *Tephrosia*
(105) 水黄皮属 *Pongamia*
(106) 干花豆属 *Fordia*
(107) 拟鱼藤属 *Paraderris*
(108) 鱼藤属 *Derris*
(109) 蝶豆属 *Clitoria*
(110) 距瓣豆属 *Centrosema*
(111) 土圞儿属 *Apios*
(112) 宿苞豆属 *Shuteria*
(113) 油麻藤属 *Mucuna*
(114) 巴豆藤属 *Craspedolobium*
(115) 旋花豆属 *Cochlianthus*
(116) 笐子梢属 *Campylotropis*
(117) 鸡眼草属 *Kummerowia*

(118) 胡枝子属 *Lespedeza*
(119) 小槐花属 *Ohwia*
(120) 排钱树属 *Phyllodium*
(121) 假木豆属 *Dendrolobium*
(122) 葫芦茶属 *Tadehagi*
(123) 长柄山蚂蝗属 *Hylodesmum*
(124) 长柄荚属 *Mecopus*
(125) 三叉刺属 *Trifidacanthus*
(126) 链荚豆属 *Alysicarpus*
(127) 山蚂蝗属 *Desmodium*
(128) 舞草属 *Codariocalyx*
(129) 蝙蝠草属 *Christia*
(130) 狸尾豆属 *Uraria*
(131) 密花豆属 *Spatholobus*
(132) 紫矿属 *Butea*
(133) 木豆属 *Cajanus*
(134) 鹿藿属 *Rhynchosia*
(135) 千斤拔属 *Flemingia*
(136) 鸡头薯属 *Eriosema*
(137) 镰瓣豆属 *Dysolobium*
(138) 四棱豆属 *Psophocarpus*
(139) 刺桐属 *Erythrina*
(140) 镰扁豆属 *Dolichos*
(141) 硬皮豆属 *Macrotyloma*
(142) 扁豆属 *Lablab*
(143) 豇豆属 *Vigna*
(144) 菜豆属 *Phaseolus*
(145) 大翼豆属 *Macroptilium*
(146) 山黑豆属 *Dumasia*
(147) 豆薯属 *Pachyrhizus*
(148) 葛属 *Pueraria*
(149) 土黄芪属 *Nogra*
(150) 毛蔓豆属 *Calopogonium*
(151) 两型豆属 *Amphicarpaea*
(152) 软荚豆属 *Teramnus*
(153) 苞护豆属 *Phylacium*
(154) 补骨脂属 *Cullen*
(155) 密子豆属 *Pycnospora*
(156) 大豆属 *Glycine*

128 远志科 Polygalaceae

(1) 黄叶树属 *Xanthophyllum*
(2) 远志属 *Polygala*
(3) 蝉翼藤属 *Securidaca*
(4) 齿果草属 *Salomonia*

129 海人树科 Surianaceae

(1) 海人树属 *Suriana*

蔷薇目 Rosales

130 蔷薇科 Rosaceae

(1) 蚊子草属 *Filipendula*
(2) 悬钩子属 *Rubus*
(3) 无尾果属 *Coluria*
(4) 太行花属 *Taihangia*
(5) 林石草属 *Waldsteinia*
(6) 路边青属 *Geum*
(7) 地榆属 *Sanguisorba*
(8) 羽叶花属 *Acomastylis*
(9) 马蹄黄属 *Spenceria*
(10) 龙牙草属 *Agrimonia*
(11) 蔷薇属 *Rosa*
(12) 蛇莓属 *Duchesnea*
(13) 委陵菜属 *Potentilla*
(14) 羽衣草属 *Alchemilla*
(15) 沼委陵菜属 *Comarum*
(16) 山莓草属 *Sibbaldia*
(17) 小石积属 *Osteomeles*
(18) 地蔷薇属 *Chamaerhodos*
(19) 草莓属 *Fragaria*
(20) 仙女木属 *Dryas*
(21) 风箱果属 *Physocarpus*
(22) 野珠兰属 *Stephanandra*
(23) 绣线梅属 *Neillia*
(24) 棣棠属 *Kerria*
(25) 鸡麻属 *Rhodotypos*
(26) 白鹃梅属 *Exochorda*
(27) 扁核木属 *Prinsepia*
(28) 假升麻属 *Aruncus*
(29) 绣线菊属 *Spiraea*
(30) 珍珠梅属 *Sorbaria*
(31) 稠李属 *Padus*
(32) 臀果木属 *Pygeum*
(33) 臭樱属 *Maddenia*
(34) 桂樱属 *Laurocerasus*
(35) 杏属 *Armeniaca*
(36) 李属 *Prunus*
(37) 樱属 *Cerasus*
(38) 桃属 *Amygdalus*
(39) 栒子属 *Cotoneaster*
(40) 红果树属 *Stranvaesia*
(41) 石楠属 *Photinia*
(42) 火棘属 *Pyracantha*
(43) 山楂属 *Crataegus*
(44) 花楸属 *Sorbus*
(45) 牛筋条属 *Dichotomanthes*
(46) 多依属 *Docynia*
(47) 苹果属 *Malus*
(48) 唐棣属 *Amelanchier*
(49) 木瓜属 *Chaenomeles*
(50) 石斑木属 *Rhaphiolepis*
(51) 枇杷属 *Eriobotrya*
(52) 榅桲属 *Cydonia*
(53) 梨属 *Pyrus*

131 胡颓子科 Elaeagnaceae

(1) 沙棘属 *Hippophae*
(2) 胡颓子属 *Elaeagnus*

132 鼠李科 Rhamnaceae

(1) 枳椇属 *Hovenia*
(2) 枣属 *Ziziphus*
(3) 咀签属 *Gouania*
(4) 马甲子属 *Paliurus*
(5) 麦珠子属 *Alphitonia*
(6) 蛇藤属 *Colubrina*
(7) 翼核果属 *Ventilago*
(8) 对刺藤属 *Scutia*
(9) 雀梅藤属 *Sageretia*
(10) 鼠李属 *Rhamnus*
(11) 勾儿茶属 *Berchemia*
(12) 小勾儿茶属 *Berchemiella*
(13) 猫乳属 *Rhamnella*

133 榆科 Ulmaceae

(1) 刺榆属 *Hemiptelea*
(2) 榆属 *Ulmus*
(3) 榉属 *Zelkova*

134 大麻科 Cannabaceae

(1) 糙叶树属 *Aphananthe*
(2) 白颜树属 *Gironniera*
(3) 山黄麻属 *Trema*
(4) 朴属 *Celtis*
(5) 青檀属 *Pteroceltis*
(6) 大麻属 *Cannabis*
(7) 葎草属 *Humulus*

135 桑科 Moraceae

(1) 波罗蜜属 *Artocarpus*
(2) 桑属 *Morus*
(3) 橙桑属 *Maclura*
(4) 水蛇麻属 *Fatoua*
(5) 构属 *Broussonetia*
(6) 牛筋藤属 *Malaisia*
(7) 榕属 *Ficus*
(8) 鹊肾树属 *Streblus*
(9) 见血封喉属 *Antiaris*

136 荨麻科 Urticaceae

(1) 四脉麻属 *Leucosyke*
(2) 水丝麻属 *Maoutia*
(3) 墙草属 *Parietaria*
(4) 单蕊麻属 *Droguetia*
(5) 紫麻属 *Oreocnide*
(6) 苎麻属 *Boehmeria*
(7) 瘤冠麻属 *Cypholophus*
(8) 水麻属 *Debregeasia*
(9) 肉被麻属 *Sarcochlamys*
(10) 舌柱麻属 *Archiboehmeria*
(11) 微柱麻属 *Chamabainia*
(12) 落尾木属 *Pipturus*
(13) 雾水葛属 *Pouzolzia*
(14) 糯米团属 *Gonostegia*
(15) 冷水花属 *Pilea*
(16) 假楼梯草属 *Lecanthus*
(17) 楼梯草属 *Elatostema*
(18) 藤麻属 *Procris*
(19) 赤车属 *Pellionia*
(20) 艾麻属 *Laportea*
(21) 锥头麻属 *Poikilospermum*
(22) 蝎子草属 *Girardinia*
(23) 火麻树属 *Dendrocnide*
(24) 花点草属 *Nanocnide*

(25) 征镒麻属 *Zhengyia*
(26) 荨麻属 *Urtica*

壳斗目 Fagales

137 壳斗科 Fagaceae
(1) 水青冈属 *Fagus*
(2) 三棱栎属 *Trigonobalanus*
(3) 栎属 *Quercus*
(4) 青冈属 *Cyclobalanopsis*
(5) 栗属 *Castanea*
(6) 柯属 *Lithocarpus*
(7) 锥属 *Castanopsis*

138 胡桃科 Juglandaceae
(1) 黄杞属 *Engelhardia*
(2) 山核桃属 *Carya*
(3) 喙核桃属 *Annamocarya*
(4) 化香树属 *Platycarya*
(5) 青钱柳属 *Cyclocarya*
(6) 枫杨属 *Pterocarya*
(7) 胡桃属 *Juglans*

139 马尾树科 Rhoipteleaceae
(1) 马尾树属 *Rhoiptelea*

140 杨梅科 Myricaceae
(1) 杨梅属 *Myrica*

141 桦木科 Betulaceae
(1) 桦木属 *Betula*
(2) 桤木属 *Alnus*
(3) 榛属 *Corylus*
(4) 虎榛子属 *Ostryopsis*
(5) 鹅耳枥属 *Carpinus*
(6) 铁木属 *Ostrya*

142 木麻黄科 Casuarinaceae
(1) 木麻黄属 *Casuarina*

葫芦目 Cucurbitales

143 葫芦科 Cucurbitaceae
(1) 棒锤瓜属 *Neoalsomitra*
(2) 绞股蓝属 *Gynostemma*
(3) 锥形果属 *Gomphogyne*
(4) 雪胆属 *Hemsleya*
(5) 翅子瓜属 *Zanonia*
(6) 假贝母属 *Bolbostemma*
(7) 盒子草属 *Actinostemma*
(8) 藏瓜属 *Indofevillea*
(9) 白兼果属 *Baijiania*
(10) 赤瓟属 *Thladiantha*
(11) 罗汉果属 *Siraitia*
(12) 苦瓜属 *Momordica*
(13) 喷瓜属 *Ecballium*
(14) 丝瓜属 *Luffa*
(15) 金瓜属 *Gymnopetalum*
(16) 油渣果属 *Hodgsonia*
(17) 栝楼属 *Trichosanthes*
(18) 佛手瓜属 *Sechium*
(19) 小雀瓜属 *Cyclanthera*
(20) 裂瓜属 *Schizopepon*
(21) 三裂瓜属 *Biswarea*
(22) 波棱瓜属 *Herpetospermum*
(23) 三棱瓜属 *Edgaria*
(24) 南瓜属 *Cucurbita*
(25) 滇马瓟属 *Scopellaria*
(26) 冬瓜属 *Benincasa*
(27) 葫芦属 *Lagenaria*
(28) 西瓜属 *Citrullus*
(29) 茅瓜属 *Solena*
(30) 马瓟儿属 *Zehneria*
(31) 番马瓟属 *Melothria*
(32) 红瓜属 *Coccinia*
(33) 毒瓜属 *Diplocyclos*
(34) 黄瓜属 *Cucumis*
(35) 帽儿瓜属 *Mukia*

144 马桑科 Coriariaceae
(1) 马桑属 *Coriaria*

145 秋海棠科 Begoniaceae
(1) 秋海棠属 *Begonia*

146 四数木科 Tetramelaceae
(1) 四数木属 *Tetrameles*

牻牛儿苗目 Geraniales

147 牻牛儿苗科 Geraniaceae
(1) 牻牛儿苗属 *Erodium*
(2) 老鹳草属 *Geranium*

桃金娘目 Myrtales

148 使君子科 Combretaceae
(1) 榄李属 *Lumnitzera*
(2) 榆绿木属 *Anogeissus*
(3) 榄仁属 *Terminalia*
(4) 萼翅藤属 *Getonia*
(5) 使君子属 *Quisqualis*
(6) 风车子属 *Combretum*

149 柳叶菜科 Onagraceae
(1) 丁香蓼属 *Ludwigia*
(2) 露珠草属 *Circaea*
(3) 山桃草属 *Gaura*
(4) 月见草属 *Oenothera*
(5) 柳兰属 *Chamerion*
(6) 柳叶菜属 *Epilobium*

150 千屈菜科 Lythraceae
(1) 节节菜属 *Rotala*
(2) 石榴属 *Punica*
(3) 虾子花属 *Woodfordia*
(4) 水芫花属 *Pemphis*
(5) 荸艾属 *Peplis*
(6) 千屈菜属 *Lythrum*
(7) 水苋菜属 *Ammannia*
(8) 菱属 *Trapa*
(9) 海桑属 *Sonneratia*
(10) 八宝树属 *Duabanga*
(11) 紫薇属 *Lagerstroemia*

151 桃金娘科 Myrtaceae
(1) 红胶木属 *Lophostemon*
(2) 岗松属 *Baeckea*
(3) 桉属 *Eucalyptus*
(4) 白千层属 *Melaleuca*
(5) 蒲桃属 *Syzygium*
(6) 桃金娘属 *Rhodomyrtus*
(7) 玫瑰木属 *Rhodamnia*
(8) 番樱桃属 *Eugenia*
(9) 子楝树属 *Decaspermum*
(10) 番石榴属 *Psidium*

152 隐翼木科 Crypteroniaceae
(1) 隐翼木属 *Crypteronia*

153 野牡丹科 Melastomataceae
(1) 谷木属 *Memecylon*
(2) 褐鳞木属 *Astronia*
(3) 金锦香属 *Osbeckia*
(4) 野牡丹属 *Melastoma*
(5) 藤牡丹属 *Diplectria*
(6) 柏拉木属 *Blastus*
(7) 蜂斗草属 *Sonerila*
(8) 酸脚杆属 *Medinilla*
(9) 锦香草属 *Phyllagathis*
(10) 八蕊花属 *Sporoxeia*
(11) 虎颜花属 *Tigridiopalma*
(12) 肉穗草属 *Sarcopyramis*
(13) 尖子木属 *Oxyspora*
(14) 药囊花属 *Cyphotheca*
(15) 野海棠属 *Bredia*
(16) 异药花属 *Fordiophyton*
(17) 卷花丹属 *Scorpiothyrsus*
(18) 异形木属 *Allomorphia*
(19) 棱果花属 *Barthea*

缨子木目 Crossosomatales

154 旌节花科 Stachyuraceae
(1) 旌节花属 *Stachyurus*

155 省沽油科 Staphyleaceae
(1) 野鸦椿属 *Euscaphis*
(2) 省沽油属 *Staphylea*
(3) 山香圆属 *Turpinia*

无患子目 Sapindales

156 白刺科 Nitrariaceae
(1) 骆驼蓬属 *Peganum*
(2) 白刺属 *Nitraria*

157 熏倒牛科 Biebersteiniaceae
(1) 熏倒牛属 *Biebersteinia*

158 漆树科 Anacardiaceae
(1) 山様子属 *Buchanania*
(2) 南酸枣属 *Choerospondias*
(3) 厚皮树属 *Lannea*
(4) 人面子属 *Dracontomelon*
(5) 槟榔青属 *Spondias*
(6) 藤漆属 *Pegia*
(7) 九子母属 *Dobinea*
(8) 肉托果属 *Semecarpus*
(9) 腰果属 *Anacardium*
(10) 杧果属 *Mangifera*
(11) 盐麸木属 *Rhus*
(12) 漆树属 *Toxicodendron*

(13) 黄连木属 *Pistacia*
(14) 黄栌属 *Cotinus*
159 橄榄科 Burseraceae
(1) 马蹄果属 *Protium*
(2) 白头树属 *Garuga*
(3) 橄榄属 *Canarium*
160 无患子科 Sapindaceae
(1) 文冠果属 *Xanthoceras*
(2) 车桑子属 *Dodonaea*
(3) 假山椤属 *Harpullia*
(4) 黄梨木属 *Boniodendron*
(5) 栾属 *Koelreuteria*
(6) 假韶子属 *Paranephelium*
(7) 檀栗属 *Pavieasia*
(8) 细子龙属 *Amesiodendron*
(9) 倒地铃属 *Cardiospermum*
(10) 异木患属 *Allophylus*
(11) 伞花木属 *Eurycorymbus*
(12) 滨木患属 *Arytera*
(13) 柄果木属 *Mischocarpus*
(14) 无患子属 *Sapindus*
(15) 鳞花木属 *Lepisanthes*
(16) 番龙眼属 *Pometia*
(17) 韶子属 *Nephelium*
(18) 荔枝属 *Litchi*
(19) 龙眼属 *Dimocarpus*
(20) 干果木属 *Xerospermum*
(21) 茶条木属 *Delavaya*
(22) 掌叶木属 *Handeliodendron*
(23) 七叶树属 *Aesculus*
(24) 金钱槭属 *Dipteronia*
(25) 槭属 *Acer*
161 楝科 Meliaceae
(1) 麻楝属 *Chukrasia*
(2) 香椿属 *Toona*
(3) 洋椿属 *Cedrela*
(4) 桃花心木属 *Swietenia*
(5) 非洲楝属 *Khaya*
(6) 木果楝属 *Xylocarpus*
(7) 楝属 *Melia*
(8) 鹧鸪花属 *Heynea*
(9) 割舌树属 *Walsura*
(10) 浆果楝属 *Cipadessa*
(11) 杜楝属 *Turraea*
(12) 地黄连属 *Munronia*
(13) 樫木属 *Dysoxylum*
(14) 溪桫属 *Chisocheton*
(15) 雷楝属 *Reinwardtiodendron*
(16) 山楝属 *Aphanamixis*
(17) 米仔兰属 *Aglaia*
162 苦木科 Simaroubaceae
(1) 苦木属 *Picrasma*
(2) 臭椿属 *Ailanthus*
(3) 鸦胆子属 *Brucea*
163 芸香科 Rutaceae
(1) 牛筋果属 *Harrisonia*
(2) 臭常山属 *Orixa*
(3) 白鲜属 *Dictamnus*
(4) 茵芋属 *Skimmia*
(5) 蜜茱萸属 *Melicope*
(6) 山油柑属 *Acronychia*
(7) 黄檗属 *Phellodendron*
(8) 吴茱萸属 *Tetradium*
(9) 花椒属 *Zanthoxylum*
(10) 九里香属 *Murraya*
(11) 飞龙掌血属 *Toddalia*
(12) 裸芸香属 *Psilopeganum*
(13) 石椒草属 *Boenninghausenia*
(14) 拟芸香属 *Haplophyllum*
(15) 黄皮属 *Clausena*
(16) 小芸木属 *Micromelum*
(17) 山小橘属 *Glycosmis*
(18) 木橘属 *Aegle*
(19) 单叶藤橘属 *Paramignya*
(20) 三叶藤橘属 *Luvunga*
(21) 酒饼簕属 *Atalantia*
(22) 柑橘属 *Citrus*

腺椒树目 Huerteales

164 十齿花科 Dipentodontaceae
(1) 十齿花属 *Dipentodon*
(2) 核子木属 *Perrottetia*
165 瘿椒树科 Tapisciaceae
(1) 瘿椒树属 *Tapiscia*

锦葵目 Malvales

166 锦葵科 Malvaceae
(1) 可可属 *Theobroma*
(2) 蛇婆子属 *Waltheria*
(3) 马松子属 *Melochia*
(4) 昂天莲属 *Ambroma*
(5) 鹧鸪麻属 *Kleinhovia*
(6) 刺果藤属 *Byttneria*
(7) 山麻树属 *Commersonia*
(8) 黄麻属 *Corchorus*
(9) 刺蒴麻属 *Triumfetta*
(10) 一担柴属 *Colona*
(11) 破布叶属 *Microcos*
(12) 扁担杆属 *Grewia*
(13) 翅子树属 *Pterospermum*
(14) 柄翅果属 *Burretiodendron*
(15) 蚬木属 *Excentrodendron*
(16) 火绳树属 *Eriolaena*
(17) 田麻属 *Corchoropsis*
(18) 梭罗树属 *Reevesia*
(19) 山芝麻属 *Helicteres*
(20) 滇桐属 *Craigia*
(21) 椴属 *Tilia*
(22) 海南椴属 *Diplodiscus*
(23) 六翅木属 *Berrya*
(24) 翅苹婆属 *Pterygota*
(25) 梧桐属 *Firmiana*
(26) 银叶树属 *Heritiera*
(27) 苹婆属 *Sterculia*
(28) 吉贝属 *Ceiba*
(29) 瓜栗属 *Pachira*
(30) 木棉属 *Bombax*
(31) 秋葵属 *Abelmoschus*
(32) 木槿属 *Hibiscus*
(33) 悬铃花属 *Malvaviscus*
(34) 梵天花属 *Urena*
(35) 枣叶槿属 *Nayariophyton*
(36) 翅果麻属 *Kydia*
(37) 十裂葵属 *Decaschistia*
(38) 隔蒴苘属 *Wissadula*
(39) 桐棉属 *Thespesia*
(40) 棉属 *Gossypium*
(41) 苘麻属 *Abutilon*
(42) 黄花棯属 *Sida*
(43) 赛葵属 *Malvastrum*
(44) 蜀葵属 *Alcea*
(45) 药葵属 *Althaea*
(46) 花葵属 *Lavatera*
(47) 锦葵属 *Malva*
167 瑞香科 Thymelaeaceae
(1) 荛花属 *Wikstroemia*
(2) 狼毒属 *Stellera*
(3) 结香属 *Edgeworthia*
(4) 鼠皮树属 *Rhamnoneuron*
(5) 沉香属 *Aquilaria*
(6) 草瑞香属 *Diarthron*
(7) 瑞香属 *Daphne*
(8) 欧瑞香属 *Thymelaea*
168 红木科 Bixaceae
(1) 红木属 *Bixa*
169 龙脑香科 Dipterocarpaceae
(1) 坡垒属 *Hopea*
(2) 青梅属 *Vatica*
(3) 龙脑香属 *Dipterocarpus*
(4) 娑罗双属 *Shorea*
(5) 柳安属 *Parashorea*
170 半日花科 Cistaceae
(1) 半日花属 *Helianthemum*

十字花目 Brassicales

171 旱金莲科 Tropaeolaceae
(1) 旱金莲属 *Tropaeolum*
172 伯乐树科 Bretschneideraceae
(1) 伯乐树属 *Bretschneidera*
173 辣木科 Moringaceae
(1) 辣木属 *Moringa*
174 番木瓜科 Caricaceae
(1) 番木瓜属 *Carica*
175 刺茉莉科 Salvadoraceae
(1) 刺茉莉属 *Azima*
176 节蒴木科 Borthwickiaceae
(1) 节蒴木属 *Borthwickia*
177 斑果藤科 Stixaceae

(1) 斑果藤属 *Stixis*
178 木樨草科 Resedaceae
(1) 木樨草属 *Reseda*
(2) 川樨草属 *Oligomeris*
179 山柑科 Capparaceae
(1) 山柑属 *Capparis*
(2) 鱼木属 *Crateva*
180 白花菜科 Cleomaceae
(1) 黄花草属 *Arivela*
(2) 醉蝶花属 *Tarenaya*
(3) 鸟足菜属 *Cleome*
(4) 白花菜属 *Gynandropsis*
181 十字花科 Brassicaceae
(1) 锥果芥属 *Berteroella*
(2) 脱喙荠属 *Litwinowia*
(3) 双果荠属 *Megadenia*
(4) 寒原荠属 *Aphragmus*
(5) 宽框荠属 *Platycraspedum*
(6) 沟子荠属 *Taphrospermum*
(7) 宽果芥属 *Eurycarpus*
(8) 螺喙荠属 *Spirorhynchus*
(9) 小柱芥属 *Microstigma*
(10) 爪花芥属 *Oreoloma*
(11) 假鼠耳芥属 *Pseudoarabidopsis*
(12) 簇芥属 *Pycnoplinthus*
(13) 连蕊芥属 *Synstemon*
(14) 隐子芥属 *Cryptospora*
(15) 曙南芥属 *Stevenia*
(16) 庭荠属 *Alyssum*
(17) 独行菜属 *Lepidium*
(18) 阴山荠属 *Yinshania*
(19) 葶芥属 *Ianhedgea*
(20) 薄果荠属 *Hornungia*
(21) 播娘蒿属 *Descurainia*
(22) 羽裂叶荠属 *Sophiopsis*
(23) 芹叶荠属 *Smelowskia*
(24) 藏荠属 *Hedinia*
(25) 辣根属 *Armoracia*
(26) 焯菜属 *Rorippa*
(27) 山芥属 *Barbarea*
(28) 豆瓣菜属 *Nasturtium*
(29) 高河菜属 *Megacarpaea*
(30) 碎米荠属 *Cardamine*
(31) 须弥芥属 *Crucihimalaya*
(32) 糖芥属 *Erysimum*
(33) 无苞芥属 *Olimarabidopsis*
(34) 旗杆芥属 *Turritis*
(35) 拟南芥属 *Arabidopsis*
(36) 荠属 *Capsella*
(37) 球果荠属 *Neslia*
(38) 亚麻荠属 *Camelina*
(39) 香芥属 *Clausia*
(40) 花旗杆属 *Dontostemon*
(41) 离子芥属 *Chorispora*
(42) 条果芥属 *Parrya*
(43) 异果芥属 *Diptychocarpus*
(44) 紫罗兰属 *Matthiola*
(45) 棒果芥属 *Sterigmostemum*
(46) 香花芥属 *Hesperis*
(47) 匙荠属 *Bunias*
(48) 对枝菜属 *Cithareloma*
(49) 舟果荠属 *Tauscheria*
(50) 光籽芥属 *Leiospora*
(51) 念珠芥属 *Neotorularia*
(52) 假蒜芥属 *Sisymbriopsis*
(53) 四齿芥属 *Tetracme*
(54) 绵果荠属 *Lachnoloma*
(55) 丝叶芥属 *Leptaleum*
(56) 双脊荠属 *Dilophia*
(57) 香格里拉荠属 *Shangrilaia*
(58) 肉叶荠属 *Braya*
(59) 藏芥属 *Phaeonychium*
(60) 高原芥属 *Christolea*
(61) 涩芥属 *Malcolmia*
(62) 鸟头荠属 *Euclidium*
(63) 扇叶芥属 *Desideria*
(64) 丛菔属 *Solms-laubachia*
(65) 山菥蓂属 *Noccaea*
(66) 香雪球属 *Lobularia*
(67) 单盾荠属 *Fibigia*
(68) 团扇荠属 *Berteroa*
(69) 翅籽荠属 *Galitzkya*
(70) 沙芥属 *Pugionium*
(71) 单花荠属 *Pegaeophyton*
(72) 白马芥属 *Baimashania*
(73) 南芥属 *Arabis*
(74) 葶苈属 *Draba*
(75) 山萮菜属 *Eutrema*
(76) 葱芥属 *Alliaria*
(77) 菥蓂属 *Thlaspi*
(78) 四棱荠属 *Goldbachia*
(79) 群心菜属 *Cardaria*
(80) 弯梗芥属 *Lignariella*
(81) 菘蓝属 *Isatis*
(82) 线果芥属 *Conringia*
(83) 厚壁荠属 *Pachypterygium*
(84) 大蒜芥属 *Sisymbrium*
(85) 诸葛菜属 *Orychophragmus*
(86) 两节荠属 *Crambe*
(87) 白芥属 *Sinapis*
(88) 二行芥属 *Diplotaxis*
(89) 芝麻菜属 *Eruca*
(90) 芸薹属 *Brassica*
(91) 萝卜属 *Raphanus*

檀香目 Santalales

182 海檀木科 Ximeniaceae
(1) 蒜头果属 *Malania*
(2) 海檀木属 *Ximenia*
183 赤苍藤科 Erythropalaceae
(1) 赤苍藤属 *Erythropalum*
184 桑寄生科 Loranthaceae
(1) 鞘花属 *Macrosolen*
(2) 桑寄生属 *Loranthus*
(3) 离瓣寄生属 *Helixanthera*
(4) 五蕊寄生属 *Dendrophthoe*
(5) 梨果寄生属 *Scurrula*
(6) 钝果寄生属 *Taxillus*
(7) 大苞寄生属 *Tolypanthus*
185 铁青树科 Olacaceae
(1) 铁青树属 *Olax*
186 青皮木科 Schoepfiaceae
(1) 青皮木属 *Schoepfia*
187 檀香科 Santalaceae
(1) 米面蓊属 *Buckleya*
(2) 百蕊草属 *Thesium*
(3) 重寄生属 *Phacellaria*
(4) 寄生藤属 *Dendrotrophe*
(5) 栗寄生属 *Korthalsella*
(6) 槲寄生属 *Viscum*
(7) 油杉寄生属 *Arceuthobium*
(8) 沙针属 *Osyris*
(9) 硬核属 *Scleropyrum*
(10) 檀梨属 *Pyrularia*
188 山柚子科 Opiliaceae
(1) 台湾山柚属 *Champereia*
(2) 鳞尾木属 *Lepionurus*
(3) 山柑藤属 *Cansjera*
(4) 山柚子属 *Opilia*
(5) 尾球木属 *Urobotrya*
189 蛇菰科 Balanophoraceae
(1) 蛇菰属 *Balanophora*
(2) 盾片蛇菰属 *Rhopalocnemis*

石竹目 Caryophyllales

190 苋科 Amaranthaceae
(1) 多节草属 *Polycnemum*
(2) 苋属 *Amaranthus*
(3) 浆果苋属 *Deeringia*
(4) 青葙属 *Celosia*
(5) 白花苋属 *Aerva*
(6) 林地苋属 *Psilotrichum*
(7) 杯苋属 *Cyathula*
(8) 牛膝属 *Achyranthes*
(9) 安旱苋属 *Philoxerus*
(10) 千日红属 *Gomphrena*
(11) 血苋属 *Iresine*
(12) 莲子草属 *Alternanthera*
(13) 千针苋属 *Acroglochin*
(14) 菠菜属 *Spinacia*
(15) 沙蓬属 *Agriophyllum*
(16) 虫实属 *Corispermum*
(17) 轴藜属 *Axyris*
(18) 角果藜属 *Ceratocarpus*
(19) 驼绒藜属 *Krascheninnikovia*
(20) 藜属 *Chenopodium*
(21) 腺毛藜属 *Dysphania*

(22) 小果滨藜属 *Microgynoecium*
(23) 单性滨藜属 *Archiatriplex*
(24) 滨藜属 *Atriplex*
(25) 甜菜属 *Beta*
(26) 异子蓬属 *Borsczowia*
(27) 碱蓬属 *Suaeda*
(28) 盐角草属 *Salicornia*
(29) 盐节木属 *Halocnemum*
(30) 盐千屈菜属 *Halopeplis*
(31) 盐穗木属 *Halostachys*
(32) 盐爪爪属 *Kalidium*
(33) 地肤属 *Kochia*
(34) 樟味藜属 *Camphorosma*
(35) 兜藜属 *Panderia*
(36) 雾冰藜属 *Bassia*
(37) 猪毛菜属 *Salsola*
(38) 小蓬属 *Nanophyton*
(39) 叉毛蓬属 *Petrosimonia*
(40) 盐蓬属 *Halimocnemis*
(41) 合头草属 *Sympegma*
(42) 新疆藜属 *Halothamnus*
(43) 假木贼属 *Anabasis*
(44) 对节刺属 *Horaninovia*
(45) 盐生草属 *Halogeton*
(46) 戈壁藜属 *Iljinia*
(47) 单刺蓬属 *Cornulaca*
(48) 对叶盐蓬属 *Girgensohnia*
(49) 梭梭属 *Haloxylon*

191 石竹科 Caryophyllaceae
(1) 治疝草属 *Herniaria*
(2) 裸果木属 *Gymnocarpos*
(3) 荷莲豆草属 *Drymaria*
(4) 多荚草属 *Polycarpon*
(5) 白鼓钉属 *Polycarpaea*
(6) 米努草属 *Minuartia*
(7) 漆姑草属 *Sagina*
(8) 短瓣花属 *Brachystemma*
(9) 牛漆姑属 *Spergularia*
(10) 大爪草属 *Spergula*
(11) 囊种草属 *Thylacospermum*
(12) 种阜草属 *Moehringia*
(13) 无心菜属 *Arenaria*
(14) 孩儿参属 *Pseudostellaria*
(15) 薄蒴草属 *Lepyrodiclis*
(16) 硬骨草属 *Holosteum*
(17) 卷耳属 *Cerastium*
(18) 繁缕属 *Stellaria*
(19) 鹅肠菜属 *Myosoton*
(20) 金铁锁属 *Psammosilene*
(21) 肥皂草属 *Saponaria*
(22) 石头花属 *Gypsophila*
(23) 刺石竹属 *Acanthophyllum*
(24) 膜萼花属 *Petrorhagia*
(25) 石竹属 *Dianthus*
(26) 麦仙翁属 *Agrostemma*
(27) 剪秋罗属 *Lychnis*
(28) 麦蓝菜属 *Vaccaria*
(29) 蝇子草属 *Silene*

192 粟米草科 Molluginaceae
(1) 星粟草属 *Glinus*
(2) 粟米草属 *Mollugo*

193 落葵科 Basellaceae
(1) 落葵属 *Basella*
(2) 落葵薯属 *Anredera*

194 土人参科 Talinaceae
(1) 土人参属 *Talinum*

195 马齿苋科 Portulacaceae
(1) 马齿苋属 *Portulaca*

196 仙人掌科 Cactaceae
(1) 木麒麟属 *Pereskia*
(2) 仙人掌属 *Opuntia*
(3) 昙花属 *Epiphyllum*
(4) 量天尺属 *Hylocereus*

197 番杏科 Aizoaceae
(1) 番杏属 *Tetragonia*
(2) 假海马齿属 *Trianthema*
(3) 海马齿属 *Sesuvium*

198 针晶粟草科 Gisekiaceae
(1) 针晶粟草属 *Gisekia*

199 商陆科 Phytolaccaceae
(1) 商陆属 *Phytolacca*

200 蒜香草科 Petiveriaceae
(1) 数珠珊瑚属 *Rivina*

201 紫茉莉科 Nyctaginaceae
(1) 避霜花属 *Pisonia*
(2) 叶子花属 *Bougainvillea*
(3) 紫茉莉属 *Mirabilis*
(4) 黄细心属 *Boerhavia*
(5) 黏腺果属 *Commicarpus*

202 茅膏菜科 Droseraceae
(1) 茅膏菜属 *Drosera*
(2) 貉藻属 *Aldrovanda*

203 钩枝藤科 Ancistrocladaceae
(1) 钩枝藤属 *Ancistrocladus*

204 猪笼草科 Nepenthaceae
(1) 猪笼草属 *Nepenthes*

205 柽柳科 Tamaricaceae
(1) 红砂属 *Reaumuria*
(2) 水柏枝属 *Myricaria*
(3) 柽柳属 *Tamarix*

206 瓣鳞花科 Frankeniaceae
(1) 瓣鳞花属 *Frankenia*

207 白花丹科 Plumbaginaceae
(1) 蓝雪花属 *Ceratostigma*
(2) 鸡娃草属 *Plumbagella*
(3) 白花丹属 *Plumbago*
(4) 补血草属 *Limonium*
(5) 彩花属 *Acantholimon*
(6) 伊犁花属 *Ikonnikovia*
(7) 驼舌草属 *Goniolimon*

208 蓼科 Polygonaceae
(1) 翼蓼属 *Pteroxygonum*
(2) 沙拐枣属 *Calligonum*
(3) 蓼属 *Persicaria*
(4) 拳参属 *Bistorta*
(5) 神血宁属 *Aconogonon*
(6) 冰岛蓼属 *Koenigia*
(7) 荞麦属 *Fagopyrum*
(8) 酸模属 *Rumex*
(9) 山蓼属 *Oxyria*
(10) 大黄属 *Rheum*
(11) 何首乌属 *Fallopia*
(12) 虎杖属 *Reynoutria*
(13) 木蓼属 *Atraphaxis*
(14) 萹蓄属 *Polygonum*

山茱萸目 Cornales

209 山茱萸科 Cornaceae
(1) 八角枫属 *Alangium*
(2) 山茱萸属 *Cornus*

210 蓝果树科 Nyssaceae
(1) 马蹄参属 *Diplopanax*
(2) 单室茱萸属 *Mastixia*
(3) 珙桐属 *Davidia*
(4) 喜树属 *Camptotheca*
(5) 蓝果树属 *Nyssa*

211 绣球科 Hydrangeaceae
(1) 山梅花属 *Philadelphus*
(2) 黄山梅属 *Kirengeshoma*
(3) 溲疏属 *Deutzia*
(4) 叉叶蓝属 *Deinanthe*
(5) 草绣球属 *Cardiandra*
(6) 钻地风属 *Schizophragma*
(7) 冠盖藤属 *Pileostegia*
(8) 赤壁木属 *Decumaria*
(9) 绣球属 *Hydrangea*
(10) 蛛网萼属 *Platycrater*
(11) 常山属 *Dichroa*

杜鹃花目 Ericales

212 玉蕊科 Lecythidaceae
(1) 玉蕊属 *Barringtonia*

213 报春花科 Primulaceae
(1) 杜茎山属 *Maesa*
(2) 水茴草属 *Samolus*
(3) 羽叶点地梅属 *Pomatosace*
(4) 点地梅属 *Androsace*
(5) 独花报春属 *Omphalogramma*
(6) 长果报春属 *Bryocarpum*
(7) 报春花属 *Primula*
(8) 假报春属 *Cortusa*
(9) 假婆婆纳属 *Stimpsonia*
(10) 紫金牛属 *Ardisia*
(11) 酸藤子属 *Embelia*
(12) 蜡烛果属 *Aegiceras*
(13) 铁仔属 *Myrsine*
(14) 七瓣莲属 *Trientalis*

(15) 珍珠菜属 *Lysimachia*
(16) 琉璃繁缕属 *Anagallis*
(17) 海乳草属 *Glaux*
214 肋果茶科 Sladeniaceae
(1) 肋果茶属 *Sladenia*
215 柿科 Ebenaceae
(1) 柿属 *Diospyros*
216 凤仙花科 Balsaminaceae
(1) 水角属 *Hydrocera*
(2) 凤仙花属 *Impatiens*
217 花荵科 Polemoniaceae
(1) 花荵属 *Polemonium*
218 山榄科 Sapotaceae
(1) 肉实树属 *Sarcosperma*
(2) 梭子果属 *Eberhardtia*
(3) 刺榄属 *Xantolis*
(4) 金叶树属 *Chrysophyllum*
(5) 山榄属 *Planchonella*
(6) 紫荆木属 *Madhuca*
(7) 铁榄属 *Sinosideroxylon*
(8) 藏榄属 *Diploknema*
(9) 铁线子属 *Manilkara*
(10) 桃榄属 *Pouteria*
(11) 胶木属 *Palaquium*
219 五列木科 Pentaphylacaceae
(1) 五列木属 *Pentaphylax*
(2) 猪血木属 *Euryodendron*
(3) 厚皮香属 *Ternstroemia*
(4) 茶梨属 *Anneslea*
(5) 柃属 *Eurya*
(6) 杨桐属 *Adinandra*
(7) 红淡比属 *Cleyera*
220 山矾科 Symplocaceae
(1) 山矾属 *Symplocos*
221 岩梅科 Diapensiaceae
(1) 岩扇属 *Shortia*
(2) 岩梅属 *Diapensia*
(3) 岩匙属 *Berneuxia*
222 安息香科 Styracaceae
(1) 山茉莉属 *Huodendron*
(2) 安息香属 *Styrax*
(3) 歧序安息香属 *Bruinsmia*
(4) 赤杨叶属 *Alniphyllum*
(5) 秤锤树属 *Sinojackia*
(6) 木瓜红属 *Rehderodendron*
(7) 陀螺果属 *Melliodendron*
(8) 银钟花属 *Halesia*
(9) 白辛树属 *Pterostyrax*
223 山茶科 Theaceae
(1) 紫茎属 *Stewartia*
(2) 木荷属 *Schima*
(3) 大头茶属 *Polyspora*
(4) 圆籽荷属 *Apterosperma*
(5) 核果茶属 *Pyrenaria*
(6) 山茶属 *Camellia*
224 桤叶树科 Clethraceae
(1) 桤叶树属 *Clethra*
225 猕猴桃科 Actinidiaceae
(1) 水东哥属 *Saurauia*
(2) 猕猴桃属 *Actinidia*
(3) 藤山柳属 *Clematoclethra*
226 杜鹃花科 Ericaceae
(1) 吊钟花属 *Enkianthus*
(2) 单侧花属 *Orthilia*
(3) 鹿蹄草属 *Pyrola*
(4) 喜冬草属 *Chimaphila*
(5) 独丽花属 *Moneses*
(6) 水晶兰属 *Monotropa*
(7) 北极果属 *Arctous*
(8) 珍珠花属 *Lyonia*
(9) 马醉木属 *Pieris*
(10) 金叶子属 *Craibiodendron*
(11) 青姬木属 *Andromeda*
(12) 木藜芦属 *Leucothoe*
(13) 地桂属 *Chamaedaphne*
(14) 白珠属 *Gaultheria*
(15) 越橘属 *Vaccinium*
(16) 树萝卜属 *Agapetes*
(17) 岩须属 *Cassiope*
(18) 松毛翠属 *Phyllodoce*
(19) 岩高兰属 *Empetrum*
(20) 杉叶杜属 *Diplarche*
(21) 杜香属 *Ledum*
(22) 杜鹃花属 *Rhododendron*
227 帽蕊草科 Mitrastemonaceae
(1) 帽蕊草属 *Mitrastemon*
丝缨花目 Garryales
228 杜仲科 Eucommiaceae
(1) 杜仲属 *Eucommia*
229 丝缨花科 Garryaceae
(1) 桃叶珊瑚属 *Aucuba*
茶茱萸目 Icacinales
230 茶茱萸科 Icacinaceae
(1) 柴龙树属 *Apodytes*
(2) 假柴龙树属 *Nothapodytes*
(3) 刺核藤属 *Pyrenacantha*
(4) 薄核藤属 *Natsiatum*
(5) 麻核藤属 *Natsiatopsis*
(6) 无须藤属 *Hosiea*
(7) 微花藤属 *Iodes*
(8) 定心藤属 *Mappianthus*
(9) 假海桐属 *Pittosporopsis*
紫草目 Boraginales
231 紫草科 Boraginaceae
(1) 蓝蓟属 *Echium*
(2) 紫草属 *Lithospermum*
(3) 软紫草属 *Arnebia*
(4) 紫筒草属 *Stenosolenium*
(5) 胀萼紫草属 *Maharanga*
(6) 滇紫草属 *Onosma*
(7) 聚合草属 *Symphytum*
(8) 肺草属 *Pulmonaria*
(9) 牛舌草属 *Anchusa*
(10) 假狼紫草属 *Nonea*
(11) 毛束草属 *Trichodesma*
(12) 毛果草属 *Lasiocaryum*
(13) 微果草属 *Microcaryum*
(14) 糙草属 *Asperugo*
(15) 滨紫草属 *Mertensia*
(16) 孪果鹤虱属 *Rochelia*
(17) 齿缘草属 *Eritrichium*
(18) 钝背草属 *Amblynotus*
(19) 假鹤虱属 *Hackelia*
(20) 微孔草属 *Microula*
(21) 鹤虱属 *Lappula*
(22) 勿忘草属 *Myosotis*
(23) 附地菜属 *Trigonotis*
(24) 车前紫草属 *Sinojohnstonia*
(25) 山茄子属 *Brachybotrys*
(26) 皿果草属 *Omphalotrigonotis*
(27) 锚刺果属 *Actinocarya*
(28) 颈果草属 *Metaeritrichium*
(29) 斑种草属 *Bothriospermum*
(30) 琉璃草属 *Cynoglossum*
(31) 盾果草属 *Thyrocarpus*
(32) 长柱琉璃草属 *Lindelofia*
232 破布木科 Cordiaceae
(1) 破布木属 *Cordia*
233 厚壳树科 Ehretiaceae
(1) 厚壳树属 *Ehretia*
234 天芥菜科 Heliotropiaceae
(1) 天芥菜属 *Heliotropium*
(2) 紫丹属 *Tournefortia*
茄目 Solanales
235 茄科 Solanaceae
(1) 夜香树属 *Cestrum*
(2) 矮牵牛属 *Petunia*
(3) 枸杞属 *Lycium*
(4) 马尿脬属 *Przewalskia*
(5) 脬囊草属 *Physochlaina*
(6) 天蓬子属 *Atropanthe*
(7) 山莨菪属 *Anisodus*
(8) 天仙子属 *Hyoscyamus*
(9) 烟草属 *Nicotiana*
(10) 茄参属 *Mandragora*
(11) 假酸浆属 *Nicandra*
(12) 曼陀罗属 *Datura*
(13) 番茄属 *Lycopersicon*
(14) 茄属 *Solanum*
(15) 辣椒属 *Capsicum*
(16) 红丝线属 *Lycianthes*
(17) 酸浆属 *Physalis*
(18) 散血丹属 *Physaliastrum*
(19) 龙珠属 *Tubocapsicum*
(20) 睡茄属 *Withania*

236 旋花科 Convolvulaceae
(1) 三翅藤属 *Tridynamia*
(2) 白花叶属 *Poranopsis*
(3) 飞蛾藤属 *Dinetus*
(4) 丁公藤属 *Erycibe*
(5) 土丁桂属 *Evolvulus*
(6) 小牵牛属 *Jacquemontia*
(7) 马蹄金属 *Dichondra*
(8) 盾苞藤属 *Neuropeltis*
(9) 菟丝子属 *Cuscuta*
(10) 旋花属 *Convolvulus*
(11) 打碗花属 *Calystegia*
(12) 猪菜藤属 *Hewittia*
(13) 鱼黄草属 *Merremia*
(14) 地旋花属 *Xenostegia*
(15) 盒果藤属 *Operculina*
(16) 番薯属 *Ipomoea*
(17) 银背藤属 *Argyreia*
(18) 腺叶藤属 *Stictocardia*
(19) 鳞蕊藤属 *Lepistemon*
237 田基麻科 Hydroleaceae
(1) 田基麻属 *Hydrolea*
238 楔瓣花科 Sphenocleaceae
(1) 楔瓣花属 *Sphenoclea*

龙胆目 Gentianales

239 茜草科 Rubiaceae
(1) 滇丁香属 *Luculia*
(2) 流苏子属 *Coptosapelta*
(3) 尖药花属 *Acranthera*
(4) 岩黄树属 *Xanthophytum*
(5) 多轮草属 *Lerchea*
(6) 蛇根草属 *Ophiorrhiza*
(7) 螺序草属 *Spiradiclis*
(8) 粗叶木属 *Lasianthus*
(9) 尖叶木属 *Urophyllum*
(10) 南山花属 *Prismatomeris*
(11) 九节属 *Psychotria*
(12) 弯管花属 *Chassalia*
(13) 爱地草属 *Geophila*
(14) 虎刺属 *Damnacanthus*
(15) 巴戟天属 *Morinda*
(16) 蔓虎刺属 *Mitchella*
(17) 穴果木属 *Caelospermum*
(18) 红芽大戟属 *Knoxia*
(19) 五星花属 *Pentas*
(20) 耳草属 *Hedyotis*
(21) 新耳草属 *Neanotis*
(22) 盖裂果属 *Mitracarpus*
(23) 纽扣草属 *Spermacoce*
(24) 双角草属 *Diodia*
(25) 墨苜蓿属 *Richardia*
(26) 薄柱草属 *Nertera*
(27) 牡丽草属 *Mouretia*
(28) 密脉木属 *Myrioneuron*
(29) 腺萼木属 *Mycetia*
(30) 石丁香属 *Neohymenopogon*
(31) 雪花属 *Argostemma*
(32) 绣球茜属 *Dunnia*
(33) 鸡屎藤属 *Paederia*
(34) 染木树属 *Saprosma*
(35) 香花木属 *Spermadictyon*
(36) 白马骨属 *Serissa*
(37) 野丁香属 *Leptodermis*
(38) 假繁缕属 *Theligonum*
(39) 钩毛果属 *Kelloggia*
(40) 茜草属 *Rubia*
(41) 拉拉藤属 *Galium*
(42) 长柱草属 *Phuopsis*
(43) 车叶草属 *Asperula*
(44) 长隔木属 *Hamelia*
(45) 金鸡纳属 *Cinchona*
(46) 郎德木属 *Rondeletia*
(47) 毛茶属 *Antirhea*
(48) 海茜树属 *Timonius*
(49) 海岸桐属 *Guettarda*
(50) 土连翘属 *Hymenodictyon*
(51) 风箱树属 *Cephalanthus*
(52) 新乌檀属 *Neonauclea*
(53) 帽蕊木属 *Mitragyna*
(54) 团花属 *Neolamarckia*
(55) 钩藤属 *Uncaria*
(56) 乌檀属 *Nauclea*
(57) 心叶木属 *Haldina*
(58) 鸡仔木属 *Sinoadina*
(59) 槽裂木属 *Pertusadina*
(60) 水团花属 *Adina*
(61) 黄棉木属 *Metadina*
(62) 裂果金花属 *Schizomussaenda*
(63) 玉叶金花属 *Mussaenda*
(64) 香果树属 *Emmenopterys*
(65) 瓶花木属 *Scyphiphora*
(66) 龙船花属 *Ixora*
(67) 丁茜属 *Trailliaedoxa*
(68) 猪肚木属 *Canthium*
(69) 鱼骨木属 *Psydrax*
(70) 桂海木属 *Guihaiothamnus*
(71) 水锦树属 *Wendlandia*
(72) 狗骨柴属 *Diplospora*
(73) 咖啡属 *Coffea*
(74) 乌口树属 *Tarenna*
(75) 大沙叶属 *Pavetta*
(76) 藏药木属 *Hyptianthera*
(77) 茜树属 *Aidia*
(78) 栀子属 *Gardenia*
(79) 石榴茜属 *Rothmannia*
(80) 绢冠茜属 *Porterandia*
(81) 鸡爪簕属 *Benkara*
(82) 山石榴属 *Catunaregam*
(83) 短萼齿木属 *Brachytome*
(84) 须弥茜树属 *Himalrandia*
(85) 长柱山丹属 *Duperrea*
240 钩吻科 Gelsemiaceae
(1) 钩吻属 *Gelsemium*
241 马钱科 Loganiaceae
(1) 蓬莱葛属 *Gardneria*
(2) 马钱属 *Strychnos*
(3) 度量草属 *Mitreola*
(4) 髯管花属 *Geniostoma*
(5) 尖帽草属 *Mitrasacme*
242 龙胆科 Gentianaceae
(1) 百金花属 *Centaurium*
(2) 穿心草属 *Canscora*
(3) 小黄管属 *Sebaea*
(4) 藻百年属 *Exacum*
(5) 灰莉属 *Fagraea*
(6) 蔓龙胆属 *Crawfurdia*
(7) 双蝴蝶属 *Tripterospermum*
(8) 龙胆属 *Gentiana*
(9) 翼萼蔓属 *Pterygocalyx*
(10) 扁蕾属 *Gentianopsis*
(11) 大钟花属 *Megacodon*
(12) 獐牙菜属 *Swertia*
(13) 黄秦艽属 *Veratrilla*
(14) 花锚属 *Halenia*
(15) 辐花属 *Lomatogoniopsis*
(16) 口药花属 *Jaeschkea*
(17) 假龙胆属 *Gentianella*
(18) 肋柱花属 *Lomatogonium*
(19) 喉毛花属 *Comastoma*
243 夹竹桃科 Apocynaceae
(1) 鸡骨常山属 *Alstonia*
(2) 蕊木属 *Kopsia*
(3) 奶子藤属 *Bousigonia*
(4) 狗牙花属 *Tabernaemontana*
(5) 马铃果属 *Voacanga*
(6) 萝芙木属 *Rauvolfia*
(7) 玫瑰树属 *Ochrosia*
(8) 蔓长春花属 *Vinca*
(9) 长春花属 *Catharanthus*
(10) 水甘草属 *Amsonia*
(11) 山橙属 *Melodinus*
(12) 链珠藤属 *Alyxia*
(13) 仔榄树属 *Hunteria*
(14) 鸡蛋花属 *Plumeria*
(15) 黄蝉属 *Allamanda*
(16) 鸭蛋花属 *Cameraria*
(17) 海杧果属 *Cerbera*
(18) 黄花夹竹桃属 *Thevetia*
(19) 长药花属 *Acokanthera*
(20) 假虎刺属 *Carissa*
(21) 倒吊笔属 *Wrightia*
(22) 夹竹桃属 *Nerium*
(23) 羊角拗属 *Strophanthus*
(24) 止泻木属 *Holarrhena*
(25) 丝胶树属 *Funtumia*

(26) 倒缨木属 *Kibatalia*
(27) 鳝藤属 *Anodendron*
(28) 同心结属 *Parsonsia*
(29) 毛药藤属 *Sindechites*
(30) 须药藤属 *Stelmacrypton*
(31) 翅果藤属 *Myriopteron*
(32) 富宁藤属 *Parepigynum*
(33) 清明花属 *Beaumontia*
(34) 纽子花属 *Vallaris*
(35) 罗布麻属 *Apocynum*
(36) 金平藤属 *Cleghornia*
(37) 水壶藤属 *Urceola*
(38) 长节珠属 *Parameria*
(39) 腰骨藤属 *Ichnocarpus*
(40) 络石属 *Trachelospermum*
(41) 鹿角藤属 *Chonemorpha*
(42) 毛车藤属 *Amalocalyx*
(43) 帘子藤属 *Pottsia*
(44) 香花藤属 *Aganosma*
(45) 思茅藤属 *Epigynum*
(46) 飘香藤属 *Mandevilla*
(47) 马莲鞍属 *Streptocaulon*
(48) 白叶藤属 *Cryptolepis*
(49) 杠柳属 *Periploca*
(50) 海岛藤属 *Gymnanthera*
(51) 弓果藤属 *Toxocarpus*
(52) 鲫鱼藤属 *Secamone*
(53) 牛奶菜属 *Marsdenia*
(54) 醉魂藤属 *Heterostemma*
(55) 眼树莲属 *Dischidia*
(56) 扇叶藤属 *Micholitzia*
(57) 球兰属 *Hoya*
(58) 夜来香属 *Telosma*
(59) 南山藤属 *Dregea*
(60) 匙羹藤属 *Gymnema*
(61) 黑鳗藤属 *Jasminanthes*
(62) 吊灯花属 *Ceropegia*
(63) 润肺草属 *Brachystelma*
(64) 石萝藦属 *Pentasachme*
(65) 娃儿藤属 *Tylophora*
(66) 秦岭藤属 *Biondia*
(67) 尖槐藤属 *Oxystelma*
(68) 牛角瓜属 *Calotropis*
(69) 钉头果属 *Gomphocarpus*
(70) 马利筋属 *Asclepias*
(71) 肉珊瑚属 *Sarcostemma*
(72) 鹅绒藤属 *Cynanchum*
(73) 天星藤属 *Graphistemma*
(74) 萝藦属 *Metaplexis*
(75) 铰剪藤属 *Holostemma*
(76) 大花藤属 *Raphistemma*

唇形目 Lamiales

244 木樨科 Oleaceae
(1) 胶核木属 *Myxopyrum*
(2) 雪柳属 *Fontanesia*
(3) 素馨属 *Jasminum*
(4) 连翘属 *Forsythia*
(5) 丁香属 *Syringa*
(6) 女贞属 *Ligustrum*
(7) 梣属 *Fraxinus*
(8) 木樨榄属 *Olea*
(9) 木樨属 *Osmanthus*
(10) 流苏树属 *Chionanthus*

245 香茜科 Carlemanniaceae
(1) 香茜属 *Carlemannia*
(2) 蜘蛛花属 *Silvianthus*

246 苦苣苔科 Gesneriaceae
(1) 十字苣苔属 *Stauranthera*
(2) 尖舌苣苔属 *Rhynchoglossum*
(3) 盾座苣苔属 *Epithema*
(4) 台闽苣苔属 *Titanotrichum*
(5) 异叶苣苔属 *Whytockia*
(6) 喜鹊苣苔属 *Ornithoboea*
(7) 珊瑚苣苔属 *Corallodiscus*
(8) 浆果苣苔属 *Cyrtandra*
(9) 芒毛苣苔属 *Aeschynanthus*
(10) 石蝴蝶属 *Petrocosmea*
(11) 半蒴苣苔属 *Hemiboea*
(12) 吊石苣苔属 *Lysionotus*
(13) 蛛毛苣苔属 *Paraboea*
(14) 旋蒴苣苔属 *Boea*
(15) 长蒴苣苔属 *Didymocarpus*
(16) 横蒴苣苔属 *Beccarinda*
(17) 线柱苣苔属 *Rhynchotechum*
(18) 短筒苣苔属 *Boeica*
(19) 堇叶苣苔属 *Platystemma*
(20) 大苞苣苔属 *Anna*
(21) 后蕊苣苔属 *Opithandra*
(22) 长冠苣苔属 *Rhabdothamnopsis*
(23) 漏斗苣苔属 *Raphiocarpus*
(24) 唇柱苣苔属 *Chirita*
(25) 小花苣苔属 *Chiritopsis*
(26) 报春苣苔属 *Primulina*
(27) 文采苣苔属 *Wentsaiboea*
(28) 全唇苣苔属 *Deinocheilos*
(29) 细筒苣苔属 *Lagarosolen*
(30) 石山苣苔属 *Petrocodon*
(31) 长檐苣苔属 *Dolicholoma*
(32) 世纬苣苔属 *Tengia*
(33) 朱红苣苔属 *Calcareoboea*
(35) 苦苣苔属 *Conandron*
(36) 瑶山苣苔属 *Dayaoshania*
(37) 单座苣苔属 *Metabriggsia*
(38) 筒花苣苔属 *Briggsiopsis*
(39) 紫花苣苔属 *Loxostigma*
(40) 异裂苣苔属 *Pseudochirita*
(41) 异片苣苔属 *Allostigma*
(42) 异唇苣苔属 *Allocheilos*
(43) 双片苣苔属 *Didymostigma*
(44) 粗筒苣苔属 *Briggsia*
(45) 马铃苣苔属 *Oreocharis*
(46) 四数苣苔属 *Bournea*
(47) 金盏苣苔属 *Isometrum*
(48) 辐花苣苔属 *Thamnocharis*
(49) 弥勒苣苔属 *Paraisometrum*
(50) 直瓣苣苔属 *Ancylostemon*
(51) 短檐苣苔属 *Tremacron*

247 车前科 Plantaginaceae
(1) 假马齿苋属 *Bacopa*
(2) 野甘草属 *Scoparia*
(3) 虻眼属 *Dopatrium*
(4) 石龙尾属 *Limnophila*
(5) 毛麝香属 *Adenosma*
(6) 水八角属 *Gratiola*
(7) 幌菊属 *Ellisiophyllum*
(8) 柳穿鱼属 *Linaria*
(9) 杉叶藻属 *Hippuris*
(10) 水马齿属 *Callitriche*
(11) 毛地黄属 *Digitalis*
(12) 车前属 *Plantago*
(13) 鞭打绣球属 *Hemiphragma*
(14) 腹水草属 *Veronicastrum*
(15) 兔耳草属 *Lagotis*
(16) 婆婆纳属 *Veronica*
(17) 兔尾苗属 *Pseudolysimachion*
(18) 茶菱属 *Trapella*

248 玄参科 Scrophulariaceae
(1) 醉鱼草属 *Buddleja*
(2) 水茫草属 *Limosella*
(3) 毛蕊花属 *Verbascum*
(4) 玄参属 *Scrophularia*
(5) 藏玄参属 *Oreosolen*

249 母草科 Linderniaceae
(1) 苦玄参属 *Picria*
(2) 蝴蝶草属 *Torenia*
(3) 母草属 *Lindernia*

250 爵床科 Acanthaceae
(1) 瘤子草属 *Nelsonia*
(2) 叉柱花属 *Staurogyne*
(3) 海榄雌属 *Avicennia*
(4) 山牵牛属 *Thunbergia*
(5) 银脉爵床属 *Kudoacanthus*
(6) 老鼠簕属 *Acanthus*
(7) 百簕花属 *Blepharis*
(8) 鳔冠花属 *Cystacanthus*
(9) 火焰花属 *Phlogacanthus*
(10) 裸柱草属 *Gymnostachyum*
(11) 穿心莲属 *Andrographis*
(12) 假杜鹃属 *Barleria*
(13) 鳞花草属 *Lepidagathis*
(14) 色萼花属 *Chroesthes*
(15) 枪刀药属 *Hypoestes*
(16) 恋岩花属 *Echinacanthus*
(17) 地皮消属 *Pararuellia*
(18) 喜花草属 *Eranthemum*

(19) 芦莉草属 *Ruellia*
(20) 马蓝属 *Strobilanthes*
(21) 水蓑衣属 *Hygrophila*
(22) 肾苞草属 *Phaulopsis*
(23) 十万错属 *Asystasia*
(24) 钟花草属 *Codonacanthus*
(25) 号角花属 *Mackaya*
(26) 山壳骨属 *Pseuderanthemum*
(27) 秋英爵床属 *Cosmianthemum*
(28) 鳄嘴花属 *Clinacanthus*
(29) 纤穗爵床属 *Leptostachya*
(30) 孩儿草属 *Rungia*
(31) 灵枝草属 *Rhinacanthus*
(32) 爵床属 *Justicia*
(33) 叉序草属 *Isoglossa*
(34) 观音草属 *Peristrophe*
(35) 狗肝菜属 *Dicliptera*

251 芝麻科 Pedaliaceae
(1) 芝麻属 *Sesamum*

252 狸藻科 Lentibulariaceae
(1) 捕虫堇属 *Pinguicula*
(2) 狸藻属 *Utricularia*

253 紫葳科 Bignoniaceae
(1) 角蒿属 *Incarvillea*
(2) 翅叶木属 *Pauldopia*
(3) 凌霄属 *Campsis*
(4) 梓属 *Catalpa*
(5) 老鸦烟筒花属 *Millingtonia*
(6) 木蝴蝶属 *Oroxylum*
(7) 照夜白属 *Nyctocalos*
(8) 火烧花属 *Mayodendron*
(9) 菜豆树属 *Radermachera*
(10) 羽叶楸属 *Stereospermum*
(11) 厚膜树属 *Fernandoa*
(12) 猫尾木属 *Markhamia*

254 角胡麻科 Martyniaceae
(1) 角胡麻属 *Martynia*

255 马鞭草科 Verbenaceae
(1) 假连翘属 *Duranta*
(2) 假马鞭属 *Stachytarpheta*
(3) 马鞭草属 *Verbena*
(4) 马缨丹属 *Lantana*
(5) 过江藤属 *Phyla*

256 唇形科 Lamiaceae
(1) 紫珠属 *Callicarpa*
(2) 筒冠花属 *Siphocranion*
(3) 鞘蕊花属 *Coleus*
(4) 薰衣草属 *Lavandula*
(5) 山香属 *Hyptis*
(6) 四轮香属 *Hanceola*
(7) 凉粉草属 *Mesona*
(8) 罗勒属 *Ocimum*
(9) 小冠薰属 *Basilicum*
(10) 鸡脚参属 *Orthosiphon*
(11) 肾茶属 *Clerodendranthus*
(12) 角花属 *Ceratanthus*
(13) 排草香属 *Anisochilus*
(14) 香茶菜属 *Isodon*
(15) 子宫草属 *Skapanthus*
(16) 香薷属 *Elsholtzia*
(17) 紫苏属 *Perilla*
(18) 石荠苎属 *Mosla*
(19) 鼠尾草属 *Salvia*
(20) 蜜蜂花属 *Melissa*
(21) 地笋属 *Lycopus*
(22) 夏枯草属 *Prunella*
(23) 神香草属 *Hyssopus*
(24) 异野芝麻属 *Heterolamium*
(25) 扭连钱属 *Marmoritis*
(26) 荆芥属 *Nepeta*
(27) 青兰属 *Dracocephalum*
(28) 扁柄草属 *Lallemantia*
(29) 藿香属 *Agastache*
(30) 龙头草属 *Meehania*
(31) 活血丹属 *Glechoma*
(32) 分药花属 *Perovskia*
(33) 迷迭香属 *Rosmarinus*
(34) 姜味草属 *Micromeria*
(35) 牛至属 *Origanum*
(36) 百里香属 *Thymus*
(37) 薄荷属 *Mentha*
(38) 新塔花属 *Ziziphora*
(39) 美国薄荷属 *Monarda*
(40) 新风轮属 *Calamintha*
(41) 风轮菜属 *Clinopodium*
(42) 楔翅藤属 *Sphenodesme*
(43) 绒苞藤属 *Congea*
(44) 牡荆属 *Vitex*
(45) 假紫珠属 *Tsoongia*
(46) 柚木属 *Tectona*
(47) 豆腐柴属 *Premna*
(48) 掌叶石蚕属 *Rubiteucris*
(49) 四棱草属 *Schnabelia*
(50) 香科科属 *Teucrium*
(51) 动蕊花属 *Kinostemon*
(52) 石梓属 *Gmelina*
(53) 大青属 *Clerodendrum*
(54) 水棘针属 *Amethystea*
(55) 莸属 *Caryopteris*
(56) 筋骨草属 *Ajuga*
(57) 膜萼藤属 *Hymenopyramis*
(58) 保亭花属 *Wenchengia*
(59) 黄芩属 *Scutellaria*
(60) 全唇花属 *Holocheila*
(61) 冠唇花属 *Microtoena*
(62) 羽萼木属 *Colebrookea*
(63) 广防风属 *Anisomeles*
(64) 水蜡烛属 *Dysophylla*
(65) 刺蕊草属 *Pogostemon*
(66) 歧伞花属 *Cymaria*
(67) 簇序草属 *Craniotome*
(68) 鳞果草属 *Achyrospermum*
(69) 宽管花属 *Eurysolen*
(70) 米团花属 *Leucosceptrum*
(71) 钩子木属 *Rostrinucula*
(72) 绵穗苏属 *Comanthosphace*
(73) 火把花属 *Colquhounia*
(74) 鼬瓣花属 *Galeopsis*
(75) 铃子香属 *Chelonopsis*
(76) 毛药花属 *Bostrychanthera*
(77) 药水苏属 *Betonica*
(78) 锥花属 *Gomphostemma*
(79) 毒马草属 *Sideritis*
(80) 矮刺苏属 *Chamaesphacos*
(81) 水苏属 *Stachys*
(82) 台钱草属 *Suzukia*
(83) 假糙苏属 *Paraphlomis*
(84) 鬃尾草属 *Chaiturus*
(85) 兔唇花属 *Lagochilus*
(86) 益母草属 *Leonurus*
(87) 夏至草属 *Lagopsis*
(88) 脓疮草属 *Panzerina*
(89) 小野芝麻属 *Matsumurella*
(90) 糙苏属 *Phlomis*
(91) 沙穗属 *Eremostachys*
(92) 独一味属 *Lamiophlomis*
(93) 钩萼草属 *Notochaete*
(94) 斜萼草属 *Loxocalyx*
(95) 欧夏至草属 *Marrubium*
(96) 野芝麻属 *Lamium*
(97) 绣球防风属 *Leucas*
(98) 假水苏属 *Stachyopsis*
(99) 绵参属 *Eriophyton*

257 通泉草科 Mazaceae
(1) 肉果草属 *Lancea*
(2) 野胡麻属 *Dodartia*
(3) 通泉草属 *Mazus*

258 透骨草科 Phrymaceae
(1) 透骨草属 *Phryma*
(2) 囊萼花属 *Cyrtandromoea*
(3) 小果草属 *Microcarpaea*
(4) 沟酸浆属 *Mimulus*

259 泡桐科 Paulowniaceae
(1) 泡桐属 *Paulownia*
(2) 美丽桐属 *Wightia*

260 列当科 Orobanchaceae
(1) 崖白菜属 *Triaenophora*
(2) 地黄属 *Rehmannia*
(3) 钟萼草属 *Lindenbergia*
(4) 阴行草属 *Siphonostegia*
(5) 大黄花属 *Cymbaria*
(6) 鹿茸草属 *Monochasma*
(7) 草苁蓉属 *Boschniakia*
(8) 豆列当属 *Mannagettaea*
(9) 肉苁蓉属 *Cistanche*

(10) 列当属 *Orobanche*
(11) 胡麻草属 *Centranthera*
(12) 黑蒴属 *Alectra*
(13) 短冠草属 *Sopubia*
(14) 黑草属 *Buchnera*
(15) 独脚金属 *Striga*
(16) 马先蒿属 *Pedicularis*
(17) 火焰草属 *Castilleja*
(18) 来江藤属 *Brandisia*
(19) 马松蒿属 *Xizangia*
(20) 翅茎草属 *Pterygiella*
(21) 松蒿属 *Phtheirospermum*
(22) 山罗花属 *Melampyrum*
(23) 鼻花属 *Rhinanthus*
(24) 齿鳞草属 *Lathraea*
(25) 疗齿草属 *Odontites*
(26) 小米草属 *Euphrasia*

冬青目 Aquifoliales

261 心翼果科 Cardiopteridaceae
(1) 心翼果属 *Cardiopteris*
(2) 琼榄属 *Gonocaryum*
262 粗丝木科 Stemonuraceae
(1) 粗丝木属 *Gomphandra*
263 青荚叶科 Helwingiaceae
(1) 青荚叶属 *Helwingia*
264 冬青科 Aquifoliaceae
(1) 冬青属 *Ilex*

南鼠刺目 Escalloniales

265 南鼠刺科 Escalloniaceae
(1) 多香木属 *Polyosma*

菊目 Asterales

266 桔梗科 Campanulaceae
(1) 半边莲属 *Lobelia*
(2) 马醉草属 *Hippobroma*
(3) 蓝花参属 *Wahlenbergia*
(4) 风铃草属 *Campanula*
(5) 同钟花属 *Homocodon*
(6) 沙参属 *Adenophora*
(7) 袋果草属 *Peracarpa*
(8) 牧根草属 *Asyneuma*
(9) 异檐花属 *Triodanis*
(10) 桔梗属 *Platycodon*
(11) 轮钟草属 *Cyclocodon*
(12) 刺萼参属 *Echinocodon*
(13) 蓝钟花属 *Cyananthus*
(14) 金钱豹属 *Campanumoea*
(15) 细钟花属 *Leptocodon*
(16) 党参属 *Codonopsis*
267 五膜草科 Pentaphragmataceae
(1) 五膜草属 *Pentaphragma*
268 花柱草科 Stylidiaceae
(1) 花柱草属 *Stylidium*
269 睡菜科 Menyanthaceae
(1) 睡菜属 *Menyanthes*
(2) 荇菜属 *Nymphoides*
270 草海桐科 Goodeniaceae
(1) 草海桐属 *Scaevola*
(2) 离根香属 *Goodenia*
271 菊科 Asteraceae
(1) 棉毛菊属 *Phagnalon*
(2) 白菊木属 *Leucomeris*
(3) 栌菊木属 *Nouelia*
(4) 和尚菜属 *Adenocaulon*
(5) 大丁草属 *Leibnitzia*
(6) 兔耳一支箭属 *Piloselloides*
(7) 火石花属 *Gerbera*
(8) 兔儿风属 *Ainsliaea*
(9) 帚菊属 *Pertya*
(10) 蚂蚱腿子属 *Myripnois*
(11) 蓝刺头属 *Echinops*
(12) 杯菊属 *Cyathocline*
(13) 革苞菊属 *Tugarinovia*
(14) 刺苞菊属 *Carlina*
(15) 苍术属 *Atractylodes*
(16) 大翅蓟属 *Onopordum*
(17) 翅膜菊属 *Alfredia*
(18) 山牛蒡属 *Synurus*
(19) 黄缨菊属 *Xanthopappus*
(20) 肋果蓟属 *Ancathia*
(21) 猬菊属 *Olgaea*
(22) 疆菊属 *Syreitschikovia*
(23) 寡毛菊属 *Oligochaeta*
(24) 漏芦属 *Rhaponticum*
(25) 绒矢车菊属 *Psephellus*
(26) 半毛菊属 *Crupina*
(27) 伪泥胡菜属 *Serratula*
(28) 麻花头属 *Klasea*
(29) 红花属 *Carthamus*
(30) 黄矢车菊属 *Rhaponticoides*
(31) 针苞菊属 *Tricholepis*
(32) 斜果菊属 *Plagiobasis*
(33) 纹苞菊属 *Russowia*
(34) 珀菊属 *Amberboa*
(35) 矢车菊属 *Cyanus*
(36) 风毛菊属 *Saussurea*
(37) 泥胡菜属 *Hemisteptia*
(38) 刺头菊属 *Cousinia*
(39) 虎头蓟属 *Schmalhausenia*
(40) 牛蒡属 *Arctium*
(41) 须弥菊属 *Himalaiella*
(42) 川木香属 *Dolomiaea*
(43) 苓菊属 *Jurinea*
(44) 云木香属 *Aucklandia*
(45) 齿冠菊属 *Frolovia*
(46) 蓟属 *Cirsium*
(47) 飞廉属 *Carduus*
(48) 莛菊属 *Cavea*
(49) 黄鸠菊属 *Distephanus*
(50) 斑鸠菊属 *Vernonia*
(51) 都丽菊属 *Ethulia*
(52) 地胆草属 *Elephantopus*
(53) 假地胆草属 *Pseudelephantopus*
(54) 岩参属 *Cicerbita*
(55) 婆罗门参属 *Tragopogon*
(56) 蝎尾菊属 *Koelpinia*
(57) 鸦葱属 *Scorzonera*
(58) 菊苣属 *Cichorium*
(59) 细毛菊属 *Pilosella*
(60) 百花蒿属 *Stilpnolepis*
(61) 山柳菊属 *Hieracium*
(62) 还阳参属 *Crepis*
(63) 猫耳菊属 *Hypochaeris*
(64) 毛连菜属 *Picris*
(65) 紫菊属 *Notoseris*
(66) 假福王草属 *Paraprenanthes*
(67) 莴苣属 *Lactuca*
(68) 毛鳞菊属 *Melanoseris*
(69) 异喙菊属 *Heteracia*
(70) 多榔菊属 *Doronicum*
(71) 栓果菊属 *Launaea*
(72) 苦苣菜属 *Sonchus*
(73) 粉苞菊属 *Chondrilla*
(74) 苦荬菜属 *Ixeris*
(75) 假苦菜属 *Askellia*
(76) 小苦荬属 *Ixeridium*
(77) 黄鹌菜属 *Youngia*
(78) 稻槎菜属 *Lapsanastrum*
(79) 假还阳参属 *Crepidiastrum*
(80) 蒲公英属 *Taraxacum*
(81) 花佩菊属 *Faberia*
(82) 小疮菊属 *Garhadiolus*
(83) 耳菊属 *Nabalus*
(84) 全光菊属 *Hololeion*
(85) 绢毛苣属 *Soroseris*
(86) 合头菊属 *Syncalathium*
(87) 厚喙菊属 *Dubyaea*
(88) 石胡荽属 *Centipeda*
(89) 山黄菊属 *Anisopappus*
(90) 天人菊属 *Gaillardia*
(91) 秋英属 *Cosmos*
(92) 金鸡菊属 *Coreopsis*
(93) 鬼针草属 *Bidens*
(94) 沼菊属 *Enydra*
(95) 刺苞果属 *Acanthospermum*
(96) 万寿菊属 *Tagetes*
(97) 黄顶菊属 *Flaveria*
(98) 香檬菊属 *Pectis*
(99) 包果菊属 *Smallanthus*
(100) 豨莶属 *Sigesbeckia*
(101) 小葵子属 *Guizotia*
(102) 羽芒菊属 *Tridax*
(103) 牛膝菊属 *Galinsoga*
(104) 紫茎泽兰属 *Ageratina*
(105) 假泽兰属 *Mikania*
(106) 泽兰属 *Eupatorium*

(107) 含苞草属 *Symphyllocarpus*
(108) 裸冠菊属 *Gymnocoronis*
(109) 下田菊属 *Adenostemma*
(110) 假臭草属 *Praxelis*
(111) 飞机草属 *Chromolaena*
(112) 锥托泽兰属 *Conoclinium*
(113) 藿香蓟属 *Ageratum*
(114) 百能葳属 *Blainvillea*
(115) 金腰箭属 *Synedrella*
(116) 伏金腰箭属 *Calyptocarpus*
(117) 白头菊属 *Clibadium*
(118) 孪花菊属 *Wollastonia*
(119) 卤地菊属 *Melanthera*
(120) 蟛蜞菊属 *Sphagneticola*
(121) 离药菊属 *Eleutheranthera*
(122) 鳢肠属 *Eclipta*
(123) 金光菊属 *Rudbeckia*
(124) 苍耳属 *Xanthium*
(125) 金纽扣属 *Acmella*
(126) 豚草属 *Ambrosia*
(127) 百日菊属 *Zinnia*
(128) 银胶菊属 *Parthenium*
(129) 硬果菊属 *Sclerocarpus*
(130) 肿柄菊属 *Tithonia*
(131) 向日葵属 *Helianthus*
(132) 菊三七属 *Gynura*
(133) 千里光属 *Senecio*
(134) 野茼蒿属 *Crassocephalum*
(135) 菊芹属 *Erechtites*
(136) 瓜叶菊属 *Pericallis*
(137) 一点红属 *Emilia*
(138) 合耳菊属 *Synotis*
(139) 藤菊属 *Cissampelopsis*
(140) 蜂斗菜属 *Petasites*
(141) 款冬属 *Tussilago*
(142) 狗舌草属 *Tephroseris*
(143) 蒲儿根属 *Sinosenecio*
(144) 羽叶菊属 *Nemosenecio*
(145) 橐吾属 *Ligularia*
(146) 兔儿伞属 *Syneilesis*
(147) 垂头菊属 *Cremanthodium*
(148) 华蟹甲属 *Sinacalia*
(149) 蟹甲草属 *Parasenecio*
(150) 大吴风草属 *Farfugium*
(151) 假橐吾属 *Ligulariopsis*
(152) 蚤草属 *Pulicaria*
(153) 天名精属 *Carpesium*
(154) 线叶菊属 *Filifolium*
(155) 蒿属 *Artemisia*
(156) 牛眼菊属 *Buphthalmum*
(157) 旋覆花属 *Inula*
(158) 苇谷草属 *Pentanema*
(159) 羊耳菊属 *Duhaldea*
(160) 艾纳香属 *Blumea*
(161) 紫菀属 *Aster*
(162) 黏冠草属 *Myriactis*
(163) 翼茎草属 *Pterocaulon*
(164) 球菊属 *Epaltes*
(165) 六棱菊属 *Laggera*
(166) 假飞蓬属 *Pseudoconyza*
(167) 阔苞菊属 *Pluchea*
(168) 戴星草属 *Sphaeranthus*
(169) 花花柴属 *Karelinia*
(170) 金盏花属 *Calendula*
(171) 湿鼠曲草属 *Gnaphalium*
(172) 鼠曲草属 *Pseudognaphalium*
(173) 火绒草属 *Leontopodium*
(174) 蝶须属 *Antennaria*
(175) 合冠鼠曲属 *Gamochaeta*
(176) 絮菊属 *Filago*
(177) 麦秆菊属 *Xerochrysum*
(178) 蜡菊属 *Helichrysum*
(179) 香青属 *Anaphalis*
(180) 歧伞菊属 *Thespis*
(181) 田基黄属 *Grangea*
(182) 毛冠菊属 *Nannoglottis*
(183) 联毛紫菀属 *Symphyotrichum*
(184) 北美紫菀属 *Eurybia*
(185) 一枝黄花属 *Solidago*
(186) 瓶头草属 *Lagenophora*
(187) 刺冠菊属 *Calotis*
(188) 白酒草属 *Eschenbachia*
(189) 飞蓬属 *Erigeron*
(190) 复芒菊属 *Formania*
(191) 鱼眼草属 *Dichrocephala*
(192) 雏菊属 *Bellis*
(193) 寒蓬属 *Psychrogeton*
(194) 藏短星菊属 *Neobrachyactis*
(195) 小舌菊属 *Microglossa*
(196) 乳菀属 *Galatella*
(197) 麻菀属 *Crinitina*
(198) 碱菀属 *Tripolium*
(199) 紫菀木属 *Asterothamnus*
(200) 翠菊属 *Callistephus*
(201) 胶菀属 *Grindelia*
(202) 虾须草属 *Sheareria*
(203) 裸柱菊属 *Soliva*
(204) 山芫荽属 *Cotula*
(205) 女蒿属 *Hippolytia*
(206) 芙蓉菊属 *Crossostephium*
(207) 滨菊属 *Leucanthemum*
(208) 茼蒿属 *Glebionis*
(209) 蓍属 *Achillea*
(210) 春黄菊属 *Anthemis*
(211) 三肋果属 *Tripleurospermum*
(212) 菊蒿属 *Tanacetum*
(213) 母菊属 *Matricaria*
(214) 拟天山蓍属 *Pseudohandelia*
(215) 小甘菊属 *Cancrinia*
(216) 小头菊属 *Microcephala*
(217) 扁芒菊属 *Allardia*
(218) 栉叶蒿属 *Neopallasia*
(219) 亚菊属 *Ajania*
(220) 太行菊属 *Opisthopappus*
(221) 菊属 *Chrysanthemum*
(222) 短舌菊属 *Brachanthemum*
(223) 喀什菊属 *Kaschgaria*
(224) 小滨菊属 *Leucanthemella*
(225) 绢蒿属 *Seriphidium*

川续断目 Dipsacales

272 忍冬科 Caprifoliaceae
(1) 锦带花属 *Weigela*
(2) 七子花属 *Heptacodium*
(3) 忍冬属 *Lonicera*
(4) 莛子藨属 *Triosteum*
(5) 毛核木属 *Symphoricarpos*
(6) 鬼吹箫属 *Leycesteria*
(7) 北极花属 *Linnaea*
(8) 双盾木属 *Dipelta*
(9) 糯米条属 *Abelia*
(10) 猬实属 *Kolkwitzia*
(11) 刺续断属 *Acanthocalyx*
(12) 刺参属 *Morina*
(13) 六道木属 *Zabelia*
(14) 甘松属 *Nardostachys*
(15) 缬草属 *Valeriana*
(16) 败酱属 *Patrinia*
(17) 双参属 *Triplostegia*
(18) 翼首花属 *Pterocephalus*
(19) 川续断属 *Dipsacus*
(20) 蓝盆花属 *Scabiosa*

273 五福花科 Adoxaceae
(1) 荚蒾属 *Viburnum*
(2) 接骨木属 *Sambucus*
(3) 华福花属 *Sinadoxa*
(4) 五福花属 *Adoxa*

伞形目 Apiales

274 鞘柄木科 Torricelliaceae
(1) 鞘柄木属 *Torricellia*

275 海桐科 Pittosporaceae
(1) 海桐属 *Pittosporum*

276 五加科 Araliaceae
(1) 天胡荽属 *Hydrocotyle*
(2) 鹅掌柴属 *Schefflera*
(3) 羽叶参属 *Pentapanax*
(4) 楤木属 *Aralia*
(5) 人参属 *Panax*
(6) 通脱木属 *Tetrapanax*
(7) 幌伞枫属 *Heteropanax*
(8) 兰屿加属 *Osmoxylon*
(9) 多蕊木属 *Tupidanthus*
(10) 刺人参属 *Oplopanax*
(11) 常春藤属 *Hedera*
(12) 华参属 *Sinopanax*
(13) 常春木属 *Merrilliopanax*

(14) 八角金盘属 *Fatsia*
(15) 南洋参属 *Polyscias*
(16) 人参木属 *Chengiopanax*
(17) 萸叶五加属 *Gamblea*
(18) 罗伞属 *Brassaiopsis*
(19) 刺通草属 *Trevesia*
(20) 树参属 *Dendropanax*
(21) 五加属 *Eleutherococcus*
(22) 刺楸属 *Kalopanax*
(23) 大参属 *Macropanax*
(24) 梁王茶属 *Metapanax*

277 伞形科 Apiaceae
(1) 积雪草属 *Centella*
(2) 变豆菜属 *Sanicula*
(3) 刺芹属 *Eryngium*
(4) 柴胡属 *Bupleurum*
(5) 矮泽芹属 *Chamaesium*
(6) 棱子芹属 *Pleurospermum*
(7) 羌活属 *Notopterygium*
(8) 单球芹属 *Haplosphaera*
(9) 滇芎属 *Physospermopsis*
(10) 舟瓣芹属 *Sinolimprichtia*
(11) 东俄芹属 *Tongoloa*
(12) 环根芹属 *Cyclorhiza*
(13) 明党参属 *Changium*
(14) 川明参属 *Chuanminshen*
(15) 毒芹属 *Cicuta*
(16) 水芹属 *Oenanthe*
(17) 泽芹属 *Sium*
(18) 天山泽芹属 *Berula*
(19) 鸭儿芹属 *Cryptotaenia*
(20) 弓翅芹属 *Arcuatopterus*
(21) 香根芹属 *Osmorhiza*
(22) 针果芹属 *Scandix*
(23) 峨参属 *Anthriscus*
(24) 细叶芹属 *Chaerophyllum*
(25) 山茉莉芹属 *Oreomyrrhis*
(26) 阿魏属 *Ferula*
(27) 刺果芹属 *Turgenia*
(28) 孜然芹属 *Cuminum*
(29) 胡萝卜属 *Daucus*
(30) 窃衣属 *Torilis*
(31) 小芹属 *Sinocarum*
(32) 苞裂芹属 *Schulzia*
(33) 囊瓣芹属 *Pternopetalum*
(34) 滇芹属 *Meeboldia*
(35) 山芹属 *Ostericum*
(36) 丝瓣芹属 *Acronema*
(37) 细裂芹属 *Harrysmithia*
(38) 丝叶芹属 *Scaligeria*
(39) 矮伞芹属 *Chamaesciadium*
(40) 羊角芹属 *Aegopodium*
(41) 葛缕子属 *Carum*
(42) 细叶旱芹属 *Cyclospermum*
(43) 凹乳芹属 *Vicatia*
(44) 马蹄芹属 *Dickinsia*
(45) 茴芹属 *Pimpinella*
(46) 毒参属 *Conium*
(47) 茴香属 *Foeniculum*
(48) 莳萝属 *Anethum*
(49) 阿米芹属 *Ammi*
(50) 欧芹属 *Petroselinum*
(51) 芹属 *Apium*
(52) 亮蛇床属 *Selinum*
(53) 蛇床属 *Cnidium*
(54) 藁本属 *Ligusticum*
(55) 欧防风属 *Pastinaca*
(56) 阔翅芹属 *Tordyliopsis*
(57) 糙果芹属 *Trachyspermum*
(58) 白苞芹属 *Nothosmyrnium*
(59) 绒果芹属 *Eriocycla*
(60) 欧当归属 *Levisticum*
(61) 芫荽属 *Coriandrum*
(62) 亮叶芹属 *Silaum*
(63) 独活属 *Heracleum*
(64) 当归属 *Angelica*
(65) 珊瑚菜属 *Glehnia*
(66) 高山芹属 *Coelopleurum*
(67) 山茴香属 *Carlesia*
(68) 岩风属 *Libanotis*
(69) 西风芹属 *Seseli*
(70) 前胡属 *Peucedanum*
(71) 块茎芹属 *Krasnovia*
(72) 防风属 *Saposhnikovia*
(73) 瘤果芹属 *Trachydium*
(74) 厚棱芹属 *Pachypleurum*
(75) 栓果芹属 *Cortiella*
(76) 双球芹属 *Schrenkia*
(77) 大瓣芹属 *Semenovia*
(78) 喜峰芹属 *Cortia*
(79) 紫伞芹属 *Melanosciadium*
(80) 欧白芷属 *Archangelica*

主要参考文献

陈庆，白洁，刘力，林红斌，唐晖，赵伟，周红章，严江伟，刘雅诚，胡松年 (2009) 北京地区 7 种常见嗜尸性蝇类的 *COI* 基因序列分析及 DNA 条形码的建立 . *昆虫学报* , **52**, 202–209. 陈士林，姚辉，宋经元，李西文，刘昶，陆建伟 (2007) 基于 DNA barcoding (条形码) 技术的中药材鉴定 . *世界科学技术－中医药现代化思路与方法* , **9**, 7–12.

陈之端，冯旻 (1998) 植物系统学进展 . 北京：科学出版社 .

陈之端， 汪小全，孙海英，韩英，张志宪，邹喻苹，路安民 (1998) 马尾树科的系统位置：来自 *rbc*L 基因核苷酸序列的证据 . *植物分类学报* , **36**, 1–7.

葛学军 (2013) 群落系统发育与 DNA 条形码 // 中国科协学会学术部 . 植物 DNA 条形码前沿探讨 . 北京：中国科学技术出版社：11–21.

鲁丽敏，陈之端，路安民 (2016) 系统生物学家最终能得到完全一致的生命之树吗？*科学通报* , **61**, 958–963.

鲁丽敏，孙苗，张景博，李洪雷，林立，杨拓，陈闽，陈之端 (2014) 生命之树及其应用 . *生物多样性* , **22**, 3–20.

路安民 (1999) 种子植物科属地理 . 北京：科学出版社 .

马克平 (2013) 2012 年中国生物多样性研究进展简要回顾 . *生物多样性* , **21**, 1–2.

马祥光，何兴金，王长宝，赵财，梁乾隆 (2012) 中国柴胡属植物的 DNA 条形码研究 . http://www. paper. edu. cn/releasepaper/content/201210–183 [2012–10–19].

毛岭峰 (2013) 中国种子植物多样性的空间格局——环境关系分异研究 . 中国科学院植物研究所博士学位论文 .

宁淑萍，颜海飞，郝刚，葛学军 (2008) 植物 DNA 条形码研究进展 . *生物多样性* , **16**， 417–425.

彭丹晓，鲁丽敏，陈之端 (2017) 区域生命之树及其在植物区系研究中的应用 . *生物多样性* , **25**, 156–162.

秦仁昌 (1978a) 中国蕨类植物科属的系统排列和历史来源 . *植物分类学报* , **16**, 1–19.

秦仁昌 (1978b) 中国蕨类植物科属的系统排列和历史来源 (续) . *植物分类学报* , **16**, 16–37.

苏俊霞 (2012) 蔷薇分支的分子系统学研究 . 中国科学院植物研究所博士学位论文 .

孙涛，腾少娜，孔德英，宋云，许谨，李应国，王昱，李明福 (2013) DNA 条形码技术应用于人参鉴定 . *中国生物工程杂志* , **33**, 143–148.

王艇，苏应娟，张力 (1997) 叶绿体基因组变异性的植物系统学意义 . *热带亚热带植物学报* , **5**, 75–84.

王志恒，唐志尧，方精云 (2009) 生态学代谢理论：基于个体新陈代谢过程解释物种多样性的地理格局 . *生物多样性* , **17**, 625–634.

吴征镒 (1965) 中国植物区系的热带亲缘 . *科学通报* , **10**, 25–33.

吴征镒 (1991) 中国种子植物属的分布区类型 . *云南植物研究* , 增刊Ⅳ , 1–139.

吴征镒，路安民，汤彦承，陈之端，李德铢 (2003) 中国被子植物科属综论 . 北京：科学出版社 .

吴征镒，汤彦承，路安民，陈之端 (1998) 试论木兰植物门的一级分类——一个被子植物八纲系统的新方案 . *植物分类学报* , **36**, 385–402.

张裕君，刘跃庭，廖芳，郭京泽 (2010) DNA 条形码技术研究进展及其在植物检疫中的应用展望 . *中国植保导刊* , **30**, 15–17.

郑万钧，傅立国 (1978) 裸子植物门 // 中国植物志编辑委员会 . 中国植物志，第 7 卷 . 北京：科学出版社 .

朱英杰，陈士林，姚辉，谭睿，宋经元，罗焜，鲁静 (2010) 重楼属药用植物 DNA 条形码鉴定研究 . *药学学报* , **45**, 376–382.

邹新慧，葛颂 (2008) 基因树冲突与系统发育基因组学研究 . *植物分类学报* , **46**, 795–807.

An ZS, Kutzbach JE, Prell WL, Porter SC (2001) Evolution of Asian monsoons and phased uplift of the Himalaya–Tibetan plateau since Late Miocene times. *Nature*, **411**, 62–66.

APG (1998) An ordinal classification for the families of flowering plants. *Annals of the Missouri Botanical Garden*, **85**, 531–553.

APG Ⅱ (2003) An update of the Angiosperm Phylogeny Group classification for the orders and families of flowering plants: APG Ⅱ. *Botanical Journal of the Linnean Society*, **141**, 399–436.

APG Ⅲ (2009) An update of the Angiosperm Phylogeny Group classification for the orders and families of flowering plants: APG Ⅲ. *Botanical Journal of the Linnean Society*, **161**, 105–121.

APG Ⅳ (2016) An update of the Angiosperm Phylogeny Group classification for the orders and families of flowering plants: APG Ⅳ. *Botanical Journal of the Linnean Society*, **181**, 1–20.

Arakaki M, Christin PA, Nyffeler R, Lendel A, Eggli U, Ogburn RM, Spriggs E, Moore MJ, Edwards EJ (2011) Contemporaneous and recent radiations of the world's major succulent plant lineages. *Proceedings of the National Academy of Sciences of the United States of America*, **108**, 8379–8384.

Axelrod DI, Al-Shehbaz I, Raven PH (1996) History of the modern flora of China // Zhang AL, Wu SG. Floristic characteristics and diversity of East Asian plants. Beijing: China Higher Education: 43–55.

Bayer C, Appel O (2003) Akaniaceae // Kubitzki K, Bayer C. The families and genera of vascular plants. Vol. 5. Berlin: Springer–Verlag: **5**: 21–24.

Benson DA, Karsch-Mizarchi I, Lipman DJ, Ostell J, Sayers EW (2011) GenBank. *Nucleic Acids Research*, **39**, D32–D37.

Benton MJ (2010) The origins of modern biodiversity on land. *Philosophical Transactions of the Royal Society B*, **365**, 3667–3679.

Benton MJ (2013) Origins of biodiversity. *Palaeontology*, **56**, 1–7.

Benton MJ, Ayala FJ (2003) Dating the tree of life. *Science*, **300**, 1698–1700.

Biffin E, Brodribb TJ, Hill RS, Thomas P, Lowe AJ (2012) Leaf evolution in Southern Hemisphere conifers tracks the angiosperm ecological radiation. *Proceedings of the Royal Society B: Biological Sciences*, **279**, 341–348.

Bininda-Emonds ORP (2004) Phylogenetic supertrees: combining information to reveal the tree of life. Dordrecht: Kluwer Academic Publishing.

Bininda-Emonds ORP, Cardillo M, Jones KE, MacPhee RDE, Beck RMD, Grenyer R, Price SA, Vos RA, Gittleman JL, Purvis A (2007) The delayed rise of present-day mammals. *Nature*, **446**, 507–512.

Blackledge TA, Scharff N, Coddington J, Szuts T, Wenzel J, Hayashi C, Agnarsson I (2009) Reconstructing web evolution and spider diversification in the molecular era. *Proceedings of the National Academy of Sciences of the United States of America*, **106**, 5229–5234.

Bouchenak-Khelladi Y, Verboom GA, Hodkinson TR, Salamin N, Francois O, Chonghaile GN, Savolainen V (2009) The origins and diversification of C_4 grasses and savanna-adapted ungulates. *Global Change Biology*, **15**, 2397–2417.

Brinkmann H, Philippe H (1999) Archaea sister group of Bacteria? Indications from tree reconstruction artifacts in ancient phylogenies. *Molecular Biology and Evolution*, **16**, 817.

Burbrink FT, Ruane S, Pyron RA (2012) When are adaptive radiations replicated in areas? Ecological opportunity and unexceptional diversification in West Indian dipsadine snakes (Colubridae: Alsophiini). *Journal of Biogeography*, **39**, 465–475.

Burleigh JG, Bansal MS, Eulenstein O, Hartmann S, Wehe A, Vision TJ (2011) Genome-scale phylogenetics: inferring the plant tree of life from 18 896 gene trees. *Systematic Biology*, **60**, 117–125.

Burleigh JG, Mathews S (2004) Phylogenetic signal in nucleotide data from seed plants: implications for resolving the seed plant tree of life. *American Journal of Botany*, **91**, 1599–1613.

Cadotte MW, Jonathan DT, Regetz J, Kembel SW, Cleland E, Oakley TH (2010) Phylogenetic diversity metrics for ecological communities: integrating species richness, abundance and evolutionary history. *Ecology Letters*, **13**, 96–105.

Cantino PD, Doyle JA, Graham SW, Judd WS, Olmstead RG, Soltis PS, Soltis DE, Donoghue MJ (2007) Towards a phylogenetic nomenclature of Tracheophyta. *Taxon*, **56**, 822–846.

Carlson BA, Hasan SM, Hollmann M, Miller DB, Harmon LJ, Arnegard ME (2011) Brain evolution triggers increased diversification of electric fishes. *Science*, **332**, 583–586.

Cavender-Bares J, Kozak KH, Fine PV, Kembel SW (2009) The merging of community ecology and phylogenetic biology. *Ecology letters*,

12, 693–715.

Chase MW, Soltis DE, Olmstead RG, Morgan D, Les DH, Mishler BD, Duvall MR, Price RA, Hills HG, Qiu YL, Kron KA, Rettig JH, Conti E, Palmer JD, Manhart JR, Sytsma KJ, Michaels HJ, Kress WJ, Karol KG, Clark WD, Hedren M, Gaut BS, Jansen RK, Kim KJ, Wimpee CF, Smith JF, Furnier GR, Strauss SH, Xiang QY, Plunkett GM, Soltis PS, Swensen SM, Williams SE, Gadek PA, Quinn CJ, Eguiarte LE, Golenberg E, Jr. Learn GH, Graham SW, Barrett SCH, Dayanandan S, Albert VA (1993) Phylogenetics of seed plants: an analysis of nucleotide sequences from the plastid gene *rbc*L. *Annals of the Missouri Botanical Garden*, **80**, 528–580.

Chen YS, Deng T, Zhou Z, Sun H (2018) Is the East Asian flora ancient or not? *National Science Review*, **5**, 920–932.

Chen ZD, Manchester SR, Sun HY (1999) Phylogeny and evolution of the Betulaceae as inferred from DNA sequences, morphology, and paleobotany. *American Journal of Botany*, **86**, 1168–1181.

Chen ZD, Lu AM, Zhang SZ, Wang QF, Liu ZJ, Li DZ, Ma H, Li JH, Soltis DE, Soltis PS, Wen J, China Phylogeny Consortium (2016a) The Tree of Life: China project. *Journal of Systematics and Evolution*, **54**, 273–276.

Chen ZD, Yang T, Lin L, Lu LM, Li HL, Sun M, Liu B, Chen M, Niu YT, Ye JF, Cao ZY, Liu HM, Wang XM, Wang W, Zhang JB, Meng Z, Cao W, Li JH, Wu SD, Zhao HL, Liu ZJ, Du ZY, Wang QF, Guo J, Tan XX, Su JX, Zhang LJ, Yang LL, Liao YY, Li MH, Zhang GQ, Chung SW, Zhang J, Xiang KL, Li RQ, Soltis DE, Soltis PS, Zhou SL, Ran JH, Wang XQ, Jin XH, Chen YS, Gao TG, Zhang SZ, Lu AM (2016b) Tree of life for the genera of Chinese vascular plants. *Journal of Systematics and Evolution*, **54**, 277–306.

Ching RC (1940) On natural classification of the family Polypodiaceae. *Sunyatsenia*, **5**, 201–268.

Christenhusz MJM, Reveal JL, Farjon A, Gardner MF, Mill RR, Chase MW (2011a) A new classification and linear sequence of extant gymnosperms. *Phytotaxa*, **19**, 55–70.

Christenhusz MJM, Zhang XC, Schneider H (2011b) A linear sequence of extant families and genera of lycophytes and ferns. *Phytotaxa*, **19**, 7–54.

Christin PA, Besnard G, Samaritani E, Duvall MR, Hodkinson TR, Savolainen V, Salamin N (2008) Oligocene CO_2 decline promoted C_4 photosynthesis in grass. *Current Biology*, **18**, 37–43.

Clegg, M, Gaut, B, Duvall M, Davis J (1993) Inferring plant evolutionary history from molecular data. *New Zealand Journal of Botany*, **31,** 307–315.

Couvreur TLP, Forest F, Baker WJ (2011) Origin and global diversification patterns of tropical rain forests: inferences from a complete genus-level phylogeny of palms. *BMC Biology*, **9**, 44.

Cracraft J, Donoghue MJ (2004) Assembling the tree of life. Oxford: Oxford University Press.

Cronquist A (1981) An integrated system of classification of flowering plants. New York: Columbia University Press.

Cronquist A (1988) The evolution and classification of flowering plants. 2nd ed. New York: New York Botanical Garden.

Dahlgren G (1989) An updated angiosperm classification. *Botanical Journal of the Linnean Society*, **100**, 197–203.

Dalerum F (2007) Phylogenetic reconstruction of carnivore social organizations. *Journal of Zoology*, **273**, 90–97.

Dalerum F (2013) Phylogenetic and functional diversity in large carnivore assemblages. *Proceedings of the Royal Society B: Biological Sciences*, **280**, 20130049.

Davis CC, Wurdack KJ (2004) Host-to-parasite gene transfer in flowering plants: phylogenetic evidence from Malpighiales. *Science*, **305**, 676–678.

de Queiroz A, Donoghue MJ, Kim J (1995) Separate versus combined analysis of phylogenetic evidence. *Annual Review of Ecology and Systematics*, **26**, 657–681.

de Queiroz A, Gatesy J (2007) The supermatrix approach to systematics. *Trends in Ecology and Evolution*, **22**, 34–41.

de Queiroz K, Gauthier J (1992) Phylogenetic taxonomy. *Annual Review of Ecology, Evolution, and Systematics*, **23**, 449–480.

Degnan JH, Rosenberg NA (2009) Gene tree discordance, phylogenetic inference and the multispecies coalescent. *Trends in Ecology and Evolution*, **24**, 332–340.

Delsuc F, Brinkmann FH, Philippe H (2005) Phylogenomics and the reconstruction of the tree of life. *Nature Reviews Genetics*, **6**, 361–375.

Delsuc F, Phillips MJ, Penny D (2003) Comment on "Hexapod origins: monophyletic or paraphyletic?". *Science*, **301**, 1482.

De-Nova JA, Medina R, Montero JC, Weeks A, Rosell JA, Olson ME, Eguiarte LE, Magallón S (2012) Insights into the historical construction of species-rich Mesoamerican seasonally dry tropical forests: the diversification of *Bursera* (Burseraceae, Sapindales). *New Phytologist*, **193**, 276–287.

Dobzhansky TG (1937) Genetics and the origin of species. New York: Columbia University Press.

Donoghue MJ (2008) Colloquium paper: a phylogenetic perspective on the distribution of plant diversity. *Proceedings of the National Academy of Sciences of the United States of America*, **105**, 11549–11555.

Donoghue MJ, Edwards EJ (2014) Biome shifts and niche evolution in plants. *Annual Review of Ecology, Evolution, and Systematics*, **45**, 547–572.

Doolittle WF (1999) Phylogenetic classification and the universal tree. *Science*, **284**, 2124–2128.

Doolittle WF, Bapteste E (2007) Pattern pluralism and the Tree of Life hypothesis. *Proceedings of the National Academy of Sciences of the United States of America*, **104**, 2043–2049.

Driskell AC, Ane C, Burleigh JG, McMahon MM, O'Meara BC, Sanderson MJ (2004) Prospects for building the tree of life from large sequence databases. *Science*, **306**, 1172–1174.

Drummond AJ, Rambaut A (2007) BEAST: Bayesian evolutionary analysis by sampling trees. *BMC Evolutionary Biology*, **7**, 214.

Dupin J, Matzke NJ, Sarkinen T, Knapp S, Olmstead RG, Bohs L, Smith SD (2016) Bayesian estimation of the global biogeographical history of the Solanaceae. *Journal of Biogeography*, **44**, 1–13.

Edgar RC (2004) MUSCLE: Multiple sequence alignment with improved accuracy and speed // Proceeding of the 2004 IEEE Computational Systems Bioinformatics Conference: 728–729.

Endress PK, Matthews ML (2006) Flora structure and systematics in four orders of rosids, including a broad survey of floral mucilage cells. *Plant Systematics and Evolution*, **260**, 223–251.

Faith DP (1992) Conservation evaluation and phylogenetic diversity. *Biological Conservation*, **61**, 1–10.

Felsenstein J (1978) Cases in which parsimony or compatibility methods will be positively misleading. *Systematic Zoology*, **27**, 401–410.

Fitch WM (1971) Toward defining the course of evolution: minimum change for a specific tree topology. *Systematic Zoology*, **20**, 406–416.

Fitch WM, Margoliash E (1967) Construction of phylogenetic trees. *Science*, **155**, 279–284.

Fitzjohn RG (2012) Diversitree: comparative phylogenetic analyses of diversification in R. *Methods in Ecology and Evolution*, **3**, 1084–1902.

Fiz-Palacios M, Schneider H, Heinrichs J, Savolainen V (2011) Diversification of land plants: insights from a family-level phylogenetic analysis. *BMC Evolutionary Biology*, **11**, 341.

Francis AP, Currie DJ (2003) A globally consistent richness-climate relationship for angiosperms. *The American Naturist*, **161**, 323–336.

Galtier N, Daubin V (2008) Dealing with incongruence in phylogenomic analyses. *Philosophical Transactions of the Royal Society B: Biological Sciences*, **363**, 4023–4029.

Gatesy J, Geisler JH, Chang J, Buell C, Berta A, Meredith RW, Springer MS, McGowen MR (2013) A phylogenetic blueprint for a modern whale. *Molecular Phylogenetics and Evolution*, **66**, 479–506.

Gatesy J, Springer MS (2013) Concatenation versus coalescence versus "concatalescence". *Proceedings of the National Academy of Sciences of the United States of America*, **110**, E1179–E1179.

Gatesy J, Springer MS (2014) Phylogenetic analysis at deep timescales: unreliable gene trees, bypassed hidden support, and the coalescence/concatalescence conundrum. *Molecular Phylogenetics and Evolution*, **80**, 231–266.

Ge S, Sang T, Lu BR, Hong DY (1999) Phylogeny of rice genomes with emphasis on origins of allotetraploid species. *Proceedings of the National Academy of Sciences of the United States of America*, **96**, 14400–14405.

Ge S, Schaal BA, Hong DY (1997) A reevaluation of the status of *A. lobophylla* based on ITS sequence, with reference to the utility of ITS sequence in *Adenophora*. *Acta Phytotaxonomica Sinica*, **35**, 385–395.

Gehrke B, Linder HP (2011) Time, space and ecology: why some clades have more species than others. *Journal of Biogeography*, **38**, 1948–1962.

Gibson TC, Kubisch HM, Brenner CA (2005) Mitochondrial DNA deletions in rhesus macaque oocytes and embryos. *Molecular Human Reproduction*, **11**, 785–789.

Goldberg EE, Lancaster LT, Ree RH (2011) Phylogenetic inference of reciprocal effects between geographic range evolution and diversification. *Systematic Biology*, **60**, 451–465.

Goodman M, Czelusniak J, Moore GW, Romero-Herrera AE, Matsuda G (1979) Fitting the gene lineage into its species lineage, a parsimony strategy illustrated by cladograms constructed by globin sequences. *Systematic Zoology*, **28**, 132–163.

Goremykin VV, Nikiforova SV, Bininda-Emonds ORP (2010) Automated removal of noisy data in phylogenomic analyses. *Journal of Molecular Evolution*, **71**, 319–331.

Graham CH, Fine PV (2008) Phylogenetic beta diversity: linking ecological and evolutionary processes across space in time. *Ecology Letters*, **11**, 1265–1277.

Hall BG (2005) Comparison of the accuracies of several phylogenetic methods using protein and dna sequences. *Molecular Biology and Evolution*, **22**, 792–802.

Hall BG (2008) How well does the hot score reflect sequence alignment accuracy? *Molecular Biology and Evolution*, **25**, 1576–1580.

Hall BK (1999) Evolutionary developmental biology. London: Chapman and Hall.

Harris A, Xiang QY (2009) Estimating ancestral distributions of lineages with uncertain sister groups: a statistical approach to dispersal-vicariance analysis and a case using *Aesculus* L. (Sapindaceae) including fossils. *Journal of Systematics and Evolution*, **47**, 349–368.

Hartley AJ (2003) Andean uplift and climate change. *Journal of the Geological Society*, **160**, 7–10.

Hartmann K, Andre J (2013) Should evolutionary history guide conservation? *Biodiversity and Conservation*, **22**, 449–458. Hawksworth DL (1996). Stability in and harmonization of bionomenclature. *International Journal of Systematic Bacteriology*, **46**, 619–621.

He LJ, Zhang XC (2012) Exploring generic delimitation within the fern family Thelypteridaceae. *Molecular Phylogenetics and Evolution*, **65**, 757–764.

Heath TA, Hedtke SM, Hillis DM (2008) Taxon sampling and the accuracy of phylogenetic analyses. *Journal of Systematics and Evolution*, **46**, 239–257.

Hennequin G, Vogels TP, Gerstner W (2014) Optimal control of transient dynamics in balanced networks supports generation of complex. *Neuron*, **82**, 1394–1406.

Hennig W (1950) Grundzügeeiner theorie der phylogenetischen Systematik. Berlin: Deutscher Zentralverlag.

Hillis DM (1996) Inferring complex phylogenies. *Nature*, **383**, 130–131.

Hillis DM, Huelsenbeck JP, Cunningham CW (1994) Application and accuracy of molecular phylogenies. *Science*, **264**, 671–676.

Hilu KW, Borsch T, Müller K, Soltis DE, Soltis PS, Savolainen V, Chase MW, Powell, MP, Alice LA, Evans R, Sauquet H, Neinhuis C, Slotta TAB, Rohwer JG, Campbell CS, Chatrou LW (2003) Angiosperm phylogeny based on *mat*K sequence information. *American Journal of Botany*, **90**, 1758–1776.

Hodkinson TR, Parnell JAN (2006) Reconstructing the tree of life: taxonomy and systematics of species rich taxa. Boca Raton: CRC Press.

Holmes EC, Nee S, Rambaut A, Garnett GP, Harvey PH (1995) Revealing the history of infectious disease epidemics through phylogenetic trees. *Philosophical Transactions of the Royal Society of London. Series B: Biological Sciences*, **349**, 33–40.

Hong DY, Blackmore S (2013) Plants of China: a companion to the Flora of China. Beijing: Science Press.

Hong DY, Chen ZD, Qiu YL, Donoghue MJ (2008) Tracing patterns of evolution through the tree of life: introduction. *Journal of Systematics and Evolution*, **46**, 237–238.

Hoorn C, Wesselingh FP, Ter Steege H, Bermudez MA, Mora A, Sevink J, Sanmartín I, Sanchez-Meseguer A, Anderson CL, Figueiredo J, Jaramillo C, Riff D, Negri FR, Hooghiemstra H, Lundberg J, Stadler T, Sarkinen T, Antonelli A (2010) Amazonia through time: Andean uplift, climate change, landscape evolution, and biodiversity. *Science*, **330**, 927–931.

Hou L, Wang L, Qian MP, Li D, Tang C, Zhu YP, Deng MH, Li FT (2011) Modular analysis of the probabilistic genetic interaction network. *Bioinformatics*, **27**, 853–859.

Hu HH (1950) A polyphyletic system of classification of angiosperms. *Science Record*, **3**, 221–230.

Hu QM, Watson MF (2013) Plant exploration in China // Hong DY, Blackmore S. Plants of China: a companion to the Flora of China. Beijing: Science Press: 212–236.

Huang HW, Oldfield S, Qian H (2013) Global significance of plant diversity in China // Hong DY, Blackmore S. Plants of China: a companion to the Flora of China. Beijing: Science Press: 7–34.

Huang JH, Chen B, Liu CR, Lai JS, Zhang JL, Ma KP (2012) Identifying hotspots of endemic woody seed plant diversity in China. *Diversity and Distribution*, **18**, 673–688.

Huson DH, Bryant D (2006) Application of phylogenetic networks in evolutionary studies. *Molecular Biology and Evolution*, **23**, 254–267.

Isaac NJ, Turvey ST, Collen B, Waterman C, Baillie JE (2007) Mammals on the EDGE: conservation priorities based on threat and phylogeny. *PLoS ONE*, **2**, e296.

Izquierdo-Carrasco F, Smith SA, Stamatakis A (2011) Algorithms, data structures, and numerics for likelihood-based phylogenetic inference of huge trees. *BMC Bioinformatics*, **12**, 470.

Jones KE, Korotkova N, Petersen J, Henning T, Borsch T, Kilian N (2017) Dynamic diversification history with rate upshifts in Holarctic bell-flowers (*Campanula* and allies). *Cladistics*, **33**, 637–666.

Katoh K, MisawaK, Kuma K, Miyata T (2002) MAFFT: a novel method for rapid multiple sequence alignment based on fast Fourier transform. *Nucleic Acids Research*, **30**, 3059–3066.

Kearney M, Clark JM (2003) Problems due to missing data in phylogenetic analyses including fossils: a critical review. *Journal of Vertebrate Paleontology*, **23**, 263–274.

Kembel SW, Cowan PD, Helmus MR, Cornwell WK, Morlon H, Ackerly DD, Blomberg SP, Webb CO (2010) Picante: R tools for integrating phylogenies and ecology. *Bioinformatics*, **26**, 1463–1464.

Kembel SW, Hubbell SP (2006) The phylogenetic structure of a neotropical forest tree community. *Ecology*, **87**, S86–S99.

Knapp M, Stöckler K, Havell D, Delsuc F, Sebastiani F, Lockhart PJ (2005) Relaxed molecular clock provides evidence for long-distance dispersal of *Nothofagus* (southern beech). *PLoS Biology*, **3**, e14.

Kress WJ, Erickson DL, Jones FA, Swenson NG, Perez R, Sanjur O, Bermingham E (2009) Plant DNA barcodes and a community phylogeny of a tropical forest dynamics plot in Panama. *Proceedings of the National Academy of Sciences of the United States of America*, **106**, 18621–18626.

Laffan SW, Lubarsky E, Rosauer DF (2010) Biodiverse, a tool for the spatial analysis of biological and related diversity. *Ecography*, **33**, 643–647.

Larkin MA, Blackshields G, Brown NP, Chenna R, McGettigan PA, McWilliam H, Valentin F, Wallace IM, Wilm A, Lopez R, Thompson JD, Gibson TJ, Higgins DG (2007) Clustal W and Clustal X version 2.0. *Bioinformatics*, **23**, 2947–2948.

Li DZ, Gao LM, Li HT, Wang H, Ge XJ, Liu JQ, Chen ZD, Zhou SL, Chen SL, Yang JB, Fu CX, Zeng CX, Yan HF, Zhu YJ, Sun YS, Chen SY, Zhao L, Wang K, Yang T, Duan GW (2011) Comparative analysis of a large dataset indicates that internal transcribed spacer (ITS) should be incorporated into the core barcode for seed plants. *Proceedings of the National Academy of Sciences of the United States of America*, **108**, 19641–19646.

Linder CR, Rieseberg LH (2004) Reconstructing patterns of reticulate evolution in plants. *American Journal of Botany*, **9**, 1700–1708.

Linnaeus C (1753) Species plantarum. Vol. 2. Sweden: Stockholm.

Liu D, Shi W, Shi Y, Wang D, Xiao H, Li W, Bi Y, Wu Y, Li X, Yan J, Liu W, Zhao G, Yang W, Wang Y, Ma J, Shu Y, Lei F, Gao GF (2013)

Origin and diversity of novel avian influenza A H7N9 viruses causing human infection: phylogenetic, structural, and coalescent analyses. *The Lancet*, **381**, 1926–1932.

Liu HM (2016) Embracing the pteridophyte classification of Ren-Chang Ching using a generic phylogeny of Chinese ferns and lycophytes. *Journal of Systematics and Evolution*, **54**, 307–335.

Liu HM, Zhang XC, Wang W, Qiu YL, Chen ZD (2007) Molecular phylogeny of the fern family Dryopteridaceae inferred from chloroplast *rbc*L and *atp*B genes. *International Journal of Plant Sciences*, **689**, 1311–1323.

Liu L (2008) BEST: Bayesian estimation of species trees under the coalescent model. *Bioinformatics*, **24**, 2542–2543.

Lopez P, Forterre P, Philippe H (1999) The root of the tree of life in the light of the covarion model. *Journal of Moecular and Evoution*, **49**, 496–508.

Lu LM, Cymon JC, Mathews S, Wang W, Wen J, Chen ZD (2018a) Optimal data partitioning, multispecies coalescent, and Bayesian concordance analyses resolve early divergences of the grape family (Vitaceae). *Cladistics*, **34**, 57–77.

Lu LM, Mao LF, Yang T, Ye JF, Liu B, Li HL, Sun M, Miller JT, Mathews S, Hu HH, Niu YT, Peng DX, Chen YH, Smith SA, Chen M, Xiang KL, Le CT, Dang VC, Lu AM, Soltis PS, Soltis DE, Li JH, Chen ZD (2018b) Evolutionary history of the angiosperm flora of China. *Nature,* **554**, 234–238.

Mace GM, Gittleman JL, Purvis A (2003) Preserving the tree of life. *Science*, **300**, 1707–1709.

Maddison WP (1997) Gene trees in species trees. *Systematic Biology*, **46**, 523–536.

Maddison WP, Maddison D (2001) Mesquite: a modular system for evolutionary analysis. http: // www. mesquiteproject.org [2018–12–27].

Maddison WP, Midford PE, Otto SP (2007) Estimating a binary character's effect on speciation and extinction. *Systematic Biology*, **56**, 701–710.

Magallón S, Castillo A (2009) Angiosperm diversification through time. *American Journal of Botany*, **96**, 349–365.

Magallón S, Sanderson MJ (2001) Absolute diversification rates in angiosperm clades. *Evolution*, **55**, 1762–1780.

Marjoram P, Tavaré S (2006) Modern computational approaches for analyzing molecular genetic variation data. *Nature Reviews Genetics*, **7**, 759–770.

Matzke NJ (2013) BioGeoBEARS: BioGeography with Bayesian (and likelihood) evolutionary analysis in R scripts. Version 0.2.1. http://cran.r–project.org/src/contrib/Archive/BioGeoBEARS.

Mau B, Newton MA, Larget B (1999) Bayesian phylogenetic inference via Markov Chain Monte Carlo methods. *Biometrics*, **55**, 1–12.

McKenna DD, Sequeira AS, Marvaldi AE, Farrell BD (2009) Temporal lags and overlap in the diversification of weevils and flowering plants. *Proceedings of the National Academy of Sciences of the United States of America*, **106**, 7083–7088.

McMahon MM, Sanderson MJ (2006) Phylogenetic supermatrix analysis of GenBank sequences from 2 228 papilionoid legumes. *Systematic Biology*, **55**, 818–836.

Mello-Silva R, Santos AC, Salatino MLF, Motta LB, Cattai MB, Sasaki D, Lovo J, Pita PB, Rocini C, Rodrigues CDN, Zarrei M, Chase MW (2011) Five vicarious genera from Gondwana: the Velloziaceae as shown by molecules and morphology. *Annals of Botany*, **108**, 87–102.

Meng Z, Chen ZD, Liu HM, He X, Lin XG, Zhang SZ, Li Y, Hu LL, Zhou YC (2010) Platform construction of land plant phylogeny analysis. *Computer Engineering*, **20**, 10–20.

Meng Z, Dong H, Li JH, Chen ZD, Zhou YC, Wang XZ, Zhang SZ (2015) DarwinTree: a molecular data analysis and application environment for phylogenetic study. *Data Science Journal*, **14**, 10.

Mi XC, Swenson NG, Valencia R, Kress WJ, Erickson DL, Pérez AJ, Ren HB, Su SH, Gunatilleke N, Gunatilleke S, Hao ZQ, Ye WH, Gao M, Suresh HS, Dattaraja HS, Sukumar R, Ma KP (2012) The contribution of rare species to community phylogenetic diversity across a global network of forest plots. *The American Naturalist*, **180**, 17–30.

Michener CD, Sokal RR (1957) A quantitative approach to a problem in classification. *Evolution*, **11**, 130–162.

Miller KG, Kominz MA, Browning JV, Wright JD, Mountain GS, Katz ME, Sugarman PJ, Cramer BS, Christie–Blick N, Pekar SF (2005)

The Phanerozoic record of global sea–level change. *Science*, **310**, 1293–1298.

Mitchell JS, Rabosky DL (2017) Bayesian model selection with BAMM: effects of the model prior on the inferred number of diversification shifts. *Methods in Ecology and Evolution*, **8**, 37–46.

Nagalingum NS, Marshall CR, Quental TB, Rai HS, Little DP, Mathews S (2011) Recent synchronous radiation of a living fossil. *Science,* **334**, 796–799.

Near TJ, Meylan PA, Shaffer HB (2005) Assessing concordance of fossil calibration points in molecular clock studies: an example using turtles. *The American Naturalist*, **165**, 137–146.

Nee S, May RM, Harvey PH (1994) The reconstructed evolutionary process. *Philosophical Transactions of the Royal Society of London, Series B*: *Biological Sciences*, **344**, 305–311.

Nei M, Kumar S (2000) Molecular evolution and phylogenetics. Oxford: Oxford University Press.

Niu YT, Ye JF, Zhang JL, Wan JZ, Yang T, Wei XX, Lu LM, Li JH, Chen ZD (2018) Long-distance dispersal or postglacial contraction? Insights into disjunction between Himalaya-Hengduan Mountains and Taiwan in a cold-adapted herbaceous genus, *Triplostegia*. *Ecology and Evolution*, **8**, 1131–1146.

Nylander JAAA (2004) MrModeltest v2. Program distributed by the author. Uppsala: Evolutionary Biology Centre, Uppsala University.

Olmstead RG, Sweere JA (1994) Combining data in phylogenetic systematics: an empirical approach using three molecular data sets in the Solanaceae. *Systematic Biology*, **43**, 467–481.

Page RDM (1996) TreeView: an application to display phylogenetic trees on personal computers. *Computer Applications in the Biosciences*, **12**, 357–358.

Page RDM, Charleston MA (1997) From gene to organismal phylogeny: reconciled trees and the gene tree/species tree problem. *Molecular Phylogenetics and Evolution*, **7**, 231–240.

Pamilo P, Nei M (1988) Relationships between gene trees and species trees. *Molecular Biology and Evolution*, **5**, 568–583.

Paradis E, Claude J , Strimmer K (2004). Ape: analyses of phylogenetics and evolution in R language. *Bioinformatics*, **20**, 289–290.

Pearse WD, Purvis A (2013) phyloGenerator: an automated phylogeny generation tool for ecologists. *Methods in Ecology and Evolution*, **4**, 692–698.

Pei N, Lian JY, Erickson DL, Swenson NG, Kress WJ, Ye WH, Ge XJ (2011) Exploring tree-habitat associations in a Chinese subtropical forest plot using a molecular phylogeny generated from DNA barcode loci. *PLoS ONE*, **6**, e21273.

Peng H (2013) Development of Chinese botany // Hong DY, Blackmore S. Plants of China: a companion to the Flora of China. Beijing: Science Press: 205–211.

Pennisi E (2003) Modernizing the tree of life. *Science*, **300**, 1692–1697.

Phillips MJ, Delsuc F, Penny D (2004) Genome-scale phylogeny and the detection of systematic biases. *Molecular Biology and Evolution*, **21**, 1455–1458.

Phillips MJ, Penny D (2003) The root of the mammalian tree inferred from whole mitochondrial genomes. *Molecular Phylogenetics and Evolution*, **28**, 171–185.

Pisani D (2004) Identifying and removing fast-evolving sites using compatibility analysis: an example from the Arthropoda. *Systematic Biology*, **53**, 978–989.

Posada DL, Crandall KA (1998) Modeltest: testing the model of DNA substitution. *Bioinformatics*, **14**, 817–818.

Posada DL (2008) jModelTest: phylogenetic model averaging. *Molecular Biology and Evolution*, **25**, 1253–1256.

Qian H, Ricklefs RE (2000) Large-scale processes and the Asian bias in species diversity of temperate plants. *Nature*, **407**, 180–182.

Qiu YL, Lee JB, Bernasconi-Quadroni F, Soltis DE, Soltis PS, Zanis M, Zimmer EA, Chen ZD, Savolainenk V, Chase MW (1999) The earliest angiosperms: evidence from mitochondrial, plastid and nuclear genomes. *Nature*, **402**, 404–407.

Qiu YL, Li LB, Wang B, Chen ZD, Knoop V, Groth-Malonek M, Dombrovska O, Lee J, Kent L, Rest J, Estabrook GF, Hendry TA, Taylor

DW, Testa CM, Ambros M, Crandall-Stotler B, Duff RJ, Stech M, Frey W, Quandt D, Davis CC (2006) The deepest divergences in land plants inferred from phylogenomic evidence. *Proceedings of the National Academy of Sciences of the United States of America*, **103**, 15511–15516.

Qiu YL, Li LB, Wang B, Xue JY, Hendry TA, Li RQ, Brown JW, Liu Y, Hudson YH, Chen ZD (2010) Angiosperm phylogeny inferred from sequences of four mitochondrial genes. *Journal of Systematics and Evolution*, **48**, 391–425.

Rabosky DL (2006a) Likelihood methods for detecting temporal shifts in diversification rates. *Evolution*, **60**, 1152–1164.

Rabosky DL (2006b) LASER: a maximum likelihood toolkit for detecting temporal shifts in diversification rates from molecular phylogenies. *Evolutionary Bioinformatics*, **2**, 247–250.

Rabosky DL, Grundler M, Anderson C, Title P, Shi JJ, Brown JW, Huang H, Larson JG (2014) BAMMtools: an R package for the analysis of evolutionary dynamics on phylogenetic trees. *Methods in Ecology and Evolution*, **5**, 701–707.

Rambaut A (2002) Se-Al: Sequence alignment editor. http: // tree.bio.ed.ac.uk/software/seal/[2009–12–12].

Rambaut A (2009) FigTree 1.3.1. http: // tree. Bio.ed.ac.uk/software/figtree/ [2011–1–4].

Rannala B, Yang Z (1996) Probability distribution of molecualr evolutionary tree: a new method of phylogenetic inference. *Journal of Molecular and Evoluiton*, **43**, 304–311.

Redding DW, Mooers AØ (2006) Incorporating evolutionary measures into conservation prioritization. *Conservation Biology*, **20**, 1670–1678.

Ree RH, Smith SA (2008) Maximum likelihood inference of geographic range evolution by dispersal, local extinction, and cladogenesis. *Systematic Biology*, **57**, 4–14.

Refulio-Rodríguez NF, Olmstead RG (2014) Phylogeny of Lamiidae. *American Journal of Botany*, **101**, 298–299.

Renaud S, Michaux J, Schmidt D, Aguilar J, Mein P, Auffray J (2005) Morphological evolution, ecological diversification and climate change in rodents. *Proceedings of the Royal Society B*: *Biological Sciences*, **272**, 609–617.

Richter S, Meier R (1994) The development of phylogenetic concepts in Hennig's early theoretical publications (1947–1966). *Systematic Biology*, **43**, 212–221.

Rodman JE, Karol KG (1996) Molecules, morphology, and Dahlgren's expanded order Capparales. *Systematic Botany*, **21**, 289–307.

Rokas A, Carroll SB (2006) Bushes in the Tree of Life. *PLoS Biology*, **4**, e352.

Rokas A, Williams BL, King N, Carroll SB (2003) Genome-scale approaches to resolving incongruence in molecular phylogenies. *Nature*, **425**, 798–804.

Ronquist F (1995) Reconstructingthe history of host-parasite associations using generalised parsimony. *Cladistics*, **11**, 73–89.

Ronquist F (1997) Dispersal-vicariance analysis: a new approach to the quantification of historical biogeography. *Systematic Biology*, **46**, 195–203.

Ronquist F (2001) DIVA version 1.2. Computer program for MacOS and Win32. Evolutionary Biology Centre, Uppsala University. http: // www.ebc.uu.se/systzoo/research/diva/diva.html [2018–2–8].

Ronquist F (2003) Parsimony analysis of coevolving species associations // Roderic DM. Tangled trees: phylogeny, cospeciation and coevolution. Chicago: University of Chicago Press: 22–64.

Ronqust F, Huelsenbeck J (2003) MrBayes 3: Bayesian phylogenetic inference under mixed models. *Bioinformatics*, **19**, 1572–1574.

Ronquist F, Sanmartín I (2011) Phylogenetic methods in biogeography. *Annual Review of Ecology, Evolution, and Systematics*, **42**, 441–464.

Ronquist F, Teslenko M, van der Mark P, Ayres DL, Darling A, Hohna S, Larget B, Liu L, Suchard MA, Huelsenbeck JP (2012) MrBayes 3.2: efficient Bayesian phylogenetic inference and model choice across a large model space. *Systematic Biology*, **61**, 539–542.

Rosauer D, Laffan SW, Crisp MD, Donnellan SC, Cook LG (2009) Phylogenetic endemism: a new approach for identifying geographical concentrations of evolutionary history. *Molecular Ecology*, **18**, 4061–4072.

Rosauer DF, Mooers AØ (2013) Nurturing the use of evolutionary diversity in nature conservation. *Trends in Ecology and Evolution*, **28**,

322–323.

Ruhfel BR, Gitzendanner MA, Soltis PS, Soltis DE, Burleigh JG (2014) From algae to angiosperms-inferring the phylogeny of green plants (Viridiplantae) from 360 plastid genomes. *BMC Evolutionary Biology*, **14**, 23.

Rutschmann F (2006). Molecular dating of phylogenetic trees: a brief review of current methods that estimate divergence times. *Diversity and Distributions*, **12**, 35–48.

Salamin N, Hodkinson TR, Savolainen V (2002) Building supertrees: an empirical assessment using the grass family (Poaceae). *Systematic Biology*, **51**, 136–150.

Sanderson MJ (2003) r8s: inferring absolute rates of molecular evolution and divergence times in the absence of a molecular clock. *Bioinformatics*, **19**, 301–302.

Sanderson MJ, Purvis A, Henze C (1998) Phylogenetic supertrees: assembling the trees of life. *Trends in Ecology and Evolution*, **13**, 105–109.

Sanderson MJ, Shaffer HB (2002) Troubleshooting molecular phylogenetic analyses. *Annual Review of Ecology and Systematics*, **33**, 49–72.

Santamaria L, Mendez PF (2012) Evolution in biodiversity policy–current gaps and future needs. *Evolutionary Applications*, **5**, 202–218.

Savolainen V, Fay MF, Albach DC, Backlund A, van der Bank M, Cameron KM, Johnson SA, Lledó MD, Pintaud JC, Powell M, Sheahan MC, Soltis DE, Soltis PS, Weston P, Whitten WM, Wurdack KJ, Chase MW (2000) Phylogeny of the eudicots: a nearly complete familial analysis based on *rbc*L gene sequences. *Kew Bulletin*, **55**, 257–309.

Schneider H, Smith A, Cranfil R, Hildebrand TJ, Haufle CH, Ranke TA (2004) Unraveling the phylogeny of the polygrammoid ferns (Polypodiaceae and Grammitidaceae): exploring aspects of the diversification of epiphytic plants. *Molecular Phylogenetics and Evolution*, **31**, 1041–1063.

Schuettpelz E, Schneider H, Huiet L, Windham MD, Pryer KM (2007) A molecular phylogeny of the fern family Pteridaceae: assessing overall relationships and the affinities of previously unsampled genera. *Molecular Phylogenetics and Evolution*, **44**, 1172–1185.

Schweizer M, Seehausen O, Hertwig ST (2011) Macroevolutionary patterns in the diversification of parrots: effects of climate change, geological events and key innovations. *Journal of Biogeography*, **38**, 2176–2194.

Seelanan T, Schnabel A, Wendel JF (1997) Congruence and consensus in the cotton tribe (Malvaceae). *Systematic Botany*, **22**, 259–290.

Shi SH, Chang HT, Chen Y, Qu LH, Wen J (1998) Phylogeny of the Hamamelidaceae based on the ITS sequences of nuclear ribosomal DNA. *Biochemical Systematics and Ecology*, **26**, 55–69.

Silvertown J, Dodd M, Gowing D, Lawson C, McConway K (2006) Phylogeny and the hierarchical organization of plant diversity. *Ecology*, **87**, S39–S49.

Simpson MG (2012) Plant systematics. Beijing: Science Press: 653–655.

Smith SA, Beaulieu JM, Donoghue MJ (2009) Mega-phylogeny approach for comparative biology: an alternative to supertree and supermatrix approaches. *BMC Evolutionary Biology*, **9**, 37.

Sneath PHA (1995) Thirty years of numerical taxonomy. *Systematic Biology*, **44**, 281–298.

Sokal RR, Sneath PHA (1963) Principles of numerical taxonomy. San Francisco: Freeman.

Soltis DE, Burleigh G, Barbazuk WB, Moore MJ, Soltis PS (2009) Advances in the use of next-generation sequence data in plant systematics and evolution. *ISHS Acta Horticulturae*, **859**, 193–206.

Soltis DE, Gitzendanner MA, Soltis PS (2007) A 567-taxon data set for angiosperms: the challenges posed by Bayesian analyses of large data sets. *International Journal of Plant Sciences*, **168**, 137–157.

Soltis DE, Smith SA, Cellinese N, Wurdack KJ, Tank DC, Brockington SF, Refulio-Rodriguez NF, Walker JB, Moore MJ, Carlsward BS, Bell CD, Latvis M, Crawley S, Black C, Diouf D, Xi Z, Rushworth CA, Gitzendanner MA, Sytsma KJ, Qiu YL, Hilu KW, Davis CC, Sanderson MJ, Soltis PS (2011) Angiosperm phylogeny: 17 genes, 640 taxa. *American Journal of Botany*, **98**, 704–730.

Soltis DE, Soltis PS, Chase MW, Mort ME, Albach DC, Zanis M, Savolainen V, Hahn WJ, Hoot SB, Fay MF, Axtell M, Swensen SM, Prince LM, Kress WJ, Nixon KC, Farris KJ (2000) Angiosperm phylogeny inferred from 18S rDNA, *rbc*L, and *atp*B sequences. *Botanical*

Journal of the Linnean Society, **133**, 381–461.

Soltis DE, Soltis PS, Endress PK, Chase MW (2005) Phylogeny and evolution of angiosperms. Sunderland: Sinauer Associates.

Soltis DE, Soltis PS, Morgan DR, Swensen SM, Mullin BC, Dowd JM, Martin PG (1995) Chloroplast gene sequence data suggest a single origin of the predisposition for symbiotic nitrogen fixation in angiosperms. *Proceedings of the National Academy of Sciences of the United States of America*, **92**, 2647–2651.

Soltis DE, Soltis PS, Nickrent DL, Johnson LA, Hahn WJ, Hoot SB, Sweere JA, Kuzoff RK, Kron KA, Chase MW, Swensen SM, Zimmer EA, Chaw SM, Gillespie LJ, Kress WJ, Sytsma KJ (1997) Angiosperm phylogeny inferred from 18S ribosomal DNA sequences. *Annals of the Missouri Botanical Garden*, **84**, 1–49.

Soltis PS, Soltis DE (2013) Angiosperm phylogeny: a framework for studies of genome evolution. *Plant Genome Diversity*, **2**, 1–11.

Song S, Liu L, Edwards SV, Wu S (2012) Resolving conflict in eutherian mammal phylogeny using phylogenomics and the multispecies coalescent model. *Proceedings of the National Academy of Sciences of the United States of America*, **109**, 14942–14947.

Springer MS, Gatesy J (2014) Land plant origins and coalescence confusion. *Trends in Plant Science*, **19**, 267–269.

Springer MS, Gatesy J (2016) The gene tree delusion. *Molecular Phylogenetics and Evolution*, **94**, 1–33.

Springer MS, Meredith RW, Gatesy J, Emerling CA, Park J, Rabosky DL, Stadler T, Steiner C, Ryder OA, Janečka JE (2012) Macroevolutionary dynamics and historical biogeography of primate diversification inferred from a species supermatrix. *PLoS ONE*, **7**, e49521.

Stadler T (2011) Mammalian phylogeny reveals recent diversification rate shifts. *Proceedings of the National Academy of Sciences of the United States of America*, **108**, 6187–6192.

Stamatakis A (2006) RAxML-VI-HPC: maximum likelihood-based phylogenetic analyses with thousands of taxa and mixed models, v. 7.03. *Bioinformatics*, **22**, 2688–2690.

Stamatakis A (2014) RAxML version 8: a tool for phylogenetic analysis and post-analysis of large phylogenies. *Bioinformatics*, **30**, 1312–1313.

Stebbins GL (1974) Flowering plants: evolution above the species level. Cambridge: Harvard University Press.

Steel M, Penny D (2000) Parsimony, likelihood, and the role of models in molecular phylogenetics. *Molecular Biology and Evolution*, **4**, 64–71.

Stevens PF (2001) Angiosperm phylogeny website. http://www.mobot.org./MOBOT/research/APweb/[2017–7].

Su JX, Wang W, Zhang LB, Chen ZD (2012) Phylogenetic placement of two enigmatic genera, *Borthwickia* and *Stixis*, based on molecular and pollen data, and the description of a new family of Brassicales, Borthwickiaceae. *Taxon*, **61**, 601–611.

Sun M, Naeem R, Su JX, Cao ZY, Burleigh JG, Soltis PS, Soltis DE, Chen ZD (2016) Phylogeny of the Rosidae: a dense taxon sampling analysis. *Journal of Systematics and Evolution*, **54**, 363–391.

Sun M, Soltis DE, Soltis PS, Zhu X, Burleigh JG, Chen ZD (2015) Deep phylogenetic incongruence in the angiosperm clade Rosidae. *Molecular Phylogenetics and Evolution*, **83**, 156–166.

Swofford DL (2003) Paup*: Phylogenetic analysis using parsimony (and other methods), version 4.0b10. Sunderland: Sinauer Associates.

Takhtajan A (1997) Diversity and classification of flowering plants. New York: Columbia University Press.

Takhtajan A (2009) Flowering plants. Netherlands: Springer.

Tamura K, Peterson D, Peterson N, Stecher G, Nei M, Kumar S (2011) MEGA5: molecular evolutionary genetics analysis using maximum likelihood, evolutionary distance, and maximum parsimony methods. *Molecular Biology and Evolution*, **28**, 2731–2739.

Tang ZY, Wang ZH, Zheng CY, Fang JY (2006) Biodiversity in China's mountains. *Frontiers in Ecology and the Environment,* **4**, 347–352.

Thomas JA, Ware JL (2011) The northeastern symposium on evolutionary divergence time: fossil and molecular dating: molecular and fossil dating: a compatible match? *Entomologica Americana*, **117**, 1–8.

Thompson JD, Gibson TJ, Plewniak F, Jeanmougin F, Higgins DG (1997) The CLUSTAL_X windows interface: flexible strategies for multiple sequence alignment aided by quality analysis tools. *Nucleic Acids Research*, **25**, 4876–4882.

Thomson RC, Shaffer HB (2010) Sparse supermatrices for phylogenetic inference: taxonomy alignment, rogue taxa, and the phylogeny of living turtles. *Systematic Biology*, **59**, 42–58.

Thorley JL, Wilkinson M (1999) Testing the phylogenetic stability of early tetrapods. *Journal of Theoretical Biology*, **200**, 343–344.

Thorne JL, Kishino H (2002) Divergence time and evolutionary rate estimation with multilocus data. *Systematic Biology*, **51**, 689–702.

Vamosi JC, Vamosi SM (2011) Factors influencing diversification in angiosperms: at the crossroads of intrinsic and extrinsic traits. *American Journal of Botany*, **98**, 460–471.

Van Dam MH, Matzke NJ (2016) Evaluating the influence of connectivity and distance on biogeographical patterns in the south-western deserts of North America. *Journal of Biogeography*, **43**, 1514–1532.

Vane-Wright RI, Humphries CJ, Williams PH (1991) What to protect? Systematics and the agony of choice. *Biological Conservation*, **55**, 235–254.

Vieites DR, Min MS, Wake DB (2007) Rapid diversification and dispersal during periods of global warming by plethodontid salamanders. *Proceedings of the National Academy of Sciences of the United States of America*, **104**, 19903–19907.

Wang HC, Moore MJ, Soltis PS, Bell CD, Brockington SF, Alexandre R, Davis CC, Latvis M, Manchester SR, Soltis DE (2009) Rosids radiation and the rapid rise of angiosperm-dominated forests. *Proceedings of the National Academy of Sciences of the United States of America*, **106**, 3853–3858.

Wang N, Akey JM, Zhang K, Chakraborty R, Jin L (2002) Distribution of recombination crossovers and the origin of haplotype blocks: the interplay of population history, recombination, and mutation. *The American Journal of Human Genetics*, **71**, 1227–1234.

Wang W, Lu AM, Ren Y, Endress ME, Chen ZD (2009) Phylogeny and classification of Ranunculales: evidence from four molecular loci and morphological data. *Perspectives in Plant Ecology, Evolution and Systematics*, **11**, 81–110.

Wang XQ, Han Y, Deng ZR, Hong DY (1997) Phylogeny of the Pinaceae evidenced by molecular biology. *Acta Phytotaxonomica Sinica*, **35**, 97–106.

Wang XQ, Li ZY (1998) The application of sequence analysis of rDNA fragment to the systematic study of the subfamily Cyrtandroideae (Gesneriaceae). *Acta Phytotaxonomica Sinica*, **36**, 97–105.

Wang XQ, Tank DC, Sang T (2000) Phylogeny and divergence times in Pinaceae: evidence from three genomes. *Molecular Biology and Evolution*, **17**, 773–781.

Wang ZC (1994) Development of botany in ancient China // Wang ZR. History of Chinese botany. Beijing: Science Press: 3–8.

Wang ZH, Brown JH, Tang ZY, Fang JY (2009) Temperature dependence, spatial scale, and tree species diversity in eastern Asia and North America. *Proceedings of the National Academy of Sciences of the United States of America*, **106**, 13388–13392.

Webb CO, Ackerly DD, Kembel SW (2008) Phylocom: software for the analysis of phylogenetic community structure and trait evolution. *Bioinformatics*, **24**, 2098–2100.

Webb CO, Ackerly DD, McPeek MA, Donoghue MJ (2002a) Phylogenies and community ecology. *Annual Review of Ecology and Systematics*, **33**, 475–505.

Webb CO, Ackerly DD, McPeek MA, Donoghue MJ (2002b) Phylogenies and generation tool for ecologists. *Methods in Ecology and Evolution*, **4**, 692–698.

Weigend M, Luebert F, Gottschling M, Couvreur TLP, Hilger HH, Miller JS (2013) From capsules to nutlets-phylogenetic relationships in the Boraginales. *Cladistics*, **30**, 508–518.

Welch JJ, Bromham L (2005) Molecular dating when rates vary. *Trends in Ecology and Evolution*, **20**, 320–327.

Wendel JF, Doyle JJ (1998) Phylogenetic incongruence: window into genome history and molecular evolution // Soltis DE, Soltis PS, Doyle JJ. Molecular systematics of plants Ⅱ : DNA sequencing. Boston: Kluwer: 265–296.

Whittall JB, Hodges SA (2007) Pollinator shifts drive increasingly long nectar spurs in columbine flowers. *Nature*, **447**, 706–709.

Wiens JJ, Graham CH (2005) Niche conservatism: integrating evolution, ecology, and conservation biology. *Annual Review of Ecology, Evolution, and Systematics*, **36**, 519–539.

Wiley EO, Siegel-Causey D, Brooks DR, Funk V (1991) The compleat cladist: a primer of phylogenetic procedures. Kansas: University of Kansas Museum of Natural History.

Williams TA, Foster PG, Nye TMW, Cox CJ, Embley TM (2012) A congruent phylogenomic signal places eukaryotes within the Archaea. *Proceedings of the Royal Society B: Biological Sciences*, **1749**, 4870–4879.

Winter M, Devicto V, Schweiger O (2013) Phylogenetic diversity and nature conservation: where are we? *Trends in Ecology and Evolution*, **28**, 199–204.

Woese CR, Fox GE (1977) Phylogenetic structure of the prokaryotic domain: the primary kingdoms. *Proceedings of the National Academy of Sciences of the United States of America*, **74**, 5088–5090.

Wolfe JA, Upchurch GR (1987) North American non-marine climates and vegetation during the Late Cretaceous. *Palaeogeography, Palaeoclimatology, Palaeoecology*, **61**, 33–77.

Wortley AH, Rudall PJ, Harris DJ, Scotland RW (2005) How much data are needed to resolve a difficult phylogeny? Case study in Lamiales. *Systematic Biology*, **54**, 697–709.

Wu ZQ, Ge S (2012) The phylogeny of the BEP clade in grasses revisited: evidence from the whole-genome sequences of chloroplasts. *Molecular Phylogenetics and Evolution*, **62**, 573–578.

Wu ZY, Lu AM, Tang YC, Chen ZD, Li DZ (2002) Synopsis of a new "polyphyletic-polychronic-polytopic" system of the angiosperms. *Acta Phytotaxonomica Sinica*, **40**, 289–322.

Wu ZY, Raven PH, Hong DY (1994–2013) Flora of China. Beijing: Science Press and St. Louis: Missouri Botanical Garden Press.

Xiang QY, Moody ML, Soltis DE, Fan CZ, Soltis PS (2002) Relationships within Cornales and circumscription of Cornaceae: *mat*K and *rbc*L sequence data and effects of outgroups and long branches. *Molecular Phylogenetics and Evolution*, **24**, 35–57.

Yang Z (2006) Computational molecular evolution. New York: Oxford University Press.

Yang Z, Rannala B (2012) Molecular phylogenetics: principles and practice. *Nature Reviews Genetics*, **13**, 303–314.

Ye JF, Lu LM, Liu B, Yang T, Zhang JL, Hu HH, Li R, Lu AM, Liu HY, Mao LF, Chen ZD (2019) Phylogenetic delineation of regional biota: a case study of the Chinese flora. *Molecular Phylogenetics and Evolution*, **135**, 222–229.

Yoder AD, Clancey E, Des Roches S, Eastman JM, Gentry L, Godsoe WKW, Hagey T, Jochimsen D, Oswald BP, Robertson J, Sarver BAJ, Schenk JJ, Spear S, Harmon LJ (2010) Ecology opportunity and the origin of adaptive radiations. *Journal of Evolutionary Biology*, **23**, 1581–1596.

Yu Y, Harris A, He XJ (2010) S-DIVA (Statistical Dispersal-Vicariance Analysis): a tool for inferring biogeographic histories. *Molecular Phylogenetics and Evolution*, **56**, 848–850.

Zanne AE, Tank DC, Cornwell WK, Eastman JM, Smith SA, Fitzjohn RG, McGlinn DJ, O'Meara BC, Moles AT, Reich PB, Royer DL, Soltis DE, Stevens PF, Westoby M, Wright IJ, Aarssen L, Bertin RI, Calaminus A, Govaerts R, Hemmings F, Leishman MR, Oleksyn J, Soltis PS, Swenson NG, Warman L, Beaulieu JM (2014) Three keys to the radiation of angiosperms into freezing environments. *Nature*, **506**, 89–92.

Zeng LP, Zhang Q, Sun R, Kong HZ, Zhang N, Ma H (2014) Resolution of deep angiosperm phylogeny using conserved nuclear genes and estimates of early divergence times. *Nature Communications*, **5**, 4956.

Zhang N, Zeng LP, Shan HY, Ma H (2012) Highly conserved low–copy nuclear genes as effective markers for phylogenetic analyses in angiosperms. *New Phytologist*, **195**, 923–937.

Zhang SB, Slik JWF, Zhang JL, Cao KF (2011) Spatial patterns of wood traits in China are controlled by phylogeny and the environment. *Global Ecology and Biogeography*, **20,** 241–250.

Zhang XC, Wei R, Liu HM, He LJ, Wang L, Zhang GM (2013) Phylogeny and classification of the extant lycophytes and ferns from China. *Chinese Bulletin of Botany*, **48**, 119–137.

Zhang YX, Li DZ (2013) History of and recent advances in plant taxonomy // Hong DY, Blackmore S. Plants of China: a companion to the Flora of China. Beijing: Science Press: 256–278.

Zhu XY, Chase MW, Qiu YL, Kong HZ, Dilcher DL, Li JH, Chen ZD (2007) Mitochondrial *mat*R sequences help to resolve deep phylogenetic relationships in rosids. *BMC Evolutionary Biology*, **7**, 217.

Zuckerkandl E, Pauling L (1965) Molecules as documents of evolutionary history. *Journal of Theoretical Biology*, **8**, 357–366.

第二篇
中国维管植物目、科、属的系统发育分析

第八章 石松类植物

石松类（lycophytes）是一群十分古老的植物，起源于4亿年前，在石炭纪（35 900万～29 900万年前）最为繁盛，以已灭绝的鳞木目 Lepidodendrales 为主要代表，构成森林的优势类群，高达40m，基部直径达2m。它们的遗骸是北半球重要经济煤层的主要组成成分。石松类经历了近4亿年的演化历史，现代石松类形态简化。不同学者根据它们的形态特征给予不同的分类等级，如吴兆洪和秦仁昌（1991）将其分为石松亚门 Lycophytina 和水韭亚门 Isoephytina。石松亚门 Lycophytina，包括石松目 Lycopodiales（含石杉科 Huperziaceae、石松科 Lycopodiaceae 及仅分布于澳大利亚和新西兰、高度退化的单型科石葱科 Phylloglossaceae）和卷柏目 Selaginellales（仅有卷柏科 Selaginellaceae）；水韭亚门 Isoephytina，现仅存水韭目 Isoetales 1目（含水韭科1科）。Simpson（2006）将其作为石松门 Lycopodiophyta，下分石松纲 Lycopodiopsida 和水韭纲 Isoetopsida，前者仅含石松科 Lycopodiaceae，后者含水韭科 Isoetaceae 和卷柏科 Selaginellaceae 2科。Judd 等（2008）将其作为石松目，包括石松科、卷柏科和水韭科3科。由于很多支系灭绝，人们对这一古老类群有十分不同的分类观点是不足为奇的。鉴于形态性状的隔离及分子数据的分析，本研究将所含3科分别提升为目的分类等级，即石松类包括石松目、水韭目和卷柏目（图2）。

目 1. 石松目 Lycopodiales

石松目 Lycopodiales 只有石松科 Lycopodiaceae（广义，包括石杉科 Huperziaceae、狭义石松科和石葱科 Phylloglossaceae）（图2）。

科 1. 石松科 Lycopodiaceae

3属360～400种，世界广布，主产热带；中国产3属66种，全国分布。

小型草本或藤本，陆生或附生；主茎直立、匍匐、悬垂或攀缘，多为原生中柱，二歧分枝；单叶，披针形、卵形或钻形，螺旋状着生在主茎上，具中肋，无侧脉；孢子囊穗顶生于小枝上部孢子叶叶腋，直立或下垂；孢子囊肾形，厚壁；孢子球状四面体型，表面具凹穴或沟槽。

石松属 *Lycopodium* L. 和小石松属 *Lycopodiella* Holub 互为姐妹群，石杉属 *Huperzia* Bernh. 和上述二属组成的分支互为姐妹群关系。

1. 石杉属 Huperzia Bernh.

小型，附生或土生；茎直立、近直立或垂悬；一至多回二叉分枝；叶为小型叶，仅具中脉，一型或二型，无叶舌，螺旋状排列；孢子囊通常为肾形，具小柄，2瓣开裂，生于全枝或枝上部叶腋，或在枝顶端形成细长线形的孢子囊穗；孢子叶较小，与营养叶同形或异形；孢子球状四面体，具孔穴状纹饰。

约305种（此处取广义概念，包含石葱属 *Phylloglossum*、马尾杉属 *Phlegmariurus*），广布于热带和亚热带地区，温带也有分布；中国49种，全国分布，主产西南。

长柄石杉 *Huperzia javanica* (Sw.) Fraser-Jenk.

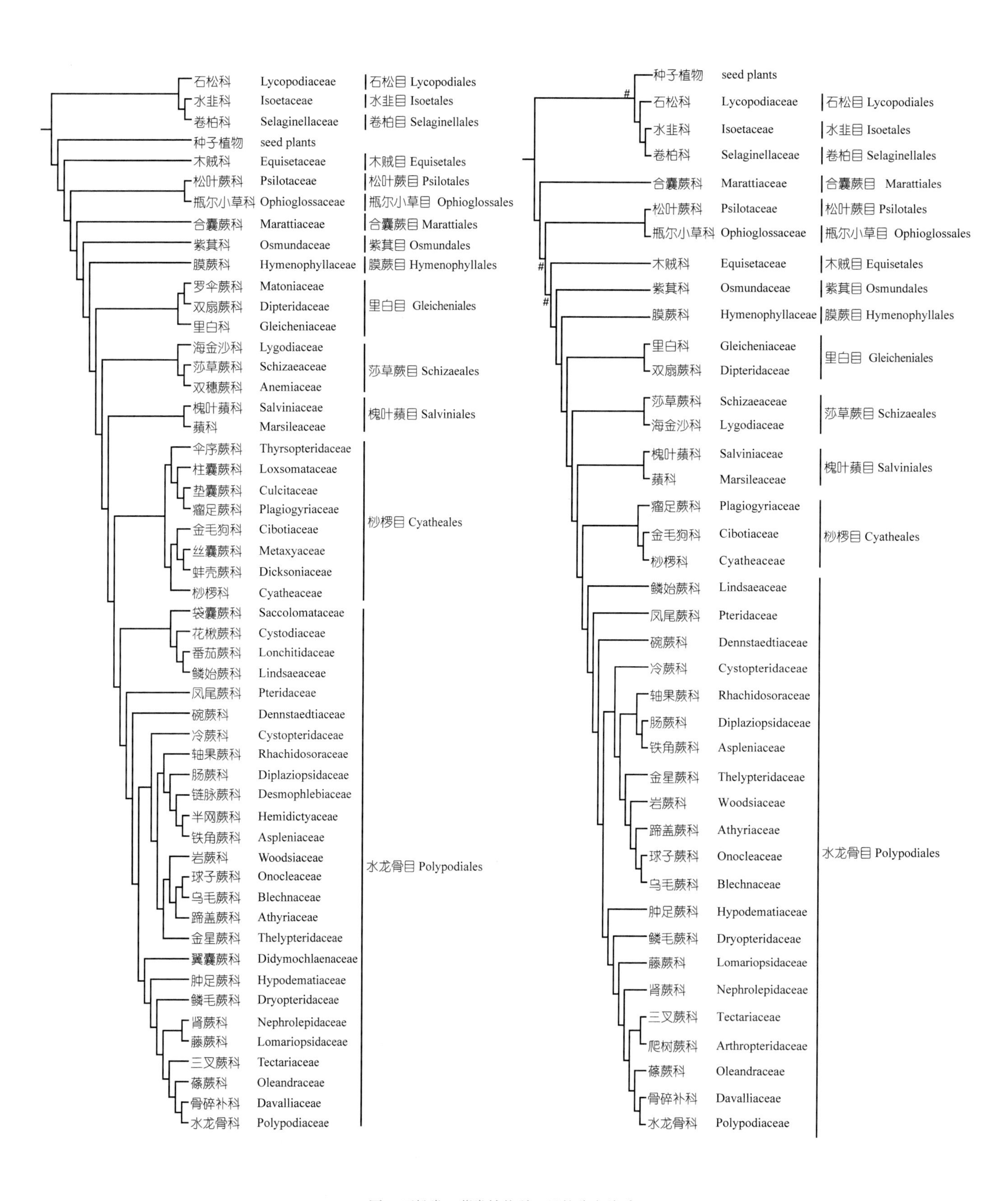

图 2 石松类、蕨类植物科、目的分支关系

PPG Ⅰ系统（左）；中国维管植物生命之树（右）

2. 小石松属 Lycopodiella Holub

小型多年生沼地或湿地生植物；主茎匍匐状，单一或多回二叉分枝；叶螺旋状排列，披针形至线形；孢子枝单生，直立；苞片密生，形状同匍匐茎上的叶，孢子囊穗单生，圆柱形；孢子叶线状披针形，覆瓦状排列，先端渐尖或钝；孢子囊生于孢子叶叶腋，内藏或略露出，近球形，黄色。

约 54 种（包含拟小石松属 *Pseudolycopodiella*、垂穗石松属 *Palhinhaea* 等），全球广布；中国 4 种，产长江以南各地。

垂穗石松 *Lycopodiella cernua* (L.) Pic. Serm.

3. 石松属 Lycopodium L.

土生；主茎伸长呈匍匐状或攀缘状，或短而直立；侧枝二叉分枝或近合轴分枝，稀单轴分枝；叶为小型单叶，仅具中脉，一型，螺旋状排列，钻形、线形至披针形；孢子囊穗圆柱形，通常生于孢子枝顶端或侧生；孢子叶的形状与大小不同于营养叶，膜质，一型，边缘有锯齿；孢子囊无柄，生在孢子叶叶腋，肾形，二瓣开裂；孢子球状四面体，常具网状或拟网状纹饰。

约 60 种（包含扁枝石松属 *Diphasiastrum*、单穗石松属 *Spinulum* 等），广布于热带和亚热带地区，温带也有分布；中国 15 种，全国分布。

石松 *Lycopodium japonicum* Thunb.

目 2. 水韭目 Isoetales

水韭目 Isoetales 只含水韭科 Isoetaceae 1 科（图 2）。

科 2. 水韭科 Isoetaceae

1 属 250 余种，世界广布；中国产 5 种，分布于长江以南及西南地区。

小型或中型蕨类，多为水生或沼地生；茎粗短，块状或伸长而分枝，具原生中柱，下部生根，有根托；叶螺旋状排成丛生状，一型，狭长线形或钻形，基部扩大，腹面有叶舌；内部有分隔的气室及叶脉 1 条；叶内有 1 条维管束和 4 条纵向具横隔的通气道；孢子囊单生在叶基部腹面的穴内，椭圆形，外有盖膜覆盖，二型，大孢子囊生在外部的叶基，小孢子囊生在内部的叶基。孢子二型，大孢子球状四面体，小孢子肾状二面体；配子体有雌雄之分，退化；精子有多数鞭毛。

水韭科 Isoetaceae 和卷柏科 Selaginellaceae 互为姐妹群。

1. 水韭属 Isoetes L.

属的鉴定特征及分布同科。

中华水韭 *Isoetes sinensis* Palmer

目 3. 卷柏目 Selaginellales

卷柏目 Selaginellales 仅有卷柏科 Selaginellaceae 1 科（图 2）。

科 3. 卷柏科 Selaginellaceae

1 属约 700 种，世界广布，主产热带地区；中国 72 种，南北分布。

土生，石生，极少附生；常绿或夏绿，通常为多年生草本植物；有腹背之分，常有根托不定根，主茎直立或匍匐，多次分枝；叶常鳞片形，具叶舌，螺旋状排列或排成 4 行，一型或二型；孢子叶穗生于茎或枝的先端，或侧生于小枝上，紧密或疏松，四棱形或压扁，偶呈圆柱形；孢子叶 4 行排列，一型或二型，孢子囊近轴面生于叶腋，二型，在孢子叶穗上各式排布；每个大孢子囊内有 4 个大孢子，偶有 1 个或多个；小孢子囊内小孢子多数，100 个以上。

1. 卷柏属 Selaginella P. Beauv.

属的鉴定特征及分布同科。

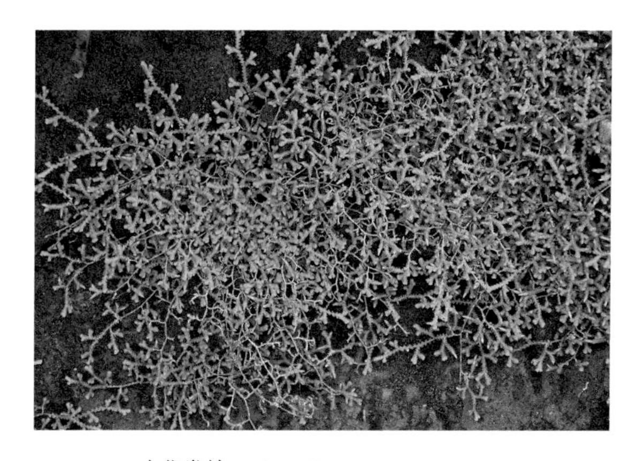

中华卷柏 *Selaginella sinensis* (Desv.) Spring

垫状卷柏 *Selaginella pulvinata* (Hook. & Grev.) Maxim.

第九章 蕨类植物

蕨类植物（ferns）是一个十分古老的类群，在现代植物区系和植被中仍然占有重要地位。经典的观点认为最古老和最原始的蕨类是裸蕨类。裸蕨类植物的起源可以追溯到早寒武世，在志留纪和泥盆纪分布很广，到泥盆纪末期已经灭绝，取而代之的是在石炭纪至二叠纪期间十分繁盛的石松类、木贼类及真蕨类的先驱。经过几亿年的演化，现存的蕨类植物是大量已灭绝类群的后裔。排除石松类植物之后，分子系统发育的分析表明蕨类植物是单系的（Smith et al.，2006；Judd et al.，2008）。在蕨类植物中有两种孢子囊：一类是厚壁孢子囊，开裂的孢子囊壁具 2 到多层细胞，具厚壁孢子囊的蕨类植物被称为厚囊蕨类，包括合囊蕨目 Marattiales（仅有合囊蕨科）、瓶尔小草目 Ophioglossales（含瓶尔小草科 1 科）、松叶蕨目 Psiotales（含松叶蕨科 1 科）和木贼目 Equisetales（仅有木贼科），上述 4 目（科）是较早分化的分支，但在形态上是相当分异的，如长期以来将松叶蕨科和木贼科称为“拟蕨”，它们是小叶型、叶仅有 1 条脉或无脉，是高度变态的蕨类植物。另一类是薄壁孢子囊，即孢子囊壁仅有 1 层细胞，具薄壁孢子囊的蕨类植物被称为薄囊蕨类，其他共衍征有孢子囊常具环带、孢子囊柄的横切面具 4~6 个细胞、第一次合子分裂为纵裂、初生木质部具梯状具缘纹孔。这是蕨类植物的主体，包括 7 目 33 科 300 多属 9 000 余种（Smith et al.，2006），按照 Christenhusz 等（2011）系统，全世界蕨类植物有 46 科约 280 属，中国产 35 科 159 属。由于现代蕨类植物有些是三叠纪和侏罗纪时起源的（吴兆洪和秦仁昌，1991），两亿多年来，一些类群灭绝，另一些类群发生，科间在形态上出现很大间隙，除最兴旺的水龙骨目 Polypodiales 外，其他目多为单科目或 2~3 科的寡科目，水龙骨目植物也较为复杂，聚合在一个分支中的两个科可看作近缘科，但很难说它们都是姐妹群。

目 1. 合囊蕨目 Marattiales

在现存的蕨类植物中，合囊蕨目 Marattiales 只含合囊蕨科 Marattiaceae 1 科，包括 6 属约 100 种，主要分布于湿润的热带森林的荫蔽地，它位于分支图的基部位置（图 2）。

科 1. 合囊蕨科 Marattiaceae

6 属约 100 种，泛热带分布；中国 3 属 30 种，产西南、华南和华东地区。

土生，草本；根状茎直立或横走，肉质；叶柄粗大，大多有膨大的关节，叶片为三出复叶或 5 个羽片的掌状复叶，或一至四回羽状复叶，小羽片披针形或卵状长圆形；叶脉分离，单一或二叉状，少有网状，孢子囊群线形、椭圆形或圆形，无囊群盖，沿叶脉两侧排列或散生于叶片下面的小脉连接点；孢子囊船形或圆形，顶端无环带或有不发育的环带，孢子椭圆形。

合囊蕨科的分支分析显示：中国分布的 3 属，天星蕨属 *Christensenia* 先分出，观音座莲属 *Angiopteris* 和合囊蕨属 *Ptisana* 近缘（图 3）。

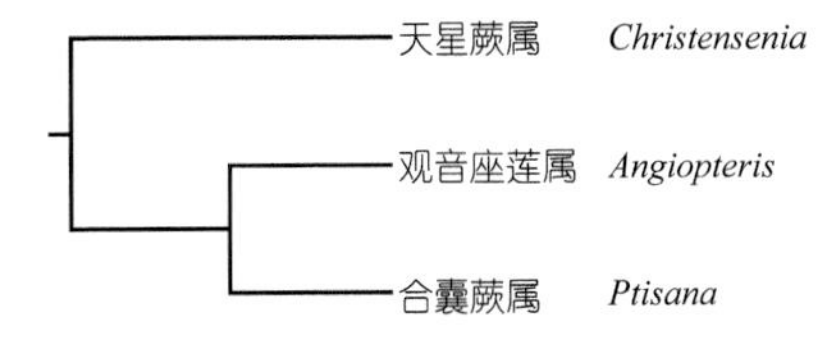

图 3 中国合囊蕨科植物的分支关系

1. 天星蕨属 Christensenia Maxon

土生，草本；根状茎横走，肉质；叶具肉质粗壮柄，基部有两片肉质托叶；叶片为三出复叶或5个羽片的掌状复叶，少为单叶；羽片或叶片的中肋粗壮，两面隆起，小脉网状，网孔内有内藏小脉；孢子囊聚合为圆环形的孢子囊群，散生于叶片下面小脉的连接点；孢子为椭圆形，外壁有刺状纹饰。

2种，产亚洲热带地区；中国1种，产云南东南部。

天星蕨 *Christensenia aesculifolia* (Blume) Maxon

2. 观音座莲属 Angiopteris Hoffm.

土生，大型草本；根状茎直立或横卧，肉质；叶柄长而粗壮，基部有托叶状附属物；叶片一至二回羽状复叶，小羽片披针形，有短柄或无柄，边缘有粗齿或具尖锯齿；叶脉分离，单一或分叉，近小羽片边缘常有倒行假脉；孢子囊群圆形或短线形，近小羽片边缘生或生于叶缘与中肋间，无隔丝；孢子四面体球形。

30~40种，产旧世界热带和亚热带地区，向北达日本；中国28种，产西南、华南和华东地区。

福建观音座莲 *Angiopteris fokiensis* Hieron.

3. 合囊蕨属 Ptisana Murdock

土生，草本；根状茎直立，肉质球状，具粗壮的根；叶簇生，叶柄具膨大节状的叶枕；叶片一至四回羽状复叶；小羽片无柄或具短小柄，长圆形或披针形，基部楔形，边缘有锯齿；叶脉分离，单一或二叉；孢子囊群生于叶脉背面，由两行排列紧密的孢子囊合生成集合囊群，中生或近叶边生；孢子为椭圆形，有颗粒状或刺状纹饰。

20~25种，广布于旧世界热带地区；中国1种，产台湾。

合囊蕨属 *Ptisana* sp.

目2. 瓶尔小草目 Ophioglossales

瓶尔小草目 Ophioglossales 只有1科，即瓶尔小草科 Ophioglossaceae，7~10属约100种，世界广布，但主要分布于温带和热带地区。DNA序列证据支持它与松叶蕨目（科）近缘，但没有明显的形态学性状的支持，可能它们具有一个已灭绝的共同祖先（图2）。

科 2. 瓶尔小草科 Ophioglossaceae

7~10 属约 100 种，世界广布；中国 3 属 22 种，全国广布，主产南部和西南地区。

多土生、稀附生小型蕨类，植株通常直立，根茎短而直立，有肉质粗根；叶二型，均出自总柄，不育叶单叶或不同分裂，三角形、五角形、披针形或卵形，叶脉分离或网状；能育孢子叶有柄，自总柄或不育叶的基部生出；孢子囊大，无柄，圆球形，无环带，下陷，沿囊托两侧排列，呈窄长穗状，顶缝开裂或侧缝开裂；孢子四面体，3 裂缝；原叶体块茎状，生于土中，无叶绿素，有菌根。

1. 阴地蕨属 Botrychium Sw.

土生；根状茎短，直立，具肉质根；叶二型，均出自总柄，基部有鞘状托叶；不育叶为三角形、五角形或阔披针形，少为一回羽状；叶脉分离；能育叶出自总柄基部、近中部或不育叶的中轴，有柄，孢子囊穗聚生成圆锥状；孢子囊圆球形，无柄，沿囊穗两侧两行排列，不陷入托内，横裂；孢子为四面体，辐射对称，具 3 裂缝，无周壁，疣状纹饰。

约 60 种，几乎世界广布；中国 12 种，全国广布。

阴地蕨 *Botrychium ternatum* (Thunb.) Sw.

2. 七指蕨属 Helminthostachys Kaulf.

土生；根茎横走；叶柄基部有 2 圆形肉质托叶，不育叶掌状或鸟足状，叶片常深裂为三叉分枝，每分枝再 3 深裂或半羽裂，能育叶自不育叶的基部生出；孢子囊密集成穗状，圆柱形，孢子囊球形，围绕囊托着生，无柄，3~5 枚聚生，顶部具鸡冠状不育叶附属物，纵裂；孢子三角形，辐射对称，无周壁。

单种属，广布于旧世界热带和亚热带地区；中国产广东、云南、海南和台湾。

七指蕨 *Helminthostachys zeylanica* (L.) Hook.

3. 瓶尔小草属 Ophioglossum L.

土生，稀附生，小型夏绿植物（仅带状瓶尔小草为中型带状）；根状茎直立，肉质，具无根毛的菌根性肉质粗根；叶二型，不育叶和能育叶同出自一总柄；不育叶为单叶；叶脉网状；能育叶出自不育叶柄基部，有长柄，孢子囊穗生于顶部，顶端有不育的小突尖；孢子近球形，具 3 裂缝，具明显的网状纹饰。

约 44 种，主产北半球；中国 10 种，主产西南地区，少数达华南和华中地区。

小叶瓶尔小草
Ophioglossum parvifolium Grev. & Hook.

目 3. 松叶蕨目 Psilotales

松叶蕨目 Psilotales 仅有松叶蕨科 Psilotaceae，2 属 17 种，泛热带和暖温带分布，多为附生。长久以来松叶蕨目植物由于显著简化而被认为是最原始的现存维管植物，与裸蕨目 Psilophytales 有亲缘关系，甚至被认为是裸蕨植物的后裔。分支图上，它同瓶尔小草目结合在一起，但没有明显的形态学共衍征（图 2）。

科 3. 松叶蕨科 Psilotaceae

2 属约 17 种，产热带至温带地区；中国 1 属 1 种，产南部和西南地区。

多年生陆生植物，极少附生，肉质；根状茎直立，少横走，真中柱，光滑或被毛；叶柄基部膨大；根肉质，无根毛，不分枝或具侧根；具 1 至少数叶，幼叶卷叠，低垂，直立或折叠，光滑或被长毛；叶分营养叶和生殖叶；营养叶单一、三出、掌状或羽状分枝；孢子囊群穗状或羽状分枝。

松叶蕨属 *Psilotum* Sw. 和非国产的梅溪蕨属 *Tmesipteris* Bernh. 互为姐妹群。

1. 松叶蕨属 Psilotum Sw.

小型蕨类，通常附生；根茎横行，仅具假根，多回二叉分枝；地上茎直立，无毛或鳞片，二叉分枝；枝有棱或为扁压状；叶为小型叶，散生，二型；不育叶鳞片状，互生，无柄，无脉；孢子叶二叉形；孢子囊单生于孢子叶叶腋，球形，2 瓣纵裂，常 3 个融合为聚囊；孢子肾形，具细长的单裂缝，外壁具穴状纹饰。

2 种，广布于热带至暖温带地区；中国 1 种，产南部和西南地区。

松叶蕨 *Psilotum nudum* (L.) P. Beauv.

目 4. 木贼目 Equisetales

木贼类植物的远祖始现于泥盆纪，繁盛于石炭纪，至二叠纪末主要科属大都灭绝，其中芦木科 Calamitaceae 植物在晚古生代最发达，为当时最主要的造煤植物，在中生代仍有木贼科 Equisetaceae 和杯叶科 Phyllothecaceae 广泛分布，至晚白垩世只存留拟木贼属 *Equisetites*，由此演化出现代的仅包括 1 属约 15 种的木贼科。在分支图上它也是一个相当孤立的类群（图 2）。

科 4. 木贼科 Equisetaceae

1 属约 15 种，除南极洲外世界广布；中国 10 种，南北分布。

小型或中型草本植物，土生、湿生或浅水生；根状茎长而横走，黑色，分枝，有节，节上生根，被茸毛；气生茎多年生或一年生，直立，一型或二型，分枝，有节，中空，节间有纵行的棱或沟。营养叶薄膜质，鳞片状，在节上轮生；孢子叶轮生，盾形，覆瓦状。孢子囊穗顶生，圆柱形或椭圆形；孢子囊囊状，着生于孢子叶的远轴面；每个孢子叶下面生 5~10 个孢子囊。

问荆 *Equisetum arvense* L.

1. 木贼属 Equisetum L.

属的鉴定特征及分布同科。

目 5. 紫萁目 Osmundales

在薄囊蕨类植物中，紫萁目 Osmundales 是最先分出的一支，处于基部，只有 1 科，即紫萁科 Osmundaceae。其孢子囊通常来源于一个或一群表皮细胞，囊壁由 1 层细胞组成，内有大量的同型孢子（128~512 个），具有生长在孢子囊一侧的盾状环带等性状，被认为是薄囊蕨类中最原始的类群，成为其他该类植物的姐妹群，同时这一观点也得到本研究结果的支持（图 2）。

科 5. 紫萁科 Osmundaceae

4 属约 18 种，产世界温带和热带地区；中国 2 属 8 种，产南部和西南地区。

陆生中型、少为树形的植物；根状茎粗肥，直立，树干状或匍匐状，被叶柄的宿存基部所包，无鳞片，也无真正的毛；叶二型；叶柄长而坚实，基部膨大，两侧有狭翅如托叶状的附属物；叶片大，一至二回羽状，二型或一型，或往往同一叶上的羽片为二型；叶脉分离，二叉分歧；孢子囊大，球形，大都有柄，裸露，着生于强度收缩变质的孢子叶的羽片边缘；孢子为球状四面体；原叶体为绿色，土表生。

1. 紫萁属 *Osmunda* L.

根状茎粗壮，直立或斜升，往往形成树干状的主轴；叶柄基部膨大；叶大，簇生，二型或同一叶的羽片为二型，一至二回羽状，幼时被棕色棉绒状的毛；能育叶或羽片紧缩；孢子囊球形，有柄，边缘着生，自顶端纵裂；孢子为球状四面体。

约 9 种，广泛分布于热带和温带地区，主产东亚和东南亚；中国 7 种，主产南部。

紫萁 *Osmunda japonica* Thunb.

2. 桂皮紫萁属 *Osmundastrum* C. Presl

中等陆生植物；根状茎直立，粗壮，木质，无鳞片，顶端有叶丛簇生，幼时有毛，基部膨大具横向片状托叶；叶片羽状全裂；不育叶为二回羽状深裂，羽片披针形，羽裂；能育叶与不育叶分开或能育叶生于叶片的下半部，孢子囊群大。

1 种，产东亚和北美；中国 1 种，产于华东、华中至西南地区。

桂皮紫萁 *Osmundastrum cinnamomeum* (L.) C. Presl

目 6. 膜蕨目 Hymenophyllales

膜蕨目 Hymenophyllales 包含 1 科，即膜蕨科 Hymenophyllaceae，其种类过去被归入 2 属，膜蕨属 *Hymenophyllum* 和瓶蕨属 *Trichomanes*，Copeland（1938）经过修订分为 33 属。进一步的研究将膜蕨科划分为 9 属。该科具原生中柱、开放脉序、边生的囊托等原始特征，被认为是比较古老的。分子系统学分析它是紧跟紫萁目（科）的一个分支（图 2）。

科 6. 膜蕨科 Hymenophyllaceae

9 属约 600 种，广布于热带和温带地区；中国 7 属 50 种，产西南、华南和华东地区。

草本，大多为附生，少数土生；根状茎长而横走，少数短而直立；叶较小，叶片膜质，多由一层细胞组成，少数较厚，由 3~4 层细胞组成，无气孔；叶脉分离，二叉分枝或羽状分枝，末回裂片仅有一条小脉，部分沿叶缘有连续不断或有断续的假脉；孢子囊苞坛状、管状或唇瓣状；孢子囊群近球形，位于末回裂片顶端或边缘；孢子四面体型。

在 PPG I（2016）系统中，膜蕨科被分为 2 亚科：膜蕨亚科 Hymenophylloideae（●）和鬃蕨亚科 Trichomanoideae（▲），得到本研究分支分析的支持。其中膜蕨属 *Hymenophyllum* 位于基部，中国分布的其他 6 属聚为一大支，清楚地显示出各属的分支关系（图 4）。

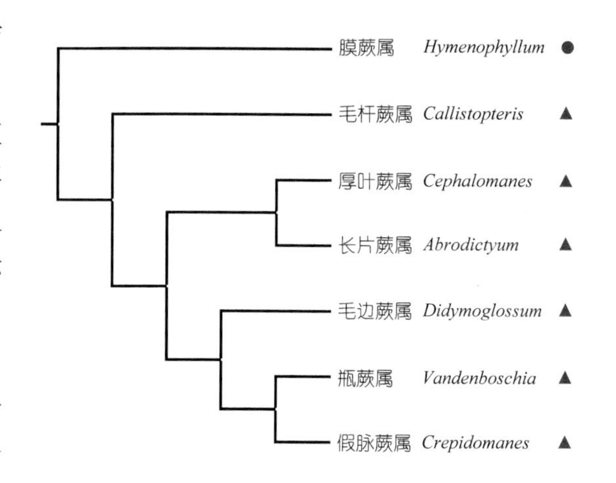

图 4 中国膜蕨科植物的分支关系

1. 膜蕨属 Hymenophyllum Sm.

附生或石生；根状茎纤细，横走，被短毛或近光滑；叶远生；叶片多回羽状分裂，裂片边缘具锯齿或全缘；叶轴上面被毛，少为无毛；叶脉羽状分枝或二叉分枝，无假脉；孢子囊群生于末回裂片的顶端；囊苞深裂或浅裂为二唇瓣状；囊托内藏或突出于囊苞口外；孢子近圆形，外壁具短棒状纹饰。

蕗蕨 *Hymenophyllum badium* Hook. & Grev.

约 250 种，广布热带和温带地区，主要集中在东半球；中国 22 种，产西南、华南和华东地区。

2. 毛杆蕨属 Callistopteris Copel.

土生；根状茎直立，粗壮；叶簇生；有长柄，圆柱形，被长柔毛；叶片长圆形，三回羽状或四回羽状细裂，裂片长线形，全缘，均匀一致，叶脉单一；孢子囊群生于向轴的短裂片顶端；囊苞倒圆锥形或坛状，口部截形，全缘或浅裂，略呈二唇瓣形；囊托长而突出，纤细，比囊苞长 1~2 倍。

5 种，主产亚洲热带和大洋洲，向北可分布到琉球群岛；中国 1 种，产台湾和海南。

3. 厚叶蕨属 Cephalomanes C. Presl

草本，土生；根状茎直立，粗壮；叶簇生；叶柄坚硬，密被刺毛；叶片披针形，一回羽状分裂或罕见羽裂，羽片两侧不对称，向顶一边常为浅裂状或撕裂状，质地呈厚纸质；叶脉近似扇形分枝，粗壮，小脉毛刺状；孢子囊群生于叶片顶端或羽片上侧叶缘；囊苞管状或倒圆锥状；孢子外壁具刺状纹饰。

约 4 种，产亚洲热带，向南达新几内亚；中国 1 种，产台湾和海南。

爪哇厚叶蕨 *Cephalomanes javanicum* (Blume) C. Presl

4. 长片蕨属 Abrodictyum C. Presl

附生草本；根状茎直立，密被多细胞的节状毛；叶簇生；有圆柱形短柄，无翅，基部被节状毛；叶片椭圆披针形，二回羽裂或三回羽裂；裂片长线形，全缘，薄膜质；叶脉叉状，末回裂片有小脉一条；孢子囊群生于向轴的短裂片顶端；囊苞漏斗状或管状，口部膨大，全缘；囊托长而突出，比囊苞长 3~4 倍。

约 25 种，泛热带分布；中国 3 种，产台湾、华南和西南地区。

广西长筒蕨 *Abrodictyum obscurum* var. *siamense* (Christ) K. Iwats.

5. 毛边蕨属 Didymoglossum Desv.

极小型附生或石生植物；根状茎纤细，长而横走，密被短绒毛；叶远生，极细小单叶；叶柄很短，常被柔毛；叶片边缘浅裂或全缘，卵圆形或线状卵圆形；叶脉单一、二叉、扇形或羽状分枝，叶肉的薄壁组织间常有断续的假脉；孢子囊群生于叶缘或叶片小脉顶端，不突出或稍突出于叶缘外；囊苞管状，伸长，口部常膨大，全缘，或浅裂为二唇瓣状。

约 30 种，主产亚洲和美洲热带地区，少数产非洲；中国 5 种，产云南、广西、贵州、海南和台湾。

单叶假脉蕨 *Didymoglossum sublimbatum* (Müll. Berol.) Ebihara & K. Iwats.

6. 瓶蕨属 Vandenboschia Copel.

草本，附生或石生，稀土生；根状茎粗壮，较长，横走，常被棕色多细胞节状毛；叶片二至五回羽状分裂，卵形至线状卵形，羽片不对称，裂片全缘；叶脉羽状分枝或二叉分枝；孢子囊群生于末回裂片的小脉顶端；囊苞管状或漏斗状或喇叭状，突出叶边；囊托突出于囊苞口外，长而纤细；孢子四面体型，外壁具短棒状或小刺状纹饰。

约 15 种，主产泛热带地区，可达北温带地区；中国 7 种，产西南、华南和华东地区。

瓶蕨 *Vandenboschia auriculata* (Blume) Copel.

7. 假脉蕨属 Crepidomanes (C. Presl) C. Presl

草本，附生，少有土生；根状茎横走，无根；叶远生；叶柄细，两侧常有狭翅；叶片多回羽裂或扇状裂，裂片全缘；叶脉羽状分枝或扇状分枝，末回裂片有一条小脉；孢子囊群生于末回裂片的腋间或裂片顶端；囊苞漏斗状或钟状，口部膨大，大多呈二唇状；囊托突出；孢子四面体型，具短棒状、疣状或刺状纹饰。

约 30 种，产旧世界热带及亚热带地区；中国 11 种，产西南、华南和华东地区。

团扇蕨 *Crepidomanes minutum* (Blume) K. Iwats.

目 7. 里白目 Gleicheniales

里白目 Gleicheniales 包括 3 科，里白科 Gleicheniaceae、双扇蕨科 Dipteridaceae 和产东南亚的罗伞蕨科 Matoniaceae，前 2 科中国有分布。根据叶的结构和孢子囊群的位置及孢子囊的类型，通常认为里白科和罗伞蕨科有亲缘关系。分子资料显示，该目中里白科先分出（图 2），双扇蕨科和罗伞蕨科聚为 1 支而成姐妹群（Smith et al.，2006）。里白目比较古老，里白科植物化石在石炭纪时已经出现，白垩纪时广泛分布，到白垩纪末期气候变化，在高纬度地区逐渐灭绝（吴兆洪和秦仁昌，1991）。

科 7. 里白科 Gleicheniaceae

3~5 属 150 余种，产热带和亚热带地区；中国 3 属 15 种，产南部。

草本，土生；根状茎长而横走，被鳞片或多细胞节状毛；叶为一型，远生；叶片一回羽状，或由于顶芽不发育，主轴为一到多回二歧或假二歧分枝，分枝处腋间有休眠芽；顶生羽片一至二回羽状；裂片为线形；叶轴下面被星状毛或鳞片，叶脉分离，小脉分叉；孢子囊群小，圆形，无盖，生于叶下面小脉背上，成 1~2 行排列于主脉和叶边间；孢子囊陀螺形；孢子四面体或二面体型。

里白科的分支分析显示: 中国分布的 3 属，假芒萁属 *Sticherus* 先分出，芒萁属 *Dicranopteris* 和里白属 *Diptopterygium* 相聚而近缘（图 5）。

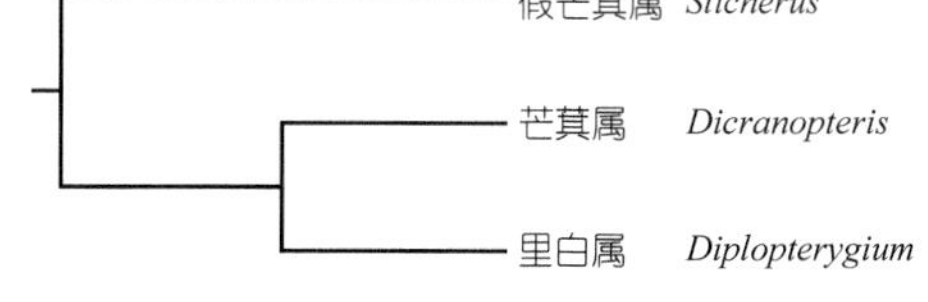

图 5 中国里白科植物的分支关系

1. 假芒萁属 Sticherus C. Presl

草本，土生；根状茎长而横走，被红棕色鳞片；叶远生，蔓生或攀缘；主轴为假二歧分枝式，裂片线状；叶脉一次分叉；叶纸质，伸达叶边，下面为灰白色或灰绿色；孢子囊群圆形，无囊群盖，生于每组叶脉的上侧小脉背面；孢子近圆形。

约 95 种，泛热带分布，主产南美洲热带和亚热带地区；中国 1 种，产云南、广东、海南。

假芒萁 *Sticherus truncatus* (Willd.) Nakai

2. 芒萁属 Dicranopteris Bernh.

中大型土生植物；根状茎长而横走，被鳞片或多细胞红棕色长毛；叶远生，直立或蔓生，一型；叶片一回羽状分离，主轴分枝处有休眠芽；顶生羽片一至二回羽状；裂片篦齿状排列，边缘全缘，顶端钝状或微凹；叶脉分离，二至三回分枝；孢子囊群圆形，无囊群盖，生于裂片下小脉背面，常1行；孢子四面体型，白色透明。

约20种，产热带或亚热带地区；中国6种，广布长江以南。

大羽芒萁 *Dicranopteris splendida* (Hand.-Mazz.) Tagawa

3. 里白属 Diplopterygium (Diels) Nakai

草本，土生；根状茎长而横走，被红棕色披针形鳞片；叶远生，蔓生，有长柄；主轴粗壮，单一，分叉点的腋间具大的休眠芽，边缘有睫毛；顶生羽片，二回羽状；小羽片多数，披针形，先端常微凹；叶脉一次分叉，基部一组脉的小脉伸达软骨质的底部；孢子囊群圆形，无囊群盖，生于裂片下小脉背面；孢子近圆形。

约25种，广布于热带及亚热带，主产亚洲热带地区；中国9种，产长江以南。

里白 *Diplopterygium glaucum* (Houtt.) Nakai

科 8. 双扇蕨科 Dipteridaceae

2属约11种，产东亚及东南亚；中国2属5种，产南部。

草本，土生或生于石缝中；根状茎长而横走，密被刚毛状鳞片或长柔毛。叶为单叶，一型或二型，疏生或远生；叶柄直立；叶片扇形或卵形，顶端二裂或不裂或浅裂或全缘；叶脉网状，小脉明显，内藏小脉单一或分叉。孢子囊群小，圆形，无盖，点状或近汇生，布满于能育叶背面的小脉上或整个能育叶背面；孢子囊球形；孢子椭圆形或三角形。

1. 燕尾蕨属 Cheiropleuria C. Presl

草本；根状茎粗壮而横走，密被锈棕色长柔毛；叶疏生，二型，单叶；不育叶片卵形至圆形，顶端二裂或不裂，全缘；能育叶片阔线形，全缘，干后近革质，主脉4~5条，小脉联结成网状，孢子囊满布能育叶片背面，具长柄，环带稍斜。

3种，产日本南部，中国南部，马来西亚东部，印度尼西亚；中国2种，产贵州、广西、广东、海南、台湾。

燕尾蕨 *Cheiropleuria bicuspis* (Blume) C. Presl

2. 双扇蕨属 Dipteris Reinw.

草本，土生；根状茎长而横走，密被刚毛状鳞片；叶为单叶，一型，远生；叶柄直立，光滑，上面有纵沟；叶片扇形，多回二歧分枝，裂片浅裂；叶脉网状，网眼内有反折而分叉的内藏小脉；孢子囊群小、圆形，无盖，点状生，布满于能育叶背面的小脉上；孢子囊球状梨形；孢子椭圆形。

8 种，产亚洲热带地区至澳大利亚；中国 3 种，产华南、西南和台湾地区。

双扇蕨 *Dipteris conjugata* Reinw.

目 8. 莎草蕨目 Schizaeales

分子资料显示，莎草蕨目 Schizaeales 包括 3 科，海金沙科 Lygodiaceae、莎草蕨科 Schizaeaceae 和主要分布于美洲热带和非洲的双穗蕨科 Anemiaceae（Smith et al.， 2006）（图 2）。在形态学研究中，广义的莎草蕨科包括其他 2 科。因此分子分析和形态学证据的结果是一致的，现在一般采取分立科的观点。化石资料表明该目的出现可追溯到侏罗纪，有的化石属在石炭纪时就已经出现（吴兆洪和秦仁昌，1991）。

科 9. 莎草蕨科 Schizaeaceae

1~2 属约 35 种，旧世界热带地区广泛分布；中国 1 属 2 种，产云南、广东、海南和台湾。

陆生直立小型植物；根状茎短而匍匐，有时上升，有毛；叶簇生或近生；叶柄与叶片很不分明，单叶或常为一至多次二歧分枝，或为假掌状簇生于叶柄顶端；裂片为狭线形，仅有一条中脉，能育小裂片或簇生叶顶；或以羽状位于裂片的顶部；孢子囊形体同海金沙科，无柄；1~2 行排列于中脉两侧；孢子二面体形；原叶体为丝状。

双穗蕨科 Anemiaceae 和莎草蕨科 Schizaeaceae 一起与海金沙科 Lygodiaceae 互为姐妹群。

莎草蕨属 *Schizaea* sp.

1. 莎草蕨属 Schizaea Sm.

属的鉴定特征及分布同科。

科 10. 海金沙科 Lygodiaceae

1 属 30 余种，泛热带分布，北达韩国南部、日本和北美洲，南达非洲和新西兰；中国 9 种，产长江流域及以南地区。

陆生攀缘植物；根状茎颇长，横走，有毛而无鳞片；叶远生或近生，单轴型，叶轴为无限生长，细长，缠绕攀缘，常高达数米，沿叶轴相隔一定距离有向左右方互生的短枝（距），顶上有一个不发育的被茸毛的休眠小芽，从其两侧生出一对开向左右的羽片；羽片分裂或为一至二回二叉掌状分裂或为一至二回羽状复叶，近二型；不育羽片通常生于叶轴下部；能育羽片位于上部；末回小羽片或裂片或为披针形，或为长圆形，或为三角状卵形，基部常为心形、戟形或圆耳形；不育小羽片边缘为全缘或有细锯齿；叶脉通常分离，少为疏网状，不具内藏小脉，分离小脉直达加厚的叶边；各小羽柄两侧通常有狭翅，上面隆起，往往有锈毛；能育羽片通常比不育羽片为狭，边缘生有流苏状的孢子囊穗，由两行并生的孢子囊组成，孢子囊生于小脉顶端，并被由叶边外长出来的一个反折小瓣包裹，形如囊群盖；孢子囊大，多少如梨形，横生短柄上，环带位于小头，由几个厚壁细胞组成，以纵缝开裂；孢子四面体型；原叶体绿色，扁平。

双穗蕨科 Anemiaceae 和莎草蕨科 Schizaeaceae 一起与海金沙科 Lygodiaceae 互为姐妹群。

海金沙 *Lygodium japonicum* (Thunb.) Sw.

1. 海金沙属 Lygodium Sw.

属的鉴定特征及分布同科。

目 9. 槐叶蘋目 Salviniales

槐叶蘋目 Salviniales 包括 2 科，槐叶蘋科 Salviniaceae 和蘋科 Marsileaceae，是一群湿地生或水生的蕨类植物。它们为异型孢子，叶有行光合作用的不育部分和可育部分的分化，叶片有网结脉，根茎及叶柄中有通气组织，孢子囊缺少环带。根据形态学资料，过去常常将它们放在分类系统的最后面，认为是演化高级的类群（吴兆洪和秦仁昌，1991）。现代分子资料显示，槐叶蘋目与桫椤目 Cyatheales 聚在一大支（Smith et al.，2006），本研究证明本目先于桫椤目分支分出（图 2）。

科 11. 槐叶蘋科 Salviniaceae

2 属约 21 种，热带至温带分布；中国 2 属 3 种，南北分布。

小型水生漂浮草本植物；根状茎主茎横走，原生中柱；密被毛，无鳞片；有根（满江红）或无根（槐叶蘋）；叶片三轮，上两轮漂浮，绿色，羽片圆形或长圆形，第三轮沉于水下，细裂成根状（槐叶蘋）或叶互生，二列，微小，二裂：一裂片漂浮，近基部的空腔内有共生蓝藻，一裂片下沉，仅一层细胞（满江红）；孢子囊位于孢子果内，附生在下沉的叶片上，看上去一型（槐叶蘋）或成对生于球形的小孢子果和卵形的大孢子果内（满江红）上；孢子二型，小孢子球形，三裂缝；大孢子较大，球形，三裂缝。

槐叶蘋科 Salviniaceae 和蘋科 Marsileaceae 互为姐妹群。

1. 满江红属 Azolla Lam.

浮水植物；根状茎细长，羽状分枝，向水下生出须根；叶小型，无柄，互生，覆瓦状排列，斜方形或卵形，分裂成两片，下片沉于水中，无色，膜质如鳞片，上片在水面上，肉质，绿色，秋天后变红色；孢子果成对生于沉水叶片上。

约 9 种，热带至温带分布；中国 2 种（1 种引入），南北分布。

满江红 *Azolla imbricata* (Roxb.) Nakai

2. 槐叶蘋属 Salvinia Ség.

小型漂浮植物；茎细长，密被褐色短毛；叶3片轮生，沿茎排成3行，上侧2列漂浮于水面，具短柄，叶片长圆形，叶脉羽状；下侧1列叶细裂成须状，形如假根，悬垂于水中；孢子囊群近圆形。

约12种，世界广布，主产美洲和非洲热带地区；中国1种，南北分布。

槐叶蘋 *Salvinia natans* (L.) All.

科 12. 蘋科 Marsileaceae

3属约60种，以非洲和澳大利亚为分布中心；中国1属3种，南北分布。

小型草本植物，生于水田、池塘或湖泊的浅水区或岸边；根状茎细长而横走，被短毛；叶片线形或叶柄顶端具2~4个长三角形或扇形羽片，漂浮在水面或挺出水面。孢子囊果豆型，以短梗着生在叶柄上；孢子果内有2~30个孢子囊群，每个囊群包含有大孢子囊和小孢子囊；大孢子囊具1个大孢子，小孢子囊具16~64个小孢子。

蘋科 Marsileaceae 和槐叶蘋科 Salviniaceae 互为姐妹群。

1. 蘋属 Marsilea L.

一年生沼生草本；根状茎细长而横走，向下生有纤细不定根，向上生有2列叶；叶对生，具柄，小叶片4，扇形，排列成十字形，边缘全缘，叶脉辐射状分叉；孢子囊果长圆状肾形，着生于叶柄基部。

约52种，世界广布，以热带非洲和澳大利亚为分布中心；中国3种，南北分布。

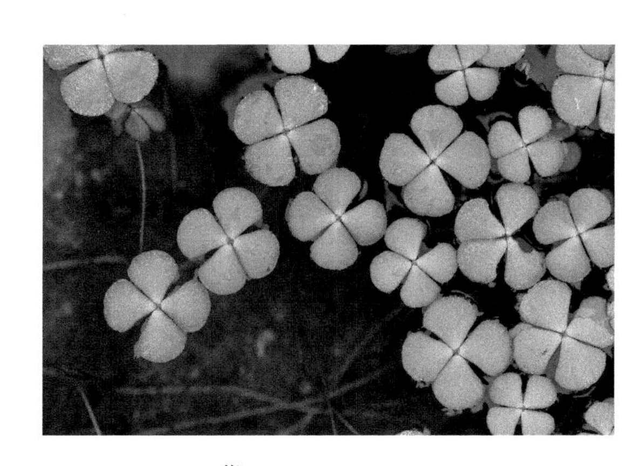

蘋 *Marsilea quadrifolia* L.

目 10. 桫椤目 Cyatheales

桫椤目 Cyatheales 植物大多数种类是树蕨，有树干状茎，高可达20m，也有具横走茎的小型植物。DNA数据表明该目包括8科，构成单系，有3个主要分支（Smith et al.，2006）：伞序蕨科 Thyrsopteridaceae 单1支；柱囊蕨科 Loxsomataceae –（垫囊蕨科 Culcitaceae +瘤足蕨科 Plagiogyriaceae）为1支；金毛狗科 Cibotiaceae –（丝囊蕨科 Metaxyaceae +蚌壳蕨科 Dicksoniaceae）– 桫椤科 Cyatheaceae 构成1支，该支通常具树状茎，主轴、叶柄上有气囊和放射状根状茎为该支的共衍征。该目的科间关系仍然是不确定的。中国分布有3科，即瘤足蕨科、桫椤科和金毛狗科，后2科的近缘性得到本研究的证明（图2）。

科 13. 瘤足蕨科 Plagiogyriaceae

1 属约 10 种，主产东亚和东南亚，1 种产热带美洲；中国 8 种，产长江流域及以南地区。

土生，小型至大型蕨类；根茎直立、近直立或横卧斜生，粗壮；叶二型，先端头状，具黏液毛，叶柄基部膨大，具气囊体，叶纸质或近革质，一回羽状或羽状深裂，顶端裂片与侧生羽片或裂片基部连合，能育叶通常在植株中央，直立，具有比不育叶长的叶柄和较短的叶片，一回羽状或羽状深裂；孢子囊群生叶脉顶端，成熟后呈汇生囊群；隔丝线形，多细胞单列，棕色或褐色；孢子囊环带完全，斜行；孢子四面体型，3 裂缝，具瘤状、疣状或棒状纹饰。

瘤足蕨 *Plagiogyria adnata* (Blume) Bedd.

1. 瘤足蕨属 Plagiogyria (Kunze) Mett.

属的鉴定特征及分布同科。

科 14. 金毛狗科 Cibotiaceae

1 属约 11 种，产东亚和东南亚，中美洲，太平洋岛屿（夏威夷）；中国 2 种，产南部。

树形蕨类，常具粗大高耸主干或主干短而平卧，密被垫状长柔毛，无鳞片，冠状叶丛顶生；叶具粗壮长柄，叶片大型，三至四回羽状复叶，革质，叶脉分离；孢子囊群边缘生，囊群盖具内外两瓣，内凹，革质，外瓣为叶缘锯齿，较大，内瓣生于叶下面，同形而较小；孢子囊梨形，有柄，环带稍斜生，完整，侧边开裂；原叶体心形，无毛。

金毛狗 *Cibotium barometz* (L.) J. Sm.

1. 金毛狗属 Cibotium Kaulf.

属的鉴定特征及分布同科。

科 15. 桫椤科 Cyatheaceae

2~4 属 600 余种，泛热带分布；中国 2 属 14 种，产华南和西南地区。

大型陆生树形常绿植物，常有高大而粗的主干或短而平卧；叶一型或二型，叶柄粗壮，基部具鳞片，鳞片坚硬或薄，有或无特化的边缘；叶片大，二至三回羽状分裂，末回裂片线形，边缘全缘或有锯齿；叶脉分离，单一或二叉；孢子囊群圆形，生于叶下面隆起的囊托上，有盖或无盖，有丝状隔丝；孢子囊梨形，有短柄，环带斜生；孢子球状四面体型，辐射对称，3 裂缝，周壁具颗粒状、刺状或条纹状纹饰。

1. 白桫椤属 Sphaeropteris Bernh.

大型陆生树形蕨类植物，茎干直立；叶一型；叶柄粗壮，光滑或具疣突；叶片二至三回羽状，小羽片浅羽状裂；羽轴上面常被柔毛；叶脉分离，小脉2~3叉；孢子囊群圆形，有囊群盖，杯形或球形，或无盖；孢子囊梨形。

约120种，产亚洲热带至大洋洲，美洲热带；中国2种，产广西、海南、云南、西藏、福建、台湾。

白桫椤 *Sphaeropteris brunoniana* (Hook.) R. M. Tryon

2. 桫椤属 Alsophila R. Br.

大型陆生乔木或灌木，茎干可高达10余米，圆柱状，不分枝，顶端生出一丛较大的叶；叶一型或少二型；叶柄有皮刺或疣状突起，基部鳞片深棕色，坚硬；叶片三回羽状深裂，末回裂片线状披针形，边缘全缘或有锯齿；叶脉分离，2~3叉；孢子囊群圆形，有囊群盖，圆球形或鳞片状；有丝状隔丝；孢子囊梨形。

270余种，泛热带分布；中国12种，产华东、华南和西南地区。

黑桫椤 *Alsophila podophylla* Hook.

目 11. 水龙骨目 Polypodiales

水龙骨目 Polypodiales 是一个庞大的家族，它包含了薄囊蕨类植物80%以上的物种。它们的共衍征是垂直方向的环带被孢子囊柄所隔断。多数种类具簇生的大型羽状复叶，生于湿地、森林。早期的分类将它们归入一个广义的科——水龙骨科 Polypodiaceae，我国蕨类植物研究之父、世界著名分类学家秦仁昌教授在1940年发表了《水龙骨科的自然分类》，他根据外部形态和内部结构的异同，初步把多谱系的“水龙骨科”分为33科，分属于5条谱系线。这是近代蕨类植物系统分类的一个重大突破，引起了世界蕨类植物学家的关注。此后的分类系统多受到秦仁昌系统的影响。1978年秦仁昌根据新的研究成果和证据发表了《中国蕨类植物科属的系统排列和历史来源》，对他的系统做了新的修订，中国水龙骨目包括47科（吴兆洪和秦仁昌，1991）。现代分子系统学研究，承认该目有15科（Smith et al.，2006），但是一些科的界定及科间关系还没有完全解决（Judd et al.，2008）。我们的分子数据分析，将中国水龙骨目植物划分为21科，鳞始蕨科 Lindsaeaceae 位于基部，依次是凤尾蕨科 Pteridaceae、碗蕨科 Dennstaedtiaceae 成为其他18科连续的姐妹群；此后分为两大支：由冷蕨科 Cystopteridaceae 到乌毛蕨科 Blechnaceae 9科为一大支，冷蕨科为其他8科的姐妹群，该大支分为2支，轴果蕨科 Rhachidosoraceae –（肠蕨科 Diplaziopsidaceae + 铁角蕨科 Aspleniaceae）支和金星蕨科 Thelypteridaceae – 岩蕨科 Woodsiaceae – 蹄盖蕨科 Athyriaceae –（球子蕨科 Onocleaceae + 乌毛蕨科 Blechnaceae）支；另一大支包括肿足蕨科 Hypodematiaceae – 鳞毛蕨科 Dryopteridaceae – 藤蕨科 Lomariopsidaceae – 肾蕨科 Nephrolepidaceae –（三叉蕨科 Tectariaceae + 爬树蕨科 Arthropteridaceae）– 蓧蕨科 Oleandraceae –（骨碎补科 Davalliaceae + 水龙骨科 Polypodiaceae）等9科。我们的研究结果同 Smith 等（2006）的分析有一致之处，如鳞始蕨科处于基部，乌毛蕨科同球子蕨科为姐妹科，骨碎补科同水龙骨科为姐妹科，而且两对姐妹科均处于各自分支的顶部，但也有许多不同，随着研究的深入，科间关系问题还会进一步得到解决（图 2）。

科 16. 鳞始蕨科 Lindsaeaceae

6~9 属约 200 种，泛热带分布；中国 4 属 18 种，产西南、华南和华东地区。

草本，土生或少附生；根状茎短而横走，或长而蔓生；叶同型，一至多回羽裂；羽片或小羽片圆形、对开形、线形或三角形；叶脉分离，叉状分枝或网状；孢子囊群边沿生，有盖；孢子囊为水龙骨型；孢子多为钝三角形或椭圆形，周壁具颗粒状或瘤状纹饰。

在 PPG Ⅰ（2016）系统中，鳞始蕨科包含 7 属，没有作科下次级划分。中国分布 4 属的分支分析显示：乌蕨属 *Odontosoria* 先分出，其他 3 属聚为 1 支，香鳞始蕨属 *Osmolindsaea* 和达边蕨属 *Tapeinidium* 更近缘（图 6）。

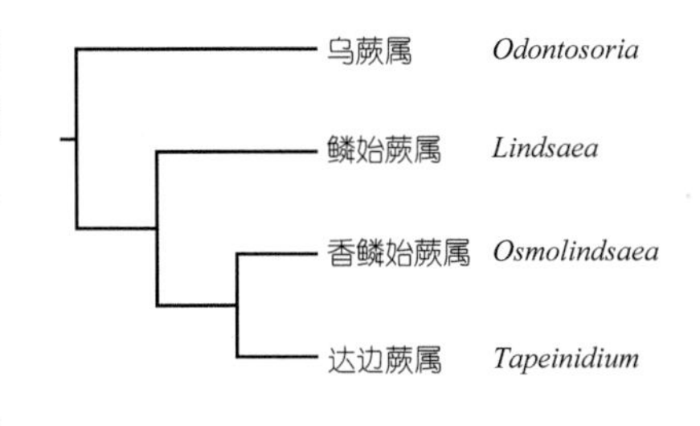

图 6 中国鳞始蕨科植物的分支关系

1. 乌蕨属 Odontosoria Fée

草本，土生；根状茎短而横走；叶一型，叶柄禾秆色或深禾秆色；叶片为二回羽状至四回羽状分裂，末回小羽片或裂片楔形或线形，对开状；叶脉分离，单一或羽状；孢子囊群叶缘着生，囊群盖卵形或杯形；孢子椭圆形，周壁具不明显的颗粒状纹饰，外壁表面光滑或稍不平。

约 23 种，泛热带广布，向北延伸至朝鲜；中国 2 种，产长江以南地区。

乌蕨 *Odontosoria chinensis* (L.) J. Sm.

2. 鳞始蕨属 Lindsaea Dryand. ex Sm.

草本，土生；根状茎短或长而横走；叶柄禾秆色或栗黑色；叶片一回羽状或二回羽状分离，羽片或小羽片为对开式或扇形；叶脉分裂，少有网状联结，不具主脉，无内藏小脉，二叉；孢子囊群近叶缘汇生，圆形、长圆形；囊群盖线形；孢子钝三角形或椭圆形，周壁具颗粒状或小瘤状纹饰。

约 180 种，泛热带分布；中国 13 种，产长江以南地区。

鳞始蕨 *Lindsaea cultrata* (Willd.) Sw.

3. 香鳞始蕨属 Osmolindsaea (K. U. Kramer) Lehtonen & Christenh.

草本，土生或附生；根状茎短而横卧或横走；叶近生或远生，叶柄禾秆色；叶片线状披针形，一回羽状，顶端羽裂渐尖，干后有香气；羽片多对，互生或对生，羽片平展；叶脉分离，无主脉，二叉分枝，不达叶边；孢子囊群叶缘着生；囊群盖椭圆形，连续或间断；孢子椭圆形。

日本香鳞始蕨 *Osmolindsaea japonica* (Baker) Lehtonen & Christenh.

7 种，主产非洲东部和亚洲热带地区，向北可达日本，向东达所罗门群岛；中国 2 种，产长江以南地区。

4. 达边蕨属 Tapeinidium (C. Presl) C. Chr.

草本，土生；根状茎短而横卧；叶近生或远生；叶轴上面有纵沟，下面为棱角或为圆形；叶片一回羽状分离或二回羽状分裂，羽片线形，互生或对生；叶脉分裂，1~2 次分叉；孢子囊群近叶缘着生，圆形；囊群盖杯形；孢子椭圆形或近椭圆形，外壁具颗粒状纹饰。

18 种，产亚洲和西太平洋岛屿；中国 1 种，产台湾（兰屿）。

二羽达边蕨 *Tapeinidium pinnatum* var. *biserratum* (Blume) W. C. Shieh

科 17. 凤尾蕨科 Pteridaceae

约 50 属 950 种，泛热带分布；中国 22 属 231 种，广布各省区，主产西南地区。

陆生或附生，偶为水生；根状茎长或短，横走、斜生至直立，被鳞片或很少被毛；叶柄基部具 1~4 个维管束，叶一型或在少数几个属中为二型；叶柄基部常被宿存鳞片；叶片为单叶或一至四回羽状分裂，被毛、腺体或鳞片；孢子囊群近叶脉或叶缘着生，囊群盖缺如，或孢子囊群着生于叶脉顶端，为反折的叶所覆盖；孢子囊具长柄，环带垂直或偶斜生，为孢子囊隔断；孢子 3 裂缝，不具叶绿素。

在 PPG I（2016）系统中，将凤尾蕨科 53 属分为 5 亚科：水蕨亚科 Parkerioideae（▲）、珠蕨亚科 Cryptogrammoideae（●）、凤尾蕨亚科 Pteridoideae（●）、书带蕨亚科 Vittarioideae（▲）和碎米蕨亚科 Cheilanthoideae（◆）。本研究对中国分布属的分支分析支持这样的划分，珠蕨亚科包含的 2 属先分出，位于基部，其他亚科的属间关系也相当清楚；只有一条线蕨属 *Monogramma*（？）和泽泻蕨属 *Parahemionitis*（？）的关系尚需研究（图 7）。

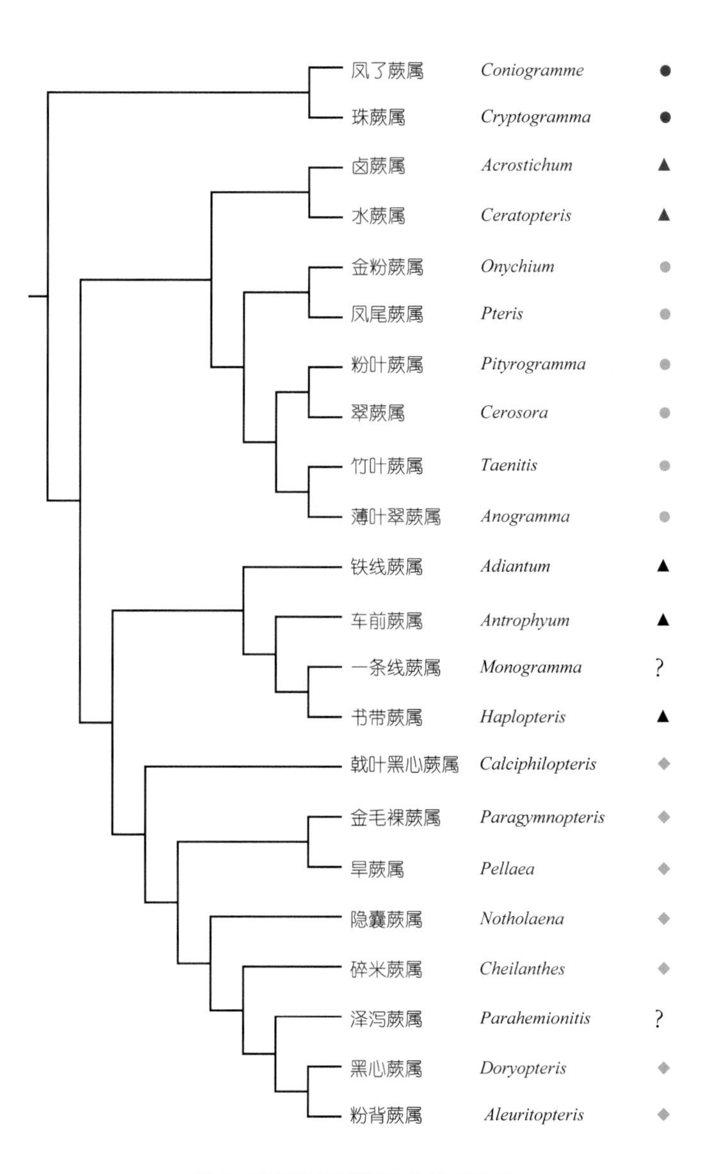

图 7 中国凤尾蕨科植物的分支关系

1. 凤了蕨属 Coniogramme Fée

草本，土生；根状茎横卧或横走；叶近生或远生；叶柄禾秆色、棕色或栗色；叶片卵状长圆形或卵状三角形，一至二回奇数羽状，罕为三出或三回羽状，羽片披针形或椭圆状披针形，基部圆形或楔形，偶为心形，边缘具软骨质边，叶脉分离或网状，侧脉一至二回分叉；孢子囊群线形，无囊群盖，有隔丝；孢子四面体型，无周壁。

25~30 种，产非洲、东亚、东南亚和北美；中国 22 种，产长江以南和西南地区。

尖齿凤了蕨 *Coniogramme affinis* (C. Presl) Hieron.

卤蕨 *Acrostichum aureum* L.

2. 珠蕨属 Cryptogramma R. Br.

草本，石生；根状茎短而斜生；叶簇生或罕为远生，二型，能育叶高于不育叶，一至三回奇数羽状，羽片有具狭翅的短柄；每裂片有小脉1条，顶端具膨大的水囊；可育裂片线形或狭长圆形，形如荚果；叶脉羽状，小脉单一或分叉；孢子囊群圆形或长圆形；囊群盖由反折叶边形成；孢子球状四面体型，表面具疣状纹饰。

约10种，产亚洲、欧洲、北美和南美；中国3种，产西南、西北和台湾。

珠蕨 *Cryptogramma raddeana* Fomin

3. 卤蕨属 Acrostichum L.

草本，海岸沼泽植物；根状茎木质，直立；叶簇生，二型，或一型而仅顶部羽片能育，奇数一回羽状；羽片全缘，厚革质，主脉粗大，无明显侧脉，叶脉连结成密而整齐的网眼，无内藏小脉；孢子囊散生于能育叶的羽片下面，有头状而分裂的隔丝，无囊群盖；孢子周壁乳突状或瘤状，具小棒或稀疏线条。

约4种，分布于泛热带海滨及部分亚热带海岸，偶有生于热带内陆；我国2种，产华东、华南沿海及海南，近年在云南南部也有发现。

4. 水蕨属 Ceratopteris Brongn.

一年生多汁水生植物；根状茎短而直立；叶簇生，二型；叶柄绿色，多少膨胀，半圆柱形，肉质；不育叶片为椭圆状三角形或卵状三角形，二至三回羽状深裂；叶脉网状，无内藏小脉；能育叶片分裂较深和较细，羽片基部上侧常有小芽胞，裂片线形，裂片的侧脉不明显；孢子囊群布满于能育叶，无囊群盖；孢子四面体型，无周壁。

4~7种，分布于热带和亚热带地区；中国2种，产西南、华南和华东地区。

水蕨 *Ceratopteris thalictroides* (L.) Brongn.

5. 金粉蕨属 Onychium Kaulf.

草本，土生；根状茎长而横走；叶远生或近生，一型或近二型，叶柄光滑；叶片二至五回羽状；裂片细而狭，尖头，基部楔形下延；能育裂片形如荚果；不育裂片叶脉单一，在能育裂片上叶脉羽状；孢子囊群圆形，成熟时汇合成线形；假囊群盖膜质，由反折变质的叶边形成，无隔丝；孢子球状四面体型，表面具颗粒状纹饰。

约10种，产亚洲热带和亚热带，及非洲热带地区；中国8种，产长江以南，向北达秦岭。

野雉尾金粉蕨 *Onychium japonicum* (Thunb.) Kunze

6. 凤尾蕨属 Pteris L.

陆生；根状茎直立或斜升，叶簇生或三叉分枝，叶脉分离，单一或二叉，小脉先端不达叶边，通常膨大为棒状水囊；孢子囊群线形，沿叶缘连续延伸，有隔丝（由1列细胞组成）；囊群盖为反卷的膜质叶缘形成；环带有16~34个增厚细胞；孢子四面体型。

约300种，产世界热带和亚热带地区；中国66种，主产华南及西南地区。

井栏边草 *Pteris multifida* Poiret

7. 粉叶蕨属 Pityrogramma Link

草本，土生；根状茎直立或斜升；叶簇生，一型；叶柄紫栗色，有光泽；叶片卵状披针形，二至三回羽状分裂；叶脉分离，单一或分叉；叶草质至近革质，上面光滑，下面密被白色至黄色粉末；孢子囊群沿叶脉着生，不达顶端，无囊群盖，也无隔丝；孢子球状四面体型，周壁具不规则脊状隆起。

约20种，产热带非洲、美洲和亚洲；中国1种，产台湾、海南、云南南部。

8. 翠蕨属 Cerosora Domin

一年生小型草本；根状茎疏被纤维状鳞片；叶片小，变异大，叶脉分离，二叉；孢子囊群沿小脉着生，无盖，也无隔丝，孢子囊环带由22个增厚细胞组成，孢子四面体型，表面有棱脊。

4种，广布热带、亚热带及地中海地区；中国1种，产云南、贵州、广西、台湾。

9. 竹叶蕨属 Taenitis Willd. ex Schkuhr

草本，土生；根状茎横走，密被刚毛状鳞片；叶远生，一型，单叶或一回奇数羽状；羽片披针形，革质，能育羽片较不育羽片狭；叶脉网状，在主脉间有2~3行网眼；孢子囊群长线形，常位于中脉与叶边缘之间，沿叶脉不规则着生，或遍布于收缩的可育羽片背面；无囊群盖，隔丝有多行细胞；孢子钝三角形。

3种，产亚洲热带地区；中国1种，产海南岛。

竹叶蕨 *Taenitis blechnoides* (Willd.) Sw.

10. 薄叶翠蕨属 Anogramma Link

草本，土生；根状茎短而直立；叶簇生；叶柄栗色或棕色；叶片卵形、卵状三角形、卵状披针形或披针形，一至三回羽状复叶；叶脉分离，小脉二分叉，每裂片有小脉1条；孢子囊群线形，沿小脉着生，无囊群盖；孢子为四面体型，表面微有棱脊；原叶体在孢子体长成后仍存活很长时间。

约6种，广布于世界热带、亚热带及沿大西洋的欧洲部分；中国2种，产云南、贵州和广西。

薄叶翠蕨 *Anogramma reichsteinii* Fraser-Jenk.

车前蕨 *Antrophyum henryi* Hieron.

11. 铁线蕨属 Adiantum L.

草本，土生或岩石生；根状茎短而直立或长而横走，被鳞片；叶柄黑色或红棕色，有光泽，坚硬如铁丝；叶片一至三回以上的羽状复叶，或一至三回二叉掌状分枝，草质或厚纸质；孢子囊群着生在叶片或羽片顶部边缘的叶脉上，叶缘反折形成形状多样的假囊群盖；孢子球状四面体型，周壁皱状、瘤状或光滑。

约 200 种，世界广布，尤以南美洲最多；中国 34 种，主产西南地区。

团羽铁线蕨 *Adiantum capillus-junonis* Rupr.

12. 车前蕨属 Antrophyum Kaulf.

小型或中型附生；根状茎直立或横卧，须根及根毛丰富，形成海绵状的吸水结构；叶一型，单叶，肉质或革质，披针形、线形至倒卵形，全缘，具软骨质狭边；主脉缺或不完全，小脉多回二歧分枝，连结成网眼，不具内藏小脉；孢子囊形成汇生囊群，线形，沿小脉延伸，无囊群盖；孢子球状四面体，表面具乳突，常具散乱的小球和小棒状纹饰。

40~50 种，产非洲热带，亚洲热带至澳大利亚；中国 9 种，产长江以南地区。

13. 一条线蕨属 Monogramma Comm. ex Schkuhr

微型附生植物；根状茎纤细，横走，被粗筛孔状小鳞片；叶近生，二列着生，单叶，线形，极狭，质薄全缘，无毛；中脉明显；孢子囊形成汇生囊群，每叶片 1 枚，连续，具短隔丝，在叶下面沿中肋的沟槽着生；孢子 3 裂缝，光滑、透明。

约 9 种，产亚洲热带至澳大利亚，太平洋诸岛；中国 1 种，产台湾。

连孢一条线蕨 *Monogramma paradoxa* (Fée) Bedd.

14. 书带蕨属 Haplopteris C. Presl

禾草型附生植物；根状茎横走或近直立；叶近生，单叶；叶片狭线形，全缘；中脉明显，侧脉羽状，单一，形成 1 列狭长的网眼，无内藏小脉；孢子囊群为线形的汇生囊群，无盖，着生于叶中肋两侧各 1 条，有隔丝；孢子长椭圆形或椭圆形，具不明显的颗粒状纹饰。

约40种，产非洲热带，亚洲热带至澳大利亚；中国13种，产长江以南地区。

带状书带蕨 *Haplopteris doniana* (Hieron.) E. H. Crane

15. 戟叶黑心蕨属 Calciphilopteris Yesilyurt & H. Schneid.

草本，土生或岩石生；根状茎横走；叶远生或近生，二型；叶柄栗黑色；不育叶叶片五角形、三角形或戟形；能育叶较长，宽掌状或五角状卵形，鸟足状分裂；叶脉网状，无内藏小脉；孢子囊群线形，生于裂片边缘，囊群盖全缘；孢子三角状圆形，具模糊的颗粒状纹饰。

4种，产东南亚至新几内亚和澳大利亚；中国1种，产云南。

戟叶黑心蕨 *Calciphilopteris ludens* (Hook.) Yesilyurt & H. Schneid.

16. 金毛裸蕨属 Paragymnopteris K. H. Shing

草本，土生；根状茎直立或斜升，密被线形或钻形的黄棕色鳞片，并混生细长柔毛；叶簇生，一型；叶柄栗色或棕色，叶片卵状披针形，一至二回奇数羽状复叶，遍体密被黄棕色（老时为灰白色）细长绢毛；叶脉分离，羽状或一至二回分叉，近叶边处连结成狭长网眼；孢子囊群线形，无囊群盖；孢子球状四面体型，表面有显著刺状突起。

约5种，产旧世界温带地区；中国5种，产西南和西北地区。

金毛裸蕨 *Paragymnopteris vestita* (Hook.) K. H. Shing

17. 旱蕨属 Pellaea Link

草本，土生；根状茎短而横卧或长而横走，密被鳞片；叶簇生或远生，一型或轻微二型；叶柄栗黑色或栗色，有光泽，圆柱形；叶片长圆披针形至三角状披针形，一至四回奇数羽状，叶纸质或革质；叶脉分离或罕为网结，小脉羽状分叉；孢子囊群小圆形，生于小脉顶端，成熟时汇合成线形，囊群盖线形；孢子球状四面体型。

约30种，主产南美洲和南非南部及其附近岛屿；中国2种，产云南和四川。

三角羽旱蕨 *Pellaea calomelanos* (Sw.) Link

18. 隐囊蕨属 Notholaena R. Br.

旱生中小型植物；根状茎通常短而横卧，被棕色钻状披针形小鳞片；叶簇生或近生，柄栗色或栗黑色，圆形或腹面有纵沟；叶片长圆形至披针形，一至三回羽状，通常遍体被厚绒毛；叶脉分离，不明显；孢子囊群近圆形或长圆形，近叶边生于叶脉顶端，彼此接近，无盖，或有时部分被不变质的反卷叶边所覆盖；孢子为球状四面体型，表面有颗粒状纹饰。

约40种，产世界热带和亚热带干旱地；中国2种，产西南、华南和华中地区。

中华隐囊蕨 *Notholaena chinensis* Baker

19. 碎米蕨属 Cheilanthes Sw.

草本，土生；根状茎直立，少有斜生或横卧；叶簇生或疏生；叶柄棕色至栗黑色；叶片披针形或三角状披针形或卵状五角形，一至三回羽状；叶脉分离，小脉单一或分叉；孢子囊群圆形，生小脉顶端，成熟时往往汇合；囊群盖无或由羽片边缘反折而成，常断裂或多少连续；孢子球状四面体型。

约100种，通常为中生植物，分布于亚洲热带和亚热带，少数达大洋洲及美洲；中国7种，产西北、西南、华南及华东地区。

毛轴碎米蕨 *Cheilanthes chusana* Hook.

20. 泽泻蕨属 Parahemionitis Panigrahi

草本，土生；根状茎短而直立；叶簇生或近生，二型或近二型；叶柄栗色或紫栗色，能育叶柄比不育叶柄长；叶片卵形或戟形，基部为深心形，顶端钝圆；叶脉网状，网眼长六角形，无内藏小脉；孢子囊群沿能育叶的网脉着生，无盖，成熟时布满叶背面；孢子球状四面体型，表面有小刺。

1种，产热带亚洲，向北分布到我国台湾、广东、海南及云南南部。

泽泻蕨 *Parahemionitis cordata* (Hook. & Grev.) Fraser-Jenkins

21. 黑心蕨属 Doryopteris J. Sm.

草本，土生；根状茎横走；叶簇生或散生，一型或轻度二型；叶柄基部鳞片披针形，中央有1条厚的栗黑色中肋，两侧浅棕色；叶片五角形，掌状分裂或三出；叶脉分离或少为网状，侧脉分叉；孢子囊群沿边脉着生，线形，囊群盖由反折变质的叶边形成，连续，仅在裂片顶端及基部中断；孢子球状四面体型，表面有褶皱和颗粒状纹饰。

约35种，产非洲，亚洲，澳大利亚和北美，巴西尤盛；中国1种，产广西、广东、海南和台湾。

黑心蕨 *Doryopteris concolor* (Langsd. & Fisch.) Kuhn

22. 粉背蕨属 Aleuritopteris Fée

草本，土生或岩石生；叶簇生；叶柄棕色、黑褐色或乌木色；叶片五角形或三角状长圆形，一至二回羽状；叶脉羽状分离；叶片下面常有白色、浅黄色或橙黄色的蜡质粉末，或无粉末；孢子囊群彼此分离，成熟后汇合；假囊群盖由反折的叶边特化而成；孢子为球状四面体型。

约 40 种，产热带、亚热带；中国 29 种，主产西南地区，少数达华北和东北地区。

银粉背蕨 *Aleuritopteris argentea* (S. G. Gmel.) Fée

科 18. 碗蕨科 Dennstaedtiaceae

10~11 属约 170（~300）种，产热带和亚热带，并延伸到温带；中国 7 属 52 种，南北均产。

草本，土生；根状茎长而横走，被多细胞灰白色刚毛或黄色长柔毛；叶同型，远生；叶片一至四回羽状细裂，卵形或三角形，叶两面被毛或光滑；叶脉分离，羽状分枝；孢子囊群圆形或线形；囊群盖有或无，碗状、半杯状或由膜质叶边反折形成的线状假盖；孢子囊为梨形；孢子四面体型，周壁具颗粒状、刺状或瘤状纹饰。

在 PPG I（2016）系统中，碗蕨科没有作科下次级划分。本研究的分支分析显示，中国分布的 7 属分为 2 支：碗蕨属 *Dennstaedtia* 和鳞盖蕨属 *Microlepia* 聚为 1 支，位于基部；第 2 支中稀子蕨属 *Monachosorum* 先分出，蕨属 *Pteridium* 等 4 属相聚，曲轴蕨属 *Paesia* 和栗蕨属 *Histiopteris* 为姐妹属（图 8）。

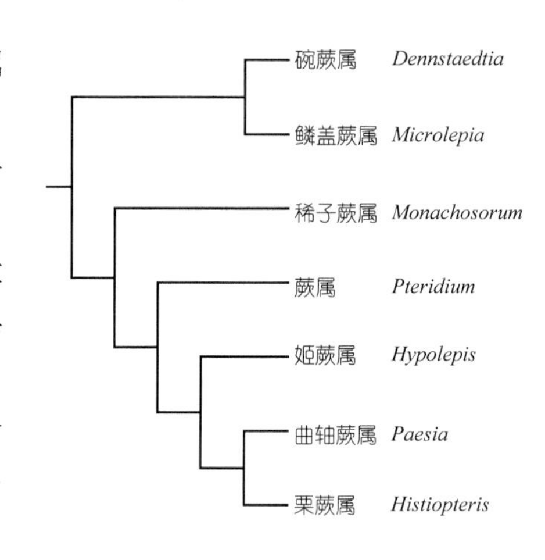

图 8 中国碗蕨科植物的分支关系

1. 碗蕨属 Dennstaedtia Bernh.

草本，土生；根状茎长而横走；叶一型；叶片三角形至长圆形，常二至四回羽状分裂；羽片细裂，基部不对称；叶脉分离，羽状分枝，小脉不达叶边；孢子囊群圆形；囊群盖碗形，由两层（内瓣和外瓣）融合而成，质厚；孢子囊具细长柄；孢子半圆形或钝三角形，周壁有瘤状或带状纹饰。

溪洞碗蕨 *Dennstaedtia wilfordii* (T. Moore) Christ

约 70 种，主产热带和亚热带；中国 8 种，产西南、华南和华东地区。

2. 鳞盖蕨属 Microlepia C. Presl

草本，土生植物；根状茎长而横走；叶一型，叶柄粗糙，上面有浅纵沟；长圆形至长圆状卵形，一至四回羽状分裂，小羽片或裂片偏斜，多呈三角形；叶脉分离，羽状分枝；孢子囊群圆形，常生在近裂片间的缺刻处；囊群盖半圆形或肾形；孢子钝三角形，周壁有细网状纹饰。

约 60 种，泛热带分布；中国 25 种，产长江以南地区。

鳞盖蕨属 *Microlepia* sp.

蕨 *Pteridium aquilinum* var. *latiusculum* (Desv.) A. Heller

3. 稀子蕨属 Monachosorum Kunze

草本，土生；根状茎短而平卧或斜生；叶簇生，一型；叶片常一至四回羽状分裂，叶轴中部以上常有一个或数个珠芽或叶轴先端鞭状；叶脉纤细，分离，不达叶边；孢子囊群小、圆形，有线状隔丝，无囊群盖；孢子囊梨形；孢子四面体型，周壁有疣状、瘤状或不明显的网状纹饰。

6 种，主产亚洲热带和亚热带地区，向北可达日本；中国 3 种，产长江以南地区。

稀子蕨 *Monachosorum henryi* Christ

4. 蕨属 Pteridium Gled. ex Scop.

草本，土生；根状茎长而横走；叶疏生，具长叶柄；叶片革质或近革质，卵状三角形，常二至三回羽状分离；羽片互生或对生，基部一对最大；叶脉羽状，侧脉多为二叉；孢子囊群线形，沿叶缘内的 1 条边脉生；囊群盖线形，有内外两层；孢子辐射或两侧对称，周壁有颗粒状或刺状纹饰。

约 13 种，世界广布，主产泛热带；中国 6 种，产全国各地。

5. 姬蕨属 Hypolepis Bernh.

草本，土生或石生；根状茎长而横走；叶一型，叶柄有毛，粗糙直立，少为蔓生；叶片一至三回羽状分裂，两面和叶轴均被与根状茎相同的短毛；叶脉分离，羽状分枝；孢子囊群圆形，位于裂片缺刻处，无囊群盖；孢子囊梨形；孢子两侧对称，椭圆形，周壁有刺状纹饰，外壁表面光滑；染色体基数多样。

约 50 种，产泛热带，主产西半球；中国 8 种，产西南、华南和华东地区。

姬蕨 *Hypolepis punctata* (Thunb.) Mett.

6. 曲轴蕨属 Paesia A. St.-Hil.

草本，土生；根状茎长而横走；叶远生；叶片革质，卵状三角形，常二至四回羽状分离；叶轴常呈之字形左右曲折；叶脉羽状分离，侧脉多为二叉；孢子囊群线形；囊群盖线形，有内外两层，外层为叶边反折的膜质假盖；孢子两侧对称，外壁光滑。

14 种，产美洲、大洋洲和亚洲热带地区；中国 1 种，产台湾。

7. 栗蕨属 Histiopteris (J. Agardh) J. Sm.

大型土生蔓性植物；根状茎长而横走；叶远生，叶柄栗色，基部有时瘤状突起；叶片卵状三角形，二至三回羽状分裂；羽片对生，有托叶状小羽片；叶脉网结，网眼内无内藏小脉；孢子囊群线形，沿叶缘着生；囊群盖线形；孢子两侧对称，椭圆形，具疣状纹饰。

约 7 种，广布于泛热带地区；中国 1 种，产西南、华南和台湾地区。

栗蕨 *Histiopteris incisa* (Thunb.) J. Sm.

科 19. 冷蕨科 Cystopteridaceae

3 属 30 余种，世界广布，主产热带、亚热带山地；中国 3 属 20 种，主产西南地区。

草本，土生；根状茎细长横走或短而横卧，黑褐色；叶远生、近生或簇生，卵状披针形、卵状三角形或近五边形，二至三回羽状分裂；小羽片与羽轴多少合生；叶脉分离，二叉或羽状；孢子囊群圆形，生于裂片基部上侧小脉的背部；囊群盖卵形或近圆形；孢子肾形，表面具尖刺突起或皱纹纹饰。

冷蕨科包含 3 属，中国均有分布。分支分析显示：羽节蕨属 *Gymnocarpium* 先分出，亮毛蕨属 *Acystopteris* 和冷蕨属 *Cystopteris* 更近缘（图 9）。

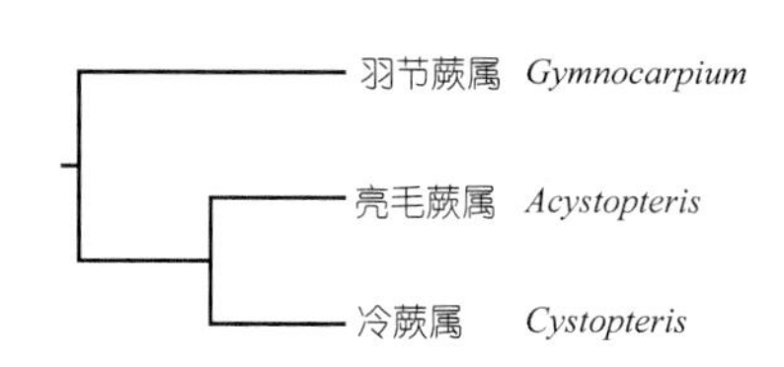

图 9 中国冷蕨科植物的分支关系

1. 羽节蕨属 Gymnocarpium Newman

草本，土生；根状茎细长而横走；叶远生，叶柄基部以上禾秆色；叶片三角状卵形或五角状卵形，单叶或一至三回羽状分裂，先端羽裂渐尖；羽片有柄或无柄，以关节着生于叶轴；叶脉分离；孢子囊群大，圆形或长圆形，无囊群盖；孢子圆肾形，表面具皱褶状或网状纹饰。

10 种，广布于北温带和亚洲亚热带；中国 5 种，产西南、华中、华北和东北地区。

细裂羽节蕨 *Gymnocarpium remotepinnatum* (Hayata) Ching

2. 亮毛蕨属 Acystopteris Nakai

草本，土生；根状茎长而横走；叶近生，叶柄栗褐色或禾秆色，被鳞片和透明的节状长毛和短毛；叶片阔卵形或卵状披针形，三至四回羽状分裂；羽片近对生，无柄，末回小羽片长方形或长圆形；叶脉分离，羽状分枝，小脉单一或分叉；孢子囊群小圆形；囊群盖卵圆形；孢子肾形或半圆形，表面具棒状纹饰。

3 种，产亚洲东南部的热带至温带地区及新西兰；中国 3 种，产长江以南地区。

亮毛蕨 *Acystopteris japonica* (Luerss.) Nakai

3. 冷蕨属 Cystopteris Bernh.

草本，土生；根状茎细长横走或短而横卧，黑褐色；叶远生、近生或簇生，卵状披针形、卵状三角形或近五边形，二至三回羽状分裂；小羽片与羽轴多少合生；叶脉分离，二叉或羽状；孢子囊群圆形，生于裂片基部上侧小脉的背部；囊群盖卵形或近圆形；孢子肾形，表面具尖刺突起或皱纹纹饰。

20 种，产北温带、寒温带和热带高山；中国 12 种，产东北、华北、西北、西南高山和台湾山地。

冷蕨 *Cystopteris fragilis* (L.) Bernh.

科 20. 轴果蕨科 Rhachidosoraceae

1 属 7 种，产东亚和东南亚；中国 5 种，产南部。

中型常绿草本；根状茎直立或匍匐，先端和叶柄基部有鳞片，棕色，披针形，全缘，叶丛生；可育叶长达 2m，叶柄淡黄色，很少红棕色，基部不加厚，有稀疏的鳞片，向上，全株无毛；叶片三角形或卵状三角形，无毛，顶部羽裂渐尖，下部二至三回羽状小羽片或末回小羽片羽裂；羽片互生，具柄，小羽片边缘有锯齿或圆齿；侧脉明显；孢子囊群线形，或稍新月形，通常每叶 1 行；孢子囊群单生，囊群盖厚膜质，稍膨胀，浅灰色或灰绿色，然后变成淡褐色，全缘，宿存；孢子周壁突出，略透明，粗糙，线状纹饰。

1. 轴果蕨属 Rhachidosorus Ching

属的鉴定特征和分布同科。

脆叶轴果蕨 *Rhachidosorus blotianus* Ching

科 21. 肠蕨科 Diplaziopsidaceae

2 属 4 种，产亚洲热带、亚热带和温带地区，美洲热带地区；中国 1 属 3 种，产南部。

中型土生蕨类，根茎粗短；叶草质簇生，叶片长圆形或长圆状披针形，奇数一回羽状，顶生羽片分离；孢子囊群粗线形，单生于网脉；孢子成熟时，囊群盖常从圆拱形背部不规则开裂；孢子二面体型，极面观椭圆形，赤道面观半圆形，周壁宽而折叠，具小刺。

1. 肠蕨属 Diplaziopsis C. Chr.

草本，土生；根状茎粗短；叶簇生；叶片椭圆形，奇数一回羽状分裂；叶脉网状，主脉粗壮，侧脉形成一至四行无内藏小脉的网孔，呈六角形；孢子囊群为粗线形或有时短线形，单生；囊群盖腊肠形；孢子椭圆形或圆肾形，周壁皱褶，表面与边缘具小刺状纹饰，外壁光滑。

3 种，产亚洲热带、亚热带和温带地区；中国 3 种，产南部。

川黔肠蕨 *Diplaziopsis cavaleriana* (Christ) C. Chr.

科 22. 铁角蕨科 Aspleniaceae

2 属 700 余种，世界分布，主产热带；中国 2 属 108 种，全国广布。

草本，附生或石生，少土生；根状茎横走，斜卧或直立；叶远生、近生或簇生，具叶柄，上面有一条纵沟，基部不以关节着生，栗色、浅绿色或青灰色，光滑或具小鳞片；叶片多样，单一或一至三回羽状分裂；叶脉分离，一至多回二叉分枝；孢子囊群大多为线形、短线形或近椭圆形，单一或偶有双生；囊群盖棕色或灰白色，膜质，全缘，开向上侧叶边；孢子囊为水龙骨型；孢子椭圆形或圆肾形，表面具小刺或光滑。

1. 铁角蕨属 Asplenium L.

草本，石生或附生，少土生；根状茎短，斜卧或直立；叶近生或簇生，叶柄多为绿色、栗红色或禾秆色；叶片单一或一至三回羽状，叶轴顶端或顶部羽片有时生有芽孢；叶脉分离，一至多回二叉分枝，偶有网结；孢子囊群线形，有时近长圆形；孢子椭圆形或长椭圆形，小刺状纹饰。

700 余种，世界广布，尤以热带为多；中国 90 种，南北均产。

长叶铁角蕨 *Asplenium prolongatum* Hook.

2. 膜叶铁角蕨属 Hymenasplenium Hayata

草本，石生或附生植物，少土生；根状茎长而横走；叶远生或近生；叶柄栗棕色或绿色；叶片一回羽裂，少有单一；羽片大多为半开式不等边四边形；叶脉羽状分离，少有网结，二叉或二回二叉分枝；孢子囊群线形、椭圆形，单一，偶有双生；囊群盖线形；孢子椭圆形或圆肾形，表面光滑。

30 余种，泛热带分布；中国 18 种，产南部。

阴湿膜叶铁角蕨 *Hymenasplenium obliquissimum* (Hayata) Sugimoto

科 23. 金星蕨科 Thelypteridaceae

约 30 属 1000 余种，世界广布；中国 11 属 199 余种，产长江以南各省区。

草本，土生；根状茎直立、斜升或长而横走；叶簇生、近生或远生，一型或近二型；叶片大多为披针形，一至多回羽状，少为单叶；叶两面被刚毛、针状毛或具关节的毛；孢子囊群圆形、椭圆形或粗线形；囊群盖圆肾形或无盖；孢子椭圆形，周壁具褶皱或脊状隆起，或表面刺状突起。

在 PPG Ⅰ（2016）系统中，金星蕨科包括的 30 属被分成 2 亚科：卵果蕨亚科 Phegopteridoideae（●）和金星蕨亚科 Thelypteridoideae（▲）。中国分布的 11 属的分支分析支持其划分。卵果蕨亚科包含的 3 属中国均产并聚为 1 支；金星蕨亚科中国分布的 8 属相聚 1 大支，其中沼泽蕨属 *Thelypteris* 先分出，其他 7 属分为 2 小支，清楚地显现出属间的亲缘关系（图 10）。

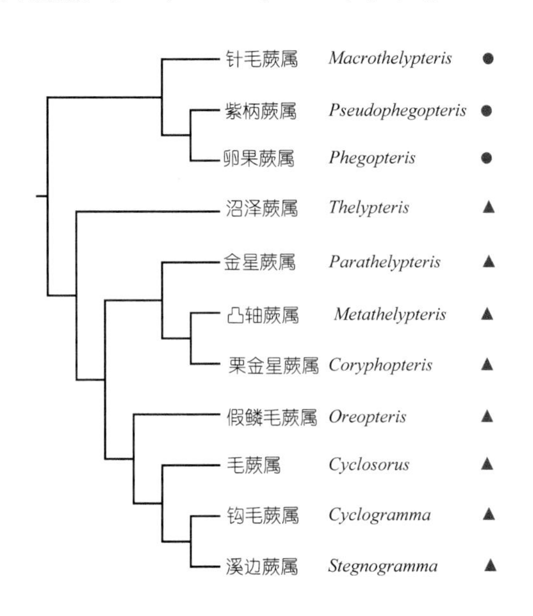

图 10 中国金星蕨科植物的分支关系

1. 针毛蕨属 Macrothelypteris (H. Itô) Ching

草本，土生；根状茎短粗，直立或斜升；叶簇生；叶柄禾秆色或浅红色；叶片卵状三角形，三至四回羽状；叶脉分离，小脉单一；两面沿各回羽轴多少被灰白色多细胞针状毛和狭披针形厚鳞片，罕为无毛；孢子囊群圆形，无盖或有极小而易早落的盖；孢子椭圆形，细网状纹饰。

约 10 种，产亚洲热带和亚热带，大洋洲东北部和太平洋岛屿；中国 7 种，产西南、华南、华中和华东地区。

雅致针毛蕨 *Macrothelypteris oligophlebia* var. *elegans* (Koidz.) Ching

2. 紫柄蕨属 Pseudophegopteris Ching

草本，土生；根状茎短而横卧或长而横走；叶近生或簇生；叶柄红棕色或栗色；叶片椭圆形，二至三回羽状；羽片对生，有单细胞的灰白色短毛；叶脉分离，小脉单一；孢子囊群椭圆形或卵圆形，无囊群盖，成熟时不汇合；孢子椭圆形，表面具网状纹饰。

约 25 种，主产亚洲热带和亚热带，东至太平洋岛屿，西达非洲西部；中国 12 种，产西南、华南地区，向东到台湾。

紫柄蕨 *Pseudophegopteris pyrrhorachis* (Kunze) Ching

3. 卵果蕨属 Phegopteris (C. Presl) Fée

草本，土生；根状茎长而横走或短而直立；叶远生或簇生；叶片三角状卵形或狭披针形，一至二回羽状；羽片平展或基部一对反折，卵状披针形，基部略缩短；叶脉分离，小脉单一或分叉，两面多少有针状毛，但无腺体；孢子囊群椭圆形，无囊群盖；孢子椭圆形，表面具颗粒状纹饰。

4 种，产北半球温带和亚热带地区；中国 3 种，产长江以南及华北和东北地区。

延羽卵果蕨 *Phegopteris decursive-pinnata* (H. C. Hall) Fée

4. 沼泽蕨属 Thelypteris Schmidel

中小型沼泽或草甸蕨类；根状茎长而横走或直立斜升；叶远生、近生或簇生；叶片椭圆状披针形或卵状长圆形，一至二回羽状，羽片多对，近对生，多少被针状毛或柔毛；叶脉分离，在裂片上羽状，小脉单一或二叉；孢子囊群圆形或圆肾形，位于叶边和主脉之间；囊群盖圆形或圆肾形；孢子两面体型或椭圆形，周壁透明，表面具小刺状突起，外壁表面光滑。

4 种，广布于北半球温带、亚热带和热带，非洲南部和新西兰南部；中国 2 种，产云南和长江以北地区。

沼泽蕨 *Thelypteris palustris* Schott

5. 金星蕨属 Parathelypteris (H. Itô) Ching

中、小型土生，根茎细长，光滑或被鳞片或毛；叶疏生、近生或簇生，二回深羽裂，叶脉羽状，分离，侧脉单一，伸达叶缘；孢子囊群圆形，背生于叶脉中部或近顶部；囊群盖圆肾形，孢子囊柄上部有时具1~3无柄腺体或囊体顶部有1根刚毛；孢子圆肾形，周壁薄而透明，具褶皱。

约60种，产亚洲东部和东南部的热带和亚热带；中国24种，主产长江以南地区。

中日金星蕨 *Parathelypteris nipponica* (Franch. & Sav.) Ching

6. 凸轴蕨属 Metathelypteris (H. Itô) Ching

中、小型土生，根茎短，被棕色披针形鳞片或灰白色短毛，或近光滑；叶近生或簇生，二回羽状深裂，叶干后绿色；孢子囊群小圆形，生于侧脉中部以上，囊群盖中等大，圆肾形，以缺刻着生，膜质，通常绿色，干后灰黄色或浅棕色，宿存；孢子两面体，周壁具褶皱，常有小穴状纹饰，外壁具细网状纹饰。

约12种，主产亚洲东南部的热带和亚热带；中国11种，产长江流域及以南地区。

凸轴蕨 *Metathelypteris gracilescens* (Blume) Ching

7. 栗金星蕨属 Coryphopteris Holttum

土生草本，根茎直立；叶疏生、近生或簇生，二回深羽裂，叶脉羽状；孢子囊群圆形，囊群盖圆肾形，背部被短刚毛或柔毛。

47种，产东亚、北美；中国2种，产南部。

8. 假鳞毛蕨属 Oreopteris Holub

中型土生，根茎短；叶簇生，二回羽状深裂，叶脉羽状，分离，伸达叶缘；孢子囊群圆形，生于侧脉中部以上，孢子囊顶部近环带和囊柄相连处有具柄腺体，囊群盖圆肾形，边缘具腺体；孢子两面体，肾形，周壁不明显，易脱落，具颗粒状纹饰。

3种，产欧洲、印度北部、东亚至北美；中国2种，产云南和吉林。

亚洲假鳞毛蕨 *Oreopteris quelpaertensis* (Christ) Holub

9. 毛蕨属 Cyclosorus Link

草本，土生；根状茎横走、斜升或直立；叶远生、近生或簇生；叶柄禾秆色至褐色，被单细胞的灰白色针状毛或柔毛；叶片一回羽状或二回羽裂；叶脉为羽状，小脉单一或部分联结成网或为新月蕨形；孢子囊群大，圆形，有盖或无盖；囊群盖圆肾形；孢子圆形或圆肾形，周壁具脊状隆起或表面有小刺状或瘤状纹饰。

约250种，广布于热带和亚热带，亚洲最多；中国21种，产长江流域及其以南地区。

齿牙毛蕨 *Cyclosorus dentatus* (Forssk.) Ching

10. 钩毛蕨属 Cyclogramma Tagawa

草本，中型常绿植物；根状茎直立或长而横走；叶簇生、近生或远生，一型；叶片一回羽状；羽片基部与叶轴着生处有气囊体；叶脉分离，小脉单一，均伸达缺刻以上的叶边；孢子囊群圆形，背生于侧脉中部以上，在主脉两侧各成1行，无囊群盖；孢子椭圆形，周壁明显具褶皱或形成刺状突起，外壁光滑。

约 10 种，主产亚洲南部；我国 9 种，产南部和西南地区。

狭基钩毛蕨 *Cyclogramma leveillei* (Christ) Ching

11. 溪边蕨属 Stegnogramma Blume

草本，土生，中型常绿植物；根状茎短，斜升或直立；叶簇生，叶柄深禾秆色，通体被灰白色针状长毛；叶片椭圆形或阔披针形，一回羽状；羽片卵状披针形，基部无柄，近对称；叶脉为星毛蕨型，小脉斜向上，相邻侧脉间的下部几对小脉连结成网眼；孢子囊群线形，沿网脉着生，无盖；孢子椭圆形，外壁表面具刺。

约 10 种，主产中国西南部，向南至印度、缅甸、越南和马来西亚；中国 6 种，产华南和西南地区。

贯众叶溪边蕨 *Stegnogramma cyrtomioides* (C. Chr.) Ching

科 24. 岩蕨科 Woodsiaceae

4 属约 43 种，广泛分布于北温带和寒带，极少种类产美洲中部和南部、非洲（安哥拉、南非）和马达加斯加；中国 3 属 24 种，产西南部至北部。

旱生，中小型草本。根状茎短而直立或横卧，或为斜升，被鳞片；鳞片披针形，棕色，膜质。叶簇生；叶柄多少被鳞片及节状长毛，有的具有关节；叶片椭圆披针形至狭披针形，一回羽状至二回羽裂；叶脉羽状，分离。叶草质或纸质。孢子囊群圆形，由少数（3~18 个）孢子囊组成，着生于小脉的中部或近顶部，不具隔丝。原叶体一般为心形，如处于微弱的光照下，原叶体可能形成丝状。

1. 滇蕨属 Cheilanthopsis Hieron.

石生，中小型草本；根状茎斜上或横卧；叶簇生；二回羽状深裂；孢子囊群小圆形，由 4~10 个孢子囊组成，近叶生于端小脉的近顶处；孢子囊球形，环带约由 20 个增厚细胞组成，孢子囊柄短；孢子椭圆形，周壁具少数褶皱，表面有细颗粒状纹饰，外壁表面光滑。

3 种，产喜马拉雅至横断山地区；中国 3 种，产西南地区。

滇蕨 *Cheilanthopsis indusiosa* (Christ) Ching

2. 岩蕨属 Woodsia R. Br.

石生，小型草本，根状茎短，直立或斜升，罕有横卧，被鳞片；鳞片披针形或线状披针形，膜质，边缘全缘或流苏状；叶簇生或近簇生；柄有明显的关节，叶片干枯后往往由关节处脱落；叶片披针形，一至二回羽状分裂；叶脉分离，羽状，小脉不达叶边；孢子囊群小圆形，由 3~18 个孢子囊组成，位于小脉顶端或中部；囊群盖杯形至蝶形，边缘有流苏状长睫毛。

约 38 种，广布于北温带和热带美洲、非洲和马达加斯加的高海拔地区；中国 20 种，产北部和西南高山。

耳羽岩蕨 *Woodsia polystichoides* D. C. Eaton

3. 膀胱蕨属 Protowoodsia Ching

石生，小型草本；根状茎直立，先端密被鳞片；鳞片卵状披针形或披针形，棕色，有光泽，全缘；叶簇生或近簇生，通常披散；叶柄短，无关节，质脆易断而下部宿存；叶片披针形，远长于叶柄，向基部变狭，二回羽状深裂，羽片多数，无毛或略被腺毛，不具鳞片；叶脉分离，羽状，小脉不达叶边；叶质薄，草质，叶轴质脆易断，略被短腺毛；孢子囊群小圆形，由 6~12 个孢子囊组成，位于小脉的顶部或中部。

1 种，产亚洲；在中国产东北、华北、华东至西南地区。

膀胱蕨 *Protowoodsia manchuriensis* (Hook.) Ching

科 25. 蹄盖蕨科 Athyriaceae

5 属约 600 种，广布全世界热带至寒温带各地；中国 5 属 278 种，主产南部和西南部，少数到北部。

草本，土生；根状茎横走、横卧或直立；叶簇生、近生或远生；叶柄上面有 1~2 条纵沟，基部内有 2 条扁平维管束，向上会合成V字形；叶片一至三回羽状，罕为三出复叶或披针形单叶；叶脉分离，羽状或近羽状，侧脉单一或分叉，少有联结；孢子囊群圆形、椭圆形、线形、新月形或圆肾形，有或无囊群盖，囊群盖形状同孢子囊群，马蹄形；孢子椭圆形或半圆形至圆形，具多样化纹饰。

在 PPG I（2016）系统中，蹄盖蕨科现在只有 3 属（●），本研究分支分析显示，包括 5 属，其中安蕨属 *Anisocampium* 和角蕨属 *Cornopteris* 同蹄盖蕨属 *Athyrium* 聚为 1 支，是否应将它们归并于后者尚需研究（图 11）。

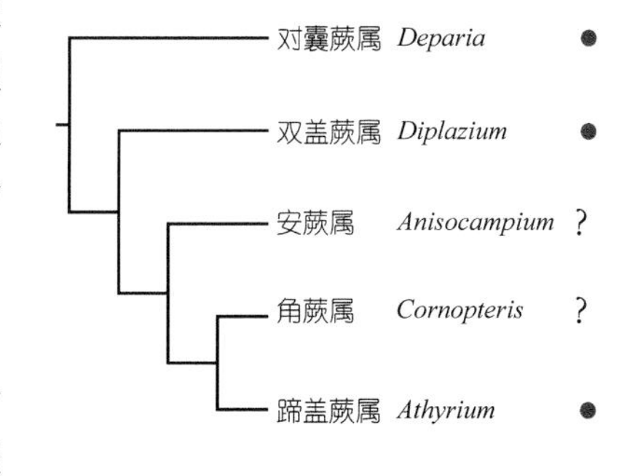

图 11 中国蹄盖蕨科植物的分支关系

1. 对囊蕨属 Deparia Hook. & Grev.

草本，土生；根状茎斜升、直立或横走；叶簇生或远生；叶片基部最阔或渐变狭；单叶、一回至三回羽状；羽片披针形或狭披针形，先端渐尖，基部截形；叶脉羽状或网状，小脉单一或分叉；叶两面多细胞节毛；孢子囊群双生，呈短新月形、线形或长圆形；孢子椭圆形或近圆形。

约 70 种，产亚洲热带和温带，非洲热带和马达加斯加，西达喜马拉雅西部，北达俄罗斯远东地区；中国 53 种，产东北，华北，西南，华南地区。

东北蛾眉蕨 *Deparia pycnosora* (Christ) M. Kato

2. 双盖蕨属 Diplazium Sw.

草本，土生；根状茎直立或斜升，少为横走；叶簇生或近生；叶片椭圆形，一回至四回羽状；叶脉羽状；叶下面沿中肋有极稀疏的线形小鳞片或小节毛；孢子囊群线形或椭圆形，在叶背面双生于小脉两侧或单生于小脉内侧；囊群盖形状同孢子囊群；孢子圆肾形或半圆形，具各种纹饰。

300~400 种，广布热带和亚热带地区；中国 86 种，产长江以南地区。

黑鳞短肠蕨 *Diplazium sibiricum* (Kunze) Sa. Kurata

3. 安蕨属 Anisocampium C. Presl

草本，土生；根状茎横走、直立或斜升；叶近生、远生或簇生；叶柄禾秆色或浅紫禾秆色；叶片长圆形、椭圆形或卵状三角形，奇数一回羽状；叶脉在裂片上羽状，小脉单一，偶为二叉；孢子囊群圆肾形或圆形；囊群盖与囊群同形；孢子豆形或圆形，周壁具皱褶，表面有脊状隆起，有时联结成网状或拟网状。

4 种，产东南亚热带和亚热带及东亚的温带地区；中国 4 种，产长江流域和华东地区。

日本安蕨 *Anisocampium niponicum* (Mett.) Yea C. Liu, W. L. Chiou & M. Kato

4. 角蕨属 Cornopteris Nakai

草本，土生；根状茎横卧、斜升或横走；叶近生、簇生或远生；叶片椭圆形至卵状三角形，一至三回羽状深裂，羽片披针形、阔披针形，叶轴有阔纵深沟，两侧有隆起狭边，相交处有一肉质角状扁粗刺或无；叶脉分离，小脉单一或二叉至羽状；孢子囊群短线形、椭圆形或圆形，无囊群盖；孢子椭圆形、半圆形或肾形。

约 16 种，主产亚洲热带和亚热带地区；中国 12 种，产长江以南地区。

角蕨 *Cornopteris decurrenti-alata* (Hook.) Nakai

5. 蹄盖蕨属 Athyrium Roth

草本，土生；根状茎大多短而斜升或直立，少数细长横走；叶簇生、近生或远生；叶柄两侧有瘤状气囊体并向下尖削；叶片一至四回羽状；叶轴和各回羽轴下面半圆形，上面有 1 条深纵沟；叶脉分离，羽状，侧脉分叉或单一；孢子囊群马蹄形、新月形、圆肾形、长圆形或短线形，有囊群盖（极少无），囊群盖与囊群同形；孢子椭圆形，具多样化纹饰。

约 220 种，产温带及亚热带地区；中国 123 种，产西南、华东、华北和东北地区。

中华蹄盖蕨 *Athyrium sinense* Rupr.

科 26. 球子蕨科 Onocleaceae

4 属 5 种，产北温带及墨西哥；中国 3 属 4 种，产东北、华北、西北和西南地区。

草本，土生；根状茎短而直立；叶簇生，二型；营养叶片长圆披针形至卵状三角形，二回羽裂；羽片线状披针形至阔披针形，互生，无柄，下部羽片缩短成小耳形；叶脉羽状分离；能育叶片长圆形至线形，一回羽状，羽片强度反卷成荚果状，深紫色或黑褐色；叶脉分离，羽状或叉状分枝；孢子囊群圆形，囊群盖下位或无盖，外被反卷的变质叶片包被；孢子囊球形；孢子两侧对称，表面具小刺状纹饰或光滑。

球子蕨科包含 4 属，中国 3 属。分支分析显示：东方荚果蕨属 *Pentarhizidium* 先分出，球子蕨属 *Onoclea* 和荚果蕨属 *Matteuccia* 更近缘（图 12）。

东方荚果蕨属 *Pentarhizidium*
球子蕨属 *Onoclea*
荚果蕨属 *Matteuccia*

图 12 中国球子蕨科植物的分支关系

1. 东方荚果蕨属 Pentarhizidium Hayata

草本，中型土生植物；根状茎短而直立，顶端密被卵状披针形至披针形的棕色鳞片；叶簇生，具叶柄，二型；营养叶片二回羽裂，纸质，叶轴上被稀疏的纤维状鳞片，羽片 15~25 对；叶脉羽状分离，小脉单一或偶分歧，可达叶片边缘；能育叶片椭圆形，一回羽状，羽片强度反卷成荚果状，深紫色或黑褐色；孢子囊群成熟时为线状的汇生囊群，有囊群盖或无盖。

2 种，产东亚和南亚；中国 2 种，产华北、西北和西南地区。

东方荚果蕨 *Pentarhizidium orientale* (Hook.) Hayata

2. 球子蕨属 Onoclea L.

草本，土生；根状茎长而横走；叶簇生，二型；营养叶片卵状三角形，一回羽状分裂；羽片阔披针形；叶脉网状，连结成长六角形网眼，无内藏小脉；能育叶片强度狭缩，二回羽状，羽片线形，小羽片强度反卷成分离的小球形；孢子囊群为圆形；囊群盖下位；孢子囊圆形；孢子长椭圆形，表面具小刺状纹饰。

1 种，东亚至北美间断分布；中国分布于东北及华北地区。

球子蕨 *Onoclea sensibilis* var. *interrupta* Maxim.

3. 荚果蕨属 Matteuccia Tod.

草本，土生；根状茎短而直立；叶簇生，二型；营养叶片二回羽裂；羽片线状披针形至阔披针形，互生，无柄，下部羽片缩短成小耳形；叶脉羽状分离；能育叶片一回羽状，羽片强度反卷成荚果状，深紫色或黑褐色；叶脉分离，羽状或叉状分枝；孢子囊群圆形，囊群盖下位或无盖，外被反卷的变质叶片包被；孢子两侧对称，表面具小刺状纹饰或光滑。

约 5 种，产北温带；中国 1 种，广布于南岭山脉以北地区。

荚果蕨 *Matteuccia struthiopteris* (L.) Todaro

科 27. 乌毛蕨科 Blechnaceae

约 14 属 240 余种，世界广布，主产南半球热带地区；中国 4 属 8 种，产西南、华南、华中及华东地区。

草本，土生，少数攀缘；根状茎粗短，直立或少有横走；叶簇生或远生，同型或二型；羽片线状披针形至阔披针形或三角状；叶脉羽状分离或连结成网状；二型叶类型的能育叶片长线形，一回羽状，孢子囊布满羽片下面；孢子囊群线形或椭圆形，与囊群盖同形；孢子椭圆形，表面具小瘤状纹饰或光滑。

在 PPG I（2016）系统中，乌毛蕨科包含的 24 属被分为 3 亚科：光叶藤蕨亚科 Stenochlaenoideae（▲）、狗脊亚科 Woodwardioideae（●）、乌毛蕨亚科 Blechnoideae（▲），且将广义乌毛蕨属 *Blechnum s. l.* 拆分为数个小属，本书暂用广义概念。中国分布的 4 属在各亚科均有代表。分支分析显示：狗脊属 *Woodwardia* 先分出，苏铁蕨属 *Brainea* 与光叶藤蕨属 *Stenochlaena* 相聚，而不是与它同一亚科的乌毛蕨属 *Blechnum* 相聚，值得研究（图 13）。

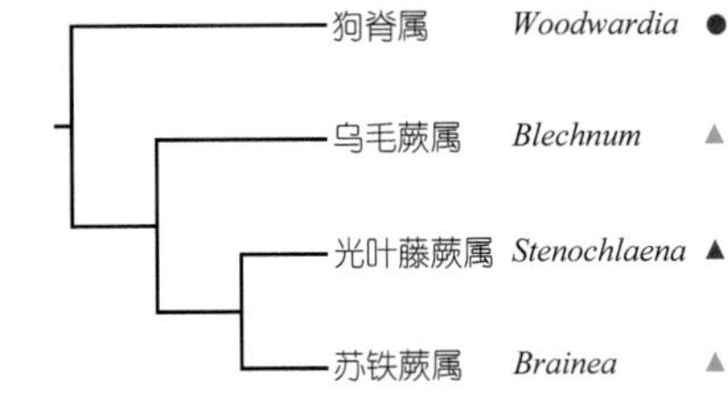

图 13 中国乌毛蕨科植物的分支关系

1. 狗脊属 Woodwardia Sm.

草本，土生；根状茎粗短，直立或斜升，少有长而横走；叶簇生，一型；叶片椭圆形，三出，一回羽状分裂或二回羽裂；侧生羽片披针形，顶端具芽孢或无；叶脉网状，具狭长能育网眼，无内藏小脉；孢子囊群长圆形或椭圆形；囊群盖与孢子囊群同形；孢子椭圆形，具周壁，表面具皱褶，外壁光滑。

约 13 种，产亚洲、欧洲、美洲的温带至亚热带地区；中国 7 种，产长江以南各地，向西达喜马拉雅。

珠芽狗脊 *Woodwardia prolifera* Hook. & Arn.

2. 乌毛蕨属 Blechnum L.

草本，土生；根状茎粗短，直立，密被鳞片或鳞毛，鳞片线形；叶簇生，一型或二型；叶片一回羽状分裂，厚革质；羽片线状披针形，全缘或具锯齿；叶脉羽状分离或连结成网状，小脉单一或二叉；孢子囊群线形；囊群盖同形；孢子椭圆形，具周壁，表面具皱褶，外壁光滑。

200 余种（包含乌木蕨属 *Blechnidium*、扫把蕨属 *Diploblechnum* 等），产泛热带，主产南半球；中国 5 种，产西南、华南及华东地区。

乌毛蕨 *Blechnum orientale* L.

3. 光叶藤蕨属 Stenochlaena J. Sm.

草本，攀缘；根状茎直立或斜升；叶远生，二型，羽状；羽片多对，以关节着生叶轴，顶生羽片圆形，但不具关节；不育叶羽片狭，椭圆披针形，有光泽，革质，边缘具软骨质的尖锯齿；叶脉沿羽轴两侧各有一行狭长网眼，外侧叶脉分离；能育羽片线形，边缘反卷；孢子囊群满布羽片下面，无隔丝；孢子椭圆形，外壁表面具小瘤状纹饰。

7 种，产亚洲和非洲热带；中国 1 种，产云南、广东、海南。

光叶藤蕨 *Stenochlaena palustris* (Burm. f.) Bedd.

4. 苏铁蕨属 Brainea J. Sm.

木本，大型土生植物；根状茎木质，直立，密被线状鳞片；叶簇生，一型；叶片一回羽状分离，椭圆披针形；侧生羽片狭披针形，边缘具细锯齿，基部不对称心形，呈圆耳形；叶脉明显网状，小脉单一或二叉；孢子囊群沿小脉着生，汇生成孢子囊群；无囊群盖；孢子囊圆形；孢子椭圆形，具周壁，表面具皱褶，外壁光滑。

单种属，广布于热带亚洲；中国产云南及华南和台湾。

苏铁蕨 *Brainea insignis* (Hook.) J. Sm.

科 28. 肿足蕨科 Hypodematiaceae

2 属约 18 种，旧世界分布，主产亚洲和非洲的热带、亚热带及暖温带地区；中国 2 属 13 种，广布于西南地区。

草本，土生或岩石生；根状茎横卧或粗而横走；叶簇生或近生；叶柄基部明显膨大成纺锤形，被鳞片覆盖；叶片卵状三角形，多回羽状分裂；叶轴、羽轴上有纵沟，或仅羽轴上有浅纵沟；叶脉分离，羽状分枝；孢子囊群圆形；囊群盖圆肾形或马蹄形，或群盖大而呈圆阔肾形；孢子囊椭圆形，孢子两面体型、圆肾形或椭圆形，具周壁。

1. 肿足蕨属 Hypodematium Kunze

草本，岩石缝生；根状茎横卧，连同叶柄基部密被重叠覆盖的红棕色大鳞片；叶簇生；叶柄基部明显膨大成纺锤形；叶片卵状三角形，三至四回羽状分裂；叶脉分离，羽状分枝；遍体密被灰白色单细胞长柔毛或细长针状毛；孢子囊群肾形或马蹄形；囊群盖圆肾形或马蹄形，灰白色膜质，盖上有刚毛或短柔毛；孢子囊椭圆形，周壁褶皱。

16 种，产亚洲和非洲的亚热带和温带地区；中国 12 种，产东北和西北以外各地。

肿足蕨 *Hypodematium crenatum* (Forssk.) Kuhn & Decken

2. 大膜盖蕨属 Leucostegia C. Presl

草本，土生；根状茎粗而横走，被卵形鳞片，腹部盾状着生；叶远生，叶柄基部以关节着生于叶足；叶片长卵状三角形，多回羽裂；叶轴和羽轴上有纵沟；孢子囊群大，生于小脉的顶端；囊群盖大，圆阔肾形，基部着生或两侧下部也稍附着；孢子椭圆形，外壁具不规则的疣状纹饰。

2 种，分布于东南亚、南亚和太平洋岛屿；中国 1 种，产台湾、广西和云南。

大膜盖蕨 *Leucostegia immersa* C. Presl

科 29. 鳞毛蕨科 Dryopteridaceae

约25属2 100种，世界广布，主产亚洲东部和新世界；中国20属552种，南北均产。

根状茎短而直立、斜升、横走或有时攀缘；密被鳞片；叶簇生或散生；叶片一型或二型，一至五回羽状，或单叶、偶奇数羽状；薄纸质、纸质或革质；中轴腹面有纵沟；叶脉羽状或分离，或各种程度网结，形成1至多行网眼，具（或不具）内藏小脉；孢子囊群圆形、圆肾形或卤蕨型，背生于小脉或近顶生；有盖（偶无盖）；囊群盖圆形、肾形，偶为椭圆形等。孢子单裂缝、无色、具显著周壁。

在PPG I（2016）系统中，鳞毛蕨科26属被分在3亚科：攀实蕨亚科Polybotryoideae（包括7属，国产毛脉蕨属 *Trichoneuron* 1属1种，本分析未取样）、舌蕨亚科Elaphoglossoideae（含11属、国产6属）（●）和鳞毛蕨亚科Dryopteridoideae（PPG Ⅰ系统含6~8属，国产仅5属▲）。本研究分支图上的其他属均不在PPG Ⅰ系统中，其原因是属的概念变化，多被归并。如分支图中的耳蕨属－（柳叶蕨属＋鞭叶蕨属）在秦仁昌系统划归耳蕨族；最晚分出的1支柄盖蕨属－（红腺蕨属＋鱼鳞蕨属）在秦仁昌系统归入球盖蕨科Peranemataceae。因此本分析将舌蕨亚科视为一个自然群，鳞毛蕨亚科的概念、属的划分需要进一步深入研究（图14）。

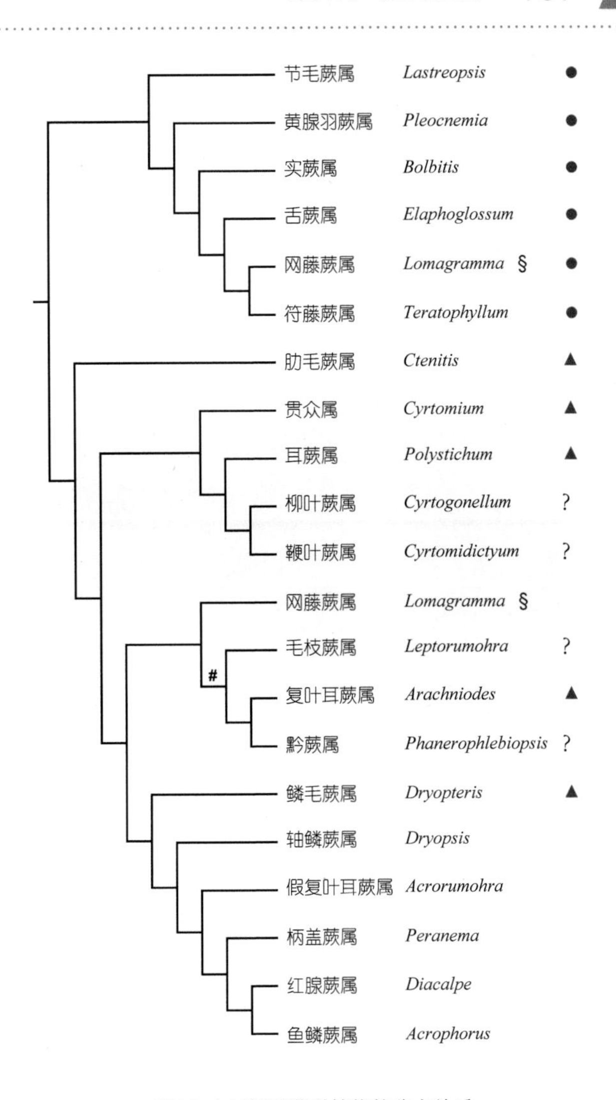

图14 中国鳞毛蕨科植物的分支关系

1. 节毛蕨属 Lastreopsis Ching

草本，土生；根状茎横走或斜升；叶远生或少近生；叶片椭圆形至五角形，三至五回羽裂；羽片下先出，基部一对羽片最大，两面密被有关节长毛；叶脉羽状分离，小脉单一或分叉；孢子囊群圆形，在裂片主脉两侧各有一行；囊群盖圆肾形或盾形；孢子椭圆形。

约34种，泛热带分布，延伸至南半球温带，以澳大利亚种类最多；中国2种，产海南、台湾。

2. 黄腺羽蕨属 Pleocnemia C. Presl

中型土生植物；根状茎直立或斜升；叶簇生；叶片近五角形，二至三回羽状分裂，基部一对羽片的基部下侧，小羽片明显伸长；叶脉网状，沿小羽轴或沿主脉联结成狭长网眼，小脉及主脉下面疏被黄色圆柱形腺体；叶轴上面及羽轴基部被平展通直的短刚毛，叶纸质；孢子囊群圆形，位于分离的小脉顶端，隔丝顶部有黄色的圆柱形大腺体；囊群盖圆肾形或无囊群盖；孢子圆形，具周壁。

约20种，主产亚洲热带；中国2种，产华南及西南地区。

黄腺羽蕨 *Pleocnemia winitii* Holttum

3. 实蕨属 Bolbitis Schott

中小型草本，土生；叶二型；叶片一回羽状分裂，少为单叶；叶脉明显，沿主脉及侧脉两侧有网眼，有内藏小脉；可育叶叶柄长于不育叶，叶片窄于不育叶；孢子囊群满布于能育羽片背面，无囊群盖；孢子近球形，表面具颗粒状纹饰。

约 80 种，泛热带分布，主产亚洲和太平洋岛屿；中国 25 种，产华南及西南地区。

刺蕨 *Bolbitis appendiculata* (Willd.) K. Iwats.

4. 舌蕨属 Elaphoglossum Schott ex J. Sm.

草本，附生，偶为土生；根状茎直立或横走；叶簇生，少为远生，二型；叶柄圆柱状；叶柄与膨大的叶足间有关节相连或无明显关节；不育叶片单叶，全缘，多为厚革质；能育叶较狭，有长柄；叶脉分叉，小脉平行；孢子囊群为卤蕨型，满布于能育叶背面，无囊群盖，不具隔丝；孢子椭圆形，有周壁，具不明显的小刺或颗粒，表面光滑。

400 余种，产热带及南温带，主产美洲；中国 6 种，产西南和华南地区。

云南舌蕨 *Elaphoglossum yunnanense* (Baker) C. Chr.

5. 网藤蕨属 Lomagramma J. Sm.

大型或中型攀缘蕨类；根状茎长而横走、粗壮，有背腹之分，腹面生根，背面有叶 2~4 行；叶远生，二型；叶一回羽状分离或罕为二回羽状分裂，羽片以关节着生于叶轴；能育羽片狭缩；叶脉网状，主脉两侧连结成 2~3 行网眼，无内藏小脉；孢子囊群布满于能育羽片背面，无盖；孢子椭圆形，透明。

约 15 种，产南亚、东南亚至波利尼西亚；中国 2 种，产华南及西南地区。

云南网藤蕨 *Lomagramma yunnanensis* Ching

6. 符藤蕨属 Teratophyllum Mettenius ex Kuhn

植株初期土生，后攀缘于树干；根状茎粗短，匍匐；叶远生，二型，有明显的基生叶；叶一回羽状分离，羽片以关节着生于叶轴；能育羽片狭缩，有短柄；叶脉分离，侧脉单一或二叉；孢子囊群布满于能育羽片背面；孢子椭圆形或近球形，表面具网状或小刺状纹饰。

13 种，产东南亚热带、澳大利亚及太平洋岛屿；中国 1 种，产海南。

7. 肋毛蕨属 Ctenitis (C. Chr.) C. Chr.

草本，土生；根状茎短粗，直立或斜升，有网状中柱，连同叶柄基部，密被鳞片；叶簇生；叶片披针形、椭圆披针形、卵状三角形或近五角形，二至四回羽状；叶脉分离，单一或分叉；小羽轴及主脉密被红棕色或灰白色多细胞有关节的粗毛；孢子囊群圆形；囊群盖圆形至圆肾形，边缘有睫毛；孢子卵形至椭圆形，表面有疣状突起或断裂的翅状周壁。

100~150种，产热带和亚热带地区，尤以热带美洲的种类最多；中国10种，主产西南及华南地区。

肋毛蕨属 *Ctenitis* sp.

8. 贯众属 Cyrtomium C. Presl

草本，土生；根状茎短，直立或斜升，连同叶柄基部，密被鳞片；叶簇生，一型；叶片线状披针形至三角卵形，奇数一回羽状，顶生羽叶基部略分裂（偶单叶）；侧生羽片卵形、卵状披针形或披针形，基部斜形；主脉明显，侧脉网状，主脉两侧各有2~6行多边形的网眼，有内藏小脉；孢子囊群圆形，背生于内含小脉上，在主脉两侧各1至多行；囊群盖圆形，盾状着生；孢子椭圆形，周壁具褶皱，形成片状突起。

约32种，主产东亚；中国28种，主产西南地区。

大叶贯众 *Cyrtomium macrophyllum* (Makino) Tagawa

9. 耳蕨属 Polystichum Roth

草本，土生；根状茎短，直立或斜升；叶簇生，一型或少数二型；叶片一回羽状、二回羽裂至二回羽状，少为三回或四回羽状细裂，羽片基部上侧常有耳状凸，边缘有芒状锯齿；叶脉羽状分离；孢子囊群圆形，有囊群盖或偶无盖，中脉两侧各1~2行；囊群盖盾形，宿存或早落；孢子椭圆形，表面有瘤状突起。

约500种，主产北半球温带及亚热带地区；中国208种，主产西南和华南地区。

小狭叶芽胞耳蕨 *Polystichum atkinsonii* Bedd.

10. 柳叶蕨属 Cyrtogonellum Ching

石灰岩缝生，小型草本；根状茎短，直立；鳞片棕色；叶簇生；柄禾秆色；叶片一回羽状，全缘或有锯齿，罕为羽裂；叶革质；孢子囊群圆形，并在羽片主脉两侧各排成1（2）行；囊群盖近圆形，鳞片状，盾状着生，棕色，膜质；孢子两面体，椭圆状，有周壁，易脱落，具有颗粒状纹饰。

8种，分布于中国和越南；中国8种，主产西南地区。

离脉柳叶蕨 *Cyrtogonellum caducum* Ching

11. 鞭叶蕨属 Cyrtomidictyum Ching

陆生，小型草本；根状茎短，叶柄密被鳞片；鳞片棕色，边缘有睫毛；不育叶叶轴延长成1无叶的鞭状匍匐茎，其顶端有1向地性芽孢；孢子囊群小圆形，背生小脉上，在主脉两侧各排成1~2行；无囊群盖；孢子两面体，肾形，有周壁，表面有颗粒状纹饰。

4种，分布于中国、朝鲜半岛南部和日本（九州）；中国4种，产东部和中南部。

鞭叶蕨 *Cyrtomidictyum lepidocaulon* (Hook.) Ching

12. 毛枝蕨属 Leptorumohra (H. Itô) H. Itô

陆生，大中型草本；根状茎长，横走，密被棕色或栗黑色、披针形的全缘鳞片；叶近生或远生；叶片五角形或卵形，三至四回羽状；羽片基部一对较大；叶脉分离，羽状；孢子囊群圆形，背生小脉上；囊群盖圆肾形，膜质，全缘或边缘有睫毛；孢子囊环带直立，中断；孢子两面体；肾形，表面有瘤状纹饰。

4 种，产东亚；中国 3 种，产中南与西南地区。

毛枝蕨 *Leptorumohra miqueliana* (Franch. & Sav.) H. Itô

13. 复叶耳蕨属 Arachniodes Blume

草本，土生；根状茎粗壮；密被鳞片；叶远生或近生，叶片三角形或卵状五角形，三至四回羽状，边缘具有尖锯齿或芒齿；叶脉分离，小脉分叉；孢子囊群圆形，顶生或背生于小脉的上侧分枝；囊群盖圆肾形，于深缺刻处着生；孢子椭圆形、圆肾形，周壁具宽的刺状突起。

约 60 种，广布热带、亚热带，主产东亚和东南亚；中国 40 种，产长江流域以南地区。

斜方复叶耳蕨 *Arachniodes rhomboidea* (Schott) Ching

14. 黔蕨属 Phanerophlebiopsis Ching

陆生，中型草本；根状茎；叶远生，有长柄；叶片一回羽状，羽裂，齿尖有芒刺；叶脉分离，羽状；孢子囊群圆形，生于小脉顶端以下，在主脉两侧不规则排成 1~2（3）行；囊群盖大，圆肾形，膜质，全缘，于缺刻处着生；孢子两面体，长圆状，不透明，表面有疣状纹饰。

9 种，中国特有，产贵州、四川和湖南等省。

黔蕨 *Phanerophlebiopsis tsiangiana* Ching

15. 鳞毛蕨属 Dryopteris Adans.

草本，土生；根状茎直立或斜升，少有横卧；叶簇生，一型或少数二型；叶柄基部密被各式鳞片；叶片一至五回羽状；叶脉分离，小脉单一或分叉，叶背及叶轴、羽轴常被鳞片；孢子囊群圆形，囊群盖有或偶无盖；囊群盖圆肾形、半球形；孢子卵形、椭圆形。

约400种，世界广布，主产亚洲；中国167种，南北均产。

中华鳞毛蕨 *Dryopteris chinensis* (Baker) Koidz.

16. 轴鳞蕨属 Dryopsis Holttum & P. J. Edwards

中型陆生植物；根状茎密被鳞片；叶簇生；叶片一至三回羽状，羽片羽状分裂；叶脉羽状，分离，单一或二叉；孢子囊群圆肾形，着生于分叉小脉顶端，在裂片主脉两侧各有1行；囊群盖圆肾形，宿存；孢子椭圆形，具刺状纹饰。

23种，分布于东亚和东南亚热带及亚热带地区；中国15种，主产西南地区。

异鳞轴鳞蕨 *Dryopsis heterolaena* (C. Chr.) Holttum & P. J. Edwards

17. 假复叶耳蕨属 Acrorumohra (H. Itô) H. Itô

陆生，中型草本；根状茎先端连同叶柄基部密被鳞片，鳞片栗褐色或棕色，披针形，全缘；叶簇生；叶片二至三回羽状；叶脉分离，羽状，小脉顶部不膨大；孢子囊群圆形，生小脉顶部；囊群盖肾形或无盖；孢子囊的环带直立中断；孢子椭圆形。

7种，产东亚及东南亚；中国4种，产华南及西南地区。

弯柄假复叶耳蕨 *Acrorumohra diffracta* (Baker) H. Itô

18. 柄盖蕨属 Peranema D. Don

土生；根状茎直立；叶簇生；三至四回羽裂；叶脉分离，小脉不达叶边；叶纸质；孢子囊群球形，有细长柄，背生于末回小羽片基部上侧一小脉上，囊群盖下位，球形，革质，栗色；囊托位于囊群盖内底部，为球形；孢子囊多数，有柄，环带纵行而中断；孢子长椭圆形，周壁具褶皱。

1种，产亚洲热带及亚热带；中国产西藏、云南至台湾。

柄盖蕨 *Peranema cyatheoides* D. Don

19. 红腺蕨属 Diacalpe Blume

土生，草本；根状茎直立，密被鳞片；叶簇生，三回羽状至四回羽状深裂；叶脉分离，羽状；孢子囊群圆球形，背生于末回小羽片基部上侧一小脉的基部或中部，每末回小羽片1枚；囊群盖下位，圆球形，革质，栗色；孢子囊具被短毛的细柄，环带纵向而中断；孢子长椭圆形，周壁不透明。

约10种，产亚洲热带地区；中国7种，产西藏、云南、四川及海南。

红腺蕨 *Diacalpe aspidioides* Blume

20. 鱼鳞蕨属 Acrophorus C. Presl

土生；根状茎木质，被鳞片；叶簇生，四回羽状细裂，羽片多为对生，一回小羽片近对生；叶脉羽状，不达叶边；孢子囊群圆形，生于裂片或末回小羽片的基部上侧一小脉的顶端，每裂片通常 1 枚；囊群盖半球形，膜质；孢子囊环带纵行而中断；孢子椭圆形，周壁具褶皱，外壁表面光滑。

约 8 种，产亚洲东南部及大洋洲；中国 6 种，主产云南和四川。

鱼鳞蕨 *Acrophorus stipellatus* T. Moore

科 30. 藤蕨科 Lomariopsidaceae

5 属约 70 种，泛热带分布，主产亚洲、非洲和大洋洲热带地区；中国 2 属 4 种，产华南及西南地区。

草本，土生；根状茎攀缘树干或斜升；叶远生或簇生，叶一型或二型，一回羽状分离，羽片基部以关节着生于叶轴；叶脉分离或网结而不具内藏小脉，如为二型叶，能育叶羽片狭缩；孢子囊群布满于能育羽片背面，为卤蕨型或中肋两侧各一行，囊群盖圆形或无；孢子囊大，环带由 12~14 个增厚细胞组成；孢子椭圆形。

1. 藤蕨属 Lomariopsis Fée

草本，土生，攀缘植物；根状茎扁平，有腹背之分；叶二型；柄禾秆色，上面有纵沟下延于根状茎上而形成棱脊；叶为一回羽状分裂，侧生羽片基部以关节着生于叶轴；不育羽片披针形，能育羽片狭缩线形；叶脉分离，小脉单一或二叉；孢子囊群布满于能育羽片背面；孢子椭圆形，褐色。

约 20 种，产热带亚洲及非洲；中国 3 种，产华南及西南地区。

美丽藤蕨 *Lomariopsis spectabilis* (Kunze) Mett.

2. 拟贯众属 Cyclopeltis J. Sm.

草本，土生；根状茎短而斜生；叶簇生，一型；一回羽状分裂，羽片基部以关节着生于叶轴，披针形，叶脉分离，多回二叉或羽状，叶轴被线形鳞片；孢子囊群圆形，在主脉两侧各有 1~4 行；囊群盖圆形，盾状着生；孢子椭圆形。

约 6 种，产热带亚洲和热带美洲，中国 1 种，产海南。

拟贯众 *Cyclopeltis crenata* (Fée) C. Chr.

科 31. 肾蕨科 Nephrolepidaceae

1 属 20 余种，广布热带；中国 5 种，产长江以南各省区。

草本，附生或土生；根状茎长而横走；叶一型，簇生或为远生，叶柄基部无关节着生于叶足上；叶片长而狭，披针形或椭圆披针形；一回羽状分裂，羽片多数，无柄，以关节着生于叶轴；叶脉分离，侧脉羽状，小脉先端具明显的水囊；孢子囊群圆形，近叶边以1行排列；囊群盖圆肾形或少为肾形；孢子囊为水龙骨型，椭圆形或肾形。

1. 肾蕨属 Nephrolepis Schott

属的鉴定特征及分布同科。

肾蕨 *Nephrolepis cordifolia* (L.) C. Presl

科 32. 三叉蕨科 Tectariaceae

5属约200种，泛热带分布；中国2属38种，产南部。

草本，土生；根状茎短而直立或斜升，少长而横走；叶簇生，少近生，一型或二型；叶片一回羽状分裂至数回羽状分裂，少为单叶；叶脉为各式的网状，或为分离，侧脉单一或分叉，主脉两侧连结成无内藏小脉的狭长网眼；孢子囊群圆形；囊群盖圆肾形或圆盾形或无盖；孢子囊球形；孢子椭圆形，周壁有皱褶或刺状纹饰。

1. 三叉蕨属 Tectaria Cav.

根状茎短而横走至直立；叶簇生；一回至二回羽状分裂，少为单叶；孢子囊群位于网眼联结处或内藏小脉的顶部或中部，在两侧脉之间有2列或多列，少为1列；囊群盖盾形或圆肾形，宿存或脱落，或少无盖；孢子椭圆形，周壁具刺状纹饰或褶皱形成网。

约230种，泛热带分布；中国35种，产南部。

掌状三叉蕨 *Tectaria subpedata* (Harr.) Ching

2. 牙蕨属 Pteridrys C. Chr. & Ching

根状茎圆柱形，斜升；叶簇生或近生；叶片椭圆形至卵形，二回羽裂，侧生羽片羽状深裂，裂片镰刀形或披针形，基部有1枚三角形尖齿；叶脉羽状分离，小脉二至三叉；孢子囊群在主脉两侧各有一行，位于主脉与叶缘之间；囊群盖小圆形；孢子椭圆形。

7种，产亚洲热带；中国3种，产西南及华南地区。

云贵牙蕨 *Pteridrys lofouensis* (Christ) C. Chr. & Ching

科 33. 爬树蕨科 Arthropteridaceae

1属约20种，产非洲、亚洲和美洲热带地区；中国2种，产广西、云南、海南和台湾。

附生蕨类，根茎攀缘，粗铁丝状，被盾状伏生鳞片；叶远生，2列，具短柄，以关节着生于短叶足上或蔓生茎上，叶片长披针形，纸质，一回羽状，羽片多数，近无柄，侧脉分离，羽状，顶端有圆形水囊；孢子囊群圆形，顶生于叶背面小脉顶端，在主脉与叶缘间排成 1 列，囊群盖圆肾形，缺刻着生，孢子囊不同时成熟，具长柄，环带具 10~13 个增厚细胞，孢子椭圆形，周壁具颗粒状纹饰，外壁光滑。

1. 爬树蕨属 Arthropteris J. Sm.

属的鉴定特征及分布同科。

爬树蕨 *Arthropteris palisotii* (Desv.) Alston

科 34. 蓧蕨科 Oleandraceae

1 属 15~20 种，泛热带分布，主产热带亚洲和太平洋群岛；中国 5 种，产西南、华南和台湾。

附生或土生，匍匐或半攀；根状茎长而分枝，有网状中柱，下面生出坚硬的细长气生根，遍体密被覆瓦状的红棕色厚鳞片；鳞片长披针形，边缘常有长睫毛；叶远生或密集，与叶柄连接处有关节；叶通常为一型，单叶，有柄，以关节着生于叶足；叶缘有软骨质狭边；主脉突起，侧脉分离，单一或二叉，平展或略斜展，密而平行；叶干后黄褐色，无毛或通常有棕色节状细毛和疏生小鳞片；孢子囊群圆形，背生，位于小脉的近基部，成单行排列于主脉的两侧；囊群盖大，以缺刻着生，红棕色，膜质或纸质，宿存；孢子囊为水龙骨型，长柄由 3 列细胞组成，环带由 12 或 14 个增厚细胞组成；孢子两侧对称，椭圆形，周壁表面具颗粒状纹饰或大小和疏密不同的刺状纹饰，外壁表面光滑。

1. 蓧蕨属 Oleandra Cav.

属的鉴定特征及分布同科。

轮叶蓧蕨 *Oleandra neriiformis* Cav.

科 35. 骨碎补科 Davalliaceae

1 属约 40 种，主产亚洲热带及亚热带地区，少数到达非洲和欧洲；中国 1 属 6 种，主产西南地区及南部，少数到东部，仅 1 种达华北和东北地区。

多为附生，根茎多横走，通常密被盾状着生的鳞片；叶疏生；叶柄基部具关节，与根茎连接；叶片三角形，二至四回羽状分裂，羽片不以关节着生于叶轴，叶脉分离；叶草质或坚革质，常无毛；孢子囊群叶缘内生或叶背生，着生于小脉顶端；囊群盖半管形、杯形、圆形、半圆形或肾形，孢子囊柄细长，环带具 12~16 个增厚细胞；孢子两侧对称，圆形或长椭圆形，单裂缝，具边缘或无边缘，通常无周壁。

1. 骨碎补属 Davallia Sm.

属的鉴定特征及分布同科。

骨碎补 *Davallia trichomanoides* Blume

科 36. 水龙骨科 Polypodiaceae

80 多属约 1 200 种，广泛分布于热带地区；中国 30 属 259 种，全国分布。

中小型蕨类，通常附生；根茎横走，被鳞片；多为单叶，一型或二型，或一至多回羽裂；孢子囊群圆形、椭圆形或线形，或幼时密被能育叶片下面一部分或全部；无囊群盖，有隔丝；孢子囊具长柄，有纵行环带（水龙骨型）；孢子椭圆形，单裂缝，两侧对称。

在 PPG I（2016）系统中，水龙骨科包括 65 属，被分在 6 亚科：剑蕨亚科 Loxogrammoideae（●）、鹿角蕨亚科 Platycerioideae（▲）、槲蕨亚科 Drynarioideae（◆）、星蕨亚科 Microsoroideae（●）、多足蕨亚科 Polypodioideae（▲）和荷叶蕨亚科 Grammitidoideae（■）。中国分布的属在 6 个亚科均有代表，分支分析显示各亚科的成员基本上都聚集在各自的分支。只有一些属（？）可能由于属的概念不同并未出现在 PPG I 系统中，尚需研究。正像本书前面所讨论的，水龙骨科是一个大家族，在分类学研究的历史上争议很大，随着研究的深入还会有变化（图 15）。

1. 剑蕨属 Loxogramme (Blume) C. Presl

土生或附生，小型或中型，常绿；根茎密被鳞片；单叶，常一型，叶片线形、披针形或倒披针形，全缘，无毛；孢子囊群粗线形，无囊群盖，隔丝线形，或无隔丝；孢子囊水龙骨型，具长柄；孢子绿色，两侧对称或辐射对称，外壁具小瘤块或疣块状纹饰。

约 33 种，主要分布于亚洲热带及亚热带地区；中国约 12 种（1 个特有种），主产南部和西南地区。

内卷剑蕨 *Loxogramme involuta* (D. Don) C. Presl

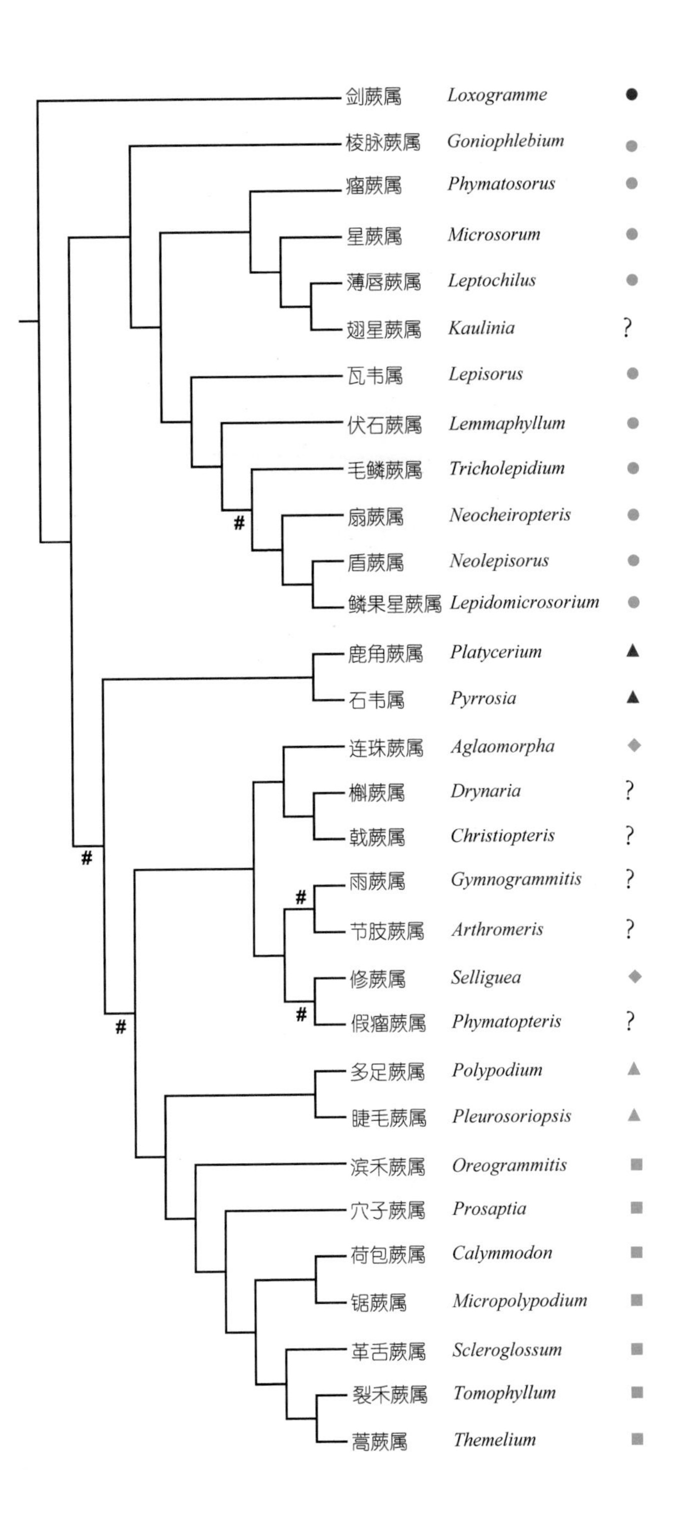

图 15 中国水龙骨科植物的分支关系

2. 棱脉蕨属 Goniophlebium (Blume) C. Presl

中等附生蕨类，根茎长，横走，密被粗筛孔状鳞片；叶疏生，具长柄，叶柄基部以关节着生于根茎；叶片大型，奇数一回羽状；孢子囊群圆形，在羽片中脉两侧各成 1 行，幼时被隔丝覆盖；隔丝伞形，早落；孢子囊环带具 12 个增厚细胞；孢子椭圆形，周壁透明，外壁具小瘤状纹饰。

约 50 种（包含篦齿蕨属 *Metapolypodium*、水龙骨属 *Polypodiodes* 等），分布于亚洲热带地区；中国 18 种，分布于长江流域及以南地区。

棱脉蕨 *Goniophlebium persicifolium* (Desv.) Bedd.

3. 瘤蕨属 Phymatosorus Pic. Serm.

附生或土生；根状茎长而横走，粗壮肉质，被鳞片；叶疏生，叶片通常羽状深裂，草质、纸质或革质，通常有光泽；孢子囊群圆形或椭圆形，分离，在主脉两侧各 1 行或不规则的多行，凹陷或略凹陷于叶肉，不具隔丝；孢子椭圆形，表面具浅皱纹。

约 13 种，主要分布于东半球热带地区；中国 6 种（1 种特有），分布于云南、西藏、四川、贵州、广西、广东、海南和台湾。

光亮瘤蕨 *Phymatosorus cuspidatus* (D. Don) Pic. Serm.

4. 星蕨属 Microsorum Link

常为中型或大型附生植物，根状茎粗壮，横走，肉质，被鳞片；叶疏生或近生，叶柄基部有关节；单叶，常为披针形，叶草质至革质，无毛或很少被毛，不被鳞片；孢子囊群圆形，着生于网脉连接处，不具盾状隔丝；孢子囊的环带由 14~16 个增厚细胞组成；孢子豆形，两侧对称。

约 40 种，主要分布于亚洲热带，少数分布于非洲；中国 5 种，产长江流域及以南地区。

星蕨 *Microsorum punctatum* (L.) Copel.

5. 薄唇蕨属 Leptochilus Kaulf.

土生或附生植物；根状茎横走或攀缘；叶远生，二型；不育叶；披针形或卵形；能育叶狭缩成线形，顶端有水囊；叶草质或纸质；孢子囊靠近主脉两侧，形成汇生囊群，不具隔丝；环带常由 14 个增厚细胞组成；孢子极面观椭圆形，赤道面观豆形，淡黄色，单裂缝，表面平坦，散生球形颗粒和缺刻状刺。

约 25 种，分布于亚洲热带；中国 13 种，产南部。

似薄唇蕨 *Leptochilus decurrens* Blume

6. 翅星蕨属 Kaulinia B. K. Nayar

根状茎粗短，肉质；叶疏生或近生；一回羽状或分叉，叶柄两侧有翅；叶片羽状深裂，叶轴两侧也有阔翅；主脉两面隆起；叶纸质，光滑；孢子囊群近圆形或长圆形，小而散生，常着生于叶片网脉连接处；孢子豆形，周壁浅瘤状，具球形颗粒状纹饰。

40种，产南亚和东南亚；中国18种，产南部和西南地区。

翅星蕨 *Kaulinia pteropus* (Blume) B. K. Nayar

7. 瓦韦属 Lepisorus (J. Sm.) Ching

土生；根茎粗壮；单叶，疏生或近生，一型；叶片干后常反卷，两面均无毛，或下面疏被棕色小鳞片；孢子囊群大，圆形或椭圆形，疏远，汇生或线形，幼时被隔丝覆盖；隔丝多圆盾形；孢子囊近梨形，有长柄和纵行环带；孢子椭圆形，无周壁，外壁轮廓线为不整齐波纹状。

80余种，主产亚洲东部，少数产非洲；中国49种，全国分布。

瓦韦 *Lepisorus thunbergianus* (Kaulf.) Ching

8. 伏石蕨属 Lemmaphyllum C. Presl

小型附生蕨类；根茎细长，横走，被鳞片；单叶，疏生，二型；叶柄具关节，与根茎相连；不育叶倒卵形或椭圆形，全缘，近肉质，无毛或近无毛，或疏被披针形小鳞片；能育叶线形，或线状倒披针形；孢子囊群线形，与主脉平行，连续；隔丝盾形，具齿；孢子囊环带具14个增厚细胞；孢子椭圆形，单裂缝，无周壁。

约9种，分布于亚洲热带和亚热带地区；中国8种，产南部。

伏石蕨 *Lemmaphyllum microphyllum* C. Presl

9. 毛鳞蕨属 Tricholepidium Ching

根茎粗壮，坚硬，攀缘，幼时被鳞片，老时脱落而光滑；叶通常疏生，单叶；叶片披针形或带状，全缘或略波状；叶干后草质或厚纸质，无毛；主脉隆起；孢子囊群圆形，中等大，在主脉两侧各成不规则1~3行，幼时被盾状隔丝覆盖；孢子两面体，单裂缝。

1种，产喜马拉雅东部、中南半岛至东南亚；中国1种，产西南地区。

毛鳞蕨属 *Tricholepidium* sp.

10. 扇蕨属 Neocheiropteris Christ

中型土生蕨类；根茎长，横走，密被鳞片；单叶，疏生；叶片鸟足状或三叉状深裂，基部楔形，中裂片最大，全缘，

扇蕨 *Neocheiropteris palmatopedata* (Baker) Christ

纸质，干后绿色，上面光滑，下面疏被易脱落小鳞片；孢子囊群圆形或椭圆形，通常位于裂片下部，紧靠中脉两侧各成 1 行，幼时被隔丝覆盖；孢子囊具长柄；孢子无周壁，外壁疏生小瘤。

2 种，中国特有，分布于西南地区。

11. 盾蕨属 Neolepisorus Ching

中型土生蕨类；根茎横走；叶疏生，单叶，羽裂，两面光滑；主脉下面隆起，侧脉明显，平行开展，几达叶缘；孢子囊群圆形，幼时被盾状隔丝覆盖；孢子两面体，单裂缝，无周壁，外壁边缘为密集小锯齿状，表面为小瘤块状纹饰。

约 7 种，产亚洲和非洲热带地区；中国 5 种，产南部和西南地区。

江南星蕨 *Neolepisorus fortunei* (T. Moore) Li Wang

12. 鳞果星蕨属 Lepidomicrosorium Ching & K. H. Shing

中小型蕨类；根茎粗铁丝状，攀缘树干或岩壁上，密被鳞片，鳞片披针形，具细齿；叶疏生，一型或二型；叶片披针形或戟形，全缘或波状，侧脉明显；孢子囊群圆形，散生主脉两侧稍成不规则 1~2 行，幼时被盾状隔丝覆盖；孢子二面体、圆肾形，周壁具网状纹饰。

约 3 种，分布于中国中部和西南部，越南北部和喜马拉雅东部；中国 3 种，产中部和西南地区。

鳞果星蕨 *Lepidomicrosorium buergerianum* (Miq.) S. X. Xu

13. 鹿角蕨属 Platycerium Desv.

奇特、大型附生多年生蕨类，偶生岩石上；根茎短；叶近生，2 列，二型；基生不育叶直立，能育叶具短柄，叶形变化大；孢子囊群为卤蕨型，着生在小裂片顶部，或生于特化裂片下面；孢子囊为水龙骨型，环带具 10~20(~24) 个增厚细胞；隔丝星毛状，具长柄；孢子两侧对称，椭圆球状，单裂缝，透明，有瘤状纹饰。

有 15 种，分布于东南亚、非洲、马达加斯加，1 种分布至南美洲；中国 1 种，产云南。

二歧鹿角蕨 *Platycerium bifurcatum* (Cav.) C. Chr.

14. 石韦属 Pyrrosia Mirb.

中型附生蕨类，根茎密被盾状着生的鳞片；单叶，一型或二型；叶片常全缘，主脉明显，顶端有水囊；叶片下面密被星状毛；孢子囊群近圆形，着生于内藏小脉顶端，无囊群盖，具星芒状隔丝，成熟时孢子囊开裂，呈砖红色；孢子囊常有长柄；孢子椭圆形，具瘤状、颗粒状或纵脊突起。

约 60 种，主要分布于亚洲亚热带地区、非洲；中国 32 种，主产南部和西南地区。

庐山石韦 *Pyrrosia sheareri* (Baker) Ching

15. 连珠蕨属 Aglaomorpha Schott

大型附生蕨类；根茎肉质；叶一型，一回羽状，羽片具短柄，其下方生有一大蜜腺；叶片上部能育羽片线形；孢子囊群汇合成齿蕨型囊群，叶片下半部通常不育；无囊群盖，无隔丝，孢子囊为水龙骨型；孢子椭圆形、长圆形或近圆球形。

约 31 种，分布于从喜马拉雅到台湾的亚洲热带地区；中国 3 种，产南部地区。

崖姜蕨 *Aglaomorpha coronans* (Mett.) Copel.

16. 槲蕨属 Drynaria (Bory) J. Sm.

附生蕨类；根状茎肉质；叶常二型，基生不育叶短；能育叶绿色有柄，基下延成窄翅，叶片羽状或深羽裂几达羽轴，下部裂片沿叶柄下延；叶脉均隆起，连成四方形网眼；孢子囊群着生于叶脉交叉处，无囊群盖，多无隔丝；孢子囊环带具 13 个增厚细胞；孢子极面观椭圆形，赤道面观超半圆形或豆形。

16 种，主产亚热带和热带地区；中国 9 种，产甘肃、青海，陕西及西南和南部各省区。

秦岭槲蕨 *Drynaria sinica* Diels

17. 戟蕨属 Christopteris Copel.

附生或土生中型蕨类；根状茎长，横走，密被鳞片，鳞片披针形，不透明，暗棕色，盾状着生；叶疏生，二型；不育叶掌状 3 裂或羽状半裂，裂片宽，全缘；能育叶掌状 3 裂，裂片窄缩，叶革质，两面无毛；孢子囊群密被能育叶下面，具单一或分枝的短隔丝；孢子囊柄细长；孢子圆形，周壁具颗粒状纹饰，外壁光滑。

3 种，分布于亚洲热带地区；中国 1 种，产海南。

18. 雨蕨属 Gymnogrammitis Griff.

中型，附生；根状茎横走，圆柱形，密被鳞片；叶远生，螺旋状排列，叶片长卵形或阔卵形，四回羽状细裂，叶薄草质，极光滑；孢子囊群小无盖，圆形，由少数孢子囊组成，不具隔丝；孢子囊有细柄；孢子两侧对称，椭圆形，透明，具单裂缝，不具周壁，外壁表面具细长的棒状纹饰。

1 种，分布于亚洲东部和东南部；中国产华中、华南和西南地区。

雨蕨 *Gymnogrammitis dareiformis* (Hook.) Tardieu & C. Chr.

19. 节肢蕨属 Arthromeris (T. Moore) J. Sm.

中型附生或土生蕨类；根状茎粗壮，肉质，被鳞片，鳞片多棕色；叶疏生或近生，一型，叶柄基部以关节着生于根茎，基部被鳞片；叶片奇数一回羽状，叶草质或纸质，两面无毛或被短毛，或一面被毛；孢子囊群圆形，无隔丝；孢子囊环带具 14~16 个增厚细胞；孢子椭圆形，周壁具瘤状纹饰。

约 20 种，分布于热带和亚热带地区；中国 17 种，产华中、华南和西南地区。

多羽节肢蕨 *Arthromeris mairei* (Brause) Ching

20. 修蕨属 Selliguea Bory

附生蕨类，根茎木质，密被鳞片，红棕色，不透明盾状着生；叶近生或疏生，一型或近二型；单叶，不裂，卵形，全缘；不育叶较宽，能育叶窄，侧脉粗，明显，小脉不明显；

叶单质，两面无毛；孢子囊群长条形，位于相连两侧脉间；孢子囊环带具14个增厚细胞；孢子椭圆形，无周壁，外壁薄，常褶皱，具刺状纹饰和不明显颗粒状纹饰。

约15种，分布于南非、马达加斯加、亚洲至大洋洲；中国1种，产广东。

修蕨 *Selliguea feei* Bory

21. 假瘤蕨属 Phymatopteris Pic. Serm.

附生或土生蕨类，根茎细长，横走，木质，被鳞片，鳞片通常披针形，多棕色；叶常一型，单叶，不裂、掌状分裂或羽状分裂，条形、卵圆形或卵状披针形；全缘，或具缺刻和锯齿，叶常纸质；主脉和侧脉明显；孢子囊群圆形，在中脉两侧各成1行，着生叶上面；孢子椭圆形，周壁具短刺状纹饰或小瘤状纹饰。

约60种，分布于亚洲热带、亚热带山地。中国47种和1变种，主产西南、华南和台湾，少数达华北和西北地区。

展羽假瘤蕨 *Phymatopteris quasidivaricata* (Hayata) Pic. Serm.

22. 多足蕨属 Polypodium L.

中小型附生蕨类；根茎长，横走，密被鳞片，质厚，宿存；叶疏生，叶片披针形，羽状深裂，侧脉顶端具水囊；孢子囊群圆形或椭圆形，在裂片中脉两侧各排成1行，隔丝有或无，无囊群盖；孢子椭圆形，外壁有瘤状纹饰。

5~6种，分布于北温带地区；中国2种，产东北、华北和西北（新疆）地区。

欧亚多足蕨 *Polypodium vulgare* L.

23. 睫毛蕨属 Pleurosoriopsis Fomin

小型草本蕨类；根状茎纤细，长而横走，密被长1~3mm开展的红棕色单细胞线状毛，近顶部被线形鳞片；叶疏生，叶柄纤细，密被和根茎同样的毛；叶片披针形，二回羽裂，草质，两面均密被棕色节状毛，边缘有睫毛；孢子囊群粗线形，沿叶脉着生，不达叶脉先端，无盖；孢子囊有短柄，环带具14（~16）个增厚细胞；孢子肾形，两侧对称，透明，平滑，无周壁。

1种，分布于中国、日本、韩国、俄罗斯；中国1种，主产东北、华北至西南地区。

睫毛蕨 *Pleurosoriopsis makinoi* (Makino) Fomin

24. 滨禾蕨属 Oreogrammitis Copel.

常为小型附生蕨类；根状茎背腹生，叶柄分两列着生；被褐色或红褐色鳞片，鳞片不为窗格状，光滑；叶柄具关节或不具关节，叶足有或无；叶片全缘或偶稍具小圆齿；主脉明显，小脉分离，常二叉或有时为多回分叉，末端有时具水囊；孢子囊群生于叶片表面或多少下陷于叶肉，偶深陷叶肉中，在主脉两侧各成1行，无囊群盖。

约110种，分布于斯里兰卡，中国至澳大利亚和太平洋岛屿；中国7种，产南部和东南部。

短柄滨禾蕨 *Oreogrammitis dorsipila* (Christ) Parris

25. 穴子蕨属 Prosaptia C. Presl

附生，小型或中型；根状茎短，横走或直立，被深褐色鳞片，有睫毛；叶簇生；叶柄与根茎相连处有假关节；叶片披针形，篦齿状羽裂或羽状深裂，裂片叶脉羽状；叶革质或肉质；孢子囊群圆形或椭圆形，着生小脉顶端，深陷叶肉穴内，向叶缘开口或近叶缘，无隔丝；环带具11个增厚细胞；孢子近球形，无周壁，外壁具颗粒状或小瘤状纹饰。

约60种，分布于斯里兰卡、中国至澳大利亚及太平洋岛屿；中国7种，主产华南和云南。

穴子蕨 *Prosaptia khasyana* (Hook.) C. Chr. & Tardieu

26. 荷包蕨属 Calymmodon C. Presl

小型，附生；根状茎斜升，须根宿存，被褐色鳞片，鳞片披针形或卵形；叶簇生；叶柄短而密集，贴生根茎；叶片线形，一回羽裂或羽状，叶软纸质；孢子囊群圆形或椭圆形，在叶片上部，无隔丝，无囊群盖，每羽片或裂片向基一半反卷包被孢子囊群；孢子囊光滑；孢子球形，无周壁。

约30种，分布于斯里兰卡、中国至澳大利亚及太平洋岛屿；中国3种，主产广西、海南、台湾。

短叶荷包蕨 *Calymmodon asiaticus* Copel.

27. 锯蕨属 Micropolypodium Hayata

小型附生蕨类；根状茎短，斜生或直立，顶端被棕色小鳞片；叶簇生，近无柄；叶片窄，羽状分裂，裂片基部贴生相连；孢子囊群着生于分叉小脉的上侧小脉上，长圆形，成熟后通常圆形，无隔丝，孢子囊无刚毛；孢子圆球形，近无色透明。

3种，分布于不丹、中国、印度北部、日本、尼泊尔、菲律宾、越南；中国2种，产华东、华南和云南。

锯蕨 *Micropolypodium okuboi* (Yatabe) Hayata

28. 革舌蕨属 Scleroglossum Alderw.

小型附生蕨类；根茎短，直立或斜生，被鳞片，鳞片细小、棕色，全缘；叶簇生，近无柄，单叶，窄线形，全缘，革质，中脉和叶缘疏被早落单生或成对或丛生毛；孢子囊群线形，着生叶缘或叶缘与中脉间的深纵沟内，无隔丝或隔丝极不明显；孢子囊柄除顶部外由 1 行细胞组成，环带约具 12 个增厚细胞；孢子球形。

约 7 种，分布于斯里兰卡、中国至澳大利亚及太平洋岛屿；中国 1 种，产海南和台湾。

革舌蕨 *Scleroglossum pusillum* (Blume) Alderw.

29. 裂禾蕨属 Tomophyllum (E. Fourn.) Parris

附生，小型或中型；根茎直立，被红褐色鳞片；叶片羽状或羽状深裂至叶轴；羽状脉不明显，每一脉末端表面有一排水器；每裂片上具多个孢子囊群；孢子囊光滑，偶有 1~3 个分支状毛。

约 22 种，分布于印度、尼泊尔、斯里兰卡、澳大利亚和太平洋岛屿；中国 1 种，产安徽、贵州、湖南、四川、云南和西藏。

30. 蒿蕨属 Themelium (T. Moore) Parris

小型或中型附生蕨类；根状茎短，近直立或横走，密被不透明鳞片；叶簇生，叶片披针形，常一回深羽裂，叶脉分离，不明显；叶被红褐色或暗褐色长毛；孢子囊群圆形或椭圆形，背生或顶生小脉，常着生于叶表面，在中脉两侧各成 1 行，无隔丝，无囊群盖；孢子球形，无周壁，外壁具小瘤状纹饰。

约 20 种，主要分布于印度尼西亚、太平洋岛屿；中国 2 种，主产台湾。

第十章 裸子植物

裸子植物（gymnosperms）是一个古老的类群，若从泥盆纪晚期和石炭纪早期发现的保存完好的“前裸子植物”和“种子蕨”开始，它们已经演化了三至四亿年。现存的类群是已大量灭绝类群的后裔。多年来，裸子植物被认为不是一个单系群，这主要是一些古植物学家的观点（如 Nixon et al.，1994；Crane，1998；Doyle，1998）。大多数分子数据支持现存裸子植物是单系群（如 Bowe et al.，2000；Burleigh & Mathews，2004；Soltis et al.，2002）。我们的分子分析结果表明裸子植物不是单系而是并系，这可能是由于大量类群的灭绝，类群之间有很大的间断；同时也反映出在科以上高级分类单元划分上，学者常给予“门－纲－目”不同的分类阶元。裸子植物包括 13 ~ 15 科 75 ~ 80 属约 820 种（Judd et al.，2008）。中国有 7 目 11 科 41 属 236 种。从分支图上可以反映它们的关系，结合在一起的科表明它们的近缘性，而不能说明它们都是姐妹群关系（图 16）。

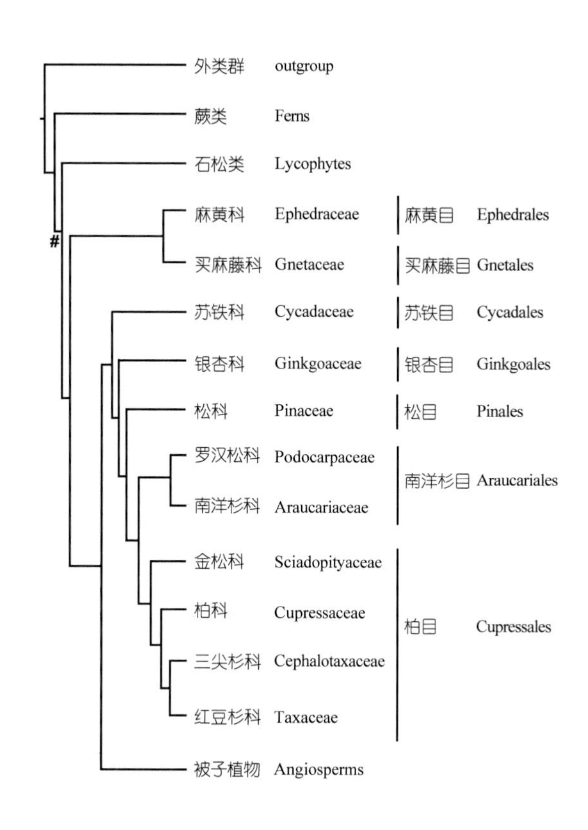

图 16 裸子植物科、目的分支关系

目 1. 买麻藤目 Gnetales

在早期的裸子植物分类系统中，将买麻藤目 Gnetales 归属于盖子植物纲 Chlamydospermopsida，该纲还包括麻黄目 Ephedrales 和百岁兰目 Welwitschiales（郑万钧和傅立国，1978）。某些分子系统学研究支持买麻藤目或买麻藤纲 Gnetopsida 包括买麻藤科 Gnetaceae、麻黄科 Ephedraceae 和分布于非洲西南部沙漠的奇异单型科、百岁兰科 Welwitschiaceae，均为单属科，并支持该目与球果类间的关系更密切，而不是曾经认为同被子植物的关系近缘（Judd et al.，2008）。我们的分子数据分析表明，它们形成其他裸子植物和所有被子植物的姐妹群，形态性状极大分异，本研究支持将上述 3 科分立为目，买麻藤目只含买麻藤科（图 16）。

科 1. 买麻藤科 Gnetaceae

1 属 38 ~ 40 种，产热带美洲、热带西非、热带亚洲；中国 1 属 9 种，产西藏、云南、贵州、广西、广东、海南、福建及湖南和江西两省南部。

常绿木质藤本，直立灌木或乔木；单叶对生，叶片革质或近革质，羽状脉，全缘；常雌雄异株；雄球花和雌球花均具多轮合生环状总苞；种子核果状，包于红色肉质假种皮中。

买麻藤 *Gnetum montanum* Markgr.

1. 买麻藤属 Gnetum L.

属的鉴定特征及分布同科。

目 2. 麻黄目 Ephedrales

麻黄目 Ephedrales 含单属科麻黄科 Ephedraceae，是适应极端干旱环境的一类植物，直立灌木或草本状，多分支，小枝多节常绿色，行光合作用；叶鳞片状，基部合生成鞘；雌球花仅顶端 1 ~ 3 苞片生雌花，胚珠具一层珠被；雄花具 2 ~ 8 枚花丝连合成 1 ~ 2 束雄蕊等特征可区别于买麻藤目。后者为常绿木质藤本、直立灌木或乔木；单叶对生，具中脉、侧脉及网脉；雌球花序伸长，每轮总苞内生 6 ~ 12 雌花，胚珠具两层珠被；雄花具 2（稀 1）枚雄蕊等。分子数据分析将它们聚在 1 支，成为姐妹群，位于其他裸子植物和被子植物的姐妹群（图 16）。

科 2. 麻黄科 Ephedraceae

1 属 40 ~ 50 种，产北美西部、南美西部和南部、非洲北部和东部、欧亚大陆；中国 1 属 14 种，产西北、西南、华北、东北地区。

灌木、亚灌木或草本状，茎直立或匍匐；叶退化成膜质，在节上交叉对生或轮生；常雌雄异株；雄球花单生或数个丛生，雄花具膜质假花被；雌球花具 2 ~ 8 轮对生或 3 片轮生的苞片，仅顶端 1 ~ 3 苞片可育；种子 1 ~ 3，包于红色肉质的苞片中。

单子麻黄 *Ephedra monosperma* J. G. Gmel. ex C. A. Mey.

1. 麻黄属 Ephedra Tourn. ex L.

属的鉴定特征及分布同科。

目 3. 苏铁目 Cycadales

苏铁目 Cycadales 植物是一个古老的类群，起源于约 2.8 亿年前的石炭纪或早二叠世，在中生代达到多样化的顶峰。该目是单系群（图 16），形态学共衍征有：植物体常呈棕榈状，大型复叶聚生茎端，多数生芽孢叶，叶柄基部具特化的维管束式样（似 Ω）；根珊瑚状，寄生着有固氮作用的藻青菌，将大气中的氮转化为植物可利用的氮源；植物分生组织含有毒化合物苏铁苷；雌雄异株；种子有明亮的色彩等。包括 2 科，苏铁科 Cycadaceae 和泽米铁科 Zamiaceae，中国只有苏铁科，泽米铁科有 9 属约 200 种，主要分布于非洲和澳大利亚热带至暖温带地区贫瘠干燥的草地和森林中。

科 3. 苏铁科 Cycadaceae

1 属约 100 种，产非洲东南部、马达加斯加、南亚、东亚南部、东南亚至澳大利亚北部、太平洋群岛；中国 1 属约 33 种，产西南和南部地区至台湾。

常绿木本，茎干常呈圆柱状；叶螺旋状排列，集生于树干顶部，一回或二至三回羽裂，羽片具 1 明显中脉，无侧脉，幼时拳卷，叶柄常具刺；雌雄异株，孢子叶球生枝顶；小孢子叶球为柱形，中轴上密生螺旋状排列的楔形小孢子叶；大孢子叶球为球形，顶端可继续营养生长，大孢子叶螺旋状排列，下部柄状，着生 2 至多枚胚珠，上部篦齿状分裂或不裂；种子核果状。

1. 苏铁属 Cycas L.

属的鉴定特征及分布同科。

攀枝花苏铁 *Cycas panzhihuaensis* L. Zhou & S. Y. Yang

目 4. 银杏目 Ginkgoales

银杏目 Ginkgoales 植物的化石发现于 2 亿年前的晚三叠世，在侏罗纪早期广泛分布且类型多样，或许包括 3 科（Judd et al.，2008）。现代只存在单种科，即银杏科 Ginkgoaceae。现存种银杏 *Ginkgo biloba* L. 花粉管缺失时具游动精子这一原始性状在种子植物仅存在于苏铁类植物中。该目植物系统位置孤立，与现存类群关系都不近缘（图 16），是典型的活化石，但银杏又焕发出青春，世界各大植物园普遍引种，作为观赏植物在中国已栽培了一千多年，植株寿命可达千年以上，是一种甚佳的行道树树种。

科 4. 银杏科 Ginkgoaceae

1 属 1 种，原产中国，现世界广泛栽培。

落叶乔木；叶螺旋状散生于长枝或 3 ~ 5 枚聚生于短枝顶部，扇形，叶脉二叉状；雌雄异株；雄球花具梗，柔荑花序状，雄蕊多数；雌球花生于短枝顶部，由珠鳞和扇形叶组成，珠鳞自叶腋生出，具长梗，顶端 2 分叉，叉顶各具 1 枚胚珠；种子核果状。

1. 银杏属 Ginkgo L.

属的鉴定特征及分布同科。

银杏 *Ginkgo biloba* L.

目 5. 松目 Pinales

传统的松目 Pinales 同南洋杉目 Araucariales 和柏目 Cupressales 组成松杉目或称为球果类 Conifers，或者提升为球果纲 Coniferopsida。基于分子数据分析，松科 Pinaceae 为单系，处于球果类的基部，为其他球果类植物的姐妹群。加之松科的一些独特性状，如胚珠倒生、种子有从种鳞组织中分化出的顶生长翅（或稀种翅退化）、蛋白质型的筛胞质体（P 型）、缺失双黄酮化合物等，同现存其他裸子植物类群并不近缘，因此我们将松科独立为一目（图 16）。

科 5. 松科 Pinaceae

10 ~ 11 属 225 ~ 235 种，产北半球；中国 10 属 84 种，广布全国。

常绿或落叶乔木，稀为灌木；仅有长枝，或长枝与短枝兼有；叶条形或针形，条形叶扁平或四棱形，在长枝上螺旋状散生或在短枝上簇生，针形叶 2 ~ 5 枚集成一束，生于极度退化的短枝顶端；雌雄同株；雄球花具多数螺旋状排列的雄蕊；球果直立或下垂，当年或 2 ~ 3 年成熟；苞鳞与珠鳞螺旋状排列，分离，苞鳞不露出或较长而露出，能育种鳞具 2 粒种子，熟时张开，种子具膜质翅。

本研究的松科分支分析显示，银杉属位于基部，其他属分为 2 支：雪松属 –（金钱松属 + 铁杉属）–（油杉属 + 冷杉属）为 1 支，（松属 + 云杉属）–（落叶松属 + 黄杉属）为 1 支（图 17）。这一结果与汪小全团队（Lu et al.，2014）利用两个核基因（*LFY* 和 *NLY*）对全世界松科系统发育的分析稍有不同；在其分析中，银杉属同云杉属近缘，形成松属 +（银杉属 – 云杉属）分支。

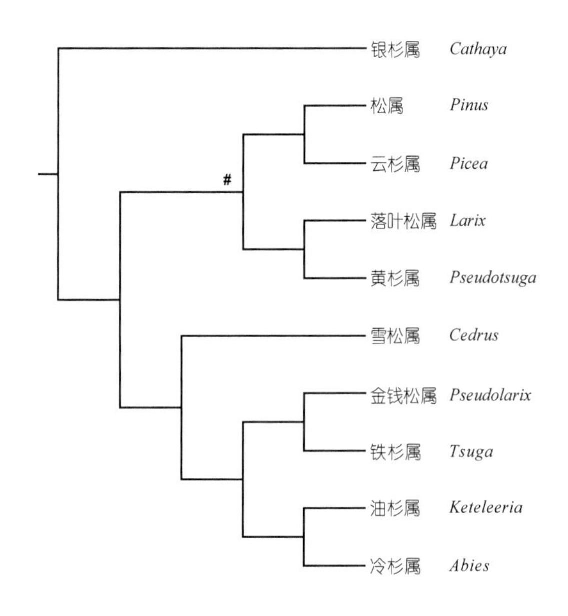

图 17 中国松科植物的分支关系

1. 银杉属 **Cathaya** Chun & Kuang

常绿乔木；叶在枝节间散生，在枝端排列紧密，成簇生状，条形，上面中脉凹陷，下面中脉隆起，每边有一条粉白色气孔带；雌雄同株，雄球花和雌球花分别生于不同年龄枝条的叶腋；球果长卵球形，当年成熟，常多年不脱落；苞鳞短于种鳞。

1 种，中国特有，产四川、贵州、广西、湖南。

银杉 *Cathaya argyrophylla* Chun & Kuang

2. 松属 **Pinus** L.

常绿乔木，稀为灌木；叶针形，（1 ~ ）2 ~ 5（ ~ 7）枚集成一束，生于极度退化的短枝顶端；球果下垂，翌年成熟；苞鳞短于种鳞，不露出，种鳞木质，顶端露出部分盾形，中央有呈瘤状突起的鳞脐，有刺或无刺。

118 种，广布北半球；中国 23 种，另引种栽培 16 种，广布全国。

华山松 *Pinus armandii* Franch.

3. 云杉属 **Picea** A. Dietr.

常绿乔木；叶螺旋状排列，四棱状条形；球果下垂，圆柱形或卵状圆柱形，当年成熟；苞鳞短于种鳞，不露出。

34 种，产欧亚大陆、北美；中国 16 种，另引种栽培 2 种，产西北、西南、华北、东北、台湾地区。

白杄 *Picea meyeri* Rehder & E. H. Wilson

4. 落叶松属 **Larix** Mill.

落叶乔木；叶在长枝上螺旋状排列，在短枝上簇生，针状窄条形，扁平；球果直立，当年成熟；苞鳞短于种鳞而微露出，或长于种鳞而显著露出。

12 种，产欧亚大陆，北美；中国 9 种，另引种栽培 2 种，产西南、西北、华北、东北地区。

华北落叶松 *Larix gmelinii* var. *principis-rupprechtii* (Mayr) Pilg.

5. 黄杉属 **Pseudotsuga** Carrière

常绿乔木，叶多少排成 2 列，线形；球果下垂，卵球形或圆锥状卵形，当年成熟；苞鳞长于种鳞，显著露出，先端 3 裂。

4 ~ 6 种，分布于中国、日本、北美西部；中国 3 种，另引种栽培 2 种，产长江流域及以南地区。

澜沧黄杉 *Pseudotsuga forrestii* Craib

6. 雪松属 **Cedrus** Trew

常绿乔木；叶在长枝上螺旋状排列，在短枝上簇生，针形，具棱；球果直立，翌年成熟；苞鳞短于种鳞；种鳞木质，成熟时与种子一起脱落，球果中轴宿存。

4 种，产北非、亚洲西南部、喜马拉雅西部；中国各地引种栽培 2 种。

雪松 *Cedrus deodara* (Roxb.) G. Don

7. 金钱松属 **Pseudolarix** Gordon

落叶乔木；叶在长枝上螺旋状排列，在短枝上簇生，条形，柔软；球果直立，卵球形，当年成熟；苞鳞短于种鳞，不露出。

1 种，中国特有，产福建、湖南、江西、浙江，长江中下游各地栽培。

金钱松 *Pseudolarix amabilis* (J. Nelson) Rehder

8. 铁杉属 **Tsuga** (Endl.) Carrière

常绿乔木，叶排成 2 列，条形；球果斜生或下垂，卵球形或圆柱形，当年成熟；苞鳞短于种鳞，不露出。

10种，产东亚、北美；中国4种，产长江流域及以南地区。

南方铁杉 *Tsuga chinensis* var. *tchekiangensis* (Flous) W. C. Cheng & L. K. Fu

9. 油杉属 **Keteleeria** Carrière

常绿乔木；叶螺旋状排列，条形，扁平；球果圆柱形，直立，当年成熟；苞鳞长于种鳞，基部苞鳞微露出，先端常 3 裂。

5 种，分布于中国、老挝、越南；中国 5 种，产长江以南各省及海南、台湾。

油杉 *Keteleeria fortunei* (A. Murray bis) Carrière

10. 冷杉属 **Abies** Mill.

常绿乔木；叶螺旋状排列，辐射伸展或基部扭转排成两列，条形；球果直立，当年成熟；苞鳞长于种鳞，露出或不露出；种鳞木质，排列紧密，成熟时与种子一起脱落，球果中轴宿存。

54种，产欧亚大陆、北美；中国22种，产西北、西南、华北、东北、华东至台湾地区。

岷江冷杉 *Abies fargesii* var. *faxoniana* (Rehder & E. H. Wilson) Tang S. Liu

目 6. 南洋杉目 Araucariales

南洋杉目 Araucariales 包括罗汉松科 Podocarpaceae 和南洋杉科 Araucariaceae。在传统的分类中，南洋杉科曾被放在松杉目 Pinales，而罗汉松科另立1目罗汉松目 Podocarpales（郑万钧等，1978）。28S rRNA 基因序列和本研究的多基因数据分析支持两个科为姐妹群关系，它们的形态学共衍征有，每个珠鳞含一枚胚珠、珠鳞与种子紧密相连、珠鳞和苞鳞可能合生等。在分支图上独为1支，两科多为南半球分布，可能在演化的早期就与其他球果类植物隔离开了。因此我们将二科另立一目，即南洋杉目（图16）。

科 6. 罗汉松科 Podocarpaceae

19属约180种，产中南美洲、撒哈拉以南的非洲、南亚、东亚、东南亚至大洋洲；中国4属12种，另引种栽培3属，产长江以南各省。

常绿乔木或灌木；叶螺旋状排列、近对生或交叉对生，条形、鳞形、钻形或披针形，或变态成叶状枝；雌雄异株，稀同株；雄球花穗状，单生或簇生叶腋，或生枝顶；雌球花单生叶腋或苞腋，或生枝顶，具螺旋状着生的苞片，部分或全部苞片腋内着生胚珠；种子核果状或坚果状，全部或部分为假种皮所包，生于苞片与轴共同发育成的种托上，种托不增大或变成肥厚肉质。

1. 鸡毛松属 **Dacrycarpus** (Endl.) de Laub.

常绿乔木或灌木；叶二型，鳞叶三角形，螺旋状排列，条形叶对生，羽状排列；雌雄异株；雌球花顶生，单个或成对；种子核果状，为肉质假种皮所包，生于肉质种托上。

9种，产中南半岛至东南亚、太平洋群岛、新西兰；中国1种，产云南、广西、海南。

鸡毛松 *Dacrycarpus imbricatus* var. *patulus* de Laub.

2. 陆均松属 **Dacrydium** Sol. ex G. Forst.

常绿乔木或灌木；叶螺旋状排列，钻形、鳞形、条形或披针形；雌雄异株，稀同株；雌球花生枝顶或近枝顶；种子坚果状，基部为杯状假种皮所包，种托不增大。

22种，产中南半岛至东南亚、太平洋岛屿、新西兰；中国1种，产海南。

陆均松 *Dacrydium pectinatum* de Laub.

3. 竹柏属 Nageia Gaertn.

常绿乔木；叶交叉对生或螺旋状排列，排成2列，卵状披针形或披针形，无中脉，有多数并行的细脉；雌雄异株；雌球花腋生；种子核果状，为肉质假种皮所包，种托不增大，稀肥厚肉质。

5种，产南亚、东亚至东南亚；中国3种，产长江以南地区。

竹柏 *Nageia nagi* (Thunb.) Kuntze

4. 罗汉松属 Podocarpus L'Hér. ex Pers.

常绿乔木，稀为灌木；叶螺旋状排列，条形或披针形，具明显中脉；雌雄异株；雌球花腋生，基部有数枚苞片；种子核果状，为肉质假种皮所包，生于红色肉质种托上。

约100种，产热带和亚热带地区，延伸至南半球温带地区；中国7种，产长江以南各省。

罗汉松 *Podocarpus macrophyllus* (Thunb.) Sweet

科 7. 南洋杉科 Araucariaceae

3属41种，产南美南部和东南部、东南亚至澳大利亚东部、新西兰、太平洋岛屿；中国常见栽培2属，西南、华南、华东地区引种。

常绿乔木；叶螺旋状排列或对生、互生，钻形、针形、披针形、椭圆形、镰形或卵状三角形；雌雄异株或同株；雄球花圆柱形，雄蕊多数，螺旋状排列；雌球花单生枝顶；球果大型，2 ~ 3 年成熟，苞鳞多数，螺旋状排列，熟时脱落，种鳞不发育或与苞鳞合生，能育苞鳞具1粒种子；种子与苞鳞离生或合生，有翅或无翅。

1. 南洋杉属 Araucaria Juss.

常绿乔木；叶螺旋状排列，钻形、针形、镰形或卵状三角形；常雌雄异株；球果椭球形或近球形；种子无翅或两侧具与苞鳞合生而成的翅。

19种，产澳大利亚、巴布亚新几内亚、新喀里多尼亚、南美；中国引种栽培4种，西南、华南、华东地区引种。

柱状南洋杉 *Araucaria columnaris* (G. Forst.) Hook.

2. 贝壳杉属 Agathis Salisb.

常绿乔木；叶在主枝上螺旋状着生，在侧枝上对生或互生，披针形或椭圆形；常雌雄同株；球果球形或宽卵球形；种子与苞鳞离生，一侧具翅。

21种，产马来西亚、印度尼西亚、菲律宾、巴布亚新几内亚、澳大利亚、新西兰、太平洋西南部的岛屿；中国引种栽培1种，广东、福建有引种。

贝壳杉 *Agathis dammara* (Lamb.) Rich. & A. Rich.

目 7. 柏目 Cupressales

柏目 Cupressales 包括金松科 Sciadopityaceae、柏科 Cupressaceae、三尖杉科 Cephalotaxceae 和红豆杉科 Taxaceae，传统上均属于广义的球果目（球果类）Coniferales（Conifers）。金松属 *Sciadopitys* 曾被放在“杉科 Taxodiaceae”（郑万钧等，1978），该属植物叶子似成对合生，这可能是茎的一种变态，现代形态、分子的研究建议将其独立成科（Stefanovic et al.，1998），金松科位于柏目分支的基部（Judd et al.，2008），本研究支持这一结果；有的分析显示它同南洋杉目 Araucariales 结合，位于基部（Lu et al.，2014）。柏科同三尖杉科和红豆杉科近缘，后 2 科关系更密切（图 16）。

科 8. 金松科 Sciadopityaceae

1 属 1 种，产日本；中国引种栽培。

常绿乔木；叶二型：鳞叶形，小，膜质，螺旋状排列；完全叶线形，扁平，革质，生于鳞叶腋部不发育的短枝顶端，呈伞形。雌雄同株，雄球花簇生枝顶；雌球花单生枝顶，珠鳞螺旋状排列，苞鳞与珠鳞半合生；球果具短柄，翌年成熟；种鳞木质；种子扁，有窄翅。

金松 *Sciadopitys verticillata* (Thunb.) Siebold & Zucc.

1. 金松属 Sciadopitys Siebold & Zucc.

属的鉴定特征及分布同科。

科 9. 柏科 Cupressaceae

32 属 130 ~ 150 种，近泛球分布；中国 12 属 39 种，其中引种栽培 4 属 11 种，广布全国。

常绿乔木或灌木，稀为半常绿或落叶；叶螺旋状排列，对生或 3 叶轮生，条形、钻形、鳞形或刺形；雌雄同株或异株；雄球花具多枚对生或螺旋状着生的雄蕊；球果木质、革质或肉质，当年成熟或 2~3 年成熟；苞鳞与种鳞螺旋状排列，稀对生、半合生至完全合生，有时苞鳞退化，或种鳞极小；能育种鳞具 1 至多枚种子；种子有长翅或窄翅，稀无翅。

本研究采用广义柏科，包括杉科 Taxodiaceae 和狭义柏科 Cupressaceae *s. s.*。国产属的分支分析显示杉木属处于基部，相继分支为台湾杉属，水杉属 –（北美红杉属 + 巨杉属）相聚、柳杉属 –（水松属 + 落羽杉属）相聚，以上分支为原杉科成员；另一大分支汇集了原柏科成员，（罗汉柏属 + 崖柏属）–（扁柏属 + 福建柏属）–（翠柏属 + 侧柏属）–（刺柏属 + 柏木属），表明各属之间的近缘关系。这个结果几乎同汪小全团队利用两个核基因（*LFY* 和 *NLY*）对全世界柏科系统发育的分析结果完全一致（Lu et al.，2014）（图 18）。

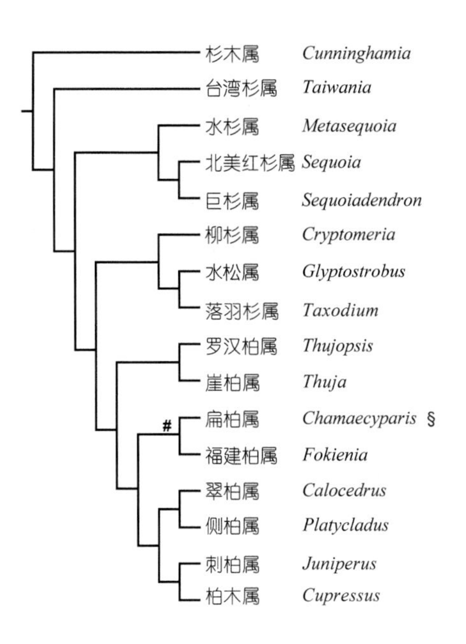

图 18 中国柏科植物的分支关系

1. 杉木属 Cunninghamia R. Br. ex A. Rich.

常绿乔木；叶螺旋状排列，条状披针形，边缘有细锯齿；果近球形或卵球形，当年成熟；苞鳞和种鳞螺旋状着生，苞鳞大，先端有尖头，种鳞很小，先端3裂，具种子3；种子两侧有窄翅。

2种，分布于中国、老挝和越南北部；中国产长江以南各地及台湾。

杉木 *Cunninghamia lanceolata* (Lamb.) Hook.

2. 台湾杉属 Taiwania Hayata

常绿乔木；叶螺旋状排列，二型，老树之叶鳞状钻形，幼树和萌生枝的叶钻形；球果椭球形，当年成熟；苞鳞退化，种鳞螺旋状排列，能育种鳞具2粒种子；种子两侧有窄翅。

1种，分布于中国、缅甸北部；中国产西藏、云南、四川、贵州、湖北、台湾。

台湾杉 *Taiwania cryptomerioides* Hayata

3. 水杉属 Metasequoia Hu & W. C. Cheng

落叶乔木；侧生小枝排成羽状，叶条形，对生，冬季与侧生小枝一同脱落；球果近四棱状球形，当年成熟；种鳞11～14对，木质，盾形，交叉对生，能育种鳞具种子5～9；种子周围有窄翅。

1种，分布于中国，原产重庆东部、湖北西部，现世界普遍栽培。

水杉 *Metasequoia glyptostroboides* Hu & W. C. Cheng

4. 北美红杉属 Sequoia Endl.

常绿大乔木；叶螺旋状着生，二型，鳞叶贴生，条形叶基部扭转排成2列；球果卵球形，当年成熟；种鳞15～20，木质，盾形，能育种鳞具种子2～5；种子两侧有翅。

1种，产美国；中国引种栽培于华东、华南、台湾。

北美红杉 *Sequoia sempervirens* (D. Don) Endl.

5. 巨杉属 Sequoiadendron J. Buchholz

常绿大乔木；叶螺旋状着生，鳞状钻形，螺旋状着生；球果椭球形，翌年成熟；种鳞25～40，木质，盾形，能育种鳞具种子3～9；种子两侧有宽翅。

1种，产美国；中国华东地区有栽培。

巨杉 *Sequoiadendron giganteum* (Lindl.) J. Buchholz

6. 柳杉属 Cryptomeria D. Don

常绿乔木；叶螺旋状排列，略成5行，钻形，两侧略扁；球果近球形，当年成熟；苞鳞与种鳞合生，仅先端分离；种鳞20～30，宿存，木质，盾形，上部有3～7裂齿，能育种鳞具种子2～5；种子边缘有窄翅。

1种，分布于中国、日本；中国野生于云南、四川、江西、福建、浙江，黄河以南各地有引种。

柳杉 *Cryptomeria japonica* var. *sinensis* Miq.

7. 水松属 Glyptostrobus Endl.

半常绿乔木，有膝状呼吸根；叶螺旋状排列，有三型，鳞叶较厚，在主枝上宿存2～3年，条形叶和条状钻形叶较薄，生于一年生小枝上，冬季与小枝一同脱落；球果倒卵球形，当年成熟；苞鳞与种鳞几全部合生，螺旋状排列，能育种鳞具种子2；种子具长翅。

1种，分布于中国，另越南北部野外灭绝；中国产云南、四川、广西、广东、海南、江西、福建、浙江。

水松 *Glyptostrobus pensilis* (D. Don) K. Koch

8. 落羽杉属 Taxodium Rich.

落叶或半常绿乔木；叶螺旋状排列，二型，钻形叶在主枝上宿存，线形叶在侧生小枝上排成羽状2列，冬季与小枝一同脱落；球果球形或卵球形，当年成熟；苞鳞与珠鳞几全部合生，螺旋状排列，能育种鳞具种子2。

2种，产美国、墨西哥、危地马拉；中国长江以南引种栽培2种。

落羽杉 *Taxodium distichum* (L.) Rich.

9. 罗汉柏属 Thujopsis Siebold & Zucc. ex Endl.

常绿乔木；生鳞叶的小枝扁平，排成一平面；鳞叶二型，交叉对生，下面一侧有白色气孔带；雌雄同株；球果近圆球形，当年成熟；种鳞3～4对，木质，熟时张开，中间2对可育，各具种子3～5。

1种，产日本；中国华中和华东地区引种栽培。

罗汉柏 *Thujopsis dolabrata* (L. f.) Siebold & Zucc.

10. 崖柏属 Thuja L.

常绿乔木或灌木；生鳞叶的小枝排成一平面；鳞叶二型，交叉对生；雌雄同株；球果长圆形，当年成熟；种鳞4～6对，熟时张开，革质，下面2～3对可育，各具种子1～2。

5种，产东亚、北美东部和西部；中国2种，产重庆、吉林。

崖柏 *Thuja sutchuenensis* Franch.

11. 扁柏属 Chamaecyparis Spach

常绿乔木；生鳞叶的小枝平展，排成一平面；鳞叶二型，交叉对生；雌雄同株；球果常为圆球形，当年成熟；种鳞3～6对，木质，盾形，能育种鳞各具种子2～5。

5种，产东亚、北美；中国1种，另引种栽培4种，产台湾。

日本花柏 *Chamaecyparis pisifera* (Siebold & Zucc.) Endl.

12. 福建柏属 Fokienia A. Henry & H. H. Thomas

常绿乔木；生鳞叶的小枝扁平，排成一平面；鳞叶二型，交叉对生，下面一侧有白色气孔带；雌雄同株；球果近球形，翌年成熟；种鳞6～8对，盾形，熟时张开，能育种鳞各具种子2。

福建柏 *Fokienia hodginsii* (Dunn) A. Henry & H. H. Thomas

1种，分布于中国、老挝北部、越南北部；中国产云南、四川、贵州、广西、广东、湖南、江西、福建、浙江。

13. 翠柏属 Calocedrus Kurz

常绿乔木；生鳞叶的小枝平展，排成一平面，两面异形；鳞叶二型，交叉对生；雌雄同株；球果椭球形，当年成熟；种鳞3对，木质，熟时张开，中间1对能育，各具种子2。

4种，产东亚、北美；中国2种，产西南地区、南部至台湾。

翠柏 *Calocedrus macrolepis* Kurz

14. 侧柏属 Platycladus Spach

常绿乔木；生鳞叶的小枝扁平，排成一竖直平面；鳞叶二型，交叉对生；雌雄同株，球花单生枝顶；球果卵状椭球形，当年成熟；种鳞4对，木质，熟时张开，中部的种鳞能育，各具种子1～2。

1种，分布于中国、朝鲜、俄罗斯东部；中国野生于甘肃南部、河北、河南、陕西、山西，全国各地有引种。

侧柏 *Platycladus orientalis* (L.) Franco

15. 刺柏属 Juniperus L.

常绿乔木或灌木；叶全为刺叶、全为鳞叶或二者兼有，刺叶者3叶轮生，鳞叶者交叉对生；雌雄异株或同株；球果近球形，2～3年成熟；种鳞3枚，肉质，合生，熟时不张开；种子无翅。

约60种，广布北半球；中国21种，另引种栽培2种，广布全国。

杜松 *Juniperus rigida* Siebold & Zucc.

16. 柏木属 Cupressus L.

常绿乔木，稀为灌木状；生鳞叶的小枝四棱形或圆柱形，不排成一平面，稀扁平而排成一平面；鳞叶交叉对生；雌雄同株；球果近球形，翌年成熟；种鳞4～8对，木质，盾形，熟时张开，能育种鳞具5至多粒种子。

约17种，产非洲北部、欧洲南部、亚洲、北美西南部；中国5种，另引种栽培4种，产长江流域以南地区。

巨柏 *Cupressus gigantea* W. C. Cheng & L. K. Fu

科 10. 红豆杉科 Taxaceae

5属28～32种，产北美洲、中美洲、欧亚大陆至东南亚、太平洋岛屿；中国4属12种，产东北及黄河以南地区。

常绿乔木或灌木；叶条形或披针形，螺旋状排列，常排成2列；雌雄异株，稀同株；雄球花单生或组成穗状花序，雄蕊多数，花粉无气囊；雌球花单生或成对生于叶腋或苞片腋部，具多数覆瓦状排列或交叉对生的苞片，每苞片具胚珠1枚，稀2枚；种子核果状，全部为肉质假种皮所包或顶端尖头露出，或为坚果状而包于杯状肉质假种皮中。

1. 穗花杉属 Amentotaxus Pilg.

常绿乔木或灌木；叶对生，排成2列，条形或披针状条形，下面有2条宽气孔带；雌雄异株；雌球花具长梗，每苞片具1枚胚珠；种子当年成熟，核果状，包于鲜红色肉质假种皮中，顶端露出尖头。

6种，产印度、中国、越南；中国3种，产长江以南各省区及甘肃、台湾。

穗花杉 *Amentotaxus argotaenia* (Hance) Pilg.

2. 榧属 Torreya Arn.

常绿乔木；叶对生，排成2列，条形或披针状条形，下面有2条较窄的气孔带；雌雄异株，稀同株；雌球花无梗，苞片交叉对生，每苞片具1枚胚珠；种子翌年成熟，核果状，全包于肉质假种皮中。

8种，产东亚、北美；中国5种，另引种栽培1种，产长江流域及以南地区。

榧 *Torreya grandis* Fortune ex Lindl.

3. 红豆杉属 Taxus L.

常绿乔木；叶螺旋状着生，条形，常排成2列，下面有2条淡灰色或黄绿色的气孔带；雌雄异株；雌球花几无梗，上部苞片交叉对生，每苞片具1枚胚珠；种子当年成熟，坚果状，生于杯状、红色的肉质假种皮中。

8种，产北半球；中国3种，产东北及黄河以南地区。

红豆杉 *Taxus wallichiana* var. *chinensis* (Pilg.) Florin

4. 白豆杉属 Pseudotaxus W. C. Cheng

常绿灌木；叶螺旋状着生，条形，排成2列，正面有2条白色气孔带；雌雄异株；雌球花几无梗，苞片交叉对生，每苞片具1枚胚珠；种子当年成熟，坚果状，生于杯状、白色的肉质假种皮中。

1种，中国特有，产广西、广东、湖南、江西、浙江。

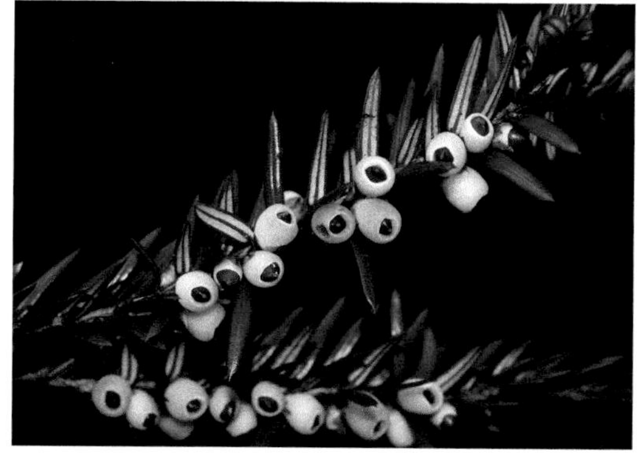

白豆杉 *Pseudotaxus chienii* (W. C. Cheng) W. C. Cheng

科 11. 三尖杉科 Cephalotaxaceae

1属9种，产喜马拉雅、中南半岛、中国、朝鲜、日本；中国6种，产长江流域及以南地区。

常绿乔木；叶对生或近对生，排成2列，条形或披针状条形，下面有2条宽气孔带；雌雄异株，稀同株；雌球花具长梗，苞片交叉对生，每苞片具2枚胚珠；种子翌年成熟，核果状，全部包于肉质假种皮中。

1. 三尖杉属 Cephalotaxus Siebold & Zucc. ex Endl.

属的鉴定特征及分布同科。

粗榧 *Cephalotaxus sinensis* (Rehder & E. H. Wilson) H. L. Li

第十一章 被子植物

被子植物（angiosperms）又称为有花植物（flowering plants），是地球上种类最多、分布最广、多样性最丰富、进化程度最高的植物类群，也是与人类社会关系最密切的生物类群，据估计有 13 678 属 257 400 种（Thorne，1992，2001），不同的系统学家将它们归属于 344 科（Melchior，1964）到 592 科（Takhtajan，1997）。被子植物有一组独特的共有综合性状：雄蕊结构的一致性，花药壁有药室内层，有心皮和柱头，雌、雄蕊的位置相对固定，具双受精和三倍体胚乳，韧皮部筛管有伴胞等。这表明它们不可能是由不同的祖先起源的（路安民和张芝玉，1978；路安民，1981，1984；路安民和汤彦承，2005），而是起源于一个共同的祖先，是单源起源类群（a group of unitary origin），这已为现代大多数形态学家和植物系统学家所接受。现代分子系统学研究进一步证明被子植物是单系类群（参考 APG，1998； APG Ⅱ，2003； APG Ⅲ，2009； APG Ⅳ，2016）。被子植物的化石最早发现于 1.25 亿 ~1.45 亿年前的早白垩世或晚侏罗世末（Crane et al.，1995；Sun et al.，1998，2001，2002），如 1.35 亿年前（Brenner, 1996; Trevisan, 1988）的花粉化石和 1.25 亿年前（Friis et al., 2019）的花、果实和种子等化石。在白垩纪距今约 9 000 万年（土伦阶）前，被子植物的现代类群不同演化水平及不同传代线的代表几乎都出现了。但是，现已知化石出现的时间同利用分子钟推算的时间 13 000 万 ~19 000（~26 000）万年前相距甚大（路安民等，2005）。我们曾指出：对于确定被子植物的起源时间来讲，化石是重要证据，但化石也只能说是植物本身可保存部分和当时当地所提供的化石形成条件的综合反映，它们远远不是，也不可能是类群或种的起源时间，还必须考虑化石本身的演化历史（汤彦承和路安民，2003；吴征镒等，2003；路安民和汤彦承，2005）。除此之外，根据植物类群的现代分布格局及其形成，将被子植物的演化同地球历史和板块运动结合起来，以推断它们起源的时间，这无疑会增加其可信度。被子植物起源的时间很可能要追溯到早侏罗世，甚至晚三叠世（吴征镒等，1998；路安民和汤彦承，2005）。

现存被子植物若从早白垩世大爆发时算起，已经演化了上亿年的历史（即冠群 crown group）；若要追溯到它们的祖先类型起源和早期演化（即干群 stem group），被子植物大约有两亿年的演化历史。在这个过程中既有大批类群不断地灭绝，又有大量新的类群不断地发生和分化。因此，现在展现在人们面前的绚丽多彩的有花植物是长期演化的结果。

以 APG 为代表的分子分类系统将被子植物分为 ANITA 演化阶（ANITA grade）、木兰类 Magnoliids、单子叶植物 Monocots 和真双子叶植物 Eudicots （APG，1998；Qiu et al.，1999； APG Ⅱ，2003; APG Ⅲ，2009; APG Ⅳ，2016）。

近年来分子系统学研究结果都比较一致地提出无油樟属 *Amborella*（无油樟科 Amborellaceae），睡莲目 Nymphaeales（包括独蕊草科 Hydatellaceae、莼菜科 Cabombaceae 和睡莲科 Nymphaeaceae）和木兰藤目 Austrobaileyales（包括木兰藤科 Austrobaileyaceae、五味子科 Schisandraceae、八角科 Illiciaceae 和苞被木科 Trimeniaceae）是现存其他被子植物连续的姐妹群。通过对上述类群的形态学性状的分析，我们认为 ANITA 所包含的类群，由于具有大量的祖征，都属于原始的类群，然而它们在被子植物演化的早期就分道扬镳了，沿着不同的传代线分化。ANITA 是一个源于不同传代线的复合群（路安民和汤彦承，2005）。

在 APG Ⅲ系统的分支图上，木兰类包括位于基部的金粟兰目 Chloranthales 及白樟目 Canellales、胡椒目 Piperales、樟目 Laurales 和木兰目 Magnoliales。自 20 世纪 80 年代以来以综合形态学为证据的现代被子植物分类系统，几乎一致地将木兰类及上述 ANITA 包含的类群作为原始的被子植物（吴征镒等，2003），即木兰亚纲 Magnoliidae 或木兰纲 Magnoliopsida 的成员。分子系统学研究认为木兰类既非单子叶植物又非真双子叶植物，它们代表了一个多分支的集合群（Wu et al.，2002；Judd et al.，2008）。在吴征镒等（1998，2003）的多系、多期、多域的被子植物八纲系统中，将木兰类分为木兰纲、樟纲 Lauropsida 和胡椒纲 Piperopsida，认为在早白垩世结束之前其祖先类群沿着不同的传代线分化和发展。

长期以来，被子植物被分成双子叶植物和单子叶植物两大类，这样的分类不能全面地反映被子植物内部进化趋势的种种矛盾（吴征镒等，1998，2003）。在将传统的双子叶植物大致分成木兰类和真双子叶植物的情况下，单子叶植物与具单萌发孔花粉的木兰类植物的亲缘关系远比与具三萌发孔花粉的真双子叶植物来得更近，尤其与草本的木兰类植物关系更为密切，甚至有些分支分析和分子系统学研究结果将单子叶植物和如像马兜铃目 Aristolochiales、睡莲目 Nymphaeales、胡椒目 Piperales 这些双子叶植物一起称为"古草本类"（paleoherbs）（Doyle & Hickey，1976；Taylor & Hickey，1992）。除 ANITA 和木兰类之外，绝大多数被子植物属于单子叶植物（具 1 枚子叶，单沟型花粉）和真双子叶植物（具 2 枚子叶，绝大多数为三沟型及其变异类型的花粉）。多基因序列数据分析中，绝大多数支持单子叶和真双子叶植物各为单系群。单子叶植物含 11 目，真双子叶植物包括 40 目。结合我们的研究结果，本章介绍被子植物目间、目内科间及科内属间的系统关系。

目 1. 睡莲目 Nymphaeales

睡莲目 Nymphaeales 是一群水生或沼生草本植物。APG Ⅲ（2009）系统的睡莲目包括 3 科，独蕊草科 Hydatellaceae、莼菜科 Cabombaceae 和睡莲科 Nymphaeaceae，处于仅次于被子植物最基部的无油樟目 Amborellales（含单型科无油樟科 Amborellaceae）的分支，也就是说无油樟目（科）和睡莲目依次是其他被子植物连续的姐妹群。在睡莲目中，分布于澳大利亚、新西兰和印度含 1 属 10 种的独蕊草科的归属一直未确定，早期 Engler 的子系统将独蕊草属 *Trithuria*（包括 *Hydatella*）置于单子叶植物刺鳞草科 Centrolepidaceae（Melchior 1964），Hamann（1976）单立一科 Hydatellaceae，Dahlgren（1995）立鸭跖草超目 Commelinanae 独蕊草目 Hydatellales，Takhtajan（1997）单立独蕊草超目 Hydatellanae 独蕊草目 Hydatellales。Saarela 等（2007）做了详细的分子系统学研究，显示独蕊草科是睡莲目的姐妹群，不属于单子叶植物，而是被子植物最基部的成员之一，这是分子系统学研究的一个重大发现。APG Ⅲ将它作为睡莲目的基部分支。根据分子证据及特异的形态，我们认为单立独蕊草目且放在无油樟目之后比较妥当。睡莲目系统位置的确定，证明水生植物在被子植物演化早期就已分化，并非都是从陆生植物演化而来。我国分布的睡莲科和莼菜科，有的学者合并为 1 科，将广义睡莲科分为莼菜亚科 Cabomboideae 和睡莲亚科 Nymphaeoideae（Judd et al.，2008），足以说明两者密切的亲缘关系，这也得到了我们分析结果的支持（图 19）。

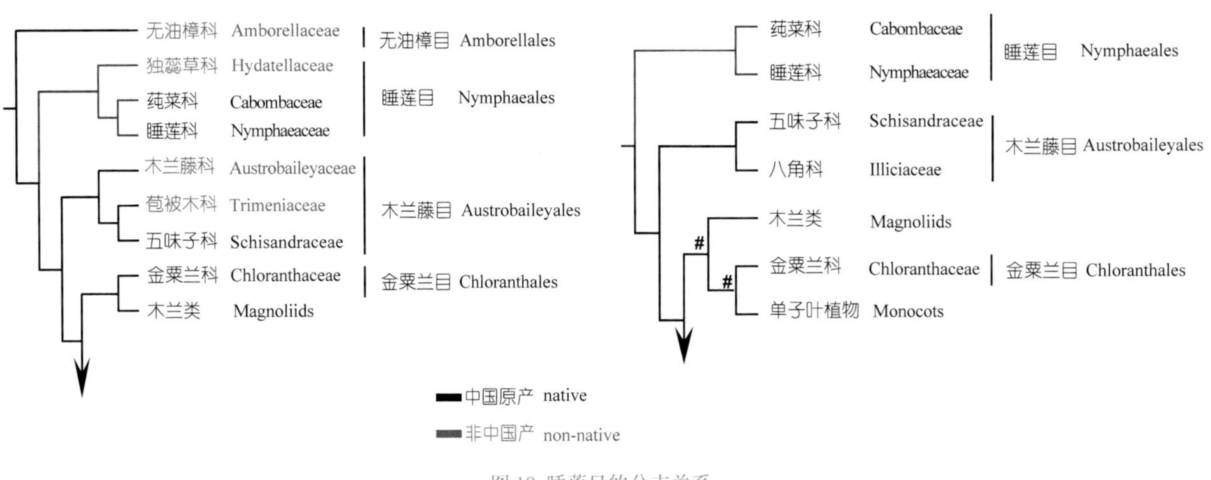

图 19 睡莲目的分支关系

被子植物 APG Ⅲ系统（左）；中国维管植物生命之树（右）

科 1. 莼菜科 Cabombaceae

2 属 6 种，产非洲、亚洲、澳大利亚、美洲；中国 1 属 1 种，另引种栽培 1 属，产西南至华东地区。

多年生水生草本；叶同型或二型，沉水叶掌状二叉分裂，浮水叶盾状着生；萼片和花瓣近同形；雄蕊 3 至多数；心皮少数，离生；聚合果，开裂或不开裂。

1. 莼菜属 Brasenia Schreb.

多年生水生草本；根状茎小，匍匐；叶漂浮，盾状着生，全缘，有长柄；花单生；萼片及花瓣条形；雄蕊 12~36；心皮 6~18，离生，生在小型花托上，花柱短，柱头侧生；坚果革质。

1 种，产非洲西部，亚洲南部、东部，澳大利亚东部，南、北美洲；中国 1 种，产西南至华东地区。

莼菜 *Brasenia schreberi* J. F. Gmel.

2. 水盾草属 Cabomba Aubl.

多年生水生草本；叶二型，沉水叶掌状二叉分裂，浮水叶盾状着生；萼片花瓣状，倒卵形，花瓣椭圆形，基部耳状；雄蕊 3~6；心皮 2~4，离生；果实蓇葖果状，长梨形，开裂。

5 种，产美洲热带和温带地区；中国引种栽培 3 种，逸生 2 种，在江苏和广东野化。

水盾草 *Cabomba caroliniana* A. Gray

科 2. 睡莲科 Nymphaeaceae

5 属 60~70 种，泛球分布；中国 3 属 8 种，另引种栽培 2 属，产全国各地。

水生草本，具根茎；叶盾状、心形或戟形，漂浮水面；花单生；萼片 4~6，有时呈花瓣状；花瓣 0 至多数，常变态成雄蕊；雄蕊多数，螺旋状着生；雌蕊多室，子房上位至下位，胚珠多数；浆果海绵质。

1. 萍蓬草属 Nuphar Sm.

多年生水生草本，根茎粗壮，横生；叶伸出或漂浮水面，圆心形或卵形，基部箭形或深心形；花单生，伸出水面；萼片花瓣状；花瓣雄蕊状；雄蕊多数；子房上位，柱头盘状；浆果不规则开裂。

约 10 种，广布北半球；中国 2 种，零星分布于全国各地。

萍蓬草 *Nuphar pumila* (Timm) DC.

2. 睡莲属 Nymphaea L.

多年生水生草本，根茎肥厚；叶二型，沉水叶薄膜质，浮水叶圆形或卵形，基部心形或箭形；花单生，伸出或浮于水面；萼片4；花瓣多轮，有时内轮变态为雌蕊；子房半下位，柱头内凹成柱头盘；浆果海绵质，不规则开裂。

约50种，广布全球；中国5种，零星分布于全国各地。

齿叶睡莲 *Nymphaea lotus* L.

3. 芡属 Euryale Salisb.

一年生水生草本，具刺；叶二型，初生叶为沉水叶，两面无刺，次生叶为浮水叶，圆形，盾状着生，全缘，两面具锐刺；花单生，伸出水面；萼片4，密被刺；花瓣多数，向内渐变成雄蕊；雄蕊多数；子房下位；浆果球形。

1种，产印度北部、东亚（中国、朝鲜半岛、日本）至东北亚；中国1种，产东北至西南地区、南部各地。

芡 *Euryale ferox* Salisb.

目 2. 木兰藤目 Austrobaileyales

木兰藤目 Austrobaileyales 是一群木本或木质藤本植物。它属于 ANITA 演化阶成员，仅次于无油樟目分支和睡莲目分支，是被子植物基部分支之一。木兰藤目由4科组成，即木兰藤科 Austrobaileyaceae、苞被木科 Trimeniaceae、五味子科 Schisandraceae 和八角科 Illiciaceae（图20）。木兰藤科是一个单型科，仅木兰藤属 *Austrobaileya* 1属，局限分布在澳大利亚昆士兰北部，生长在海拔380~1 100m的热带雨林。苞被木科仅苞被木属 *Trimenia* 1属5种，分布于新喀里多尼亚、东澳大利亚、苏拉威西、新几内亚等岛屿。五味子科和八角科分布于北半球，呈亚洲–北美间断分布。由于形态学性状的相对孤立，Takhtajan（1997，2009）将它们置于不同的目，

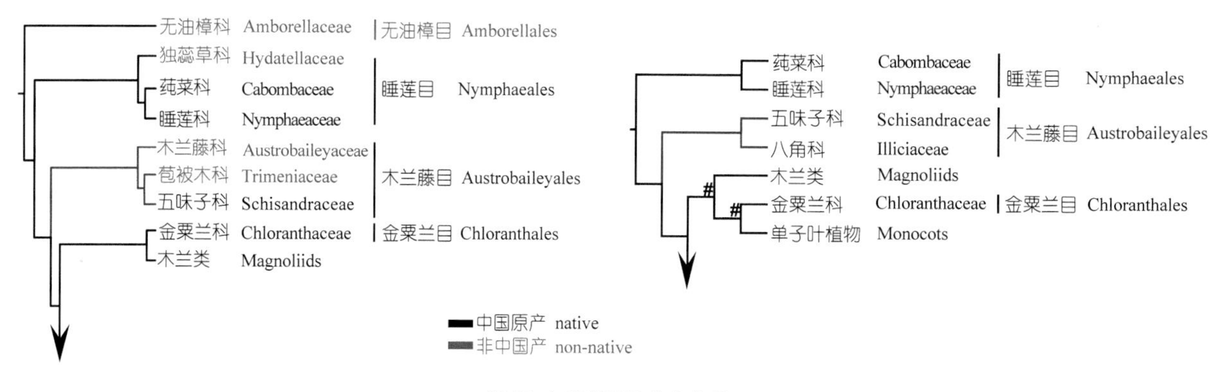

图20 木兰藤目的分支关系
被子植物 APG Ⅲ系统（左）；中国维管植物生命之树（右）

木兰藤目 Austrobaileyales、苞被木目 Trimeniales 和八角目 Illiciales。我国分布的八角科和五味子科在早期的分类系统中被归于木兰目 Magnoliales，甚至于木兰科 Magnoliaceae。20 世纪 80 年代以后的系统一致地赞成单立一目，即八角目（Takhtajan，1980，1997；Cronquist，1981；Dahlgren，1983； Wu et al.，2002；吴征镒等，2003），包括八角科和五味子科。APG Ⅱ（2003）、APG Ⅲ（2009）系统将 2 科合并为五味子科，根据 2 科的习性、花果形态学、木材解剖及化学成分等性状，以及 2 科所包含 3 属的分子系统学分析，我们仍然认为将它们作为独立的姐妹科比较恰当（图 20）。

科 3. 八角科 Illiciaceae

1 属约 42 种，大多数分布在亚洲东部、东南部，少数分布在北美洲东南部和中、南美洲；中国约 28 种，产西南部、南部至东部。

常绿乔木或灌木；具油细胞或树脂细胞，有芳香气味。单叶，无托叶，叶革质或纸质，全缘，中脉在叶上面常凹下。花两性，辐射对称，各部轮生，萼片与花瓣无明显差别；有茎生花现象；花被片舌状而膜质或卵形至近圆形而稍肉质；心皮离生，单轮排列。聚合蓇葖果单轮排列，呈星状，腹缝开裂，每室种子 1。

八角属 *Illicium* L. 依据花被片的形态可分为薄被和厚被两个亚属（或组）；但分子证据并不支持这一划分，在系统树上新、旧世界的类群各自聚为单系。

红茴香 *Illicium henryi* Diels

1. 八角属 Illicium L.

属的鉴定特征及分布同科。

科 4. 五味子科 Schisandraceae

全世界 2 属约 47 种，主要分布于东亚和东南亚的热带、亚热带及温带地区，北美东南部仅有 1 种；中国 2 属约 29 种，多分布于西南部、东南部，少数种见于北部及东北部。

木质藤本，植株有芳香气味；单叶，常有透明腺点，互生或在短枝簇生，无托叶；花单性，各部呈螺旋状排列；花被片数枚，无萼片与花瓣的分化；雄蕊多数，离生、部分或全部与花托合生成肉质雄蕊群；心皮多数，离生；小浆果肉质，形成球形或椭圆形的聚合果。

近来分子系统学研究发现五味子属 *Schisandra* 中两个常绿种 *S. plena* 和 *S. propinqua* 与南五味子属 *Kadsura* 的类群聚为一支，五味子属的其他类群聚为另外一支，因此这两个属均不是单系。

黑老虎 *Kadsura coccinea* (Lem.) A. C. Smith

1. 南五味子属 Kadsura Juss.

常绿木质藤本；雌蕊群花托倒卵球形、近棒状或椭圆形，果期花托不伸长；聚合果球形或椭圆形。

约 22 种，主产于亚洲东部和东南部；中国 10 种，多数分布于东南部至西南部。

2. 五味子属 Schisandra Michx.

常绿或落叶木质藤本；花托圆柱形或圆锥形，受粉后明显伸长；聚合果长穗状。

约 25 种，主产于亚洲东部和东南部，仅 1 种产北美东南部；中国 19 种，南北各地均有，集中分布于西南部至东南部。

五味子 *Schisandra chinensis* (Turcz.) Baill.

目 3. 胡椒目 Piperales

在 APG Ⅲ（2009）系统中，胡椒目 Piperales 和白樟目 Canellales 聚为一支，互为姐妹目。白樟目由白樟科 Canellaceae 和林仙科 Winteraceae 组成。白樟科含 5 属 16 种，是一个中、南美和东非间断分布的常绿木本科，近、现代系统将它置于木兰目 Magnoliales（Cronquist，1981）或番荔枝目 Annonales（Dahlgren，1983；Thorne，1983），或者独立为白樟目（Takhtajan，1997；Wu et al.，2002）。林仙科含 4 属 65~120 种，是分布于南半球的常绿灌木或乔木，由于木质部缺少导管而为管胞等，曾被放在相当原始的位置，Cronquist（1981）将它排在被子植物第一科。胡椒目由 5 科组成，即三白草科 Saururaceae、胡椒科 Piperaceae、囊粉花科 Lactoridaceae、鞭寄生科 Hydnoraceae 和马兜铃科 Aristolochiaceae。我国不产的囊粉花科是局限分布于南美智利海岛的单型科，已极端濒危，它的系统位置存在较大的分歧，曾将它独立为囊粉花目 Lactoriales（Takhtajan，1997；吴征镒等，2003），现代比较一致地将它归入胡椒目（APG Ⅱ，2003；APG Ⅲ，2009；Takhtajan，2009）；鞭寄生科有 2 属 18 种，分布于非洲和中南美洲的干旱地区，为寄生草本，Takhtajan（2009）独立为一目，即鞭寄生目 Hydnorales，放在紧接胡椒目的位置。但 APG Ⅳ（2016）系统却将囊粉花科和鞭寄生科归在马兜铃科，尚需进一步研究。

我国分布的 3 科，三白草科和胡椒科一直被认为是亲缘关系密切的姐妹科，早期 Bentham 和 Hooker f. 曾将三白草科放在胡椒科；马兜铃科曾被独立为马兜铃目 Aristolochiales（Takhtajan，1997；Wu et al.，2002），现在比较一致的处理是将它归入胡椒目，但它是否应合并囊粉花科值得进一步研究（图 21）。

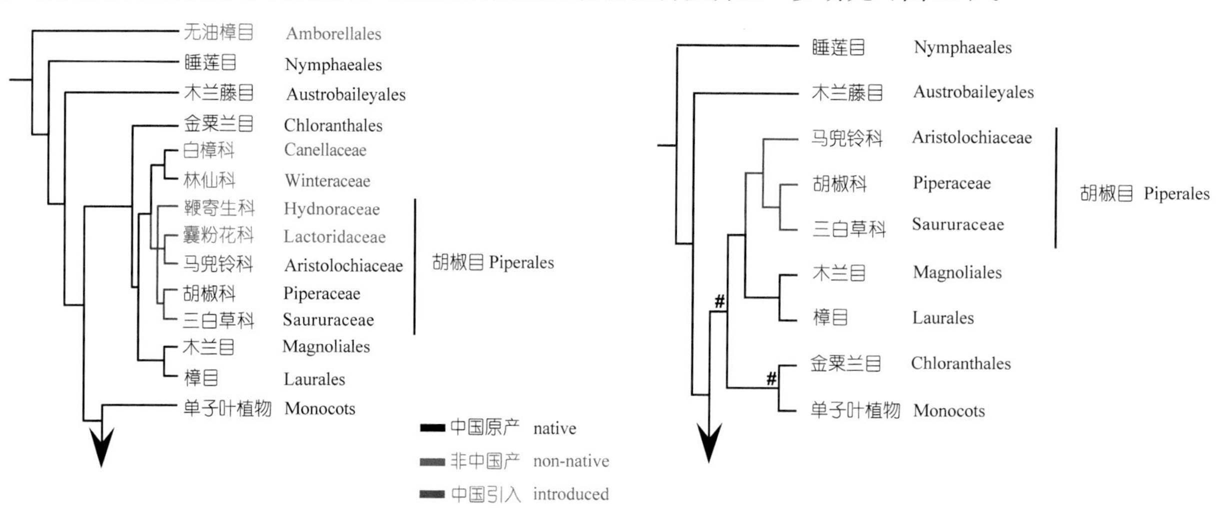

图 21 胡椒目的分支关系

被子植物 APG Ⅲ系统（左）；中国维管植物生命之树（右）

科 5. 马兜铃科 Aristolochiaceae

10 属 500~600 种，主产全球热带和亚热带地区，温带地区也有；中国 4 属 86 种，产西北干旱区以外的各省区。

灌木或多年生草本，草质或木质藤本，稀为小乔木；单叶互生，具柄，无托叶，基部常心形；花两性，单生或簇生；花被 1（~2）轮，常合生，辐射对称或两侧对称；雄蕊 6 至多数；子房下位，心皮合生或基部合生；蒴果蓇葖状、长角果状或浆果状。

1. 马蹄香属 Saruma Oliv.

多年生草本；叶互生，心形；花单生；花被 2 轮，辐射对称；萼片 3，绿色；花瓣 3，黄色；雄蕊 12，排成 2 轮；子房半下位，心皮 6，下部合生；蒴果蓇葖状，腹缝开裂。

1 种，中国特有，产西南部、中南部及甘肃、陕西。

马蹄香 *Saruma henryi* Oliv.

2. 细辛属 Asarum L.

多年生草本；根稍肉质，芳香；叶 1~2 或 4 枚，基生、互生或对生，多为心形，全缘；花单生叶腋，辐射对称；花被 1 轮，檐部 3 裂；雄蕊 12，排成 2 轮；蒴果浆果状，不规则开裂。

约 90 种，产欧洲、东亚、东南亚、北美；中国 39 种，产全国大部分省区。

细辛 *Asarum heterotropoides* F. Schmidt

3. 线果兜铃属 Thottea Rottb.

灌木或亚灌木；叶互生，全缘；总状、伞房或蝎尾状聚伞花序；花辐射对称，花被 1 轮，檐部 3 裂；雄蕊 6~36；子房下位；蒴果长角果状，常具 4 棱。

25 种以上，产南亚、中南半岛至马来群岛；中国 1 种，产海南。

海南线果兜铃 *Thottea hainanensis* (Merr. & W. Y. Chun) D. Hou

4. 马兜铃属 Aristolochia L.

藤本或亚灌木，稀为小乔木；常具块根；单叶互生，基部常心形；总状花序，生于老茎上；花被 1 轮，两侧对称，基部常肿大，檐部偏斜，色艳丽，常具腐肉味；雄蕊（4~）6（~10），1 轮；子房下位；蒴果，室间开裂或沿侧膜开裂。

约 600 种，广布东半球热带、亚热带和温带地区；中国约 80 种，产全国各地（西北干旱区除外）。

北马兜铃 *Aristolochia contorta* Bunge

科 6. 胡椒科 Piperaceae

5 属 3 000~3 100 种，广布热带和亚热带地区；中国 3 属 70 种，产西南地区至台湾。

草本、灌木或攀缘藤本，稀为乔木，常有香气；单叶，互生，稀对生或轮生，具掌状脉或羽状脉；穗状花序，稀为总状花序；花小，两性或单性异株，苞片小，通常盾状或杯状；花被无；雄蕊 1~10 枚；子房上位，1 室，柱头 1~5；浆果，核果状或小坚果状。

1. 齐头绒属 Zippelia Blume

直立草本；叶互生，卵状心形；总状花序顶生或与叶对生，疏松；雄蕊 6；柱头 4，子房 1 室，含 2 胚珠，仅 1 枚发育；浆果球形，表面密生锚状刺毛。

1 种，产亚洲热带地区；中国 1 种，产西南部至南部。

齐头绒 *Zippelia begoniifolia* Schult. & Schult. f.

2. 草胡椒属 Peperomia Ruiz & Pav.

一年生或多年生肉质草本；叶互生、对生或轮生，全缘；穗状花序顶生或腋生，稀与叶对生；花两性，常与苞片同着生于花序轴凹陷处；雄蕊 2；柱头 1，子房 1 室，含 1 胚珠；浆果极小，坚果状。

约 1000 种，产热带和亚热带地区；中国 9 种，产西南部至东部。

石蝉草 *Peperomia blanda* (Jacq.) Kunth

3. 胡椒属 Piper L.

灌木或攀缘藤本，稀为草本或小乔木；叶互生，全缘；穗状花序与叶对生，稀顶生；花小，单性，稀两性，每花有盾状苞片 1；雄蕊 2~6；柱头 3~5，子房 1 室，含 1 胚珠；浆果核果状，无柄或有柄。

约 2000 种，产热带地区；中国 60 种，产西南地区至台湾。

风藤 *Piper kadsura* (Choisy) Ohwi

科 7. 三白草科 Saururaceae

4 属 6 种，产东亚、东南亚、北美洲；中国 3 属 4 种，产中部以南各省区。

多年生草本；茎直立或匍匐，具节；单叶互生，托叶与叶柄合生，或形成托叶鞘；花序为密集的穗状花序或总状花序，基部有或无大型总苞片；花两性，无花被；蒴果，顶端开裂或为分果爿。

1. 蕺菜属 Houttuynia Thunb.

多年生草本，植株腥臭；叶薄纸质，宽卵形或卵状心形，下面常带紫色；穗状花序顶生或与叶对生，基部具4片白色花瓣状苞片；花小，雄蕊长于花柱；子房上位；蒴果近球形，顶端开裂。

1种，产东亚和东南亚；中国1种，产长江以南各地。

蕺菜 *Houttuynia cordata* Thunb.

2. 三白草属 Saururus L.

多年生直立草本，具根茎；叶卵状心形，具柄，托叶着生于叶柄边缘；总状花序与叶对生或顶生，基部无大型总苞片；花小，白色；雄蕊长于花柱；子房上位；蒴果近球形，裂为3~4分果爿。

1种，产东亚和北美东部；中国1种，产黄河流域及以南地区。

三白草 *Saururus chinensis* (Lour.) Baill.

3. 裸蒴属 Gymnotheca Decne.

多年生匍匐草本；叶纸质，叶柄与叶片近等长，托叶膜质，与叶柄边缘合生；穗状花序与叶对生，花序基部具白色叶状大苞片或无；花小白色；雄蕊花丝与花药近等长；子房半下位；蒴果纺锤形，顶端开裂。

2种，中国特有，产西南部至中南部。

裸蒴 *Gymnotheca chinensis* Decne.

目4. 木兰目 Magnoliales

自建立自然分类系统以来，木兰目Magnoliales通常被认为是较原始，甚至是最原始的被子植物。该目包含6科，肉豆蔻科Myristicaceae、木兰科Magnoliaceae、单心木兰科Degeneriaceae、瓣蕊花科Himantandraceae、帽花木科Eupomatiaceae和番荔枝科Annonaceae。在Takhtajan（2009）系统中，将它们分成4目，肉豆蔻目Myristicales（仅肉豆蔻科）、木兰目（包括木兰科和单心木兰科）、瓣蕊花目Himantandrales（仅瓣蕊花科）和番荔枝目（包括帽花木科和番荔枝科），4目处于相邻的位置，实际上是目的复合群。中国没有分布的有3科，单心木兰科是有芳香气味的乔木，含1属2种，为斐济岛特有，多数系统都将它放在木兰目，有人曾单立一目，单心木兰目Degeneriales；瓣蕊花科是高大乔木，含1属2种，分布中心在新几内亚，延伸至太平洋岛屿，南达澳大利亚昆士兰的布里斯班；帽花木科含1属2种，灌木或亚灌木，分布于澳大利亚南部温带，沿东海岸达热带昆士兰及新几内亚，Wu等（2002）将它和瓣蕊花科组成一目，即帽花木目Eupomatiales，二科表现出相似的花结构及花粉特征。

中国有分布的3科中，肉豆蔻科作为一个单系群得到形态和分子证据的支持，分子系统发育关系显示，该科是其他木兰目成员的姐妹群。木兰科和番荔枝科都属于被子植物早期分化的类群（图22）。

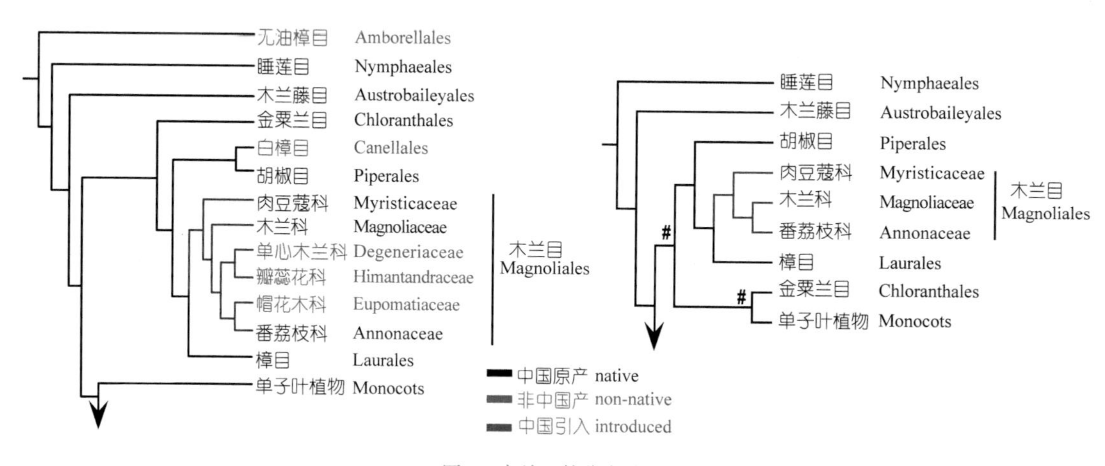

图 22 木兰目的分支关系
被子植物 APG Ⅲ系统（左）；中国维管植物生命之树（右）

科 8. 肉豆蔻科 Myristicaceae

21 属 440~500 种，泛热带分布；中国 3 属 10 种，产云南、广西、广东、海南。

常绿乔木或灌木，植株各部有香气；叶互生，全缘，螺旋状或排成 2 列，无托叶；花序腋生，圆锥状或总状，稀头状或聚伞状；花单性，雌雄异株，稀同株；花被片常 3 裂，稀 2~5 裂；雄蕊 2 至多数，花丝合生成柱状，柱顶有时盘状；子房上位，1 室；蓇果，果皮肉质或近木质，常开裂为 2 果瓣；种子具肉质、完整或撕裂状假种皮。

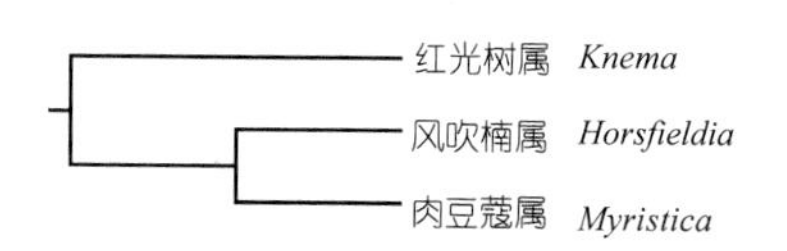

图 23 中国肉豆蔻科植物的分支关系

肉豆蔻科的分支分析显示：中国分布的 3 属中，红光树属 *Knema* 先分出，风吹楠属 *Horsfieldia* 和肉豆蔻属 *Myristica* 相聚而近缘（图 23）。

1. 红光树属 Knema Lour.

乔木；花序总状或近伞形；花单性异株；花被裂片 3（~4），花丝合生成盾状的盘，花药短，分离；假种皮完整，或顶端微撕裂状。

约 90 种，产东南亚至巴布亚新几内亚；中国 6 种，产云南。

假广子 *Knema elegans* Warb.

2. 风吹楠属 Horsfieldia Willd.

乔木；花序疏散，圆锥状；花雌雄异株或同株；花被裂片 3；果卵球形至椭球形，果皮较厚，平滑，假种皮完整，稀顶端微撕裂状。

约 100 种，产南亚、东南亚至大洋洲；中国 3 种，产云南、广西、广东、海南。

风吹楠 *Horsfieldia amygdalina* (Wall.) Warb.

3. 肉豆蔻属 Myristica Gronov.

乔木；花序总状或近伞形；花单性异株；花被裂片2~3；花丝合生成柱状，花药细长，紧密连合；假种皮撕裂至基部或呈条裂状。

72~150 种，产南亚、东南亚至新几内亚、昆士兰、太平洋岛屿；中国 1 种，另引种栽培 3 种，产云南，广东、香港、台湾有栽培。

肉豆蔻 *Myristica fragrans* Houtt.

科 9. 番荔枝科 Annonaceae

113 属 2 300 余种，产北美东部，全球热带和亚热带地区；中国 24 属 120 种，产长江以南地区。

乔木、灌木或攀缘灌木，木质部通常有香气；单叶互生，全缘，羽状脉，有叶柄，无托叶；花单生、簇生或组成圆锥花序、聚伞花序；花通常两性，少数单性，辐射对称；萼片 3，离生或基部合生；花瓣 6，2 轮，稀为 3~4 片，仅 1 轮；雄蕊多数，药隔凸出，花药 2 室，纵裂；心皮 1 至多数，离生，少数合生；成熟心皮离生罕合生成一肉质聚合浆果，通常不开裂，少数呈蓇葖状开裂，有果柄，稀无果柄；种子通常有假种皮，有胚乳。

番荔枝科是一个泛热带分布的大科，科的界限比较清楚，但科下分类系统是难于划分的（吴征镒等，2003）。国产属的分支分析显示蒙蒿子属位于基部；后分两大支；一大支依兰属位于基部，另一大支藤春属位于基部。对照该科主要建立在形态学基础上的分类系统：Kessler 将该科分为 14 个群，在分支图以数字表示群的代码，如 1、2……代表群 1、群 2……；Takhtajan（2009）将本科分为 2 亚科，我国只分布番荔枝亚科 Annonoideae，下分 5 族，我国有 4 族，紫玉盘族 Uvarieae（●）、野独活族 Miliuseae（●）、木瓣树族 Xylopieae（●）和番荔枝族 Annoneae（●）。显然分子性状的分支关系同两个形态学系统存在差异。Chatrou 等（2012）依据分子结果提出了一个新的科下系统，将番荔枝科划分为 4 亚科，其中蒙蒿子属单立为蒙蒿子亚科，依兰属归于澄光木亚科 Ambavioideae，其余 2 个分支分别属于番荔枝亚科 Annonoideae 和石辕木亚科 Malmeoideae。我们的结果与 Chatrou 等（2012）的结果基本一致（图 24）。

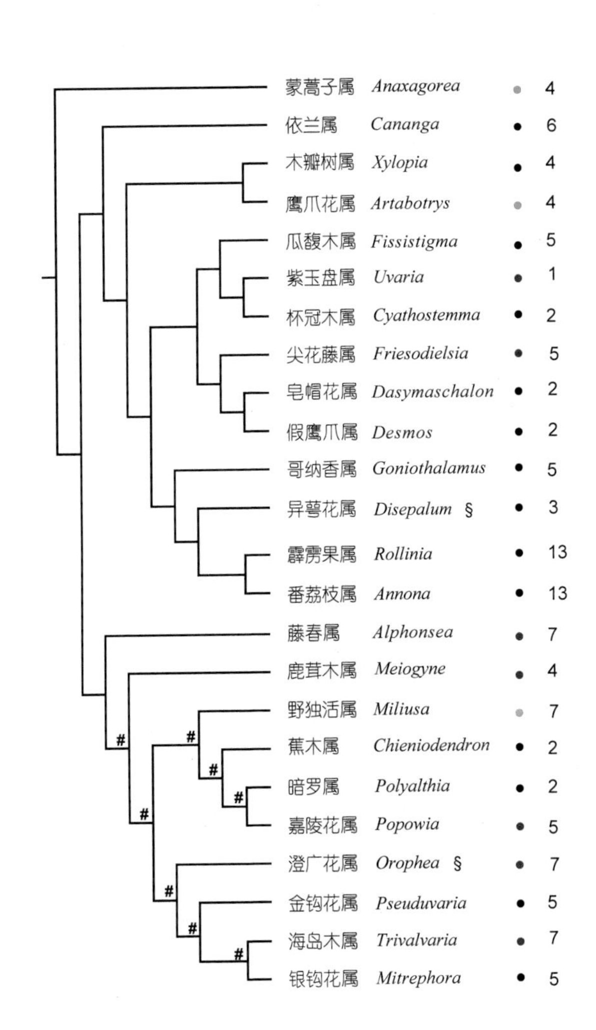

图 24 中国番荔枝科植物的分支关系

1. 蒙蒿子属 Anaxagorea A. St.-Hil.

灌木或小乔木；花单生或簇生；萼片3；花瓣6，2轮；雄蕊多数；心皮少数至多数，成熟时蓇葖状，开裂，具棒状的柄；种子每心皮1~2。

约27种，产热带亚洲和美洲；中国1种，产广西、海南。

蒙蒿子 *Anaxagorea luzonensis* A. Gray

2. 依兰属 Cananga (DC.) Hook. f. & Thomson

乔木或灌木；花大，单生或簇生，黄色；萼片3；花瓣6，2轮；雄蕊多数，药隔顶端延伸成一尖头；心皮多数；浆果，有种子多数。

2种，产热带亚洲至澳大利亚；中国引种栽培1种，栽培于南部地区。

小依兰 *Cananga odorata* var. *fruticosa* (Craib) J. Sinclair

3. 木瓣树属 Xylopia L.

乔木或灌木；花单生或数朵簇生于叶腋；花蕾钻状，外有3棱；萼片3，合生成杯状；花瓣6，2轮，厚，木质，外轮比内轮大；雄蕊多数，药隔三角形；心皮少数至多数，有胚珠2~6；果球形或椭球形，具柄。

约160种，产非洲、美洲、东南亚；中国1种，产广西南部。

木瓣树 *Xylopia vielana* Pierre

4. 鹰爪花属 Artabotrys R. Br.

攀缘灌木，以钩状花序柄攀附他物；花两性；萼片3；花瓣6，2轮，基部内陷；雄蕊多数；心皮4至多数，有胚珠2；果椭球形或球形，具短柄。

约100种，热带非洲、亚洲热带和亚热带地区；中国8种，产西南部、南部至东南部及台湾。

鹰爪花 *Artabotrys hexapetalus* (L. f.) Bhandari

5. 瓜馥木属 Fissistigma Griff.

攀缘灌木；花单生、簇生或为圆锥花序；萼片3；花瓣6，2轮，外轮稍大于内轮；雄蕊多数，药隔顶端三角形或卵形；心皮多数，有胚珠2至多数；果球形或卵球形，具柄。

约75种，产热带非洲、亚洲热带和亚热带地区；中国23种，产长江以南地区。

瓜馥木 *Fissistigma oldhamii* (Hemsl.) Merr.

6. 紫玉盘属 Uvaria L.

攀缘灌木，常被星状毛；花顶生或与叶对生，通常大型，两性，黄色或红色；萼片3；花瓣6，2轮，开展；雄蕊极多数，药隔顶截平；心皮极多数，有胚珠多数；果椭球形或卵球形。

约150种，产热带非洲和热带亚洲；中国8种，产西南部至南部地区。

紫玉盘 *Uvaria macrophylla* Roxb.

7. 杯冠木属 Cyathostemma Griff.

攀缘灌木；花排成多分枝、下垂的聚伞花序，两性或单性；萼片3；花瓣6，2轮，内弯，内轮较小，雄蕊多数，药隔突起而内弯；心皮多数，有多数胚珠；果椭球形，具柄。

约10种，产东南亚；中国1种，产云南南部。

8. 尖花藤属 Friesodielsia Steenis

攀缘灌木；花单生；萼片3；花瓣6，2轮，外轮大而长，内轮短而较小，雄蕊多数，药隔顶端截形；心皮多数，有胚珠1~2；果球形或椭球形，具柄。

50~60种，产热带非洲和热带亚洲；中国1种，产海南。

9. 皂帽花属 Dasymaschalon (Hook. f. & Thomson) Dalla Torre & Harms

灌木或小乔木；花单生；萼片3；花瓣3，1轮，边缘互相黏合成尖帽状；雄蕊多数；心皮多数，有胚珠2至数颗；果念珠状。

约30种，产亚洲热带和亚热带地区；中国6种，产西南部至南部。

喙果皂帽花 *Dasymaschalon rostratum* Merr. & Chun

10. 假鹰爪属 Desmos Lour.

直立或攀缘状灌木，稀为小乔木；花单生或2~4朵簇生，腋生或与叶对生；萼片3；花瓣6，2轮；雄蕊多数，药隔截形或球形；心皮多数：果细长，通常于种子间缢缩成念珠状。

25~30种，分布于亚洲热带和亚热带地区，大洋洲；中国5种，产西南部至南部地区。

假鹰爪 *Desmos chinensis* Lour.

11. 哥纳香属 Goniothalamus (Blume) Hook. f. & Thomson

小乔木或灌木；花单生或几朵簇生；萼片3；花瓣6，2轮，内轮较小具短爪，黏合成一帽状体；雄蕊多数，药隔截形、三角形或圆形；心皮多数，有胚珠1至数颗；果椭球形或卵球形，具短柄。

130~140种，产亚洲热带及亚热带地区；中国11种，产西南部至南部及台湾。

田方骨 *Goniothalamus donnaiensis* Finet & Gagnep.

12. 异萼花属 Disepalum Hook. f.

乔木或灌木；花序顶生，具1~3花，花梗纤细；萼片2~3；花瓣4~6，1~2轮，连合成杯状；雄蕊多数；心皮多数，通常具2胚珠；果椭球形，肉质。

9种，分布于中国南部和中南半岛；中国2种，产西南至南部地区。

窄叶异萼花 *Disepalum petelotii* (Merr.) D. M. Johnson

13. 霹雳果属 Rollinia A. St.-Hil.

乔木或灌木；花序少花；萼片3；花瓣6，2轮，外轮基部连合，外面有距或刺；雄蕊多数；心皮多数；聚合浆果。

约42种，产中美洲、热带南美；中国引种栽培1种，广东有栽培。

14. 番荔枝属 Annona L.

灌木或乔木；花单生或簇生；萼片3；花瓣6，2轮，内轮有时鳞片状或缺；雄蕊多数；心皮多数，近合生；聚合浆果，表面具瘤、刺或平滑。

约100种，产热带美洲和热带非洲；中国7种，栽培于南部地区。

番荔枝 *Annona squamosa* L.

15. 藤春属 Alphonsea Hook. f. & Thomson

乔木；花1至多朵簇生；萼片3；花瓣6，2轮，相等或内轮的较小，通常基部囊状而向内弯；雄蕊多数；心皮1至多数，有胚珠4~8；果球形或柱形，具柄或近无柄。

约23种，产南亚至东南亚；中国6种，产云南、贵州、广西、广东、海南。

海南藤春 *Alphonsea hainanensis* Merr. & Chun

16. 鹿茸木属 Meiogyne Miq.

乔木或灌木；花 1~3 朵腋生；萼片 3；花瓣 6，2 轮，外轮略长于内轮；雄蕊多数，楔形，药隔顶端圆形；心皮 2~7，有胚珠多数，柱头近头状；果卵球形，无柄。

9 种，产南亚至东南亚；中国 1 种，产海南。

鹿茸木 *Meiogyne kwangtungensis* P. T. Li

17. 野独活属 Miliusa Lesch. ex A. DC.

灌木或乔木；花单生、簇生或排成聚伞花序，单性或两性；萼片 3；花瓣 6，2 轮，外轮较小，萼片状，内轮大，边缘黏合，基部囊状，顶端通常反曲；雄蕊多数；心皮多数，有胚珠 1~5；果球形或椭球形，具柄。

约 38 种，产亚洲热带和亚热带地区、澳大利亚；中国 7 种，产西南至南部地区。

云南野独活 *Miliusa tenuistipitata* W. T. Wang

18. 蕉木属 Chieniodendron Tsiang & P. T. Li

乔木；花两性；萼片 3；花瓣 6，2 轮，瓢形；雄蕊多数，药隔顶端截形或近截形；心皮 2~12，有胚珠约 10 颗；果长柱状，具短柄。

1 种，中国特有，产广西南部、海南。

蕉木 *Chieniodendron hainanense* (Merr.) Tsiang & P. T. Li

19. 暗罗属 Polyalthia Blume

乔木或灌木；花单生或数朵丛生，两性，稀单性；萼片 3；花瓣 6，2 轮，近等大，内轮花瓣在开花时全部展开；雄蕊多数，药隔扩大而呈截平；心皮多数，有胚珠 1~2；果球形或椭球形，具柄。

约 120 种，产热带非洲、热带亚洲至西太平洋；中国 17 种，产西南部、南部至台湾。

暗罗 *Polyalthia suberosa* (Roxb.) Thwaites

20. 嘉陵花属 Popowia Endl.

乔木或灌木；花与叶对生或腋上生；萼片 3；花瓣 6，2 轮，外轮与萼片相似，内轮厚，黏合，顶端内弯而覆盖雌雄蕊群；雄蕊多数；心皮少数至多数，有胚珠 1~2；果卵球状或球形，具柄。

约 50 种，产热带非洲、热带亚洲；中国 1 种，产广东南部。

嘉陵花 *Popowia pisocarpa* (Blume) Endl.

21. 澄广花属 Orophea Blume

乔木或灌木；花单生或为聚伞花序；萼片 3；花瓣 6，2 轮，顶端黏合成一帽状体；雄蕊 6~12，药隔顶端急尖；心皮 3~15，有胚珠 1~8；果圆球状，具柄。

约 37 种，产南亚至东南亚；中国 6 种，产云南、广西、广东。

广西澄广花 *Orophea polycarpa* A. DC.

22. 金钩花属 Pseuduvaria Miq.

灌木或乔木；花单生或簇生，单性；萼片 3，花瓣 6，2 轮，外轮短于内轮：雄花雄蕊多数；雌花心皮 3 至多数，有胚珠 2~5；果球形，无柄或具柄。

金钩花 *Pseuduvaria trimera* (Craib) Y. C. F. Su & R. M. K. Saunders

约 56 种，产亚洲热带和亚热带地区；中国 1 种，产云南南部。

23. 海岛木属 Trivalvaria (Miq.) Miq.

灌木或小乔木；花单生或成对，两性或杂性；萼片 3；花瓣 6，2 轮，内轮比外轮大；雄蕊多数；心皮多数，密被毛；种子 1，果椭球形至卵球形。

4 种，产南亚至东南亚；中国 1 种，产海南。

海岛木 *Trivalvaria costata* (Hook. f. & Thomson) I. M. Turner

24. 银钩花属 Mitrephora (Blume) Hook. f. & Thomson

乔木或灌木；花单生或为总状花序，两性，稀单性；萼片 3；花瓣 6，2 轮，外轮较内轮大，内轮具柄，边缘稍黏合，呈圆球状；雄蕊多数；心皮 3 至多数；种子 1 至多数，果球形或卵球形。

约 47 种，产亚洲热带和亚热带地区；中国 3 种，产云南、贵州、广西、海南。

云南银钩花 *Mitrephora wangii* Hu

10. 木兰科 Magnoliaceae

19 属 200~300 种，产南亚、东亚、东南亚，南、北美洲；中国 13 属约 110 种，其中引种栽培 1 属，产长江流域及以南地区，少数种类延伸至东北地区。

乔木或灌木，落叶或常绿；芽为盔帽状的托叶所包；单叶互生，全缘，稀分裂，具羽状脉，托叶脱落后有环状托叶痕；花大型，顶生或腋生；通常两性，稀杂性或单性异株；花被片 6 至多数，排成 2 至多轮，每轮 3 片；雄蕊和心皮均多数，螺旋状排列在伸长的柱状花托上，雄蕊群在下，雌蕊群在上；花药线形，2 室，纵裂；聚合蓇葖果，心皮离生或有时合生，熟时开裂，稀为聚合瘦果而不开裂。

木兰科分 2 亚科，鹅掌楸亚科 Liriodendroideae（▲），位于基部；另一亚科为木兰亚科 Magnolioideae，刘玉壶等（1984）将其分 5 族：木莲族 Manglietieae（●）、木兰族 Magnolieae（●）、盖裂木族 Talaumeae（●）、长蕊木兰族 Alcimandreae（▲）和含笑族 Michelieae（▲），而 Takhtajan（2009）只分木兰族和含笑族 2 族。前 4 族统归木兰族，从分支图中可看出，木兰科属的划分尚需研究（图 25）。

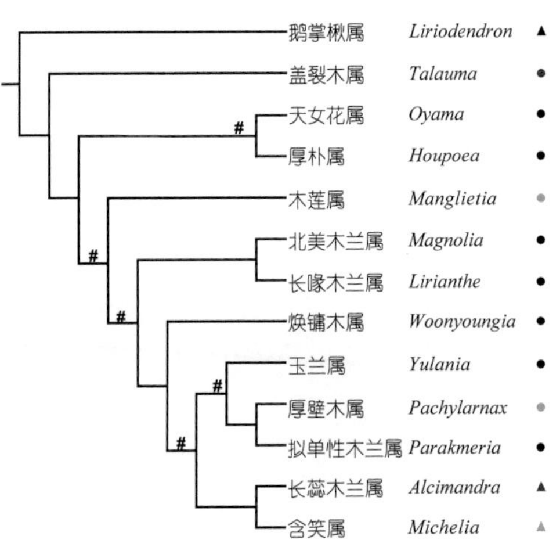

图 25 中国木兰科植物的分支关系

1. 鹅掌楸属 Liriodendron L.

落叶乔木；叶先端近截平，近基部具 1 对或 2 对侧裂片；花顶生；花被片 9~17，近相等；雄蕊多数；心皮多数，有胚珠 2；聚合翅果，木质。

2 种，产东亚和北美东部；中国 1 种，零星分布于长江流域及以南地区。

鹅掌楸 *Liriodendron chinense* (Hemsl.) Sargent

2. 盖裂木属 Talauma Juss.

乔木或大灌木；叶互生；花顶生；花被片 9~21，有时外轮 3 片萼片状；雄蕊多数；心皮多数，有胚珠 2；蓇葖果成熟时木质或骨质盖裂。

约 60 种，产东南亚、热带美洲；中国 1 种，产西藏、云南。

盖裂木 *Talauma hodgsonii* Hook. f. & Thomson

3. 天女花属 Oyama (Nakai) N. H. Xia & C. Y. Wu

落叶乔木；叶互生，排成 2 列；花顶生；花被片 9~12；雄蕊多数；心皮多数，有胚珠 2；蓇葖果沿背缝线开裂。

天女花 *Oyama sieboldii* (K. Koch) N. H. Xia & C. Y. Wu

4种，产亚洲东部及东南部温带地区；中国4种，产西南、南部、东部至东北地区。

4. 厚朴属 Houpoea N. H. Xia & C. Y. Wu

落叶乔木；叶互生，聚生枝顶；花顶生；花被片9~12；雄蕊多数；心皮多数，有胚珠2；聚合蓇葖果圆筒状，沿背缝线开裂。

9种，产东亚、东南亚、北美东部；中国3种，产长江流域及以南地区。

厚朴 *Houpoea officinalis* (Rehder & E. H. Wilson) N. H. Xia & C. Y. Wu

5. 木莲属 Manglietia Blume

常绿乔木；叶互生，常聚生枝顶；花顶生；花被片9~15；雄蕊多数；心皮多数，有胚珠4~14；蓇葖果沿背缝线开裂。

约40种，产亚洲热带和亚热带地区；中国27种，产长江流域以南地区。

倒卵叶木莲 *Manglietia obovalifolia* C. Y. Wu & Y. W. Law

6. 北美木兰属 Magnolia L.

常绿乔木或灌木；叶互生，常聚生枝顶；花顶生；花被片9~12；雄蕊多数；心皮多数，有胚珠2；聚合蓇葖果卵球形，沿背缝线开裂。

约20种，产北美东部和南部、中美洲；中国引种栽培1种，各地广泛栽培。

荷花木兰 *Magnolia grandiflora* L.

7. 长喙木兰属 Lirianthe Spach

常绿乔木或灌木；叶互生，常聚生枝顶；花顶生；花被片9~12；雄蕊多数；心皮多数，有胚珠2；聚合蓇葖果椭球形，沿背缝线开裂。

约12种，产东南亚；中国8种，产长江流域以南地区。

山木兰 *Lirianthe delavayi* (Franch.) N. H. Xia & C. Y. Wu

8. 焕镛木属 Woonyoungia Y. W. Law

常绿乔木；叶互生；花顶生，单性；花被片 6~7；雄蕊多数；心皮多数，有胚珠 2；蓇葖果沿背缝线开裂。

3 种，分布于中国西南地区、中南半岛；中国 1 种，产西南地区。

焕镛木 *Woonyoungia septentrionalis* (Dandy) Y. W. Law

9. 玉兰属 Yulania Spach

落叶乔木或灌木；叶互生；花顶生；花被片 9~15（~45），有时外轮 3 片萼片状；雄蕊多数；心皮多数，有胚珠 2；蓇葖果沿背缝线开裂。

约 25 种，产亚洲温带和亚热带地区、北美；中国 18 种，产长江流域及以南地区。

紫玉兰 *Yulania liliiflora* (Desr.) D. L. Fu

10. 厚壁木属 Pachylarnax Dandy

乔木；幼叶在芽中开展；叶互生，聚生枝顶；花顶生，两性；花被片 9；雄蕊多数；心皮多数，有胚珠 3~5；蓇葖果沿腹缝线开裂。

3 种，产印度、中国、中南半岛、马来半岛；中国 1 种，产云南东南部。

华盖木 *Pachylarnax sinica* (Y. W. Law) N. H. Xia & C. Y. Wu

11. 拟单性木兰属 Parakmeria Hu & W. C. Cheng

乔木；幼叶在芽中开展；叶互生；花顶生，两性或杂性；花被片 12；雄蕊多数；心皮多数，有胚珠 2；蓇葖果沿背缝线开裂。

5 种，分布于中国和缅甸；中国 5 种，产西南地区至东南地区。

乐东拟单性木兰 *Parakmeria lotungensis* (Chun & C. H. Tsoong) Y. W. Law

12. 长蕊木兰属 Alcimandra Dandy

乔木；叶互生；花顶生，两性；花被片 9；雄蕊多数，花丝短，花药极长，线形，药隔延伸成一舌状的短附属体；心皮多数，有胚珠 2~5；蓇葖果沿背缝线开裂。

1 种，产不丹、印度东北部、中国西南部、缅甸北部、越南北部；中国产西藏、云南。

长蕊木兰 *Alcimandra cathcartii* (Hook. f. & Thomson) Dandy

13. 含笑属 Michelia L.

乔木或大灌木；花腋生；花被片 9~21，有时外轮 3 片萼片状；雄蕊多数；心皮多数，胚珠 2；心皮成熟时分离或完全合生。

约 70 种，产亚洲热带和亚热带地区；中国 37 种，另引种栽培 2 种，产长江流域及以南地区。

含笑花 *Michelia figo* (Lour.) Spreng.

目 5. 樟目 Laurales

樟目 Laurales 的单系发生得到了基于分子和形态分支分析的支持（Doyle & Endress，2000；Soltis et al.，2000；Judd et al.，2008）。该目包括 7 科（APG Ⅲ，2009）或 8 科（Takhtajan，2009），但其范畴是一致的，只是 Takhtajan 将分布于澳大利亚东北部热带雨林的单型科奇子树科 Idiospermaceae 从蜡梅科 Calycanthaceae 分出独立 1 科。在 7 科中，中国没有分布的有 4 科：坛罐花科 Siparunaceae，2 属 150 种，分布于热带美洲、西非；奎乐果科 Gomortegaceae，1 属 1 种，智利中部特有；香皮檫科 Atherospermataceae，7 属 16 种，分布于澳大利亚、新几内亚、新西兰、新喀里多尼亚和智利；玉盘桂科 Monimiaceae，23 属 200 种，主要分布于南半球热带和亚热带地区；有的系统将坛罐花科和香皮檫科作为玉盘桂科的不同亚科（Wu et al.，2002）。我国分布的蜡梅科 Calycanthaceae 曾经归入木兰目 Magnoliales （Melchior, 1964；Cronquist，1981），有的单立蜡梅目 Calycanthales（Takhtajan，1997）或单科的蜡梅亚纲 Calycanthidae（Wu et al.，2002；吴征镒等，2003）；莲叶桐科 Hernandiaceae 和樟科 Lauraceae 互为姐妹科关系，得到形态和分子分析的支持（图 26）。

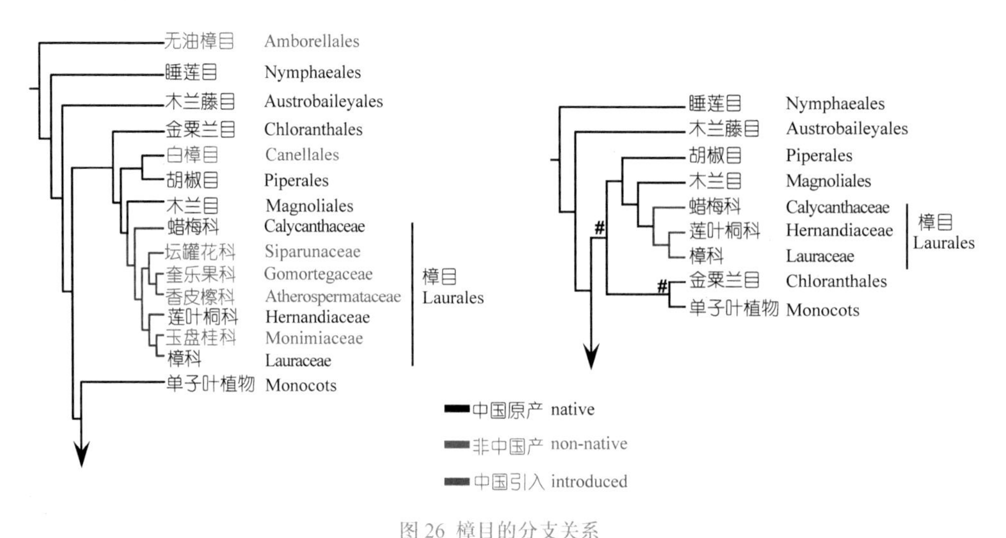

图 26 樟目的分支关系

被子植物 APG Ⅲ系统（左）；中国维管植物生命之树（右）

科 11. 蜡梅科 Calycanthaceae

3 属 10 种，产东亚和北美洲；中国 2 属 7 种，产黄河以南各省区。

灌木或小乔木，落叶或常绿，具油细胞；单叶对生，羽状脉，全缘或近全缘，无托叶；花两性，单生，常芳香，花被片多数，外轮似苞片，内轮花瓣状；雄蕊多数；心皮 1 至多数，离生，生于杯状花托内；聚合瘦果着生于坛状果托中。

1. 夏蜡梅属 Calycanthus L.

落叶灌木；芽不具鳞片，被叶柄基部所包；单叶对生，膜质，羽状脉；花顶生，常有香气；花被片 15~30，肉质，覆瓦状排列；雄蕊 10~19，退化雄蕊 11~25；心皮 10~35，每心皮含 2 胚珠；果托梨形。

3 种，分布于中国东部、北美洲；中国 1 种，产安徽、浙江。

夏蜡梅 *Calycanthus chinensis* (W. C. Cheng & S. Y. Chang) P. T. Li

2. 蜡梅属 Chimonanthus Lindl.

常绿或落叶灌木；芽具鳞片，不为叶柄基部所包；单叶对生或近对生，纸质或近革质，羽状脉，叶上面粗糙；花单生叶腋，芳香；花被片 15~25，膜质；雄蕊 4~8，退化雄蕊少数至多数；心皮 5~15，离生；果托坛状；瘦果长圆形。

6 种，中国特有，产黄河以南各地。

蜡梅 *Chimonanthus praecox* (L.) Link

科 12. 莲叶桐科 Hernandiaceae

5 属约 60 种，泛热带分布；中国 2 属 13 种，另引种栽培 1 属，产西南部、南部、东南部至台湾。

乔木、灌木或攀缘藤本；单叶或掌状复叶；伞房花序或聚伞状圆锥花序，腋生或顶生；花两性、单性或杂性，辐射对称；花萼 3~5 裂，基部管状；花瓣 3~5；雄蕊 3~5，花丝基部外侧常有附属物，花药 2 室，瓣裂；子房下位，1 室，含 1 胚珠；核果，包藏于膨大的总苞内，或具翅；种子 1，无胚乳。

1. 莲叶桐属 Hernandia L.

常绿乔木；叶互生，有时盾状着生，3~7 脉；圆锥花序；花单性同株，具总苞，生于花序分枝顶端，雌花居中，4~8 数，雄花侧生，3~6 数；雄蕊花丝有腺体 1~2 或缺；子房下位，1 室，含 1 胚珠；果包藏于扩大的总苞内。

约 22 种，泛热带分布，但主产印度至太平洋地区；中国 1 种，产海南、台湾。

莲叶桐 *Hernandia nymphaeifolia* (C. Presl) Kubitzki

2. 青藤属 Illigera Blume

藤本；掌状复叶互生，小叶 3 枚，稀 5，全缘；聚伞花序；花 5 数，有小苞片；雄蕊花丝基部具 1 对腺体；子房 1 室，下位，含 1 胚珠；果有 2 阔翅和 2 狭翅。

约 20 种，从非洲西部至马达加斯加，从华南经马来西亚至新几内亚西部；中国 12 种，产西南部至台湾。

宽药青藤 *Illigera celebica* Miq.

科 13. 樟科 Lauraceae

59 属 3 000~3 500 种，广布热带地区，少数种类延伸至温带；中国 25 属 445 种，另引种栽培 3 属，广布长江流域及以南地区，少数种类延伸至山东、辽宁。

乔木或灌木，常绿或落叶，稀为寄生藤本，植株常芳香；叶互生、对生、近对生或轮状聚生枝顶，通常革质，全缘，极少有分裂；花序圆锥状、总状或伞形，末端分枝为 3 花或多花的聚伞花序；花两性或单性，辐射对称，3 基数或 2 基数；花被裂片排成 2 轮，等大或不等大；雄蕊通常排成 4 轮，花药 4 室或 2 室，瓣裂，外面 2 轮雄蕊内向，第 3 轮外向，花丝具 1 对腺体，第 4 轮退化为腺体状；子房上位，稀为半下位或下位；浆果，具 1 枚种子，有时核果状。

传统上樟科分 2 亚科 2~5 族，即无根藤亚科 Cassythoideae（▲）和月桂亚科 Lauroideae，下分鳄梨族 Perseae（●）、月桂族 Laureae（●），Takhtajan（2009）还分出樟族 Cinnamomeae（▲）及另外 2 族（中国不产）。分支图显示，首先分二大支：第一大支无根藤属位于基部，其他为鳄梨族成员，第二大支分 3 支，其中 2 支仍为鳄梨族成员，第 3 支主要是月桂族成员，樟族的 2 属插入其中（图 27）。显然樟科的次级分类尚需研究，根据分子和形态，按照分支关系分为若干属群是可取的。

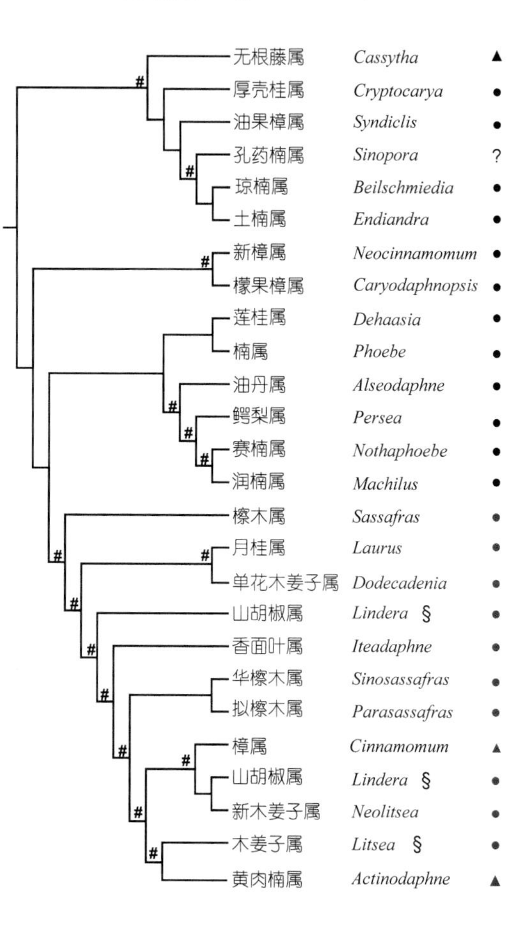

图 27 中国樟科植物的分支关系

1. 无根藤属 Cassytha Osbeck

寄生缠绕藤本；茎线形；叶退化为鳞片状；穗状、头状或总状花序；花两性，3 基数；雄蕊 2 药室；果包于肉质的花被筒内，顶端开口，有宿存的花被裂片。

15~20 种，泛热带分布；中国 1 种，产西南部、南部至东部。

无根藤 *Cassytha filiformis* L.

2. 厚壳桂属 Cryptocarya R. Br.

常绿乔木或灌木；叶互生，羽状脉，稀为离基三出脉；圆锥花序；花两性，3 基数；雄蕊 2 药室；浆果核果状，包于肉质或硬化的花被筒内，顶端开口，外面光滑或有多数纵棱。

200~250 种，产热带和亚热带地区；中国 21 种，产西南部、南部至东部。

贫花厚壳桂 *Cryptocarya depauperata* H. W. Li

3. 油果樟属 Syndiclis Hook. f.

常绿乔木；叶互生，羽状脉；圆锥花序；花两性，2 基数；雄蕊 2 药室；子房上位；果大，球形或陀螺形，果皮薄壳质，无果托。

10 种，产不丹和中国；中国 9 种，产云南、广西、海南。

麻栗坡油果樟 *Syndiclis marlipoensis* H. W. Li

4. 孔药楠属 Sinopora J. Li, N. H. Xia & H. W. Li

常绿乔木；叶互生，羽状脉；圆锥花序；花两性，3 基数；雄蕊 2 药室；子房上位；果大，球形，果皮薄壳质，无果托。

1 种，中国特有，产香港。

5. 琼楠属 Beilschmiedia Nees

常绿乔木，稀为灌木；叶互生或近对生，羽状脉，网脉通常明显；圆锥花序；花两性，3 基数；雄蕊 2 药室；子房上位；果球形、椭球形、卵形或长柱形，无果托。

250~300 种，泛热带分布；中国 40 种，产西南部、南部至东部，向北可达重庆。

滇琼楠 *Beilschmiedia yunnanensis* Hu

6. 土楠属 Endiandra R. Br.

常绿乔木；叶互生，羽状脉；圆锥花序；花两性，3 基数；仅第 3 轮雄蕊可育，2 药室，其余各轮退化；子房上位；果长圆形或近球形，无果托。

100 余种，产印度经东南亚至澳大利亚和太平洋岛屿；中国 3 种，产云南、广西、海南、台湾。

长果土楠 *Endiandra dolichocarpa* S. K. Lee & Y. T. Wei

7. 新樟属 Neocinnamomum H. Liu

乔木或灌木；叶互生，三出脉；伞形花序单个腋生或组成圆锥花序；花两性，3 基数；雄蕊 4 药室；子房上位；果托增大成杯状，连同果实构成葫芦形。

约 7 种，产南亚、中国南部、中南半岛至印度尼西亚；中国 5 种，产西南地区和海南。

沧江新樟 *Neocinnamomum mekongense* (Hand.-Mazz.) Kosterm.

8. 檬果樟属 Caryodaphnopsis Airy Shaw

乔木或灌木；叶对生，离基三出脉；圆锥花序；花两性，3 基数；花被裂片内外轮极不等大；雄蕊 4 药室，稀为 2 药室；果大，倒卵形或球形，核果状，无果托。

约 16 种，产热带亚洲和热带美洲；中国 4 种，产云南。

小花檬果樟 *Caryodaphnopsis henryi* Airy Shaw

9. 莲桂属 Dehaasia Blume

乔木或灌木；叶聚生枝顶，羽状脉；圆锥花序；花两性，3 基数；雄蕊 2 药室；子房上位；果卵形，果梗肉质膨大，花被片脱落。

约 35 种，产东南亚；中国 3 种，产广东、海南、台湾。

腰果楠 *Dehaasia incrassata* (Jack) Kosterm.

10. 楠属 Phoebe Nees

乔木或灌木；叶互生，常聚生枝顶，羽状脉；圆锥花序；花两性，3 基数，花被裂片等大或稍不等大；雄蕊 4 药室；子房上位；宿存花被片包被果基部，紧贴或直伸，无果托。

近 100 种，产亚洲热带和亚热带地区；中国 35 种，广布长江流域及以南地区。

大果楠 *Phoebe macrocarpa* C. Y. Wu

11. 油丹属 Alseodaphne Nees

乔木或灌木；叶互生，常聚生枝顶，羽状脉；圆锥花序；花两性，3 基数；雄蕊 4 药室；子房上位；果梗常膨大，花被片脱落。

西畴油丹 *Alseodaphne sichourensis* H. W. Li

50 种以上，产斯里兰卡、中国南部至东南亚；中国 10 种，产云南、广西、海南。

12. 鳄梨属 Persea Mill.

乔木或灌木；叶互生，常聚生枝顶，羽状脉；圆锥花序；花两性，3 基数；雄蕊 4 药室；子房上位；果小而球形或大而梨形，花被片脱落，无果托。

约 50 种，产美洲；中国南部引种栽培 1 种。

鳄梨 *Persea americana* Mill.

13. 赛楠属 Nothaphoebe Blume

乔木或灌木；叶互生，常聚生枝顶，羽状脉；圆锥花序；花两性，3 基数，花被片不等大；雄蕊 4 药室；子房上位；宿存花被片包被果基部，开展，无果托。

约 40 种，产东南亚、北美；中国 2 种，产西南地区和台湾。

赛楠 *Nothaphoebe cavaleriei* (H. Lév.) Yen C. Yang

14. 润楠属 Machilus Rumph. ex Nees

乔木；叶互生，常聚生枝顶，羽状脉；圆锥花序；花两性，3 基数；雄蕊 4 药室；子房上位；果通常球形，宿存花被片包被果基部，反折，无果托。

100 种以上，产亚洲热带和亚热带地区；中国 82 种，广布长江流域及以南地区。

绒毛润楠 *Machilus velutina* Benth.

15. 檫木属 Sassafras J. Presl

落叶乔木；叶互生，羽状脉或离基三出脉，不裂或 2~3 浅裂；圆锥花序；花单性异株，3 基数；雄蕊 4 药室，有时 2~3 室；子房上位；果卵球形，果托浅杯状。

3 种，分布于中国、北美；中国 2 种，产长江以南地区和台湾。

檫木 *Sassafras tzumu* (Hemsl.) Hemsl.

16. 月桂属 Laurus L.

小乔木；叶互生，羽状脉；伞形花序，具 4 枚总苞片；花单性异株，2 基数；雄蕊 4 药室；子房上位；果卵球形，果托浅杯状。

3 种，产马卡罗尼西亚、地中海地区；中国引种栽培 1 种，栽培于长江以南地区。

月桂 *Laurus nobilis* L.

17. 单花木姜子属 Dodecadenia Nees

乔木; 叶互生,羽状脉; 伞形花序仅具1花; 花单性异株,3 基数; 雄蕊 4 药室; 子房上位; 果椭球形,果托浅杯状。

1 种,产喜马拉雅南部、尼泊尔至不丹; 中国 1 种,产西藏、四川、云南。

18. 山胡椒属 Lindera Thunb.

乔木或灌木,常绿或落叶; 叶互生,有时聚生枝顶,羽状脉、三出脉或离基三出脉; 伞形花序,具 4 枚总苞片; 花单性异株,3 基数; 雄蕊 2 药室; 子房上位; 果球形或卵球形,果托浅杯状、盘状或深杯状。

约 100 种,产亚洲温带和热带地区、北美; 中国 38 种,广布长江流域及以南地区,并向北延伸至山东、辽宁。

山胡椒 *Lindera glauca* (Siebold & Zucc.) Blume

19. 香面叶属 Iteadaphne Blume

小乔木或灌木; 叶互生,三出脉; 伞形花序仅具 1 花; 花单性异株,3 基数; 雄蕊 2 药室; 子房上位; 果球形,果托浅杯状。

3 种,产印度、中国、中南半岛; 中国 1 种,产云南、广西。

香面叶 *Iteadaphne caudata* (Nees) H. W. Li

20. 华檫木属 Sinosassafras H. W. Li

乔木; 叶互生,离基三出脉; 伞形花序; 花单性异株,3 基数; 雄蕊 2 药室; 子房上位; 果球形,果托浅杯状。

1 种,分布于中国、缅甸; 中国产西藏、云南。

华檫木 *Sinosassafras flavinervium* (C. K. Allen) H. W. Li

21. 拟檫木属 Parasassafras D. G. Long

乔木; 叶互生,离基三出脉; 伞形花序; 花单性异株,3 基数; 雄蕊 4 药室; 子房上位; 果球形,果托浅杯状。

1 种,产不丹、中国、印度、缅甸; 中国产西藏、云南。

拟檫木 *Parasassafras confertiflorum* (Meisn.) D. G. Long

22. 樟属 **Cinnamomum** Schaeff.

乔木或灌木；叶互生或近对生，羽状脉、三出脉或离基三出脉；圆锥花序；花两性，3 基数；雄蕊 4 药室；子房上位；果球形，果托杯状，边缘截平或具裂片和小齿。

约 250 种，产亚洲热带和亚热带地区、澳大利亚、太平洋岛屿、热带美洲；中国 49 种，广布长江流域及以南地区。

岩樟 *Cinnamomum saxatile* H. W. Li

23. 新木姜子属 **Neolitsea** (Benth.) Merr.

乔木或灌木；叶互生，常聚生枝顶，羽状脉或三出脉；伞形花序，具交互对生的总苞片；花单性异株，2 基数；雄蕊 4 药室；子房上位；果球形，果托浅杯状。

约 85 种，产南亚、东亚至东南亚；中国 45 种，产长江流域及以南地区。

舟山新木姜子 *Neolitsea sericea* (Blume) Koidz.

24. 木姜子属 **Litsea** Lam.

乔木或灌木，常绿或落叶；叶互生，羽状脉；伞形花序，具交互对生的总苞片；花单性异株，3 基数；雄蕊 4 药室；子房上位；果球形或卵球形，果托浅杯状、盘状或深杯状。

约 200 种，产亚洲热带和亚热带地区；中国 74 种，广布长江流域及以南地区。

豺皮樟 *Litsea rotundifolia* var. *oblongifolia* (Nees) C. K. Allen

25. 黄肉楠属 **Actinodaphne** Nees

乔木或灌木；叶互生，常聚生枝顶，羽状脉，稀为离基三出脉；伞形花序单生、簇生或组成圆锥状，具覆瓦状排列的总苞片，早落；花单性异株，3 基数；雄蕊 4 药室；子房上位；果球形或卵球形，果托浅杯状、盘状或深杯状。

约 100 种，产亚洲热带和亚热带地区；中国 17 种，产长江流域以南地区。

毛尖树 *Actinodaphne forrestii* (C. K. Allen) Kosterm.

目 6. 金粟兰目 Chloranthales

金粟兰目 Chloranthales 只包含一个小科，即金粟兰科 Chloranthaceae。它的系统位置一直未能确定。早期 Bentham 与 J. D. Hooker 将金粟兰科放在单被花亚纲 Monochlamydeae 微子类 Micrembryeae；Engler 的后续系统 Melchior（1964）将其放在原始花被亚纲 Archichlamydeae 胡椒目 Piperales，Cronquist（1981）跟随了这一处理；Thorne（1992）将其放在木兰目 Magnoliales 樟亚目 Laurineae；Dahlgren（1983）和 Takhtajan（1997）一致赞成作为单独的目，即金粟兰目；Wu 等（2002）和吴征镒等（2003）将其提升为亚纲的地位；APG Ⅲ（2009）根据 Moore 等（2007）的分析及形态学性状的独特性支持其作为独立目，可见该目的系统关系是十分隔离的。在 APG Ⅲ系统中，它处于木兰类的基部，我们分析它与单子叶植物互为姐妹群，尚值得进一步研究。金粟兰目是十分古老的，Friis 等（2011）总结了金粟兰科的化石历史，指出在被子植物的演化史上，金粟兰科是分化很早的一个类群，花粉化石发现于中亚白垩纪欧特里夫期 – 巴雷姆期（135~124 百万年前），比较可靠的雄花和雌花化石发现于葡萄牙晚巴雷姆期到早阿普特期（约 124 百万年前）。金粟兰科植物的花十分简单，单性花的雄花仅有 1（~3）枚雄蕊、雌花 1 枚心皮，两性花由 1 枚雄蕊和 1 枚心皮组成。联想到被子植物最基部的独蕊草科 Hydatellaceae，雄花 1 枚雄蕊、雌花 1 枚心皮，以及目前发现最早的被子植物化石古果科 Archaefructaceae 的简单花（Sun et al.，1998，2002），我们认为简单花及单性花在被子植物起源的早期就分化出来了，简单花不都是从复杂花简化的，单性花也不都是从两性花退化而来的（图 28）。

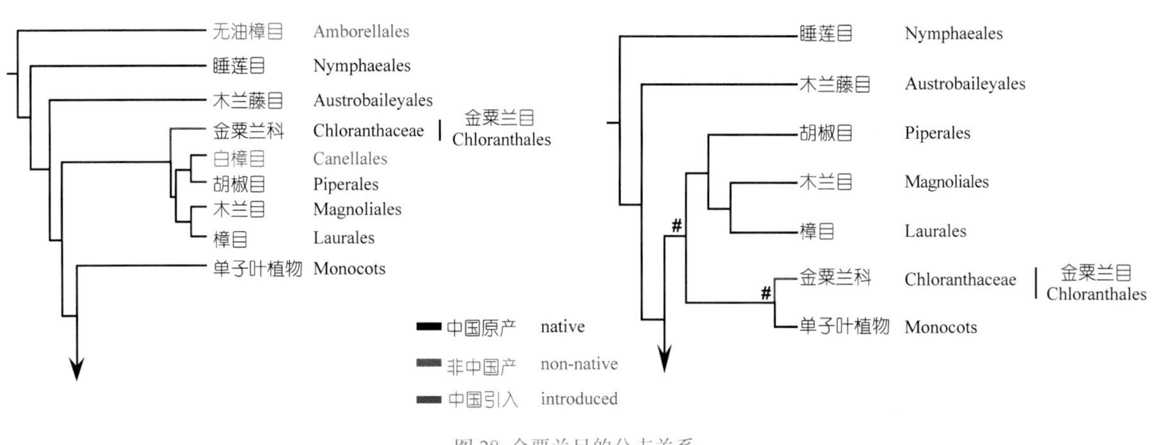

图 28 金粟兰目的分支关系

被子植物 APG Ⅲ系统（左）；中国维管植物生命之树（右）

科 14. 金粟兰科 Chloranthaceae

5 属约 70 种，分布于热带和亚热带地区；中国 3 属 16 种。

草本或灌木，稀乔木；叶对生，单叶；托叶小；花小，两性或单性，穗状花序、头状花序或圆锥花序；无花被，有时雌花有具 3 齿的浅杯状花被；雄蕊 1~3，合生成一体；子房 1 室，胚珠单生；核果。

1. 雪香兰属 Hedyosmum Sw.

灌木或直立亚灌木，有香味；枝有结节；叶常有锯齿，叶柄基部合生成一鞘；花单性同株或异株，为腋生或假顶生花序，雄花序穗状，无苞片，花药 1 枚，近无柄；雌花序头状或疏离；花被管与子房合生，顶端微 3 齿裂；果球形或卵形，有时有 3 棱。

约 41 种，分布于美洲热带和东南亚；中国仅 1 种，特产海南。

雪香兰 *Hedyosmum orientale* Merr. & Chun

2. 金粟兰属 Chloranthus Sw.

多年生草本或灌木；顶生或腋生的穗状花序或圆锥花序，雌、雄花合生成对，生于极小的苞腋内；雄蕊 3 枚合生成一片状体，3 裂，中央裂片花药 2 室，两侧花药 1 室；核果球形、倒卵形或梨形，成熟时白色。

约 15 种，分布于亚洲温带至热带地区；中国 13 种，其中 9 种为特有种，主产南部和西南部，少数达北部。

银线草 *Chloranthus japonicus* Siebold

3. 草珊瑚属 Sarcandra Gardner

亚灌木，光滑；木质部无导管；叶通常很多对；叶柄短，在基部合生形成一短鞘；叶边缘有锯齿，齿尖具 1 腺体；花两性，无花被和花梗；有三角形苞片 1 枚，宿存；雄蕊 1 枚，肉质，棒状至扁平；花药 2（~3）室；核果球状或卵球形，成熟时红色或橙黄色。

3 种，分布于亚洲东部至印度；中国 2 种，产西南部至东南部。

草珊瑚 *Sarcandra glabra* (Thunb.) Nakai

目 7. 菖蒲目 Acorales

菖蒲目 Acorales 只含单属科菖蒲科 Acoraceae，过去它作为天南星科 Araceae 中较原始的亚科菖蒲亚科 Acoroideae，也有不少作者主张独立成科（Grayum，1987，1990；Thorne, 1992）。根据 *rbc*L 序列的分支分析，

Chase 等（1993，1995）提出菖蒲属 *Acorus* 是其他单子叶植物的姐妹群，菖蒲目是单子叶植物最基部分支。加之它有一系列包括化学、形态、花粉、胚胎学性状不同于大多数天南星科的植物。Duvall 等（1993）认为“菖蒲属代表了祖先单子叶植物最古老的残存传代线”。Takhtajan 在 1997 年的系统中，将菖蒲科单独立目放在天南星超目 Aranae，而在其最后修订的系统（2009 年）中，将菖蒲科归入天南星目。在 Wu 等（2002）的系统中，将菖蒲科放在天南星目，并提升为天南星亚纲。本研究的分析结果支持菖蒲目（科）在单子叶植物最基部的位置（图 29）。

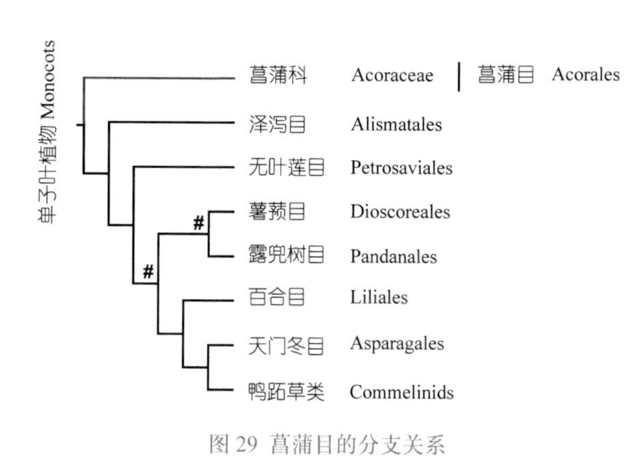

图 29 菖蒲目的分支关系

科 15. 菖蒲科 Acoraceae

1 属 2~4 种，产北半球温带和热带区域；中国 2~4 种，产全国各地。

多年生草本，具匍匐根状茎；叶 2 列，基部鞘状，互相套叠；肉穗花序，外被叶状的箭形佛焰苞；花两性，花被片 6，雄蕊 6，花丝长线形，与花被片等长；子房上位，2~3 室；每室胚珠多数；浆果，藏于宿存花被之下。

1. 菖蒲属 Acorus L.

属的鉴定特征及分布同科。

菖蒲 *Acorus calamus* L.

目 8. 泽泻目 Alismatales

泽泻目 Alismatales 是一群水生、半水生、沼生或生于潮湿环境的植物。曾被作为泽泻亚纲 Alismatidae 放在单子叶植物最原始或较原始的位置（Wu et al.，2002）。APG Ⅲ（2009）系统包括 13~14 科，中国均有分布。而 Takhtajan 在 2009 年修订的系统中，将这 13 科分在相近的 4 目：即无叶莲目 Petrosaviales（含无叶莲科 Petrosaviaceae 和岩菖蒲科 Tofieldiaceae），水鳖目 Hydrocharitales（包括花蔺科 Butomaceae、水鳖科 Hydrocharitaceae、水蕹科 Aponogetonaceae 和茨藻科 Najadaceae 4 科），泽泻目（含黄花蔺科 Limnocharitaceae 和泽泻科 Alismataceae），眼子菜目 Potamogetonales（包括冰沼草科 Scheuchzeriaceae、水麦冬科 Juncaginaceae、眼子菜科 Potamogetonaceae、大叶藻科 Zosteraceae、海神草科 Posidoniaceae、川蔓藻科 Ruppiaceae、丝粉藻科 Cymodoceaceae、角果藻科 Zannichelliaceae 8 科）和天南星目 Arales（含天南星科 Araceae）。从 Takhtajan 细分的目可以看出，它们包含的科间的亲缘性。本研究的分析结果比较符合 Chase 等（2003，2005）的分析，天南星科位于该目的最基部，是其他科的姐妹群，岩菖蒲科是连续的姐妹群，其后是泽泻科 –（花蔺科 + 水鳖科）分支，（大叶藻科 + 眼子菜科）– 海神草科 –（川蔓藻科 + 丝粉藻科）分支得到形态学共衍征的支持（Dahlgren & Rasmussen，1983；Judd et al.，2008），海生被子植物存在于水鳖科、大叶藻科、丝粉藻科和海神草科（Les，1997；Judd et al.，2008），从淡水到海水的生境转化在泽泻目中至少发生过两次。但对该群目的划分是需要研究的问题（图 30）。

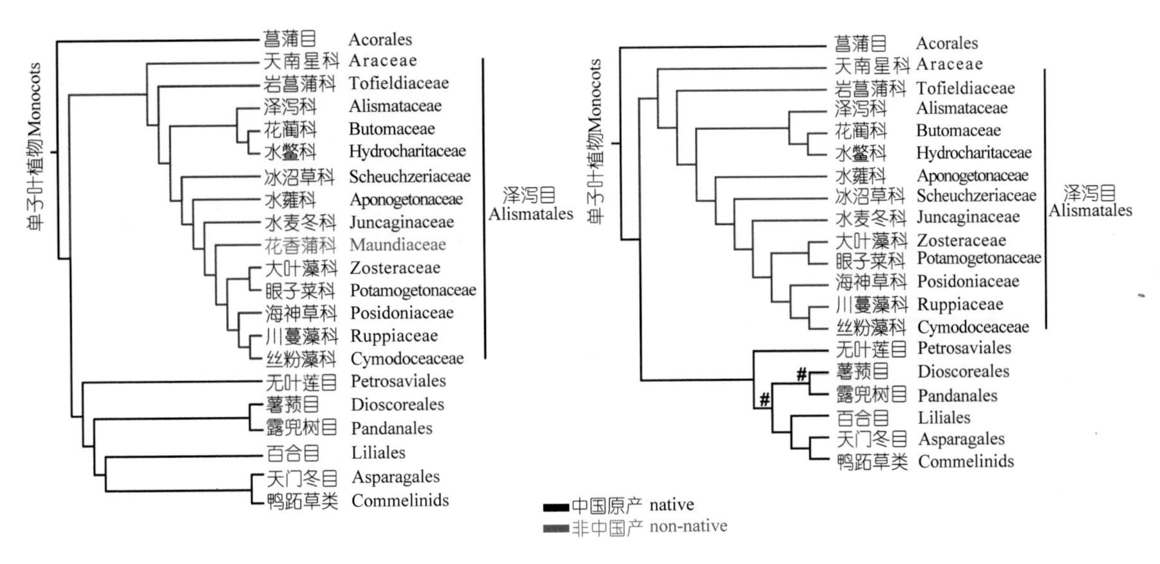

图 30 泽泻目的分支关系
被子植物 APG Ⅲ系统（左）；中国维管植物生命之树（右）

科 16. 天南星科 Araceae

112 属 3 300~3 500 种，近全球分布，主产热带地区；中国 30 属 189 种，另引种栽培 18 属，逸生 2 属，产全国各地。

草本，稀为攀缘灌木或附生藤本；叶基生或茎生，叶片全缘或各式分裂；肉穗花序，外被佛焰苞；花两性或单性，辐射对称，花被片排成 2 轮，每轮 2 或 3 枚，稀退化；雄蕊与花被片同数，稀更多；子房上位，稀陷入肉穗花序轴内，1 至多室，胚珠 1 至多数；浆果分离，稀紧密结合为聚花果。

天南星科是一个以热带分布为主的大科，科下分为 7 亚科约 32 族。本分析还包括浮萍科 Lemnaceae。在国产属的分支图上，水金杖亚科 Orontioideae 的臭菘属（■）位于基部；第 2 支是浮萍亚科 4 属（■）；其余是以天南星科的核心群组成的大支，分为 2 支：1 支由亚科Ⅲ石柑亚科 Pothoideae（2 属）（▲）和亚科Ⅳ龟背竹亚科 Monsteroideae（5 属）（▲）组成；另 1 支亚科Ⅴ刺芋亚科 Lasioideae 的刺芋属（■）位于基部，其余基本属于天南星亚科 Aroideae（▲），只有单型属的亚科Ⅵ水芋亚科 Calloideae（▲）插入其中；天南星亚科被分为 26 族，族下属间近缘性也表现得很清楚，如族 25 芋族 Colocasieae 的芋属等 4 属分支及族 23 疆南星族 Areae 犁头尖属等 4 属分支都表现出其亲缘性（图 31）。

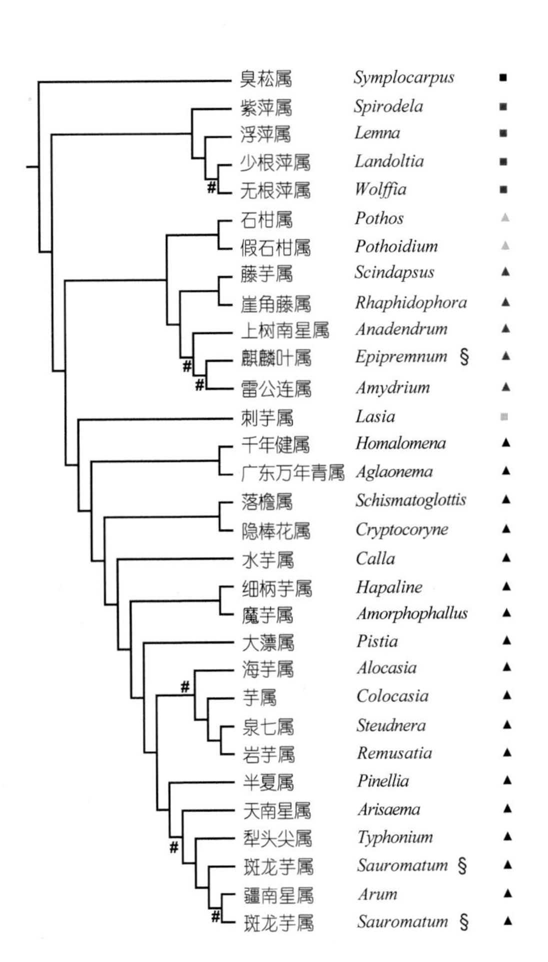

图 31 中国天南星科植物的分支关系

1. 臭菘属 Symplocarpus Salisb. ex W. P. C. Barton

多年生草本；叶片宽大，浅心形或心状卵形，花后生出；花序柄短，佛焰苞厚，卵状球形，肉穗花序远短于佛焰苞；花有臭味，两性，花被片 4；雄蕊 4；子房 1 室，胚珠 1，下部陷于花序轴上。

5 种，产东亚和北美东部的温带地区；中国 2 种，产黑龙江。

臭菘 *Symplocarpus renifolius* Tzvelev

2. 紫萍属 Spirodela Schleid.

水生漂浮草本；叶状体盘状，长为宽的 1~1.5 倍，具 7~16 脉，背面具多条根，束生；花序藏于叶状体的侧囊内；佛焰苞袋状，含 2 个雄花和 1 个雌花。

3 种，广布全球；中国 1 种，全国大部分地区分布。

紫萍 *Spirodela polyrhiza* (L.) Schleiden

3. 浮萍属 Lemna L.

水生漂浮草本；叶状体扁平，1~5 脉，背面具 1 条根；花单性，雌雄同株，佛焰苞膜质，每花序有雄花 2，雌花 1。

13 种，广布全球；中国 5 种，产全国各地。

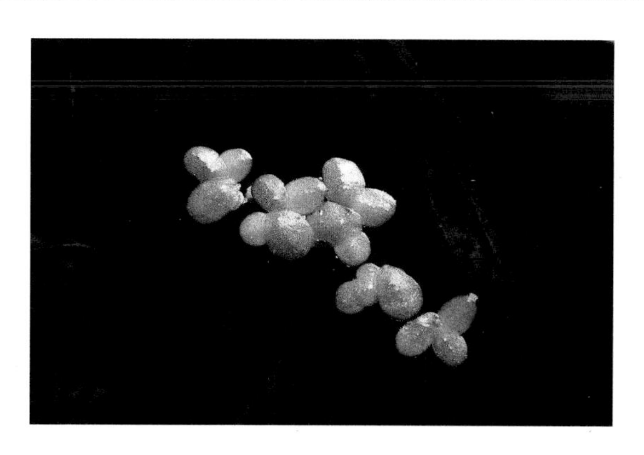

浮萍 *Lemna minor* L.

4. 少根萍属 Landoltia Les & D. J. Crawford

水生漂浮草本；叶状体长圆形，长为宽的 1.5~3 倍，具 5~7 脉，背面具 2~7 条根，束生；花序藏于叶状体的侧囊内。

1 种，原产东南亚至澳大利亚，后扩散至近北极地区、热带非洲和热带美洲；中国 1 种，西南、华中至华东地区分布。

少根萍 *Landoltia punctata* (G. Mey.) Les & D. J. Crawford

5. 无根萍属 Wolffia Horkel ex Schleid.

水生漂浮草本；叶状体细小，背面无根；花序生于叶状体上面的囊内，无佛焰苞，含 1 朵雄花和 1 朵雌花。

11 种，近全球分布；中国 1 种，产吉林和黄河以南地区。

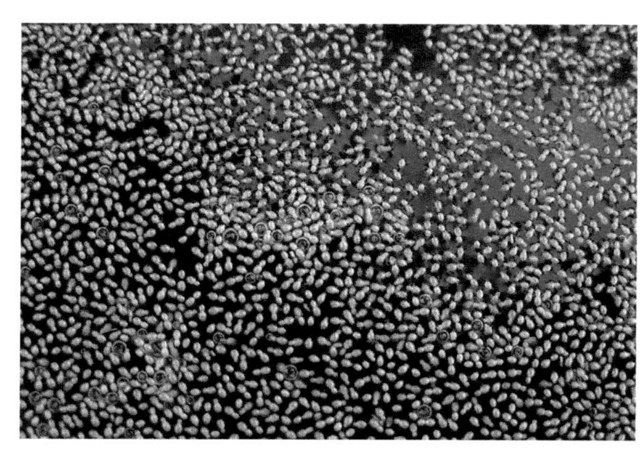

无根萍 *Wolffia globosa* (Roxb.) Hartog & Plas

6. 石柑属 Pothos L.

附生攀缘灌木或亚灌木；叶柄叶状，平展，上端呈耳状，叶片长圆形至线状披针形；花序柄腋生或腋下生，基部具5~6枚革质苞片，佛焰苞卵形，肉穗花序球形，稀圆柱形；花两性，花被片6枚；雄蕊6枚；子房3室；浆果红色，有种子1~3。

约80种，产马达加斯加、南亚和东南亚、澳大利亚东北部；中国5种，产南部和西南地区。

长梗石柑 *Pothos kerrii* Buchet ex P. C. Boyce

7. 假石柑属 Pothoidium Schott

附生攀缘灌木；叶柄叶状平展，扩大，叶片短三角状披针形；佛焰苞短或不存在，肉穗花序圆柱形；花两性和雌性，花被片6枚；子房1室，胚珠1；浆果，有种子1。

1种，产菲律宾，印度尼西亚苏拉威西岛、马鲁古群岛，中国；中国产台湾。

假石柑 *Pothoidium lobbianum* Schott

8. 藤芋属 Scindapsus Schott

攀缘藤本；叶柄长，具鞘，叶片长圆状披针形至卵形；佛焰苞舟形，肉穗花序具梗；花两性，无花被；雄蕊4；子房1室，胚珠1；浆果分离。

30种，产南亚和东南亚经美拉尼西亚至太平洋；中国1种，产海南。

海南藤芋 *Scindapsus maclurei* (Merr.) Merr. & F. P. Metcalf

9. 崖角藤属 Rhaphidophora Hassk.

攀缘藤本；叶2列，叶柄长，叶片全缘或羽裂；佛焰苞舟形，肉穗花序无梗，常粗厚，短于佛焰苞；花两性，无花被；雄蕊4；子房不完全2室，胚珠多数；浆果相互黏合。

约100种，产热带非洲、南亚和东南亚、澳大利亚；中国12种，产江南各省。

毛过山龙 *Rhaphidophora hookeri* Schott

10. 上树南星属 Anadendrum Schott

攀缘藤本；叶柄具鞘，叶片全缘，具穿孔或羽状分裂；佛焰苞卵形，上部具喙，肉穗花序具梗；花两性，无花被；雄蕊4；子房1室，胚珠1；浆果分离。

约7种，产东南亚；中国2种，产云南、海南。

上树南星 *Anadendrum montanum* Schott

11. 雷公连属 Amydrium Schott

攀缘藤本；叶柄鞘状，叶片全缘，具穿孔或羽状分裂；佛焰苞卵形，反折，肉穗花序具长梗或无梗；花两性，无花被；雄蕊 4~6；子房 1 室，胚珠 2；浆果分离。

6 种，产东南亚和马来西亚的热带地区；中国 2 种，产江南各省。

雷公连 *Amydrium sinense* (Engl.) H. Li

12. 麒麟叶属 Epipremnum Schott

攀缘藤本；叶全缘或羽裂；佛焰苞卵形，肉穗花序无梗；花两性，无花被；雄蕊 4；子房不完全 2 室，胚珠 2~4；浆果分离。

17 种，产南亚和东南亚热带至澳大利亚和太平洋；中国 1 种，产云南、广西、广东、海南、台湾。

麒麟叶 *Epipremnum formosanum* Hayata

13. 刺芋属 Lasia Lour.

多年生湿生草本；叶柄长，基部具鞘，疏具皮刺，幼叶箭形或箭状戟形，不裂，成年叶鸟足－羽状分裂，下部裂片再次分裂，背面疏具肉刺；花序柄长，具皮刺，佛焰苞十分伸长，下部张开，内含短肉穗花序；花两性，花被片 4（~6）；雄蕊 4（~6）；子房 1 室，胚珠 1；浆果彼此紧接。

2 种，产南亚和东南亚、印度尼西亚、加里曼丹岛、新几内亚；中国 1 种，产西藏、云南、广西、广东、海南、台湾。

刺芋 *Lasia spinosa* (L.) Thwaites

14. 千年健属 Homalomena Schott

亚灌木状草本，具地上茎；叶柄下部具鞘，叶片披针形、椭圆形至近三角形，基部常心形或箭形；佛焰苞直立，下部席卷，上部展开，长期鞘状宿存，肉穗花序有梗或无梗，比佛焰苞短，雌雄同序，雌花序在下；花单性，无花被；子房 2~4 室，胚珠多数；浆果分离。

约 110 种，产南亚和东南亚至马来西亚、热带美洲；中国 4 种，产云南、广西、广东、海南、台湾。

千年健 *Homalomena occulta* (Lour.) Schott

15. 广东万年青属 Aglaonema Schott

多年生草本；叶柄大部分具长鞘，叶片多为长圆形或长圆状披针形；佛焰苞直立，黄绿色或绿色，内面常为白色，肉穗花序近无梗，雌雄同序，雌花序在下；花单性，无花被；子房 1 室，胚珠 1；浆果分离。

21种，产南亚和东南亚至新几内亚；中国2种，产云南、贵州、广西、广东。

广东万年青 *Aglaonema modestum* Schott ex Engl.

16. 隐棒花属 Cryptocoryne Fisch. ex Wydler

多年生水生草本；叶柄具长鞘，叶片心形、椭圆形，或无叶柄而为线形；花序柄通常短，佛焰苞管部藏于地下或水中，下部包含花序，管内花序之上方有一隔片覆盖着雄花序，檐部张开或边缘靠合，常伸长为尾状，尾部劲直或螺状扭旋，肉穗花序极纤细，附属器短，雌雄同序；花单性，无花被；果为聚花果。

广西隐棒花 *Cryptocoryne crispatula* var. *balansae* (Gagnep.) N. Jacobsen

约50种，产热带亚洲至新几内亚；中国1种数变种，产云南、贵州、广西、广东。

17. 落檐属 Schismatoglottis Zoll. & Moritzi

多年生草本；叶柄远长于叶片，下部具鞘，叶片披针形、心形或箭形；佛焰苞管部席卷、宿存，檐部较狭，席卷，由其基部环状脱落，肉穗花序短于佛焰苞，雌雄同序，雌花序在下；花单性；子房1室，胚珠多数；浆果分离。

落檐 *Schismatoglottis hainanensis* H. Li

约120种，产东南亚至新几内亚，南美北部；中国2种，产广西、海南、台湾。

18. 水芋属 Calla L.

水生草本；叶柄具长鞘，叶片心形、宽卵形、圆形；佛焰苞自基部展开，椭圆形或卵状心形，肉穗花序具梗，与佛焰苞分离；花两性，无花被；雄蕊6；子房1室，胚珠6~9；浆果分离。

1种，环北极分布；中国1种，产东北地区。

水芋 *Calla palustris* L.

19. 魔芋属 Amorphophallus Blume ex Decne.

多年生草本；花叶不同期；叶1，叶片通常3全裂，裂片羽状分裂；花序1，通常具长柄，佛焰苞宽卵形，基部漏斗形或钟形，内面下部常多疣或具线形突起，肉穗花序直立，长于或短于佛焰苞，下部为雌花序，上接能育雄花序，最后为附属器；雄花有雄蕊1~6；子房1~4室，每室有胚珠1；浆果。

疣柄魔芋 *Amorphophallus paeoniifolius* (Dennst.) Nicolson

150~200种，产热带非洲、亚洲至澳大利亚北部；中国16种，产东南部至西南部。

20. 细柄芋属 Hapaline Schott

多年生纤弱草本；叶片长，心状箭形；佛焰苞狭窄，管部短，席卷，檐部开展，反折，肉穗花序纤细，比佛焰苞略短；雌雄同序，雌花序贴生于佛焰苞管部，单侧着花；花单性，无花被；雄蕊 3，合生成盾状；子房 1 室，胚珠单生。

6 种，产东南亚；中国 1 种，产云南。

细柄芋 *Hapaline ellipticifolium* C. Y. Wu & H. Li

21. 大薸属 Pistia L.

水生漂浮草本；叶螺旋状排列，叶脉 7~13，纵向，近平行；花序具极短的柄，佛焰苞极小叶状，肉穗花序短于佛焰苞；花单性同序，下部雌花序具单花；上部雄花序有花 2~8；子房 1 室，胚珠多数；浆果小，卵圆形。

1 种，泛热带分布；中国 1 种，产云南、广西、广东、福建、台湾，其他省区引种栽培。

大薸 *Pistia stratiotes* L.

22. 海芋属 Alocasia (Schott) G. Don

多年生草本；叶具长柄，下部多少具长鞘，叶片幼时通常盾状，箭状心形；佛焰苞管部卵形，席卷，宿存，果期逐渐不整齐地撕裂，肉穗花序短于佛焰苞，雌花序短，不育雄花序通常明显变狭，能育雄花序圆柱形；雄蕊合生为一体；子房 1 室，胚珠少数，基底胎座；浆果多为红色，种子少数。

约 70 种，产南亚和东南亚至澳大利亚北部；中国 8 种，南方广布。

海芋 *Alocasia odora* (Roxb.) K. Koch

23. 芋属 Colocasia Schott

多年生草本；叶柄延长，下部鞘状，叶片盾状着生，卵状心形或箭状心形；佛焰苞管部短，席卷，宿存，果期增大，肉穗花序短于佛焰苞，雌花序短，不育雄花序短而细，能育雄花序长圆柱形；雄蕊合生为一体；子房不完全 2 室，胚珠多数，侧膜胎座；浆果绿色，种子多数。

8 种，产印度东北部、东南亚、印度尼西亚；中国 6 种，产江南各省，其他地区有栽培。

卷苞芋 *Colocasia affinis* Schott

24. 岩芋属 Remusatia Schott

多年生草本；叶柄长，叶片盾状着生；佛焰苞管部延长，席卷，肿胀，檐部开展，肉穗花序短于佛焰苞，雌雄同序；花单性，无花被；雌花无假雄蕊，子房 1 室或上面 2~4 室；浆果内藏于佛焰苞管内，1 室，种子多数。

4 种，产热带非洲、马达加斯加、南亚和东南亚、澳大利亚北部；中国 4 种，产西藏、云南、台湾。

岩芋 *Remusatia vivipara* (Roxb.) Schott

25. 泉七属 Steudnera K. Koch

多年生草本; 叶柄长，叶片盾状着生；佛焰苞卵形或卵状披针形，不分化为管部和檐部，由近基部展开，肉穗花序短于佛焰苞，花密集，雌雄同序；雄花有雄蕊 3~6；雌花有假雄蕊 2~5，子房 1 室，胚珠多数。

泉七 *Steudnera colocasiifolia* K. Koch

8~9 种，产南亚和东南亚热带（印度阿萨姆至越南）；中国 4 种，产广西、云南。

26. 半夏属 Pinellia Ten.

多年生草本，具块茎；叶片全缘、3 裂或鸟足状分裂，基部常有珠芽；佛焰苞宿存，管部席卷，有增厚的横隔膜，喉部几乎闭合，肉穗花序下部雌花序与佛焰苞合生达隔膜，单侧着花，雄花序位于隔膜之上，附属器延长，超出佛焰苞很长；花单性，无花被，雄花有雄蕊 2；雌花子房 1 室，1 胚珠。

半夏 *Pinellia ternata* (Thunb.) Breit.

9 种，产东亚；中国 9 种，除内蒙古、新疆、青海、西藏外，全国分布。

27. 天南星属 Arisaema Mart.

多年生草本，具块茎，叶片 3 裂，有时鸟足状或放射状全裂；佛焰苞管部席卷，喉部开阔，檐部拱形、盔状，肉穗花序单性或两性，附属器仅达佛焰苞喉部，或多少伸出喉外，有时为长线形；花单性；雄花有雄蕊 2~5；雌花密集，子房 1 室，胚珠基生；浆果 1 室。

东北南星 *Arisaema amurense* Maxim.

约 170 种，产北美东部和东南部、非洲东部和东北部及亚洲; 中国 78 种，除新疆外全国分布。

28. 犁头尖属 Typhonium Schott

多年生草本，具块茎；叶片箭状戟形，或 3 裂、鸟足状分裂；佛焰苞管部席卷，喉部多少收缩；檐部后期后仰，肉穗花序两性，附属器多具短柄；花单性，无花被；雄花具雄蕊 1~3；子房 1 室，胚珠 1~2，基生。

约 40 种，产东亚、东南亚至澳大利亚北部和东部；中国 9 种，产内蒙古、陕西、山西及江南各省。

三叶犁头尖 *Typhonium trifoliatum* H. Li

29. 斑龙芋属 Sauromatum Schott

多年生草本，具块茎；叶片全缘、深裂或鸟足状全裂；佛焰苞管部长圆形，基部偏肿，前面多少闭合无缝，檐部长披针形，内面深紫色，常具斑块，后期反折并螺状旋卷，肉穗花序比佛焰苞短，雌雄同序；雄花具少数雄蕊；子房 1 室，胚珠 2~4，直立。

8 种，产热带非洲、沙特阿拉伯、也门、南亚；中国 7 种，产甘肃及东北、华北和西南各省区。

独角莲 *Sauromatum giganteum* (Engl.) Cusimano & Hett.

30. 疆南星属 Arum L.

多年生草本，具块茎；叶柄具鞘，叶片戟状箭形；佛焰苞管部长圆形或卵形，喉部略收缩；檐部后期内弯或后仰，肉穗花序比佛焰苞短，雌雄同序；雄花有雄蕊 3~4；雌花子房 1 室，胚珠多数，侧壁生。

26 种，产温带欧洲、马卡罗尼西亚、地中海、中东至中亚；中国 2 种，产新疆、西藏。

科 17. 岩菖蒲科 Tofieldiaceae

5 属 31 种，产北半球温带地区和南美西北部；中国 1 属 3 种，产安徽、西南和东北地区。

多年生草本；叶常基生；总状花序，稀单生；花具苞片和小苞片；花被片 6，离生或基部合生；雄蕊 6（~9）；子房由 3 枚心皮组成，具多数胚珠，花柱 3，离生；蒴果常为室间开裂。

1. 岩菖蒲属 Tofieldia Huds.

多年生草本；叶基生或近基生，2 列，两侧压扁；总状花序；花梗基部具一枚苞片，近花被基部有杯状小苞片；花被片 6，离生或基部合生；雄蕊 6；子房由 3 枚心皮组成，上部 3 裂，具多数胚珠，花柱 3，离生；蒴果不规则开裂。

约 20 种，产北半球的温带至近北极地区；中国 3 种，产云南、四川、贵州、安徽、吉林。

长白岩菖蒲 *Tofieldia coccinea* Richardson

科 18. 泽泻科 Alismataceae

18 属 90~100 种，泛球分布；中国 6 属 18 种，其中逸生 1 属，另引种栽培 1 属，产全国各地。

水生或沼生草本；叶基生，叶片椭圆形、卵形或箭形；花序总状、圆锥状或伞形；花两性，辐射对称；萼片 3，绿色，花瓣 3，白色或黄色；雄蕊 3 至多数；心皮 3 至多数，轮状或螺旋状着生；聚合瘦果、核果或蓇葖果。

泽泻科在现代的分类中，一般不再划分科下次级单元。从分支图（图 32）可见，泽泻属位于基部；黄花蔺属和拟花蔺属近缘，Takhtajan（2009）将它们分出立黄花蔺科 Limnocharitaceae，他认为毛茛泽泻属被认为是泽泻科和黄花蔺科的过渡类群；泽苔草属和慈姑属近缘。

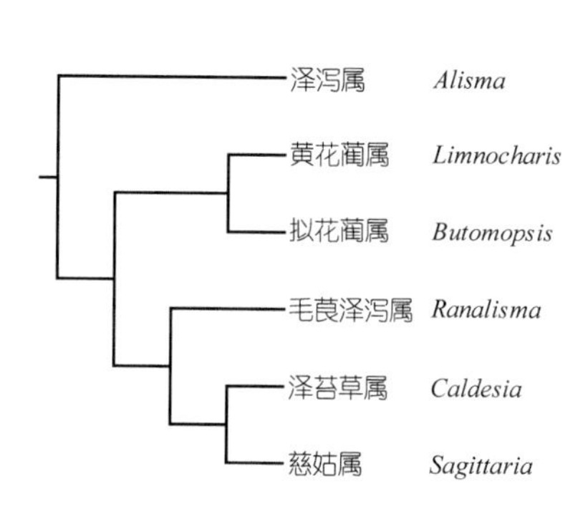

图 32 中国泽泻科植物的分支关系

1. 泽泻属 Alisma L.

多年生水生或沼生草本；叶基生，沉水或挺水，全缘；花序圆锥状；花两性或单性，辐射对称；雄蕊 6 枚；心皮多数；聚合瘦果。

9~11 种，世界性分布；中国 6 种，产全国大部分地区。

东方泽泻 *Alisma orientale* (Sam.) Juz.

2. 黄花蔺属 Limnocharis Bonpl.

水生草本；叶基生，叶片卵形；伞形花序顶生，花序柄粗壮；花黄色；雄蕊多数；心皮 10~20；聚合蓇葖果。

2 种，产新热带地区；中国逸生 1 种，产云南、广东。

黄花蔺 *Limnocharis flava* (L.) Buchenau

3. 拟花蔺属 Butomopsis Kunth

一年生沼生草本；叶基生，叶片椭圆形或椭圆状披针形；伞形花序顶生，花序柄细长；花白色；雄蕊 9；心皮 4~9；聚合蓇葖果。

1 种，产热带非洲、亚洲东部和东南部、澳大利亚北部；中国 1 种，产云南南部。

拟花蔺 *Butomopsis latifolia* (D. Don) Kunth

4. 毛茛泽泻属 Ranalisma Stapf

多年生沼生草本；叶基生，叶片卵形至卵状椭圆形；花 1~3 朵顶生；花两性；雄蕊 9；心皮多数；聚合瘦果，顶端具长喙。

2 种，产旧世界热带地区；中国 1 种，产湖南、江西、浙江。

长喙毛茛泽泻 *Ranalisma rostrata* Stapf

5. 泽苔草属 Caldesia Parl.

多年生水生草本；叶多数，沉水、浮水或挺水；花序圆锥状；花两性；雄蕊 6 至多数；心皮多数；聚合果，果实核果状，顶端具短喙。

4 种，产欧洲经非洲和亚洲至澳大利亚；中国 2 种，产山西、云南、广东、东北、华中、华东。

泽苔草 *Caldesia parnassifolia* (L.) Parl.

6. 慈姑属 Sagittaria L.

多年生水生或沼生草本；叶沉水、浮水、挺水，叶片条形、披针形、深心形或箭形；花序总状或圆锥状；花单性或杂性；雄蕊 9 至多数；心皮多数；聚合瘦果，两侧压扁，通常具翅。

约 25 种，主产西半球；中国 7 种，全国均有分布。

华夏慈姑 *Sagittaria trifolia* subsp. *leucopetala* (Miq.) Q. F. Wang

科 19. 花蔺科 Butomaceae

1 属 1 种，产欧亚大陆温带地区，在北美东部逸生；中国 1 属 1 种，产长江以北各省区。

多年生水生草本，有粗壮的横走根茎；叶基生，三棱状，条形扭曲；聚伞状伞形花序顶生；花多数，两性；花被片 6 枚，2 轮；雄蕊 9 枚，分离；心皮 6 枚，基部连合成一环，上部分离；蓇葖果，具顶生长喙。

1. 花蔺属 Butomus L.

属的鉴定特征及分布同科。

花蔺 *Butomus umbellatus* L.

科 20. 水鳖科 Hydrocharitaceae

17 属约 120 种，广布全球；中国 11 属 34 种，另引种栽培 5 属，逸生 1 属，产全国各地。

一年生或多年生淡水或海水草本，沉水或漂浮水面；叶基生或茎生，基生叶多密集，茎生叶对生、互生或轮生；佛焰苞合生，稀离生，常具肋或翅，先端多为 2 裂，其内含 1 至数朵花；花辐射对称；单性，稀两性；花被片离生，3 或 6 枚，稀为 2 枚合生；雄蕊 1 至多数；子房下位，1 室，胚珠多数；蒴果肉质或浆果状，或为蒴果。

本研究的水鳖科包括多属的水鳖亚科 Hydrocharitoideae（▲）、单型属的泰来藻亚科 Thalassioideae（▲）和单属的喜盐草亚科 Halophiloideae（▲），还包括常常被分出的单属科茨藻科 Najadaceae（▲）。分子性状分析显示，水鳖科的科下划分并不自然，但属间的近缘性是明确的；茨藻科并入该科也是可取的（图 33）。

水鳖属 *Hydrocharis* ▲
水蕴草属 *Egeria* ▲
水筛属 *Blyxa* ▲
水车前属 *Ottelia* ▲
喜盐草属 *Halophila* ▲
海菖蒲属 *Enhalus* ▲
泰来藻属 *Thalassia* ▲
茨藻属 *Najas* ▲
黑藻属 *Hydrilla* ▲
虾子菜属 *Nechamandra* ▲
苦草属 *Vallisneria* ▲

图 33 中国水鳖科植物的分支关系

1. 水鳖属 Hydrocharis L.

浮水草本；叶漂浮，叶片卵形、圆形或肾形，叶脉弧形；花单性同株；萼片 3，花瓣 3，白色；雄花雄蕊 6~12；雌花子房不完全 6 室；果实具 6 肋，在顶端呈不规则开裂。

3 种，产欧亚大陆温带和亚热带地区、非洲热带地区、大洋洲，1 种在北美逸生；中国 1 种，除西北和西藏外均有分布。

水鳖 *Hydrocharis dubia* (Blume) Backer

2. 水蕴草属 Egeria Planch.

沉水草本；叶轮生，无柄，叶片条形；花单性，雌雄异株；花白色；蒴果不规则开裂。

2种，产南美亚热带和温带地区，1种逸生于全球温暖地区；中国逸生2种，产广东。

水蕴草 *Egeria densa* Planch.

3. 水筛属 Blyxa Noronha ex Thouars

沉水草本；叶基生或茎生，茎生叶螺旋状排列，披针形或线形；花两性或单性，花瓣白色；果实长圆柱形。

9种，产旧世界热带地区，在北美和欧洲逸生；中国5种，产四川、陕西、华北、华中、华南、华东。

无尾水筛 *Blyxa aubertii* Rich.

4. 水车前属 Ottelia Pers.

沉水草本；叶基生，具长柄，叶片条形至卵形；花两性或单性，开放时浮出水面，花瓣白色；果实长圆柱形、纺锤形或圆锥形。

21种，产非洲、亚洲、大洋洲和南美的热带和亚热带地区；中国5种，除西藏和西北外均有分布。

靖西海菜花 *Ottelia acuminata* var. *jingxiensis* H. Q. Wang & S. C. Sun

5. 喜盐草属 Halophila Thouars

海生沉水草本；茎匍匐，分枝，每节具鳞片2枚，抱茎；叶无柄或有柄，叶片条形、披针形或卵圆形；花单性，雌雄同株或异株；果实卵形，具喙。

约10种，产热带和温带海洋；中国4种，产广东、海南、台湾。

喜盐草 *Halophila ovalis* (R. Br.) Hook. f.

6. 海菖蒲属 Enhalus Rich.

海生沉水草本，根茎具黑色坚硬的纤维；叶片带形，长达150cm；花单性，雌雄异株；果实卵形，具喙。

1种，产印度洋和西太平洋的海岸；中国1种，产海南。

7. 泰来藻属 Thalassia Banks ex K. D. Koenig

海生沉水草本，根茎不具纤维；叶片带状，多少呈弯镰形；花单性，雌雄异株；果实球形或椭圆形，平滑或有凸刺。

2种，产加勒比海和印度洋至太平洋的海岸；中国1种，产海南、台湾。

8. 茨藻属 Najas L.

一年生沉水草本；茎细长，多分枝，光滑或具刺；叶片线形至线状披针形，叶缘具锯齿或全缘；花单性，雌雄同株或异株；花被片2枚合生，膜质；雄蕊1；雌蕊1；瘦果。

约40种，近泛球分布；中国11种，产全国大部分地区。

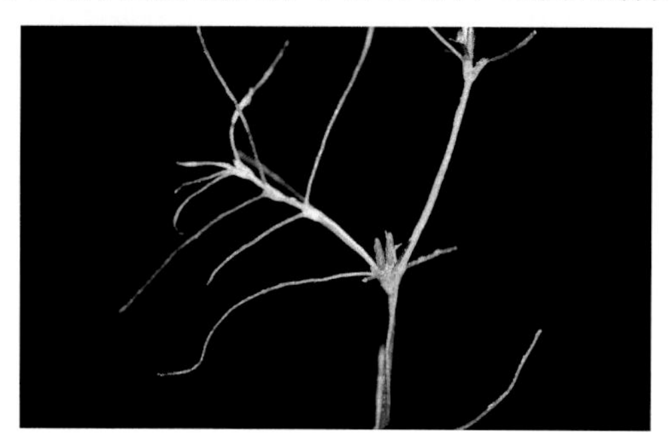

纤细茨藻 *Najas gracillima* (Engelm.) Magnus

9. 黑藻属 Hydrilla Rich.

沉水草本；叶轮生，无柄，叶片条形；雌雄异株或同株，花单性，腋生，开放时伸出水面，花瓣近白色；果实圆柱形。

1种，产旧世界，在美洲逸生；中国1种，除西北外均有分布。

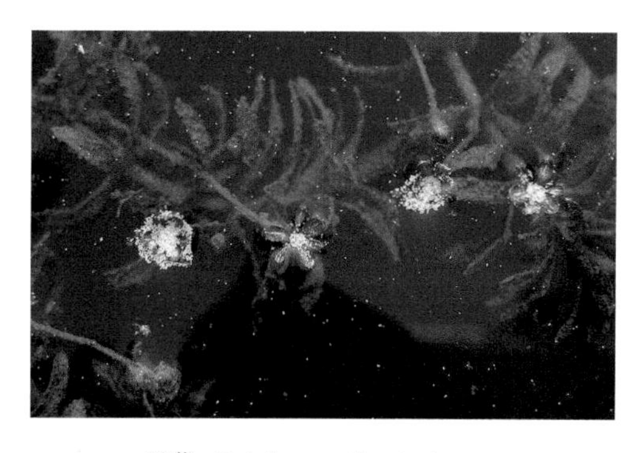

黑藻 *Hydrilla verticillata* (L. f.) Royle

10. 虾子菜属 Nechamandra Planch.

沉水草本；茎细，多分枝；叶互生，下部叶常对生，侧枝顶端叶丛生，叶片条形，边缘有细锯齿；花单性，雌雄异株；果实矩圆形。

1种，产印度和东南亚，在苏丹逸生；中国1种，产广西、广东。

11. 苦草属 Vallisneria L.

沉水草本；叶基生，线形或带形；雌雄异株；雄花成熟后浮出水面开放，雌花由细长的花梗将花托出水面开放，受精后螺旋状收缩；果实圆柱形。

6种，产热带和温带地区；中国3种，除西北和西藏外均有分布。

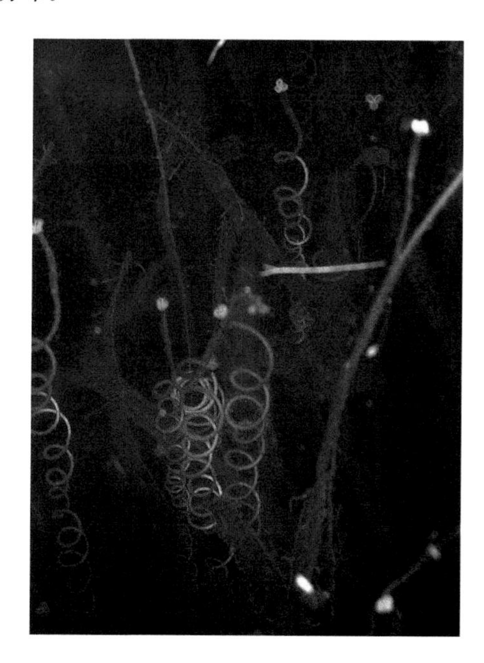

苦草 *Vallisneria natans* (Lour.) H. Hara

科 21. 水蕹科 Aponogetonaceae

1属约45种，产旧热带界；中国1属1种，产江南各省，另在广东归化1种。

多年生淡水生草本；叶基生，有长柄，叶片椭圆形至线形，浮水或沉水；穗状花序单一或二叉状分枝，花期挺出水面，具佛焰苞；花被片1~3，或无，白色、玫瑰色、紫色或黄色，常宿存；雄蕊6至多数，离生；心皮3~6；蓇葖果革质。

1. 水蕹属 Aponogeton L. f.

属的鉴定特征及分布同科。

水蕹 *Aponogeton lakhonensis* A. Camus

科 22. 冰沼草科 Scheuchzeriaceae

冰沼草 *Scheuchzeria palustris* L.

1 属 1 种，产北半球的极地至温带区域；中国 1 属 1 种，零星分布于西北、华北和东北地区。

多年生沼生草本；叶基生和茎生，具开放的叶鞘，茎生叶互生，对折；短总状花序顶生；花被片 6 枚，排成两轮；雄蕊 6 枚，分离；心皮 3（~6），基部稍合生，中上部分离；聚合蓇葖果。

1. 冰沼草属 Scheuchzeria L.

属的鉴定特征及分布同科。

科 23. 水麦冬科 Juncaginaceae

海韭菜 *Triglochin maritima* L.

3 属约 30 种，泛球分布；中国 1 属 2 种，产西北、西南、华北地区。

沼生或水生草本；叶多为基生，条形；花两性或单性，花被片 2~6，2 轮，绿色；雄蕊 3（~4）~6；心皮 3（~4）~6，分离或合生；果实为小坚果，合生或分离。

1. 水麦冬属 Triglochin L.

多年生沼生草本；叶基生，条形，具叶鞘；总状花序；花两性，花被片 6 枚，2 轮，绿色；雄蕊 6；心皮 6，有时 3 枚不发育，合生；果实为合生的小坚果，成熟后分离。

约 12 种，泛球分布；中国 2 种，产西北、西南、华北地区。

科 24. 眼子菜科 Potamogetonaceae

7 属 90~100 种，泛球分布；中国 3 属 25 种，产全国各地。

沉水或浮水草本；叶互生、对生或近轮生；数花簇生或为穗状花序，腋生；花单性或两性；花被片合生成鞘状，或 4 枚离生；果实核果状或瘦果状，先端具喙。

国产类群中，角果藻属 *Zannichellia* 位于基部，篦齿眼子菜属 *Stuckenia* 和眼子菜属 *Potamogeton* 互为姐妹群。

角果藻 *Zannichellia palustris* L.

1. 角果藻属 Zannichellia L.

沉水草本，生于淡水、半咸水或海水中；叶线形，无柄，互生，全缘；花序腋生；花单性同株，1 朵雄花和 1 朵雌花同生于 1 苞状鞘内；雄花雄蕊 1；雌花心皮通常 4，离生；瘦果肾形略扁，先端具喙，稍向背面弯曲。

1（~5）种，近泛球分布；中国 1 种，除西南和华南地区外均有分布。

2. 篦齿眼子菜属 Stuckenia Börner

沉水草本；叶全部为沉水叶，无柄，托叶与叶片基部贴生，形成明显的叶鞘；穗状花序花期漂浮于水面，花为水媒传粉；果实核果状，具短喙，内果皮背部盖状物较短小仅自基部向上约达果长的 2/3 处。

7 种，泛球分布；中国 4 种，产全国各地。

丝叶眼子菜 *Stuckenia filiformis* (Pers.) Börner

3. 眼子菜属 Potamogeton L.

沉水或浮水草本；叶漂浮水面或沉没水中，具柄或无柄，托叶与叶片离生，稀基部稍合生，但不形成叶鞘；穗状花序伸出水面，花为风媒传粉；果实核果状，具短喙，内果皮背部盖状物自基部直达顶部。

约 80 种，泛球分布；中国 20 种，产全国各地。

眼子菜 *Potamogeton distinctus* A. Benn.

科 25. 大叶藻科 Zosteraceae

2 属 14~18 种，产温带和亚热带沿海区域；中国 2 属 7 种，产东部沿海地区。

浅海生沉水草本；叶互生，无柄，叶片条形；花序顶生或腋生，肉穗花序排列于花序轴的一侧，包于叶鞘内；花单性，无花被；雄花雄蕊 1；雌花雌蕊 1，柱头 2；瘦果，含种子 1。

1. 大叶藻属 Zostera L.

浅海生沉水草本；叶互生，无柄，叶片条形；花单性同株；瘦果卵圆形。

8 种，主产欧亚大陆温带、非洲东部和澳大利亚，某些种延伸至热带地区；中国 5 种，产辽宁、河北、山东、台湾的沿海地区。

大叶藻 *Zostera marina* L.

2. 虾海藻属 Phyllospadix Hook.

浅海生沉水草本；叶互生，无柄，叶片条形；花单性异株；瘦果呈虾形弓曲。

5 种，产太平洋北部海岸；中国 2 种，产辽宁、河北、山东的沿海地区。

红纤维虾海藻 *Phyllospadix iwatensis* Makino

 26. 海神草科 Posidoniaceae

1 属 9 种，1 种产地中海，其他 8 种产澳大利亚海岸地带；中国 1 属 1 种，产海南。

海生沉水草本，根茎匍匐；叶基生或互生，具鞘，叶片线形，扁平，稍呈镰状，先端钝圆；穗状花序包藏于叶状苞内；花两性，无花被；雄蕊 3；子房上位，1 室；果实肉质，浆果状（此科在中国的记录可能源于错误鉴定，本书暂记于此）。

1. 海神草属 **Posidonia** K. D. Koenig

属的鉴定特征及分布同科。

科 27. 川蔓藻科 Ruppiaceae

1 属 8~10 种，近泛球分布；中国 1 属 1 种，产西北和沿海各省。

盐生沉水草本；叶互生或近对生，无柄，叶片狭线形，全缘或具极细缺刻；穗状花序顶生或腋生，包于鞘内，漂浮水面或沉水；花小，两性，花被片极小；雄蕊 2 枚；心皮 4 至多数，离生；瘦果具长柄，不对称，顶端常具喙。

1. 川蔓藻属 **Ruppia** L.

属的鉴定特征及分布同科。

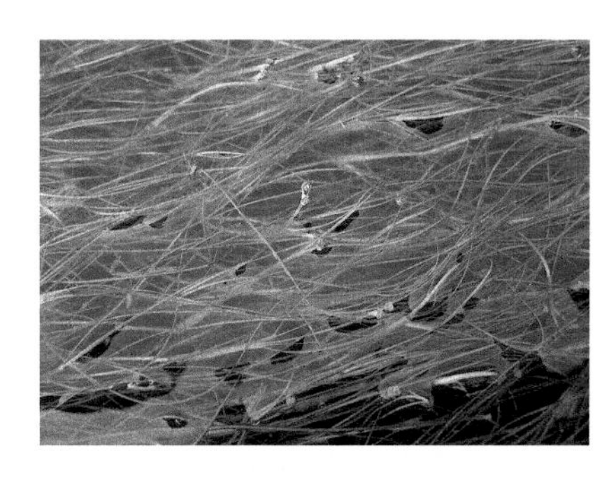

川蔓藻 *Ruppia maritima* L.

科 28. 丝粉藻科 Cymodoceaceae

5 属 16 种，产热带和亚热带地区；中国 3 属 4 种，产广东、海南、台湾。

海生沉水草本，根茎匍匐，单轴分枝；叶互生或近对生，无柄，线形，具明显中脉；花单性，雌雄异株；雄花雄蕊 1~3，花药合生；雌花具离生心皮 2；果实瘦果状或坚果状。

1. 针叶藻属 **Syringodium** Kütz.

海生沉水草本，根茎匍匐，单轴分枝；茎细，多分枝；叶互生，叶片钻状长针形；花序为分枝的伞形花序；花单性，雌雄异株；果实长椭圆形或斜倒卵形，具短喙。

2 种，1 种产于印度至西太平洋区，另 1 种产加勒比海；中国 1 种，产广东。

针叶藻 *Syringodium isoetifolium* (Asch.) Dandy

2. 二药藻属 **Halodule** Endl.

浅海生沉水草本，根茎匍匐，单轴分枝；叶互生，叶扁平，线形带状；花单性，雌雄异株，单生或 2 朵并生；果实卵圆形，具喙。

6 种（十分相似的种），广泛分布于热带海滩；中国 2 种，产海南、台湾。

二药藻 *Halodule uninervis* (Forssk.) Asch.

3. 丝粉藻属 Cymodocea K. D. Koenig

浅海生沉水草本，根茎匍匐，单轴分枝；叶线形，全缘或具微齿；花单性，雌雄异株；雄花花药2，花粉粒丝状；雌花无梗或几无梗，具离生心皮2。

4种，广布但是间断分布于旧世界热带和亚热带的海中；中国1种，产海南。

丝粉藻 *Cymodocea rotundata* Asch. & Schweinf.

目 9. 无叶莲目 Petrosaviales

无叶莲目 Petrosaviales 仅有1科，即无叶莲科 Petrosaviaceae，该科的系统位置极为分歧，早期归广义百合科 Liliaceae，科下作为岩菖蒲族 Tofieldieae 成员；Dahlgren（1985）归入藜芦科 Melanthiaceae，科下设无叶莲族 Petrosavieae，含腐生属无叶莲属 *Petrosavia*（1种）和 *Protolirion*（3种）。Tamura（1998）又将它们归入沼金花科 Nartheciaceae，科下分2亚科，无叶莲族仅1属3种放在岩菖蒲亚科 Tofieldioideae。Takhtajan 的1997年系统将无叶莲科（仅含无叶莲属1属）提升为无叶莲目，并同单科目霉草目组成霉草亚纲 Triurididae；在他2009年最后修订的系统中，无叶莲目包括4科，尾濑草科 Japonoliriaceae、无叶莲科、沼金花科 Nartheciaceae、岩菖蒲科 Tofieldiaceae，归入泽泻亚纲 Alismatidae，放在百合纲 Liliopsida 起始的位置。在 APG Ⅲ（2009）系统中，将这一类群分解了，无叶莲科单独立目；沼金花科归入薯蓣目 Dioscoreales，藜芦科归入百合目 Liliales。本研究支持无叶莲目作为泽泻目 Alismatales 后的其他单子叶植物的姐妹群（图34）。

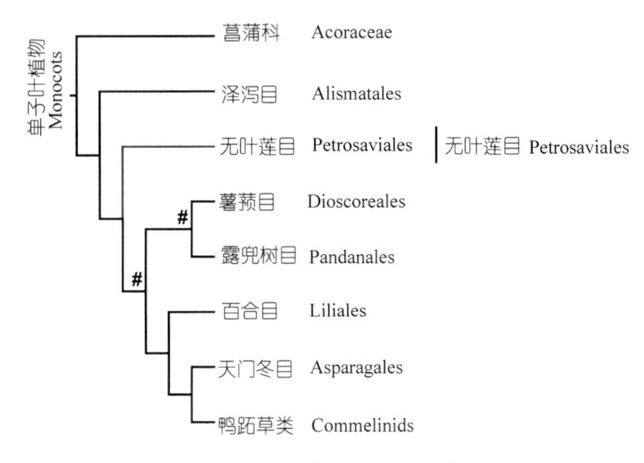

图34 无叶莲目的分支关系

科 29. 无叶莲科 Petrosaviaceae

2属4种，产日本、中国南部至东南亚；中国1属2种，产四川、广西、台湾。

自养或腐生草本；叶条形，基生，或退化成鳞片状，浅色，互生；总状花序；花被片6，2轮；雄蕊6；子房上位或半下位；花柱3，分离；蒴果室间开裂。

1. 无叶莲属 Petrosavia Becc.

腐生草本，常有细长的、覆盖着鳞片的根状茎；叶退化成鳞片状，浅色，互生；总状花序，稀近圆锥花序；花被片6，2轮；外轮三片较小；雄蕊6；子房上位或半下位，具多数胚珠；花柱3，分离；蒴果。

3种，产日本、中国南部至东南亚；中国2种，产四川东南部、云南东南部、广西、台湾。

疏花无叶莲 *Petrosavia sakuraii* (Makino) van Steenis

目 10. 薯蓣目 Dioscoreales

薯蓣目 Dioscoreales 的系统位置和界定是一个意见分歧较大的类群。Dahlgren 等在 1981~1985 年对单子叶植物进行了全面的综合研究和分支系统学分析，认为薯蓣目有许多形态学和胚胎学性状表现出同双子叶植物有联系（Dahlgren et al.，1985），排在单子叶植物的第 1 目，包括延龄草科 Trilliaceae、百部科 Stemonaceae、蒟蒻薯科 Taccaceae、菝葜科 Smilacaceae 等。分子系统学研究（Chase et al.，1996； Stevenson & Loconte，1995）结果指出，Dahlgren 等（1985）的薯蓣目不是单系类群，也不支持它是单子叶植物原始类群的观点。APG Ⅲ（2009）系统界定薯蓣目包括 3 科，沼金花科 Nartheciaceae、水玉簪科 Burmanniaceae 和薯蓣科 Dioscoreaceae。Takhtajan（2009）系统中该目的界定接近 Dahlgren 系统，他将沼金花科放在无叶莲目 Petrosaviales，水玉簪科归水玉簪目 Burmanniales。本研究支持 APG Ⅲ的分析结果，沼金花科位于目的基部分支，水玉簪科和薯蓣科互为姐妹群（图 35）。

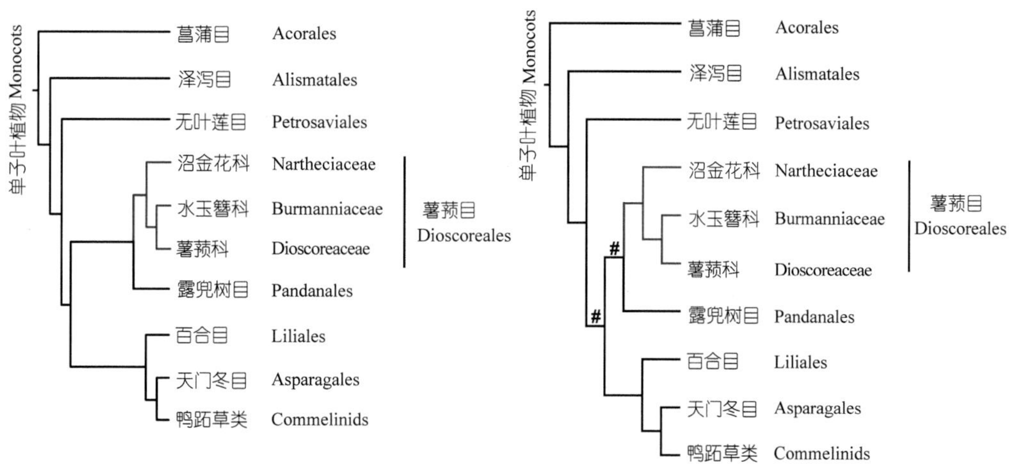

图 35 薯蓣目的分支关系
被子植物 APG Ⅲ系统（左）；中国维管植物生命之树（右）

科 30. 沼金花科 Nartheciaceae

5 属 32~42 种，产欧洲、东亚、北美、南美北部；中国 1 属 15 种，另引种栽培 1 属，产黄河以南各地。

多年生草本；叶常基生；总状花序、伞房花序或聚伞花序；花具 1 枚苞片和 1 枚小苞片；花被片 6，基部合生；雄蕊 6（~9）；子房上位、半下位至下位，花柱 1；蒴果室背开裂。

1. 肺筋草属 Aletris L.

多年生草本；叶通常基生，带形、条形或条状披针形；花莛从叶簇中抽出，总状花序；花被钟形或坛状，下部与子房合生，约从中部向上 6 裂；雄蕊 6；花柱短或长，具 3 裂的柱头；蒴果包藏于宿存的花被内，室背开裂。

约 30 种，其中约 25 种产东亚，5 种产北美东部；中国 15 种，产黄河以南各地。

少花肺筋草 *Aletris pauciflora* (Klotzsch) Hand.–Mazz.

科 31. 水玉簪科 Burmanniaceae

13 属约 150 种，产热带和亚热带地区；中国 3 属 13 种，产江南各省。

一年生或多年生草本，多为腐生植物；单叶，茎生或基生，或退化为鳞片状；花通常两性，辐射对称或两侧对称，花被基部连合成管状，具翅，花被裂片 6，2 轮；雄蕊 6 或 3 枚；子房下位，中轴胎座 3 室，或侧膜胎座 1 室；蒴果，有时肉质，不规则开裂或横裂，种子多数而小。

1. 水玉簪属 Burmannia L.

腐生或自养草本；叶基生及茎生，线状披针形或退化为鳞片状；聚伞花序；花辐射对称，花被碟形，有 3 棱或 3 翅，花被裂片 6；雄蕊 3 或 6；蒴果不规则开裂。

约 63 种，泛热带分布；中国 10 种，产江南各省。

水玉簪 *Burmannia disticha* L.

2. 腐草属 Gymnosiphon Blume

腐生草本；叶退化为鳞片状；聚伞花序；花辐射对称，花被管状，花被裂片 6；雄蕊 3；蒴果纵裂。

约 24 种，产热带亚洲（7 种）、热带非洲（3 种）和新热带（14 种）；中国 1 种，产台湾。

腐草 *Gymnosiphon aphyllus* Blume

3. 水玉杯属 Thismia Griff.

腐生草本；叶鳞片状；花单生或为聚伞花序，辐射对称，花被壶形，花被裂片 6；雄蕊 6；蒴果肉质，杯形，干后开裂。

约 32 种，产热带美洲（10 种）、热带亚洲（19 种），日本（1 种）、美国伊利诺伊州（1 种）、新西兰和澳大利亚东南部（1 种）；中国 6~7 种，产云南、海南、台湾广东和香港。

台湾水玉杯 *Thismia taiwanensis* Sheng Z. Yang, R. M. K Saunders & C. J. Hsu

科 32. 薯蓣科 Dioscoreaceae

4 属 650~700 种，产全球热带和温带地区；中国 3 属 57 种，除西北外全国均有分布。

缠绕草质或木质藤本，或为多年生草本，具根状茎或块茎；茎左旋或右旋，或无茎，有刺或无刺；叶在茎上互生，有时中部以上对生，或全部基生，单叶或掌状复叶，具网状脉；花两性或单性异株，稀同株；花单生、簇生或排列成穗状、总状、圆锥状，或具总苞的伞形花序；花被片 6，离生或合生；雄蕊 6；子房下位，3 室或 1 室；果实为蒴果、浆果或翅果。

1. 蒟蒻薯属 Tacca J. R. Forst. & G. Forst.

多年生草本；叶全部基生，全缘或分裂，叶脉羽状或掌状；伞形花序顶生；总苞片 2~6，小苞片线形或缺；花被片 6，上部合生；雄蕊 6；子房下位，1 室或不完全的 3 室；果为浆果，不裂。

（广义）10 种，产旧世界和新世界，集中分布于东南亚和波利尼西亚；中国 3 种，另引种栽培 1 种，产西藏、云南、贵州、广西、广东、海南、湖南。

箭根薯 *Tacca chantrieri* Andre

2. 裂果薯属 Schizocapsa Hance

多年生草本；叶全部基生，全缘；叶脉羽状；伞形花序顶生；总苞片 4，小苞片线形；花被片 6，上部合生；雄蕊 6；子房下位，1 室，侧膜胎座 3，花柱短，柱头 3 瓣裂；果为蒴果，3 瓣裂。

2 种，分布于中国、越南、老挝、柬埔寨；中国 2 种，产云南、贵州、广西、广东、湖南、江西。

3. 薯蓣属 Dioscorea L.

缠绕草质或木质藤本，具根状茎或块茎；单叶或掌状复叶，具网状脉，叶腋内有珠芽或无；花单性，雌雄异株；雄花雄蕊 6；雌花子房下位；蒴果三棱形。

约 600 种，广布热带和温带地区；中国 52 种，除新疆外全国均有分布。

尖头果薯蓣 *Dioscorea bicolor* Prain & Burkill

目 11. 露兜树目 Pandanales

露兜树目 Pandanales 是一个系统位置不确定的目，过去只包含 1 科，露兜树科 Pandanaceae，Dahlgren（1985）建立露兜树超目 Pandananae，位于单子叶植物最高级的位置。吴征镒等（2003）指出其系统位置远未确定，放在棕榈亚纲 Arecidae。APG Ⅲ（2009）系统包括 5 科（图 36）：翡若翠科 Velloziaceae、霉草科 Triuridaceae、百部科 Stemonaceae、环花草科 Cyclanthaceae 和露兜树科。Takhtajan（2009）将该目 5 科分立为 5 个单（或 2）科目，

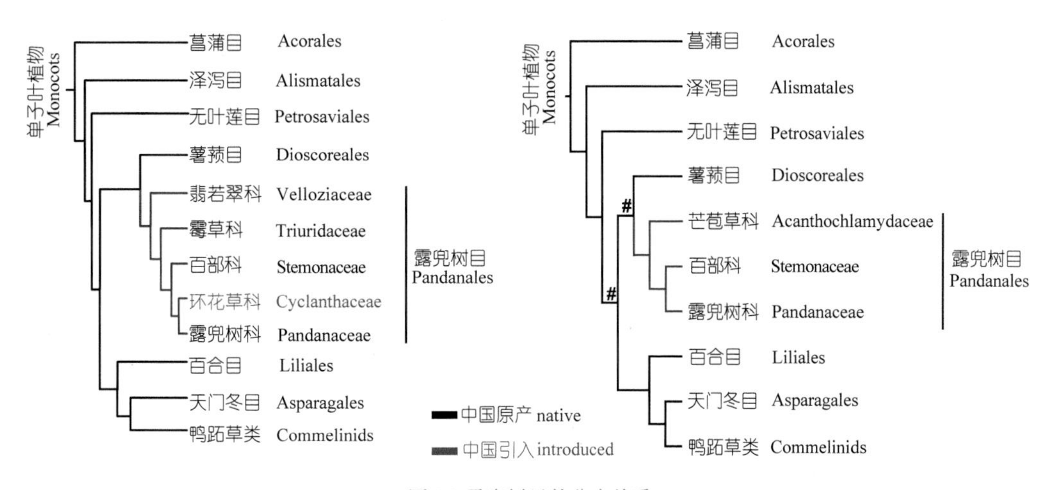

图 36 露兜树目的分支关系

被子植物 APG Ⅲ系统（左）；中国维管植物生命之树（右）

排序在他的单子叶植物第 17 目到第 20 目，依次是露兜树目、环花草目 Cyclanthales、霉草目 Triuridales、翡若翠目 Velloziales 和百部目 Stemonales，并将这 5 目连合建立露兜树超目 Pandananae。翡若翠目还包括我国特有科，芒苞草科 Acanthochlamydaceae；百部目还包括五出百部科 Pentastemonaceae（仅 1 属 2 种，分布于苏门答腊）。在露兜树目中，我国不产的翡若翠科，包含 8 属 250 种，间断分布于中南美洲的巴拿马至阿根廷，尤其是巴西东南部和马达加斯加、热带非洲及阿拉伯西南部；该科同我国单型特有科芒苞草科有亲缘关系，APG Ⅲ系统将后者归属于前者；吴征镒等（2003）对 2 科的关系做了详细讨论，主张将两科分立。我国不产的另一科环花草科含 12 属 235 种，分布于热带美洲和西印度群岛。根据形态学性状和分子学分析（Kao & Kubitzki，1998），以及隔离的生态环境和分布，支持将芒苞草科独立成科，与翡若翠科近缘（图 36）。

科 33. 芒苞草科 Acanthochlamydaceae

中国特有的单型科，产横断山区的西藏东部和四川西部。

多年生草本；叶基生，成簇，半圆柱状，腹背各具一纵沟，近基部具鞘，叶片披针形；聚伞花序缩短成头状，通常具 2~5 朵花，苞片叶状，均具鞘；花两性，辐射对称，花被裂片 6，2 轮；雄蕊 6；子房下位，胚珠多数；蒴果多少带三棱形，顶端渐狭成喙。

1. 芒苞草属 Acanthochlamys P. C. Kao

属的鉴定特征及分布同科。

芒苞草 *Acanthochlamys bracteata* P. C. Kao

科 34. 露兜树科 Pandanaceae

5 属约 880 种，产东半球热带地区；中国 2 属 6 种，产华南地区。

乔木状，灌木或攀缘藤本，稀为草本；茎多呈假二叉式分枝，常具气生根；叶狭长，带状，硬革质，3~4 列或螺旋状排列，聚生于枝顶，叶缘和背面中脉上有锐刺；花单性，雌雄异株；花序穗状、头状或圆锥状；雄花具 1 至多数雄蕊；雌花子房上位，1 室，每室胚珠 1 至多数；聚花果由多数核果或核果束组成，或为浆果状。

1. 藤露兜树属 Freycinetia Gaudich.

灌本或攀缘藤本，具气生根；叶狭长，带状；雄花具多枚雄蕊；雌花有退化雄蕊，分离或合生成束，1 室，子房多数胚珠着生在 3 至多个侧膜胎座上；果实为浆果状核果。

约 180 种，产热带地区，从斯里兰卡至马克萨斯群岛，包含夏威夷和澳大利亚北部、新西兰；中国 1 种，产台湾。

山露兜 *Freycinetia formosana* Hemsl.

2. 露兜树属 Pandanus Parkinson

乔木或灌木，少数为地上茎极短的草本，常具气生根；叶狭长，带状，常聚生于枝顶；雄花具多数雄蕊；雌花无退化雄蕊，分离或合生成束，1 室，胚珠着生于近于基底胎座上的胚珠；果实为核果。

约 700 种，产非洲至亚洲的热带地区，以及太平洋的多个群岛；中国 5 种，引种栽培 1 种，产西藏、云南、贵州、广西、广东、海南、台湾。

露兜树 *Pandanus tectorius* Parkinson

科 35. 百部科 Stemonaceae

4 属 32 种，产东亚、东南亚至澳大利亚，1 种产美国东南部；中国 2 属 8 种，产黄河以南各省。

多年生草本或半灌木，攀缘或直立，通常具肉质块根；叶互生、对生或轮生；花序腋生或贴生于叶片中脉；花两性，辐射对称，4（~5）数；雄蕊与花被片同数，花药线形，药隔通常伸长，钻状；子房上位或半下位，1 室；蒴果卵圆形，熟时 2 瓣开裂。

1. 金刚大属 Croomia Torr.

直立草本，具横走的根状茎；叶互生，4~8 枚生于茎上部；花小，4 数，单朵或 2~4 朵排成总状花序，腋生；花药药隔无附属物；蒴果卵圆形，顶端具钝喙。

3 种，2 种分布于中国东部、日本西部和琉球群岛，1 种产美国东南部；中国 1 种，产安徽、江西、浙江、福建。

金刚大 *Croomia japonica* Miq.

2. 百部属 Stemona Lour.

攀缘藤本或直立半灌木，具成丛的肥大块根；叶轮生或对生，稀互生；花单朵或数朵排成总状、聚伞状花序，花柄或花序柄常贴生于叶柄和叶片中脉上；花 4 数；花药药隔具伸长的附属物；蒴果顶端具短喙。

约 25 种，产日本经亚洲东部和东南部至澳大利亚；中国 7 种，产黄河以南各省。

百部 *Stemona japonica* (Blume) Miq.

科 36. 霉草科 Triuridaceae

11 属 50 种，产热带地区；中国 1 属 5 种，产广西、海南、香港、台湾。

腐生草本；叶退化为鳞片状，互生；总状花序或近聚伞花序；花小，常为单性，雌雄同株或异株；花被片 3~10；雄蕊 2~6；心皮 6~50，分离，具单生胚珠；果实为小而厚壁的蓇葖果。

1. 霉草属 Sciaphila Blume

腐生草本；茎短小纤细；花序总状；花两性或单性，同株或异株；花被片 3~8（~10），顶端具髯毛或无；雄蕊 2（~3）~6，无花丝或花丝极短；心皮多数，离生；蓇葖果纵裂。

30 种，泛热带和亚热带分布，主产印度至马来地区；中国 5 种，产广西、海南、香港、台湾。

大柱霉草 *Sciaphila secundiflora* Thwaites ex Benth.

目 12. 百合目 Liliales

百合目 Liliales 所包含的百合科 Liliaceae 自 1789 年由 Jussieu 建立，到 1930 年 Krause 的百合科系统，该科包括 233 属约 3 000 种（梁松筠，1999），后来发展到 288 属近 5000 种（吴征镒等，2003），成为一个非常庞杂的类群。20 世纪 80 年代，Dahlgren 同他的合作者对单子叶植物，特别是广义百合科进行了全面的形态学综合研究和分支系统学分析（Dahlgren & Clifford，1981，1982；Dahlgren，1983；Dahlgren et al.，1985），将广义百合科划分为 5 目 30 余科，大致相当于他们建立的百合超目 Lilianae 的范畴。《中国植物志》记载的分布于中国的 60 属分别归属于 14 科。现代分子系统学分析基本上是依据 Dahlgren 等的科属划分。APG Ⅲ系统依据 Chase 等（1995，2000，2006）的一系列工作，单系的百合目包括 10 科（图 37）。白玉簪科 Corsiaceae 3 属 20 余种，间断分布于中国广东、新几内亚、澳大利亚东部和智利，在百合目内的系统位置未定，中国产 1 属 1 种（白玉簪 *Corsiopsis chinensis*）；中国分布的菝葜科 Smilacaceae 和百合科聚为一支，互为姐妹群；秋水仙科 Colchicaceae 与中国不产的六出花科 Alstroemeriaceae（4 属 160 种，分布于中、南美洲）聚为一支；藜芦科 Melanthiaceae 处于该目的近基部。中国不产的科还有翠菱花科 Campynemataceae，2 属 3 种，间断分布于澳大利亚塔斯马尼亚和新喀里多尼亚；花须藤科 Petermanniaceae 1 属 1 种，分布于澳大利亚新南威尔士和昆士兰；鱼篓藤科 Ripogonaceae 1 属 6 种，分布于新几内亚、澳大利亚东部、新西兰等；金钟木科 Philesiaceae 2 属 2 种，分布于智利。应该指出 APG Ⅲ系统的百合目所包括的科不同于 Dahlgren 等的百合目；而 Takhtajan（2009）将它们分别归类于相邻的 5 目。随着研究的深入，该目的界定还会有变化（图 37）。

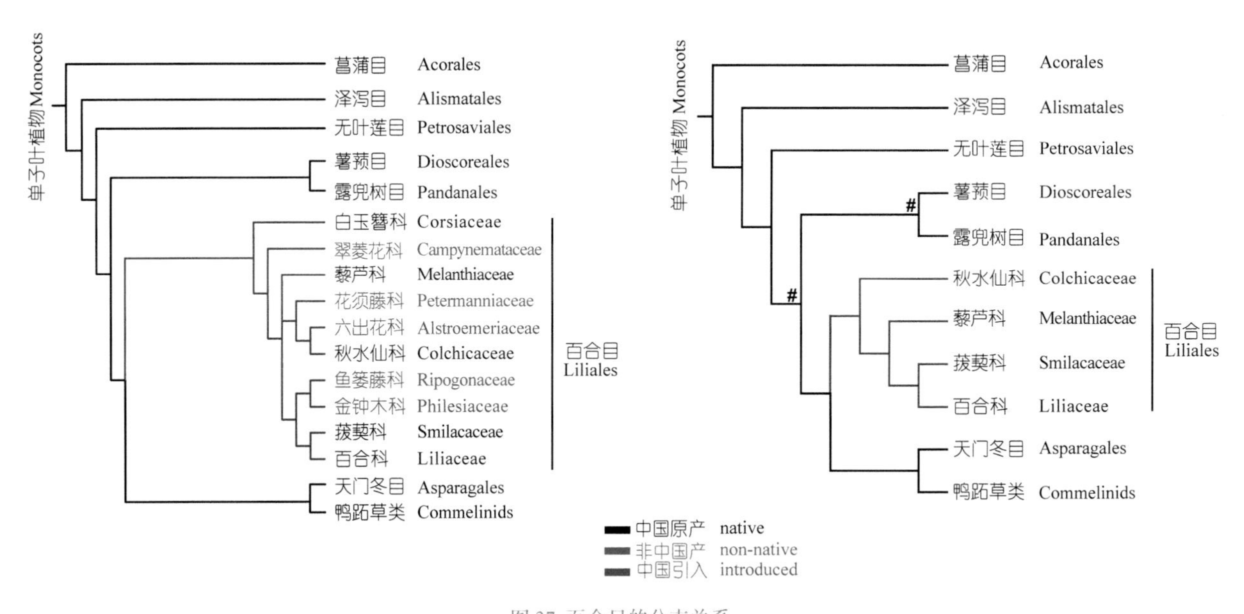

图 37 百合目的分支关系
被子植物 APG Ⅲ系统（左）；中国维管植物生命之树（右）

科 37. 秋水仙科 Colchicaceae

15 属约 245 种，产欧亚大陆、非洲、澳大利亚和北美；中国 3 属 16 种，另引种栽培 3 属，除西北地区外均有分布。多年生草本，具块茎或根状茎；茎直立，有时攀缘；叶互生、近对生或轮生；花两性，稀单性；花被片 6，排成 2 轮，离生或基部合生；雄蕊 6；子房 3 室，每室具多数胚珠；果实为蒴果，稀浆果而不裂。

1. 嘉兰属 Gloriosa L.

多年生草本，具根状茎；茎直立或攀缘；叶互生、对生或轮生，先端常延长成卷须；花大，通常单生于叶腋或叶腋附近，俯垂；花被片 6，离生，边缘常波状；雄蕊 6；子房 3 室，每室具多数胚珠；蒴果室间开裂。

10 余种，产热带非洲和亚洲；中国 1 种，产云南南部。

嘉兰 *Gloriosa superba* L.

2. 山慈姑属 Iphigenia Kunth

多年生草本，具小球茎；叶散生，狭长，无柄，向上逐渐过渡成苞片；花小，单朵或排成伞房花序；花梗通常较长；花被片 6，离生；雄蕊 6；子房 3 室，每室具多数胚珠；蒴果室背开裂。

约 15 种，产非洲、马达加斯加、索科特拉岛、印度、澳大利亚和新西兰；中国 1 种，产四川、云南、广东、海南。

山慈姑 *Iphigenia indica* Kunth

3. 万寿竹属 Disporum Salisb.

多年生草本；叶互生，叶柄短或无；伞形花序有花 1 至数朵，生于茎和分枝顶端；花被狭钟形或近筒状，通常多少俯垂；花被片 6，离生，基部囊状或距状；雄蕊 6；子房 3 室，每室有倒生胚珠 2~6 枚；浆果近球形，熟时黑色。

20 种，产东亚、南亚至东南亚；中国 14 种，除西北地区外均有分布。

长蕊万寿竹 *Disporum longistylum* (H. Lév. & Vaniot) H. Hara

科 38. 藜芦科 Melanthiaceae

18 属约 160 种，产北半球温带地区；中国 7 属 47 种，另引种栽培 1 属，产全国各地。

多年生草本，具根状茎，稀具鳞茎；叶基生或茎生，或数枚轮生于茎顶；花序总状、穗状、圆锥状、伞形，或花单生；花被片 6，稀 3 至多枚，离生或基部合生；雄蕊与花被片同数；子房上位，3 室，稀 3~10 室，每室具 2 至多数胚珠；蒴果，稀为浆果。

藜芦科虽已被较多学者承认，但其范围和系统位置尚有争议。本分析包括该科的藜芦族 Melanthieae（●）、胡麻花族 Heloniadeae（狭义的胡麻花科 Heloniadaceae *s. s.*）（●）、白丝草族 Chionographideae（●），还包括延龄草科（重楼科）Trilliaceae 2 属（■）。在分支图上它们各自作为姐妹属相聚，但藜芦科的范畴还有必要进一步研究（图 38）。

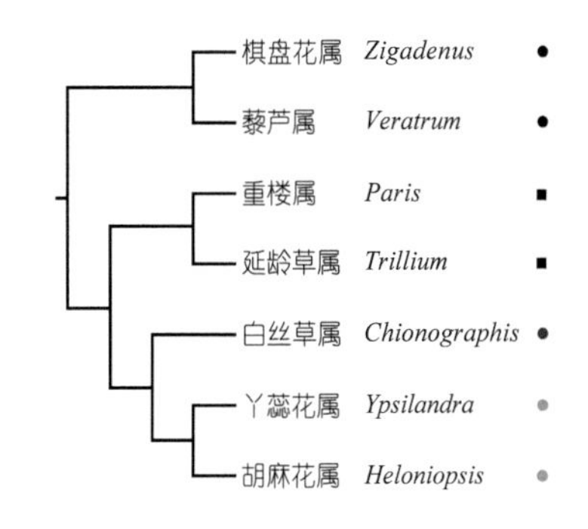

图 38 中国藜芦科植物的分支关系

1. 棋盘花属 Zigadenus Michx.

多年生草本，具鳞茎；叶基生或近基生，条形或狭带状；花序总状或圆锥状，顶生；花被片6，离生或基部合生，内面基部上方具肉质腺体；雄蕊6；子房3室，每室胚珠多数；蒴果直立，室间开裂。

10种，主产北美，1种产亚洲；中国1种，产四川、陕西、湖北、河北及东北地区。

棋盘花 *Zigadenus sibiricus* (L.) A. Gray

2. 藜芦属 Veratrum L.

多年生草本，具根状茎；叶互生；椭圆形至条形；圆锥花序顶生；花被片6，离生，无腺体；雄蕊6；子房3室，每室胚珠多数；蒴果直立或下垂，室间开裂。

40~50种，产北半球温带地区；中国13种，除西藏、青海、海南外均有分布。

藜芦 *Veratrum nigrum* L.

3. 重楼属 Paris L.

多年生草本，具肉质根状茎，圆柱状，生有环节；叶4至多枚轮生于茎顶，花单生于叶轮中央；花被片排成2轮，每轮（3~）4~6（~10）枚，离生；外轮花被片叶状，绿色，内轮花被片条形；雄蕊与花被片同数；子房4~10室，有多数胚珠；蒴果或浆果状蒴果，光滑或具棱。

约24种（广义），产欧亚大陆；中国22种，除山东外均有分布。

北重楼 *Paris verticillata* M. Bieb.

4. 延龄草属 Trillium L.

多年生草本，具粗短根状茎；叶3枚轮生于茎的顶端，花单生于叶轮之上；花被片6，离生，排成2轮；外轮3片，绿色，内轮3片，花瓣状，白色或紫红色；雄蕊6，短于花被片；子房3室，有多数胚珠；浆果。

约50种，产北半球，集中于北美；中国4种，产甘肃、吉林、西南、华中、华东。

吉林延龄草 *Trillium camschatcense* Ker Gawl.

5. 白丝草属 Chionographis Maxim.

多年生草本，具根状茎；叶基生，近莲座状；穗状花序；花杂性同序，两侧对称；花被片3~6，明显不等大，近轴的3~4枚很长，展开，其余2~3枚短小或不存在；雄蕊6；子房3室，每室胚珠2；蒴果室背开裂。

4种，分布于中国南部至日本；中国4~5种，产广西、广东、湖南、福建。

中国白丝草 *Chionographis chinensis* K. Krause

6. 丫蕊花属 Ypsilandra Franch.

多年生草本，具根状茎；叶基生，莲座状；总状花序；花被片 6，离生，宿存；雄蕊 6，花药马蹄状，基着，药室汇合成一室，开裂后呈丫字形；子房 3 室，胚珠多数；蒴果三棱状，3 深裂。

5 种，产喜马拉雅至中国西部；中国 5 种，产甘肃、西南至华南地区。

丫蕊花 *Ypsilandra thibetica* Franch.

7. 胡麻花属 Heloniopsis A. Gray

多年生草本，具根状茎；叶基生，近莲座状，叶片矩圆形至倒披针形，向基部渐狭成柄；花序总状或伞形，稀为单花；花被片 6，离生，宿存；雄蕊 6；子房 3 室，胚珠多数；蒴果 3 深裂；种子近梭形，一边有短尾。

5 种，产中国、韩国和日本；中国 1 种，产台湾。

胡麻花 *Heloniopsis umbellata* Baker

科 39. 菝葜科 Smilacaceae

2 属 310 余种，产热带和温带地区；中国 2 属 88 种，除新疆外均有分布。

攀缘或直立小灌木，稀为草本；枝常有刺，稀无刺；叶互生，排成 2 列，全缘，具弧形脉和网状细脉；叶柄两侧边缘常具翅状鞘，鞘的上方有一对卷须或无卷须；花单性异株，通常排成单个腋生的伞形花序；花被片 6，离生或合生；雄花具雄蕊 3~18；雌花具退化雄蕊，子房 3 室，每室具胚珠 1~2；浆果球形，具少数种子。

1. 菝葜属 Smilax L.

攀缘或直立小灌木，稀为草本，常具坚硬的根状茎；枝常有刺；叶互生，具弧形脉，叶柄具或不具卷须；花雌雄异株；花被片 6，离生；雄花具雄蕊 6，稀为 3 或多达 18；雌花子房 3 室，每室具胚珠 1~2；浆果球形，具少数种子。

约 300 种，产全世界热带、亚热带和温带区域；中国 79 种，除新疆外均有分布。

菝葜 *Smilax china* L.

2. 肖菝葜属 Heterosmilax Kunth

无刺攀缘灌木，稀直立；叶纸质，具弧形脉，叶柄具或不具卷须；伞形花序生于叶腋；花雌雄异株；花被片合生成筒状；雄花有雄蕊 3~12，花丝多少合生成一柱状体；雌花子房 3 室，每室具 2 胚珠；浆果球形，具种子 1~3。

12 种，产印度东北部、中南半岛、马来西亚、日本和中国；中国 9 种，产江南各省。

短柱肖菝葜 *Heterosmilax septemnervia* F. T. Wang & Tang

科 40. 百合科 Liliaceae

15 属约 640 种，产北半球温带至北极地区；中国 12 属 146 种，另引种栽培 1 属，产全国各地。

多年生草本，具鳞茎或根状茎；叶基生或茎生；花序总状或伞形，或为聚伞圆锥花序；花被片 6，排成 2 轮，等大或不等大；雄蕊 6；子房上位，3 室，每室有 2 至多数胚珠；蒴果或浆果。

本分析包括仙灯科 Calochortaceae（◆）成员和巫女花科 Medeolaceae（◆）成员，可看作最狭义百合科 Liliaceae *s.s.* 的外类群。最狭义百合科分为两族：郁金香族 Tulipeae（●）和百合族 Lilieae（●），在树图上的两个分支自然地将它们分为两群，清晰地显示出形态和分子证据的统一（图 39）。

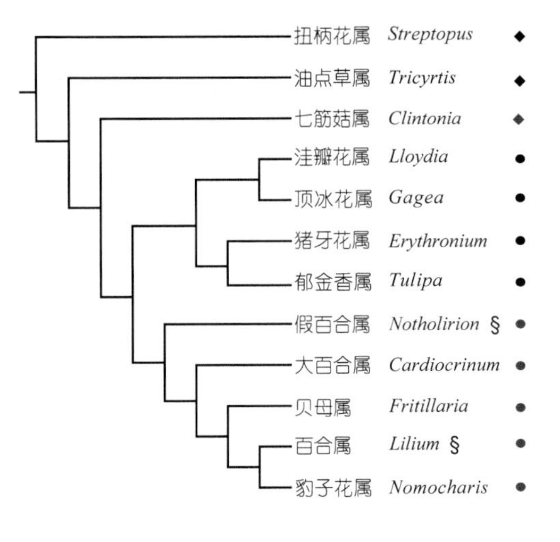

图 39 中国百合科植物的分支关系

1. 扭柄花属 Streptopus Michx.

多年生草本，具横走根状茎；叶于茎上互生，无柄，通常抱茎；花通常 1~2 朵腋生，总花梗与邻近的茎愈合；花被片 6，离生；雄蕊 6；子房 3 室，每室胚珠 6~8；浆果球形，熟时红色。

约 7 种，产欧洲、东亚和北美的温带至亚北极地区；中国 5 种，产甘肃、陕西、湖北和西南、东北地区。

腋花扭柄花 *Streptopus simplex* D. Don

2. 油点草属 Tricyrtis Wall.

多年生草本，具横走根状茎；叶于茎上互生；花单生或簇生；花被片 6，离生，开放前钟状，开放后花被片直立、斜展或反折，外轮 3 片在基部囊状或具短距；雄蕊 6；柱头 3 裂，向外弯垂，裂片上端又二深裂；子房 3 室，胚珠多数；蒴果室间开裂。

18 种，产喜马拉雅至日本，从亚热带到寒温带区域；中国 9 种，除西北、西藏、山东、东北外均有分布。

黄花油点草 *Tricyrtis pilosa* Wall.

3. 七筋姑属 Clintonia Raf.

多年生草本，具根状茎；叶基生；总状花序或伞形花序生于茎端；花被片 6，离生；雄蕊 6；子房 3 室，每室有多数胚珠；果实为浆果或多少作蒴果状开裂。

5 种，产东亚和北美的林地；中国 1 种，产甘肃、陕西、湖北、西南和华北、东北地区。

七筋姑 *Clintonia udensis* Trautv. & C. A. Mey.

4. 洼瓣花属 Lloydia Salisb. ex Rchb.

多年生草本，具鳞茎；叶基生或有少量茎生；花单朵顶生或为伞房花序；花被片 6，白色或黄色，离生；雄蕊 6；子房 3 室，每室具多数胚珠；蒴果室背开裂，花被片在果期枯萎，不增大，通常短于蒴果。

约 20 种，产北半球的温带区域，集中于欧亚大陆，欧洲产 1 种；中国 8 种，产西北、西南、华北、东北地区。

洼瓣花 *Lloydia serotina* (L.) Roxb.

5. 顶冰花属 Gagea Salisb.

多年生草本，具鳞茎；叶基生或有少量茎生；伞房花序、伞形花序或总状花序；花被片 6，通常黄色或绿黄色，稀白色，离生；雄蕊 6；子房 3 室，每室具多数胚珠；蒴果通常有 3 棱，花被片在果期宿存并明显增大和变厚，明显长于蒴果。

约 90 种，产欧亚大陆温带；中国 17 种，产西北、华北、东北地区。

小顶冰花 *Gagea terraccianoana* Pascher

6. 猪牙花属 Erythronium L.

多年生草本，具鳞茎；叶 2 枚，对生；花通常单朵顶生，俯垂；花被片 6，离生，排成 2 轮，反折；雄蕊 6；子房 3 室，每室具多数胚珠；蒴果近球形或椭圆形，具 3 棱。

24 种，产北半球的温带区域，主产北美西部（15 种），欧洲产 2 种；中国 2 种，产新疆、东北地区。

猪牙花 *Erythronium japonicum* Decne.

7. 郁金香属 Tulipa L.

多年生草本，具鳞茎；叶基生和茎生，通常 2~4；花较大，通常单朵顶生，花被钟状或漏斗形钟状；花被片 6，离生；雄蕊 6；子房 3 室；胚珠多数；蒴果室背开裂。

约 150 种，产欧亚大陆温带，集中于亚洲的西部和中部；中国 13 种，产新疆、内蒙古、陕西、湖北、辽宁和华东地区。

伊犁郁金香 *Tulipa iliensis* Regel

8. 假百合属 Notholirion Wall. ex Boiss.

多年生草本，具膨大的鳞茎；叶基生和茎生，条形或条状披针形，无柄；总状花序有花 2~24 朵，花钟形；花被片 6，离生，先端常有绿色斑点；雄蕊 6；蒴果矩圆形，有钝棱。

5 种，产西亚、喜马拉雅至中国西部；中国 3 种，产甘肃、陕西、四川、西藏、云南。

钟花假百合 *Notholirion campanulatum* Cotton & Stearn

9. 大百合属 Cardiocrinum (Endl.) Lindl.

多年生草本，具鳞茎；茎高大，无毛；叶基生和茎生，具长柄，叶片卵状心形；花序总状，有花 3~16 朵；花狭喇叭形，具紫色条纹；花被片 6，离生；雄蕊 6；蒴果矩圆形，具 6 钝棱。

3 种，产喜马拉雅、中国至日本；中国 3 种，产黄河以南。

大百合 *Cardiocrinum giganteum* (Wall.) Makino

10. 贝母属 Fritillaria L.

多年生草本；鳞茎由白粉质的鳞片组成，鳞片或 2~3 枚而呈贝壳状，或多枚而呈米粒状；叶基生和茎生，先端卷曲或不卷曲；花通常钟形，俯垂，单朵顶生或多朵排成总状花序或伞形花序；花被片 6，离生；雄蕊 6；子房 3 室，每室有 2 纵列胚珠；蒴果具 6 棱，棱上常有翅。

约 130 种，产北半球的温带区域；中国 24 种，除华南、台湾和山东外均有分布。

轮叶贝母 *Fritillaria maximowiczii* Freyn

11. 百合属 Lilium L.

多年生草本，具鳞茎；叶通常散生，稀轮生；花单生或排成总状花序，稀近伞形或伞房状排列；花常有鲜艳色彩，有时有香气；花被片 6，2 轮，离生，常靠合而成喇叭形或钟形，或强烈反卷，基部有蜜腺；雄蕊 6；花柱一般较细长，柱头膨大，3 裂；蒴果矩圆形，室背开裂。

约 110 种，产北半球的温带区域，集中分布于东亚；中国 55 种，除海南外均有分布。

岷江百合 *Lilium regale* E. H. Wilson

12. 豹子花属 Nomocharis Franch.

多年生草本，具鳞茎；叶散生或轮生；花单生或数朵排列成总状花序，开张；花被片 6，离生，有彩色斑块，内轮较外轮宽大；雄蕊 6；蒴果矩圆状卵形。

7 种，产印度（阿萨姆邦）、缅甸（上缅甸）和中国西部的高山地区；中国 6 种，产西藏、四川、云南。

豹子花 *Nomocharis pardanthina* Franch.

41. 白玉簪科 Corsiaceae

3 属 29 种，产中国南部、新几内亚、所罗门群岛、澳大利亚北部和南美；中国 1 属 1 种，产广东。

腐生草本；叶数枚，鞘状抱茎；花单生茎顶，两性或单性，两侧对称；花被片 6，外轮 2 片和内轮 3 片细丝状，剩余 1 片宽大；雄蕊 6，排成 2 轮；子房上位，3 心皮，胚珠多数；蒴果 3 爿裂。

1. 白玉簪属 Corsiopsis D. X. Zhang, R. M. K. Saunders & C. M. Hu

腐生草本；花单性，两侧对称；花被片 6，外轮 2 片和内轮 3 片丝状下垂，剩余 1 片直立，唇形。

1 种，中国特有，产广东封开。

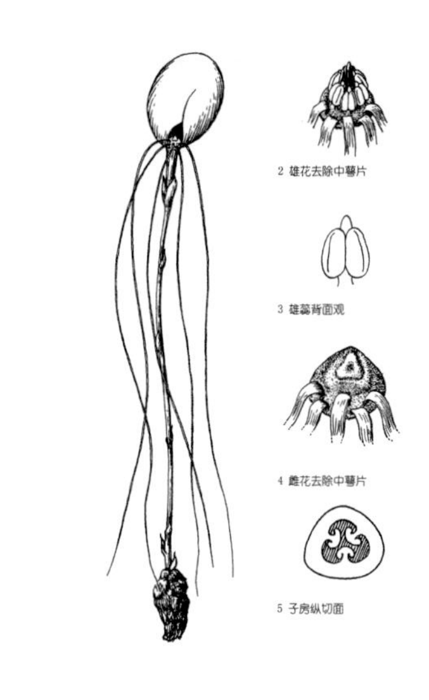

白玉簪 *Corsiopsis chinensis* D. X. Zhang, R. M. K. Saunders & C. M. Hu（图引自 Zhang et al., 1999）

目 13. 天门冬目 Asparagales

天门冬目 Asparagales 中的许多科过去都是广义百合目 Liliales 的成员，甚至是广义百合科 Liliaceae 的成员。它不同于百合目的最主要特征是外种皮消失（多数肉质果种类）或具有黑色、炭质种皮黑素（phytomelan）（多数干果种类）；而百合目有发育良好的外种皮，无种皮黑素等（Dahlgren et al.，1985；Judd et al.，2008）。APG Ⅲ（2009）系统的天门冬目包括 14 科（细分则含 24 科），兰科 Orchidaceae 无种皮黑素，位于分支的基部。耐旱草科 Boryaceae（曾被归于吊兰科 Anthericaceae）（Dahlgren et al.，1985；Takhtajan，2009），火铃花科 Blandfordiaceae（1 属 4 种，分布于澳大利亚东部和塔斯马尼亚岛），聚星草科 Asteliaceae（4 属 50 种，分布于南半球），雪绒兰科 Lanariaceae（1 属 1 种，分布于南非）和仙茅科 Hypoxidaceae 5 科聚为 1 支。蓝嵩莲科 Tecophilaeaceae（6 属 20 种，间断分布于非洲 2 属、智利 3 属和美国加利福尼亚 1 属），矛花科 Doryanthaceae（1 属 2 种，分布于昆士兰东部和新南威尔士），鸢尾蒜科 Ixioliriaceae，鸢尾科 Iridaceae，鸢尾麻科 Xeronemataceae（1 属 2 种，分布于新喀里多尼亚和新西兰），阿福花科 Asphodelaceae（33 属 910 种，产全球热带和温带地区），石蒜科 Amaryllidaceae 和天门冬科 Asparagaceae 8 科聚为 1 支；石蒜科和天门冬科互为姐妹群（图 40）。Takhtajan（2009）则将它们分到单子叶植物序号为 12 目到 14 目的 3 个目中。Dahlgren 等（1985）系统的天门冬目包括 31 科。

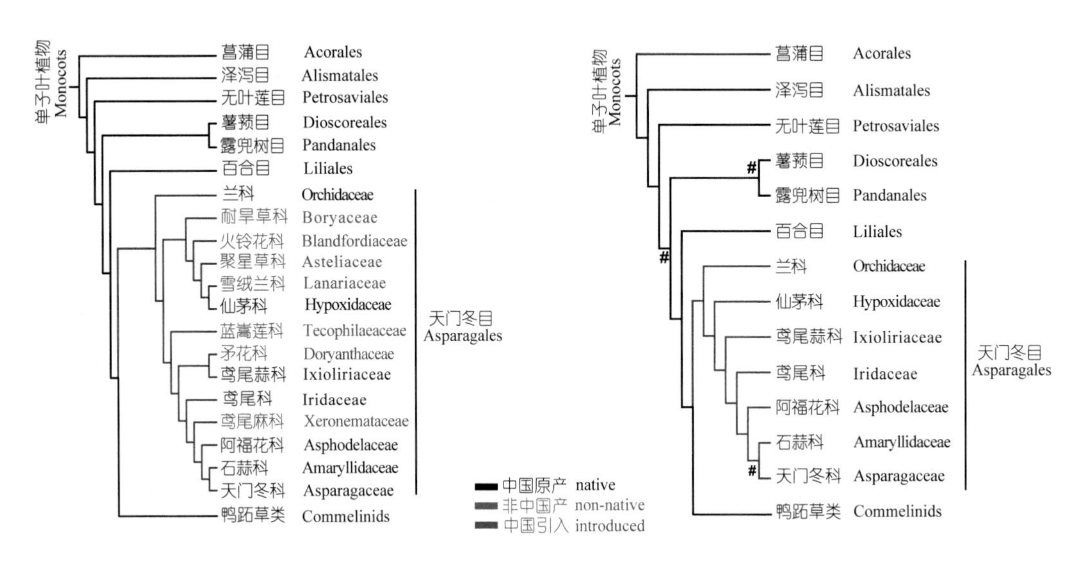

图 40 天门冬目的分支关系
被子植物 APG Ⅲ系统（左）；中国维管植物生命之树（右）

科 42. 兰科 Orchidaceae

814 属 22 000~27 000 种，泛球分布，主产热带和亚热带地区；中国 194 属近 1 400 种，另引种栽培 100 属以上，广布全国。

地生、附生或腐生草本，稀为攀缘藤本；具块茎、根状茎或假鳞茎；叶基生或茎生；花序顶生或侧生，呈总状花序或圆锥花序，单花或多花；花梗和子房常扭转；花两性，通常两侧对称；花被片 6，2 轮；离生或部分合生；花常具距或囊；中央花瓣特化为唇瓣，位于远轴端；具蕊柱和蕊喙；花粉常黏合成团块；子房下位，1 室，侧膜胎座，较少 3 室而具中轴胎座；果常为蒴果，少荚果；种子极多，细小，粉尘状，无胚乳，具翅。

本研究依据分子数据作出的中国兰科属的生命之树同刘仲健团队发表的“中国兰科分子系统发育”（Li et al., 2016）基本一致，按照该文的系统排列如下：亚科 I 拟兰亚科 Apostasioideae；亚科 II 香荚兰亚科 Vaniloideae，包括族 1 朱兰族 Pogonieae 和族 2 香荚兰族 Vanileae；亚科Ⅲ杓兰亚科 Cypripedioideae；亚科Ⅳ红门兰亚科，包括族 1 红门兰族 Orchideae（含亚族 a 凤仙兰亚族 Brownleeinae、亚族 b 红门兰亚族 Orchidinae），族 2 双尾兰族 Diurideae（含亚族 a 隐柱兰亚族 Cryptostylideae、亚族 b 葱叶兰亚族 Prasophyllinae、亚族 c 针花兰亚族 Acianthinae），族 3 盔唇兰族 Cranichideae（含亚族 a 斑叶兰亚族 Goodyerinae、亚族 b 绶草亚族 Spiranthinae）；亚科 V 树兰亚科 Epidendroideae，包括族 1 鸟巢兰族 Neottieae、族 2 天麻族 Gastrodieae、族 3 芋兰族 Nervilleae（含亚族 a 虎舌兰亚族 Epipogiinae、亚族 b 芋兰亚族 Nervillinae）、族 4 竹茎兰族 Tropidieae、族 5 泰兰族 Thaieae、族 6 龙嘴兰族 Arethuseae（含亚族 a 龙嘴兰亚族 Arethusinae、亚族 b 贝母兰亚族 Coelogyninae）、族 7 沼兰族 Malaxeae（含亚族 a 石斛亚族 Dendrobiinae、亚族 b 沼兰亚族 Malaxinae）、族 8 兰族 Cymbidieae（含亚族 a 兰亚族 Cymbidiinae、亚族 b 美冠兰亚族 Eulophinae）、族 9 树兰族 Epidendreae（含亚族 a 禾叶兰亚族 Agrostophyllinae、亚族 b 布袋兰亚族 Calypsinae）、族 10 万代兰族 Vandeae（含亚族 a 多穗兰亚族 Polystachyinae、亚族 b 指甲兰亚族 Aeridinae）、族 11 吻兰族 Collabieae、族 12 柄唇兰族 Podochileae（含亚族 a 矮柱兰亚族 Thelasidinae、亚族 b 毛兰亚族 Eriinae）（图 41）。

在分支图（图 41）上，我们将刘仲健团队的系统标注在每个属之后（罗马数字表示亚科序号、阿拉伯数字表示族的序号、英文字母表示族下亚族序号，如毛兰属 *Eria* V. 12. b 表示该属在树兰亚科柄唇兰族毛兰亚族）。本研究的分支分析显示：拟兰亚科的三蕊兰属和拟兰属相聚位于基部，为其他亚科的姐妹群；依次为香荚兰亚科和杓兰亚科分支；然后分为两大支：一大支为亚科Ⅵ红门兰亚科的成员，另一大支为亚科 V 树兰亚科的成员，各个族及其亚族包含的属都分别聚集在相应的分支。仅有亚科 V 的个别属如双唇兰属、无喙兰属潜插在亚科Ⅳ的分支中，尚需考证。

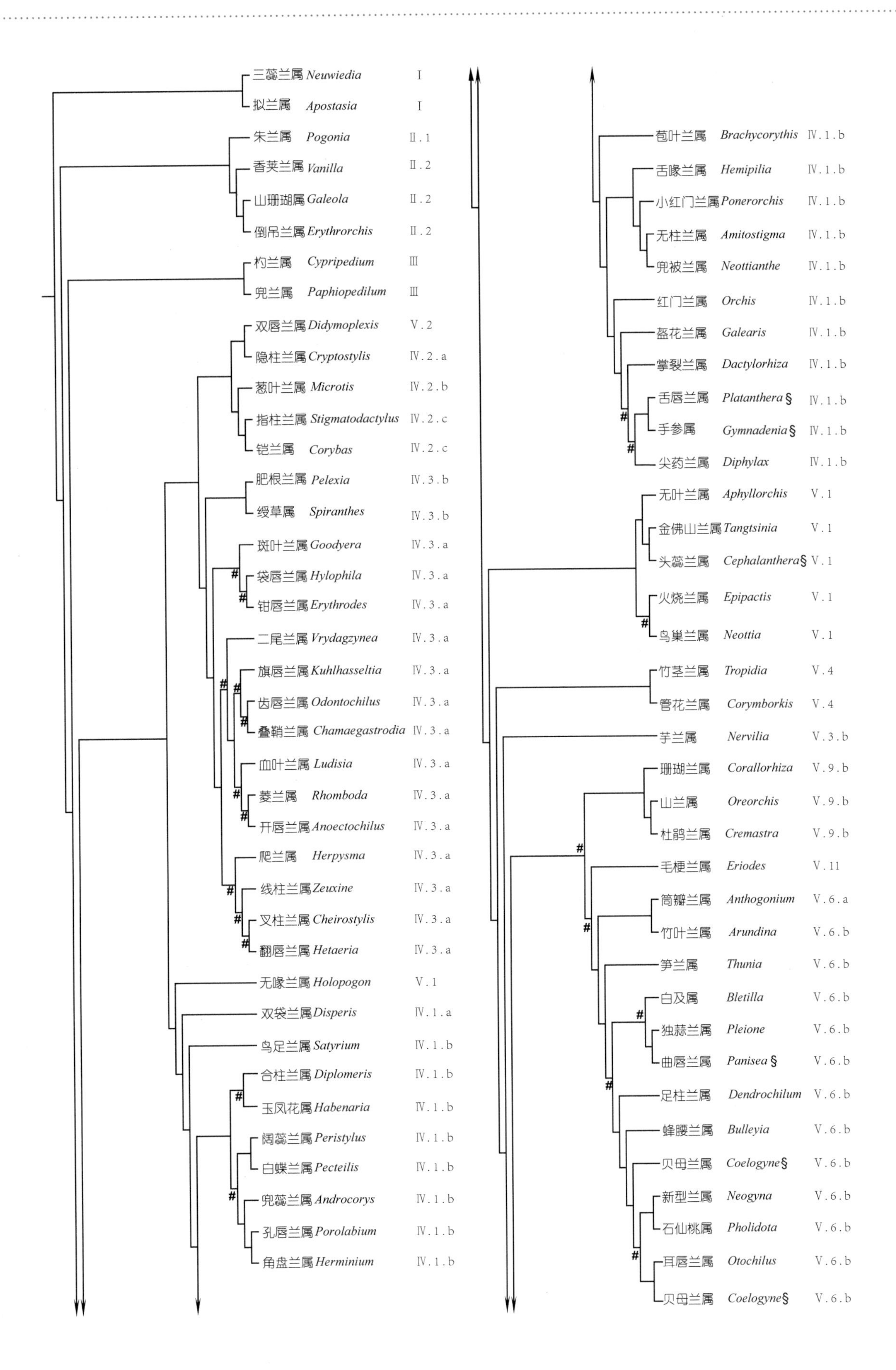

图 41 中国兰科植物的分支关系 (1)

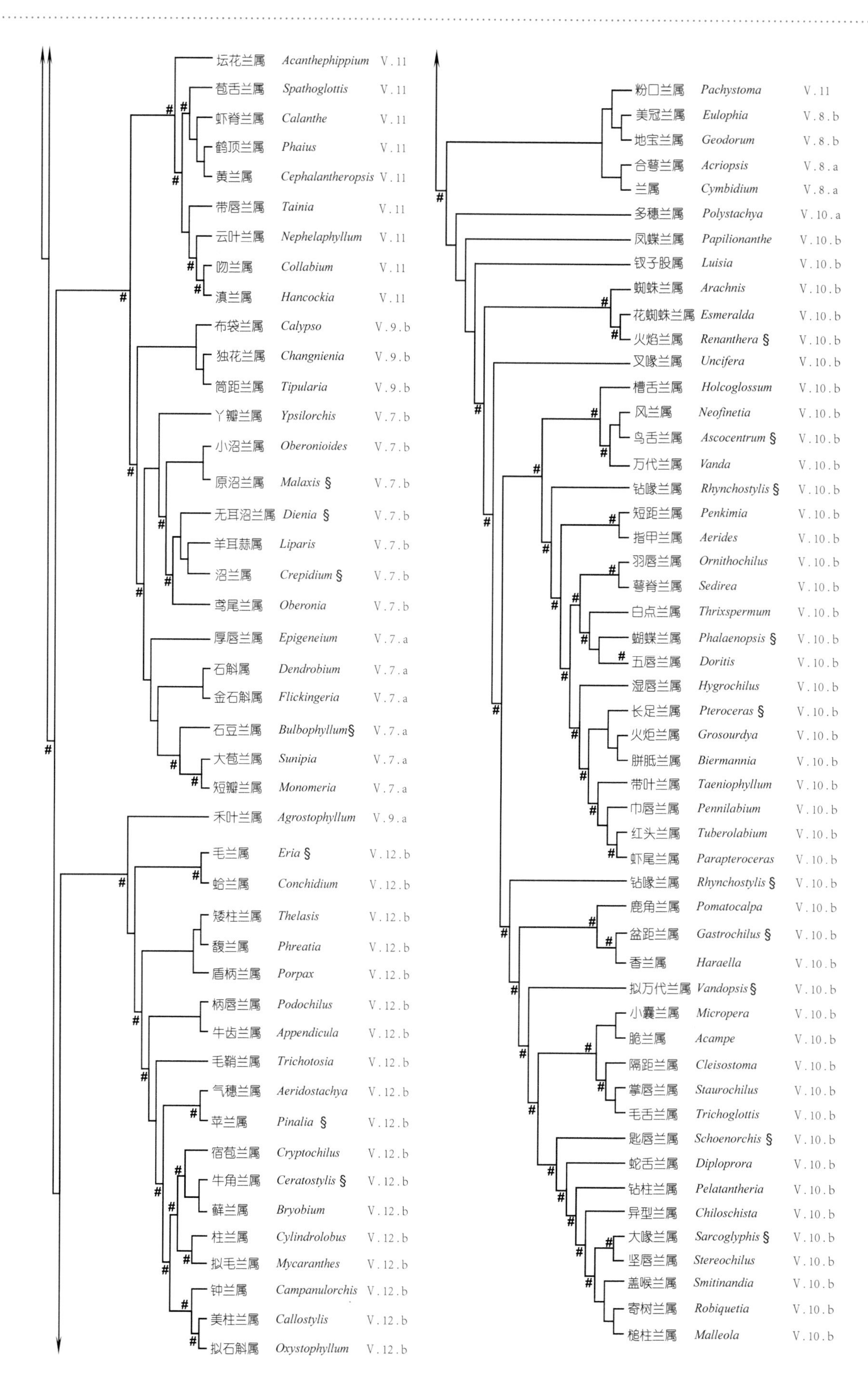

图 41 中国兰科植物的分支关系 (2)

1. 三蕊兰属 Neuwiedia Blume

地生兰，亚灌木状草本；具根状茎和气生根；叶折扇状；总状花序顶生，不分枝；花近辐射对称；萼片3枚相似；唇瓣与花瓣近相似；蕊柱较短；能育雄蕊3；花粉不黏，合成团块；果实为浆果状或为蒴果。

约10种，产东南亚至新几内亚岛和太平洋岛屿；中国2种，产广东、香港、海南和云南东南部。

三蕊兰 *Neuwiedia singapureana* (Wall. ex Baker) Rolfe

2. 拟兰属 Apostasia Blume

地生兰，亚灌木状草本；具根状茎；叶折扇状；花序顶生或腋生，常外弯或下垂，分枝；花苞片较小，花近辐射对称；萼片相似；花瓣近相似；能育雄蕊2；蒴果，略有3纵棱。

7种，产亚洲热带地区至澳大利亚，北界在中国南部和琉球群岛；中国4~5种，产广东、海南、广西和云南南部。

多枝拟兰 *Apostasia ramifera* S. C. Chen & K. Y. Lang

3. 朱兰属 Pogonia Juss.

地生兰；茎较细，在中上部具1枚叶；叶扁平，草质至稍肉质，无关节；花通常单朵顶生，少有2~3朵；花苞片叶状，但明显小于叶，宿存；唇瓣3裂或近于不裂，基部无距，前部或中裂片上常有流苏状或髯毛状附属物；药床边缘啮蚀状；花药顶生，有短柄，向前俯倾；柱头单一；蕊喙宽而短，位于柱头上方。

4种，产东亚与北美；中国3种，产西南、东南、东北部分地区及湖北、湖南。

朱兰 *Pogonia japonica* H. G. Rchb.

4. 香荚兰属 Vanilla Plum. ex Mill.

攀缘草本，长可达数米；茎稍肥厚或肉质，每节生1枚叶和1条气生根；叶大，肉质；总状花序生于叶腋；子房与花被之间具1离层；唇瓣下部边缘常与蕊柱边缘合生，常呈喇叭状，前部不合生部分常扩大，有时3裂；唇盘上一般有种种附属物，无距；果实为荚果状，肉质。

南方香荚兰 *Vanilla annamica* Gagnep.

约 70 种，产全球热带地区；中国 5 种，产云南、广东、福建、台湾。

5. 山珊瑚属 Galeola Lour.

腐生兰或半灌木状；茎直立或攀缘，稍肉质，黄褐色或红褐色，无绿叶；花序轴被短柔毛或粃糠状短柔毛；花苞片宿存；花通常黄色或带红褐色；萼片背面常被毛；花瓣无毛，略小于萼片；唇瓣不裂，通常凹陷成杯状或囊状，基部无距，内有纵脊或胼胝体；果实为荚果状蒴果，干燥，开裂。

约 10 种，产亚洲热带地区，以及非洲马达加斯加；中国 4 种，产西南、华南及湖南、安徽、河南、陕西。

直立山珊瑚 *Galeola falconeri* Hook. f.

6. 倒吊兰属 Erythrorchis Blume

腐生兰；茎攀缘，圆柱形，多分枝，红褐色或淡黄褐色，无绿叶；花序轴与花均无毛；花苞片宿存；萼片与花瓣常靠合；唇瓣近不裂，宽阔，中央有 1 条肥厚的纵脊，纵脊

倒吊兰 *Erythrorchis altissima* (Blume) Blume

两侧有许多横向伸展的、由小乳突组成的条纹；蕊柱足与唇瓣的纵脊相连接；柱头大；蕊喙小；蒴果长圆筒状。

3 种，产东南亚，向北可达琉球群岛，向西可达印度东北部；中国 1 种，产海南、台湾。

7. 杓兰属 Cypripedium L.

地生兰；幼叶席卷，茎生，极少为 2 叶铺地而生；花被在果期宿存；唇瓣深囊状；蕊柱短，常下弯；具 2 枚侧生可育雄蕊，1 枚位于上方的退化雄蕊和 1 枚位于下方的柱头；花粉粉质或带黏性，但不黏合成花粉团块；柱头肥厚，略 3 裂，表面有乳突；蒴果。

约 50 种，产东亚、北美、欧洲温带和亚热带山地，向南可达喜马拉雅地区和中美洲的危地马拉；中国 36 种，产东北至西南山地和台湾高山。

大花杓兰 *Cypripedium macranthon* Sw.

8. 兜兰属 Paphiopedilum Pfitzer

地生、半附生或附生兰；幼叶对折，基生，3 至多枚，2 列；花被在果期脱落；中萼片较大，边缘反卷，2 枚侧

带叶兜兰 *Paphiopedilum hirsutissimum* (Hook.) Stein

萼片常合生成合萼片；唇瓣深囊状至倒盔状，基部具柄，囊口宽大，两侧具内折的侧裂片；具2枚侧生可育雄蕊，1枚位于上方的退化雄蕊和1枚位于下方的柱头；柱头肥厚，下弯；蒴果。

80~85种，产亚洲热带地区至太平洋岛屿；中国27种，产西南至华南地区。

9. 双唇兰属 Didymoplexis Griff.

腐生兰；无绿叶；总状花序顶生，具1花或数朵较密集的花；花小扭转；萼片和花瓣在基部合生成浅杯状，中萼片与花瓣合生部分可达中部并形成盔状覆盖于蕊柱上方；唇瓣不与萼片或花瓣连合，不裂或3裂，常有疣状突起或胼胝体；蕊柱长，上端有时扩大而呈2个短耳，基部有短的蕊柱足。

约18种，产非洲、亚洲和大洋洲，主要见于热带地区；中国3种，产广西、广东、海南、台湾。

双唇兰 *Didymoplexis pallens* Griff.

10. 隐柱兰属 Cryptostylis R. Br.

地生兰；叶基生，具长柄；花密集，不倒置；萼片和花瓣均狭窄，近相似；唇瓣直立，不裂，上部收狭，基部无距，围抱蕊柱；蕊柱极短，具侧生的耳；花粉团4，成2对；柱头1，凸出，肉质；蕊喙直立，宽而厚，渐尖。

约20种，产大洋洲和热带亚洲；中国2种，产台湾、广东、广西。

隐柱兰 *Cryptostylis arachnites* (Blume) Blume

11. 葱叶兰属 Microtis R. Br.

地生兰；地下具小块茎；具1叶，下部完全抱茎，无明显叶柄；花梗极短；花瓣通常小于萼片；唇瓣贴生于蕊柱基部，常不裂，基部有时有胼胝体，无距；蕊柱肉质，很短，常有2个耳状物或翅；花药前倾；花粉团4个，成2对，粒粉质，具短的花粉团柄和黏盘。

约14种，产澳大利亚，仅1种见于亚洲热带与亚热带地区；中国1种，产四川、广西、广东、湖南、江西、安徽、浙江及台湾。

葱叶兰 *Microtis unifolia* (G. Forst.) H. G. Rchb.

12. 指柱兰属 Stigmatodactylus Maxim. ex Makino

地生兰；总状花序顶生，具1~3花；花苞片叶状；侧萼片略斜歪且较短；唇瓣宽阔，基部具有1个肉质的、2深裂的附属物；蕊柱直立，上部向前弯，两侧边缘有狭翅，无蕊柱足；柱头凹陷，下方有指状附属物；花粉团4个，成2对，无花粉团柄和黏盘。

约10种，产日本、印度、印度尼西亚和中国南部；中国1种，产中国南部及台湾。

指柱兰 *Stigmatodactylus sikokianus* Makino

13. 铠兰属 Corybas Salisb.

地生兰，罕附生兰；地下部分的茎常有棱或翅；叶1枚，心形或宽卵形；单花，顶生，扭转；中萼片有爪，爪的边缘内卷并围抱唇瓣基部，管状；侧萼片和花瓣狭小或丝状；唇瓣基部有深槽并与中萼片连合成管状；距2个，角状，或无距而具2个开启的耳状物；无柄，有黏质物或黏盘；子房常有6条纵肋。

约100种，产大洋洲和热带亚洲，向北可达中国南部；中国5种，产四川、云南、贵州、广西及台湾。

台湾铠兰 *Corybas taiwanensis* T. P. Lin & S. Y. Leu

14. 肥根兰属 Pelexia Poit. ex Lindl.

地生兰，偶见沼生；肉质根成簇；总状或穗状花序；中萼片与花瓣靠合，呈盔状；侧萼片与蕊柱足合生，常形成明显的萼囊；唇瓣肉质，基部常呈戟形或偶见具耳，边缘与蕊柱边缘黏合；蕊柱粗壮，被毛，蕊柱足常为子房壁的延伸；蕊喙柔软，薄片状；花粉团2，柄不明显，具粗厚的黏盘。

约75种，产美洲热带至亚热带地区；中国1种，产香港。

15. 绶草属 Spiranthes Rich.

地生兰；根指状；总状花序顶生，密集，似穗状，常呈螺旋状扭转；萼片近相似；侧萼片基部常下延而胀大，呈囊状；唇瓣基部凹陷，常有2枚胼胝体，有时具短爪，多少围抱蕊柱，不裂或3裂，边缘常呈皱波状；蕊柱短或长，圆柱形或棒状；柱头2，位于蕊喙的下方两侧。

约50种，产北美洲，少数种类见于南美洲、欧洲、非洲、亚洲和澳大利亚；中国约5种，全国分布。

绶草 *Spiranthes sinensis* (Pers.) Ames

16. 斑叶兰属 Goodyera R. Br.

地生兰；叶稍肉质，上面具斑纹；花序顶生；萼片相似；唇瓣不裂，基部凹陷成囊状；蕊柱短，无附属物；花粉团2，无花粉团柄，具1个黏盘；柱头1，较大，位于蕊喙下；蒴果直立，无喙。

约100种，产北温带，向南可达墨西哥、东南亚、澳大利亚和大洋洲岛屿，非洲、马达加斯加也有；中国29种，全国分布，以西南部和南部为多。

大花斑叶兰 *Goodyera biflora* (Lindl.) Hook. f.

17. 袋唇兰属 Hylophila Lindl.

地生兰；根状茎；总状花序顶生，密集；花倒置；中萼片和花瓣黏合成兜状；唇瓣几呈囊状；蕊柱短，具狭翅或呈臂状伸出；花药长，披针形；花粉团2，具长的花粉团柄，1个黏盘；蕊喙直立，2裂；柱头1。

约10种，产东南亚，向北到达中国台湾，向南到达新几内亚岛；中国1种，产台湾。

袋唇兰 *Hylophila nipponica* (Fukuy.) S. S. Ying

18. 钳唇兰属 Erythrodes Blume

地生兰；总状花序，花密集，似穗状；唇瓣上部宽三角形，张开或反曲，基部全缘或3裂；距圆筒状，向下伸出于侧萼片基部之外；蕊喙直立，2裂；柱头1，位于蕊喙之下。

约20种，产南美洲和亚洲热带地区，也见于北美、中美、新几内亚岛和太平洋一些岛屿；中国2种，产台湾、广东、广西和云南。

钳唇兰 *Erythrodes blumei* (Lindl.) Schltr.

19. 二尾兰属 Vrydagzynea Blume

地生兰；总状花序，密集；花倒置，花被片不甚张开；中萼片与花瓣黏合成兜状；唇瓣短，不裂，与蕊柱并行，基部具距；距从两侧萼片之间伸出，近基部有2枚具细柄的胼胝体；花粉团2，无明显的花粉团柄；蕊喙短，直立，2齿裂。

约35种，产印度东北部至东南亚和至太平洋一些岛屿；中国1种，产台湾、海南、广东和香港。

二尾兰 *Vrydagzynea nuda* Blume

20. 旗唇兰属 Kuhlhasseltia J. J. Sm.

地生兰；根状茎匍匐；萼片在中部以下合生；花瓣与中萼片等长且紧贴，呈兜状；唇瓣基部具2浅裂囊状距，中部爪细长；距短，内具隔膜，2室，每室具1枚胼胝体；花药生于蕊柱背侧；花粉团2，具短的花粉团柄，黏盘稍大；蕊喙叉状2裂，裂片不等大；柱头2个，具细乳突。

约10种，产东亚及菲律宾；中国1种，产台湾、广东、安徽、湖南、陕西、四川及浙江。

旗唇兰 *Kuhlhasseltia yakushimensis* (Yamam.) Ormerod

21. 齿唇兰属 Odontochilus Blume

地生兰；叶绿色或紫色，偶有1~3条白色脉纹；侧萼片与唇瓣基部连合；唇瓣3深裂，无距；下唇囊状，具1对肉质胼胝体；蕊柱膨大，前侧具薄翅状附属物；花粉团2，具细长花粉团柄；蒴果椭球形。

约40种，产亚洲热带地区至大洋洲；中国11种，产西南部至南部。

台湾齿唇兰 *Odontochilus inabae* (Hayata) T. P. Lin

22. 叠鞘兰属 Chamaegastrodia Makino & F. Maek.

腐生兰，植株矮小，茎具多数密集的鞘状膜质鳞片，套叠；花较小不倒置；萼片近相似；花瓣与中萼片黏合成兜状；唇瓣较萼片稍长，前部扩大，2裂，呈T字形，基部凹陷成囊，无隔膜，中脉两侧近基部处各具1枚突出的胼胝体；蕊柱粗短，前面两侧各具1枚三角状镰形的附属物；子房不扭转。

约3种，分布于中国、日本至亚洲热带地区；中国3种，产湖北、四川、云南和西藏东南部。

川滇叠鞘兰 *Chamaegastrodia inverta* (W. W. Sm.) Seidenf.

23. 血叶兰属 Ludisia A. Rich.

地生兰；叶上常具金红色或金黄色脉；中萼片与花瓣黏合成兜状；唇瓣顶部扩大成长方形，下部与蕊柱合生，基部具2浅裂的囊，囊内具2枚较大的胼胝体；蕊柱在花药下缩短成1蕊柱柄；蕊喙不2裂，扭曲，把黏盘卷起。

1种，产印度、缅甸、中南半岛至印度尼西亚；中国1种，产华南及云南南部和东南地区。

血叶兰 *Ludisia discolor* (Ker Gawl.) Blume

24. 菱兰属 Rhomboda Lindl.

地生或极少附生兰；子房和花梗不扭转；花瓣与中萼片黏合成兜状；唇瓣与蕊柱侧面贴生，2裂或3深裂；下唇囊状，沿中脉具明显的两肋纵向胼胝体并直达顶端，两侧基部各具1枚胼胝体；上唇线形、正方形或横向扩大；蕊柱短，两侧具大的翅状附属物。

约25种，产喜马拉雅和印度东北地区至日本东部，亚洲东南部到新几内亚和太平洋西南岛屿；中国4种，产华南、西南及台湾。

艳丽菱兰 *Rhomboda moulmeinensis* (E. C. Parish & H. G. Rchb.) Ormerod

25. 开唇兰属 Anoectochilus Blume

地生兰；叶片上常具杂色的脉网或脉纹；唇瓣基部与蕊柱贴生；距为球形的囊或圆锥状，囊内或距内的胼胝体无柄或具不明显的短柄；蕊柱短，前面两侧具附属物；花粉团2个，棒状；蕊喙常直立，叉状2裂；柱头2，位于蕊喙基部两侧。

约30种，产亚洲热带地区至大洋洲；中国11种，产西南部至南部。

金线兰 *Anoectochilus roxburghii* (Wall.) Lindl.

26. 爬兰属 Herpysma Lindl.

地生兰；花序轴和子房被毛；唇瓣贴生于蕊柱两侧，呈提琴形，中部反折，基部具狭长的距；距从两侧萼片之间基部伸出，与子房近等长，末端稍2裂；蕊柱短；蕊喙短，直立，2裂；柱头1。

1种，产喜马拉雅地区至菲律宾；中国1种，产云南西部。

27. 线柱兰属 Zeuxine Lindl.

地生兰；叶上面绿色或沿中肋具1条白色条纹；花小几不张开，倒置；侧萼片围着唇瓣基部；唇瓣基部与蕊柱贴生，基部具球形囊，囊内无隔膜，近基部两侧各具1枚胼胝体；蕊柱短，前面两侧具或不具纵向、翼状附属物。

约80种，产非洲热带地区至亚洲热带和亚热带地区；中国14种，产长江流域及其以南诸省区，尤以台湾为多。

线柱兰 *Zeuxine strateumatica* (L.) Schltr.

28. 叉柱兰属 Cheirostylis Blume

地生或半附生兰；根状茎呈莲藕状或毛虫状；萼片在中部或以上合生成筒状；唇瓣贴生于蕊柱上，基部常扩大成囊状，囊内具胼胝体，中部收狭成爪，前部扩大，2裂，边缘具流苏状裂条或锯齿状或全缘；蕊柱短，具附属物；

中华叉柱兰 *Cheirostylis chinensis* Rolfe

蕊喙直立，2 裂，叉状；柱头 2，位于蕊喙基部两侧。

约 50 种，产热带非洲、热带亚洲和太平洋岛屿；中国 17 种，产台湾、华南至西南地区。

29. 翻唇兰属 Hetaeria Blume

地生兰；叶上面绿色或沿中肋具 1 条白色的条纹；花不倒置；中萼片与花瓣黏合成兜状；侧萼片包围唇瓣基部的囊；唇瓣基部凹陷，呈囊状或杯状，具各种形状的胼胝体；蕊柱短，具翼状附属物；花粉团 2，柄短棒状；蕊喙较长，直立，叉状 2 裂；柱头 2，位于蕊喙基部两侧；子房不扭转；蒴果直立。

约 30 种，产亚洲热带地区，也见于大洋洲；中国 6 种，产东南至西南地区。

白肋翻唇兰 *Hetaeria cristata* Blume

30. 无喙兰属 Holopogon Kom. & Nevski

腐生兰；无绿叶；萼片相似；花瓣相似或具特化唇瓣，后者明显大于花瓣且先端 2 裂；蕊柱较长；能育雄蕊 1；花丝明显；柱头顶生；蕊喙不存在。

北京无喙兰 *Holopogon pekinensis* X. Y. Mu & Bing Liu

7 种，产东亚至印度西北部；中国 3 种，产辽宁、北京、山西、河南、陕西及四川西南部。

31. 双袋兰属 Disperis Sw.

地生兰；具根状茎和块茎；花单朵或 2~3 朵生于茎端叶腋；花苞片叶状；中萼片与花瓣合生或靠合而呈盔状；侧萼片基部合生，中部向外凹陷成袋状或距状；唇瓣基部有爪，贴生于蕊柱，裂片明显大于贴生部分；花粉团 2，各具 1 个花粉团柄和黏盘；蕊喙较大，两侧各具 1 条臂状物。

约 75 种，产热带非洲，少数种类见于热带亚洲、澳大利亚和太平洋岛屿；中国 1 种，产香港、台湾。

卓越双袋兰 *Disperis egregia* Summerh.

32. 鸟足兰属 Satyrium Sw.

地生兰；具肉质块茎，2 个；花苞片常叶状，反折；花不扭转；唇瓣贴生于蕊柱基部，兜状，基部有 2 个距或囊状距；蕊柱向后弯曲；花药生于蕊柱背侧，基部与蕊柱完全合生；花粉团 2，各具 1 个花粉团柄和 1 个黏盘；柱头大，伸出；蕊喙较大，平展或下弯。

约 90 种，产非洲，特别是非洲南部，少数种见于亚洲；中国 2 种，产西南地区及湖南。

缘毛鸟足兰 *Satyrium ciliatum* Lindl.

33. 合柱兰属 Diplomeris D. Don

地生兰；具1~2枚块茎；顶生1~2花；萼片披针形；花瓣较萼片长而宽；唇瓣极宽，不裂，具长距，贴生于蕊柱基部；蕊柱极短；蕊喙大，膜质；药室略叉开，具极长的、内曲向上的沟槽；花粉团2，具极长柄和黏盘；柱头2，极为伸长，在唇瓣的基部上面向下和向前突出，其下半部合生，上部分离，向下弯曲。

4种，产尼泊尔、不丹、印度东北部、缅甸和中国；中国2种，产西南地区。

合柱兰 *Diplomeris pulchella* D. Don

34. 玉凤花属 Habenaria Willd.

地生兰；常具数枚苞片状小叶；中萼片常与花瓣靠合呈兜状，侧萼片伸展或反折；唇瓣3裂，基部常有距，有时为囊状或无距；蕊柱短，两侧通常有耳；药室叉开，基部延长成沟；花粉团2，具长柄，柄末端具黏盘；柱头2，成为“柱头枝”，位于蕊柱前方基部；蕊喙有臂，通常厚而大，臂伸长的沟与药室伸长的沟相互靠合成管围抱着花粉团柄。

约600种，产全球热带、亚热带至温带地区；中国54种，除新疆外，南北分布。

粉叶玉凤花 *Habenaria glaucifolia* Bureau & Franch.

35. 阔蕊兰属 Peristylus Blume

地生兰；子房扭转与花序轴紧靠；侧萼片不反折；花瓣不裂，稍肉质，直立，与中萼片相靠成兜状，常较萼片稍宽；唇瓣基部具距；距常短于萼片和子房；蕊柱很短；花药2室，下部几乎不延伸成沟；黏盘小，不卷曲成角状；蕊喙小臂短或不明显；退化雄蕊2，直立或向前伸展，位于花药基部两侧。

约70种，产亚洲热带和亚热带地区至太平洋一些岛屿；中国19种，产南部和西南地区。

凸孔阔蕊兰 *Peristylus coeloceras* Finet

36. 白蝶兰属 Pecteilis Raf.

地生兰；茎上叶向上渐变小成苞片状；花苞片叶状，较大；花大，倒置；萼片离生，相似，宽阔，中萼片直立，侧萼片斜歪；花瓣常较萼片狭小，唇瓣3裂，侧裂片外侧具细的裂条或小齿或全缘，中裂片线形或宽的三角形；具长距，距比子房长很多；黏盘包藏于蕊喙臂末端筒内；蕊喙较低，具长的蕊喙臂。

约5种，产亚洲东部、东南部及喜马拉雅地区；中国3种，产南部到西南地区，向北到河南。

龙头兰 *Pecteilis susannae* (L.) Raf.

37. 兜蕊兰属 Androcorys Schltr.

地生兰；具1枚叶；花呈螺旋状排列，倒置；中萼片与花瓣靠合成兜状，盖住花药；花瓣凹陷成舟状，常向内弧曲；唇瓣舌状或线形，不裂，反折，无距；花药直立，具宽阔兜状的药隔；花粉团2，黏盘被蕊喙边缘包着；蕊喙三角形；柱头2，具柄；子房扭转，常具短柄或无柄。

6种，产克什米尔、喜马拉雅、中国至日本；中国5种，产西北、西南及台湾。

剑唇兜蕊兰 *Androcorys pugioniformis* (Hook. f.) K. Y. Lang

38. 孔唇兰属 Porolabium Tang & F. T. Wang

地生兰；叶仅1枚；唇瓣不裂，基部扩大，具2个孔，无距；蕊喙与花药均甚大；柱头1，垫状。

1种，中国特有，产青海东部、山西东北部。

孔唇兰 *Porolabium biporosum* (Maxim.) Tang & F. T. Wang

39. 角盘兰属 Herminium L.

地生兰；花序总状或似穗状；花小密生，通常为黄绿色，常呈钩手状；花瓣常肉质；唇瓣贴生于蕊柱基部，基部凹陷，常无距；蕊柱极短；花粉团2，为具小团块的粒粉质，具极短的花粉团柄和黏盘，黏盘常卷成角状；柱头2，为棍棒状。

约25种，产东亚，少数种也见于欧洲和东南亚；中国18种，产云南、四川和西藏。

角盘兰 *Herminium monorchis* (L.) R. Br.

40. 苞叶兰属 Brachycorythis Lindl.

地生兰，极少为附生；叶向上渐小成苞片状；花苞片叶状，常与花等长或长于花；花上举或弓曲，常具紫色或紫蓝色的斑点；中萼凹陷；侧萼片张开或反折；唇瓣基部

长叶苞叶兰 *Brachycorythis henryi* (Schltr.) Summerh.

舟状，具囊或距，先端2或3裂；花药先端常钝；蕊喙较大；柱头1。

约33种，产热带非洲、南非和热带亚洲；中国3种，产西南、华南和台湾。

41. 舌喙兰属 **Hemipilia** Lindl.

地生兰；茎基部具1~3枚鞘，鞘上方具1枚叶；花苞片较子房短，宿存；唇瓣上面被细小的乳突，并在基部近距口处具2枚胼胝体；距长，内面常被小乳突；蕊柱明显；花药近兜状，药隔宽阔；蕊喙甚大，3裂，中裂片舌状，侧裂片三角形；花粉团2，具长柄及舟状的黏盘；柱头1，稍凹陷。

约10种，产自尼泊尔到喜马拉雅和泰国地区；中国7种，产山西、陕西、西南、广西及台湾等。

扇唇舌喙兰 *Hemipilia flabellata* Bureau & Franch.

42. 小红门兰属 **Ponerorchis** Rchb. f.

地生兰；块茎肉质，前部分裂成掌状；唇瓣全缘或3~4裂；距常等长于子房；黏盘裸露或分别藏于1个黏囊内。

约20种，从喜马拉雅地区穿越中国中部和东部到朝鲜及日本皆有分布；中国13种，产台湾、西南、西北及东北地区。

广布小红门兰 *Ponerorchis chusua* (D. Don) Soó

43. 无柱兰属 **Amitostigma** Schltr.

地生兰；叶通常1枚；花苞片常为披针形；唇瓣基部具距，前部3或4裂；蕊柱极短；退化雄蕊2；花粉团2，具花粉团柄和黏盘，附于蕊喙基部两侧的凹口处；蕊喙较小，位于药室下部之间；柱头2，多为棒状；退化雄蕊2，生于花药的基部两侧；蒴果近直立。

约30种，产东亚及其周围地区；中国22种，主产西南，个别种产华东、华北及辽宁。

无柱兰 *Amitostigma gracile* (Blume) Schltr.

44. 兜被兰属 **Neottianthe** (Rchb.) Schltr.

地生兰；萼片近等大，在3/4以上紧密靠合成兜；唇瓣从基部向下反折，常3裂，上面具极密的细乳突，侧裂片常较中裂片短而窄，基部具距；蕊柱短；花粉团2，黏盘小，蕊喙小，隆起，三角形；柱头2，隆起，多少呈棍棒状；退化雄蕊2，较小近圆形；蒴果直立，无喙。

约7种，产亚洲亚热带至温带，稀达欧洲；中国7种，主产西南，个别种产北部及华东。

二叶兜被兰 *Neottianthe cucullata* (L.) Schltr.

45. 红门兰属 **Orchis** L.

地生兰；块茎肉质；叶互生，稍肥厚；子房扭转，具花梗；萼片离生，近等长，中萼片常凹陷成舟状；花瓣常与中萼片相靠合成兜状；唇瓣不裂或3~4裂，基部有距，距圆筒状或囊状；黏盘2个，各埋藏于1个黏质球内，两个黏质球一起被包藏于蕊喙的1个黏囊中；柱头1，凹陷，位于蕊喙之下的凹穴内。

约20种，产北温带、亚洲亚热带山地及北非的温暖地区；中国1种，产新疆。

四裂红门兰 *Orchis militaris* L.

46. 盔花兰属 **Galearis** Raf.

地生兰；根状茎细、肉质、指状；花苞片叶状；子房扭转，具花梗，光滑；唇瓣不裂或3浅裂；基部有距；黏盘2个，各藏于1个黏质球内，两个黏质球一起被包藏于蕊喙的1个黏囊中；蕊喙稍凸出，具两臂；蕊柱两侧具翅状耳。

约10种，产北美、亚洲北温带及亚热带高山地区；中国5种，产北方及西南地区。

二叶盔花兰 *Galearis spathulata* (Lindl.) P. F. Hunt

47. 掌裂兰属 **Dactylorhiza** Neck. ex Nevski

地生兰；块茎呈掌状分裂；叶向上渐小成苞片状；花苞片较花长；萼片基部合生；花瓣线状披针形，较萼片狭；唇瓣前部全缘或3~4裂，具距，短于或等于子房；蕊柱粗短，基部两侧各具1枚半圆形的退化雄蕊；花药生于蕊柱的顶部；黏盘贴生于蕊喙基部叉开部分的末端；蕊喙突出，具两臂。

约50种，主产东亚及北美；中国6种，产华南、西南、西北及东北地区。

凹舌兰 *Dactylorhiza viridis* (L.) R. M. Bateman, Pridgeon & M. W. Chase

48. 舌唇兰属 **Platanthera** Rich.

地生兰；花苞片草质，常为披针形；花常为白色或黄绿色；中萼片常与花瓣靠合成兜状；侧萼片较中萼片长；花瓣常较萼片狭；唇瓣常为线形或舌状，肉质，不裂，向前伸展，基部两侧无耳，下方具长距；药隔明显；具明显的花粉团柄和裸露的黏盘；蕊喙基部具扩大而叉开的臂。

二叶舌唇兰 *Platanthera chlorantha* (Custer) Rchb.

约200种，产北温带，向南可达中南美洲和热带非洲及热带亚洲；中国42种，南北分布。

49. 手参属 **Gymnadenia** R. Br.

地生兰；块茎1或2枚，肉质，下部掌状分裂；侧萼片反折；花瓣与中萼片多少靠合；唇瓣宽菱形或宽倒卵形，明显3裂或几乎不裂，基部凹陷，具距，距长于或短于子房，弯曲，末端钝尖或具2个角状小突起；蕊柱短；蕊喙小，无臂；柱头2，较大，贴生于唇瓣基部；退化雄蕊2，近球形。

约16种，产欧洲与亚洲温带及亚热带山地；中国5种，主产西藏、云南，稀分布到北部。

手参 *Gymnadenia conopsea* (L.) R. Br.

50. 尖药兰属 **Diphylax** Hook. f.

地生兰；茎细圆柱形，肉质；叶上常具黄色或白色网脉；花常偏向一侧；唇瓣基部距的颈部缢缩，后向下膨大成囊状、纺锤形或圆锥状；蕊柱极短；花药直立，药隔顶部具凸出尖头或微凸；蕊喙极短小很不明显；柱头1；退化雄蕊2，具长柄，位于花药的基部两侧。

尖药兰 *Diphylax urceolata* (C. B. Clarke) Hook. f.

3种，分布于中国、缅甸北部、印度东北部至尼泊尔；中国3种，产西南地区。

51. 无叶兰属 **Aphyllorchis** Blume

腐生兰，无绿叶；茎直立，肉质；萼片相似，离生，常凹陷成舟状；花瓣与萼片相似；唇瓣可分上下唇，下唇较小，凹陷，基部两侧有一对耳，上唇不裂或3裂；蕊柱较长，向前弯曲；花粉团2，多少纵裂为2，粒粉质，不具花粉团柄和黏盘；柱头凹陷，位于前方近顶端处；蕊喙很小，蒴果。

约30种，产亚洲热带至澳大利亚；中国5种，产南部和西南地区。

尾萼无叶兰 *Aphyllorchis caudata* Rolfe ex Downie

52. 金佛山兰属 **Tangtsinia** S. C. Chen

地生兰；具较短的根状茎；叶纸质，折扇状，近无柄；

金佛山兰 *Tangtsinia nanchuanica* S. C. Chen

花苞片短于花梗和子房；花近辐射对称，直立，几不扭转；无特化唇瓣；蕊柱直立，较长；退化雄蕊5枚，3枚与花瓣对生明显，2枚似为蕊柱棱的延伸；花粉团4，粒粉质；柱头顶生，凹陷；无蕊喙；蒴果。

1种，中国特有，产重庆、贵州。

53. 头蕊兰属 **Cephalanthera** Rich.

地生或腐生兰；叶互生，折扇状；总状花序顶生；花苞片较小，有时最下面1~2枚近叶状；花两侧对称，多少扭转，常不完全开放；萼片离生，相似；唇瓣近直立，3裂，基部凹陷成囊状或有短距，中裂片上面有3~5条褶片；蕊柱直立；退化雄蕊2；花粉团2；柱头凹陷；蕊喙短小，蒴果。

约15种，主产北半球温带，稀可达北非；中国9种，主产西南、台湾，个别种分布到北部和东南部。

金兰 *Cephalanthera falcata* (Thunb.) Blume

54. 火烧兰属 **Epipactis** Zinn

地生兰；叶互生，上部叶片逐渐变小成花苞片；总状花序顶生，多少偏向一侧；花瓣与萼片相似，但较萼片短；唇瓣着生于蕊柱基部，分上下唇，下唇舟状或杯状，上唇平展；上下唇间缢缩或关节相连；蕊柱短；蕊喙大，光滑；雄蕊无柄；花粉团4；蒴果下垂或斜展。

约20种，产北半球温带；中国10种，产西南部和北部。

火烧兰 *Epipactis helleborine* (L.) Crantz

55. 鸟巢兰属 **Neottia** Guett.

腐生或地生兰；无叶或2枚叶于植株中部对生或近对生；萼片相似；花瓣较萼片狭而短，唇瓣大于萼片和花瓣，先端2裂，基部无距；蕊柱长或短，直立或稍向前弯曲；花丝极短，不明显；柱头侧生，近顶生；蕊喙大。

约70种，产亚洲温带地区和亚热带高山，仅1种见于欧洲；中国35种，产西南、西北、东北、华北及福建、台湾，以西南、台湾居多。

高山鸟巢兰 *Neottia listeroides* Lindl.

56. 竹茎兰属 **Tropidia** Lindl.

地生兰；茎单生或丛生；花序顶生或腋生，不分枝；花2列互生；花瓣与萼片相似；唇瓣常不裂，基部凹陷成囊状或有距，唇瓣下部比上部宽；花药直立，短于蕊喙；花粉团2，具细长花粉团柄和盾状黏盘；蕊喙直立，较长，先端2裂。

约20种，产亚洲热带地区至太平洋岛屿，也见于中美洲与北美洲东南部；中国7种，产西南、台湾，广西、广东、海南、香港亦有分布。

阔叶竹茎兰 *Tropidia angulosa* (Lindl.) Blume

57. 管花兰属 **Corymborkis** Thouars

地生兰；花序腋生，分枝，明显短于叶；花瓣宽于萼片；唇瓣常具2条纵脊，上部比下部宽；蕊柱细长，略短于唇瓣，顶端扩大有2个耳状物；柱头横卧，有2个外弯裂片；蕊喙直立，高于花药；蒴果6棱，顶端有宿存蕊柱。

7种，产全球热带地区；中国1种，产广西、台湾及云南。

管花兰 *Corymborkis veratrifolia* (Reinw.) Blume

58. 芋兰属 Nervilia Comm. ex Gaudich.

地生兰；块茎肉质；叶1枚，在花凋谢后长出，具柄；总状花序，具细的花梗，常下垂；唇瓣近直立，基部无距，不裂或2～3裂；蕊柱细长，棍棒状，无翅；药床多少突出，全缘或具锯齿；花粉团2，2裂或4裂；花粉团柄极短或无，无黏盘；蕊喙短；柱头1，位于蕊喙之下。

约72种，产亚洲、大洋洲和非洲热带与亚热带地区；中国13种，产南部到西南部，个别种分布在甘肃。

毛唇芋兰 *Nervilia fordii* (Hance) Schltr.

59. 珊瑚兰属 Corallorhiza Gagnebin

腐生兰；肉质根状茎通常呈珊瑚状分枝；茎直立，常黄褐色或淡紫色，无绿叶，被3~5枚筒状鞘；总状花序顶生，花多；侧萼片稍斜歪，基部合生而形成短的萼囊并多少贴生于子房上；唇瓣不裂或3裂，唇盘中部至基部常具2条肉质纵褶片，无距；无蕊柱足。

11种，产北美洲和中美洲，个别种类也见于欧亚温带地区；中国1种，产西北、东北及四川、贵州、河北。

珊瑚兰 *Corallorhiza trifida* Chatelain

60. 蝴蝶兰属 Phalaenopsis Blume

附生兰；叶鞘在花时宿存或花期在旱季时凋落；花苞片比花梗和子房短；花瓣似萼片而较宽阔，基部收狭或具爪；唇瓣基部具爪，无关节，3裂；侧裂片与蕊柱平行；无距；唇盘在两侧裂片之间或在中裂片基部常有肉突或附属物；蕊柱较长，常具翅。

40~45种，产热带亚洲至澳大利亚；中国12种，产南部。

海南蝴蝶兰 *Phalaenopsis hainanensis* Tang & F. T. Wang

61. 山兰属 Oreorchis Lindl.

地生兰；叶1~2枚，生于假鳞茎顶端；花莛从假鳞茎侧面发出；花苞片膜质；两枚侧萼片基部有时多少延伸成浅囊状；唇瓣基部有爪，无距，上面常有纵褶片或中央有具凹槽的胼胝体；蕊柱稍长，略向前弓曲，基部有时膨大并略凸出而呈蕊柱足状；花粉团4，具1个共同的黏盘柄和小的黏盘。

约16种，产喜马拉雅地区至日本和西伯利亚；中国11种，主产甘肃、西南和台湾，个别种达东北地区。

山兰 *Oreorchis patens* (Lindl.) Lindl.

62. 杜鹃兰属 Cremastra Lindl.

地生兰；地下具根状茎与假鳞茎；叶1~2枚，有时有紫色粗斑点，基部收狭成较长的叶柄；总状花序具多花；萼片与花瓣离生，近相似；唇瓣下部或上部3裂，基部有爪并具浅囊；侧裂片常较狭而呈线形或狭长圆形；中裂片基部有1枚肉质突起；蕊柱较长，无蕊柱足；花粉块不具黏盘柄。

4种，分布于东喜马拉雅地区、泰国、越南、日本和中国；中国4种，产秦岭淮河以南地区。

杜鹃兰 *Cremastra appendiculata* (D. Don) Makino

63. 毛梗兰属 Eriodes Rolfe

附生兰；假鳞茎，顶生2~3枚叶；叶折扇状，具柄；花莛密布短柔毛；花梗和子房远比花长，密布短柔毛；中萼片向前倾，多少凹陷；侧萼片基部较宽而歪斜，贴生于蕊柱足上而形成萼囊；花瓣比萼片狭，无毛；唇瓣舌形或卵状披针形，基部与蕊柱足末端连接，不裂；无明显的黏盘和黏盘柄。

1种，产不丹、中国西南、印度东北、缅甸、泰国及越南；中国1种，产云南。

毛梗兰 *Eriodes barbata* (Lindl.) Rolfe

64. 筒瓣兰属 Anthogonium Wall. ex Lindl.

地生兰；具假鳞茎；叶狭长，具折扇状脉；花莛侧生于假鳞茎顶端，不分枝；疏生数朵花；花不倒置，具细长的花梗，外倾或下垂；萼片下半部连合而形成窄筒状，垂直于子房，上部分离，稍反卷；花瓣中部以下藏于萼筒内，上部稍反卷；蕊柱细长，顶端扩大并且骤然向前弯，具翅，无蕊柱足。

1种，产喜马拉雅经中国到缅甸、越南、老挝和泰国；中国1种，产广西、贵州、西藏及云南。

筒瓣兰 *Anthogonium gracile* Lindl.

65. 竹叶兰属 Arundina Blume

地生兰；地下具粗壮的根状茎；茎常数个簇生；叶2列，禾叶状，互生；花序顶生，具少数花；花苞片小，宿存；花大；侧萼片常靠合；花瓣明显宽于萼片；唇瓣3裂，基部无距；侧裂片围抱蕊柱；唇盘上有纵褶片；蕊柱有狭翅，花粉团8，4个成簇，具短的花粉团柄。

1种，产热带亚洲；中国1种，产西南、华南及东南地区。

竹叶兰 *Arundina graminifolia* (D. Don) Hochreutiner

66. 笋兰属 Thunia Rchb. f.

地生或附生兰，通常较高大；地下具粗短根状茎；茎常数个簇生，二年生；叶花后凋落；花苞片较大，宿存，舟状；花大，常俯垂；花瓣比萼片略狭小，唇瓣较大，几不裂，两侧上卷并围抱蕊柱，基部具囊状短距；唇盘上常有5~7条纵褶片；蕊柱细长，顶端两侧具狭翅；花药俯倾；蕊喙近3裂。

约6种，产东南亚；中国1种，产四川、西藏、云南。

笋兰 *Thunia alba* (Lindl.) H. G. Rchb.

67. 白及属 Bletilla Rchb. f.

地生兰；茎基部具膨大的假鳞茎；假鳞茎的侧边常具2枚突起，彼此连成一串，具荸荠似的环带，肉质，富黏性；叶柄互相卷抱成茎状；总状花序顶生；唇瓣中部以上常3裂；侧裂片抱蕊柱，唇盘上从基部至近先端具5条纵脊状褶片，基部无距；蕊柱细长，无蕊柱足，两侧具翅；花药帽状，内屈或近于悬垂。

约6种，产缅甸北部经中国至日本；中国4种，产东部至西藏东南部。

白及 *Bletilla striata* (Thunb.) H. G. Rchb.

68. 独蒜兰属 Pleione D. Don

附生、半附生或地生兰；假鳞茎一年生；叶1~2枚；花期无叶或叶极幼嫩；花序具1~2花；花苞片常有色彩，宿存；唇瓣明显大于萼片，基部常多少收狭，有时贴生于蕊柱基部而呈囊状，上部边缘啮蚀状或撕裂状，上面具2至数条纵褶片或沿脉具流苏状毛；蒴果纺锤状，具3条纵棱，成熟时沿纵棱开裂。

约26种，分布于中国、缅甸、老挝和泰国；中国23种，产西南、华中、华东及广东、广西。

独蒜兰 *Pleione bulbocodioides* (Franch.) Rolfe

69. 曲唇兰属 Panisea (Lindl.) Lindl.

附生兰；花莛较短；花苞片宿存；侧萼片常斜歪或稍狭而长；花瓣与萼片相似，常略短而狭；唇瓣不裂或有2

个很小的侧裂片，基部有爪并呈 S 形弯曲；蕊柱两侧边缘常具翅；蕊喙较大，伸出于柱头穴之上方；蒴果具 3 棱。

7 种，产喜马拉雅地区至泰国；中国 5 种，产西南地区。

曲唇兰 *Panisea tricallosa* Rolfe

70. 足柱兰属 Dendrochilum Blume

附生兰；假鳞茎顶端生 1 枚叶；总状花序具多朵 2 列排列的花；侧萼片着生于蕊柱基部；唇瓣基部无爪并略肥厚，常近长圆形，上面一般有 2~3 条肥厚的短纵脊；蕊柱两侧各伸出 1 个臂状物；蕊喙舌状，水平伸展或斜出。

约 270 种，产东南亚至新几内亚岛，以菲律宾和印度尼西亚最多；中国 1 种，产台湾。

长叶足柱兰 *Dendrochilum longifolium* Rchb. f.

71. 蜂腰兰属 Bulleyia Schltr.

附生兰；假鳞茎顶端生 2 枚叶；花莛俯垂；花序轴左右曲折；花苞片 2 列套叠，在花后逐渐脱落；中萼片与花瓣多少靠合；侧萼片互相靠合而呈囊状；唇瓣中部略皱缩，有距；距向前上方弯曲，整个包藏于两枚侧萼片基部之内；蕊柱上部扩大并有翅；翅围绕蕊柱顶端；蕊喙舌状；蒴果顶端具宿存蕊柱。

1 种，分布于中国、不丹及印度东北；中国 1 种，产云南。

蜂腰兰 *Bulleyia yunnanensis* Schltr.

72. 贝母兰属 Coelogyne Lindl.

附生兰；假鳞茎以一定距离着生于根状茎上，基部常被箨状鞘，顶端生（1~）2 枚叶；总状花序通常具数朵花；花苞片近舟状，对折，脱落；花常白色或绿黄色，唇瓣多有斑纹；花瓣常为线形；唇瓣 3 裂或罕有不裂；唇盘上有 2~5 条纵褶片或脊，后者常分裂或具附属物；蒴果常有棱或狭翅。

约 200 种，产亚洲热带和亚热带南缘至大洋洲；中国 31 种，产西南、华南地区。

流苏贝母兰 *Coelogyne fimbriata* Lindl.

73. 新型兰属 Neogyna Rchb. f.

附生兰；假鳞茎较长，密集，顶生 2 枚叶；花莛短于叶；总状花序下垂；花苞片在花后才脱落；花下垂，不扭转，花被片几不张开；萼片背面有龙骨状突起，基部呈囊状；花瓣较萼片短而狭；唇瓣顶端 3 裂，围抱蕊柱，基部有囊，包藏于两侧萼片基部囊之内；蕊喙甚大；蒴果具 6 条纵棱，顶端具宿存的蕊柱。

1 种，产东南亚；中国 1 种，产西藏、云南。

新型兰 *Neogyna gardneriana* (Lindl.) H. G. Rchb.

74. 石仙桃属 **Pholidota** Lindl. ex Hook.

附生兰；通常具根状茎和假鳞茎；叶 1~2 枚，生于假鳞茎顶端；总状花序常多少弯曲；花序轴常稍曲折；花苞片大，2 列；侧萼片背面一般有龙骨状突起；唇瓣凹陷或仅基部凹陷成浅囊状，唇盘上有时有粗厚的脉或褶片，无距；蕊柱粗短，一般短于唇瓣；蒴果较小，常有棱。

30 种，产亚洲热带和亚热带南缘地区，南至澳大利亚和太平洋岛屿；中国 12 种，产西南、华南至台湾。

宿苞石仙桃 *Pholidota imbricata* Hook.

75. 耳唇兰属 **Otochilus** Lindl.

附生兰；总状花序常下垂；花苞片草质，早落或花后脱落；花小，近 2 列；萼片有时稍呈舟状，背面常有龙骨状突起；唇瓣近基部上方 3 裂，基部凹陷成球形的囊；侧裂片耳状；中裂片较大，舌状，基部收狭或具爪；囊内常有脊或褶片；蕊喙较大，伸出于柱头穴上方；蒴果小，顶端具宿存的蕊柱。

4 种，产喜马拉雅地区至中南半岛；中国 4 种，产云南和西藏。

耳唇兰 *Otochilus porrectus* Lindl.

76. 坛花兰属 **Acanthephippium** Blume ex Endl.

地生兰；假鳞茎肉质，顶生 1~4 枚叶；叶具折扇状脉；花莛侧生于近假鳞茎顶端，肉质；花稍肉质；萼片连合成偏胀的坛状筒；侧萼片与蕊柱足合生而形成宽大的萼囊；花瓣藏于萼筒内；唇瓣具活动关节，3 裂；中裂片短，反折，唇盘上具褶片或龙骨状突起；蕊柱长，具翅，基部具长而弯曲的蕊柱足；花粉团 8，每 4 个为一群，附着于 1 个黏质物上。

11 种，产热带亚洲；中国 3 种，产华南及云南。

锥囊坛花兰 *Acanthephippium striatum* Lindl.

77. 苞舌兰属 Spathoglottis Blume

地生兰；无根状茎，具假鳞茎，顶生 1~5 枚叶，具折扇状脉；总状花序疏生少数花；花苞片比花梗和子房短；萼片相似；唇瓣无距，贴生于蕊柱基部，3 裂；两裂片之间常凹陷成囊状；中裂片具爪，爪与侧裂片连接处具附属物或龙骨状突起；蕊柱半圆柱形，向前弯，上端呈棒状，两侧具翅，无蕊柱足。

约 46 种，产热带亚洲至澳大利亚和太平洋岛屿；中国 3 种，产南部。

苞舌兰 *Spathoglottis pubescens* Lindl.

78. 虾脊兰属 Calanthe R. Br.

地生兰；根密被淡灰色长绒毛；叶幼时席卷，花期通常尚未全部展开；花莛出自当年生假茎上端的叶丛中，或侧生于茎的基部，通常密被毛；花瓣比萼片小，唇瓣常比萼片大而短，基部与蕊柱翅合生而形成长度不等的管；唇盘具附属物或无附属物；柱头侧生；花粉团柄明显或不明显。

约 150 种，产亚洲热带和亚热带、澳大利亚、热带非洲及中美洲；中国 51 种，产长江流域及其以南地区。

钩距虾脊兰 *Calanthe graciliflora* Hayata

79. 鹤顶兰属 Phaius Lour.

地生兰；假鳞茎丛生；叶具折扇状脉，干后变靛蓝色；叶鞘紧抱于茎或互相套叠而形成假茎；花莛 1~2 个，侧生于假鳞茎节上或从叶腋中发出；花通常大；萼片和花瓣近等大；唇瓣基部贴生于蕊柱基部，具短距或无距，两侧围抱蕊柱；蕊喙大或有时不明显，不裂；柱头侧生。

约 40 种，产非洲、亚洲热带和亚热带地区至大洋洲；中国 9 种，产南部，以云南南部居多。

鹤顶兰 *Phaius tancarvilleae* (L'Her.) Blume

80. 黄兰属 Cephalantheropsis Guillaumin

地生兰；叶互生，具折扇状脉，干后呈靛蓝色；花莛 1~3 个，侧生于茎中部以下的节上；花苞片早落；萼片伸展或稍反折；花瓣有时较宽；唇瓣贴生于蕊柱基部，与蕊柱完全分离，基部浅囊状或凹陷，无距，上部 3 裂；侧裂片围抱蕊柱；中裂片具短爪，边缘皱波状，上面具许多泡状的小颗粒；具盾状黏盘。

约 5 种，产日本、中国到东南亚；中国 3 种，产南方地区。

铃花黄兰 *Cephalantheropsis calanthoides* (Ames) T. S. Liu & H. J. Su

81. 带唇兰属 Tainia Blume

地生兰；根状茎横生；假鳞茎肉质，具单节间，顶生 1 枚叶；叶大，纸质，折扇状，具长柄；花苞片膜质，披针形；萼片和花瓣相似；唇瓣基部具短距或浅囊，不裂或前部 3 裂；侧裂片多少围抱蕊柱；中裂片上面具脊突或褶片；

蕊柱向前弯曲，两侧具翅，基部具蕊柱足；无明显的花粉团柄和黏盘。

约 32 种，产热带喜马拉雅东至日本南部，南至东南亚及其邻近岛屿；中国 13 种，产长江以南地区。

心叶带唇兰 *Tainia cordifolia* Hook. f.

82. 云叶兰属 Nephelaphyllum Blume

地生兰；具根状茎和假鳞茎，顶生 1 枚叶；叶卵状心形；总状花序具少数花；花不倒置；萼片相似，离生，狭窄；花瓣与萼片等长，常较宽；唇瓣不裂或 3 裂，基部具囊状短距；蕊柱粗短，直立，具狭翅，基部无蕊柱足；蕊喙肉质，不裂，先端截形。

约 15 种，产喜马拉雅经中国到东南亚；中国 1 种，产广西、广东、香港、海南。

云叶兰 *Nephelaphyllum tenuiflorum* Blume

83. 吻兰属 Collabium Blume

地生兰；具匍匐根状茎和假鳞茎；顶生 1 枚叶，纸质；总状花序疏生数朵花；侧萼片基部彼此连接，并与蕊柱足合生而形成狭长的萼囊或距；花瓣常较狭；唇瓣具爪，贴生于蕊柱足末端，3 裂；中裂片近圆形，较大；唇盘上具褶片；翅常在蕊柱上部扩大成耳状或角状，向蕊柱基部的萼囊内延伸。

11 种，产热带亚洲；中国 3 种，产南方地区。

台湾吻兰 *Collabium formosanum* Hayata

84. 滇兰属 Hancockia Rolfe

地生兰；具匍匐根状茎和假鳞茎，顶生 1 枚叶；花莛顶生单朵花；萼片和花瓣相似，离生，但花瓣略宽；唇瓣基部贴生于蕊柱中部以下两侧的蕊柱翅上而形成长距，3 裂，唇盘具龙骨状脊突；距圆筒状，稍弧曲；蕊柱纤细，具翅；蕊喙大，半圆形，不裂。

1 种，分布于中国西南部、日本东部及越南；中国 1 种，产云南。

滇兰 *Hancockia uniflora* Rolfe

85. 布袋兰属 Calypso Salisb.

地生兰；地下具假鳞茎或有时还有珊瑚状根状茎；叶 1 枚，生于假鳞茎顶端，具较长叶柄；花莛长于叶，中下部有筒状鞘；花单朵；唇瓣长于萼片，深凹陷而成囊状，多少 3 裂；中裂片扩大，多少呈铲状，基部有毛；囊的先端伸凸而呈双角状；蕊柱多少呈花瓣状。

1 种，产北半球温带及亚热带高山；中国 1 种，产甘肃、吉林、内蒙古、西藏、四川及云南。

布袋兰 *Calypso bulbosa* var. *speciosa* (Schltr.) Makino

86. 独花兰属 Changnienia S. S. Chien

地生兰；地下具假鳞茎；叶 1 枚，有长柄；单花顶生；3 枚萼片相似；花瓣较萼片宽而短；唇瓣较大，3 裂，基部有距；距较粗大，向末端渐狭，近角形；蕊柱近直立，两侧有翅；花粉团 4，成 2 对，黏着于近方形的黏盘上。

1 种，中国特有，产安徽、湖北、湖南、江苏、江西、陕西、四川及浙江。

独花兰 *Changnienia amoena* S. S. Chien

87. 筒距兰属 Tipularia Nutt.

地生兰；地下具假鳞茎；叶 1 枚，生于假鳞茎顶端，有时有紫斑，基部骤然收狭成柄，花期有叶或叶已凋萎；花苞片很小或早落；唇瓣从下部或近基部处 3 裂，有时唇盘上有小的肉质突起，基部有长距；距圆筒状，较纤细，常向后平展或向上斜展；花粉团 4，蜡质，有明显的黏盘柄和不甚明显的黏盘。

7 种，产北美、日本、中国和印度东北部；中国 4 种，产西藏、云南、四川、甘肃及台湾。

筒距兰 *Tipularia szechuanica* Schltr.

88. 丫瓣兰属 Ypsilorchis Z. J. Liu, S. C. Chen & L. J. Chen

附生或岩生草本；假鳞茎密集排列，小；花常黄色；花瓣 2 深裂，Y 形；叶具强烈波状的边缘，其先端有一个长达 1mm 的芒尖；花粉团 2，蜡质，每个花粉团具 1 个多少有弹性的花粉团柄。

1 种，中国特有，产重庆及云南东南部。

89. 小沼兰属 Oberonioides Szlach.

地生或岩生草本；丛生；叶单生，叶脉明显；花倒置；萼片离生，凹陷；花瓣线形，具 1 脉；唇瓣 3 裂，无耳，侧裂片线形或三角形，围抱蕊柱；中裂片前伸，2 裂；基部具胼胝体；蕊柱在花药两侧无指状突起，无蕊柱足。

2 种，分布于中国、泰国；中国 1 种，产江西、福建、台湾。

小沼兰 *Oberonioides microtatantha* (Schltr.) Szlach.

90. 原沼兰属 Malaxis Sol. ex Sw.

地生或稀附生兰；叶常折扇状；花苞片宿存；花瓣常比萼片狭，离生；唇瓣平展，有时基部凹陷，全缘或开裂，基部有或缺耳；无距；无蕊柱足。

约 300 种，泛球分布，主产新、旧世界热带和亚热带地区；中国 1 种，产西南、西北、华北及东北地区。

原沼兰 *Malaxis monophyllos* (L.) Sw.

91. 无耳沼兰属 Dienia Lindl.

地生或稀附生兰；叶 2 枚或多；花序顶生；苞片宿存；花倒置或不倒置；唇瓣平行于蕊柱，有时基部凹，明显 3 裂，全缘或开裂，基部无耳，顶端全缘或具齿；无距，具横向胼胝体；无蕊柱足。

约 19 种，产亚洲热带和亚热带地区及澳大利亚；中国 2 种，产西藏、云南、华南、福建、台湾。

无耳沼兰 *Dienia ophrydis* (J. Koenig) Ormerod & Seidenf.

92. 羊耳蒜属 Liparis Rich.

地生或附生兰；叶 1 至数枚；花莛两侧具狭翅；花苞片小，宿存；花扭转；萼片相似，离生或极少两枚侧萼片合生；花瓣线形至丝状；唇瓣不裂或偶见 3 裂，有时在中部或下部缢缩，上部或上端常反折，基部或中部常有胼胝体，无距；蕊柱较长，向前弓曲，上部两侧常具翅，极少具 4 翅或无翅，无蕊柱足。

约 320 种，产全球热带与亚热带地区，少数见于北温带；中国 63 种，产南部地区。

长茎羊耳蒜 *Liparis viridiflora* (Blume) Lindl.

93. 沼兰属 Crepidium Blume

地生兰，较少为半附生或附生兰；花莛顶生，无翅或罕具狭翅；花苞片宿存；花一般较小，萼片通常展开；花瓣一般丝状或线形，明显比萼片狭窄；唇瓣通常位于上方，有时先端具齿或流苏状齿，基部常有一对向蕊柱两侧延伸的耳；花药一般在花枯萎后仍宿存。

约 280 种，产全球热带与亚热带地区，少数种类也见于北温带；中国 17 种，产云南、贵州、华南及台湾。

美叶沼兰 *Crepidium calophyllum* (Rchb. f.) Szlach.

94. 鸢尾兰属 Oberonia Lindl.

附生兰；常丛生；叶 2 列，通常两侧压扁；总状花序一般具多数或极多数花；花苞片小，边缘常多少呈啮蚀状或有不规则缺刻；花很小，直径仅 1~2 mm，常呈轮生状；花瓣通常比萼片狭，边缘有时啮蚀状；唇瓣通常 3 裂，边缘有时呈啮蚀状或有流苏。

150~200 种，产热带亚洲、热带非洲、澳大利亚和太平洋岛屿；中国 33 种，产南部地区。

扁莛鸢尾兰 *Oberonia pachyrachis* Hook. f.

95. 厚唇兰属 Epigeneium Gagnep.

附生兰；无茎，仅具密生或在根状茎上疏生的单节假鳞茎，通常顶生1~2枚叶；花苞片膜质，远比花梗和子房短；侧萼片基部歪斜，与唇瓣形成明显的萼囊；花瓣与萼片等长，但较狭；唇瓣中部缢缩而形成前后唇或3裂；唇盘上面常有纵褶片。

约35种，产亚洲热带地区，主要见于印度尼西亚、马来西亚；中国11种，产南部地区，以西南地区居多。

宽叶厚唇兰 *Epigeneium amplum* (Lindl.) Summerh.

96. 石斛属 Dendrobium Sw.

附生兰；茎丛生，有时1至数个节间膨大；叶互生，扁平，圆柱状或两侧压扁；花序生于茎的中部以上节上；萼片近相似，离生；侧萼片与唇瓣基部共同形成萼囊；花瓣比萼片狭或宽；唇瓣着生于蕊柱足末端，3裂或不裂，基部收狭为短爪或无爪，有时具距；蕊柱粗短，顶端两侧各具1枚蕊柱齿；蕊喙很小。

约1 100种，产亚洲热带和亚热带地区至大洋洲；中国78种，产秦岭以南诸省区，尤其云南南部居多。

束花石斛
Dendrobium chrysanthum Lindl.

97. 金石斛属 Flickingeria A. D. Hawkes

附生兰；假鳞茎比茎粗，顶生1枚叶；花小，单生或2~3朵成簇，从叶腋或叶基背侧发出，花期短；侧萼片基部较宽而歪斜，与蕊柱足合生而形成明显的萼囊，花瓣与萼片相似而较狭；唇瓣通常3裂，分前后唇；前唇先端常扩大，具皱波状或流苏状边缘；唇盘具2~3条纵向褶脊。

65~70种，产热带东南亚和大洋洲；中国9种，产云南、广西、贵州南部、海南、台湾。

金石斛 *Flickingeria comata* (Blume) A. D. Hawkes

98. 石豆兰属 Bulbophyllum Thouars

附生兰；根状茎匍匐；叶通常1枚，顶生于假鳞茎；总状或近伞状花序，单花或多花；萼片近相等或侧萼片远比中萼片长，全缘或边缘具齿、毛或其他附属物；侧萼片离生或下侧边缘彼此黏合，基部贴生于蕊柱足两侧而形成萼囊；唇瓣肉质，向外下弯；蕊柱短，具翅，基部延伸为足；花粉团蜡质，4个成2对，无附属物。

约1 900种，产亚洲、美洲、非洲、大洋洲热带和亚热带地区；中国103种，产长江流域及其以南地区。

梳帽卷瓣兰 *Bulbophyllum andersonii* (Hook. f.) J. J. Sm.

99. 大苞兰属 Sunipia Lindl.

附生兰；根状茎匍匐；假鳞茎顶生1枚叶；花苞片2列或非2列；萼片相似；两侧萼片与唇瓣边缘黏合；花瓣

比萼片小，唇瓣不裂或不明显 3 裂，常舌形，比花瓣长，基部贴生于蕊柱足末端而形成不活动的关节；蕊柱短，蕊柱足甚短或无；蕊喙 2 裂，反折；花粉团蜡质，4 个，每 2 个成一对，每对具 1 个黏盘和黏盘柄而分别附着在蕊喙的两侧，或黏盘靠合并且贴附于蕊喙中央。

约 20 种，产中南半岛；中国 11 种，产西南地区。

大苞兰 *Sunipia scariosa* Lindl.

100. 短瓣兰属 Monomeria Lindl.

附生兰；根状茎匍匐；萼片不相似；侧萼片基部贴生于蕊柱足中部而远离中萼片；花瓣比萼片小，短且宽，基部下延至蕊柱足中部，边缘具细齿；唇瓣 3 裂，提琴形，具活动关节，基部具 2 枚叉开的角状裂片，唇盘具 2 条褶片；蕊柱具长而弯曲的蕊柱足；花粉团蜡质，4 个，每 2 个成一对，具 1 个共同的黏盘和黏盘柄。

约 3 种，产印度东北部、尼泊尔、缅甸、泰国、越南；中国 1 种，产贵州、云南及西藏。

短瓣兰 *Monomeria barbata* Lindl.

101. 禾叶兰属 Agrostophyllum Blume

附生兰；无假鳞茎；叶 2 列；花序顶生，近头状，花密集；唇瓣常在中部缢缩并有 1 条横脊，形成前后唇；后唇基部凹陷成囊状，内常有胼胝体；蕊柱短，无明显的蕊柱足；花药俯倾；花粉团 8，蜡质，通常有短的花粉团柄，共同附着在 1 个黏盘上；柱头穴大，近圆形；蕊喙明显，近三角形。

40~50 种，产旧世界热带地区，分布中心在新几内亚；中国 2 种，产西藏、云南、海南及台湾。

禾叶兰 *Agrostophyllum callosum* H. G. Rchb.

102. 毛兰属 Eria Lindl.

附生、岩生或稀地生兰；叶卷曲；假鳞茎圆锥形，具 2 枚叶；花序多花，花星射状；萼片背面与子房被绒毛；花瓣与中萼片相似或较小，唇瓣生于蕊柱足末端，无距，常 3 裂，上面通常有纵脊或胼胝体；蕊柱短，蕊柱足弯曲。

约 15 种，产亚洲热带至大洋洲；中国 7 种，产南部地区。

长苞苹兰 *Eria obvia* W. W. Sm.

103. 蛤兰属 Conchidium Griff.

附生或岩生草本，植株细小，假鳞茎具节，压扁；单花序着生于假鳞茎顶端；萼片背面光滑；唇瓣不裂或 3 裂，具爪和脊。

约 10 种，产东南亚及日本北部；中国 4 种，产西南、华南地区及安徽、福建、台湾地区。

菱唇蛤兰 *Conchidium pusillum* (Tang & F. T. Wang) S. C. Chen & J. J. Wood

104. 矮柱兰属 Thelasis Blume

小型附生兰；具假鳞茎或缩短的茎；叶 1~2 枚，生于假鳞茎顶端或多枚 2 列地着生于缩短的茎上；总状花序或穗状花序具多花；花很小，几乎不张开；萼片相似，靠合，仅先端分离；侧萼片背面常有龙骨状突起；唇瓣不裂，凹陷；蕊柱短，无蕊柱足；花药直立，药帽先端收狭为钻状；蕊喙顶生；柱头较大。

约 20 种，产亚洲热带地区，主要见于东南亚；中国 2 种，产云南、香港、海南及台湾地区。

矮柱兰 *Thelasis pygmaea* (Griff.) Blume

105. 馥兰属 Phreatia Lindl.

附生兰；丛生或疏离，有时无茎，具假鳞茎；叶或 1~3 枚生于假鳞茎顶端，或多枚近 2 列聚生于短茎上或疏生于长茎上部；花序侧生；萼片离生，有时靠合；侧萼片形成萼囊；唇瓣基部凹陷或呈囊状；蕊柱短，基部具明显的蕊柱足；花药药帽先端钝。

约 190 种，产东南亚至大洋洲，以新几内亚岛、印度尼西亚居多；中国 4 种，产台湾、云南。

馥兰 *Phreatia formosana* Hemsl.

106. 盾柄兰属 Porpax Lindl.

小型附生兰；叶 2 枚，花后出叶或花叶同期；通常只具单花；花近圆筒状，常带红色；3 枚萼片不同程度地合生成萼管，基部与蕊柱足完全合生并呈短囊状；中萼片与侧萼片之间至少在下部合生；花瓣常呈匙形或长圆形，有时有毛；唇瓣完全藏于萼筒之内；蕊喙较大，常遮盖柱头。

约 11 种，产亚洲热带地区；中国 1 种，产云南。

盾柄兰 *Porpax ustulata* (E. C. Parish & H. G. Rchb.) Rolfe

107. 柄唇兰属 Podochilus Blume

附生兰；茎丛生，多节；叶 2 列互生，扁平或有时两侧内弯，基部常扭转；花苞片宿存；侧萼片基部形成萼囊；唇瓣着生于蕊柱足末端，通常不裂，近基部处大多有附属物；蕊柱较长，具较长的蕊柱足；花药直立，药帽长渐尖；花粉团 4，分离；花粉团柄 1~2 个，共同附着于一个黏盘上。

约 60 种，产热带亚洲至太平洋岛屿；中国 2 种，产华南、云南地区。

柄唇兰 *Podochilus khasianus* Hook. f.

108. 牛齿兰属 Appendicula Blume

附生或地生兰；茎丛生，压扁；叶多枚，扁平，2列互生，较紧密，常由于扭转而面向同一个方向；总状花序侧生或顶生，有时缩短成貌似头状花序；花苞片宿存；侧萼片与唇瓣基部共同形成萼囊；唇瓣上面近基部处有1枚附属物；花粉团6，近棒状，每3个为一群，下部渐狭为花粉团柄。

约60种，产热带亚洲到大洋洲，主要在印度尼西亚和新几内亚；中国4种，产海南、广东、台湾。

牛齿兰 *Appendicula cornuta* Blume

109. 毛鞘兰属 Trichotosia Blume

附生、岩生或稀地生兰；花序、茎、叶和叶鞘通常被红棕色稀白色硬毛；花倒置，不甚开放；萼片背部被红色毛，侧萼片与蕊柱足连合成萼囊；花盘常具脊突，有时具瘤状突起；无蕊柱足。

高茎毛鞘兰 *Trichotosia pulvinata* (Lindl.) Kraenzl.

约50种，产东南亚至喜马拉雅热带地区；中国4种，产四川、云南、广西及云南。

110. 气穗兰属 Aeridostachya (Hook. f.) Brieger

附生或地生兰；叶2列，对折；花序具密集花，瓶刷状，密被短的星状毛；花小，不翻转或仅子房略扭转；花和萼片被星状毛；唇瓣全缘或略3裂，紧抱蕊柱足，基部扩大形成袋状。

约15种，产东南亚及太平洋岛屿；中国1种，产台湾。

气穗兰 *Aeridostachya robusta* (Blume) Brieger

111. 苹兰属 Pinalia Lindl.

附生或地生兰；假鳞茎比叶长1/2或更长；丛生，不明显排列在根状茎上；叶2~6枚着生于茎上部；唇瓣3裂，与蕊柱足连接。

约160种，产自喜马拉雅西北和印度东北到缅甸、中国南部、越南、老挝、泰国、马来群岛、澳大利亚东北及太平洋岛屿；中国17种，产西南、华南、台湾，个别种在湖南、湖北亦有分布。

双点苹兰 *Pinalia bipunctata* (Lindl.) Kuntze

112. 宿苞兰属 **Cryptochilus** Wall.

附生兰；叶2~3枚；花苞片钻形，规则地排成2列，宿存；花较密集；中萼片与侧萼片合生成筒状或坛状，仅顶端分离，两侧萼片基部一侧略有浅萼囊；花瓣小，离生，包藏于萼筒内；唇瓣不裂；具短的蕊柱足。

约10种，产尼泊尔、印度东北部、不丹、越南至中国云南；中国3种，产西藏、云南、海南及香港。

玫瑰宿苞兰 *Cryptochilus roseus* (Lindl.) S. C. Chen & J. J. Wood

113. 牛角兰属 **Ceratostylis** Blume

附生兰；茎丛生，基部常被多枚鳞片状鞘，有时整个为鞘所覆盖；鞘常为干膜质，红棕色；叶1枚；花序顶生，通常具数朵簇生的花；花较小，侧萼片贴生于蕊柱足上并延伸成萼囊；花瓣通常比萼片小，唇瓣基部变狭并多少弯曲，无距；蕊柱短，顶端有2个直立的臂状物，基部具较长的蕊柱足。

约100种，产东南亚和太平洋岛屿；中国3种，产海南、云南、西藏。

牛角兰 *Ceratostylis hainanensis* Z. H. Tsi

114. 藓兰属 **Bryobium** Lindl.

附生兰；假鳞茎长约为叶的1/4，排列在粗壮根状茎上；叶2~3枚着生于假鳞茎顶部或近顶部；侧萼片与蕊柱足形成明显萼囊；唇瓣后弯，全缘或3裂；中裂片全缘，具2~3枚胼胝体。

约20种，产斯里兰卡和东南亚，以及澳大利亚东北部、太平洋岛屿西南部；中国1种，产云南。

藓兰 *Bryobium pudicum* (Ridl.) Y. P. Ng & P. J. Cribb

115. 柱兰属 **Cylindrolobus** Blume

附生或稀地生兰；叶互生，对折；花序腋生，单花或少花，无毛；花梗缩短；花苞片螺旋状排列；花梗和子房无毛；侧萼片与蕊柱足连合形成钝斜的萼囊；唇瓣3裂，弯曲，具疣、近球形胼胝体和疣状龙骨突起；侧萼片包围蕊柱。

约30种，分布于中国西南、中南半岛、印度尼西亚、马来西亚、菲律宾；中国3种，产西藏、云南。

柱兰 *Cylindrolobus marginatus* (Rolfe) S. C. Chen & J. J. Wood

116. 拟毛兰属 **Mycaranthes** Blume

附生、岩生或稀地生兰；叶圆柱形，肉质；花叶同出，苞片密被短的星状毛；萼片背面被绒毛；萼片和花瓣开展；

唇瓣3裂或不裂，垂直于蕊柱足，侧裂片缺刻，具2胼胝体；花药帽状，花粉块裸露。

约25种，产东南亚地区；中国2种，产西南地区及广西、海南。

指叶拟毛兰 *Mycaranthes pannea* (Lindl.) S. C. Chen & J. J. Wood

117. 钟兰属 Campanulorchis Brieger

附生兰；假鳞茎细小或不明显；叶对折，有时圆柱形；花序1~3花，萼片背部密被绒毛；唇瓣不裂或3裂，在中部和上部具2枚纵向胼胝体。

约5种，产东南亚及中国南部；中国1种，产海南。

钟兰 *Campanulorchis thao* (Gagnep.) S. C. Chen & J. J. Wood

118. 美柱兰属 Callostylis Blume

附生兰；假鳞茎相距数厘米或更远；萼片与花瓣离生，两面均多少被毛；侧萼片基部不着生于蕊柱足上；花瓣略小于萼片；唇瓣基部以活动关节连接于蕊柱足，不裂，唇盘上有1个垫状突起；蕊柱长，向前弯曲成钩状或至少近直角，具明显的蕊柱足，蕊柱足上有1个肉质的胼胝体。

美柱兰 *Callostylis rigida* Blume

5~6种，产东南亚至喜马拉雅地区；中国2种，产云南、广西。

119. 拟石斛属 Oxystophyllum Blume

附生或岩生草本；叶套叠，坚硬；花序顶生或侧生；花苞片宿存，成簇；子房无柄；花不甚开放；侧萼片斜三角形，与蕊柱足连合成萼囊；唇瓣肉质，不裂，与蕊柱足顶端相连，基部囊状，具疣状突起，基部分泌黏液。

约38种，产东南亚；中国1种，产海南。

拟石斛 *Oxystophyllum changjiangense* (S. J. Cheng & C. Z. Tang) M. A. Clements

120. 粉口兰属 Pachystoma Blume

地生兰，或罕为腐生兰；无假鳞茎和明显的茎；叶1~2枚，常在花后发出；总状花序具数朵稍疏离的小花；花苞片大，宿存，被毛；花常下垂；萼片相似；侧萼片基部稍歪斜，与蕊柱足合生成萼囊；花瓣等长于萼片而较狭；唇瓣无爪，基部稍凹陷，前部3裂；唇盘肉质，具数条纵贯的龙骨状脊突。

约20种，产热带亚洲至太平洋岛屿；中国2种，产云南、贵州、华南、台湾。

粉口兰 *Pachystoma pubescens* Blume

121. 美冠兰属 Eulophia R. Br. ex Lindl.

地生兰或极罕腐生兰；叶数枚，基生，或无绿叶；总状花序有时分枝而形成圆锥花序，极少减退为单花；花瓣与中萼片相似或略宽；唇瓣通常3裂并以侧裂片围抱蕊柱，唇盘上常有褶片、鸡冠状脊、流苏状毛等附属物，基部大多有距或囊；蕊柱长或短，常有翅；花药顶生，向前俯倾，药帽上常有2个暗色突起。

约200种，主产非洲、亚洲热带与亚热带地区；中国13种，产云南、华南、台湾等。

毛唇美冠兰 *Eulophia herbacea* Lindl.

122. 地宝兰属 Geodorum Jacks.

地生兰；叶柄常互相套叠成假茎；总状花序俯垂，头状或球形，花密集；萼片与花瓣相似或花瓣较短而宽，常多少靠合；唇瓣通常不分裂或不明显3裂，与蕊柱足共同形成种种形状的囊，无明显的长距；蕊柱短或中等长，具短的蕊柱足；药帽平滑。

约10种，产亚洲热带至澳大利亚和太平洋岛屿；中国6种，产西南、华南和台湾。

地宝兰 *Geodorum densiflorum* (Lam.) Schltr.

123. 合萼兰属 Acriopsis Blume

附生兰；具聚生的假鳞茎，顶生2~3枚叶；叶禾叶状；总状花序或圆锥花序侧生于假鳞茎基部；两枚侧萼片完全合生成一枚合萼片，位于唇瓣正后方；唇瓣呈直角外折，上面具褶片，基部具爪，爪与蕊柱下半部合生而成狭窄的管；蕊柱上部有2个臂状附属物；花粉团2，具1个狭的黏盘柄和小的黏盘。

6种，产热带亚洲至大洋洲；中国1种，产云南南部。

合萼兰 *Acriopsis indica* Wight

124. 兰属 Cymbidium Sw.

地生或附生兰，罕有腐生兰；通常具假鳞茎；叶数枚至多枚，通常生于假鳞茎基部或下部节上，2列；花葶侧生或发自假鳞茎基部；花苞片在花期不落；唇瓣3裂，基部有时与蕊柱合生；侧裂片常围抱蕊柱，中裂片一般外弯；唇盘上有2条纵褶片；蕊柱较长，常向前弯曲，两侧有翅，腹面凹陷或有时具短毛。

虎头兰 *Cymbidium hookerianum* H. G. Rchb.

约 55 种，产亚洲热带与亚热带，向南达澳大利亚；中国 49 种，产秦岭山脉以南地区。

125. 多穗兰属 Polystachya Hook.

附生兰；茎短或成块状或小假鳞茎；叶 2 列；花序顶生，具多数花；花不扭转；侧萼片基部与蕊柱足合生而形成萼囊；花瓣与中萼片相似或较狭；唇瓣不裂或 3 裂，基部具关节，无距；唇盘上常有粉质毛；蕊柱短，具明显的蕊柱足。

约 200 种，产非洲热带地区，少数种类也见于美洲热带与亚热带地区，仅 1 种见于亚洲热带地区；中国 1 种，产云南。

多穗兰 *Polystachya concreta* (Jacq.) Garay & H. R. Sweet

126. 凤蝶兰属 Papilionanthe Schltr.

附生兰；茎向上攀缘或下垂；叶肉质，近轴面具纵槽；叶鞘厚革质，紧抱茎，宿存；花序在茎上侧生，不分枝，疏生少数花；萼片和花瓣宽阔，先端圆钝；唇瓣 3 裂；中裂片先端扩大而常 2~3 裂；距漏斗状圆锥形或长角状；蕊喙细长；花粉团蜡质，2 个，具沟；黏盘柄宽三角形或近方形。

约 12 种，分布于中国南部至东南亚；中国 4 种，产云南南部和西藏东南部。

凤蝶兰 *Papilionanthe teres* (Roxb.) Schltr.

127. 钗子股属 Luisia Gaudich.

附生兰；茎簇生，圆柱形，木质化，具多节；叶肉质，细圆柱形；萼片和花瓣相似；侧萼片与唇瓣前唇并列，在背面中肋常增粗或向先端变成翅；唇瓣中部常缢缩形成前后唇；后唇常凹陷，基部常具围抱蕊柱的侧裂片（耳）；前唇上面常具纵皱纹或纵沟；蕊喙短而宽，先端近截形。

约 40 种，产热带亚洲至大洋洲；中国 11 种，产南部热带地区。

纤叶钗子股 *Luisia hancockii* Rolfe

128. 蜘蛛兰属 Arachnis Blume

附生兰；茎坚实而粗壮；叶多 2 列；花序侧生；萼片和花瓣相似；唇瓣基部着生于蕊柱足末端，3 裂；中裂片较大，厚肉质，上面中央常具 1 条龙骨状的脊；距短钝，圆锥形，近末端稍向后弯曲；花粉团蜡质，4 个，2 个成一对；黏盘柄卵状三角形或近梨形；黏盘大，比黏盘柄宽或等宽。

约 13 种，产东南亚至太平洋岛屿；中国 1 种，产云南、广西、海南、台湾。

窄唇蜘蛛兰 *Arachnis labrosa* (Lindl. & Paxton) H. G. Rchb.

129. 花蜘蛛兰属 Esmeralda Rchb. f.

附生兰；茎粗壮，叶多节，2 列；花序生于叶腋或几对生于叶；花序柄和花序轴粗常比叶长，不分枝；萼片和花瓣具红棕色斑纹；唇瓣近提琴形，3 裂，以 1 个可活动的关节着生于蕊柱基部，基部常具 2 枚胼胝体，上面中央具脊突；距囊状；蕊柱粗厚，两侧具翅，无蕊柱足；黏盘大，马鞍形。

3 种，分布于中国南部、泰国、缅甸、不丹、印度东北部及尼泊尔；中国 2 种，产海南、云南及西藏。

口盖花蜘蛛兰 *Esmeralda bella* H. G. Rchb.

130. 火焰兰属 Renanthera Lour.

附生或半附生兰；茎长，攀缘；花序侧生，通常分枝；花火红色或有时橘红色带红色斑点；中萼片和花瓣较狭；侧萼片边缘波状；唇瓣牢固地贴生于蕊柱基部，远比花瓣和萼片小，3 裂；侧裂片内面基部各具 1 枚附属物；中裂片反卷；距圆锥形；蕊柱粗短，无蕊柱足；蕊喙大，近半圆形，先端具宽凹缺。

约 19 种，产东南亚至喜马拉雅；中国 3 种，产云南、广西、海南。

火焰兰 *Renanthera coccinea* Lour.

131. 叉喙兰属 Uncifera Lindl.

附生兰；茎常下垂；叶稍肉质，扁平，2 列，侧萼片，稍歪斜；总状花序下垂，短于或约等长于叶，花密生；萼片相似，凹形；唇瓣上部 3 裂，中裂片厚肉质，很小，稍向前伸或上举；距长而弯曲，向末端变狭；蕊喙明显，粗厚，上举，先端 2 裂，裂片近三角形。

约 6 种，产喜马拉雅、缅甸、泰国、越南；中国 2 种，产贵州、云南。

叉喙兰 *Uncifera acuminata* Lindl.

132. 槽舌兰属 Holcoglossum Schltr.

附生兰；叶肉质，圆柱形或半圆柱形，近轴面具纵沟，或横切面为 V 字形的狭带形；花序侧生，不分枝；萼片在背面中肋增粗或呈龙骨状突起；花瓣与中萼片相似；唇瓣 3 裂；中裂片基部常有附属物；距通常细长而弯曲，向末端渐狭；蕊柱粗短，具翅；蕊喙短而尖，2 裂；花粉团蜡质，球形。

12 种，产中国、中南半岛、东南亚、印度东北部；中国 12 种，产南部热带地区。

短距槽舌兰 *Holcoglossum flavescens* (Schltr.) Z. H. Tsi

133. 风兰属 Neofinetia Hu

附生兰；具发达气根；茎被多数密集而 2 列互生的叶；叶斜立而外弯成镰刀状，呈 V 字形对折，在背面中肋隆起

风兰 *Neofinetia falcata* (Thunb.) Hu

成龙骨状；总状花序腋生，很短；中萼片和花瓣稍反折；侧萼片稍扭转；唇瓣3裂，中裂片基部具附属物；距纤细；蕊柱粗短，具翅；黏盘柄狭卵状楔形，膝曲状。

3种，产东亚；中国3种，产南方地区。

134. 鸟舌兰属 Ascocentrum Schltr. ex J. J. Sm.

附生兰；具多数长而粗厚的气根和短或伸长的茎；叶数枚，2列，半圆柱形或扁平而在下半部常V字形对折；花序腋生；萼片和花瓣相似；唇瓣贴生于蕊柱基部，3裂；中裂片基部常具胼胝体；距细长，下垂，有时稍向前弯；蕊喙短，2裂；花粉团蜡质，2个；黏盘柄狭带状；黏盘较厚，约为花粉团的一半。

约5种，分布于东南亚和中国；中国3种，产云南、台湾。

鸟舌兰 *Ascocentrum ampullaceum* (Roxb.) Schltr.

135. 万代兰属 Vanda Jones ex R. Br.

附生兰；茎粗壮，质地坚硬，下部节上有发达的气根；叶扁平，2列，中部以下常对折成V字形；总状花序从叶腋发出，花疏生，花通常质地较厚；萼片和花瓣近似，基部常收狭而扭曲，边缘多少内弯或皱波状，多数具方格斑纹；唇瓣贴生在不明显的蕊柱足末端，3裂；侧裂片小，基部下延且与中裂片基部共同形成短距或罕有呈囊状的；蕊喙短钝，2裂。

约40种，产亚洲热带地区；中国10种，产南部。

白柱万代兰 *Vanda brunnea* H. G. Rchb.

136. 钻喙兰属 Rhynchostylis Blume

附生兰；叶2列，中部以下常呈V字形对折；总状花序在茎上侧生，密生多花；花序柄和花序轴粗壮，具多数肋棱；侧萼片较宽而歪斜，花瓣较狭；唇瓣贴生于蕊柱足末端，不裂或稍3裂，基部具距；距两侧压扁，末端指向后方；蕊柱短，具短的蕊柱足；药帽前端收窄；蕊喙小。

3~4种，产热带亚洲；中国2种，产贵州、云南及海南。

海南钻喙兰 *Rhynchostylis gigantea* (Lindl.) Ridl.

137. 短距兰属 Penkimia Phukan & Odyuo

小型附生兰；单轴分枝；总状花序从茎基部发出，多花；花小，萼片和花瓣近似；唇瓣与蕊柱基部连合，3裂，具距，侧裂片从中裂片出；距圆筒状；无蕊柱足；蕊喙大，比蕊柱宽。

1种，分布于中国、印度东北；中国1种，产云南。

138. 指甲兰属 Aerides Lour.

附生兰；叶数枚，2列，扁平；总状花序或圆锥花序侧生于茎；萼片和花瓣多少相似；唇瓣基部具距，3裂；距狭圆锥形或角状，向前弯曲；蕊柱粗短，具长或短的蕊柱足；蕊喙狭长，向下伸展；花粉团蜡质，2个，每个具半裂的裂隙；黏盘柄狭长，黏盘较宽。

香花指甲兰 *Aerides odorata* Lour.

约20种，分布于中国南部至东南亚；中国5种，产南部。

139. 羽唇兰属 Ornithochilus (Wall. ex Lindl.) Benth. & Hook. f.

附生兰；茎短，质地硬，被宿存的叶鞘所包，基部生许多扁而弯曲的气根；叶肉质，2列，扁平，常两侧不对称；花序侧生，下垂；唇瓣基部具爪，3裂；侧裂片小，中裂片大，内折，边缘撕裂状或波状，上面中央具1条纵向脊突；距近圆筒状，距口处具1个被毛的盖。

3种，产喜马拉雅到东南亚；中国2种，产广东、广西、四川及云南。

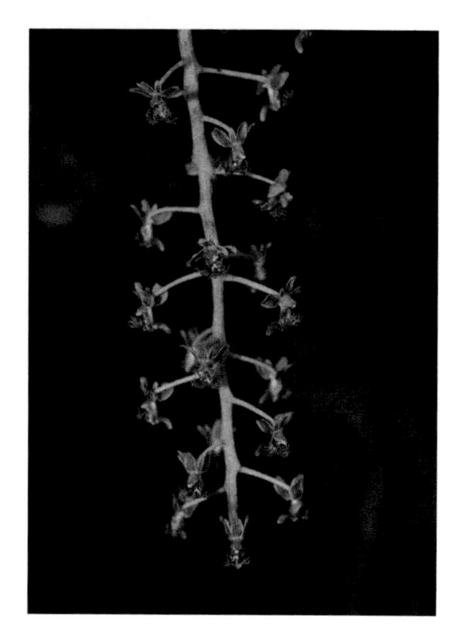

羽唇兰 *Ornithochilus difformis* (Lindl.) Schltr.

140. 萼脊兰属 Sedirea Garay & H. R. Sweet

附生兰；叶稍肉质或厚革质，2列，扁平；花苞片比花梗连同子房短；侧萼片贴生在蕊柱足上；唇瓣基部以1个活动关节与蕊柱基部或蕊柱足末端连接，3裂，中裂片下弯，基部有距；距长，向前弯曲且向末端变狭；蕊柱较长，向前弯；柱头大，深凹陷，位于蕊柱近中部；蕊喙大，下弯，2裂；花粉团蜡质，2个。

短茎萼脊兰 *Sedirea subparishii* (Z. H. Tsi) Christenson

2种，分布于中国、日本、朝鲜半岛南部；中国2种，产西南、华中及福建和浙江地区。

141. 白点兰属 Thrixspermum Lour.

附生兰；茎有时匍匐状；叶2列，扁平；总状花序侧生于茎，单个或数个；花苞片宿存；萼片和花瓣相似；唇瓣贴生在蕊柱足上，3裂；中裂片较厚，基部囊状或距状，囊的前面内壁上常具1枚胼胝体；蕊柱粗短，具宽阔的蕊柱足；黏盘小或大，常呈新月状；蒴果圆柱形，细长。

约100种，产热带亚洲至大洋洲；中国14种，产南方地区，尤其台湾。

白点兰 *Thrixspermum centipeda* Lour.

142. 五唇兰属 Doritis Lindl.

附生兰；茎短，基部具肥厚而稍弯曲的根；叶近基生，扁平，2列；花序侧生于茎的基部，不分枝；侧萼片与唇瓣基部共同形成圆锥形的萼囊；唇瓣5裂，基部具爪；爪上两侧具2枚直立的小裂片，裂片之间具附属物；中裂片较狭而厚，其上具褶片；蕊柱短，具狭翅；柱头位于蕊柱近中部。

2种，产亚洲热带地区；中国1种，产海南。

五唇兰 *Doritis pulcherrima* Lindl.

143. 湿唇兰属 Hygrochilus Pfitzer

附生兰；叶肉质状肥厚，2 列互生，扁平，宽阔；花序斜立或近平伸，不分枝；萼片与花瓣相似，在背面中肋呈龙骨状；唇瓣质地厚，具活动关节，3 裂；侧裂片基部之间凹陷为囊状；中裂片在背面近先端处具喙状突起，上面从唇瓣基部至先端具1条纵向的脊突；距囊状；蕊柱较长，向前弯，顶端两侧具蕊柱齿；蕊喙狭长，下弯。

1 种，产印度东北部、中南半岛；中国产云南。

湿唇兰 *Hygrochilus parishii* (H. G. Rchb.) Pfitzer

144. 长足兰属 Pteroceras Hasselt ex Hassk.

附生兰；花序侧生或从叶丛中发出；萼片和花瓣伸展；花瓣比萼片狭；唇瓣 3 裂，基部与蕊柱足末端连接而处于同一水平线上；中裂片肉质，小于侧裂片，基部具袋状或囊状的距；蕊柱短，具长的蕊柱足，蕊柱足与距的末端通常在同一水平上；蕊喙小 2 裂；黏盘柄带状。

约20种，产喜马拉雅至东南亚和新几内亚岛；中国2种，产云南。

145. 火炬兰属 Grosourdya Rchb. f.

附生兰；叶 2 列；花序侧生于茎，不分枝；花序柄纤细，密被皮刺状的毛；花苞片宿存；唇瓣以 1 个活动关节与蕊柱足连接，3 裂；中裂片基部两侧有时具 2 个直立的裂片；距宽阔，通常向前伸；蕊柱伸长，与柱头基部成钝角并向前弯，具较长的蕊柱足；蕊喙长，2 裂。

火炬兰 *Grosourdya appendiculata* (Blume) H. G. Rchb.

约 10 种，产东南亚，向北到达越南和中国；中国 1 种，产海南。

146. 胼胝兰属 Biermannia King & Pantl.

小型附生兰；单轴分枝；叶线形；总状花序侧生，短；花期极短；花苞片小，花瓣短于萼片；唇瓣狭窄，与蕊柱足贴生成直角，3 裂；侧裂片平行或围抱蕊柱；蕊柱足短而明显。

约 9 种，分布于中国、印度、印度尼西亚、马来西亚、泰国及越南；中国 1 种，产广西。

147. 带叶兰属 Taeniophyllum Blume

附生兰；茎短，几不可见，无绿叶，具许多气生根；气生根紧贴于附体的树干表面，雨季常呈绿色，旱季时浅白色或淡灰色；总状花序直立，具少数花，花序柄和花序轴很短；花苞片宿存，2 列或多列互生；萼片和花瓣离生或中部以下合生成筒；唇瓣基部具距，先端有时具倒向的针刺状附属物。

120~180 种，产热带亚洲和大洋洲，也见于西非；中国 3 种，产南方各地。

带叶兰 *Taeniophyllum glandulosum* Blume

148. 巾唇兰属 Pennilabium J. J. Sm.

小型附生兰；叶扁平，稍肉质；花序轴短而扁，少花；花苞片 2 列互生；花瓣边缘有齿；唇瓣贴生于蕊柱基部，无关节，3 裂；侧裂片前端边缘具齿或流苏；中裂片肉质，很小或为较明显的肉质实心体；距细长，常向末端膨大，内侧无附属物和隔膜；蕊柱短，稍背腹压扁；柱头大；蕊喙狭长，2 裂；黏盘柄长匙形。

10~12 种，产印度东北部、中国南部和泰国；中国 1 种，产云南南部。

149. 红头兰属 Tuberolabium Yamam.

附生兰；叶2列互生，扁平；花序侧生，长而下垂，不分枝；花序柄和花序轴多少肉质，具翅状肋痕；总状花序密生多数小花；花稍肉质；唇瓣无关节，3裂；中裂片基部凹陷，前端增厚；距为两侧压扁的宽圆锥形，中部向前偏鼓，几乎与子房成直角。

11种，产东南亚、澳大利亚和太平洋岛屿，向北到达中国台湾和印度东北部；中国1种，产台湾。

红头兰 *Tuberolabium kotoense* Yamam.

150. 虾尾兰属 Parapteroceras Aver.

附生兰；叶稍肉质，2列；花序侧生，不分枝；花序柄和花序轴肉质，纤细，长约等于叶；侧萼片基部贴生在蕊柱基部；唇瓣着生在蕊柱足末端而形成一个可动的关节，3裂；侧裂片大，上举，近长圆形；中裂片很小，稍向前伸；距两侧压扁，内壁无附属物；蕊喙短，2裂。

约5种，产东南亚，中南半岛和中国南部；中国1种，产海南、云南南部。

151. 鹿角兰属 Pomatocalpa Breda

附生兰；茎有时攀缘；叶2列，扁平，狭长；花序在茎上侧生，花密集；花不扭转，萼片和花瓣相似；唇瓣3裂；侧裂片小三角形；中裂片肉质，前伸或下弯；距囊状，内面前壁肉质状增厚，后壁中部或底部具1枚直立而先端2裂且伸出距口的舌状物；药帽前端收狭，呈喙状；蕊喙大，锤子形，2裂。

鹿角兰 *Pomatocalpa spicatum* Breda

13种，产热带亚洲和太平洋岛屿；中国2种，产海南、台湾。

152. 盆距兰属 Gastrochilus D. Don

附生兰；叶常2列互生，扁平；花序侧生，比叶短；总状花序或呈伞形花序；萼片和花瓣近相似，伸展成扇状；唇瓣分为前唇和后唇（囊距）；蕊喙短，2裂；花粉团蜡质，2个；黏盘厚，一端二叉裂，黏盘柄扁而狭长。

约63种，产亚洲热带和亚热带地区；中国44种，产长江以南诸省区，尤其台湾和西南居多。

云南盆距兰 *Gastrochilus yunnanensis* Schltr.

153. 香兰属 Haraella Kudô

附生兰；茎短；叶2列，扁平，镰刀状倒披针形；花序从叶腋出，2~3个，不分枝，下垂，1~4花；唇瓣比萼片和花瓣大，中部缢缩而形成近等大的前后唇；后唇不为距囊状或盆状，基部具1个三角形肉质胼胝体；前唇近圆形，上面被毛；花粉团蜡质，2个，每个具1个孔隙；黏盘柄线形，黏盘近马鞍形。

1种，中国特有，产台湾。

154. 拟万代兰属 Vandopsis Pfitzer

附生或半附生兰；叶肉质或革质，2列；花序侧生于茎，通常不分枝，具多数花；花大，萼片和花瓣相似；唇瓣比花瓣小，基部凹陷成半球形或兜状，3裂；中裂片较大，长而狭，两侧压扁，上面中央具纵向脊突；蕊喙不明显，先端近截形稍凹缺；黏盘柄舌形或披针形；黏盘马鞍形或近肾形。

约5种，分布于中国至东南亚和新几内亚岛；中国2种，产西藏、云南、广西。

白花拟万代兰 *Vandopsis undulata* (Lindl.) J. J. Sm.

155. 小囊兰属 Micropera Lindl.

攀缘附生兰；单轴分枝；花序与叶对生，较长，多花；叶舌状，宽 3~4.5 cm；花不倒置；花瓣和萼片相似，离生；唇瓣 3 裂，具距或囊；中萼片较小，肉质；距口常具附属物，具纵向隔膜；无蕊柱足。

约 15 种，产自喜马拉雅到东南亚、新几内亚、澳大利亚及所罗门群岛；中国 2 种，产海南和西藏。

西藏小囊兰 *Micropera tibetica* X. H.Jin & Y. J.Lai

156. 脆兰属 Acampe Lindl.

附生兰；叶近肉质或厚革质，2 列；花序生于叶腋或与叶对生，比叶短得多；花质地厚而脆，不扭转；花瓣比萼片小，唇瓣贴生于蕊柱足末端，基部具囊状短距；距的入口处具横隔，内侧背壁上方常具 1 条纵向脊突；花粉团蜡质，2 个；黏盘柄倒卵状披针形。

多花脆兰 *Acampe rigida* (Sm.) P. F. Hunt

约 10 种，主产热带非洲；中国 3 种，产云南、华南、贵州、台湾。

157. 隔距兰属 Cleisostoma Blume

附生兰；茎质地硬，具多节；叶质地厚，2 列，先端锐尖或钝且不等侧 2 裂；花序侧生；花肉质；侧萼片常歪斜，花瓣常比萼片小，唇瓣基部具囊状的距，3 裂，唇盘通常具纵褶片或脊突；距内具纵隔膜，内面背壁上方具 1 枚胼胝体；蕊柱粗短，常金字塔状；花粉团蜡质，4 个，具形状多样的黏盘柄和黏盘。

约 100 种，产热带亚洲至大洋洲；中国 16 种，产南部。

尖喙隔距兰 *Cleisostoma rostratum* (Lindl.) Garay

158. 掌唇兰属 Staurochilus Ridl. ex Pfitzer

附生兰；花序侧生，约等于或长于叶，疏生多数花；萼片和花瓣相似而伸展，但花瓣较小，唇瓣肉质，3~5 裂，中裂片上面或两侧裂片之间密生毛，基部具囊状的距；距内背壁上方具 1 个被毛的附属物；蕊柱粗短，常被毛，无蕊柱足；蕊喙向前伸展；黏盘柄近匙形或狭楔形。

约 14 种，产南亚和东南亚；中国 3 种，产云南、台湾。

豹纹掌唇兰 *Staurochilus luchuensis* (Rolfe) Fukuy.

159. 毛舌兰属 Trichoglottis Blume

附生兰；叶 2 列，稍肉质；花序侧生，1 至数个，常在同一茎上的多个节上长出，远比叶短；唇瓣肉质，3 裂；

中裂片不裂或3裂，上面常密被毛或乳突，基部囊状或具距；距内背壁上方具1个可动而被毛的舌状附属物；蕊柱短，圆柱状，顶端两侧常有被硬毛的蕊柱齿，无蕊柱足。

55~60种，产东南亚、澳大利亚和太平洋岛屿；中国2种，产云南、台湾。

短穗毛舌兰 *Trichoglottis rosea* (Lindl.) Ames

160. 匙唇兰属 Schoenorchis Blume

附生兰；花肉质，萼片近相似，花瓣比萼片小；唇瓣厚肉质，牢固地贴生于蕊柱基部，比花瓣长，基部具圆筒形的距，3裂；侧裂片上缘平截；中裂片常呈匙形；距大，通常与子房平行；蕊柱粗短，两侧具伸展的翅；柱头位于蕊柱基部；花粉团蜡质，近球形，4个，2个组成一对。

约24种，产热带亚洲至澳大利亚和太平洋岛屿；中国3种，产南方热带地区。

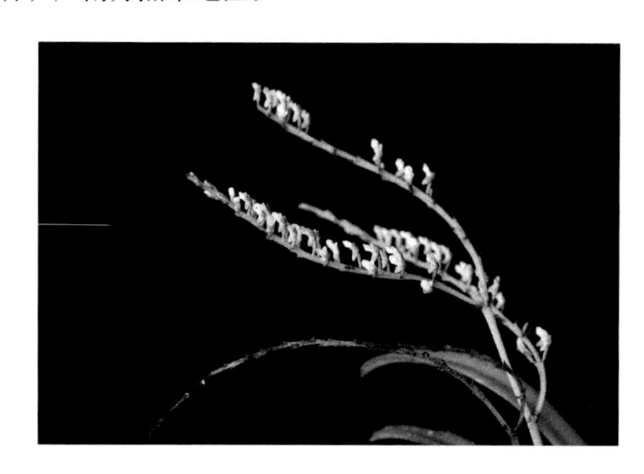

匙唇兰 *Schoenorchis gemmata* (Lindl.) J. J. Sm.

161. 蛇舌兰属 Diploprora Hook. f.

附生兰；叶多数2列；叶扁平，先端急尖或稍钝且具2~3尖裂；总状花序侧生于茎，下垂，具少数花；花稍肉质，不扭转；萼片背面中肋呈龙骨状隆起；唇瓣基部舟形，中部以上强烈收狭，先端近截形且为尾状2裂，上面纵贯1条龙骨状的脊，基部无距。

2种，产南亚热带地区；中国1种，产云南、广西、香港、福建和台湾。

蛇舌兰属 *Diploprora* sp.

162. 钻柱兰属 Pelatantheria Ridl.

附生兰；茎扁三棱形；叶密集，2列；叶中部以下常呈V字形对折；总状花序腋生，少花；萼片相似，花瓣较小；唇瓣3裂；中裂片上面中央增厚成垫状；距内面具1条纵向隔膜或脊，背壁上具1个骨质附属物；蕊柱粗短，顶端具2条长而向内弯曲的蕊柱齿；黏盘柄短而宽，具5个上举而弯曲的角。

约5种，分布于喜马拉雅经印度东北部、缅甸到东南亚；中国4种，产西南和东南地区，以云南居多。

钻柱兰 *Pelatantheria rivesii* (Guillaumin) Tang & F. T. Wang

163. 异型兰属 Chiloschista Lindl.

附生兰；无明显的茎；通常无叶或至少在花期无叶；花序细长，下垂；侧萼片和花瓣均贴生在蕊柱足上；唇瓣3裂，基部以1个活动的关节着生在蕊柱足末端，具明显的萼囊；中裂片短小，上面具密布茸毛的龙骨脊或胼胝体；蕊柱足长约为蕊柱的2倍；药帽两侧各具1条丝状或齿状附属物；黏盘比黏盘柄宽。

约10种，产热带亚洲和大洋洲；中国3种，产云南、四川、广东、台湾。

白花异型兰 *Chiloschista exuperei* (Guillaumin) Garay

164. 大喙兰属 Sarcoglyphis Garay

附生兰；叶稍肉质，2 列互生，扁平；花序从茎下部叶腋中长出，下垂；唇瓣 3 裂，贴生于蕊柱基部，中裂片稍肉质，与距成直角；距近圆锥形，内具隔膜且在背壁上方具 1 个胼胝体；柱头近圆形；蕊喙大，高高耸立在浅狭的药床之前上方，先端细尖而浅 2 裂；药帽半球形，前端喙状；花粉团蜡质，扁球形，4 个，分离，每个具 1 条弹丝状的短柄，附着于黏盘柄上。

约 11 种，产东南亚和中南半岛；中国 2 种，产云南。

大喙兰 *Sarcoglyphis smithiana* (Kerr) Seidenf.

165. 坚唇兰属 Stereochilus Lindl.

附生兰；单轴；叶 2 列，对折；总状花序 1~3，腋生，常下垂，多花；花苞片小，远短于花梗和子房；侧萼片贴生于唇瓣基部；唇瓣贴生于蕊柱基部，略 3 裂；中裂片大于侧裂片；距有纵隔，后壁具 1~2 胼胝体；蕊喙钻形至披针形，很长。

坚唇兰 *Stereochilus dalatensis* (Guillaumin) Garay

6 种，产不丹、中国、印度东北、缅甸、泰国及越南；中国 2 种，产云南。

166. 盖喉兰属 Smitinandia Holttum

附生兰；茎节上有气根；叶 2 列，扁平，狭长，稍肉质；花序侧生于茎，下垂，不分枝，具许多花；花稍肉质，开展；萼片明显比花瓣大；唇瓣具宽距，距内无附属物，距口前方有 1 枚高高隆起的肥厚横隔；蕊柱短、柱状，基部稍扩大，无蕊柱足；蕊喙伸长，小；黏盘柄短，下部狭窄。

约 3 种，产东南亚，经中南半岛地区至喜马拉雅；中国 1 种，产云南。

盖喉兰 *Smitinandia micrantha* (Lindl.) Holttum

167. 寄树兰属 Robiquetia Gaudich.

附生兰；茎多节；叶 2 列；花序常与叶对生，密生多花；萼片相似，中萼片凹；花瓣比萼片小，唇瓣肉质，3 裂；中裂片伸展而上面凸状；距圆筒形或中部缢缩而末端膨大成拳卷状，内侧分别具 1 个胼胝体或附属物；蕊柱粗短，无蕊柱足；蕊喙肥厚；黏盘柄细长，上部弯曲，两侧常对折成沟槽状。

约 40 种，产东南亚至澳大利亚和太平洋岛屿；中国 2 种，产南部。

寄树兰 *Robiquetia succisa* (Lindl.) Seidenf. & Garay

168. 槌柱兰属 Malleola J. J. Sm. & Schltr.

附生兰；茎稍扁圆柱形；叶扁平，质地厚，2列；总状花序侧生于茎；中萼片常舟状；唇瓣3裂；中裂片外卷，中部以下常增厚或具脊突；距大，囊状，内壁无附属物；蕊柱粗短，锤形；药帽大，前端收狭为喙状。

约30种，产南亚到东南亚；中国1种，产海南、云南。

西藏槌柱兰 *Malleola tibetica* W. C. Huang & X. H. Jin

169. 盂兰属 Lecanorchis Blume

腐生兰；无绿叶；总状花序顶生；花苞片小，膜质；在子房顶端和花序基部之间具1个杯状物（副萼）；唇瓣基部有爪，通常爪的边缘与蕊柱合生成管，上部3裂或不裂；唇盘上常被毛或具乳头状突起，无距；蕊柱较细长，向顶端稍扩大，略呈棒状；花粉团2，无柄，亦无明显的黏盘。

约10种，产东南亚至太平洋岛屿，北达日本和中国南部；中国4种，产云南、广西、广东、湖南、福建及台湾。

盂兰 *Lecanorchis japonica* Blume

170. 肉果兰属 Cyrtosia Blume

腐生兰；茎常数个发自同一根状茎上，肉质，黄褐色至红褐色，无绿叶；花序轴被短毛或粉状毛；花苞片宿存；萼片与花瓣靠合；萼片背面常多少被毛；花瓣无毛；唇瓣直立，不裂，无距，基部多少与蕊柱合生；果实肉质，不开裂。

5种，产东南亚和东亚，西至斯里兰卡和印度；中国3种，产南部和台湾。

矮小肉果兰 *Cyrtosia nana* (Downie) Garay

171. 冷兰属 Frigidorchis Z. J. Liu & S. C. Chen

地生兰，十分矮小；块茎圆球形，很大；茎短；花小，完全开放；萼片略大于花瓣；唇瓣肉质，基部3裂，中裂片大于侧裂片，具距；黏盘裸露；蕊喙短，有臂；柱头2，短棒状；退化雄蕊2。

1种，中国特有，产青海东南部。

172. 高山兰属 Bhutanthera Renz

地生兰；块茎卵球形或球形；叶2枚或更多，近对生，或在茎先端簇生；总状花序具单花或多花；花瓣小于萼片；唇瓣3裂，距圆锥形至圆筒形；柱头连合，垫状。

5种，产喜马拉雅东部山区；中国1种，产西藏东南部。

173. 长喙兰属 Tsaiorchis Tang & F. T. Wang

地生兰；根状茎指状，肉质，近平展；花序疏生、偏向一侧；萼片和花瓣离生，近等大，唇瓣基部与蕊柱贴生，具距，中部稍缢缩，前部3裂；花药直立，背面具龙骨状突起，向顶部延伸成芒状；蕊喙扁而伸长，鸟喙状，中部两侧各具1枚齿；黏盘藏在由唇瓣和蕊柱形成的穴内；退化雄蕊2，高于花药。

1种，产中国云南和广西。

长喙兰 *Tsaiorchis neottianthoides* Tang & F. T. Wang

174. 紫斑兰属 Hemipiliopsis Y. B. Luo & S. C. Chen

地生兰；块茎肉质；茎基部具1或2枚叶；全株几被紫色斑点；中萼片与花瓣靠合成盔状；唇瓣先端3裂，基部有距，距在近先端处缢缩，后在先端呈球状；蕊柱短，两侧具附属物；蕊喙3浅裂，侧裂片突起不连合；黏盘裸露。

1种，分布于中国及印度东北部；中国1种，产西藏东南部。

紫斑兰 *Hemipiliopsis purpureopunctata* (K. Y. Lang) Y. B. Luo & S. C. Chen

175. 反唇兰属 Smithorchis Tang & F. T. Wang

地生兰；根状茎匍匐，指状；叶狭披针形；花序顶生，总状，具7朵稍疏散的花，芳香，斜歪，深橙色，不倒置；萼片离生，相似，近等大，花瓣较萼片小；唇瓣似小孩的鞋状，不裂，基部囊状，不贴生于蕊柱；花药无柄，兜状；蕊喙和柱头近圆形，连合在一起；子房扭转。

1种，中国特有，产云南西北部的高海拔山地。

反唇兰 *Smithorchis calceoliformis* (W. W. Sm.) Tang & F. T. Wang

176. 全唇兰属 Myrmechis (Lindl.) Blume

地生兰；花小，不完全开放；中萼片与花瓣黏合成兜状；唇瓣贴生于蕊柱上，基部具球形的囊，囊内两侧各具1枚胼胝体；蕊柱有附属物；花粉团2，具极短的花粉团柄；柱头2，位于蕊喙基部两侧。

约15种，分布于日本、中国、印度东北部、印度尼西亚；中国5种，产西藏、云南、广东、四川、湖北至台湾。

阿里山全唇兰 *Myrmechis drymoglossifolia* Hayata

177. 双蕊兰属 Diplandrorchis S. C. Chen

腐生兰；无绿叶；花直立，近辐射对称，几不扭转；无特化唇瓣；能育雄蕊2，直立，位于蕊柱前后侧；花丝极短；柱头生于蕊柱顶端，近盘状；蕊喙不存在。

1种，中国特有，产辽宁。

双蕊兰 *Diplandrorchis sinica* S. C. Chen

178. 虎舌兰属 Epipogium J. F. Gmel. ex Borkh.

腐生兰；地下具珊瑚状根状茎或肉质块茎；无绿叶，通常黄褐色；子房膨大；花常下垂；萼片与花瓣相似，离生，有时靠合；唇瓣较宽阔，3裂或不裂，肉质，凹陷，基部具宽大的距；唇盘上常有带疣状突起的纵脊或褶片；蕊柱短，无蕊柱足；蕊喙较小。

虎舌兰 *Epipogium roseum* (D. Don) Lindl.

3种，产欧洲、亚洲温带与热带地区、大洋洲与非洲热带地区；中国3种，从南到北皆产。

179. 肉药兰属 Stereosandra Blume

腐生兰；地下具纺锤状的、直生的块茎；茎直立，肉质；无绿叶；花梗短；子房膨大，明显宽于花梗；花小，常下垂；唇瓣较花瓣宽，不裂，凹陷，边缘波状且内弯，基部具2枚胼胝体，无距；花药生于蕊柱背面基部，近直立，有宽阔而长于蕊柱的花丝；花粉团2，具1个共同的花粉团柄，无黏盘。

1种，产东南亚，北至泰国、中国南部、日本；中国1种，产台湾、云南。

肉药兰 *Stereosandra javanica* Blume

180. 锚柱兰属 Didymoplexiella Garay

腐生兰；根状茎块状；无绿叶；花小，扭转；萼片和花瓣不同程度地合生成浅杯状或管状；中萼片和花瓣合生

锚柱兰 *Didymoplexiella siamensis* (Downie) Seidenf.

部分可达中部；侧萼片与花瓣仅近基部处合生；唇瓣通常具胼胝体；蕊柱长，稍向前倾，上端扩大并具2个长的、镰刀状的翅，貌似锚的一侧，无明显的蕊柱足；花药药帽具乳突，有明显的花丝。

约8种，产泰国、马来西亚和印度尼西亚，向北到达中国东南部；中国1种，产广西、海南、台湾。

181. 拟锚柱兰属 Didymoplexiopsis Seidenf.

腐生兰；根状茎链珠状；无绿叶；总状花序顶生，具数朵或更多的花；花小，萼片与花瓣仅基部至中部合生成花被筒；柱头位于蕊柱近顶端处；蕊柱粗壮，蕊柱足明显，先端膨大具两翅；花粉团4。

1种，分布于中国、泰国及越南；中国1种，产海南。

182. 天麻属 Gastrodia R. Br.

腐生兰；地下具根状茎，有时呈珊瑚状；茎直立，常为黄褐色，无绿叶，一般在花后延长；花近壶形、钟状或宽圆筒状；萼片与花瓣合生成筒，仅上端分离；花被筒基部有时膨大成囊状；唇瓣贴生于蕊柱足末端，通常较小，藏于花被筒内，不裂或3裂；蕊柱长，具狭翅，基部有短的蕊柱足；花药较大，近顶生。

约20种，产东亚、东南亚至大洋洲；中国15种，除东北地区外，从南到北皆有分布。

天麻 *Gastrodia elata* Blume

183. 瘦房兰属 Ischnogyne Schltr.

附生兰；假鳞茎弯曲，顶端生1枚叶；花莛与叶生于同一假鳞茎顶端，只具1朵花；花较大；侧萼片基部延伸而呈囊状；唇瓣近顶端3裂，基部有短距；距部分包藏于两枚侧萼片基部之内；蕊喙较大，宽舌状。

1种，分布于中国重庆、四川、贵州、湖北、陕西及甘肃。

瘦房兰 *Ischnogyne mandarinorum* (Kraenzl.) Schltr.

184. 宽距兰属 Yoania Maxim.

腐生兰；地下具肉质根状茎，分枝或有时呈珊瑚状；无绿叶；花梗与子房较长；花瓣较萼片宽而短；唇瓣凹陷成舟状，基部有短爪，唇盘下方具1个宽阔的距；距向前方伸展，与唇瓣前部平行；蕊柱顶端两侧各有1个臂状物，有短的蕊柱足；花药2室，宿存，顶端有长喙；无明显的花粉团柄；蕊喙不明显。

4种，产日本、中国至印度北部；中国1种，产福建、江西、台湾。

宽距兰 *Yoania japonica* Maxim.

185. 紫茎兰属 Risleya King & Pantl.

腐生兰；不具块茎或假鳞茎；茎无叶，暗紫色；总状花序具多数密生的小花；花苞片宿存；花肉质，很小，花瓣常较萼片短而狭；唇瓣不裂，凹陷，较宽阔；蕊柱短，圆柱形；花粉团4，成2对，无花粉团柄，附着于肥厚的、矩圆形的黏盘上。

1种，产不丹、中国、印度及缅甸；中国1种，产四川、西藏、云南。

紫茎兰 *Risleya atropurpurea* King & Pantling

186. 金唇兰属 Chrysoglossum Blume

地生兰；具匍匐根状茎和圆柱状假鳞茎；单叶；侧萼片仅贴生于蕊柱足而形成短的萼囊；唇瓣以 1 个活动关节连接于蕊柱足末端，无明显的爪，基部两侧具耳，中部 3 裂；中裂片凹陷；唇盘上面具褶片；蕊柱足内侧具 1 个肥厚而深裂的胼胝体，垂直于蕊柱基部，两侧具翅；翅具 2 个向前伸展的臂；蕊喙，先端截形。

4 种，产热带亚洲和太平洋岛屿；中国 2 种，产西藏、云南、广西、海南、台湾。

金唇兰 *Chrysoglossum ornatum* Blume

187. 密花兰属 Diglyphosa Blume

地生兰；具匍匐根状茎和假鳞茎；顶生 1 枚叶；叶纸质，具长柄和折扇状的脉；总状花序长，密生多花；花苞片狭长，反折；侧萼片下弯，基部贴生于蕊柱足而形成萼囊；唇瓣稍肉质，具活动关节，不裂，具 2 条褶片或龙骨状突起；蕊柱纤细，向前弯，两侧具翅，基部具弯曲的蕊柱足；蕊喙短而宽，不裂。

2 种，产热带喜马拉雅至东南亚和新几内亚岛；中国 1 种，产云南东南部。

188. 绒兰属 Dendrolirium Blume

附生、岩生或稀地生兰；根状茎粗壮，假鳞茎短；花苞片大，鲜橙色；花序具中等大小的倒置花；花梗子房和萼片被绒毛；侧萼片与蕊柱足连合成倾斜的圆锥形萼囊；唇瓣 3 裂，具单向脊或中裂片，基部具球状疣。

约 12 种，产东南亚地区；中国 2 种，产海南、香港及云南。

白绵绒兰 *Dendrolirium lasiopetalum* (Willd.) S. C. Chen & J. J. Wood

189. 象鼻兰属 Nothodoritis Z. H. Tsi

附生兰；叶 2 列，近丛生；花苞片小，2 列；中萼片

象鼻兰 *Nothodoritis zhejiangensis* Z. H. Tsi

卵状椭圆形，凹，前倾并且围抱蕊柱；侧萼片和花瓣基部具爪；唇瓣3裂；侧裂片狭长，合生而下延成凹槽状；中裂片狭舟形，与侧裂片成直角，基部具囊；囊口处具1枚直立的附属物；蕊柱短，近基部处具1枚钻状的附属物；花粉团蜡质，4个。

1种，中国特有，产甘肃、陕西、安徽、浙江。

190. 拟蜘蛛兰属 Microtatorchis Schltr.

附生或罕为地生兰；根簇生，呈放射状伸展，状如蜘蛛；茎几无；花序柄纤细，具多数2列而宿存的花苞片，其基部具附属物；花序轴具翼；萼片和花瓣近等大，离生或在下部连合成短筒；唇瓣不裂或3裂，基部具囊状距；具倒披针形的黏盘柄和较大的黏盘。

约47种，产新几内亚岛、印度尼西亚、菲律宾、大洋洲；中国1种，产台湾。

191. 低药兰属 Chamaeanthus Schltr. ex J. J. Sm.

小型附生兰；叶常肉质，近对折；花序短，从茎节上成对出；花瓣比萼片短，狭小；唇瓣着生于蕊柱足末端且形成活动关节，3裂；中裂片肉质；无距，有时基部囊状；花粉团蜡质，2个；有短而狭的黏盘柄，黏盘不明显。

约3种，产喜马拉雅至东南亚和太平洋岛屿；中国1种，产台湾。

192. 拟隔距兰属 Cleisostomopsis Seidenf.

附生兰；单轴分枝；叶圆柱状；花梗和子房长于花苞片；花小，花瓣小于萼片；唇瓣3裂；距长于萼片，距内后壁具Y形附属物，无隔膜；无蕊柱足；蕊喙大。

1种，分布于中国、越南；中国1种，产广西。

193. 拟囊唇兰属 Saccolabiopsis J. J. Sm.

附生兰；单轴分枝；茎短；花序细长，疏生多花；花微小；唇瓣中裂片极小，具囊或距，短，略弯，无附属物；蕊柱小，圆柱状，无蕊柱足。

15种，产自喜马拉雅和中国南部到东南亚、澳大利亚；中国2种，产台湾。

台湾拟囊唇兰 *Saccolabiopsis taiwaniana* S. W. Chung

194. 肉兰属 Sarcophyton Garay

附生兰；叶厚革质或肉质，2列，扁平；萼片相似，离生，侧萼片和花瓣稍反折；唇瓣贴生于蕊柱基部，3裂；中裂片下弯，上面具明显的皱纹；距圆筒形，下垂，无隔膜，距口处具2枚胼胝体；药床小，柱头大而圆；蕊喙短，2裂；花粉团蜡质，4个，近球形，离生；黏盘柄线形，黏盘小。

3种，分布于中国、缅甸和菲律宾；中国1种，产台湾。

科 43. 仙茅科 Hypoxidaceae

5属130~200种，产各大洲的热带和亚热带地区，尤以南半球为多，部分种类延伸至温带地区；中国2属9种，另引种栽培1属，产西南、华南至华东地区。

多年生草本，具块状根状茎或块茎，基部常残存纤维状叶鞘；叶基生，常具折扇状叶脉；花莛自基部抽出，花序穗状或伞房状，有时为单花；花被片6，称为4，合生或离生；雄蕊6，稀为4；子房下位，3室，中轴胎座；果实为蒴果，或浆果状不开裂。

1. 仙茅属 Curculigo Gaertn.

草本，通常具块状根状茎；叶基生，通常披针形，具折扇状叶脉；花莛自基部叶腋抽出，直立或俯垂，花序穗状、总状或近头状；花被片 6，合生；雄蕊 6；果实浆果状，肉质，先端有喙或无喙。

约 20 种，产非洲、亚洲、美洲热带地区；中国 8 种，产西南和华南地区。

疏花仙茅 *Curculigo gracilis* (Kurz) Hook. f.

2. 小金梅草属 Hypoxis L.

草本，具块状根状茎；叶基生，狭长；花莛自基部叶腋抽出，纤细，花序伞状或为单花；花被片 6，合生，宿存；雄蕊 6；蒴果。

50（~100）种，广布于美洲、非洲、亚洲和澳大利亚；中国 1 种，产西南、华南至华东地区。

小金梅草 *Hypoxis aurea* Lour.

科 44. 鸢尾蒜科 Ixioliriaceae

1 属约 3 种，产非洲东北部（埃及）至亚洲西南部和中部；中国 2 种，产新疆。

多年生草本，具鳞茎状块茎；叶基生，线形，花莛基部也有少量叶；聚伞花序近伞形，具 1 至多花，花具梗；花辐射对称，花被片 6，排成 2 轮，下部合生成管；雄蕊 6，排成 2 轮，短于花被片；子房下位，3 室，中轴胎座；蒴果室背开裂。

1. 鸢尾蒜属 Ixiolirion Fisch. ex Herb.

属的鉴定特征及分布同科。

鸢尾蒜 *Ixiolirion tataricum* (Pall.) Herbert

科 45. 鸢尾科 Iridaceae

67 属 1 750~1 800 种，广布全球，以南非为分布中心；中国 2（~3）属 60 种，另引种栽培约 30 属，逸生 1 属，产全国各地。

多年生草本，稀为灌木状、一年生草本或腐生草本，具根状茎、块茎或鳞茎；叶基生或茎生，常为扁平的剑形，排成两列，基部鞘状；花序通常蝎尾状，或为穗状或单花；花辐射对称或两侧对称，花被片 6，排成 2 轮，下部合生，内外轮等大或不等大；雄蕊 3；子房下位，3 室，中轴胎座；蒴果。

国产类群中，番红花属 *Crocus* 先分出，鸢尾属 *Iris* 与射干属 *Belamcanda* 相聚（图 42）。

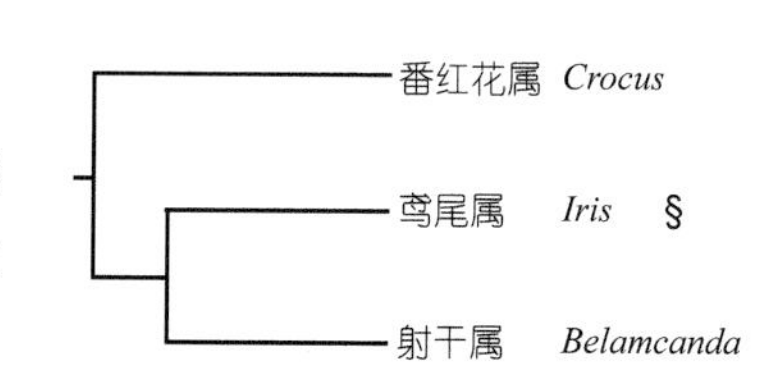

图 42 中国鸢尾科植物的分支关系

1. 番红花属 Crocus L.

草本，具球形块茎；叶基生，条形，不互相套叠；花莛短，单花顶生，花白色、粉红色、黄色、淡蓝色或蓝紫色；花被片 6，近等大，合生；雄蕊 3，生于花被管上；蒴果小卵圆形。

约 80 种，产欧洲、地中海、中东至中亚；中国 1 种，另引种栽培数种，产新疆西北部。

番红花 *Crocus sativus* L.

2. 鸢尾属 Iris L.

草本，具长条形或块状的根状茎；叶剑形，互相套叠；花莛自叶丛中抽出，或缩短而不伸出，花序蝎尾状或单花；花色多样；花被片 6，外轮 3 枚较大，常反折下垂，基部具爪，无附属物或具鸡冠状或须毛状的附属物，内轮 3 枚直立或外倾；花柱 3 分枝，呈花瓣状形，雄蕊藏于分枝下部；蒴果室背开裂。

约 225 种，产北半球，集中分布于中东至中国；中国 58 种，另引种栽培数种，产全国各地。

马蔺 *Iris lactea* Pall.

3. 射干属 Belamcanda Adans.

草本，具不规则的块状根状茎；叶剑形，互相套叠；蝎尾状花序顶生，花橙红色；花被片 6，具深色斑点；花柱圆柱形，柱头 3 浅裂；蒴果熟时 3 瓣裂；种子球形，黑紫色。

1 种，主产东亚；中国 1 种，除西北之外的地区广为栽培。

射干 *Belamcanda chinensis* (L.) Redoute

科 46. 阿福花科 Asphodelaceae

33 属 910 种，产全球热带和温带地区；中国 3（~4）属 16 种，另引种栽培约 12 属，逸生 1 属，产全国各地。

多年生草本，通常具短的根状茎，或为多肉植物，稀为灌木状或大乔木状；叶基生或茎生，草质或肉质；总状、穗状、圆锥或聚伞花序，通常顶生；花被片 6，排成 2 轮，离生或不同程度合生；雄蕊 6，稀为 3；子房上位，稀为半下位，3 室，稀为 1 室，中轴胎座；果实为蒴果，稀为浆果、坚果或分果。

Takhtajan（2009）将阿福花科放在石蒜目 Amarylliales，APG Ⅳ（2016）置于天门冬目 Asparagales，并替代 APG Ⅲ（2009）所用的科名 Xanthorrhoeaceae，图中 4 属中独尾草属和芦荟属聚为 1 支，山菅兰属和萱草属聚为 1 支（图 43）。

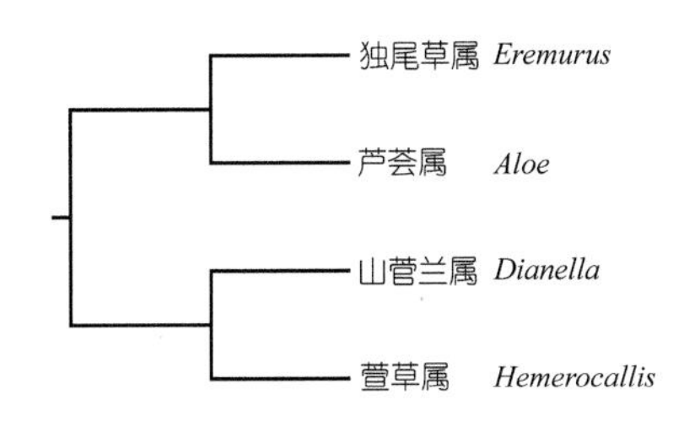

图 43 中国阿福花科植物的分支关系

1. 独尾草属 Eremurus M. Bieb.

草本，具粗短的根状茎，根肉质，肥大；叶基生，条形；花莛自叶丛中抽出，顶生密集的总状花序；花被片 6，离生；雄蕊 6；蒴果室背开裂。

约 40 种，产西亚、中亚至喜马拉雅地区；中国 4 种，产西北和西南地区。

独尾草 *Eremurus chinensis* O. Fedtsch.

2. 芦荟属 Aloe L.

肉质草本，有时为灌木状或乔木状；叶呈莲座状或 2 列生长，卵形至线状披针形，常有斑点和刺齿；顶生密集或疏松的总状或圆锥花序，花红色、橙色、黄色、棕色或白绿色；花被片 6，通常合生；雄蕊 6；蒴果。

木立芦荟 *Aloe arborescens* Mill.

约 400 种，广布于非洲、阿拉伯半岛、地中海地区；中国引种栽培 100 余种，逸生 1 种，在西南干热河谷地区野化。

3. 山菅兰属 Dianella Lam. ex Juss.

草本，常具分枝的根状茎；叶近基生或茎生，2 列，狭长而坚挺；顶生疏松的圆锥花序，花梗上端有关节；花被片 6，离生；雄蕊 6；浆果，常为蓝色；种子黑色。

约 20 种，主产热带亚洲、澳大利亚、新西兰，马达加斯加和太平洋岛屿也有分布；中国 1 种，产西南、华南、华东沿海地区和台湾。

山菅兰 *Dianella ensifolia* (L.) DC.

4. 萱草属 Hemerocallis L.

草本，具短的根状茎，根常肉质，有时中下部纺锤状膨大；叶基生，2 列，带状；花莛自叶丛中抽出，顶生圆锥状聚伞花序，稀减化为单花；花略呈两侧对称，花被片 6，合生，内轮 3 枚常比外轮宽大；雄蕊 6；蒴果室背开裂；种子黑色。

15 种，主产东亚，1 种延伸至欧洲中部；中国 11 种，除新疆、青海、海南外均有分布。

小黄花菜 *Hemerocallis minor* Mill.

科 47. 石蒜科 Amaryllidaceae

约75属1 460种，分布于全世界，以南非、南美和北半球温带为分布中心；中国7属约160种，另引种栽培30余属，1属逸生，产全国各省区。

多年生草本，具鳞茎，稀具根状茎；叶基生，常为带状；伞形花序生于花莛顶端，有花1至多数，开放前被膜质佛焰状的总苞所包；花被片和雄蕊均为6，排成2轮；子房上位（葱亚科）或下位（石蒜亚科），3室，中轴胎座；蒴果。

石蒜科采用广义，包括葱科 Alliaceae（◆）和狭义石蒜科 Amaryllidaceae *s.s.*（◆）。分支图上分为2支，该2科的属各聚1支，因此将它们分成2科也有道理（图44）。

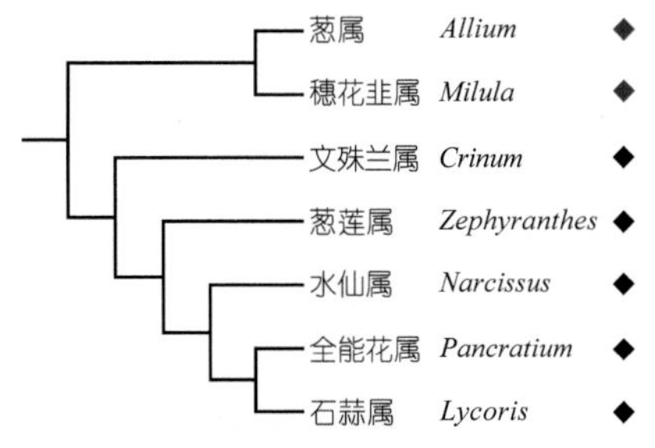

图44 中国石蒜科植物的分支关系

1. 葱属 Allium L.

大部分种类具葱蒜气味；叶条形、带形、实心或空心的圆柱状；伞形花序，花1至多数。

550~690种，主产北半球，在中亚地区尤其丰富，少数种类产非洲和中南美洲；中国138种，主产东北、华北、西北和西南地区。

齿被韭 *Allium yuanum* F. T. Wang & Tang

2. 穗花韭属 Milula Prain

叶剑形；穗状花序，花密集。

1种，产喜马拉雅地区；中国1种，产西藏东南部、中部至西部。

穗花韭 *Milula spicata* Prain

3. 文殊兰属 Crinum L.

叶带形，通常较宽阔；花叶同放；伞形花序有花数朵；花被高脚碟状或漏斗状，无副花冠。

约65种，泛热带分布，主产撒哈拉以南的非洲；中国2种，产西南、华南至台湾。

文殊兰 *Crinum asiaticum* var. *sinicum* (Herbert) Baker

4. 葱莲属 Zephyranthes Herb.

叶线形；花叶同放；伞形花序通常只有1朵花；花被漏斗状，无副花冠。

约50种，产美洲，自美国东南部、西印度群岛至阿根廷；中国引进栽培2种，在西南和华南地区逸为野生。

韭莲 *Zephyranthes grandiflora* Lindl.

5. 水仙属 Narcissus L.

叶线形或圆筒形；花叶同放；伞形花序有花数朵，花直立或下垂；花被高脚碟状，副花冠显著，管状；雄蕊着生于花被管内。

46 种，产欧洲至北非和西亚地区；中国 1 种，产浙江和福建海岸地区及沿海岛屿。

水仙 *Narcissus tazetta* subsp. *chinensis* M. Roem.

6. 全能花属 Pancratium L.

叶线形或带形；花叶同放；伞形花序有花数朵；花被管圆柱形，无副花冠，花丝基部连合成一杯状体。

约 20 种，产地中海、南亚、撒哈拉以南的非洲；中国 1 种，产香港。

7. 石蒜属 Lycoris Herb.

花叶不同期；叶带形，于花前或花后抽出；伞形花序有花 4~8 朵；花色多样，白、乳白、奶黄、金黄、粉红或鲜红色；花被漏斗状，略呈两侧对称，无副花冠。

约 20 种，主产印度、缅甸北部经中国中部至朝鲜和日本；中国 15 种，主产长江以南地区，北可达山东半岛。

石蒜 *Lycoris radiata* (L'Hér.) Herbert

科 48. 天门冬科 Asparagaceae

120~140 属约 2 300 种，分布于全世界；中国 23 属 250 余种，另引种栽培 40 余属，2 属逸生，产全国各地。

多年生草本，有时为乔木状或灌木状；具鳞茎、球茎或根状茎；总状、穗状、圆锥或聚伞花序，若为伞形花序则地下茎为球茎且无葱蒜气味，可与石蒜科区别；花被片 6，稀为 4，离生或不同程度合生；雄蕊 6，稀为 4 或 3，子房上位，稀为下位（龙舌兰族 Agaveae），3 室，中轴胎座；蒴果或浆果。

多系的广义百合科 Liliaceae *s.l.* 被分解后，该群植物的分科出现大分化、大改组。本分子分析采用广义天门冬科，包括铃兰科 Convallariaceae（◆ / ◆ / ◆）、天门冬科（狭义）Asparagaceae *s. s.*（◆）、知母科 Anemarrhenaceae（◆）、龙舌兰科 Agavaceae（▲）、玉簪科 Hostaceae（◆）、吊兰科 Anthericaceae（▲）、多须草科 Lomandraceae（▲）、龙血树科 Dracaenaceae（▲）及风信子科 Hyacinthaceae 的绵枣儿属（■）。分支图上显示各科成员都汇聚在各自的分支，铃兰科的 3 个族：黄精族 Polygonateae（◆）、沿阶草族 Ophiopogoneae（◆）、铃兰族 Convallarieae（◆）的成员也都占据各自的分支，说明形态证据和分子证据的统一。随着研究深入科的范畴还会有变化（图 45）。

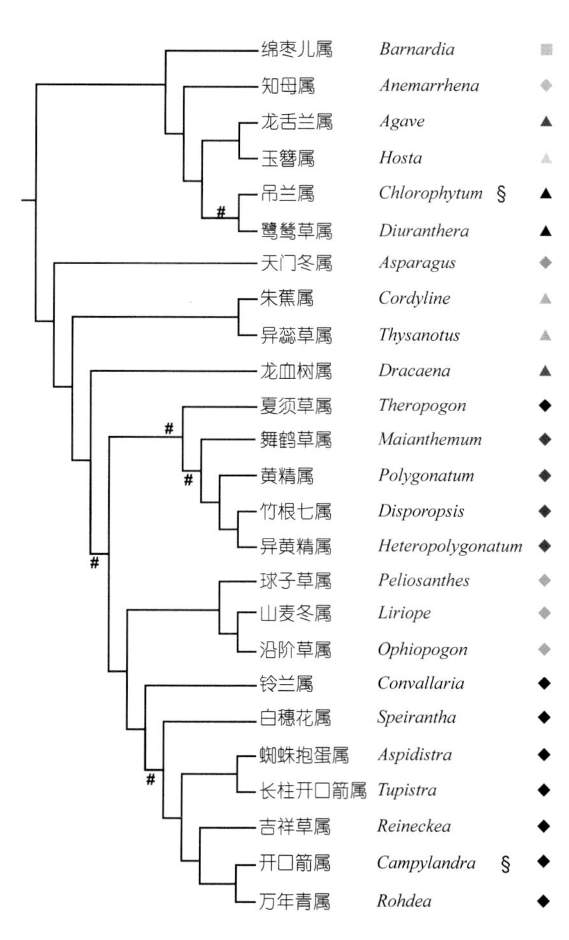

图 45 中国天门冬科植物的分支关系

1. 绵枣儿属 **Barnardia** Lindl.

草本；鳞茎卵形；叶基生，狭带状；总状花序，花莛高于叶；子房上位；蒴果。

2 种，1 种产非洲西北部和欧洲西南部（伊维萨岛、福门特拉岛），1 种分布于中国、朝鲜、日本和符拉迪沃斯托克（海参崴）；中国 1 种，除西北、西藏、海南外均产。

绵枣儿 *Barnardia japonica* (Thunb.) Schult. & Schult. f.

2. 知母属 **Anemarrhena** Bunge

草本；具横走根状茎；叶基生，狭条形；总状花序多花，花莛高于叶；花被片 6，基部稍合生；雄蕊 3；蒴果。

1 种，分布于中国、朝鲜、蒙古国；中国 1 种，产东北、华北、华中及四川、贵州。

知母 *Anemarrhena asphodeloides* Bunge

3. 龙舌兰属 **Agave** L.

通常为高大草本；叶莲座状排列，大而肥厚，肉质，边缘常有刺，顶端有硬刺尖；花莛粗壮高大，具多数分枝，花排成大型密集的圆锥花序；花被片 6，基部合生，雄蕊 6，子房下位；蒴果。

约 200 种，产美国西北部至巴拿马西部、西印度群岛和委内瑞拉；中国引种栽培 10 余种，2 种逸生，在西南各省（尤其是金沙江流域）野化。

龙舌兰 *Agave americana* L.

4. 玉簪属 **Hosta** Tratt.

草本；具粗短的根状茎；叶基生，基部具长叶柄，叶片通常宽大，具弧形脉；总状花序；花漏斗状，稍两侧对称，白色或粉色，花被片 6，合生至中部；蒴果。

23~26 种，主产日本，少数种类分布于中国、朝鲜和俄罗斯；中国 4 种，产长江流域和东北地区。

玉簪 *Hosta plantaginea* (Lam.) Asch.

5. 吊兰属 **Chlorophytum** Ker Gawl.

草本；具根状茎；叶基生，通常条形；总状花序或圆锥花序，花莛直立或弧曲；花通常白色，单生或数朵簇生于苞片内；蒴果。

约 150 种，主产非洲和亚洲的热带、亚热带地区，少数种类延伸至澳大利亚；中国 4 种，另引种栽培数种，产西南和两广地区。

西南吊兰 *Chlorophytum nepalense* (Lindl.) Baker

6. 鹭鸶草属 Diuranthera Hemsl.

草本；具短的根状茎；叶基生，通常条形；总状花序或圆锥花序；花白色，常 2 朵簇生；雄蕊 6，花药基部有 2 个长尾状附属物；蒴果。

4 种，中国特有，产西南地区。

鹭鸶草 *Diuranthera major* Hemsl.

7. 天门冬属 Asparagus L.

草本或半灌木，直立或攀缘；叶退化为鳞片状，小枝叶状，扁平、三棱形或近圆柱形，常多枚成簇；花数朵腋生或排成总状花序、伞形花序；花两性或单性；浆果。

160（~300）种，产非洲全境、欧洲、亚洲至澳大利亚北部；中国 29 种，另引种栽培数种，产全国各地。

密齿天门冬 *Asparagus meioclados* H. Lév.

8. 朱蕉属 Cordyline Comm. ex R. Br.

植株乔木状或灌木状；叶常聚生于枝上部或顶端，具长柄或短柄，基部抱茎；圆锥花序生于上部叶腋；花被片 6，下部合生成短筒；雄蕊 6；浆果具 1 至数枚种子。

约 20 种，主产东南亚、澳大利亚和新西兰，少数种类产印度、太平洋、南美和马斯克林群岛；中国引种栽培 1 种，在华南地区野化。

朱蕉 *Cordyline fruticosa* (L.) A. Chev.

9. 异蕊草属 Thysanotus R. Br.

草本，根纤维状；叶基生，禾叶状；花莛从叶丛中抽出，

异蕊草 *Thysanotus chinensis* Benth.

通常为总状花序或圆锥花序；花被片 6，果时宿存，外轮 3 枚全缘，内轮 3 枚边缘具流苏状睫毛；雄蕊 6，有时内轮 3 枚败育；蒴果。

约 50 种，主产西澳大利亚，向北延伸至东南亚、马来西亚和新喀里多尼亚；中国 1 种，产广西、广东、福建、台湾。

10. 龙血树属 Dracaena Vand. ex L.

植株乔木状或灌木状；叶常聚生于枝顶，叶柄短或无柄，叶片剑形、倒披针形或其他形状，基部抱茎；总状花序或圆锥花序生于枝顶；花被片 6，部分合生；雄蕊 6；浆果具种子 1~2。

50~100 种，产亚洲和非洲的热带、亚热带地区；中国 6 种，产云南、广西、海南、台湾。

龙血树 *Dracaena draco* (L.) L.

11. 夏须草属 Theropogon Maxim.

草本；根状茎粗短；叶簇生于根状茎上，禾叶状；总状花序，花白色至粉色，钟状，俯垂；花被片 6，离生；雄蕊 6；浆果。

夏须草 *Theropogon pallidus* Maxim.

1 种，分布于中国西南部至喜马拉雅；中国 1 种，产西藏南部和云南西部。

12. 舞鹤草属 Maianthemum F. H. Wigg.

草本；具匍匐根状茎；叶互生，矩圆形，偶为心形；圆锥花序或总状花序顶生；花被片 6，稀为 4，离生或合生成高脚碟状；雄蕊 6，稀为 4；浆果。

约 35 种，产欧洲北部、西伯利亚、喜马拉雅、中国、日本、美洲北部和中部；中国 19 种，产全国各地。

舞鹤草 *Maianthemum bifolium* (L.) F. W. Schmidt

13. 黄精属 Polygonatum Mill.

草本；具匍匐根状茎；叶互生、对生或轮生，叶片先端有时具卷须；花序腋生，花数朵集成伞房或总状花序；花被片 6，下部合生；雄蕊 6；浆果。

57 种，产欧亚大陆和北美的温带地区，集中分布于喜马拉雅、中国、日本；中国 39 种，产全国各地。

二苞黄精 *Polygonatum involucratum* (Franch. & Sav.) Maxim.

14. 竹根七属 Disporopsis Hance

草本；具横走根状茎；叶互生；花数朵簇生于叶腋；花被片 6，下部合生，花被筒口部具副花冠，雄蕊着生其上；雄蕊 6；浆果。

6 种，产中南半岛、菲律宾、中国南部；中国 6 种，产长江以南各省和台湾。

竹根七 *Disporopsis fuscopicta* Hance

15. 异黄精属 **Heteropolygonatum** M. N. Tamura & Ogisu

附生草本；具匍匐根状茎；叶互生；花序顶生兼腋生，花数朵集成近伞形或总状花序；花被片 6，基部合生；雄蕊 6；浆果。

4 种，中国特有，产四川、广西、贵州、湖北。

垂茎异黄精 *Heteropolygonatum pendulum* (Z. G. Liu & X. H. Hu) M. N. Tamura & Ogisu

16. 球子草属 **Peliosanthes** Andrews

草本，具根状茎；叶基生或簇生于茎上，叶柄长，叶片披针形，具折扇状主脉；总状花序；花被片 6，下部合生成筒；雄蕊 6，花丝短，合生成肉质内弯的环，贴生于花被筒喉部；蒴果，种子具肉质种皮，呈浆果状。

约 16 种，产南亚、中南半岛、马来西亚和中国南部；中国 6 种，产西南、华南和台湾。

大盖球子草 *Peliosanthes macrostegia* Hance

17. 山麦冬属 **Liriope** Lour.

草本；具短的根状茎，根细长，有时近末端呈纺锤状膨大；叶基生，禾叶状；总状花序多花，花直立或近直立；花被片 6，离生；雄蕊 6，花丝通常长于花药，子房上位；蒴果，种子具肉质种皮，呈浆果状。

8 种，产中南半岛、菲律宾、中国和日本；中国 6 种，产华北和秦岭以南地区。

禾叶山麦冬 *Liriope graminifolia* (L.) Baker

18. 沿阶草属 **Ophiopogon** Ker Gawl.

草本；具短的根状茎，根细长，有时近末端膨大成小块根；茎直立或匍匐，叶基生或散生于茎上，禾叶状或披针形或其他形状；总状花序，花俯垂；花被片 6，离生；雄蕊 6，花丝很短，长不及花药一半，子房半下位；蒴果，种子具肉质种皮，呈浆果状。

约 65 种，产印度、喜马拉雅、中南半岛、马来西亚、中国和日本；中国 47 种，产西南、华南各地，北达秦岭淮河地区。

短药沿阶草 *Ophiopogon angustifoliatus* (F. T. Wang & Tang) S. C. Chen

19. 铃兰属 Convallaria L.

草本；根状茎粗短；叶通常 2 枚，具短柄，叶片椭圆形；总状花序，花白色，钟状，俯垂；花被片 6，合生至中部以上；雄蕊 6；浆果。

3 个相近的种，有时处理为 1 种，产北温带地区；中国 1 种，产北部地区。

铃兰 *Convallaria majalis* L.

20. 白穗花属 Speirantha Baker

草本；具根状茎；叶数枚基生，具短柄，叶片披针形；总状花序，花梗直立；花被片 6，离生，向后反折；雄蕊 6；浆果。

1 种，中国特有，产华东地区。

白穗花 *Speirantha gardenii* (Hook.) Baill.

21. 蜘蛛抱蛋属 Aspidistra Ker Gawl.

草本；根状茎横走；叶单生或数枚簇生于根茎上，叶片卵形至带状；总花梗自根茎生出，很短，使花贴近地面；花单生于总花梗顶端，钟状或坛状；花被片（4~）6~8（~10）枚，肉质，合生至中上部；浆果。

约 200 种，产喜马拉雅、中南半岛、中国南部至日本西南部；中国 110 余种，主产长江以南各省。

流苏蜘蛛抱蛋 *Aspidistra fimbriata* F. T. Wang & K. Y. Lang

22. 长柱开口箭属 Tupistra Ker Gawl.

草本；根状茎粗壮；叶基生或聚生于短茎上，椭圆形至带形；穗状花序，花密生，钟状或圆筒状；花被片 6，

长柱开口箭 *Tupistra grandistigma* F. T. Wang & S. Yun Liang

合生至中部；雄蕊 6，低于雌蕊；花柱长，柱头大而明显，盾状；浆果。

14 种，产东喜马拉雅至中国南部和马来西亚；中国 4 种，产云南、广西。

23. 吉祥草属 Reineckea Kunth

草本；茎匍匐地面，似根状茎，多节，顶端具叶簇；叶条形；穗状花序，花粉色；花被片 6，合生至中部，雄蕊 6；浆果。

1 种，分布于中国和日本；中国 1 种，产秦岭淮河以南各省。

吉祥草 *Reineckea carnea* (Andrews) Kunth

24. 开口箭属 Campylandra Baker

草本；根状茎粗壮；叶基生或聚生于短茎上，椭圆形至带形；穗状花序，花密生，钟状或圆筒状；花被片 6，合生至中部；雄蕊 6，高于雌蕊或与之齐平；花柱极短，柱头小，浆果。

17 种，产喜马拉雅、中南半岛和中国；中国 16 种，主产秦岭淮河以南各省。

尾萼开口箭 *Campylandra urotepala* (Hand.–Mazz.) M.N.Tamura, S.Yun Liang & Turland

25. 万年青属 Rohdea Roth

草本；根状茎粗短；叶基生，矩圆形至披针形；穗状花序具密花；花被球形，顶端 6 浅裂，裂片短而内弯；雄蕊 6；浆果。

2 种，也有处理为 1 种，分布于中国和日本；中国 1 种，主产长江流域。

万年青 *Rohdea japonica* (Thunb.) Roth

目 14. 棕榈目 Arecales

棕榈目 Arecales 只含棕榈科 Arecaceae，系统位置孤立，常将它提升为棕榈超目 Arecanae（Dahlgren et al., 1985）或棕榈亚纲 Arecidae（Takhtajan，1997，2009；Wu et al.，2002；吴征镒等，2003）的分类等级。其性状演化极不同步：具有很原始的特征，如有 16 属的雌蕊具分离的心皮，某些心皮呈对折和开放的缝隙、片状或近片状的胎座等，Takhtajan 认为它是单子叶植物最古老的分支之一；也有很进化的特征，如许多类群的花简化和特化等，常放在单子叶植物最进步的分支。近年来诸多分子系统学研究（如 Chase et al.，1995，2000，2006；

Graham et al.，2006），将棕榈目作为鸭跖草类单子叶植物的成员，其共衍征为有鹤望兰型的表皮蜡质、花粉含淀粉、细胞壁含阿魏酸和香豆酸，鸭跖草类大多数种类的胚乳含有淀粉，但棕榈科的胚乳不含淀粉，Dahlgren 等（1985）认为，这可能代表了一种演化丢失。一些 DNA 序列分析显示，棕榈目是鸭跖草类其余成员（禾本目 Poales、鸭跖草目 Commelinales 和姜目 Zingiberales）的姐妹群，胚乳含淀粉是这 3 目组成分支的共衍征；而在有些分子分析中，棕榈目则网结在鸭跖草类分支内部（见 Judd et al.，2008）。因此，棕榈目的关系尚需深入研究（图 46）。

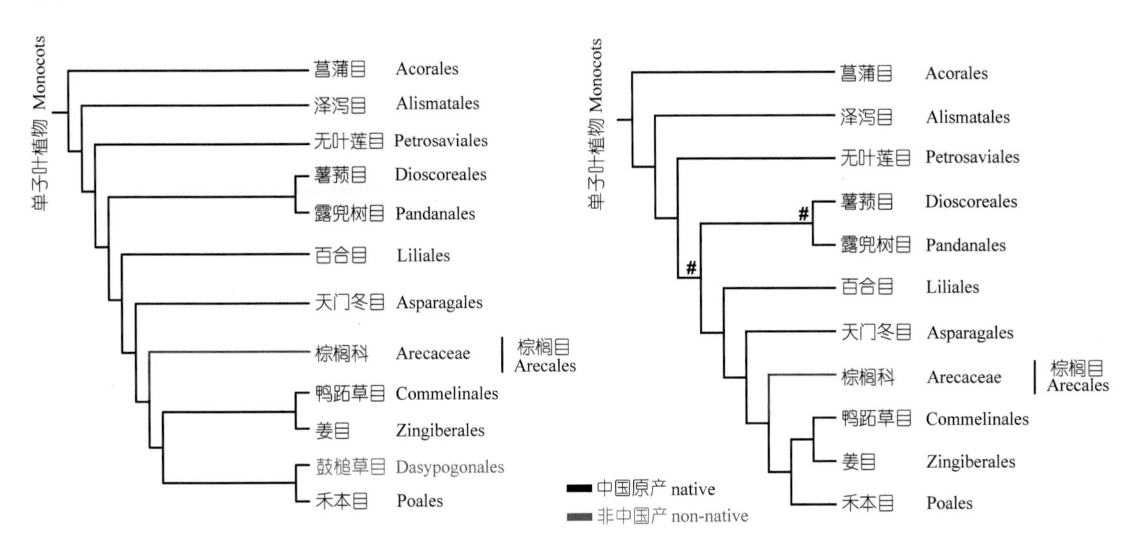

图 46 棕榈目的分支关系
被子植物 APG Ⅲ系统（左）；中国维管植物生命之树（右）

49. 棕榈科 Arecaceae

183 属 2 300~2 600 种，泛热带分布，少数种类延伸至温带地区；中国 17 属 77 种，另引种栽培 137 属，产江南各省。

灌木、藤本或乔木状，茎通常不分枝，表面平滑、粗糙或有刺；叶互生，在芽时折叠，羽状或掌状分裂，稀为全缘或近全缘，叶柄基部通常扩大成具纤维的鞘；花小，单性或两性，雌雄同株或异株，有时杂性，组成分枝或不分枝的肉穗花序；花萼 3，花瓣 3，离生或合生；雄蕊通常 6，稀多数或更少；果实为核果或硬浆果，果皮光滑或有毛、有刺、粗糙或被以覆瓦状鳞片。

棕榈科分 5~6 亚科，国产属分别在 4 亚科：亚科 Ⅰ 贝叶棕亚科 Coryphoideae，有贝叶棕族（●）和刺葵族（●）2 族；亚科 Ⅱ 省藤亚科 Calamoideae，国产省藤族 Calameae（●）1 族；亚科 Ⅲ 水椰亚科 Nypoideae，只 1 属（■）；亚科 Ⅳ 槟榔亚科 Arecoideae，国产鱼尾葵族 Caryoteae（●）、槟榔族 Areceae（●）和椰子族 Coceae（●）3 族。分支图显示：形态学划分的亚科、族的分类系统得到分子证据的支持。唯琼棕属的位置尚需研究（图 47）。

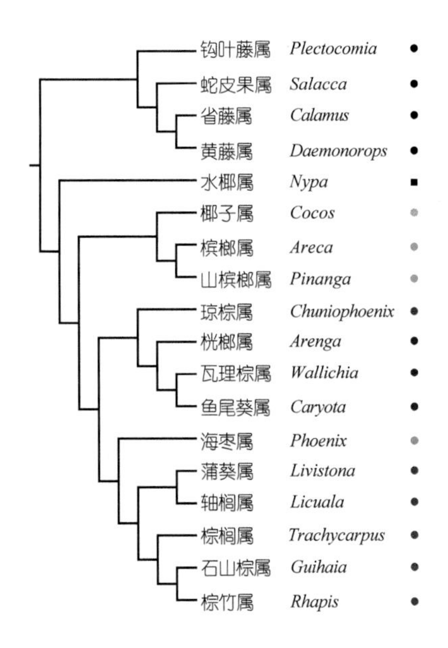

图 47 中国棕榈科植物的分支关系

1. 钩叶藤属 Plectocomia Mart. ex Schult. & Schult. f.

攀缘藤本，一次性开花结实后即死去；叶鞘管状，有针状刺，叶羽状全裂，叶轴顶端延伸为具爪状刺的纤鞭；雌雄异株，雄花序小穗轴的苞片衬托着成对着生或单生的花，雌花序小穗轴仅有单生的花；果实球形，果皮薄，被多数小鳞片。

约16种，产喜马拉雅、中国，向南至缅甸和中南半岛，巽他陆架（Sunda Shelf）和菲律宾；中国3种，产云南、广西、广东、海南。

高地钩叶藤 *Plectocomia himalayana* Griff.

2. 蛇皮果属 Salacca Reinw.

植株丛生，茎短或几无茎，有刺；叶羽状全裂，羽片披针形或线状披针形，叶顶端无纤鞭；花序生于叶间，雌雄异株，花序分枝圆柱形；果实球形、陀螺形或卵球形，外果皮薄，被反折的鳞片，鳞片顶尖光滑或呈刺状尖。

约20种，产缅甸和中国云南至加里曼丹及爪哇；中国1种，产云南。

蛇皮果 *Salacca edulis* Reinw.

3. 省藤属 Calamus L.

茎直立或攀缘，单生或丛生；叶羽状全裂，叶鞘通常为圆筒形，常具刺；花序轴上的佛焰苞管状，不包藏花序，花序较长，一般有钩刺；果实球形、卵形或椭圆形，被紧贴的覆瓦状排列的鳞片。

约400种，1种产赤道非洲，其余产印度和中国至斐济及澳大利亚；中国28种，产江南各省。

白藤 *Calamus tetradactylus* Hance

4. 黄藤属 Daemonorops Blume

茎直立或攀缘，单生或丛生；叶羽状全裂，叶轴顶端常延伸为具爪状刺的纤鞭；花序轴的佛焰苞为舟状，开花前包藏着花序，开花后脱落，花序较短，无钩刺；果实球形、卵形或椭圆形，被紧贴外折的鳞片。

约115种，产印度和中国至新几内亚；中国1种，产广西、广东、海南。

黄藤 *Daemonorops jenkinsiana* (Griff.) Mart.

5. 水椰属 Nypa Steck

茎丛生；叶羽状全裂，直立，外向折叠；花序单生于叶间，直立，多次分枝；花单性，雌雄同株；雌花聚生于顶部的头状花序上，雄花生于侧边的柔荑状花序上；花萼和花瓣均为3；果实倒卵球状，着生于头状、紧密的果序上。

1种，产斯里兰卡经东南亚至琉球群岛、太平洋岛屿及澳大利亚；中国1种，产海南。

水椰 *Nypa fruticans* Wurmb

6. 椰子属 Cocos L.

直立乔木状；叶羽状全裂，簇生于茎顶，羽片多数，外向折叠；花序生于叶丛中，圆锥状，佛焰苞2个；花单性，雌雄同株；果实阔卵球状，具3棱或不明显，外果皮光滑，胚乳中央有一空腔，内藏丰富的浆液。

1种，产西太平洋，热带地区广泛栽培；中国1种，产云南、广西、广东、海南、台湾。

椰子 *Cocos nucifera* L.

7. 槟榔属 Areca L.

直立乔木状或丛生灌木状；叶簇生于茎顶，羽状全裂；花序生于叶丛之下，佛焰苞早落；花单性，雌雄同序；雄花雄蕊3~30枚或更多；雌花子房1室1胚珠，柱头3；果实球形、卵球形或纺锤形，柱头残留在顶部。

约60种，产印度和中国经马来西亚至新几内亚及所罗门群岛；中国云南、广西、广东、海南、台湾有引种栽培2种。

槟榔 *Areca catechu* L.

8. 山槟榔属 Pinanga Blume

灌木状；叶羽状全裂，上部的羽片合生，稀为单叶；花序生于叶丛之下，花单性，雌雄同序；雄花雄蕊通常12~30；雌花子房1室1胚珠，柱头通常卷叠；果实球形或椭圆形至纺锤形，有时狭纺锤形而弯曲。

约120种，产喜马拉雅和中国至新几内亚；中国5种，产西藏、云南、广西、广东、海南、福建、台湾。

美冠山槟榔 *Pinanga coronata* (Blume ex Mart.) Blume

9. 琼棕属 Chuniophoenix Burret

植株矮小丛生；茎直立，无刺；叶掌状深裂，不整齐地分裂几达基部而成一单折至数折的裂片，内向折叠；花序生于叶腋，外被管状佛焰苞；花丝肉质，延长；子房稍具柄，延长，基部变宽；果实小，近球形，具种子 1。

3 种，产越南北部和中国；中国 2 种，产海南。

琼棕 *Chuniophoenix hainanensis* Burret

10. 桄榔属 Arenga Labill.

乔木或灌木状；叶通常为奇数羽状全裂，罕为扇状不分裂，羽片内向折叠，近线形至不整齐的波状椭圆形；花雌雄同株或极罕见为雌雄异株，多次开花结实或一次开花结实；雄花萼片离生，覆瓦状排列；浆果具种子 1~3。

约 17 种，产南亚、澳大利亚北部；中国 6 种，产西藏、云南、广西、广东、海南、福建、台湾。

桄榔 *Arenga westerhoutii* Griff.

11. 瓦理棕属 Wallichia Roxb.

灌木或小乔木状，丛生或单生；叶羽状全裂，羽片内向折叠，线状披针形、不规则菱形或深裂；花序生于叶间，雌雄同株或杂性异株，一次开花结实，雄花序多分枝而密集，雌花序分枝比较稀疏；雄花萼片合生成管状；浆果具种子 1~2。

7 种，产印度、缅甸、中国、泰国南部；中国 5 种，产西藏、云南、广西。

密花瓦理棕 *Wallichia oblongifolia* Griff.

12. 鱼尾葵属 Caryota L.

矮小灌木至乔木状，茎单生或丛生；叶大，聚生于茎顶，二回羽状全裂，芽时内向折叠；羽片先端极偏斜，状如鱼尾；花序生于叶腋间，有长而下垂的分枝花序；花单性，雌雄同株；果实近球形，有种子 1~2。

约 12 种，产南亚、东南亚、马来西亚至澳大利亚北部；中国 4 种，产云南、贵州、广西、广东、海南。

董棕 *Caryota urens* L.

13. 海枣属 Phoenix L.

加那利海枣 *Phoenix canariensis* Chabaud

灌木或乔木状，单生或丛生；叶羽状全裂，羽片狭披针形或线形，内向折叠，基部羽片变成刺状；花序生于叶间，佛焰苞鞘状，革质；花单性，雌雄异株，花小，黄色；心皮3，离生；果实长圆形或近球形，外果皮肉质，内果皮薄膜质。

12种，产大西洋群岛、非洲、中东和南亚；中国2种，产云南、广西、广东、福建、海南、香港、台湾。

14. 蒲葵属 **Livistona** R. Br.

乔木状；叶大，阔肾状扇形或几圆形，扇状折叠，辐射状分裂；花序生于叶腋，具有几个管状佛焰苞，多分枝，结果时下垂；花两性，花丝下部合生成一肉质环；果实通常由1个心皮形成，球形、卵球形或椭圆形。

约25种，产非洲和阿拉伯、南亚、东南亚、澳大利亚；中国3种，产云南、广东、海南、台湾。

蒲葵 *Livistona chinensis* (Jacq.) R. Br.

15. 轴榈属 **Licuala** Wurmb

灌木，茎丛生或单生；叶片多少呈圆形或扇形，掌状深裂；花序生于叶腋，分枝或不分枝，被管状的佛焰苞；花小，两性；花丝离生或合生成1明显的管，顶端具等长的6齿或具3裂的雄蕊环；核果球形至椭圆形。

东方轴榈 *Licuala robinsoniana* Becc.

约108种，产南亚和东南亚；中国3种，产云南、广西、广东、海南。

16. 棕榈属 **Trachycarpus** H. Wendl.

乔木状或灌木状；叶片半圆或近圆形，掌状分裂成许多具单折的裂片，内向折叠；花序粗壮，生于叶间，花雌雄异株；雄花花萼3深裂，花冠大于花萼，雄蕊6，花丝分离；雌花心皮3，分离；果实阔肾形，有脐或在种脊面稍具沟槽。

6种，产喜马拉雅至泰国北部和中国；中国3种，产江南各省。

棕榈 *Trachycarpus fortunei* (Hook.) H. Wendl.

17. 石山棕属 **Guihaia** J. Dransf., S. K. Lee & F. N. Wei

植株矮，丛生，茎很短；叶掌状分裂，扇形或近圆形，裂片外向折叠；花序单生于叶腋间，分枝达4级，雌雄异株，多次开花结实；每朵雌花仅有1心皮发育成果实；果实球形至椭圆形。

2种，分布于中国南部和越南北部；中国2种，产广西、广东、贵州。

石山棕 *Guihaia argyrata* (S. K. Lee & F. N. Wei) S. K. Lee

18. 棕竹属 Rhapis L. f. ex Aiton

从生灌木；叶聚生于茎顶，叶片扇状或掌状深裂几达基部，裂片数折、截状，内向折叠；花序生于叶间，花雌雄异株或杂性；每朵雌花有 1~3 心皮发育成果实；果球形或卵形。

约 12 种，产中国南部经中南半岛至泰国南部地区和苏门答腊北部；中国 5 种，产云南、贵州、广西、广东、海南、福建。

棕竹 *Rhapis humilis* Blume

目 15. 禾本目 Poales

广义的禾本目 Poales 包括 18 科（APG Ⅱ，2003）或 16 科（APG Ⅲ，2009）；狭义的禾本目仅有禾本科 1 科（Takhtajan，2009）。正像 Judd 等（2008）所做的分析，在禾本目的分支图（图 48）上，香蒲科 Typhaceae 和凤梨科 Bromeliaceae 被单独分出，可能代表了本目较早分化出来的分支，Takhtajan（2009）将它们分别放在香蒲目 Typhales 和凤梨目 Bromeliales。灯芯草科 Juncaceae 和莎草科 Cyperaceae 互为姐妹群，其共衍征包括茎实心、叶 3 列、四合体花粉（莎草科有 3 个花粉粒退化）、相似的胚和花粉的发育过程等；Takhtajan（2009）将这 2 科和梭子草科 Thurniaceae（1 属 3 种，分布于热带南美）作为灯芯草目 Juncales 的成员。谷精草科 Eriocaulaceae 和黄眼草科 Xyridaceae 的共衍征有特别的生长习性（花莛上小花密集的莲座状草本）、有花萼和花冠的分化、薄珠心胚珠等；Takhtajan（2009）将它们和泽蔺花科 Rapateaceae（16 属 80 种，主要分布于热带南美洲、1 属分布于热带西非）、花水藓科 Mayacaceae（1 属 4 种，分布于美国东南部到南美，1 种产非洲）及独蕊草科 Hydatellaceae（见睡莲目）合立黄眼草目 Xyridales。核心禾本目包括帚灯草科 Restionaceae、刺鳞草科 Centrolepidaceae、刷柱草科 Anarthriaceae（1 属 7 种，分布于澳大利亚西南部）、须叶藤科 Flagellariaceae、拟

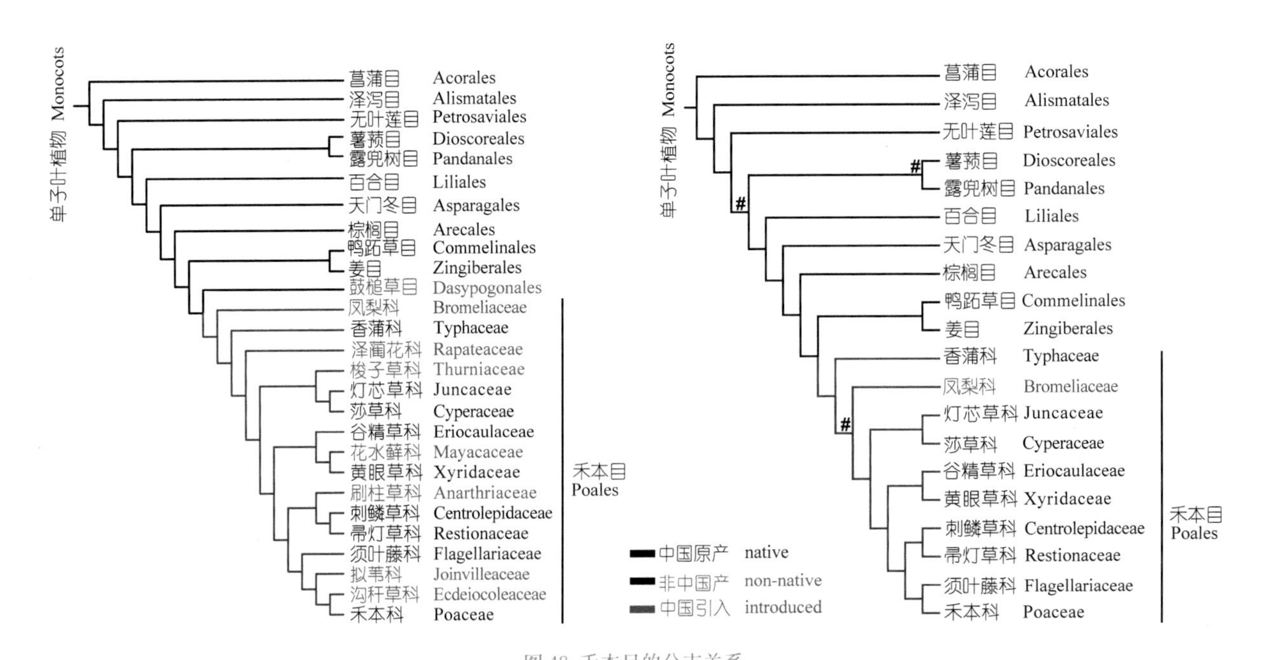

图 48 禾本目的分支关系

被子植物 APG Ⅲ系统（左）；中国维管植物生命之树（右）

苇科 Joinvilleaceae（1 属 2 种，间断分布于马来西亚、萨摩亚群岛、夏威夷）、沟秆草科 Ecdeiocoleaceae（2 属 2 种，分布于澳大利亚西南部）和禾本科，其共衍征包括 2 列叶、每叶具包茎的鞘、柱头羽毛状、子房每室具 1 顶生直立胚珠，以及花粉和胚的相似性；其中，Takhtajan（2009）将前 6 科组成帚灯草目 Restionales。禾本目作为一个自然大类群得到形态和分子证据支持，但目的划分随着研究的深入可能还会有所变化（图 48）。

科 50. 香蒲科 Typhaceae

2 属 30 余种，广布各大洲的温带和热带区域；中国 2 属 23 种，产全国各地。

多年生水生或沼生草本，具根状茎；茎直立或倾斜，挺水或浮水；叶 2 列，条形；花序穗状、圆锥状或总状；花单性，雌雄同株；花被片有或无；雄花雄蕊 1~3；雌花子房 1 室，胚珠 1，倒生；果实不裂或开裂。

1. 黑三棱属 Sparganium L.

多年生水生或沼生草本，具根状茎；茎直立或倾斜，挺水或浮水；叶条形，2 列，互生，叶片扁平，或背面龙骨状突起；花序由许多个雄性和雌性头状花序组成大型圆锥花序、总状花序或穗状花序；雄花被片膜质，雄蕊 3 枚或更多；雌花序乳白色，佛焰苞数枚，柱头单 1 或分叉；果实具棱或无棱。

14 种，产北半球的温带、东南亚山地及大洋洲；中国 11 种，除华南外均有分布。

2. 香蒲属 Typha L.

多年生水生或沼生草本，具横走根状茎；地上茎直立；叶 2 列，互生，条形；花序穗状，花单性，雌雄同株，雄花序生于上部，雌性花序生于下部，两者紧密相接或相互远离；雄花无花被，雄蕊 1~3；雌花无花被，具小苞片或无，子房上位，1 室，胚珠 1，倒生；果实纺锤形或椭圆形。

8~13 种，广布各大洲的温带和热带区域；中国 12 种，产全国各地。

黑三棱 *Sparganium stoloniferum* (Buch.-Ham. ex Graebn.) Buch.-Ham. ex Juz.

小香蒲 *Typha minima* Hoppe

科 51. 凤梨科 Bromeliaceae

73 属约 3 140 种，产美洲，1 种延伸至西非；中国引种栽培 40 余属，200 余种，各地温室有栽培，凤梨 *Ananas comosus* 在华南地区露地栽培，为最常见的种类。

多年生草本，地生或附生；茎短，叶排成莲座状；叶狭长，全缘或有刺状锯齿，上面凹陷，基部常呈鞘状，可贮存雨水；花序穗状、总状、头状或圆锥状，顶生，苞片常显著而具鲜艳的色彩；花两性，稀单性，辐射对称或稍两侧对称；萼片 3，花瓣 3，分离或连合成管状；雄蕊 6，排成 2 轮；子房下位、半下位或上位，中轴胎座，3 室，柱头 3，胚珠多数；浆果、蒴果或有时为聚花果；种子常具翅或羽毛状。

1. 凤梨属 Ananas Mill.

草本；叶狭长，莲座式排列，全缘或有细齿；穗状花序顶生，稠密、球果状；花两性，生于苞腋内；花瓣紫色；雄蕊 6；子房下位，藏于肉质的中轴内；聚花果由肥厚肉质的中轴、肉质的苞片和螺旋状排列、不发育的子房连合而成，球果状，顶部常冠有叶丛。

8 种，产南美南部至乌拉圭；中国引种栽培 1 种，云南、广西、广东、海南、台湾有栽培。

凤梨 *Ananas comosus* (L.) Merr.

科 52. 莎草科 Cyperaceae

88 属 5 000~5 300 种，泛球分布；中国 33 属 865 种，产全国各地。

多年生草本，稀为一年生，多数具根状茎；秆常为三棱形，少为圆柱形；叶基生和秆生，一般具闭合的叶鞘和狭长的叶片，或有时叶片退化；花序穗状、总状、圆锥状或头状花序；小穗单生、簇生或排列成穗状或头状，具 2 至多数花，或退化至仅具 1 花；花两性或单性，雌雄同株，少有雌雄异株，着生于鳞片腋间，鳞片覆瓦状排列或 2 列，无花被或花被退化成下位鳞片或下位刚毛，有时雌花为先出叶所形成的果囊所包裹；雄蕊 3（~2~1）；子房 1 室，具 1 胚珠；果实为小坚果。

莎草科分 2 亚科：亚科 I 擂鼓簕亚科 Mapanioideae，分 2 族，割鸡芒族 Hypolytreae（●）和金毛芒族 Chrysitrichieae（●）；亚科 II 莎草亚科 Cyperoideae，分 10 族，藨草族 Scirpeae（●），芙兰草族 Fuireneae（▲）、荸荠族 Eleocharideae（▲）、飘拂草族 Abildgaardeae（▲）、莎草族 Cypereae（▲）、芦莎族 Dulichieae（●）、赤箭莎族 Schoeneae（●）、珍珠茅族 Sclerieae（■）和裂颖茅族 Bisboeckelereae（●）、薹草族 Cariceae（▲）。从分支图（图 49）上可见：亚科 I 包含 3 属聚为 1 支，位于基部；其余各族聚为亚科 II。

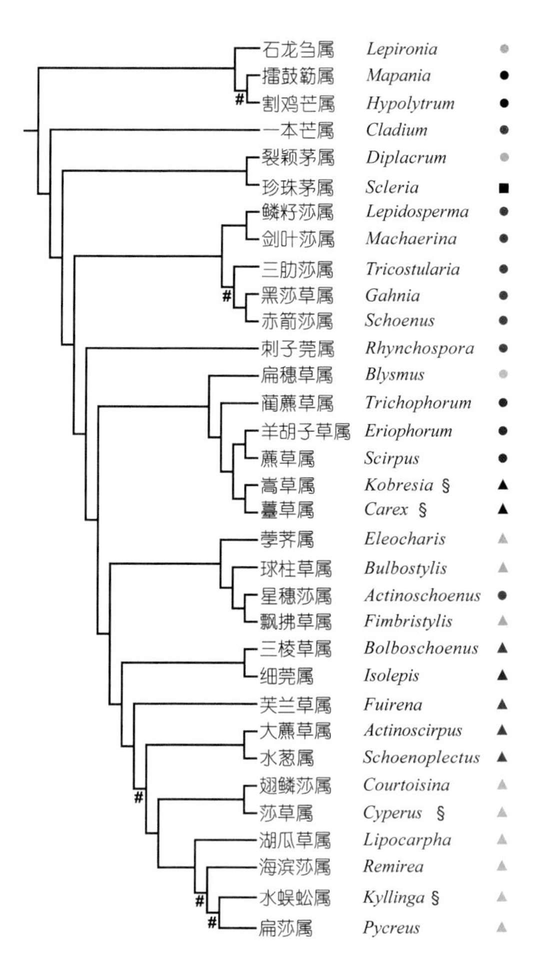

图 49 中国莎草科植物的分支关系

1. 石龙刍属 Lepironia Pers.

多年生草本，具木质匍匐根状茎；秆密生，圆柱状，中空，具横隔膜；叶退化；穗状花序单一，具多数鳞片和小穗，鳞片螺旋状排列；小穗两性，具2片舟形小鳞片和多数线形小鳞片，含多数雄花和1朵雌花；柱头2；小坚果扁，无喙。

1种，产马达加斯加、斯里兰卡、东南亚、澳大利亚东北部；中国1种，产广东、海南、台湾。

石龙刍 *Lepironia articulata* (Retz.) Domin

2. 擂鼓簕属 Mapania Aubl.

多年生粗壮草本，具粗大、木质的匍匐根状茎；叶基生成丛，坚韧，近革质；穗状花序少数或多数，聚生成头状，具多数鳞片和小穗；鳞片螺旋状紧密排列，小穗两性，具5~6片小鳞片和3~4朵单性花；柱头3；小坚果干骨质或多汁。

约70种，泛热带分布，主要集中在赤道附近；中国3种，产云南、广西、广东、湖南、海南、福建。

长秆擂鼓簕 *Mapania dolichopoda* Tang & F. T. Wang

3. 割鸡芒属 Hypolytrum Rich.

多年生草本，具匍匐根状茎；叶基生者两行排列，近革质，向基部对折；穗状花序少数或多数，排列为伞房状或头状，具多数鳞片和小穗；鳞片螺旋状排列，小穗具2片小鳞片、2朵雄花和1朵雌花；雄蕊1；柱头2；小坚果双凸状。

约40种，泛热带分布，主要集中于赤道附近；中国4种，产云南、广西、广东、海南、福建、台湾。

割鸡芒 *Hypolytrum nemorum* (Vahl) Spreng.

4. 一本芒属 Cladium P. Browne

多年生草本，通常粗壮高大；秆圆柱状或扁；叶扁平，禾叶状或鸢尾叶状；圆锥花序；小穗通常聚集成小头状花序，鳞片螺旋状排列，最上面1~2片具两性花，通常仅有1朵结实；雄蕊2~3；柱头3，稀2；小坚果圆柱状。

约4种，近泛球分布；中国1种，产西藏、云南、广西、广东、海南、台湾。

华一本芒 *Cladium jamaicence* subsp. *chinense* (Nees) T. Koyama

5. 裂颖茅属 Diplacrum R. Br.

一年生细弱草本；叶秆生，线形；聚伞花序短缩成头状；花单性，雌雄异穗；雌小穗生于分枝顶端，具2片鳞片和1朵雌花，雄小穗侧生于雌小穗下面，具3片鳞片和1~2朵雄花；雄蕊1~3；柱头3；小坚果球形，为2片对生的鳞片所包裹。

7种，泛热带分布；中国2种，产广西、广东、海南、福建、台湾、浙江、江苏。

裂颖茅 *Diplacrum caricinum* R. Br.

6. 珍珠茅属 Scleria P. J. Bergius

一年生或多年生草本；叶基生或秆生，叶片线形；顶生圆锥花序或间断的穗状花序；花单性；雄小穗通常具数朵雄花，雌小穗仅具1朵雌花，两性小穗则下面1朵为雌花，以上全为雄花；雄蕊1~3；柱头3；小坚果球形或卵形或钝三棱形。

约250种，泛热带分布，部分延伸至（暖）温带地区；中国24种，产黄河以南各省。

毛果珍珠茅 *Scleria levis* Retz.

7. 鳞籽莎属 Lepidosperma Labill.

多年生草本，具匍匐根状茎；秆圆柱状；叶基生，有叶鞘，叶片圆柱状；圆锥花序具多数小穗；小穗密集，上部的鳞片上面有2~3朵花，通常均能结实，具下位鳞片6，稀3；雄蕊3；柱头3；小坚果三棱形，无喙。

约55种，产东南亚和马来西亚（1种）至澳大利亚（50种），新西兰（3种）和新喀里多尼亚（4种）；中国1种，产广西、广东、湖南、海南、福建、浙江。

鳞籽莎 *Lepidosperma chinense* Kunth

8. 剑叶莎属 Machaerina Vahl

多年生草本，通常粗壮高大；秆丛生；叶2列；圆锥花序，小穗聚生，鳞片排成2列，基部1~2片具两性花；雄蕊3；柱头3；小坚果卵球形或矩圆形，顶端具喙。

约50种，产马达加斯加和马斯卡瑞恩岛经东南亚、马来西亚、澳大利亚东南部、新西兰、新喀里多尼亚、太平洋岛屿至热带南美和西印度群岛；中国3种，产云南、香港、海南。

9. 三肋莎属 Tricostularia Nees ex Lehm.

多年生草本；秆丛生；叶常基生，叶片扁平，稀仅具叶鞘；圆锥花序多分枝；小穗鳞片排成2列，上部的具两性花，下位鳞片（3~）6；雄蕊3；柱头3；小坚果倒卵形或梨形，具3肋。

6种，产斯里兰卡、东南亚和马来西亚（1种）至澳大利亚（5种）和新喀里多尼亚（2种）；中国1种，产海南。

10. 黑莎草属 Gahnia J. R. Forst. & G. Forst.

多年生草本，具匍匐根状茎；秆高而粗壮，圆柱状；叶扁平；圆锥花序松散或紧缩成穗状；小穗鳞片螺旋状排列，仅上面一片具两性花，无下位刚毛；雄蕊3~6；柱头3~5；小坚果骨质，卵球形或近纺锤形。

约 30 种，产东南亚经马来西亚、澳大利亚、新西兰至太平洋岛屿；中国 3 种，产西南、华南、华东。

爪哇黑莎草 *Gahnia javanica* Zoll. & Moritzi

11. 赤箭莎属 Schoenus L.

多年生丛生草本，根状茎短；秆圆柱状；叶基生和秆生；圆锥花序、总状花序或头状花序；小穗鳞片排成 2 列，通常具 1~4 朵两性花，下位刚毛通常存在；雄蕊 3；柱头 3；小坚果三棱形，无喙。

约 100 种，集中分布于澳大利亚和马来西亚，其中 *Schoenus nigricans* 近泛球分布；中国 4 种，产云南、贵州、广西、广东、海南、台湾。

长穗赤箭莎 *Schoenus calostachyus* (R. Br.) Poiret

12. 刺子莞属 Rhynchospora Vahl

多年生草本；秆丛生，三棱形或圆柱状；叶基生或秆生；圆锥花序由 2 至少数的长侧枝聚伞花序组成，稀为头状花序；小穗下部的鳞片多少呈 2 列，上部的螺旋状排列，顶端 1~3 鳞片内各具 1 朵两性花，通常具下位刚毛；雄蕊 3，稀 1~2；花柱基膨大；柱头 2；小坚果双凸状。

约 250 种，近泛球分布，集中于（亚）热带美洲；中国 9 种，产西南、华南、华东和吉林。

三俭草 *Rhynchospora corymbosa* (L.) Britton

13. 扁穗草属 Blysmus Panz. ex Schult.

多年生草本，具匍匐根状茎；秆三棱形；叶基生或秆生；小苞片呈鳞片状；穗状花序顶生，具数个小穗，排成 2 列；小穗具少数两性花；鳞片近 2 列；下位刚毛有或无，通常生倒刺；雄蕊 3；柱头 2；小坚果平凸状。

约 4 种，产温带欧亚大陆、北美；中国 3 种，产西北、西南、华北和辽宁。

华扁穗草 *Blysmus sinocompressus* Tang & F. T. Wang

14. 藨蔗草属 Trichophorum Pers.

多年生草本；秆丛生；叶退化；小穗单个顶生，稀少数集成头状；小穗鳞片螺旋状排列，下位刚毛 6；小坚果三棱形或压扁。

太行山藨蔗草 *Trichophorum schansiense* Hand.-Mazz.

约 10 种，产泛北极地区、热带亚洲的高山、南美安第斯山；中国 6 种，产全国各地。

15. 羊胡子草属 Eriophorum L.

多年生草本，具根状茎；叶基生和秆生，秆生叶有时仅具叶鞘；长侧枝聚伞花序简单或复出；花两性；鳞片螺旋状排列，下位刚毛多数，丝状，开花后延长为鳞片的许多倍；雄蕊 2~3；柱头 3；小坚果三棱形。

约 20 种，产泛北极地区；中国 7 种，除华北、华东外均有分布。

东方羊胡子草 *Eriophorum angustifolium* Honck.

16. 藨草属 Scirpus L.

多年生草本；秆丛生或散生；叶基生和秆生，叶片条形；顶生圆锥花序，含多数小穗；小穗鳞片螺旋状排列，下位刚毛 3~6，较小坚果长或等长；小坚果三棱形或双凸状。

约 20 种，产泛北极地区、东亚和东南亚、澳大利亚东南部和南美安第斯山；中国 12 种，产全国各地。

东方藨草 *Scirpus orientalis* Ohwi

17. 嵩草属 Kobresia Willd.

多年生草本；秆密丛生，三棱形或圆柱形；叶基生，较少秆生；小穗多数或单一顶生；支小穗具 1 至几朵花，两性或单性，包在支小穗外面的先出叶边缘分离或部分合生，极少数完全合生成囊状；小坚果完全或不完全为先出叶所包。

约 50 种，泛北极分布，主产喜马拉雅，1 种产苏门答腊北部；中国 44 种，产西北、西南、华北、吉林。

嵩草 *Kobresia myosuroides* (Vill.) Fiori

18. 薹草属 Carex L.

多年生草本，具地下根状茎；秆丛生或散生，三棱形；叶基生或兼具秆生叶，基部通常具鞘；苞片叶状；花单性，雌性支小穗外面包以边缘完全合生的先出叶，即果囊，果囊内有的具退化小穗轴，基部具 1 枚鳞片；小穗由多数支小穗组成，单性或两性；小坚果包于果囊内，三棱形或平凸状。

约 2 000 种，泛球分布，集中于寒冷的北极地区；中国 527 种，产全国各地。

二形鳞薹草 *Carex dimorpholepis* Steud.

19. 荸荠属 Eleocharis R. Br.

一年生或多年生草本；叶仅具叶鞘；小穗单个顶生，鳞片螺旋状排列，极少近 2 列，下位刚毛一般存在，4~8；雄蕊 1~3；花柱基一般呈僧帽状，宿存于小坚果上面，柱头 2~3；小坚果倒卵形、三棱形或双凸状。

约200种，泛球分布，主产（亚）热带美洲；中国35种，产全国各地。

荸荠 *Eleocharis dulcis* (Burm. f.) Hensch.

星穗莎 *Actinoschoenus thouarsii* (Kunth) Benth.

20. 球柱草属 Bulbostylis Kunth

一年生或多年生草本；秆丛生；叶基生；长侧枝聚伞花序简单或复出或呈头状，有时仅具1个小穗；苞片极细，叶状；小穗具多数花，鳞片覆瓦状排列，无下位刚毛；雄蕊1~3；花柱基不脱落，柱头3；小坚果倒卵形或三棱形。

约100种，泛热带至暖温带分布，主产热带非洲和南美洲；中国3种，除西北外均有分布。

球柱草 *Bulbostylis barbata* (Rottb.) C. B. Clarke

21. 星穗莎属 Actinoschoenus Benth.

多年生草本；秆丛生；叶基生，叶片短或不存在；2至多个小穗聚成头状；花两性，鳞片由基部向上逐渐增大，无下位刚毛；雄蕊3；花柱基增厚，柱头3；小坚果倒卵形。

3种，星散分布于加蓬、刚果（金）东南部和赞比亚、马达加斯加、斯里兰卡、东南亚、菲律宾、新喀里多尼亚；中国2种，产云南、广东、海南。

22. 飘拂草属 Fimbristylis Vahl

一年生或多年生草本；叶通常基生，有时仅有叶鞘而无叶片；花序顶生，为简单、复出或多次复出的长侧枝聚伞花序；小穗鳞片常为螺旋状排列，无下位刚毛；雄蕊1~3；花柱基部膨大，有时上部被缘毛，柱头2~3，连同花柱基全部脱落；小坚果倒卵形、三棱形或双凸状。

约300种，泛热带至暖温带分布，主产东南亚、马来西亚和澳大利亚东北部；中国53种，产全国各地。

两歧飘拂草 *Fimbristylis dichotoma* (L.) Vahl

23. 三棱草属 Bolboschoenus (Asch.) Palla

多年生草本；秆具多节，叶基生和茎生；小穗单生或数个集成头状；小穗鳞片螺旋状排列，下位刚毛3~6；小坚果三棱形或双凸状。

10余种，近泛球分布；中国4种，产全国各地。

扁秆荆三棱 *Bolboschoenus planiculmis* (F. Schmidt) T. V. Egorova

24. 细莞属 Isolepis R. Br.

一年生草本；秆丛生；叶常退化；小穗小，长不超过4mm，单生或数个集成头状；小穗鳞片螺旋状排列，下位刚毛缺；小坚果三棱形或双凸状。

约60种，近泛球分布；中国1种，产西北、西南和江西。

细莞 *Isolepis setacea* (L.) R. Br.

25. 芙兰草属 Fuirena Rottb.

一年生或多年生草本，植物体通常被毛；叶狭长，鞘具膜质叶舌；长侧枝聚伞花序简单或复出，组成狭圆锥花序；小穗鳞片螺旋状排列；下位刚毛3~6，外轮3，钻状，内轮3，花瓣状；雄蕊3；柱头3；小坚果三棱形。

芙兰草 *Fuirena umbellata* Rottb.

约30种，产热带和暖温带地区；中国3种，产西南、华南、华东。

26. 大藨草属 Actinoscirpus (Ohwi) R. W. Haines & Lye

多年生草本；秆高大，不具节；叶基生；顶生圆锥花序，含多数小穗；小穗鳞片螺旋状排列，下位刚毛5~6；小坚果扁三棱形。

1种，产印度至澳大利亚东北部；中国1种，产云南、广西、广东、海南、台湾。

大藨草 *Actinoscirpus grossus* (L. f.) Goetghebeur & D. A. Simpson

27. 水葱属 Schoenoplectus (Rchb.) Palla

一年生或多年生草本；秆丛生；叶常退化；小穗数个集成圆角状或头状；小穗鳞片螺旋状排列，下位刚毛0~6；小坚果三棱形或双凸状。

约50种，广布于各大洲；中国22种，产全国各地。

三棱水葱 *Schoenoplectus triqueter* (L.) Palla

28. 翅鳞莎属 Courtoisina Soják

一年生草本；秆散生；长侧枝聚伞花序复出，小穗多数，密聚于辐射枝上端；鳞片排成2列，背面的龙骨状突起具翅，宿存；雄蕊3；柱头3；小坚果三棱形。

2种，产非洲西部和东部，1种广布马达加斯加、印度和东南亚；中国1种，产西藏、云南。

翅鳞莎 *Courtoisina cyperoides* (Roxb.) Soják

29. 莎草属 Cyperus L.

一年生或多年生草本；秆丛生或散生；叶基生；长侧枝聚伞花序简单或复出，或有时短缩成头状，基部具叶状苞片数枚；小穗几个至多数，呈穗状、指状、头状排列于辐射枝上端，小穗轴宿存，通常具翅；鳞片排成2列，极少为螺旋状排列；雄蕊3；柱头3，极少2；小坚果三棱形。

约550种，广布热带，延伸至温带地区；中国62种，产全国各地。

香附子 *Cyperus rotundus* L.

30. 湖瓜草属 Lipocarpha R. Br.

一年生或多年生草本；叶基生；穗状花序2~5个簇生成头状，稀单生；穗状花序具多数鳞片和小穗，小穗具2片小鳞片和1朵两性花；雄蕊2；柱头3；小坚果三棱形、双凸状或平凸状。

约35种，泛热带分布，并延伸至一些温带地区，主产非洲；中国4种，除西北外均有分布。

华湖瓜草 *Lipocarpha chinensis* (Osbeck) J. Kern

31. 海滨莎属 Remirea Aubl.

多年生草本，矮小，匍匐根状茎长；叶多数，密生成丛，线形，坚挺；穗状花序2至少数簇生；小穗鳞片近两行排列，最上面鳞片具1朵两性花，无下位刚毛；雄蕊3；柱头3；小坚果三棱形，无喙。

1种，泛热带分布；中国产广东、海南、台湾。

海滨莎 *Remirea maritima* Aublet

32. 水蜈蚣属 Kyllinga Rottb.

一年生或多年生草本；秆丛生或散生；穗状花序1~3，头状，密集着生；鳞片排成2列，宿存；雄蕊1~3；柱头2；小坚果扁双凸状。

约60种，产泛热带至暖温带，集中于非洲东部；中国7种，产全国各地。

单穗水蜈蚣 *Kyllinga nemoralis* (J. R. Forst. & G. Forst.) Dandy ex Hutch. & Dalziel

33. 扁莎属 Pycreus P. Beauv.

一年生或多年生草本；秆丛生；长侧枝聚伞花序简单或复出；小穗排列成穗状或头状；鳞片排成 2 列；柱头 2；小坚果两侧压扁，双凸状。

约 100 种，泛热带分布，一些种延伸至温带地区，主产于非洲；中国 11 种，产全国各地。

红鳞扁莎 *Pycreus sanguinolentus* (Vahl) Nees ex C. B. Clarke

科 53. 灯芯草科 Juncaceae

7 属 360~400 种，泛球分布；中国 2 属 92 种，产全国各地。

多年生草本，稀为一年生；茎多丛生，圆柱形或压扁；叶全部基生，或具茎生叶数片，或退化成鞘状；花序圆锥状、聚伞状或头状，顶生、腋生或有时假侧生；花单生或集成穗状或头状；花被片 6，排成 2 轮；雄蕊 6，分离；子房上位，1 室或 3 室，花柱 1，柱头 3 分叉；果实通常为室背开裂的蒴果。

1. 地杨梅属 Luzula DC.

多年生草本；叶基生和茎生，叶片扁平，线形或披针形，边缘常具白色丝状缘毛，叶鞘闭合；花序为复聚伞状、伞状或伞房状，花下具 2 枚小苞片；花被片 6，2 轮；蒴果 1 室，3 瓣裂。

约 75 种，泛球分布；中国 16 种，除广西、广东、海南外均有分布。

华北地杨梅 *Luzula oligantha* Sam.

2. 灯芯草属 Juncus L.

多年生草本，稀为一年生；叶基生和茎生；叶片扁平或圆柱形，有时退化成鞘状；叶鞘开放，顶部常延伸成 2 个叶耳；头状花序单生茎顶或由多个小头状花序组成聚伞、圆锥状等复花序，花下有小苞片或缺；花被片 6，2 轮，颖状；蒴果 3 室或 1 室。

250~275 种，泛球分布；中国 76 种，产全国各地。

多花灯芯草 *Juncus modicus* N. E. Br.

54. 谷精草科 Eriocaulaceae

7 属 1 100~1 200 种，产热带和亚热带地区；中国 1 属 35 种，另引种栽培 2 属，产江南各省。

一年生或多年生草本，沼生或水生；叶狭窄，螺旋状着生，常成密丛，有时散生，叶质薄常半透明；头状花序，总苞片 1 至多列，覆瓦状排列；苞片通常每花 1 片；花单性，辐射对称或两侧对称，通常雌雄同序；花被片 2 轮，通常有花萼、花冠之分；雄蕊 1~2 轮，每轮 2~3 枚；子房上位，1~3 室，每室 1 胚珠；蒴果小，果皮薄，室背开裂。

1. 谷精草属 Eriocaulon L.

沼生草本，稀水生；叶丛生，狭窄，膜质；头状花序顶生，总苞片覆瓦状排列；花 3 或 2 基数，单性，雌雄花混生；花被片通常 2 轮；雄花雄蕊 6；雌花子房 1~3 室；蒴果室背开裂。

约 400 种，产热带和亚热带地区；中国 35 种，产江南各省。

越南谷精草 *Eriocaulon tonkinense* Ruhland

55. 黄眼草科 Xyridaceae

5 属约 300 种，泛热带分布；中国 1 属 6 种，产西南至华南地区。

多年生草本，稀为一年生；叶常丛生于基部，叶片扁平，套折成剑形或丝状；头状花序或穗状花序，苞片覆瓦状排列，内含 1（~2）朵花；花辐射对称，稀为两侧对称，三基数；花被片 6，2 轮，外轮萼片状，内轮花瓣状，通常黄色，稀白色或蓝色，分离或连合成筒；雄蕊 3（~6）；子房上位，1 室或 3 室；蒴果室背开裂。

1. 黄眼草属 Xyris Gronov. ex L.

多年生草本，稀为一年生；叶基生，2 列，剑状、线形或丝状；头状花序顶生；花辐射对称，黄色或白色；雄蕊 3（~6）；子房上位，1 室或 3 室；蒴果室背开裂。

近 300 种，主产南美，非洲、澳大利亚和亚洲也有数种，在美洲北至加拿大，在亚洲北至中国；中国 6 种，产四川、云南、广西、广东、海南、江西、福建、台湾。

黄眼草 *Xyris indica* L.

56. 帚灯草科 Restionaceae

48 属约 490 种，产非洲、马达加斯加、东南亚至大洋洲、南美；中国 1 属 1 种，产广西、海南。

多年生草本，具匍匐根状茎；茎单一或分枝，圆柱形、四方形、多角形或扁平，实心或中空；叶不发达，有时仅有叶鞘；花单性，雌雄异株，稀为雌雄同株或两性，组成小穗或再排成穗状圆锥花序；花被片多为 6，排成 2 轮；雄花多数具 3 或 2 枚雄蕊；雌花子房 1~3 室，每室 1 胚珠；果为室背开裂的蒴果或小坚果。

1. 薄果草属 Dapsilanthus B. G. Briggs & L. A. S. Johnson

多年生草本；茎单一或分枝，圆柱状，中空；叶退化为鞘状；花单性，雌雄异株；雌、雄小穗状花序具覆瓦状的苞片，常密集成簇；花被片 4~6；雄花雄蕊 2~3；雌花子房上位，1 室，胚珠 1；果皮薄，一侧开裂。

4 种，3 种产澳大利亚北部和新几内亚南部的季风区，1 种产东南亚；中国 1 种，产广西、海南。

薄果草 *Dapsilanthus disjunctus* (Mast.) B. G. Briggs & L. A. S. Johnson

科 57. 刺鳞草科 Centrolepidaceae

3 属 30~35 种，产东南亚至澳大利亚、南美南部；中国 1 属 1 种，产海南。

一年生或多年生小草本；叶基生或茎生，线形、披针形或刚毛状；穗状或头状花序顶生，有 2 至数个颖状苞片，每个苞片包围着一群雄花或 1 至数朵雌花；雄蕊花丝丝状；雌蕊子房胞囊状，单心皮，1 室，有 1 胚珠；蓇葖果具膜质果皮，或由并列的蓇葖果合生成 1 蒴果状的聚花果。

刺鳞草 *Centrolepis banksii* (R. Br.) Roem. & Schult.

1. 刺鳞草属 Centrolepis Labill.

叶线形或丝状；花两性，数朵聚生或稀单生，每花之内有 1~3 枚鳞片；雄蕊 1；心皮 2~20，上下叠置成 2 列。

25 种，分布于大洋洲和东亚；中国海南产 1 种。

科 58. 须叶藤科 Flagellariaceae

1 属 4 种，产旧热带地区；中国 1 属 1 种，产广西、广东、海南、台湾。

粗壮木质藤本；茎圆柱形，实心而坚硬；叶 2 列，几无柄，顶端渐狭成一扁平、盘卷的卷须；圆锥花序顶生；花两性；苞片小，鳞片状；花被片 6，离生；雄蕊 6，2 轮，具长花丝，伸出花被外；子房上位，3 室，中轴胎座；核果近球形。

1. 须叶藤属 Flagellaria L.

粗壮木质藤本；茎圆柱形，实心而坚硬；叶 2 列，几无柄，顶端渐狭成一扁平、盘卷的卷须；圆锥花序顶生；花两性；苞片小鳞片状；花被片 6，离生；雄蕊 6，2 轮，具长花丝，伸出花被外；子房上位，3 室，中轴胎座；核果近球形。

4 种，广布旧热带，包括澳大利亚和太平洋岛屿；中国 1 种，产广西、广东、海南、台湾。

须叶藤 *Flagellaria indica* L.

科 59. 禾本科 Poaceae

791 属 11 000 种以上，泛球分布；中国 226 属近 1 800 种，另引种栽培 30 余属，广布全国。

草本或木本状的竹类；秆多为直立，节间中空；单叶，互生，交互排列为 2 行，由叶鞘、叶舌和叶片组成；花在小穗轴上交互排列为 2 行以形成小穗，再组合为各式各样的复花序；小穗下部具苞片和先出叶各 1 片，称为颖片，分别为第一颖和第二颖；陆续在上方的各节着生苞片和先出叶，分别称为外稃和内稃，花被片退化为鳞片，雄蕊（1~）3~6，稀多数，雌蕊 1，花柱 2~3，柱头羽毛状或帚刷状，内外稃连同所包裹的花部结构合称为小花；果实通常为颖果，稀为囊果或坚果状。

使用较广泛的禾本科 Gramineae（=Poaceae）分类系统采用 7 亚科系统（见吴征镒等，2008，引用的是 Soderstrom Ellis 1987 年系统）：亚科 I 竹亚科 Bambusoideae、亚科 II 稻亚科 Oryzoideae、亚科 III 早熟禾亚科 Pooideae、亚科 IV 酸模芒亚科 Centothecoideae、亚科 V 芦竹亚科 Arundinoideae、亚科 VI 虎尾草亚科 Chloridoideae、亚科 VII 黍亚科 Panicoideae。

中国分布的族和亚族有：亚科 I 族 1 簕竹族 Bambuseae（含亚族 a 簕竹亚族 Bambusinae、亚族 b 梨竹亚族 Melocanninae、亚族 c 总序竹亚族 Racemobambosinae、亚族 d 北美箭竹亚族 Arundinariinae、亚族 e 鹅毛竹亚族 Shibataeinae）、族 6 服叶竺族 * Phareae、族 7 显子草族 Phaenospermateae；亚科 II 族 9 稻族 Oryzeae、族 11 皱稃草族 Ehrharteae、族 12 龙常草族 Diarrheneae、族 13 短颖草族 Brachyelytreae；亚科 III 族 16 针茅族 Stipeae、族 17 早熟禾族 Poeae、族 18 针穗草族 Hainardieae、族 19 臭草族 Meliceae、族 20 扁穗茅族 Brylkinieae、族 21 燕麦族 Aveneae（含亚族 a 毛蕊草亚族 Duthieinae、亚族 b 燕麦亚族 Aveninae、亚族 c 虉草亚族 Phalaridinae、亚族 d 看麦娘亚族 Alopecurinae）、族 22 雀麦族 Bromeae、族 23 小麦族 Triticeae；亚科 IV 族 24 酸模芒族 Centotheceae；亚科 V 族 25 芦竹族 Arundineae、族 26 棕叶芦族 Thysanolaeneae、族 28 三芒草族 Aristideae；亚科 VI 族 29 冠芒草族 Pappophoreae、族 31 画眉草族 Eragrostideae（含亚族 a 矛胶草亚族 Triodiinae、亚族 c 滨碱草亚族 Monanthochloinae、亚族 d 穇亚族 Eleusininae、亚族 e 鼠尾粟亚族 Sporobolinae）、族 32 细穗草族 Lepturеae、族 33 狗牙根族 Cynodonteae（含亚族 b 虎尾草亚族 Chloridinae、亚族 c 垂穗草族 Bouteloulinae、亚族 d 结缕草亚族 Zoysiinae）；亚科 VII 族 34 黍族 Paniceae（含亚族 b 狗尾草亚族 Setariinae、亚族 c 糖蜜草亚族 Melinidinae、亚族 d 马唐亚族 Digitariinae、亚族 f 蒺藜草亚族 Cenchrinae、亚族 g 鬣刺亚族 Spinificinae）、族 35 柳叶箬族 Isachneae、族 37 鹧鸪草族 Eriachneae、族 39 野古草族 Arundinelleae、族 40 高粱族 Andropogoneae（含亚族 a 甘蔗亚族 Saccharinae、亚族 b 筒穗草亚族 Germainiinae、亚族 c 高粱亚族 Sorghinae、亚族 d 鸭嘴草亚族 Ischaeminae、亚族 e 雁茅亚族 Dimeriinae、亚族 f 须芒草亚族 Andropogoninae、亚族 g 菅亚族 Anthistiriinae、亚族 h 筒轴亚族 Rottboelliinae、亚族 i 摩擦草亚族 Tripsacinae、亚族 j 葫芦草亚族 Chionachninae、亚族 k 薏苡亚族 Coicinae）（图 50）。

在我们依据分子数据的分支分析系统图，同形态学证据的分类系统比较中，在分支图上国产的每个属后注明它们在形态系统中的位置：用罗马数字 I 、II 、III……表示亚科号，阿拉伯数字表示族序号（如 1 表示族 1……），英文字母表示亚族的序号，如单枝竹属 I ·1·a 表示亚科 I 、族 1、亚族 a）。本研究的分支图（图 50）显示：竹亚科原禾族囊稃竺属位于基部，为所有其他属的姐妹属；然后分为两大支：一大支中亚科 II 稻亚科稻族和皱稃草族成员聚为 1 支，依次是竹亚科全部成员依次聚为 1 支、早熟禾亚科的成员依次聚为 1 支；另一大支是亚科 IV→VII 的成员，绝大多数属基本上聚集在它所归隶的亚科、族或亚族，显示出它们亲缘关系的远近，只有少许属的位置尚需研究。

---

* 本书遵从耿伯介的建议，将木本竹类与大多位于禾本科基部的草本竹类分开命名，但对草本竹类使用“竺”字。“竺”读音同“竹”，本义亦为竹（据《广雅》），又为 GB2312 字库中的常用字，可免造字之烦。

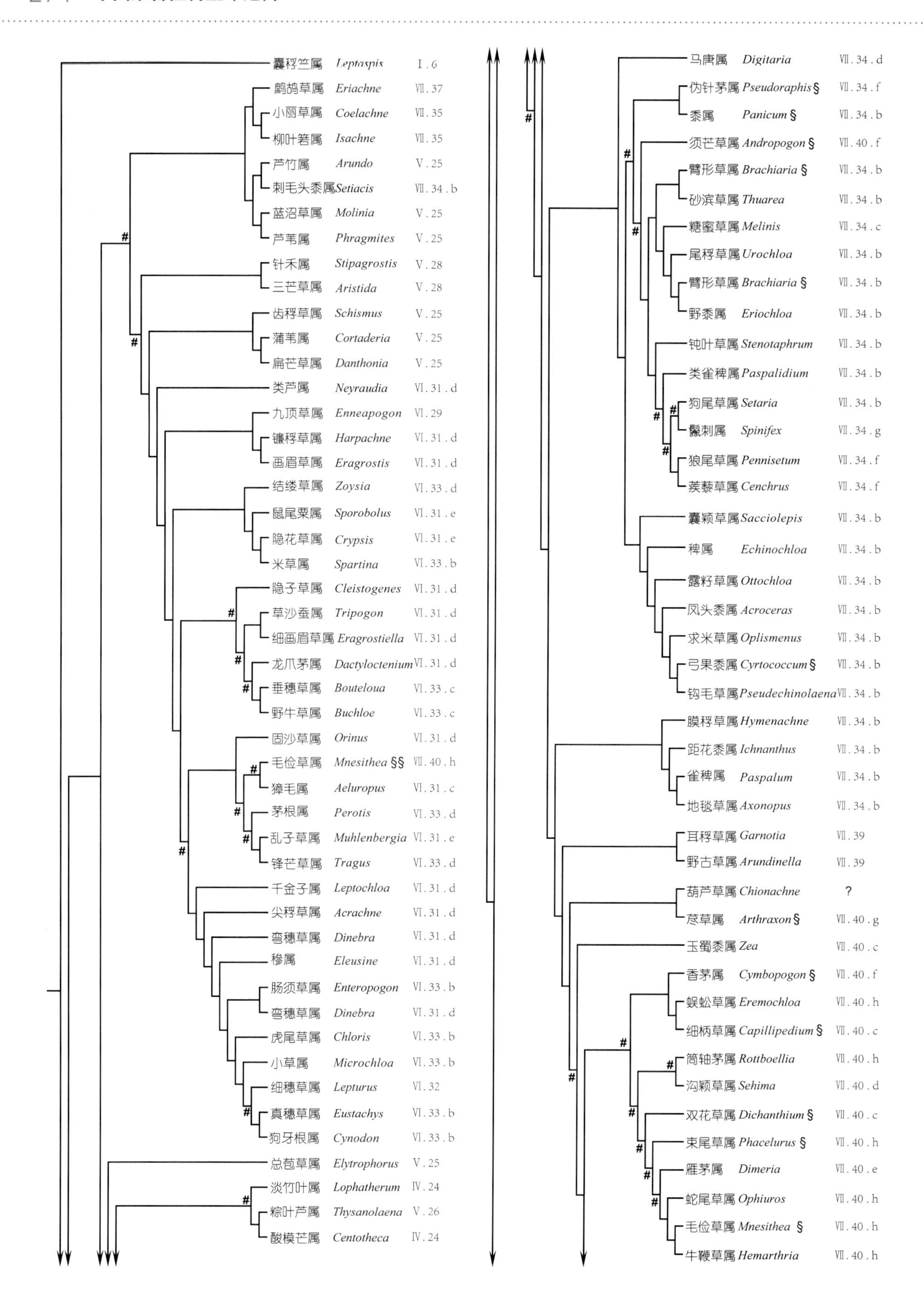

图 50 中国禾本科植物的分支关系（1）

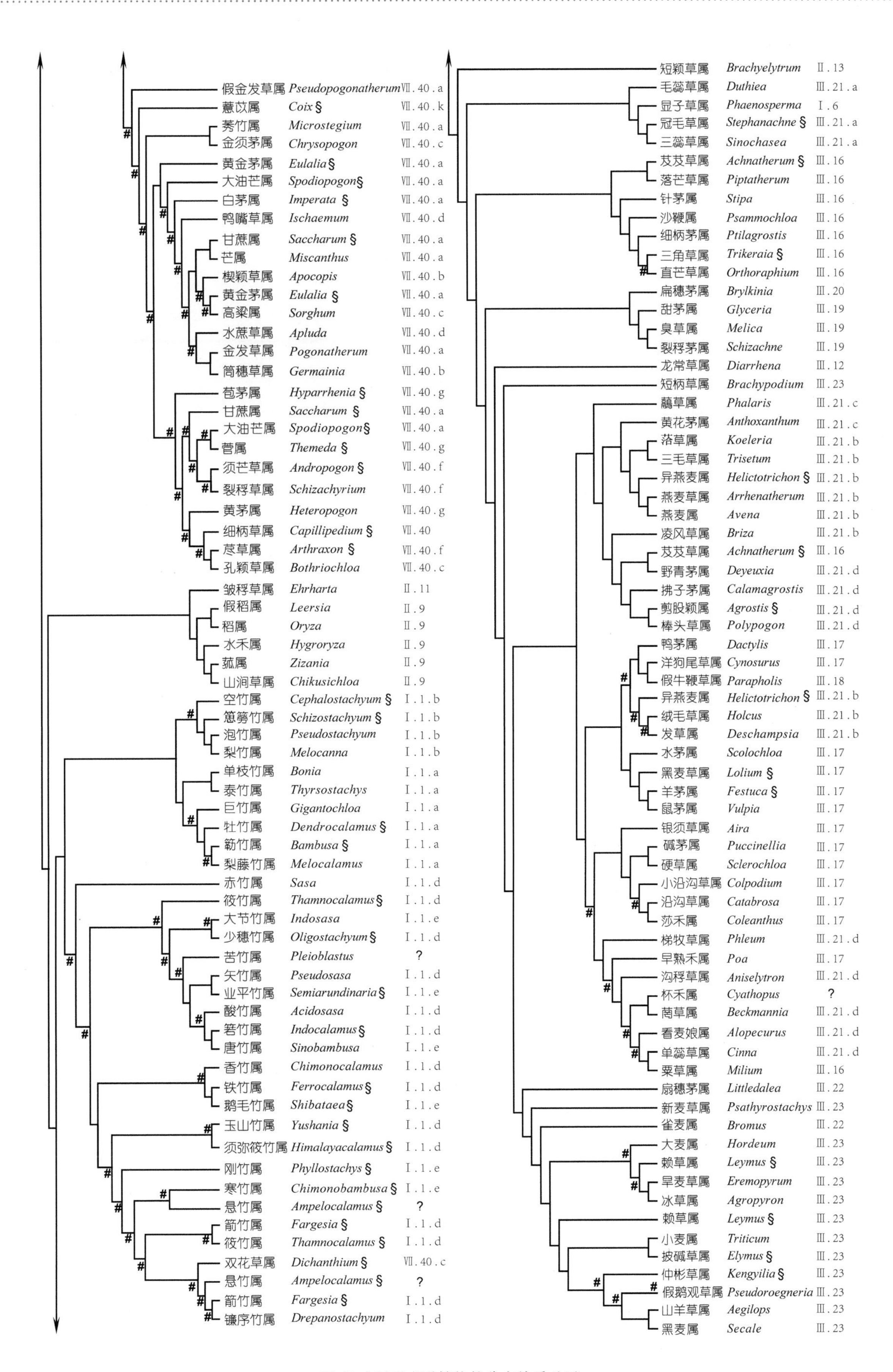

图 50 中国禾本科植物的分支关系（2）

1. 囊稃竺属 Leptaspis R. Br.

叶2列，具柄；叶鞘压扁，叶舌短；圆锥花序；小穗单性，含1小花；雌小穗外稃大而质厚，呈囊状，边缘连合，具5~9脉，全体被短钩毛，成熟时肿胀，扩大而变硬。

4~6种，产东半球热带、亚洲东南部；中国1种，产台湾。

2. 鹧鸪草属 Eriachne R. Br.

叶舌膜质；圆锥花序开展；小穗两侧扁，含2两性小花；外稃背部具短糙毛，成熟时变硬，有芒或无芒。

约40种，产大洋洲、亚洲；中国1种，产福建、广东、广西、江西地区。

鹧鸪草 *Eriachne pallescens* R. Br.

3. 小丽草属 Coelachne R. Br.

叶舌纤毛质；圆锥花序狭窄；小穗背腹扁，含2小花，均为两性或第二小花为雌性，颖长为小穗之半，宿存；内稃与外稃同质且等长。

11种，产非洲、亚洲和大洋洲的热带和亚热带地区；中国1种，产广东、贵州、四川、云南。

小丽草 *Coelachne simpliciuscula* (Steud.) Benth.

4. 柳叶箬属 Isachne R. Br.

叶舌纤毛质；圆锥花序疏散；小穗背腹扁，杂性，含2小花，第二小花两性、可育，颖长为小穗之半，迟缓脱落；内稃与外稃均为革质。

约90种，产全球热带、亚热带地区；中国18种，产华南、西南、华东及河北、河南、湖南、湖北。

白花柳叶箬 *Isachne albens* Trin.

5. 芦竹属 Arundo L.

高大苇状草本；叶舌纸质，背面及边缘具毛；圆锥花序大型，稠密；小穗两侧扁，含2~7小花；外稃具尖头或短芒。

3种，产全球热带、亚热带地区；中国2种，产南部和西南部。

芦竹 *Arundo donax* L.

6. 刺毛头黍属 Setiacis S. L. Chen & Y. X. Jin

叶舌纤毛质；总状花序穗形，再排成圆锥状；小穗背腹扁，含2小花，第二小花两性、可育；第二外稃顶端具硬刺毛。

1种，产热带亚洲；中国1种，产海南。

7. 蓝沼草属 Molinia Schrank

叶鞘闭合，叶舌具白柔毛；圆锥花序开展；小穗两侧扁或圆柱形，含 2~5 小花；外稃具 3 脉，背部无脊，顶端具短尖，基盘短，具短毛。

2 种，产北温带、非洲北部、欧洲、亚洲及北美；中国 1 种，产安徽、浙江。

沼原草 *Molinia japonica* Hackel

8. 芦苇属 Phragmites Adans.

苇状草本；具发达根状茎；叶舌厚膜质，边缘具毛；圆锥花序大型，稠密；小穗两侧扁，含 3~7 小花；外稃顶端渐尖或呈芒状，无毛，基盘延长具丝状柔毛。

4~5 种，产全球热带、大洋洲、非洲、亚洲；中国 3 种，产华南、东北、四川、云南、福建、台湾。

芦苇 *Phragmites australis* (Cav.) Steud.

9. 针禾属 Stipagrostis Nees

叶舌纤毛质；圆锥花序紧缩或开展；小穗两侧扁，含 1 小花；外稃顶端具 3 分枝的芒，分枝羽毛状。

50 种，产非洲到中亚地区；中国 2 种，产甘肃、新疆和云南。

羽毛针禾 *Stipagrostis pennata* (Trin.) de Winter

10. 三芒草属 Aristida L.

叶舌纤毛质；圆锥花序紧密或开展；小穗两侧扁，含 1 小花；外稃坚纸质或成熟后较硬，具 3 脉，顶端具 3 分枝的芒，芒柱直立或扭转。

约 300 种，产热带和亚热带干旱地区；中国 10 种，产长江流域及其以南地区，以及河北、山东、山西和陕西。

三芒草 *Aristida adscensionis* L.

11. 齿稃草属 Schismus P. Beauv.

叶舌膜质；圆锥花序小型；小穗两侧扁，含数枚小花；外稃顶端膜质，具 2 枚裂片，无芒。

5 种，产欧洲、亚洲及北非；中国 2 种，产新疆、西藏。

齿稃草 *Schismus arabicus* Nees

12. 蒲苇属 Cortaderia Stapf

高大苇状草本；叶舌为一圈密生的长柔毛；圆锥花序大型，稠密，小穗单性，雌雄异株，含2~3小花；外稃具3脉，顶端延伸成细弱长芒。

27种，产南美洲、新西兰及新几内亚；中国1种，产江苏、浙江、台湾。

蒲苇 *Cortaderia selloana* (Schult. & Schult. f.) Asch. & Graebn.

13. 扁芒草属 Danthonia DC.

叶舌膜质；圆锥花序开展或紧缩；小穗两侧扁，含4至数枚小花；外稃质硬，具数脉，顶端2裂，芒自裂齿间伸出，扁平而扭转。

20种，产全球温暖地区，非洲、大洋洲居多；中国2种，产西藏、四川、云南。

扁芒草 *Danthonia cumminsii* Hook. f.

14. 类芦属 Neyraudia Hook. f.

苇状草本；叶舌密生柔毛；圆锥花序大型，稠密；小穗两侧扁，含3~8小花，第一小花两性或不孕，第二小花正常发育，上部花渐小或退化；外稃具短芒。

5种，产东半球热带、亚热带区域；中国4种，主产南部和西南部。

类芦 *Neyraudia reynaudiana* (Kunth) Hitchc.

15. 九顶草属 Enneapogon Desv. ex P. Beauv.

叶舌纤毛质；圆锥花序紧缩或呈穗状，小穗两侧扁，含2~5小花；外稃质厚，背部圆形，具9至多数脉，于顶

九顶草 *Enneapogon desvauxii* P. Beauv.

端形成 9 至多数粗糙或具羽毛之芒，呈冠毛状。

28 种，产热带和亚热带区域，非洲、澳大利亚及东亚温带地区尤多；中国 2 种，产河北、辽宁、内蒙古、山西、宁夏、青海、新疆、安徽和云南。

16. 镰稃草属 Harpachne A. Rich.

叶舌纤毛质；总状花序；小穗两侧扁，含 4~10 小花，小穗柄细弱，具微毛，在靠近基部整个断落；外稃膜质兼硬纸质，具 3 脉，先端锐尖或突然渐尖，脊与上部两侧皆微粗涩，边缘薄而下部具微纤毛。

3 种，分布于亚洲及热带非洲；中国 1 种，产四川、云南。

镰稃草 *Harpachne harpachnoides* (Hackel) B. S. Sun & S. Wang

17. 画眉草属 Eragrostis Wolf

叶舌纤毛质；圆锥花序开展或紧缩；小穗两侧扁，含少数至多数小花，小花常疏松地或紧密地覆瓦状排列；小穗轴常作之字形曲折，逐渐断落或延续而不折断；外稃具 3 脉，无芒。

350 种，产全球热带和温带区域；中国 32 种，产南部、西南部及西北部。

大画眉草 *Eragrostis cilianensis* (All.) Vignolo ex Janch.

18. 结缕草属 Zoysia Willd.

叶舌纤毛质；总状花序穗形；小穗两侧扁，以其一侧贴向穗轴，含 1 两性小花，第一颖退化，第二颖硬纸质，无芒或由中脉延伸成短芒，两侧边缘在基部连合，包裹膜质的外稃。

9 种，产非洲、亚洲及大洋洲的热带和亚热带地区；中国 5 种，产辽宁、河北、华东、华南和香港。

中华结缕草 *Zoysia sinica* Hance

19. 鼠尾粟属 Sporobolus R. Br.

叶舌纤毛质；圆锥花序紧缩或开展；小穗含 1 小花，近圆柱形或两侧压扁，脱节于颖之上；外稃膜质，具 1~3 脉，无芒；囊果。

160 种，产热带、亚热带及温暖地区；中国 8 种，产华东、华南及西南地区。

鼠尾粟 *Sporobolus fertilis* (Steud.) Clayton

20. 隐花草属 Crypsis Aiton

叶舌纤毛质；圆锥花序紧密成穗形、头状或圆柱状，花序下托以膨大的苞片状叶鞘；小穗两侧扁，含 1 小花，脱节于颖之下；外稃具 1 脉，无芒；囊果。

9~12 种，产欧亚大陆温寒带；中国 2 种，产东部和北部。

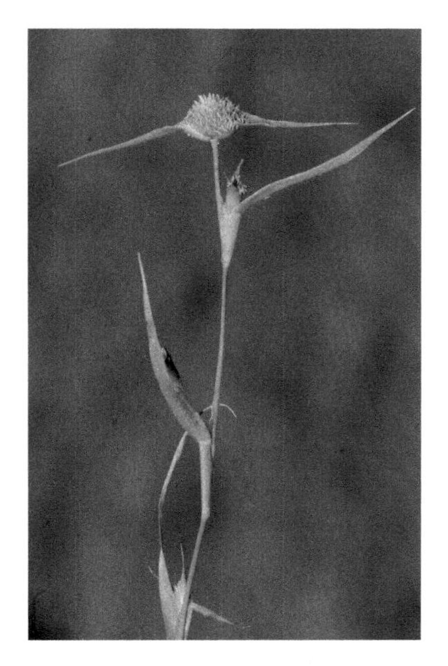

隐花草 *Crypsis aculeata* (L.) Aiton

21. 米草属 Spartina Schreb.

叶舌纤毛质；穗状花序 2 至多枚，总状排列于主轴上；小穗两侧扁，含 1 小花；外稃在背面具脊。

17 种，产欧洲、美洲沿海地区；中国 2 种，产华南、华东及河北。

互花米草 *Spartina alterniflora* Lois.

22. 隐子草属 Cleistogenes Keng

叶质较硬，与鞘口相接处有一横痕，易自此处脱落；叶鞘内常有隐生小穗，叶舌纤毛质；圆锥花序狭窄或开展；小穗两侧扁，含 1 至数枚小花；外稃常具 3~5 脉，先端具细短芒或小尖头。

13 种，产欧洲南部及亚洲中部、北部；中国 10 种，产长江流域及华北、东北地区。

北京隐子草 *Cleistogenes hancei* Keng

23. 草沙蚕属 Tripogon Roem. & Schult.

叶舌纤毛质；穗状花序单独顶生；小穗两侧扁，含数枚小花；外稃背部拱形，先端 2~4 裂，具 3 脉，中脉自裂片间延伸成芒，侧脉自外侧裂片顶部延伸成短芒或否，基盘具柔毛。

30 种，产亚洲、非洲、大洋洲及热带美洲；中国 11 种，全国分布。

中华草沙蚕 *Tripogon chinensis* (Franch.) Hackel

24. 细画眉草属 Eragrostiella Bor

叶舌纤毛质；穗状花序；小穗两侧扁，含 6~40 小花，无柄；外稃具 3 脉，主脉具脊；囊果。

6 种，产斯里兰卡、印度、缅甸及尼泊尔；中国 1 种，产云南。

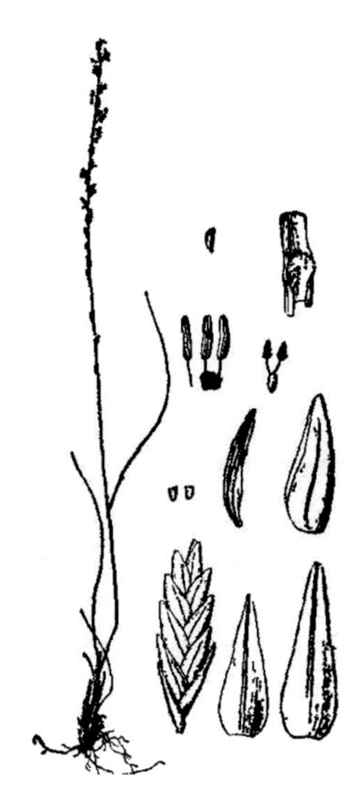

细画眉草 *Eragrostiella lolioides* (Hand.–Mazz.) Keng f.

25. 龙爪茅属 **Dactyloctenium** Willd.

叶舌纤毛质；穗状花序指状排列，穗轴延伸于顶生小穗之外，成 1 小尖头；小穗两侧扁，含数枚小花；外稃具 3~5 脉，顶端渐尖或具短芒。

13 种，产东半球温带地区；中国 1 种，产南部和西南部。

龙爪茅 *Dactyloctenium aegyptium* (L.) Willd.

26. 垂穗草属 **Bouteloua** Lag.

叶舌纤毛质；穗状花序 2 至多枚，总状排列于主轴上；小穗两侧扁，含 1 可育小花及 1 至数枚退化小花；外稃具 3 脉，具短芒或小尖头。

约 40 种，产美洲，多在北美；中国引种 2 种。

垂穗草 *Bouteloua curtipendula* (Michx.) Torr.

27. 野牛草属 **Buchloe** Engelm.

叶舌纤毛质；雌雄同株或异株，雄穗状花序 1~3 枚，排列成总状；雌花序呈球形，为上部有些膨大的叶鞘所包裹；小穗两侧扁，雄小穗含 2 小花，雌小穗含 1 小花。

1 种，产墨西哥和美国；中国引种栽培 1 种。

野牛草 *Buchloe dactyloides* (Nutt.) Engelm.

28. 固沙草属 **Orinus** Hitchc.

植株具细长、多节的根茎，其上覆盖革质且具光泽的鳞片；叶舌纤毛质；圆锥花序由数枝单生的总状花序组成；

固沙草 *Orinus thoroldii* (Hemsl.) Bor

小穗两侧扁，含2至数枚小花，小穗轴节间无毛或疏生短毛，脱节于颖之上及各小花之间。

4种，分布于中国及克什米尔地区；中国4种，产西部。

29. 毛俭草属 Mnesithea Kunth

叶舌纤毛质；总状花序圆筒形；小穗背腹扁，3个并生；2个无柄，两性，嵌陷于肥厚花序轴的各凹穴中，1个有柄，退化为棒形小穗柄。

约30种，分布于中国、印度、马来西亚和中南半岛；中国4种，产华南地区，以及云南、福建、台湾。

毛俭草 *Mnesithea mollicoma* (Hance) A. Camus

30. 獐毛属 Aeluropus Trin.

叶舌纤毛质；圆锥花序紧密成穗状或头状，小穗两侧扁，含4至多数小花，成2行排列于穗轴的一侧；外稃先端尖或具小尖头。

约10种，产地中海区域、小亚细亚、喜马拉雅及亚洲北部；中国4种，主产北部。

獐毛 *Aeluropus sinensis* (Debeaux) Tzvelev

31. 茅根属 Perotis Aiton

叶舌纤毛质；总状花序穗形，单一顶生；小穗两侧扁，含1小花；颖线形，膜质，几等长，背部各具1脉，自顶端延伸为细弱的长芒；内外稃均透明膜质。

13种，产亚洲、非洲和大洋洲的热带及亚热带地区；中国3种，产华南、华东及云南和河北。

茅根 *Perotis indica* (L.) O. Kuntze

32. 乱子草属 Muhlenbergia Schreb.

叶舌纤毛质；圆锥花序狭窄或开展；小穗含1小花；外稃膜质，基部具微小而钝的基盘，先端尖或具2微齿，具3脉，具细弱的芒。

约155种，产北美西南部和墨西哥、印度及亚洲东部；中国6种，产西南、华东至东北地区。

多枝乱子草 *Muhlenbergia ramosa* (Matsum.) Makino

33. 锋芒草属 Tragus Haller

叶舌纤毛质；总状花序穗形，通常2~5小穗聚集成簇，成熟后全簇小穗一起脱落，每一小穗簇中仅下方的2小穗可育，且互相结合为刺球体，其余1~3小穗退化。

7种，产非洲、欧洲、亚洲及美洲的温热地区；中国2种，产华北、西北到西南地区。

锋芒草 *Tragus mongolorum* Ohwi

34. 千金子属 **Leptochloa** P. Beauv.

叶舌纤毛质；穗状花序呈总状排列；小穗两侧扁，含2至数枚小花；外稃具3脉，先端无芒或于2裂齿间具1芒。

32种，产全球热带地区及美洲、澳大利亚温暖地带；中国3种，产南部和西南部。

千金子 *Leptochloa chinensis* (L.) Nees

35. 尖稃草属 **Acrachne** Wight & Arn. ex Chiov.

叶舌纤毛质；穗状花序于总轴上假轮生或疏离排列；小穗两侧扁，含6~12小花，无柄；外稃具3脉，主脉具脊，先端具短芒尖。

3种，产非洲、亚洲东南部及斯里兰卡和澳大利亚等热带地区；中国1种，产海南、云南。

尖稃草 *Acrachne racemosa* (Roem. & Schult.) Ohwi

36. 弯穗草属 **Dinebra** Jacq.

叶舌纤毛质；穗状花序多数密集于延长的主轴上而形成狭圆锥花序；小穗两侧扁，含1~3枚小花，无柄，颖长于小花；外稃具3脉，无芒。

3种，产非洲、马达加斯加到印度；中国1种，产福建、云南。

弯穗草 *Dinebra retroflexa* (Vahl) Panzer

37. 䅟属 **Eleusine** Gaertn.

叶舌纤毛质；穗状花序指状排列，穗轴不延伸于顶生小穗之外；小穗两侧扁，含数枚小花；外稃具3~5脉，顶端尖。

9种，产热带和亚热带地区；中国2种，南北分布。

牛筋草 *Eleusine indica* (L.) Gaertn.

38. 肠须草属 Enteropogon Nees

叶舌纤毛质；穗状花序呈指状排列或单独1枚顶生；小穗略背腹扁，含1~2小花；外稃具3脉，先端具2微齿，中脉延伸成细芒。

19种，产东半球热带地区；中国2种，产台湾、海南及云南北部。

肠须草 *Enteropogon dolichostachyus* (Lag.) Lazarides

39. 虎尾草属 Chloris Sw.

叶舌纤毛质；穗状花序呈指状排列；小穗两侧扁，含2~4小花，第一小花两性，其余退化而互相包卷成球形；外稃全缘或2浅裂，中脉延伸成直芒。

虎尾草 *Chloris virgata* Sw.

约55种，产热带至温带，美洲尤多；中国5种，南北分布。

40. 小草属 Microchloa R. Br.

叶舌纤毛质；穗状花序单独顶生；小穗背腹扁，含1小花，成2列交互着生，覆瓦状排列于穗轴一侧；外稃具3脉。

6种，产全球热带、亚热带干旱环境；中国1种，产福建、广东、海南、云南等。

小草 *Microchloa indica* (L. f.) P. Beauv.

41. 细穗草属 Lepturus R. Br.

叶舌膜质；穗状花序圆柱形；小穗两侧扁，含1~2小花，嵌生于圆柱形而逐节断落的穗轴中，成熟后与其穗轴节间一同脱落，第一颖除顶生小穗外不存在；外稃具1~3脉。

8~15种，产东半球热带地区；中国1种，产台湾。

42. 真穗草属 Eustachys Desv.

叶舌纤毛质；穗状花序呈指状排列；小穗两侧扁，含2小花，覆瓦状排列于穗轴一侧；外稃质厚，棕色或红棕色，两侧压扁，先端钝或具小尖头。

11种，产热带美洲、西印度群岛及热带南非；中国1种，产广东、海南、台湾。

真穗草 *Eustachys tenera* (J. Presl) A. Camus

总苞草 *Elytrophorus spicatus* (Willd.) A. Camus

43. 狗牙根属 Cynodon Rich.

叶舌纤毛质；穗状花序呈指状排列；小穗两侧扁，含1~2小花，覆瓦状排列于穗轴一侧；外稃具3脉，背部明显成脊，脊上被柔毛。

10种，产欧洲、亚洲的亚热带及热带地区；中国2种，产华东及广东、海南。

狗牙根 *Cynodon dactylon* (L.) Pers.

44. 总苞草属 Elytrophorus P. Beauv.

叶舌纤毛质；圆锥花序紧缩成穗状，通常由多个小穗组成圆球状的小穗簇，密生或间断着生于延长的花序轴上，每小穗簇托以3至数枚颖状苞片组成的总苞；小穗两侧扁，含3~5小花；外稃具3脉，顶端具短尖头。

2种，产热带非洲、亚洲及大洋洲；中国1种，产海南、云南。

45. 淡竹叶属 Lophatherum Brongn.

叶舌膜质；圆锥花序开展，小穗无柄，脱节于颖之下；小穗圆柱形，含数枚小花，第一小花两性，其余均为中性；外稃具芒尖，不育外稃紧密包卷。

2种，产东南亚及东亚；中国2种，产南部至西南部。

淡竹叶 *Lophatherum gracile* Brongn.

46. 粽叶芦属 Thysanolaena Nees

高大苇状草本；叶舌质硬，截平；圆锥花序大型，稠密；小穗微小，含2小花，第一花不育，第二花两性；外稃具短尖头。

1种，产亚洲热带地区；中国1种，产台湾、广东、海南、广西、贵州、云南。

粽叶芦 *Thysanolaena latifolia* (Hornem.) Honda

47. 酸模芒属 Centotheca Desv.

叶舌膜质；圆锥花序开展，小穗有柄，脱节于颖之上；小穗两侧扁，含 2 至数朵小花，上部小花退化；外稃无芒，两侧上端边缘贴生疣基硬毛，后期向下伸展。

3~4 种，产东半球热带地区；中国 1 种，产华南、华东和云南。

酸模芒 *Centotheca lappacea* (L.) Desv.

48. 马唐属 Digitaria Haller

叶舌纤毛质；总状花序穗形，再排成指状；小穗背腹扁，含 2 小花，第二小花两性、可育；第一颖短小，第二外稃软骨质，顶端尖锐或钝圆，无芒。

约 250 种，产全球热带地区；中国 22 种，南北分布。

马唐 *Digitaria sanguinalis* (L.) Scop.

49. 伪针茅属 Pseudoraphis Griff. ex Pilg.

水生或沼生草本；叶舌膜质；圆锥花序顶生，排列其上的穗轴纤细，延伸于顶生小穗之外成一纤细的刚毛，成熟时小穗连同穗轴一同脱落；小穗背腹扁，含 2 小花，第一小花雄性，第二小花雌性。

6 种，产热带、温带亚洲，大洋洲；中国 3 种，产南部和云南。

瘦脊伪针茅 *Pseudoraphis sordida* (Thwaites) S. M. Phillips & S. L. Chen

50. 黍属 Panicum L.

叶舌纤毛质或膜质；圆锥花序开展；小穗背腹扁，含 2 小花，第二小花两性、可育；第二颖与小穗等长；第二外稃硬纸质或革质，有光泽，边缘包着同质内稃。

约 500 种，产全球热带和亚热带地区，少数在温带；中国 21 种，产南部及河南、黑龙江。

稷 *Panicum miliaceum* L.

51. 须芒草属 Andropogon L.

叶舌纤毛质；总状花序孪生或指状排列于主秆或分枝顶端，基部托以鞘状佛焰苞；小穗背腹扁，成对着生，异型，1 无柄，可育，1 有柄，不育。

约100种，产世界温暖地区；中国2种，产华南、西南。

西藏须芒草 *Andropogon munroi* C. B. Clarke

52. 臂形草属 Brachiaria (Trin.) Griseb.

叶舌纤毛质；总状花序穗形，再排成圆锥状；小穗背腹扁，含2小花，第二小花两性、可育；第二外稃骨质，先端不具小尖头或具小尖头，背部突起，腹面向穗轴。

约100种，产全球热带地区；中国9种，产长江流域及其以南地区，以及河南和陕西。

臂形草 *Brachiaria eruciformis* (Sm.) Griseb.

53. 砂滨草属 Thuarea Pers.

叶舌纤毛质；穗状花序单一顶生，其下托以具鞘的佛焰苞，成熟时整个脱落，其穗轴作钟表发条状卷曲而形成一坚硬的瘤状构造；小穗背腹扁，杂性。

2种，产东半球热带地区；中国1种，产广东、海南、台湾。

砂滨草 *Thuarea involuta* (G. Forst.) Sm.

54. 糖蜜草属 Melinis P. Beauv.

叶舌纤毛质；圆锥花序开展或紧缩；小穗多少两侧扁，含2小花，第二小花两性、可育；第一颖微小，第二颖与第一外稃同质同形，革质或厚纸质，显著具脉，自其顶端二裂齿间具一细长芒。

22种，产热带非洲、南美洲，中国；中国2种，产云南、广东、香港、福建、台湾。

红毛草 *Melinis repens* (Willd.) Zizka

55. 尾稃草属 Urochloa P. Beauv.

叶舌纤毛质；总状花序穗形，再排成圆锥状；小穗背腹扁，含2小花，第二小花两性、可育；第二外稃骨质，顶端具小尖头，背面向穗轴。

光尾稃草 *Urochloa reptans* var. *glabra* S. L. Chen & Y. X. Jin

12 种，产东半球热带地区；中国 4 种，产华南和西南地区。

56. 野黍属 Eriochloa Kunth

叶舌纤毛质；总状花序穗形，再排成圆锥状；小穗背腹扁，含 2 小花，第二小花两性、可育；第一颖极退化，与第二颖下之穗轴愈合膨大而成环状或珠状的小穗基盘；第二外稃近膜质，腹面向穗轴。

约 30 种，产全球热带与温带地区；中国 2 种，产南部及东南沿海地区、东北地区，以及河南、陕西、山东。

野黍 *Eriochloa villosa* (Thunb.) Kunth

57. 钝叶草属 Stenotaphrum Trin.

叶片宽而平展，先端钝或尖；叶舌纤毛质；圆锥花序的主轴扁平或呈圆柱状，嵌生于扁平的穗轴凹穴中；小穗背腹扁，含 2 小花，第二小花两性、可育、无柄，成熟时连同穗轴一同脱落；果实表面平滑。

7 种，产太平洋各岛屿、印度洋海岸线到东南亚地区及美洲和非洲；中国 3 种，产福建、广东、海南、云南。

钝叶草 *Stenotaphrum helferi* Hook. f.

58. 类雀稗属 Paspalidium Stapf

叶舌纤毛质；穗状花序交互排列在主轴上而成顶生圆锥花序，紧贴主轴，穗轴略呈三棱形，着生小穗的一面有弯曲的龙骨状突起；小穗背腹扁，含 2 小花，第二小花两性、可育；果实的表面具横皱纹或小凹。

约 40 种，产热带地区，旧世界分布较广；中国 2 种，产云南、贵州、广东、海南、福建、台湾。

类雀稗 *Paspalidium flavidum* (Retz.) A. Camus

59. 狗尾草属 Setaria P. Beauv.

叶舌纤毛质；圆锥花序通常呈穗状或总状圆柱形，少数疏散而开展至塔状，小穗下托以 1 至数枚由不发育小枝而成的芒状刚毛，刚毛彼此分享，成熟时宿存，不随小穗脱落；小穗背腹扁，含 2 小花，第二小花两性、可育。

约 130 种，产全球热带和温带地区，北极圈亦有；多数产非洲；中国 14 种，全国分布。

狗尾草 *Setaria viridis* (L.) P. Beauv.

60. 鬣刺属 Spinifex L.

叶舌纤毛质；花单性，雌雄异株，雄小穗组成一具柄的穗状花序，再由多数穗状花序聚生为一具苞片的伞形花序；雌小穗单生于一针状穗轴的基部，多数穗轴聚集为一具苞片的头状花序，成熟时整个脱落。

4 种，产热带亚洲和大洋洲；中国 1 种，产华南地区、福建、台湾。

鬣刺 *Spinifex littoreus* (Burm. f.) Merr.

61. 狼尾草属 Pennisetum Rich.

叶舌纤毛质；圆锥花序紧缩成穗状圆柱形，小穗下围以总苞状的刚毛，成熟时连同小穗一起脱落；小穗背腹扁，含 2 小花，第二小花两性、可育。

约 80 种，产全球热带、亚热带地区，少数种类可达温寒地带，非洲为本属分布中心；中国 11 种，全国分布。

狼尾草 *Pennisetum alopecuroides* (L.) Spreng.

62. 蒺藜草属 Cenchrus L.

叶舌纤毛质；总状花序穗形，由多数不育小枝形成的刚毛常部分愈合而成球形刺苞，成熟时连同小穗一起脱落；小穗背腹扁，含 2 小花，第二小花两性、可育。

23 种，产全球热带和温带地区，主要在美洲和非洲温带的干旱地区，印度、亚洲南部和西部到澳大利亚有少数分布；中国 4 种，产云南、广东、海南、福建、台湾及辽宁。

蒺藜草 *Cenchrus echinatus* L.

63. 囊颖草属 Sacciolepis Nash

叶舌纤毛质；圆锥花序紧缩成穗状；小穗背腹扁，含 2 小花，第二小花两性、可育；第一颖较短，第二颖基部膨大成囊状；第二外稃长圆形，厚纸质或薄革质，背部圆凸，边缘内卷，包裹着同质的内稃。

约 30 种，产热带和温带地区，主产非洲；中国 3 种，产南部及山东和黑龙江。

囊颖草 *Sacciolepis indica* (L.) Chase

64. 稗属 Echinochloa P. Beauv.

叶舌纤毛质；总状花序穗形，再排成圆锥状；小穗背腹扁，一面突起，单生或 2~3 个不规则地聚集于穗轴的一侧，含 2 小花，第二小花两性、可育；第二外稃成熟时变硬，顶端具小尖头。

约35种，产全球热带和温带区域；中国8种，全国分布。

稗 *Echinochloa crus-galli* (L.) P. Beauv.

65. 露籽草属 Ottochloa Dandy

叶舌纤毛质；圆锥花序开展；小穗背腹扁，含2小花，第二小花两性、可育；颖长约为小穗之半；第二外稃质地硬，平滑，顶端尖，极狭的膜质边缘包裹同质的内稃。

3种，产印度、马来西亚、非洲及大洋洲；中国1种，产云南、华南地区、福建、台湾。

露籽草 *Ottochloa nodosa* (Kunth) Dandy

66. 凤头黍属 Acroceras Stapf

叶舌纤毛质；总状花序穗形，再排成圆锥状；小穗背腹扁，含2小花，第二小花两性、可育；第二外稃骨质，

山鸡谷草 *Acroceras tonkinense* (Balansa) Bor

背面突起，顶端两侧压扁、稍扭卷成凤头状，边缘内卷，包着同质的内稃。

19种，产全球热带地区；中国2种，产海南、云南。

67. 求米草属 Oplismenus P. Beauv.

叶片扁平，卵形至披针形；叶舌纤毛质；总状花序穗形，再排成圆锥状；小穗背腹扁，含2小花，第二小花两性、可育；第一颖具长芒，第二颖具短芒或无芒。

5~9种，产全球热带和亚热带地区；中国4种，产长江流域及其以南地区，以及河南、山东、河北、山西、陕西。

求米草 *Oplismenus undulatifolius* (Arduino) Roem. & Schult.

68. 弓果黍属 Cyrtococcum Stapf

叶舌纤毛质；圆锥花序开展或紧缩；小穗两侧扁，含2小花，第二小花两性、可育；第一颖较小，第二颖舟形；第二外稃背部隆起成驼背状。

11种，产非洲和亚洲热带地区；中国2种，产南部和西南部。

弓果黍 *Cyrtococcum patens* (L.) A. Camus

69. 钩毛草属 Pseudechinolaena Stapf

叶舌纤毛质；总状花序穗形，再排成圆锥状；小穗两侧扁，含2小花，第二小花两性、可育；第二颖于果实成熟后有开展的钩状刚毛。

6种，产两半球热带地区；中国1种，产华南及福建、西藏、云南。

钩毛草 *Pseudechinolaena polystachya* (Kunth) Stapf

70. 膜稃草属 **Hymenachne** P. Beauv.

叶舌纤毛质；总状花序穗形，再排成圆锥状；小穗背腹扁，含2小花，第二小花两性、可育；第一颖微小，第二外稃膜质或薄纸质。

5种，产两半球的热带和温暖地区；中国3种，产华南、华东和云南。

展穗膜稃草 *Hymenachne patens* L. Liu

71. 距花黍属 **Ichnanthus** P. Beauv.

叶舌纤毛质；圆锥花序疏散或紧缩；小穗背腹扁，含2小花，第二小花两性、可育；第二颖与小穗等长；第二外稃的基部两侧有附属物或凹痕。

大距花黍 *Ichnanthus pallens* var. *major* (Nees) Stieber

约30种，产全球热带地区，以南美尤多；中国1种，产华南、华东及贵州和云南。

72. 雀稗属 **Paspalum** L.

叶舌纤毛质；总状花序穗形，再排成圆锥状；小穗背腹扁，含2小花，第二小花两性、可育；第一颖退化；第二外稃革质，背部隆起，成熟后变硬，背面向穗轴。

约330种，产全球热带与亚热带，热带美洲最为丰富；中国16种，产南部及甘肃、河北。

毛花雀稗 *Paspalum dilatatum* Poir.

73. 地毯草属 **Axonopus** P. Beauv.

叶舌纤毛质；总状花序穗形，再排成圆锥状；小穗背腹扁，含2小花，第二小花两性、可育；第一颖退化；第二外稃坚硬，钝头，腹面向穗轴。

约110种，产热带、亚热带美洲、非洲及中国；中国2种，产华南和西南地区。

地毯草 *Axonopus compressus* (Sw.) P. Beauv.

74. 耳稃草属 **Garnotia** Brongn.

叶舌纤毛质；圆锥花序开展或紧缩；小穗背腹扁，含1小花；颖几等长，具3脉，先端渐尖或具芒；外稃具1~3脉，先端渐尖或具2齿，顶端或齿间常有芒，稀无芒；内稃透明膜质，具2脉，两侧边缘在中部以下具耳。

约 30 种，产亚洲东部和南部、澳大利亚东部至太平洋诸岛；中国 5 种，产云南、贵州、华南、台湾。

75. 野古草属 Arundinella Raddi

叶舌纤毛质；圆锥花序开展或紧缩成穗状；小穗背腹扁，含 2 小花，小穗轴脱节于 2 小花之间；第一颖多少短于第一小花，宿存或迟缓脱落；第二外稃纸质，果时坚纸质，顶端有芒或无芒。

约 60 种，产热带、亚热带，少数延伸至温带；中国 20 种，除西北外全国分布，主产西南及华南地区。

野古草 *Arundinella hirta* (Thunb.) Tanaka

76. 葫芦草属 Chionachne R. Br.

叶舌纤毛质；总状花序单生于主秆或分枝顶端，雌小穗和雄小穗分开着生；雌小穗无柄，小穗柄顶端膨大凹陷成喇叭形，第一颖中部缢缩而形似葫芦。

9 种，产东南亚、菲律宾及澳大利亚；中国 1 种，产海南。

葫芦草 *Chionachne massiei* Balansa

77. 荩草属 Arthraxon P. Beauv.

叶片披针形；叶舌纤毛质；总状花序指状排列；小穗两侧扁，成对着生，1 无柄，两性，1 有柄，雄性或完全退化；第二外稃全缘至微具 2 齿，芒由其背之下部伸出。

约 26 种，产东半球的热带与亚热带地区；中国 12 种，全国分布，以西南地区居多。

荩草 *Arthraxon hispidus* (Thunb.) Makino

78. 玉蜀黍属 Zea L.

叶舌纤毛质；雄性小穗排成总状花序，再组成大型的顶生圆锥花序；雌花序生于叶腋内，为多数鞘状苞片所包藏，雌小穗含 1 小花，极多数排成 10~30 纵行，紧密着生于圆柱状海绵质序轴上。

1 种，原产美洲，为世界各地广泛种植的重要谷类作物；中国 1 种，全国栽培。

玉蜀黍 *Zea mays* L.

79. 香茅属 Cymbopogon Spreng.

叶片有香味，叶舌纤毛质；伪圆锥花序大型复合至狭窄简单；总状花序成对着生于总梗上，其下托以舟形佛焰苞，下部有一至数对小穗为同性对；小穗背腹扁，成对着生，异型，1 无柄，1 有柄。

约 70 种，产东半球热带与亚热带地区；中国 24 种，产南部及甘肃。

橘草 *Cymbopogon goeringii* A. Camus

80. 蜈蚣草属 Eremochloa Buse

叶舌纤毛质；总状花序扁平，单生，花序轴节间常作棒状，迟缓脱落；小穗背腹扁，成对着生，均无芒；1 无柄，两性，1 退化仅剩短柄。

11 种，产东南亚至大洋洲；中国 5 种，产长江以南及河南。

假俭草 *Eremochloa ophiuroides* (Munro) Hackel

81. 细柄草属 Capillipedium Stapf

叶舌纤毛质；圆锥花序由具 1 至数节的总状花序组成；小穗背腹扁，成对或 3 枚同生于每一总状花序顶端；1 无柄，两性，另 1~2 枚有柄，雄性或中性。

约 14 种，产旧世界的温带、亚热带和热带地区；中国 5 种，全国分布，以华南、西南地区居多。

细柄草 *Capillipedium parviflorum* (R. Br.) Stapf

82. 筒轴茅属 Rottboellia L. f.

叶舌纤毛质；总状花序圆筒形；小穗背腹扁，成对着生，1 无柄，两性，嵌陷于肥厚花序轴的各凹穴中，1 有柄，雄性或中性，其柄与花序轴节间分离或愈合。

5 种，产旧世界热带、亚热带地区，引入新热带界；中国 2 种，产长江以南地区。

筒轴茅 *Rottboellia cochinchinensis* (Lour.) Clayton

83. 沟颖草属 Sehima Forssk.

叶舌纤毛质；总状花序穗形，单生；小穗背腹扁，成对着生，1 无柄，1 有柄，第一颖背面具一纵沟槽，顶端 2 裂而具 2 短尖头。

5 种，产旧世界热带地区；中国 1 种，产海南、云南。

沟颖草 *Sehima nervosum* (Rottler) Stapf

84. 双花草属 Dichanthium Willemet

叶舌纤毛质；总状花序呈指状或单生；小穗背腹扁，成对着生；1 无柄，两性，具芒，1 有柄，雄性或中性，无芒。

约 20 种，产东半球热带、亚热带地区；中国 3 种，产长江以南，华南及云南居多。

双花草 *Dichanthium annulatum* (Forssk.) Stapf

85. 束尾草属 Phacelurus Griseb.

叶舌纤毛质；总状花序多数，呈圆锥状或伞房兼指状排列；小穗背腹扁，成对着生，均无芒；1 无柄，两性，1 有柄，雄性或退化。

10 种，产非洲东部、欧洲南部及亚洲东部及南部；中国 3 种，产长江以南地区，辽宁、河北、山东也有分布。

束尾草 *Phacelurus latifolius* (Steud.) Ohwi

86. 雁茅属 Dimeria R. Br.

叶片披针形；叶舌纤毛质；总状花序单生或指状排列；小穗两侧扁，单生于各节，具短柄；第二外稃 2 裂，裂齿间伸出一芒。

约 40 种，产亚洲热带和澳大利亚；中国 6 种，产东南沿海及安徽、江西。

雁茅 *Dimeria ornithopoda* Trin.

87. 蛇尾草属 Ophiuros C. F. Gaertn.

叶舌纤毛质；总状花序圆筒形；小穗背腹扁，成对着生，1 无柄，两性，嵌陷于肥厚花序轴的各凹穴中，1 有柄，完全退化，其柄与总状花序轴节间完全愈合。

4 种，产亚洲、大洋洲和非洲热带地区；中国 1 种，产福建、广东、海南、广西、云南。

蛇尾草 *Ophiuros exaltatus* (L.) Kuntze

88. 牛鞭草属 Hemarthria R. Br.

叶舌纤毛质；总状花序圆柱形，稍扁；小穗背腹扁，成对着生，同型，1 无柄，1 有柄，无柄小穗嵌生于总状花序轴凹穴中，成熟总状花序轴坚韧，不易逐节断落。

14 种，产旧世界热带至温带地区；中国 6 种，产长江以南地区，山东、河北、辽宁、黑龙江亦有分布。

大牛鞭草 *Hemarthria altissima* (Poiret) Stapf & C. E. Hubb.

89. 假金发草属 Pseudopogonatherum A. Camus

叶舌纤毛质；总状花序排列成指状；小穗背腹扁，成对着生，同型，均有柄或1有柄1无柄；第二外稃具膝曲的芒。

3~5种，产亚洲东南部，向南延至大洋洲；中国3种，产长江以南地区。

90. 薏苡属 Coix L.

叶舌纤毛质；总状花序腋生成束，通常具较长的总梗，小穗单性；雄小穗含2小花，2~3枚生于一节，1无柄，1或2有柄；雌小穗常生于总状花序的基部而被包于一骨质或近骨质念珠状总苞内，2~3枚生于一节，常仅1枚发育；颖果大，近圆球形。

4种，产热带亚洲；中国2种，全国分布，以西南、华南地区尤多。

薏苡 *Coix lacryma-jobi* L.

91. 莠竹属 Microstegium Nees

叶片披针形，有时具柄；叶舌纤毛质；总状花序排列成指状；小穗背腹扁，成对着生，1无柄，1有柄，无柄小穗连同穗轴节间及小穗柄一并脱落，有柄小穗自柄上掉落。

约20种，产东半球热带与暖温带；中国13种，产长江以南地区，以华南地区居多。

柔枝莠竹 *Microstegium vimineum* (Trin.) A. Camus

92. 金须茅属 Chrysopogon Trin.

叶舌纤毛质；圆锥花序疏散，分枝细弱；小穗背腹扁，每3枚生于分枝顶端；1无柄，两性，2有柄，雄性或中性；第二外稃具芒。

44种，产全球热带和亚热带地区；中国4种，产长江以南地区，西藏也有分布。

竹节草 *Chrysopogon aciculatus* (Retz.) Trin.

93. 黄金茅属 Eulalia Kunth

叶舌纤毛质；总状花序排列成指状；小穗背腹扁，成对着生，同型，1无柄，1有柄；第二内稃披针形，较狭窄。

约30种，产旧世界热带和亚热带地区；中国14种，产长江以南地区和台湾。

金茅 *Eulalia speciosa* (Debeaux) Kuntze

94. 大油芒属 Spodiopogon Trin.

叶舌纤毛质；圆锥花序开展，由多数具 1~3 节有梗的总状花序组成；小穗背腹扁，成对着生，同型，均为两性，1 无柄，1 有柄；第二外稃深 2 裂，裂齿间伸出一扭转膝曲的芒。

15 种，产亚洲、太平洋岛屿及印度，个别种产西伯利亚和土耳其；中国 9 种，全国分布，西南、华南地区居多。

大油芒 *Spodiopogon sibiricus* Trin.

95. 白茅属 Imperata Cirillo

叶舌纤毛质；圆锥花序狭窄，紧缩成穗状；小穗背腹扁，成对着生，同型，均有柄；小穗含 1 两性小花，基部围以丝状柔毛。

约 10 种，产全球热带和亚热带地区；中国 3 种，全国分布，华南、西南地区居多。

白茅 *Imperata cylindrica* (L.) Raeusch.

96. 鸭嘴草属 Ischaemum L.

叶舌纤毛质；总状花序常为 2 枚贴生成一圆柱形；小穗背腹扁，成对着生，1 无柄，1 有柄，第一颖坚纸质或下部革质，顶端常扁平，呈鸭嘴状。

约 70 种，产全球热带至温带南部，主产亚洲南部至大洋洲；中国 12 种，除东北地区外，全国均产。

细毛鸭嘴草 *Ischaemum ciliare* Retz.

97. 甘蔗属 Saccharum L.

叶舌纤毛质；圆锥花序大型、稠密，由多数总状花序组成；小穗背腹扁，成对着生，同型，均为两性，1 无柄，1 有柄；第二外稃具芒或无芒。

35~40 种，产亚洲热带与亚热带地区；中国 12 种，全国分布，华南地区居多。

斑茅 *Saccharum arundinaceum* Retz.

98. 芒属 Miscanthus Andersson

叶舌纤毛质；总状花序排列成指状；小穗背腹扁，成对着生，同型，均有柄；第二外稃具1脉，顶端2裂，具扭转膝曲的芒或无芒；雄蕊2或3。

14种，产东南亚和非洲；中国7种，全国分布，华南、华中地区居多。

芒 *Miscanthus sinensis* Andersson

99. 楔颖草属 Apocopis Nees

叶舌纤毛质；总状花序常为2枚贴生成一圆柱形，稀可多于2枚而排列成指状；小穗背腹扁，单独或成对着生，具柄小穗从完全退化至存在而为雌性，且具膝曲的芒；无柄小穗通常两性，覆瓦状排列于总状花序轴的一侧。

瑞氏楔颖草 *Apocopis wrightii* Munro

15种，产热带亚洲，向北延伸至亚热带地区；中国4种，产华南、华东及云南。

100. 高粱属 Sorghum Moench

叶舌纤毛质；圆锥花序开展或紧缩，由多数含2~7节的总状花序组成；小穗背腹扁，成对着生；1无柄，两性，第一颖革质，1有柄，雄性或中性；第二外稃无芒或具芒。

约30种，产全球热带、亚热带和温带地区；中国5种，全国分布，长江以南居多。

高粱 *Sorghum bicolor* (L.) Moench

101. 水蔗草属 Apluda L.

叶舌纤毛质；圆锥花序由多数总状花序组成；每一总状花序具柄及1舟形总苞，顶部着生3枚小穗，1无柄，2有柄；第二外稃具芒或无芒。

1种，产旧世界热带及亚热带地区；中国1种，产南部至西南部。

水蔗草 *Apluda mutica* L.

102. 金发草属 Pogonatherum P. Beauv.

叶舌纤毛质；总状花序单生，花序轴易逐节折断；小穗背腹扁，成对着生，1无柄，两性，1有柄，雌性或两性。

4种，产亚洲和大洋洲的热带及亚热带地区；中国3种，产长江以南地区。

金发草 *Pogonatherum paniceum* (Lam.) Hackel

103. 筒穗草属 Germainia Balansa & Poitr.

叶舌纤毛质；总状花序短缩成头状，花序基部轮生，有4~6个雄性小穗呈总苞状；小穗背腹扁，2~3个成对着生，每对中有一具柄雌小穗及1~2无柄的雄小穗，或仅具3个有柄雌性小穗而无雄性者。

9种，产东南亚至大洋洲；中国1种，产广东和云南。

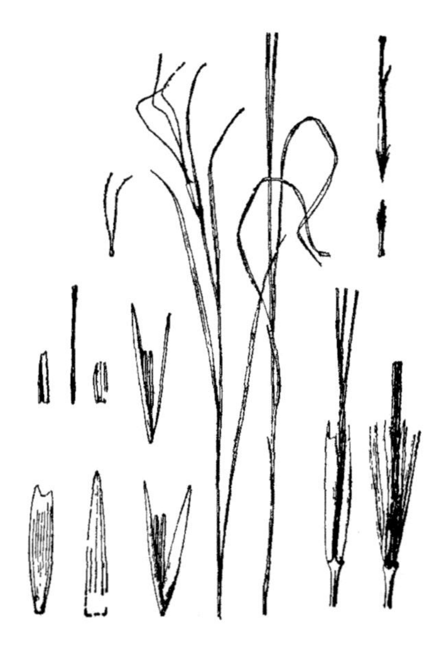

筒穗草 *Germainia capitata* Balansa & Poitr.

104. 苞茅属 Hyparrhenia Andersson ex E. Fourn.

叶舌纤毛质；伪圆锥花序由多数托以线形佛焰苞的孪生总状花序组成，孪生总状花序具梗，最上一节着生3个小穗，1无柄，2有柄，其下每节则为1无柄和1有柄的小穗对。

64种，产非洲热带和亚热带地区，少数种类分布至亚洲、大洋洲和南美洲；中国5种，产华南地区和云南。

苞茅 *Hyparrhenia bracteata* (Humb. & Bonpl. ex Willd.) Stapf

105. 菅属 Themeda Forssk.

叶舌纤毛质；伪圆锥花序由多数托以舟形佛焰苞的总状花序组成；每总状花序由7~17小穗组成，最下2节各着生1对同为雄性或中性的小穗对，形似总苞状；最上1节具3小穗，中央1无柄小穗，两性或雌性，具芒，两侧各1有柄小穗，雄性或中性，无芒；中部各节为（0~）1~5对异性对。

27种，产亚洲和非洲的温暖地区，大洋洲亦有分布；中国13种，产西南和华南地区，个别种遍布全国。

黄背草 *Themeda triandra* Forssk.

106. 裂稃草属 Schizachyrium Nees

叶舌纤毛质；总状花序单生、顶生或腋生，基部有鞘状总苞；小穗背腹扁，成对着生，1无柄，两性，第二外稃深2裂，1有柄，退化，仅存1颖。

约 60 种，产全球热带和亚热带地区；中国 4 种，产长江以南及河北、山东。

斜须裂稃草 *Schizachyrium fragile* (R. Br.) A. Camus

107. 黄茅属 **Heteropogon** Pers.

叶舌纤毛质；总状花序穗形，单生；小穗成对覆瓦状着生于花序轴各节，下部的 1 至多对为同性对，雄性或中性，无芒；上部的为异性对，1 无柄，两性或雌性，第二外稃退化为芒的基部，透明膜质，芒常粗壮，膝曲扭转，1 有柄，雄性或中性，无芒。

6 种，产全球热带和亚热带地区；中国 3 种，产南部和西部。

黄茅 *Heteropogon contortus* (L.) Roem. & Schult.

108. 孔颖草属 **Bothriochloa** Kuntze

叶舌纤毛质；总状花序呈圆锥状、伞房状或指状排列；小穗背腹扁，成对着生；1 无柄，两性，具芒，第一颖背部有或无下陷的小圆孔，1 有柄，雄性或中性，无芒。

约 30 种，产全球温带和热带地区；中国 3 种，产长江以南地区。

白羊草 *Bothriochloa ischaemum* (L.) Keng

109. 皱稃草属 **Ehrharta** Thunb.

叶舌膜质；圆锥花序紧缩；小穗两侧扁，含 3 小花，下部 2 小花退化，仅余外稃，上部 1 小花可育，外稃软骨质至革质，具脊，5~7 脉，无芒，内稃透明，具 2 脉和 2 脊。

38 种，产旧世界温带地区，主要在澳大利亚及南非；中国 1 种，产云南。

皱稃草 *Ehrharta erecta* Lam.

110. 假稻属 **Leersia** Sol. ex Sw.

叶舌膜质；圆锥花序疏松；小穗两侧扁，含 1 小花，颖退化；外稃硬纸质，具 5 脉，无芒，内稃与外稃同质。

20 种，产两半球的热带至温带地区；中国 4 种，产南部、西部及河北、黑龙江。

假稻 *Leersia japonica* (Honda) Honda

111. 稻属 Oryza L.

叶舌膜质；圆锥花序疏松开展，常下垂；小穗两侧扁，含 1 两性小花，其下附有 2 枚退化外稃，颖退化；外稃硬纸质，具 5 脉，顶端有长芒或尖头，内稃与外稃同质；雄蕊 6。

24 种，产两半球热带、亚热带地区；中国 5 种，产云南、广东、广西、海南、台湾，其中水稻广泛栽培。

稻 *Oryza sativa* L.

112. 水禾属 Hygroryza Nees

多年生水生漂浮草本；叶鞘肿胀，叶舌膜质；圆锥花序疏松；小穗两侧扁，含 1 两性小花，颖退化；外稃厚纸质，具 5 脉，脉被纤毛；顶端延伸成细长直芒。

1 种，产亚洲热带东南部地区；中国 1 种，产华南地区，以及福建和台湾。

水禾 *Hygroryza aristata* (Retz.) Nees

113. 菰属 Zizania L.

多年生水生草本；叶舌膜质；圆锥花序大型，小穗含 1 小花，单性，雌雄同株；雄小穗两侧扁，大都位于花序下部分枝上；雌小穗圆柱形，位于花序上部的分枝上，外稃厚纸质，具 5 脉，中脉顶端延伸成直芒。

4 种，产东亚和北美；中国 1 种，产南部、西南部及河南、河北、辽宁、吉林。

菰 *Zizania latifolia* (Griseb.) Stapf

114. 山涧草属 Chikusichloa Koidz.

多年生湿生草本；叶舌膜质；圆锥花序疏松；小穗两侧扁，含 1 两性小花，颖退化；外稃膜质，具 5 脉，顶端有芒或无芒。

3 种，产亚洲东部；中国 2 种，产华南地区及江苏宜兴。

115. 空竹属 Cephalostachyum Munro

小型至大型竹类，地下茎合轴型；竿丛生，直立，梢头下垂，有时为半攀缘状；节间极长，竿壁甚薄，竿每节分枝多数；叶片小型至大型；花枝各节着生有多数假小穗，常排列成球形的假小穗簇丛；小穗含 1 小花；雄蕊 6；果实呈坚果状，长圆形，无毛，顶端具喙。

9 种，产亚洲南部及东南部，非洲马达加斯加亦有分布；中国 6 种，产云南、西藏。

金毛空竹 *Cephalostachyum virgatum* (Munro) Kurz

116. 篦簩竹属 Schizostachyum Nees

乔木状或灌木状竹类，地下茎合轴型；竿每节分多枝，成簇着生，主枝不明显，竿表面多具硅质或贴生卷曲的丝质茸毛；叶片通常大型；假小穗数枚至少数枚着生于具叶或无叶的花枝各节，有时可直接着生于主竿各节；小穗含1~4小花；雄蕊6；颖果纺锤形，光滑。

50种，产亚洲东南部；中国9种，产江西、云南、广西、广东、海南和台湾等省区。

篦簩竹 *Schizostachyum pseudolima* McClure

117. 泡竹属 Pseudostachyum Munro

灌木状竹类；地下茎合轴型；竿散生，彼此疏离，下部通直，尾梢下垂或倚附他物而攀缘；竿每节分枝多数，簇生；花枝常多回复出而呈圆锥状；小穗含1小花；雄蕊6。

1种，产不丹、中国、印度东北部、缅甸、越南；中国1种，产广东、广西、云南。

泡竹 *Pseudostachyum polymorphum* Munro

118. 梨竹属 Melocanna Trin.

地下茎合轴型；竿直立，疏离，每节分多枝，粗细近相等；竿箨宿存，短于其节间，箨鞘革质，无箨耳；叶片大型；花枝圆锥状，顶生；小穗含1朵成熟小花及1至数朵不孕小花；雄蕊5~7；果实大型，浆果状、梨形，先端尖而具有长喙，果皮肉质，肥厚。

2种，产孟加拉国、印度、缅甸；中国引种栽培2种，云南、广西、广东、香港有栽培。

梨竹 *Melocanna humilis* Kurz

119. 单枝竹属 Bonia Balansa

灌木状竹类，地下茎合轴型；竿单丛生，实心，分枝单一；竿箨宿存，箨耳发达；箨片直立或外展；叶片大型，近革质；花枝侧生或自叶枝顶端生出；小穗含5~9小花，顶生1朵不育；雄蕊6。

5种，产越南、中国南部；中国4种，产华南地区。

箭秆竹 *Bonia saxatilis* var. *solida* (C. D. Chu & C. S. Chao) D. Z. Li

120. 泰竹属 Thyrsostachys Gamble

中型乔木状竹类，地下茎合轴型；竿每节分3枝至多枝，呈半轮生状，主枝不明显；箨鞘宿存，质薄，箨耳缺如；

花枝大型圆锥状；小穗含3~4小花，最上方1朵退化或不孕；雄蕊6；颖果圆柱形，无毛，先端具喙。

2种，产印度，缅甸，中国，泰国和越南；中国1种，产云南南部，引入1种，云南、台湾、福建、广东等省栽培。

大泰竹 *Thyrsostachys oliveri* Gamble

121. 巨竹属 Gigantochloa Kurz ex Munro

地下茎合轴型；竿丛生，常高大，直立，有时攀缘状，每节生多枝，主枝显著，无枝刺；箨鞘早落性，厚革质，背面常密被小刺毛，箨耳常不明显；叶片大型；花枝每节着生少数至多数假小穗，当为多数时可聚集呈球形簇团；小穗有能育与不育的二型，能育小穗含2~5小花；雄蕊6，花丝合生成管状，花柱1，细长，柱头单一（或可分为2或3裂），被毛。

约30种，产东南亚及南亚次大陆，多生于热带雨林中；中国约6种，产云南、香港，台湾有栽培。

南峤滇竹 *Gigantochloa parviflora* (Keng f.) Keng f.

122. 牡竹属 Dendrocalamus Nees

乔木状竹类，地下茎合轴型；竿单丛生长，竿壁厚；竿每节具多枝，主枝发达或否，决不具短缩的枝刺；竿箨常脱落，多为革质，箨耳常不明显或不存在，箨片常外翻；叶片通常大型；花枝分枝多，呈圆锥状；小穗含1至多数小花，顶生小花常不孕或退化；雄蕊6。

40种，产亚洲热带和亚热带广大地区；中国27种，产西南、华南地区。

花粉麻竹 *Dendrocalamus pulverulentus* var. *amoenus* (Q. H. Dai & C. F. Huang) N. H. Xia & R. S. Lin

123. 簕竹属 Bambusa Schreb.

灌木或乔木状竹类，地下茎合轴型；竿丛生，通常直立，稀可顶梢为攀缘状；竿每节分枝为数枝至多枝，簇生，主枝粗长；箨鞘先端宽，箨片较大，常直立，常具箨耳和鞘口繸毛；假小穗单生或数枚以至多枚簇生于花枝各节，花序为续次发生；小穗含2至多朵小花，顶端1~2朵常不孕；雄蕊6；颖果通常圆柱状，顶部被毛。

100种以上，产亚洲、非洲和大洋洲的热带及亚热带地区；中国80种，产华南和西南地区。

花竹 *Bambusa albolineata* L. C. Chia

124. 梨藤竹属 Melocalamus Benth.

地下茎合轴型；竿斜倚或攀缘状，每节多分枝，1~3主枝，直立，直径与主竿相若，并常以其中1枚取代主竿；叶片大型；假小穗多枚成头状丛生于花枝之各节，呈轮生或半轮生状；小穗含2小花；雄蕊6；果实大型，坚果状、近球形，黑褐色，表面呈密集的瘤状突起。

14种，产孟加拉国、印度、中国西南部至中南半岛；中国5~6种，产西藏东南部至云南东南部、广西西南部。

流苏梨藤竹 *Melocalamus compactiflorus* var. *fimbriatus* (Hsueh & C. M. Hui) D. Z. Li & Z. H. Guo

125. 赤竹属 Sasa Makino & Shibata

小型灌木状竹类，地下茎复轴型；竿高通常在1m左右，每节生1枝，常可与主竿同粗；圆锥花序排列疏散，或简化为总状花序；小穗含4~8小花；雄蕊6。

50~70种，分布于中国、日本、朝鲜及俄罗斯东部；中国8种，产长江以南的大部分地区。

华箬竹 *Sasa sinica* Keng

126. 筱竹属 Thamnocalamus Munro

灌木至小乔木状的高山竹类，地下茎合轴型；竿单丛，直立，箨环留有箨鞘基部之残余而显然隆起，每节分多枝，无明显的主枝；竿箨迟落，箨耳微小或缺；总状花序有总梗，着生于花枝上部的各节上；小穗含数小花；雄蕊3；柱头3。

约3种，产不丹、中国、印度东北部、尼泊尔；中国2种，产西藏南部。

127. 大节竹属 Indosasa McClure

地下茎单轴型；竿每节分3枝，中间枝略粗于两侧者；竿的节间长度中等，彼此间稍作之字形曲折，竿环、枝环均较隆起；箨鞘革质或薄革质，背面常被小刺毛，箨片大；花序圆锥状或总状；小穗含多数小花；雄蕊6。

19种，产亚洲东部和南部；中国16种，产湖南、福建、广东、广西、贵州和云南。

摆竹 *Indosasa acutiligulata* Z. P. Wang & G. H. Ye

128. 少穗竹属 Oligostachyum Z. P. Wang & G. H. Ye

地下茎为单轴或复轴型；竿散生，直立，每节分3枝；竿箨早落或迟落，箨鞘革质或纸质，无箨耳；总状花序简短，常仅具小穗（1）2或3（6）枚，稀可为具有小穗10枚左右的圆锥花序；小穗含数朵至多朵小花；雄蕊3~4（~5）。

17种，中国特有，产自武夷山脉及其以东，延至五岭山脉及其以南的广大地区，个别种分布至长江流域中部。

少穗竹 *Oligostachyum sulcatum* Z. P. Wang & G. H. Ye

129. 苦竹属 Pleioblastus Nakai

地下茎单轴型，有时可部分短缩成复轴型；竿每节分3~7枝；竿环隆起，高于箨环，箨环常具一圈箨鞘基部残留物；圆锥花序由少数至多枚小穗组成，侧生或稀可顶生于叶枝上；小穗含数朵至多朵小花；雄蕊3。

约 40 种，分布于中国、日本及越南；中国 17 种，产长江中下游流域。

大明竹 *Pleioblastus gramineus* (Bean) Nakai

130. 矢竹属 **Pseudosasa** Makino ex Nakai

地下茎复轴型；竿散生兼为多丛生，直立，每节分 1~3 枝；竿箨宿存或迟落，箨鞘质常较厚；总状或圆锥花序，生于竿上部枝条的下方各节；小穗含 2~10 小花；雄蕊 3~5。

19 种，分布于中国、越南、日本及朝鲜；中国 18 种，产华南和华东地区南部及秦岭以南。

茶竿竹 *Pseudosasa amabilis* (McClure) S. L. Chen et al.

131. 业平竹属 **Semiarundinaria** Makino ex Nakai

地下茎为复轴混生型；竿中部每节具 3 芽，起初生 3 枝，以后可增至数枝；竿箨为不完全的脱落性，箨鞘革质或厚纸质，背部被毛；花枝生于具叶枝条的下部各节，基部有 1 先出叶及一组逐渐增大的苞片，苞片上方的叶呈佛焰苞状；小穗含 2~7 小花；雄蕊 3。

10 种，分布于中国东部、日本；中国 2~4 种，引入栽培 1 种，产华东及广东、湖北。

短穗竹 *Semiarundinaria densiflora* (Rendle) T. H. Wen

132. 酸竹属 **Acidosasa** C. D. Chu & C. S. Chao ex Keng f.

乔木状竹类，地下茎单轴型；竿散生，直立，中部每节具 3 枝，上部节有时可多至 5 枝；竿箨脱落性，箨鞘背面常被有小刺毛；箨片通常较小；总状或圆锥花序；小穗含多数小花；雄蕊 6。

11 种，分布于中国南部、中南半岛；中国 10 种，产福建、广东、湖南、广西及云南。

粉酸竹 *Acidosasa chienouensis* (T. H. Wen) C. S. Chao & T. H. Wen

133. 箬竹属 Indocalamus Nakai

灌木状竹类，地下茎复轴型；竿每节生 1 枝，通常与主竿等粗，有时竿上部的分枝可增至 2~3 枝；竿箨宿存，箨鞘较长于或短于节间，箨耳有或无；叶片通常大型；总状或圆锥花序；小穗含数朵至多朵小花；雄蕊 3。

30 余种，产中国、老挝、越南、日本；中国 30 余种，产长江以南地区。

阔叶箬竹 *Indocalamus latifolius* (Keng) McClure

134. 唐竹属 Sinobambusa Makino ex Nakai

地下茎单轴散生；竿每节分 3 枝，枝开展或斜举，粗细彼此近相等；箨鞘革质至厚纸质，背面基部通常具密集之刺毛；竿箨早落，箨鞘纸质或革质；花枝呈总状或圆锥状；小穗含多数小花；雄蕊 3。

约 13 种，分布于中国南部和西南部，越南北部；中国 13 种，产长江流域以南地区。

唐竹 *Sinobambusa tootsik* (Makino) Makino

135. 香竹属 Chimonocalamus Hsueh & T. P. Yi

中小型竹类，地下茎合轴丛生；竿中下部各节均环生刺状气生根，节间空腔（或竹腔）内常具黄色芳香油，每节通常 3 分枝，枝环显著隆起；叶片小型；圆锥花序简短而疏散，位于具叶小枝之顶端；小穗含 4~12 小花，顶部小花不孕，常呈针芒状；雄蕊 3。

16 种；产东喜马拉雅经中国西南部至中南半岛；中国 9~10 种，产西藏东南部，云南西南部至东南部。

流苏香竹 *Chimonocalamus fimbriatus* Hsueh & T. P. Yi

136. 铁竹属 Ferrocalamus Hsueh & Keng f.

小乔木状竹类，地下茎单轴散生，竹鞭细长；竿每节分 1 枝，竿端数节可具数枝，分枝直径稍小于主竿，直立；竿环脊状隆起，竿箨迟落至宿存；大型圆锥花序，在叶枝顶生；小穗含 5-10 小花；雄蕊 3；果实坚果状，扁球形。

3 种，产中国，越南；中国 2 种，产云南南部至东南部。

铁竹属 *Ferrocalamus strictus* Hsueh & Keng f.

137. 鹅毛竹属 Shibataea Makino ex Nakai

灌木状竹类，地下茎复轴型；竿矮小细瘦，每节具 2 芽，每节分 3~5 枝，枝短而细，常不具次级分枝，枝多具 1 或 2 叶；花枝生于具叶枝的下部各节，且可再分枝；小穗含 3~7 小花；雄蕊 3。

7 种，分布于中国、日本，印度尼西亚、俄罗斯、德国等有栽培；中国 7 种，产东南沿海各省和安徽、江西。

南平倭竹 *Shibataea nanpingensis* Q. F. Zheng & K. F. Huang

早园竹 *Phyllostachys propinqua* McClure

138. 玉山竹属 Yushania Keng f.

灌木状竹类，地下茎合轴型；竿散生，直立，竿柄细长，每节分 1 枝或数枝；总状或圆锥花序，生于具叶小枝顶端，花序分枝腋间常具小瘤状腺体；小穗含 2~14 小花；雄蕊 3。

80 余种，产亚洲东部、南部、东南部及非洲；中国约 70 种，产福建、台湾、广东、江西、湖南及西南地区。

玉山竹 *Yushania niitakayamensis* (Hayata) Keng f.

139. 须弥筱竹属 Himalayacalamus Keng f.

灌木至小乔木状竹类，地下茎合轴型；竿每节分 10~25 枝，分枝密集，主枝显著；叶片小型；总状花序簇生于有叶或无叶枝上；小穗含 1 小花；雄蕊 3；柱头 2。

9 种，产不丹、中国、印度及尼泊尔；中国 2 种，产西藏南部和东南部。

140. 刚竹属 Phyllostachys Siebold & Zucc.

地下茎单轴散生；竿每节分 2 枝，一粗一细，竿髓为薄膜质，呈两端封闭的囊状，紧贴空腔内壁；竿箨早落，箨鞘纸质或革质，箨耳大型、小型或无；花枝呈穗状至头状，通常单独侧生于无叶或顶端具叶小枝的各节上；小穗含 1~6 小花，上部小花常不孕；雄蕊 3。

61 种，产印度东北经中国至日本的广大区域；中国 61 种，全国各地均有自然分布或栽培。

141. 寒竹属 Chimonobambusa Makino

地下茎复轴型；竿每节分 3 枝，节间短，圆筒形或基部数节略呈四方形；有的种基部各节环列刺状气生根；竿环平至极度隆起呈一锐圆脊，枝环显著隆起；箨鞘薄纸质而宿存，或为厚纸质而脱落，箨耳不发达；花枝总状或圆锥状；小穗含数朵至多数小花；雄蕊 3。

42 种，产东喜马拉雅经中国和中南半岛至日本的广大区域；中国 37 种，产秦岭以南地区，西南地区尤多。

刺黑竹 *Chimonobambusa purpurea* Hsueh & T. P. Yi

142. 悬竹属 Ampelocalamus S. L. Chen, T. H. Wen & G. Y. Sheng

地下茎合轴型；竿直立，上部可作藤状下垂，每节 2 或 3 枝乃至多枝；箨耳与叶耳均显著，边缘生放射状緣毛；圆锥花序疏松，通常着生在叶枝的顶端；小穗含 2~7 小花，顶生小花不育；雄蕊 3，花柱 2。

13 种，产喜马拉雅中部地区至中国南部地区；中国 13 种，产海南、台湾以及西南地区。

射毛悬竹 *Ampelocalamus actinotrichus* (Merr. & Chun) S. L. Chen

143. 箭竹属 Fargesia Franch.

灌木状或稀可乔木状竹类，地下茎合轴型，假鞭通常粗短；竿直立，疏丛生或近散生，每节分数枝至多枝，竿箨迟落或宿存；圆锥状或总状花序，着生于具叶小枝的顶端；小穗含数枚小花；雄蕊3。

约100种；产东喜马拉雅经中国南部至越南。中国约90种；产热带亚热带中山或亚高山地区，北达祁连山东坡，南到海南，东起江西和湖南，西至西藏吉隆。

龙头竹 *Fargesia dracocephala* T. P. Yi

144. 镰序竹属 Drepanostachyum Keng f.

灌木状或藤本竹类，地下茎合轴型；竿较细，径粗常不及1厘米，下部直立，先端垂悬，箨环常因有箨鞘基部残余物而甚突出；竿每节具少数至多数分枝，呈半轮生状；竿箨迟落；叶片小型或中等大；竿在开花后期其叶常易尽落，花序在花枝各节簇生，作总状或伞房状聚集；小穗含2~6小花；雄蕊3。

约10种；产不丹，印度，尼泊尔及中国西南部。中国约4种；产西南地区。

扫把竹 *Drepanostachyum fractiflexum* (T. P. Yi) D. Z. Li

145. 短颖草属 Brachyelytrum P. Beauv.

叶舌膜质；圆锥花序狭窄；小穗两侧扁，含1小花，颖微小，外稃具5脉，先端具1细直芒。

3种，产亚洲东部和北美；中国1种，产华东及云南。

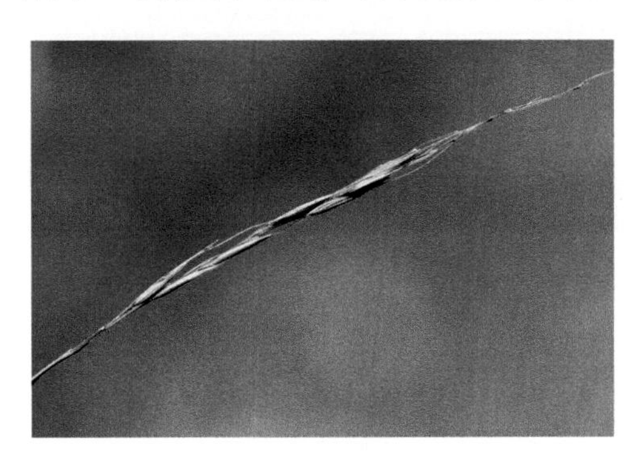

日本短颖草 *Brachyelytrum japonicum* (Hackel) Honda

146. 毛蕊草属 Duthiea Hack.

叶舌膜质；总状花序偏向一侧；小穗两侧扁，含1~3小花；外稃顶端2深裂，芒自裂齿间伸出，下部扭转，上部直；雄蕊3，花药细长，顶生小刺毛；子

毛蕊草 *Duthiea brachypodium* (P. Candargy) Keng & Keng f.

房密生糙毛。

3 种，产喜马拉雅地区，从阿富汗到中国西部皆有分布；中国 1 种，产青海、四川、西藏、云南。

147. 显子草属 Phaenosperma Munro ex Benth.

叶舌纤毛质；圆锥花序开展；小穗含 1 小花，两颖不等长；外稃与小穗等长，边缘干膜质，内稃卵状椭圆形，具明显的 2 脊；果实光滑，为内、外稃疏松包裹。

1 种，产东亚；中国 1 种，主产东部至西南部及陕西、甘肃。

显子草 *Phaenosperma globosa* Benth.

148. 冠毛草属 Stephanachne Keng

叶舌膜质；圆锥花序紧缩；小穗含 1 小花，脱节于颖之上，小穗轴延伸于内稃之后；颖具 3~5 脉；外稃的背部散生细柔毛，顶端 2 深裂，有 1 圈冠毛状柔毛，芒自裂口处伸出，短而细弱，基盘圆钝，花柱 2。

3 种，产亚洲温寒地区；中国 3 种，产西部及内蒙古。

单蕊冠毛草 *Stephanachne monandra* (P. C. Kuo & S. L. Lu) P. C. Kuo & S. L. Lu

149. 三蕊草属 Sinochasea Keng

叶舌膜质；圆锥花序紧缩；小穗含 1 小花，脱节于颖之上，小穗轴延伸于小花之后；颖具 5 脉；外稃背部散生细柔毛，顶端 2 深裂，芒自裂口处伸出，膝曲而扭转，基盘圆钝，花柱 3。

1 种，分布于中国；产青海、西藏。

三蕊草 *Sinochasea trigyna* Keng

150. 芨芨草属 Achnatherum P. Beauv.

叶舌膜质；圆锥花序开展或紧缩；小穗含 1 小花；外稃具 5 脉，顶端 2 裂，边脉于顶部汇合，芒自裂口处伸出，膝曲而宿存，基盘钝或较尖。

50 种，产欧洲、亚洲温寒地区；中国 18 种，全国分布。

芨芨草 *Achnatherum splendens* (Trin.) Nevski

151. 落芒草属 Piptatherum P. Beauv.

叶舌膜质；圆锥花序开展或狭窄；小穗含 1 小花，脱节于颖之上；外稃的芒不膝曲扭转且易早落，基盘圆钝。

30 种，产北半球温带和亚热带山地；中国 9 种，产西南、西北及陕西、河南、湖北、湖南、广东、台湾、浙江。

落芒草 *Piptatherum munroi* (Stapf) Mez

152. 针茅属 Stipa L.

叶舌膜质；圆锥花序开展或狭窄；小穗含 1 小花，脱节于颖之上；颖具 3~5 脉；外稃的芒一回或两回膝曲，芒柱扭转，基盘尖锐，具髭毛。

100 种，产全世界温带地区；中国 23 种，南北分布。

西北针茅 *Stipa sareptana* var. *krylovii* (Roshev.) P. C. Kuo & Y. H. Sun

153. 沙鞭属 Psammochloa Hitchc.

植株具长而横走的根茎；叶舌膜质；圆锥花序紧缩；小穗含 1 小花，脱节于颖之上；颖具 3~5 脉；外稃具 5~7 脉，顶端微 2 裂，芒自裂口处伸出，直立，早落，基盘无毛。

1 种，分布于中国西北地区。

沙鞭 *Psammochloa villosa* (Trin.) Bor

154. 细柄茅属 Ptilagrostis Griseb.

叶舌膜质；圆锥花序开展或狭窄；小穗具细长的柄，含 1 小花；外稃的芒膝曲，全部被柔毛，芒柱扭转，基盘短钝。

11 种，产亚洲北部至喜马拉雅地区，以及美国西部；中国 7 种，全国分布。

细柄茅 *Ptilagrostis mongholica* (Trin.) Griseb.

155. 三角草属 Trikeraia Bor

植株具横走根茎；叶舌膜质；圆锥花序紧缩或开展；小穗含 1 小花；外稃具 5 脉，顶端 2 深裂，边脉直达于两侧裂齿内，在顶端不与中脉汇合，芒自裂口处伸出，微弯曲、下部稍扭转，基盘短钝。

4 种，产巴基斯坦北部到不丹及中国西部；中国 3 种，产甘肃、青海、四川、西藏、云南、新疆。

假冠毛草 *Trikeraia pappiformis* (Keng) P. C. Kuo & S. L. Lu

156. 直芒草属 Orthoraphium Nees

叶舌膜质；圆锥花序紧缩；小穗含 1 小花，脱节于颖之上；颖具 5~9 脉；外稃的顶端 2 深裂，芒自裂口处伸出，劲直，粗壮，宿存，基盘圆钝。

1 种，产印度、中国至日本；中国 1 种，产西南部。

直芒草 *Orthoraphium roylei* Nees

甜茅 *Glyceria acutiflora* subsp. *japonica* (Steud.) T. Koyama & Kawano

157. 扁穗茅属 Brylkinia F. Schmidt

叶鞘闭合，叶舌膜质；总状花序，具稀疏下垂的小穗；小穗两侧扁，仅顶生小花可育，外稃具长芒，下部 2~3 枚小花仅有空虚的外稃。

1 种，分布于中国、日本及俄罗斯东部；中国 1 种，产吉林及四川。

扁穗茅 *Brylkinia caudata* (Munro) F. Schmidt

158. 甜茅属 Glyceria R. Br.

叶鞘闭合，叶舌膜质；圆锥花序开展或紧缩；小穗两侧扁或多少呈圆柱形，含少数至多数小花；外稃具 5~9 脉，平行且常隆起。

40 种，产两半球温带地区；中国 10 种，南北分布。

159. 臭草属 Melica L.

叶鞘闭合，叶舌膜质；圆锥花序开展或紧缩；小穗两侧扁，含 1 至数朵小花，上部 1~3 小花退化，且互相紧抱成球形或棒状；外稃通常无芒。

90 种，产两半球的温带区域或亚热带、热带山区；中国 23 种，全国分布。

臭草 *Melica scabrosa* Trin.

160. 裂稃茅属 Schizachne Hack.

叶鞘闭合或部分闭合，叶舌膜质；圆锥花序紧缩或稍开展；小穗两侧扁，含 3~5 小花，外稃具 7 脉，先端 2 齿裂，其下伸出直芒。

1 种，产东亚至俄罗斯的欧洲部分和北美东部；中国 1 种，产北部及云南。

161. 龙常草属 Diarrhena P. Beauv.

叶舌膜质；叶片自基部扭转；圆锥花序开展；小穗两侧扁，含2~4小花，上部小花退化，小穗轴脱节于颖之上与各小花间，颖微小，外稃厚纸质，具3脉；颖果顶端具圆锥形喙。

4种，产东亚和北美；中国3种，产东北及山东。

法利龙常草 *Diarrhena fauriei* (Hack.) Ohwi

162. 短柄草属 Brachypodium P. Beauv.

叶舌膜质；穗形总状花序；小穗两侧扁，有短柄，第一颖存在，含3至多数小花；外稃具5~9脉，具短尖头或芒。

16种，产欧亚大陆温带，以及地中海地区、非洲和美洲热带高海拔山地；中国5种，南北分布。

短柄草 *Brachypodium sylvaticum* (Hudson) P. Beauv.

163. 虉草属 Phalaris L.

叶舌膜质；圆锥花序紧缩成穗状；小穗两侧扁，含3小花，中间1枚为两性，外稃短于颖，软骨质，无芒，下方2枚退化为鳞片状外稃。

18种，产北半球温带，主产欧美地区；中国5种，南北分布。

虉草 *Phalaris arundinacea* L.

164. 黄花茅属 Anthoxanthum L.

叶舌膜质；圆锥花序紧缩或开展；小穗两侧扁，含3小花，中间1枚为两性，下方2枚为雄性或中性，花外稃多少变硬，具芒。

50种，产两半球温带及寒带地区，热带山区亦有分布；中国10种，南北分布。

光稃茅香 *Anthoxanthum glabrum* (Trin.) Veldkamp

165. 䅍草属 Koeleria Pers.

叶鞘在基部分蘖者常闭合，秆上者常纵向裂开；叶舌膜质；圆锥花序紧密成穗状；小穗两侧扁，含2~4小花，脱节于颖以上；外稃具3~5脉，顶端无芒或具短芒。

35种，产全球温带地区；中国4种，南北分布。

落草 *Koeleria macrantha* (Ledeb.) Schult.

166. 三毛草属 **Trisetum** Pers.

叶舌膜质；圆锥花序开展或紧缩成穗状；小穗两侧扁，含 2~3 小花；外稃顶端常具 2 裂齿，背部具脊，自中部以上生芒。

70 种，产除非洲以外的温带地区，热带高山亦有分布；中国 12 种，全国分布。

西伯利亚三毛草 *Trisetum sibiricum* Rupr.

167. 异燕麦属 **Helictotrichon** Besser ex Schult. & Schult. f.

多年生草本；叶舌膜质；圆锥花序开展或紧缩；小穗两侧扁，含 2 至数枚小花；外稃顶端常浅裂为 2 尖齿，背部自中部生芒，扭转而膝曲。

异燕麦 *Helictotrichon hookeri* (Scribn.) Henrard

100 种，产温带地区，主产欧亚大陆及热带非洲和南非洲，北美洲亦有少数分布；中国 14 种，南北分布。

168. 燕麦草属 **Arrhenatherum** P. Beauv.

叶舌膜质；圆锥花序狭窄；小穗两侧扁，含 2 小花，第一小花雄性，外稃具 1 膝曲扭转的芒，第二小花两性，外稃具 1 细直短芒。

7 种，产欧洲和地中海区域、亚洲西南部；中国 1 种，引种栽培，作饲料及观赏植物。

燕麦草 *Arrhenatherum elatius* (L.) J. Presl & C. Presl

169. 燕麦属 **Avena** L.

一年生草本；叶舌膜质；圆锥花序开展或紧缩；小穗两侧扁，含 2 至数枚小花，长于 2cm；外稃顶端软纸质，齿裂，裂片有时呈芒状，背部自中部生芒，扭转而膝曲。

25 种，产地中海区域和亚洲西南部，甚至欧洲北部、亚洲北部亦有分布；中国 5 种，全国分布。

燕麦 *Avena sativa* L.

170. 凌风草属 **Briza** L.

叶舌膜质；圆锥花序开展；小穗两侧扁，含少数至多数小花，近于水平排列，外稃具 5 至多脉，边缘宽膜质，扩展。

21 种，产南美洲、欧洲和美洲北部及亚洲西北部；中国 3 种，产西南及东南地区。

银鳞茅 *Briza minor* L.

171. 野青茅属 **Deyeuxia** Clarion ex P. Beauv.

叶舌膜质；圆锥花序开展或紧缩；小穗两侧扁，含 1 小花，脱节于颖之上，小穗轴延伸于内稃之后，常具丝状柔毛；外稃具 3~5 脉，中脉自稃体基部或中部以上延伸成 1 芒。

200 种，产全球温带和热带山区；中国 34 种，南北分布。

野青茅 *Deyeuxia pyramidalis* (Host) Veldkamp

172. 拂子茅属 **Calamagrostis** Adans.

叶舌膜质；圆锥花序紧缩或开展；小穗两侧扁，含 1 小花，脱节于颖之上，小穗轴不延伸于内稃之后，无毛或具疏柔毛；外稃先端有微齿或 2 裂，芒自顶端齿间或中部以上伸出，基盘密生长于稃体的丝状毛。

20 种，产东半球温带地区；中国 6 种，全国分布。

假苇拂子茅 *Calamagrostis pseudophragmites* (A. Haller) Koeler

173. 剪股颖属 **Agrostis** L.

叶舌膜质；圆锥花序开展或紧缩成穗状；小穗两侧扁，含 1 小花，脱节于颖之上，颖片等长或不等长，先端急尖、渐尖或具小尖头，无芒，具 1 脉；外稃白色，膜质，一般短于颖片。

200 种，产寒温地带，尤北半球多；中国 25 种，南北分布。

华北剪股颖 *Agrostis clavata* Trin.

174. 棒头草属 **Polypogon** Desf.

叶舌膜质；圆锥花序穗状或塔形；小穗两侧扁，含 1 小花，脱节于颖之下，小穗轴不延伸；外稃膜质，通常具 1 易落短芒；雄蕊 1~3。

25 种，产两半球的热带和温带地区；中国 6 种，全国均布。

棒头草 *Polypogon fugax* Steud.

175. 鸭茅属 Dactylis L.

叶舌膜质；圆锥花序开展或紧缩；小穗两侧扁，紧密排列于花序分枝上端一侧，含 2 至数枚小花，外稃具短芒。

1 种，产欧亚大陆温带和北非地区；中国 1 种，产西南及湖北、台湾、浙江和西北。

鸭茅 *Dactylis glomerata* L.

176. 洋狗尾草属 Cynosurus L.

叶舌膜质；圆锥花序紧缩；小穗两侧扁，二型，可育小穗无柄在上方，不育小穗具短柄在下方，紧密呈覆瓦状排列于花序主轴的一侧，含 2~5 小花，外稃具芒尖。

8 种，产欧洲温带和地中海地区；中国 1 种，产江西。

177. 假牛鞭草属 Parapholis C. E. Hubb.

叶舌膜质；穗状花序圆柱形；小穗两侧扁，含 1 小花，单独嵌生于圆柱形而逐节断落的穗轴中，成熟后与其穗轴节间一同脱落；外稃具 1 中脉。

6 种，产欧亚大陆；中国 1 种，产福建、浙江。

假牛鞭草 *Parapholis incurva* (L.) C. E. Hubb.

178. 绒毛草属 Holcus L.

叶舌膜质；圆锥花序开展或紧缩；小穗两侧扁，含 2 小花，第一小花两性，外稃无芒，第二小花雄性，外稃具芒。

8 种，产欧洲、非洲及亚洲西南部；中国 1 种，产台湾、江西、云南。

绒毛草 *Holcus lanatus* L.

179. 发草属 Deschampsia P. Beauv.

叶舌膜质；圆锥花序紧缩或开展；小穗两侧扁，含 2~3 小花；外稃顶端常为啮蚀状，背部无脊，自中部以下生芒或无芒。

40 种，产全球温带和寒带地区；中国 3 种，产西部及台湾。

发草 *Deschampsia cespitosa* (L.) P. Beauv.

180. 水茅属 Scolochloa Link

叶鞘一侧开缝，叶舌膜质；圆锥花序开展；小穗两侧扁，含 3~4 小花；外稃具 5~7 脉，3 脉延伸至顶端成齿尖的短芒，基盘稍尖，两侧各具 1 束髯毛。

2 种，产欧洲及俄罗斯、蒙古国、中国和北美；中国 1 种，产东北地区。

181. 黑麦草属 Lolium L.

叶舌膜质；穗状花序；小穗两侧扁，近无柄，以腹面对花序轴，第一颖除顶生小穗外不存在，含 2 至多数小花；外稃具 3~5 脉，有芒或无芒。

8 种，产地中海区域，欧亚大陆的温带地区；中国 6 种，南北分布。

毒麦 *Lolium temulentum* L.

182. 羊茅属 Festuca L.

多年生草本；叶舌膜质；圆锥花序疏松开展或紧密狭窄；小穗两侧扁，含 2 至多朵小花，外稃具短芒或无芒，背部无脊。

450 种，产全世界的温寒地带及热带高山地区；中国 55 种，产西部、北部及台湾。

苇状羊茅 *Festuca arundinacea* Schreb.

183. 鼠茅属 Vulpia C. C. Gmel.

一年生草本；叶舌膜质；圆锥花序狭窄或紧缩成穗状；小穗两侧扁，含 3~8 小花，外稃具长于稃体的芒。

26 种，产地中海及中亚地区，欧洲中部、北部和南部及美洲、非洲的热带山地；中国 1 种，产华东及西藏地区。

鼠茅 *Vulpia myuros* (L.) C. C. Gmel.

184. 银须草属 Aira L.

叶舌膜质；圆锥花序开展或紧缩；小穗两侧扁，含 2 两性小花；外稃背部圆形，自稃体下部或中部伸出膝曲的芒，或第一小花无芒。

8 种，产欧洲和亚洲温带地区；中国 1 种，产西藏。

185. 碱茅属 Puccinellia Parl.

叶舌膜质；圆锥花序开展或紧缩；小穗两侧扁，含2~8小花；外稃具平行的5脉，中脉无脊。

200种，产北半球温寒带，生于滨海和内陆盐碱地及高原咸水湖滩；中国50种，产北部及江苏、安徽。

朝鲜碱茅 *Puccinellia chinampoensis* Ohwi

186. 硬草属 Sclerochloa P. Beauv.

叶鞘下部闭合，叶舌膜质；圆锥花序坚硬直立，分枝极短而简单；小穗两侧扁，含3~8小花，外稃具5~7脉，无芒，具龙骨状突起。

2种，产欧洲中部和南部、亚洲西部和中部；中国1种，产新疆。

187. 小沿沟草属 Colpodium Trin.

叶鞘下部闭合，叶舌膜质；圆锥花序开展，稀紧缩；小穗两侧扁，含2~3（~4）小花；外稃具3~5脉，无芒。

22种，产欧洲和亚洲温带地区；中国5种，产新疆、西藏地区。

188. 沿沟草属 Catabrosa P. Beauv.

叶鞘下部闭合，叶舌膜质；圆锥花序开展或紧缩；小穗两侧扁，含2小花；外稃具3脉，无芒。

2种，产欧亚大陆温带地区；中国2种，产西部及湖北。

沿沟草 *Catabrosa aquatica* (L.) P. Beauv.

189. 莎禾属 Coleanthus Seidl

叶舌纤毛质；圆锥花序小型；小穗含1小花，颖完全退化；外稃透明膜质，顶端具短芒。

1种，产欧亚大陆寒温地带；中国1种，产江西及东北地区。

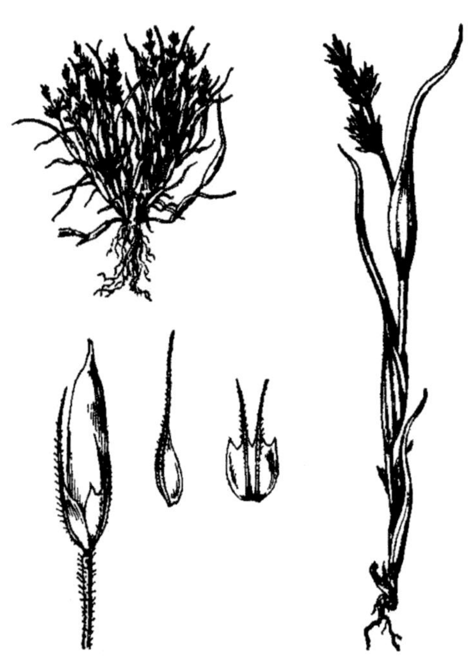

莎禾 *Coleanthus subtilis* (Trattinnick) Seidel

190. 梯牧草属 Phleum L.

叶舌膜质；圆锥花序穗状，紧密；小穗两侧扁，含1小花，脱节于颖之上；颖片边缘不连合，顶端具芒尖；外稃无芒，具内稃。

16种，产两半球温寒带；中国4种，南北分布。

鬼蜡烛 *Phleum paniculatum* Hudson

191. 早熟禾属 Poa L.

叶鞘开放或下部闭合，叶舌膜质；圆锥花序开展或紧缩；小穗两侧扁，含2~8小花，上部小花不育或退化；外稃具5脉，脉向先端汇合，中脉成脊，无芒。

500种以上，泛球分布；中国81种，产西南、西北、东北及华北地区。

早熟禾 *Poa annua* L.

192. 沟稃草属 Aniselytron Merr.

叶舌膜质；圆锥花序开展；小穗两侧扁，含1小花，脱节于颖之上，颖不等长，第一颖较小，具1脉，第二颖具1~3脉；外稃具5脉，无芒。

2种，分布于中国、日本、菲律宾、马来西亚、印度尼西亚及印度；中国2种，产西南部及贵州、广西、福建和台湾。

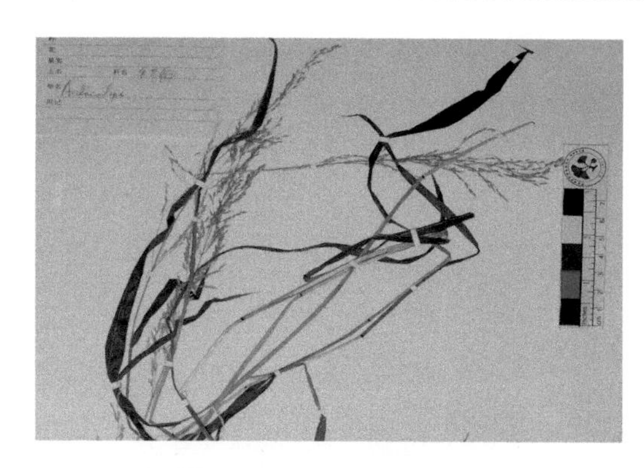

沟稃草 *Aniselytron treutleri* (Kuntze) Soják

193. 杯禾属 Cyathopus Stapf

叶舌膜质；圆锥花序开展；小穗两侧扁，含1小花，颖等长，具3脉；外稃膜质，稍短于颖，具5脉，无芒，内稃具2脊；雄蕊3。

1种，产不丹、中国及印度；中国1种，产云南。

194. 茵草属 Beckmannia Host

叶舌膜质；圆锥花序狭窄；小穗两侧扁，近圆形，含1小花，颖半圆形；外稃具5脉，稍露出于颖外，先端尖或具短尖头。

2种，产世界温寒地带；中国1种，产北部、华中至华东。

茵草 *Beckmannia syzigachne* (Steud.) Fernald

195. 看麦娘属 Alopecurus L.

叶舌膜质；圆锥花序穗状，紧密；小穗两侧扁，含1小花，脱节于颖之上；颖片在下部边缘互相连合，顶端无芒尖；外稃具芒，内稃缺。

40~50种，产北半球温寒带；中国8种，南北分布。

日本看麦娘 *Alopecurus japonicus* Steud.

196. 单蕊草属 Cinna L.

叶舌膜质；圆锥花序开展；小穗两侧扁，含 1 小花，脱节于颖之下，小穗轴延伸于内稃之后，如 1 短刺；外稃具 3 脉，顶端之下着生短芒；雄蕊 1。

4 种，产北半球温带地区；中国 1 种，产黑龙江、吉林。

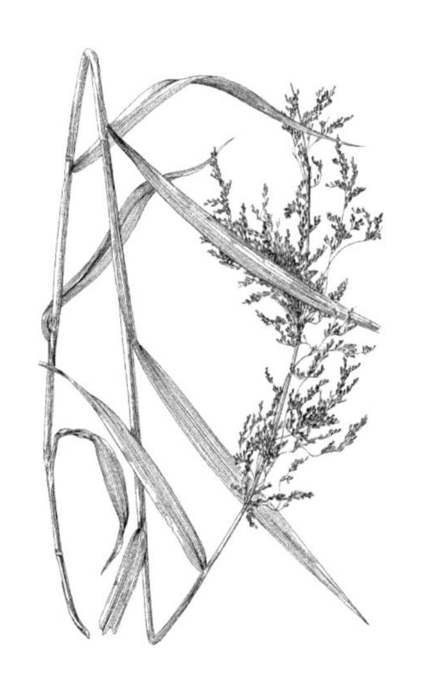

单蕊草 *Cinna latifolia* (Goppert) Griseb.

197. 粟草属 Milium L.

叶舌膜质；圆锥花序稀疏开展；小穗背腹扁，含 1 小花，脱节于颖之上；颖具 3 脉；外稃无芒，基盘短而钝。

5 种，产欧亚寒温地区；中国 1 种，南北分布。

粟草 *Milium effusum* L.

198. 扇穗茅属 Littledalea Hemsl.

叶鞘下部闭合，叶舌膜质；圆锥花序疏松开展，或呈总状花序；小穗两侧扁，含 3~11 小花；外稃具 5~11 脉，无芒，无脊，顶端钝。

4 种，产青藏高原、喜马拉雅高海拔山地及中亚帕米尔高原；中国 4 种，产西部。

扇穗茅 *Littledalea racemosa* Keng

199. 新麦草属 Psathyrostachys Nevski

叶舌膜质；穗状花序紧密，穗轴脆弱，成熟后逐节断落；小穗 2~3 枚生于穗轴每节，两侧扁，含 2~3 小花；外稃具短尖头或芒。

9 种，产中亚地区；中国 5 种，产西北部及河南、内蒙古。

新麦草 *Psathyrostachys juncea* (Fisch.) Nevski

200. 雀麦属 Bromus L.

叶鞘闭合，叶舌膜质；圆锥花序开展或紧缩；小穗两侧扁，含3至多数小花；外稃具5~11脉，具芒，稀无芒或具三芒。

150种，产欧洲、亚洲、美洲的温带地区和非洲、亚洲、南美洲热带山地；中国55种，南北分布。

旱雀麦 *Bromus tectorum* L.

201. 大麦属 Hordeum L.

叶舌膜质；穗状花序紧密；小穗3枚生于穗轴每节，两侧扁，含1（~2）小花，形成三联小穗，同型或异型；外稃具芒或无芒。

芒颖大麦草 *Hordeum jubatum* L.

30~40种，产全球温带或亚热带的山地或高原地区；中国10种，主产西北及西南地区。

202. 赖草属 Leymus Hochst.

叶舌膜质；穗状花序顶生，直立；穗轴每节着生小穗1~5枚，小穗两侧扁，含2至数朵小花，小穗轴多少扭转，致使颖与稃体位置改变而不在一个面上；外稃无芒或具小尖头。

50种，产北半球温寒带、亚洲中部、欧洲及北美；中国24种，产西北、西南、华北、东北及山东、河南。

滨麦 *Leymus mollis* (Trin.) Pilg.

203. 旱麦草属 Eremopyrum (Ledeb.) Jaub. & Spach

叶舌膜质；穗状花序顶生，穗轴具关节而逐节断落；小穗单生于穗轴每节，互相密接而呈篦齿状，两侧扁，含3~6小花；颖具脊，边缘在成熟时变厚或呈角质；外稃具短芒。

8种，产地中海到印度西北部；中国4种，产内蒙古、新疆、西藏。

东方旱麦草 *Eremopyrum orientale* (L.) Jaub. & Spach

204. 冰草属 Agropyron Gaertn.

叶舌膜质；穗状花序顶生，穗轴节间短缩，常密生毛；小穗单生于穗轴每节，互相密接而呈篦齿状，两侧扁，含 3~11 小花；颖两侧具宽膜质边缘；外稃具短芒或短尖。

15 种，产欧亚大陆寒温带区域高原草地及沙地；中国 5 种，产北部和西北部。

冰草 *Agropyron cristatum* (L.) Gaertn.

205. 小麦属 Triticum L.

叶舌膜质；穗状花序直立，成熟时不自基部整个脱落；小穗单生于穗轴每节，两侧扁，含 3~9 小花；颖背部具脊；外稃具芒或无芒。

25 种，产欧亚大陆及北美；中国 4 种，全国分布或栽培。

小麦 *Triticum aestivum* L.

206. 披碱草属 Elymus L.

叶舌膜质；穗状花序顶生，直立或下垂；小穗 1~4（~6）枚生于穗轴每节，两侧扁，含 3~7 小花；外稃具长芒或短至无芒。

170 种，产北半球温寒地带，包含东亚、北美及欧洲；中国 88 种，全国分布。

圆柱披碱草 *Elymus dahuricus* var. *cylindricus* Franch.

207. 假鹅观草属 Pseudoroegneria (Nevski) Á. Löve

叶舌膜质；穗状花序顶生；小穗单生于穗轴每节，两侧扁，含 3~6 小花；外稃具芒或无芒。

15 种，产北半球；中国 1 种，产新疆。

208. 山羊草属 Aegilops L.

叶舌膜质；穗状花序直立，成熟时常自基部整个脱落或穗轴逐节断落；小穗单生于穗轴每节，两侧扁，含 3~9 小花；颖背部无脊；外稃具芒。

节节麦 *Aegilops tauschii* Cosson

21种，产地中海沿岸、中亚、非洲北部及中国；中国1种，产河南、陕西、新疆。

209. 黑麦属 Secale L.

叶舌膜质；穗状花序；小穗单生于穗轴每节，两侧扁，含2个可育小花；外稃具芒，背部具脊。

5种，产欧亚大陆温带地区；中国3种，南北分布。

黑麦 *Secale cereale* L.

210. 巴山木竹属 Bashania Keng f. & T. P. Yi

地下茎复轴型；竿起初分1~3枝，以后则因主枝基部次级枝的发生而成为粗细不等的多枝；箨鞘迟落或宿存，革质，鞘口及箨舌均为截形，箨耳无或不明显；花序在具叶小枝上顶生，圆锥状，稀总状；小穗含数朵小花；雄蕊3。

约10种；产喜马拉雅东部经中国西南至越南北部。中国10种；产甘肃、陕西、湖北、四川、重庆、贵州和云南。

211. 贡山竹属 Gaoligongshania D. Z. Li, Hsueh & N. H. Xia

灌木状攀缘竹类，有时附生于树上；地下茎复轴型；竿每节分1枝，与竿等粗，竿箨宿存，箨耳大；叶片大型；圆锥花序开展；小穗含4-9小花；雄蕊3。

1种，中国特有，产云南高黎贡山。

212. 短枝竹属 Gelidocalamus T. H. Wen

灌木状竹类，地下茎复轴型；竿每节分7-12枝，最多可达20余枝，枝纤细，均较短，仅具2-5节，通常不再分枝；竿环在分枝一侧的另一面较隆起；箨环稍隆起，箨鞘宿存，远较其节间为短；小枝的顶端通常仅具1叶，稀可具2叶或较多；圆锥花序大型，生于具叶小枝顶端；小穗含3-5小花；雄蕊3。

9种，分布于中国，产贵州、广西、湖南、江西、浙江、台湾。

台湾矢竹 *Gelidocalamus kunishii* (Hayata) Keng f. & T. H. Wen

213. 新小竹属 Neomicrocalamus Keng f.

攀缘状或斜倚的竹类，地下茎合轴型；竿纤细瘦长，表面平滑，箨环隆起，竿壁厚，常可实心，竿每节分多枝，有时具1主枝并可取代主竿；箨片微小，竿箨宿存，常呈针状；花枝总状或圆锥状；小穗含4-7小花，顶生1朵不孕；雄蕊6；颖果常呈略弯的短圆柱形。

约5种；产东喜马拉雅至中国西南部和中南半岛。中国约3种；产西藏东南部经云南西北部至东南部。

新小竹属 *Neomicrocalamus* sp.

214. 仲彬草属 Kengyilia C. Yen & J. L. Yang

叶舌膜质；穗状花序顶生，通常具顶生小穗；小穗单生于穗轴每节，两侧扁，含7~8小花；颖背部圆钝，顶端具龙骨状突起。

30种，产亚洲中部山脉及青藏高原；中国24种，产西部。

215. 偃麦草属 Elytrigia Desv.

叶舌膜质；穗状花序直立；小穗单生于穗轴每节，两侧扁，以侧面对花序轴，含3至多数小花，成熟时通常自穗轴上整个脱落；外稃具5脉，无芒或具短尖。

40种，产两半球的寒温带；中国2种，产北部和西南部高海拔山地。

长穗偃麦草 *Elytrigia elongata* (Host ex P. Beauv.) Nevski

216. 猬草属 Hystrix Moench

较高大的多年生草本；叶舌膜质；穗状花序细长；小穗常孪生，两侧扁，以背腹面对花序轴，含1~3小花；外稃具5~7脉，具长芒。

10种，产亚洲、北美及新西兰；中国4种，产北部至西南部及安徽、浙江、湖北和湖南。

东北猬草 *Hystrix komarovii* (Roshev.) Ohwi

217. 假硬草属 Pseudosclerochloa Tzvelev

叶鞘下部闭合，叶舌膜质；圆锥花序坚硬直立，分枝再次分枝；小穗两侧扁，含3~8小花，外稃具3~5脉，无芒，无龙骨状突起。

2种，产西欧和中国；中国1种，产安徽、河南、江苏及江西。

耿氏假硬草 *Pseudosclerochloa kengiana* (Ohwi) Tzvelev

218. 稗荩属 Sphaerocaryum Nees ex Hook. f.

叶舌纤毛质；圆锥花序小型；小穗背腹扁，含1小花，自小穗柄关节处整个脱落；内外稃等长，薄膜质。

1种，产亚洲热带和亚热带地区；中国1种，产华东及广东、广西、云南。

稗荩 *Sphaerocaryum malaccense* (Trin.) Pilg.

219. 羽穗草属 Desmostachya (Stapf) Stapf

叶舌纤毛质；穗状花序多数密集于延长的主轴上而形成狭圆锥花序；小穗两侧扁，含数枚小花，无柄，颖短于小花；外稃具3脉，无芒。

1种，分布于中国、印度及非洲；中国1种，产海南。

220. 毛颖草属 Alloteropsis J. Presl

叶舌纤毛质；总状花序穗形，再排成指状；小穗背腹扁，含2小花，第二小花两性、可育；第一颖短小，第二颖的边脉或边缘的翼缘生纤毛，此毛于成熟时耸起；第二外稃厚纸质，顶端延伸成短芒。

5 种，产东半球热带地区，非洲、印度、马来西亚及大洋洲、南美洲也有；中国 2 种，产华南地区及台湾、福建、四川、云南。

毛颖草 *Alloteropsis semialata* (R. Br.) Hitchc.

221. 多裔草属 Polytoca R. Br.

叶舌纤毛质；雄性小穗排成总状花序，呈指状排列；雌小穗位于腋生总状花序下部或顶生总状花序中部，第一颖革质，后变硬，以其内折的边缘围抱序轴节间。

1 种，产热带亚洲和大洋洲；中国 1 种，产华南地区及云南。

多裔草 *Polytoca digitata* (L. f.) Druce

222. 球穗草属 Hackelochloa Kuntze

叶舌纤毛质；总状花序短小串珠形；小穗背腹扁，成对着生，均无芒；1 无柄，两性，球形，1 有柄，雄性或中性。

2 种，产全球热带地区；中国 2 种，产南部及西南部。

球穗草 *Hackelochloa granularis* (L.) Kuntze

223. 假高粱属 Pseudosorghum A. Camus

叶舌纤毛质；圆锥花序密集，由多数含 5~15 节的总状花序组成；小穗背腹扁，成对着生；1 无柄，两性，第一颖软骨质，1 有柄，雄性或中性。

1 种，产亚洲热带地区；中国 1 种，产云南。

224. 单序草属 Polytrias Hack.

叶舌纤毛质；总状花序单生；小穗背腹扁，3 个着生于各节，均为两性，2 无柄，位于两侧，1 有柄，位于中央。

1 种，产亚洲大陆南部向东南延及诸岛屿；中国 1 种，产海南、香港。

225. 拟金茅属 Eulaliopsis Honda

叶舌纤毛质；总状花序排列成指状或近圆锥状；小穗背腹扁，成对着生，同型，1 无柄，1 有柄；第二内稃宽倒卵形。

2 种，分布于中国及尼泊尔、泰国、缅甸、印度北部、

拟金茅 *Eulaliopsis binata* (Retz.) C. E. Hubb.

菲律宾等；中国 1 种，产西南部及陕西、河南、湖北、广西、广东、台湾。

226. 假铁秆草属 Pseudanthistiria (Hack.) Hook. f.

叶舌纤毛质；假圆锥花序由具佛焰苞的总状花序组成；总状花序由 5~9 小穗组成，最上一节有 3 小穗，无柄两性，2 为有柄雄性（或中性），其下为 1~3 对孪每对为 1 无柄和 1 具柄的小穗；第二外稃具芒或无芒。

3 种，分布于中国、印度、斯里兰卡、南非等地；国 1 种，产香港。

目 16. 鸭跖草目 Commelinales

鸭跖草目 Commelinales 包括 5 科，钵子草科 Hanguanaceae、鸭跖草科 Commelinaceae、田葱科 Philydraceae、雨久花科 Pontederiaceae 和血草科 Haemodoraceae。APG Ⅲ（2009）系统和 Takhtajan（2009）对该目的界定及范畴完全一致。DNA 序列分析支持鸭跖草目为单系群（Chase et al.，1995，2006；Davis et al.，2004），但是其形态学的共衍征不清楚。它们具有多花的螺旋状排列的聚伞花序，花药为变形绒毡层可能同近缘的姜目 Zingiberales 所共有。花有单宁细胞可能是一个衍征。基于分子分析，钵子草科（1 属 5 种，分布于斯里兰卡、中南半岛、马来西亚、澳大利亚）和鸭跖草科聚为 1 支，田葱科 – 雨久花科 – 血草科聚为 1 支（图 51）。在 Dahlgren 等（1985）的系统中，血草科（14 属 100 种，南半球分布，中心在澳大利亚和南非）独立成血草目 Haemodorales；田葱科独立为田葱目 Philydrales，作为近缘目放在凤梨超目 Bromelianae。鸭跖草目也常常升级为亚纲一级鸭跖草亚纲 Commelinidae（Takhtajan，1967，1997；Cronquist，1981；Wu et al.，2002）。因此目的界定和科间关系尚需得到形态学性状的支持。

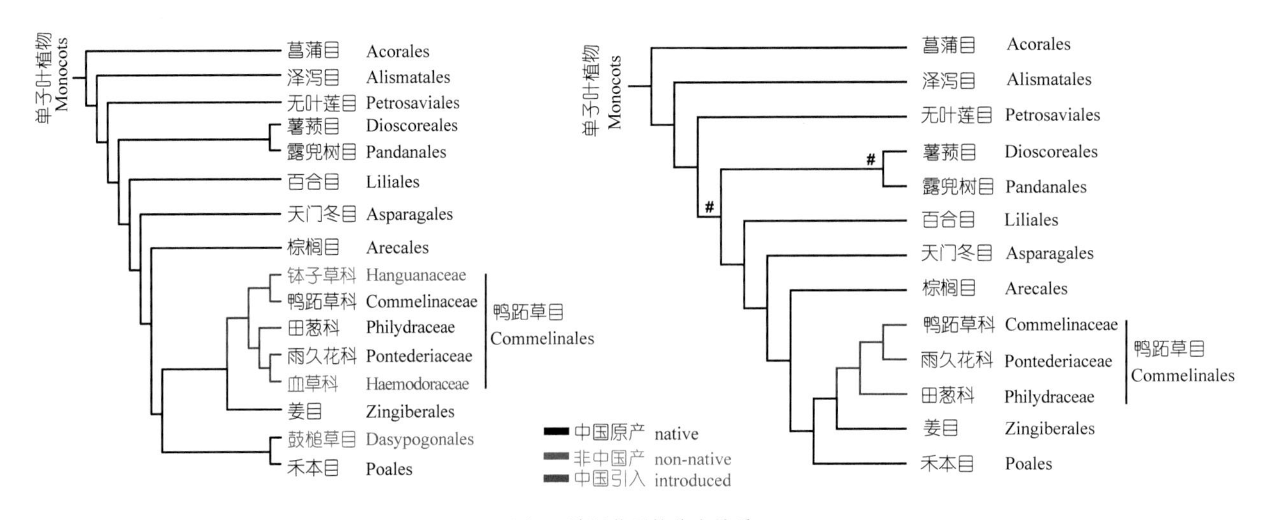

图 51 鸭跖草目的分支关系
被子植物 APG Ⅲ系统（左）；中国维管植物生命之树（右）

科 60. 田葱科 Philydraceae

4属5种，产东南亚至澳大利亚；中国1属1种，产广西、广东、福建、台湾。

多年生草本；叶基生和茎生，线形，扁平，基部鞘状；穗状或复穗状花序，花生于较大的苞腋内，花两侧对称；花被片4，花瓣状，排成2轮，黄或白色，外轮2片大，形似上、下唇，内轮2片较小；雄蕊1；子房上位，3室或1室；蒴果室背开裂。

1. 田葱属 Philydrum Banks & Sol. ex Gaertn.

多年生粗壮草本；叶剑形，2列；穗状花序顶生；花两性，两侧对称，黄色；子房上位，1室，具侧膜胎座；蒴果室背开裂。

1种，产澳大利亚东部和北部，亚洲南部、东南部和东部（从新几内亚至日本）；中国1种，产广西、广东、福建、台湾。

田葱 *Philydrum lanuginosum* Gaertn.

科 61. 雨久花科 Pontederiaceae

9属约33种，产热带和温带地区；中国1属3种，另引种栽培3属，逸生1属，产全国各地。

多年生或一年生的水生或沼生草本，直立或漂浮；叶通常2列，大多数具有叶鞘和明显的叶柄，叶片宽线形至披针形或宽心形；顶生总状、穗状或聚伞圆锥花序，生于佛焰苞状叶鞘的腋部；花两性，辐射对称或两侧对称；花被片6，排成2轮，合生，花瓣状，蓝色、淡紫色、白色，很少黄色；雄蕊多数为6，2轮，稀为3或1；子房上位，3室或1室；蒴果室背开裂或小坚果。

1. 凤眼莲属 Eichhornia Kunth

一年生或多年生浮水草本，节上生根；叶基生，叶柄常膨大；穗状花序顶生，花两侧对称；花被漏斗状，裂片6，淡紫蓝色，上部裂片常具1黄色斑点；雄蕊6，3长3短；蒴果包藏于凋存的花被筒内，室背开裂。

7~8种，产热带美洲，1种产非洲，1种逸生于全世界温带地区；中国逸生1种，黄河以南各省有逸生。

凤眼莲 *Eichhornia crassipes* (Mart.) Solms

2. 雨久花属 Monochoria C. Presl

多年生水生或沼生草本；叶基生或单生于茎枝上，具长柄；花序总状或近伞形，从最上部的叶鞘内抽出；花被片6，深裂几达基部，白色、淡紫色或蓝色；雄蕊6，其中有1枚较大；子房3室，每室有胚珠多数；蒴果室背开裂。

8种，产非洲热带至暖温带、亚洲、澳大利亚，1种产欧洲、北美；中国4种，产全国各地。

雨久花 *Monochoria korsakowii* Regel & Maack

科 62. 鸭跖草科 Commelinaceae

40属约650种，产热带和暖温带地区；中国13属56种，另引种栽培7属，逸生3属，除新疆、青海外均有分布。

一年生或多年生草本；叶互生，有明显的叶鞘；聚伞花序单生或集成圆锥花序；花两性，稀单性；萼片3，分离或仅在基部连合，花瓣3，分离，稀在中部合生成筒；雄蕊常为6，全部能育或仅2~3枚能育，花丝有念珠状长毛或无毛；果实多为室背开裂的蒴果，稀为浆果状而不裂。

鸭跖草科通常分2亚科：黄剑草亚科 Cartonematoideae，只有2属，间断分布于澳大利亚和津巴布韦；中国只有鸭跖草亚科 Commelinoideae，下分2族，即紫露草族 Tradescantieae（●）和鸭跖草族 Commelineae（●）。分支图（图52）显示，国产属分为2支，1支是吊竹梅族的8属，1支是鸭跖草族的6属，亲缘属之间的结合也很清楚。该科的形态系统和分子分析达到了统一。

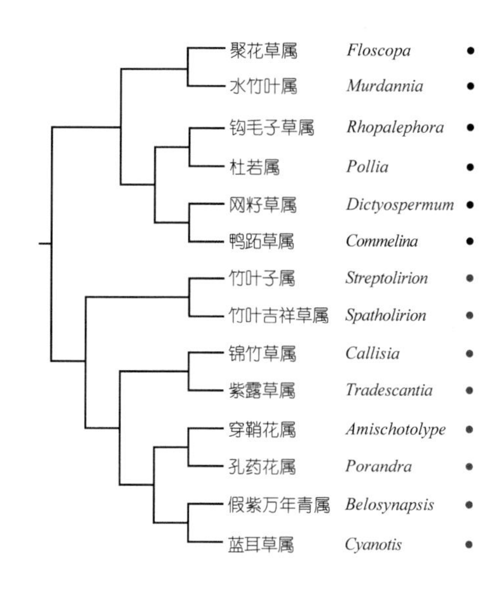

图52 中国鸭跖草科植物的分支关系

1. 聚花草属 Floscopa Lour.

多年生草本；圆锥花序顶生，在茎顶端呈扫帚状，花小而极多；萼片3，花瓣3；雄蕊6，全部能育；子房具极短柄，2室，每室具胚珠1；蒴果小，稍扁。

20种，泛热带分布；中国2种，产江南各省。

聚花草 *Floscopa scandens* Lour.

2. 水竹叶属 Murdannia Royle

多年生草本，稀一年生；叶常密集成莲座状；圆锥花序顶生，有时缩短为头状或为单花；萼片3，花瓣3，分离；能育雄蕊3，对萼，退化雄蕊3，对瓣；子房3室，每室有胚珠1至数枚；蒴果3爿裂。

55种，产热带和暖温带地区；中国20种，产东北和黄河以南各省区。

紫背鹿衔草 *Murdannia divergens* (C. B. Clarke.) Bruckn.

3. 钩毛子草属 Rhopalephora Hassk.

多年生草本；圆锥花序顶生；萼片3，花瓣3，分离；能育雄蕊3，位于花后方，中间一枚对瓣；退化雄蕊3或缺，位于后方；子房3室，每室有胚珠1；蒴果密被柔毛。

钩毛子草 *Rhopalephora scaberrima* (Blume) Faden

4种，产马达加斯加、印度至斐济；中国1种，产西藏、云南、贵州、广西、广东、海南、台湾。

4. 杜若属 Pollia Thunb.

多年生草本；茎近于直立，通常不分枝；圆锥花序顶生，由蝎尾状聚伞花序组成；萼片3，花瓣3；雄蕊6，全部能育；果实浆果状，不裂。

17种，产热带和暖温带地区；中国8种，产江南各省。

杜若 *Pollia japonica* Thunb.

5. 网籽草属 Dictyospermum Wight

多年生草本；圆锥花序顶生；萼片3，花瓣3，分离；能育雄蕊3，位于花后方，中间一枚对瓣；退化雄蕊3或缺，位于后方；子房3室，每室有胚珠1；蒴果无毛，果皮革质。

约5种，产印度和斯里兰卡至新几内亚；中国1种，产云南、海南。

6. 鸭跖草属 Commelina L.

一年生或多年生草本；蝎尾状聚伞花序藏于佛焰苞状总苞片内，总苞片基部开口或合缝而成漏斗状；萼片3，内方2枚基部常合生，花瓣3，内方2枚较大，明显具爪；能育雄蕊3，2枚对萼，1枚对瓣，退化雄蕊2~3；蒴果藏于总苞片内，2~3爿裂。

约170种，全球分布；中国8种，除青海、新疆外均有分布。

鸭跖草 *Commelina communis* L.

7. 竹叶子属 Streptolirion Edgew.

缠绕草本；叶具长柄，叶片心状卵圆形；聚伞花序多个集成圆锥花序；萼片3，花瓣3；雄蕊6，全部能育，花丝密生念珠状长毛；子房3室，每室有胚珠2；蒴果椭圆状三棱形。

1~2种，产喜马拉雅至日本；中国1种，产华北、华中、西南地区。

竹叶子 *Streptolirion volubile* Edgew.

8. 竹叶吉祥草属 Spatholirion Ridl.

缠绕草本；圆锥花序由多个聚伞花序组成，最下一个聚伞花序基部有一个叶状总苞片，其余基部无总苞片；萼片3，花瓣3；雄蕊6，全部能育，花丝被绵毛；子房3室，每室有胚珠8；蒴果卵状三棱形。

3种，产泰国至中国；中国2种，产长江以南的大陆地区。

竹叶吉祥草 *Spatholirion longifolium* (Gagnep.) Dunn

9. 锦竹草属 Callisia Loefl.

多年生草本；蝎尾状聚伞花序顶生或侧生；萼片2~3，花瓣2~3，离生；雄蕊3~6，全部能育，花丝无毛；子房2~3室，每室胚珠2；蒴果2~3爿裂。

约20种，产美洲；中国香港逸生1种。

锦竹草 *Callisia repens* L.

10. 紫露草属 Tradescantia L.

多年生草本；蝎尾状聚伞花序顶生或侧生；萼片3，花瓣3，离生；雄蕊6，全部能育，花丝有毛或无毛；子房3室，每室胚珠（1~）2；蒴果3爿裂。

（广义）70余种，（狭义）30余种，产美洲；中国广西、香港、福建、台湾逸生2种，另引种栽培10余种。

紫露草 *Tradescantia reflexa* Raf.

11. 穿鞘花属 Amischotolype Hassk.

多年生粗壮草本；叶常大型，椭圆形；花序在叶鞘基部穿透叶鞘而出，无总梗，呈密集的头状；萼片3，花瓣3；雄蕊6，全部能育，花丝有念珠状长毛；蒴果三棱状球形，3爿裂。

15~20种，产中非和印度至新几内亚；中国2种，产西藏、云南、贵州、广西、广东、海南、福建、台湾。

穿鞘花 *Amischotolype hispida* (A. Rich.) D. Y. Hong

12. 孔药花属 Porandra D. Y. Hong

多年生缠绕草本；花序头状，花序在叶鞘基部穿透叶鞘而出，无总梗；萼片3，花瓣3；雄蕊6，全部能育，花药顶孔开裂；蒴果三棱状球形。

3种，分布于中国南部至中南半岛；中国3种，产云南、贵州、广西。

孔药花 *Porandra ramosa* D. Y. Hong

13. 假紫万年青属 Belosynapsis Hassk.

多年生匍匐草本；蝎尾状聚伞花序有花数朵，顶生或腋生，总苞片叶状；萼片3，花瓣3，分离；蒴果椭圆状，具3沟。

4种，产马达加斯加、印度至新几内亚；中国1种，产云南、广西、广东、海南、台湾。

假紫万年青 *Belosynapsis ciliata* (Blume) R. S. Rao

14. 蓝耳草属 Cyanotis D. Don

多年生草本；叶通常线形，少数为长矩圆形；蝎尾状聚伞花序无总梗，为佛焰苞状总苞片所托，苞片镰刀状弯曲，排成 2 列；萼片 3，花瓣 3，中部合生成管；蒴果 3 爿裂。

55 种，产旧热带地区；中国 5 种，产西南、华南和台湾。

蓝耳草 *Cyanotis vaga* Schult. & Schult.f.

15. 三瓣果属 Tricarpelema J. K. Morton

多年生草本；圆锥花序顶生，金字塔状，由蝎尾状聚伞花序组成；萼片 3，花瓣 3，分离；能育雄蕊 3，位于前方，中间 1 枚对瓣，退化雄蕊 3，位于后方；蒴果圆柱状，顶端具喙。

8 种，1 种产中非，7 种产印度东北部至菲律宾和加里曼丹；中国 2 种，产西藏、四川。

目 17. 姜目 Zingiberales

姜目 Zingiberales 是一个自然的单系类群，它的界定和范畴既得到形态学综合性状分支分析的支持（Dahlgren，1983；Dahlgren et al.，1985；Kress，1990，1995），也得到 DNA 序列研究的证明（Chase et al.，1995，2000；Davis et al.，2004），Takhtajan（2009）综合上述两方面的证据，完全赞同这一结果。姜目包括 8 科（图 53），芭蕉科 Musaceae 处于基部分支，可能是其他科的姐妹群；美人蕉科 Cannaceae、竹芋科 Marantaceae、闭鞘姜科 Costaceae 和姜科 Zingiberaceae 形成一支，该支在形态上的共衍征包括雄蕊群退化为 1 枚有功能的雄蕊并有明显的退化雄蕊、种子外胚乳丰富、营养组织缺少针晶体、叶不易撕裂等。其中美人蕉科和竹芋科的花无对称面、可育的雄蕊仅半边能育，另一边扩大并退化；闭鞘姜科和姜科的功能雄蕊常包裹花柱、叶鞘顶端有叶舌、萼片

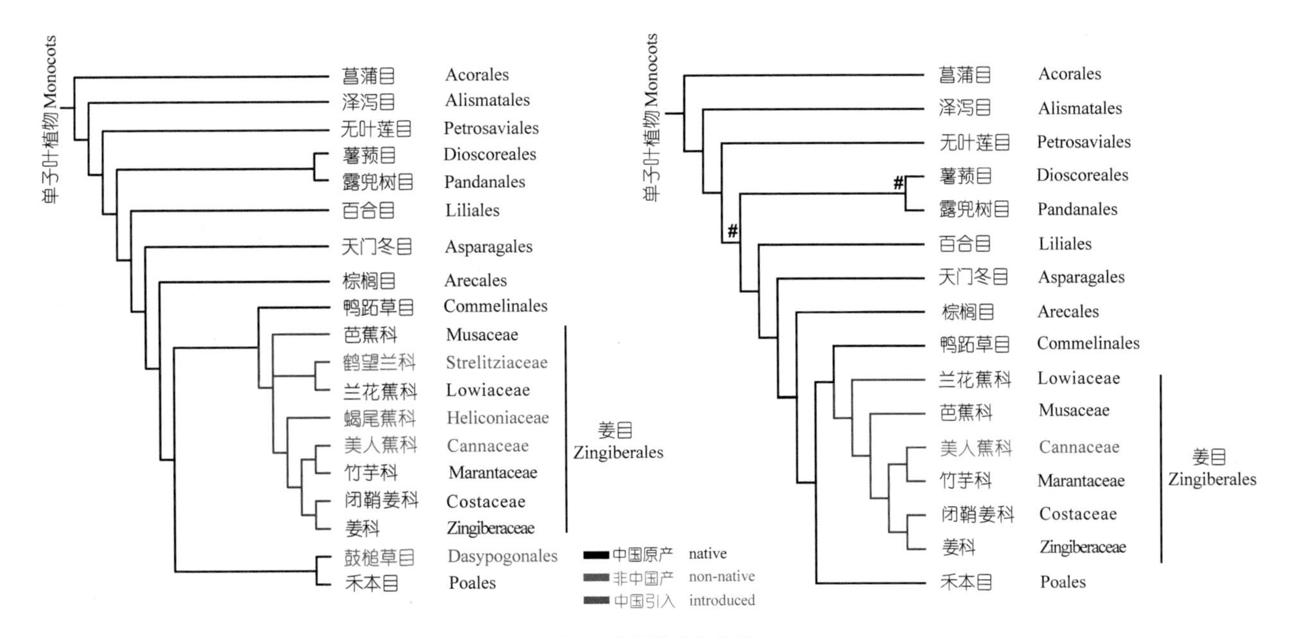

图 53 姜目的分支关系

被子植物 APG Ⅲ系统（左）；中国维管植物生命之树（右）

愈合、退化雄蕊融合、三花柱中两个退化等，故它们两两互为姐妹群（图 53）。蝎尾蕉科 Heliconiaceae 是上述分支的姐妹群，该科 1 属 120 种，分布于中美洲南部至南美洲。鹤望兰科 Strelitziaceae 3 属 7 种，间断分布于热带南美和南非东海岸、马达加斯加，与兰花蕉科 Lowiaceae 形成一支。本研究分析近似上述结果，但兰花蕉科位于目的基部（图 53），这与 Dahlgren 等（1985）的排列相似。

科 63. 兰花蕉科 Lowiaceae

1 属 10~17 种，产东南亚；中国 3 种，产广西、广东、海南。

多年生草本，具根状茎；叶基生，2 列；聚伞花序或花单生，由根状茎生出；花两性，两侧对称；花萼 3，披针形，花瓣 3，极不相等，中央的 1 枚大型而有色彩，称唇瓣，侧生的 2 片很小；雄蕊 5；子房下位，3 室，胚珠多数；蒴果室背开裂。

兰花蕉 *Orchidantha chinensis* T. L. Wu

1. 兰花蕉属 Orchidantha N. E. Br.

属的鉴定特征及分布同科。

科 64. 芭蕉科 Musaceae

3 属 40 余种，产非洲热带、亚洲热带和亚热带地区、澳大利亚北部；中国 3 属 11 种，产西藏、四川、云南、贵州、广西、广东、海南、台湾。

多年生草本；叶鞘层层重叠包成假茎；花单性或两性，1~2 列簇生于大型、常有颜色的苞片内，下部苞片内的花为雌花或两性花，上部苞片内的花为雄花；花被片部分连合成管状，顶端具齿裂，内轮中央的 1 枚花被片离生；发育雄蕊 5 枚；子房下位，3 室，胚珠多数；肉质或革质浆果，不开裂。

芭蕉属位于基部，象腿蕉属和地涌金莲属互为姐妹群（图 54）。

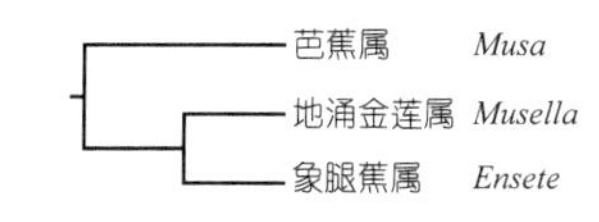

图 54 中国芭蕉科植物的分支关系

1. 芭蕉属 Musa L.

多年生丛生草本，具根状茎；假茎全由叶鞘紧密重叠而组成，真茎在开花前短小叶大型，叶片长圆形；花序直立、下垂或半下垂；合生花被片管状，先端具 5 齿，离生花被片与合生花被片对生；雄蕊 5；子房下位，3 室；浆果伸长，肉质，有多数种子。

30~40 种，产南亚、东南亚、澳大利亚北部；中国 8 种，另引种栽培 3 种，产西藏、云南、广西、广东、海南、台湾。

阿希蕉 *Musa rubra* Wall. ex Kurz

2. 象腿蕉属 Ensete Horan.

单茎草本，一次性结实；假茎通常高大，真茎在开花前短小；叶大型，叶片长圆形；花序初时呈莲座状，后伸长成柱状，下垂；合生花被片常 3 深裂成线形，离生花被片较宽；雄蕊 5，子房 3 室，胚珠多数；浆果厚革质，干瘪或有很少的果肉。

6 种，3 种产非洲中部，3 种产东南亚；中国 2 种，产云南。

象腿蕉 *Ensete glaucum* (Roxb.) Cheesman

3. 地涌金莲属 Musella (Franch.) C. Y. Wu ex H. W. Li

多年生草本；假茎矮小；叶大型，长椭圆形，花序直立，直接生于假茎上，密集如球穗状，苞片淡黄色或黄色，干膜质，宿存；合生花被片先端具 5 齿，离生花被片先端微凹；雄蕊 5；子房 3 室，胚珠多数；浆果三棱状卵形，被极密硬毛。

1 种，中国特有，产西南地区。

地涌金莲 *Musella lasiocarpa* (Franch.) C. Y. Wu ex H. W. Li

科 65. 竹芋科 Marantaceae

28 属约 550 种，泛热带分布；中国 3 属 7 种，另引种栽培 6 属，产西藏、云南、贵州、广西、广东、福建、海南、台湾。

多年生草本，具根茎或块茎，地上茎有或无；叶通常大，具羽状平行脉，通常 2 列，具柄；花两性，常成对生于苞片中，组成穗状、总状或圆锥花序；萼片 3，分离；花冠管裂片 3，外方的 1 枚通常大而多少呈风帽状；退化雄蕊 2~4，外轮花瓣状，较大；发育雄蕊 1，花瓣状；子房下位，1~3 室，每室有胚珠 1；果为蒴果或浆果状（图 55）。

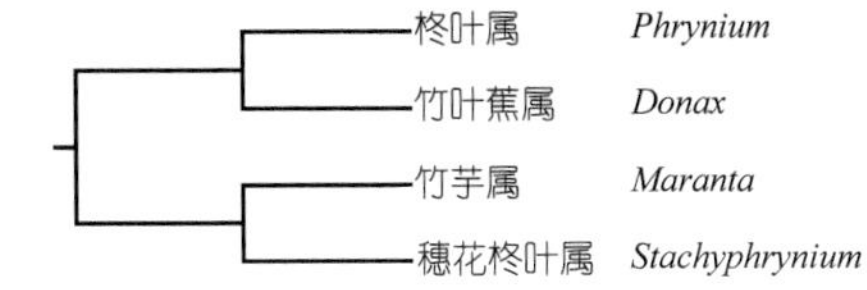

图 55 中国竹芋科植物的分支关系

1. 柊叶属 Phrynium Willd.

多年生草本，具匍匐根状茎；叶基生，具长柄及鞘，叶片长圆形；穗状花序集成头状；萼片 3，花冠管略较花萼为长，裂片 3；退化雄蕊管较花冠管为长，外轮退化雄蕊 2，倒卵形；发育雄蕊花瓣状；子房 3 室，每室 1 胚珠；果球形，果皮坚硬，不裂或迟裂。

约 20 种，产中国、印度和斯里兰卡向东至新几内亚；中国 5 种，产西藏、云南、贵州、广西、广东、福建、海南。

少花柊叶 *Phrynium oliganthum* Merr.

2. 竹叶蕉属 Donax Lour.

多年生亚灌木状草本，具根状茎；茎常分枝；叶片卵形或长椭圆形；花成对生于苞片内，排成顶生、疏散的圆锥花序；萼片披针形；花冠管短，退化雄蕊管短；外轮退化雄蕊较内轮的长，花瓣状；子房2~3室，每室有胚珠1；果卵形或椭圆形，不开裂。

3或4种，产东南亚；中国1种，产台湾。

竹叶蕉 *Donax canniformis* (G. Forst.) K. Schum.

3. 竹芋属 Maranta L.

直立或匍匐草本，有茎或无茎，具地下块茎；叶基生或茎生；花少数，成对，排成总状花序或二歧状的圆锥花序；

豹斑竹芋 *Maranta leuconeura* E. Morren

萼片3，披针形，花冠管圆柱形，基部常肿胀，雄蕊管通常短，外轮的2枚退化雄蕊花瓣状；发育雄蕊1，花药1室；子房1室，胚珠1；果倒卵形或矩圆形，坚果状，不开裂。

约25种，产热带美洲；中国引种栽培10余种，各地温室有栽培。

4. 穗花柊叶属 Stachyphrynium K. Schum.

多年生草本，具匍匐根状茎；叶基生；穗状花序椭圆形至圆锥形；萼片3，花冠管长为萼片的2倍；子房2室，每室1胚珠；果椭球形，开裂。

约10种，产中国、印度、斯里兰卡和印度尼西亚；中国1种，产云南南部。

穗花柊叶 *Stachyphrynium jagorianum* K. Schum.

科 66. 美人蕉科 Cannaceae

1属10余种，分布于新世界热带和亚热带地区；中国引种栽培1属6种，各地有栽培。

多年生草本，具块茎；叶大，互生，有明显的羽状平行脉；花序穗状、总状或圆锥状，顶生；花两性，不对称；萼片3，绿色，花瓣3，绿色或其他颜色，退化雄蕊花瓣状，基部连合，为花中最显著的部分，3~4枚，外轮的3枚较大，内轮的1枚较狭，外反；发育雄蕊的花丝也呈花瓣状；子房下位，3室，每室有胚珠多数；蒴果具小瘤体或柔刺。

1. 美人蕉属 Canna L.

属的鉴定特征及分布同科。

美人蕉 *Canna indica* L.

67. 闭鞘姜科 Costaceae

7 属约 110 种，泛热带分布；中国 1 属 5 种，产西藏、云南、广西、广东、台湾。

多年生草本，植株地上部分无香味；叶螺旋状排列，叶鞘管状，封闭；花序球果状，顶生或自根茎抽出，苞片覆瓦状排列；花两性；花萼和花冠均为管状，侧生退化雄蕊无或小而呈齿状；唇瓣大，通常长于花冠；蒴果室背开裂、不规则开裂或不裂。

1. 闭鞘姜属 Cheilocostus C. D. Specht

多年生草本；叶螺旋状排列，叶鞘封闭；穗状花序球果状，顶生或稀自根茎抽出，苞片覆瓦状排列，内有花 1~2 朵；花萼管状，顶端 3 裂，花冠裂片 3，近相等，无侧生退化雄蕊；唇瓣大，倒卵形，边缘常皱褶；蒴果木质，球形或卵形，室背开裂。

约 10 种，产南亚、中国南部、东南亚至新几内亚；中国 5 种，产西藏、云南、广西、广东、台湾。

莴笋花 *Cheilocostus lacerus* (Gagnep.) C. D. Specht

68. 姜科 Zingiberaceae

53 属约 1 300 种，泛热带分布；中国 20 属 216 种，另引种栽培 6 属，产江南各省。

多年生草本，稀一年生，通常具有芳香、匍匐或块状的根状茎；地上茎高大或很矮或无；叶基生或茎生，通常 2 行排列；花单生或组成穗状、总状或圆锥花序；花常为两性，通常两侧对称，具苞片；花被片 6，2 轮，外轮萼状，通常合生成管，内轮花冠状，美丽而柔嫩，基部合生成管状；退化雄蕊 2~4，其中外轮的 2 枚称侧生退化雄蕊，呈花瓣状，齿状或不存在，内轮的 2 枚连合成一唇瓣，常十分显著而美丽，稀无；发育雄蕊 1；子房下位，3 室或 1 室；蒴果室背开裂或不规则开裂，或浆果状不开裂。

姜科可划分为 4 个亚科：管唇姜亚科 Siphonochiloideae、贴蕊姜亚科 Tamijioideae、山姜亚科 Alpinioideae 和姜亚科 Zingiberoideae，国产类群属于后两个亚科，在传统系统中又被划分为 4 族：姜族 Zingibereae（●）、山姜族 Alpinieae（●）、姜花族 Hedychieae（●）、舞花姜族 Globbeae（●）。在分支图（图 56）上，分 2 支：第 1 支长果姜属位于基部，其余 6 属均是山姜族成员；第 2 支喙花姜属、大苞姜属、舞花姜属相继分出，除姜属和直唇姜属外其他 9 属均系姜花族成员。可见，分子分析的结果同形态学系统十分相似，只有个别属的关系需要研究，如长果姜属、大苞姜属和直唇姜属等。

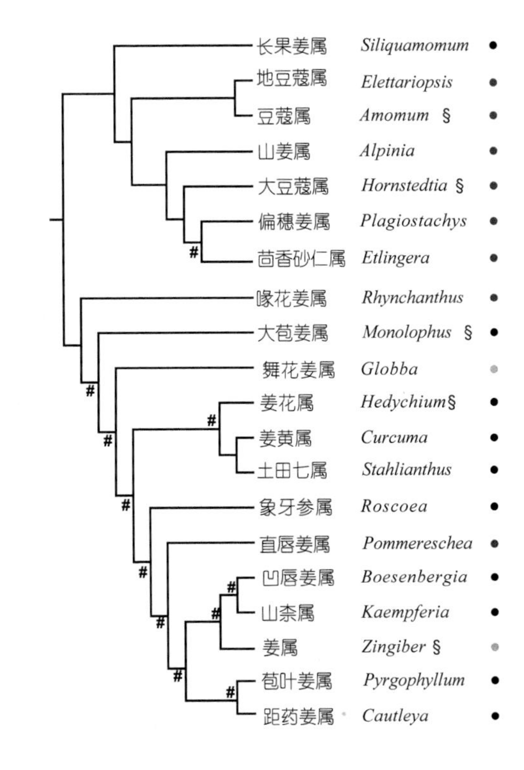

图 56 中国姜科植物的分支关系

1. 长果姜属 Siliquamomum Baill.

多年生草本；叶披针形；总状花序顶生，花少而疏，苞片小不明显；花萼管钟状，顶端具 2~3 齿，花冠管狭圆柱形，顶部扩大成钟状；唇瓣大，倒卵形；蒴果细长，稍缢缩成链荚状。

1 种，产越南北部和中国南部；中国 1 种，产云南东南部。

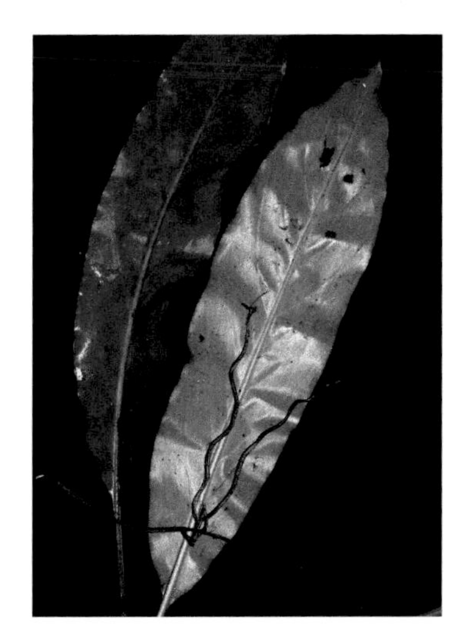

长果姜 *Siliquamomum tonkinense* Baill.

2. 地豆蔻属 Elettariopsis Baker

多年生草本，根茎匍匐；由根茎抽出花序，密集近头状，苞片覆瓦状排列，内有 1~2 花；花萼管状，花冠管纤细，侧生退化雄蕊短或不存在；唇瓣宽阔，直立，长于花冠；蒴果球形，具肋。

约 10 种，产印度至马来地区；中国 1 种，产海南。

3. 豆蔻属 Amomum Roxb.

多年生草本，根茎延长而匍匐状；由根茎抽出穗状花序，稀为总状花序，苞片覆瓦状排列，内有少花或多花；花萼圆筒状，常一侧深裂，花冠管圆筒形，裂片长圆形或线状长圆形，侧生退化雄蕊较短，钻状或线形；唇瓣形状各式；蒴果不裂或不规则开裂，种子有辛香味。

约 150 种，广布热带亚洲至热带澳大利亚，主产马来西亚；中国 39 种，产华南和西南地区。

九翅豆蔻 *Amomum maximum* Roxb.

4. 山姜属 Alpinia Roxb.

多年生草本，通常具发达的地上茎；顶生圆锥花序、总状花序或穗状花序；花萼陀螺状、管状，通常浅 3 裂，花冠管与花萼等长或较长，裂片长圆形，侧生退化雄蕊缺或极小；唇瓣大而显著，常有美丽的色彩；果为蒴果，不开裂或不规则开裂。

200 余种，产热带亚洲和澳大利亚；中国 51 种，产江南各省。

光叶山姜 *Alpinia intermedia* Gagnep.

5. 大豆蔻属 Hornstedtia Retz.

多年生草本；茎高大；穗状花序自近茎的基部根茎上抽出，常半埋入土中，苞片紧密覆瓦状排列；花萼管状或棒状，一侧佛焰苞状开裂，花冠管细长，顶端常呈直角弯曲，裂片 3，侧生退化雄蕊呈齿状；唇瓣狭，与花冠裂片近等长；蒴果圆柱形或近三棱形。

约 50 种，主产马来西亚和澳大利亚东北部及泰国、中南半岛和中国；中国 2 种，产西藏、广东、海南。

6. 偏穗姜属 Plagiostachys Ridl.

多年生粗壮草本；穗状花序或圆锥花序自茎侧穿鞘而出，苞片稠密；花萼管状或陀螺状，一侧开裂，花冠肥厚，侧生退化雄蕊齿状或钻状；唇瓣平坦，长圆形，全缘或 2 裂；蒴果卵形或椭圆形。

偏穗姜 *Plagiostachys austrosinensis* T. L. Wu & S. J. Chen

约20种，产马来西亚、中国南部；中国1种，产广西、广东。

7. 茴香砂仁属 Etlingera Giseke

多年生草本，具匍匐状根茎；花序自根茎生出，头状或穗状；花萼管状，3齿裂，花冠管与萼管近等长或较长，裂片3，无侧生退化雄蕊；唇瓣远较花冠裂片为长，基部和花丝连合成管，上部离生部分呈舌状，有艳丽的颜色，常有3裂片；果肉质，不开裂。

约70种，产东南亚，集中分布于印度尼西亚；中国2种，产云南、海南。

茴香砂仁 *Etlingera yunnanensis* (T. L. Wu & S. J. Chen) R. M. Sm.

8. 喙花姜属 Rhynchanthus Hook. f.

多年生草本，具块状根茎；穗状花序顶生，少花；萼管状，上部一侧开裂，花冠管漏斗状，裂片3，无侧生退化雄蕊；唇瓣退化成小尖齿状，位于花丝的基部或无；花丝延长，突出于花冠之外呈舟状。

6种，产缅甸至中国；中国1种，产云南。

喙花姜 *Rhynchanthus beesianus* W. W. Sm.

9. 大苞姜属 Monolophus Wall. ex Endl.

多年生草本；叶茎生；花序顶生，苞片显著，2列，离生；花萼管状，通常2~3齿裂；侧生退化雄蕊花瓣状；唇瓣大，近圆形，全缘或2裂；蒴果。

约10种，产喜马拉雅南部和中国，南至中南半岛和泰国南部；中国1种，产云南、广西、广东。

黄花大苞姜 *Monolophus coenobialis* Hance

10. 舞花姜属 Globba L.

多年生草本；圆锥花序或总状花序顶生，稀单独由根茎发出；花萼陀螺形或钟状，花冠管纤细，远较花萼为长，侧生退化雄蕊花瓣状；唇瓣反折，全缘，微凹或深2裂，基部和花丝相连成管状；花丝很长，弯曲；子房1室，胚珠多数；蒴果球形或椭圆形，不整齐开裂。

约100种，产喜马拉雅热带东部至中国，经印度和中南半岛至马来西亚；中国5种，产四川、云南。

舞花姜 *Globba atrosanguinea* Teijsm. & Binn.

11. 姜花属 Hedychium J. Koenig

地生或附生草本，具块状根茎；穗状花序顶生，密生多花；苞片覆瓦状排列或疏离，宿存，内有花1至数朵；花萼管状，常一侧开裂；花冠管纤细，极长，侧生退化雄蕊花瓣状，较花冠裂片大；唇瓣近圆形，通常2裂；花丝通常较长，花药背着，药隔狭，顶端无附属体；蒴果球形，室背开裂。

约50种，广布南亚和东南亚，马来地区种类也较多；中国28种，产西南至华南地区。

红姜花 *Hedychium coccineum* Sm.

12. 姜黄属 Curcuma L.

多年生草本；叶大型，通常基生；穗状花序具密集的苞片，呈球果状，生于由根茎或叶鞘抽出的花莛上，先叶或与叶同出；苞片大，宿存，每一苞片内有花2至多朵；花萼管短，圆筒状，花冠管漏斗状，侧生退化雄蕊花瓣状；唇瓣较大，全缘、微凹或2裂；蒴果球形，藏于苞片内。

约50种，广布东南亚，1种产澳大利亚；中国12种，产江南各省。

郁金 *Curcuma aromatica* Salisb.

13. 土田七属 Stahlianthus Kuntze

多年生草本，具根状茎；叶基生，少数；花数朵至十余朵组成头状花序，包藏于钟状的总苞内；花萼管状，花冠白色，管状，侧生退化雄蕊花瓣状，通常白色；唇瓣顶端2裂，白色，稀为紫色，通常在中部有黄色斑点；蒴果。

土田七 *Stahlianthus involucratus* (King ex Baker) Craib ex Loes.

约6种，产中国和中南半岛；中国1种，产云南、广西、广东、福建。

14. 象牙参属 Roscoea Sm.

多年生草本；顶生穗状花序或头状花序，苞片宿存，每一苞片内有花1朵；花紫色、蓝色、黄色或白色；花萼长管状，一侧开裂，花冠漏斗形，管细长，侧生退化雄蕊花瓣状；唇瓣大，下弯，2裂或微凹；蒴果迟裂。

约17种，产喜马拉雅地区至中国和越南北部；中国13种，产西藏、四川、云南。

早花象牙参 *Roscoea cautleoides* Gagnep.

15. 直唇姜属 Pommereschea Wittm.

多年生草本；叶片基部心形或箭形；穗状花序顶生，具苞片及小苞片；花萼管状或棒状，2或3齿裂，花冠管圆柱形，较萼管为长；唇瓣直立，狭匙形，小，顶端，2齿裂，基部与花丝连合；蒴果近球形，果皮薄。

2种，产缅甸北部及泰国；中国2种，产云南南部。

直唇姜 *Pommereschea lackneri* Wittm.

16. 凹唇姜属 Boesenbergia Kuntze

多年生草本；叶基生或茎生；穗状花序通常顶生，苞片多数，2列；花萼管短，花冠管突出，细长，侧生退化雄蕊花瓣状，通常较花冠裂片为宽；唇瓣较花冠裂片为大，通常内凹，呈瓢状，全缘或顶端2裂；蒴果长圆形，3瓣裂。

约 60 种，产喜马拉雅南部和东南亚，多数种产中南半岛和加里曼丹；中国 4 种，产云南。

大花凹唇姜 *Boesenbergia maxwellii* Mood, L. M. Prince & Triboun

17. 山柰属 Kaempferia L.

多年生低矮草本，具块状根茎，无明显的地上茎；叶 2 至多片基生，2 列；花通常 1 至数朵组成头状或穗状花序，有时先叶开放，苞片螺旋状排列；花萼管状，上部一侧开裂；侧生退化雄蕊花瓣状，离生或有时和唇瓣连合成管状；唇瓣阔，通常 2 裂，有美丽的色彩；蒴果球形或椭圆形，3 瓣裂。

约 40 种，广布热带亚洲；中国 6 种，产四川、云南、广西、广东、海南、台湾。

紫花山柰 *Kaempferia elegans* (Wall.) Baker

18. 姜属 Zingiber Mill.

多年生草本，根茎块状，具芳香；叶 2 列；穗状花序球果状，通常生于由根茎发出的总花梗上，或无总花梗而花序贴近地面；苞片覆瓦状排列，每一苞片内通常有花 1 朵；花萼管状，具 3 齿，花冠管顶部常扩大，唇瓣外翻，全缘，微凹或短 2 裂，常与侧生退化雄蕊相连合，形成具有 3 裂片的唇瓣；蒴果 3 瓣裂或不整齐开裂。

阳荷 *Zingiber striolatum* Diels

约 100 种，广布热带亚洲；中国 42 种，产江南。

19. 苞叶姜属 Pyrgophyllum (Gagnep.) T. L. Wu & Z. Y. Chen

多年生草本；叶片长圆形；花序顶生，叶状苞片 1~3，基部边缘与花序轴贴生成囊状，每一苞片内有花 1~2；花黄色，花萼一侧开裂，侧生退化雄蕊近线形；唇瓣深 2 裂；蒴果近圆形。

1 种，中国特有，产云南和四川。

苞叶姜 *Pyrgophyllum yunnanense* (Gagnep.) T. L. Wu & Z. Y. Chen

20. 距药姜属 Cautleya (Royle ex Benth. & Hook. f.) Hook. f.

多年生草本；顶生穗状花序；花黄色，单生于每一苞片内；花萼管一侧呈佛焰苞状裂开，花冠漏斗状，侧生退化雄蕊花瓣状，与后方的 1 枚花冠裂片靠合，呈盔状；唇瓣微凹或裂成 2 瓣；蒴果开裂至基部成 3 瓣。

5 种，产喜马拉雅地区（从印度北部和尼泊尔至中国南部和泰国北部）；中国 3 种，产西藏、四川、云南、贵州。

距药姜 *Cautleya gracilis* (Sm.) Dandy

目 18. 金鱼藻目 Ceratophyllales

金鱼藻目 Ceratophyllales 只含一个广布的水生植物小科——金鱼藻科 Ceratophyllaceae，其系统位置十分孤立而不确定。Bischoff 在 1840 年建立了金鱼藻目；Bentham 和 Hooker f. 将它列为异例目（Ordine anomali）；Engler 的早期系统将其作为毛茛目 Ranunculales 睡莲亚目 Nymphaeineae 的成员; Dahlgren（1983）和 Cronquist（1981）将其放在睡莲目 Nymphaeales；Thorne（1983）先将其放在莲目 Nelumbonales，1992 年以后跟随 Takhtajan（1987）承认其作为目的分类等级；Les（1988）认为金鱼藻科的出现远在“单子叶”和“双子叶”二者的进化分异之前，根据现仅存 1 属金鱼藻属 *Ceratophyllum* 3 个组的现代分布格局，认为其起源是相当久远的。Chase 等（1993）根据对 499 种种子植物叶绿体 DNA *rbc*L 序列分析，提出金鱼藻科是现存其他被子植物的姐妹类群，处于最早分化的地位，这个结果被后来的多基因序列分析所否定；Endress 和 Doyle（2009）根据形态和分子性状的综合分析，提出该科为单子叶植物或金粟兰科的姐妹群；APG Ⅲ（2009）根据 Jansen 等（2007）和 Moore 等（2007）的研究将其作为真双子叶植物的姐妹群，但不确定；Soltis 等（2011）根据 3 个基因组 17 个基因的研究确定它是单子叶而不是真双子叶植物的姐妹群。该目化石发现于早白垩世阿普特期，距今 1.15 亿年（Dilcher，1989），现存种的化石发现于 4500 万年前（Les，1988；Herendeen et al.，1990）。吴征镒等（2003）认为：它是属于古草本之列的“活化石”，是一个早期分化出来而改变不大的孤立类群，属于被子植物的原始类群（图 57）。

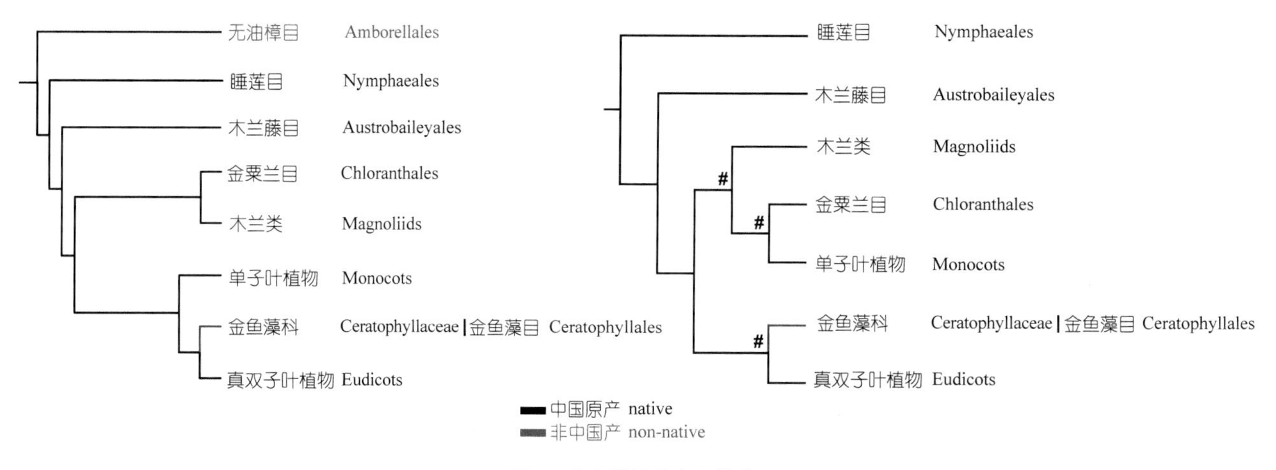

图 57 金鱼藻目的分支关系
被子植物 APG Ⅲ系统（左）；中国维管植物生命之树（右）

科 69. 金鱼藻科 Ceratophyllaceae

1 属 6 种，世界广布；中国 3 种，南北分布。

沉水草本；茎纤细，分枝；叶轮生，劈列为多数裂片，裂片二叉状；花小，单性同株，腋生，无柄；花被裂片 6~12；雄蕊 8~18；雌蕊 1；子房 1 室，有胚珠 1，柱头侧生；坚果，平滑或有小疣体，先端有长刺状宿存花柱。

1. 金鱼藻属 Ceratophyllum L.

属的鉴定特征及分布同科。

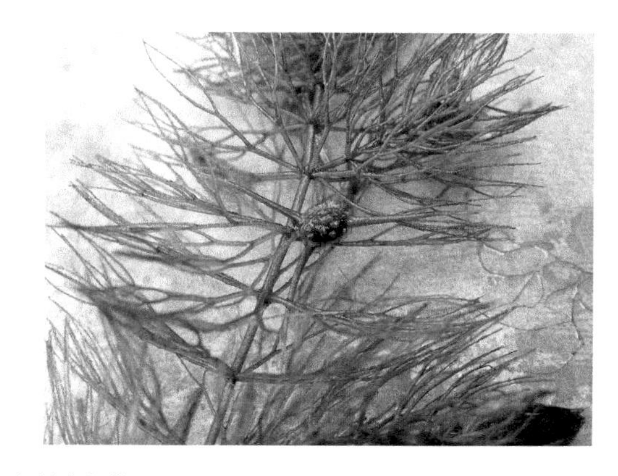

粗糙金鱼藻 *Ceratophyllum muricatum* subsp. *kossinskyi* (Kuzen.) Les

目 19. 毛茛目 Ranunculales

毛茛目 Ranunculales 包括 7~8 科，草本种类占优势，除防己科 Menispermaceae 为泛热带分布外，其他科多为北温带分布，在中国植物区系中占重要地位。多基因序列分析证明毛茛目是单系类群（Wang et al.，2009），同时得到形态学和化学成分证据的支持。领春木科 Eupteleaceae 和罂粟科 Papaveraceae 为其他科的姐妹群。防己科、小檗科 Berberidaceae、毛茛科 Ranunculaceae 组成一支，其共衍征通常为花被分离、子房上位、雄蕊多数、种子胚小、胚乳丰富、含苄基异喹啉型生物碱等。传统上常同木兰类（如木兰目 Magnoliales 等）相联系，被认为是被子植物草本类分化较早的类群（Cronquist，1981；Dahlgren，1983；Thorne，1992）。星叶草科 Circaeasteraceae 与木通科 Lardizabalaceae 和大血藤科 Sargentodoxaceae 聚为一支，它们都具有细胞型胚乳，后 2 科常为广义木通科。大血藤科为单型科，常绿大藤本，心皮多数、螺旋状着生于膨大的肉质花托、具柄，种子由单一倒生胚珠形成；在北美始新世—中新世、欧洲中新世—上新世有种子化石发现（Manchester，1999），由于造山运动和第四纪冰川作用，在欧美已经灭绝，本研究将它单立为科。Takhtajan（2009）将毛茛目所含的 8 科（大血藤科归在木通目 Lardizabalales）均分别建目，排在他的双子叶类，目序号为 21~27 目，组成毛茛超目 Ranuculanae，说明科间在形态学上存在较大的隔离，可能有一个远古的共同祖先，是早期分化出的一个分支。APG 系统将毛茛目作为三沟花粉类（真双子叶植物）的基部群，也说明它的古老性（图 58）。

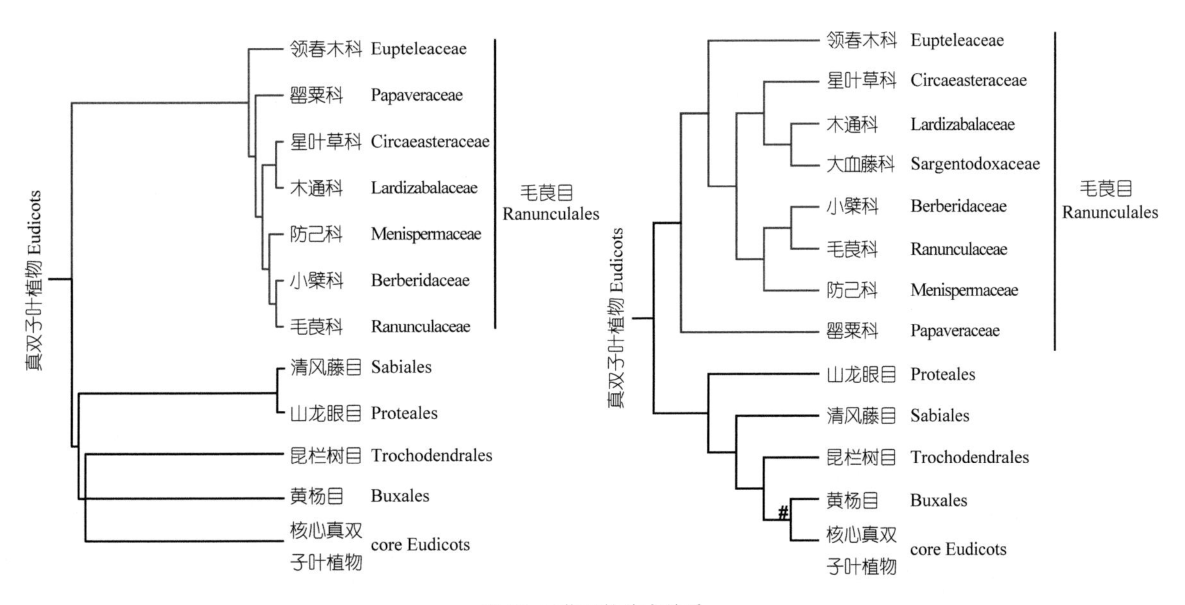

图 58 毛茛目的分支关系
被子植物 APG Ⅲ系统（左）；中国维管植物生命之树（右）

科 70. 罂粟科 Papaveraceae

全世界 40 属约 800 种，主产北温带，尤以地中海区、西亚、中亚至东亚及北美洲西南部为多；中国 17 属 443 种，11 属为引栽，南北均产，但以西南地区最为集中。

常有乳汁或有色液汁；萼片 2 或不常为 3-4，通常分离，覆瓦状排列，早脱；花瓣通常二倍于花萼，4~8 枚（有时近 12~16 枚）排列成 2 轮，果为蒴果，瓣裂或顶孔开裂，稀成熟心皮分离开裂或不裂或横裂为单种子的小节，稀有蓇葖果或坚果。种子细小，球形、卵圆形或近肾形；种皮平滑、蜂窝状或具网纹；种脊有时具鸡冠状种阜。

广义罂粟科有的系统分为狭义罂粟科、特产日本的蕨叶草科 Pteridophyllaceae、角茴香科 Hypecoaceae（或亚科 Hypecooideae）（◆）和紫堇科 Fumariaceae（或亚科 Fumarioideae）（◆）。狭义罂粟科分 4 族：宽丝罂粟族 Platystemoneae（●）、罂粟族 Papavereae（●）、白屈菜族 Chelidonieae（●）、博落回族 Bocconieae（●）。分支分析显示，广义罂粟科分两大支，1 支为狭义罂粟科成员，另 1 支为角茴香科和紫堇科成员，亲缘属的聚类，除个别属（如血水草属）位置需确定外，基本上反映了族的划分及近缘性（图 59）。

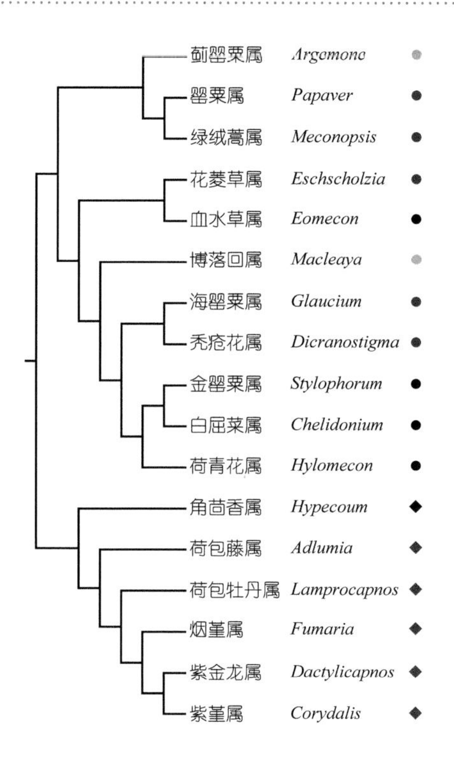

图 59 中国罂粟科植物的分支关系

1. 蓟罂粟属 Argemone L.

有刺草本；茎和叶自先端具刺；花单个顶生或呈聚伞状排列，3 基数；心皮（3~）4~6；蒴果被刺，极稀无刺，自顶端微裂；种子多数，近球形，种阜极小或无。

29 种，主产美洲，在北美，自墨西哥中部延伸到美国西南部、南部至东南部和西印度群岛；中国 1 种，南部庭园栽培，在台湾、福建、广东沿海和云南逸为野生。

蓟罂粟 *Argemone mexicana* L.

2. 罂粟属 Papaver L.

具乳白色、恶臭的液汁；花柱无，柱头 4~18，辐射状，连合成扁平或尖塔形的盘状体盖于子房之上；蒴果于辐射状柱头下孔裂。

约 100 种，主产中欧、南欧至亚洲温带，少数种产美洲、大洋洲和非洲南部；中国 7 种，分布于东北部和西北部，或各地栽培。

野罂粟 *Papaver nudicaule* L.

3. 绿绒蒿属 Meconopsis Vig.

具黄色液汁；叶全部基生成莲座状或生于茎上，莲座状叶在冬季通常宿存；花柱明显，柱头分离或连合，头状或棒状，常呈辐射状下延；蒴果 3~12 瓣自顶端向基部开裂。

80 余种，分布于东亚的中国至喜马拉雅地区；中国 60 余种，集中分布于西南地区。

康顺绿绒蒿 *Meconopsis tibetica* Grey-Wilson

4. 花菱草属 Eschscholzia Cham.

叶互生，三出多回羽状深裂，小裂片线形；萼片在花蕾时边缘连合而呈帽状；花药线形，比花丝长；子房线形，自杯状花托的底部生出；蒴果自基部向顶端开裂。

约 12 种，广泛分布于北美太平洋沿岸的荒漠和草原区；中国 1 种，为引种栽培。

花菱草 *Eschscholzia californica* Cham.

5. 血水草属 Eomecon Hance

根茎匍匐，多分枝；叶数枚，全部基生，叶片心形，具掌状脉；花莛直立，花于花莛先端排列成聚伞状伞房花序。

1 种，中国特有，产长江以南地区和西南山区。

血水草 *Eomecon chionantha* Hance

6. 博落回属 Macleaya R. Br.

多年生直立草本，基部木质化；黄色乳状浆汁有剧毒；茎中空；叶片宽卵形或近圆形；花多数，于茎和分枝先端排列成大型圆锥花序；花瓣无；蒴果狭倒卵形或近圆形。

2 种，分布于中国及日本；中国 2 种，产广西北部和淮河以南地区。

小果博落回 *Macleaya microcarpa* (Maxim.) Fedde

7. 海罂粟属 Glaucium Mill.

具红色的酸液汁；子房圆柱形或线形，2 心皮，由于细胞形成的海绵质隔膜把胎座连接而成假 2 室；蒴果细长，圆柱形；种子卵状肾形，种皮蜂窝状。

21~25 种，主产欧洲温带和地中海区，亚洲西南部至中部也有；中国 3 种，产新疆。

天山海罂粟 *Glaucium elegans* Fisch. & C. A. Mey.

8. 秃疮花属 Dicranostigma Hook. f. & Thomson

常具黄色液汁；子房1室，2心皮；蒴果圆柱形或线形，被短柔毛或无毛；种子小，多数，通常卵珠形，具网纹，无种阜。

3种，产中国至喜马拉雅地区；中国3种，产西北、华北、西南、华中各地。

秃疮花 *Dicranostigma leptopodum* (Maxim.) Fedde

9. 金罂粟属 Stylophorum Nutt.

花排列成伞房状花序或伞形花序，具花序梗和苞片；子房被短柔毛；蒴果狭卵形或狭长圆形，被短柔毛，2~4瓣自先端向基部开裂。

3种，1种产北美大西洋沿岸；中国2种，分布于四川东部、湖北西部至秦岭。

金罂粟 *Stylophorum lasiocarpum* (Oliv.) Fedde

10. 白屈菜属 Chelidonium L.

茎生叶互生，叶片同基生叶；子房圆柱形，无毛；花柱明显，柱头2裂；蒴果狭圆柱形，近念珠状，无毛，柱头宿存。

1种，分布于旧世界温带地区，从欧洲到日本均有；中国1种，广泛分布。

白屈菜 *Chelidonium majus* L.

11. 荷青花属 Hylomecon Maxim.

根茎短，斜生，密盖褐色、膜质、圆形的鳞片；花1~3，组成伞房状花序；子房无毛；蒴果狭圆柱形，自基部向上2瓣裂。

1种，中国、日本、朝鲜、俄罗斯东西伯利亚有分布；中国1种，产东北、华北、华中、华东地区。

荷青花 *Hylomecon japonica* (Thunb.) Prantl

12. 角茴香属 Hypecoum L.

一年生草本；叶片二回羽状分裂，具叶柄；二歧式聚伞花序；花萼小，萼片2，早落；花瓣4，黄色或白色，成2轮排列，外面2枚3浅裂或全缘，里面2枚3深裂；雄蕊4；子房1室，2心皮；蒴果长圆柱形，大多具节，种子多数。

18种，产地中海至中亚、东亚；中国4种，产西南、西北至华北地区。

角茴香 *Hypecoum erectum* L.

13. 荷包藤属 Adlumia Raf. ex DC.

二年生或多年生草质藤本；顶生小叶柄卷须状；圆锥花序腋生，具小苞片；花瓣4，外轮2瓣和内轮2瓣连合成坛状花冠，喉部缢缩，外轮分离部分披针形，叉开，基部囊状，海绵质，内轮分离部分圆匙形，直立；蒴果线状椭圆形，包以干枯、海绵质的花冠。

2种，1种产北美东部，1种产朝鲜、日本、俄罗斯远东地区；中国1种，产东北地区。

荷包藤 *Adlumia asiatica* Ohwi

14. 荷包牡丹属 Lamprocapnos Endl.

二回三出全裂，第一回裂片具长柄，中裂片的柄较侧裂片的长，第二回裂片近无柄；总状花序，于花序轴的一侧下垂；苞片钻形或线状长圆形；花基部心形；外花瓣下部囊状，具数条脉纹，上部变狭并向下反曲，内花瓣片略呈匙形，先端圆形，背部鸡冠状突起自先端延伸至瓣片基部，爪长圆形至倒卵形。

1种，分布于中国和朝鲜北部，尤其是俄罗斯东南；中国产东北地区。

荷包牡丹 *Lamprocapnos spectabilis* (L.) Fukuhara

15. 烟堇属 Fumaria L.

一年生草本，直立、铺散或攀缘；花瓣4，上面1枚花瓣前部扩大成花瓣片，瓣片近半圆筒形，边缘膜质，背部常具鸡冠状突起，后部成1或长或短的距，下面1枚花瓣狭长，无距，呈沟状，里面2枚花瓣锲状长椭圆形，先端黏合；坚果球形；种子1，无种阜。

50种，分布于欧洲西南部，经地中海沿岸至亚洲中部和喜马拉雅，其中1种产东非高原；中国2种，产新疆。

烟堇 *Fumaria officinalis* L.

16. 紫金龙属 Dactylicapnos Wall.

一年生或多年生草质藤本；顶生小叶卷须状；花瓣4，黄色，大部合生，外面2枚大，呈兜状，先端变狭，基部囊状，里面2枚较小，提琴形，先端黏合，瓣片倒卵形，背部具鸡冠状突起，爪线形，远长于瓣片；蒴果线状长圆形或长卵形。

12种，分布于喜马拉雅地区至中国；中国10种，产西部。

紫金龙 *Dactylicapnos scandens* (D. Don) Hutch.

17. 紫堇属 Corydalis DC.

花瓣4，上花瓣前端扩展成伸展的花瓣片，后部呈圆筒形、圆锥形或短囊状的距，极稀于返祖现象中的无距，下花瓣大多具爪，基部有时呈囊状或具小囊，两侧内花瓣同形，先端黏合，明显具爪，有时具囊，极稀呈距状；花柱宿存。

约465种，广布于北温带地区，南至北非－印度沙漠区的边缘，个别种分布到东非的草原地区；中国357种，南北各地均有分布，但以西南地区最集中。

小药巴蛋子 *Corydalis caudata* (Lam.) Pers.

科 71. 领春木科 Euptclcaceae

1 属 2 种，分布日本、中国至印度北部；中国 1 种，产华东、西南地区。

落叶灌木或小乔木；树皮紫黑色或棕灰色；枝有长枝、短枝之分；单叶螺旋状排列，羽状脉，先端尾状渐尖；花先叶开放，两性，6~12 朵生于芽苞叶腋中；无花被；雄蕊 6~19，花药长于花丝，药隔伸出；子房歪斜，无花柱，柱头鸡冠状具乳头状突起；翅果棕色，呈斧形，顶端圆，子房柄渐细。

一个形态上极其孤立的小科。曾被归于不同的亚纲，认为同连香树科 Cercidiphyllaceae 接近。分子证据则将它归入毛茛目 Ranunculales，处于该目基部的位置。

领春木 *Euptelea pleiosperma* Hook. f. & Thomson

1. 领春木属 Euptelea Siebold & Zucc.

属的鉴定特征及分布同科。

科 72. 星叶草科 Circaeasteraceae

世界 2 属 2 种，亚洲高海拔地区分布；中国 2 属 2 种，星散分布在西北至西南地区。

小草本；叶菱状倒卵形、匙形、楔形或心形，边缘有小齿，叶脉二叉状分枝；花序顶生聚伞状或单花，两性、辐射对称；萼片 2~3 或 5~9，卵形，花瓣缺；瘦果。

星叶草属 *Circaeaster* 和独叶草属 *Kingdonia* 互为姐妹群。

1. 星叶草属 Circaeaster Maxim.

一年生小草本；叶菱状倒卵形，匙形或楔形；萼片 2~3，狭卵形；雄蕊 1~2（~3），与萼片互生；心皮 1~3；瘦果狭长，有钩毛。

1 种，亚洲分布；中国产陕西、甘肃、青海、云南、四川、西藏、新疆等地。

星叶草 *Circaeaster agrestis* Maxim.

2. 独叶草属 Kingdonia Balf. f. & W. W. Sm.

多年生小草本；叶 1，基生，具长柄，心状圆形，掌状全裂；萼片 5~6（~9），卵形，花瓣状；退化雄蕊 8~11（~13）；雄蕊（3~）5~8；心皮 3~7（~9）；瘦果扁，狭倒披针形。

1 种，中国特有，产云南、四川、甘肃、陕西。

独叶草 *Kingdonia uniflora* Balf. f. & W. W. Sm.

科 73. 大血藤科 Sargentodoxaceae

1 属 1 种，特产于中国华中、华东、华南及西南等地区。

落叶木质藤本；三出复叶，或兼具单叶，稀全部为单叶；心皮多数，螺旋状排列在膨大的花托上，每心皮具有 1 胚珠，胚珠下垂；果实为多数小浆果合成的聚合果，每一小浆果具梗。

大血藤 *Sargentodoxa cuneata* (Oliv.) Rehder & E. H. Wilson

1. 大血藤属 Sargentodoxa Rehder & E. H. Wilson

心皮多数，螺旋状排列在膨大的花托上，每心皮具有 1 胚珠，胚珠下垂；果实为多数小浆果合成的聚合果，每一小浆果具梗。

1 种，中国特有，产华中、华东、华南及西南等地区。

74. 木通科 Lardizabalaceae

10 属约 50 种，绝大部分产于亚洲东部，只有 2 属分布于南美智利；中国 6 属 36 种，南北均产，但多数分布于长江以南各省区。

木质藤本，稀直立灌木；叶互生，叶柄两端膨大；萼片花瓣状，6 片，排成两轮，覆瓦状或外轮的镊合状排列，很少仅有 3 片；花瓣 6，蜜腺状，远较萼片小，有时无花瓣；雄蕊 6，花药纵裂，药隔常突出于药室顶端而呈角状或凸头状的附属体；果为肉质的骨葖果或浆果，不开裂或沿向轴的腹缝开裂；种子多数，或仅 1，卵形或肾形，种皮脆壳质，有肉质、丰富的胚乳和小而直的胚。

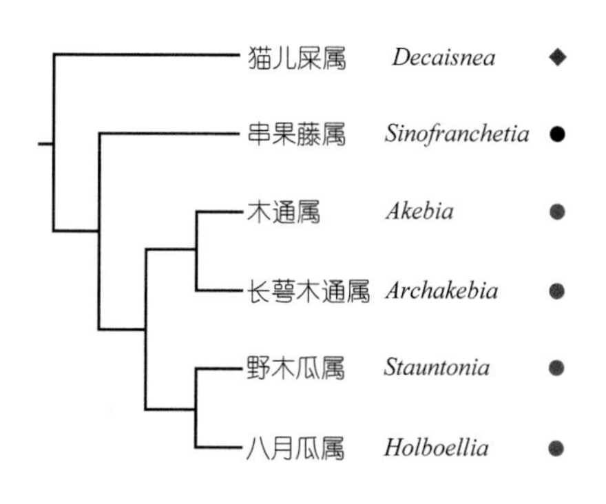

图 60 中国木通科植物的分支关系

木通科常被分成 3 亚科：大血藤亚科 Sargentodoxoideae，有时独立成单型科 Sargentodoxaceae；猫儿屎亚科 Decaisneoideae（◆），仅含单型属；木通亚科 Lardizabaloideae，分 3 族，即串果藤族 Sinofranchetieae（●）、野木瓜族 Stauntonieae（●）和木通族 Lardizabaleae，有 2 个单型属，南美智利特有。分支图显示出该科清楚的自然分类系统关系。本书将大血藤属分立为大血藤科（图 60）。

1. 猫儿屎属 Decaisnea Hook. f. & Thomson

灌木；奇数羽状复叶，小叶对生，具短的小叶柄；花杂性，组成总状花序或再复合为顶生的圆锥花序。

1 种，产东喜马拉雅地区的尼泊尔、不丹、印度东北部和缅甸北部；中国 1 种，产西南部和中部。

猫儿屎 *Decaisnea insignis* (Griff.) Hook. f. & Thomson

2. 串果藤属 Sinofranchetia (Diels) Hemsl.

叶具长柄，有羽状 3 小叶，小叶具不等长的小叶柄；雌蕊具 3 枚倒卵形的心皮；浆果椭圆状，单生、孪生或 3 个聚生于果序的每节上。

1 种，中国特有，产陕西、甘肃、湖北、湖南、四川、云南东北部和广东北地区。

串果藤 *Sinofranchetia chinensis* (Franch.) Hemsl.

3. 木通属 Akebia Decne.

雌花远较雄花大，且形状不同，1 至数朵生于花序总轴基部；萼片 3（偶有 4~6），花瓣状，卵圆形；肉质蓇葖果长圆状圆柱形。

5 种，分布于亚洲东部；中国 4 种，主产秦岭、长江以南。

木通 *Akebia quinata* (Houtt.) Decne.

4. 长萼木通属 Archakebia C. Y. Wu, T. C. Chen & H. N. Qin

雌花较大，雄花较小，形状近似；萼片 6，2 轮，外轮 3 片披针形，内轮的线形；肉质蓇葖果成熟时开裂。

1 种，中国特有，产陕西西南部、甘肃南部和四川北部。

5. 野木瓜属 Stauntonia DC.

萼片 6，内轮 3 片较狭，线形；花瓣不存在或仅有 6 枚小而不显著的蜜腺状花瓣；雄蕊花丝合生为管，有时仅于下部合生。

25 种，分布于亚洲东部自印度经中南半岛至日本；中国 20 种，产长江以南地区。

三脉野木瓜 *Stauntonia trinervia* Merr.

6. 八月瓜属 Holboellia Wall.

萼片 6，外轮 3 片与内轮相似，先端钝，内轮常较小；花瓣退化为很小的蜜腺状，近圆形；雄蕊 6，彼此离生。

20 种，分布于中国和越南、印度；中国 9 种，产秦岭以南地区。

牛姆瓜 *Holboellia grandiflora* Reaubourg

科 75. 防己科 Menispermaceae

72属525种，分布于全世界的热带和亚热带地区，温带很少；中国有19属77种，主产长江流域及其以南各省区，尤以南部和西南部各省区为多，北部很少。

木质藤本，稀灌木或小乔木；叶柄两端肿胀；花小而不鲜艳，单性，雌雄异株；萼片通常轮生，每轮3片，较少4或2片，极少退化至1片；花瓣通常2轮，较少1轮，每轮3片，很少4或2片，有时退化至1片或无花瓣；心皮3~6，较少1~2或多数；核果。

防己科分为4~5族，按照5族系统，中国产属分在4族。分支分析显示，中国产属分为2支；第1支为天仙藤族Fibraureeae（●）和青牛胆族Tinosporeae（●）成员，第2支为蝙蝠葛族Menispermeae（●）和粉绿藤族Pachygoneae（●）成员（图61）。各族所包含的属基本上归在相应的分支。仅有青牛胆属、木防己属的位置尚需研究。

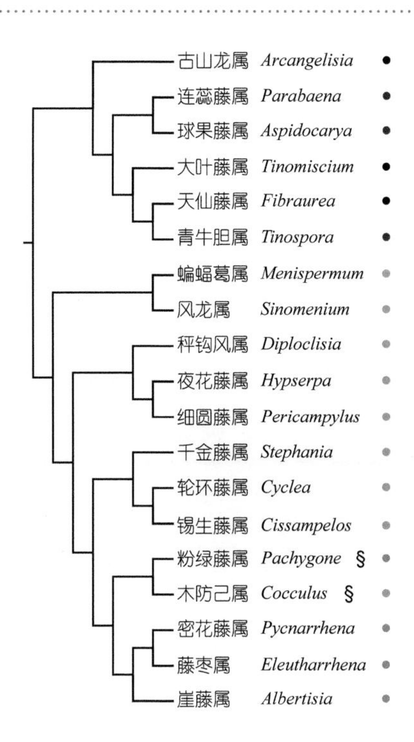

图61 中国防己科植物的分支关系

1. 古山龙属 Arcangelisia Becc.

花被不分化；核果近球状；种子具丰富胚乳，嚼烂状；子叶叶状，极叉开。

4种，分布于亚洲东南部，南至新几内亚岛；中国1种，产海南。

古山龙 *Arcangelisia gusanlung* H. S. Lo

2. 连蕊藤属 Parabaena Miers

萼片6；核果卵圆形或近球形，花柱残基近顶生；内果核表面具刺；胎座迹盘状；子叶叶状，叉开。

约7种，分布于亚洲东南部，南至新几内亚岛；中国1种，产云南、广西和贵州南部。

连蕊藤 *Parabaena sagittata* Miers

3. 球果藤属 Aspidocarya Hook. f. & Thomson

萼片12，排成4轮；核果近椭圆形，花柱残基近顶生；内果核两侧压扁呈双凸镜状；胎座迹不明显；种子卵状。

1种，分布于缅甸、泰国、印度东北部和中国云南。

球果藤 *Aspidocarya uvifera* Hook. f. & Thomson

4. 大叶藤属 Tinomiscium Miers ex Hook. f. & Thomson

叶片常阔大，掌状 3~5 脉；核果近卵圆形，花柱残基近顶生；内果核较薄，微现龙骨；胎座迹不明显；种子具胚乳。

约 7 种，分布于亚洲东南部，南至新几内亚岛；中国 1 种，产云南和广西南地区。

大叶藤 *Tinomiscium petiolare* Hook. f. & Thomson

5. 天仙藤属 Fibraurea Lour.

根和茎的木质部均鲜黄色；叶具离基 3~5 出脉；果核近木质，胎座迹沟状，深内嵌，略超过内果皮厚度之半；胚藏于胚乳中，横切面呈马蹄形。

约 5 种，分布于中国至马来群岛；中国 1 种，产南部。

天仙藤属 *Fibraurea* sp.

6. 青牛胆属 Tinospora Miers

总状花序、聚伞花序或圆锥花序，单生或几个簇生；雌花退化雄蕊 6；花柱短而肥厚，柱头舌状盾形，边缘波状或条裂；果核近骨质，腹面近平坦，胎座迹阔，具一球形的腔。

约30种，分布于东半球的热带和亚热带地区；中国6种，产西南部、中部和南部。

峨眉青牛胆 *Tinospora sagittata* var. *craveniana* (S. Y. Hu) H. S. Lo

7. 蝙蝠葛属 Menispermum L.

叶盾状；雄花萼片近螺旋状着生；花瓣 6~8 或更多；雄蕊 12~18；退化雄蕊 6~12；核果近扁球形；果核甚扁，两面低平部分呈肾形，背脊隆起，呈鸡冠状。

约 4 种，分布于北美、亚洲东北和东部；中国 1 种，产东北、华北和华东地区。

蝙蝠葛 *Menispermum dauricum* DC.

8. 风龙属 Sinomenium Diels

木质藤本；叶柄非盾状着生；雄花萼片排成 2 轮；雄蕊 9，药室近顶部开裂；花柱外弯，柱头扩大，分裂；果核两边凹入部分平坦。

1 种，产亚洲东部；中国产于西南部至东部和北部。

风龙 *Sinomenium acutum* (Thunb.) Rehder & E. H. Wilson

9. 秤钩风属 Diploclisia Miers

聚伞花序腋上生，或由聚伞花序组成的圆锥花序生于老枝或茎上；雄花萼片 6，排成 2 轮；雌花花瓣顶端常 2 裂；果核骨质，基部狭，背部有棱脊。

2 种，分布于亚洲热带地区；中国 2 种，1 种北达长江流域。

苍白秤钩风 *Diploclisia glaucescens* (Blume) Diels

10. 夜花藤属 Hypserpa Miers

小枝顶端有时延长成卷须状；叶全缘；雄花萼片 7~12，非轮生，覆瓦状排列；花瓣 4~9，有时无花瓣；退化雄蕊有或无；心皮 2~3。

约 6 种，分布于亚洲南部和东南部，南至澳大利亚和波利尼西亚；中国 1 种，产南部至东部。

夜花藤 *Hypserpa nitida* Miers

11. 细圆藤属 Pericampylus Miers

聚伞花序；雄花萼片 9，排成 3 轮，最外轮小，中轮和内轮大而凹；药室纵裂；退化雄蕊棒状；果核骨质，两面中部平坦，背部中肋两侧有圆锥状或短刺状突起，胎座迹隔膜状。

约 3 种，分布于亚洲东南部，南至新几内亚岛；中国 1 种，产西南地区至台湾。

细圆藤 *Pericampylus glaucus* (Lam.) Merr.

12. 千金藤属 Stephania Lour.

花序腋生或生于腋生的短枝上，很少生于老茎上，通常为伞形聚伞花序，有时密集成头状；雄花萼片 2 轮，很少 1 轮；花瓣 1 轮，与内轮萼片互生，很少 2 轮或无花瓣。

约 60 种，分布于亚洲和非洲的热带及亚热带地区，少数产大洋洲；中国 37 种，产长江流域及其以南地区，以云南和广西种类最多。

千金藤 *Stephania japonica* (Thunb.) Miers

13. 轮环藤属 Cyclea Arn. ex Wight

聚伞圆锥花序通常狭窄，很少阔大而疏松，腋生、顶生或生老茎上；苞片小，雄花萼片通常合生，较少分离；花瓣通常合生，较少分离，有时无花瓣。

轮环藤 *Cyclea racemosa* Oliv.

约 29 种，分布于亚洲南部和东南部；中国 13 种，分布于长江流域及其以南地区。

14. 锡生藤属 Cissampelos L.

雄花序腋生，为具总梗的伞房状聚伞花序；雄花花瓣合生成碟状或杯状，很少 2~4 裂，几达基部；雌花序为延长的聚伞圆锥花序，由密伞花序组成，苞片通常增大为叶状，彼此重叠。

20~25 种，分布于全世界热带地区，以非洲和美洲为多；中国 1 种，产云南、贵州和广西。

锡生藤 *Cissampelos pareira* var. *hirsuta* (DC.) Forman

15. 粉绿藤属 Pachygone Miers

雄花萼片外面的微小，呈苞片状；花瓣基部两侧反折，呈耳状，抱着花丝；果核骨质，两侧稍凹，胎座迹小，近匙状；种子无胚乳或有少量胚乳，缘倚子叶阔而厚。

约 12 种，分布于亚洲南部和东南部及大洋洲；中国 3 种，产南部。

肾子藤 *Pachygone valida* Diels

16. 木防己属 Cocculus DC.

木质藤本，很少直立灌木或小乔木；雄花萼片 2（或 3）轮，内轮较大而凹；花瓣基部两侧内折，呈小耳状，顶端 2 裂，裂片叉开；核果倒卵形或近圆形，稍扁。

约 8 种，广布于美洲中部、北部，非洲，亚洲东部、东南部和南部及太平洋岛屿；中国 2 种，产西南、东南至东北地区。

樟叶木防己 *Cocculus laurifolius* DC.

17. 密花藤属 Pycnarrhena Miers ex Hook. f. & Thomson

老枝常具杯状叶痕；雄花雄蕊数目不定，花丝大部合生，花药近球形，横裂；核果近球形，无伸长心皮柄，花柱残迹位于腹侧。

9 种，分布于亚洲东南部和澳大利亚昆士兰；中国 2 种，见于云南和海南。

硬骨藤 *Pycnarrhena poilanei* (Gagnep.) Forman

18. 藤枣属 Eleutharrhena Forman

雄花序少花，簇生、腋生或生于叶脱落后的枝条上；雄花雄蕊 6，分离，柱状，花药小，宽约与花丝相等，内向而横裂；核果基部收缩成柄状，花柱残迹远离基部。

1 种，分布于中国云南和印度阿萨姆。

藤枣 *Eleutharrhena macrocarpa* (Diels) Forman

19. 崖藤属 Albertisia Becc.

雄花序腋生或生于老枝上，聚伞花序，雄花内轮萼片大，合生成坛状；聚药雄蕊圆锥状，花药横裂；雌花通常单生；心皮6，向上渐狭成一钻状花柱；花柱残迹近基部。

约17种，分布于非洲和亚洲东南部；中国1种，产海南、广西和云南。

崖藤 *Albertisia laurifolia* Yamam.

科 76. 小檗科 Berberidaceae

15属约650种，主要分布于北半球温带及亚热带高山地区，仅小檗属 *Berberis* 往南分布到非洲和南美洲；中国11属约303种，各地均有分布。

灌木或多年生草本，稀小乔木；茎具刺或无；叶互生，稀对生或基生；单叶或羽状复叶；花两性，辐射对称，单生或形成各式花序；萼片和花瓣覆瓦状排列，2至多列；萼片6~9，常花瓣状；花瓣6，盔状或距状，或蜜腺状，基部有蜜腺或缺；雄蕊与花瓣同数对生，花药2室，瓣裂或纵裂；子房上位，1室；浆果、蒴果、蓇葖果或瘦果。

基于形态学和化学成分证据，小檗科常被分为4科（或4亚科）：狭义小檗科，包括2属（■）；南天竹科 Nandinaceae（◆），单型科；囊果草科 Leonticaceae（◆）；桃儿七科 Podophyllaceae（◆）。分支图显示，小檗科的属间关系分子分析和形态证据表现一致，采用广义科或细分4科无实质的区别，属间关系是一致的（图62）。

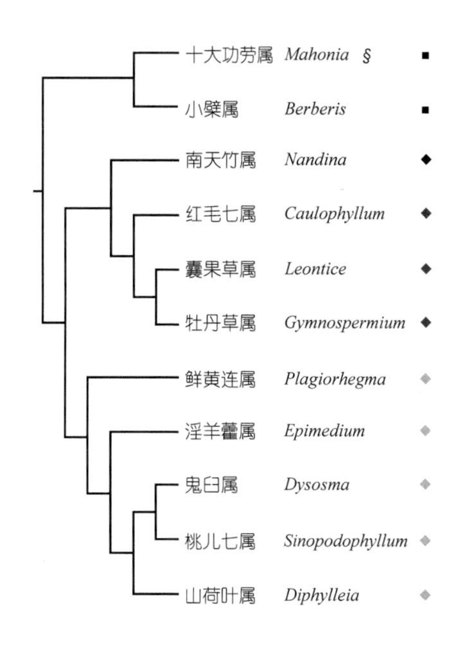

图62 中国小檗科植物的分支关系

1. 十大功劳属 Mahonia Nutt.

灌木或小乔木；枝无刺；奇数羽状复叶，互生，无叶柄或具叶柄，小叶边缘具齿；总状花序或圆锥花序顶生；花黄色；萼片9，3轮；花瓣6，2轮，基部具2枚腺体或无；雄蕊6，花药瓣裂；胚珠1~7，基生，花柱短或缺；浆果，深蓝色至黑色。

约60种，分布于东亚、东南亚、北美、中美和南美西部；中国31种，主产四川、贵州、云南和西藏东南部。

阔叶十大功劳 *Mahonia bealei* (Fortune) Carrière

2. 小檗属 Berberis L.

灌木；枝通常具刺；单叶互生，具叶柄，叶片与叶柄连接处常有关节；花3数，花序类型各异；花黄色；萼片通常6，2轮；花瓣6，基部具2枚腺体；雄蕊6，与花瓣对生，花药瓣裂；胚珠1~12，基生，花柱短或缺；浆果，通常红色或蓝黑色；无假种皮。

约500种，分布于欧洲、亚洲、非洲和美洲的温带及亚热带地区；中国215种，主产西部和西南地区。

细叶小檗 *Berberis poiretii* C. K. Schneid.

3. 南天竹属 Nandina Thunb.

常绿灌木；叶互生，二至三回羽状复叶，叶轴具关节，小叶全缘，羽状脉；花3数；大型圆锥花序顶生或腋生；萼片多数，螺旋状排列；花瓣6，基部无蜜腺；雄蕊6，1轮，与花瓣对生，花药纵裂；侧膜胎座，花柱短，宿存；浆果，熟时为红色；无假种皮。

1种，为东亚特有，分布于中国、日本和印度，北美东南部常有栽培；中国主产长江流域及陕西、河南等地。

南天竹 *Nandina domestica* Thunb.

4. 红毛七属 Caulophyllum Michx.

多年生草本；根状茎，横走，结节状；叶互生，二至三回三出复叶，小叶片边缘无齿，掌状脉或羽状脉；复聚伞花序顶生；花3数；萼片6，花瓣状；花瓣6，蜜腺状，扇形；雄蕊6，离生，花药瓣裂；心皮单一，柱头侧生，胚珠2，基生；浆果。

3种，分布于北美和东亚；中国1种，产东北、华中及华东地区。

红毛七 *Caulophyllum robustum* Maxim.

5. 囊果草属 Leontice L.

多年生草本；具块状根茎；茎生叶通常2（~5），互

囊果草 *Leontice incerta* Pall.

生，二至三回羽状深裂；总状花序顶生；花黄色；萼片 6，花瓣状；花瓣 6，蜜腺状；雄蕊 6，离生；心皮 1，柱头小胚珠 2~4，基底胎座；瘦果囊状，不开裂；无假种皮。

3~4 种，分布于北温带，主要产欧洲东南、东北和西南亚；中国 1 种，主产新疆。

6. 牡丹草属 Gymnospermium Spach

多年生草本；根状茎块根状；茎生叶 1，一回三出或二至三回羽状三出复叶；总状花序顶生，具总梗；花黄色；萼片 6，花瓣状；花瓣 6，退化成蜜腺状；雄蕊 6，分离，与花瓣对生，2 瓣开裂；雌蕊单生，花柱短或细长，胚珠 2~4，基底着生；蒴果瓣裂；具薄假种皮。

6~8 种，星散分布于北温带，主要产中亚至东欧；中国 3 种，产东北、西北和华东地区。

牡丹草 *Gymnospermium microrrhynchum* (S. Moore) Takht.

7. 鲜黄连属 Plagiorhegma Maxim.

多年生草本；根状茎细瘦；单叶，基生，叶片不分裂，掌状脉；花单生，淡紫色，后叶开放；萼片 6，花瓣状；花瓣 6；雄蕊 6，与花瓣对生；雌蕊 1，柱头浅杯状，胚珠极多数；蒴果，纵斜开裂。

约 2 种，分布于北美和东亚；中国 1 种，产西北至东北地区。

鲜黄连 *Plagiorhegma dubium* Maxim.

8. 淫羊藿属 Epimedium L.

多年生草本；根状茎横走；单叶或一至三回羽状复叶，基生或茎生；小叶边缘具齿；总状花序或圆锥花序顶生；萼片 8，2 轮，内轮花瓣状；花瓣 4，通常有距或囊；雄蕊 4，与花瓣对生，药室瓣裂；胚珠 6~15，侧膜胎座，花柱宿存，柱头膨大；蒴果背裂；具肉质假种皮。

约 50 种，分布于北非、欧洲和东亚；中国 41 种，为分布中心，以秦岭长江以南、南岭以北为主。

粗毛淫羊藿 *Epimedium acuminatum* Franch.

9. 鬼臼属 Dysosma Woodson

多年生草本；根状茎粗短，横走；叶大，盾状；花数朵簇生或组成伞形花序；萼片 6；花瓣 6，暗紫红色；雄蕊 6，花药内向开裂；雌蕊单生，胚珠多数，花柱显著，柱头膨大；浆果，红色；无肉质假种皮。

约 7 种，中国特有，分布于中国亚热带常绿阔叶林带。

八角莲 *Dysosma versipellis* (Hance) T. S. Ying

10. 桃儿七属 Sinopodophyllum T. S. Ying

多年生草本；根状茎粗壮，横走；叶 2，具长柄，3 或 5 深裂；花大，单生，粉红色，先叶开放；萼片 6；花瓣 6；雄蕊 6，花药纵裂；胚珠多数；浆果；无肉质假种皮。

1 种，分布于喜马拉雅地区、巴基斯坦、阿富汗东部和克什米尔及中国西部地区。

桃儿七 *Sinopodophyllum hexandrum* (Royle) T. S. Ying

11. 山荷叶属 Diphylleia Michx.

多年生草本；根状茎粗壮，横走，具节，节处有 1 碗状小凹；茎生叶 2；叶互生，呈 2 半裂，边缘具齿，掌状脉；聚伞花序或伞形状花序顶生，具总梗；花 3 数；萼片 6，2 轮；花瓣 6，2 轮，白色；雄蕊 6，与花瓣对生，花药纵裂；胚珠 2~11，花柱极短或缺；浆果，暗紫黑色；无假种皮。

3 种，间断分布于东亚和北美东部；中国 1 种，产东北和西南地区。

南方山荷叶 *Diphylleia sinensis* H. L. Li

科 77. 毛茛科 Ranunculaceae

60 属约 2 500 种，世界广布（除南极洲），主要分布在北半球温带和寒温带。中国 36 属 921 种，各省区广布，大多数属、种分布于西南山地。

叶互生或基生，少对生；花单生或组成各种聚伞花序或总状花序；萼片呈花瓣状或萼片状；花瓣存在或不存在，常有蜜腺并特化成分泌器官，呈杯状、筒状、二唇状，基部常有囊状或者筒状的距；雄蕊多数，有时少数，螺旋状排列；心皮分生，稀合生，多数、少数或 1 枚，在隆起的花托上螺旋状排列；胚珠多数、少数至 1 个；果实为蓇葖或瘦果，少为蒴果或浆果。

毛茛科曾被分为 2 亚科 5 族或分为 5~6 亚科。国产属的分支分析显示几乎同 Takhtajan（2009）采用的 7 亚科分类系统相一致。黄连亚科 Coptidoideae（▲）黄连属位于基部，升麻亚科 Cimicifugoideae（▲）除星果草属外其他 5 属聚为 1 支，金莲花亚科 Trollioideae（▲）中除驴蹄草属外其他 3 属相聚一支，乌头亚科 Aconitoideae（▲）含 7 属，中国 3 属聚为 1 支，唐松草亚科 Thalictroideae（▲）9 属和毛茛亚科 Ranunculoideae（▲）12 属分别聚为 1 支，单属的铁筷子亚科 Helleboroideae（▲）单独分支（图 63）。显然，毛茛科的自然分类系统得到形态和分子的支持。唯有星果草属和驴蹄草属的位置尚需确定。

1. 黄连属 Coptis Salisb.

根状茎黄色，生多数须根；花瓣 5~10 或更多，具爪，正面凹陷常分泌花蜜；心皮有柄；蓇葖果具柄，在花托顶端作伞形状排列。

约 15 种，分布于北温带，多数分布于亚洲东部；中国 6 种，产西南、中南、华东和台湾。

峨眉黄连 *Coptis omeiensis* (F. H. Chen) C. Y. Cheng

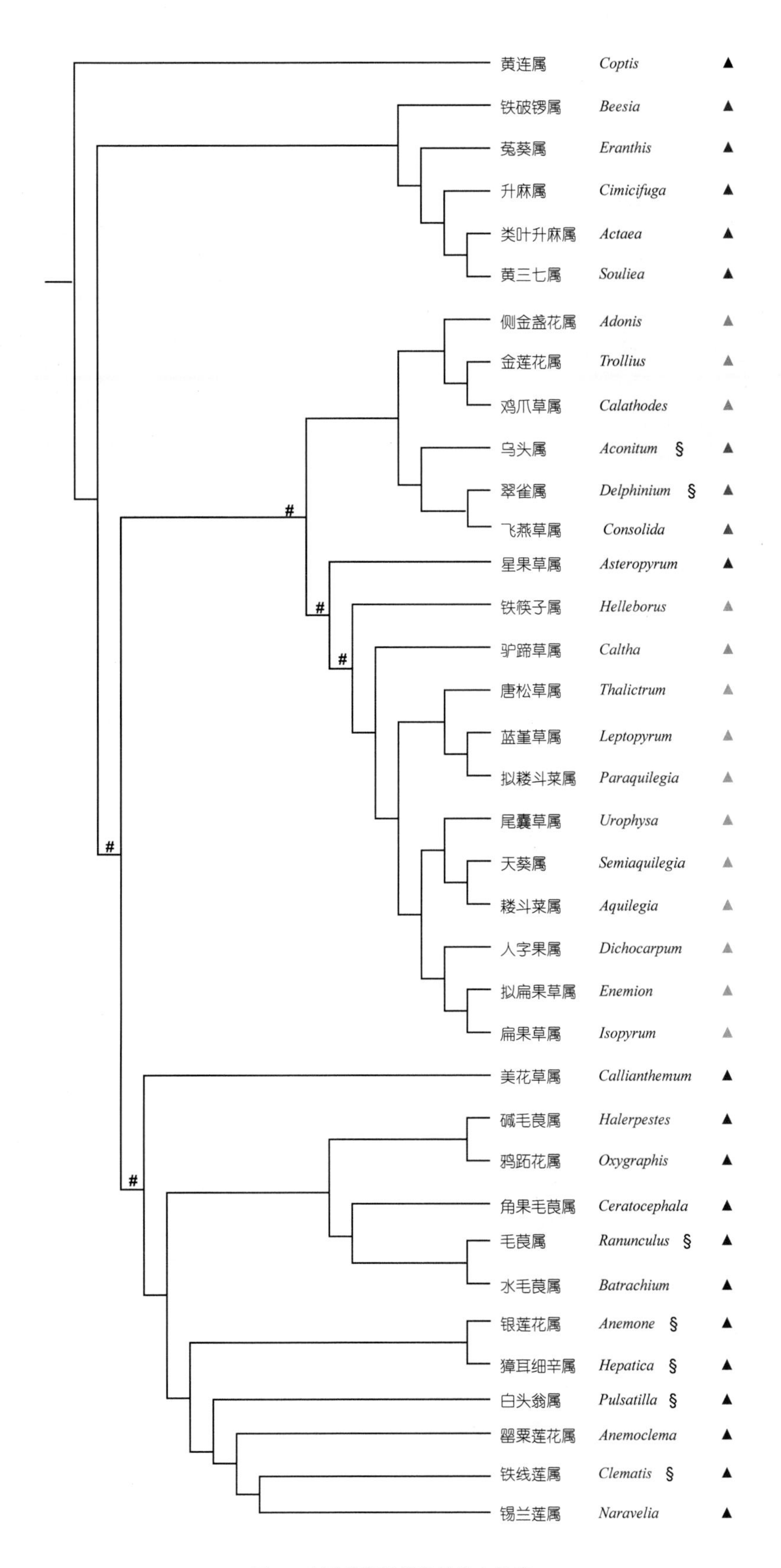

图 63 中国毛茛科植物的分支关系

2. 铁破锣属 Beesia Balf. f. & W. W. Sm.

有根状茎；叶为单叶，均基生，有长柄；花瓣不存在；心皮 1；蓇葖果狭长，扁，具横脉；种皮具皱褶。

2 种，分布于中国及缅甸北部；中国 2 种，产西南地区。

角叶铁破锣 *Beesia deltophylla* C. Y. Wu ex P. K. Hsiao

3. 菟葵属 Eranthis Salisb.

具块状根状茎；叶 1~2 或不存在，基生，有长柄，掌状分裂；苞片数个，轮生，形成一总苞；花瓣小筒形，有短柄，顶端微凹或 2 裂。

8 种，分布于欧洲和亚洲；中国 3 种，产四川西部和东北地区。

菟葵 *Eranthis stellata* Maxim.

4. 升麻属 Cimicifuga L. ex Wernisch.

一至三回三出或近羽状复叶；总状花序或穗状花序，简单或有分枝；花瓣椭圆形，全缘、稍凹或为叉状二深裂而带 2 枚空花药，稀具蜜腺；蓇葖果。

18 种，分布于北半球温带；中国 8 种，广布。

单穗升麻 *Cimicifuga simplex* (DC.) Wormsk. ex Turcz.

5. 类叶升麻属 Actaea L.

根状茎粗壮；茎单一，直立；基生叶鳞片状，茎生叶互生，为二回或三回三出复叶，有长柄；花瓣不存在或存在，匙形，无蜜腺；心皮 1~8；果实浆果或蓇葖果。

8 种，分布于北温带；中国 2 种，自西南至东北广布。

类叶升麻 *Actaea asiatica* H. Hara

6. 黄三七属 Souliea Franch.

茎基有抱茎的膜质宽鞘；叶二至三回三出全裂；总状花序；花瓣扇状倒卵形；蓇葖果宽线形，表面有明显的网脉。

1 种，分布于中国、印度东北部、不丹及缅甸；中国产西南和秦岭一带。

黄三七 *Souliea vaginata* (Maxim.) Franch.

7. 侧金盏花属 Adonis L.

花单生于茎或分枝顶端；花瓣无蜜腺；心皮多数，螺旋状着生于圆锥状的花托上，子房卵形，有胚珠 1。

30 种，分布于亚洲和欧洲；中国 10 种，分布于西南、西北、东北和山西地区。

侧金盏花 *Adonis amurensis* Regel & Radde

8. 金莲花属 Trollius L.

叶为单叶，全部基生或同时在茎上互生，掌状分裂；花瓣 5 至多数，线形，具短爪；心皮 5 至多数，无柄；种子近球形，种皮光滑。

30 种，分布于北半球温带及寒温带；中国 16 种，产西北、华北、东北、西南及台湾。

金莲花 *Trollius chinensis* Bunge

9. 鸡爪草属 Calathodes Hook. f. & Thomson

叶为单叶，基生并茎生，掌状三全裂；花瓣不存在；心皮斜披针形，顶端渐狭成短花柱，基部常稍呈囊状。

4 种，分布于印度东北部、不丹和中国；中国 4 种，分布于台湾、西藏、云南、四川、贵州和湖北。

鸡爪草 *Calathodes oxycarpa* Sprague

10. 乌头属 Aconitum L.

茎直立或缠绕；花两侧对称；萼片 5，花瓣状，上萼片 1，船形、盔形或圆筒形；花瓣 2，有爪；种子四面体型，只沿棱生翅或同时在表面生横膜翅。

400 种，分布于北半球温带；中国 211 种，除海南外，其他省份都有分布。

甘青乌头 *Aconitum tanguticum* (Maxim.) Stapf

11. 翠雀属 Delphinium L.

花两侧对称；萼片 5，花瓣状，上萼片有距，2 侧萼片和 2 下萼片无距；花瓣（或称上花瓣）2，无柄，有距，距伸到萼距中，有分泌组织；退化雄蕊无或 2（或称下花瓣），分化成瓣片和爪两部分，基部常有 2 鸡冠状小突起；种子四面体型或近球形，只沿棱生膜状翅，或密生鳞状横翅，或生同心的横膜翅。

300 种，广布于北温带；中国 110 种，除台湾外，在其他地区均有分布。

翠雀 *Delphinium grandiflorum* L.

12. 飞燕草属 Consolida (DC.) Gray

叶基生或茎生；掌状细裂；萼片 5，花瓣状，1 上萼有距，2 侧萼片和 2 下萼片无距；花瓣 2，合生，上部全缘或 3~5 裂，距伸入萼距之中，有分泌组织；心皮 1；蓇葖果。

约 50 种，分布于地中海地区和亚洲西部；中国 1 种，产新疆、西藏。

飞燕草 *Consolida ajacis* (L.) Schur

13. 星果草属 Asteropyrum J. R. Drumm. & Hutch.

叶柄盾状着生；花瓣下部具细爪；蓇葖果成熟时星状展开。

2 种，分布于中国、不丹和印度东北部；中国 2 种，分布于云南、四川、贵州、广西、湖南及湖北一带。

星果草 *Asteropyrum peltatum* (Franch.) J. R. Drumm. & Hutch.

14. 铁筷子属 Helleborus L.

叶为单叶，鸡足状全裂或深裂；花瓣小筒形或杯形，有短柄，顶端多少呈唇形；心皮离生或合生；蓇葖果革质，有宿存花柱。

20 种，分布于欧洲东南部和亚洲西部；中国 1 种，产四川西部、甘肃南部和陕西南地区。

铁筷子 *Helleborus thibetanus* Franch.

15. 驴蹄草属 Caltha L.

叶片不分裂；花瓣不存在；胚珠多数，成 2 列生于子房腹缝线上；蓇葖果开裂；种子椭圆球形，种皮光滑或具少数纵皱纹。

约 12 种，分布于南、北两半球温带或寒温带地区；中国 4 种，产西南至西北和东北地区。

三角叶驴蹄草 *Caltha palustris* var. *sibirica* Regel

16. 唐松草属 Thalictrum L.

总苞有或无；花瓣缺失；药隔顶端钝或突起成小尖头；瘦果常稍两侧扁，有纵肋，宿存花柱形成直立至卷曲的喙。

约 200 种，分布于亚洲、欧洲、非洲和美洲；中国 76 种，南北分布，多数产于西南地区。

偏翅唐松草 *Thalictrum delavayi* Franch.

17. 蓝堇草属 Leptopyrum Rchb.

一年生草本；叶为一至二回三出复叶，小叶再一至二回细裂；花瓣 2~3，近二唇形。

1 种，分布于亚洲北部和欧洲；中国产于东北、华北至西北地区。

蓝堇草 *Leptopyrum fumarioides* (L.) Rchb.

18. 拟耧斗菜属 Paraquilegia J. R. Drumm. & Hutch.

叶柄基部扩大成叶鞘，其外围有数层的老叶柄残基；叶柄残基密集成枯草丛状；花瓣5，基部浅囊状；蓇葖直立或稍展开，顶端具细喙，表面有网脉。

5种，分布于尼泊尔、蒙古国、西伯利亚及中亚地区；中国3种，分布于西南及西北地区。

拟耧斗菜 *Paraquilegia microphylla* (Royle) J. R. Drumm. & Hutch.

19. 尾囊草属 Urophysa Ulbr.

根状茎粗壮而带木质；叶均基生，呈莲座状，为单叶，掌状三全裂或近一回三出复叶；花瓣5，基部囊状或有短距；蓇葖果种子椭圆形，密生小疣状突起。

2种，中国特有，产云南、四川、贵州、湖北、湖南、广东。

距瓣尾囊草 *Urophysa rockii* Ulbr.

20. 天葵属 Semiaquilegia Makino

叶基生和茎生，为掌状三出复叶，基生叶具长柄，茎生叶柄较短；花序为简单的单歧或为蝎尾状的聚伞花序；花瓣5，基部囊状；蓇葖微呈星状展开，先端具一小细喙，表明有横向脉纹。

2种，分布于中国长江流域亚热带地区及日本。

天葵 *Semiaquilegia adoxoides* (DC.) Makino

21. 耧斗菜属 Aquilegia L.

苞片叶状，不具总苞；花瓣5，下部常向下延长成距，稀呈囊状或近不存在；退化雄蕊约7，位于雄蕊内侧。

70种，分布于北温带；中国13种，分布于西南、西北、华北及东北地区。

华北耧斗菜 *Aquilegia yabeana* Kitag.

22. 人字果属 Dichocarpum W. T. Wang & P. K. Hsiao

鸟趾状复叶或一回三出复叶；心皮基部合生；蓇葖果顶端具细喙，二叉状或近水平状展开。

15 种，分布于亚洲东部和喜马拉雅地区；中国 11 种，产秦岭以南的亚热带地区。

耳状人字果 *Dichocarpum auriculatum* (Franch.) W. T. Wang & P. K. Hsiao

23. 拟扁果草属 Enemion Raf.

花单生或数朵组成伞形花序，花序下有总苞；花瓣不存在；蓇葖果椭圆形，花柱宿存，形成短喙。

5 种，分布于北美和亚洲东北部；中国 1 种，产辽宁、吉林及黑龙江。

拟扁果草 *Enemion raddeanum* Regel

24. 扁果草属 Isopyrum L.

花瓣下部席卷状或合生成管状，基部浅囊状；蓇葖果椭圆状卵形，扁平，表面具横脉。

4 种，分布于亚洲和欧洲；中国 1 种，产西部和东北地区。

东北扁果草 *Isopyrum manshuricum* Kom.

25. 美花草属 Callianthemum C. A. Mey.

多年生草本，有根状茎；二至三回羽状复叶；花单生于茎或分枝顶端，两性；萼片 5，花瓣 5~16，白色或带淡紫色；雄蕊多数，心皮多数；聚合瘦果，近球形，有短宿存花柱。

12 种，分布于欧洲和亚洲的温带地区；中国 5 种，产西南、西北至山西。

太白美花草 *Callianthemum taipaicum* W. T. Wang

26. 碱毛茛属 Halerpestes Greene

匍匐茎伸长，横走，节处生根和簇生数叶；萼片脱落；花瓣黄色，5~12，基部有爪，蜜槽位于爪的上端；瘦果多数，果皮薄，无厚壁组织。

约 10 种，分布于温寒地带和热带高山地区；中国 5 种，产西藏、四川、西北、华北和东北地区。

三裂碱毛茛 *Halerpestes tricuspis* (Maxim.) Hand.-Mazz.

27. 鸦跖花属 Oxygraphis Bunge

叶基生，单叶，有柄，叶片几不分裂，仅有三回浅裂或少有三回深裂，全缘或有浅圆齿；花瓣 5~19，基部有狭爪，蜜槽位于爪上端，呈点状或杯状凹穴；瘦果两侧压扁，有 4 条纵肋。

4 种，自喜马拉雅地区分布至西伯利亚一带；中国 4 种，分布于西藏、云南西北部、四川西部、陕西、甘肃、青海、新疆。

鸦跖花 *Oxygraphis glacialis* (DC.) Bunge

28. 角果毛茛属 Ceratocephala Moench

一年生小草本；花瓣 3~5，基部有窄爪，蜜槽呈点状凹穴；果皮厚，基部有 2 突起，喙长，硬，直或呈镰刀状弯曲。

4 种，分布于欧洲和亚洲西部；中国 2 种，产新疆。

角果毛茛 *Ceratocephala testiculata* (Crantz) Roth

29. 毛茛属 Ranunculus L.

花瓣（3~）5（~10），基部有短爪，蜜槽呈点状或杯状袋穴，或有分离的小鳞片覆盖；花柱腹面生有柱头组织；瘦果卵球形或两侧压扁，背腹线有纵肋，或边缘有棱至宽翼，果皮有厚组织而较厚。

570 种，广布全世界的温寒地带，多数分布于亚洲和欧洲；中国 133 种，全国广布，主产西北和西南高山地区。

毛茛 *Ranunculus japonicus* Thunb.

30. 水毛茛属 Batrachium (DC.) Gray

多年生或一年生草本，水生或半陆生，茎和叶常沉于水中；沉水细裂成丝形小裂片，浮水 3 浅裂；瘦果具横纹。

20 种，全世界广布；中国 8 种，产西南、西北、华北、东北及江苏、安徽、江西等省。

北京水毛茛 *Batrachium pekinense* L. Liu

31. 银莲花属 Anemone L.

花莛具总苞；苞片 2 或数个，对生或轮生，基部合生成筒，掌状细裂；花瓣不存在；子房有 1 下垂的胚珠。

183 种，各大洲均有分布，多数分布于亚洲和欧洲；中国 64 种，除海南外，其他省份均有分布，主产西南部高山地区。

银莲花 *Anemone cathayensis* Ziman & Kadota

32. 獐耳细辛属 Hepatica Mill.

苞片 3，轮生，形成萼片状总苞；花瓣不存在；瘦果卵球形。

7 种，北温带分布；中国 2 种，产东北、华东、华中和四川。

獐耳细辛 *Hepatica nobilis* var. *asiatica* (Nakai) H. Hara

33. 白头翁属 Pulsatilla Mill.

花莛有总苞；苞片3，分生，基部合生成筒，掌状细裂；花瓣缺失；子房有胚珠1，花柱长，丝形；宿存花柱强烈增长，羽毛状。

33种，分布于欧洲和亚洲；中国11种，除东南部外广布。

白头翁 *Pulsatilla chinensis* (Bunge) Regel

34. 罂粟莲花属 Anemoclema (Franch.) W. T. Wang

叶大头羽状深裂或全裂，叶脉羽状；总苞由3苞片组成，苞片轮生，分生，羽状浅裂；瘦果近椭圆球形，被长柔毛；宿存花柱与瘦果近等长或稍长，被短柔毛。

1种，中国特有，产云南西北部和四川西南部。

罂粟莲花 *Anemoclema glaucifolium* (Franch.) W. T. Wang

35. 铁线莲属 Clematis L.

多年生木质或草质藤本，少灌木、亚灌木或多年生草本；萼片4或5（~8），花瓣状，直立呈钟状、管状，或开展；花瓣不存在；瘦果，宿存花柱伸长而呈羽毛状，或不伸长而呈喙状。

300种，各大洲均有分布，主要分布在热带及亚热带，寒带地区也有；中国147种，各地都有分布，尤以西南地区种类较多。

银叶铁线莲 *Clematis delavayi* Franch.

36. 锡兰莲属 Naravelia Adans.

木质藤本；羽状复叶，顶端3小叶变成3条卷须，仅有基部2小叶存在；瘦果狭长，具短柄，有宿存的羽毛状花柱。

9种，分布于亚洲南部及东南部；中国2种，分布于云南、广西和广东。

锡兰莲 *Naravelia zeylanica* (L.) DC.

目 20. 山龙眼目 Proteales

山龙眼目 Proteales 包括 3 科，莲科 Nelumbonaceae、悬铃木科 Platanaceae 和山龙眼科 Proteaceae。传统上，莲科曾被归入毛茛目 Ranunculales 的睡莲科 Nymphaeaceae（Hutchinson，1927；Engler 的子系统）；20 世纪 80 年代的各重要系统（Dahlgren，1983；Thorne，1992），几乎同时确定它作为独立目—莲目 Nelumbonales，甚至提升为亚纲—莲亚纲 Nelumbonidae，作为毛茛纲 Ranunculopsida 最基部的成员（Wu et al.，2002；吴征镒等，2003）。悬铃木科在 Engler 的子系统中，先放在蔷薇目 Rosales，后来作为该目的金缕梅亚目 Hamamelidineae 成员（Melchior，1964），后来的几个系统均将它归入金缕梅目 Hamamelidales，认为它同金缕梅科 Hamamelidaceae 有共祖起源。山龙眼科是一个以南半球为分布中心的科，Bentham 和 J. D. Hooker 将其置于单被类 Monochlamydeae，Engler 的子系统承认它是独立目，即山龙眼目，Thorne（1983）和 Dahlgren（1983）单独成山龙眼超目 Proteiflorae，Cronquist（1981，1988）和 Takhtajan（1980，1997）将山龙眼目和蔷薇目聚合在一起，可见这三科处于完全不同的系统位置。多基因核苷酸序列证据支持它们组成一个分支（Hilu et al.，2003；Soltis et al.，1997，2003）。Judd 等（2008）指出雌蕊每个心皮具有一个或两个下垂胚珠可能是山龙眼目的共衍征，悬铃木科 + 山龙眼科分支的共衍征是 4 基数花、雄蕊与花被片对生、心皮有 5 条维管束。尽管如此，这三个科形态上的差异是十分大的。Takhtajan（2009）将它们分别立目，组成山龙眼超目。我们认为这三个科可能有一个早已灭绝的共同祖先，在演化的过程中，它们中间的许多近缘群灭绝，造成在形态上的间断。最近，APG Ⅳ（2016）系统又将清风藤科 Sabiaceae 归入该目，使山龙眼目变成一个形态上极端分异的目（图 64）。

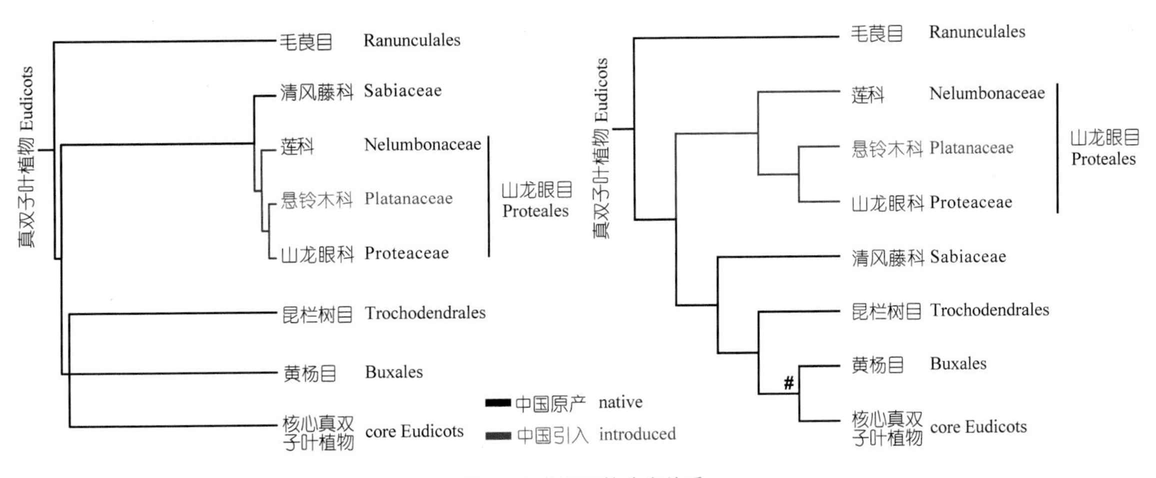

图 64 山龙眼目的分支关系

被子植物 APG Ⅲ系统（左）；中国维管植物生命之树（右）

科 78. 莲科 Nelumbonaceae

世界 1 属 2 种，分布于亚洲、大洋洲和北美洲；中国产 1 种，南北各地广泛种植。

多年生水生草本，具乳汁；根茎横走，具多节，节上生根，节间多孔；叶盾状，具长柄，具高出水面的叶及浮水叶两种；花大，单生，花被片 22~30，螺旋状着生，雄蕊 200~400，花丝细长，离生心皮 12~40，埋藏于倒圆锥形海绵质花托内；坚果椭圆形，种皮海绵质。

1. 莲属 Nelumbo Adans.

属的鉴定特征及分布同科。

莲 *Nelumbo nucifera* Gaertn.

科 79. 悬铃木科 Platanaceae

世界 1 属约 11 种，分布于北美、东南欧、西亚及越南北部；中国南北各地多作行道树栽培，未发现野生种。

落叶乔木，树皮苍白色，片状剥落；枝叶被树枝状及星状绒毛；单叶互生，叶柄基部膨大；托叶明显，基部鞘状；花单性，雌雄同株，排成紧密的头状花序；聚合果。

1. 悬铃木属 Platanus L.

属的鉴定特征及分布同科。

二球悬铃木 *Platanus* × *acerifolia* (Aiton) Willd.

科 80. 山龙眼科 Proteaceae

约 60 属 1 050 种，主要分布于大洋洲和非洲，稀达东亚和南美；中国原产 2 属 23 种，另引种 1 属 2 种，产西南地区至台湾（图 65）。

灌木或乔木；叶常革质；花两性、稀单性，常左右对称，排成各式花序，花 4 基数、无花瓣、萼片花瓣状；雄蕊 4，与萼片对生；子房 1 室，基部常有鳞片或花盘；胚珠 1 至多数；果实各式；种子有时具翅，无胚乳。

图 65 中国山龙眼科植物的分支关系

1. 山龙眼属 Helicia Lour.

叶一型，互生，稀近对生或近轮生，全缘或具齿；总状花序，腋生或生于枝上；花两性，辐射对称；基生胎座或侧膜胎座；坚果。

约 97 种，产亚洲和大洋洲东南部；中国 20 种，分布于西南至东南地区，特有 10 种。

莲花池山龙眼 *Helicia rengetiensis* Masam.

2. 假山龙眼属 Heliciopsis Sleumer

叶常二型，互生，全缘或多裂至羽状裂；总状花序腋生或生于枝上；花单性，辐射对称；雌雄异株；雌花被管基部稍膨胀，雄蕊着生在花被片檐部，花丝极短；顶生胎座；雄花具不育雌蕊；核果。

约 10 种，分布于东南亚和喜马拉雅东部；中国 3 种，产云南、广西、广东、海南，特有 2 种。

调羹树 *Heliciopsis lobata* (Merr.) Sleum.

3. 澳洲坚果属 Macadamia F. Muell.

叶轮生，全缘或具齿；总状花序腋生或顶生；花两性，辐射对称或近辐射对称；雄蕊着生于花被片的中部或檐部，花丝短；顶生胎座；坚果。

约 9 种，主产澳大利亚和印度尼西亚；中国引栽 2 种，在广东、海南和台湾栽培。

澳洲坚果 *Macadamia integrifolia* Maiden & Betche

目 21. 清风藤目 Sabiales

清风藤目 Sabiales 只有清风藤科 Sabiaceae（包括泡花树科 Meliosmaceae），系统位置尚未确定（APG II，2003；APG Ⅲ，2009；Takhtajan，2009）。清风藤科曾归属无患子目 Sapindales 或芸香目 Rutales 无患子亚目 Sapindineae（Thorne，1992）。Cronquist（1981）根据清风藤科的特征，即雄蕊对瓣生，心皮 2、分生到底，花柱着生于子房基部等归入毛茛目 Ranunculales，与防己科 Menispermaceae 相近。Erdtman（1952）也指出清风藤科的花粉与防己科植物花粉有相似性。吴征镒等（2003）将它归于芸香亚纲 Rutidae，分立泡花树目 Meliosmales 和清风藤目。现代分子系统学研究（Soltis et al.，2006）将该科放在早期分化的真双子叶植物，同山龙眼目 Proteales 聚为一支，据此 APG Ⅳ（2016）系统将清风藤科归入山龙眼目。总之，清风藤科的系统位置尚需更深入的研究（图 66）。

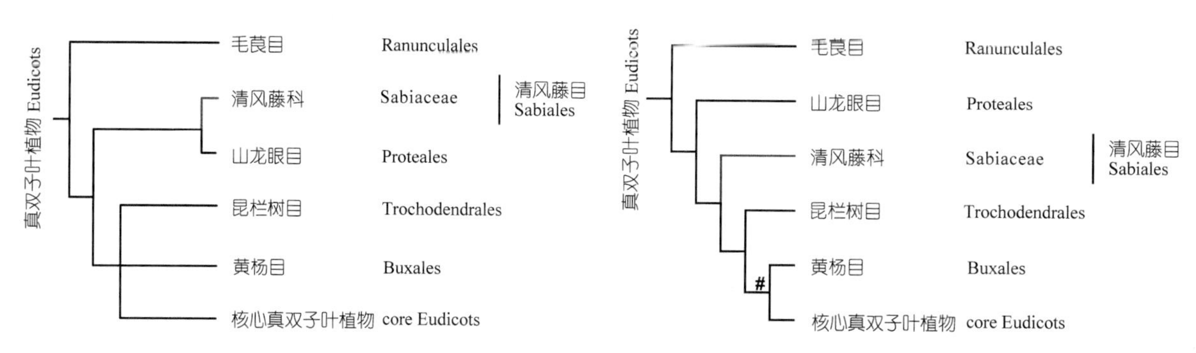

图 66 清风藤目的分支关系

被子植物 APG Ⅲ系统（左）；中国维管植物生命之树（右）

科 81. 清风藤科 Sabiaceae

3 属约 100 种，环太平洋泛热带间断分布，主要分布于东亚、东南亚和中南美洲。中国 2 属 46 种，主要分布于西南、华中、华南地区。

叶互生、单叶或奇数羽状复叶；花两性、辐射或两侧对称，萼片、花瓣及雄蕊皆对生；花瓣 5（4），等大或 3 大 2 小；雄蕊 5，全部发育或仅 2 枚可育，花药 2 室，药隔狭窄或呈杯状；心皮 2，子房上位，核果。

1. 泡花树属 Meliosma Blume

乔木；单叶或奇数羽状复叶；大型圆锥花序；花两性，花瓣 5，3 大 2 小；可育雄蕊 2，药隔扩大成杯状；子房 2 室，核果。

约 70 种，呈环太平洋泛热带间断分布；中国 29 种，产西部至台湾，主产西南地区。

腺毛泡花树 *Meliosma glandulosa* Cufod.

2. 清风藤属 Sabia Colebr.

木质藤本；单叶互生，全缘，具软骨质边缘；花两性；萼片、花瓣、雄蕊均为 5，且均对生；花盘浅或深杯状；心皮 2；核果球形，侧扁。

约 20 种，自中国华东至亚洲南部及东南部分布；中国 17 种，主产西南，西北和东部也有少数分布。

尖叶清风藤 *Sabia swinhoei* Hemsl.

目 22. 昆栏树目 Trochodendrales

APG 的分类系统（2003，2009）中，昆栏树目 Trochodendrales 只有昆栏树科 Trochodendraceae（图 67），含 2 个单型属，昆栏树属 *Trochodendron* 和水青树属 *Tetracentron*，东亚到喜马拉雅特有，后者常独立为水青树科 Tetracentraceae。最初昆栏树属放在林仙科 Winteraceae（吴征镒等，2003），后来有的学者认为其与毛茛目 Ranunculales 有近的亲缘关系（Bailey & Nast，1945）；Takhtajan（1987，1997）及 Cronquist（1988）将昆栏树科和水青树科组成昆栏树目归入金缕梅亚纲 Hamamelididae；Thorne （1983，1992）和 Dahlgren（1983）将该目放在蔷薇超目 Rosanae。吴征镒等（1998）新立金缕梅纲 Hamamelidopsida，纲下设昆栏树亚纲 Trochodendridae，昆栏树目处于该纲的最基部，认为它是联系木兰纲 Magnoliopsida 和金缕梅纲的中间类型。该目系统位置在学者之间的诸多观点说明昆栏树目形态学性状的独特性。其化石诺尔登氏果属 *Nordenskioeldia* 广泛分布在北半球晚白垩世到早第三纪，该化石花两性、由大约 15 个心皮和多雄蕊组成、果序轴和营养枝木质部无导管（Friis & Crane，1989），可能代表了已灭绝的祖先类群，说明它们的古老性。在长期的演化中，现存的昆栏树属和水青树属植物正像 Takhtajan（2009）所详细列出的，在生长习性、营养器官、花结构、胚胎学、染色体等方面已相当分化，足以将它们分成独立的科。

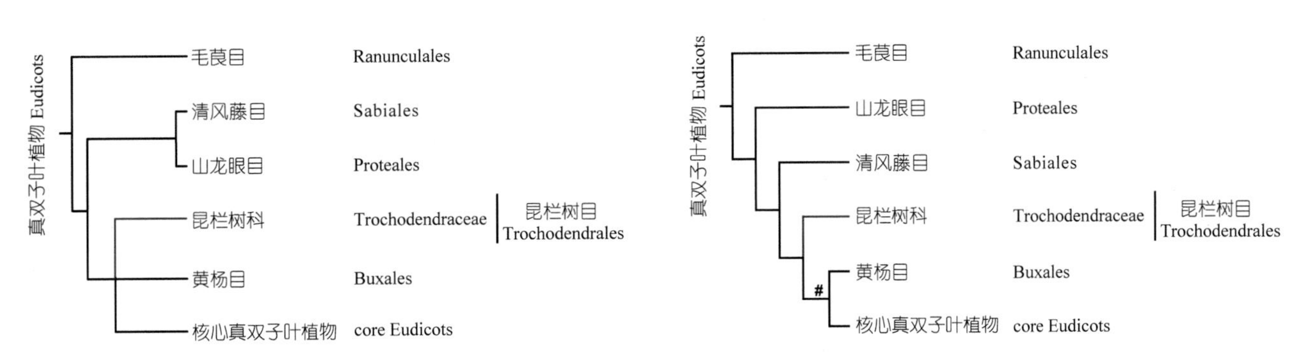

图 67 昆栏树目的分支关系
被子植物 APG Ⅲ系统（左）；中国维管植物生命之树（右）

科 82. 昆栏树科 Trochodendraceae

2 属 2 种，东亚特有；中国 2 属 2 种，产中部和西南部及台湾。

乔木；木质部仅有管胞，无导管；单叶；花组成密集的总状花序或穗状花序，两性；花被退化或有 4 花被片；雄蕊 4 或达 40~70；雌蕊由 4~17 心皮组成；蓇葖果室背开裂或蒴果纵向开裂。

水青树属 *Tetracentron* 和昆栏树属 *Trochodendron* 虽形态上相对孤立，但互为姐妹群，化石证据及分子分析证明两属有共同祖先，在古新世（44~30 百万年前）就已分化。

1. 水青树属 Tetracentron Oliv.

落叶乔木；枝有长枝、短枝之分；叶在短枝上聚生于枝顶端，在长枝上互生，掌状脉，托叶与叶柄基部合生；穗状花序；花被片 4；雄蕊 4，与花被片对生；雌蕊由 4 心皮组成；蓇葖果室背开裂。

1 种，分布于中国、尼泊尔、缅甸北部和越南北部；中国产中部至西南地区。

水青树 *Tetracentron sinense* Oliv.

2. 昆栏树属 Trochodendron Siebold & Zucc.

常绿乔木；叶螺旋状排列，羽状脉；总状花序；花被在花发育早期退化，在开花时消失；雄蕊数达 40~70；雌蕊由 6~17 心皮组成；蒴果纵向开裂。

1 种，分布于日本和中国；中国产台湾。

昆栏树 *Trochodendron aralioides* Siebold & Zucc.

目 23. 黄杨目 Buxales

黄杨目 Buxales 包括 2 科，无知果科 Haptanthaceae 和黄杨科 Buxaceae（APG Ⅲ，2009）。无知果科为单型科（1 属 1 种），分布于洪都拉斯，被 Takhtajan（2009）列为系统位置不确定的科，APG Ⅳ（2016）系统将它又归入黄杨科。黄杨科含马达加斯加分布的双蕊花科 Didymelaceae（1 属 2 种）。吴征镒等（2003）详细地介绍了黄杨目（科）系统位置的不同观点。在 20 世纪 80 年代以后的系统中，基本上有两种意见：Cronquist（1981）将它放在大戟目 Euphorbiales，近缘于大戟科 Euphorbiaceae，但黄杨科是倒生胚珠、种脊背生；而大戟科为直生胚珠、种脊腹生等。Dahlgren（1983）的黄杨目包括黄杨科、双蕊花科 Didymelaceae 和虎皮楠科 Daphniphyllaceae，放在蔷薇超目 Rosanae 的木麻黄目 Casuarinales 之后。吴征镒等（2003）采取广义黄杨目，将它作为金缕梅纲的最后一目，也考虑到它和蔷薇纲五桠果亚纲的联系，近缘于虎皮楠科。分子系统学研究将它作为真双子叶植物早期分化的分支之一，紧跟昆栏树目 Trochodendrales，但对这种关系的形态学解释尚需研究（图 68）。

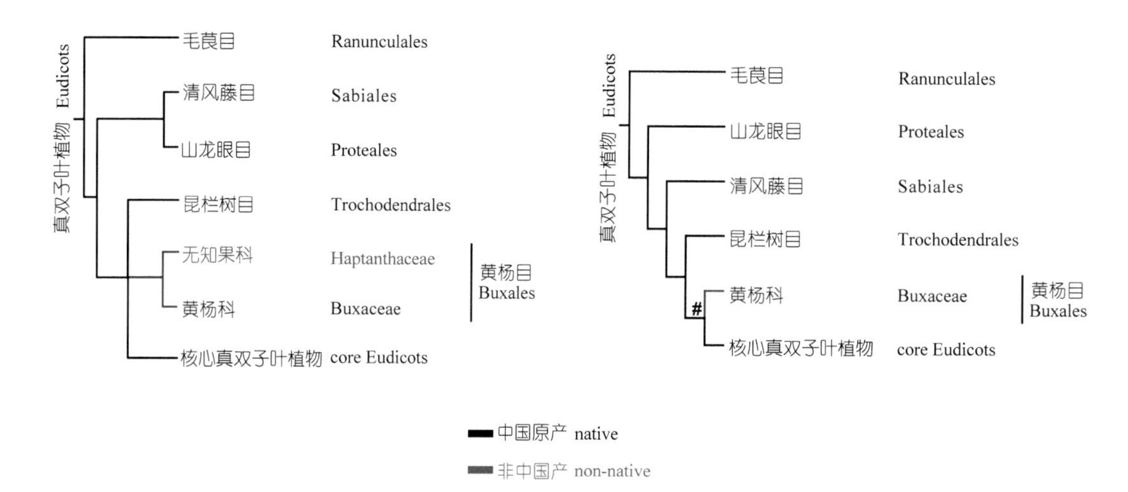

图 68 黄杨目的分支关系

被子植物 APG Ⅲ系统（左）；中国维管植物生命之树（右）

科 83. 黄杨科 Buxaceae

5 属约 100 种，主要分布于北半球；中国 3 属约 28 种，分布于西南部、西北部、中部、东南部至台湾。

常绿灌木或小乔木，稀草本；单叶，互生或对生，全缘或有齿，羽状脉或离基三出脉，无托叶；花小，单性，雌雄同株或异株；花序总状或密集穗状；雄花萼片 4，雌花萼片 6，2 轮，覆瓦状排列；无花瓣；雄蕊 4，与萼片对生；心皮 3（稀 2），子房每室有 2 下垂的倒生胚珠；蒴果或肉质核果。

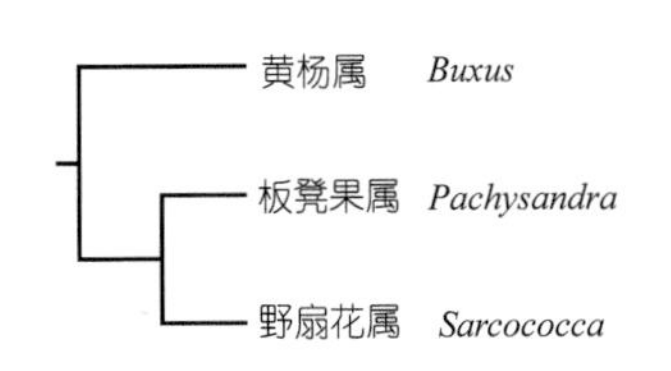

图 69 中国黄杨科植物的分支关系

板凳果属 *Pachysandra* 和野扇花属 *Sarcococca* 互为姐妹群（图 69）。

1. 黄杨属 Buxus L.

常绿灌木或小乔木；小枝四棱形；叶对生，全缘，羽状脉；花小，雌雄同株，雌花单生于花序顶端；花序总状、穗状或密集的头状；蒴果，3 瓣裂，果瓣的顶部有 2 角。

约 70 种，在中美、西印度群岛、东亚、西欧、热带非洲及马达加斯加都有分布；中国 17 种，主产于西部和西南部。

野扇花 *Sarcococca ruscifolia* Stapf

黄杨 *Buxus microphylla* subsp. *sinica* (Rehder & E. H. Wilson) Hatus.

2. 野扇花属 Sarcococca Lindl.

常绿灌木；叶互生，全缘，离基三出脉；花小，雌雄同株，雌花生于花序下方；花序头状或总状，有苞片；苞片、小苞片和萼片边缘均有纤毛；核果，宿存花柱短。

约 20 种，分布于亚洲东部和南部；中国 9 种，主产西南至台湾地区。

3. 板凳果属 Pachysandra Michx.

匍匐或攀缘常绿亚灌木；叶互生，具齿，离基三出脉；花小，雌雄同株，雌花生于花序下方；花序穗状，具苞片；苞片、萼片边缘均有纤毛；核果，宿存花柱长角状。

约 3 种，分布于美国东南部、中国和日本；中国 2 种，主产长江以南地区。

顶花板凳果 *Pachysandra terminalis* Siebold & Zucc.

目 24. 五桠果目 Dilleniales

五桠果目 Dilleniales 只有五桠果科 Dilleniaceae。早期的系统将它归于侧膜胎座目—山茶亚目或山茶目 Theales（Engler 的子系统）。近代的系统都承认它为独立目，只有 Thorne（1992）仍将其放在山茶目，接近猕猴桃科 Actinidiaceae；Cronquist（1981）将它同芍药科 Paeoniaceae 组成一目。五桠果科既保留了一些原始的性状，如子房多少分离而对折、有时不完全封闭，雄蕊多数、药隔伸出，梯纹导管等，相似于木兰科 Magnoliaceae；但它没有木兰类所具有的挥发油和特征性的苄基异喹啉生物碱。自 Takhtajan（1966）建立五桠果亚纲 Dilleniidae，得到 Cronquist（1981）、Wu 等（2002）的支持，该亚纲以雄蕊离心发育等不同于蔷薇亚纲 Rosiidae。五桠果目（科）位于该亚纲早出的位置。吴征镒等（2003）认为五桠果科（目）处于蔷薇纲 Rosiopsida 早先分出的一个盲支，和山茶科 Theaceae 有联系，且是五桠果亚纲最原始的成员。APG Ⅲ（2009）系统将五桠果科放在核心真双子叶（core Eudicots）早期分化的位置，尚没有归于确定的目（图 70）。

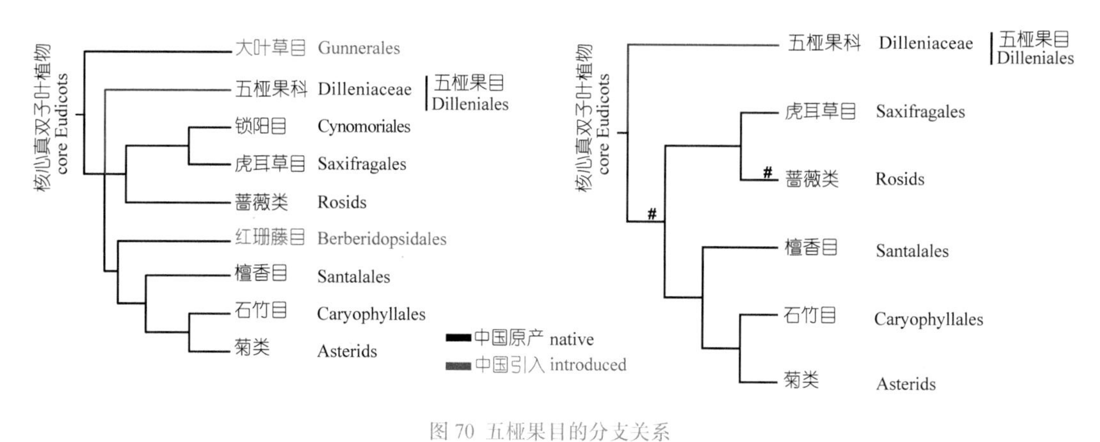

图 70 五桠果目的分支关系
被子植物 APG Ⅲ系统（左）；中国维管植物生命之树（右）

科 84. 五桠果科 Dilleniaceae

10 属约 500 种，泛热带分布，澳大利亚种数最多，非洲少数；中国 2 属 5 种，产华南和云南。

乔木、灌木，稀木质藤本或草本；羽状叶脉密而平行；花单生或数朵排列成总状花序，两性、稀单性；花萼和花瓣常 5 数；雄蕊常多数，花丝不同程度连合成束，离心发育；雌蕊群具 1~20 心皮，离生或各式合生；离心皮果或合心皮果，浆果或蓇葖果。

分子证据（Horn，2009）将该科分为 4 个分支：基部分支为锡叶藤属 *Tetracera*，依次为缢水藤分支 Doliocarpoid、五桠果分支 Dillenioid 和纽扣花分支 Hibbertioid。

1. 锡叶藤属 Tetracera L.

常绿木质藤本；顶生或侧生圆锥花序；萼片（3~）4~5（~15），果时宿存，薄革质；花丝向上扩大，花药 2，生于扩大的药隔顶端，上端相连，下部叉开；蓇葖果，不规则开裂；种子假种皮杯状或流苏状。

约 50 种，产热带地区；中国 2 种，产广东、广西和云南。

锡叶藤 *Tetracera boiviniana* Baill.

2. 五桠果属 Dillenia L.

常绿或落叶乔木或灌木；叶柄基部膨大，有翅；花大型；萼片通常 5，果时宿存，呈厚革质或硬肉质；果实圆球形，由宿存萼片包被；种子常有假种皮。

约 65 种，产马达加斯加到斐济，马来西亚种类最丰富；中国 3 种，产华南和云南。

五桠果 *Dillenia indica* L.

目 25. 锁阳目 Cynomoriales

锁阳目 Cynomoriales 只含单属 2 种科，锁阳科 Cynomoriaceae，是全寄生的被子植物。由于分子分析的分歧结果（如 Nickrent，2002；Nickrent et al.，2005； Barkmen et al.，2007；Jian et al.，2008；Zhang et al.，2009），APG Ⅲ（2009）系统没有指定目，只是在虎耳草目 Saxifragales 下进行了说明。在早期，Bentham 和 J. D. Hooker 将锁阳属 *Cynomorium* 归属蛇菰科 Balanophoraceae；Engler 子系统将其归入桃金娘目 Myrtales 作为锁阳亚目 Cynomoriineae，同瑞香亚目 Thymelaeineae、桃金娘亚目 Myrtineae 和小二仙草亚目 Haloragineae 并列，并处于该目演化的高层次（吴征镒等，2003）。Takhtajan（1987，1997，2009）坚持独立成锁阳目，位于蛇菰目 Balanophorales 之前，并共同组成蛇菰超目 Balanophoranae。本研究将锁阳科网结在虎耳草目中，APG Ⅳ（2016）系统将锁阳科归入虎耳草目。该科（目）的系统关系随着研究的深入还会有变化（图 71）。

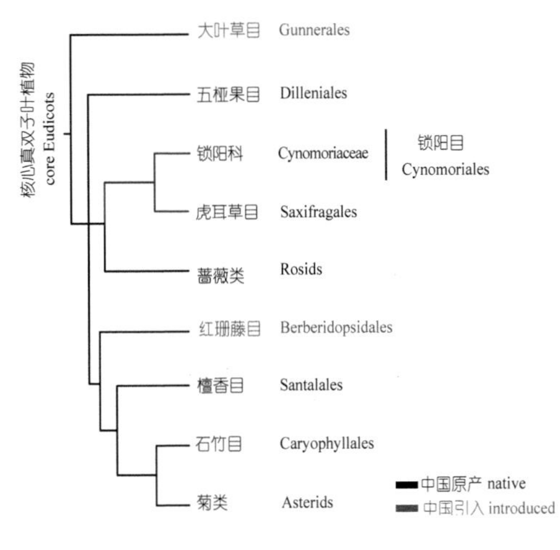

图 71 锁阳目的分支关系

科 85. 锁阳科 Cynomoriaceae

1 属 2 种，广布于地中海地区；中国 1 种，产西北地区。

多年生肉质草本，根寄生，全株红棕色，无叶绿素；茎圆柱形，分枝或不分枝，具螺旋状排列的脱落性鳞片叶；花杂性，极小，由多数雄花、雌花与两性花密集形成顶生的肉穗花序，花序中散生鳞片状叶；花被片通常 4~6；雄花具 1 雄蕊和 1 密腺；雌花具 1 雌蕊；两性花具 1 雄蕊和 1 雌蕊；果为小坚果状。

1. 锁阳属 Cynomorium L.

属的鉴定特征及分布同科。

锁阳 *Cynomorium songaricum* Rupr.

目 26. 虎耳草目 Saxifragales

虎耳草目 Saxifragales 在 APG Ⅲ（2009）系统中包括 14 科，在分支图（图 72）上围盘树科 Peridiscaceae（3 属 11 种，间断分布于巴西北部、委内瑞拉、圭亚那和西非）位于基部，其余科分 2 支：第 1 支 5 科，在传统的系统中处于远离的系统位置，如 Takhtajan（2009）的系统中芍药科 Paeoniaceae 在芍药目 Paeoniales、蕈树科 Altingiaceae 和金缕梅科 Hamamelidaceae 在金缕梅目 Hamamelidales、连香树科 Cercidiphylaceae 在连香树目 Cercidiphyllales、虎皮楠科 Daphniphyllaceae 在虎皮楠目 Daphniphyllales；第 2 支 8 科属于狭义虎耳草目的成员，得到分子和形态证据的支持，其中 2 科中国无分布，即隐瓣藤科 Aphanopetalaceae（1 属 2 种，产澳大利亚东南部）和四心木科 Tetracarpaeaceae（1 属 1 种，产澳大利亚塔斯马尼亚岛山地）。虎耳草目的核心科虎耳草科 Saxifragaceae 曾经是一个十分庞杂的大科（Bentham & J. D. Hooker 系统及 Engler 的子系统）。在 1966 年 Takhtajan 将 Engler 概念的虎耳草科划分为不少于 15 个科，1980 年减少到 10 科。归于原属虎耳草目（科）的成员，分子研究的结果已放在关系远离的位置，如梅花草科 Parnassiaceae 归入卫矛目 Celastrales，绣球科 Hydrangeaceae 归入山茱萸目 Cornales 等。因此，广义虎耳草科的划分及归属仍是一个需要深入研究的课题。

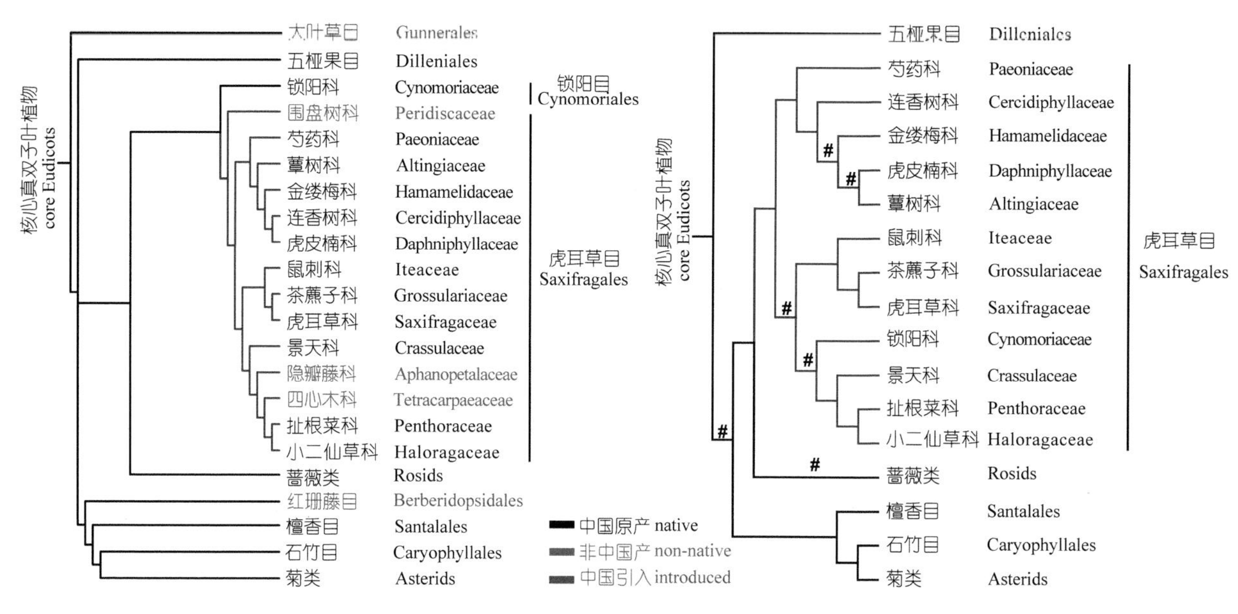

图 72 虎耳草目的分支关系
被子植物 APG III 系统（左）；中国维管植物生命之树（右）

科 86. 鼠刺科 Iteaceae

灌木或乔木；单叶互生，具柄，边缘常具腺齿或刺状齿，稀圆齿状或全缘，羽状脉，托叶小；花两性或杂性，多数，排列成顶生或腋生总状花序或总状圆锥花序；萼筒杯状，常被柔毛；萼片 5，宿存；花瓣 5，离生，花期直立或反折；雄蕊 5，有时具 5 枚齿状的退化雄蕊，心皮 2 或 5（~6）；蒴果，具宿存的萼片及花瓣。

2 属 21~30 种，分布于亚洲、美洲和非洲；中国 1 属 15 种，主要分布于西南至东南地区。

中国仅产鼠刺属 *Itea*；岩溲疏属 *Pterostemon* 为墨西哥特有类群。

峨眉鼠刺 *Itea omeiensis* C. K. Schneid.

1. 鼠刺属 Itea L.

多为总状或总状圆锥花序；心皮数为 2；蒴果顶端分裂。

21~27 种，产亚洲和北美洲；中国 15 种，主要分布于西南至东南地区。

科 87. 茶藨子科 Grossulariaceae

灌木，有刺或无刺；叶常绿或脱落，单叶，常掌状分裂，互生或丛生；托叶缺；花两性或有时单性，单生或排成总状花序；萼管与子房合生，裂片直立或广展；花瓣 4~5，通常小或鳞片状；雄蕊 4~5，与花瓣互生；子房下位，1 室；花柱 2，浆果，顶以宿存的萼。

1 属约 160 种，主要分布于北半球温带和寒带；中国 59 种。

刺果茶藨子 *Ribes burejense* Fr. Schmidt

1. 茶藨子属 Ribes L.

属的鉴定特征及分布同科。

科 88. 虎耳草科 Saxifragaceae

约30属近500种，广布于温带地区，以北温带地区最为丰富；中国13属279种，南北均产。

草本；叶互生，单叶至羽状或掌状复叶；聚伞状、总状或圆锥状花序，稀单花；萼片5，稀4（6~7）；花瓣与萼片同数，离生，常爪状，稀退化或不存在；雄蕊4~14，外轮对瓣，或为单轮；心皮2（~5），多少合生，稀离生，花柱通常离生；蒴果，稀小蓇葖果。

虎耳草科原来是一个十分庞杂的大科，本研究采用的狭义虎耳草科是比较自然的群，科下可不分族，或分2~4族。在国产属的分支分析中，虎耳草族 Saxifrageae（●）的虎耳草属位于基部，该族的其他成员聚集在不同分支，落新妇族 Astilbeae（●）的3属也分在不同的分支，檀郎草族 Leptarrheneae（●）的峨屏草属和变豆叶草族 Saniculiphylleae（●）变豆叶草属相聚（图73）。因此虎耳草科的分族显然不太自然，而在分支图上近缘属的结合是相当清楚的。

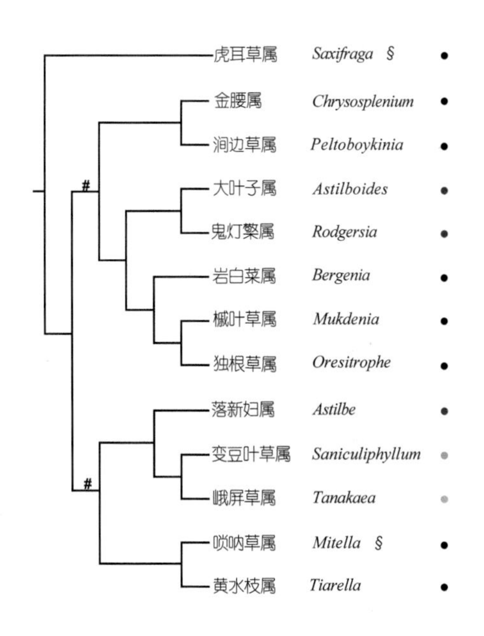

图73 中国虎耳草科植物的分支关系

1. 虎耳草属 Saxifraga Tourn. ex L.

单叶全部基生或兼茎生；花通常两性，有时单性，辐射对称，稀两侧对称，多组成聚伞花序，有时单生，具苞片；花托杯状，内壁完全与子房下部愈合，或扁平；萼片5；花瓣5，通常全缘，具痂体或无痂体；雄蕊10；子房2室，中轴胎座；蒴果。

约450种，主要分布于亚洲、欧洲、美洲的高寒地区；中国216种，全国各地均产，主产西南和青海、甘肃等地的高山地区。

黑蕊虎耳草 *Saxifraga melanocentra* Franch.

2. 金腰属 Chrysosplenium Tourn. ex L.

肉质柔弱草本，单叶对生或互生，具柄，无托叶；通常为小聚伞花序，有明显的叶状苞片，稀单花；托杯内壁通常多少与子房愈合；萼片4(5)；无花瓣；雄蕊4或8(10)；子房1室，上部2裂，侧膜胎座；蒴果顶裂。

约65种，产于非洲、美洲、亚洲和欧洲；中国35种，南北均产，主产陕西、甘肃、四川、云南和西藏。

肾叶金腰 *Chrysosplenium griffithii* Hook. f. & Thomson

3. 涧边草属 Peltoboykinia (Engl.) H. Hara

单叶，互生；基生叶具长柄，叶片大型，盾状着生，掌状浅裂；茎生叶少，与基生叶同型，但较小，托叶膜质；聚伞花序顶生；苞片小，托杯内壁仅下部与子房壁愈合；萼片5；花瓣5，常具疏细齿；雄蕊10。

2种，分布于中国、日本；中国1种，产福建、浙江。

涧边草 *Peltoboykinia tellimoides* (Maxim.) H. Hara

4. 大叶子属 Astilboides (Hemsl.) Engl.

根状茎粗壮；基生叶很大，径达60~90cm，具长柄，盾状，掌状浅裂；花茎长于叶，达1m以上，上部分枝，多花；萼片4~5；花瓣4~5；雄蕊（6~）8；子房半下位，2室，花柱短而厚。

1种，中国、朝鲜分布；中国产东北地区。

大叶子 *Astilboides tabularis* (Hemsl.) Engl.

5. 鬼灯檠属 Rodgersia A. Gray

根茎粗壮；叶大型，基生叶掌状或盾状5裂，具长柄；茎生叶3裂；托叶膜质；花排成蝎尾状聚伞花序，复结成圆锥状花序，无苞片；萼片（4~）5（~7）；花瓣通常不存在，稀1~2或5；雄蕊10（~14）；子房上位，2~3室；蒴果。

5种，分布于亚洲东部和喜马拉雅地区；中国4种，产东北、西北、华中和西南地区，主产西南地区。

滇西鬼灯檠 *Rodgersia aesculifolia* var. *henricii* (Franch.) C. Y. Wu ex J. T. Pan

6. 岩白菜属 Bergenia Moench

单叶，基生，厚而大，全缘或具齿，具小腺状窝点；叶柄基部具宽展的托叶鞘；花大，生于花茎上；具苞片；托杯内壁几与子房不愈合；萼片5；花瓣5；雄蕊10；子房2心皮合生，基部2室、中轴胎座，顶部1室、有2侧膜胎座；蒴果。

10种，分布于亚洲；中国7种，产西北和西南地区。

峨眉岩白菜 *Bergenia crassifolia* (L.) Fritsch

7. 槭叶草属 Mukdenia Koidz.

叶基生，具长柄，阔卵形至近圆形，基部心形：掌状3~7（~9）裂，裂片边缘有锯齿；聚伞花序被柔毛，无苞片；托杯内壁仅基部与子房愈合；萼片6；花瓣6（~7），短于萼片；雄蕊5~6（~7），与花瓣互生，短于花瓣；子房半下位。

1种，分布于中国、朝鲜；中国产东北地区。

槭叶草 *Mukdenia rossii* (Oliv.) Koidz.

8. 独根草属 Oresitrophe Bunge

根茎粗厚；叶单独一片基生，具柄，卵形至心形，边缘有不规则齿牙；多歧聚伞花序圆锥状，无苞片；托杯内壁基部与子房愈合；萼片5（~7），花瓣状；花瓣不存在；雄蕊10（~14）；子房上位，1室，2侧膜胎座；蒴果，有2喙。

2种，中国特有，产四川、甘肃。

独根草 *Oresitrophe rupifraga* Bunge

9. 落新妇属 Astilbe Buch.-Ham. ex D. Don

根状茎粗壮；叶互生，二至四回三出复叶，稀心形单叶；托叶膜质；圆锥花序顶生，具苞片；萼片通常5，稀4；花瓣通常3~5，有时更多或不存在；雄蕊通常8~10，稀5；雌2或3；蒴果或蓇葖果。

约18种，亚洲、北美分布；中国7种，南北均产，主产华东、华中和西南地区。

落新妇 *Astilbe chinensis* (Maxim.) Franch. & Sav.

10. 变豆叶草属 Saniculiphyllum C. Y. Wu & T. C. Ku

茎花莛状；叶全部基生，掌状全裂，具叶柄；无托叶；圆锥花序，苞片明显；萼片5；花瓣5；萼片和花瓣着生于钟状花托；雄蕊5，花丝极短。

1种，中国特有，产广西、云南。

11. 峨屏草属 Tanakaea Franch. & Sav.

叶均基生，具柄，革质，边缘有锯齿；无托叶；圆锥花序或总状花序；苞片小，萼片(4~)5(~7)；花瓣不存在；雄蕊(8~)10；子房1室，2心皮合生，花柱极短。

1种，中国、日本分布；中国产四川。

峨屏草 *Tanakaea radicans* Franch. & Sav.

12. 唢呐草属 Mitella Tourn. ex L.

单叶通常基生，茎生叶少或无；托叶干膜质；总状花序顶生，具苞片；萼片5；花瓣5，通常羽状分裂，稀全缘或缺失；雄蕊5或10；心皮相等或近相等，侧膜胎座；蒴果2果瓣近等大；

约20种，主要分布于亚洲和北美洲；中国2种，产东北地区和台湾。

唢呐草 *Mitella nuda* L.

13. 黄水枝属 Tiarella L.

叶多基生，单叶，掌状分裂，或为3小叶复叶；茎生叶少数；托叶小型；花序总状或圆锥状，苞片小，托杯内壁下部与子房愈合；萼片5，常呈花瓣状；花瓣5，全缘，或缺；心皮不相等；雄蕊10，伸出花冠外；蒴果的2果瓣不等大。

3种，中国、日本、北美各有1种分布；中国1种，产西南、华南和华中地区。

黄水枝 *Tiarella polyphylla* D. Don

科 89. 景天科 Crassulaceae

约35属近1 500种，非洲、美洲、欧洲、亚洲分布；中国13属233种，全国广布，主要产于西南地区。

肉质草本、半灌木或灌木；叶互生、对生或轮生，或在基部呈莲座状；花常为聚伞花序，或伞房状、穗状、总状或圆锥状花序，有时单生；两性或单性，辐射对称，4~5数；花萼离生或基部合生，宿存；花瓣离生或合生；雄蕊1轮或2轮，与萼片或花瓣同数或为其二倍；心皮基部外侧常有腺状鳞片；聚合蓇葖果，稀蒴果。

景天科分3亚科：长生草亚科 Sempervivoideae（包括景天亚科 Sedoideae）（▲），伽蓝菜亚科 Kalanchoideae（▲），青锁龙亚科 Crassuloideae（▲）。分支分析支持这样的划分，同样清楚地呈现各亚科属间的亲缘关系（图74）。

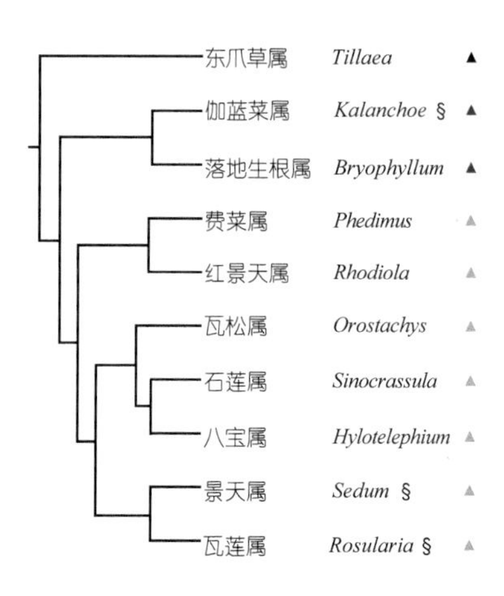

图74 中国景天科植物的分支关系

1. 东爪草属 Tillaea L.

小草本，根不增粗；叶对生，基部合生，呈短鞘状；聚伞花序腋生；花小，两性，3~5数；雄蕊1轮，常与花瓣同数；心皮分离，星芒状排列。

约16种，世界广布；中国5种，产东北、华北和西南地区。

五蕊东爪草 *Tillaea pentandra* Royle ex Edgew.

2. 伽蓝菜属 Kalanchoe Adans.

草本、亚灌木或灌木；根不增粗；叶对生，常羽状裂；花两性，常4数；花直立，花冠各式；雄蕊2轮，常为花萼数2倍，花丝着生于花冠管中部或以上。

约125种，非洲、亚洲分布；中国4种，产西南、东南及台湾。

伽蓝菜 *Kalanchoe ceratophylla* Haw.

3. 落地生根属 Bryophyllum Salisb.

草本，稀灌木、半灌木；根不增粗；叶对生，稀3叶轮生，有浅裂或羽状裂，叶边缘易生芽胞体；花序顶生；花两性，4基数，花常下垂；雄蕊2轮，为花萼数2倍；花丝着生于花冠管基部。

约20种，非洲（包括马达加斯加）分布；中国1种，华南、西南地区有栽培。

棒叶落地生根 *Bryophyllum delagoense* (Eckl. & Zeyh.) Schinz

4. 费菜属 Phedimus Raf.

草本；根颈粗；叶互生或对生，扁平，边缘有锯齿或圆锯齿；聚伞花序顶生，常为3个分枝，无苞片；花两性，常5基数；萼无距；雄蕊2轮，为花萼数2倍；心皮合生。

约20种，亚洲、欧洲分布；中国8种，产东北、西北、华北、华东和华中地区。

费菜 *Phedimus aizoon* (L.) 't Hart

5. 红景天属 Rhodiola L.

草本；根颈被基生叶或鳞片状叶；花茎发自基生叶或鳞片状叶的腋部；茎生叶互生，不分裂；花序顶生，通常有苞片；花两性或单性；萼（3~）4~5（~6）裂；花瓣几分离，与萼片同数；雄蕊2轮，常为萼片数的2倍，对瓣雄蕊贴生在花瓣下部；心皮基部合生。

约90种，分布于北半球高寒地区；中国55种，主产西南和西北地区。

大花红景天 *Rhodiola crenulata* (Hook. f. & Thomson) H. Ohba

6. 瓦松属 Orostachys (DC.) Fisch.

草本；根不增粗；叶第一年呈莲座状；第二年自莲座中央长出不分枝的花茎；茎生叶对生；花序外表呈狭金字塔形至圆柱形，具苞片；花5基数；萼片基部合生；花瓣基部稍合生，直立；雄蕊2轮，为花萼数2倍；花瓣分生；心皮有柄，直立。

30种，亚洲分布；中国8种，产东北、华北、西北和华中地区。

瓦松 *Orostachys fimbriata* (Turcz.) A. Berger

7. 石莲属 Sinocrassula A. Berger

草本，基生叶莲座状；根不增粗；花茎直立，有疏松排列的叶状苞片；花两性，直立，5基数；萼在基部半球形合生；花瓣纵剖看呈S形，分离或几分离，直立，坛状合生；雄蕊1轮，与萼片同数，花丝通常连合。

7种，亚洲分布；中国7种，主产西南地区。

石莲 *Sinocrassula indica* (Decne.) A. Berger

8. 八宝属 **Hylotelephium** H. Ohba

草本；叶互生、对生或3~5叶轮生，不具距，扁平；花序顶生，有苞片；花两性或单性，（4）5基数；萼片不具距，基部多少合生；花瓣通常离生；雄蕊数为萼片数2倍，对瓣雄蕊着生在花瓣近基部处；心皮分离，腹面不隆起。

约33种，分布于亚洲、欧洲、北美洲；中国16种，除华南地区外，其他地区均产。

华北八宝 *Hylotelephium tatarinowii* (Maxim.) H. Ohba

9. 瓦莲属 **Rosularia** (DC.) Stapf

草本，常被毛；根粗，肉质；基生叶莲座状；花茎单生，自莲座丛中发出，或数个，生自莲座叶腋；花两性，5~9基数；萼片基部合生；花冠钟形或杯状，花瓣部分合生；雄蕊数为花萼的2倍，花丝着生于花冠基部以上处；心皮分离，直立，常被毛。

36种，分布于亚洲；中国3种，产新疆、西藏。

长叶瓦莲 *Rosularia alpestris* (Kar. & Kir.) Boriss

10. 景天属 **Sedum** L.

草本；根不增粗；无莲座状叶，叶基部常有距；花序腋生或顶生；花两性，稀单性，常为不等(3~)5(~9)基数；萼片、花瓣分离或基部合生；雄蕊2轮，为萼片数的2倍，对瓣雄蕊贴生在花瓣基部或稍上处，稀1轮与萼片同数；心皮分离，或在基部合生，无柄。

约470种，主要分布于北半球；中国121种，南北分布，主产西南地区。

垂盆草 *Sedum sarmentosum* Bunge

11. 孔岩草属 **Kungia** K. T. Fu

草本；根短，不增粗；基生叶密被毛；茎生叶互生；花序顶生；苞片先端尖；花两性，5基数；萼片无距；花瓣基部连合；雄蕊1轮或2轮，与萼片同数；心皮近离生，基部渐狭。

2种，特产中国四川、甘肃。

弯毛孔岩草 *Kungia schoenlandii* (Raym.-Hamet) K. T. Fu

12. 合景天属 **Pseudosedum** (Boiss.) A. Berger

草本；根绳索状或块状；根颈有少数小、膜质、三角形的叶，无莲座状叶；叶互生；花茎上密生叶，互生；花序顶生；花两性，5~6基数；萼片基部稍合生；花冠合生至中部，漏斗状或钟状；雄蕊2轮，为花萼数2倍；心皮直立。

10种，产亚洲中部；中国2种，产新疆。

白花合景天 *Pseudosedum lievenii* (Schrenk ex Fisch. & C. A. Mey.) A. Berger

13. 岷江景天属 Ohbaea V. V. Byalt & I. V. Sokolova

草本；莲座明显，疏松；莲座叶互生，较茎生叶大；花茎自莲座叶中轴生出；花序总梗分为三歧的蝎尾状；花两性，5(6)基数；萼片基部稍合生；花瓣离生；雄蕊2轮，为花萼数2倍；心皮近直立，基部稍合生。

1种，特产于中国四川、云南。

岷江景天 *Ohbaea balfourii* (Raym.-Hamet) V. V. Byalt & I. V. Sokolova

科 90. 扯根菜科 Penthoraceae

1属2种，1种分布于亚洲东部和东南部，另1种分布于北美洲东部；中国产1种，除新疆、西藏、青海外我国大部分地区都有分布。

多年生草本；茎圆柱形；叶互生，无柄或近无柄，披针形至狭披针形；聚伞花序；花两性，多数，小型，黄绿色；萼片5（~8）；花瓣5（~8）或无花瓣；雄蕊10（~16），2轮；心皮5（~8），下部合生，胚珠多数；花柱短；蒴果5（~8）浅裂；种子具蒴盖。

扯根菜 *Penthorum chinense* Pursh

1. 扯根菜属 Penthorum Gronov. ex L.

属的鉴定特征及分布同科。

科 91. 小二仙草科 Haloragaceae

全世界8属约145种，除干旱及荒漠地区外全球广布，主产澳大利亚；中国2属13种，全国各省均产。

水生或陆生草本，或呈灌木状；叶互生、对生或轮生，生于水中的常为篦齿状分裂；花两性或单性，腋生，单生或簇生，或成顶生的穗状花序、圆锥花序、伞房花序；萼筒与子房合生，萼片2~4或缺如；花瓣2~4，早落，或缺如；雄蕊2~8，排成2轮，花药远长于花丝；子房下位，2~4室；果为坚果或核果状，有时具翅，不开裂，或很少瓣裂。

1. 小二仙草属 Gonocarpus Thunb.

陆生平卧或直立的纤细草本，稀亚灌木；叶小，常对生，上部的有时互生，革质或薄革质，全缘或具锯齿，具叶柄或近无叶柄，叶柄多下延成棱；花小，具2小苞片；花萼具棱，4裂，宿存；花瓣4~8或缺，兜状凹陷，稀平坦；雄蕊4或8；子房下位，不完全3~4室；果坚果状，不开裂，具纵条纹；种子1。

约35种，主产澳大利亚和新西兰，东南亚亦有分布；中国2种，主产南部至西南部，北达河北。

小二仙草 *Gonocarpus micranthus* Thunb.

2. 狐尾藻属 Myriophyllum L.

水生或半湿生草本；叶互生、轮生，无柄或近无柄，多篦齿状分裂；花水上生，无柄，单生叶腋或轮生，或成穗状花序；花单性同株或两性，稀雌雄异株；雄花花瓣2~4，早落；雄蕊2~8；雌花子房下位，4室，稀2室；柱头羽毛状；果实成熟后分裂成4（2）小坚果状的果瓣，每果瓣具1种子。

约35种，世界淡水水域及湿生环境广布，尤以澳大利亚为甚；中国11种，南北广布。

穗状狐尾藻 *Myriophyllum spicatum* L.

科 92. 芍药科 Paeoniaceae

1属约30种，分布于亚洲、欧洲、北美西部温带至亚热带地区；中国1属15种，主要分布于北部、西南部，少数种类产长江两岸各省。

灌木或多年生草本；根圆柱形或具纺锤形的块根；叶通常为二回三出复叶；单花顶生或数朵生于茎顶和茎上部叶腋，大型；苞片披针形，叶状，宿存；萼片宽卵形，大小不等；花瓣倒卵形；雄蕊多数，离心发育；花盘杯状或盘状，革质或肉质；心皮多离生，胚珠多数，沿心皮腹缝线排成2列；蓇葖果。

芍药科 Paeoniaceae 从形态学上常认为与毛茛科 Ranunculaceae 关系较近。分子证据表明芍药科位于虎耳草目 Saxifragales（APG Ⅲ），本研究支持与连香树科 Cercidiphyllaceae、金缕梅科 Hamamelidaceae、蕈树科（阿丁枫科）Altingiaceae 和虎皮楠科（交让木科）Daphniphyllaceae 为近缘类群。

芍药 *Paeonia lactiflora* Pall.

1. 芍药属 Paeonia L.

属的鉴定特征及分布同科。

科 93. 连香树科 Cercidiphyllaceae

1属2种，分布于中国和日本；中国1种，分布于西北、华中、西南和华东部分地区。

落叶乔木；枝有长枝、短枝之分，长枝具稀疏对生或近对生叶，短枝有重叠环状芽鳞片痕，生1叶及花序；叶边缘有钝锯齿，具掌状脉；花单性，雌雄异株；每花有1苞片；无花被；雄花丛生，近无梗，雄蕊8~13，花丝细长，花药条形，红色；雌花4~8，具短梗；心皮4~8，离生；蓇葖果。

连香树科 Cercidiphyllaceae 的位置较难确定，本研究支持与金缕梅科 Hamamelidaceae、蕈树科（阿丁枫科）Altingiaceae 和虎皮楠科（交让木科）Daphniphyllaceae 为近缘类群，但支持率较低。

连香树 *Cercidiphyllum japonicum* Siebold & Zucc.

1. 连香树属 Cercidiphyllum Siebold & Zucc.

属的鉴定特征及分布同科。

科 94. 金缕梅科 Hamamelidaceae

约 27 属 106 种，非洲、美洲、亚洲、澳大利亚分布，尤以亚洲东部种类丰富；中国 15 属 61 种，主要分布于华南、西南及华中地区。

乔木和灌木；叶互生，全缘或有锯齿，或为掌状分裂，具羽状脉或掌状脉；通常有明显的叶柄；具托叶，稀无托叶；花排成头状花序、穗状花序或总状花序；花两性或单性（雌雄同株）；异被花，常辐射对称；萼片 4~5（~10）数，分离至合生，常覆瓦状排列；花瓣 4~5 数，分离，有时无；雄蕊 4~5 数，或更多；果为蒴果，外果皮木质或革质，内果皮角质或骨质。

按照 Takhtajan（2009）的新系统，金缕梅科分为 4 亚科：双花木亚科 Disanthoideae（▲），金缕梅亚科 Hamamelidoideae 分 4 族，即金缕梅族 Hamamelideae（●）、蜡瓣花族 Corylopsideae（●）、秀柱花族 Eustigmateae（●）、银刷树族 Fothergilleae（●），马蹄荷亚科 Exbucklandioideae（▲），红花荷亚科 Rhodoleioideae（▲）。分支图显示的关系基本上反映了形态分类和分子证据的统一（图 75）。

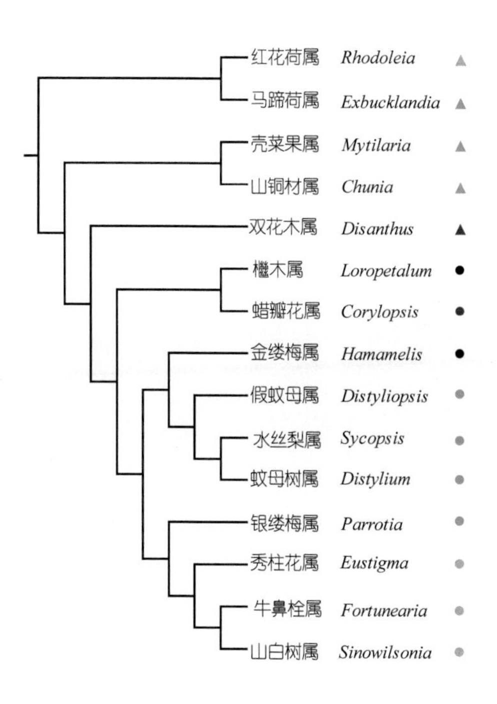

图 75 中国金缕梅科植物的分支关系

1. 红花荷属 Rhodoleia Champ. ex Hook.

常绿乔木或灌木；叶具羽状脉，无托叶；花序头状，腋生，托以卵圆形而覆瓦状排列的总苞片，具花序柄；花两性；花瓣 2~5 片，常着生于头状花序的外侧，匙形至倒披针形，红色，生于头状花序内侧的花瓣已移位或消失，整个花序形如单花；雄蕊 4~10；子房半下位；蒴果室背 4 爿裂。

约 10 种，分布于亚洲东南部；中国 6 种，产西南及海南地区。

红花荷 *Rhodoleia championii* Hook.

2. 马蹄荷属 Exbucklandia R. W. Brown

常绿乔木；小枝节膨大；叶具掌状脉；托叶 2，大而对合，苞片状，包着芽体，早落，有环状托叶痕；头状花序通常腋生；花两性或杂性同株；萼筒与子房合生；花瓣 2~5，或无花瓣；雄蕊 10~15，花药 1 室；头状果序；蒴果 4 爿裂，每室种子 5~7，顶部的不育，基部 1 或 2 枚可育且具狭翅。

约 4 种，分布于亚洲；中国 3 种，产西南、华南地区。

大果马蹄荷 *Exbucklandia tonkinensis* (Lecomte) Hung T. Chang

3. 壳菜果属 **Mytilaria** Lecomte

常绿乔木；小枝有明显的节，节上有环状托叶痕；叶具掌状脉；托叶1片，早落；花两性，螺旋状排列于具柄的肉质穗状花序上；萼筒与子房合生，花瓣5，稍带肉质，带状舌形；雄蕊多于10；子房半下位；蒴果2爿裂，外果皮稍肉质，内果皮木质。

1种，分布于中国、越南、老挝；中国产广东、广西及云南。

壳菜果 *Mytilaria laosensis* Lecomte

4. 山铜材属 **Chunia** Hung T. Chang

常绿乔木；小枝有明显的节，节上有环状托叶痕；叶三浅裂至全缘，具掌状脉；肉穗状花序生于新枝芽的侧面，并为2片苞状的托叶所包裹；花两性；花萼和花瓣不存在；雄蕊8；子房下位，2室；蒴果上半部2爿裂，果皮坚硬。

1种，特产于中国海南。

山铜材 *Chunia bucklandioides* Hung T. Chang

5. 双花木属 **Disanthus** Maxim.

落叶灌木；叶具掌状脉；托叶线形，早落；头状花序具有2朵无柄而对生的花，花序柄短；花两性，5数；萼筒短杯状，萼裂片5，在花时反卷；花瓣窄带状或线状披针形，在花芽时向内卷曲；雄蕊5，退化雄蕊5，位于花瓣基部与可育雄蕊互生；子房上位；蒴果木质，室背2爿裂。

1种1变种，分布于中国、日本；中国主产湖南、江西、浙江。

长柄双花木 *Disanthus cercidifolius* subsp. *longipes* (Hung T. Chang) K. Y. Pan

6. 檵木属 **Loropetalum** R. Br.

常绿或半常绿灌木或小乔木；芽体无鳞苞；叶具羽状脉；托叶膜质；花排成头状、总状或短穗状花序，两性，4或5（6）数；花瓣带状，在花芽时向内卷曲；雄蕊周位着生，退化雄蕊鳞片状，与雄蕊互生；子房下位或半下位；蒴果下部包被于花杯。

3种，中国、印度、日本分布；中国3种，产长江以南地区。

红花檵木 *Loropetalum chinense* var. *rubrum* P. C. Yieh

7. 蜡瓣花属 **Corylopsis** Siebold & Zucc.

落叶或半常绿灌木或小乔木；混合芽有多数总苞状鳞片；叶羽状脉；托叶叶状，早落；花两性，常先于叶片开放，总状花序常下垂，花序柄基部常有2~3片正常叶片；萼片5，花瓣5，黄色，匙形或倒卵形；雄蕊5，退化雄蕊1~5，简单或2裂，与雄蕊互生；子房近上位至近下位；蒴果。

约29种，中国、印度、日本、朝鲜分布；中国20种，主产长江流域及其以南地区。

蜡瓣花 *Corylopsis sinensis* Hemsl.

8. 金缕梅属 **Hamamelis** Gronov. ex L.

落叶灌木或小乔木；芽体裸露；叶羽状脉；托叶披针形，早落；花聚成头状或短穗状花序，两性，4 数；花瓣带状，4 枚，黄色或淡红色，在花芽时皱折；雄蕊 4，花药 1 室，花丝极短，退化雄蕊 4，鳞片状；子房半下位；蒴果木质。

6 种，分布于东亚和北美东部；中国 1 种，南部广布。

金缕梅 *Hamamelis mollis* Oliv.

9. 假蚊母属 **Distyliopsis** P. K. Endress

常绿乔木；芽具苞鳞；叶具羽状脉；托叶早落；花两性与雄花同株或异株，排成总状花序；苞片 3 浅裂；萼筒杯状至坛状，无裂片；两性花有花梗，雄花常无梗；无花瓣；雄蕊（1~）5~6（~15）；蒴果基部具宿存萼筒。

约 6 种，分布于东亚至东南亚；中国 5 种，产西南、华南地区。

樟叶假蚊母树 *Distyliopsis laurifolia* (Hemsl.) P. K. Endress

10. 水丝梨属 **Sycopsis** Oliv.

常绿灌木或小乔木；芽体裸露无鳞苞；叶具羽状脉；托叶早落；花两性与雄花同株或异株，排成穗状花序；花有花梗，常内弯，花螺旋状排列，无顶花；萼片 5~6；无花瓣；雄蕊 5~10，插生于萼筒边缘；蒴果基部宿存萼筒。

2~3 种，分布于中国和印度东北部；中国 2 种，南部广布。

三脉水丝梨 *Sycopsis triplinervia* Hung T. Chang

11. 蚊母树属 **Distylium** Siebold & Zucc.

常绿灌木或小乔木；芽体裸露无鳞苞；叶具羽状脉；托叶早落；花单性或杂性，雄花常与两性花同株，排成腋生穗状花序；萼筒花极短，花后脱落；无花瓣；两性花，雄蕊 5~8；雄花雄蕊 1~8；子房上位；蒴果基部无宿存萼筒。

约 18 种，分布于亚洲；中国 12 种，南部广布，以西南最丰富。

屏边蚊母树 *Distylium pingpienense* (Hu) Walker

12. 银缕梅属 **Parrotia** C. A. Mey.

落叶乔木；叶具羽状脉，叶脉直行；托叶早落；花聚成头状花序；两性花与雄花同株；苞片大，棕色；花萼裂片 7~8（~10），形状不规则，宿存；无花瓣；雄蕊（5~）10~15；子房半下位；蒴果密被星毛状。

2 种，产亚洲；中国 1 种，产安徽、江苏、浙江。

银缕梅 *Parrotia subaequalis* (Hung T. Chang) R. M. Hao & H. T. Wei

13. 秀柱花属 Eustigma Gardner & Champ.

常绿灌木或小乔木；叶具羽状脉；托叶早落；花两性，总状花序，基部有总苞片 2，每朵花有苞片 1，小苞片 2，花梗短；花瓣倒卵形鳞片状；雄蕊 5，无退化雄蕊或腺体；花柱伸长，柱头膨大，棒状，稍压扁，有多数乳头状突起；蒴果几乎完全为萼筒所包裹。

3 种，分布于中国、越南；中国 3 种，分布于南部。

秀柱花 *Eustigma oblongifolium* Gardner & Champ.

14. 牛鼻栓属 Fortunearia Rehder & E. H. Wilson

落叶灌木或小乔木；叶具羽状脉；托叶细小早落；花单性或杂性，排成总状花序；两性花的总状花序顶生，基部有数片叶，花瓣退化为针状，雄蕊 5；雄花柔荑花序基部无叶片，缺乏总苞，有退化子房；蒴果先端尖锐。

1 种，中国特有，产中部至东部。

牛鼻栓 *Fortunearia sinensis* Rehder & E. H. Wilson

15. 山白树属 Sinowilsonia Hemsl.

落叶灌木或小乔木；芽体裸露；叶具羽状脉，托叶线形，早落；花单性、雌雄同株，稀两性花，总状或穗状花序，有苞片及小苞片；雄花有短柄，萼筒壶形，有星状绒毛；花瓣不存在；雄蕊 5；雌花无柄，萼筒壶形，无花瓣；退化雄蕊 5；子房上位，被萼筒包被；蒴果。

1 种，中国特有，产中部及西北地区。

山白树 *Sinowilsonia henryi* Hemsl.

科 95. 虎皮楠科 Daphniphyllaceae

1 属 25~30 种，分布于亚洲、澳大利亚、斯里兰卡，亚洲东部和东南部为分布中心；中国 1 属 10 种，分布于长江以南各省区。

常绿乔木或灌木；小枝具叶痕和皮孔；单叶互生，常聚集于小枝顶端；花序总状，基部具苞片；花萼 3~6 裂片，宿存或脱落；无花瓣；花单性异株；雄花有雄蕊 5~12（~18），1 轮；雌花具 5~10 退化雄蕊环绕子房或无；子房卵形或椭圆形，2 室，每室具 2 胚珠，胚珠倒生，下垂；花柱 1~2，柱头 2，多宿存；核果。

虎皮楠科（交让木科）Daphniphyllaceae 的位置较难确定，本研究支持与蕈树科（阿丁枫科）Altingiaceae 互为姐妹群，但支持率较低。

交让木 *Daphniphyllum macropodum* Miq.

1. 虎皮楠属 Daphniphyllum Blume

属的鉴定特征及分布同科。

科 96. 蕈树科 Altingiaceae

1 属约 15 种，分布于亚洲和美洲、热带和亚热带地区；中国 1 属 13 种，主要分布于华南、西南地区。

落叶或常绿乔木；植物体含芳香树脂化合物；顶芽被鳞片；叶革质，具柄；叶片掌状 3~7 裂，具掌状脉，或不裂具羽状脉；具托叶，着生在叶柄基部；花单性，雌雄同株，无花被；雄花排成头状或短穗状花序，常多个头状花序再排成复总状花序，雄蕊多数，花丝极短；雌花 5~30，排成球形头状花序，具长花序柄；退化雄蕊存在或缺；果序球形头状，基部平截；蒴果木质。

对于蕈树科（阿丁枫科）Altingiaceae 前人多将其置于金缕梅科 Hamamelidaceae，作为属级处理。分子证据表明蕈树科（阿丁枫科）位于虎耳草目 Saxifragales（APG Ⅲ）；本研究支持其与虎皮楠科（交让木科）Daphniphyllaceae、金缕梅科 Hamamelidaceae、连香树科 Cercidphyllaceae 和芍药科 Paeoniaceae 为近缘类群。

枫香树 *Liquidambar formosana* Hance

1. 枫香树属 Liquidambar L.

属的鉴定特征及分布同科，本属范畴包含蕈树属 *Altingia* 和半枫荷属 *Semiliquidambar*。

目 27. 葡萄目 Vitales

葡萄目 Vitales 只含 1 科，葡萄科 Vitaceae，在 APG Ⅲ（2009）系统处于蔷薇类 Rosids 最基部（图 76），认为它是豆类 Fabids+ 锦葵类 Malvids 的姐妹群。在传统的系统中，从 Engler 到 Cronquist（1981）和 K. Kubitzki（见 Mabberley，1997）都将葡萄科放在鼠李目 Rhamnales，认为与鼠李科 Rhamnaceae 有亲缘；另一主张将它单立一目，葡萄目。Thorne（1983，1992）认为和山茱萸目 Cornales 相近，甚至在该目下设立葡萄亚目 Vitineae，这一观点为 Takhtajan （1987，1997）、Dahlgren（1989）所接受。然而它和鼠李目的区别在于薄壁细胞组织中有针晶囊（raphide sac）、果实浆果状、筛管分子质体为 P 型；和山茱萸目不同之处在于缺乏环烯醚萜化合物、种子解剖等（Takhtajan，1997；吴征镒等，2003）。Takhtajan （2009）认为葡萄目可能是从某些蔷薇超目 Rosanae 的祖先分化来的。在葡萄科中，旧世界热带地区分布的火筒树属 *Leea*（34 种）常常被分立为火筒树科 Leeaceae（Airy Shaw，1973；Cronquist，1981；Takhtajan，2009；Wu et al.，2002），该属有一组十分明显的重要性状不同于葡萄科的其他属（吴征镒等，2003），是否立科尚值得研究。

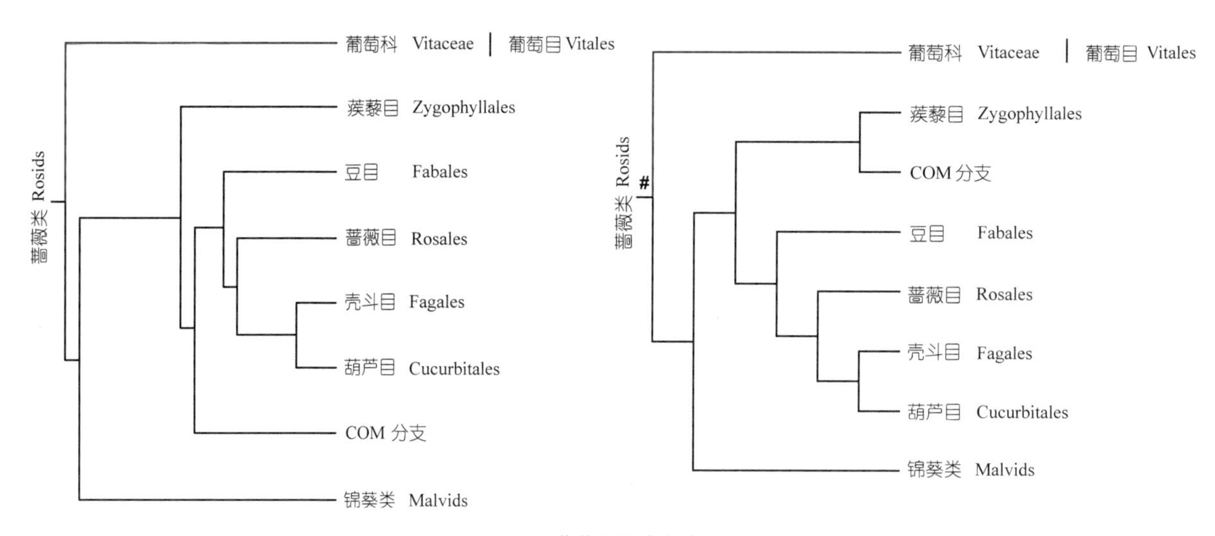

图 76 葡萄目的分支关系

被子植物 APG III 系统（左）；中国维管植物生命之树（右）

科 97. 葡萄科 Vitaceae

共 15 属约 900 种，主要分布于热带和亚热带地区；中国 9 属 149 种，南北分布，主产于华中、华南及西南各省。

木质或草质藤本，稀直立灌木；常具与叶对生的卷须，卷须顶端有时特化成吸盘；单叶、羽状、掌状或鸟足状复叶；花小，花瓣 5（4），多数具花盘；果实多为浆果；种子 1~4，背面具特殊形状的种脐，腹面具两条腹沟。

葡萄科广义包括火筒树属，现代形态分类一般将该属独立为火筒树科 Leeaceae，因其直立习性、无卷须及一系列花形态及胚胎学性状不同其他属。除此，狭义葡萄科尚无科下分类，分支图上反映的属间关系表明它们之间的近缘性或亲缘性（图 77）。

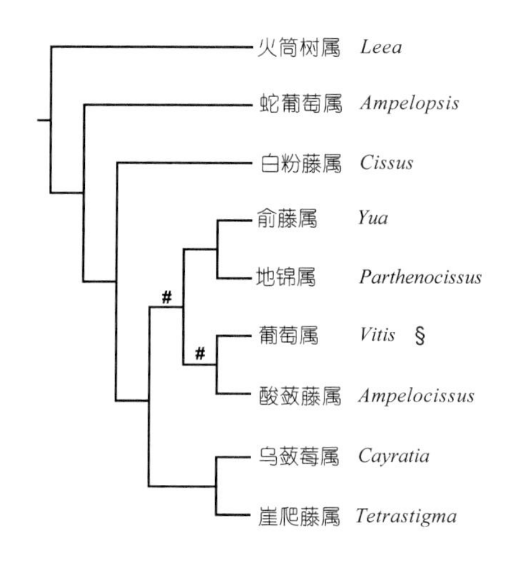

图 77 中国葡萄科植物的分支关系

1. 火筒树属 Leea D. Royen ex L.

直立灌木，无卷须；二至三回羽状复叶；花瓣基部连合并与退化雄蕊管贴生，使雄蕊管形成上下两部分；可育雄蕊插生在顶端浅裂的退化雄蕊管外面；种子 4~10。

约 34 种，热带及亚热带广布；中国 10 种，分布于云南、贵州、广西、海南。

台湾火筒树 *Leea guineensis* G. Don

2. 蛇葡萄属 Ampelopsis Michx.

卷须 2~3 分枝；花序为伞房状多歧聚伞花序；花两性，花瓣 5，花盘发达。

约 34 种，亚洲及中、北美洲分布；中国 10 种，自东北至华南、西南地区广布。

葎叶蛇葡萄 *Ampelopsis humulifolia* Bunge

3. 白粉藤属 Cissus L.

卷须不分枝或二叉分枝；花序与叶对生；花 4 数，花盘发达；种子腹沟极短。

约 350 种，热带地区广布；中国 15 种，产云南、四川南部至台湾。

青紫葛 *Cissus javana* DC.

4. 俞藤属 Yua C. L. Li

卷须二叉分枝；枝条上皮孔较多；复二歧聚伞花序与叶对生；花瓣 5，花盘不明显；种子腹面腹沟从基部延伸不达种子顶端。

2 种，亚洲分布；中国 2 种，产秦岭东部、长江以南至南岭以北。

俞藤 *Yua thomsonii* (M. A. Lawson) C. L. Li

5. 地锦属 Parthenocissus Planch.

卷须 3~12 总状多分枝，顶端常扩大成吸盘；花瓣 5，花盘不明显；种子腹面腹沟从基部延伸至种子顶端。

约 13 种，亚洲、北美间断分布；中国 9 种，南北广布，江南最丰富。

地锦 *Parthenocissus tricuspidata* (Siebold & Zucc.) Planch.

6. 葡萄属 Vitis L.

卷须常二叉分枝；花序呈典型的聚伞圆锥花序；花瓣 5，常杂性异株，花瓣凋谢时呈帽状黏合脱落。

约 60 种，亚洲及北美温带、亚热带分布；中国 37 种，南北分布。

山葡萄 *Vitis amurensis* Rupr.

7. 酸蔹藤属 **Ampelocissus** Planch.

卷须不分枝或二叉分枝；圆锥花序或复二歧聚伞花序；花两性或杂性异株，花瓣 4~5，花盘发达，花柱短，呈锥形，约 10 棱。

约 90 种，热带地区广布；中国 5 种，产云南、四川、西藏。

酸蔹藤 *Ampelocissus artemisiifolia* Planch.

8. 乌蔹莓属 **Cayratia** Juss.

卷须常 2~3 叉分枝；花序腋生；花 4 数，花柱明显，柱头不分裂，花盘发达。

约 60 种，亚洲、非洲及大洋洲分布；中国 17 种，产秦岭以南地区。

乌蔹莓 *Cayratia japonica* (Thunb.) Gagnep.

9. 崖爬藤属 **Tetrastigma** (Miq.) Planch.

卷须常 2~3 叉分枝；花 4 数，杂性异株，花柱不明显，柱头 4 裂，花盘发达。

约 100 种，亚洲和大洋洲分布；中国 44 种，产秦岭以南，多数产云南、华南地区。

崖爬藤 *Tetrastigma obtectum* (M. A. Lawson) Franch.

目 28. 蒺藜目 Zygophyllales

蒺藜目 Zygophyllales 包括 2 科，刺球果科 Krameriaceae 和蒺藜科 Zygophyllaceae。APG Ⅲ（2009）系统将其作为豆类 Fabids 其他类群的姐妹群。刺球果科是一个新世界分布的根寄生小科，1 属 18 种，具向上反卷左右对称花、花萼花瓣状、果实球状具刺，Takhtajan（2009）将它作为金虎尾目 Malpighiales 成员，认为同金虎尾科 Malpighiaceae 关系密切。*rbc*L 序列分析表明刺球果科是蒺藜科的姐妹群。蒺藜科曾经是一个范围和系统位置很不稳定的科，多数系统归于牻牛儿苗目 Geraniales，Thorne（1983，1992）将其作为该目下亚麻亚目 Linineae 的成员；Takhtajan（1997）在牻牛儿苗目后设立蒺藜目，认为与亚麻目 Linales 关系很近；Cronquist（1981）和 Kubitzki（1997）却将其归入无患子目 Sapindales，紧接芸香科 Rutaceae。同时，分子的研究将该科的一些属如白刺属 *Nitraria* 等分离出来后，蒺藜科成为一个单系类群（Gadek et al.，1996）。本研究的分析中，蒺藜目同 COM 分支（包括卫矛目 Celastrales、酢浆草目 Oxalidales 和金虎尾目 Malpighiales）聚为姐妹群（图 78），稍不同于 APG Ⅲ系统的分支图，但实际上符合于 APG Ⅲ的系统排列。

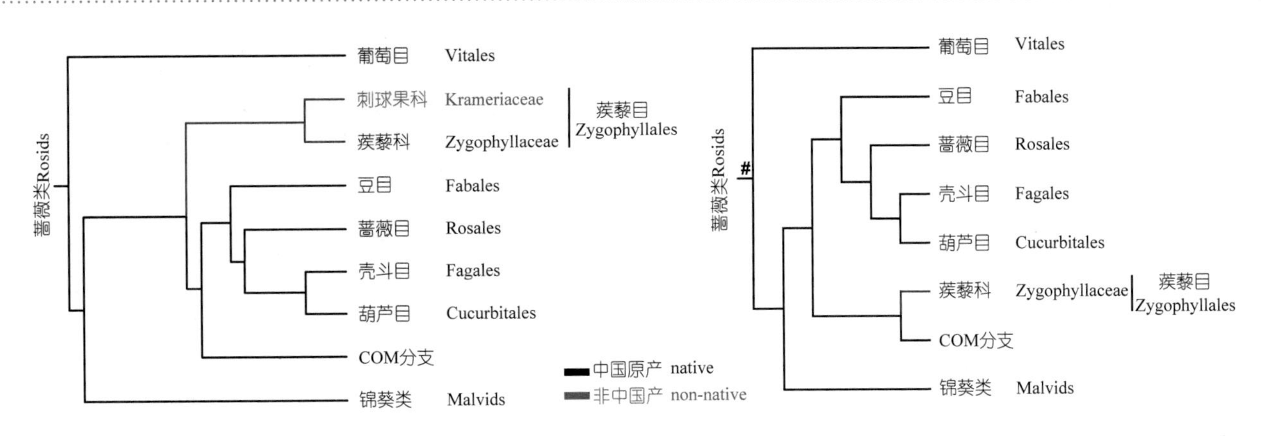

图 78 蒺藜目的分支关系

被子植物 APG Ⅲ系统（左）；中国维管植物生命之树（右）

科 98. 蒺藜科 Zygophyllaceae

22 属约 280 种，分布于非洲、亚洲、澳大利亚、美洲的热带、亚热带和温带干旱地区；中国 3 属 22 种，主要分布于西北和北部较干旱地区。

叶对生或互生，常为肉质；花两性；萼片和花瓣 4 或 5；雄蕊与花瓣同数或 2~3 倍，花丝基部常有鳞状附属物；心皮合生；果实多为蒴果，或为分果。

四合木属 *Tetraena* 和驼蹄瓣属 *Zygophyllum* 互为近缘群，蒺藜属 *Tribulus* 是二者的近缘群（图 79）。

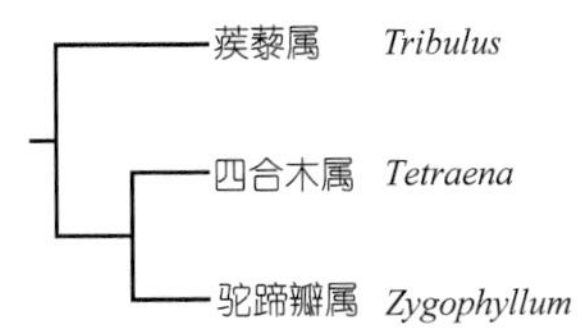

图 79 中国蒺藜科植物的分支关系

1. 蒺藜属 Tribulus L.

草本，平卧；叶对生，偶数羽状复叶；萼片、花瓣均为 5；雄蕊 10，外轮 5 枚较长；果实为分果，由 4 或 5 个不开裂的、具刺的心皮组成。

15 种，分布于热带、亚热带及温带地区，喜生于干旱的沙地上；中国 2 种，南北分布。

蒺藜 *Tribulus terrestris* L.

2. 四合木属 Tetraena Maxim.

灌木；萼片 4；花瓣 4；雄蕊 8，2 轮，花丝基部具白色膜质附属物；果实为分裂果，具 4 心皮。

40 余种，产非洲，亚洲西部至中部；中国 1 种，产内蒙古。

四合木 *Tetraena mongolica* Maxim.

3. 驼蹄瓣属 Zygophyllum L.

灌木或多年生草本；叶对生，两小叶至羽状复叶；叶片扁平或棒状；萼片 4 或 5，花瓣与萼片同数；雄蕊 8~10，花丝基部有鳞片状附属物；蒴果。

100 种，分布在非洲、亚洲和澳大利亚的热带、亚热带和温带干旱地区；中国 19 种，甘肃、青海、宁夏、内蒙古、新疆等地分布。

驼蹄瓣 *Zygophyllum fabago* L.

目 29. 卫矛目 Celastrales

卫矛目 Celastrales 包括 3 科，鳞球穗科 Lepidobotryaceae、卫矛科 Celastraceae 和梅花草科 Parnassiaceae（APG Ⅲ，2009）。Takhtajan（2009）采用广义卫矛目，除上述 3 科外还包括另外 6 科。鳞球穗科 2 属 2~3 种，鳞球穗属 *Lepidobotrys* 分布于热带非洲，蜗果木属 *Ruptiliocarpon* 产美洲哥斯达黎加到秘鲁和苏里南；它同卫矛科的共有特征有雄蕊基部连合并围绕雌蕊基部、同显著的蜜腺盘相连合等（Mathews & Endress，2005；Takhtajan，2009）。广义卫矛科（包括翅子藤科 Hippocrateaceae）作为单系科得到形态学性状和 DNA 序列的支持（Mathews & Endress，2005；Judd et al.，2008）。梅花草科（包括分布于美国西南部到南美的极端特化的单型科地精草科 Lepuropetalaceae）的系统位置自 1821 年 S. F. Gray 独立为科以后一直未得到承认，多数系统将梅花草属 *Parnassia* 放在虎耳草科 Saxifragaceae，只有 Dahlgren（1983）承认梅花草属为独立科，并同茅膏菜科 Droseraceae、地精草科 Lepuropetalaceae 组成茅膏菜目 Droserales，紧接虎耳草目 Saxifragales；Takhtajan（1997）综合了现代多方面研究结果，承认 Nakai 于 1943 年建立的梅花草目 Parnassiales，放在卫矛目之前，同归卫矛超目 Celastranae，他在其 2009 年版本，将梅花草科归入卫矛目；本研究将梅花草科分立（图 80）。该目的范畴随着研究的深入可能还会有变化。

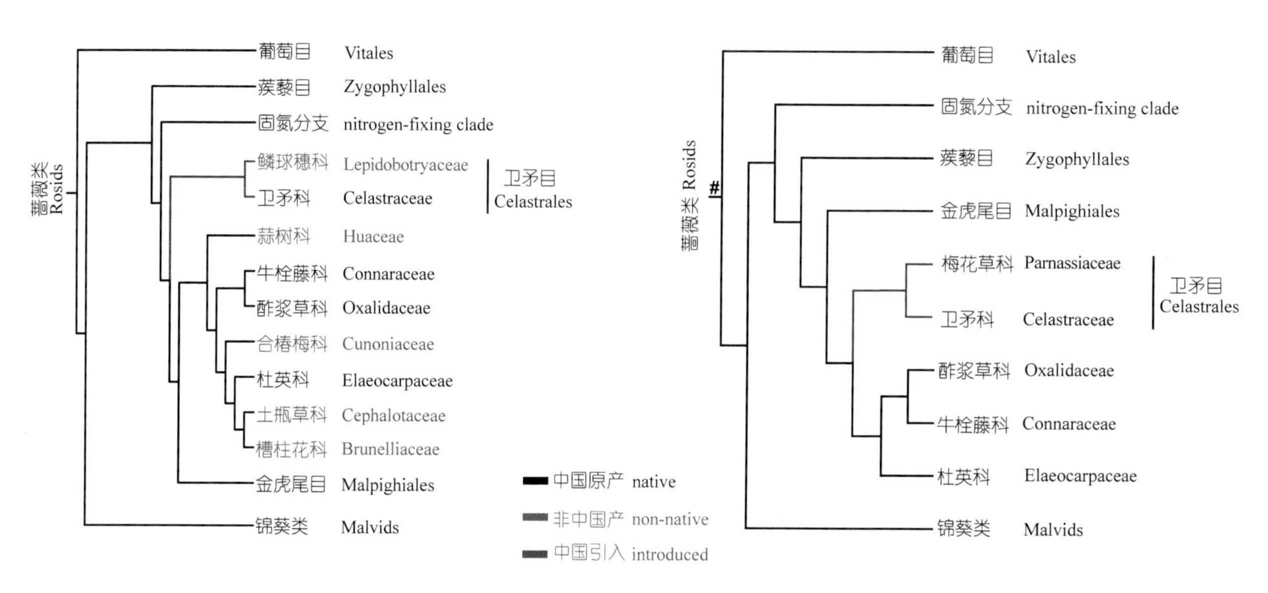

图 80 卫矛目的分支关系
被子植物 APG Ⅲ系统（左）；中国维管植物生命之树（右）

科 99. 卫矛科 Celastraceae

世界 97 属 1 194 种，主要分布于热带和亚热带，少数分布于温带；中国 14 属 194 种，全国均产；中国特有 1 属，即永瓣藤属 *Monimopetalum*。

乔木或灌木，常攀缘状；偶具刺；单叶对生或互生；有限聚伞花序；花两性，有时单性或杂性，辐射对称；花萼 4~5 裂，宿存；花瓣 4~5；雄蕊 3~5，于花盘上与花瓣互生；子房上位至半下位，中轴胎座，（1~）2~5（~10）室，与花盘分离或藏于其内；蒴果、分果、核果或浆果；常具橙色至红色翅或假种皮；叶和茎含单宁、卫矛醇，部分类群含有卡西酮和去甲伪麻黄碱。

卫矛科是以热带分布为主的较大科，分为 5~6 亚科，中国 4 亚科：亚科 I 南蛇藤亚科 Celastroideae [中国 2 族，卫矛族 Euonymeae（●）和南蛇藤族 Celastreae（●）]，亚科 II 雷公藤亚科 Tripterygioideae（▲），亚科 III 金榄亚科 Cassinoideae（▲），亚科 IV 翅子藤亚科 Hippocrateoideae [2 族，五层龙族 Salacieae（●）和翅子藤族 Hippocrateeae（●）]。在分支图上，分子证据基本上反映了形态学分类的系统关系。其中斜翼属（■）曾被立为单型科，斜翼科 Plagiopteraceae，系统位置分歧很大，形态性状相当独特而孤立，我国直到 1980 年才在广西龙川发现一居群，唐亚认为它是卫矛科的祖型，不能放在锦葵类或刺篱木类。本分析将该属网结在卫矛科，值得研究（图 81）。

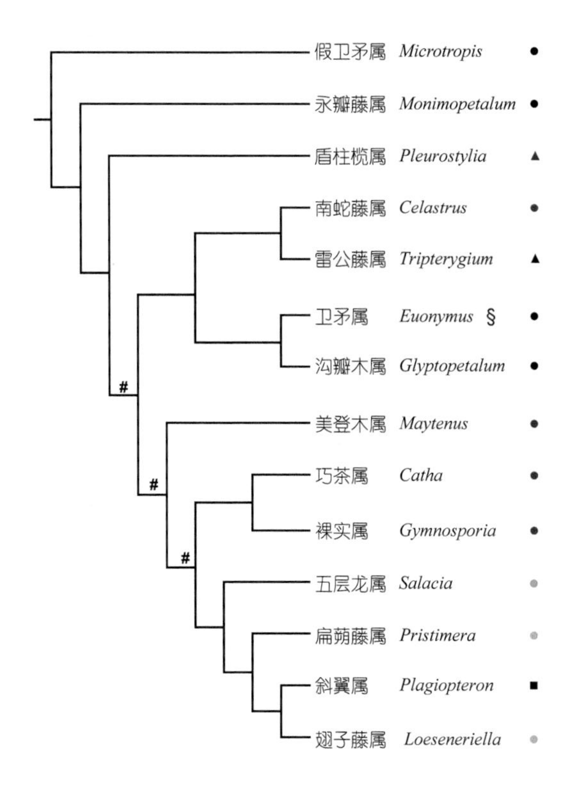

图 81 中国卫矛科植物的分支关系

1. 假卫矛属 Microtropis Wall. ex Meisn.

灌木或小乔木；小枝近四棱形；叶对生；花小两性，稀单性；花部常 5 数，稀 4 或 6 数；花萼边缘具不整齐细齿或缘毛，果期宿存，略增大；花盘环状或无；雄蕊 5（4）；子房卵形，2~3 室；蒴果长椭球形，2 裂，光滑；种子通常 1，直生于稍突起增大的胎座上，种皮肉质，呈假种皮状，无假种皮。

60~70 种，分布于亚洲南部、东南部、美洲和非洲热带、亚热带地区；中国 27 种，产西南部至台湾。

福建假卫矛 *Microtropis fokienensis* Dunn

2. 永瓣藤属 Monimopetalum Rehder

缠绕状、无刺灌木；叶互生，具柄；托叶宿存，2 枚，锥尖，边缘常略呈流苏状；花两性，聚伞花序；花部 4 数；花瓣匙形，长于萼片，宿存，果期明显增大成翅状；花盘扁平环状；子房常与花盘合生，4 室；蒴果深裂成 1~4 瓣，常仅 1~2 室发育；种子基部有环状的假种皮。

单种属；中国特有，产安徽、湖北、江西、浙江。

永瓣藤 *Monimopetalum chinense* Rehder

3. 盾柱榄属 Pleurostylia Wight & Arn.

直立乔木或灌木；叶对生，无托叶；花小，两性，聚伞花序；花部 5 数；花盘杯状，肉质；雄蕊 5，着生于花盘边缘之下；子房半藏于花盘内，2 室或退化为 1 室；核果或蒴果卵球形或椭球形，骨质，不裂；种子 1~2，为假种皮状的内果皮所包围。

8 种，分布于旧世界热带和亚热带地区；中国 1 种，产海南。

盾柱榄 *Pleurostylia opposita* (Wall.) Alston

4. 南蛇藤属 Celastrus L.

藤状或缠绕灌木，明显具皮孔；叶互生，具锯齿；花单性，圆锥状或总状聚伞花序；花部 5 数，花盘膜质或肉质，环状至杯状，全缘或浅 5 裂；雄蕊 5，着生于花盘边缘；子房上位，与花盘离生，3 室，胚珠基部具杯状假种皮；蒴果球状，顶端常具宿存花柱，基部有宿存花萼；种子 1~6，假种皮肉质红色。

31 种，分布于亚洲、澳大利亚、南北美洲及马达加斯加；中国 25 种，全国分布，以长江以南为多。

南蛇藤 *Celastrus orbiculatus* Thunb.

5. 雷公藤属 Tripterygium Hook. f.

藤状灌木，小枝常有 4~6 锐棱；密被毡毛或无毛；叶互生；花小，杂性；顶生圆锥聚伞花序；花部 5 数；花盘肉质；雄蕊 5；花药着生于花盘边缘；子房上位，下部与花盘愈合，3 室，只 1 室 1 胚珠发育；蒴果为 3 膜质翅包围；种子 1，三棱形，无假种皮。

4 种，产东亚；中国 3 种，产西南、中南、华东至东北地区。

雷公藤 *Tripterygium wilfordii* Hook. f.

6. 卫矛属 Euonymus L.

灌木或乔木，或藤本；叶常对生；花两性，聚伞圆锥花序；花部 4~5 数；花药着生于花盘边缘处；花盘肥厚扁平；子房 3~5 室，蒴果；种子每室稀 6 枚以上，外被红或黄色肉质假种皮，全包或仅局部包围成杯状、舟状或盔状。

130 种，分布于北半球及澳大利亚、马达加斯加；中国 90 种，全国分布。

白杜 *Euonymus maackii* Rupr.

7. 沟瓣木属 Glyptopetalum Thwaites

常绿灌木或乔木；叶对生；聚伞花序；花部 4 数，萼片肾形，内轮常大于外轮；雄蕊 4，着生于花盘边缘；花盘 3 裂，常与子房融合；子房 4 室，每室 1 胚珠；蒴果，背缝开裂，果瓣常向内弯卷露出种子，种子和果瓣相继脱落后；种子 1~4，种脊线状；假种皮红色。

27种，分布于亚洲热带及亚热带地区；中国9种，产云南、贵州、广西和广东。

长梗沟瓣木 *Glyptopetalum longipedicellatum* (Merr. & Chun) C. Y. Cheng

8. 美登木属 Maytenus Molina

灌木或小乔木；枝常无刺；叶互生；花小，两性或单性，二歧或单歧分枝的聚伞花序；花部5(4)数；花盘肉质杯状；雄蕊5，着生于花盘上；子房直立，2~3室；柱头2~3裂；蒴果球形或卵球形，室背开裂；种子1~6，具杯状假种皮，包围种子基部或全包围。

220种，分布于美洲热带、亚热带地区及澳大利亚温带地区；中国6种，产西南至东南地区。

美登木 *Maytenus hookeri* Loes.

9. 巧茶属 Catha Forssk. ex Scop.

灌木或乔木；叶在老枝上对生，幼枝上互生；具钝齿；花小，两性，聚伞花序；花部5数；花盘浅杯状；雄蕊着生于花盘外侧；子房3室；柱头3裂；蒴果窄圆柱状，顶端开裂，假种皮橙红色；种子1~3，细长倒卵形，基部具膜质翅。

1种，分布于非洲东部、北部，阿拉伯半岛及亚洲热带有栽培；中国广西、海南、云南南部有栽培。

巧茶 *Catha edulis* (Vahl) Endl.

10. 裸实属 Gymnosporia (Wight & Arn.) Benth. & Hook. f.

灌木或小乔木；小枝常刺状；叶互生或簇生；花单性，聚伞花序簇生于刺枝叶腋；花部5（6）数；花盘环状肉质，4~5裂；雄蕊着生于花盘周围；子房基部与花盘融合，2~4室；蒴果卵球形或近球形，革质，背缝开裂；种子3~6，假种皮不包或包裹种子。

80种，分布于新旧世界的热带和亚热带地区，但主要分布于亚洲和非洲的热带地区；中国11种，产南部、西南部及福建、海南、台湾沿海地区。

变叶裸实 *Gymnosporia diversifolia* Maxim.

11. 五层龙属 Salacia L.

攀缘状灌木或小乔木；小枝节间常膨大或略扁平；叶对生；花两性，数朵簇生于叶腋或腋生的瘤状突起上；花部5数；雄蕊2~3；花药着生于肉质垫状花盘边缘；子房圆锥状，藏于肉质的花盘内，2~3室；浆果肉质或近木质；种子2~12，有棱，被具黏液的假种皮包裹。

200种，主要分布于世界热带地区；中国10种，产云南、贵州、广西和广东及其沿海岛屿。

橙果五层龙 *Salacia aurantiaca* C. Y. Wu

12. 扁蒴藤属 Pristimera Miers

木质藤本；叶对生或近对生；花极小，两性，聚伞花序；花部 5 数；花瓣直立开展；花盘肉质，与子房不易区别；雄蕊 3；花药基着；子房扁三角形，3 室；蒴果狭长椭圆形，常 3 枚聚生于膨大花托上，亦或退化为 1 枚，扁平，沿中缝开裂，果皮薄革质，具条纹；种子 2~10，基部具膜质翅，中间有 1 条明显脉纹。

30 种，分布于亚洲热带地区及中、南美洲；中国 4 种，产云南、广西、广东和海南。

风车果 *Pristimera cambodiana* (Pierre) A. C. Sm.

13. 斜翼属 Plagiopteron Griff.

木质藤木，嫩枝被星状茸毛；叶对生，被茸毛；花两性，圆锥花序，花序轴被茸毛；花部 3~5 数，被茸毛；花瓣呈萼片状，反卷，分离；花盘不明显，其上着生多数雄蕊；子房被褐色长茸毛，3 室；蒴果三角状陀螺形，顶端有水平排列的翅 3 条。

1 种，分布于中国、缅甸、印度及泰国；中国产西南部。

斜翼 *Plagiopteron suaveolens* Griff.

14. 翅子藤属 Loeseneriella A. C. Sm.

木质藤本；叶对生或近对生；花两性，聚伞花序或圆锥花序；花部 5 数；花盘明显，环状肉质，高突；雄蕊 3；花药着生于花盘的边缘；子房大部或全部藏于花盘内，3 室；蒴果 3 枚聚生，或因不育少于此数，扁平，中缝开裂；外果皮具纵条纹；种子多数，具基生的膜质翅。

20 种，分布于亚洲及非洲热带地区；中国 5 种，产海南、广东、广西、云南。

程香仔树 *Loeseneriella concinna* A. C. Sm.

科 100. 梅花草科 Parnassiaceae

2 属约 70 种，分布于北温带和南美洲；中国 1 属 63 种，各省均有，但主产西南地区。

多年生草本，呈莲座状；花茎中部以下具无柄叶 1 枚。花单生茎顶；花萼 5，基部多少连合且与子房合生；花瓣 5，全缘或睫毛状；雄蕊 5，与花瓣互生，退化雄蕊 5；子房 1 室，有 3~4 个侧膜胎座；蒴果室背开裂；种子沿整个腹缝线着生，有翅，膜质。

梅花草科 Parnassiaceae 隶属于蔷薇类 Rosids 豆支 Fabids 下的卫矛目 Celastrales。分子系统学研究表明本科与卫矛科 Celastraceae 关系密切（在 APG Ⅲ系统中，本科被置于卫矛科内），可能为卫矛科早期分化出的一支。

1. 梅花草属 Parnassia L.

莲座状草本；花茎中部以下具无柄叶 1 枚；花单生茎顶；花部 5 数，花瓣全缘或睫毛状；雄蕊 5，与花瓣互生，退化雄蕊 5；子房 1 室，有 3~4 个侧膜胎座；蒴果室背开裂；种子沿整个腹缝线着生，有翅，膜质。

约 70 种，分布于北温带，主产亚洲东部和东南部；中国 63 种，南北分布，但主产西南地区。

梅花草 *Parnassia palustris* L.

目 30. 酢浆草目 Oxalidales

酢浆草目 Oxalidales 包括 7 科，作为单系类群得到分子证据的支持(APG Ⅲ，2009)，但在形态上是十分异质的。在分支图(图 82)上，蒜树科 Huaceae 位于基部分支，2 属 3 种，分布于热带非洲，它的系统关系一直不清楚(Soltis et al., 2005)；但 Zhang 和 Simmons (2007)指出，该科作为酢浆草目的姐妹群得到很好的支持，应放在酢浆草目；Takhtajan（2009）根据 Thorne（2007）修订的系统，将其归于卫矛目 Celastrales。牛栓藤科 Connaraceae 和酢浆草科 Oxalidaceae 作为姐妹科得到我们研究结果的支持。另外 4 科中，在形态学上合椿梅科 Cunoniaceae 和槽柱花科 Brunelliaceae 关系密切（Dickiso，1989），Takhtajan（2009）将 2 科同立合椿梅目 Cunoniales，合椿梅科 27 属 300 种，几乎局限分布于南半球；槽柱花科 1 属 60 种，分布于中、南美洲。杜英科 Elaeocarpaceae 现代多单立杜英目 Elaeocarpales（Takhtajan，1997，2009；Wu et al.，2002），该科最先包括在椴树科 Tiliaceae，但它在解剖学特征、花形态学、化学成分等显著不同于椴树科；而在外部形态上又与刺篱木科 Flacourtiaceae 的成员十分相像，故将它放在接近堇菜目 Violales 的位置。土瓶草科 Cephalotaceae 1 属 1 种，食虫的沼泽生多年生小草本，产澳大利亚东南部，Takhtajan（2009）单立土瓶草目 Cephalotales，18S rDNA 和 *rbc*L 序列资料支持它接近合椿梅目（Soltis et al., 2006）。因此，酢浆草目分子数据的结果和形态学证据的统一尚需深入的研究。

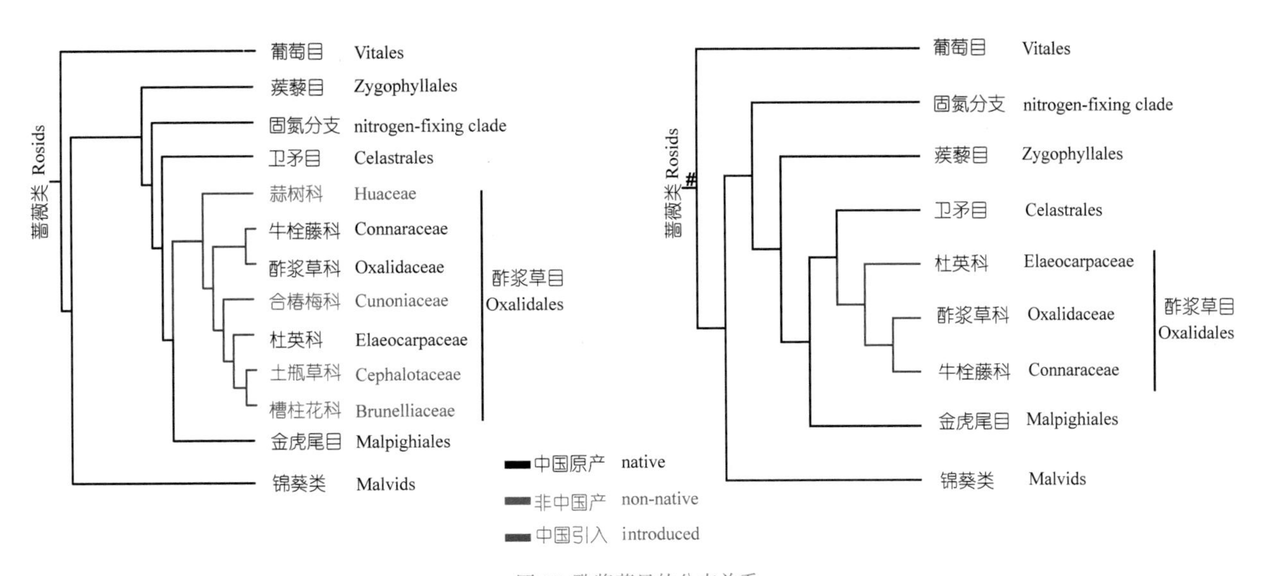

图 82 酢浆草目的分支关系

被子植物 APG Ⅲ系统（左）；中国维管植物生命之树（右）

科 101. 杜英科 Elaeocarpaceae

12属约605种，主要分布于热带亚洲、大洋洲、拉丁美洲、日本及马达加斯加；中国2属53种，主要分布于西南、华中、华南地区。

乔木或灌木；单叶互生或对生，叶柄常一端或两端膨大；花单生或排成总状花序或圆锥花序，两性或杂性；萼片4~5，分离或连合；花瓣4~5，有时不存在，先端撕裂或全缘；雄蕊多数，分离，花丝短于花药，花药孔裂或短纵裂；花盘环形或分裂成腺体状；子房上位，2至多室，花柱连合或顶端分离；果为核果或蒴果，有时果皮外侧有针刺。

1. 杜英属 Elaeocarpus L.

乔木；叶常互生，下面或有黑色腺点，常有长柄；总状花序腋生，两性，或雄全同序；萼片4~6，分离；花瓣4~6，分离；雄蕊多数，10~50，稀更少，花丝极短；花盘常分裂为5~10个腺状体，稀为环状；子房2~5室；核果，1~5室，内果皮硬骨质，表面常有沟纹。

约360种，分布于东亚、东南亚和大洋洲；中国39种，产西南部至东部。

水石榕 *Elaeocarpus hainanensis* Oliv.

2. 猴欢喜属 Sloanea L.

乔木；叶互生，具长柄；花单生或排成总状花序，有长花柄，通常两性；萼片4~5；花瓣4~5，或缺如；雄蕊多数，花盘宽厚；子房3~7室，表面有沟，被毛；蒴果圆球形或卵形，表面多刺；室背裂开为3~7爿；种子1至数颗，常有假种皮包着种子下半部。

约120种，分布于亚洲及美洲热带地区；中国14种，产西南地区至台湾。

仿栗 *Sloanea hemsleyana* (T. Ito) Rehder & E. H. Wilson

科 102. 酢浆草科 Oxalidaceae

6属约770种，除干旱区及寒带外，全球广布，主要分布于南美洲及非洲；中国3属12种，全国均有分布（图83）。

草本，稀灌木或乔木；羽状或掌状复叶，或小叶萎缩而成单叶；小叶常在晚间对折垂下，通常全缘；花两性，辐射对称；萼片5；花瓣5；雄蕊10，2轮，5长5短；5心皮合生，子房上位，5室，中轴胎座，花柱5，离生，宿存；蒴果或肉质浆果。

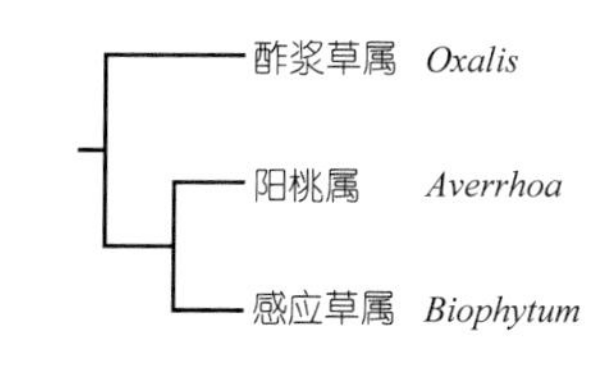

图83 中国酢浆草科植物的分支关系

1. 酢浆草属 Oxalis L.

草本；叶互生或基生，掌状复叶，常具3小叶；雄蕊10，全部具花药；花柱5，常2型，分离；蒴果，室背开裂，果瓣宿存于中轴上。

约700种，主要分布于热带及亚热带地区，少数延伸到温带地区；中国8种，全国分布。

山酢浆草 *Oxalis griffithii* Edgew. & Hook. f.

2. 阳桃属 Averrhoa L.

乔木；叶互生或近对生，奇数羽状复叶；花序腋生，或茎生；雄蕊10，全部具花药或5枚无花药；浆果，肉质，有明显的3~6棱，通常5棱，横切面呈星芒状。

2种，热带亚洲分布；中国1种，广布于东南部。

阳桃 *Averrhoa carambola* L.

3. 感应草属 Biophytum DC.

草本，基部常木质化；偶数羽状复叶，叶柄基部膨大；小叶对生，常偏斜；蒴果，室背开裂，果瓣与中轴分离。

约50种，泛热带分布，主产南美洲和非洲；中国3种，产南部、西南地区。

分枝感应草 *Biophytum fruticosum* Blume

科 103. 牛栓藤科 Connaraceae

12属约180种，泛热带分布，尤以非洲及亚洲为甚；中国5属8种，主要分布于云南、广东、广西、福建、台湾等地。

木质藤本，或为灌木、小乔木。叶互生，奇数羽状复叶，有时仅具1~3小叶，小叶全缘，稀分裂，无托叶。花两性，稀单性，辐射对称；总状花序或圆锥花序，腋生、顶生或假顶生。萼片5，稀4，常宿存；花瓣5，稀4；雄蕊10或5，稀4+4；心皮5（~3）或1，离生，子房上位，1室。蓇葖果，常为黑色或橙红色，有柄或无柄，沿腹缝线开裂，很少沿背缝线或基部周裂，稀不裂。种子大型，1枚，稀2枚，通常有肉质假种皮。

牛栓藤科至今尚无一个满意的科下分类系统。本分析显示红叶藤属和牛栓藤属近缘，其他属聚为1支，栗豆藤属和单叶豆属相聚，这为形态学和分子综合研究建立一个多数系统学家接受的科内系统提供了证据（图84）。

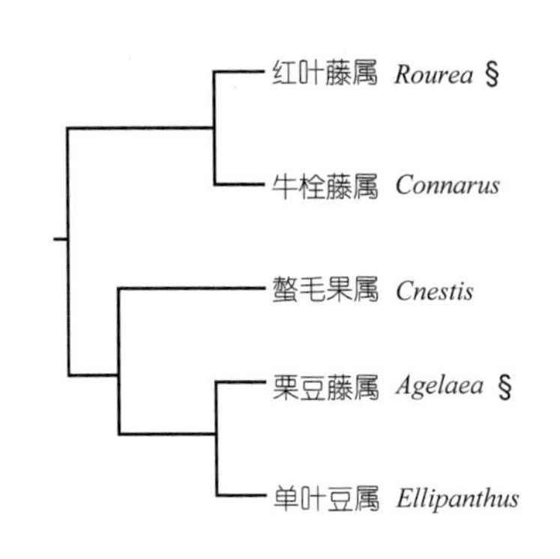

图84 中国牛栓藤科植物的分支关系

1. 红叶藤属 Rourea Aubl.

藤本、灌木或小乔木；奇数羽状复叶，稀仅具1小叶；聚伞花序排成圆锥花序，腋生或假顶生；花两性；萼片宿存，花后膨大；花瓣5，为萼片长的2~3倍，无毛；雄蕊10，花丝基部合生，无毛；心皮5，离生，仅1枚成熟，被毛或无毛；蓇葖果1，无柄，无毛；种子1。

约70种，泛热带分布，主产非洲、美洲热带及大洋洲；中国3种，产西南地区至台湾。

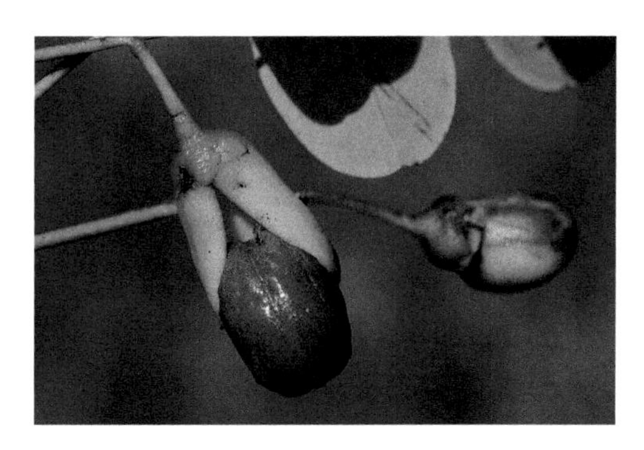

东方红叶藤 *Rourea orientalis* Baill.

2. 牛栓藤属 Connarus L.

木质藤本、灌木或小乔木；奇数羽状复叶，或1~3小叶，常具透明腺点；花序顶生，或生于叶腋内；花有腺体；萼片5，稀4，宿存，花后不膨大；花瓣5；雄蕊5+5，花丝基部合生，5枚短的常不发育；心皮1，子房1室；蓇葖果荚果状，顶端常有短喙，基部渐狭成柄状，有斑纹；种子1，基部被假种皮所包围。

约80种，呈泛热带间断分布；中国2种，产云南、广东。

云南牛栓藤 *Connarus yunnanensis* Schellenberg

3. 螯毛果属 Cnestis Juss.

藤本或攀缘灌木，稀为小乔木；奇数羽状复叶，小叶对生或近互生，全缘；圆锥花序或总状花序，腋生或顶生；萼片5；花瓣5，先端凹缺并内弯；雄蕊10，离生或基部稍合生；心皮5，离生，子房被短柔毛；蓇葖果1~5，无柄，梨状，具喙，沿腹缝线开裂，花萼宿存，但不扩大；种子1，扁平。

约20种，主产热带非洲及马达加斯加；中国1种，产海南。

4. 栗豆藤属 Agelaea Sol. ex Planch.

藤本或攀缘灌木，叶具3小叶；圆锥花序腋生或顶生；花两性，萼片5；花瓣5，线形，比萼片长；雄蕊10，稀为5或15；心皮5，柱头球形；蓇葖果，通常具瘤，成熟时红色，纵裂，强烈弯曲，花萼宿存；种子1，黑色。

约10种，呈东南亚及热带非洲间断分布；中国1种，产海南。

栗豆藤 *Agelaea trinervis* (Llanos) Merr.

5. 单叶豆属 Ellipanthus Hook. f.

灌木或小乔木，叶为单小叶，全缘，叶柄有节；圆锥花序或聚伞花序，腋生；花两性或单性，雌雄异株；萼片4~5；花瓣4~5，长于萼片；雄蕊5+5，5枚与花瓣对生的不发育，花丝基部合生成管状；心皮1，花柱被长柔毛，柱头盘状至2裂；蓇葖果，基部缩小成果梗，花萼宿存，在果期不膨大；种子1，黑色。

约7种，产东南亚，热带非洲；中国1种，产海南。

单叶豆 *Ellipanthus glabrifolius* Merr.

6. 朱果藤属 Roureopsis Planch.

直立或攀缘灌木，奇数羽状复叶，稀具1小叶；总状花序或圆锥花序，在叶腋中成簇生长；花两性；萼片5，果期膨大；花瓣5；雄蕊5+5；心皮5，外面被长硬毛，内面无毛；蓇葖果长圆形，顶端有短尖，无毛，无柄；种子1。

约10种，产东南亚，热带非洲；中国1种，产广西、云南。

目 31. 金虎尾目 Malpighiales

金虎尾目 Malpighiales 包括 35~36（~38）科，作为单系类群得到了分子数据的强支持（Soltis et al.，2000；Davis & Chase，2004；Hilu et al.，2003；APG Ⅲ，2009）。根据我们的分析其目内科间关系支持率普遍很低，一般在 50% 以下，甚至不到 10%。这个目在形态学上是极端异质的，没有可靠的共衍征。著名的被子植物系统学家 A. Takhtajan 在他 70 多年依据形态学建立的分类系统基础上，吸取了现代分子系统的成果，2009 年出版了他的最后一个被子植物分类系统。在这个系统中，Takhtajan 将 APG Ⅲ系统中的金虎尾目分别归属系统位置相当分散的 12 个目中。我们按照 APG Ⅲ系统中分支图上科的顺序，对照 Takhtajan（2009）系统的观点作以下讨论。在分支图上金虎尾目先分为三个大支，为了讨论方便，依据各分支的基出科，我们分别命名为小盘木支 Pandads clade、油桃木支 Caryocarads clade 和香膏木支 Humiriads clade。

小盘木支分为 3 小支：（1）小盘木科 Pandaceae－假杧果科 Irvingiaceae 分支，小盘木科 4 属 18 种，分布于热带非洲、东南亚到新几内亚，Takhtajan 归在 77 目（指其系统中双子叶植物目的序号，下同）大戟目 Euphorbiales，Thorne（2006）甚至放在大戟科 Euphorbiaceae；假杧果科 3 属 8 种，分布于热带非洲、马达加斯加、东南亚、马来西亚，归在 94 目芸香目 Rutales，与苦木科 Simaroubaceae 近缘。（2）泥沱树科 Ctenolophonaceae －（古柯科 Erythroxylaceae ＋红树科 Rhizophoraceae）分支均归在 99 目亚麻目 Linales；泥沱树科 1 属 4 种，分布于热带西非和马来西亚，与亚麻科 Linaceae 近缘；古柯科和红树科为姐妹群得到本研究结果的支持。（3）金莲木科 Ochnaceae 归在 53 目金莲木目 Ochnales；（泽茶科 Bonnetiaceae ＋藤黄科 Clusiaceae）－红厚壳科 Calophyllaceae －（金丝桃科 Hypericaceae ＋川苔草科 Podostemaceae）得到本研究的支持，前 4 科归 52 目金丝桃目 Hypericales，川苔草科单立 82 目川苔草目 Podostemales，十分特化，近缘虎耳草目 Saxifragales；中国不产的泽茶科 3 属 35 种，分布于东南亚、马来西亚、新几内亚和中美洲、南美洲，它与藤黄科构成姐妹群（图 85）。

油桃木支分为 4 小支：（1）油桃木科归在 50 目山茶目 Theales，2 属 25 种，分布于热带中美洲、南美洲，近缘于山茶科 Theaceae，但以复叶、叶柄复杂的维管系统、核果状果实等与山茶科不同。（2）五翼果科 Lophopyxidaceae －核果木科 Putranjivaceae，五翼果科 1 属 2 种，分布于马来半岛、加里曼丹、所罗门群岛，归在 101 目卫矛目 Celastrales，近缘卫矛科 Celastraceae；核果木科 4 属 215 种，分布于热带美洲、热带非洲、东南亚和澳大利亚，归在 77 目大戟目，近缘叶下珠科 Phyllanthaceae。（3）安神木科 Centroplacaceae －（沟繁缕科 Elatinaceae ＋金虎尾科 Malpighiaceae），安神木科的安神木属 *Centroplacus* 包括在小盘木科中，属大戟目，膝柄木属 *Bhesa* 则属于卫矛科；沟繁缕科和金虎尾科成姐妹科，得到本研究的证实，但沟繁缕科在 Takhtajan（2009）系统中归在 52 目金丝桃目 Hypericales; 金虎尾科与归在 32 目蒺藜目 Zygophyllales 的刺球果科 Krameriaceae , 2 科组成 100 目金虎尾目。（4）橡子木科 Balanopaceae －（三角果科 Trigoniaceae ＋毒鼠子科 Dichapetalaceae）－（银鹃木科 Euphroniaceae ＋可可李科 Chrysobalanaceae），橡子木科 1 属 9 种，分布于热带澳大利亚、新喀里多尼亚、斐济，归在 35 目橡子木目 Balanopales，近缘金缕梅目 Hamamelidales，可能同虎皮楠目 Daphniphyllales 有共同起源，其余 4 科的密切关系得到分子和形态证据的支持，组成 86 目可可李目 Chrysobalanales，三角果科 5 属 35 种，分布于马来西亚、马达加斯加和热带南美，传统上曾放在远志目 Polygalales，它同毒鼠子科成姐妹科。银鹃木科 1 属 3 种，分布于南美洲，与可可李科（21 属约 500 种，泛热带分布）组成姐妹科。

香膏木支分为 2 小支：（1）香膏木科 Humiriaceae 8 属 65 种，分布于中美洲、南美洲热带，归在 99 目亚麻目 Linales，它与青钟麻科 Achariaceae 成该小支连续的姐妹群。尾瓣桂科 Goupiaceae 1 属 2~3 种，分布于热带南美，归在 101 目卫矛目 Celastrales，它与归在 66 目堇菜目 Violales 的堇菜科 Violaceae 成姐妹科。西番莲科 Passifloraceae －（荷包柳科 Lacistemataceae ＋杨柳科 Salicaceae）均归在 66 目堇菜目，后 2 科成姐妹科，中国不产的荷包柳科 2 属 14 种，分布于热带中美洲、南美洲。（2）蚌壳木科 Peraceae －（大花草科 Rafflesiaceae ＋大戟科 Euphorbiaceae），除大花草科归在17目大花草目 Rafflesiales 外，其他2科均归在77目大戟目。(黏木科 Ixonanthaceae + 亚麻科 Linaceae) – (苦皮桐科 Picrodendraceae + 叶下珠科 Phyllanthaceae) 小支，前2科归在99目亚麻目，后2科归在大戟目，各自成姐妹科。中国不产的苦皮桐科26属100种，泛热带分布。从以上分析可见，金虎尾目的范畴及内部关系仍需要进行形态和分子证据的深入研究（图85）。

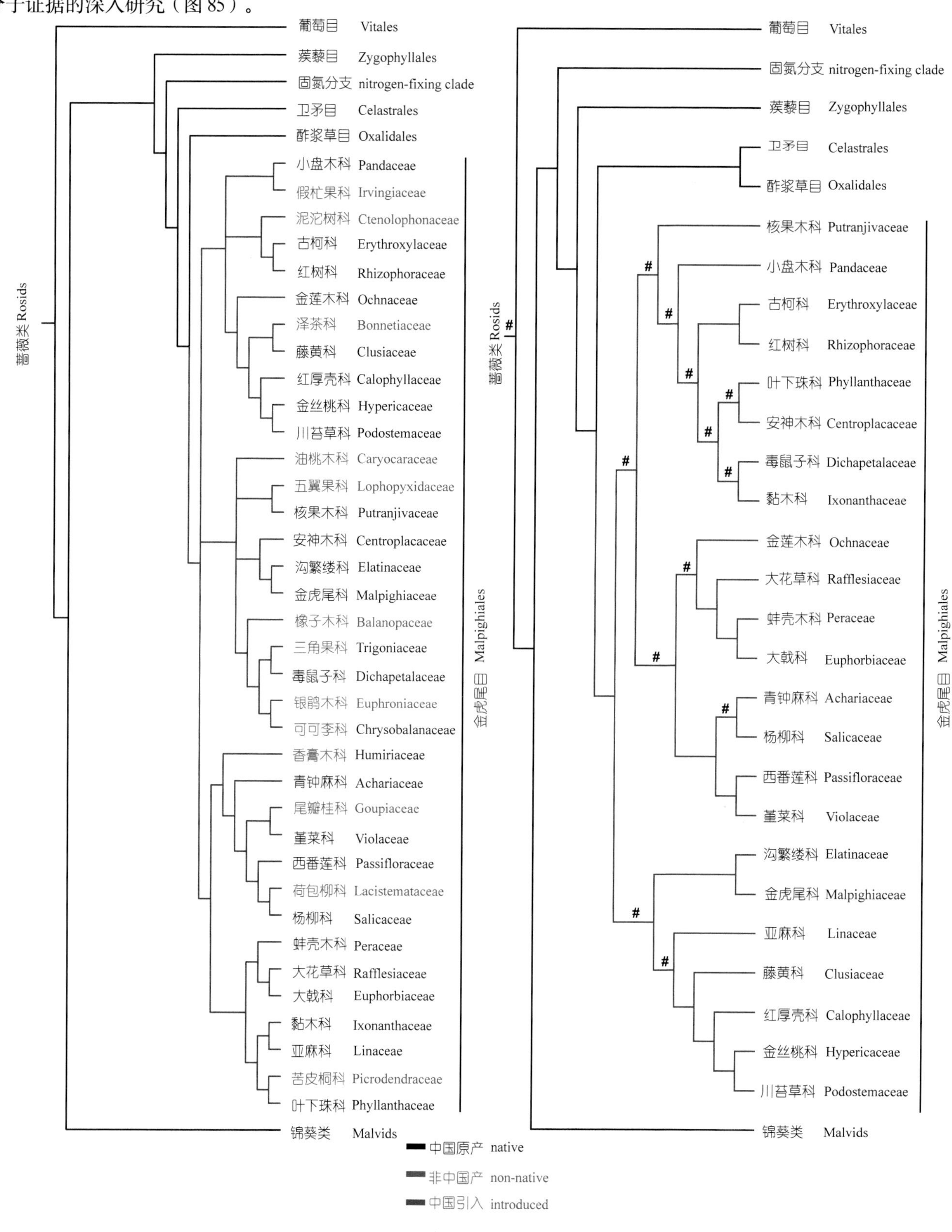

图85 金虎尾目的分支关系
被子植物 APG Ⅲ系统（左）；中国维管植物生命之树（右）

科 104. 金虎尾科 Malpighiaceae

约 75 属 1 300 种，主要分布于热带和亚热带，在南美洲具有特别高的多样性；中国 5 属 22 种，产西南部、南部至台湾。

乔木、灌木或藤本，稀草本。叶常对生，叶柄和叶背常具 2 或多个腺体。聚伞状、总状或聚成圆锥状花序；花常两性，辐射或近左右对称；花萼 5，萼片远轴端具 2 显著腺体；花瓣 5，常爪状，边缘具流苏或齿；雄蕊 10，花丝分离或基部合生；子房上位，3 室，合生，每室 1 胚珠，下垂半倒生；中轴胎座。翅果状分果或肉质核果，或蒴果。种子常 3 枚，具脊纹孔或坚果状。

国产 4 属均为旧世界分布类群。其中，盾翅藤属 *Aspidopterys* 与风筝果属 *Hiptage* 更近缘，三星果属 *Tristellateia* 和翅实藤属 *Ryssopterys* 依次为前者的近缘类群（图 86）。

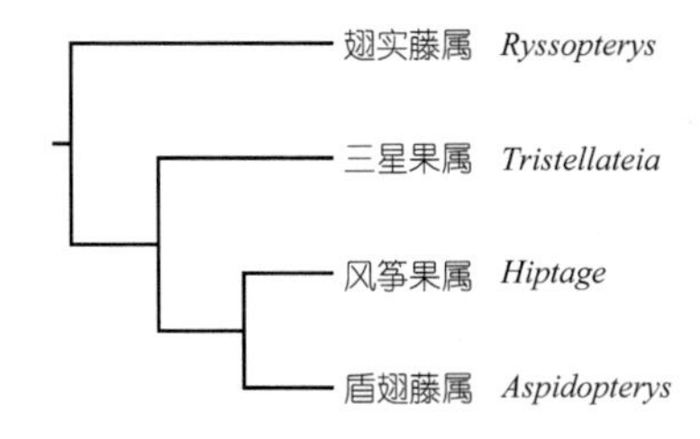

图 86 中国金虎尾科植物的分支关系

1. 翅实藤属 Ryssopterys Blume ex A. Juss.

木质藤本；叶对生或近对生，常背面具小腺体，叶基与叶柄顶端处有 2 圆形腺体；花序腋生；花常退化为单性，辐射对称；花萼 5 深裂，无腺体；花瓣 5，无爪或多少具爪；雄蕊 10，全部发育；子房 3 裂，3 室，被粗伏毛；果为翅果，1~3 个合生，仅具 1 背翅。

6 种，分布于旧世界热带地区；中国 1 种，产台湾。

翅实藤 *Ryssopterys timoriensis* (DC.) A. Juss.

2. 三星果属 Tristellateia Thouars

木质藤本；叶对生或轮生，基部具 2 腺体，基部具 2 小托叶；花两性，辐射对称，总状花序；花萼 5 裂；花瓣 5，具长爪；雄蕊 10，几等长；子房球形，3 裂，每裂 1 胚珠；花柱常 1；成熟心皮 3，每心皮有 3 或多个翅，且近合生成一个星芒状的翅果。

20~22 种，主要分布于马达加斯加，其次为非洲东部和印度、马来西亚至澳大利亚及太平洋岛屿；中国 1 种，产台湾。

三星果 *Tristellateia australasiae* A. Rich.

3. 风筝果属 Hiptage Gaertn.

木质藤本或藤状灌木；叶对生；无腺体或背面具腺体；花两性，两侧对称，总状花序；花萼 5 裂，基部有大腺体 1 枚或无；花瓣 5，具爪；雄蕊 10，不等长，其中一枚最大；花柱单生；果有 3 翅，中间者最长；种子呈多角球形。

20~30 种，分布于毛里求斯及亚洲热带地区；中国 10 种，产西南部和南部至台湾。

风筝果 *Hiptage benghalensis* (L.) Kurz

4. 盾翅藤属 Aspidopterys A. Juss. ex Endl.

藤本或藤状灌木；叶对生，无腺体；花两性，辐射对称，圆锥花序；花萼5裂，无腺体；花瓣5，无爪，开展或外弯；花柱3裂，柱头头状；翅果，由1~3个合成，每心皮侧边的翅发育成圆形或长圆形、膜或革质的翅盘，翅具放射性脉纹，背翅很少发育或呈鸡冠状突起；种子圆柱形，位于翅果中央。

15~20种，分布于亚洲热带地区；中国9种，分布于西南部和南部。

多花盾翅藤 *Aspidopterys floribunda* Hutch.

科 105. 沟繁缕科 Elatinaceae

2属约40种，分布于温带或热带地区；中国2属6种，主要分布于东北、东南和西南地区。

矮小，半水生或陆生草本或亚灌木；单叶，对生或轮生；有成对托叶；花小，两性，辐射对称，单生、簇生或组成腋生的聚伞花序；花瓣2~5，膜质，雄蕊与萼片同数或为其2倍，子房上位，2~5室，胚珠多数，生于中轴胎座上，花柱2~5，分离；蒴果，果瓣与中轴及隔膜分离，室间开裂；种子多数，小，种皮常有皱纹。

1. 田繁缕属 Bergia L.

陆生草本或亚灌木；叶对生，边缘具细锯齿，具柄；萼片、花瓣5，雄蕊与花瓣同数或较多，但不超过其2倍，子房5室；蒴果近骨质，5瓣裂，隔膜常附着于宿存的中轴上。

约25种，分布于热带和温带地区；中国3种，产长江流域以南地区。

大叶田繁缕 *Bergia capensis* L.

2. 沟繁缕属 Elatine L.

水生草本；茎纤细，匍匐状，节上生根；叶对生或轮生；花极小，通常每节只有1花，萼片、花瓣2~4，雄蕊与花瓣同数或为其2倍，子房2~4室，花柱2~4；蒴果膜质，2~4瓣裂，隔膜于果开裂后脱落或附着于中轴上。

约15种，分布于热带、亚热带和温带地区；中国3种，产各地水田中。

三蕊沟繁缕 *Elatine triandra* Schkuhr

科 106. 藤黄科 Clusiaceae

14 属约 595 种，主要分布于全球热带地区；中国 1 属 20 种（特有 13 种），分布于西南、华南及台湾等地。

乔木或灌木，具腺体或树脂道；单叶，对生，稀互生和轮生，全缘或叶缘具腺体；聚伞花序或聚伞圆锥花序，花两性或单性；萼片常为 4~5；花瓣常为 4~5；雄蕊 2 轮，每轮 5 束，外轮不育，与萼片对生，内轮可育；子房上位，心皮 2~5（~20），合生，花柱短并扩大；蒴果、浆果或核果。

1. 藤黄属 Garcinia L.

乔木或灌木，常具黄色树脂；叶对生，近轴面脉上具棕色树脂道，远轴面脉间具线状透明腺体；花雌雄异株，稀两性或雌雄同株；萼片 4~5，离生；花瓣 4~5；雄花的雄蕊多数，常聚成 4~5 束，围绕退化雌蕊；雌花的退化雄蕊成束，子房 2~12 室，每室具 1 枚胚珠；浆果。

约 450 种，分布于热带亚洲、美洲、非洲、澳大利亚；中国 20 种，产西南、华南及台湾。

云南藤黄 *Garcinia yunnanensis* Hu

科 107. 红厚壳科 Calophyllaceae

13 属 460 种，主要分布于热带地区；中国产 3 属 6 种（特有 1 种，引进 1 种），主要分布于南部。

乔木或灌木；叶螺旋排成两列；花 4~5 基数，雌雄异株；花冠扭曲，多为 4~5；花药通常具复合腺或单腺；子房上位，2~5 室，花柱长，柱头湿，常扩大成点状；浆果或核果（图 87）。

图 87 中国红厚壳科植物的分支关系

1. 红厚壳属 Calophyllum L.

乔木或灌木，具透明、乳白色或黄色树胶；单叶对生，光滑，侧脉几与中脉垂直；总状花序或聚伞圆锥花序；花两性；萼片和花瓣通常分化不明显，4~12，排成 2~3 轮，外轮花被交互对生，内轮覆瓦状排列；雄蕊多数；子房 1 室；核果；种子具假种皮。

约 187 种，分布于热带亚洲、非洲、热带美洲、澳大利亚等；中国 4 种，产于云南南部、广东南部、广西南部、海南及台湾。

红厚壳 *Calophyllum inophyllum* L.

2. 铁力木属 Mesua L.

乔木；叶对生，硬革质，通常具不明显的透明腺点；花两性；萼片 4 或 5；花瓣 4 或 5；雄蕊多数，不合生成束；子房 2 室，每室 2 胚珠，花柱连合，柱头盾状；蒴果近木质化，室轴开裂，隔膜宿存。

5 种，分布于印度、斯里兰卡至马来西亚半岛；中国引进 1 种，栽培于南部各省。

铁力木 *Mesua ferrea* L.

3. 格脉树属 Mammea L.

乔木；叶革质，对生；侧脉近平行，几与中脉垂直，网脉明显，构成均匀的细网孔；花单性异株；萼片在芽内合生，花开放后裂为 2 或 3 裂片；花瓣 4~8；子房 2 室，每室 2 胚珠，柱头 2~4 裂；浆果，外果皮薄，中果皮肉质。

80 种，主要分布于热带亚洲和马达加斯加；中国特有 1 种，产云南南部。

格脉树 *Mammea yunnanensis* (H. L. Li) Kosterm.

科 108. 川苔草科 Podostemaceae

约 40 属 200 种，广泛分布于热带地区，少数种分布于温带地区；中国 3 属 4 种（特有 2 种），分布于云南、广东和福建。

水生；一年生或多年生草本；根常扁平，叶状或丝状；叶 2 列，基部常具鞘，全缘或分裂；花两性，单生，辐射对称或两侧对称，花蕾常包藏于小佛焰苞内或无小佛焰苞；花被片 2~5，分离或基部连合；雄蕊 1~4，花丝分离或部分连合；子房上位，2~3 室，花柱 2 或 3；蒴果（图 88）。

川藻属 *Dalzellia*
水石衣属 *Hydrobryum*
川苔草属 *Cladopus*

图 88 中国川苔草科植物的分支关系

1. 川藻属 Dalzellia Wight

多年生草本；根扁平，具分枝；茎生于根的两侧，单生或分枝；叶小，扁平，无柄，覆瓦状排成 3 列，侧面的叶较小；花两性，无柄，1 或 2 朵生于基部叶的叶腋，无佛焰苞；苞片 2，对生，不等大；花被片 3，膜质，基部连合；雄蕊 2 或 3；子房 3 室，柱头 3；蒴果光滑，开裂为 3 个等大的果爿。

4 种，分布于柬埔寨、中国、印度、老挝、斯里兰卡和泰国；中国特有 2 种，产福建。

川藻 *Dalzellia sessilis* (H. C. Chao) C. Cusset & G. Cusset

2. 川苔草属 Cladopus H. A. Möller

多年生草本；根圆柱状至扁平，分枝；生于不育枝上的叶莲座状排列，不分裂或具指状 3~9 裂，可育枝上的叶指状 3~9 裂，覆瓦状排列；花单生于枝顶，两性，两侧对称，开花前藏于小佛焰苞内；花被片 2，生于花丝基部两侧；雄蕊 1，稀 2；子房 2 室，柱头 2；蒴果，光滑，2 裂，较大的 1 枚裂爿宿存。

5 种，分布于东亚和东南亚；中国 3 种，产海南、广东和福建。

川苔草 *Cladopus chinensis* (H. C. Chao) H. C. Chao

3. 水石衣属 Hydrobryum Endl.

多年生草本；根扩大成叶状体，稀分枝，紧贴于石上似地衣；叶鳞片状，2 列，有时丝状或基部丝状；花单生于枝顶，有短花梗，开花前内藏于小佛焰苞内；花被片（1 或）2（~4）；雄蕊 2，花丝基部合生；子房 2 室，柱头 2；蒴果开裂为 2 个等大的果爿，果爿有明显的纵脉纹。

4 种，分布于东亚和南亚；中国 1 种，产云南南部。

109. 金丝桃科 Hypericaceae

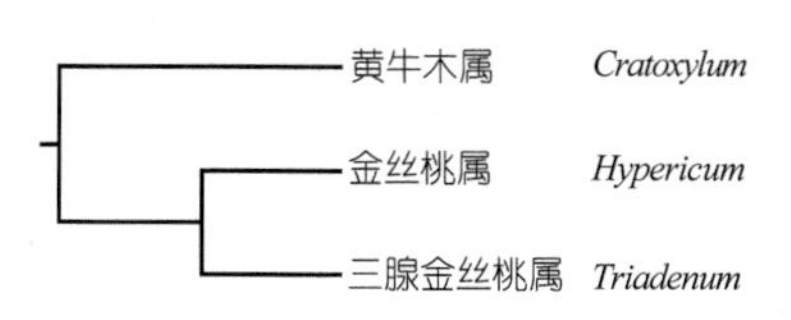

图 89 中国金丝桃科植物的分支关系

约 9 属 560 种，世界广布；中国 4 属 68 种，几遍布全国各地。

小乔木、灌木，一年生或多年生草本；含木脂素类、黄酮和黄酮醇；花两性，4~5 基数；雄蕊 5~15；子房上位，3~5 室，侧膜胎座，柱头表面没有乳突，胚珠多数；浆果或核果；种子 1 至多数（图 89，惠林花属 Lianthus 未取样）。

1. 黄牛木属 Cratoxylum Blume

乔木或灌木；叶对生，下面常具白粉或蜡质，脉间具透明细腺点；花序聚伞状，花两性；萼片 5，不等大，革质，宿存，花后增大；花瓣 5，常具腺点或腺条；雄蕊合成 3 束（3+2+1），花药有时具明显褐色树脂腺点；具肉质腺体 3，与雄蕊互生；子房 3 室，花柱 3，柱头头状；蒴果坚硬，室背开裂，轴宿存；种子具翅。

约 6 种，分布于亚洲热带和亚热带地区；中国 2 种，产广东、广西及云南。

黄牛木 *Cratoxylum cochinchinense* Blume

2. 金丝桃属 Hypericum L.

灌木或草本，具透明但常为暗淡、黑色或红色腺体；叶对生；花序聚伞状，花两性；萼片、花瓣（4~）5；雄蕊（4~）5 束，与花瓣对生，或部分雄蕊束再合并成 4 或 3 束，与萼片对生，每束可多达 70~120 枚雄蕊；子房 3~5 室、中轴胎座，或 1 室、侧膜胎座，花柱（2~）3~5；蒴果，室间开裂；种子具龙骨状突起或窄翅。

约 460 种，除南、北极及荒漠外世界广布；中国 64 种，几产于全国。

黄海棠 *Hypericum ascyron* L.

3. 三腺金丝桃属 Triadenum Raf.

多年生草本，具地下茎，具透明腺体；叶对生；花序聚伞状，花两性；萼片、花瓣 5，粉红色至紫色或白色；雄蕊 5 束，每两束再连合形成 3 束，每束 3 枚雄蕊，花丝 1/2~2/3 处合生；子房 3 室，中轴胎座，花柱 3；蒴果；种子两侧具龙骨状突起，无翅。

6 种，中国南部和印度东北部 1 种，中国东北部、韩国、俄罗斯和日本 1 种，北美东部 4 种；中国 1 种产东北，另 1 种产南部。

三腺金丝桃 *Triadenum breviflorum* (Wall. ex Dyer) Y. Kimura

110. 叶下珠科 Phyllanthaceae

59 属 2 330 种，主要为泛热带分布；中国 16 属 138 种（特有 40 种，引进 4 种），主要分布于西南、华中、华东和华南等省区。

乔木、灌木或草本，常无乳汁，毛被多为单毛；单叶互生，常排成2列，全缘或具细锯齿，叶柄短，常无腺体；多羽状脉；花单性异株或同株；花序多腋生，常无明显花序轴；雄花具2~8枚雄蕊，花药纵裂；雌花每室2枚胚珠，柱头常2裂，不扩大；蒴果或浆果；种子无种阜，有时具肉质假种皮或种皮。

叶下珠科原隶属大戟科 Euphorbiaceae，作为叶下珠亚科 Phyllanthoideae，现在分子证明它独立分科；原在该亚科下分13族，中国有6族。本分析显示国产属聚集在3支：第1支，重阳木族 Bischofieae 的秋枫属（■）与五月茶族 Antidesmateae（●）3属相聚；第2支，花碟木族 Amanoeae（●）的喜光花属与雀舌木族 Andrachneae（●）的雀舌木属相聚，并与土蜜树族 Bridelieae（●）的2姐妹属相聚；第3支，均为叶下珠族 Phyllantheae（●）的成员，它们自然地相聚，形态学上的划分得到分子分析的支持（图90）。

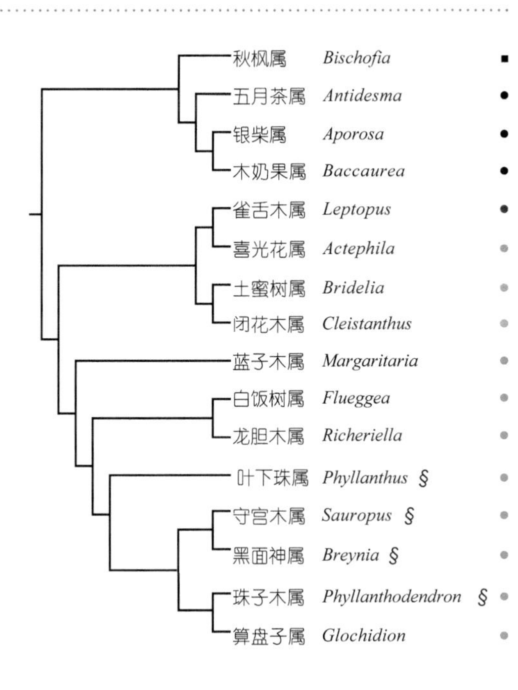

图90 中国叶下珠科植物的分支关系

1. 秋枫属 Bischofia Blume

大乔木，有红色或淡红色乳汁；多为三出复叶，互生；花单性异株，稀同株，聚成下垂的圆锥或总状花序；雄花：萼片5，离生；无花盘和花瓣；雄蕊5，花药大，药室2；退化雌蕊短而宽，呈盾状；雌花：萼片离生，无花盘和花瓣，退化雄蕊有时存在；子房3（或4）室，花柱3或4，顶端全缘；果实浆果状。

2种，分布于亚洲南部、东南部至澳大利亚；中国2种，分布于西南、华中、华东和华南地区。

秋枫 *Bischofia javanica* Blume

2. 五月茶属 Antidesma L.

乔木或灌木；单叶互生，全缘；花单性异株，穗状、圆锥状或总状花序，无花瓣；雄花：萼片3~5（~8）裂；花盘环状或垫状；雄蕊（1~）3~5（~7）；花药U形，2室，具扩大的药隔；通常具退化雌蕊；雌花：花萼和花盘同雄花，子房长于萼片，1室，花柱2~4，顶端常2裂；核果。

约100种，主要分布于东半球热带和亚热带地区；中国11种，产西南、中南及华东地区。

五月茶 *Antidesma bunius* (L.) Spreng.

3. 银柴属 Aporosa Blume

乔木或灌木；单叶互生，在枝上常排成2列，叶柄顶端通常具腺体；花单性异株，穗状或总状花序，雄花序长于雌花序；雄花：无花瓣和花盘；萼片3~6；雄蕊多为2或3；雌花：萼片3~6；子房2~4室，花柱2（~4），顶端浅2裂，稀乳头状或流苏状；核果状蒴果。

约80种，分布于亚洲东南部；中国4种，产华南及西南地区。

云南银柴 *Aporosa yunnanensis* (Pax & K. Hoffm.) F. P. Metcalf

4. 木奶果属 Baccaurea Lour.

乔木或灌木；单叶互生，螺旋状排列，叶柄顶端无腺体；总状或穗状花序再聚成圆锥花序；花单性异株；雄花：萼片4~8，无花瓣，花盘缺或为模糊的腺体；雄蕊4~8；退化雌蕊顶端扩大；雌花：萼片4~8；无花瓣和花盘；子房2或3（~5）室，花柱2~5；浆果状蒴果；种子具假种皮。

约80种，主要产亚洲东南部；中国2种（引进1种），产广东、广西、海南和云南。

木奶果 *Baccaurea ramiflora* Lour.

5. 雀舌木属 Leptopus Decne.

草本或灌木；单叶互生，全缘；花单性同株，单生或簇生于叶腋；雄花：花梗丝状；萼片5（或6）；花瓣5（或6）；花盘具5（或6）个裂片，顶端2裂；雄蕊5（或6）；退化雌蕊存在；雌花：萼片较雄花大；花瓣膜质；花盘同雄花，顶端微凹；子房3~6室；蒴果，裂为3个2裂的分果爿；种子具胚乳。

9种，分布于亚洲东南部和西南部；中国6种，除新疆、内蒙古、福建和台湾外，全国分布。

雀舌木 *Leptopus chinensis* (Bunge) Pojark.

6. 喜光花属 Actephila Blume

乔木或灌木；单叶常互生，革质；花多单性同株，簇生或单生于叶腋；雄花：萼片和花瓣4~6；短于萼片；花盘环状；雄蕊多为5枚；不育雌蕊顶端3裂；雌花：花被与雄花同，花盘环状并包围子房基部，子房3室；蒴果，成熟时分裂为3个2裂的分果爿，内外果皮分离，萼片宿存并扩大；种子无种阜和胚乳。

约35种，分布于大洋洲和亚洲热带及亚热带地区；中国3种，产广东、海南、广西和云南。

喜光花 *Actephila merrilliana* Chun

7. 土蜜树属 Bridelia Willd.

乔木或灌木；单叶互生，全缘；花单性同株，常成团伞花序；萼片、花瓣5；雄花：雄蕊5，花丝基部合生；退化雌蕊顶端2~4裂；花盘杯状或坛状；雌花：花盘包围子房；子房2室，花柱2，分离或基部合生；核果或蒴果，肉质不开裂，萼片宿存、不扩大；种子具丰富胚乳。

约60种，分布于非洲、亚洲和澳大利亚的热带地区；中国7种，分布于东南部、南部和西南地区。

禾串树 *Bridelia balansae* Tutcher

8. 闭花木属 Cleistanthus Hook. f. ex Planch.

乔木或灌木；单叶互生；花单性同株或异株，腋生团伞花序或穗状花序；雄花：萼片4~6；花瓣鳞片状，4~6枚；花盘杯状或垫状；雄蕊5，花丝中部以下合生；雌花：萼片和花瓣与雄花同；花盘包围子房基部或与子房等长；子房3（或4室）；蒴果，成熟时开裂为（2或）3个分果爿，外果皮薄，内果皮骨质；萼片早落。

约141种，分布于非洲、亚洲及澳大利亚热带地区；中国7种，于广东、海南、广西和云南地区。

垂枝闭花木 *Cleistanthus apodus* Benth.

9. 蓝子木属 Margaritaria L. f.

乔木或灌木；单叶互生，常排成2列；花单性异株，单生或簇生；雄花：萼片4，2轮，不等大；无花瓣；花盘环状；雄蕊4；雌花：萼片和花盘同雄蕊；子房2~6室；蒴果，分裂成3个2裂的分果爿或多少不规则开裂；外果皮肉质，常与纸质内果皮离生；种子具薄、肉质、蓝色或略带紫色的种皮。

约14种，分布于非洲、美洲、亚洲东南部和大洋洲；中国1种，产广西西南部和台湾。

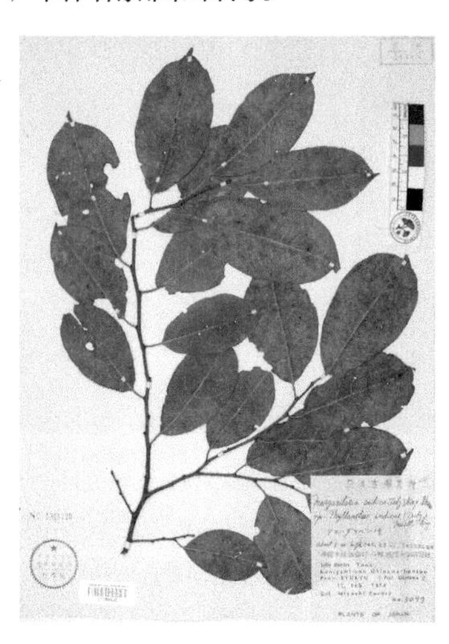

蓝子木 *Margaritaria indica* (Dalzell) Airy Shaw

10. 白饭树属 Flueggea Willd.

灌木或小乔木；单叶互生，2列，全缘；花单性异株，单生、簇生或组成聚伞花序；雄花：萼片4~7；无花瓣；花盘腺体4~7，分离或靠合；雄蕊4~7，长于萼片，花丝分离；退化雌蕊小，2~3裂；雌花：萼片同雄花；花盘环状，全缘或分裂；子房多3室；蒴果，白色，分裂3个果爿，或不裂为浆果状。

约13种，广泛分布于全球热带和暖温带地区；中国4种，除西北外，各省分布。

白饭树 *Flueggea virosa* (Willd.) Voigt

11. 龙胆木属 Richeriella Pax & K. Hoffm.

灌木至乔木；单叶互生，全缘，螺旋状排列；花单性异株，腋生的穗状花序；雄花：萼片 5，无花瓣，花盘裂为 5 部分，与萼片互生；雄蕊 5，花丝分离；不育雌蕊具 2 或 3 个裂片；雌花：萼片 5；花瓣无；花盘环状；子房 3 室；蒴果，分裂为 3 个 2 瓣裂的分果爿，内外果皮分离；种子无种阜，胚乳薄。

2 种，分布于南亚；中国 1 种，产海南。

龙胆木 *Richeriella gracilis* (Merr.) Pax & K. Hoffm.

12. 叶下珠属 Phyllanthus L.

多灌木或草本；单叶互生，排成 2 列；花常单性同株，单生、簇生或聚成多种花序；雄花：萼片（2~）3~6，1~2 轮；无花瓣；花盘腺体 3~6；雄蕊 2~6；雌花：萼片与雄花同数或较多；花盘腺体离生或合生；子房常 3 室；蒴果小，具肉质果皮，开裂为 3 个 2 裂的分果爿；种皮不肉质化。

750~800 种，主要分布于热带和亚热带，稀温带；中国 32 种，产于长江以南。

纤梗叶下珠 *Phyllanthus tenellus* Roxb.

13. 守宫木属 Sauropus Blume

多灌木；单叶互生；花单性同株或异株，无花瓣；雄花：花萼全缘或 6 裂，呈不明显 2 轮；雄蕊 3，与外轮萼片对生，花丝通常合生成短柱状；雌花：腋生，单生或与雄花混生；萼 6 深裂，萼片 2 轮；无花盘；子房 3 室，花柱 3，分离或基部合生；蒴果，成熟时分裂为 3 个 2 裂的分果爿。

约 56 种，分布于亚洲东南部、马达加斯加和澳大利亚；中国 15 种，分布于华南至西南地区。

网脉守宫木 *Sauropus reticulatus* P. T. Li

14. 黑面神属 Breynia J. R. Forst. & G. Forst.

灌木或小乔木；单叶互生，2 列，干时变黑色；花单性同株，雄花簇生于枝下端，雌花单生于枝顶；雄花：花萼呈陀螺状、漏斗状或半球形，常 6 浅裂；无花瓣；花盘裂片鳞片状；雄蕊 3，花丝合生成圆柱状；雌花：花萼半球状、钟状至辐射状，6 裂，果期宿存并增大为盘状；子房 3 室，花柱 3；浆果。

26~30 种，主要分布于亚洲热带地区，少数在澳大利亚；中国 5 种，分布于西南和东南地区。

小叶黑面神 *Breynia vitis-idaea* (Burm. f.) C. E. C. Fisch.

15. 珠子木属 Phyllanthodendron Hemsl.

乔木或灌木；叶互生，常 2 列；花单性同株或异株；雄花：萼片（4）5 或 6，2 轮，背部中肋突起，顶端尾状渐尖；无花瓣；花盘腺体 5 或 6；雄蕊常 3，花丝合生成柱状，药隔顶端具锥形附属物；雌花：萼片和花盘裂片 5 或 6；子房 3 室；蒴果，不具肉质果皮，成熟时裂为 3 个 2 瓣裂的分果爿；种子三棱形。

约 16 种，分布于马来西亚半岛至中国；中国 10 种（特有 9 种），分布于华南和西南地区。

珠子木 *Phyllanthodendron anthopotamicum* (Hand.-Mazz.) Croizat

16. 算盘子属 Glochidion J. R. Forst. & G. Forst.

乔木或灌木；单叶互生，2 列；花多单性同株，花簇生或聚为聚伞花序，雌花束通常位于雄花束的上端；雄花：萼片 5~6；无花瓣和花盘；雄蕊 3~8，合生成圆柱状，药隔延伸成圆锥状；雌花：萼片同雄花；子房 3~15 室，花柱合生；蒴果，成熟时开裂为 3~15 个 2 瓣裂的分果爿，花柱宿存。

约 200 种，分布于亚洲热带、太平洋岛屿和马来西亚；中国 28 种，产西南地区至台湾。

毛果算盘子 *Glochidion eriocarpum* Benth.

科 111. 安神木科 Centroplacaceae

2 属 6 种，主要分布于非洲西部，印度至马来西亚；中国 1 属 1 种，分布于广西。

乔木；花两性；雄蕊 5，与萼片对生；花柱具各种分枝，柱头稍扩大，胚珠成对；蒴果室背开裂；每室具种子 1，具假种皮。

1. 膝柄木属 Bhesa Buch.-Ham. ex Arn.

常绿乔木，常具板状根；单叶互生、革质，侧脉平行，叶柄近叶基处增粗，呈膝状弯曲；具大而明显的托叶痕；花两性，聚生成聚伞花序、圆锥花序或总状花序；花 5 基数，萼片 5，花瓣 5；花盘肉质，杯状至盘状，5 裂，雄蕊内着生；子房 2 室，光滑或顶端被短柔毛；蒴果，纵向开裂；种子具假种皮。

5 种，分布于亚洲热带地区；中国 1 种，产广西合浦县。

膝柄木 *Bhesa robusta* (Roxb.) Ding Hou

112. 核果木科 Putranjivaceae

3 属 210 种，主要分布于非洲和马来西亚等热带地区；中国 2 属 13 种（特有 2 种），主要分布于广东、广西、云南、海南、香港、台湾等地。

乔木；花序簇生；花单性异株，花瓣无或 4~5（~7）；雄蕊（2~）3~20 或更多；雌花中雄蕊退化，子房上位，花柱短，具分枝，柱头增大，常花瓣状；核果。

1. 核果木属 Drypetes Vahl

乔木或灌木；单叶互生，托叶 2；花序团伞状、总状或圆锥状；花单性异株，萼片 4~6，花瓣无；雄花：雄蕊 1~25，1 至数轮，围绕花盘着生或外轮的生于花盘边缘或凹缺处，内轮则生于花盘上，花盘扁平或中间稍凹缺；雌花：花盘环状，子房 1~2 室，稀 3 室，柱头 1~2，稀 3，常扩大成盾状或肾形；核果。

约 200 种，产亚洲、美洲和非洲热带和亚热带地区；中国 12 种，产华南、云南和台湾。

滨海核果木 *Drypetes littoralis* (C. B. Rob.) Merr.

2. 假黄杨属 Putranjiva Wall.

乔木或灌木；单叶互生；花单性异株，花瓣无，花盘无；雄花：萼片 4~6 裂，雄蕊 2~4，无退化雄蕊；雌花：萼片 5 裂，子房 2 室，花柱花瓣状；核果。

约 4 种，分布于中国、日本、印度和斯里兰卡；中国特有 1 种，产广东、香港和台湾。

台湾假黄杨 *Putranjiva formosana* Shimada

113. 青钟麻科 Achariaceae

约 30 属 145 种，泛热带分布；中国 2 属 4 种，分布于西藏、云南、广西、广东和海南。

乔木或灌木；叶螺旋状排列或成两列，叶柄具膝状弯曲；花单性异株，聚为穗状花序或聚伞花序；萼片和花冠非简单互生；萼片 2~5；花冠 4~15，常排成 2 轮；雄蕊 5 至多数，与花瓣对生或不规则着生；心皮 2~10，子房上位，花柱短，分枝或不分枝；浆果。

1. 马蛋果属 Gynocardia Roxb.

乔木；叶互生；花单性异株，单生或聚为伞房花序；萼片杯状，近截形，具 5 齿或 3~5 浅裂；花瓣 5，基部合生，肉质，花瓣内侧基部具 1 枚鳞片；雄花：雄蕊多数，花丝分离；雌花：具 10~15 枚退化雄蕊；子房上位，1 室，花柱 5，分离，具 5 个侧膜胎座；浆果。

1 种，分布于亚洲；中国产西藏和云南东南部。

马蛋果 *Gynocardia odorata* Roxb.

2. 大风子属 Hydnocarpus Gaertn.

乔木，稀灌木；单叶互生；单性异株，稀同株或杂性花，圆锥花序、聚伞花序或簇生，稀单花；萼片 3~11，反折，早落；花瓣 4 或 5 或更多，基部内侧有厚且具毛鳞片 1；雄花：雄蕊 5 至多数，退化子房有或无；雌花：具 5 至多数退化雄蕊，子房上位，1 室，3~6 个侧膜胎座，花柱 3~6，短或近无；浆果。

40 种，分布于热带亚洲；中国 3 种，产云南、广西、广东和海南。

海南大风子 *Hydnocarpus hainanensis* (Merr.) Sleumer

科 114. 堇菜科 Violaceae

22 属近 1 000 种，世界性分布，但除个别广布的属外大多数属为泛热带分布；中国 3 属 100 余种，南北均有分布。

单叶，具托叶；花辐射对称或两侧对称；萼片 5，宿存；花瓣 5，下方一枚常较大，基部形成囊或距；雄蕊通常 5，花丝极短至无，药隔常延伸成膜质附属物，远轴端两个花药或全部花药背部具蜜腺；子房上位，3 心皮合生，侧膜胎座，柱头 1，有时浅裂；蒴果或浆果（图 91）。

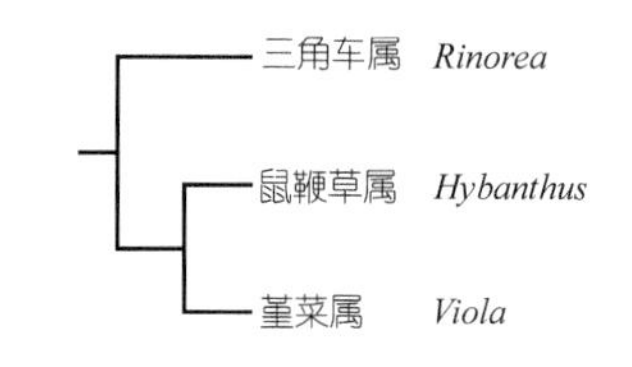

图 91 中国堇菜科植物的分支关系

1. 三角车属 Rinorea Aubl.

灌木或小乔木；花序通常多于 5 朵花，花冠辐射对称，萼片近同形，花瓣基部无距。

约 340 种，分布于非洲、美洲和亚洲的热带地区；中国 4 种，主产海南，少见于广西、四川等地。

三角车 *Rinorea bengalensis* (Wall.) O. Ktze.

2. 鼠鞭草属 Hybanthus Jacq.

半灌木；花常单生叶腋，两侧对称，萼片近相等，基部无下延附属物，下瓣基部延伸成距。

约 150 种，分布于热带、亚热带地区；中国仅 1 种，产海南、广东和台湾南部。

鼠鞭草 *Hybanthus enneaspermus* (L.) F. Muell.

3. 堇菜属 Viola L.

多为草本，稀半灌木，有根状茎；花二型，生于春季的有花瓣，开花受精，生于夏季的无花瓣，闭花受精；花单生，稀为2花，两侧对称，萼片基部下延成附属物，下部花瓣有距。

约550种，世界广布，主要分布于北半球的温带地区；中国约100种，南北分布，以西南地区的种类较多。

鸡腿堇菜 *Viola acuminata* Ledeb.

科 115. 西番莲科 Passifloraceae

16属约700种，全球热带及亚热带广布，部分种类延伸到温带，主要分布于撒哈拉以南的非洲及南美洲；中国2属23种，主要分布于西南和华南地区。

草质或木质藤本，稀为灌木或小乔木；卷须腋生；单叶，稀为复叶，互生或近对生，全缘或分裂，具柄，常有腺体，通常具托叶；聚伞花序腋生，有时退化仅存1~2花；花辐射对称，两性或单性，稀杂性；萼片5，稀3~8；花瓣5，稀3~8，或缺如；外副花冠与内副花冠型式多样，或缺如；雄蕊4~5，稀4~8或不定数；心皮3~5，子房上位，常具雌雄蕊柄，1室，侧膜胎座，花柱与心皮同数；果为浆果或蒴果，不开裂或室背开裂；种皮具网状小窝点。

1. 蒴莲属 Adenia Forssk.

草质或木质藤本；单叶互生；叶柄近叶基部有2个腺体；聚伞花序腋生，花梗长而卷曲；花两性，单性或杂性；雄花：花萼管状，4~5裂；花瓣5，分离；雌花：花冠、花萼同雄花；退化雄蕊5，基部合生成1膜质的杯状体；子房具雌雄蕊柄或无；蒴果室背开裂；种子具肉质假种皮。

约100种，全球热带广布；中国3种，产广东、云南和台湾。

异叶蒴莲 *Adenia heterophylla* (Blume) Koord.

2. 西番莲属 Passiflora L.

草质或木质藤本，稀灌木或小乔木；单叶或复叶，常具腺体；聚伞花序，腋生，稀复伞房状；花序梗有关节；花两性；萼片5，常呈花瓣状；花瓣5，或缺如；内、外副花冠多样；雄蕊5，稀8；心皮3或4；肉质浆果；种子扁平；种皮具网状小窝点。

约520种，产热带美洲、亚洲及非洲；中国20种，产西南部至东部。

龙珠果 *Passiflora foetida* L.

科 116. 杨柳科 Salicaceae

55属约1 010种，泛热带、温带至北极均有分布；中国13属382种（特有245种），广布全国。

灌木或乔木；单叶，多互生，全缘或有锯齿；花序多样，花两性或单性，3~6基数；萼片（0~）3~8（~15），多镊合状排列，常具雄蕊外蜜腺；雄蕊 1 至多数；子房上位，心皮 2~5，侧膜胎座，花柱分离或合生；浆果、核果或蒴果。

杨柳科一直是包含 3 属的科，形态分类学家根据共有化学物质水杨苷（salicin）和被锈菌属 *Melampsora* 寄生等，指出它同刺篱木科 Flacourtiaceae 的山桐子属有近缘关系。分子系统学研究结果表明，广义杨柳科包括刺篱木科的许多属。本研究的分支分析表明：狭义杨柳科（●）所含 3 属仍聚为 1 支，形态系统中刺篱木科的族 3 山拐枣族 Poliothyrsideae（●）3 个近缘属相聚，族 8 刺篱木族 Flacourtieae（●）的 4 属各聚 2 支，族 6 箣柊族 *Scolopieae*（●）、族 9 天料木族 Homalieae（●）和族 11 脚骨脆族（嘉赐树族）Casearieae（●）各自分出，国产属中脚骨脆属位于基部，相继是天料木属和箣柊属（图 92）。杨柳科被扩大之后，科内的关系尚需研究。

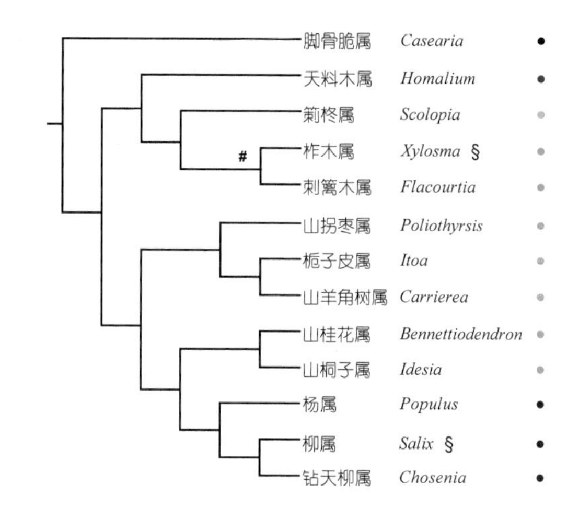

图 92 中国杨柳科植物的分支关系

1. 脚骨脆属 Casearia Jacq.

灌木或小乔木；单叶互生，常具透明腺点和腺条；花两性，叶腋内簇生；萼片 4~5，基部连合成浅杯或深杯状；无花瓣；花盘杯状，裂片三角形、与子房离生；雄蕊（6~）8~10（~12）；子房上位，1 室，侧膜胎座 2~4，花柱 1，较短；蒴果肉质至革质，（2~）3（~4）瓣裂，萼片、雄蕊和花果时宿存；具假种皮。

约 180 种，分布于热带和亚热带及太平洋岛屿；中国 7 种，产华南、云南、福建和台湾。

爪哇脚骨脆 *Casearia velutina* Blume

2. 天料木属 Homalium Jacq.

灌木或乔木；叶互生，稀对生或轮生，叶缘具齿，齿尖具腺体；花两性，总状或圆锥状花序；萼片（4~）5~8（~12）；花瓣与萼片对生，同数；雄蕊与花瓣同数或聚成束，与花瓣对生，介于花盘腺体间；花盘腺体与萼片同数，彼此对生；子房半下位，1 室；花柱 2~5（~7）；蒴果革质，具宿存萼片和花瓣。

180~200 种，广布于热带地区；中国 10 种，主要产于云南。

斯里兰卡天料木 *Homalium ceylanicum* (Gardner) Benth.

3. 箣柊属 Scolopia Schreb.

灌木或小乔木，常具刺；叶互生，全缘或有锯齿，齿缘具 1 腺体，叶柄顶端或叶片基部有时具 2 个腺体；花常两性，总状花序；萼片 4~6，基部稍合生；花瓣与萼片同数互生；花盘由 8~10 个橘色的腺体组成；雄蕊多数，长于花瓣；子房上位，1 室，花柱 1；浆果具宿存花被片和雄蕊。

约 40 种，广布于东半球热带和亚热带地区；中国 4 种，分布于华南、福建和台湾等地。

广东箣柊 *Scolopia saeva* (Hance) Hance

4. 柞木属 Xylosma G. Forst.

灌木或小乔木，常具刺；单叶，互生，有锯齿；花多雌雄异株，叶腋内簇生或呈短总状或圆锥状花序；萼片 4 或 5；花瓣无；雄花：雄蕊多数，花盘由几个紧密或合生的腺体组成；雌花：子房上位，1 室，侧膜胎座 2（~6），花盘环状，无退化雄蕊；浆果，黑色，花盘、萼片、花柱和柱头常宿存。

约 100 种，分布于热带和亚热带地区，少数种延伸至暖温带；中国 3 种，分布于秦岭以南。

柞木 *Xylosma congestum* (Lour.) Merr.

5. 刺篱木属 Flacourtia Comm. ex L'Hér.

灌木或乔木，常具刺；单叶互生，边缘有锯齿；花两性或雌雄异株，聚成总状、圆锥状或团伞花序；萼片小，4~7；无花瓣；花盘肉质，全缘或由离生腺体组成；雄花：雄蕊多数；雌花：子房上位，花盘围绕子房基部，不完全 2~8 室，无退化雄蕊；浆果状核果，花盘、花柱和柱头宿存。

15~17 种，分布于热带亚洲和非洲；中国 5 种，主要分布于福建、广东、广西、贵州和云南。

大果刺篱木 *Flacourtia ramontchi* L'Hér.

6. 山拐枣属 Poliothyrsis Oliv.

乔木；单叶互生，基出脉 3~5 条，叶缘具腺齿；花单性同株，圆锥花序，雌花生于花序顶端，雄花生于花序基部，花序密被浅灰色毛；萼片 5，分离，镊合状排列，质地厚，密被毛；无花瓣；无花盘；雄花：雄蕊多数，退化子房极小；雌花：退化雄蕊多数，短于子房；子房上位，1 室，侧膜胎座 3~4，花柱 3；蒴果，3~4 瓣裂，被灰白色毛。

1 种，中国特有，分布于秦岭以南地区。

山拐枣 *Poliothyrsis sinensis* Oliv.

7. 栀子皮属 Itoa Hemsl.

乔木；叶大型，互生，羽状脉，边缘具腺性锯齿或钝齿；花单性异株，雄花为顶生圆锥花序，雌花单生或几个聚成短总状花序；萼片 3~4，革质，被毛；无花瓣；雄花：雄蕊多数，具退化子房；雌花：子房上位，侧膜胎座 6~8，柱头不规则掌状裂；蒴果，从顶部向下及从基部向上 6~8 裂；种子具膜质翅。

2 种，分布于中国西南、越南北方和马来西亚；中国 1 种，产西南及海南。

栀子皮 *Itoa orientalis* Hemsl.

8. 山羊角树属 Carrierea Franch.

乔木；单叶互生，叶柄长，基出脉 3 条，具腺性钝齿；花单性异株，圆锥花序或总状花序；萼片 5，纸质，边缘对折；无花瓣和花盘；雄花：雄蕊多数，退化子房极小；雌花：1 室，侧膜胎座 3~4；花柱 3~4；具退化雄蕊；蒴果，梭形、窄椭圆形或羊角状，自顶部至中部 3 瓣裂；种子扁平，具膜质翅。

2 种，分布于中国和越南；中国 2 种（特有 1 种），产湖南、湖北及西南地区。

山羊角树 *Carrierea calycina* Franch.

9. 山桂花属 Bennettiodendron Merr.

灌木或小乔木；单叶互生，羽状脉或 3~5 基出脉，无毛，光泽，具腺性粗锯齿；花单性异株，常为圆锥花序；萼片 3（~5），覆瓦状排列，稀宿存；无花瓣；花盘具多数腺体，离生；雄花：雄蕊多数，退化子房小，具 3 个短花柱；雌花：子房上位，不完全 3 室；花柱 2~4，退化雄蕊多数；浆果；种子干后黑色。

2~3 种，分布于亚洲；中国 1 种，产广东、广西、贵州、海南、江西和云南。

山桂花 *Bennettiodendron leprosipes* (Clos) Merr.

10. 山桐子属 Idesia Maxim.

乔木；单叶互生，叶柄长，叶柄顶端具 2 个腺体，有时叶柄具 1~2 个腺体；掌状基出脉 3~5 条；叶缘具腺齿；花单性异株或杂株，圆锥花序长而下垂；萼片（3~）5（~6），覆瓦状；无花瓣；具花盘；雄花：雄蕊多数，具退化子房；雌花：子房上位，1 室，侧膜胎座及花柱（3~）5（~6）；具退化雄蕊；浆果。

1 种，分布于中国、日本和朝鲜；中国分布于华南、西南、中部、华北及台湾。

毛叶山桐子 *Idesia polycarpa* var. *vestita* Diels

11. 杨属 Populus L.

乔木；树干直，多灰白色，具顶芽，芽鳞片多枚；有长短枝之分；叶互生，叶柄长；花单性异株，柔荑花序下垂，常先叶开放；苞片先端尖裂或条裂，膜质，早落；花盘斜杯状；雄花：雄蕊 4 至多数；雌花：子房 1 室，花柱 1，柱头 2~4；蒴果 2~4 裂；种子小多数。

约 100 种，分布于非洲、亚洲、欧洲和北美洲；中国 71 种，南北分布。

山杨 *Populus davidiana* Dode

乌柳 *Salix cheilophila* C. K. Schneid.

12. 柳属 Salix L.

乔木或灌木；无顶芽，芽鳞片 1；单叶互生、稀对生；花单性，柔荑花序直立或斜展，先叶开放，与叶同时开放或后叶开放；苞片全缘；腺体 1~2；雄花：雄蕊 2 至多数，花丝多于苞片分离；雌花：2 心皮 2 室，花柱 1；蒴果，2 瓣裂；种子小，被细毛。

约 520 种，分布于北半球的寒温带和暖温带，几个种在南半球分布；中国 275 种（特有 189 种），各地区均有。

13. 钻天柳属 Chosenia Nakai

乔木；无顶芽，芽鳞片 1；单叶互生；花单性异株，柔荑花序先叶开放，雄花序下垂，雌花序直立或斜展；苞片全缘，无花被片和腺体；雄花：雄蕊 5，无毛，短于苞片，花丝基部与苞片贴生；雌花：子房无毛，1 室，花柱 2，每一顶端的柱头 2 裂；蒴果 2 瓣裂。

1 种，分布于中国、日本、朝鲜和俄罗斯（远东）；中国分布于河北、黑龙江、吉林、辽宁及内蒙古。

钻天柳 *Chosenia arbutifolia* (Pall.) A. K. Skvortsov

科 117. 红树科 Rhizophoraceae

17 属约 120 种，主要分布于热带和亚热带地区；中国 6 属 13 种（特有 3 种），产西南至东南地区。

常绿乔木或灌木，具各种类型气生根；茎节膨大；单叶，对生，全缘或具细锯齿；花两性；萼裂片 4~16，宿存；花瓣与萼片同数，全缘、2 裂、撕裂状、流苏状或顶部有附属物；雄蕊数是萼裂片的 2 倍；常具下位花盘；子房下位或半下位，2~5（~20）心皮，2~8 室，花柱 1；果实革质或肉质，不开裂；种子 1 至多数，多为胎生。

红树科分 4 族：族 1 翅红树族 Macarisieae 有 8 属，中国无分布；族 2 桃红树族 Crossostylideae 只 1 属，产波利尼西亚；族 3 鲇目树族 Gynotrocheae，3 属，中国有 2 属（●）；族 4 红树族 Rhizophoreae（●），4 属中国全产。分支图上同形态学划分相一致（图 93）。

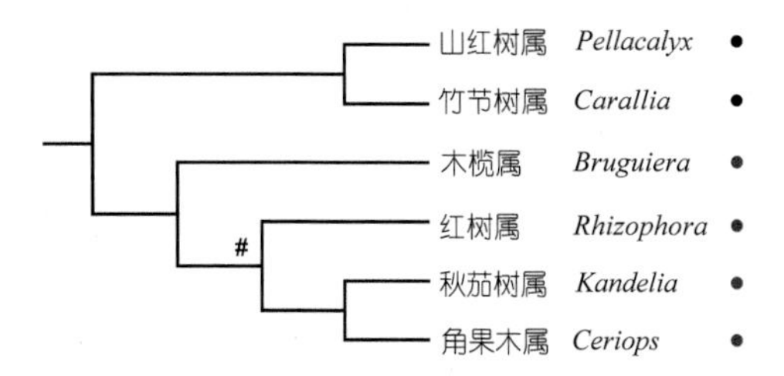

图 93 中国红树科植物的分支关系

1. 山红树属 **Pellacalyx** Korth.

乔木，小枝中空；叶对生，托叶星形；花簇生或成团伞花序；萼片（3）4或5（6）浅裂；花瓣与萼裂片同数；雄蕊数为花瓣的2倍，生于萼筒的喉部；子房下位，5室，柱头扁平或头状；浆果；种子在母体上不萌发。

7~8种，分布于中国西南、印度尼西亚、马来西亚、菲律宾、泰国和缅甸；中国1种（特有），产云南南部。

山红树 *Pellacalyx yunnanensis* Hu

2. 竹节树属 **Carallia** Roxb.

灌木或乔木；单叶对生，全缘或具细锯齿，托叶披针形、扭曲；聚伞花序，花两性；萼片5~8裂，三角形；花瓣5~8，具爪；雄蕊数为花瓣的2倍，生于肉质花盘边缘，一半与花瓣对生，一半与萼片对生，宿存；子房下位，5~8室，柱头头状或盘状；果实肉质；种子具假种皮，种子在母体上不萌发。

约10种，分布于东半球热带地区；中国4种（特有2种），分布于南部。

锯叶竹节树 *Carallia diplopetala* Hand.-Mazz.

3. 木榄属 **Bruguiera** Lam.

乔木，有膝状呼吸根；树干基部常具板状支柱根；叶对生；聚伞花序，具1~5朵花；萼片革质，8~14（~16）裂，花后增大；花瓣与萼裂片同数，常2裂或顶端微凹，具毛状附属物；雄蕊数为花瓣2倍，每2枚雄蕊为花瓣所抱持，4室，纵裂；子房下位，2~4室，花柱2~4裂；果实钟形；种子胎生。

6种，分布于非洲东部、亚洲东南部、澳大利亚北部及印度洋和大西洋岛屿；中国3种，分布于南部。

木榄 *Bruguiera gymnorhiza* (L.) Savigny

4. 红树属 **Rhizophora** L.

乔木或灌木，具支柱根；叶交互对生，革质，叶下面具黑色腺点，主脉延伸成一个尖头；稠密聚伞花序；小苞片合生成杯状；萼片4深裂，萼筒与子房合生，宿存；花瓣4，全缘，早落；雄蕊8~12，花丝极短或无；子房下位，2室；果实具种子1枚，胎生，种子脱落前下胚轴可达78cm。

8~9种，分布于全球热带和亚热带海岸；中国3种，分布于广东、广西、海南和台湾。

红茄苳 *Rhizophora mucronata* Poiret

5. 秋茄树属 Kandelia (DC.) Wight & Arn.

乔木；叶革质，交互对生；二歧聚伞花序；萼片5深裂，裂片线状椭圆形，基部与子房合生并为一杯状小苞片包围；花瓣5，2裂，裂片顶端具毛状附属物；雄蕊多数，生于花盘上，4室，纵裂；子房下位，1室，每室胚珠6，柱头丝状；果实具宿存萼片；种子1，胎生，胚轴圆柱形，光滑。

1种，分布于亚洲东部和东南部；中国分布于福建、广东、广西、海南和台湾。

秋茄树 *Kandelia obovata* Sheue, H. Y. Liu & J. W. H. Yong

6. 角果木属 Ceriops Arn.

灌木或小乔木，具支柱根；叶交互对生，密集生于枝端；聚伞花序腋生；萼片5~6深裂；花瓣短于萼片，先端有3或2枚棒状附属物，每个花瓣附有2枚雄蕊；雄蕊数为萼裂片的2倍，4室，纵裂；花盘杯状；子房半下位，3室，花柱短，柱头全缘或浅裂；果实卵形；种子胎生；胚轴长15~30cm，具棱。

2种，分布于亚洲、非洲、澳大利亚等地的海岸；中国1种，分布于广东、海南和台湾。

角果木 *Ceriops tagal* (Perr.) C. B. Rob.

科 118. 古柯科 Erythroxylaceae

约4属240种，泛热带分布，主产于南美；中国1属2种，分布于西南至东南地区。

灌木或乔木；单叶，互生，稀对生；托叶生于叶柄内侧；花两性，簇生或为聚伞花序；萼片5，基部合生，宿存；花瓣5，分离，基部内侧具1鳞片；雄蕊5、10或20，花丝基部常合生成管；子房上位，3~5心皮合生，3~5室，中轴胎座，花柱通常异长，1~3或5，分离或稍合生，柱头斜向；核果。

1. 古柯属 Erythroxylum P. Browne

灌木或乔木，通常光滑；单叶，互生，近2列；托叶生于叶柄内侧，常覆瓦状排列于短枝上；花腋生、单生或簇生，为花柱异长花；萼片5或6；花瓣5，通常在基部内表面具1舌状结构；雄蕊10，基部合生成1腺性或非腺性管；子房3或4室，1室可育；花柱3，分离或基部合生；核果。

约230种，广泛分布于热带和亚热带地区，主产南美；中国2种，分布于长江以南多数省区。

东方古柯 *Erythroxylum sinense* Y. C. Wu

科 119. 小盘木科 Pandaceae

约3属18种，分布于热带非洲和亚洲；中国1属1种，分布于广东、海南、广西和云南。

乔木或灌木，腋芽显著；单叶互生；花单性，雌雄异株，单生、簇生或组成聚伞花序或总状圆锥花序；萼片5；花瓣5；雄蕊5~15，1或2轮，外轮雄蕊与花瓣互生，内轮雄蕊有时缺或为退化雄蕊；子房上位，2~5室，无珠孔塞，花柱2~5（~10）裂；核果，稀为蒴果。

1. 小盘木属 Microdesmis Hook. f.

灌木或小乔木；单叶互生；花单性异株；雄花萼片 5 深裂，花瓣 5，雄蕊 5 或 10 ，2 轮，外轮与花瓣互生，内轮无或退化为鳞片状；雌花萼片和花瓣与雄花相似且稍大，花柱 2 裂；核果，外果皮粗糙，内果皮骨质。

约 11 种，9 种分布于热带非洲，2 种在亚洲；中国 1 种，分布于广东、广西、海南和云南。

小盘木 *Microdesmis caseariifolia* Hook. f.

科 120. 亚麻科 Linaceae

约 12 属 300 余种，全球广布，主要分布于北半球温带；中国 4 属 14 种，全国各地均有分布。

草本或灌木；单叶，互生或对生，全缘；聚伞花序、二歧聚伞花序或蝎尾状聚伞花序；花两性，4~5 数；萼片宿存，分离；雄蕊与花被同数或为其 2~4 倍，排成一轮或有时具一轮退化雄蕊，花丝基部扩展，合生成筒或环；子房上位，2~3（5）室；心皮常具假隔膜；蒴果，室背开裂；或仅具 1 枚种子，不裂（图 94）。

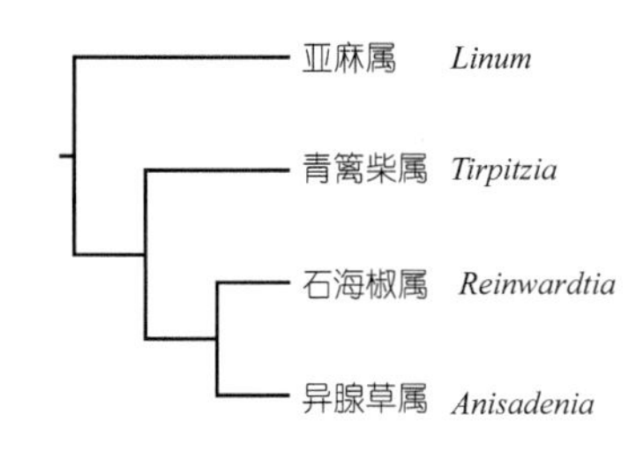

图 94 中国亚麻科植物的分支关系

1. 亚麻属 Linum L.

草本或木质草本；单叶，全缘，无柄，对生、互生或散生；聚伞花序或蝎尾状聚伞花序；花 5 数；花瓣基部具爪，早落；雄蕊 5，花丝下部具睫毛，基部合生；退化雄蕊 5，呈齿状；子房 5 室，或为具假隔膜的 10 室；花柱 5；蒴果果瓣 10，通常具喙。

约 200 种，全球温带、亚热带广布；中国 9 种，产西南、西北、东北地区。

宿根亚麻 *Linum perenne* L.

青篱柴 *Tirpitzia sinensis* (Hemsl.) Hallier f.

2. 青篱柴属 Tirpitzia Hallier f.

灌木或小乔木；叶互生，具短柄；花白色，聚伞花序，腋生、顶生或近顶生；花瓣 5，爪细长，旋转状排列；雄蕊 5；退化雄蕊 5，锥尖状；子房 4~5 室；蒴果 4~5 瓣裂。

2 种，分布于中国和越南北部；中国 2 种，分布于云南、广西、贵州及湖北，石灰岩山地特有。

3. 石海椒属 Reinwardtia Dumort.

灌木；叶互生；花序顶生或腋生，或单花腋生；萼片 5，宿存；花瓣 4~5，黄色；雄蕊 5，花丝基部合生成环，退化雄蕊 5，与雄蕊互生；腺体 2~5，与雄蕊环合生；子房 3~4 室，每室有 2 小室；蒴果球形。

2 种，产印度北部、克什米尔地区、尼泊尔、不丹、中国、东南亚；中国 1 种，产长江以南各地。

石海椒 *Reinwardtia indica* Dumort.

4. 异腺草属 Anisadenia Wall. ex C. F. W. Meissn.

多年生草本；叶互生或在茎顶部近轮生，全缘或有锯齿；总状花序顶生；萼片 5，外面 3 枚被具腺体的刚毛；花瓣 5；雄蕊 5，花丝基部合生成管，有互生线形的退化雄蕊 5，腺体通常 3，与雄蕊管合生，其中有一枚较大；子房 3 室，每室有胚珠 2；花柱 3；蒴果膜质，具 1 种子。

2 种，产中国西南部、喜马拉雅、泰国；中国 2 种，产西藏东南部、云南西北地区。

异腺草 *Anisadenia pubescens* Griff.

科 121. 金莲木科 Ochnaceae

27 属约 500 种，分布于热带和亚热带地区，主产美洲；中国 3 属 4 种，产广东和广西。

乔木或灌木；单叶互生；花两性，辐射对称，排成顶生或腋生的总状、圆锥状或伞形花序，具苞片；萼片 5（~10），常宿存；花瓣 5~10；雄蕊 5~10 或多数，花药纵裂或顶孔开裂，有时存在尖锥状、花瓣状或合生成一管的退化雄蕊；子房上位，1~12 室；核果或蒴果。

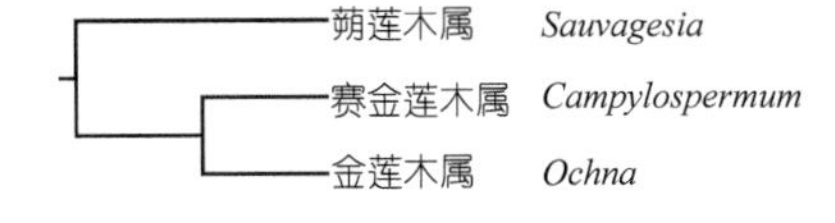

图 95 中国金莲木科植物的分支关系

1. 蒴莲木属 Sauvagesia L.

花瓣 5，覆瓦状排列；退化雄蕊 3 轮排列；雄蕊 5，花药纵裂；子房 3 心皮 1 室，花柱单生，柱头锥尖；蒴果，开裂。

约 52 种，泛热带分布；中国 1 种，产广东和广西。

合柱金莲木 *Sauvagesia rhodoleuca* (Diels) M. C. E. Amaral

2. 金莲木属 Ochna L.

花瓣 5~10，1 或 2 轮排列；雄蕊多数，2 或多轮排列，花药通常顶孔开裂；子房深裂，3~12 室，花柱合生，柱头通常盘状，浅裂；核果 3~12 个。

约 85 种，主要分布于非洲热带地区，少数产亚洲热带地区；中国 1 种，产广东和广西。

金莲木 *Ochna integerrima* (Lour.) Merr.

3. 赛金莲木属 Campylospermum Tiegh.

花瓣 5，常旋转状排列；雄蕊 10，1 轮排列，花药顶孔开裂；子房深裂，5 室，花柱单生，柱头锥尖；核果 1~2 个，有时 5 个。

约 65 种，主产非洲热带地区和马达加斯加，少数产亚洲南部和东南部；中国 2 种，产海南岛。

齿叶赛金莲木 *Campylospermum serratum* (Gaertn.) Bittrich & M. C. E. Amaral

122. 黏木科 Ixonanthaceae

4~5 属 21 种，泛热带分布；中国 1 属 1 种，分布于云南、广西、广东和福建等地。

乔木；叶螺旋状排列，全缘，托叶茎生；伞房花序，腋生；萼片基部常合生；花冠覆瓦状排列；雄蕊 5~20，与萼片对生；花粉纹饰为刺状；蜜腺明显；子房上位，2~5 心皮，花柱单一；蒴果，萼片和花冠宿存；种子基部具翅，或在种脐和珠孔之间生假种皮。

1. 黏木属 Ixonanthes Jack

乔木；单叶互生；花两性，聚生为二歧聚伞花序；萼片 5，宿存，果期增大并肉质至革质化；花瓣 5，宿存；雄蕊 10~20；花盘碗状，全缘或微裂，与子房离生；子房上位，5 室，中轴胎座，花柱单生；蒴果革质或木质，室间开裂，有时每个心皮被假隔膜分开；种子具翅或顶部具一僧帽状假种皮。

3 种，分布于热带亚洲；中国 1 种，分布于福建、广东、广西、贵州、海南、湖南和云南。

黏木 *Ixonanthes reticulata* Jack

123. 毒鼠子科 Dichapetalaceae

约 4 属 130 种，主要分布于热带和亚热带地区；中国 1 属 2 种，分布于广东、广西和云南等地。

小乔木或灌木，有时为攀缘灌木；单叶，互生；伞房状聚伞花序或似头状花序，腋生，总花梗有时与叶柄贴生；花两性，稀单性；萼片 5，分离或稍合生；花瓣 5，分离而等大或合生而不等大，顶端 2 裂或全缘；雄蕊 5，与花瓣互生；花盘分裂为 5 个腺体，或为环状花盘并具浅波状缘，腺体与花瓣对生；子房 2~3 室；核果，干燥或稍肉质。

1. 毒鼠子属 Dichapetalum Thouars

小乔木，直立或攀缘灌木；单叶互生，通常假两列；花小，两性，稀单性，组成腋生聚伞花序，花梗顶端具关节；萼片 5；花瓣 5，顶端 2 裂或近全缘；雄蕊 5；腺体 5，或为具浅波状缘的花盘；子房上位，2 或 3 室；核果，常被柔毛，新鲜时橘黄色或黄色。

100 种，主要在热带和亚热带分布；中国 2 种，分布于广东、广西和云南。

海南毒鼠子 *Dichapetalum longipetalum* (Turcz.) Engl.

124. 大花草科 Rafflesiaceae

3 属 35（~45）种，多数分布于热带和亚热带地区；中国 1 属 1 种，分布于东南至西南地区。

寄生肉质草本；营养体叶状或在寄主体内退化成菌丝状组织；叶退化成鳞片或无；花常单生枝顶，稀穗状花序，苞片鳞片状；花常单性，最大直径可达 1m；花被裂片发育完全或缺；雄蕊 5 至多数，1~3 列环生于退化雌蕊形成的合蕊柱上或在两性花中合生成筒状；侧膜胎座，花柱 1 或无；浆果。

1. 寄生花属 **Sapria** Griff.

寄生草本，常寄生于寄主根部；部分营养体在寄主内退化为菌丝状组织；花序苞片螺旋状排列；花单性异株，直径大于8cm，颜色鲜艳，有腐烂气味；花被裂片10，喉部具膜质副花冠；雄花：花被管基部合生，雄蕊20，完全连合成一个杯状体；雌花：子房下位，合蕊冠坚固；果实球形，具宿存花被。

4种，分布于柬埔寨、中国、印度、缅甸、泰国和越南；中国1种，分布于云南南部和西藏东南部。

寄生花 *Sapria himalayana* Griff.

科 125. 蚌壳木科 Peraceae

5属135种，主要分布于非洲南部、南美洲和亚洲南部；中国1属1种，产云南。

乔木或灌木；叶螺旋状排列，幼叶内卷，羽状脉；花单性，多雌雄异株；雄花：花瓣无或具爪，蜜腺裂片与萼片对生，雄蕊2~8；雌花：雄蕊退化，柱头2裂；种子外种皮细胞木化。

蚌壳木科 Peraceae 为 APG IV 新承认的科，在本研究中与大戟科 Euphorbiaceae 聚为姐妹群。

1. 刺果树属 **Chaetocarpus** Thwaites

乔木或灌木；叶互生，全缘，羽状脉；花雌雄异株，花小，无花瓣，簇生于叶腋；雄花萼片4~5，雄蕊5~15，花丝下部合生成柱状；雌花萼片4~8，子房3室，每室具胚珠1；蒴果近球形，密生刺状刚毛或小瘤体。

12~15种，产西非、马达加斯加、热带亚洲、南美、西印度群岛；中国1种，产云南。

科 126. 大戟科 Euphorbiaceae

约218属6 745种，泛热带分布，温带地区也有分布；中国48属（特有1属，引进6属）245种（特有52种，引进21种），多数分布在南部和西南地区。

乔木，灌木或草本，有或无乳汁；被单毛、星状毛、鳞片状毛、螯毛或腺毛；单叶或复叶，互生或对生，叶柄顶端常有腺体；花单性同株或异株，花序单性或两性；雄花：萼片通常3~6枚或合生；花瓣常退化或无；花盘有或缺；雄蕊1至多数；退化雌蕊通常缺；子房（1~）2~5（~20）室，每室1枚胚珠；通常蒴果，具2~3个分果爿；果皮光滑或具软刺。

大戟科将叶下珠亚科 Phyllanthoideae 分出成立叶下珠科 Phyllanthaceae 后，Takhtajan（2009）分6亚科，中国分布有3亚科，分支图（图96）显示出3大支。第1支为巴豆亚科 Crotonoideae，分12族（亚科内族的划分按照吴征镒等，2003），中国9族：橡胶树族 Heveeae 栽培1属（▲）、木薯族 Manihoteae 栽培1属（▲）、柴萼草族 Adenoclineae 1属（▲）、白树 Suregadeae 族1属（■）、麻风树族 Jatropheae 1属（■）、变叶木族 Codiaeeae 4属（■）、三宝木族 Trigonostemoneae 1属（■）、巴豆族 Crotoneae 1属（■）、石栗族 Aleuritideae 3属（■）。第2大支基本上为大戟亚科 Euphorbioideae 成员，分5族，中国3族：乌桕族 Hippomaneae 7属（▲）、响盒子族 Hureae 栽培1属（▲）、大戟族 Euphorbieae 2属（▲）。第3大支为铁苋菜亚科 Acalyphoideae，分20族，中国6族：刺痒藤族 Tragieae 2属（国产各1种）（●）、沙戟族 Chrozophoreae 3属（●）、风轮桐族 Epiprineae 4属（●）、山麻秆族 Alchorneeae 8属（●）、铁苋菜族 Acalypheae 6属（●）、黄蓉花族 Dalechampieae 1属（●）。

从分支图可见：亚科的划分形态和分子证据的结果得到相互印证；在多属族中，近缘属的关系也有较好的体现，如变叶木族、乌桕族、沙戟族、风轮桐族、山麻秆族、铁苋菜族等；只有少数属的关系尚需进一步研究（图96）。

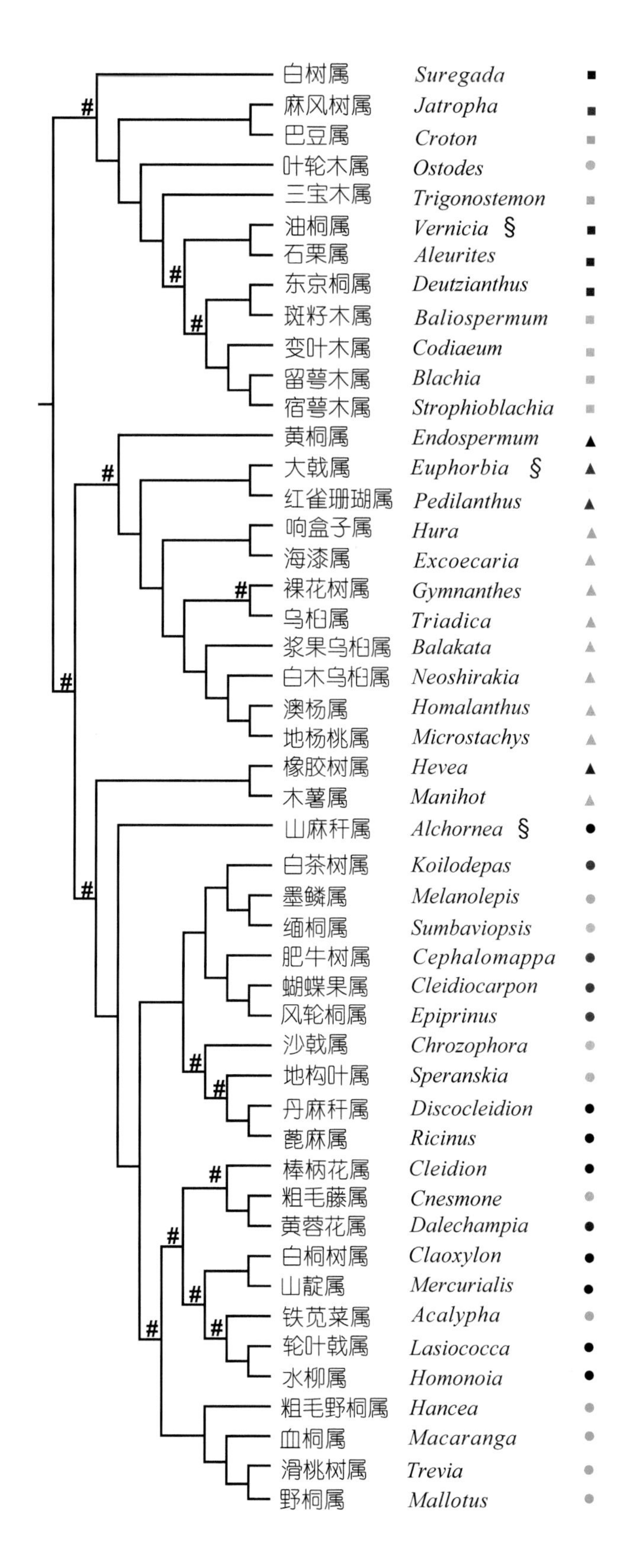

图 96 中国大戟科植物的分支关系

1. 白树属 Suregada Roxb. ex Rottler

乔木或灌木，不具明显乳汁；单叶互生，全缘或具疏齿，密生透明细点；花单性异株，无花瓣，聚伞花序或团伞花序；雄花：萼片5或6；花盘环状或分裂；雄蕊6至多数，离生；雌花：萼片4~8；花盘环状；退化雄蕊有时存在；子房多3室，每室1枚胚珠，柱头2裂，开展；蒴果或核果状。

约35种，主要分布于亚洲、非洲和大洋洲的热带地区；中国2种，产华南、云南和台湾。

台湾白树 *Suregada aequorea* (Hance) Seem.

2. 麻风树属 Jatropha L.

乔木、灌木、亚灌木或草本；茎具白色或略带红色的乳汁；单叶互生，羽状或掌状分裂；花单性同株或异株，聚成聚伞圆锥花序；雄花：萼片5；花瓣5；腺体5，离生或合生成环状；雄蕊8~12，2~6轮，有时内部花丝合生成柱状；雌花：萼片多为5，常宿存；花盘环状；子房多为2~3室，每室1枚胚珠；蒴果。

约175种，分布于美洲热带和亚热带地区，少数产非洲；中国南部引种3种。

琴叶珊瑚 *Jatropha pandurifolia* Andrews

3. 巴豆属 Croton L.

乔木或灌木，乳汁有或缺；单叶互生，叶柄顶端常有2枚腺体，掌状脉或羽状脉；花单性多同株，总状聚伞花序；雄花：萼片5，离生；花瓣5；花盘具5个腺体，与萼片对生；雄蕊10~20，花丝在芽中弯曲；雌花：萼片5，宿存；花瓣5，小或缺；花盘环状或分裂；子房3室，每室1枚胚珠；蒴果。

约1 300种，广布于全球热带和亚热带地区；中国23种（特有15种），主要分布于南部各省。

云南巴豆 *Croton yunnanensis* W. W. Sm.

4. 叶轮木属 Ostodes Blume

灌木或乔木；叶互生，叶缘具腺齿，叶柄顶端具2个腺体，基部明显三出脉；花单性同株或异株；总状聚伞花序；雄花：萼片5，不等大；花瓣5，长于萼片；花盘5裂或腺体离生；雄蕊20~40，离生；雌花：花萼同雄花，但更大；花盘环状；子房密被毛，3室，每室1枚胚珠，花柱3，深2裂；蒴果。

3种，分布于亚洲热带地区；中国2种，分布于西南部及南部。

云南叶轮木 *Ostodes katharinae* Pax

5. 三宝木属 Trigonostemon Blume

乔木或灌木；单叶互生，羽状脉；花雌雄同株，总状或聚伞圆锥状；雄花：萼片5；花瓣5；花盘杯状或环状，浅裂或分裂为5枚腺体；雄蕊3~5枚，花丝合生或仅上部分离，药隔扩大，药室贴生于肥厚药隔上；退化雌蕊缺；雌花：花梗通常明显增粗，萼片、花瓣同雄花；花盘环状或杯状；子房3室；蒴果。

约 50（~80）种，分布于亚洲热带及亚热带地区；中国 8 种（特有 2 种），分布于南部地区。

长梗三宝木 *Trigonostemon thyrsoideus* Stapf

6. 油桐属 Vernicia Lour.

乔木，嫩枝被单毛或 T 形毛；单叶互生，掌状脉，叶柄顶端具 2 枚腺体；花单性同株或异株，由聚伞花序再组成伞房状圆锥花序；雄花：花萼 2~3 裂；花瓣 5，花瓣白色，脉红色；花盘 5 裂；雄蕊 8~12，排成 2 轮，花药内弯，外轮花丝离生，内轮基部合生；雌花：花盘不明显或缺；子房密被柔毛，3（~8）室；果柄长。

3 种，分布于缅甸、印度尼西亚、中国和日本；中国 2 种，产于秦岭以南各省。

油桐 *Vernicia fordii* (Hemsl.) Airy Shaw

7. 石栗属 Aleurites J. R. Forst. & G. Forst.

常绿乔木，嫩枝密被星状柔毛；单叶互生，全缘或 3~5 裂，叶柄顶端具 2 枚腺体；花单性同株，聚成顶生圆锥花序；雄花：萼片不规则 2 或 3 裂；花瓣 5；花盘具腺体 5；雄蕊 15~32，3 或 4 轮，外轮离生，内轮合生成柱状；雌花：子房 2（~3）室，每室 1 枚胚珠；核果，外果皮肉质。

2 种，夏威夷特有 1 种，另 1 种广布于亚洲和大洋洲的热带和亚热带地区；中国 1 种，产南部。

石栗 *Aleurites moluccana* (L.) Willd.

8. 东京桐属 Deutzianthus Gagnep.

乔木；单叶互生，叶柄顶端具 2 枚腺体，基出脉 3 条，侧脉明显；花单性异株，聚成顶生的聚伞圆锥花序；雄花：萼片钟形，浅 5 裂；花瓣 5；花盘 5 裂；雄蕊 7，2 轮，外轮 5 枚花丝分离，内轮 2 枚花丝中部以下合生；雌花：萼片三角形；花瓣同雄花；花盘杯状，5 裂；子房 3 室；核果，内果皮木质。

2 种，分布于中国、印度尼西亚和越南；中国 1 种，分布于广西西南部和云南南部。

东京桐 *Deutzianthus tonkinensis* Gagnep.

9. 斑籽木属 Baliospermum Blume

灌木或亚灌木；单叶互生，叶片基部或顶端具 2 枚腺体；花单性同株或异株，腋生圆锥花序，雄花序多花，雌花序少花；雄花：萼片多为 5 或 6；无花瓣；花盘环状，具裂片或 5 枚腺体；雄蕊 10~20 或更多，花丝离生；雌花：萼片 5 或 6；无花瓣；花盘环状；子房 3~4 室，花柱 3，2 裂；蒴果具 3 个分果爿。

约 8 种，分布于亚洲南部及东南部；中国 5 种（特有 2 种），分布于西南地区。

西藏斑籽木 *Baliospermum bilobatum* T. L. Chin

10. 变叶木属 Codiaeum Rumph. ex A. Juss.

灌木或小乔木，有乳汁；单叶互生，全缘，羽状脉；花通常单性同株，聚成腋生总状花序；雄花：花萼通常 5 裂；花瓣小 5 或 6，稀缺；花盘分裂为 5~15 个腺体；雄蕊 15~100，花丝分离；无不育雌蕊；雌花：单生于苞腋；花萼 5 裂；无花瓣；花盘近全缘或分裂，子房 3 室，花柱 3，不裂；蒴果。

约 15 种，分布于亚洲东南部至大洋洲北部；中国南方引进 1 种。

变叶木 *Codiaeum variegatum*. (L.) A. Juss.

11. 留萼木属 Blachia Baill.

灌木；单叶互生，全缘，羽状脉，叶柄短；花单性同株，异序，雄花序总状，雌花序伞形或总状；雄花：萼片 4 或 5；花瓣 4 或 5，短于萼片；花盘腺体鳞片状；雄蕊 10~30，花丝离生；雌花：萼片 5，无毛缘；花瓣缺；花盘环状或分裂；子房 3 或 4 室，花柱 3，分离，2 裂；蒴果；种子无种阜。

约 10 种，分布于亚洲热带地区；中国 4 种，主要分布于广东、广西和海南。

海南留萼木 *Blachia siamensis* Gagnep.

12. 宿萼木属 Strophioblachia Boerl.

小灌木；单叶互生，羽状脉；花单性同株，顶生聚伞状花序；雄花：萼片 4 或 5；花瓣 5，与萼片等长；花盘腺体 5，与萼片对生；雄蕊约 30，花丝离生；雌花：萼片 5，花后增大，边缘具腺毛；无花瓣；花盘坛状，全缘；子房 3 室，花柱 3，基部合生，上部深 2 裂；蒴果，光滑，具宿存萼片；种子具种阜。

2 种，分布于亚洲东南部；中国 2 种，产广西、海南和云南。

宿萼木 *Strophioblachia fimbricalyx* Boerl.

13. 黄桐属 Endospermum Benth.

乔木或灌木，被星状毛；枝具明显髓；单叶互生，叶柄长，有 2 枚腺体；花单性异株，圆锥花序；雄花：几无柄，簇生；萼杯状，3~5 裂；无花瓣；花盘边缘浅裂；雄蕊 5~12，2~3 轮，花丝短，离生；雌花：多排成总状花序；萼杯状，3~5 浅裂；无花瓣；花盘环状；子房 2~6 室，柱头呈帽状或盘状；核果。

约 10 种，分布于亚洲东南部和大洋洲热带地区；中国 1 种，产广东、广西、福建、海南和云南南部。

14. 大戟属 Euphorbia L.

草本、灌木或乔木，具乳汁；叶常互生或对生，全缘，常无柄；杯状聚伞花序辐射对称，花序分枝多样，每个杯状聚伞花序由 1 个中央雌花和多个位于其周围的雄花同生于一个杯状总苞内而形成，腺体位于花序外；雄花：无花被，仅 1 枚雄蕊；雌花：具花梗；常无花被；子房 3 室，花柱 3；蒴果。

约 2 000 种，世界广布，热带干旱区物种丰富；中国 77 种，以横断山区和西北干旱地区较多。

大戟 *Euphorbia pekinensis* Rupr.

15. 红雀珊瑚属 Pedilanthus Neck. ex Poit.

直立灌木或亚灌木，茎肉质，具白色乳汁；单叶互生，排成 2 列；花单性同株，聚为顶生或腋生杯状聚伞花序，花序由 1 鞋状或舟状总苞所包围，总苞歪斜、两侧对称；腺体着生于总苞底部；雄花：多数，每朵只有 1 枚雄蕊；雌花：单生于总苞中央，具长梗；子房 3 室，花柱多少合生，柱头 3，2 裂；蒴果；种子无珠柄。

约 15 种，产中美洲，热带地区广泛栽培；中国广东、广西、海南和云南引种 1 种。

红雀珊瑚 *Pedilanthus tithymaloides* (L.) Poit.

16. 响盒子属 Hura L.

乔木，树干及枝具刺；具白色乳汁；单叶互生，叶柄顶端具 2 个腺体，羽状脉；花单性同株，无花瓣和花盘；雄花：花萼浅杯状，膜质；雄蕊（8~）10~20，排成多轮，花丝和药隔连接成一个粗的柱状体；雌花在叶腋内单生，花萼革质，子房 5~20 室，柱头开展；蒴果大，分果爿木质。

2~3 种，分布于美洲热带，其他地区广泛栽培；中国海南和香港引种 1 种。

响盒子 *Hura crepitans* L.

17. 海漆属 Excoecaria L.

乔木或灌木，具乳汁，茎和枝无刺；单叶互生或对生，羽状脉；花单性同株或异株，无花瓣和花盘，总状聚伞圆锥花序；雄花：萼片 3，离生；雄蕊 3，花丝离生；雌花：花萼 3 裂或为 3 个萼片；子房 3 室；柱头扩展或外弯；蒴果，熟后开裂为 2 瓣裂的分果爿，中轴宿存，具翅；种子无种阜，胚乳肉质。

约 35 种，分布于非洲、亚洲、澳大利亚和太平洋岛屿；中国 5 种（特有 2 种），产西南部和南部至台湾。

云南土沉香 *Excoecaria acerifolia* Didrichsen

18. 裸花树属 Gymnanthes Sw.

灌木或乔木，具白色汁液；单叶互生，叶柄不具腺体，羽状脉；花单性同株，无花瓣和花盘，花序短，顶生或腋生；雄花：花柄短而明显；萼片 3，基部合生；雄蕊 3~12，花丝离生；雌花：花梗明显，果期延长；萼片 3，分离或基部略合生；子房 3 室，光滑或具刺；花柱 3，不裂；蒴果，光滑或被短刺。

约 25 种，主要产于新热带地区，2 种分布在非洲和亚洲；中国 1 种，产云南南部。

19. 乌桕属 Triadica Lour.

乔木或灌木，乳汁白色；单叶互生或近对生，叶柄顶端具 1 或 2 枚腺体，叶片最基部一对脉沿叶基边缘；花单性同株或异株，无花瓣和花盘，穗状或总状聚伞圆锥花序；雄花：花萼 2 或 3 浅裂；雄蕊 2~3；雌花：花萼杯状，3 深裂或管状具 3 齿；子房 2 或 3 室，柱头外卷；蒴果，稀浆果状；种子具蜡质假种皮。

3 种，分布于亚洲东部和南部；中国 3 种，分布于东南和西南地区。

山乌桕 *Triadica cochinchinensis* Lour.

20. 浆果乌桕属 Balakata Esser

乔木或灌木，光滑无毛，具白色乳汁；单叶互生，叶柄顶端具 2 个腺体，羽状脉；叶片上表面无腺体，下表面基部具一对腺体；花单性同株，无花瓣和花盘；花序顶生或腋生，苞片下表面具 2 个大腺体；雄花：花萼膜质，浅 2 裂；雄蕊 2，花丝离生；雌花：稀 2 枚萼片；子房 2 室，花柱短，柱头 2，反卷；浆果。

2 种，分布于亚洲南部和东南部；中国 1 种，产云南。

浆果乌桕 *Balakata baccata* (Roxb.) Esser

21. 白木乌桕属 Neoshirakia Esser

乔木或灌木，具白色乳汁；单叶互生，叶柄不具腺体；叶全缘，远轴面边缘具一列腺体；叶片最基部一对脉位于叶基上部；花单性同株，无花瓣和花盘，苞片远轴面基部具 2 个大腺体；雄花：花萼 3 裂；雄蕊 3，花丝离生；雌花：花萼 3 深裂；子房 3 室；蒴果，3 室，3 瓣裂；种子不具蜡质假种皮。

2~3 种，主要分布于中国、日本和朝鲜；中国 2 种（特有 1 种），分布于西南、华南和华中等地区。

白木乌桕 *Neoshirakia japonica* (Siebold & Zucc.) Esser

22. 澳杨属 Homalanthus A. Juss.

乔木或灌木，具白色乳汁；顶芽被大而明显的托叶包裹；单叶互生，有时盾状，叶柄顶端通常具 2 枚腺体；花单性同株，无花瓣和花盘，花序顶生；雄花：花萼于蕾期侧压扁，1 或 2 裂；雄蕊 4~50，花丝离生；雌花：花萼 1~3 裂；子房光滑，2（或 3）室，柱头 2（或 3）；蒴果。

20~25 种，分布于亚洲东南部和大洋洲；中国 1 种，产海南和台湾。

圆叶澳杨 *Homalanthus fastuosus* (Linden) Fern.-Vill.

23. 地杨桃属 Microstachys A. Juss.

多年生草本或亚灌木，疏被柔毛；单叶互生，叶缘具细锯齿；花单性同株，无花瓣和花盘，花序总状，腋生、与叶对生或腋外生；雄花：近无柄；萼片 3；雄蕊 3，花丝离生；雌花：花梗短或缺；萼片 3；子房 3 室，扩展或反卷；蒴果，成熟后分裂为 3 个 2 裂的分果爿，每个果爿具 2 列圆锥形刺。

约 17 种，主要分布于新热带区域，非洲、亚洲和澳大利亚也有分布；中国 1 种，产广东、广西和海南。

地杨桃 *Microstachys chamaelea* (L.) Müll. Arg.

24. 橡胶树属 Hevea Aubl.

乔木，具丰富乳汁；掌状复叶，通常 3 小叶；互生，枝端对生；叶柄顶端具腺体；花单性同株；雄花：花萼 5 齿裂或 5 深裂；花盘小，常 5 裂；雄蕊 5~10，1~2 轮，花丝合生为超出花药的柱状物；雌花：萼片同雄花；子房 3 室；柱头粗壮；蒴果大，通常具 3 个分果爿，外果皮近肉质，内果皮木质。

约 10 种，分布于美洲热带地区，1 种广泛栽培；中国南部引进 1 种。

橡胶树 *Hevea brasiliensis* (Willd. ex A. Juss.) Müll. Arg.

25. 木薯属 Manihot Mill.

多灌木或乔木，有乳汁，有时具肉质块根；单叶互生，掌状裂，上部叶近全缘；花单性同株，无花瓣，总状花序或狭圆锥花序，顶生；雄花：合萼，5 裂，花瓣状；花盘 10 裂；雄蕊 8~15，2 轮；药隔顶端被毛；雌花：萼片 5；花盘环状，有时具退化雄蕊；子房常为 3 室；蒴果具 3 个分果爿，中轴常宿存。

约 60 种，分布于美洲热带地区，广泛栽培；中国南方引进 2 种。

木薯 *Manihot esculenta* Crantz

26. 山麻秆属 Alchornea Sw.

乔木或灌木；单叶互生，叶柄顶端有 2~4 枚腺体，叶缘具腺齿，羽状脉或掌状脉；花单性同株或异株，无花瓣和花盘，雄花多簇生于苞腋内，雌花单生于苞腋；雄花：花萼开花时 2~5 裂；雄蕊 4~8；雌花：萼片 4~8，覆瓦状排列，有时具 1~4 枚腺体，子房 2~3 室，花柱 2 或 3；蒴果；种子常具小瘤。

约 50 种，分布于热带和亚热带地区；中国 8 种（特有 3 种），分布于西南部及秦岭以南。

山麻秆 *Alchornea davidii* Franch.

27. 白茶树属 Koilodepas Hassk.

灌木或小乔木，嫩枝被星状短柔毛；单叶互生，叶柄短；花单性同株或异株，无花瓣和花盘，花序腋生，不分枝；雄花多朵簇生，疏生于花序轴上；雌花数朵，生于花序基部；雄花：花萼 3~4 裂；雄蕊 3~8（~10），花丝粗壮；退化雌蕊小；雌花：萼片 4~10；子房多 3 室；花柱 3，基部合生；蒴果，有时花萼宿存。

约 10 种，分布于印度、印度尼西亚、马来西亚、泰国、越南和中国；中国 1 种，产海南。

白茶树 *Koilodepas hainanense* (Merr.) Airy Shaw

28. 墨鳞属 Melanolepis Rchb. f. ex Zoll.

乔木，被星状毛；单叶互生，叶片3(~5)浅裂，掌状脉；花单性异株，花序顶生或腋生，分枝或不分枝；雄花：萼3~5裂；花瓣缺；花盘缺；雄蕊多数，药隔具悬垂物；雌花：萼5裂；无花瓣；花盘环状；子房2(或3)室；蒴果，无刺；种子具假种皮。

2种，从亚洲热带地区一直延伸至太平洋岛屿；中国1种，产台湾。

墨鳞 *Melanolepis multiglandulosa* (Blume) H. G. Rchb. & Zoll.

29. 缅桐属 Sumbaviopsis J. J. Sm.

乔木，小枝被星状毛；单叶互生，基脉掌状，叶远轴面被白色毛被；花单性同株，花序两性，雌花位于花序轴的基部，雄花位于顶端；雄花：萼5裂；花瓣5~10；雄蕊多数50~70，花丝分离，花药2室；雌花：萼5裂；无花瓣；花盘环状；子房3室，花柱反卷，2裂；蒴果，2~3室，成熟后开裂。

1种，分布于亚洲东南部热带地区至印度东北部和中国云南南部。

缅桐 *Sumbaviopsis albicans* (Blume) J. J. Sm.

30. 肥牛树属 Cephalomappa Baill.

乔木；单叶互生，叶柄短，叶片基部有1~4枚腺体，羽状脉；花单性同株，无花瓣和花盘；花序两性，雄花多位于花序轴顶端，雌花位于基部；雄花：萼裂片2或3（~5）；雄蕊2~5，花丝基部合生；退化雌蕊小；雌花：萼片5枚合生，或8枚离生；子房3~4室；柱头3或4，2至多裂；蒴果，果皮具小瘤体或短刺。

约5种，分布于亚洲东南部热带地区；中国1种，产广西东部和东南部、云南南部。

肥牛树 *Cephalomappa sinensis* (Chun & F. C. How) Kosterm.

31. 蝴蝶果属 Cleidiocarpon Airy Shaw

乔木；单叶互生；叶柄顶端常具2枚腺体；花单性同株，无花瓣和花盘；圆锥花序两性或单性；雄花多朵在苞腋排成团伞花序，位于花序轴顶端；雌花1~6，位于花序轴下部；雄花：萼3~5裂；雄蕊3~5；花药4室；退化雌蕊柱状；雌花：萼片5~8，宿存；子房2室；核果，花柱基宿存。

2种，主要分布于中国、缅甸、泰国西部和越南北部；中国1种，产广西、贵州南部和云南东北地区。

蝴蝶果 *Cleidiocarpon cavaleriei* (H. Lév.) Airy Shaw

32. 风轮桐属 Epiprinus Griff.

乔木或灌木；单叶互生，常聚生于枝顶，叶片基部有2枚腺体；花单性同株，无花瓣和花盘；圆锥花序，两性，顶生，具分枝；雄花：近无柄；萼裂片2~6；雄蕊4~15，花丝细弱，离生；退化雌蕊柱状或陀螺状；雌花：具长柄；具副萼，裂片基部有时具2枚腺体；萼片5~6；子房3室；蒴果。

4~6种，分布于亚洲东南部热带地区；中国1种，分布于海南和云南。

风轮桐 *Epiprinus siletianus* (Baill.) Croizat

33. 沙戟属 Chrozophora Neck. ex A. Juss.

草本或亚灌木，全株密被星状毛；单叶互生，叶片基部具2枚腺体；花单性同株；花序腋生，两性，雄花位于花序上端，每一个苞腋内只有1朵，雌花位于下端；雄花：萼片5；花瓣5；无花盘；雄蕊5~15，花丝合生为柱状；雌花：萼片5；花瓣5；花盘具5个腺体；子房3室；蒴果，被星状毛或具鳞片。

约12种，分布于欧洲南部、非洲东部、亚洲中部和南部的干旱地区；中国1种，分布于新疆北部。

沙戟 *Chrozophora sabulosa* Kar. & Kir.

34. 地构叶属 Speranskia Baill.

草本；单叶互生，边缘具粗锯齿，羽状脉；花单性同株；聚伞圆锥花序总状，顶生，两性，雄花位于上部，每个苞腋内具1~4朵雄花，雌花位于下部；雄花：萼片5；花瓣5，花盘5裂；雄蕊10~15，花丝离生；雌花：萼片5；花瓣5或缺；花盘环状；子房3室；花柱3，2裂几达基部，裂片呈羽状撕裂；蒴果。

2种，特产于中国华北、东北、西北、西南及华南等地区。

地构叶 *Speranskia tuberculata* (Bunge) Baill.

35. 丹麻秆属 Discocleidion (Müll. Arg.) Pax & K. Hoffm.

小乔木或灌木；单叶互生；叶片基部具1~2对腺体；基出脉常为3或4；花单性异株，花序顶生或腋生；雄花多朵簇生于苞腋，雌花1~2朵生于苞腋；雄花：萼片3~5；无花瓣；花丝离生，花药4室；雌花：萼裂片5；子房3室，花柱3，2裂；蒴果。

2种，主要分布于中国和日本；中国2种（特有1种），产西北、西南和华南地区。

丹麻秆 *Discocleidion rufescens* (Franch.) Pax & K. Hoffm.

36. 蓖麻属 Ricinus L.

一年生粗壮草本或草质灌木，茎中空，光滑；单叶互生，掌状 7~11 裂，叶柄顶端具 2 枚腺体；花单性同株；花序顶生，两性；雄花：萼裂片 3~5；无花瓣和花盘；雄蕊多数，花丝连合成多束，花药 2 室；雌花：萼片 5；无花瓣；子房 3 室，密生软刺或无刺，花柱 3，2 裂；蒴果，具软刺；种子具大的种阜。

1 种，原产地可能在非洲东北部，现广泛栽培于热带和温带地区；中国栽培 1 种。

蓖麻 *Ricinus communis* L.

37. 棒柄花属 Cleidion Blume

乔木或灌木，小枝常无毛；单叶互生，具腺齿；花单性同株或异株，穗状或总状花序；雄花：萼片 3 或 4；无花瓣和花盘；雄蕊 25~80（~100），花丝分离，花药 4 室，药隔稍突出；无不育雌蕊；雌花：花柄长；萼片 3~5，果期增大或不增大；子房 2~3 室，花柱 2~3，基部常合生，深 2 裂，柱头密生乳突；蒴果，2~3 室。

约 25 种，分布于世界热带和亚热带地区；中国 3 种，产西南地区和广东、广西。

棒柄花 *Cleidion brevipetiolatum* Pax & K. Hoffm.

38. 粗毛藤属 Cnesmone Blume

亚灌木，攀缘或缠绕，被柔毛或螫毛；单叶互生，托叶宿存，掌状脉 3~5；花单性同株；花序两性，雄花位于花序上部，雌花位于下部；雄花：萼 3 裂；无花瓣和花盘；雄蕊 3，花丝离生，药隔肉质，具 1 线状反折的附属物；雌花：萼片 3~6，花后增大；子房 3 室，被硬毛，花柱 3 基部合生，顶部开展；蒴果。

7 种，分布于亚洲南部和东南部；中国 3 种（特有 2 种），产广东、广西、海南和云南。

灰岩粗毛藤 *Cnesmone tonkinensis* (Gagnep.) Croizat

39. 黄蓉花属 Dalechampia L.

灌木或亚灌木，缠绕或攀缘，有时具螫毛；单叶互生，叶 3~5 裂或 3~5 小叶，基出脉 3~7；花单性同株；花序头状，两性，腋生，常包于两个大的总苞内；雄花：萼片 4 或 5；无花瓣和花盘；雄蕊通常 10~30 或更多，花丝合生，花药 2 室；雌花：萼片 5~12，通常羽状裂；子房 3 室，花柱合生为柱状；蒴果。

约 120 种，主要分布于美洲热带，非洲和亚洲热带也有分布；中国 1 种，产云南西南地区。

黄蓉花 *Dalechampia bidentata* Blume

40. 白桐树属 Claoxylon A. Juss.

乔木或灌木；单叶互生；花通常单性异株，花序腋生；雄花：1 至多朵生于苞腋；萼片（2）3 或 4；无花瓣；雄蕊（10~）20~30（~200），花丝离生，周围腺体多数，顶端具毛；雌花：每个苞腋内生 1 雌花；萼片 2~4；无花瓣；花盘环状或分裂；子房 2~3（或 4）室，柱头具疣状或羽毛状突起；蒴果。

约 75 种，分布于旧世界热带地区；中国 6 种，分布于台湾、广东、海南、广西和云南。

白桐树 *Claoxylon indicum* (Blume) Hassk.

41. 山靛属 Mercurialis L.

草本，具根状茎；茎常不分枝；单叶对生，托叶小羽状脉，无腺体；花多为单性异株，稀单性同株；雄花序腋生，不分枝；雄花：花萼3裂；无花瓣和花盘；雄蕊8~20，花丝离生，花药2室；雌花：腋生，单生或几朵形成穗状花序，有时有雄花；萼片3；无花瓣；花盘2深裂；子房2室，花柱2；蒴果。

约8种，分布于欧洲、非洲地中海地区及亚洲东部；中国1种，产西南、华南和华中地区。

山靛 *Mercurialis leiocarpa* Siebold & Zucc.

42. 铁苋菜属 Acalypha L.

草本、灌木或乔木；单叶互生，羽状脉或掌状脉；花通常单性同株，有时异株；花序穗状或总状，两性或单性；两性花序中，雄花穗状生于花序上部，雌花1~3朵生于下部；雄花：萼片4；无花瓣和花盘；雄蕊8，花丝扭转、蠕虫状，药室2；雌花：苞片花后增大；萼片3~5；子房（2或）3室，花柱撕裂；蒴果。

约450种，广泛分布于全球热带和亚热带地区；中国18种，除西北地区外，各省均有分布。

铁苋菜 *Acalypha australis* L.

43. 轮叶戟属 Lasiococca Hook. f.

小乔木或灌木，嫩枝被短柔毛；单叶，互生或在枝顶近轮生；花单性同株，花序腋生；雄花：花萼3裂；无花瓣和花盘；雄蕊多数，花丝连合成多束，花药2室，药隔凸出，呈弓形；雌花：单生；萼片5~7，宿存；子房3室，密被刺；花柱3；蒴果3室，密被刺或刚毛。

3种，间断分布于中国、印度东部、马来西亚和越南北部；中国1种，分布于云南南部和海南。

轮叶戟 *Lasiococca comberi* var. *pseudoverticillata* (Merr.) H. S. Kiu

44. 水柳属 Homonoia Lour.

水柳 *Homonoia riparia* Lour.

灌木或小乔木，全株被毛或盾状鳞片；单叶互生；花单性异株，无花瓣和花盘；花序腋生；雄花：萼3裂；雄蕊多数，花丝连合成多个雄蕊束，花药2室；无不育雌蕊；雌花：萼片5~8，早落；子房3室，花柱3，柱头密生羽毛状突起；蒴果，3室，被短柔毛，无瘤状突起。

2种，分布于亚洲南部和东南部；中国1种，分布于台湾、海南、广西、贵州、四川和云南。

45. 粗毛野桐属 Hancea Seem.

灌木或乔木；单叶对生，其中一片叶较小似托叶状；花单性同株或异株，无花瓣和花盘；花序顶生或腋生，雄花1~3朵簇生于苞腋，雌花单生于苞腋；雄花：萼片2~4；雄蕊多数，花药2室；无不育雌蕊；雌花：萼片通常为4~6；子房3室，具刺；花柱短，基部合生；柱头直立；蒴果，密生刺。

约17种，主要分布于东南亚、马达加斯加；中国1种，产广西、广东和海南。

粗毛野桐 *Hancea hookeriana* Seem.

46. 血桐属 Macaranga Thouars

乔木或灌木；单叶互生，叶柄常盾状着生；叶片基部具腺体，下表面具鳞片状腺体；花单性异株，无花瓣和花盘；花序总状或圆锥状，腋生；雄花：萼片2~4；雄蕊通常2~22，花药3~4室；无不育雌蕊；雌花：花萼杯状或坛状，分裂或浅齿裂，有时近截平；子房1~6室，具软刺或无；蒴果，果皮光滑或具软刺。

血桐 *Macaranga tanarius* var. *tomentosa* (Blume) Müll. Arg.

约260种，分布于非洲、亚洲热带、澳大利亚、太平洋岛屿；中国10种，产西南及华南地区。

47. 滑桃树属 Trevia L.

乔木；单叶对生，全缘，基出脉3~5；花单性异株，无花瓣和花盘；花序腋生；雄花序为疏散总状花序，每一苞腋有2~3朵雄花；雌花序短，有1~4朵雌花；雄花：花萼3~5裂，反卷；雄蕊75~95，花药2室；雌花：萼2~4裂，早落；子房2~4室；花柱2~4；核果。

1或2种，分布于亚洲南部和东南部；中国1种，分布于海南、广西和云南南部。

滑桃树 *Trevia nudiflora* L.

48. 野桐属 Mallotus Lour.

灌木或乔木，具鳞片状腺体；单叶互生或对生，有时盾状，下表面常具鳞片状腺体；花单性异株，多朵雄花生于一个苞腋内，1~2朵雌花生于一个苞腋内；雄花：萼片3~5裂；无花瓣和花盘；雄蕊15~250；无不育雌蕊；雌花：萼3~5裂或佛焰苞状，子房通常3室；蒴果，光滑或具软刺。

约150种，分布于亚洲热带和亚热带区域，有几种分布于非洲和澳大利亚；中国28种，产南部。

毛桐 *Mallotus barbatus* (Wall.) Müll. Arg.

目 32. 豆目 Fabales

豆目 Fabales 作为单系类群得到 *rbc*L、*atp*B 和 18S rDNA 序列的支持（Savolainen et al.，2000；Soltis et al.，2000）。形态学共衍征可能包括导管分子为单穿孔、有附物纹孔，大而绿色的胚及缺少鞣花酸（Judd et al.，2008）。APG Ⅲ（2009）系统的豆目包括皂皮树科 Quillajaceae、豆科 Fabaceae、海人树科 Surianaceae 和远志科 Polygalaceae。豆科是被子植物特大科之一，其单系性得到形态和 DNA 序列数据的支持。皂皮树科在 Takhtajan（2009）系统中与蔷薇科 Rosaceae 组成蔷薇目 Rosales，1 属 2~3 种，分布于秘鲁、智利和巴西南部，由于它具蓇葖果、种子有翅，有时作为蔷薇科的一个亚科（Takhtajan，1987，1997）；但不同在于萼片镊合状、花粉粒、染色体基数 n=14、存在苏木酚等；*rbc*L 序列分析它同远志科是姐妹群，但支持率不高（Savolainen et al.，2000）。海人树科在早期的系统中（Bentham & J. D. Hooker 和 Engler 的子系统）均隶属于苦木科 Simaroubaceae，Thorne（1983）将它分立，归于芸香目 Rutales，作为牛栓藤科 Connaraceae 和广义豆科的先导，并共同组成豆亚目 Fabineae；最近 Takhtajan（2009）仍将其归入芸香目。远志科自 Bentham 与 Hooker f. 以来，始终是作为远志亚目 Polygalineae 或远志目 Polygalales 处理，早期作为亚目归于牻牛儿苗目 Geraniales 或芸香目 Rutales，都属于蔷薇亚纲 Rosidae；但 Hutchinson（1969）认为远志目是由五桠果目 Dilleniales →红木目 Bixales 而来，应归五桠果亚纲 Dillenidae；但 DNA 序列分析，将豆科、海人树科和远志科聚为一支，后 2 科互为姐妹群，也得到本研究支持（图 97）。Takhtajan （2009）在最近的系统中，仍将远志科独立设目，同豆目共同组成豆超目 Fabanae。

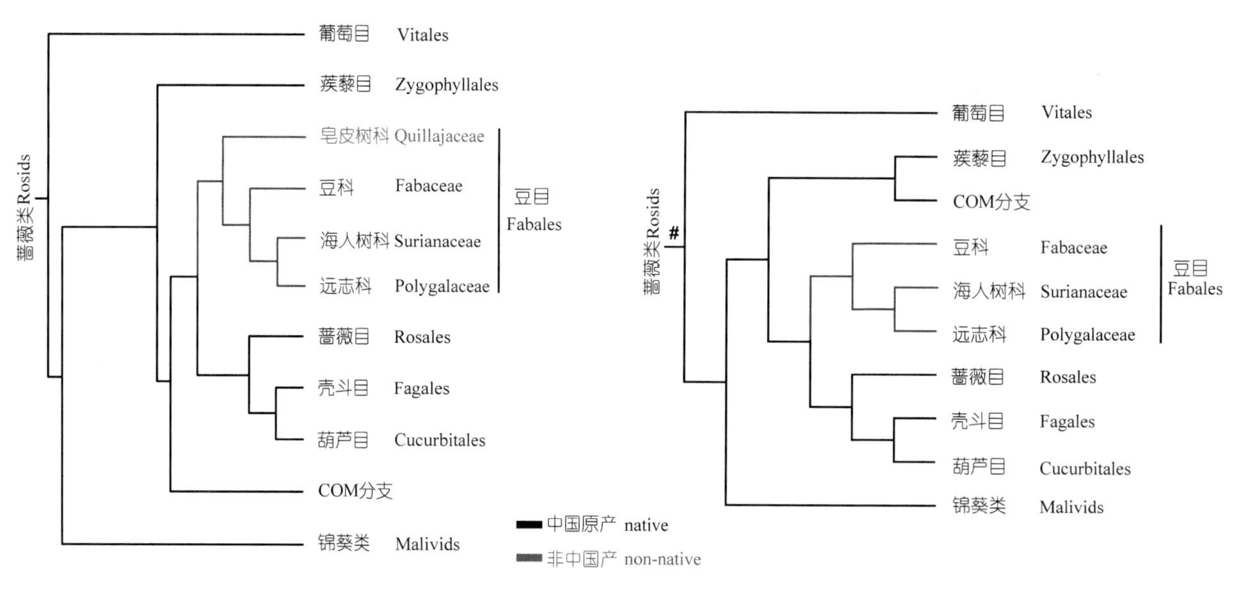

图 97 豆目的分支关系

被子植物 APG Ⅲ系统（左）；中国维管植物生命之树（右）

科 127. 豆科 Fabaceae

约 650 属 18 000 种，广布于全世界；中国 172 属 1 485 种，各省区均有分布。

草本、灌木、乔木或通过缠绕或卷须攀缘的藤本/蔓藤；具有强的氮代谢和不同寻常的氨基酸，常具含固氮细菌（根瘤菌）的根瘤。叶常互生，螺旋状排列至 2 列，羽状复叶、三裂叶或单叶；全缘至稀有锯齿，羽状脉，偶尔小叶变态为卷须；叶和个别小叶的叶枕十分发育，叶轴和小叶常有休眠运动；有托叶，不显著至叶状，稀形成刺；几乎总是无限花序，有时退化为单花，顶生或腋生；花常两性，辐射对称至左右对称，具短的花托杯；萼片常 5，分离至较普遍合生；花瓣 5，分离或合生，镊合状或覆瓦状排列，全相似，或最上部的一枚花瓣在大小、形状或颜色有差异（即形成旗瓣），在花芽中位于内部或外部，2 个较下部的花瓣常合生或黏合在一起形成 1 个龙骨瓣或宽张开；雄蕊 1 至多数，但常 10，被花被覆盖至长伸出，有时艳丽；花丝分离至合生而常成单体或二体雄蕊。花粉粒三孔沟、三沟或三孔，常成单孢体，稀组成四合体或多孢体；心皮 1（稀 2~16），分离，伸长（稀缩短），有短雌蕊柄；子房上位，侧膜胎座；花柱 1，向上拱升，有时有毛；柱头 1，小；每心皮 1 至多数胚珠，沿上部的胎座 2 列着生，常弯曲；花蜜常由花托内表面或雄蕊内蜜腺盘分泌；果实为荚果，有时翅果、节荚、蓇葖果、不分裂豆荚、瘦果、核果或浆果；种子通常具硬的沙漏状细胞的种皮，有时有假种皮，有时具 U 形线；胚常弯曲；胚乳常缺失。

广义豆科包括苏木科 Caesalpiniaceae、含羞草科 Mimosaceae 和蝶形花科 Papilionaceae（= 狭义豆科 Fabaceae *s. s.*）。本研究采用广义科，包括亚科 I 云实亚科 Caesalpinioideae、亚科 II 含羞草亚科 Mimosoideae 和亚科 III 蝶形花亚科 Papilionoideae（=Faboideae）。依照吴征镒等（2003）采用的分类系统，国产豆科植物中，亚科 I 包括族 1 苏木族 Caesalpinieae、族 2 决明族 Cassieae、族 3 紫荆族 Cercideae、族 4 甘豆族 Detarieae；亚科 II 包括族 1 球花豆族 Parkieae、族 3 含羞草族 Mimoseae、族 4 金合欢族 Acacieae、族 5 印加树族 Ingeae；亚科 III 包括族 2 苦参族 Sophoreae、族 4 黄檀族 Dalbergieae、族 5 相思子族 Abreae、族 6 灰毛豆族 Tephrosieae、族 7 刺槐族 Robinieae、族 8 木蓝族 Indigofereae、族 9 山蚂蝗族 Desmodieae、族 10 菜豆族 Phaseolieae、族 11 补骨脂族 Psoraleeae、族 12 紫穗槐族 Amorpheae、族 13 合萌族 Aeschynomeneae、族 15 山羊豆族 Galegeae、族 17 岩黄芪族 Hedysareae、族 18 百脉根族 Loteae、族 20 野豌豆族 Vicieae、族 21 鹰嘴豆族 Cicereae、族 22 车轴草族 Trifolieae、族 28 猪屎豆族 Crotalarieae、族 29 山豆根族 Euchresteae、族 30 野决明族 Thermopsideae。

为了将分子数据的分支分析系统和形态学分类系统进行比较，在分支图（图 98）上每个属后注明它们在形态系统中的位置；用罗马数字 I 、II 、III 表示亚科号，用阿拉伯数字表示族号（如“1”表示族 1…）。分支图（图 98）显示：首先分出的 1 支是亚科 I 族 3 和族 4 的成员；亚科 I 族 2 的任豆属为其余的姐妹属；然后分为两大支，第一大支先后为亚科 I 族 1、族 2 和亚科 II 各族的成员；第二大支全部为亚科 III 的属，香槐属位于基部，除了少许属的位置尚需确定，绝大多数属都分别聚集在它们所隶属的分支。这说明豆科的属间亲缘关系，分子数据的分析结果同形态学性状的系统基本上达到统一。需要研究的问题是根据分子数据的分支结果，亚科中族的次序需要调整及个别属的关系尚需进一步确定。

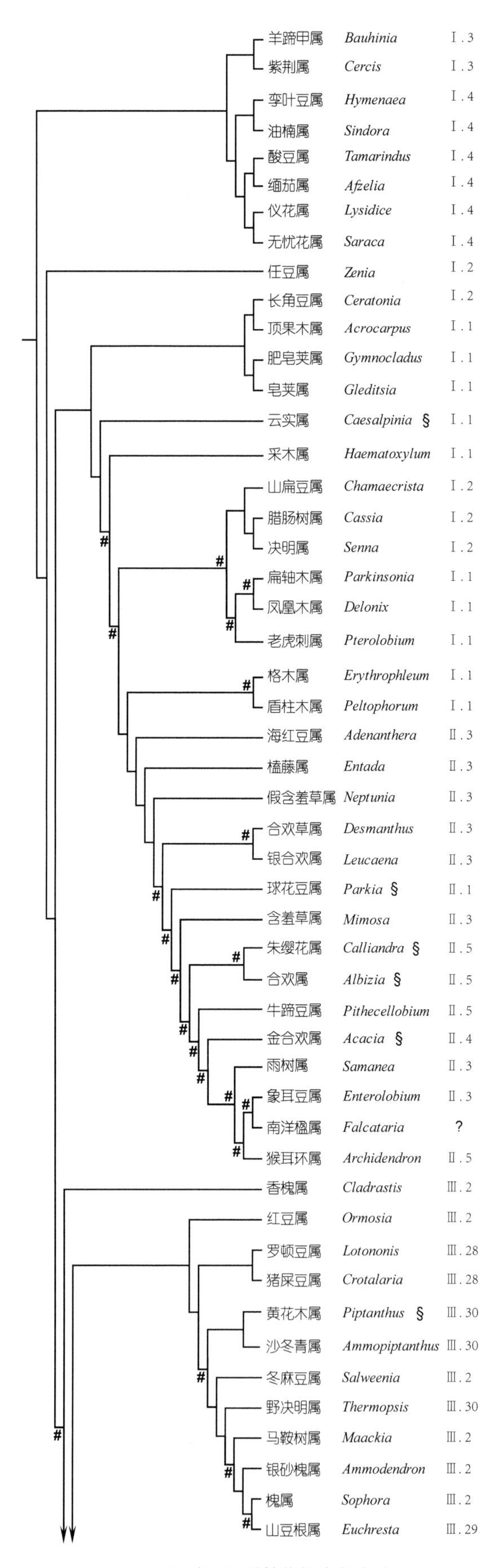

图 98 中国豆科植物的分支关系 (1)

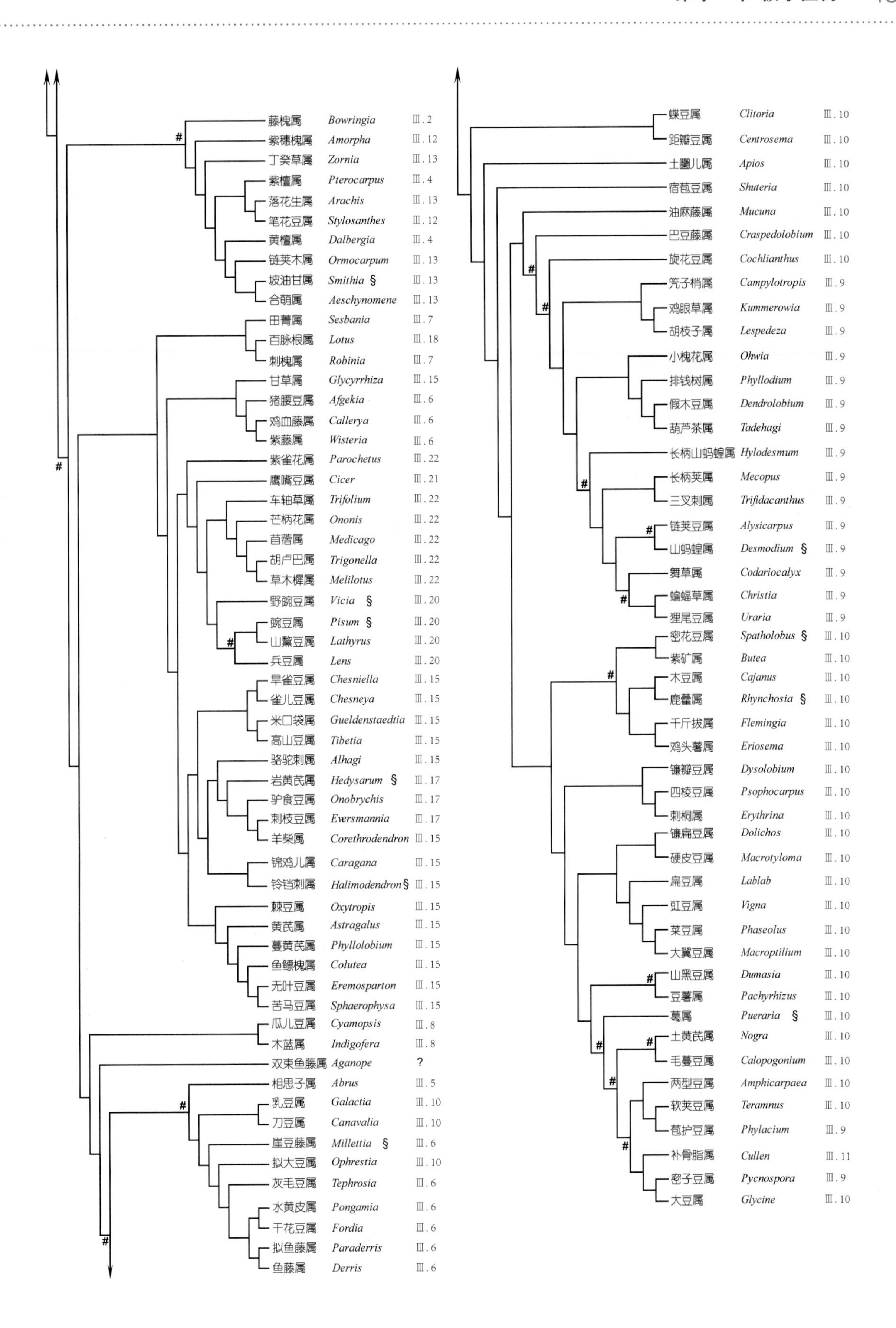

图 98 中国豆科植物的分支关系 (2)

1. 羊蹄甲属 Bauhinia L.

乔木、灌木或攀缘藤本；单叶，全缘，先端凹缺或分裂为2裂片，有时深裂达基部而成2片离生的小叶；总状花序、伞房花序或圆锥花序；花瓣5，略不等，常具瓣柄；能育雄蕊花药背着，纵裂；退化雄蕊花药较小，无花粉；荚果通常扁平，开裂，稀不裂；种子圆形或卵形，扁平，胚根直或近于直。

约300种，遍布于世界热带地区；中国47种（23特有种，2引种），主产南部和西南地区。

首冠藤 *Bauhinia corymbosa* DC.

2. 紫荆属 Cercis L.

灌木或乔木；叶互生，单叶，全缘或先端微凹；花两侧对称，两性，排成总状花序单生于老枝上或聚生成花束簇生于老枝或主干上；花萼短钟状；花瓣5，近蝶形，具柄，不等大；雄蕊10，分离，花药背部着生，药室纵裂；荚果于腹缝线一侧常有狭翅，不开裂或开裂；种子2至多数，扁平，无胚乳，胚直立。

11种，4种分布于北美，1种产于欧洲东部和南部，1种产于中亚；中国特有5种，生于温带地区。

紫荆 *Cercis chinensis* Bunge

3. 孪叶豆属 Hymenaea L.

乔木；叶仅有小叶1对；小叶厚革质，全缘，常有半透明腺点；托叶早落；圆锥花序或伞房状圆锥花序，顶生；花萼管状，萼管下部实心，上部膨大成钟状或陀螺状；花瓣5或3，近等大或前方2片小而成鳞片状；雄蕊10，全部发育，离生；子房具短柄；荚果核果状；种子少数，无胚乳和假种皮。

26种，分布于美洲和非洲热带地区；中国台湾和广东引入2种。

孪叶豆 *Hymenaea courbaril* L.

4. 油楠属 Sindora Miq.

乔木；偶数羽状复叶；托叶叶状；圆锥花序；萼具短的萼管，基部有花盘，裂片4；花瓣仅1枚，很少2枚；雄蕊10，其中9枚基部合生，成偏斜的管，上面1枚分离，稍短而无花药，花药丁字着生，纵裂；子房具短柄；荚果大而扁，开裂，果瓣表面通常有短刺，很少无刺；种子1~2。

18~20种，产亚洲和非洲的热带地区；中国2种为原产和栽培。

东京油楠 *Sindora tonkinensis* K. Larsen & S. S. Larsen

5. 酸豆属 Tamarindus L.

乔木；偶数羽状复叶，互生，小叶10~20对；花序总状或有少数分枝；萼管狭陀螺形，檐部4裂，裂片覆瓦状排列；花瓣仅后方3片发育，近等大，前方2片小退化成鳞片状，藏于雄蕊管基部；能育雄蕊3，花丝短，花药背着；子房具柄；荚果不开裂；种子压扁，胚基生，直立。

1 种，原产于非洲，现热带地区均有栽培；中国台湾、福建、广东、广西、云南常见。

酸豆 *Tamarindus indica* L.

6. 缅茄属 Afzelia Sm.

乔木；偶数羽状复叶，小叶数对；圆锥花序顶生；花两性，具梗；花萼管状，喉部具一花盘；花瓣 1，近圆形或肾形，具柄，其余的退化或缺；能育雄蕊 7~8，花丝伸长，基部多少连合或分离，花药卵形或长圆形，纵裂；子房具柄；荚果木质，2 瓣裂，种子间有隔膜；种子基部具角质假种皮，无胚乳，胚直立。

约 14 种，分布于非洲和亚洲热带地区；中国 1 种，由缅甸引进。

缅茄 *Afzelia xylocarpa* (Kurz) Craib

7. 仪花属 Lysidice Hance

灌木或乔木；偶数羽状复叶，有小叶 3~5 对；圆锥花序顶生；花萼管状，4 裂，裂片覆瓦状排列，花后反折；花瓣后面 3 片大，倒卵形，具长柄，前面 2 片小，退化成鳞片状或钻状；发育雄蕊 2，分离或基部稍连合，花丝伸长；退化雄蕊 3~8；子房具柄；荚果两侧压扁，开裂；种子扁平，子叶扁平。

2 种，产中国南部至西南部，越南也有分布。

仪花 *Lysidice rhodostegia* Hance

8. 无忧花属 Saraca L.

乔木；偶数羽状复叶，小叶数对；伞房状圆锥花序腋生或顶生；花萼管状，萼管伸长，上部略膨大，顶部具一花盘，裂片 4，罕有 5 或 6，花瓣状，稍不等大，覆瓦状排列；无花瓣，雄蕊 4~10；子房具短柄；荚果 2 瓣裂；种子 1~8，椭圆形或卵形，两侧压扁。

约 20 种，分布于亚洲热带地区；中国 2 种，产云南西部和西南部至广西西南地区。

中国无忧花 *Saraca dives* Pierre

9. 任豆属 Zenia Chun

落叶乔木；芽具少数鳞片；奇数羽状复叶；小叶互生，全缘，无小托叶；花两性，近辐射对称，红色；组成顶生的圆锥花序；花瓣 5，覆瓦状排列稍不等大；发育雄蕊通常 4 或 5，生于花盘的周边；子房压扁，有数颗胚珠，具短的子房柄；荚果膜质，压扁，不开裂，有网状脉纹，靠腹缝一侧有阔翅。

仅 1 种，分布于越南和中国南部。

任豆 *Zenia insignis* Chun

顶果树 *Acrocarpus fraxinifolius* Arn.

10. 长角豆属 **Ceratonia** L.

常绿小乔木或中等大乔木；偶数羽状复叶，小叶2~4对；总状花序短，单生或簇生；花序生于老枝上；苞片和小苞片鳞片状，早落；萼管陀螺状，裂片5，齿状，早落；花瓣缺；雄蕊5，花药丁字着生；花盘位于雄蕊内，平展；子房具短柄，胚珠多数，花柱极短，柱头盾状；果扁平，革质，不开裂；种子多数，种子间充满肉瓤状物质。

1种，产地中海东部；中国广州有栽培。

长角豆 *Ceratonia siliqua* L.

11. 顶果木属 **Acrocarpus** Wight ex Arn.

高大无刺乔木；二回羽状复叶；总状花序腋生；花大，猩红色，初时直立，后下垂；萼片5；花瓣5，比萼片长1倍，与花托、萼片均被黄褐色微柔毛；雄蕊5，伸出于花冠外，长为其2倍；子房具长柄，有胚珠多数；荚果扁平，沿腹缝线具狭翅，翅宽3~5mm；种子14~18，淡褐色。

2种，产热带亚洲；中国1种，产广西、云南。

12. 肥皂荚属 **Gymnocladus** Lam.

落叶乔木，无刺；二回偶数羽状复叶；总状花序或聚伞圆锥花序顶生；花杂性或雌雄异株，辐射对称；萼片5；花瓣4或5；雄蕊10，分离，5长5短，直立，较花冠短，花丝粗，被长柔毛，花药背着；有胚珠4~8，花柱稍粗而扁，柱头偏斜；荚果肥厚，坚实，近圆柱形，2瓣裂；种子大，外种皮革质。

3~4种，分布于亚洲的中国、缅甸和美洲北部；中国1种（特有），产东南和西南地区。

肥皂荚 *Gymnocladus chinensis* Baill.

13. 皂荚属 **Gleditsia** J. Clayton

落叶乔木或灌木；常具分枝的粗刺；一回和二回偶数羽状复叶常并存于同一植株上；花小，杂性或单性异株；腋生或少有顶生的穗状花序或总状花序；萼裂片3~5；花瓣3~5；雄蕊6~10，伸出，花丝中部以下稍扁宽并被长曲柔毛，花药背着；子房无柄或具短柄；胚珠1至多数；荚果扁；种子卵形或椭圆形。

约16种，分布于亚洲中部和东南部及南北美洲；中国6种（3特有种，1引种），广布于南北地区。

山皂荚 *Gleditsia japonica* Miq.

14. 云实属 Caesalpinia L.

乔木、灌木或藤本，通常有刺；二回羽状复叶；总状花序或圆锥花序腋生或顶生；花两性；萼片离生，下方一片较大；花瓣5，不整齐；雄蕊10，离生；子房有胚珠1~7，柱头截平或凹入；荚果通常扁平，种子间紧缩作串珠状，革质或木质，少数肉质，开裂或不开裂；种子卵圆形至球形，无胚乳。

约100种，分布于热带和亚热带地区；中国20种，除少数种分布较广外，主要产南部和西南地区。

喙荚云实 *Caesalpinia minax* Hance

15. 采木属 Haematoxylum L.

无刺乔木或灌木；一回或二回羽状复叶；托叶刺状；无小托叶；花近于整齐；花托短；萼5裂，裂片近相等；花瓣5，不相等；雄蕊10，离生，药室纵裂；子房具短柄，有胚珠2~3，柱头头状，顶生；荚果膜质，扁平，无翅；种子长圆形，无胚乳，胚根直。

3种，产墨西哥、西印度群岛、南美洲北部和非洲南部；中国广东、台湾、云南引入栽培1种。

采木 *Haematoxylum campechianum* L.

16. 山扁豆属 Chamaecrista Moench

草本或半灌木状草本，很少小乔木；偶数羽状复叶；小叶对生；叶片通常有腺体，盘状或杯状，很少扁平；花黄色或红色；萼片5；花瓣5，不等长；雄蕊5~10枚可育，花丝直，花药腹缝处具短缘毛，沿腹缝或孔裂；果实开裂；种子具光滑或有凹痕的种皮。

约270种，多数产美洲，少数产热带亚洲；中国3种，分布于南方地区。

豆茶山扁豆 *Chamaecrista nomame* (Makino) H. Ohashi

17. 腊肠树属 Cassia L.

乔木、灌木、亚灌木或草本；叶丛生，偶数羽状复叶；托叶多样，无小托叶；花近辐射对称，总状花序腋生或圆锥花序顶生，或有时1至数朵簇生于叶腋；萼筒很短；花瓣通常5，近相等或下面2片较大；雄蕊（4~）10，花药背着或基着，孔裂或短纵裂；子房纤细，有胚珠多数；荚果形状多样；种子有胚乳。

约30种，产热带地区；中国2种，分布于南部和西南地区。

腊肠树 *Cassia fistula* L.

18. 决明属 Senna Mill.

乔木、灌木或小乔木；叶丛生，偶数羽状复叶；小叶对生；总状花序腋生或圆锥花序顶生，或有时 1 至数朵簇生于叶腋，无小苞片；萼片 5；花瓣 5，近等长；雄蕊 10，花丝直立，有时 10 枚雄蕊均可育；有时具 3 枚退化雄蕊；荚果形状多样，2 瓣裂或不开裂；种子多数，纤维状。

约 260 种，泛热带分布；中国 15 种，广布于南北地区。

黄槐决明 *Senna surattensis* (Burm. f.) H. S. Irwin & Barneby

19. 扁轴木属 Parkinsonia L.

灌木或乔木；二回偶数羽状复叶；叶轴特扁；羽轴极长且扁；总状花序或伞房花序腋生；花两性；花托盘状；萼片 5；花瓣 5，略不相等，最上面一片较宽具长柄；雄蕊 10，分离；子房具短柄，胚珠多数；荚果膨大，念珠状，无翅，不开裂，薄革质；种子具胚乳；子叶扁平，肉质。

约 4 种，大多数产南美洲干旱地区及非洲、大洋洲；中国引种 1 种，栽培于海南岛。

扁轴木 *Parkinsonia aculeata* L.

20. 凤凰木属 Delonix Raf.

高大乔木，无刺；大型二回偶数羽状复叶，具托叶；羽片多对，小叶片小而多；伞房状总状花序顶生；花两性，大而美丽；萼片 5，镊合状排列；花瓣 5，具柄，边缘皱波状；雄蕊 10，离生，下倾；子房无柄，胚珠多数；荚果带形，扁平，下垂，2 瓣裂，果瓣厚木质，坚硬；种子具胚乳。

2~3 种，分布于非洲东部、马达加斯加至热带亚洲；中国南方引种栽培 1 种。

凤凰木 *Delonix regia* (Bojer) Raf.

21. 老虎刺属 Pterolobium R. Br. ex Wight & Arn.

高大攀缘灌木或木质藤本；枝具下弯的钩刺；二回偶数羽状复叶互生；总状花序或圆锥花序腋生或顶生；花小，花托盘状；萼片 5；花瓣 5，略不等；雄蕊 10，离生；子房无柄，具胚珠 1，花柱头顶部截形或微凹；荚果平扁，具膜质翅；种子悬生于室顶，无胚乳；子叶扁平，胚根短，直立。

约 10 种，分布于亚洲、非洲和大洋洲热带地区；中国 2 种，产华南、华中和西南地区。

老虎刺 *Pterolobium punctatum* Hemsl.

22. 格木属 Erythrophleum Afzel. ex R. Br.

乔木；叶互生，二回羽状复叶；羽片数对，对生；小叶互生，革质；花具短梗，穗状花序式的总状花序，在枝顶常再排成圆锥花序；萼钟状，裂片 5，下部合生成短管；花瓣 5；雄蕊 10，分离；子房具柄，有胚珠多数；荚果长而扁平，厚革质，熟时 2 瓣裂，种子间有肉质的组织；种子横生，有胚乳。

15 种，分布于非洲、亚洲东部和澳大利亚北部；中国 1 种，产华东和华南地区。

格木 *Erythrophleum fordii* Oliv.

23. 盾柱木属 Peltophorum (Vogel) Benth.

落叶乔木，无刺；叶为大型二回偶数羽状复叶；圆锥花序或总状花序腋生或顶生；花两性，黄色，美丽，具花盘；花托短；萼片 5；近相等；花瓣 5，不整齐，覆瓦状排列；雄蕊 10，离生；子房无柄，与花托离生，有 3~8 胚珠，花柱长，柱头盾状、头状或盘状；荚果沿背腹两缝线均有翅；种子 2~8，无胚乳。

约 12 种，分布于斯里兰卡和马来群岛及大洋洲南部等热带地区；中国 2 种，产广东和海南。

银珠 *Peltophorum tonkinense* (Pierre) Gagnep.

24. 海红豆属 Adenanthera L.

无刺乔木；二回羽状复叶，小叶多对，互生；花 5 基数，腋生穗状总状花序或顶生圆锥花序；花萼钟状，5 短齿；花瓣 5，披针形，基部微合生或近分离，等大；雄蕊 10，分离，花药卵形，顶端有一脱落性腺体；子房无柄，花柱线形，胚珠多数；荚果带状，2 瓣开裂，果瓣旋卷；种子具胚乳。

12 种，产热带亚洲和大洋洲，非洲及美洲有引种；中国 1 种，分布于云南、广西、广东。

海红豆 *Adenanthera microsperma* Teijsm. & Binn.

25. 榼藤属 Entada Adans.

木质藤本、乔木或灌木，通常无刺；二回羽状复叶，顶生的 1 对羽片常变为卷须；穗状花序单生于上部叶腋或再排成圆锥花序式；花小，花萼钟状，5 齿裂；花瓣 5，分离或于基部稍合生；雄蕊 10，分离，花蕾时药隔顶端具腺体；子房近无柄，胚珠多数；荚果逐节脱落，每节有种子 1；种子大，无胚乳。

约 30 种，主产热带非洲和美洲；中国 3 种，分布于台湾、福建、广东、广西和云南。

榼藤 *Entada phaseoloides* (L.) Merr.

26. 假含羞草属 Neptunia Lour.

多年生草本，有时为漂浮的水生植物；托叶膜质，斜心形；二回羽状复叶；头状花序卵状球形；花 5 数；花萼钟状，具短齿；花瓣镊合状排列；雄蕊 10 或稀 5，分离；子房具柄，柱头内凹；胚珠多数；荚果不分节，2 瓣裂；种子间近有隔膜；种子横置，珠柄丝状。

11 种，产热带、亚热带地区；中国引入栽培 2 种。

含羞菜 *Neptunia oleracea* Lour.

27. 合欢草属 Desmanthus Willd.

乔木、灌木或多年生草本；二回羽状复叶；头状花序卵状球形，单生于叶腋；花 5 数；花萼钟状，具短齿；雄蕊 10 或 5，分离；花药顶端无腺体；子房近无柄；胚珠多数；花柱近钻状或上部增粗，柱头顶生；荚果沿缝线开裂为 2 果瓣，种子间有间隔或无；种子纵列或斜列，卵形至椭圆形，扁压。

约 24 种，主产美洲热带、亚热带地区，少数产温带地区；中国广东引入栽培 1 种，并已在部分地区归化。

合欢草 *Desmanthus virgatus* (L.) Willd.

28. 银合欢属 Leucaena Benth.

常绿、无刺灌木或乔木；二回羽状复叶；总叶柄常具腺体；花 5 基数，无梗，组成球状、腋生的头状花序，或单生或簇生于叶腋；萼管钟状，具短裂齿；花瓣分离；雄蕊 10，分离，伸出于花冠之外；花药顶端无腺体，常被柔毛；子房具柄，花柱线形；荚果扁平，2 瓣裂，无横隔膜；种子横生，扁平。

22 种，大部产美洲；中国 1 种，产台湾、福建、广东、广西和云南。

银合欢 *Leucaena leucocephala* (Lam.) de Wit

29. 球花豆属 Parkia R. Br.

无刺乔木；二回羽状复叶，羽片及小叶多数；花极多数，聚生成棒状或扁球状的头状花序；花萼管状，裂齿 5，极短，覆瓦状排列；花瓣 5，裂片 5，镊合状排列；雄蕊 10；胚珠多数；花柱线形，柱头顶生；果长圆形，有时很长，直立或弯曲，压扁，稍木质或肉质，迟裂，具 2 果瓣；种子横生，厚，卵形或压扁。

约 35 种，产热带地区；中国台湾、云南引入栽培 2 种。

大叶球花豆 *Parkia leiophylla* Kurz

30. 含羞草属 Mimosa L.

多年生、有刺草本或灌木，稀为乔木或藤本；二回羽状复叶，常很敏感，触之即闭合而下垂；小叶细小多数；花小，球形头状花序或圆柱形的穗状花序；花萼钟状；花瓣下部合生；雄蕊 5 或 10，分离，伸出花冠之外；胚珠 2 至多数；荚果扁平，成熟时横裂为数节，每节种子 1；种子扁平。

约 500 种，产热带美洲，少数分布于其他热带、温带地区；中国南方 3 种，非原产。

含羞草 *Mimosa pudica* L.

31. 朱缨花属 Calliandra Benth.

灌木或小乔木；托叶常宿存，有时变为刺状，稀无；二回羽状复叶，无腺体；头状花序或总状花序，花5~6数，杂性；花萼钟状，浅裂；雄蕊多数，红色或白色，长而突露，下部连合成管，花药通常具腺毛；心皮1，无柄；荚果扁平，劲直或微弯，成熟后，果瓣由顶部向基部沿缝线2瓣开裂；种子无假种皮。

约200种，产美洲、西非、印度至巴基斯坦的热带、亚热带地区；中国南部引入栽培5种。

朱缨花 *Calliandra haematocephala* Hassk.

32. 合欢属 Albizia Durazz.

乔木或灌木，稀为藤本，通常无刺；二回羽状复叶；花5基数，两性，花序多样；花萼具5齿或5浅裂；花瓣上部具5裂片；雄蕊20~50，花丝突出于花冠之外，基部合生成管，花药小，子房有胚珠多数；荚果带状，扁平，果皮薄；种子间无间隔，不开裂或迟裂；种子无假种皮，具

合欢 *Albizia julibrissin* Durazz.

马蹄形痕。

120~140种，产亚洲、非洲、大洋洲及美洲；中国16种，大部分产西南部、南部。

33. 牛蹄豆属 Pithecellobium Mart.

常绿乔木；小枝有由托叶变成的针状刺；二回羽状复叶；头状花序小，于叶腋或枝顶排列成狭圆锥花序式；花萼漏斗状，密被长柔毛；花冠密被长柔毛，中部以下合生；雄蕊多数，基部合生成管状；荚果线形，旋卷，暗红色；种子黑色，包于白色或粉红色的肉质假种皮内。

18种，分布于热带和亚热带美洲；中国华东、华南和云南引入1种。

牛蹄豆 *Pithecellobium dulce* (Roxb.) Benth.

34. 金合欢属 Acacia Mill.

灌木、小乔木或攀缘藤本；二回羽状复叶，小叶多对，或叶片退化，叶柄叶片状，称叶状柄；花小，3~5基数，花萼通常钟状，具裂齿；花瓣分离或基部合生；雄蕊多数，通常在50以上，花丝分离或仅基部稍连合；胚珠多数；荚果多数扁平，少有膨胀，开裂或不开裂；种子扁平。

800~900种，分布于热带和亚热带地区；中国引入栽培的有18种，产西南部至东部。

金合欢 *Acacia farnesiana* (L.) Willd.

35. 雨树属 Samanea (Benth.) Merr.

无刺乔木，树冠开展；二回羽状复叶；花两性，有小花梗，排成圆球形的头状花序或伞形花序；花萼管状或钟状，具5短裂片；花冠漏斗状，具5裂片；雄蕊多数，突

露于花冠之上，基部连合成管状，花药无腺体；子房无柄；花柱线形；胚珠多数；荚果劲直或稍弯，不开裂，种子间具隔膜；种子无假种皮。

世界 3 种，产热带美洲及非洲；中国台湾、云南引入栽培 1 种。

雨树 *Samanea saman* (Jacq.) Merr.

36. 象耳豆属 Enterolobium Mart.

无刺、落叶大乔木；托叶不显著；二回羽状复叶；花常两性，5 数，无梗，组成球形的头状花序；花萼钟状，具 5 短齿；花冠漏斗形，中部以上具 5 裂片；雄蕊多数，基部连合成管；子房无柄，胚珠多数；花柱线形；荚果卷曲或弯作肾形，不开裂，中果皮海绵质，后变硬，种子间具隔膜；种子横生，珠柄丝状。

5 种，产热带美洲；中国 1 种，栽培于广东、广西、福建、江西、浙江。

青皮象耳豆 *Enterolobium contortisiliquum* (Vell.) Morong

37. 南洋楹属 Falcataria (I. C. Nielsen) Barneby & J. W. Grimes

常绿大乔木；托叶锥形，早落；羽片 6~20 对；小叶 6~26 对；中脉偏于上边缘；穗状花序腋生，单生或数个组成圆锥花序；花萼钟状；花瓣密被短柔毛，仅基部连合；雄蕊多数，花丝突出于花冠之外，基部合生成管；荚果带形，伸直，不裂或迟裂。

3 种，分布于澳大利亚、印度尼西亚、新几内亚和太平洋岛屿；中国 1 种，产华南和云南。

南洋楹 *Falcataria moluccana* (Miq.) Barneby & J. W. Grimes

38. 猴耳环属 Archidendron F. Muell.

乔木或灌木；二回羽状复叶；花 5 基数，稀 4 或 6 基数，球形头状花序或圆柱形的穗状花序；萼片镊合状排列；花瓣在中部以下合生；雄蕊多数，伸出于花冠外，花丝合生成管，花药小；胚珠多数；荚果通常旋卷或弯曲，稀劲直；果瓣通常于开裂后扭卷，无果瓤；种子悬垂于种柄上，有假种皮。

约 100 种，分布于热带、亚热带地区，尤以热带美洲为多；中国 16 种，产东南至西南地区。

亮叶猴耳环 *Archidendron lucidum* (Benth.) I. C. Nielsen

39. 香槐属 Cladrastis Raf.

落叶乔木，稀为攀缘灌木；树皮灰色；芽叠生，无芽鳞，被膨大的叶柄基部包裹；奇数羽状复叶；小叶互生或近对生；圆锥花序或近总状花序，顶生；花萼钟状，萼齿 5，近等大；花冠瓣片近等长；雄蕊 10，花丝分离或近基部稍连合，花药

小花香槐 *Cladrastis delavayi* (Franch.) Prain

丁字着生；子房线状披针形；荚果迟裂，种子 1 至多数，种皮褐色。

8 种，分布于亚洲东南部和北美洲东部；中国 6 种，分布于华东、华南和西南地区。

40. 红豆属 Ormosia Jacks.

乔木，裸芽，或为大托叶所包被；奇数羽状复叶，稀单叶或为 3 小叶；圆锥花序或总状花序顶生或腋生；花萼钟形，5 齿裂；花瓣具瓣柄，龙骨瓣分离；雄蕊 10，花丝分离或基部有时稍连合成皿状与萼筒愈合，不等长，内弯；子房具胚珠 1 至数粒；荚果扁平，2 瓣裂，稀不裂；种子 1 至数粒，种皮鲜红色、暗红色或黑褐色。

130 种，产热带美洲、东南亚和澳大利亚西北部；中国 37 种，多分布于五岭以南。

海南红豆 *Ormosia pinnata* (Lour.) Merr.

41. 罗顿豆属 Lotononis (DC.) Eckl. & Zeyh.

多年生草本；掌状三出复叶，中央小叶通常较大，小叶偶有 5 枚；花萼上方 4 齿多少成对合生，每侧各具 1 对细齿尖，最下 1 齿离生，通常较窄；花冠稍伸出；雄蕊 10 枚合生成雄蕊筒，上部稍分离，花药二型，子房通常无柄，胚珠多数，花柱上弯，柱头，歪斜；荚果 2 瓣裂；有多数种子；种子无种阜，珠柄丝状。

100 种，分布于非洲南部延伸至地中海区域及印度；中国台湾引进栽培 1 种。

42. 猪屎豆属 Crotalaria L.

草本、亚灌木或灌木；茎枝圆形或四棱形，单叶或三出复叶；总状花序；花萼二唇形或近钟形，近钟形时，5 裂，萼齿近等长；花冠黄色或深紫蓝色，龙骨瓣中部以上通常弯曲，具喙，雄蕊连合成单体，花药二型，一为长圆形，以底部附着花丝，一为卵球形，以背部附着花丝；胚珠 2 至多数；荚果膨胀，种子 2 至多数。

700 种，分布于美洲、非洲、大洋洲及亚洲热带、亚热带地区；中国 42 种，全国广布。

猪屎豆 *Crotalaria pallida* Aiton

43. 黄花木属 Piptanthus Sweet

灌木；掌状三出复叶，互生；托叶大，2 枚合生，与叶柄相对，贴茎生，先端分离呈 2 尖头；总状花序顶生；花大，2~3 朵轮生；萼钟形，萼齿 5，近等长，上方 2 萼齿合生；花冠黄色；雄蕊 10，分离；子房线形，具柄；荚果线形，扁平，薄革质，内无隔膜，具细长果颈；种子斜椭圆形，具种阜。

2 种，分布于喜马拉雅南北坡的中国至尼泊尔、不丹和印度；中国 2 种，产西南及甘肃、陕西。

黄花木 *Piptanthus concolor* Craib

44. 沙冬青属 Ammopiptanthus S. H. Cheng

常绿灌木；单叶或掌状三出复叶，革质；托叶小，与叶柄合生，先端分离；小叶全缘，被银白色绒毛；总状花序短；花萼钟形，萼齿 5，短三角形，上方 2 齿合生；花冠黄色，龙骨瓣背部分离；雄蕊 10，花丝分离，花药圆形，近基部背着；子房具柄；荚果扁平，瓣裂，长圆形，具果颈；种子圆肾形，有种阜。

1种，产中国内蒙古、宁夏、甘肃、新疆，中亚地区也有分布。

沙冬青 *Ammopiptanthus mongolicus* (Kom.) S. H. Cheng

45. 冬麻豆属 Salweenia Baker f.

常绿灌木；奇数羽状复叶；托叶草质，无小托叶；小叶对生，线形，全缘，花簇生枝顶；花萼钟状，萼齿5，正三角形，上方2齿部分合生；旗瓣先端微凹，翼瓣长圆形，龙骨瓣舟状；雄蕊二体，花药同型，背着，花盘贴生花萼内面基部；子房具长柄；荚果线状长圆形，扁平，具果颈，2瓣开裂；种子近心形，压扁。

2种，中国特有，产西南地区。

冬麻豆 *Salweenia wardii* E. G. Baker

46. 野决明属 Thermopsis R. Br.

多年生草本，具匍匐根状茎；茎基部有膜质托叶鞘，抱茎合生成筒状；掌状三出复叶，具柄；托叶叶状，分离，通常大；总状花序顶生；花大；苞片宿存；萼钟形，萼齿5，上方2齿多少合生；花冠黄色，稀紫色；雄蕊10，花丝扁平，全部分离；子房线形，胚珠4~22；荚果，扁平；种子肾形或圆形，种脐小，白色。

25种，产北美洲、西伯利亚、朝鲜、日本、蒙古国、中亚细亚和中国；中国12种，产北部、西北、西南地区。

披针叶野决明 *Thermopsis lanceolata* R. Br.

47. 马鞍树属 Maackia Rupr.

落叶乔木或灌木；芽单生叶腋，芽鳞数枚，覆瓦状排列；奇数羽状复叶，互生；小叶对生或近对生；总状花序；花两性；花萼膨大；花冠白色，旗瓣瓣片反卷，龙骨瓣稍内弯，背部稍叠生；雄蕊10，花丝基部稍连合，花药背着；子房密被毛，胚珠少数；荚果扁平，长椭圆形至线形，种子1~5；种子平滑。

12种，产东亚；中国7种，南北分布，主产江南。

浙江马鞍树 *Maackia chekiangensis* S. S. Chien

48. 银砂槐属 Ammodendron Fisch. ex DC.

灌木，被银白色丝状毛；偶数羽状复叶具小叶1~2对；叶轴顶端变成硬刺状；总状花序顶生；花萼浅杯状，萼齿近等大；旗瓣圆形，反折，翼瓣斜长圆形，龙骨瓣内弯，钝圆，2瓣片分离；雄蕊10，离生；花药丁字着生；子房无柄，胚珠少数；荚果侧扁，不开裂，沿缝线具窄翅，种子1~2；种子无种阜。

6种，分布于亚洲北部温带地区；中国1种，产新疆西北地区。

银砂槐 *Ammodendron bifolium* (Pall.) Yakovlev

49. 槐属 Sophora L.

落叶或常绿乔木、灌木、亚灌木或多年生草本，稀攀缘状；奇数羽状复叶；小叶多数；花序总状或圆锥状；花白色、黄色或紫色；花萼钟状或杯状，萼齿5，等大；雄蕊10，分离或基部有不同程度的连合，花药丁字着生；胚珠多数；荚果圆柱形或稍扁，串珠状；种子1至多数；子叶肥厚，偶具胶质内胚乳。

约70种，分布于两半球的热带至温带地区；中国21种，主产西南、华南和华东地区，少数产北部。

苦豆子 *Sophora alopecuroides* L.

50. 山豆根属 Euchresta Benn.

灌木；叶互生，小叶3~7，全缘，下面通常被柔毛或茸毛，侧脉常不明显；总状花序，花萼膜质；花冠伸出萼外，翼

管萼山豆根 *Euchresta tubulosa* Dunn

瓣和龙骨瓣有瓣柄；雄蕊二体9+1，花药背着；子房有长柄，胚珠1~2，花柱1，线形；荚果核果状，肿胀，不裂，椭圆形，具果颈，有种子1；种子无种阜，无胚乳，种皮，膜质。

4种，分布于爪哇、日本、菲律宾、中国；中国4种，产东南部至喜马拉雅。

51. 藤槐属 Bowringia Champ. ex Benth.

攀缘灌木；单叶，较大；总状花序腋生，甚短；花萼膜质，先端截形；花冠白色，旗瓣圆形，具柄，翼瓣镰状长圆形，龙骨瓣与翼瓣相似，稍大；雄蕊10，分离或基部稍连合；子房具短柄，胚珠多数；荚果成熟时沿缝线开裂，果瓣薄革质，具种子1~2；种子褐色，具种阜；胚根直短，子叶厚。

4种，分布于东南亚和非洲热带至亚热带海岛地区；中国1种，产华南及福建。

藤槐 *Bowringia callicarpa* Benth.

52. 紫穗槐属 Amorpha L.

落叶灌木或亚灌木，有腺点；叶互生，奇数羽状复叶，小叶多数；花小，组成顶生、密集的穗状花序；花萼钟状，5齿裂；蝶形花冠退化，仅存旗瓣1，蓝紫色，向内弯曲并包裹雄蕊和雌蕊；雄蕊10，下部合生成鞘，上部分裂，成熟时花丝伸出旗瓣，花药一式；子房无柄；荚果短，不开裂，表面密布疣状腺点；种子1~2。

15种，主产于北美至墨西哥；中国引种1种。

紫穗槐 *Amorpha fruticosa* L.

53. 丁癸草属 Zornia J. f. Gmel.

一年生或多年生纤弱草本；指状复叶具小叶 2~4，常具透明腺点；托叶近叶状，常于基部下延成盾状；花小，疏离，组成穗状花序，每朵花为一对披针形苞片所包藏；萼小，二唇形，上面的齿短；花冠通常黄色，花瓣近等大；雄蕊单体，花药异型；荚果扁，腹缝直，背缝波状，由数个有小刺或平滑的节荚组成。

75 种，分布于两半球热带和温暖地区；中国 2 种，产南部、东南部。

宽叶丁癸草 *Zornia latifolia* Sm.

54. 紫檀属 Pterocarpus Jacq.

乔木；叶为奇数羽状复叶；小叶互生；托叶小，脱落，无小托叶；花黄色，圆锥花序；花冠伸出萼外，花瓣有长柄；雄蕊 10，单体，有时成 5+5 的二体，或成 9+1 的二体，花药一式；胚珠 2~6；荚果圆形，扁平，边缘有阔而硬的翅，宿存花柱向果颈下弯，通常种子 1；种子长圆形或近肾形，种脐小。

约 30 种，分布于全球热带地区；中国 1 种，产台湾、广东和云南（南部）。

紫檀 *Pterocarpus indicus* Willd.

55. 落花生属 Arachis L.

一年生草本；偶数羽状复叶具小叶 2~3 对；无小托叶；花冠黄色，雄蕊 10，单体，1 枚常缺如，花药二型，长短互生，子房近无柄，胚珠 2~3，稀为 4~6，花柱细长，胚珠受精后子房柄逐渐延长，下弯成一柄，将尚未膨大的子房插入土下，并于地下发育成熟；荚果长椭圆形，有突起的网脉，不开裂，种子之间缢缩，有种子 1~4。

约 22 种，分布于热带美洲，中国引栽 2 种，其中落花生已广泛栽培。

落花生 *Arachis hypogaea* L.

56. 笔花豆属 Stylosanthes Sw.

多年生草本或亚灌木；羽状复叶具 3 小叶；托叶与叶柄贴生成鞘状，宿存；无小托叶；花萼筒状；花冠黄色或橙黄色；雄蕊 10，单体，下部闭合成筒状；花药二型，互生；具 2~3 胚珠；荚果小，扁平，长圆形或椭圆形，先端具喙，具荚节 1~2 个，果瓣具粗网脉或小疣凸；种子近卵形，种脐常偏位，具种阜。

约 25 种，分布于美洲、非洲和亚洲的热带与亚热带地区；中国广东、海南、台湾引种 2 种。

圭亚那笔花豆 *Stylosanthes guianensis* (Aublet) Sw.

57. 黄檀属 Dalbergia L. f.

乔木、灌木或木质藤本；奇数羽状复叶；小叶互生；无小托叶；圆锥花序；花冠白色、淡绿色或紫色，花瓣具柄；雄蕊 10 或 9，通常为单体雄蕊，或 5+5 的二体雄蕊，极稀为三至五体雄蕊或 9+1 的二体雄蕊；子房具柄；荚果不开裂，种子部分多少加厚且常具网纹，其余部分扁平而薄，有 1 至数粒种子；种子肾形。

100~120 种，分布于亚洲、非洲和美洲热带与亚热带地区；中国 29 种，产西南部、南部至中部。

滇黔黄檀 *Dalbergia yunnanensis* Franch.

58. 链荚木属 Ormocarpum P. Beauv.

灌木；奇数羽状复叶，托叶三角状针形，无小托叶；花单朵或成对腋生或排成稀疏的总状花序；花萼裂片 5，上面 2 裂片三角形，下面 3 裂披针形，与萼管等长；花冠伸出，雄蕊二体，5 枚一束，花药一式，子房线形，有胚珠多数；荚果膨胀，有节，不开裂，表面有皱纹，无毛或具软刺而粗糙，具果颈。

约 20 种，分布于东半球的热带地区；中国南部引种 1 种。

链荚木 *Ormocarpum cochinchinense* (Lour.) Merr.

59. 坡油甘属 Smithia Aiton

平卧或披散草本或矮小灌木；偶数羽状复叶，具小叶 5~9 对；花小，总状花序或花束，或多少蝎尾状；苞片干膜质，具条纹；花萼膜质，二唇形，唇通常全缘；花冠伸出萼外；雄蕊初时全部合生为鞘状，后期分为相等的二体 5+5，花药一式；子房线形，有胚珠多数；荚果具数个扁平或膨胀的荚节，折叠包藏于萼内。

20 种，分布于非洲和亚洲的热带地区；中国 5 种，产西南地区至台湾。

缘毛合叶豆 *Smithia ciliata* Royle

60. 合萌属 Aeschynomene L.

草本或小灌木；奇数羽状复叶，具小叶多对，互相紧接并容易闭合；托叶早落；花小，总状花序；苞片托叶状，成对，宿存，边缘有小齿；花萼膜质，通常二唇形，上唇 2 裂，下唇 3 裂；花易脱落；雄蕊二体 5+5 或基部合生成一体，花药一式，肾形；子房具柄，线形，有胚珠多数；荚果有果颈，扁平，具荚节 4~8。

150 种，分布于全世界热带和亚热带地区；中国 2 种，分布于南部。

合萌 *Aeschynomene indica* L.

61. 田菁属 Sesbania Adans.

草本或落叶灌木，稀乔木状；偶数羽状复叶；叶柄和叶轴上面常有凹槽；小叶多数；总状花序腋生于枝端；雄蕊二体，花药同型，背着，2室纵裂；雄蕊常无毛，子房线形，具柄，胚珠多数；荚果常为细长圆柱形，先端具喙，基部具果颈，熟时开裂，种子间具横隔，有多数种子；种子圆柱形，种脐圆形。

约50种，分布于热带至亚热带地区；中国4种，产西南地区至台湾。

田菁 *Sesbania cannabina* (Retz.) Poiret

62. 百脉根属 Lotus L.

一年生或多年生草本，羽状复叶，通常具5小叶；托叶退化成黑色腺点；小叶全缘，下方2枚常和上方3枚不同型，基部的一对呈托叶状，但绝不贴生于叶柄；雄蕊（1+9）二体，花丝顶端膨大；子房无柄，胚珠多数；荚果开裂，圆柱形至长圆形，直或略弯曲；种子通常多数。

约125种，分布于地中海区域、欧亚大陆、南北美洲和大洋洲温带；中国8种，主产西北地区。

百脉根 *Lotus corniculatus* L.

63. 刺槐属 Robinia L.

乔木或灌木；奇数羽状复叶；托叶刚毛状或刺状；总状花序腋生，下垂；雄蕊二体，对旗瓣的1枚分离，其余9枚合生，花药同型，2室纵裂；子房具柄，花柱钻状，顶端具毛，柱头小顶生，胚珠多数；荚果扁平，沿腹缝浅具狭翅，果瓣薄，种子长圆形或偏斜肾形，无种阜。

4~10种，分布于北美洲至中美洲；中国栽培2种。

毛刺槐 *Robinia hispida* L.

64. 甘草属 Glycyrrhiza L.

多年生草本，根和根状茎极发达，部分种类含甘草甜素；茎直立，多分枝；基部常木质，被鳞片状腺点或刺状腺体；奇数羽状复叶；总状花序腋生；花萼基部偏斜；雄蕊二体9+1，花丝长短交错，花药二型，药室顶端连合；子房1室；荚果常被鳞片状腺点、刺毛状腺体、瘤状突起或硬刺，不裂或熟后开裂。

约20种，全球广布，以亚洲中部最为集中；中国8种，产黄河以北，个别种见于云南西北地区。

刺果甘草 *Glycyrrhiza pallidiflora* Maxim.

65. 猪腰豆属 Afgekia Craib

攀缘灌木；奇数羽状复叶互生；叶枕膨大；总状圆锥花序，大型，通常腋生或生于老茎上，甚密集；苞片大，花期宿存；旗瓣基部内侧具耳，有2囊状胼胝体；雄蕊二体，花药同型；子房线形，具长柄；荚果硕大，不开裂；种子单生，甚大，形如猪肾，肿脐居中。

约 9 种，分布于菲律宾、马来西亚、印度尼西亚和澳大利亚；中国 1 种，产南部和西南地区。

猪腰豆 *Afgekia filipes* (Dunn) R. Geesink

66. 鸡血藤属 Callerya Endl.

木质藤本，攀缘灌木，或稀为乔木；托叶无毛，常脱落；奇数羽状复叶；小叶对生；花不成对也不簇生，总状花序腋生或顶生，有时形成腋生或顶生圆锥花序；苞片短或长于相应的花瓣，通常脱落；花萼通常具短齿；旗瓣基部反折；二体雄蕊；种子 1~9，圆形。

约 30 种，分布于南亚、东南亚，澳大利亚和新几内亚；中国 18 种，产南部。

异果鸡血藤 *Callerya dielsiana* var. *heterocarpa* (T. C. Chen) Z. Wei & Pedley

67. 紫藤属 Wisteria Nutt.

落叶大藤本；奇数羽状复叶互生；具小托叶；总状花序顶生，下垂；花多数；花萼杯状，萼齿 5，上方 2 枚短，大部分合生，最下 1 枚较长，钻形；雄蕊二体，花丝顶端不扩大，花药同型；花盘明显被密腺环；子房具柄，花柱无毛，胚珠多数；荚果线形，种子间缢缩，迟裂，瓣片革质，种子大，肾形，无种阜。

约 6 种，分布于东亚、北美和大洋洲；中国 4 种，西部有野生，南北多有栽培。

紫藤 *Wisteria sinensis* (Sims) Sweet

68. 紫雀花属 Parochetus Buch.-Ham. ex D. Don

多年生柔细草本；掌状三出复叶；托叶的基部与叶柄稍连合；叶柄细长；花 1~3 朵组成伞形花序；苞片 2~4，托叶状，分离，无小苞片；花冠与雄蕊筒分离；雄蕊二体，花药同型；子房无柄，胚珠多数；荚果线形，膨胀，稍压扁，2 瓣裂，种子间无隔膜；种子肾形，种脐侧生，无种阜，具 1 丝状珠柄。

2 种，产热带亚洲和非洲的山地；中国 1 种，产西南高原地带。

紫雀花 *Parochetus communis* D. Don

69. 鹰嘴豆属 Cicer L.

多年生或一年生草本，通常有刺；无托叶，奇数羽状复叶，叶轴末端成卷须或刺；小叶具锯齿；花单生或成具 2~5 朵花的腋生总状花序；翼瓣与龙骨瓣分离；雄蕊二体，旗瓣花丝圆柱状；花药等大；荚果膨胀，含种子 1~10，被腺毛；种子具喙，2 裂至近球形；种皮平滑到具疣状突起或具刺。

约 40 种，主要分布于中亚；中国栽培 2 种。

鹰嘴豆 *Cicer arietinum* L.

70. 车轴草属 Trifolium L.

一年生或多年生草本；掌状复叶，小叶 3，偶为 5~9；托叶部分合生于叶柄上；小叶具锯齿；花集合成头状或短总状花序，偶为单生；萼筒花后增大，肿胀或膨大；雄蕊 10，两体，花药同型；胚珠 2~8；荚果不开裂，包藏于宿存花萼或花冠中，稀伸出；通常有种子 1~2，稀 4~8。

约 250 种，分布于欧亚大陆，非洲，南美洲、北美洲的温带，以地中海区域为中心；中国原产 4 种，产西北、华北至东北，另引种栽培 10 余种。

白车轴草 *Trifolium repens* L.

71. 芒柄花属 Ononis L.

多年生草本或灌木，通常被柔毛和腺毛；羽状三出复叶，侧小叶甚不发达，有时为 1 枚小叶；托叶叶片状，草质；无小托叶；花总梗常成尖刺；有时叶片呈苞状；龙骨瓣弯曲具喙；雄蕊单体，花丝顶端膨大，余部连合成闭合的雄蕊筒，雄蕊筒基部与瓣柄分离，花药二型；荚果膨胀，2 瓣裂；有少数种子。

约 75 种，分布于以地中海西岸为中心的北非、欧洲、西亚和中亚；中国 4 种，产西部。

72. 苜蓿属 Medicago L.

一年生或多年生草本，稀灌木，无香草气味；羽状复叶，互生；托叶部分与叶柄合生；小叶 3，边缘通常具锯齿；总状花序腋生，有时呈头状或单生，花小，一般具花梗；龙骨瓣钝头；雄蕊二体；花柱短，锥形或线形，两侧略扁，无毛；荚果螺旋形转曲、肾形、镰形或近于挺直，不开裂，背缝常具棱或刺。

约 85 种，分布于地中海区域、西南亚、中亚和非洲。中国 15 种，广泛分布。

紫苜蓿 *Medicago sativa* L.

73. 胡卢巴属 Trigonella L.

一年生或多年生草本，有特殊香气；羽状三出复叶，顶生小叶通常稍大，具柄；小叶边缘具锯齿或缺刻状；花序腋生，呈短总状、伞状、头状或卵状，偶为 1~2 朵着生；雄蕊二体，花药小，同型；荚果直或弧形弯曲，但不作螺旋状转曲，膨胀或稍扁平，有时缝线具啮蚀状窄翅，表面有网纹；有种子 1 至多数。

约 55 种，分布于地中海沿岸、中欧、非洲、西南亚、中亚和大洋洲；中国 8 种，产西北地区。

胡卢巴 *Trigonella foenum-graecum* L.

74. 草木樨属 Melilotus (L.) Mill.

一、二年生或短期多年生草本；茎直立，多分枝；羽状三出复叶；托叶基部与叶柄合生；总状花序，腋生；苞片针刺状；雄蕊二体，花药同型；子房具胚珠 2~8，常宿存；荚果不弯作马蹄形或镰刀形，不开裂或迟裂，伸出萼外，表面具网状或波状脉纹或皱褶；种子 1~2，阔卵形，光滑或具细疣点。

约 20 种，分布于地中海区域，东欧和亚洲，世界各地均有引种；中国 4 种，南北分布。

草木樨 *Melilotus officinalis* (L.) Lam.

75. 野豌豆属 Vicia L.

一、二年生或多年生草本；茎细长、具棱；偶数羽状复叶，叶轴先端具卷须或短尖头；无小托叶；总状或复总状花序腋生；雄蕊二体 9+1，花药同型；花柱圆柱形，顶端四周被毛；或侧向压扁于远轴端，具一束髯毛；荚果腹缝开裂；种子 2~7；子叶扁平、不出土。

约 160 种，产北半球温带至南美洲温带和东非；中国 40 种，广布于全国地区。

广布野豌豆 *Vicia cracca* L.

76. 豌豆属 Pisum L.

一年生或多年生柔软草本，茎方形、空心、无毛；叶具小叶 2~6，全缘或多少有锯齿，下面被粉霜，托叶大，叶状；叶轴顶端具羽状分枝的卷须；花单生或数朵排成总状花序腋生，具柄；雄蕊二体 9+1；子房近无柄，有胚珠多数，花柱内弯，压扁，内侧面有纵列的髯毛；荚果肿胀，长椭圆形，顶端斜急尖；种子数颗，球形。

2~3 种，产欧洲及亚洲；中国广泛栽培 1 种。

豌豆 *Pisum sativum* L.

77. 山黧豆属 Lathyrus L.

一年生或多年生草本，具根状茎或块根；偶数羽状复叶，具 1 至数小叶，稀无小叶而叶轴增宽叶化或托叶叶状，叶轴末端具卷须或针刺；托叶通常半箭形，稀箭形，偶为叶状；总状花序腋生，具 1 至多花；雄蕊二体 9+1；雄蕊管顶端通常截形，稀偏斜；花柱近轴一面被刷毛；荚果通常压扁，开裂；种子 2 至多数。

约 160 种，主要分布于北温带地区；中国 18 种，产北部及西南部，稀达华东地区。

山黧豆 *Lathyrus quinquenervius* (Miq.) Litv.

78. 兵豆属 Lens Mill.

直立或披散的一年生草本，或半藤本状植物；偶数羽状复叶；全缘，顶端 1 枚变为卷须、刺毛或缺；花小，单生或数朵排成总状花序；萼裂片狭长；旗瓣倒卵形，翼瓣，龙骨瓣有瓣柄和耳；雄蕊二体 9+1 ；子房几无柄，花柱近轴面具疏髯毛；荚果短，扁平，具种子 1~2；种子双凸镜形，褐色。

5~6 种，分布于地中海地区和亚洲西部；中国栽培 1 种。

兵豆 *Lens culinaris* Medik.

79. 旱雀豆属 Chesniella Boriss.

多年生草本；根粗壮，木质；茎基部木质，纤细，平卧；奇数羽状复叶；小叶 2~4 对，全缘；托叶膜质，与叶柄分离；花单生于叶腋；花萼钟状；花冠淡黄色、粉红色或紫色，旗瓣圆形，与翼瓣及龙骨瓣近等长，或龙骨瓣短于翼瓣；雄蕊二体；子房无柄；柱头头状，顶生；荚果膨胀，开裂后果瓣扭曲。

6 种，产中亚和中国西北部；中国 2 种，产内蒙古西部和甘肃西部。

80. 雀儿豆属 Chesneya Lindl. ex Endl.

多年生草本；根粗壮，木质；茎短缩成无茎状；叶为奇数羽状复叶，极少仅具 3 小叶；托叶草质，无小托叶；花单生于叶腋，极少组成具 1~4 花的总状花序；花梗上部具关节，在关节处着生 1 枚苞片；花冠紫色或黄色，旗瓣下面密被短柔毛；雄蕊二体，花药同型；子房无柄；柱头头状；荚果扁平，1 室。

21 种，产地中海区域、西亚至中亚；中国 7 种，产西南部和内蒙古、新疆、甘肃。

川滇雀儿豆 *Chesneya polystichoides* (Hand.-Mazz.) Ali

81. 米口袋属 Gueldenstaedtia Fisch.

多年生草本；主根圆锥状，主茎极缩短而成根颈；奇数羽状复叶，呈莲座丛状；伞形花序具 3~8（~12）朵花；花萼密被贴伏白色长柔毛；旗瓣顶端微凹，龙骨瓣钝头，卵形，极短小，约为翼瓣长之半；雄蕊二体 9+1；子房圆筒状；荚果圆筒形，1 室，无假隔膜，种子多数；种子三角状肾形，表面具凹点。

约 12 种，分布于亚洲大陆；中国 10 种，分布于东北、华北、华中和西南地区。

米口袋 *Gueldenstaedtia verna* subsp. *multiflora* (Bunge) H. P. Tsui

82. 高山豆属 Tibetia (Ali) H. P. Tsui

多年生草本，主根圆锥状或纺锤状；根颈上发出多数纤长分茎，分茎具分枝，伏地生，有时具不定根；奇数羽状复叶；托叶膜质，抱茎；伞形花序腋生，有 1~4 花；花冠通常深紫色，稀黄色；雄蕊二体 9+1；子房通常圆筒状，花柱内弯，与子房成直角；荚果圆筒状，1 室，具多数种子；种子肾形。

约 5 种，分布于中国、尼泊尔、印度及孟加拉国；中国 5 种，产甘肃、青海、四川及云南至西藏。

高山豆 *Tibetia himalaica* (Baker) H. P. Tsui

83. 骆驼刺属 Alhagi Gagnebin

多年生草本或半灌木；单叶，全缘，具钻状托叶；总状花序腋生；旗瓣与龙骨瓣约等长；翼瓣较短，其与龙骨瓣皆具长瓣柄和短耳；雄蕊二体 9+1，雄蕊管前端弯曲，花药同型；子房线形，无毛，胚珠多数；荚果为不太明显的串珠状，节间椭圆形，不开裂；种子肾形或近正方形，彼此被横隔膜分开。

约 5 种，产北非、地中海、西亚和中亚；中国 1 种，产内蒙古、甘肃、青海和新疆。

骆驼刺 *Alhagi sparsifolia* Keller & Shap.

84. 岩黄芪属 Hedysarum L.

草本，稀为半灌木或灌木；叶为奇数羽状复叶，托叶 2，干膜质，与叶对生；小叶全缘，上面通常具亮点，无小托叶；花序总状，稀为头状，腋生；雄蕊二体 9+1，雄蕊管上部膝曲，近旗瓣的 1 枚雄蕊分离，稍短，稀中部与雄蕊管黏着，花药同型；果实 1 至数节，各节近于圆形或方形。

约 160 种，主要分布于北温带和北非；中国 41 种，主产干旱和高寒地区。

短翼岩黄芪 *Hedysarum brachypterum* Bunge

85. 驴食豆属 Onobrychis Mill.

草本或小灌木；叶为奇数羽状复叶；托叶干膜质；总状或穗状花序腋生；具长的总花梗；花萼钟状，5 齿裂；翼瓣短小；雄蕊二体 9+1，分离的 1 枚雄蕊在中部与雄蕊管黏着，花药同型；子房无柄，1~2 胚珠；荚果通常 1 节，节荚半圆形或鸡冠状，两侧膨胀，不开裂，脉纹隆起，通常具皮刺。

约 130 种，主要分布于北非、西亚和中亚及欧洲等；中国 3 种，产华北和西北地区。

驴食草 *Onobrychis viciifolia* Scop.

86. 刺枝豆属 Eversmannia Bunge

小灌木，有刺；奇数羽状复叶；总状花序腋生，多花的；花有短花梗；花萼钟状；5 齿，披针形，近轴端的一个短于远轴端的；旗瓣长圆状倒卵形，基部渐狭，与龙骨瓣等长；翼瓣小，只有旗瓣的 1/4；龙骨倾斜；雄蕊二体 9+1；子房无毛；花柱丝状，先端弯曲，柱头小；荚果宽线形，弯曲，革质。

4 种，产中亚、东欧、俄罗斯；中国 1 种，产新疆。

87. 羊柴属 Corethrodendron Fisch. & Basiner

小灌木；托叶 2，与叶柄对生，干膜质，合生或分离，脱落；奇数羽状复叶，小叶对生，全缘；总状花序腋生，疏松，花多数；苞片早落或宿存；花萼基部具 2 小苞片；花萼钟状或斜钟状；具 5 齿，近等长或不等长；花冠紫色或粉紫色，宿存；二体雄蕊 9+1；子房无柄，被毛；荚果圆筒形，不裂。

5 种，分布于中国、哈萨克斯坦、蒙古国和俄罗斯；中国 5 种，主产西北地区。

红花羊柴 *Corethrodendron multijugum* (Maxim.) B. H. Choi & H. Ohashi

88. 锦鸡儿属 Caragana Fabr.

灌木，稀为小乔木；偶数羽状复叶或假掌状复叶，有2~10对小叶；叶轴顶端常硬化成针刺；托叶宿存并硬化成针刺，稀脱落；小叶全缘，先端常具针尖状小尖头；花梗单生、并生或簇生叶腋，具关节；花萼基部偏斜，萼齿5；花瓣均具瓣柄，翼瓣和龙骨瓣常具耳；二体雄蕊；胚珠多数；荚果筒状或稍扁。

约100种，产于亚洲和欧洲的干旱与半干旱地区；中国66种，分布于北部和西南地区。

红花锦鸡儿 *Caragana rosea* Maxim.

89. 铃铛刺属 Halimodendron Fisch. ex DC.

落叶灌木；偶数羽状复叶，叶轴在小叶脱落后延伸并硬化成针刺状；托叶宿存并为针刺状；总状花序生于短枝，具少数花；花萼基部偏斜；二体雄蕊；旗瓣圆形，边缘微卷，翼瓣的瓣柄与耳几等长，龙骨瓣近半圆形，先端钝，稍弯；子房膨大，1室，有长柄，胚珠多数；花柱向内弯，柱头小；荚果膨胀，果瓣较厚。

1种，产中国、蒙古国和俄罗斯；中国产新疆、内蒙古。

铃铛刺 *Halimodendron halodendron* (Pall.) Druce

90. 棘豆属 Oxytropis DC.

多年生草本、半灌木或矮灌木，稀垫状小半灌木；根通常发达；茎发达、缩短或呈根颈状；植物体被毛、腺毛或腺点，稀被不等臂的丁字毛；奇数羽状复叶；苞片小，膜质；旗瓣直立；龙骨瓣先端具直立或反曲的喙；雄蕊二体9+1，花药同型；胚珠多数；荚果膨胀，1室或不完全2室，稀2室；种子肾形，无种阜。

约310种，主要分布于中亚、东亚、欧洲、非洲和北美；中国146种，多分布于北部和西南山地。

砂珍棘豆 *Oxytropis racemosa* Turcz.

91. 蔓黄芪属 Phyllolobium Fisch.

多年生草本，茎多发达，基部具毛；托叶离生；总状花序，具总花梗；苞片宿存；花萼钟状；旗瓣宽，圆形或椭圆形，有短爪，先端微缺；翼瓣和龙骨瓣分离；子房具柄，下部具毛，柱头光滑；荚果1室或不完全2室。

22种，主要产于中国，喜马拉雅地区和塔吉克斯坦有少量分布；中国21种，分布于西南和西北地区。

奇异蔓黄芪 *Phyllolobium prodigiosum* (K. T. Fu) M. L. Zhang & Podlech

92. 鱼鳔槐属 Colutea L.

灌木或小灌木；奇数羽状复叶；托叶小，无小托叶；总状花序腋生，具长总花梗；旗瓣近圆形，瓣柄上方具2褶或胼胝体；龙骨瓣具长而合生的瓣柄；雄蕊二体，花药同形；子房具柄，胚珠多数；花柱内弯，沿上部腹面有髯毛，柱头内卷或钩曲；荚果膨胀如膀胱状，先端尖或渐尖，具长果颈，果瓣膜质；种子多数。

约28种，分布于欧洲南部、非洲东北部及亚洲西部至中部；中国栽培2种。

鱼鳔槐 *Colutea arborescens* L.

93. 无叶豆属 Eremosparton Fisch. & C. A. Mey.

矮灌木；叶不发育，鳞片状；花多数，总状花序细长，稀疏；花萼钟状，萼齿5裂；旗瓣先端微缺，具短瓣柄，龙骨瓣较翼瓣短；雄蕊二体，花药同形；子房无柄，花柱内弯，上部背面被纵髯毛，柱头顶生；荚果圆形或圆卵形，扁平稍膨胀，不开裂，种子1~2（3），果瓣膜质；种子肾状，无种阜。

约3种，分布于哈萨克斯坦及中亚其他地区；中国1种，产新疆。

94. 苦马豆属 Sphaerophysa DC.

小灌木或多年生草本；奇数羽状复叶；托叶小，无小托叶；总状花序腋生；花萼具5齿；花冠红色，旗瓣圆形，边缘反折，露出里面，翼瓣镰状长圆形，龙骨瓣先端内弯而钝；雄蕊二体，花药同型；子房具长柄；胚珠多数；花柱内弯，近轴面具纵列髯毛；荚果膨胀，几不开裂；种子多数，肾形，珠柄丝状。

2种，主要分布于西亚、中亚、东亚及西伯利亚；中国1种，产北部。

苦马豆 *Sphaerophysa salsula* (Pall.) DC.

95. 瓜儿豆属 Cyamopsis DC.

一年生草本，具平贴丁字毛；奇数羽状复叶、羽状三出复叶或单叶；托叶钻形；小叶两面或下面被白色平贴丁字毛；总状花序腋生；龙骨瓣不卷曲，多少呈囊状；雄蕊10，单体，花丝结合成管，花药顶端具硬尖，基部无鳞片；子房无柄；荚果近四棱形，扁平而阔，顶端尖细成喙；种子立方体形，表面有细微瘤状突起。

4种，原产非洲热带地区；中国引入栽培1种。

瓜儿豆 *Cyamopsis tetragonoloba* (L.) Taubert

96. 木蓝属 **Indigofera** L.

灌木或草本，稀小乔木；多少被白色或褐色平贴丁字毛；奇数羽状复叶，偶为掌状复叶、三小叶或单叶；总状花序腋生，少数呈头状、穗状或圆锥状；雄蕊二体，花药同型，药隔顶端具硬尖或腺点，有时具髯毛，基部偶有鳞片；子房无柄，胚珠1至多数；荚果线形或圆柱形，内果皮通常具红色斑点；种子肾形。

约800种，广布亚热带与热带地区，以非洲占多数；中国79种，广布。

花木蓝 *Indigofera kirilowii* Palibin

97. 双束鱼藤属 **Aganope** Miq.

木质藤本或乔木；小叶对生，纸质或革质；托叶早落；小托叶早落或无；假圆锥花序顶生或腋生；小苞片早落；管萼杯状或钟状，平截或有明显的齿；具花盘，胚珠1~10；荚果扁平，木质，背面或两缝有狭翅；1至多数种子；胚根短，直。

世界7种，分布于热带和亚热带的非洲、亚洲及太平洋岛屿；中国3种，产华南至云南。

锥花双束鱼藤 *Aganope thyrsiflora* (Benth.) Polhill

98. 相思子属 **Abrus** Adans.

藤本；偶数羽状复叶；叶轴顶端具短尖；托叶线状披针形，无小托叶；总状花序腋生或与叶对生；花小，数朵簇生于花序轴的节上；花冠远大于花萼；雄蕊9，单体，雄蕊管上部分离，花药同型；子房近无柄，花柱短，柱头头状，无髯毛；荚果长圆形，扁平，开裂；种子暗褐色或半红半黑，有光泽。

约12种，广布于热带和亚热带地区；中国4种，产华南地区。

毛相思子 *Abrus pulchellus* subsp. *mollis* (Hance) Verdc.

99. 乳豆属 **Galactia** P. Browne

平卧或缠绕草本或亚灌木；羽状复叶有小叶3，稀1~7；小托叶宿存；总状花序腋生；花生于花序轴的节上；花冠各瓣近等长；龙骨瓣钝而稍直，与翼瓣等长或稍过之；雄蕊10，二体，对旗瓣的1枚与雄蕊管完全离生或中部以下合生；花药一式；花柱丝状，无毛；荚果线形，扁平，2瓣裂；种无种阜。

约60种，分布于美洲和亚洲热带及亚热带地区；中国2种，产台湾、广东、广西、云南等。

乳豆 *Galactia tenuiflora* (Willd.) Wight & Arn.

100. 刀豆属 **Canavalia** DC.

一年生或多年生草本；羽状复叶具3小叶；托叶小，有小托叶；总状花序腋生；花生于花序轴上肉质、隆起的节上；花萼顶部二唇形，上唇大，截平或具2裂齿，下唇小，全缘或具3裂齿；雄蕊单体，花药同型；花柱内弯，无髯毛；荚果大，扁平或略膨胀，近腹缝线的两侧通常有隆起的纵脊或狭翅，2瓣裂。

约50种，产热带及亚热带地区；中国引入栽培的共5种，分布于西南至东南地区。

狭刀豆 *Canavalia lineata* (Murray) DC.

101. 崖豆藤属 Millettia Wight & Arn.

藤本、直立或攀缘灌木或乔木；奇数羽状复叶互生，小叶2至多对，通常对生；全缘；圆锥花序大；花萼阔钟状；雄蕊二体9+1，花药同型，花丝顶端不膨大；具花盘，但有时甚至不发达；子房无柄或具短柄；花柱基部常被毛；荚果开裂，稀迟裂，种子2至多数；珠柄常在近轴一侧，呈肉质而膨大。

约100种，分布于热带和亚热带的非洲、亚洲及大洋洲；中国18种，产西南地区至台湾。

海南崖豆藤 *Millettia pachyloba* Drake

102. 拟大豆属 Ophrestia H. M. L. Forbes

多年生缠绕或稀为直立草本、亚灌木或灌木；奇数羽状复叶，具小叶3~7，稀为单叶；总状花序；花萼裂片5，近相等，均比萼管短，上面的1对多少合生；花冠伸出萼外，旗瓣基部渐狭成为阔而短的瓣柄，比其他花瓣长，翼瓣具瓣柄，有耳；雄蕊二体9+1，花药一式；子房近无柄；荚果扁平，边缘略增厚，2瓣裂。

约13种，分布于热带非洲和亚洲；中国1种，产海南。

103. 灰毛豆属 Tephrosia Pers.

一年或多年生草本，有时为灌木状，奇数羽状复叶；具托叶，无小托叶；小叶多数，通常被绢毛；总状花序；旗瓣背面具柔毛或绢毛，瓣柄明显，瓣片圆形，常后反，翼瓣和龙骨瓣无毛，多少相黏连；雄蕊二体；子房无柄，具柔毛；荚果线形或长圆形，爆裂，果瓣扭转。

约400种，广布于热带和亚热带地区，多数产非洲，欧洲不产；中国11种，产南部。

西沙灰毛豆 *Tephrosia luzonensis* Vogel

104. 水黄皮属 Pongamia Adans.

乔木；奇数羽状复叶；小叶对生；无小托叶；花组成腋生的总状花序；雄蕊10，通常9枚合生成雄蕊管，对旗瓣的1枚离生，花药基着；子房近无柄，有胚珠2，花柱上弯，无毛，柱头头状，顶生；荚果扁平，果瓣厚革质或近木质，有种子1。

1种，分布于亚洲南部、东南亚、大洋洲及太平洋热带地区；中国南部有产。

水黄皮 *Pongamia pinnata* (L.) Merr.

105. 干花豆属 **Fordia** Hemsl.

灌木；茎直立，枝叶伸展；芽着生于叶腋上方，具多数针刺状开展的芽苞片；奇数羽状复叶聚集枝梢；托叶丝状，稍弯曲，小托叶钻形，均宿存；小叶多至12对；总状花序着生于老茎上或当年生枝的基部，细长，萼齿5，近截平，齿尖不明显；雄蕊二体，花药同型；子房无柄，被柔毛，胚珠2；荚果棍棒状，扁平，瓣裂；种子具种阜。

8种，分布于中国、菲律宾、越南、马来西亚和印度尼西亚；中国2种，产南部。

干花豆 *Fordia cauliflora* Hemsl.

106. 拟鱼藤属 **Paraderris** (Miq.) R. Geesink

藤本植物；托叶小；奇数羽状复叶；托叶小或缺失；腋生假总状花序，偶尔呈假圆锥花序；小苞片宿存；花萼具5短裂片；单体雄蕊；花药通常具毛；花盘平或中部凹陷；子房有毛；胚珠1~7；荚果不裂，厚木质；沿腹缝线有狭翅或腹、背两缝线均有狭翅；种子1至数粒，透镜状，胚根折叠。

约15种，分布于东南亚；中国6种，产南部。

粉叶拟鱼藤 *Paraderris glauca* (Merr. & Chun) T. C. Chen & Pedley

107. 鱼藤属 **Derris** Lour.

木质藤本，稀直立灌木或乔木；奇数羽状复叶；托叶小，小叶对生，全缘；无小托叶；总状花序或圆锥花序；花盘通常缺；雄蕊10，通常合生成单体，有时对旗瓣的1枚分离而成二体，花药丁字着生；荚果薄而硬，扁平，不开裂，沿腹缝线有狭翅或腹、背两缝线均有狭翅，有种子1至数粒；种子肾形，扁平。

约50种，分布于热带和亚热带地区；中国16种，产南部和西南地区。

锈毛鱼藤 *Derris ferruginea* Benth.

108. 蝶豆属 **Clitoria** L.

多年生缠绕草本或亚灌木；叶为奇数羽状复叶，小叶3~9；托叶和小托叶宿存；花大而美丽，单朵或成双腋生或排成总状花序；花冠长，伸出萼外；雄蕊二体9+1或多少连合成一体，花药一式；子房具柄，子房基部常为鞘状花盘所包围，有胚珠多数，花柱扁，长而弯曲，沿内侧有髯毛；荚果具果颈。

约70种，分布于热带和亚热带地区；中国原产4种，引栽1钟，产南部。

蝶豆 *Clitoria ternatea* L.

109. 距瓣豆属 **Centrosema** Benth.

灌木或草本，匍匐或攀缘；叶具柄，羽状复叶，具3小叶，稀5~7小叶；托叶宿存；小托叶小；花单生或2至多朵组成腋生的总状花序；小苞片2，宿存而具条纹，与萼贴生，常比苞片大；旗瓣背面近基部具短距；雄蕊二体9+1，对旗瓣的1枚离生，其余的多少合生；花药一式；荚果线形，扁平，果瓣内面种子间有假隔膜。

45种，产于美洲；我国南方引种栽培1种。

距瓣豆 *Centrosema pubescens* Benth.

西南宿苞豆 *Shuteria vestita* Wight & Arn.

110. 土圞儿属 Apios Fabr.

缠绕草本，有块根；羽状复叶；小叶 5~7，少有 3 或 9，全缘；小托叶小；腋生总状花序或顶生圆锥花序；总花梗具节；花生于肿胀的节上；翼瓣比旗瓣短，龙骨瓣最长，内弯，内卷或螺旋状卷曲；雄蕊二体，花药一式，子房近无柄，胚珠多数，花柱丝状，上部反折，无毛；荚果扁，2 瓣裂；种子无种阜。

8 种，分布于东亚、中南半岛、印度和北美；中国约 6 种，产东部、南部至西南地区。

云南土圞儿 *Apios delavayi* Franch.

111. 宿苞豆属 Shuteria Wight & Arn.

多年生草质藤本，茎缠绕；羽状复叶具 3 小叶；托叶和小托叶具纵条纹，早落或宿存；总状花序腋生，花小成对；苞片和小苞片均 2，小尖锐，具纵条纹，宿存；花冠伸出萼外，红色、淡紫色或紫色；雄蕊二体（1+9），花药一式；花柱内弯，柱头头状，顶生；荚果线形，压扁，稍弯曲，种子无种阜，种脐小。

约 6 种，分布于亚洲热带和亚热带地区；中国 4 种，主要产南部至西南地区。

112. 油麻藤属 Mucuna Adans.

多年生或一年生木质或草质藤本；叶为羽状复叶，具 3 小叶，小叶大，有小托叶，常脱落；花冠伸出萼外；旗瓣、翼瓣均较龙骨瓣为短小，先端内弯，有喙；雄蕊二体，花药二式，常具髯毛；胚珠 1 至 10 多颗；花柱不具髯毛，柱头小头状；荚果边缘常具翅，常被褐黄色螯毛，多 2 瓣裂；种子无种阜。

约 100 种，多分布于热带和亚热带地区；中国约 18 种，广布于西南部经中南部至东南部。

常春油麻藤 *Mucuna sempervirens* Hemsl.

113. 巴豆藤属 Craspedolobium Harms

攀缘灌木；小叶 3，花聚集于短缩的圆柱状生花节上，呈团伞花序状，再排列成伸长的总状花序式；花萼钟状，萼齿 5；花冠无毛，旗瓣先端稍凹缺，具短瓣柄，翼瓣基部内侧有 1 尖耳；雄蕊二体 9+1，花药同型；子房具短柄，被细柔毛，胚珠 5~8；荚果 2 瓣裂，腹缝具狭翅状边，种子间无横隔；种子肾形。

1 种，中国特有，产西南地区。

巴豆藤 *Craspedolobium unijugum* (Gagnep.) Z. Wei & Pedley

114. 旋花豆属 Cochlianthus Benth.

草质藤本；羽状复叶具 3 小叶和小托叶；总状花序腋生，花序轴纤细而具结节；花中等大，通常簇生于结节上；花瓣近等长或旗瓣较短，旗瓣基部具内弯的耳；翼瓣基部具长耳；龙骨瓣上部呈环状卷曲；雄蕊二体 9+1；子房具短柄，有胚珠数颗，花柱无毛，伸长，上部卷曲成 1~2 圈，柱头盾状，顶生；荚果 2 瓣裂；种子数颗，种阜不明显。

2 种，分布于尼泊尔至中国；中国 2 种，产西南部和南部。

高山旋花豆 *Cochlianthus montanus* (Diels) Harms

115. 笐子梢属 Campylotropis Bunge

落叶灌木或半灌木；羽状复叶具 3 小叶；托叶 2；常有 2 枚脱落性的小托叶；花序通常为总状；花梗有关节，花易从花梗顶部关节处脱落；小苞片 2，生于花梗顶端，通常早落；花萼 5 裂；雄蕊二体 9+1，对着旗瓣的一枚雄蕊在花期不同程度地与雄蕊管连合；子房 1 室，1 胚珠；荚果不开裂；种子 1。

37 种，分布于亚洲南部、东南部；中国 32 种，多在西南地区。

笐子梢 *Campylotropis macrocarpa* (Bunge) Rehder

116. 鸡眼草属 Kummerowia Schindl.

一年生草本，常多分枝；叶为三出羽状复叶；托叶膜质，大而宿存，通常比叶柄长；花通常 1~2 朵簇生于叶腋，稀 3 朵或更多，小苞片 4 枚生于花萼下方，其中有一枚较小；花小，旗瓣与龚瓣近等长，通常均较龙骨瓣短，正常花的花冠和雄蕊管在果时脱落；雄蕊二体 9+1；子房有 1 胚珠；荚果扁平，具 1 节，1 种子，不开裂。

2 种，产西伯利亚至中国、朝鲜、日本；中国 2 种，除西北外，几遍全国。

长萼鸡眼草 *Kummerowia stipulacea* (Maxim.) Makino

117. 胡枝子属 Lespedeza Michx.

多年生草本、半灌木或灌木；羽状复叶，具 3 小叶；托叶小钻形或线形，宿存或早落；小叶全缘，先端有小刺尖，网状脉；花 2 至多数组成腋生的总状花序或花束；苞片小，宿存；花常二型；雄蕊 10，二体 9+1；子房上位，具 1 胚珠，花柱内弯，柱头顶生；荚果双凸镜状，常有网纹；种子 1，不开裂。

60 余种，分布于东亚至澳大利亚东北部及北美；中国 25 种，除新疆外，全国分布。

多花胡枝子 *Lespedeza floribunda* Bunge

118. 小槐花属 Ohwia H. Ohashi

灌木；叶羽状3小叶；有托叶；叶柄具翅；花序假总状或圆锥状；花萼钟状，4浅裂；上部裂片2裂，下部裂片比两侧裂片长；花冠白色到淡黄色；花瓣具脉；旗瓣长椭圆形，龙骨瓣较翼瓣长；单体雄蕊；雌蕊基部具花盘，雌蕊具柄，花柱向上弯曲；柱头小；果荚线形；子叶出土萌发。

2种，分布于东亚和东南亚；中国2种，产长江以南地区。

小槐花 *Ohwia caudata* (Thunb.) H. Ohashi

119. 排钱树属 Phyllodium Desv.

灌木或亚灌木；叶为羽状三出复叶，具托叶和小托叶；花4~15朵组成伞形花序，由宿存的叶状苞片包藏，在枝先端排列成总状圆锥花序状，形如一长串钱牌；翼瓣有耳，具瓣柄，龙骨瓣弧曲，有耳，具长瓣柄；雄蕊单体，雌蕊较雄蕊长，具花盘，花柱较子房长，通常近基部有柔毛；荚果不开裂，荚节2~7。

8种，分布于热带亚洲及大洋洲；中国4种，产台湾、福建、广东、海南、广西、云南等。

排钱树 *Phyllodium pulchellum* (L.) Desv.

120. 假木豆属 Dendrolobium (Wight & Arn.) Benth.

灌木或小乔木；叶为三出羽状复叶或稀仅有1小叶；具托叶和小托叶，托叶近革质，有条纹；花序腋生，近伞形、伞形至短总状花序；花冠白色或淡黄色，旗瓣具瓣柄，龙骨瓣具长瓣柄；雄蕊单体；子房无柄，具（1~）2~8胚珠，花柱细长；荚果不开裂，有1~8荚节，多少呈念珠状；种子宽长圆状椭圆形或近方形。

18种，分布于亚洲热带地区；中国5种，产台湾、广东、海南、广西、贵州、云南等。

单节假木豆 *Dendrolobium lanceolatum* (Dunn) Schindl.

121. 葫芦茶属 Tadehagi H. Ohashi

灌木或亚灌木；叶仅具单小叶，叶柄有宽翅，有小托叶2；总状花序顶生或腋生，通常每节生2~3朵花；花瓣具脉；雄蕊二体9+1；子房基部具明显花盘，有胚珠5~8，花柱无毛，柱头头状；荚果通常有5~8荚节，腹缝线直或稍呈波状，背缝线稍缢缩至深缢缩；种脐周围具带边假种皮。

约6种，分布于亚洲热带、太平洋岛屿和澳大利亚北部；中国2种，产南岭以南地区。

葫芦茶 *Tadehagi triquetrum* (L.) H. Ohashi

122. 长柄山蚂蝗属 Hylodesmum H. Ohashi & R. R. Mill

多年生草本或亚灌木状；叶为羽状复叶；小叶 3~7，全缘或浅波状；有托叶和小托叶；总状花序，少为稀疏的圆锥花序；雄蕊单体，少有近单体；子房具细长或稍短的柄；荚果具细长或稍短的果颈，有荚节 2~5，背缝线于荚节间凹入几达腹缝线而成一深缺口，腹缝线在每一荚节中部不缢缩或微缢缩。

14 种，主产亚洲，少数种类产美洲；中国 10 种，南北均产。

大苞长柄山蚂蝗 *Hylodesmum williamsii* (H. Ohashi) H. Ohashi & R. R. Mill

123. 长柄荚属 Mecopus Benn.

一年生草本；叶具单小叶；托叶线状披针形，小托叶微小针状；花小，组成稠密的顶生总状花序；雄蕊二体 9+1，花药一式；子房具柄，有 2 胚珠，花柱内弯；荚果具 1 荚节，椭圆形，压扁，两面稍突起，具网纹；果颈长，伸出萼外；果梗先端旋扭，使荚果下垂靠近果序轴，下面具极狭长的苞片；种子肾形。

1 种，分布于热带亚洲；中国产海南。

124. 三叉刺属 Trifidacanthus Merr.

直立灌木，具锐利而直的三叉硬刺；叶仅有 1 小叶；托叶干膜质，具条纹；小托叶微小；总状花序短，腋生；雄蕊二体 9+1，对着旗瓣的 1 枚从基部分离，其余 9 枚合生，花药一式；子房线形，具短柄，约 6 胚珠，花柱微内弯，无毛，柱头小；荚果劲直，由数个荚节组成，果瓣薄，具网纹，腹缝线直，背缝线于节间深凹。

1 种，分布于菲律宾、越南和中国海南。

三叉刺 *Trifidacanthus unifoliolatus* Merr.

125. 链荚豆属 Alysicarpus Neck. ex Desv.

多年生草本，茎直立或披散，具分枝；叶为单小叶，少为羽状三出复叶；具托叶和小托叶，托叶干膜质或半革质，离生或合生；花小，通常成对排列于腋生或顶生的总状花序的节上；雄蕊二体 9+1，花药一式；胚珠多数，花柱线形，向内弯曲，柱头头状；荚果圆柱形，膨胀，荚节数个，不开裂，每荚节具 1 种子。

30 种，分布于热带非洲、亚洲、大洋洲和热带美洲；中国 4 种，产西南地区。

链荚豆 *Alysicarpus vaginalis* (L.) DC.

126. 山蚂蝗属 Desmodium Desv.

草本、亚灌木或灌木；叶为羽状三出复叶或退化为单小叶；具托叶和小托叶，托叶有条纹，小托叶钻形或丝状；花通常较小，组成腋生或顶生的总状花序或圆锥花序，稀为单生或成对生于叶腋；雄蕊二体 9+1 或少有单体；子房通常无柄，有胚珠数颗；荚果扁平，不开裂，背腹两缝线稍缢缩或腹缝线劲直；荚节数枚。

280种，多产于亚热带和热带地区；中国32种，分布于西南部和南部，1种产陕西、甘肃南部。

广东金钱草 *Desmodium styracifolium* (Osbeck) Merr.

127. 舞草属 Codariocalyx Hassk.

直立灌木；叶为三出复叶，侧生小叶很小或缺而仅为单小叶；有托叶和小托叶，托叶早落；圆锥状或总状花序顶生或腋生；花冠较花萼长；雄蕊二体；雌蕊线形，有胚珠6~13；荚果有荚节5~9，腹缝线直，背缝线稍缢缩，成熟时沿背缝线开裂，被毛，无网脉；种子具假种皮；子叶出土萌发。

2种，分布于东南亚和热带大洋洲；中国2种，全国均产。

舞草 *Codariocalyx motorius* (Houtt.) H. Ohashi

128. 蝙蝠草属 Christia Moench

直立或披散草本或亚灌木；叶为羽状三出复叶或仅具单小叶；具小托叶；花小，花萼膜质，钟状，结果时增大，5裂，裂片卵状披针形，与萼筒等长而略宽；雄蕊二体9+1，花药一式；子房有胚珠数颗；荚果由数个具1种子的荚节组成，荚节明显，有脉纹，彼此重叠，藏于萼内。

约13种，分布于热带亚洲和大洋洲；中国5种，产南部至东南部。

蝙蝠草 *Christia vespertilionis* (L. f.) Bahn. f.

129. 狸尾豆属 Uraria Desv.

多年生草本、亚灌木或灌木；叶为单小叶、三出或奇数羽状复叶，小叶1~9；具托叶和小托叶；顶生或腋生总状花序或再组成圆锥花序；花萼5裂，上部2裂片有时部分合生；雄蕊二体，花药一式；荚果反复折叠，荚节不开裂，每节具1种子。

20种，主要分布于热带非洲、亚洲和澳大利亚；中国7种，自西南经中南至东南地区。

中华狸尾豆

Uraria sinensis (Hemsl.) Franch.

130. 密花豆属 Spatholobus Hassk.

木质攀缘藤本；羽状复叶具3小叶；托叶小，早落；圆锥花序；花小而多，通常数朵密集于花序轴或分枝的节上；花萼二唇形；花冠突出于萼外；荚果，压扁，具网纹，密被短柔毛或绒毛，顶部稍厚，具1种子；种子扁平。

密花豆 *Spatholobus suberectus* Dunn

30 种，分布于中南半岛、马来半岛和非洲热带地区；中国 10 种，产云南、广西和广东。

131. 紫矿属 Butea Roxb. ex Willd.

乔木或大藤本；羽状复叶具 3 小叶；小托叶钻状，宿存或脱落；花红色或鲜红色，密集成簇，排成腋生或顶生的总状花序或圆锥花序；花冠大而突出于萼外，各瓣近等长；龙骨向内弯曲，先端尖，背部合生成一脊；雄蕊 10，二体，花药一式；胚珠 2；花柱无毛；荚果扁平，2 瓣裂；种子通常 1，种脐小，无种阜。

4~5 种，分布于南亚；中国 3 种，产云南南部。

紫矿 *Butea monosperma* (Lam.) Taubert

132. 木豆属 Cajanus Adans.

直立灌木或亚灌木，或为木质或草质藤本；叶具羽状 3 小叶或有时为指状 3 小叶，小叶背面有腺点；总状花序；花萼钟状，5 齿裂，裂片短；龙骨瓣偏斜圆形，先端钝，雄蕊二体 9+1，对旗瓣的 1 枚离生；花药一式；子房近无柄；胚珠 2 至多数；花柱长，无须毛；荚果压扁，种子间有横槽；种子光亮。

30 种，主产于热带亚洲、大洋洲和马达加斯加；中国 7 种，产南部及西南部，引入栽培 1 种。

蔓草虫豆 *Cajanus scarabaeoides* (L.) Thouars

133. 鹿藿属 Rhynchosia Lour.

攀缘、匍匐或缠绕藤本，稀为直立灌木或亚灌木；叶具羽状 3 小叶；小叶下面通常有腺点；托叶常早落；总状花序；花萼钟状，5 裂；龙骨瓣和翼瓣近等长，内弯；雄蕊二体 9+1，花药一式；通常有胚珠 2，稀 1；花柱常于中部以上弯曲，常仅于下部被毛；荚果扁平或膨胀，先端常有小喙；种子 2，稀 1。

200 种，分布于热带和亚热带地区，但以亚洲和非洲最多；中国 13 种，主产长江以南。

小鹿藿 *Rhynchosia minima* (L.) DC.

134. 千斤拔属 Flemingia Roxb. ex W. T. Aiton

灌木或亚灌木，稀为草本；茎直立或蔓生；叶为指状 3 小叶或单叶，下面常有腺点；小托叶缺；总状花序；苞片 2 列，小苞片缺；花冠伸出萼外或内藏；雄蕊二体 9+1，花药一式；子房近无柄，有胚珠 2，花柱丝状，柱头小头状；荚果椭圆形，膨胀，果瓣内无隔膜，有种子 1~2；种子无种阜。

30 种，分布于热带亚洲、非洲和大洋洲；中国 16 种及 1 变种，分布于西南、中南和东南地区。

千斤拔 *Flemingia prostrata* C. Y. Wu

135. 鸡头薯属 Eriosema (DC.) Desv.

草本或亚灌木，常有块根；叶具小叶 1~3，无小托叶；花 1~2 朵簇生于叶腋或排列成总状花序；旗瓣基部具瓣柄和耳，背面常被丝质柔毛，翼瓣与龙骨瓣较短；雄蕊 10，二体 9+1，花药一式；子房无柄，胚珠 2，花柱丝状；荚果膨胀，有种子 1~2；种子偏斜，种柄生于种脐的一端。

130 种，产热带和亚热带地区，主产热带美洲和非洲东部；中国 1 种，产南部和西南地区。

鸡头薯 *Eriosema chinense* Vogel

136. 镰瓣豆属 Dysolobium (Benth.) Prain

草本或木质攀缘植物；叶为具 3 小叶的羽状复叶，具托叶；总状花序腋生；花萼钟状，4 裂；龙骨瓣有时很明显地上弯，有喙；雄蕊与旗瓣对生的 1 枚离生，其余 9 枚部分合生；子房无柄，有绢毛；花柱纤细，向上弯，柱头下方环生须毛；荚果带形，被短绒毛，沿两侧缝线裂开；种子长圆形或球形，种脐长圆形。

约 4 种，产印度至马来西亚地区；中国 2 种，产云南、贵州、海南。

镰瓣豆 *Dysolobium grande* (Benth.) Prain

137. 四棱豆属 Psophocarpus Neck. ex DC.

草本或亚灌木，通常攀缘或平卧，少有直立；具块根；叶为单小叶或为具 3 小叶的羽状复叶；小托叶存在；花单生或排成总状花序，花序轴上小花梗着生处肿胀；龙骨瓣弯成直角；雄蕊二体 9+1；花柱弯曲，具纵列的髯毛或柱头下具一圈毛；荚果长圆形，沿棱角具明显或不太明显的 4 翅，开裂。

约 10 种，产东半球热带地区；中国 1 种，栽培于云南、广西、广东和台湾。

四棱豆 *Psophocarpus tetragonolobus* (L.) DC.

138. 刺桐属 Erythrina L.

乔木或灌木；小枝常有皮刺；羽状复叶具 3 小叶；小托叶呈腺体状；总状花序；花瓣极不相等，旗瓣大或伸长，翼瓣短，龙骨瓣比旗瓣短小得多；对着旗瓣的 1 枚雄蕊离生或仅基部合生，其余的合生到中部，花药一式；花柱无髯毛；荚果具果颈，2 瓣裂或蓇葖状而沿腹缝线开裂；种脐侧生，无种阜。

约 100 种，分布于全球热带和亚热带地区；中国 4 种，产西南部至南部。

云南刺桐 *Erythrina stricta* var. *yunnanensis* (S. K. Lee) R. Sa

139. 镰扁豆属 Dolichos L.

攀缘、匍匐或直立草本，或灌木；根茎大而木质；羽状复叶具 3 小叶或近指状复叶，或具单小叶，常在开花时始发叶；有托叶及小托叶；花排成腋生或顶生的总状花序或伞形花序；花萼具 5 齿；龙骨瓣具喙，但不旋卷；对旗瓣的一枚雄蕊离生，花药一式；子房具胚珠 3~12，柱头画笔状，下常有一圈毛；荚果扁平。

60 种，产非洲及亚洲；中国 4 种，产东南至西南地区。

镰扁豆 *Dolichos trilobus* L.

140. 硬皮豆属 Macrotyloma (Wight & Arn.) Verdc.

攀缘、匍匐或直立草本；叶具羽状 3 小叶或有时为单小叶；托叶基部不下延，具小托叶；花通常组成腋生花簇或假总状花序；花萼钟状，4~5 裂；花冠伸出萼外，无毛；龙骨瓣不旋卷；雄蕊 10，二体 9+1；花药一式；花柱细长，不增粗，柱头头状，其下通常有一圈毛；荚果扁，无隔膜；种子扁，种脐短，居中。

25 种，分布于亚洲及非洲；中国 1 种，产台湾。

141. 扁豆属 Lablab Adans.

多年生缠绕藤本或近直立；羽状复叶具 3 小叶；托叶反折；小托叶披针形；总状花序腋生，花序轴上有肿胀的节；花冠紫色或白色，旗瓣圆形，常反折，具附属体及耳，龙骨瓣弯成直角；对旗瓣的 1 枚雄蕊离生或贴生，花药一式；胚珠多数；花柱近顶部内缘被毛；荚果顶冠以宿存花柱，具海绵质隔膜；种子扁，具假种皮。

1 种，原产非洲，全世界热带地区均有栽培；中国南部有栽培。

扁豆 *Lablab purpureus* (L.) Sweet

142. 豇豆属 Vigna Savi

缠绕或直立草本，稀为亚灌木；羽状复叶具 3 小叶；总状花序或花簇腋生或顶生，花序轴上花梗着生处常增厚并有腺体；花萼 5 裂，二唇形；雄蕊二体，对旗瓣的一枚雄蕊离生，花药一式；子房无柄，花柱线形，上部增厚，内侧具髯毛或粗毛，下部喙状，柱头侧生；荚果 2 瓣裂，多少具隔膜；种脐小或延长。

约 100 种，分布于热带地区；中国 14 种，产东南部、南部至西南地区。

野豇豆 *Vigna vexillata* (L.) Rich.

143. 菜豆属 Phaseolus L.

缠绕或直立草本，常被钩状毛；羽状复叶具 3 小叶；托叶基着；有小托叶；总状花序腋生，花梗着生处肿胀；龙骨瓣狭长，顶端喙状，并形成一个 1~5 圈的螺旋；雄蕊二体，对旗瓣的 1 枚雄蕊离生，其余合生；具 2 至多数胚珠，柱头偏斜，不呈画笔状；荚果线形或长圆形，2 瓣裂；种子长圆形或肾形，种脐居中。

约 50 种，分布于温暖地区，尤以热带美洲为多；中国 3 种，广泛栽培。

荷包豆 *Phaseolus coccineus* L.

144. 大翼豆属 Macroptilium (Benth.) Urb.

直立或攀缘或匍匐草本；羽状复叶具 3 小叶或稀可仅具 1 小叶；花序长，花通常成对或数朵生于花序轴上；花萼裂齿 5；旗瓣反折，翼瓣及龙骨瓣均具长瓣柄，部分与雄蕊管连合，龙骨瓣旋卷；雄蕊二体，对旗瓣的 1 枚雄蕊离生，其余的雄蕊连合成管，药室单一，花柱的增厚部分突然 2 次作 90° 弯曲，近方形；荚果细长；种子小。

约 20 种，分布于美洲；中国引入栽培 2 种。

大翼豆 *Macroptilium lathyroides* (L.) Urb.

145. 山黑豆属 Dumasia DC.

缠绕草本或攀缘状亚灌木；叶具羽状 3 小叶，具托叶和小托叶；总状花序腋生；花中等大小，花萼圆筒状，管口斜截形，无萼齿或萼齿不明显；花冠突出萼外，各瓣均具长瓣柄：雄蕊二体 9+1，花药一式；子房线形，具短柄；荚果线形，扁平或近念珠状，基部有圆筒状、膜质的宿存花萼；种子多为黑色或蓝色。

约 10 种，分布于非洲南部、亚洲东部及南部；中国 9 种，产西南、东南及南部地区。

山黑豆 *Dumasia truncata* Siebold & Zucc.

146. 豆薯属 Pachyrhizus Rich. ex DC.

多年生缠绕或直立草本，具肉质块根；羽状复叶具 3 小叶，有托叶及小托叶；小叶常有角或波状裂片；总状花序，常簇生于肿胀的节上；旗瓣基部有 2 个内折的耳，龙骨瓣钝而内弯；雄蕊二体，花药一式；子房无柄，有胚珠多数，花柱顶端内弯，扁平，沿内弯面有毛；荚果带形，种子间有缢痕；种脐小。

5 种，原产热带美洲；中国东南部至西南部引入栽培 1 种。

豆薯 *Pachyrhizus erosus* (L.) Urb.

147. 葛属 Pueraria DC.

缠绕藤本，茎草质或基部木质；叶为具 3 小叶的羽状复叶；有小托叶；总状花序；花序轴上通常具稍突起的节；花萼钟状，上部 2 枚裂齿部分或完全合生；花冠伸出于萼外，对旗瓣的 1 枚雄蕊仅中部与雄蕊管合生，基部分离，稀完全分离，花药一式；胚珠多数；荚果线形，稍扁或圆柱形，2 瓣裂；果瓣薄革质；种子扁。

约 20 种，分布于印度至日本，南至马来西亚；中国 10 种，主要分布于西南部、中南部至东南部。

苦葛 *Pueraria peduncularis* (Benth.) Benth.

148. 土黄芪属 Nogra Merr.

平卧或攀缘草质藤本；叶具单小叶；托叶早落；小托叶宿存；总状花序；萼管钟状；花冠突出，各瓣近等长，具瓣柄，旗瓣基部有2个内弯的短耳；翼瓣基部与龙骨瓣稍贴生，具耳；雄蕊二体，对旗瓣的1枚完全离生；花药一式，等大，背着；胚珠多数；荚果压扁，2瓣裂，种子间有隔膜。

约4种，分布于印度、泰国至中国；中国1种，产广西北部和东部、云南东南部。

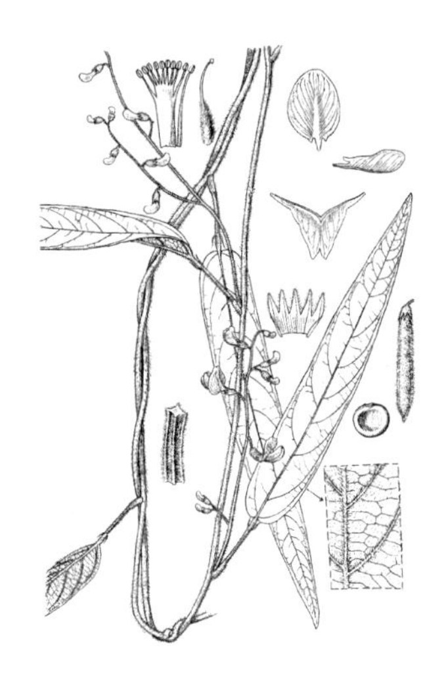

广西土黄芪 *Nogra guangxiensis* C. F. Wei

149. 毛蔓豆属 Calopogonium Desv.

缠绕或平卧草本；茎基部近木质；羽状复叶具3小叶；有托叶或小托叶；总状花序腋生；花萼钟状或管状，裂齿5；花蓝色或紫色；雄蕊二体9+1，对旗瓣的1枚离生，其余的合生，花药一式；子房无柄，胚珠多数，花柱丝状，无髯毛；荚果开裂，种子间有横缢纹，有隔膜；种子圆形，稍扁，无种阜。

5~6种，产热带北部和亚热带，拉丁美洲和安的列斯群岛；中国云南、海南和广西南部归化1种。

毛蔓豆 *Calopogonium mucunoides* Desv.

150. 两型豆属 Amphicarpaea Elliott ex Nutt.

缠绕草本；叶为羽状复叶，互生，有小叶3，托叶和小托叶常有脉纹；花两性，短总状花序；花萼管状，4~5裂；花冠伸出于萼外，各瓣近等长；雄蕊二体9+1，花药一式；子房基部具鞘状花盘，柱头小；荚果线状长圆形，扁平，微弯，不具隔膜；在地下结果，通常圆形或椭圆形；不开裂，具1种子。

5种，分布于东亚、北美及非洲东南部等；中国3种，南北分布。

两型豆 *Amphicarpaea trisperma* (Miq.) Baker

151. 软荚豆属 Teramnus P. Browne

缠绕草本，茎纤细；羽状复叶具3小叶；托叶和小托叶脱落；花小，数朵簇生于叶腋或排成腋生的总状花序；苞片小，线形，宿存；花萼膜质，钟状，裂片5；花冠稍伸出萼外；雄蕊10，单体，其中仅5枚较长的发育，5枚较短的不育；子房无柄，有胚珠多数；荚果线形，稍扁，先端具宿存的喙状花柱，有种子多数。

约8种，分布于热带地区；中国1种，分布于海南和台湾南部。

软荚豆 *Teramnus labialis* (L. f.) Spreng.

152. 苞护豆属 Phylacium Benn.

缠绕草本；叶为羽状三出复叶，小叶全缘；托叶狭窄；花具短梗，排成腋生的总状花序，有时总状花序有1~2分枝；苞片膜质，花后增大，叶状，向下面呈兜状折叠；雄蕊二体9+1，花药一式；子房为环状的花盘所围绕，有1胚珠，花柱向顶部稍增大；荚果扁平，具网纹，不开裂；种子1，无种阜。

3种，分布于中国、印度、缅甸、泰国、老挝、马来西亚、菲律宾等地；中国1种，产云南南部、广西西南部。

苞护豆 *Phylacium majus* Collett & Hemsl.

153. 补骨脂属 Cullen Medik.

草本或小灌木，有黑色或红色透明腺点；叶为奇数羽状复叶，指状3小叶或为单叶；托叶基部阔，抱茎；花萼5裂；花冠稍伸出萼外；雄蕊10，单体或二体，花药一式或微二式，交互基着和丁字着生；胚珠1；荚果卵形，不开裂，具宿存萼，果皮常与种皮黏连；种子1，无种阜，具极短柄。

33种，主要产于非洲南部、南美洲、北美洲和澳大利亚，少数产于亚洲和温带欧洲；中国栽培1种。

补骨脂 *Cullen corylifolium* (L.) Medik.

154. 密子豆属 Pycnospora R. Br. ex Wight & Arn.

亚灌木状草本；叶为羽状三出复叶或有时仅具1小叶；具小托叶；花小，排成顶生总状花序；花萼小钟状，深裂，裂片长，上部2裂片几合生；花冠伸出萼外很多，各瓣近等长，龙骨瓣钝，与翼瓣黏连；雄蕊二体9+1，花药一式；子房无柄，胚珠多数，花柱丝状；荚果膨胀，有横脉纹，无横隔，亦不分节，有种子8~10。

仅1种，产热带非洲、亚洲至澳大利亚东部；中国产福建、广东、广西、贵州、海南、江西、台湾、云南。

密子豆 *Pycnospora lutescens* (Poiret) Schindl.

155. 大豆属 Glycine Willd.

一年生或多年生草本；羽状复叶通常具3小叶，罕为4~5（~7）；托叶小，与叶柄离生，通常脱落；小托叶存在；总状花序腋生；花萼膜质，有毛，深裂为近二唇形；雄蕊单体（10）或对旗瓣的1枚离生而成二体9+1；胚珠数颗；荚果扁平或稍膨胀，种子间有隔膜，果瓣于开裂后扭曲；种子多形。

9种，分布于东半球热带至温带地区；中国6种，南北均产。

野大豆 *Glycine soja* Siebold & Zucc.

156. 丽豆属 Calophaca Fisch. ex DC.

灌木或小灌木；奇数羽状复叶；无小托叶；叶轴常脱落；托叶大；花 4 朵或多数组成总状花序；花萼管状，斜生；花冠黄色，颇大；雄蕊二体，花药圆形；子房无柄，被有柄腺毛或柔毛；花柱丝状，下部被白色长柔毛；胚珠多数；荚果圆筒状或线形，被柔毛及腺毛，2 瓣裂，花萼宿存；种子近肾形，不具种阜。

5 种，分布于中国、俄罗斯和中亚；中国 3 种，产新疆、山西和内蒙古。

丽豆 *Calophaca sinica* Rehder

157. 黄芪属 Astragalus L.

草本，稀灌木，通常具单毛或丁字毛，稀无毛；羽状复叶，稀三出复叶或单叶；无小托叶；萼筒基部近偏斜，或在花期前后呈肿胀囊状；花瓣下部常渐狭成瓣柄，龙骨瓣向内弯，先端钝，一般上部黏合；雄蕊二体，花药同型；花柱无髯毛；荚果一般肿胀，先端喙状，1 室或有时为不完全假 2 室或假 2 室。

约 3000 种，产北半球、南美洲及非洲，稀见于北美洲和大洋洲；中国 278 种，南北地区均分布。

达乌里黄芪 *Astragalus dahuricus* (Pall.) DC.

科 128. 远志科 Polygalaceae

约 21 属近 1 000 种，除北极及新西兰外全球广布，主要分布于热带及亚热带地区；中国 5 属 53 种，各省均有分布。

草本、灌木或乔木，稀为寄生小草本；单叶互生、对生或轮生，具柄或无柄，全缘，稀退化为鳞片状；花两性，两侧对称，成总状花序、圆锥花序或穗状花序，腋生或顶生；萼片 5，3 小 2 大，常呈花瓣状，或 5 枚几相等；花瓣 5，常 3 枚发育，稀全部发育，中间 1 枚常呈龙骨瓣状；雄蕊 8，或 7、5、4，花丝常合生成管，或分离；子房上位，通常 2 室，每室 1 胚珠，稀 1 室胚珠多数。蒴果，或为翅果、坚果，开裂或不开裂。

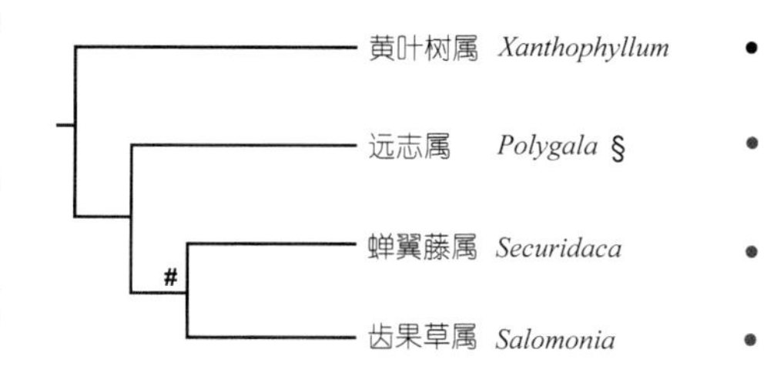

图 99 中国远志科植物的分支关系

本研究的远志科包括黄叶树科 Xanthophyllaceae。在 Takhtajan（2009）的系统中，本科分为 2 亚科：亚科 I 舟瓣花亚科 Moutabeoideae 分 2 族，即族 1 黄叶树族 Xanthophylleae（●）和族 2 舟瓣花族 Moutabeeae（有 5 属），中国无分布；亚科 II 远志亚科 Polygaloideae 分 2 族，即族 1 牛枝木族 Carpolobieae （2 属，中国无分布），族 2 远志族 Polygaleae（●）（图 99）。

1. 黄叶树属 Xanthophyllum Roxb.

乔木或灌木；单叶互生，具柄，叶片革质，全缘，干时常呈黄绿色；花两性，两侧对称，总状花序或圆锥花序，腋生或顶生；花瓣 5 或 4，稍不等大，龙骨瓣不具鸡冠状附属物；雄蕊 8；花盘环状，肉质；子房上位，心皮 2，1 室；核果，不开裂，1 室，种子 1。

约 93 种，东南亚、大洋洲分布；中国 4 种，产广东、广西、云南、西藏。

云南黄叶树 *Xanthophyllum yunnanense* C. Y. Wu

2. 远志属 Polygala L.

草本、灌木或小乔木；单叶互生，稀对生或轮生，叶片纸质或近革质，全缘；总状花序顶生、腋生或腋外生；花两性，两侧对称；萼片5，3小2大，常花瓣状；花瓣3，龙骨瓣顶端具鸡冠状附属物；雄蕊8，花丝连合成管；花盘有或无；子房2室；蒴果，侧扁，具翅或无。

约500种，全球广布；中国44种，全国分布。

西伯利亚远志 *Polygala sibirica* L.

3. 蝉翼藤属 Securidaca L.

攀缘灌木；单叶互生；总状花序或圆锥花序，顶生或腋生；萼片5，3小2大，呈花瓣状；花瓣3，龙骨瓣顶端具鸡冠状附属物；雄蕊8，花丝连合成管；常具花盘；子房1室；常为翅果。

约80种，热带地区分布，主产美洲；中国2种，产南部。

蝉翼藤 *Securidaca inappendiculata* Hassk.

4. 齿果草属 Salomonia Lour.

草本；单叶，互生，全缘，具柄或无柄；花极小，两侧对称，穗状花序，顶生；萼片5，宿存，几相等；花瓣3，龙骨瓣不具鸡冠状附属物；雄蕊4~5，花丝连合成管；子房2室；蒴果，开裂，两侧边缘具齿。

约5种，热带亚洲及大洋洲分布；中国2种，产西南部至东部。

齿果草 *Salomonia cantoniensis* Lour.

5. 鳞叶草属 Epirixanthes Blume

寄生草本；叶退化为鳞片状；穗状花序，顶生；花微小密集，无梗；萼片5；花瓣3，龙骨瓣不具鸡冠状附属物；雄蕊4~5，花丝连合成管；子房2室；蒴果边缘无齿，藏于宿存的萼片内，不裂。

约5种，热带亚洲及澳大利亚分布；中国1种，产海南。

鳞叶草 *Epirixanthes elongata* Blume

129. 海人树科 Surianaceae

5 属 8 种，泛热带分布，主要分布于澳大利亚；中国 1 属 1 种，分布于台湾至广东沿海地区。

乔木或灌木；单叶或羽状复叶，无柄或近无柄，互生，托叶小或无；花两性，数朵组成腋生聚伞花序，很少单生；萼片 5，基部合生；花瓣 5，覆瓦状排列；雄蕊 10，有时 5 枚不发育，花药丁字着生；花盘不发育；心皮 5，分离，每心皮有 2 胚珠；果为核果状，3~5 个聚生，包于宿存花萼之中。

海人树科 Surianaceae 属于真双子叶植物 Eudicots 蔷薇类 Rosids 的固氮分支内，与远志科 Polygalaceae 成姐妹群。

1. 海人树属 *Suriana* L.

灌木或小乔木；无苦味；单叶互生；无托叶；花两性，5 基数；雄蕊 10；心皮 5；核果；种子 1，胚弯曲，无胚乳。

1 种，广布于热带沿海地区；中国产广东、台湾。

海人树 *Suriana maritima* L.

目 33. 蔷薇目 Rosales

蔷薇目 Rosales 包括 9 科（APG Ⅲ, 2009）。蔷薇科 Rosaceae 位于基部，是其余科的姐妹群；其他 8 科分为两支：一支由鼠李科 Rhamnaceae、胡颓子科 Elaeagnaceae、钩毛树科 Barbeyaceae 和八瓣果科 Dirachmaceae 组成，它们常归入鼠李目 Rhamnales（Takhtajan，2009）；另一支由榆科 Ulmaceae、大麻科 Cannabaceae、桑科 Moraceae 和荨麻科 Urticaceae 组成。蔷薇目作为一个单系类群得到 DNA 序列分析支持（Savolainen et al.，2000；Soltis et al.，2000；Hilu et al.，2003），但是科间的形态差别很大。Judd 等（2008）认为胚乳退化（或缺失）、花存在被丝托可能是它们的共衍征；目内部的系统发育关系尚不清楚。榆科 – 大麻科 – 桑科 – 荨麻科分支的共衍征有特化的细胞（晶细胞）中具球状至伸长的钟乳体、花简化而不显著、雄蕊 5 或更少、心皮 2、子房 1 室、具单个顶生胚珠，荨麻型叶齿，迭生韧皮部（Judd et al.，1994，2008；Sytsma et al.，2002），它们常被处理作荨麻目 Urticales（Cronquist，1981；Thorne，1992；Takhtajan，2009）；榆科可能是大麻科 + 桑科 + 荨麻科的姐妹群，后三科以单性花和胚弯曲为共衍征；乳汁管的存在支持荨麻科 – 桑科互为姐妹群。鼠李科可能是榆科 – 荨麻科分支的姐妹群，该 2 科雄蕊数减少；胡颓子科和鼠李科关系较近，它们都具有基生胚珠。这些关系都得到本研究分析结果的支持。我国不产的钩毛树科 1 属 1 种，分布于非洲东北部和临近的阿拉伯半岛，以及八瓣果科 1 属 2 种，分布于索科特拉岛和索马里，二科互为姐妹群，得到分子证据的支持（APG Ⅲ，2009）（图 100）。

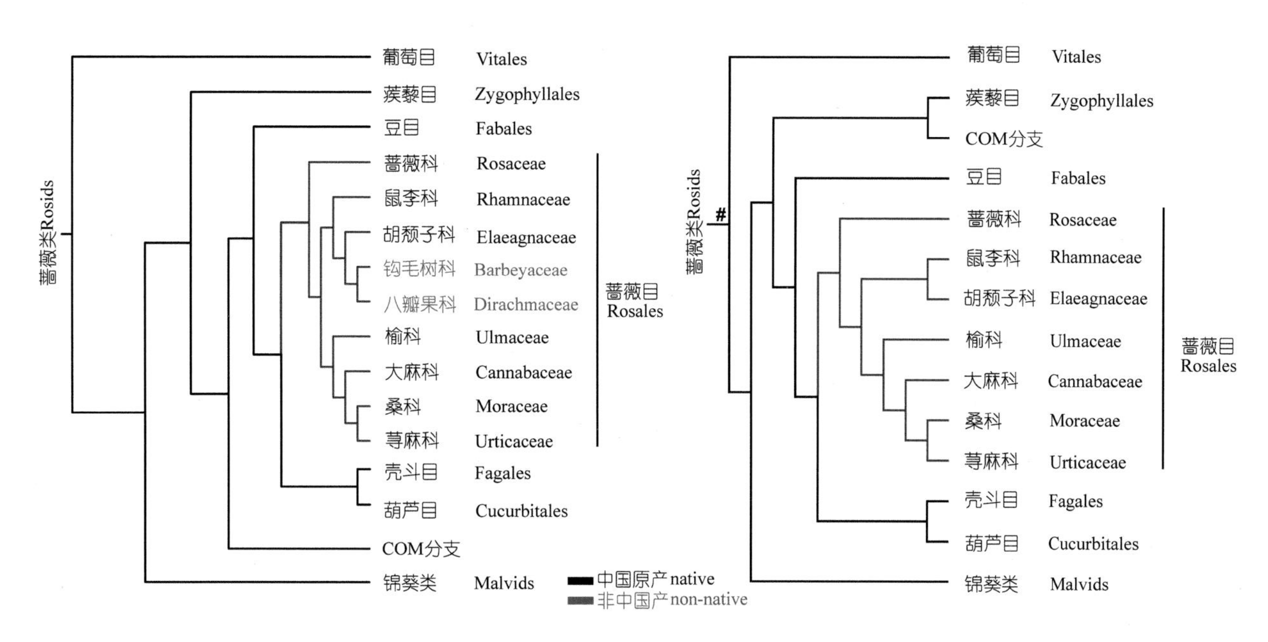

图 100 蔷薇目的分支关系

被子植物 APG Ⅲ系统（左）；中国维管植物生命之树（右）

130. 蔷薇科 Rosaceae

108 属 2 000~3 000 种，泛球分布，主产北半球；中国 53 属 930 余种，广布全国。

草本、灌木或乔木，落叶或常绿；叶互生，稀对生，单叶或复叶，常有明显托叶；花通常辐射对称，周位花或上位花，具被丝托（或称萼筒），在被丝托边缘着生萼片、花瓣和雄蕊；萼片和花瓣同数，（4~）5，覆瓦状排列，雄蕊（4~）5 至多数；心皮 1 至多数，离生或有时合生，有时与花托连合，子房具倒生胚珠，花柱与心皮同数；蓇葖果、瘦果、梨果或核果，稀为蒴果；种子无胚乳，子叶肉质。

综合形态学系统中蔷薇科被分为 11 亚科（Takhtajan，2009），中国分布有 9 亚科，本研究的分支图（图 101）显示，该科分为两个大支，第 1 支含 20 属，可归为 4 亚科：蚊子草亚科 Filipenduloideae（▲）、悬钩子亚科 Ruboideae（▲）、蔷薇亚科 Rosoideae（▲）、委陵菜亚科 Potentilloideae（▲）；第 2 大支包括 35 属，隶属 5 亚科：绣线菊亚科 Spiraeoideae（▲）、棣棠亚科 Kerrioideae（●）、桃亚科 Amygdaloideae（●）、牛筋条亚科 Dichotomanthoideae（●）、梨亚科 Pyroideae（▲）= 苹果亚科 Maloideae。将分子证据的分析同形态学证据比较，发现二者有令人惊奇的相似。第一大支蚊子草属，蚊子草亚科的唯一属位于基部，蔷薇亚科（世界仅 2 属）被嵌入委陵菜亚科；第二大支的仙女木属位于基部，在形态系统中属于委陵菜亚科的成员，棣棠亚科（世界仅 3 属）嵌入绣线菊亚科，为单属亚科的牛筋条亚科嵌入梨亚科，这些属的位置需要进一步研究，其他绝大多数属的亲缘关系得到了分子和形态学证据的验证。

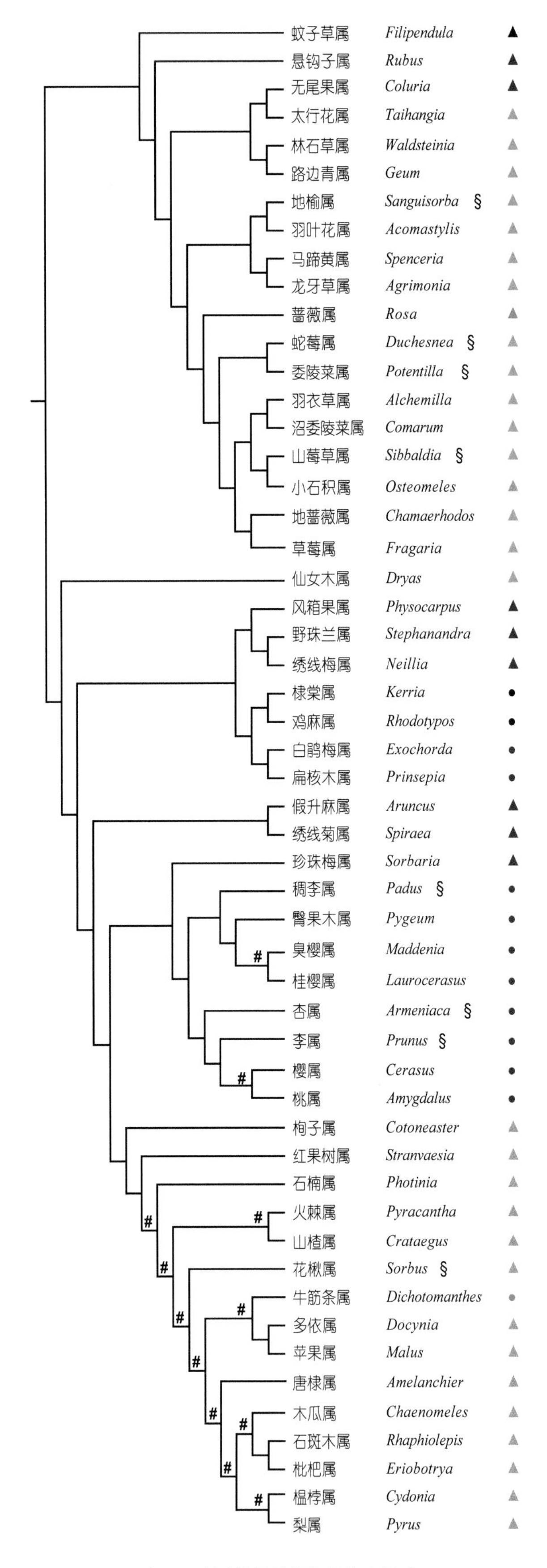

图 101 中国蔷薇科植物的分支关系

1. 蚊子草属 Filipendula Mill.

多年生草本；羽状复叶或掌状分裂，顶生小叶通常扩大、分裂；托叶大，常近心形；聚伞花序呈圆锥状或伞房状，花多而小；雄蕊 20~40；雌蕊 5~15，着生在扁平或微突起的花托上；花柱顶生，柱头头状；瘦果。

15 种，产欧洲、亚洲、北美；中国 7 种，产新疆、内蒙古、东北、云南、台湾。

蚊子草 *Filipendula palmata* (Pall.) Maxim.

2. 悬钩子属 Rubus L.

落叶稀常绿灌木、半灌木或多年生匍匐草本；具皮刺、针刺或刺毛及腺毛，稀无刺；叶互生，托叶与叶柄合生，宿存，较宽大；花两性，稀单性而雌雄异株；花瓣 5，稀缺；雄蕊着生在花萼上部；心皮分离，着生于球形或圆锥形的花托上，花柱近顶生；聚合果多浆或干燥。

250~700 种，分布于全球的温带地区；中国 208 种，广布全国。

黄泡 *Rubus pectinellus* Maxim.

3. 无尾果属 Coluria R. Br.

多年生草本；基生叶为羽状复叶或大头羽状复叶；托叶合生；花茎直立，有少数花；萼筒倒圆锥形，花后延长，副萼宿存；花瓣 5；雄蕊多数，成 2~3 组，花丝离生，宿存；心皮多数，生在短花托上，花柱近顶生，直立，脱落；瘦果。

4~5 种，产西伯利亚和中国；中国 4 种，产广西、云南、贵州、青海、甘肃、陕西、湖北。

大头叶无尾果 *Coluria henryi* Batalin

4. 太行花属 Taihangia T. T. Yu & C. L. Li

多年生草本；基生叶为单叶；单花顶生，稀 2 花，雄性和两性花同株或异株；萼片及副萼片 5，常小形，宿存；萼筒倒圆锥形，花后延长；雄蕊多数，着生在萼筒边缘；子房基部有短柄；瘦果被柔毛。

1 种，中国特有，产河北、山西、河南。

太行花 *Taihangia rupestris* T. T. Yu & C. L. Li

5. 林石草属 Waldsteinia Willd.

多年生草本。根茎匍匐；单叶全缘、3~5 裂或掌状 3~5 小叶；花单生或 2~5 朵呈稀疏聚伞花序；萼筒倒圆锥形或陀螺形，副萼片 5，小或缺；雄蕊多数，花丝宿存，着生在萼筒口部的花盘四周；心皮插生在萼筒内；花柱基部有关节，脱落，柱头头状；瘦果小坚果状，干燥或稍肉质，有毛。

5~6 种，产北半球温带地区；中国 1 种，产吉林。

林石草 *Waldsteinia ternata* (Stephan) Fritsch

6. 路边青属 Geum L.

多年生草本；叶多为基生，奇数羽状复叶，顶生小叶特大，茎生叶较少；托叶常与叶柄合生；花两性，单生或成伞房花序；萼筒陀螺形或半球形，萼片 5，副萼较小；心皮多数，花柱丝状，柱头细小，上部扭曲，成熟后自弯曲处脱落；瘦果，果喙顶端具钩。

30~70 种，产欧洲、亚洲、美洲、非洲；中国 3 种，除海南、台湾外均有分布。

路边青 *Geum aleppicum* Jacq.

7. 地榆属 Sanguisorba L.

多年生草本；奇数羽状复叶；花两性，密集成穗状花序或头状花序；萼筒喉部缢缩，通常具 4 枚萼片，花瓣状；花瓣缺；雄蕊通常 4，花丝通常分离，插生于花盘外面；心皮包藏在萼筒内，花柱顶生；瘦果包藏在宿存萼筒内。

15~30 种，产欧洲、亚洲、北非、北美；中国 7 种，除海南外均有分布。

地榆 *Sanguisorba officinalis* L.

8. 羽叶花属 Acomastylis Greene

多年生草本；常丛生，有强大根状茎；羽状复叶，基生叶较多，茎生叶较少或退化；花单生或数朵顶生成聚伞花序；萼筒陀螺形，萼片 5，副萼片较小；花瓣 5，黄色；心皮多数，密被硬毛或仅顶端被疏毛；瘦果长卵形，花柱宿存。

12~15 种，产北美、亚洲东北部和喜马拉雅；中国 2 种，产青海、西藏、四川、云南、陕西。

羽叶花 *Acomastylis elata* (G. Don) F. Bolle

9. 马蹄黄属 Spenceria Trimen

多年生草本；基生叶为奇数羽状复叶；托叶草质，附着在叶柄上；稀疏总状花序；萼片 5，副萼片 5；花瓣 5，黄色；雄蕊成 3 轮排列，花丝基部膨大并连合；花盘延长成管包围花柱；心皮（1~）2，生在萼筒基部；瘦果近球形，包括在花托内。

1 种，产中国、不丹；中国 1 种，产西藏、云南、四川。

马蹄黄 *Spenceria ramalana* Trimen

10. 龙牙草属 Agrimonia L.

多年生草本；奇数羽状复叶；顶生总状花序成长穗状；萼筒陀螺状，顶端有数层钩刺，花后靠合，萼片 5；花瓣 5，黄色；雄蕊成一列着生在花盘外面；雌蕊通常 2，包藏在萼筒内；瘦果 1~2，包藏在具钩刺的萼筒内。

10~15 种，产欧洲、亚洲、北美南非；中国 4 种，广布全国。

龙牙草 *Agrimonia pilosa* Ledeb.

11. 蔷薇属 Rosa L.

直立或攀缘灌木，多数有皮刺、针刺或刺毛，稀无刺，有毛、无毛或有腺毛；叶互生，奇数羽状复叶，稀为单叶；托叶贴生或着生于叶柄上；花单生或成伞房状；萼筒球形、坛形至杯形，颈部缢缩；萼片（4~）5；花瓣（4~）5；雄蕊多数；心皮多数，着生在萼筒内，离生；瘦果着生在肉质萼筒内形成蔷薇果。

100~200 种，产北半球温带地区；中国 95 种，广布全国。

美蔷薇 *Rosa bella* Rehder & E. H. Wilson

12. 蛇莓属 Duchesnea Sm.

多年生草本；茎匍匐，细长，在节处生不定根；三出复叶；托叶宿存，贴生于叶柄；花多单生叶腋，无苞片；副萼片、萼片及花瓣各 5 个，副萼先端有 3~5 锯齿；心皮离生；花托半球形或陀螺形，在果期增大，海绵质，红色；瘦果微小，扁卵形。

2 种，产喜马拉雅、中国、朝鲜、日本和东南亚；中国 2 种，产辽宁以南各地。

蛇莓 *Duchesnea indica* (Andrews) Focke

13. 委陵菜属 Potentilla L.

多年生草本，稀为一年生草本或灌木；茎直立、上升或匍匐；奇数羽状复叶或掌状复叶；聚伞花序、聚伞圆锥花序或单生；萼筒多呈半球形；花瓣黄色，稀白色或紫红色；雄蕊通常20枚；心皮多数，着生在微突起的花托上，分离；瘦果多数，着生在干燥的花托上，萼片宿存。

300~500种，产北半球温带和非洲；中国88种，除海南外均有分布。

朝天委陵菜 *Potentilla supina* L.

14. 羽衣草属 Alchemilla L.

多年生草本，稀为灌木；单叶互生，掌状浅裂、深裂或掌状复叶，有长柄和托叶；花两性，伞房花序或聚伞花序；萼筒壶形，喉部收缩，萼片2轮，常为4枚；花瓣缺；雄蕊（1~）4，着生在萼筒喉部；心皮1（~4），着生在萼筒基部；瘦果。

100余种，产北半球温带、热带、东非、马达加斯加和南非；中国3种，产四川至西北地区。

羽衣草 *Alchemilla japonica* Nakai & H. Hara

15. 沼委陵菜属 Comarum L.

多年生草本或亚灌木；羽状复叶；聚伞花序，花两性；副萼和萼片各5，宿存；花托平坦或微呈碟状，果期半球形，稍隆起，海绵质；花瓣5，红色、紫色或白色；雄蕊15~25；心皮多数，花柱丝状；瘦果。

约5种，产北半球温带地区；中国2种，产西北、华北、东北、西藏。

沼委陵菜 *Comarum palustre* L.

16. 山莓草属 Sibbaldia L.

多年生草本；羽状或掌状复叶，小叶边缘或顶端有齿，稀全缘；花通常两性，成聚伞花序或单生；萼筒碟形或半球形，萼片（4~）5，副萼片（4~）5；花盘通常明显宽阔，雄蕊少数，（4~）5（~10）；瘦果，着生于干燥突起的花托上，萼片宿存。

约20种，产北半球极地和高山地区；中国13种，产华北、西北、西南地区。

伏毛山莓草 *Sibbaldia adpressa* Bunge

17. 小石积属 Osteomeles Lindl.

落叶或常绿灌木；奇数羽状复叶，小叶全缘，叶轴上有窄翅；顶生伞房花序；萼筒钟状，萼片5；花瓣5，白色；雄蕊15~20；子房下位，5室，每室具1胚珠，花柱离生；梨果小形，果肉坚硬，萼片宿存。

3~5种，产中国、琉球群岛、小笠原群岛和夏威夷；中国3种，产云南、四川、甘肃、贵州、广东和台湾。

华西小石积 *Osteomeles schwerinae* C. K. Schneid.

18. 地蔷薇属 Chamaerhodos Bunge

草本或亚灌木；叶互生，三裂或二至三回全裂，裂片条形；托叶膜质，贴生于叶柄；聚伞、伞房或圆锥花序，少有单生；萼片 5，直立；花瓣 5，白色或紫色；雄蕊 5；花盘围绕萼筒基部，边缘肥厚，具长刚毛；花柱基生，脱落；瘦果包裹在宿存花萼内。

5~8 种，产中亚、东亚、北美西部；中国 5 种，产西北、华北、东北、西藏。

三裂地蔷薇 *Chamaerhodos trifida* Ledeb.

19. 草莓属 Fragaria L.

多年生草本；通常具纤匍枝；叶为三出或羽状五小叶；托叶膜质，鞘状；花两性、单性或杂性异株，常为聚伞花序，稀单生；萼片 5，副萼片 5；花瓣白色；心皮分离，花柱自心皮腹面侧生，宿存；瘦果硬壳质，成熟时着生在球形或椭圆形肥厚肉质花托凹陷内。

10~20 种，产欧亚大陆温带地区和美洲；中国 8 种，引种栽培 1 种，除华东和华南地区外均有分布。

黄毛草莓 *Fragaria nilgerrensis* J. Gay

20. 仙女木属 Dryas L.

矮小常绿半灌木；单叶互生，全缘至近羽状浅裂，下面白色；托叶宿存；花茎细，直立，顶生 1 朵两性花，少为杂性花；花瓣（6~）8（~10），白色，有时黄色；雄蕊离生，成 2 轮；花盘和萼筒结合；心皮离生，花柱顶生；瘦果顶端有白色羽毛状宿存花柱。

2 种，产环北极 - 高山、亚洲和北美；中国 1 种，产新疆、吉林。

东亚仙女木 *Dryas octopetala* var. *asiatica* (Nakai) Nakai

21. 风箱果属 Physocarpus (Cambess.) Raf.

落叶灌木；单叶互生，通常基部 3 裂，三出脉；伞房花序顶生；萼筒杯状，萼片 5；花瓣 5；雄蕊 20~40；心皮 1~5，基部合生，子房 1 室；蓇葖果膨大，沿背腹两缝开裂。

约 20 种，产亚洲和北美；中国 1 种，产河北、黑龙江。

风箱果 *Physocarpus amurensis* (Maxim.) Maxim.

绣线梅 *Neillia thyrsiflora* D. Don

22. 野珠兰属 Stephanandra Siebold & Zucc.

落叶灌木；单叶互生，边缘有锯齿和分裂；顶生圆锥或总状花序；萼筒杯状，萼片 5；花瓣 5；雄蕊 10~20，花丝短；心皮 1，花柱顶生，有 2 个倒生胚珠；蓇葖果偏斜，近球形，熟时自基部开裂。

3~5 种，产中国、朝鲜和日本；中国 2 种，产四川、华中至华东、台湾。

野珠兰 *Stephanandra chinensis* Hance

23. 绣线梅属 Neillia D. Don

落叶灌木，稀亚灌木；单叶互生，常成 2 行排列，边缘有重锯齿或分裂；顶生总状或圆锥花序；萼筒钟状至筒状，萼片 5；花瓣 5；雄蕊生于萼筒边缘；心皮 1（~2~5）；蓇葖果藏于宿存萼筒内，成熟时沿腹缝线开裂。

12~17 种，产中亚、东亚至东南亚；中国 15 种，产西南、华中至华东、辽宁。

24. 棣棠属 Kerria DC.

灌木；单叶互生，具重锯齿；托叶钻形，早落；花单生；萼筒碟形，萼片 5；花瓣黄色；雄蕊多数，排列成数组；心皮分离，生于萼筒内，花柱顶生，直立，细长，顶端截形；瘦果。

1 种，产中国和日本；中国 1 种，产甘肃、陕西、河南、西南至华中、华东地区。

棣棠 *Kerria japonica* (L.) DC.

25. 鸡麻属 Rhodotypos Siebold & Zucc.

灌木；单叶对生，边缘具尖锐重锯齿；托叶膜质，离生；花两性，单生枝顶；萼筒碟形，萼片 4，有小形副萼片 4 枚；花瓣 4，白色；雄蕊多数，排列成数轮；心皮 4，花柱细长，每心皮有 2 胚珠。核果 1~4，外果皮光滑干燥。

1 种，产中国、朝鲜、日本；中国 1 种，产甘肃、陕西、河南、华中至华东、辽宁。

鸡麻 *Rhodotypos scandens* (Thunb.) Makino

东北扁核木 *Prinsepia sinensis* (Oliv.) Oliv. ex Bean

26. 白鹃梅属 Exochorda Lindl.

落叶灌木；单叶互生，有叶柄；托叶缺或早落；顶生总状花序；萼筒钟状，萼片 5；花瓣 5，白色；雄蕊花丝较短，着生在花盘边缘；心皮合生，花柱分离，子房上位；蒴果具 5 脊，倒圆锥形，5 室，沿背腹两缝开裂。

4 种，产西伯利亚、中国、朝鲜和日本；中国 3 种，产辽宁、华北、华中和华东地区。

白鹃梅 *Exochorda racemosa* (Lindl.) Rehder

27. 扁核木属 Prinsepia Royle

落叶直立或攀缘灌木，有枝刺；单叶互生或簇生，有短柄，托叶小形，早落；花两性，排成总状花序或簇生和单生；萼筒宿存，杯状；花瓣 5，白色或黄色；雄蕊分成数轮，着生在萼筒口部花盘边缘；心皮 1，无柄；核果。

4 种，产喜马拉雅、蒙古国和中国；中国 4 种，产东北、西北、西南和台湾。

28. 假升麻属 Aruncus L.

多年生草本；叶互生，一至三回羽状复叶，稀掌状复叶，无托叶；花单性，雌雄异株，成大型圆锥花序；萼筒杯状，5 裂；花瓣 5，白色；雄蕊 15~30；心皮 3~4（~5~8）；蓇葖果沿腹缝开裂，通常具棍棒状种子 2。

3~6 种，广布北半球地区；中国 2 种，产东北、西南、并延伸至甘肃南部、河南、湖南和江西。

假升麻 *Aruncus sylvester* Maxim.

29. 绣线菊属 Spiraea L.

落叶灌木；单叶互生，羽状脉或基出 3~5 脉；无托叶；花两性，稀杂性，成伞形、伞房或圆锥花序；萼筒钟状，萼片 5；花瓣 5；雄蕊着生在花盘和萼片之间；心皮分离；蓇葖果常沿腹缝线开裂。

80~100 种，产亚洲和喜马拉雅、北美、欧洲；中国 70 种，除海南外各地均有分布。

土庄绣线菊 *Spiraea pubescens* Turcz.

30. 珍珠梅属 Sorbaria (Ser.) A. Braun

落叶灌木；奇数羽状复叶，互生，小叶有锯齿，具托叶；顶生圆锥花序；萼筒钟状，萼片 5；花瓣 5，白色；雄蕊 20~50；心皮 5，基部合生；蓇葖果沿腹缝线开裂。

4~9 种，产中亚和东亚；中国 3 种，除华南和东南地区外均有分布。

华北珍珠梅 *Sorbaria kirilowii* (Regel & Tiling) Maxim.

31. 稠李属 Padus Mill.

落叶小乔木或灌木；单叶互生，托叶早落；总状花序，基部有叶或无叶，生于当年生小枝顶端，苞片早落；萼筒钟状，萼片 5；花瓣 5，先端通常啮蚀状；柱头平；核果卵球形，外面无纵沟。

约 20 种，产北温带地区；中国 16 种，除海南外均有分布。

稠李 *Padus avium* Mill.

32. 臀果木属 Pygeum Gaertn.

常绿乔木或灌木；单叶互生，全缘；托叶小型，早落；总状花序腋生；花两性或单性，杂性异株；萼筒倒圆锥形、钟形或杯形，果时脱落，仅残存环形基部，萼片 5；花瓣 5；花柱顶生，柱头头状；核果常为横向长圆形。

约 40 种，产热带非洲、南亚至东南亚、澳大利亚、太平洋群岛；中国 6 种，产西南至华南地区。

臀果木 *Pygeum topengii* Merr.

33. 臭樱属 Maddenia Hook. f. & Thomson

落叶小乔木或灌木；单叶互生，边缘有锯齿，齿尖有腺；托叶大型，显著，边缘有腺齿；花杂性异株，多花排成总状花序，苞片早落；萼筒钟状，萼片 5；花瓣缺；雄蕊排成紧密不规则 2 轮；在雄花中心皮 1，两性花中心皮（1~）2；核果 2，长圆形，微扁。

约 7 种，产喜马拉雅至中国；中国 6 种，产青海、宁夏、秦岭南北、西南、华中至华东地区。

四川臭樱 *Maddenia hypoxantha* Koehne

34. 桂樱属 Laurocerasus Tourn. ex Duhamel

常绿乔木或灌木；叶互生，叶柄上常有 2 枚腺体；托叶早落；花常两性，有时雌蕊退化而形成雄花，排成总状花序，苞片早落；萼片 5；花瓣 5；雄蕊 10~50，排成两轮；心皮 1；核果。

约 80 种，产欧洲、亚洲至新几内亚、南北美洲；中国 13 种，产长江流域及以南地区。

尖叶桂樱 *Laurocerasus undulata* (D. Don) M. Roem.

35. 杏属 Armeniaca Scop.

落叶乔木；叶芽和花芽并生，2~3 个簇生于叶腋，幼叶在芽中席卷状；单叶互生，叶柄常具腺体；花常单生，先叶开放，近无梗或具短梗；萼片 5；花瓣 5；子房具毛，1 室 2 胚珠；核果，两侧扁平，有明显纵沟。

约 11 种，产亚洲；中国 10 种，除华南地区外均有分布。

杏 *Armeniaca vulgaris* Lam.

36. 李属 Prunus L.

落叶小乔木或灌木；单叶互生，叶柄顶端有 2 个小腺体；托叶早落；花先叶开放或与叶同时开放；萼片 5；花瓣 5；核果无毛，有纵沟，常被蜡粉。

约 30 种，产欧洲、亚洲、北美；中国 4 种，除西藏、青海、内蒙古和海南外均有分布。

紫叶樱桃李 *Prunus cerasifera* f. *atropurpurea* (Jacq.) Rehder

37. 樱属 Cerasus Mill.

落叶乔木或灌木；腋芽单生或 3 个并生，中间为叶芽，两侧为花芽；幼叶在芽中为对折状，叶柄、托叶和锯齿常有腺体；花先叶开放或与叶同时开放；萼筒钟状或管状；萼片 5；花瓣 5；核果无明显纵沟。

约 150 种，产欧洲、亚洲温带地区、北美；中国 39 种，广布全国。

微毛樱桃 *Cerasus clarofolia* (C. K. Schneid.) T. T. Yu & C. L. Li

38. 桃属 Amygdalus L.

落叶乔木或灌木；腋芽常 3 个或 2~3 个并生，两侧为花芽，中间为叶芽；幼叶在芽中呈对折状，叶柄或叶边缘常具腺体；花先叶开放，单生，粉红色；萼片 5；花瓣 5；核果被毛，腹部有明显纵沟，果核表面具深浅不同的纵、横沟纹和孔穴。

约 40 种，产亚洲西南部、中部至东部；中国 10 种，除华南和台湾外均有分布。

榆叶梅 *Amygdalus triloba* (Lindl.) Ricker

39. 栒子属 **Cotoneaster** Medik.

落叶、常绿或半常绿灌木，有时为小乔木状；叶互生，有时成两列，全缘；花单生或聚伞花序；萼片 5；花瓣 5；雄蕊常 20；子房下位或半下位，花柱 2~5，离生；梨果，先端有宿存萼片，内含 1~5 骨质小核。

约 90 种，产亚洲、欧洲、北非和埃塞俄比亚；中国 59 种，除广东、海南外均有分布。

宝兴栒子 *Cotoneaster moupinensis* Franch.

40. 红果树属 **Stranvaesia** Lindl.

常绿乔木或灌木；单叶互生，革质，全缘或有锯齿；顶生伞房花序；萼片 5；花瓣 5；雄蕊 20；子房半下位，花柱 5，顶端分离生；梨果小，成熟后心皮与萼筒分离，沿心皮背部开裂。

约 6 种，产喜马拉雅至中国、中南半岛、菲律宾；中国 5 种，产长江流域及以南地区。

波叶红果树 *Stranvaesia davidiana* var. *undulata* (Decne.) Rehder & E. H. Wilson

41. 石楠属 **Photinia** Lindl.

乔木或灌木，落叶或常绿；单叶互生，革质或纸质，常有锯齿，稀全缘；顶生伞形、伞房或复伞房花序；萼片 5；花瓣 5；雄蕊 20；子房半下位，花柱离生或基部合生；梨果小，微肉质，先端或 1/3 与萼筒分离。

约 60 种，产南亚、东亚、东南亚、墨西哥；中国 43 种，产黄河以南地区。

石楠 *Photinia serrulata* Lindl.

42. 火棘属 **Pyracantha** M. Roem.

常绿灌木或小乔木，常具枝刺；单叶互生，边缘有锯齿或全缘；复伞房花序；萼片 5；花瓣 5；雄蕊 15~20；心皮 5，在背面约 1/2 与萼筒相连，子房半下位；梨果小，球形，顶端萼片宿存。

3~10 种，产欧洲东南部至东亚；中国 7 种，产黄河以南地区。

窄叶火棘 *Pyracantha angustifolia* (Franch.) C. K. Schneid.

43. 山楂属 Crataegus L.

灌木或小乔木，落叶稀半常绿，通常具枝刺；单叶互生，有锯齿，深裂或浅裂，稀不裂；伞房花序或伞形花序；萼片 5；花瓣 5；雄蕊 5~25；心皮 1~5，大部分与花托合生，子房下位至半下位。梨果，先端有宿存萼片。

100~200 种，产北半球和中美洲；中国 18 种，除海南、台湾外均有分布。

山楂 *Crataegus pinnatifida* Bunge

44. 花楸属 Sorbus L.

落叶乔木或灌木；叶互生，单叶或奇数羽状复叶；顶生复伞房花序；萼片 5；花瓣 5；雄蕊 15~25；心皮部分离生或全部合生，子房半下位或下位；梨果 2~5 室。

100~150 种，产欧亚大陆、北美；中国 67 种，产全国各地。

花楸树 *Sorbus pohuashanensis* (Hance) Hedlund

45. 牛筋条属 Dichotomanthes Kurz

常绿灌木至小乔木；单叶互生，全缘；顶生复伞房花序；萼片 5；花瓣 5；雄蕊花丝长短交互排列；心皮 1，着生在萼筒基部，花柱侧生，子房上位；果期心皮干燥，革质，成小核状。

1 种，产中国西南部；中国 1 种，产云南、四川。

牛筋条 *Dichotomanthes tristaniicarpa* Kurz

46. 多依属 Docynia Decne.

常绿或半常绿乔木；单叶互生，全缘或有锯齿；萼片 5；花瓣 5；雄蕊 30~50，排成两轮；花柱基部合生，子房下位；梨果近球形、卵形或梨形，具宿存直立萼片。

2 种，产喜马拉雅、泰国和中国；中国 2 种，产云南、四川、贵州。

云南多依 *Docynia delavayi* (Franch.) C. K. Schneid.

47. 苹果属 Malus Mill.

乔木或灌木，落叶稀半常绿；单叶互生，叶片有齿或分裂；伞房花序；萼片 5；花瓣 5；雄蕊 15~50，花药黄色；花柱 3~5，基部合生，子房下位；梨果，通常不具石细胞或少数种类有石细胞。

30~55 种，产北半球；中国 26 种，产全国各地。

湖北海棠 *Malus hupehensis* (Pamp.) Rehder

48. 唐棣属 Amelanchier Medik.

落叶灌木或乔木；单叶互生；顶生总状花序；萼片 5；花瓣 5；雄蕊 10~20；花柱 2~5，基部合生或离生，子房下位或半下位；梨果近球形，浆果状，具宿存反折的萼片。

20~25 种，产北美、东亚、欧洲和美洲；中国 2 种，产四川、甘肃、陕西、湖北、河南、安徽、江西和浙江。

东亚唐棣 *Amelanchier asiatica* (Siebold & Zucc.) Walp.

49. 木瓜属 Chaenomeles Lindl.

灌木或小乔木，落叶或半常绿，有刺或无刺；单叶互生，具齿或全缘；花单生或簇生；萼片 5；花瓣 5；雄蕊 20 至多数，排成两轮；花柱 5，基部合生；梨果大型，萼片脱落。

5 种，产东亚；中国 4 种，产黄河以南地区。

毛叶木瓜 *Chaenomeles cathayensis* (Hemsl.) C. K. Schneid.

50. 石斑木属 Rhaphiolepis Lindl.

常绿灌木或小乔木；单叶互生，革质；直立总状花序、伞房花序或圆锥花序；萼片 5；花瓣 5；雄蕊 15~20；花柱 2 或 3，离生或基部合生；子房下位；梨果核果状，近球形，肉质，萼片脱落后顶端有一圆环或浅窝。

约 15 种，产东亚至东南亚；中国 7 种，产长江流域及以南地区。

厚叶石斑木 *Rhaphiolepis umbellata* (Thunb.) Makino

51. 枇杷属 Eriobotrya Lindl.

常绿乔木或灌木；单叶互生，具明显的羽状网脉；顶生圆锥花序；萼片 5；花瓣 5；雄蕊 20~40；花柱 2~5，基部合生，常有毛，子房下位；梨果肉质或干燥，萼片宿存。

约 20 种，分布于喜马拉雅、东南亚、日本和西马来西亚；中国 14 种，产长江流域及以南地区。

枇杷 *Eriobotrya japonica* (Thunb.) Lindl.

52. 榅桲属 Cydonia Mill.

落叶灌木或小乔木；单叶互生，全缘；花单生于小枝顶端；萼片 5；花瓣 5；雄蕊 20；花柱离生，基部具毛，子房下位，5 室；梨果具宿存反折萼片。

1 种，均长期栽培，有时逸生；中国引种栽培 1 种。

榅桲 *Cydonia oblonga* Mill.

53. 梨属 Pyrus L.

落叶乔木或灌木，稀半常绿，有时具枝刺；单叶互生，在芽中呈席卷状；花先叶开放或与叶同时开放，伞房花序；萼片 5；花瓣 5；雄蕊 15~30，花药通常深红色或紫色；花柱 2~5，离生，子房下位；梨果果肉多汁，富含石细胞。

10~25 种，产欧亚大陆和北非；中国 15 种，产全国各地。

杜梨 *Pyrus betulifolia* Bunge

科 131. 胡颓子科 Elaeagnaceae

3 属 50~70 种，产北美北部、欧亚大陆至东南亚、澳大利亚东部；中国 2 属 44 种，另引种栽培 1 属，广布全国。

灌木或攀缘藤本，稀乔木，常绿或落叶，有刺或无刺，全株被银色或锈色盾形鳞片或星状毛；单叶，互生，稀对生或轮生，全缘；单生或数花组成腋生的伞房花序；花两性或单性，稀杂性；花萼常连合成筒，4 裂，稀 2 裂；无花瓣；雄蕊 4，生于萼筒喉部或上部；子房上位，包被于萼筒内，1 心皮，1 室，1 胚珠；坚果，为肉质化的萼筒包围而呈核果状，熟时红色或黄色。

1. 沙棘属 Hippophae L.

落叶灌木或小乔木，具刺，全株被银白色盾形鳞片或星状毛；花单性异株；花萼裂片 2；雄蕊 4；坚果为肉质的花萼筒包围而呈核果状。

7 种，产欧亚大陆的温带地区；中国 7 种，产西北、西南、北部。

沙棘 *Hippophae rhamnoides* L.

2. 胡颓子属 Elaeagnus L.

灌木或攀缘藤本，稀乔木，常绿或落叶，全株被银色或锈色盾形鳞片或星状毛；花两性；花萼筒钟状或管状，基部收缩，裂片 4；雄蕊 4；坚果为肉质化的萼筒包围而呈核果状。

20~45 种，产欧亚大陆，北美，热带东南亚和马来西亚；中国 67 种，广布全国。

木半夏 *Elaeagnus multiflora* Thunb.

科 132. 鼠李科 Rhamnaceae

59 属约 925 种，泛球分布；中国 13 属 137 种，另引种栽培 3 属，广布全国。

乔木或灌木，直立或攀缘状，稀草本，常有枝刺或托叶刺；单叶，互生、对生或近对生，具羽状脉或基出 3~5 脉；聚伞花序、穗状花序、伞形花序、总状花序或圆锥花序；花两性或单性，稀杂性，辐射对称；萼 4~5 裂；花瓣 4~5 或缺；雄蕊 4~5，与花瓣对生；花盘肉质；子房上位、半下位至下位，2~4 室；核果（有时浆果状或蒴果状）或蒴果，有时果顶端具纵向或平展的翅。

鼠李科常分 5 族：族 1 鼠李族 Rhamneae（●）、族 2 枣族 Zizypheae（●）、族 3 翼核果族 Ventilagineae（●）、族 4 锚刺棘族 Colletieae 均分布于南美、族 5 咀签族 Gouanieae（●）。分支图（图 102）上分为 2 支：第 1 支包含 3 个族的成员，枳椇属位于基部，麦珠子属和蛇藤属相聚，族 2 的枣属和族 5 的咀签属相聚；第 2 支族 3 的翼核果属位于基部，族 2 的勾儿茶属、小勾儿茶属和猫乳属相聚。总之，该科族的划分尚需研究。

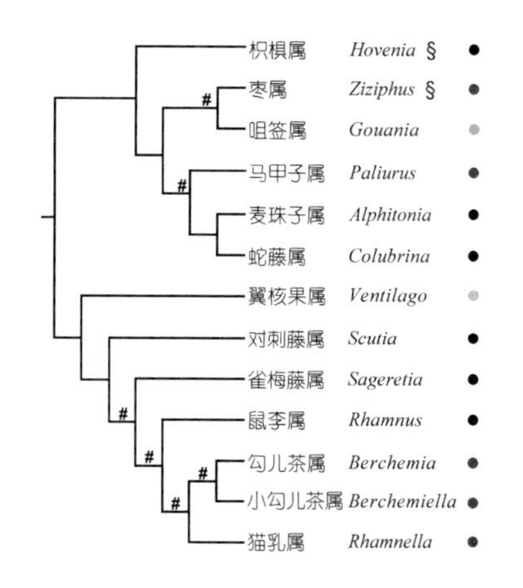

图 102 中国鼠李科植物的分支关系

1. 枳椇属 Hovenia Thunb.

落叶乔木或灌木；叶互生，具长柄，基出 3 脉；花两性，聚伞圆锥花序腋生或顶生；花 5 数；核果浆果状，球形，生于肉质、扭曲的肉质花序柄上。

3 种，产尼泊尔、不丹、印度、缅甸、中国、朝鲜和日本；中国 3 种，除新疆、青海、宁夏、东北和台湾外均有分布。

北枳椇 *Hovenia dulcis* Thunb.

2. 枣属 Ziziphus Mill.

乔木或灌木，落叶或常绿；叶互生，基出3~5脉，全缘或有锯齿，托叶常变成刺；聚伞花序腋生；花5数；核果球形或长椭球形。

约100种，产热带、亚热带和温带地区；中国12种，产西南、华南至华北地区。

酸枣 *Ziziphus jujuba* var. *spinosa* (Bunge) Hu ex H. F. Chow

3. 咀签属 Gouania Jacq.

藤状灌木，有卷须；叶互生，羽状脉或基出3脉；花杂性，穗状花序或总状花序腋生或顶生，花序轴近基部常有卷须；花5数；蒴果具3翅。

20种，产热带和亚热带地区；中国2种，产云南、贵州、广西、广东、海南和福建。

毛咀签 *Gouania javanica* Miq.

4. 马甲子属 Paliurus Mill.

灌木或小乔木；叶互生，基出3脉，全缘或有锯齿，托叶常变成刺；聚伞花序腋生或顶生；花5数；核果杯状或草帽状，周围有一圈木栓质翅。

5种，产欧洲、东亚；中国4种，产秦岭淮河及以南地区。

短柄铜钱树 *Paliurus orientalis* (Franch.) Hemsl.

5. 麦珠子属 Alphitonia Reissek ex Endl.

乔木或灌木；叶互生，羽状脉；聚伞花序腋生或顶生；花5数；核果球形或阔卵形，中部以下为宿萼包围，具2~3个硬骨质分核。

约10种，产东南亚、澳大利亚、太平洋群岛；中国1种，产海南。

麦珠子 *Alphitonia incana* (Roxb.) Kurz

6. 蛇藤属 Colubrina Rich. ex Brongn.

直立或藤状灌木；叶互生，基出3脉；短聚伞花序腋生；花5数；核果蒴果状，球形，中部以下为宿萼包围。

约23种，产非洲、南亚、东南亚、澳大利亚、太平洋群岛、南美；中国2种，产云南、广西、广东、海南、台湾。

蛇藤 *Colubrina asiatica* (L.) Brongn.

7. 翼核果属 Ventilago Gaertn.

木质藤本；叶互生，羽状脉；花两性，腋生聚伞花序或顶生聚伞圆锥花序；花 5 数；子房 2 室；核果，顶端有一扁平、矩圆形的翅。

约 40 种，产热带非洲、热带亚洲；中国 6 种，产云南、贵州、广西、广东、海南、湖南、福建和台湾。

毛果翼核果 *Ventilago calyculata* Tulasne

8. 对刺藤属 Scutia (Comm. ex DC.) Brongn.

灌木，有时攀缘状，具枝刺；叶对生或近对生，羽状脉；花簇生叶腋或组成伞形花序；花 5 数；子房 2~3 室；核果分离，具 2~4 分核。

5 种，产热带非洲、热带亚洲和南美；中国 1 种，产广西、云南。

对刺藤 *Scutia myrtina* (Burm. f.) Kurz

9. 雀梅藤属 Sageretia Brongn.

藤状或直立灌木，稀小乔木，无刺或有枝刺；叶互生或近对生，羽状脉；腋生聚伞圆锥花序或穗状花序；花 5 数；核果浆果状，有 2~3 个不开裂的分核。

约 35 种，产东亚至东南亚、非洲和北美；中国 19 种，产华北及以南地区。

雀梅藤 *Sageretia thea* (Osbeck) M. C. Johnst.

10. 鼠李属 Rhamnus L.

灌木或小乔木，常绿或落叶；叶互生或近对生，羽状脉，全缘或有齿；花两性或单性异株，排成腋生聚伞花序；花萼 4~5 裂，花瓣 4~5，稀无花瓣；核果倒卵球形或球形，具 2~4 分核。

约 150 种，产东亚、北美、欧洲和非洲；中国 57 种，广布全国。

鼠李 *Rhamnus davurica* Pall.

11. 勾儿茶属 Berchemia Neck. ex DC.

藤状灌木，稀直立；叶互生，全缘，全缘，羽状脉；顶生聚伞圆锥花序；花 5 数；核果 2 室，每室具 1 种子。

约 32 种，产东亚至东南亚、新喀里多尼亚、北美；中国 19 种，产黄河以南地区。

猫乳 *Rhamnella franguloides* (Maxim.) Weberb.

多叶勾儿茶 *Berchemia polyphylla* M. A. Lawson

12. 猫乳属 Rhamnella Miq.

乔木或灌木，落叶或常绿；叶互生，羽状脉；聚伞花序密集，腋生；稠密的；花 5 数，花盘薄，肉质；核果长椭球形。

8 种，产中国、朝鲜、日本；中国 8 种，产华东、华中至西南地区。

13. 小勾儿茶属 Berchemiella Nakai

灌木或小乔木；叶互生，全缘，羽状脉；顶生聚伞圆锥花序；花 5 数；核果 1 室，具 1 种子。

3 种，产中国、日本；中国 2 种，产湖北西部、安徽西部、云南东南部。

小勾儿茶 *Berchemiella wilsonii* (C. K. Schneid.) Nakai

科 133. 榆科 Ulmaceae

7 属约 60 种，产美洲、欧亚大陆、热带非洲；中国 3 属 29 种，另引种栽培 1 属，广布全国（图 103）。

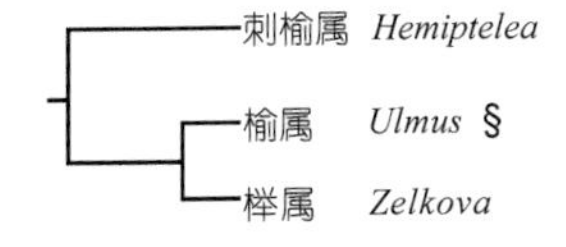

图 103 中国榆科植物的分支关系

乔木或灌木；单叶，常互生，基部偏斜或对称，羽状脉；托叶早落；单被花，两性或单性，雌雄异株或同株，花被裂片 4~8；雄蕊常与花被裂片同数而对生；子房上位，通常 1 室，胚珠 1，倒生；果常为翅果，稀为核果或带翅的坚果。

1. 刺榆属 Hemiptelea Planch.

落叶乔木，有枝刺；叶互生，羽状脉；花杂性，与叶同时开放；花被 4~5 裂，呈杯状；雄蕊与花被裂片同数；子房侧向压扁；小坚果偏斜，上半部具半周窄翅。

1 种，产中国、朝鲜半岛；中国 1 种，产西北、东北、华北、华东地区。

刺榆 *Hemiptelea davidii* (Hance) Planch.

2. 榆属 Ulmus L.

乔木，稀灌木，落叶或常绿；树皮不规则纵裂；叶互生，二列，羽状脉，基部多偏斜；花两性，常春季先叶开放，稀秋季或冬季开放，聚伞花序生于去年生枝的叶腋；花被4~9裂，呈杯状；雄蕊与花被裂片同数；翅果扁平，圆形或倒卵形。

约40种，产欧亚大陆、北美；中国21种，广布全国。

裂叶榆 *Ulmus laciniata* (Traut.) Mayr

3. 榉属 Zelkova Spach

落叶乔木；叶互生，羽状脉，侧脉直达齿端；花杂性，几乎与叶同时开放；雄花簇生于幼枝的下部叶腋，雌花或两性花单生（稀簇生）于幼枝的上部叶腋；花被4~8裂；核果偏斜，宿存柱头呈喙状。

5种，产欧洲、亚洲、东亚；中国3种，产辽宁南部及黄河以南各地。

榉树 *Zelkova serrata* (Thunb.) Makino

科 134. 大麻科 Cannabaceae

9属近140种，产全球热带和温带地区；中国7属25种，另引种栽培1属，广布全国。

乔木或灌木，稀为草本或草质藤本；单叶，互生或对生，基部偏斜或对称，羽状脉、基出3脉或掌状分裂；托叶早落，有时形成托叶环；单被花，两性或单性，雌雄同株或异株；花被裂片（0~）4~8；雄蕊常与花被裂片同数而对生；子房上位，通常1室，胚珠1枚，倒生，花柱2，柱头丝状；果常为核果，稀为瘦果或带翅的坚果。

大麻科原只含2属（■），即大麻属和葎草属。本分支分析包括榆科Ulmaceae朴亚科Celtidoideae的属（■）和榆亚科Ulmoideae的青檀属（■），分支图上它们分布在各自的分支；大麻属和葎草属为姐妹属（图104）。

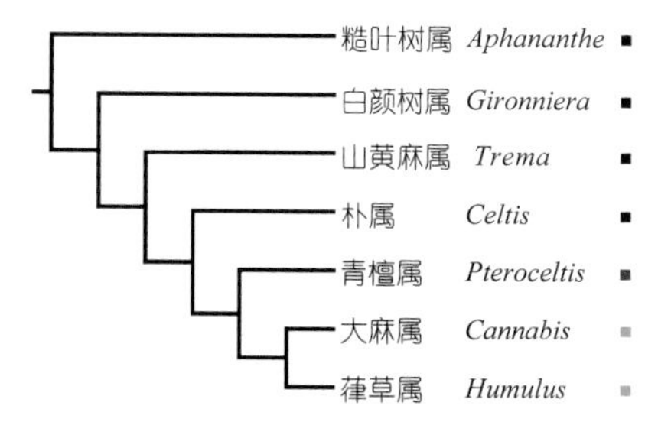

图104 中国大麻科植物的分支关系

1. 糙叶树属 Aphananthe Planch.

乔木或灌木，落叶或半常绿；叶互生，羽状脉或基出3脉，侧脉直达齿端；花与叶同时生出，单性，雌雄同株；花序腋生，雄花排成聚伞花序，雌花单生；核果卵形或近球形。

5种，产亚洲热带和亚热带地区、马达加斯加、墨西哥、太平洋群岛；中国2种，产黄河以南地区。

糙叶树 *Aphananthe aspera* (Thunb.) Planch.

2. 白颜树属 Gironniera Gaudich.

常绿乔木或灌木；叶互生，羽状脉，侧脉在近边缘处结成脉环；托叶大，成对腋生，脱落后形成托叶环；花单性，常雌雄异株，腋生；花被5裂；核果卵形或近球形。

6种，产斯里兰卡、东南亚、太平洋群岛；中国1种，产云南、广西、广东、海南。

白颜树 *Gironniera subaequalis* Planch.

3. 山黄麻属 Trema Lour.

小乔木或大灌木；叶互生，羽状脉或基出3脉；花单性或杂性，密集成聚伞花序且成对生腋生；花被（4~）5裂；核果小，卵形或近球形。

15种，产热带和亚热带地区；中国6种，产华东至西南地区。

羽脉山黄麻 *Trema levigata* Hand.-Mazz.

4. 朴属 Celtis L.

乔木，常绿或落叶；叶互生，基出3脉；托叶早落；花两性或单性，聚伞花序腋生；花被4~5深裂；雄蕊与花被片同数且对生；核果球形或近球形。

60~100种，产热带和温带地区；中国11种，除新疆、吉林、黑龙江外均有分布。

黑弹树 *Celtis bungeana* Blume

5. 青檀属 Pteroceltis Maxim.

落叶乔木；叶互生，基出3脉；花单性同株；雄花簇生于幼枝的下部叶腋，雌花单生于幼枝的上部叶腋；花被4深裂；坚果近球形，围有一周宽翅。

1种，中国特有，产西北、西南、辽宁、华北、华东地区。

青檀 *Pteroceltis tatarinowii* Maxim.

6. 大麻属 Cannabis L.

一年生直立草本；叶互生或下部对生，掌状全裂；花单性异株；雄花序圆锥状，花被片5，雄蕊5；雌花簇生叶腋，每花有一叶状苞片，花被退化；瘦果卵形，扁平，单生于苞片内。

1种，原产亚洲，现广泛栽培并有逸生；中国1种，广泛栽培并有逸生。

大麻 *Cannabis sativa* L.

7. 葎草属 Humulus L.

草本藤本；叶对生，掌状分裂；花单性，雌雄异株；雄花序圆锥状，花被5裂，雄蕊5；雌花少数，生于覆瓦状排列的苞片内；结果时苞片增大，组成球状体，瘦果扁平。

3种，产北温带地区；中国3种，广布全国。

啤酒花 *Humulus lupulus* L.

科 135. 桑科 Moraceae

39属1 100~1 200种，产全球热带和温带地区；中国9属139种，另引种栽培5属，广布全国。

乔木、灌木或藤本，稀为草本，植株具乳汁，有刺或无刺；单叶，极稀为羽状复叶，互生，稀对生，全缘或具锯齿，分裂或不分裂；托叶2，通常早落，有时形成托叶痕；花序腋生，总状、圆锥状、头状或穗状，花序托有时增厚封闭而成隐头花序；单被花，单性，雌雄同株或异株；花被片通常4，分离或合生；雄蕊通常与花被片同数且对生；子房1，稀2室，上位，下位或半下位，每室胚珠1；瘦果，或围以肉质宿存花被而呈核果状，集成聚花果。

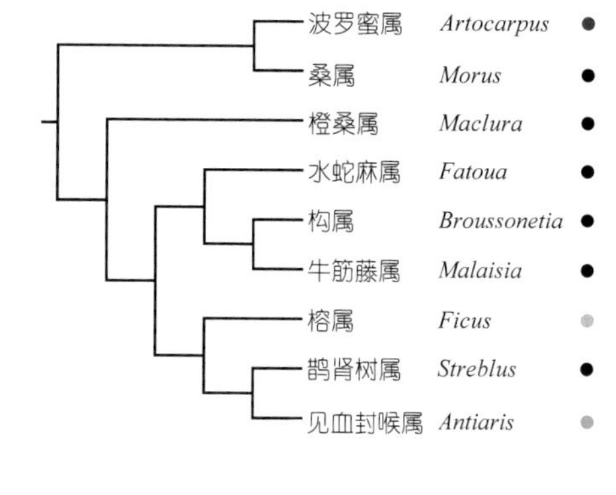

图105 中国桑科植物的分支关系

桑科分5族，国产属分布在4族：族1桑族Moreae（●）、族2波罗蜜族Artocarpeae（●）、族3见橡胶桑族Castilleae（●）、族4琉桑族Dorstenieae（约9属，分布于南半球热带）、族5榕族Ficeae（●）。在形态上桑科族和属的界限并非十分自然，分支图上显示的关系，与现代系统学家根据形态学进行的划分有较大差异（图105）。

1. 波罗蜜属 Artocarpus J. R. Forst. & G. Forst.

乔木；单叶互生，全缘或羽状分裂；有托叶痕；花序球形或椭球形，花雌雄同株；花被管状，顶端浅裂，子房基部陷于肉质花序轴内；聚花果由肉质花被和陷于花序轴内的小核果组成。

约50种，产亚洲热带和亚热带地区、太平洋群岛；中国12种，产云南、贵州、重庆、广东、广西、海南、福建、台湾。

波罗蜜 *Artocarpus heterophyllus* Lam.

2. 桑属 **Morus** L.

落叶乔木或灌木；叶互生，基出三至五脉；穗状花序，花雌雄异株或同株；花被片 4；雄蕊 4；聚花果由肉质花被和小核果组成。

约 16 种，产北半球温带、亚热带、热带非洲、印度尼西亚、南美；中国 10 种，另引种栽培 1 种，广布全国。

桑 *Morus alba* L.

3. 橙桑属 **Maclura** Nutt.

乔木，灌木或藤状灌木，具枝刺；叶互生，全缘，不裂至深裂；花雌雄异株；雄花序穗状或圆锥状，雌花序头状；花被片 4；子房不陷入花序托内；聚花果球形。

约 12 种，产非洲、亚洲、澳大利亚、太平洋群岛、美洲；中国 5 种，产华北及黄河以南地区。

柘 *Maclura tricuspidata* Carrière

4. 水蛇麻属 **Fatoua** Gaudich.

草本；叶互生；聚伞花序腋生，头状，雌雄花混生；花被片 4~6 裂；瘦果小，斜球形，包于宿存花被内。

2 种，产亚洲、澳大利亚、太平洋群岛；中国 2 种，产华北、华中、华南、华东和台湾。

水蛇麻 *Fatoua villosa* (Thunb.) Nakai

5. 构属 **Broussonetia** L'Hér. ex Vent.

乔木，灌木或藤状灌木；花雌雄异株或同株；雄花序穗状；雌花序头状；聚花果球形，肉质。

8 种，产亚洲热带和亚热带地区；中国 4 种，除新疆、宁夏、内蒙古和东北外，全国均有分布。

构 *Broussonetia papyrifera* (L.) Vent.

6. 牛筋藤属 **Malaisia** Blanco

攀缘灌木；叶互生，全缘或具不明显钝齿；花雌雄异株；雄花序穗状，雌花序头状，雌花包于肉质苞片内；果序近球形，核果包于肉质宿存花被内。

1 种，产东南亚至澳大利亚；中国 1 种，产云南、广西、广东、台湾。

牛筋藤 *Malaisia scandens* (Lour.) Planch.

7. 榕属 Ficus L.

乔木，灌木或攀缘灌木，有时附生；叶互生，稀对生；具托叶痕；花雌雄同株或异株，生于肉质壶形花序托内壁，形成隐头花序；聚花果为榕果，腋生或生于老茎。

约 1 000 种，产热带和亚热带地区；中国 97 种，引种栽培 2 种，产黄河以南地区。

异叶榕 *Ficus heteromorpha* Hemsl.

8. 鹊肾树属 Streblus Lour.

乔木或灌木，稀为藤状灌木；叶互生，排成 2 列，全缘或具锯齿；花两性或单性，雌雄同株或异株，花序腋生，聚伞状、总状、穗状或头状花序；核果球形，基部一侧肉质或不为肉质，宿存花被片包围或不包围果实。

22~25 种，产亚洲热带和亚热带地区；中国 7 种，产云南、广西、广东、海南。

假鹊肾树 *Streblus indicus* (Bureau) Corner

9. 见血封喉属 Antiaris Lesch.

常绿乔木；叶互生，排成两列，全缘或有锯齿；花雌雄同株；雄花序托盘状，肉质，具短柄；雌花单生，藏于梨形花托内，为多数苞片包围；果肉质，具宿存苞片。

1 种，产热带非洲、马达加斯加、也门、热带亚洲至大洋洲；中国 1 种，产云南、广西、广东。

见血封喉 *Antiaris toxicaria* Lesch.

136. 荨麻科 Urticaceae

55属1 300余种，泛球分布；中国26属341种，另引种栽培3属，广布全国。

草本、亚灌木或灌木，稀乔木或攀缘藤本，有时有蜇毛，植株具钟乳体；单叶，互生或对生；花极小，单性，稀两性，雌雄同株或异株，聚伞状、圆锥状、总状、伞房状、穗状、串珠式穗状或头状；雄花花被片4~5，雄蕊与花被片同数；雌花花被片5~9，稀2或缺，花后常增大，宿存，退化雄蕊鳞片状；瘦果，有时为肉质核果状，常包被于宿存的花被内。

在形态学系统中，荨麻科常被分为5族，中国5族全有。本研究的分支图（图106）显示：四脉麻属和水丝麻属作为亲缘属位于基部，它们是苎麻族Boehmerieae的成员；然后分为两大支，第一大支含3族，墙草族Parietarieae（●）（世界5属），单蕊麻族Forsskaoleeae（●）（世界4属），苎麻族Boehmerieae（●）（世界21属）；第二大支有2族，假楼梯草族Lecantheae= 楼梯草族Elatostemateae（●）（世界8属）和荨麻族（Urticeae）（●）（世界10属）。本研究的分析结果和形态学分类族的划分基本一致。值得进一步研究的问题是，基部的2属是否应从荨麻族分出放在号角树科Cecropiaceae（吴征镒等，2003）。

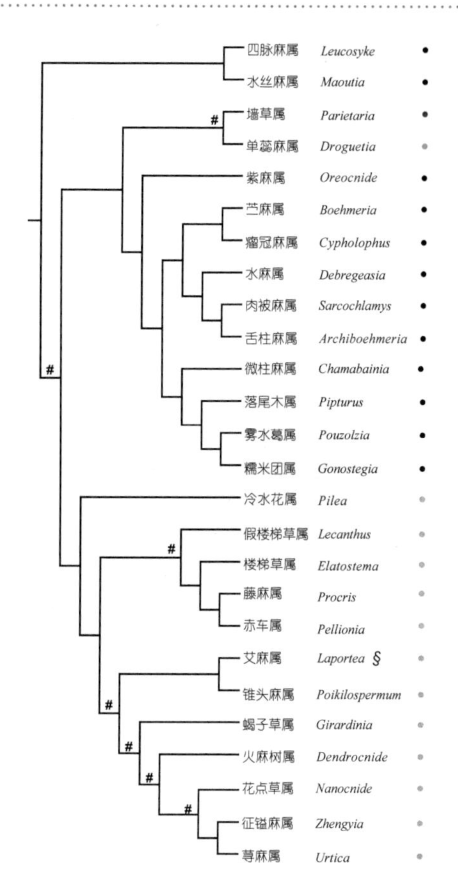

图106 中国荨麻科植物的分支关系

1. 四脉麻属 Leucosyke Zoll. & Moritzi

小乔木或灌木；叶对生或互生，常2列，基出3~4脉；花单性，常雌雄异株，花序二叉状分枝或集合成圆头状；雌花花被片短小，杯状，4~5齿裂；瘦果压扁，果皮多少肉质。

约35种，产热带亚洲、太平洋群岛；中国1种，产台湾。

2. 水丝麻属 Maoutia Wedd.

灌木或小乔木；叶互生，基出3脉；花单性，雌雄同株或异株，聚伞花序腋生；雄花花被片5；雌花花被片2，合生成不对称的浅兜状，或退化；瘦果卵形，具三棱。

约15种，产亚洲热带和亚热带地区、太平洋群岛；中国2种，产西藏、云南、贵州、四川、广西、台湾。

四脉麻 *Leucosyke quadrinervia* C. B. Rob.

水丝麻 *Maoutia puya* (Hook.) Wedd.

3. 墙草属 Parietaria L.

草本，稀亚灌木；叶互生，全缘，基出3脉或离基3出脉；花两性或杂性，聚伞花序腋生；雌花花被片4，合生成管状，柱头画笔头状或匙形；瘦果卵形。

约20种，产亚热带和温带地区；中国1种，产华南和华东之外的地区。

墙草 *Parietaria micrantha* Ledeb.

4. 单蕊麻属 Droguetia Gaudich.

草本；叶互生或对生，基出3脉；团伞花序两性或单性，簇生叶腋，具钟状具齿的总苞；雄花花被片1，常有3齿，雄蕊1；雌花无花被；瘦果卵形，压扁。

7种，产非洲、亚洲热带和亚热带地区；中国1种，产云南、台湾。

单蕊麻 *Droguetia iners* subsp. *urticoides* (Wight) Friis & Wilmot-Dear

5. 紫麻属 Oreocnide Miq.

灌木或乔木；叶互生，基出3脉或羽状脉；花单性，雌雄异株，花序常二歧聚伞状分枝；雌花花被片合生成管状；瘦果，花托肉质透明，盘状至壳斗状，果时常增大，微包或半包果实。

约18种，产亚洲东部热带和亚热带地区至新几内亚；中国10种，产西南、华南至华东、台湾。

细齿紫麻 *Oreocnide serrulata* C. J. Chen

6. 苎麻属 Boehmeria Jacq.

灌木、小乔木、亚灌木或多年生草本；叶互生或对生，基出3脉；团伞花序腋生，或排列成穗状花序或圆锥花序；雌花花被管状，顶端缢缩，有2~4个小齿；瘦果卵形，为宿存花被所包。

约65种，产热带、亚热带和温带地区；中国25种，产西南、华南、华东至华北、东北地区。

长序苎麻 *Boehmeria dolichostachya* W. T. Wang

7. 瘤冠麻属 Cypholophus Wedd.

灌木或小乔木；叶对生，羽状脉；花单性，雌雄同株或异株；雌花花被片合生成管状，果时肉质，柱头丝形；瘦果为肉质花被所包裹。

约15种，产东南亚至新几内亚、太平洋群岛；中国1种，产台湾。

瘤冠麻 *Cypholophus moluccanus* (Blume) Miq.

8. 水麻属 Debregeasia Gaudich.

灌木或小乔木；叶互生，基出3脉；花单性，雌雄同株或异株，雌的球形，花序二歧聚伞状分枝或二歧分枝，成对生于叶腋；雌花花被合生成管状，顶端有3~4齿；瘦果浆果状，宿存花被增厚变肉质，与果实贴生，或膜质而与果实离生。

约6种，产亚洲东部、北非和澳大利亚东部；中国6种，产长江流域以南地区。

水麻 *Debregeasia orientalis* C. J. Chen

9. 肉被麻属 Sarcochlamys Gaudich.

灌木或小乔木；叶互生，基出3脉；花雌雄异株，花序聚伞圆锥状，成对腋生；雌花花被片4~5，基部合生，果时增大；瘦果宽卵形，为肉质花被所包。

1种，产热带亚洲；中国1种，产西藏和云南。

肉被麻 *Sarcochlamys pulcherrima* Gaudich.

10. 舌柱麻属 Archiboehmeria C. J. Chen

灌木或半灌木；叶互生，基出3脉；花单性或两性，花序雌雄同株，二歧聚伞状，成对腋生；雌花花被管状，柱头舌状；瘦果卵形。

1种，产中国和越南；中国1种，产广西、广东、海南、湖南。

舌柱麻 *Archiboehmeria atrata* (Gagnep.) C. J. Chen

11. 微柱麻属 Chamabainia Wight

多年生草本；叶对生，基出3脉；花单性，雌雄同株或异株，团伞花序腋生；雌花花被管状，果期菱状，周围有狭翅，柱头很小，近卵形；瘦果近椭球形。

1种，产亚洲；中国1种，产长江以南地区。

微柱麻 *Chamabainia cuspidata* Wight

12. 落尾木属 Pipturus Wedd.

乔木、直立或攀缘灌木；叶互生，基出3~5脉；花单性，雌雄同株或异株；雄团伞花序排成穗状或圆锥状，雌团伞花序紧缩成头状；雌花花被片合生成管状，果时稍肉质，柱头丝形；瘦果小。

约40种，产东南亚至澳大利亚北部、太平洋群岛；中国1种，产台湾。

落尾木 *Pipturus arborescens* (Link) C. B. Rob.

13. 雾水葛属 Pouzolzia Gaudich.

灌木、亚灌木或多年生草本；叶互生，基出3脉，叶缘有锯齿，团伞花序通常两性，生于叶腋；雌花花被管状，2~4齿裂；瘦果卵球形。

约37种，产热带地区；中国4种，产长江流域及以南地区。

雅致雾水葛 *Pouzolzia sanguinea* var. *elegans* (Wedd.) Friis

14. 糯米团属 Gonostegia Turcz.

草本或亚灌木；叶对生或在同一植株上部互生、下部对生，全缘，基出3~5脉；团伞花序两性或单性，腋生；雌花花被管状，有2~4小齿；瘦果卵球形。

约3种，产亚洲和澳大利亚；中国3种，产秦岭淮河及以南地区。

糯米团 *Gonostegia hirta* (Blume) Miq.

15. 冷水花属 Pilea Lindl.

草本或亚灌木；叶对生，基出 3 脉；花单性，雌雄同株或异株，聚伞花序单生或成对腋生，松散或密集；雌花花被片 3，果时增大，柱头画笔头状；瘦果多少压扁。

约 400 种，产热带、亚热带和温带地区；中国 79 种，除新疆外均有分布。

花叶冷水花 *Pilea cadierei* Gagnep. & Guill.

16. 假楼梯草属 Lecanthus Wedd.

草本；叶对生，基出 3 脉；花单性，花序头状，具盘形花序托；雌花花被片（0~）4（~5），常不等大，柱头画笔头状；瘦果常有疣状突起。

3 种，产东非、东亚南至东南亚；中国 3 种，产长江以南地区。

假楼梯草 *Lecanthus peduncularis* (Royle) Wedd.

17. 楼梯草属 Elatostema J. R. Forst. & G. Forst.

草本、小灌木或亚灌木；叶互生，2 列，两侧不对称；花序雌雄同株或异株，通常不分枝，具盘形花序托；雌花花被片 3~4，柱头画笔头状；瘦果小，稍扁。

约 300 种，产非洲、亚洲、大洋洲；中国 146 种，产秦岭淮河及以南地区。

光序楼梯草 *Elatostema leiocephalum* W. T. Wang

18. 藤麻属 Procris Comm. ex Juss.

草本或亚灌木；叶互生，2 列，两侧稍不对称；花序雌雄异株，雄花序聚伞状，雌花序头状；雌花花被片 3~4，柱头画笔头状；瘦果小。

约 20 种，产旧世界热带和暖温带地区；中国 1 种，产西南、华南至台湾。

藤麻 *Procris crenata* C. B. Rob.

19. 赤车属 Pellionia Gaudich.

草本; 叶互生,2列,两侧不等大; 花序雌雄同株或异株; 雄花序聚伞状; 雌花序呈球状; 雌花花被片 4~5, 柱头画笔头状; 瘦果小, 稍扁。

约 60 种, 产亚洲热带和亚热带地区、太平洋群岛; 中国 20 种, 产长江流域及以南地区。

蔓赤车 *Pellionia scabra* Benth.

20. 艾麻属 Laportea Gaudich.

草本, 具蜇毛; 叶互生, 托叶于叶柄内合生; 花单性, 常雌雄同株, 花序聚伞圆锥状; 雌花花被片 4, 极不等大, 柱头丝形或舌形; 瘦果歪斜, 花梗常在果期扩大成翅状。

约 28 种, 产热带、亚热带和温带地区; 中国 7 种, 产华北、东北、长江流域及以南地区。

艾麻 *Laportea cuspidata* (Wedd.) Friis

21. 锥头麻属 Poikilospermum Zipp. ex Miq.

木质大藤本; 叶互生, 羽状脉, 托叶于叶柄内合生; 花单性异株, 聚伞花序腋生, 一至多回二歧分枝, 球状的团伞花序生于分枝顶端; 雌花花被合生成管状, 顶端4齿裂; 瘦果多少压扁, 被宿存花被片包裹。

约27种, 产热带亚洲至大洋洲; 中国3种, 产西藏、云南。

锥头麻 *Poikilospermum suaveolens* (Blume) Merr.

22. 蝎子草属 Girardinia Gaudich.

一年生或多年生高大草本, 具蜇毛; 叶互生, 托叶于叶柄内合生; 花单性, 雌雄同株或异株; 花序腋生, 排成穗状、圆锥状或蝎尾状; 雌花花被片 3~4, 柱头钻形; 瘦果稍偏斜。

约 2 种, 产北非、马达加斯加、亚洲; 中国 1 种, 产东北、华北及黄河以南地区。

大蝎子草 *Girardinia diversifolia* (Link) Friis

23. 火麻树属 Dendrocnide Miq.

乔木或灌木，具蜇毛；叶互生，托叶于叶柄内合生；花单性异株，花序聚伞圆锥状，腋生；雌花花被片 4，柱头丝形或舌形；瘦果较大，稍偏斜。

约 36 种，产亚洲、澳大利亚、太平洋群岛；中国 6 种，产西藏、云南、广西、广东、海南、台湾。

全缘火麻树 *Dendrocnide sinuata* (Blume) Chew

24. 花点草属 Nanocnide Blume

草本，具蜇毛；叶互生，边缘具粗齿，托叶侧生；花单性同株，聚伞花序腋生；雌花花被片 4，外面 2 枚较大，柱头画笔头状；瘦果直立，无雌蕊柄。

3 种，产东亚；中国 3 种，产黄河以南地区。

毛花点草 *Nanocnide lobata* Wedd.

25. 征镒麻属 Zhengyia T. Deng, D. G. Zhang & H. Sun

多年生高大草本，具蜇毛；叶互生，托叶大，心形；花序腋生，圆锥状，单性；雌花花被片 4，外面 2 枚较大，柱头短棒状；瘦果歪斜。

1 种，中国特有，产湖北西部。

征镒麻 *Zhengyia shennongensis* T. Deng, D. G. Zhang & H. Sun

26. 荨麻属 Urtica L.

草本，稀灌木，具蜇毛；叶对生，基出 3~5（~7）脉，托叶侧生；花单性，雌雄同株或异株，花序排成穗状、总状或圆锥状，稀头状；雌花花被片 4，内面 2 枚较大，柱头画笔头状；瘦果直立，无雌蕊柄。

30~35 种，产温带和热带高山地区；中国 14 种，广布全国。

咬人荨麻 *Urtica thunbergiana* Siebold & Zucc.

目 34. 壳斗目 Fagales

壳斗目 Fagales 包括 7~8 科，这一大群在早期的分类系统中，归为柔荑花序类，按照假花学派的观点，它们属于原始的被子植物，Engler 及其子系统将它们排在系统的开始。该群植物体含丹宁，柔荑花序，花多为单性，花被片极度退化或无花被，下位子房，子房每室具 1~2 枚单珠被胚珠，花粉管从合点进入胚珠，果实不开裂、含 1 枚种子；典型的风媒传粉。其单系性也得到多基因序列分析的支持（Li et al.，2004）。南青冈科 Nothofagaceae 和壳斗科 Fagaceae 为其他科连续的姐妹群，（胡桃科 Juglandaceae + 杨梅科 Myricaceae）–［木麻黄科 Casuarinaceae +（核果桦科 Ticodendraceae + 桦木科 Betulaceae）］分支称作核心壳斗目 core Fagales，多为三孔花粉（孔具有发育良好的内萌发孔），其胚珠发生早期具多个雌配子体，在化石记录中，这个群代表了正型粉复合群的现存成员（Kedves，1989；Judd et al.，2008）。杨梅科和胡桃科均有盾状着生的腺鳞，雌蕊具直生胚珠，*mat*K 和 *rbc*L 序列揭示它们有密切关系。马尾树科 Rhoipteleaceae 是 1932 年由 Diels 和 Handel-Mazzetti 建立的单型科，曾经被放在荨麻目 Urticales，后经多性状综合研究，认为它和胡桃科有密切的关系（张芝玉，1981；路安民等，1990），但比胡桃科原始，两科有共同祖先，仍应分为不同的科（Chen et al.，1998）。核果桦科 Ticodendraceae 1 属 1 种，常绿乔木，产中美洲，*rbc*L 序列资料支持它与桦木科关系密切，成姐妹群关系（Conti et al.，1994）。在 Takhtajan（2009）的系统中，坚持将壳斗目分成排序为双子叶植物第 37~41 目的 5 个目，实际上是壳斗类的目的复合群，其关系同根据 DNA 序列分析的结果相类似（图 107）。

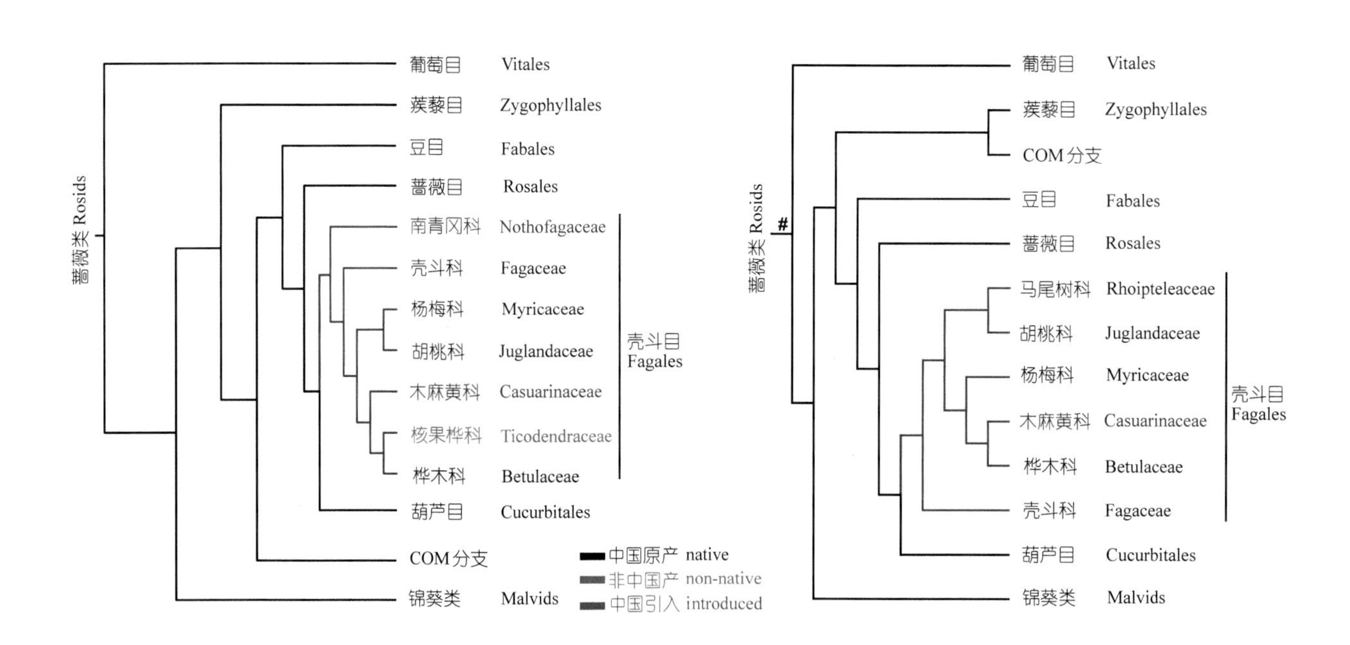

图 107 壳斗目的分支关系

被子植物 APG Ⅲ系统（左）；中国维管植物生命之树（右）

137. 壳斗科 Fagaceae

7 属 900 余种，广布于北半球热带、亚热带和温带地区，以亚洲的种类最多；中国 7 属约 383 种，南北广布。

常绿或落叶乔木；单叶互生；花单性同株；花被一轮，4~8 片，基部合生；球状或穗状雄花序下垂或直立，雄蕊 4~20；雌花序穗状直立，花单生或聚生成于一壳斗内；坚果被形状多样的壳斗包着，开裂或不开裂，每壳斗有坚果 1~3（~5）；坚果有棱角或浑圆，无胚乳。

壳斗科通常分 4 亚科：亚科 I 水青冈亚科 Fagoideae（▲），亚科 II 三棱栎亚科 Trigonobalanoideae（▲），亚科Ⅲ栎亚科 Quercoideae（▲），亚科Ⅳ栗亚科 Castaneoideae（▲）（属后的符号表示它们归属的亚科）。分支图显示的结果类同于形态学系统的属间关系（图 108）。

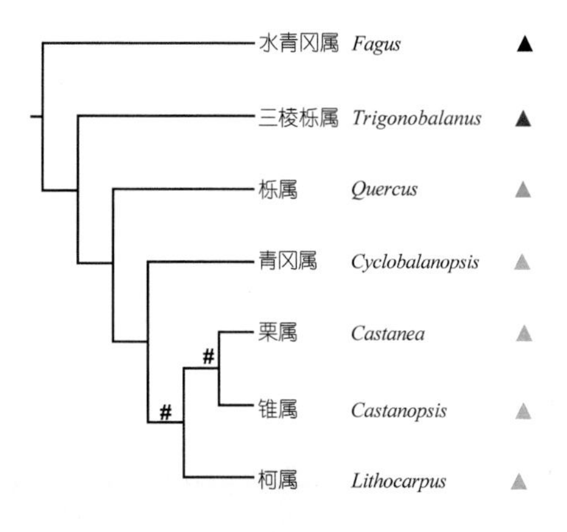

图 108 中国壳斗科植物的分支关系

1. 水青冈属 Fagus L.

落叶乔木；芽有鳞片，长而尖；叶互生，有锯齿；花先叶开放；雄花排成具柄、下垂的头状花序；花被 5~7 裂；雄蕊 8~16；雌花通常成对，腋生于具柄的总苞内；花被 5~6 裂而与子房合生；子房下位，3 室；坚果 2，包藏于一木质、具刺或具瘤凸的总苞内，4 爿开裂；坚果卵状三角形，有 3 条脊状棱，顶端尖。

约 10 种，分布于北半球温带及亚热带高山；中国 5 种，产南部和西南地区。

光叶水青冈 *Fagus lucida* Rehder & E. H. Wilson

2. 三棱栎属 Trigonobalanus Forman

常绿乔木；单叶互生或 3 叶轮生；具托叶；花单性同株，柔荑花序或直立穗状花序；雄花（1~）3~7 朵簇生，每簇具 1 基生总苞片和 2 侧生苞片，花被 6；雄蕊 6，与花被裂片对生；雌花单生或簇生，3~5 枚苞片，花被 6 裂，退化雄蕊 6；子房 3 室；花柱 3；壳斗包着坚果基部，3~5 裂；坚果三棱形。

3 种，分布于南美洲和亚洲；中国 2 种，产云南、海南。

轮叶三棱栎 *Trigonobalanus verticillata* Forman

3. 栎属 Quercus L.

常绿、落叶乔木；冬芽具数枚芽鳞；叶有锯齿或分裂；花单性同株；雄花序为下垂柔荑花序；雄蕊 6，与花被裂片对生，退化雌蕊细小；雌花单生或多朵排成穗状花序，花被 6 裂，退化雄蕊 6；子房 3 室；花柱 3；果为木质总苞所包围，具 1 枚坚果；总苞刺状、鳞片状或粗线形。

约 300 种，广布于亚洲、非洲、欧洲、美洲；中国 110 种，南北分布。

栓皮栎 *Quercus variabilis* Blume

4. 青冈属 Cyclobalanopsis Oerst.

常绿乔木; 冬芽芽鳞多数; 叶全缘或具齿; 花单性同株; 雄花序为下垂柔荑花序，花被 5~6 深裂，雄蕊与花被裂片同数，退化雌蕊细小; 雌花单生或排成穗状，花被具 5~6 裂片，子房 3 室，每室胚珠 2，花柱 2~4; 壳斗部分包着坚果，壳斗上的小苞片愈合成同心环带，具坚果 1; 子叶肉质。

150 种，主要分布在亚洲热带、亚热带地区; 中国 77 种，分布于秦岭、淮河流域以南地区。

黄毛青冈 *Cyclobalanopsis delavayi* (Franch.) Schottky

5. 栗属 Castanea Mill.

落叶乔木；小枝无顶芽；叶互生，叶缘有锯齿状裂齿；花单性同株；雄花排成穗状花序；花被 6 裂；雄蕊 10~20，有不育雌蕊，花丝比花被长 4~6 倍；雌花 2~3 朵聚生于一有刺的总苞内；花被 6 裂；子房下位，6 室，每室有胚珠 2，花柱 6；壳斗密被针刺，具果 1~ 3（~5）；坚果褐色。

约 7 种，分布于亚洲、欧洲南部及其以东地区、北美东部；中国 4 种，主产北部，1 种广泛栽培。

栗 *Castanea mollissima* Blume

6. 柯属 Lithocarpus Blume

常绿乔木；枝有顶芽；叶全缘或具齿；托叶宿存；花单性同株，穗状花序直立；雄花 3~7 朵聚生，花被 4~6 裂，雄蕊 10~12，细小；雌花 3~7 朵簇生；子房下位，3 室，花柱 3，柱头窝点状; 果为木质、有鳞片的壳斗所包围，坚果 1，壳斗外壁无刺，壳斗的鳞片分离或覆瓦状合成一同心环。

300 余种，主产亚洲热带和亚热带地区，北美仅 1 种；中国 123 种，主产南部和西南地区。

木姜叶柯 *Lithocarpus litseifolius* (Hance) Chun

7. 锥属 Castanopsis (D. Don) Spach

常绿乔木；枝有顶芽，具多数芽鳞；叶 2 列，互生或螺旋状排列，叶背被毛或鳞腺；花单性同株，穗状或圆锥花序; 花被裂片 5~6(~8); 雄蕊(8~)9~12，退化雌蕊甚小; 雌花单朵或3~5(~7)朵聚生于一壳斗内，子房 3 室，花柱 3，柱头小；果翌年成熟，坚果 1~4，包藏于有刺的总苞内。

约 120 种，分布于亚洲热带及亚热带地区; 中国约 63 种，产长江以南，主产西南部及南部。

瓦山锥 *Castanopsis ceratacantha* Rehder & E. H. Wilson

科 138. 马尾树科 Rhoipteleaceae

马尾树 *Rhoiptelea chiliantha* Diels & Hand.-Mazz.

本科仅 1 属 1 种，分布于中国西南部和越南北部。

落叶乔木；奇数羽状复叶；小叶无柄，边缘具锯齿，有腺点；托叶早落；帚状圆锥花序下垂，着生于小枝上端叶腋内或小枝下端叶腋之上；花杂性同株，花被片 4；两性花具雄蕊 6，雌蕊 1；雌蕊 2 室中 1 室退化，另 1 室具 1 胚珠；雌花中无退化雄蕊；果序形如马尾；小坚果卵圆形，微扁，外果皮薄、纸质，近圆形翅状。

1. 马尾树属 **Rhoiptelea** Diels & Hand.-Mazz.

属的鉴定特征同科。

1 种，分布于中国西南部和越南北部。

 139. 胡桃科 Juglandaceae

8 属约 70 种，大多数分布在北半球热带到温带；中国 7 属约 19 种，主要分布在长江以南，少数种类分布至长江以北。

落叶或半常绿乔木，具树脂，有芳香；叶互生或稀对生，无托叶，奇数或稀偶数羽状复叶；花雌雄同株，生于 1 枚不分裂或 3 裂的苞片腋内，风媒；雄花序葇荑状，单独或数条成束；花被片 1~4，雄蕊 3~40；雌花序穗状，顶生，或集束成下垂的柔荑花序；2 心皮合生，子房下位；果实为假核果或坚果状；外果皮肉质、革质或膜质，成熟时不开裂或 4~9 瓣开裂或不规则破裂；内果皮硬骨质。

胡桃科多被分为 3 亚科，即化香亚科 Platycaryoideae（▲）含化香属；黄杞亚科 Engelhardioideae（▲）含 4 属，国产黄杞属，另 3 属特产中美洲；胡桃亚科 Juglandoideae，分 2 族，胡桃族 Juglandeae（▲）含青钱柳属、枫杨属和胡桃属，山核桃族 Caryeae（▲）含山核桃属和喙核桃属。基于分子数据的分支分析，其结果基本上类同于综合形态学证据的分类系统（属后的符号代表它们隶属的族）（图 109）。

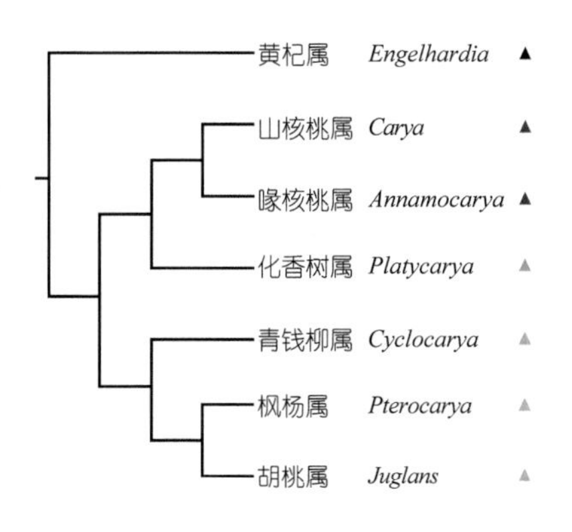

图 109 中国胡桃科植物的分支关系

1. 黄杞属 **Engelhardia** Lesch. ex Blume

落叶或半常绿乔木；芽裸露；髓部实心；叶互生，偶数羽状复叶；雌雄同株，稀异株；雌雄花序柔荑状；雄花苞片 3 裂，花被片 4 枚或更少；雌花苞片 3 裂，基部贴生于子房下端，小苞片 2，花被片 4，子房下位，2 心皮合生；果序下垂；果实坚果状，外侧具 3 裂膜质果翅，果翅基部与果实下部愈合。

约 8 种，分布于亚洲东部热带及亚热带地区；中国 4 种，产南部和西南地区。

云南黄杞 *Engelhardia spicata* Blume

2. 山核桃属 Carya Nutt.

落叶乔木；髓部实心；奇数羽状复叶；雄性柔荑花序下垂，常3条成1束；雄花具苞片1，小苞片2，与苞片愈合贴生于花托，无花被片；雌花序穗状顶生，直立，具少数雌花；雌花苞片1，小苞片3，与苞片愈合为4浅裂总苞，无花被片，子房下位，柱头盘状，2浅裂；假核果，常4瓣裂开，内果皮骨质。

约15种，主要分布在北美洲、亚洲东部；中国4种，产东南和西南地区。

美国山核桃 *Carya illinoinensis* (Wangenh.) K. Koch

3. 喙核桃属 Annamocarya A. Chev.

落叶乔木；具芽鳞；髓部实心；奇数羽状复叶，小叶全缘；雌雄同株；雄性柔荑花序，常5条成一束；雄花苞片1，小苞片2，与苞片愈合贴生于花托上，无花被片，雄蕊5~15；雌性穗状花序直立；雌花苞片及小苞片愈合成总苞，子房下位，柱头2裂；假核果，外果皮4~9瓣裂开；果核基部不完全4室；内果皮骨质。

1种，产中国西南部及越南北部。

喙核桃 *Annamocarya sinensis* (Dode) Leroy

4. 化香树属 Platycarya Siebold & Zucc.

落叶小乔木；具芽鳞；髓部实心；奇数羽状复叶；雄花序及两性花序共同形成直立的伞房状花序束，两性花序下部为雌花序，上部为雄花序；雄花苞片不分裂，无小苞片及花被片，雄蕊4~10；雌花具2小苞片，花被片轮状，子房1室，柱头2裂；果序球果状，直立，有木质、密集成覆瓦状排列的宿存苞片；果为小坚果状，背腹压扁状，两侧具狭翅。

1种，分布于中国黄河以南地区及朝鲜和日本。

化香树 *Platycarya strobilacea* Siebold & Zucc.

5. 青钱柳属 Cyclocarya Iljinsk.

落叶乔木；芽具柄，裸露；髓部薄片状分隔；奇数羽状复叶；雌雄同株，花序柔荑状；雄花序3条或稀2~4条成束下垂，雌花序单独顶生；雄花辐射对称，苞片小，花被片4，雄蕊20~30；雌花几乎无梗或具短梗，苞片与2小苞片愈合，花被片4，子房下位；果实具短柄，为苞片及小苞片形成的水平向圆盘状翅所围绕，顶端具4枚宿存的花被片。

1种，中国特有，分布于长江以南地区。

青钱柳 *Cyclocarya paliurus* (Batalin) Iljinsk.

6. 枫杨属 Pterocarya Kunth

落叶乔木；髓部片状分隔；奇数羽状复叶；雌雄同株，柔荑花序单性；雄花序单生；雄花苞片1，小苞片2，4枚花被片中仅1~3枚发育，雄蕊9~15；雌花序生于小枝顶端；雌花苞片1枚及小苞片2枚离生，花被片4，柱头2裂，羽状；干坚果，基部具1宿存的鳞状苞片及2革质翅。

约8种，分布于欧洲，亚洲的中国、日本；中国5种，2种特有，产中部。

枫杨 *Pterocarya stenoptera* C. DC.

7. 胡桃属 Juglans L.

落叶乔木；髓部薄片状分隔；奇数羽状复叶；雌雄同株，雄性柔荑花序；雄花具苞片 1，小苞片 2，花被片 3，雄蕊 4~40；雌花序穗状，直立，雌花无梗，苞片与 2 枚小苞片愈合成总苞并贴生于子房；花被片 4；子房下位，柱头 2；假核果，外果皮不规则开裂；果核不完全 2~4 室，内果皮硬骨质。

约 20 种，分布于全球温带、热带区域；中国 3 种，南北分布。

胡桃楸 *Juglans mandshurica* Maxim.

 140. 杨梅科 Myricaceae

3 属 50 余种，主要分布于两半球的热带、亚热带和温带地区；我国产杨梅属 *Myrica*，4 种。

常绿或落叶乔木或灌木，具腺体；单叶互生，全缘或有锯齿；花通常单性，无花被，无梗，生于穗状花序上；花序单生或簇生成圆锥状花序；雌雄同序者则穗状花序下端为雄花，上端为雌花；雄花单生于苞片腋内，不具或具 2~4 小苞片；雄蕊 2 至多数；雌花在每苞片腋内单生或稀 2~4 个簇生，通常具 2~4 小苞片；雌蕊由 2 枚心皮合生而成，子房 1 室，具 1 直生胚珠；花柱极短；核果小坚果状，具薄而疏松或坚硬的果皮，或为球状或椭圆状的较大核果，外表具乳头状突起，有时被毛或蜡质，外果皮肉质，内果皮坚硬。

1. 杨梅属 Myrica L.

常绿或落叶乔木或灌木；幼嫩部分具腺体；单叶，无托叶；雌雄同株或异株，穗状花序；雄花具雄蕊 2~8，稀多至 20，花丝分离或在基部合生；雌花具 2~4 小苞片；子房外表面具略成规则排列的突起，随子房发育而增大，形成蜡质腺体或肉质乳头状突起；核果小坚果状，外果皮肉质，内果皮坚硬。

约 50 种，广泛分布于两半球热带、亚热带及温带；中国 4 种，分布于长江以南各省。

毛杨梅 *Myrica esculenta* D. Don

科 141. 桦木科 Betulaceae

6 属 150~200 种，主要分布于亚洲、欧洲、南美洲、北美洲；中国 6 属 89 种，其中虎榛子属 *Ostryopsis* Decne. 为我国特有。

落叶乔木或灌木；单叶互生，叶缘多具重锯齿或单齿，叶脉羽状；花单性，雌雄同株，风媒；雄花序为下垂的柔荑花序，雄蕊 2~20，插生在苞鳞内；雌花序球果状、穗状、总状或头状，具多数苞鳞，每苞鳞内有雌花 2~3，子房 2 室，每室具 1 或 2 胚珠，花柱 2；果苞木质、革质、厚纸质或膜质；果为坚果或具翅小坚果。

桦木科是一个自然科，包括 6 属，科下常被分为 2 亚科：桦木亚科 Betuloideae（或 Betulaceae *s. s.*），含桦木属 *Betula* 和桤木属 *Alnus*（●）；榛亚科 Coryloideae（或 Corylaceae），下分 2 族，族 1 榛族（▲）只榛属 *Corylus* 1 属，族 2 鹅耳枥族 Carpineae（●）含 3 属，即虎榛子属 *Ostryopsis*、鹅耳枥属 *Carpinus* 和铁木属 *Ostrya*。分子数据分支分析显示：桦木亚科的 2 属首先相继分出，榛亚科 4 属聚为 1 支（图 110）。

桦木属 *Betula* ●
桤木属 *Alnus* ●
#
榛属 *Corylus* ▲
虎榛子属 *Ostryopsis* ●
鹅耳枥属 *Carpinus* ●
铁木属 *Ostrya* ●

图 110 中国桦木科植物的分支关系

1. 桦木属 Betula L.

树皮颜色多样，光滑、横裂、纵裂、薄层状剥裂或块状剥裂；芽无柄，具数枚芽鳞；叶缘具重锯齿；果苞革质，脱落，具 3 裂片，内有 3 枚小坚果；小坚果扁平，具膜质翅。

50~60 种，主要分布于北半球温带、寒带及亚热带高山；中国 32 种，特有 14 种，产北部到西南地区。

白桦 *Betula platyphylla* Sukaczev

2. 桤木属 Alnus Mill.

芽有柄，具芽鳞 2~3，或无柄而具多数芽鳞；果序球果状，果苞木质，宿存，具 5 裂片，每个果苞内具带翅小坚果 2 枚。

约 40 种，分布于北温带，向南至印度北部、中印半岛及南美安第斯山；中国 10 种，除西北外其他省区均布。

东北桤木 *Alnus mandshurica* (C. K. Schneid.) Hand.-Mazz.

3. 榛属 Corylus L.

芽卵圆形，具多数芽鳞；叶缘具重锯齿或浅裂；雄花每个苞鳞内具 2 枚小苞片；雌花序头状；果苞钟状或管状，部分种类果苞的裂片硬化成针刺状；坚果球形，大部或全部为果苞所包。

约 20 种，分布于亚洲、欧洲及北美洲；中国 7 种，产北部和西南地区。

藏刺榛 *Corylus ferox* var. *thibetica* (Batalin) Franch.

4. 虎榛子属 Ostryopsis Decne.

矮灌木；芽具多数芽鳞；叶缘具不规则重锯齿或浅裂；雄花无花被，花药室不分离，不具小苞片；雌花序总状，直立或斜展，雌花花被膜质；果苞囊状，厚纸质，顶端 3 裂，小坚果完全为囊状果苞所包，外果皮木质。

中国特有属，2~3 种，间断分布于北部和西南地区。

虎榛子 *Ostryopsis davidiana* Decne.

5. 鹅耳枥属 Carpinus L.

树皮平滑；芽顶端锐尖，具多数芽鳞；叶缘具重锯齿或单齿；雌花具花被，果期宿存；果苞叶状，小坚果果皮坚硬，不开裂。

约 50 种，分布于亚洲、欧洲和南美洲、北美洲；中国 33 种，南北分布。

鹅耳枥 *Carpinus turczaninowii* Hance

6. 铁木属 Ostrya Scop.

树皮粗糙，呈鳞片状剥裂；芽长，具多数芽鳞；叶缘具不规则重锯齿；雄花序冬季裸露；雌花序总状，直立；果序穗状，果苞囊状，膜质；小坚果完全为果苞所包。

约 8 种，分布于亚洲东部、欧洲和北美洲；中国 5 种，产西部至北部。

铁木 *Ostrya japonica* Sargent

科 142. 木麻黄科 Casuarinaceae

4 属 96 种，主要分布在澳大利亚、东南亚和太平洋岛屿；中国引种 3 种。

乔木或灌木；小枝轮生，具节；叶鳞片状，轮生成环状，下部连合为鞘；花单性，雌雄同株或异株；雄花序为顶生的穗状花序，雄花花被片 1 或 2，雄蕊 1，花药 2 室，纵裂；雌花序为顶生的球形或椭圆状的头状花序，雌花生于 1 枚苞片和 2 枚小苞片腋间，无花被，雌蕊 2 心皮，子房上位，胚珠 2，侧膜着生；小坚果扁平，具膜质薄翅，果序球果状；种子单生，无胚乳，子叶大而扁平；风媒植物。

1. 木麻黄属 Casuarina L.

乔木; 小枝轮生, 具节; 叶鳞片状, 4 至多枚轮生成环状，下部连合为鞘；花单性，无花梗；雄花成穗状花序，每朵雄花由 1 枚雄蕊和 1~2 花被片组成；雌花成头状花序，无花被，有 2 小苞片；子房上位，1 室；花柱短，有 2 条红色、线形的柱头; 胚珠 2; 果序球果状; 小坚果扁平, 具膜质薄翅。

约 18 种，主产大洋洲，中国引种栽培 3 种。

细枝木麻黄 *Casuarina cunninghamiana* Miq.

目 35. 葫芦目 Cucurbitales

葫芦目 Cucurbitales 包括 8 科（APG Ⅲ，2009）。异叶木科 Anisophylleaceae 4 属 34 种，分布于热带非洲、热带亚洲（印度到马来西亚）和南美，为目的基部分支，但 Takhtajan（2009）将其作为单科目异叶木目 Anisophylleales，他认为“按照分子资料将异叶木科归于葫芦目是不能接受的”。其他 7 科分为 2 支：风生花科 Apodanthaceae –（毛利果科 Corynocarpaceae + 马桑科 Coriariaceae）为 1 支。风生花科 3 属 23~30 种，寄生草本，分布于美国南部到智利麦哲伦海峡、澳大利亚西南部、西亚和东非，Takhtajan（2009）将其放在大花草目 Rafflesiales；毛利果科 1 属 5~7 种，分布于阿鲁群岛、新几内亚、新喀里多尼亚、澳大利亚东部、新西兰等，Takhtajan（2009）将其作为单科目毛利果目 Corynocarpales 放在马桑目 Coriariales 之后，它同马桑科的密切亲缘关系得到结构和分子证据的支持；马桑科的系统位置极为孤立，争议颇多，木材解剖、胚胎学、化学资料支持它与芸香目 Rutales 特别是与苦木科 Simaroubaceae 近缘，但花的结构、花粉、种皮等近似毛茛目 Ranunculales 的一些成员（Takhtajan，1997，2009；吴征镒等，2003），因此，Takhtajan 成立马桑目 Coriariales，放在芸香超目 Rutanae。另 1 支为葫芦科 Cucurbitaceae – 四数木科 Tetramelaceae –（野麻科 Datiscaceae + 秋海棠科 Begoniaceae），得到形态和分子证据的支持，特别是葫芦科、秋海棠科和四数木科的共衍征有茎具分离维管束、子房下位、侧膜胎座（胎座极突出）、柱头常分叉、单性花、葫芦型叶齿、含葫芦素等，说明这 3 科的亲缘关系密切。野麻科 1 属 2 种，分布于喜马拉雅南麓和墨西哥北部到加利福尼亚北部，从珠心组织和营养体特征看，它不比秋海棠科特化（Takhtajan，2009）。总之，APG Ⅲ概念的葫芦目作为一个单系群，其形态学的共衍征尚需进一步研究（图 111）。

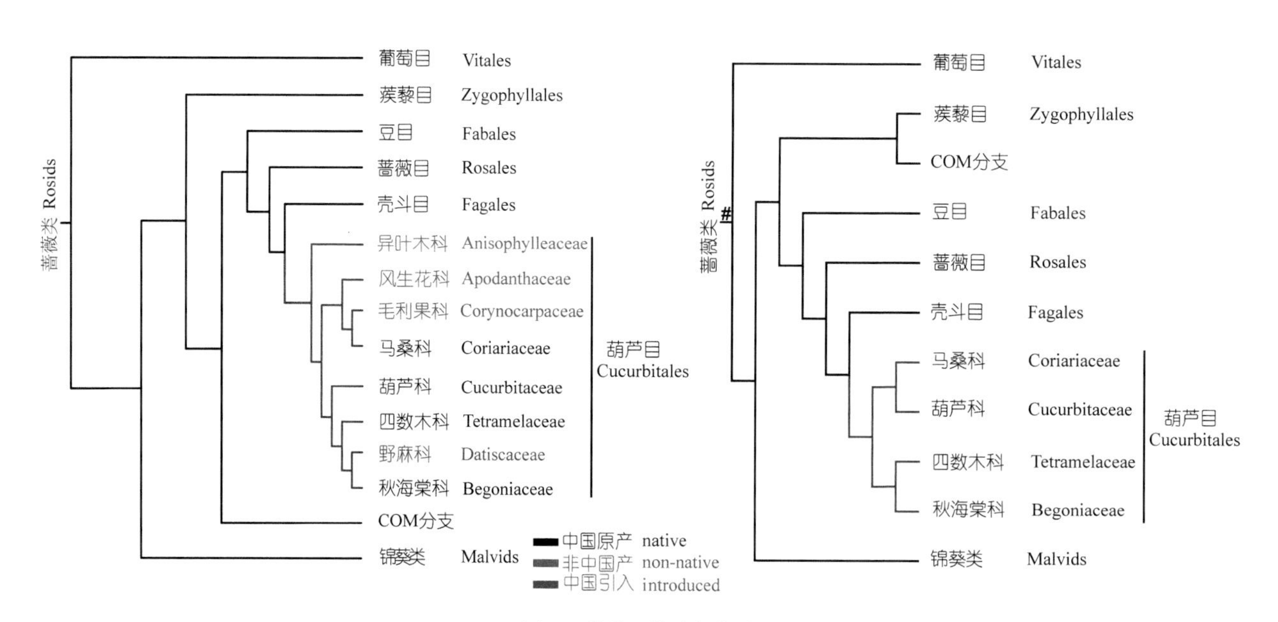

图 111 葫芦目的分支关系

被子植物 APG Ⅲ系统（左）；中国维管植物生命之树（右）

科 143. 葫芦科 Cucurbitaceae

约 123 属 800 余种，多数分布于热带和亚热带，少数分布于温带；中国有 35 属 141 种，主要分布于西南部和南部，少数散布到北部。

草本或木质藤本；多具卷须，卷须侧生叶柄基部；叶互生，无托叶；叶片不分裂或掌状分裂，稀为鸟足状复叶；花常单性，5 基数，整齐，单生、簇生或集成总状、圆锥状或近伞形花序；雌雄同株或异株；雄蕊 5 或 3，花丝分离或合生成柱状，花药 1 室或 2 室，药室通直或折曲；子房下位或半下位，常由 3 心皮合生而成，侧膜胎座；花柱单一或顶端 3 裂，柱头膨大，常 2 裂；果大型至小型，肉质浆果或各式开裂蒴果；种子常多数，扁压状。

按照 Jeffrey 的葫芦科分类系统，国产属分为 2 亚科，翅子瓜亚科 Zanonioideae 和南瓜亚科 Cucurbitoideae。翅子瓜亚科分 2 族：族 1 翅子瓜亚族 Zanonieae（●）、族 2 藏瓜族 Indofevilleeae（●）。南瓜亚科分 8 族：族 1 赤瓟族 Thladiantheae（●）、族 2 裂瓜族 Schizopeponeae（▲）、族 3 马瓟儿族 Melothrieae（▲）、族 4 冬瓜族 Benincaseae（●）、族 5 栝楼族 Trichosantheae（●）、族 6 南瓜族 Cucurbiteae（▲）、族 7 佛手瓜族 Sicyeae（▲）、族 8 小雀瓜族 Cyclanthereae（▲）。本研究的分子性状分析显示，两个亚科的划分得到支持；翅子瓜亚科 2 族的聚类都类同于形态系统的划分，南瓜亚科中多属族如赤瓟族、马瓟儿族等的成员基本上聚集在一起，只有冬瓜族的成员分散在不同的分支，尚需进一步研究（图 112）。

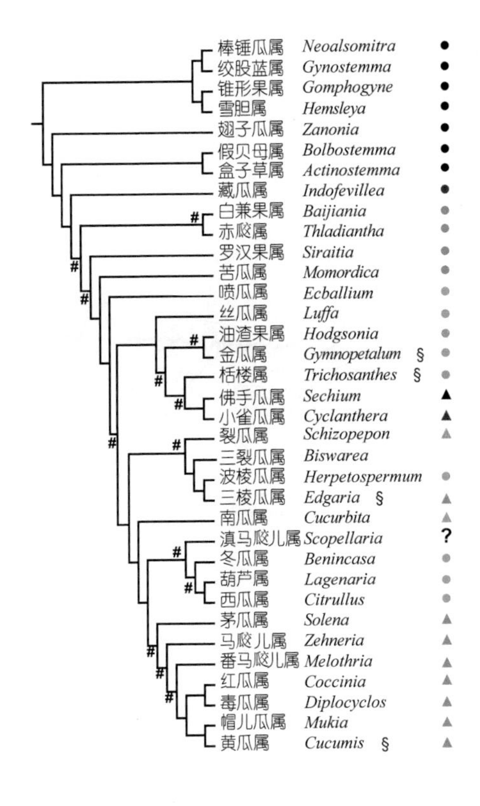

图 112 中国葫芦科植物的分支关系

1. 棒锤瓜属 Neoalsomitra Hutch.

木质藤本；单叶或具 3~5 小叶，小叶近全缘，基部常有 2 腺体；卷须单一或二歧；雌雄异株；花小，白色或淡绿色，组成腋生圆锥花序或总状花序；雄蕊 5；果实棒锤状或圆柱状，顶端阔截形，3 瓣裂；种子中央突起，边缘有粗齿，顶端具膜质翅。

11 种，分布于印度、中南半岛至波利尼西亚和澳大利亚；中国 2 种，主产广东、广西、云南、西藏东南部和台湾。

藏棒锤瓜 *Neoalsomitra clavigera* (Wall.) Hutch.

2. 绞股蓝属 Gynostemma Blume

多年生攀缘草本；叶鸟足状，具 3~9 小叶；卷须二歧，稀单一；雌雄异株；花腋生或顶生成圆锥花序；花冠辐状，淡绿色或白色，5 深裂，裂片披针形或卵状长圆形；花小型，花梗具关节，基部具小苞片；雄蕊 5；浆果或蒴果，小型，球形。

约 17 种，分布于亚洲热带至东亚；中国 14 种，分布于陕西南部和长江以南地区，以西南地区最多。

绞股蓝 *Gynostemma pentaphyllum* (Thunb.) Makino

3. 锥形果属 Gomphogyne Griff.

攀缘草本；茎纤细，具纵棱及槽；叶鸟足状，具7~9小叶；卷须单一或常二歧；雌雄同株；花小，淡绿色，总状或圆锥状花序；花萼和花冠辐状，5裂，裂片长圆形，尾状渐尖；雄蕊5；陀螺状蒴果，成熟后由顶端3裂缝开裂。

2种，分布于不丹、中国、印度和尼泊尔；中国1种，云南南部和西南部有分布。

锥形果 *Gomphogyne cissiformis* Griff.

4. 雪胆属 Hemsleya Cogn. ex B. Forbes & Hemsl.

多年生攀缘草本；常具膨大块茎；叶鸟足状，3~11小叶；卷须二歧；雌雄异株；聚伞总状花序至圆锥花序，腋生，总花序梗纤细；果实具9~10条纵棱或细纹，顶端3瓣裂；种子常具翅。

约27种，分布于亚洲热带和亚热带地区；中国25种，主要分布于西南部和中南部。

马铜铃 *Hemsleya graciliflora* (Harms) Cogn.

5. 翅子瓜属 Zanonia L.

攀缘灌木；单叶全缘；卷须单一或二歧；雌雄异株；雄花排列为疏而下垂的圆锥花序；雌花排列为总状花序；雄蕊5；果为蒴果，圆柱状棍棒形，顶端截形，3瓣裂；种子围以大而膜质的翅。

1种，分布于南亚和东南亚；中国1种，产广西西部和云南南部。

翅子瓜 *Zanonia indica* L.

6. 假贝母属 Bolbostemma Franquet

攀缘草本；叶基部裂片具1对突出的腺体；卷须单一或分2叉；雌雄异株；雄蕊5，柱头3；花萼、花冠均辐状，5裂，披针形；果实顶端盖裂；种子顶端具膜质翅。

2种，中国特有，间断分布于北部和西南地区。

假贝母 *Bolbostemma paniculatum* (Maxim.) Franquet

7. 盒子草属 Actinostemma Griff.

攀缘草本；卷须二歧，稀单一；雌雄同株或稀两性；花萼、花冠均辐状，裂片均披针形；子房卵珠状，常具疣状突起，1室；果实卵状，自中部以上环状盖裂，顶盖圆锥状；具2~4种子；种子卵形，有不规则雕纹。

1种，分布于东亚；中国南北分布。

盒子草 *Actinostemma tenerum* Griff.

8. 藏瓜属 Indofevillea Chatterjee

木质藤本；叶革质，全缘；卷须粗壮，二歧；雌雄异株；雄花序圆锥状，花较小，总梗伸长，花梗短；花萼裂片比花冠裂片长；雄蕊5，4枚成对靠合，1枚分离，花药肾形；果实不开裂，果皮近木质，长超过10cm。

1种，分布于中国西南部和印度东北部；中国产西藏南部。

9. 白兼果属 Baijiania A. M. Lu & J. Q. Li

多年生攀缘草本；茎具沟；卷须单一或二歧，从分歧点之下开始旋卷；雄花序总状，雄蕊5，药室肾形弓曲；果实近球形或圆柱形；种子卵圆形，顶端钝圆。

4种，分布于中国南部、老挝和泰国；中国2种，主产广东、西藏东南部、云南东南部和台湾。

10. 赤瓟属 Thladiantha Bunge

多年生或稀一年生草质藤本；叶多为单叶心形；卷须单一或二歧；雌雄异株；雄花序总状或圆锥状；花冠钟状，黄色，5深裂；雄蕊5，药室通直；果实中等大，浆质，不开裂，平滑或具瘤状突起。

23种，主要分布于中国，散布到印度、日本、朝鲜及中南半岛；中国全产，主要分布于西南部，少数种分布到黄河流域及以北地区。

川赤瓟 *Thladiantha davidii* Franch.

11. 罗汉果属 Siraitia Merr.

攀缘草本；全体密被黑色或红色疣状腺鳞；卷须二歧，在分歧点之下开始旋卷；雌雄异株；雄花序总状或圆锥状，常具1~2枚叶状苞片；雌花单生、双生或数朵生于一总梗顶端；雄蕊5，药室S形折曲；果实球形、扁球形或长圆形；种子具木栓质翅。

3种，分布于中国、越南、马来西亚和泰国；中国2种，主产南部和西南地区。

罗汉果 *Siraitia grosvenorii* (Swingle) C. Jeffrey ex A. M. Lu & Zhi Y. Zhang

12. 苦瓜属 Momordica L.

一年生或多年生攀缘或匍匐草本；卷须单一或二歧；叶柄有或无腺体；花雌雄异株或稀同株；雄花单生或成总状花序，花梗上通常具一大型的兜状苞片；雄蕊3，药室折曲；果实常具明显的瘤状突起，成熟后有时3瓣裂。

45种，多数种分布于非洲热带地区，少数种类在温带地区有栽培；中国4种，主要分布于南部和西南部，苦瓜南北普遍栽培。

苦瓜 *Momordica charantia* L.

丝瓜 *Luffa cylindrica* (L.) M. Roem.

13. 喷瓜属 Ecballium A. Rich.

蔓生草本，根多年生；植株被短刚毛；无卷须；叶片心形；花雌雄同株，极稀异株；雄花序总状，雌花单生；花冠黄色，宽钟形或近辐状，5深裂；雄蕊3，药室折曲；果实长圆形，有短刚毛，外面粗糙，成熟时自果梗脱落后基部开一洞，种子和果液同时喷射而出。

1种，分布于地中海沿岸地区到亚洲西南部（东至伊朗）地区；中国新疆有分布。

喷瓜 *Ecballium elaterium* (L.) A. Rich.

14. 丝瓜属 Luffa Mill.

攀缘草本；卷须2至多歧；雌雄异株；雄花序总状，雌花单生；雄蕊3或5，药室线形，多回折曲；花萼筒倒锥形，裂片5，三角形或披针形；果实长圆形或圆柱状，未成熟时肉质，熟后变干燥，里面呈网状纤维，由顶端盖裂。

6种，遍布于热带和亚热带地区；中国广泛栽培2种。

15. 金瓜属 Gymnopetalum Arn.

攀缘草本；卷须单一或二歧；雌雄同株或异株；雄花单生或成总状花序，雌花单生；花冠辐状，黄色或白色；花萼筒伸长，管状；雄蕊3，花药合生，药室曲折；果实卵状长圆形或近球形，两端急尖或渐尖，不开裂。

4种，分布于南亚；中国2种，主要分布于广东、广西、贵州、海南、云南。

风瓜 *Gymnopetalum chinense* (Lour.) Merr.

16. 油渣果属 Hodgsonia Hook. f. & Thomson

木质藤本；叶片厚革质，常绿；卷须粗壮，2~5歧；雌雄异株；雄花序总状，雌花单生；花萼筒伸长，花冠裂片流苏长达15cm；雄蕊3；果实大型，有能育和不育种子各6枚；种子大型，长达7cm。

2种，分布于亚洲热带地区；中国1种，产西藏东南部、云南南部、广西。

油渣果 *Hodgsonia heteroclita* (Roxb.) Hook. f. & Thomson

17. 栝楼属 Trichosanthes L.

一年生或多年生藤本；卷须 2~5 歧；雌雄异株或同株；雄花序总状，雌花单生；花萼筒筒状，伸长；花冠白色，稀红色，5 裂，裂片先端具流苏，长不超过 7cm；雄蕊 3，药室曲折；果实肉质，不开裂，无毛且平滑，具多数种子；种子 1 室、扁压或 3 室、膨胀、两侧室空。

约 100 种，分布于亚洲至澳大利亚北部；中国 33 种，南北分布，以华南和西南地区种类最多。

栝楼 *Trichosanthes kirilowii* Maxim.

18. 佛手瓜属 Sechium P. Browne

多年生草质藤本；卷须 3~5 歧；雌雄同株；雄花序总状，雌花单生；花白色；雄蕊 3，花丝连合，花药折曲；子房 1 室，具 1 胚珠，柱头头状，5 浅裂，裂片反折；果大型，倒卵形，具沟槽；种子 1 枚，长达 10cm，种皮木质。

约 5 种，分布于墨西哥和美国中部；中国引种 1 种，南部栽培。

佛手瓜 *Sechium edule* (Jacq.) Sw.

19. 小雀瓜属 Cyclanthera Schrad.

攀缘草本；叶鸟足状，7~9 全裂；卷须单一或二至多歧；雌雄同株；雄花序总状或圆锥状，雌花在具雄花的同一叶腋内单生或簇生；花小，黄绿色或白色；雄蕊连合成 1 枚，花药环状，1 室，水平着生；果实偏斜，卵形或肾形，开裂。

约 20 种，分布于美洲热带地区；中国引种 1 种，西藏、云南等地栽培。

小雀瓜 *Cyclanthera pedata* var. *edulis* (Naudin ex Huber) Cogn.

20. 裂瓜属 Schizopepon Maxim.

攀缘草质藤本；茎、枝纤细而柔弱；卷须二歧；花小型，两性或单性；雌雄同株或异株；两性花或雄花生于总状花序上；雄蕊 3，分离或各式合生；雌花常单生，子房 3 室，胚珠每室 1 枚；果实成熟后由顶端向基部 3 瓣开裂；种子 1~3，下垂生。

8 种，分布于亚洲东部至喜马拉雅；中国 8 种，主产东北、华北、华中到西南，以西南地区种类最多。

喙裂瓜 *Schizopepon bomiensis* A. M. Lu & Zhi Y. Zhang

21. 三裂瓜属 Biswarea Cogn.

攀缘草本; 叶片5~7裂,分裂过半; 卷须二歧; 雌雄异株; 雄花序总状，雌花单生；花黄色，花冠钟状；雄蕊3，花药合生，药室线形，三回折曲; 柱头3; 胚珠和种子水平生，多数; 果实长圆形，三棱状，具6条纵肋，3瓣裂几达基部。

1种，分布于印度东北部、缅甸、尼泊尔及中国西南地区。

22. 波棱瓜属 Herpetospermum Wall. ex Hook. f.

攀缘草本；卷须二歧；叶片卵形，浅裂；雌雄异株；雄蕊3，药室线形，三回折曲；胚珠和种子下垂，少数；果实阔长圆状，3瓣裂至近基部。

1种，分布于不丹、中国、印度和尼泊尔；中国产西藏和云南。

波棱瓜 *Herpetospermum pedunculosum* (Ser.) C. B. Clarke

23. 三棱瓜属 Edgaria C. B. Clarke

攀缘草本；茎、枝细弱；卷须二歧；雌雄异株；雄花序总状或稀单生; 花萼筒伸长,窄漏斗状; 雄蕊3,药室通直; 果实阔纺锤形，明显具三棱角，成熟时深三爿裂。

1种,分布于不丹、中国和印度北部; 中国西藏有分布。

24. 南瓜属 Cucurbita L.

蔓生草本; 茎、枝稍粗壮; 叶片被长硬毛; 卷须2至多歧; 雌雄同株；花单生，黄色，花冠钟状，5中裂；雄蕊3，花药靠合成头状，药室线形折曲；花柱短，柱头3，具2浅裂或2分歧；胚珠多数，水平着生；果大型，肉质，不开裂。

约15种，分布于美洲温暖地区，在热带、亚热带及温带地区栽培；中国引种3种，南北均有栽培。

南瓜 *Cucurbita moschata* Duchesne

25. 滇马瓟儿属 Scopellaria W. J. de Wilde & Duyfjes

攀缘草本；卷须单一，多毛；雌雄同株；花黄色；雄花序总状，雌花单生；雄蕊3，花丝比花药长，花药均2室，药室通直；果实球形或纺锤形，不开裂；种子皱缩，表面具网眼。

2种，分布于亚洲东南部和马来西亚西部；中国1种，产云南。

26. 冬瓜属 Benincasa Savi

蔓生草本；全株密被硬毛；卷须2~3歧；雌雄同株；花大型，黄色，单独腋生；花萼裂片反折；雄蕊3，柱头3；果实大型，长圆柱状或近球状，具糙硬毛及白霜，不开裂，具多数种子。

1种，栽培于热带、亚热带和温带地区；中国各地普遍栽培1种。

冬瓜 *Benincasa hispida* (Thunb.) Cogn.

27. 葫芦属 Lagenaria Ser.

攀缘草本；植株被黏毛；叶片基部具 2 明显腺体；卷须二歧；雌雄同株，花大，单生，白色；雄蕊 3，药室折曲；柱头 3，2 浅裂；果实形状多型，不开裂，嫩时肉质，成熟后果皮木质，中空。

6 种，主要分布于非洲热带地区；中国引种 1 种，广泛栽培。

葫芦 *Lagenaria siceraria* (Molina) Standl.

28. 西瓜属 Citrullus Schrad.

蔓生草本；叶片羽状深裂；卷须 2~3 歧；雌雄同株；花黄色；雄花具腺体状退化雌蕊，雄蕊 3，药室线形折曲；雌花具刺毛状退化雄蕊，柱头 3，肾形，2 浅裂；果实大，球形至椭圆形，果皮平滑，肉质，不开裂。

4 种，分布于非洲南部热带、亚洲西南部、地中海东部地区；中国栽培 1 种。

西瓜 *Citrullus lanatus* (Thunb.) Matsum. & Nakai

29. 茅瓜属 Solena Lour.

多年生攀缘草本；卷须单一；叶片多型，变异极大；茎、枝纤细，近无毛；花雌雄异株或同株；雄花序近伞形，雌花单生；花萼筒钟状；雄蕊 3，药室弧曲或之字形折曲；果实长圆形或卵球形，不开裂，外面光滑；种子几枚，圆球形。

3 种，分布于亚洲南部和东南部；中国 1 种，产南部和西南地区。

茅瓜 *Solena heterophylla* Lour.

30. 马㼎儿属 Zehneria Endl.

一年生或多年生攀缘或匍匐草本；卷须纤细，单一或稀二歧；雌雄同株或异株；花冠钟状，黄色或黄白色，裂片 5；雄花序总状或近伞房状；雌花常单生；雄蕊 3，稀 4 或 5，花药 1 枚 1 室，其余 2 室，稀全部 2 室，药室常通直；果实圆球形或长圆形或纺锤形，不开裂，种子多数。

约 55 种，分布于非洲和亚洲热带到亚热带地区；中国 4 种，产南部和西南地区。

纽子瓜 *Zehneria maysorensis* (Wight & Arn.) Arn.

31. 番马㼎属 Melothria L.

攀缘草本；卷须单一；雌雄同株；雄花序总状或近伞形；花萼钟状至圆柱状；花冠辐状，黄色；雄蕊 3；药室通直或稍折曲；雌花单生，常与雄花序簇生于同一叶腋；果实球形至椭圆形，成熟时黑色。

约 12 种，分布于新热带区（美国南部至阿根廷）；中国引种 1 种。

番马㼎 *Melothria pendula* L.

32. 红瓜属 Coccinia Wight & Arn.

攀缘草本；叶片基部有数枚腺体；卷须单一，稀二歧；雌雄异株或稀同株；花萼、花冠均钟状，花冠白色；雄蕊 3，花丝连合成柱，花药合生，药室折曲；柱头 3 裂；果实卵状或长圆状，浆果状，不开裂，长约 5cm。

约 20 种，主要分布于非洲热带地区；中国 1 种，产海南、广西和云南。

红瓜 *Coccinia grandis* (L.) Voigt

33. 毒瓜属 Diplocyclos (Endl.) T. Post & Kuntze

攀缘草本；叶片掌状 5 深裂；卷须二歧；雌雄同株；花小型；雌雄花簇生于同一叶腋内；药室 S 形曲折；花柱细，柱头 3，深 2 裂；果实为浆果，小型，球形或卵球形；种子边缘有环带；果实和根有剧毒！

4 种，广泛分布于非洲热带、亚洲热带和澳大利亚；中国 1 种，分布于广西、广东、海南和台湾。

毒瓜 *Diplocyclos palmatus* (L.) C. Jeffrey

34. 黄瓜属 Cucumis L.

一年生攀缘或蔓生草本；茎、枝有棱沟；叶不分裂或 3~7 浅裂，两面粗糙，被短刚毛；卷须单一；雌雄同株，稀异株；雄花常簇生，雌花常单生；花冠辐状或近钟状，黄色；药隔伸出，呈乳头状；具 3~5 胎座，花柱短，柱头 3~5，靠合；果实多形，肉质。

约 32 种，分布于热带到温带地区，以非洲种类较多；中国 4 种，2 种全国各地广泛栽培，云南有 1 野生种。

黄瓜 *Cucumis sativus* L.

35. 帽儿瓜属 Mukia Arn.

攀缘草本，全体被糙毛或刚毛，纤细；卷须不分歧；雌雄同株，花小，雄花簇生，雌花常单一或数朵与雄花簇生同一叶腋；雄蕊 3，花药 1 枚 1 室，2 枚 2 室，药室通直；浆果长圆形或球形，小型，不开裂，具少数种子。

3 种，分布于非洲、亚洲和澳大利亚的热带及亚热带地区；中国 2 种，分布于广东、广西、贵州、云南和台湾。

帽儿瓜 *Mukia maderaspatana* (L.) M. Roem.

144. 马桑科 Coriariaceae

草马桑 *Coriaria terminalis* Hemsl.

1 属约 15 种，分布于地中海至日本、新西兰和中美洲、南美洲；中国 3 种。

灌木；叶对生或轮生，无托叶；花两性或单性，小，绿色，单生或排成总状花序；萼片和花瓣均 5；雄蕊 10；心皮 5~10，离生，有胚珠 1，成熟时为肉质花瓣所包围的假核果。

1. 马桑属 Coriaria L.

属的鉴定特征及分布同科。

145. 秋海棠科 Begoniaceae

2~3 属 1 400 余种，广泛分布于全球热带和亚热带地区；中国 1 属 173 种。

一年生或多年生肉质或木质草本，或灌木，稀小乔木，常有根茎或块茎；茎常有节，直立，匍匐状或攀缘状；单叶互生，罕对生，全缘、具齿或分裂，基部歪斜，两侧常不对称；托叶 2，常脱落；花单性，雌雄同株，辐射对称或两侧对称，通常组成腋生二歧聚伞花序；雄花萼片 2，稀 5；花瓣 2~5 或无；雄蕊多数，花丝分裂或基部合生；雌花花被片 2~5，子房下位，稀半下位，常有棱或翼，2~3 室，花柱 2~3，柱头常扭曲；蒴果或浆果。

秋海棠科 Begoniaceae 是四数木科 Tetramelaceae 的姐妹群。

中华秋海棠 *Begonia grandis* subsp. *sinensis* (A. DC.) Irmsch.

1. 秋海棠属 Begonia L.

多年生稍肉质草本；根块状或纤维状；叶基生或互生于茎上，基部常偏斜；花单性同株，雌雄花同生于一花束上，雄花先开放；蒴果，有翅或棱。

1 400 余种，广泛分布于全球热带和亚热带地区；中国 173 种，主产南部和西南地区。

146. 四数木科 Tetramelaceae

2 属 2 种，分布于印度和尼泊尔至热带东南亚、澳大利亚和所罗门群岛；中国 1 属 1 种，产云南南部。

落叶乔木，通常具板状根，各部被毛或被鳞片；单叶，互生，全缘或具锯齿，掌状脉，无托叶；花单性异株，稀杂性，具苞片，早落；穗状花序或圆锥花序；雄花萼片 4 或 6~8，等大或不等大；无花瓣或有时具花瓣；雄蕊 4 或 6~8，与萼片对生；雌花萼片在子房下面部分连合或分离，无花瓣和退化雄蕊；蒴果。

四数木 *Tetrameles nudiflora* R. Br.

1. 四数木属 Tetrameles R. Br.

大乔木；叶具柄，卵形，背面具柔毛；花先于叶开放，雄花为圆锥花序，雌花为延长的总状花序，着生于小枝的近顶端；雄花萼管极短，裂齿 4；雌花萼管卵形；无花瓣；子房上位，1 室；蒴果卵状。

仅 1 种，广泛分布于亚洲热带地区和澳大利亚（昆士兰）；中国产西南部。

目 36. 牻牛儿苗目 Geraniales

牻牛儿苗目 Geraniales 包括3科，即牻牛儿苗科 Geraniaceae、巍安草科 Vivianiaceae 和蜜花科 Melianthaceae（图113）（APG Ⅲ，2009）。在 Takhtajan（2009）系统还包括其他4个小科，但多是从广义牻牛儿苗科分出的。该目是一个自然目，得到分子数据和形态学证据的支持，其共衍征包括外轮雄蕊，或只有一轮时雄蕊与萼片对生，花蜜腺位于雄蕊群外侧，叶具有腺锯齿，导管为单穿孔等（Judd et al.，2008）。巍安草科4属6种，分布于巴西南部、乌拉圭、阿根廷和智利。密花科2属16种，分布于热带非洲和南非。

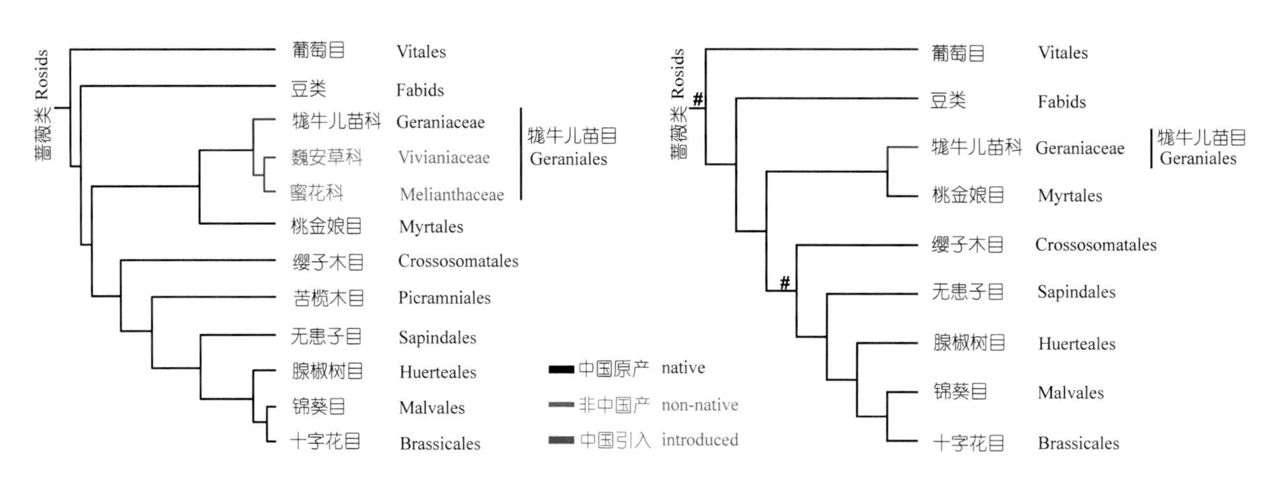

图 113 牻牛儿苗目的分支关系
被子植物 APG Ⅲ系统（左）；中国维管植物生命之树（右）

科 147. 牻牛儿苗科 Geraniaceae

6属约780种，广布于温带、亚热带和热带山地；中国2属54种。

一年生或多年生草本；叶互生或对生，单叶或复叶，有托叶；花两性，辐射对称或稍两侧对称，单生或排成伞形花序；萼片4~5，分离或稍合生，背面一片有时有距；花瓣5，很少4，常覆瓦状排列；雄蕊5，或为花瓣数的2~3倍，雌蕊1，3~5裂或3~5室；果干燥，成熟时有基部向上掀起，但为花柱所连结。

1. 牻牛儿苗属 Erodium L'Hér. ex Aiton

茎常具膨大的节；叶对生或互生，羽状分裂；托叶淡棕色干膜质；总花梗腋生，通常伞形花序，稀仅具2花；花对称或稍不对称；萼片5，覆瓦状排列；花瓣5，覆瓦状排列；蜜腺5，与花瓣互生；雄蕊10，2轮，外轮无花药；子房5裂，花柱5；蒴果，具5果瓣，蒴果螺旋状卷曲或扭曲，果瓣内面具长糙毛。

约75种，分布于北半球温带、非洲北部、澳大利亚和南美；中国4种，产东北至西南地区。

牻牛儿苗 *Erodium stephanianum* Willd.

2. 老鹳草属 Geranium L.

叶圆形或肾形，掌状分裂，基生叶具长柄；花辐射对称，无距，单生或排成聚伞花序；花瓣 5，覆瓦状排列；蜜腺 5，与花瓣互生；雄蕊 10，通常全部着药；果实开裂时心皮由基部向上掀起而将种子弹出后悬挂于花柱上。

约 380 种，世界广布，主产温带和热带山地；中国 50 种，南北分布，以西北至西南地区最多。

灰背老鹳草 *Geranium wlassovianum* Link

目 37. 桃金娘目 Myrtales

桃金娘目 Myrtales 包含 9 科（APG Ⅲ，2009），APG Ⅱ（2003）曾含 14 科，作为单系类群得到分子数据和形态学证据的一致支持。Takhtajan（2009）将它们全部归在他的 87 目桃金娘目中。该目可能的共衍征有导管分子具附物纹孔，茎有内生韧皮部，无托叶或托叶呈小的侧生或腋生结构，花具短的至伸长的花托，雄蕊在花芽中弯曲（除柳叶菜科直立外），单花柱，心皮完全合生，单叶全缘、常对生等（Judd et al.，2008）。使君子科 Combretaceae 位于基部；千屈菜科 Lythraceae 和柳叶菜科 Onagraceae 聚为 1 支，成姐妹科；萼囊花科 Vochysiaceae 7 属 210 种，主要分布在热带美洲和西印度群岛，少数产热带中非，它同桃金娘科 Myrtaceae 聚为 1 支；野牡丹科 Melastomataceae 和隐翼木科 Crypteroniaceae 有近缘关系，von Vliet 和 Baas（1984）甚至将后者归入前者作为隐翼木亚科 Crypteronioideae；双隔果科 Alzateaceae 和管萼木科 Penaeaceae 聚为 1 支，双隔果科 1 属 1 种，间断分布于厄瓜多尔、秘鲁、玻利维亚和哥斯达黎加、巴拿马；管萼木科 7 属 25 种，局限分布于南非开普敦省。我们对中国分布 6 科的分析，同 APG Ⅲ系统基本一致（图 114）。

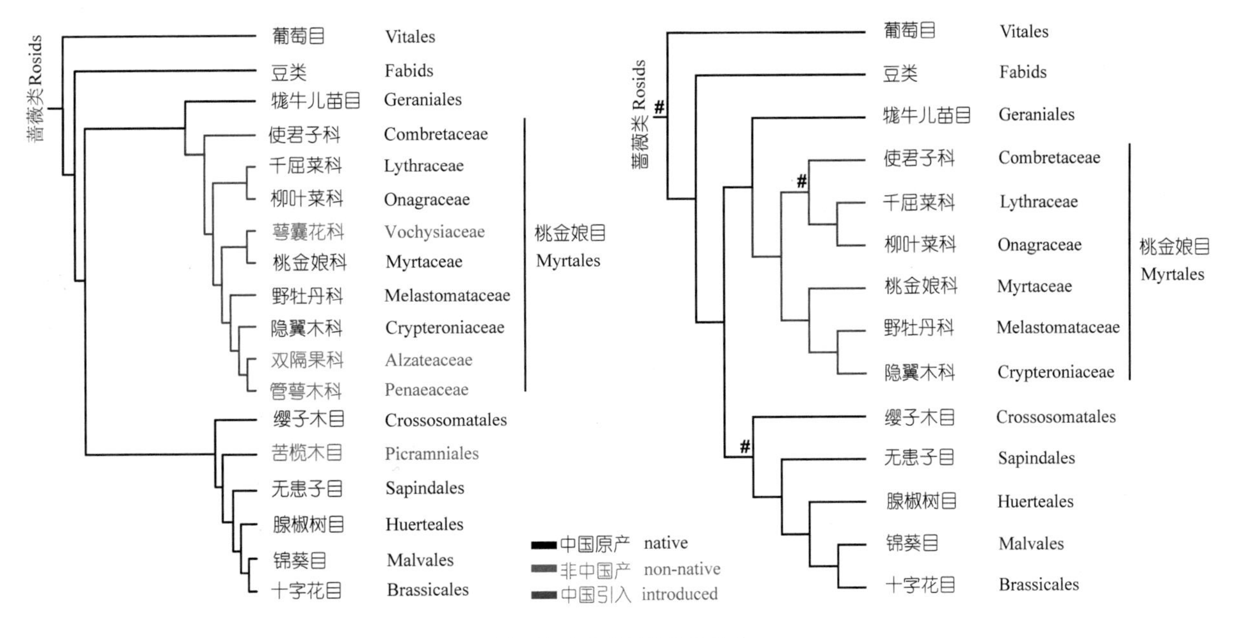

图 114 桃金娘目的分支关系

被子植物 APG Ⅲ系统（左）；中国维管植物生命之树（右）

科 148. 使君子科 Combretaceae

约20属500种，广布于热带和亚热带地区；中国6属20种（特有1种），分布于长江以南各省区。

乔木、灌木或木质藤本；毛被有时分泌草酸钙，呈鳞片状，有时草酸钙位于角质层下形成透明点或细乳突。叶对生、互生或轮生，叶柄有时宿存为刺状；穗状、总状或圆锥状花序，稀头状花序；萼管4或5（~8）裂；花瓣4~5，生于萼管喉部；雄蕊数为萼裂片的2倍，包藏或伸出萼管；具花盘；子房下位，1室；花柱1；果实具2~5个纵翅、棱或角。

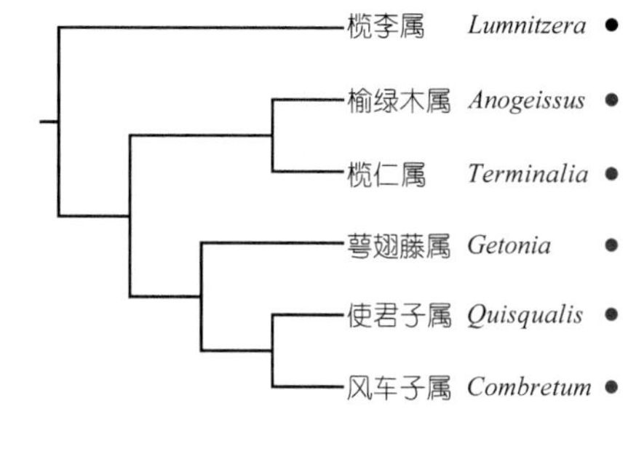

图115 中国使君子科植物的分支关系

使君子科分为2亚科，中国产1亚科。单属的肉瘿木亚科 Strephonematoideae 为西非特有；使君子亚科 Combretoideae 分2族，在分支图上，族1榄李族 Laguncularieae（●）的榄李属独立1支，位于基部；族2风车子族 Combreteae（●）的5属聚为1支，显示它们之间的近缘关系（图115）。

1. 榄李属 Lumnitzera Willd.

小乔木或灌木，常绿；叶密集生于小枝末端，稍肉质，光滑无毛，有光泽，全缘，侧脉不明显；总状花序；萼管圆筒形，裂片5，边缘具腺毛；萼筒基部有2枚小苞片，边缘具腺毛；花瓣5，红色或白色；雄蕊5~10，花柱宿存；果实梭形或椭圆形，干燥木质，光滑或具纵向皱纹，具宿存萼裂片和花柱。

2种，产东非至马达加斯加、大洋洲北部、亚洲热带地区；中国2种，产台湾、广东及海南。

榄李 *Lumnitzera racemosa* Willd.

2. 榆绿木属 Anogeissus (DC.) Wall. ex Guill., Perr. & A. Rich.

乔木或灌木；叶对生、近对生或互生；头状花序，腋生或顶生；萼管中部为窄管状，顶端杯状，裂片5，无苞片；无花瓣；雄蕊10；子房下位，1室，花柱锥形；坚果，具棱或翅，宿存的萼管在果顶端形成喙。

约10种，分布于热带非洲和亚洲；中国1种，分布于云南南部。

榆绿木 *Anogeissus acuminata* (DC.) Guill. et al.

3. 榄仁属 Terminalia L.

大乔木，常具板状根；单叶，互生、对生，常聚生枝顶，叶片基部或叶柄上常具腺体；总状或穗状花序，有时圆锥状，基部为两性花，上部为雄花；萼管杯状或有时不发育，基部不具小苞片，4或5裂；无花瓣；雄蕊8~10，2轮，花盘在雄蕊内面；子房下位，1室；果实核果状，常具棱或2~5个纵翅。

约150种，两半球热带广泛分布；中国6种，分布于台湾、广东、广西、四川、云南和西藏。

榄仁 *Terminalia catappa* L.

4. 萼翅藤属 Getonia Roxb.

木质藤本；叶对生或近对生；穗状花序聚生于枝顶形成稠密的圆锥花序；萼管具5棱，5裂，宿存，果期扩大；无花瓣；雄蕊10；果实干燥，具5纵向棱，萼裂片伸展成翅状。

1种，分布于中国、柬埔寨、孟加拉、老挝、新加坡、印度、泰国、缅甸和马来西亚；中国产云南西部。

萼翅藤 *Getonia floribunda* Roxb.

5. 使君子属 Quisqualis L.

木质藤本；叶对生或近对生，叶柄在落叶后宿存；穗状花序；萼管细长，可达5~9cm，管状，脱落，5裂；花瓣5，白色或红色，远比萼裂片大；雄蕊10，不伸出萼管；花柱丝状，部分或萼管内壁贴生；果实干燥，革质，具5棱或5纵翅。

约17种，主要分布于热带非洲和热带亚洲；中国2种，分布于广东和云南。

使君子 *Quisqualis indica* L.

6. 风车子属 Combretum Loefl.

木质藤本或灌木；叶对生或轮生，稀互生，叶柄有时宿存为刺状，常具明显鳞片；穗状花序或总状花序；萼管短于2cm，下部细长，子房上略收缩扩大成漏斗状或杯状，4或5裂；花瓣4~5，小生于萼管上；雄蕊8或10，伸出萼管；花柱并不与萼管贴生或在其内；果实干燥，具4~5翅、棱或角。

约250种，主要分布于非洲、美洲和亚洲热带地区；中国8种，分布于云南、广东和海南。

石风车子 *Combretum wallichii* DC.

科 149. 柳叶菜科 Onagraceae

17属约650种，广布于温带和亚热带地区；中国6属（引进2属）64种（特有11种，引进11种），5个自然杂交种（特有2种），广布于全国各地。

草本或灌木，常具内韧皮部；叶螺旋状排列或对生；花两侧对称或辐射对称，(2~) 4 (~7) 基数，单生或为穗状、总状或圆锥花序；萼片（2~）4或5；花瓣与萼片同数；雄蕊与萼片同数，排成一轮，或为萼片数2倍，排成2轮；花粉粒单一、四合或多合花粉；子房下位，（1~2~）4~5室，花柱1，柱头头状、棍棒状或具裂片；蒴果、坚果或浆果；种子有时具种缨。

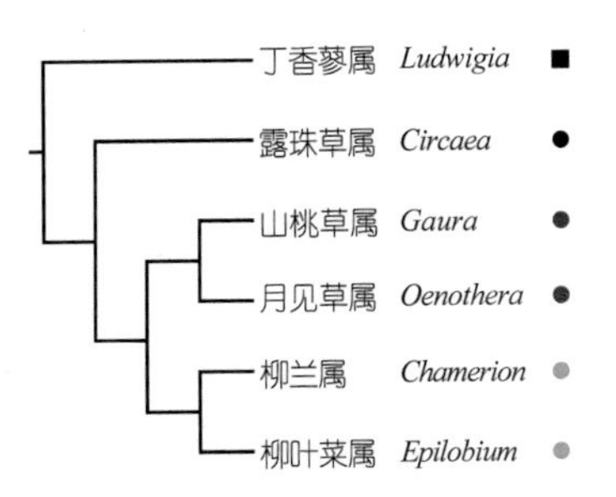

图116 中国柳叶菜科植物的分支关系

柳叶菜科常被分为5族，中国有4族。在分支图上，丁香蓼族 Jussiaeeae 的丁香蓼属（■）先分出，续为露珠草族 Circaeeae（●），月见草族 Onagreae（●）2属及柳叶菜族 Epilobieae（●）2属相聚，各自成姐妹属关系，反映了形态系统与分子分析相似（图116）。

1. 丁香蓼属 Ludwigia L.

直立或匍匐草本，稀灌木或小乔木，多水生；水下部分常膨胀、海绵状或具白色扁平海绵质呼吸根；叶互生或对生；穗状花序或总状花序，无花管；萼片（3~）4~5，宿存；花瓣与萼片同数，多黄色；雄蕊数为萼片的2倍；子房室与萼片同数，常具一下陷的蜜腺包围雄蕊基部；蒴果，不规则开裂。

82种，广布于世界各地（南极洲除外）；中国9种，南北分布。

毛草龙 *Ludwigia octovalvis* (Jacq.) P. H. Raven

2. 露珠草属 Circaea L.

多年生草本，常丛生；叶对生，在花序轴上互生；总状花序，有时分枝；花2基数，具花管；萼片与花瓣互生；花瓣白色或粉色；雄蕊与萼片对生；蜜腺藏于花管内或伸出花管形成肉质柱状或环状花盘；子房1或2室，花柱与雄蕊等长或长于雄蕊，柱头2裂；蒴果，不开裂，外被硬钩毛，有时具明显木栓质纵棱。

8种，分布于北半球温带；中国7种，主要分布于北方。

深山露珠草 *Circaea alpina* subsp. *caulescens* (Kom.) Tatew.

3. 山桃草属 Gaura L.

草本；叶互生，从茎基部至顶端逐渐变小，基生叶莲座状丛生；花多两侧对称，聚成穗状或总状花序，近日落或日出时开放；花管明显；萼片3或4，花期反折，花后脱落；花瓣3或4，白色、后期变红色；雄蕊（6或）8；子房3或4室，柱头3或4裂；坚果状蒴果，不裂，具3~4条纵棱，种子1~4。

21种，分布于北美洲中部、东部至墨西哥；中国栽培2种，逸生为杂草。

山桃草 *Gaura lindheimeri* Engelm. & A. Gray

4. 月见草属 Oenothera L.

草本；叶互生，有莲座状的基生叶，成年植株为茎生叶，全缘、有锯齿或羽状裂；花大，辐射对称，聚成穗状花序、总状花序或伞房花序；近日落或日出时开放；花管发达，花后迅速脱落；萼片4，花瓣4；雄蕊8；子房4室，柱头具4个线状裂片；蒴果，开裂，圆柱状或具4棱或翅；种子多数。

121种，分布于北美洲、中美洲和南美洲温带及亚热带地区；中国引种驯化10种。

黄花月见草 *Oenothera glazioviana* Micheli

5. 柳兰属 Chamerion (Raf.) Raf. ex Holub

草本，常集群分布；叶多螺旋状排列，基部叶无柄，上部叶具柄；总状或穗状花序；花 4 基数，近两侧对称，雄蕊先熟，无花管，花盘位于花柱和雄蕊基部，可分泌蜜液；花瓣常为粉色或玫瑰紫色，全缘；雄蕊 8，排成 1 轮，花期直立，后反折；花柱初弯曲，后直立，柱头 4 深裂；蒴果，纤细，4 室；种子具种缨。

8 种，分布于北半球至北极；中国 4 种，分布于西南部、西部、华北及东北地区.

柳兰 *Chamerion angustifolium* (L.) Holub

6. 柳叶菜属 Epilobium L.

常为多年生草本，具根出条、匍匐枝、多叶莲座状芽或近球状肉质鳞芽；茎上常具叶柄边缘下延至茎的棱线，棱线常被毛；叶对生，在花序上互生；总状、穗状、伞状或圆锥花序；花 4 基数，辐射对称，常雄蕊先熟，具花管；花瓣分裂或顶端微凹；雄蕊 8，不等 2 轮；柱头全缘或 4 裂；蒴果 4 室；种子具种缨。

约 165 种，广泛分布于南北半球寒带、温带与热带高山；中国 33 种，全国分布。

柳叶菜 *Epilobium hirsutum* L.

科 150. 千屈菜科 Lythraceae

约 32 属 620~650 种，广布于热带地区，很少在温带地区分布；中国 11 属 45 种（特有 10 种，引进 4 种），南北均有分布。

草本、乔木或灌木，幼枝常四棱形；叶常对生或轮生；总状、聚伞状或圆锥花序，花多为 4、6 或 8 基数；萼筒有时具 6~12 棱；萼片与萼筒等长或极短，具副萼；花瓣生于萼筒边缘，具皱褶；雄蕊常 2 轮，为萼片数的 2 倍，生于萼筒近基部；子房 2~6 或多室；花柱 1，柱头多头状；中轴胎座；蒴果，部分或全部被宿存萼筒包被，纵裂或不裂，稀浆果。

千屈菜科采用广义科，它包括狭义千屈菜科、石榴科 Punicaceae、八宝树科 Duabangaceae、海桑科 Sonneratiaceae 和菱科 Trapaceae。在 Takhtajan（2009）系统中，将前 4 科分别作为千屈菜科的 4 亚科，菱科仍独立成科。在分支图上千屈菜亚科 Lythroideae（●）节节菜属先分出，其他 5 属相继分出，唯有单属的石榴亚科 Punicoideae（▲）插在其中；单属科菱科的菱属 *Trapa*（■）与单属亚科海桑亚科 Sonneratioideae（▲）相聚，单属的八宝树亚科 Duabangoideae（▲）与千屈菜亚科的紫薇属 *Lagerstroemia*（●）相聚。分析结果显示：采用广义科是适宜的，分子证据和形态学证据的分类基本一致（图 117）。

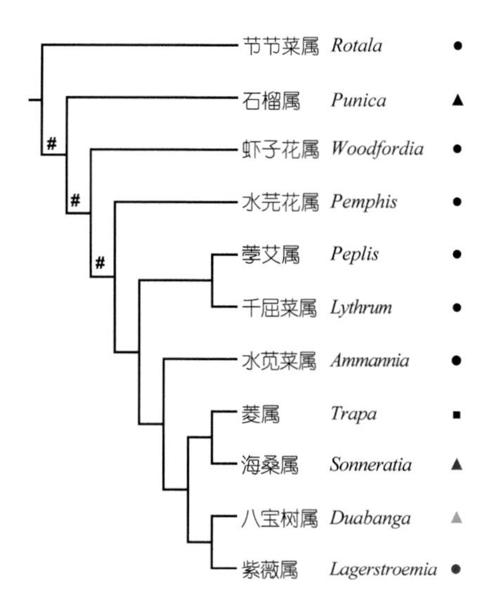

图 117 中国千屈菜科植物的分支关系

1. 节节菜属 Rotala L.

多为一年生草本；茎常具4棱或4翅；叶交互对生或轮生；花辐射对称，单生叶腋或聚成总状或穗状花序，3或4（~6）基数；萼筒钟状或壶形，果期为半球形；小苞片2，生于花管基部；萼片3~6；副萼与萼片互生或缺；花瓣3~6；雄蕊1~6，与萼片对生；子房2~4室；蒴果，室间开裂。

约46种，全球热带和温带分布；中国10种，多产于南部。

圆叶节节菜 *Rotala rotundifolia* (Roxb.) Koehne

2. 石榴属 Punica L.

灌木或小乔木；叶对生或近对生；萼筒厚，革质，橘红色或黄色，与子房贴生或高于子房；萼片厚，5~9，宿存；花瓣5~9，红色或白色，具褶皱；雄蕊多数，生于萼筒内壁上部；子房下位，下部中轴胎座，上部侧膜胎座，花柱外露，柱头头状；果实浆果状，具革质果皮，萼片宿存；种子具透明多汁的外种皮。

2种，1种为索科特拉岛特有，另1种有可能从亚洲中部和西南部起源，广泛栽培；中国栽培1种。

石榴 *Punica granatum* L.

3. 虾子花属 Woodfordia Salisb.

灌木或小乔木；茎不规则分枝，分枝下垂；叶对生，无柄或近无柄，被绒毛，下面具橘色至黑色腺点；短聚伞状圆锥花序，腋生；花6基数，稍两侧对称；萼筒橘红色，圆筒状，萼片短；花瓣小或无，红色、粉色至白色；雄蕊12，排成2轮，生于萼筒基部；子房无柄，花柱伸出萼筒；蒴果透明，不规则开裂。

2种，1种分布于非洲和阿拉伯半岛，另1种分布于东南亚；中国1种，产广东、广西和云南。

虾子花 *Woodfordia fruticosa* (L.) Kurz

4. 水芫花属 Pemphis J. R. Forst. & G. Forst.

灌木或小乔木，生于海岸；叶对生，肉质；花单生于叶腋，6基数，辐射对称；萼筒陀螺状，绿色，具16棱；萼片短，6，具副萼；花瓣白色或白粉色；雄蕊12，排成近1轮，生于萼筒基部上端，短柱花有6枚雄蕊伸出，而长柱花中包藏；子房不完全的3或4室；蒴果周裂，略伸出萼筒；种子不具翅。

1种，从东非西部直到太平洋的马歇尔岛，北达中国台湾和琉球群岛；中国仅分布于台湾。

水芫花 *Pemphis acidula* J. R. Forst. & G. Forst.

5. 葶艾属 Peplis L.

一年生柔弱草本，具匍匐茎；茎四棱形或无棱；叶对生或互生，无柄；花单生或有时成对着生，6基数，辐射对称；萼筒阔钟状，薄膜质，具8~12脉，萼片及副萼比萼筒长，副萼线形；花瓣6或无，小而早落；雄蕊（2~）6；子房具不完全2室，花柱短，柱头头状；蒴果干燥，不规则开裂。

1~3种，主要分布于欧洲；中国1种，产新疆。

6. 千屈菜属 Lythrum L.

一年生、多年生草本或灌木，幼枝常4棱；叶对生、互生或轮生；花单生于叶腋或聚成穗状、总状或歧伞花序，6基数；萼筒圆筒形，长度约为宽度的2倍或更长，有6~12棱或脉；萼片6，短；副萼通常比萼片长；花瓣6；雄蕊2~6或12，成不等长2轮；子房2室，花柱有长、中、短三型，柱头头状；蒴果包藏于萼筒内，2瓣裂，每瓣再2裂。

约35种，广布全世界；中国2种，南北分布。

千屈菜 *Lythrum salicaria* L.

7. 水苋菜属 Ammannia L.

一年生草本；幼枝常4棱或具窄翅；叶对生，近无柄；花序聚伞状，叶腋内常有3或更多朵花；花4~6基数，辐射对称；萼筒钟形或坛状，4（~6）裂，萼片短于萼筒的1/3，副萼短有时缺；花瓣无或4枚；雄蕊2~8，子房不完全2~4室，花柱基部在果期宿存，柱头头状；蒴果球形，不规则裂开。

约25种，广布于热带和亚热带地区，非洲和亚洲为主要分布区；中国4种，产西南部至东部。

水苋菜 *Ammannia baccifera* L.

8. 菱属 Trapa L.

一年生草本；茎沉水；叶痕处有不定根，羽状丝裂，可进行同化作用；叶二型，沉水叶无柄，线状，早落；浮水叶菱形，呈莲座状排列，叶缘上部具缺刻状锯齿，叶柄上部膨大成气囊；花单生，4基数；萼片4，宿存形成果实的刺角；花瓣4；雄蕊4；子房半下位或下位，2室，被花盘包围；果实具2~4刺状角。

2种，分布于非洲、亚洲和欧洲亚热带和温带，澳大利亚和北美引种栽培；中国2种，产全国各地。

细果野菱 *Trapa incisa* Siebold & Zucc.

9. 海桑属 Sonneratia L. f.

乔木或灌木，海岸生，具呼吸根；叶对生，全缘，革质，尖端常具由排水器形成的厚尖；花1~3（~5）簇生于顶端，4~8基数，夜晚开放；萼筒浅钟形后变成碟形，果期时部分包被果实，宿存；萼片4~8，革质；花瓣窄披针形，退化或缺；雄蕊多数；子房上位或半下位，心皮10~20；浆果。

9种，分布于非洲东部至亚洲东南部、澳大利亚；中国6种，主产海南和福建。

海桑 *Sonneratia caseolaris* (L.) Engl.

10. 八宝树属 Duabanga Buch.-Ham.

大乔木，有板状根；叶具短柄，对生；花（3~）5至多数，顶生伞房花序；多为4或6基数；萼筒倒圆锥形或宽钟形，果期宿存；萼片 4~8；花瓣 4~8，椭圆形至卵形，具皱褶；雄蕊 12 或多数；子房半下位，花柱长，柱头头状或稍 4 裂；蒴果，坚硬，部分被宿存萼筒包被，纵裂；种子具 2 个尾状结构。

2~3 种，分布于东南亚热带雨林中；中国 2 种，分布于云南，海南引进 1 种。

八宝树 *Duabanga grandiflora* (DC.) Walp.

11. 紫薇属 Lagerstroemia L.

乔木或灌木；幼枝圆柱形、四棱形或略呈翅状；叶对生；圆锥状聚伞花序；花萼筒革质，常具棱；花瓣 6（~12），具皱褶，有细长爪；雄蕊（6~）12 至多数，6 枚生于萼片上、其余着生于萼筒基部，子房 3~6 室，花柱细长，柱头头状；蒴果，被宿存萼筒包被，纵裂；种子一侧具翅。

约 55 种，分布于亚洲亚热带和热带至澳大利亚，北达日本；中国 15 种，分布于西南地区至台湾。

紫薇 *Lagerstroemia indica* L.

151. 桃金娘科 Myrtaceae

约 130 属 4 500~5 000 种，主要分布于美洲热带、大洋洲及亚洲热带地区；中国 10 属（引进 5 属）206 种，产于南部靠近热带地区。

乔木或灌木；单叶多对生；羽状脉或基出脉，常有边缘脉。具各种花序；花多两性；萼筒与子房合生，萼裂片（3）4、5 或更多，分离或连合成帽状；花瓣 4 或 5，有时缺，分离或连合成帽状体；雄蕊多数，花丝分离或连合成 5 束，药隔末端常有 1 腺体；子房多下位或半下位，1 至多室，偶具假隔膜，多中轴胎座，花柱 1，柱头 1；蒴果、浆果或核果。

桃金娘科是一个热带、亚热带大科，主要分布于南半球，中国分布不多。该科分 2 亚科 13 族。分支图显示：松红梅亚科 Leptospermoideae 铁心木族 Metrosidereae（●）红胶木属先分出，该亚科的桉族 Eucalypteae（●）和岗松族 Baeckeeae（●）成员相聚，松红梅族 Leptospermeae（●）的白千层属单独分出；其他属主要为桃金娘亚科成员，包括桃金娘族 Myrteae 4 属（■）、蒲桃族 Syzygieae 1 属（●）和番樱桃族 Eugenieae 1 属（■）（图 118）。由于中国分布属多为分布区边缘或引种，除桃金娘族成员外，分支图上所示只能表示它们的近缘性。

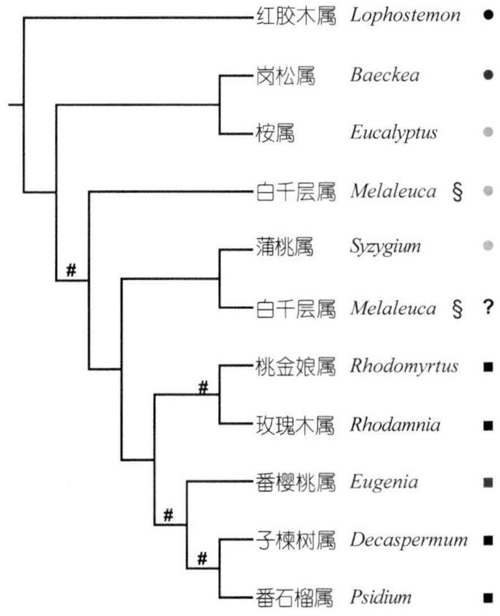

图 118 中国桃金娘科植物的分支关系

1. 红胶木属 Lophostemon Schott

乔木；叶互生、假轮生或在枝顶簇生；二歧聚伞花序，花两性；萼筒卵形或倒圆锥形；萼片 5，宿存；花瓣 5；雄蕊多数，花丝常基部合生成 5 束，与花瓣对生；子房半下位，3 室；花柱短于雄蕊，柱头稍扩大；蒴果，被萼筒包被，先端平截，3 裂；种子多数，有时具翅。

4 种，分布于澳大利亚和新几内亚；中国南方栽培 1 种。

红胶木 *Lophostemon confertus* (R. Br.) Peter G. Wilson & J. T. Waterh.

2. 岗松属 Baeckea L.

灌木或乔木；叶小，对生，无柄；花两性，单生或几朵聚成聚伞花序；花小，白色或红色，5 基数；萼筒钟状或半球形，通常与子房合生；萼裂片 5，宿存；花瓣 5；雄蕊 5~10 或 20；子房多下位，2 或 3 室；花柱短，柱头稍扩大；蒴果 2 或 3 裂；种子肾形，有角，子叶远小于下胚轴。

约 70 种，分布于亚洲南部、东南部和澳大利亚；中国 1 种，产华东和华南地区。

岗松 *Baeckea frutescens* L.

3. 桉属 Eucalyptus L'Hér.

乔木或灌木；叶多型，幼态叶常对生，有腺毛；成熟叶互生，具叶柄；伞状聚伞花序再聚为圆锥花序；萼筒钟形、倒圆锥形或半球形；萼片不明显；花瓣合生或与萼片合生为一帽状体或彼此不结合为两层帽状体；雄蕊多数，外轮常不育；子房与萼筒合生，2~7 室；蒴果。

约 700 种，主要分布于澳大利亚，印度尼西亚、新几内亚和菲律宾也有；中国引种栽培约 110 种。

蓝桉 *Eucalyptus globulus* Labill.

4. 白千层属 Melaleuca L.

乔木或灌木；树皮灰白色，呈薄层状脱落；叶互生或交互对生，革质；花两性或雌蕊不育；花序穗状或头状，外形似刷子，花束无柄；萼筒近球形或钟形；萼片 5，早落或宿存；花瓣 5；雄蕊多数，花丝基部合生成 5 束，与花瓣对生；子房稍与萼筒合生，3 室；花柱线形，柱头多少扩大；蒴果，顶端开裂。

约 280 种，主要分布于澳大利亚及周边地区；中国栽培几种，仅 1 种普遍栽培。

白千层 *Melaleuca cajuputi* subsp. *cumingiana* (Turcz.) Barlow

5. 蒲桃属 Syzygium P. Browne ex Gaertn.

乔木或灌木，光滑；叶对生或有时轮生，羽状脉；顶生或腋生圆锥或聚伞花序；萼裂片短，多 4~5，稀连合成帽状；花瓣多 4~5；雄蕊多数，分离或仅基部连合，花药顶端常有腺体；子房下位，2~3 室，每室多数胚珠，花柱线形；浆果或核果状，常有 1~2 种子；子叶大。

约 1200 种，主产非洲、亚洲热带和澳大利亚；中国 80 种，产广东、广西和云南。

洋蒲桃 *Syzygium samarangense* (Blume) Merr. & L. M. Perry

6. 桃金娘属 Rhodomyrtus (DC.) Rchb.

灌木或乔木；叶对生，离基三出脉，有柄；1（~3）朵花，腋生；萼筒卵形至球形；萼裂片 4~5，革质，宿存；花瓣 4~5，比萼裂片大；雄蕊多数，比花瓣短；子房下位，与萼筒合生，3（或 4）室，具纵向或横向假隔膜；花柱线状，柱头盾状或头状；浆果；种子多数，肾形；胚弯曲或螺旋；下胚轴长，子叶小。

约 18 种，分布于热带亚洲、澳大利亚和太平洋岛屿；中国 1 种，产华南地区。

桃金娘 *Rhodomyrtus tomentosa* (Aiton) Hassk.

7. 玫瑰木属 Rhodamnia Jack

乔木或灌木；叶对生，有柄，三出脉或离基三出脉，背面被白粉或柔毛；花小，簇生于叶腋或聚为聚伞或总状花序；萼筒近球形，与子房合生；萼裂片 4，宿存；花瓣 4；雄蕊多数，多轮；子房下位，1 室，2 个侧膜胎座，无纵向或横向假隔膜；花柱线形，柱头盾状；浆果，有宿存萼裂片；种子坚硬，下胚轴长，子叶短。

约 20 种，分布于热带亚洲、澳大利亚和新几内亚；中国 1 种，产海南。

玫瑰木 *Rhodamnia dumetorum* (DC.) Merr. & L. M. Perry

8. 番樱桃属 Eugenia L.

乔木或灌木；叶对生，有柄，羽状脉；花单生或簇生于叶腋；萼筒短；萼裂片 4；花瓣 4；雄蕊多数；子房 2 或 3 室；浆果，具宿存萼片；种子通常为 1，胚球形或卵形，子叶大。

约 1000 种，主要分布于热带美洲，非洲、亚洲、马达加斯加也有；中国引进 1 种，栽培于福建、四川、台湾和云南。

红果仔 *Eugenia uniflora* L.

9. 子楝树属 **Decaspermum** J. R. Forst. & G. Forst.

灌木或小乔木；叶对生，羽状脉，具边脉；1~3 朵花组成二歧聚伞、总状或圆锥花序；花两性或仅有雄蕊，3~5 基数；萼筒球形、坛状或倒圆锥形；萼裂片宿存；花瓣粉色或白色；雄蕊多数，多轮；子房 3~13 室，有时具假隔膜，中轴胎座；柱头头状或盾状；浆果，具纵棱；胚马蹄形。

约 30 种，分布于东南亚、澳大利亚和太平洋岛屿；中国 8 种，产广东、广西、贵州和云南。

子楝树 *Decaspermum gracilentum* (Hance) Merr. & L. M. Perry

10. 番石榴属 **Psidium** L.

灌木或小乔木；树干光滑；叶对生，羽状脉；花较大，1~3 朵腋生；苞片 2；萼筒钟状或坛状；萼裂片 4 或 5；花瓣 4 或 5；雄蕊多数，排成多轮；子房下位，与萼筒合生，4~5 室或更多，每室具多数胚珠，花柱线形，柱头扩大；浆果，球形至梨形，顶端具宿存萼裂片；胎座发达，肉质；种子多数，胚弯曲。

约 150 种，主要分布于热带美洲；中国南方栽培 2 种。

番石榴 *Psidium guajava* L.

科 152. 隐翼木科 Crypteroniaceae

3 或 4 属约 10 种，分布于印度至马来亚西、南非、南美洲（玻利维亚和秘鲁）；中国 1 属 1 种，分布于云南。

常绿乔木或高大灌木；小枝四棱形或扁平；单叶对生；花序为圆锥、总状或穗状；花两性或单性异株，辐射对称，有短花梗，花极小；萼片 4 或 5，多宿存；花瓣退化或无；雄蕊或退化雄蕊与萼裂片互生；心皮 2~4（或 5），1~6 室，花柱 1，柱头 1；蒴果纸质或木质；种子有膜质翅。

1. 隐翼木属 **Crypteronia** Blume

叶纸质至革质；圆锥花序常下垂；苞片线形；萼片宿存；花瓣无；雄蕊宿存，花丝着生于萼筒喉部；子房上位至部分下位，心皮 2~4，花柱丝状至钻形，柱头点状或头状；蒴果，被微柔毛，成熟后 2~4 瓣裂，裂瓣顶部在残留的花柱和柱头处汇合。

7 种，分布于亚洲东南部和马来西亚；中国 1 种，产云南南部。

隐翼木 *Crypteronia paniculata* Blume

科 153. 野牡丹科 Melastomataceae

156~166 属约 4 500 种，世界广布，主要分布于热带、亚热带地区；中国 21 属 114 种，产西藏至台湾、长江流域及以南各省区。

草本、灌木或小乔木；单叶，对生或轮生，中脉两侧次级脉 1~4(5)，基出或近基出，顶端接合，谷木属次级脉羽状；呈聚伞花序，很少单生；花两性，花萼与子房基部合生；花瓣与萼片互生；花药 2 室，通常单孔开裂；子房下位或半下位，稀上位；中轴胎座或特立中央胎座；蒴果或浆果，通常顶孔开裂，与宿存萼贴生；种子近马蹄形或楔形。

本研究的野牡丹科包括谷木科 Memecylaceae，分 3 亚科：亚科 I 谷木亚科 Olisbeoideae，我国只有谷木属；亚科 II 褐鳞木亚科 Astronioideae，有 2 族，族 1 翼药花族 Kibessieae(国产 1 属 1 种，未取样)、族 2 褐鳞木族 Astronieae；亚科 III 野牡丹亚科 Melastomatoideae，分 7 族，中国有 3 族，族 1 蜂斗草族 Sonerileae、族 2 野牡丹族 Melastomateae、族 3 藤牡丹族 Dissochaeteae。在分支图上每个属后标注其在形态学系统中的位置（罗马数字表示亚科序号，阿拉伯数字表示所在族的序号）。从图 119 中可见，亚科 I 谷木属位于基部，相继为亚科 II 褐鳞木属，亚科 III 各族所包含的属基本上相聚在各自的分支，说明分子数据和形态学证据的分类系统可以相互印证（图 119）。

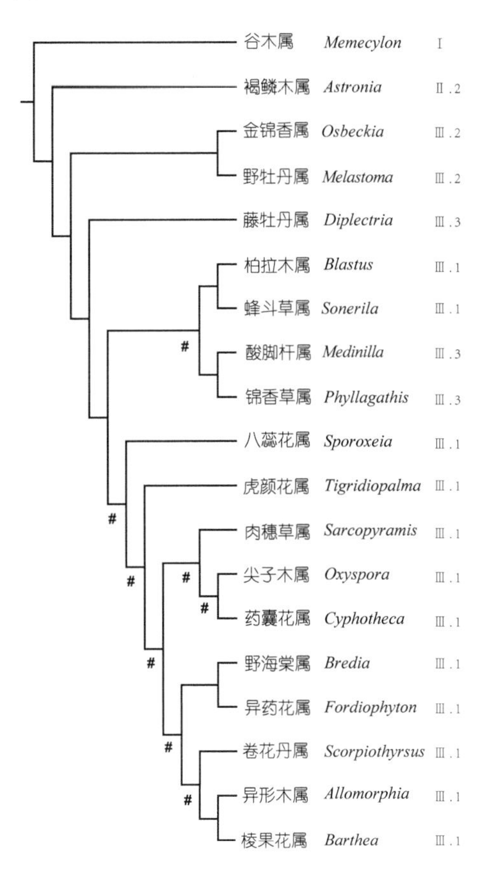

图 119 中国野牡丹科植物的分支关系

1. 谷木属 Memecylon L.

灌木或小乔木；叶片羽状脉；聚伞花序或伞形花序；花萼杯形、钟形、近漏斗形或半球形；花瓣圆形、长圆形或卵形；雄蕊 8，同形，花丝常较花药略长；花药纵裂，药隔膨大，伸长成圆锥形；子房下位，1 室，特立中央胎座；浆果状核果，具环状宿存萼檐。

约 300 种，广布于热带亚洲，澳大利亚；中国 11 种，分布于西藏、云南、广西、广东、福建。

棱果谷木 *Memecylon octocostatum* Merr. & Chun

2. 褐鳞木属 Astronia Blume

灌木或小乔木；叶对生，卵形或长圆形，全缘，3 基出脉；聚伞花序组成圆锥花序；花萼钟形；花瓣 4~5；雄蕊 8~10（~12），同型，等长，花丝短，粗，花药短；子房下位，2~5 室；花柱短，柱头头状；侧膜胎座近子房底部；蒴果近球形，为宿存萼所包；种子小，线形或线状倒披针形。

约 60 种，广布于印度至马来群岛和西太平洋诸岛，但不产澳大利亚；中国 1 种，仅见于台湾。

褐鳞木 *Astronia ferruginea* Elmer

3. 金锦香属 Osbeckia L.

草本、亚灌木或灌木；茎四棱形或六棱形；叶对生或3枚轮生，全缘，被毛或具缘毛，3~7基出脉；萼管坛状或长坛状；雄蕊同型，等长或近等长，花药有长喙或略短，药隔下延，向后方微膨大或成短距；子房半下位，4~5室，顶端常具1圈刚毛；蒴果4~5纵裂，顶孔最先开裂；种子小，马蹄状弯曲，具密集小突起。

约50种，分布于东半球热带及亚热带至非洲热带地区；中国5种，分布于长江流域以南地区。

假朝天罐 *Osbeckia crinita* Benth.

4. 野牡丹属 Melastoma L.

灌木；茎通常被毛；叶对生，5~7基出脉，稀为9；花单生或组成圆锥花序；花萼坛状球形；花瓣通常为倒卵形，常偏斜；雄蕊10，5长5短，花药披针形，弯曲，药隔基部伸长，弯曲；子房半下位，5室；胚珠多数，中轴胎座；蒴果卵形，顶孔最先开裂；宿存萼坛状球形；种子近马蹄形，常密布小突起。

22种，印度至马来群岛广布，并至西太平洋岛屿，澳大利亚1种；中国5种，产长江流域以南省区。

野牡丹 *Melastoma candidum* D. Don

5. 藤牡丹属 Diplectria (Blume) Rchb.

攀缘灌木或藤本；叶对生，3~5基出脉；通常具短柄；花4数，由聚伞花序组成圆锥花序；花萼管状钟形或钟形；花瓣卵形或长圆形；雄蕊8，4长4短，短者基部前面具2片状体或刚毛，后面具尾状长距；子房下位，顶端通常平截；浆果；种子楔形，具棱。

8~11种，分布于印度、缅甸、中南半岛至马来西亚；中国1种，仅分布于海南热带雨林中。

藤牡丹 *Diplectria barbata* (C. B. Clarke) Franken & M. C. Roos

6. 柏拉木属 Blastus Lour.

灌木；茎被腺毛；叶片3~5（~7）基出脉；由聚伞花序组成的圆锥花序顶生，或成伞形花序、伞状聚伞花序，腋生；花萼狭漏斗形；花瓣卵形或长圆形；雄蕊4（~5）等长，花药单孔开裂；子房下位，4室；蒴果纵裂；宿存萼常被小腺点；种子多数，常为楔形。

12种，分布于印度东部至中国及琉球群岛；中国9种，分布于西南部至台湾。

少花柏拉木 *Blastus pauciflorus* (Benth.) Guillaumin

7. 蜂斗草属 Sonerila Roxb.

草本至小灌木；茎常四棱形；叶片宽5（~7）cm以下；叶柄常被毛；蝎尾状聚伞花序或几成伞形花序；花3数或6数（中国不产）；花萼钟状管形；花瓣长圆状椭圆形；雄蕊3或6（中国不产），花药顶孔开裂；子房下位，坛形，顶端具膜质冠；蒴果纵裂；种子小多数，楔形。

150 种，热带亚洲广布；中国 6 种，产云南、广西、广东、江西、福建。

海棠叶蜂斗草 *Sonerila plagiocardia* Diels

8. 酸脚杆属 Medinilla Gaudich. ex DC.

直立或攀缘灌木，或小乔木；茎常四棱形，有时具翅；叶对生或轮生，通常 3~5 基出脉，稀 9; 聚伞花序或圆锥花序; 花萼漏斗形；花瓣近圆形；雄蕊等长或近等长；花药基部具小瘤或线状突起物，药隔微膨大，下延成短距; 子房下位; 浆果；种子倒卵形或短楔形。

300~400 种，分布于热带非洲、亚洲和太平洋岛屿；中国 11 种，产云南、西藏、广西、广东及台湾。

矮酸脚杆 *Medinilla nana* S. Y. Hu

9. 锦香草属 Phyllagathis Blume

草本或灌木；直立或具匍匐茎，茎常四棱形；叶片 5~9 基出脉；花序顶生；花萼漏斗形；花瓣卵形；雄蕊等长或近等长，同型，花药披针形，花丝背着，基部无附属体或呈小疣或呈盘状，药隔基部有距，子房下位，坛形，4 室，顶端具膜质冠；蒴果 4 纵裂；种子楔形或短楔形。

56 种，由中国南部经中南半岛至西马来群岛；中国 24 种，产长江流域及以南地区。

锦香草 *Phyllagathis cavaleriei* (H. Lév. & Vaniot) Guillaumin

10. 八蕊花属 Sporoxeia W. W. Sm.

灌木；茎钝四棱形；叶片 5（~7）基出脉，具叶柄；伞形花序，腋生；花萼钟状漏斗形；花瓣卵形；雄蕊 8，同型，等长或近等长；子房下位，4 室，具 4 棱，棱上具隔片，顶端无冠，具钝齿；蒴果近球形或卵状球形，4 裂，为宿存萼所包；种子多数，楔形，略具 3 棱，密布小突起。

7 种，分布于中国及缅甸；中国 3 种，产云南。

金平八蕊花 *Sporoxeia petelotii* (Merr.) C. Hansen

11. 虎颜花属 Tigridiopalma C. Chen

草本；茎及叶通常被毛，具匍匐茎，直立茎极短；叶片基出脉 9; 蝎尾状聚伞花序腋生，具长总花梗（即花莛）；花 5 数，花萼漏斗形；花瓣常倒卵形；雄蕊 10，5 长 5 短；花药线形，单孔开裂，药隔微膨大，长者药隔下延成短柄，末端前方具 2 小瘤，后方微隆起；子房卵形，上位，顶端具膜质冠，特立中央胎座；宿存萼与果同形；种子密布小突起。

中国特有属，1 种，产广东南部。

虎颜花 *Tigridiopalma magnifica* C. Chen

12. 肉穗草属 Sarcopyramis Wall.

草本；茎直立或匍匐状，四棱形；叶片具3~5基出脉；聚伞花序；花梗短；花萼杯状；花瓣4，常偏斜；雄蕊8，整齐，同型，花药倒心形或倒心状椭圆形，花丝基着，近顶孔开裂；子房下位，4室；蒴果杯状，具4棱，膜质冠常超出萼外，顶孔开裂；种子小，多数，倒长卵形，背部具密集小乳头状突起。

2种，分布于尼泊尔至马来西亚及中国台湾；中国2种，分布于西藏至台湾。

肉穗草 *Sarcopyramis bodinieri* H. Lév. & Vaniot

13. 尖子木属 Oxyspora DC.

灌木，茎钝四棱形，具槽；单叶对生，5~7基出脉；由聚伞花序组成的圆锥花序顶生；花萼狭漏斗形，常被星状毛或糠秕状星状毛；花瓣卵形；雄蕊8，4长4短，短者通常内藏，药隔通常膨大，基部伸长成短距；子房椭圆形，4室；蒴果倒卵形，顶端伸出胎座轴，4孔裂；种子近三角状披针形，有棱。

约20种，分布于中南半岛热带至喜马拉雅至中国西南；中国4种，分布于西藏、四川至广西。

尖子木 *Oxyspora paniculata* (D. Don) DC.

14. 药囊花属 Cyphotheca Diels

灌木；茎钝四棱形；单叶对生，5基出脉；聚伞花序或退化成假伞形花序，或伞房花序，顶生；花萼漏斗状钟形；花瓣广卵形；雄蕊8，4长4短，短者通常内藏，药隔基部不膨大，中部通常膨大，弯曲，长者具短喙，药隔后方微微隆起，顶孔开裂；子房坛状，4室，半下位；蒴果坛形，4纵裂，为宿存萼所包。

1种，中国特有，产云南南部及西南地区。

药囊花 *Cyphotheca montana* Diels

15. 野海棠属 Bredia Blume

草本或亚灌木；叶片具5~9（~11）基出脉；聚伞花序或由聚伞花序组成圆锥花序，稀伞形状聚伞花序，顶生；花萼漏斗形、陀螺形或几钟形；花瓣卵形；雄蕊异形，不等长，长者花药基部无小瘤，无距；短者花药基部具小瘤，药隔下延成短距；子房4室，顶端通常具膜质冠；蒴果陀螺形；种子楔形。

15 种，东亚特有，分布于印度至亚洲东部；中国 11 种，产西南部至东南部。

叶底红 *Bredia fordii* (Hance) Diels

16. 异药花属 Fordiophyton Stapf

草本或亚灌木；直立或匍匐状；茎四棱形；叶片（3~）5~7（~9）基出脉；伞形花序或由聚伞花序组成圆锥花序，顶生；花萼倒圆锥形；花瓣长圆形；雄蕊 8，4 长 4 短，花药线形，较花丝长，基部常伸长成羊角状；子房下位，近顶部具膜质冠；蒴果顶孔 4 裂；宿存萼与果同形；种子长三棱形。

9 种，分布于中国及越南；中国 9 种，分布于西南、华南至华东地区。

劲枝异药花 *Fordiophyton strictum* Diels

17. 卷花丹属 Scorpiothyrsus H. L. Li

直立亚灌木；茎上部四棱形；叶片宽 10cm 以上，5~9 基出脉；具长柄；由蝎尾状聚伞花序组成圆锥花序，顶生；花梗短，常四棱形；花 4 数，花萼漏斗状钟形；花瓣倒卵形；雄蕊 8，等长；花药长圆形、基部无瘤或具刺毛，药隔不伸延；子房 4 室；蒴果；宿存萼具钝 4 棱，具 8 条纵肋。

3 种，中国特有，分布于广西和海南。

疏毛卷花丹 *Scorpiothyrsus oligotrichus* H. L. Li

18. 异形木属 Allomorphia Blume

灌木或多年生草本；茎常被毛；叶片 3~7 基出脉；由多个聚伞花序组成狭圆锥花序；苞片小，常早落；花萼狭漏斗形或漏斗状钟形、四棱形；花瓣卵形；雄蕊近等长，花药单孔开裂；子房 4~5 室；蒴果，顶端开裂，与宿存萼贴生；种子有棱。

约 25 种，中南半岛、马来西亚至印度尼西亚广布；中国 4 种，分布于云南、广西、广东。

越南异形木 *Allomorphia baviensis* Guillaumin

19. 棱果花属 Barthea Hook. f.

灌木；小枝通常四棱形；叶基出脉 5；聚伞花序，顶生；萼管钟形；花瓣倒卵形；雄蕊 8，不同形，不等长，花药基部具 2 刺毛，长者药隔延长成短距，短者花药长圆形，无喙，药隔略膨大，有时呈不明显的距；子房半上位；蒴果长圆形，宿存萼与果同形；种子楔形。

1 种，特产于中国华东、华中南部至华南和台湾。

棱果花 *Barthea barthei* (Benth.) Krasser

20. 偏瓣花属 Plagiopetalum Rehder

灌木；茎幼时四棱形；叶片 3~5 基出脉；由伞形花序组成伞房花序，稀伞形花序；花萼钟形，常被腺毛；花瓣卵形，不对称，偏斜；雄蕊 8，长 4 短 4，花药基部无疣，药隔基部不膨大或微突起成短距；子房 4 室，顶端常具齿；蒴果球状，四棱形，常微露出宿存萼；种子长楔形或狭三角形。

2 种，分布于缅甸、越南和中国；中国 2 种，产云南、广西、贵州、四川。

偏瓣花 *Plagiopetalum esquirolii* (H. Lév.) Rehder

21. 长穗花属 Styrophyton S. Y. Hu

灌木；茎圆柱形，被毛；叶 5 基出脉；长穗状花序顶生，轴细长，无苞片；花小，无花梗；花萼钟形；花瓣倒卵形，顶端钝，内凹，略偏斜；雄蕊近等长，同形，无附属体，花药单孔开裂，药隔微膨大，基部无距；子房半下位，4 室；蒴果卵状球形；宿存萼与蒴果同形；种子具棱，被糠秕。

1 种，中国特有，产云南、广西沟谷热带雨林中。

目 38. 缨子木目 Crossosomatales

缨子木目 Crossosomatales 由 7 科组成（APG Ⅲ，2009），在 Takhtajan（2009）系统中，其分散在 7 个目中。因此，分子数据和形态证据的结果存在很大的差异。在分支图上该目分成 2 支（图 120），脱皮檀科 Aphloiaceae –（四轮梅科 Geissolomataceae + 栓皮果科 Strasburgeriaceae）一支，中国均无分布。脱皮檀科 Takhtajan 归在 66 目堇菜目 Violales，1 属 1~8 种，分布于热带东非、马达加斯加、马斯克林群岛，一个相当隔离的科；四轮梅科归在 87 目桃金娘目 Myrtales，单型科，局限于开普敦省；栓皮果科归在 53 目金莲木目 Ochnales，单型科，新喀里多尼亚特有。另一支，省沽油科 Staphyleaceae – 马拉花科 Guamatelaceae –（旌节花科 Stachyuraceae + 缨子木科 Crossosomataceae）。省沽油科归在 91 目无患子目 Sapindales；马拉花科放在蔷薇科 Rosaceae，1 属 1 种，中美洲分布；旌节花科归在 50 目茶目 Theales，单属科，东亚特有，早期 Engler 的子系统曾放在侧膜胎座目 Parietales 的刺篱木科（或称大风子科）Flacourtiaceae，后归堇菜目 Violales，直到 1968 年 Thorne 归入茶目，并为 Dahlgren（1975）、Takhtajan（1980）所接受；缨子木科单立 85 目缨子木目，4 属 8~9 种，产美国西部和墨西哥干旱地区，系统位置尚不清楚，可能同蔷薇目 Rosales 尤其是虎耳草目 Saxifragales 的古老成员有亲缘（Takhtajan，2009）。因此，缨子木目的范畴、位置及目内关系还需对分子和形态证据进行深入研究。

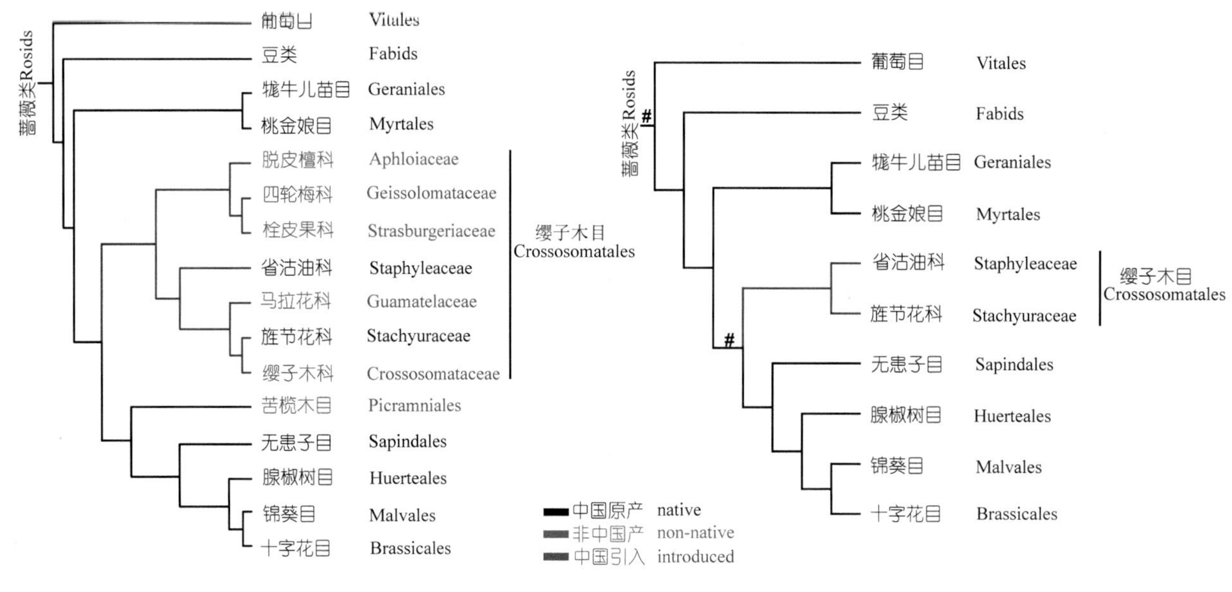

图 120 缨子木目的分支关系
被子植物 APG III 系统（左）；中国维管植物生命之树（右）

科 154. 旌节花科 Stachyuraceae

1 属约 8 种，为东亚温带地区所特有，主要分布于喜马拉雅山到日本一线；中国 1 属约 7 种，分布于秦岭以南各地。

落叶或常绿灌木或小乔木，具有极叉开的分枝，小枝具髓；单叶，互生，有锯齿；花序腋生，总状或穗状，直立或下垂，类似中国古代的旌节；花小，两性，辐射对称、杂性或雌雄异株；萼片 4，花瓣 4，呈覆瓦状排列；雄蕊 8，2 轮；子房上位，侧膜胎座，4 室；浆果。

西域旌节花 *Stachyurus himalaicus* Benth.

1. 旌节花属 Stachyurus Siebold & Zucc.

属的鉴定特征及分布同科。

科 155. 省沽油科 Staphyleaceae

3 属 40~50 种，分布于热带亚洲和美洲及北温带；中国 3 属 20 种，主产南部，10 种为中国特有。

乔木或灌木；叶对生，奇数羽状复叶、3 小叶，稀单叶；花两性或杂性，稀雌雄异株；萼片 5，花瓣 5，雄蕊 5，花盘明显；子房上位，心皮 2~3，每室有 1 至几枚倒生胚珠；果实为蒴果、蓇葖果或浆果状核果。

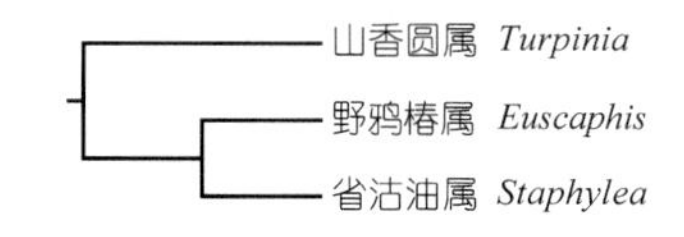

图 121 中国省沽油科植物的分支关系

1. 野鸦椿属 Euscaphis Siebold & Zucc.

落叶灌木；有托叶，奇数羽状复叶，革质；圆锥花序顶生；花萼宿存，花盘环状；花柱 2~3，胚珠 2 列；蓇葖 1~3，种子 1~2，具假种皮。

1 种，产东亚；中国产西南地区。

野鸦椿 *Euscaphis japonica* (Thunb.) Kanitz

2. 省沽油属 Staphylea L.

落叶灌木，有托叶，小叶 3~5 或羽状分裂，具小托叶；花两性，顶生圆锥花序或总状花序；花盘平截，子房基部 2~3 裂，花柱 2~3；蒴果 2~3 室，每室 1~4 种子，种子无假种皮。

约 13 种，产亚洲、欧洲和北美；中国 6 种，产东北至西南地区，5 个特有种。

膀胱果 *Staphylea holocarpa* Hemsl.

3. 山香圆属 Turpinia Vent.

乔木或灌木，奇数羽状复叶或单叶，叶柄在着叶处收缩，小叶革质，无托叶；圆锥花序顶生或腋生；花两性，白色，萼片宿存；子房无柄，3 室，花柱 3；浆果状核果；种子硬膜质或骨质。

30~40 种，产亚洲和美洲；中国 13 种，主产西南至台湾，包括 5 个特有种。

锐尖山香圆 *Turpinia arguta* (Lindl.) Seem.

目 39. 无患子目 Sapindales

无患子目 Sapindales 包括 9 科，它的单系性得到 *rbc*L、*atp*B 和 18S rDNA 序列数据的支持（Soltis et al.，2000，2005；Hilu et al.，2003；APG Ⅲ，2009）；同时也得到形态学证据的支持，Takhtajan 在 2009 年的系统中，吸取了分子的结果，只是目的范围稍小，科的概念较细分。该目的共衍征有羽状复叶（有时变成掌状复叶、3 小叶或单身复叶），通常互生或螺旋状排列，无托叶；花小，具有离生的蜜腺盘，4~5 数覆瓦状排列等（Judd et al.，2008）。熏倒牛科 Biebersteiniaceae 和白刺科 Nitrariaceae 为其他科连续的姐妹群；熏倒牛科被 Takhtajan（2009）归在 91 目熏倒牛目 Biebersteiniales，单属目；白刺科归在 98 目蒺藜目 Zygophyllales，但在目中是相当隔离的。其余 7 科分成 2 支：四合椿科 Kirkiaceae －（橄榄科 Burseraceae ＋漆树科 Anacardiaceae）支，后 2 科为姐妹群，2 科植物的叶具树脂道并含双黄酮化合物；四合椿科 2 属 6 种，产热带非洲和马达加斯加。无患子科 Sapindaceae －（芸香科 Rutaceae ＋（苦木科 Simaroubaceae ＋楝科 Meliaceae））支，后 3 科聚为 1 支，还得到具苦味的三萜类化合物的支持。Takhtajan（2009）系统将无患子目同芸香目 Rutales 分离，他的无患子目包括省沽油科 Staphyleaceae、瘿椒树科 Tapisciaceae、无患子科、七叶树科 Hippocastanaceae 和槭科 Aceraceae。APG

系统的无患子科采取了广义科，包括了七叶树科和槭科，认为如果不包括这两科，则无患子科的其他属形成一个并系群，其科内的系统发育研究（Judd et al.，1994；Harrington et al.，2005）得到 5 个较好支持的分支。第一个是文冠果分支，仅文冠果属 *Xanthoceras* 1 属（叶互生、花大型，产中国北部）；第二个是七叶树分支（掌状复叶、花瓣有附属物、通常 7 枚雄蕊，大而革质的蒴果果皮中含硬化内含物、开裂后弹出一枚大型种子）；第三个是传统的槭科分支，含槭属 *Acer* 和金钱槭属 *Dipteronia*（花瓣无附属物、雄蕊着生花蜜腺盘上）；分子数据表明这两个分支是姐妹群，两者都具对生叶和散孔材；第四个是车桑子分支（通常每室有 2 或更多胚珠）；第五个是无患子分支，即为传统的无患子科（胚珠为基部着生、退化为每室 1 枚）（Judd et al.，2008）。根据上述分支分析，将七叶树科和槭科从广义无患子科分立也不是不可以，只需要将文冠果属独立为文冠果科 Xanthocerataceae 即可，在生活习性上，前 3 科属北温带分布，狭义无患子科属热带分布。我们的研究结果类同于 APG 系统，目内的分类尚需要深入研究（图 122）。

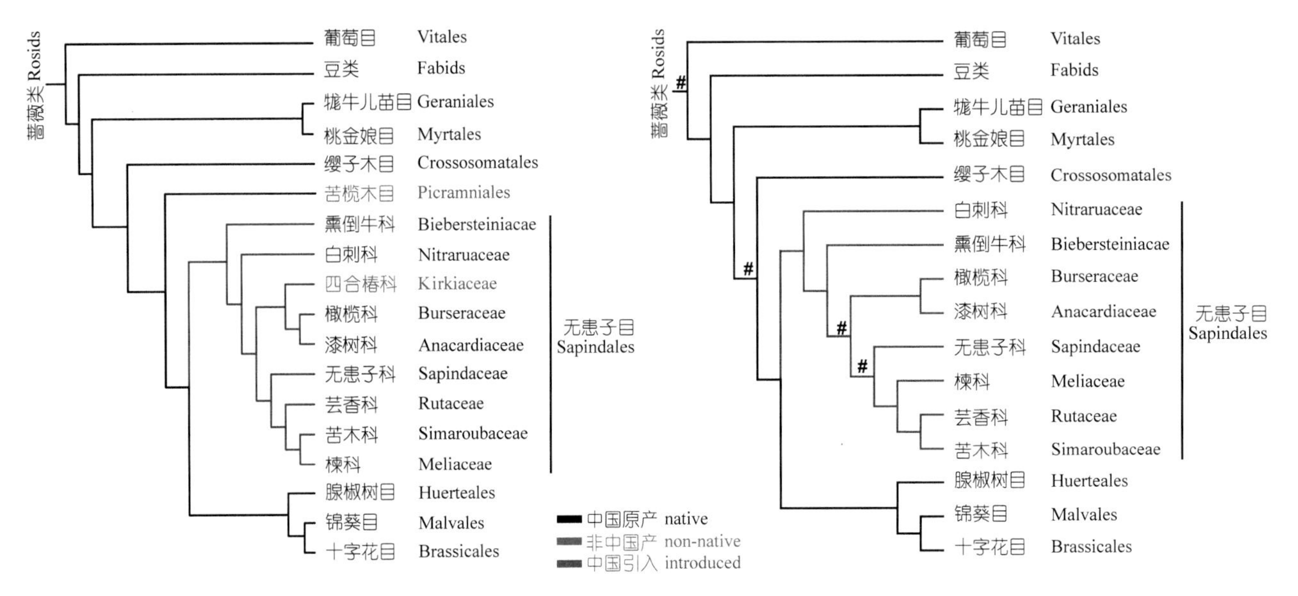

图 122 无患子目分支关系

被子植物 APG Ⅲ系统（左）；中国维管植物生命之树（右）

科 156. 白刺科 Nitrariaceae

3 属约 16 种，主要分布于沿北非到东亚及澳大利亚西南部和墨西哥东部的干旱地区；中国 2 属 8 种，主要分布于西北各省区。

叶互生或簇生，全缘或羽状分裂；花单生或排成聚伞状花序，萼片、花瓣 4 或 5，雄蕊与花瓣同数或 1~3 倍；子房 3~5 室，稀为 2~12 室；果实为分果、核果或浆果。

1. 骆驼蓬属 Peganum L.

多年生草本；全株有特殊臭味；叶互生，撕裂状；萼片通常 5，稀 4；花瓣 4 或 5；雄蕊 12 或 15，3 轮；果实为蒴果和浆果。

6 种，分布在北美、亚洲中部与西部、欧洲南部；中国 3 种，主要分布于甘肃、新疆、陕西、山西的荒漠、沙质、干旱草地等地带。

骆驼蒿 *Peganum nigellastrum* Bunge

2. 白刺属 Nitraria L.

灌木；小枝有刺；单叶，肉质；花小，排成顶生、疏散的蝎尾状聚伞花序；萼片、花瓣 5，雄蕊 10~15；浆果状核果，外果皮光滑、中果皮肉质多浆，内果皮骨质。

11 种，主要分布于中亚；中国 5 种，产西北部至北部的盐渍化沙地。

大白刺 *Nitraria roborowskii* Kom.

科 157. 熏倒牛科 Biebersteiniaceae

1 属 4 种，自地中海地区经西亚、中亚至中国西北地区有分布；中国 1 属 2 种，主要分布于新疆、西藏、青海、甘肃及四川等省区。

草本或木质草本；茎、叶具黄色黏质腺毛和浓烈气味；叶互生，具托叶，叶片一至三回羽状分裂，小裂片通常不同程度浅裂至深裂；总状花序，或由聚伞花序组成圆锥花序；萼片 5；花瓣 5，黄色；雄蕊 10，基部合生成环；腺体 5，与花瓣互生；子房 5 心皮，5 深裂，每室具 1 胚珠，花柱基生，柱头 5 裂；蒴果无喙，不开裂。

1. 熏倒牛属 Biebersteinia Stephan

属的鉴定特征及分布同科。

熏倒牛 *Biebersteinia heterostemon* Maxim.

科 158. 漆树科 Anacardiaceae

80 属约 870 种，除干旱区及寒带外，全球广布；中国 17 属 55 种，南方各省广布，部分种类延伸到北方地区。

乔木或灌木，稀为木质藤本或亚灌木状草本，韧皮部具树脂道；叶互生，稀对生，单叶，掌状三小叶或奇数羽状复叶；花两性，或多为单性或杂性，圆锥花序，顶生或腋生；雄蕊 5~12；花盘全缘，或 5~10 浅裂，或呈柄状突起；心皮 1~5，稀较多，分离，仅 1 枚发育，或合生，子房上位，稀半下位或下位，通常 1 室，稀 2~5 室；核果，常偏斜，多少扁平。

漆树科常被分为 4 族或 4 亚科。在分支图上，国产属先分为 2 支：第 1 支中族 1 腰果族（亚科）Anacardieae（=Anacardioideae）（●）山様子属位于基部，族 2 槟榔青族 Spondieae（= 亚科 Spondioideae）的属相聚（●）；第 2 支族 2 的藤漆属先分出，接着九子母属分出（●），该属有时被分出成立九子母科 Podoaceae 或在漆树科成立九子母亚科 Dobineoideae，族 3 盐麸木族 Rhoeae 的 4 属（●）自然相聚，族 4 肉托果族 Semecarpeae（●）的属同族 1 腰果属和杧果属相聚，后二属呈近缘属关系。总之分子性状分析和形态证据的系统十分接近（图 123）。

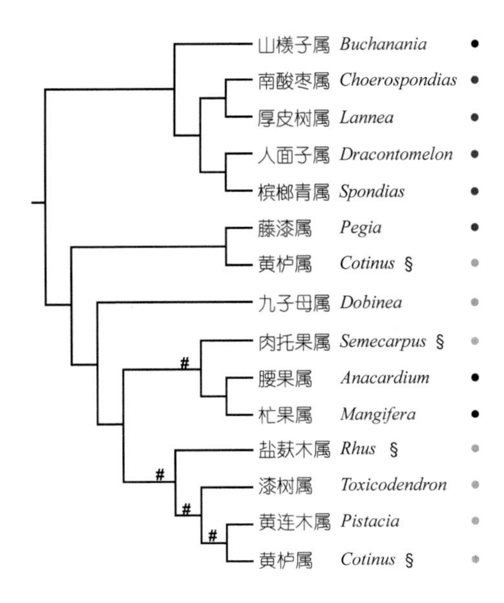

图 123 中国漆树科植物的分支关系

1. 山様子属 Buchanania Spreng.

乔木或灌木；单叶互生；圆锥花序，顶生或腋生；花两性；雄蕊 8~12，着生于花盘基部；花盘坛状或杯状，厚，具纵槽或 4~6 裂；心皮通常 5，分离，仅 1 个发育；核果双凸镜状，红色，干后变褐色或黑色。

约 25 种，产热带亚洲及大洋洲；中国 4 种，产西南地区。

山様子 *Buchanania arborescens* (Blume) Blume

2. 南酸枣属 Choerospondias B. L. Burtt & A. W. Hill

乔木；奇数羽状复叶，互生；小叶对生，具柄；花单性或杂性异株，雌花常单生叶腋；花萼 5 裂；花瓣 5；雄蕊 10，着生在花盘外面基部；花盘 10 裂；子房上位，5 室，花柱 5；核果，内果皮顶端有 5 个小孔。

1 种，产印度、中南半岛、日本及中国南部。

南酸枣 *Choerospondias axillaris* (Roxb.) B. L. Burtt & A. W. Hill

3. 厚皮树属 Lannea A. Rich.

乔木；树皮厚；奇数羽状复叶，互生；小叶对生，全缘；花单性，同株或异株，圆锥花序或总状花序，顶生；花萼 4 裂；花瓣 4；雄蕊 8，生于花盘边缘；花盘环状；子房 4 室，花柱常侧生；核果压扁，先端具残存花柱。

约 70 种，主产热带非洲，亚洲仅 1 种；中国 1 种，产云南、广西、广东。

厚皮树 *Lannea coromandelica* (Houtt.) Merr.

4. 人面子属 Dracontomelon Blume

乔木；奇数羽状复叶，互生，小叶多对；小叶对生或互生，具短柄，全缘，稀具齿；花两性；花萼 5 裂；花瓣 5；雄蕊 10；花盘碟状，不明显浅裂；心皮 5，合生，子房 5 室，花柱 5，上部合生，下部分离；核果，果核压扁，近五角形，上面具 5 个卵形凹点，边缘具小孔，形如人面。

约 8 种，分布于东南亚及斐济；中国 2 种，产云南、广西、广东。

人面子 *Dracontomelon duperreanum* Pierre

5. 槟榔青属 Spondias L.

乔木；一至二回奇数羽状复叶，互生；小叶对生或互生，全缘或具齿；花两性或杂性；花萼 4~5 裂；花瓣 4~5；雄蕊 8~10，着生于花盘基部；心皮 4~5，子房 4~5 室，花柱 1；核果，核内有大空腔，与子房室互生。

约 11 种，产热带美洲及亚洲；中国 2 种，产云南、广西、广东、福建。

槟榔青 *Spondias pinnata* (L. f.) Kurz

6. 藤漆属 Pegia Colebr.

木质攀缘藤本；奇数羽状复叶，互生；小叶对生或近对生，常具齿；花杂性；花萼 5 裂，宿存；花瓣 5；雄蕊 10，着生于花盘基部；花盘 5 裂；子房 1 室，花柱 5，侧生；核果。

3 种，东喜马拉雅经中南半岛至加里曼丹有分布；中国 2 种，产云南、贵州、广西、广东。

藤漆 *Pegia nitida* Colebr.

7. 九子母属 Dobinea Buch.-Ham. ex D. Don

灌木或亚灌木状草本；单叶互生或对生，具长柄，边缘具齿；花单性异株；雄花：花萼 4~5 裂；花瓣 4~5；雄蕊 8~10；具不育雌蕊；雌花：花梗与苞片中脉的下半部合生；苞片大，叶状，膜质，具网脉；无花萼和花瓣；无退化雄蕊；花盘环状；花柱顶生，宿存；核果双凸镜状，膜质苞片宿存。

2 种，产喜马拉雅地区；中国 2 种，产西藏、云南和四川。

羊角天麻 *Dobinea delavayi* (Baill.) Baill.

8. 肉托果属 Semecarpus L. f.

乔木；单叶互生，全缘，叶柄基部膨大；圆锥花序，顶生或腋生；花杂性或雌雄异株；花萼 5 裂；花瓣 5，稀 3；雄蕊 5，着生于花盘基部；花盘杯状；子房半下位或上位，1 室，1 胚珠，花柱 3，叉开，柱头 2 裂；果时花托膨大，包于果的中下部。

约 50 种，产热带亚洲及大洋洲；中国 4 种，产云南和台湾。

大叶肉托果 *Semecarpus longifolius* Blume

9. 腰果属 Anacardium L.

灌木或乔木；单叶互生，全缘；圆锥花序，顶生；花杂性或雌雄异株；花萼 5 深裂；花瓣 5；雄蕊 8~10，不等长，通常仅 1 个发育；子房 1 室，1 胚珠，花柱通常侧生；核果肾形，侧向压扁，果期花托膨大而成棒状或梨形的假果。

约 10 种，产热带美洲；中国南方引种栽培 1 种。

腰果 *Anacardium occidentale* L.

盐麸木 *Rhus chinensis* Mill.

10. 杧果属 Mangifera L.

乔木；单叶互生，全缘；圆锥花序，顶生；花杂性，4~5基数；雄蕊5，稀10~12，通常仅1个发育，稀2~5个发育；花盘膨胀，垫状，4~5裂，或退化成子房柄状，稀不存在；子房偏斜，1室，1胚珠，花柱1，顶生或近顶生；核果。

约69种，产亚洲热带及亚热带地区；中国5种，产云南、广西、广东、海南、福建、台湾。

杧果 *Mangifera indica* L.

11. 盐麸木属 Rhus Tourn. ex L.

灌木或乔木；奇数羽状复叶、3小叶或单叶，互生，叶轴具翅或无翅；花杂性或单性异株；花萼5裂，宿存；花瓣5；雄蕊5，着生在花盘基部；花盘环状；子房1室，1胚珠，花柱3，基部多少合生；核果球形，略压扁，被腺毛和具节毛或单毛。

约250种，全球亚热带、暖温带广布；中国6种，南北分布。

12. 漆树属 Toxicodendron Tourn. ex Mill.

乔木或灌木，稀为木质藤本，具白色乳汁；奇数羽状复叶或掌状3小叶，叶互生；小叶对生，叶轴通常无翅；花序腋生，果期通常下垂或花序轴粗壮而直立；花单性异株；花萼5裂，宿存；花瓣5；雄蕊5，着生于花盘外面基部；花盘环状、盘状或杯状浅裂；子房1室，1胚珠，花柱3，基部多少合生；核果。

约20种，东亚、北美及中美洲间断分布；中国16种，除东北外广布。

毛漆树 *Toxicodendron trichocarpum* (Miq.) Kuntze

13. 黄连木属 Pistacia L.

乔木或灌木；奇数或偶数羽状复叶，稀单叶或3小叶，互生；小叶全缘；总状花序或圆锥花序，腋生；花单性，雌雄异株；雄花：花被片3~9，雄蕊3~5，稀达7；雌花：花被片4~10，膜质，半透明，无退化雄蕊；心皮3，合生，子房1室，1胚珠，柱头3裂；核果近球形，无毛。

约10种，产地中海沿岸、亚洲、中美洲及南美洲；中国3种，南北分布。

黄连木 *Pistacia chinensis* Bunge

14. 黄栌属 **Cotinus** Tourn. ex Mill.

灌木或小乔木；单叶，互生，全缘或略具齿；花杂性，仅少数发育，不孕花花梗伸长，被长柔毛；花萼5裂，宿存；花瓣5；雄蕊5，着生在环状花盘的下部；子房偏斜，压扁，1室；核果肾形，侧扁，侧面中部具残存花柱。

5种，产南欧、东亚及北美温带地区；中国3种，产华北、西北和西南地区。

黄栌 *Cotinus coggygria* Scop.

15. 单叶槟榔青属 **Haplospondias** Kosterm.

乔木；单叶互生，全缘；花两性；雄蕊10；花盘浅杯状，边缘波状下凹；心皮1，子房1室，花柱短粗，柱头压扁，侧面下延。

2种，产热带亚洲；中国1种，产云南。

单叶槟榔青 *Haplospondias haplophylla* (Airy Shaw & Forman) Kosterm.

16. 辛果漆属 **Drimycarpus** Hook. f.

乔木；单叶互生，全缘，具柄；总状花序，顶生或腋生；花杂性；花萼5裂；花瓣5；雄蕊5，着生于花盘基部，花盘环状；子房下位，1室，1胚珠，花柱1，顶生；果时花托膨大，肉质，果具多数纵棱。

2种，产喜马拉雅地区至越南北部及中国云南。

辛果漆 *Drimycarpus racemosus* (Roxb.) Hook. f.

17. 三叶漆属 **Searsia** F. A. Barkley

灌木或小乔木；掌状3小叶；圆锥花序顶生和生于上部叶腋；花杂性；花萼4~5裂；花瓣4~5；雄蕊4~5；花盘10裂；子房1室，1胚珠，花柱3，分离；核果近球形。

120余种，产非洲、西亚、南亚、喜马拉雅至缅甸，中国西南部；中国1种，产云南。

三叶漆 *Searsia paniculata* (Wall. ex G. Don) Moffett

科 159. 橄榄科 Burseraceae

19 属约 750 种，泛热带分布；中国 3 属 13 种，产西南、华南地区（图 124）。

乔木或灌木，皮层具树脂道；奇数羽状复叶，稀为单叶，互生；圆锥花序，稀为总状或穗状花序，腋生，稀顶生；花小，3~5 数，辐射对称，单性、两性或杂性；雌雄同株或异株；萼片 3~6；花瓣 3~6；具花盘；子房上位，3~5 室，稀 1 室，在雄花中多少退化或消失，胚珠每室 2 枚，稀 1 枚；核果。

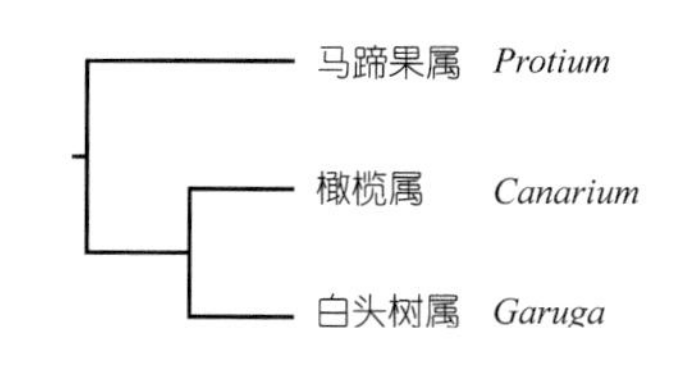

图 124 中国橄榄科植物的分支关系

1. 马蹄果属 Protium Burm. f.

乔木，稀灌木；奇数羽状复叶，互生；无托叶；小叶有柄；圆锥花序腋生或假顶生；花 4~5 数，单性、两性或杂性；花萼果时宿存而不增大，花瓣 5；雄蕊为花瓣的 2 倍或更多，分离；花盘肥厚，具凹槽；核果，核 4~5（稀 1~2），常 1~2 枚完全退化。

约 90 种，主产热带美洲，热带亚洲有少量分布；中国 2 种，产云南。

滇马蹄果 *Protium yunnanense* (Hu) Kalkman

2. 白头树属 Garuga Roxb.

乔木或灌木；奇数羽状复叶，互生；有托叶；小叶几无柄，具齿；圆锥花序腋生或侧生，先叶出现；花两性，5 数；雄蕊 10，分离；花盘球状，具凹槽；核果，1~5 核。

4 种，东南亚及大洋洲分布；中国 4 种，产西南部和南部。

多花白头树 *Garuga floribunda* var. *gamblei* (Sm.) Kalkman

3. 橄榄属 Canarium L.

乔木，稀灌木；叶螺旋状排列，稀 3 叶轮生，常集中于枝顶；奇数羽状复叶，稀单叶；常具托叶；小叶全缘至具齿；花 3 数，单性，雌雄异株；雄蕊 6，分离或全部合生；花盘 6 浅裂；子房 3 室；核果，3 室，其中 1~2 室常不育且不同程度退化。

约 120 种，产热带非洲、亚洲及大洋洲，尤以马来半岛及马达加斯加为多；中国 7 种，海南野生，南部栽培。

乌榄 *Canarium pimela* K. D. Koenig

科 160. 无患子科 Sapindaceae

约 140 属 1 630 种，世界广布；中国 25 属 158 种，多分布于西南至东南地区。

乔木或灌木，有时为草质或木质藤本；叶互生或对生，羽状或掌状复叶，稀单叶；聚伞圆锥花序，花多单性，有时为杂性或两性；萼片与花瓣均为 4 或 5（或 6），花瓣内面基部常有鳞片或毛状物；具肉质花盘；雄蕊通常 8，背着药；子房上位，多为 3 室，每室 1~2 枚胚珠，中轴胎座；蒴果、浆果或核果，常有 2 或 3 个分果爿；种子常具肉质假种皮。

无患子科自 Jussieu 建科以后，各大系统对科的范围有广义、狭义之分。本研究采用 APG 系统，该科包括狭义无患子科，七叶树科 Hippocastanaceae（▲）和槭树科 Aceraceae（▲）。在分支图（图 125）上，文冠果属 *Xanthoceras*（■）先分出位于基部，该属原来放在车桑子亚科 Dodonaeoideae 假山椤族 Harpullieae，根据分子证据 Takhtajan（2009）将该属独立为文冠果亚科 Xanthoceroideae。此后分为两大支，一大支是狭义无患子科成员，包括车桑子亚科族 1 车桑子族 Dodonaeeae（●）、族 3 假山罗族 Harpullieae（●）、族 5 栾族 Koelreuterieae（●），以及无患子亚科 Sapindoideae 族 2 鳞花木族 Lepisantheae（▲）、族 3 无患子族 Sapindeae（▲）、族 4 野蜜莓族 Cupanieae（●）、族 6 韶子族 Nephelieae（▲）、族 7 异木患族 Allophyleae（▲）、族 8 醒神藤族 Paullinieae（●）；另一大支包括假山椤族的茶条木属、掌叶木属，以及七叶树科的七叶树属和槭科的两个属，这一结果符合 Muller 等（1976）的观点，假山椤族的两个属将三科联系起来（吴征镒等，2003）。总体上看，分子和形态证据的分析是相近的。

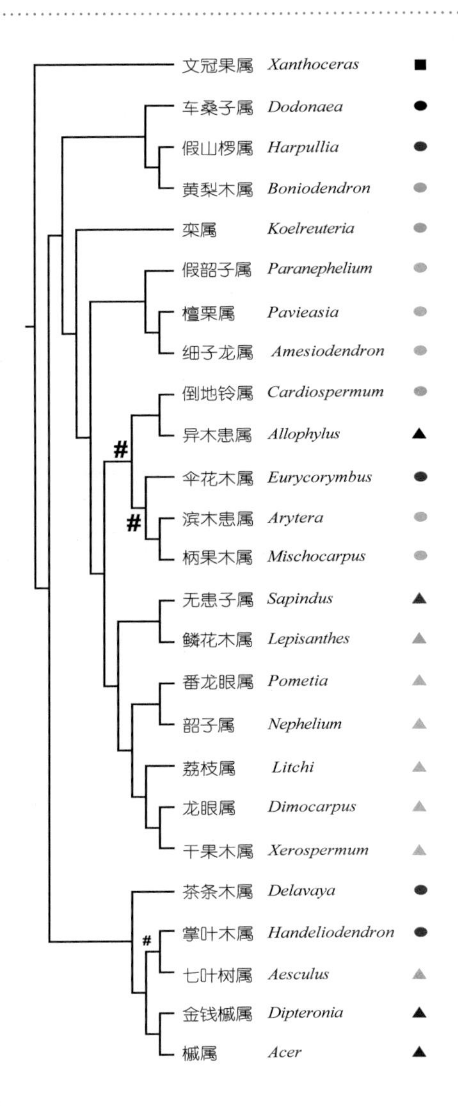

图 125 中国无患子科植物的分支关系

1. 文冠果属 Xanthoceras Bunge

灌木或乔木；奇数羽状复叶；总状花序，花杂性、雄花和两性花同株，但不在同一花序上；萼片 5；花瓣 5，具短爪，无鳞片；花盘 5 裂，裂片与花瓣互生，背面顶端具一角状体；雄蕊 8，内藏，药隔顶端和药室基部具 1 球状腺体；子房 3 室；蒴果，具 3 棱角，室背开裂为 3 果瓣，3 室；每室具多数种子，不具假种皮。

1 种，分布于中国和朝鲜；中国主产于北部。

文冠果 *Xanthoceras sorbifolium* Bunge

2. 车桑子属 Dodonaea Mill.

灌木或小乔木，花序或叶部具胶状黏液；单叶或羽状复叶；花两性或单性异株，聚成总状、伞房或圆锥花序；萼片（3~）5（~7），果期脱落；花瓣无；花盘不明显，在雄花中缺；雄蕊5~8，药隔突出；子房2或3（或5~6）室，每室2胚珠，花柱长，柱头2~6裂；蒴果翅果状，每室1或2枚种子。

约65种，主要分布于澳大利亚及其临近岛屿；中国1种，产南部沿海地区及云南。

车桑子 *Dodonaea viscosa* Jacq.

3. 假山椤属 Harpullia Roxb.

灌木或乔木；偶数羽状复叶，叶柄和叶轴有时具翅；聚伞圆锥花序复总状，稀总状；花单性异株；萼片5；花瓣5，稍肉质，无鳞片，顶部反折；花盘小；雄蕊5~8；子房两侧扁，2（~4）室，每室具1~2枚胚珠；蒴果通常两侧扁，2（~4）室，室间有凹槽，果皮纸质或脆革质；常具肉质假种皮。

约26种，分布于亚洲热带和澳大利亚；中国1种，主产广东、海南、云南南部。

假山椤 *Harpullia cupanioides* Roxb.

4. 黄梨木属 Boniodendron Gagnep.

常绿小乔木；叶互生，偶数羽状复叶；大型聚伞圆锥花序，花单性；萼片5，外面1枚较小；花瓣5，具爪，瓣片基部两侧各具1枚内折的耳状鳞片；花盘环状，5裂；雄蕊8；子房具毛，3室，每室具2或3枚胚珠；蒴果，具3翅；果瓣3，膜质；每室具种子1，胚螺旋卷曲。

2种，中国和越南各1种；中国主要分布于广东、海南、广西、贵州和云南。

黄梨木 *Boniodendron minus* (Hemsl.) T. C. Chen

5. 栾属 Koelreuteria Laxm.

落叶乔木或灌木；一至二回奇数羽状复叶；聚伞圆锥花序，花杂性同株或异株，两侧对称；萼片（4）5，外面2片较小；花瓣4或5，具爪，瓣片内面基部有2深裂的小鳞片；花盘厚；雄蕊8，子房3室，每室2枚胚珠；蒴果膨胀，具3棱，无翅；果瓣膜质，具网状脉纹；每室1枚种子，无假种皮。

3种，产中国、日本和斐济；中国3种，产北部至南部，广泛栽培。

栾 *Koelreuteria paniculata* Laxm.

6. 假韶子属 Paranephelium Miq.

常绿灌木或乔木；奇数羽状复叶；聚伞圆锥花序；花单性，异株或同株；花萼杯状，5 裂，镊合状排列；花瓣 5，近轴面具 1 枚大型鳞片；花盘环状，5 裂，无附属物；雄蕊 6~10；子房具小瘤，每室 1 枚胚珠，柱头 3 裂；蒴果，纵向裂为 3 果瓣；果皮革质或木质，具瘤或具木质刺；种子无假种皮。

约 8 种，分布于热带亚洲；中国 2 种（特有 1 种），产云南和海南。

云南假韶子 *Paranephelium hystrix* W. W. Sm.

7. 檀栗属 Pavieasia Pierre

乔木；偶数羽状复叶，叶轴横切面三角形；聚伞圆锥花序；花单性异株；萼浅杯状，5 裂，覆瓦状排列；花瓣 5，近轴面具 1 枚大型鳞片；花盘深杯状；雄蕊 8，有时 7，药隔突出成腺体状；子房 3 室，每室 1 枚胚珠；蒴果，纵裂为 3 果瓣，外果皮木质化，3 室或 1~2 室无种子；种子无假种皮，种脐宽大。

3 种，分布于中国南部和越南北部；中国 2 种（特有 1 种），产广西和云南。

云南檀栗 *Pavieasia yunnanensis* H. S. Lo

8. 细子龙属 Amesiodendron Hu

乔木；偶数羽状复叶；聚伞圆锥花序；花单性或杂性；萼片 5，离生；花瓣多为 5，近轴面具 1 枚大型鳞片；花盘深杯状；雄蕊 8 有时 9，花丝长短不齐，药隔肥大、突出；子房陀螺状，3 裂，3 室，每室 1 枚胚珠；蒴果，深裂为 3 个果爿，仅 1 或 2 个发育，纵裂为 3 果瓣；果皮坚硬、木质、光滑；种子无假种皮。

1 种，分布于中国、印度尼西亚（苏门答腊）、老挝、马来西亚、缅甸、泰国和越南；中国产海南和广西。

细子龙 *Amesiodendron chinense* (Merr.) Hu

9. 倒地铃属 Cardiospermum L.

草质或木质藤本；叶互生，二回三出复叶或二回三裂，具透明腺点；圆锥花序腋生，第一对分枝变态为卷须或刺；花单性；萼片 4 或 5，外轮 2 枚较小；花瓣 4 枚，内面基部具大型鳞片；花盘裂片分裂为 2 个大的腺体状裂片；雄蕊 8；子房具 3 棱角，3 室，每室 1 枚胚珠，柱头 3 裂；蒴果膨胀，果皮具脉纹。

约 12 种，多数分布于热带和亚热带美洲；中国 1 种，主产东部、南部和西北地区。

倒地铃 *Cardiospermum halicacabum* L.

10. 异木患属 Allophylus L.

多为灌木；掌状复叶，小叶1~5；聚伞圆锥花序；花单性，闭合，萼片4；花瓣4，近轴面基部具鳞片；花盘4全裂，裂片腺体状；雄蕊多为8，花丝分离或中部以下连生；子房2（或3）室，每室1枚胚珠；果实常深裂为2或3分果爿，常仅1个发育，外果皮肉质多汁；种子不具假种皮。

约200种，广布于热带和亚热带地区；中国11种（特有2种），分布于西南部、南部至东南部。

异木患 *Allophylus viridis* Radlk.

11. 伞花木属 Eurycorymbus Hand.-Mazz.

乔木；偶数羽状复叶，互生；聚伞圆锥花序；花单性；萼片5；花瓣5，具短爪，无鳞片；花盘环状，边缘圆齿状浅裂；雄蕊常为8，花丝在花芽中对折；子房倒心形，3（或4）裂，3（或4）室，每室2枚胚珠；蒴果，深裂为3果爿，仅1或2个发育，外果皮革质，密被绒毛；每室1枚种子，无假种皮，种脐小。

1种，中国特有，主要分布于福建、广东、广西、贵州、江西、四川、云南和台湾。

伞花木 *Eurycorymbus cavaleriei* (H. Lév.) Rehder & Hand.-Mazz.

12. 滨木患属 Arytera Blume

乔木；偶数羽状复叶，互生，小叶全缘，背面侧脉叶腋内具腺体；聚伞圆锥花序；花单性；萼片杯状，5裂；花瓣5（稀4），具爪，内面基部具两枚鳞片；花盘环状；雄蕊（7~）8（~10）；子房2或3室，每室1胚珠，花柱顶端2~3裂；蒴果，深裂为2~3果爿，通常仅1~2个发育，果皮革质；种子被假种皮。

约28种，主要分布于东南亚、澳大利亚和太平洋岛屿；中国1种，分布于广东、广西、海南和云南。

滨木患 *Arytera littoralis* Blume

13. 柄果木属 Mischocarpus Blume

乔木或灌木；偶数羽状复叶；聚伞圆锥花序，花单性；萼杯状，5裂；花瓣5，或仅有1~3枚发育不全的花瓣，内面基部具鳞片或被毛；花盘环状；雄蕊多为8，花丝常被毛；子房具3棱，3或4室，每室1枚胚珠，柱头3；蒴果，基部或中部以下呈柄状，果皮革质；种子被肉质假种皮。

约15种，分布于东南亚和澳大利亚；中国3种（特有1种），产西南部至南部。

柄果木 *Mischocarpus sundaicus* Blume

14. 无患子属 Sapindus L.

落叶乔木；偶数羽状复叶；聚伞圆锥花序，花单性；萼片 5，有时 4；花瓣 5，具爪、内面基部具 2 个耳状鳞片或边缘增厚，或无爪，内面基部仅 1 个大型鳞片；花盘肉质；雄蕊多为 8，花丝具毛；子房通常 3 裂，3 室，每室 1 枚胚珠；果实深裂为 3 果爿，通常仅 1~2 个发育，果皮肉质；种皮骨质，无假种皮。

约 13 种，分布于亚洲温带、澳大利亚、北美和南美；中国 4 种（特有 1 种），产长江流域及其以南各省。

无患子 *Sapindus saponaria* L.

15. 鳞花木属 Lepisanthes Blume

乔木或灌木；偶数羽状复叶，第 1 对小叶生于叶轴基部，似托叶；聚伞圆锥花序，花单性；萼片 5，革质；花瓣 4 或 5，内面爪的顶端具鳞片；具花盘；雄蕊 8；子房 2 或 3 室，室间具凹槽，每室 1 枚胚珠，花柱顶端肿胀；果实不裂为果爿，果皮革质或略肉质；种子无假种皮。

约 24 种，分布于热带非洲、亚洲、澳大利亚及马达加斯加；中国 8 种，产广东、广西、海南和云南。

赤才 *Lepisanthes rubiginosa* (Roxb.) Leenhouts

16. 番龙眼属 Pometia J. R. Forst. & G. Forst.

大乔木，常具板根，具红色汁液；偶数羽状复叶，无柄；小叶多对，第 1 对小，似托叶，叶缘有锯齿；侧脉平行，直达叶缘锯齿顶端；聚伞圆锥花序，花单性；萼杯状，深 5 裂；花瓣 5，内面无鳞片或具 1 个腺体；花盘环状；雄蕊 5；子房 2 室，每室 1 枚胚珠；果实深裂为 2 果爿，常 1 个发育。

1 种，分布于热带亚洲和太平洋岛屿；中国主要分布于台湾和云南。

番龙眼 *Pometia pinnata* J. R. Forst. & G. Forst.

17. 韶子属 Nephelium L.

乔木；偶数羽状复叶，有柄，小叶全缘；聚伞圆锥花序，花单性；萼杯状，5 或 6 裂；常早期张开；花瓣无或 5~6；花盘环状；雄蕊 6~8；子房 2 或 3 裂，密被瘤状或其他形状突起，每室 1 枚胚珠；果实深裂为 2 或 3 果爿，仅 1 个发育，果皮革质，具软刺；种子具肉质假种皮，与种皮黏连。

约 22 种，分布于亚洲东南部；中国 3 种，产广东、广西、海南和云南。

红毛丹 *Nephelium lappaceum* L.

18. 荔枝属 Litchi Sonn.

乔木；偶数羽状复叶；聚伞圆锥花序，被金黄色短绒毛，花单性；萼杯状，4 或 5 裂；花瓣无；花盘全缘；雄蕊 6~8；子房有短柄，2 或 3 裂，2 或 3 室，每室 1 胚珠；果实深裂为 2 或 3 果爿，常仅 1 或 2 个发育，果皮革质，具龟甲状裂纹，散生圆锥状突起物，有时近光滑；具肉质假种皮。

1 种，分布于东南亚；中国产广东西南部和海南，南部各省普遍栽培，尤其福建和广东。

荔枝 *Litchi chinensis* Sonn.

19. 龙眼属 Dimocarpus Lour.

乔木或灌木；偶数羽状复叶，侧脉脉腋内具腺体；聚伞圆锥花序，花单性；萼杯状，深 5 裂；花瓣 5 或 1~4，不具鳞片；花盘碟状；雄蕊常 8；子房 2~3 裂，2~3 室，每室 1 胚珠，密被小瘤体，小瘤上具成束星状毛或绒毛；果实深裂为 2~3 果爿，常仅 1 或 2 个发育；种子具肉质假种皮。

约 7 种，分布在亚洲热带和澳大利亚，亚热带地区常栽培；中国 4 种，产华南、贵州和云南。

龙眼 *Dimocarpus longan* Lour.

20. 干果木属 Xerospermum Blume

乔木或灌木；偶数羽状复叶，小叶通常 1~2 对，全缘；聚伞圆锥花序，花单性；萼片 4~5，覆瓦状排列；花瓣 4~5，通常有具关节的长柔毛；花盘环状，裂片与萼片对生；雄蕊 8，花丝被长柔毛；子房 2 裂，2 室，外面有小瘤体；果实深裂为 2 果爿，常只有 1 个发育，外面通常有小瘤体；假种皮与种皮黏连。

约 20 种，分布于热带亚洲；中国 1 种，产广西南部、云南东南部和西南地区。

干果木 *Xerospermum bonii* (Lecomte) Radlk.

21. 茶条木属 Delavaya Franch.

灌木或小乔木；掌状复叶，小叶 3；聚伞圆锥花序，花单性异株；萼片 5，宿存；花瓣 5，内面基部具 1 枚 2 裂的鳞片；花盘短柱状，上面杯状，边缘具膜质、波状皱褶；雄蕊 8；子房有短柄，2 室或有时 3 室，每室 2 胚珠；蒴果 2 或 3 裂，外果皮革质或近木质；种子无假种皮。

1 种，产中国和越南；中国产云南和广西。

茶条木 *Delavaya toxocarpa* Franch.

22. 掌叶木属 Handeliodendron Rehder

落叶乔木或灌木；掌状复叶，对生，小叶 5，全缘，背面散生棕色或暗红色腺点；聚伞圆锥花序，分枝复杂，花两性；萼片 5，仅基部合生，有缘毛；花瓣 4，有时 5，无爪，中部反折，内面基部有 2 枚小鳞片；子房 3 室，具长的雌蕊柄；蒴果，开裂为 3 果瓣，果皮厚革质，雌蕊柄明显；种子具 2 层假种皮，种皮革质。

1 种，中国特有，产广西西北部和贵州南部。

掌叶木 *Handeliodendron bodinieri* (H. Lév.) Rehder

23. 七叶树属 Aesculus L.

乔木或灌木，落叶；冬芽大，具几对鳞片；掌状复叶，对生，小叶 5~11，小叶无散生、明显的腺体，叶缘有锯齿；聚伞圆锥花序；萼片合生成管状或钟形萼管，4~5 裂；花瓣 4~5，常不等大，基部具爪；子房 3 室；蒴果，无雌蕊柄，常具 1 枚种子，果皮光滑，无刺，密被斑点；种子具大而白色的种脐。

12 种，分布于北温带；中国 4 种，产北部、中南部至西南部，广泛栽培。

小花七叶树 *Aesculus parviflora* Walter

24. 金钱槭属 Dipteronia Oliv.

落叶乔木；冬芽小裸露；奇数羽状复叶，对生，小叶 7~15；顶生圆锥花序，花小，杂性，雄花与两性花同株；萼片 5；花瓣 5，肾形；花盘盘状；雄蕊 8；子房（两性花）扁形，2 室；小坚果，扁平，周围环绕着圆形且宽阔的翅。

2 种，中国特有，主要分布于西部及西南地区。

金钱槭 *Dipteronia sinensis* Oliv.

25. 槭属 Acer L.

乔木或灌木；单叶掌状裂或复叶，对生；伞房状或伞形花序，有时为总状或大型圆锥花序；萼片 4 或 5，稀 6；花瓣 4 或 5，稀 6；雄蕊 4~12，多为 8，花丝明显；子房具 2 心皮，每室 1 或 2 个胚珠；果实为具翅分果，通常双翅，每个分果通常有 1 枚种子。

约 129 种，分布于亚洲、非洲、欧洲和北美洲的温带和热带地区；中国 99 种（特有 61 种，引进 3 种），主要分布于热带、亚热带和温带区域。

茶条槭 *Acer ginnala* Maxim.

科 161. 楝科 Meliaceae

50属约650种，泛热带分布，少数种类延伸到温带；中国17属49种，南方各省及部分北方地区有分布。

乔木或灌木；叶互生，稀对生，羽状复叶，稀单叶；小叶对生或互生，很少有锯齿，基部多少偏斜；花两性或杂性异株，圆锥花序，稀为总状花序或穗状花序；通常5基数；雄蕊4~10，花丝合生成管或分离；具环状、管状或柄状花盘，或缺如；子房上位，2~5室，稀1室；蒴果、浆果或核果，开裂或不裂；种子常有假种皮。

楝科常被分为4亚科10族。中国分布2亚科8族。本研究的分支（图126）分析显示：国产属分为2支，1支是亚科 I 楝亚科 Melioideae，有5族，楝族 Melieae（●）、帚木族 Trichilieae（●）、杜楝族 Turraeeae（●）、香驼楝族 Guareeae（▲）、米仔兰族 Aglaieae（▲）；另1支是亚科Ⅳ椿亚科 Cedreloideae，有3族，桃花心木族 Swietenieae（●）、椿族 Cedreleae（●）和木果楝族 Xylocarpeae（●）。另外2亚科均为马达加斯加特有的1至2型单属亚科。可见，分子分析的结果与形态系统的划分和近缘属的关系互相得到较好的支持。

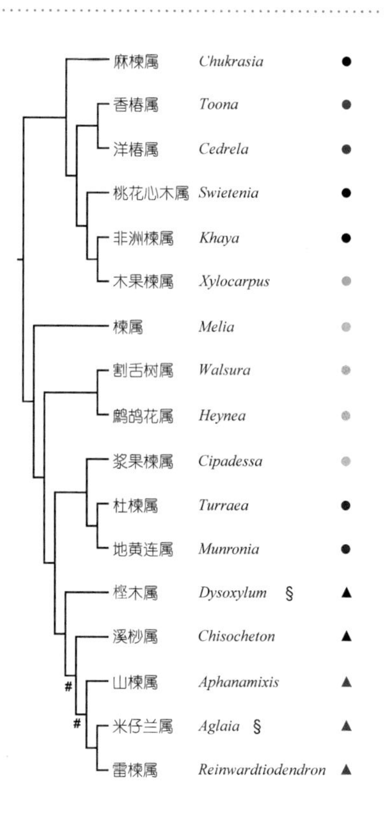

图126 中国楝科植物的分支关系

1. 麻楝属 Chukrasia A. Juss.

高大乔木；通常为偶数羽状复叶，有时为奇数羽状复叶，小叶全缘；花两性，圆锥花序，顶生或腋生；雄蕊管圆筒形，较花瓣略短，花药10，着生于管口边缘；子房具短柄，3~5室；木质蒴果，3室，室间开裂；种子扁平，有薄而长的翅。

1种，亚洲热带广布；中国产西藏南部、云南、广西和广东南部。

麻楝 *Chukrasia tabularis* A. Juss.

2. 香椿属 Toona (Endl.) M. Roem.

乔木；羽状复叶，互生；小叶全缘，稀具疏锯齿，常具透明腺点；花两性，聚伞花序，再排列成圆锥花序，顶生或腋生；雄蕊5，分离，退化雄蕊5或不存在；花盘厚，肉质，具5棱，短于子房；子房5室；蒴果，5室，室轴开裂；种子侧扁，两端或仅上端具翅。

约5种，亚洲至大洋洲分布；中国4种，产北部、中部至西南部，香椿普遍栽培。

香椿 *Toona sinensis* (A. Juss.) M. Roem.

3. 洋椿属 Cedrela P. Browne

乔木；羽状复叶，互生；小叶全缘或稍有锯齿；花两性，圆锥花序顶生；花瓣与花盘合生；雄蕊 5；花盘长柄状，长于子房；子房 5 室；蒴果，5 室；种子扁平，下端具翅。

约 8 种，产热带美洲；中国南方引种栽培 1 种。

洋椿 *Cedrela odorata* L.

4. 桃花心木属 Swietenia Jacq.

乔木；偶数羽状复叶，互生；花两性，圆锥花序，腋生或顶生；雄蕊管壶形，顶端 10 齿裂，花药 10，着生于管口内缘，与裂齿互生，花盘环状或浅杯状；子房 5 室，柱头顶端 5 出；蒴果，由基部起室间开裂，果爿与具 5 棱而宿存的中轴分离；种子上端有长而阔的翅。

3 种，热带非洲及美洲分布；中国南方引种栽培 1 种。

大叶桃花心木 *Swietenia macrophylla* King

5. 非洲楝属 Khaya A. Juss.

乔木；偶数羽状复叶；花两性，圆锥花序，腋上生或近顶生；雄蕊管坛状或杯状；花药 8~10，生于雄蕊管内面近顶端；花盘杯状；子房 4~5 室；柱头顶端具 4 槽；蒴果，顶端 4~5 瓣裂；种子边缘有圆形膜质的翅。

约 6 种，产热带非洲；中国引种栽培 1 种。

非洲楝 *Khaya senegalensis* (Desr.) A. Juss.

6. 木果楝属 Xylocarpus J. Koenig

乔木或灌木；偶数羽状复叶，互生；小叶 1~2 对；聚伞花序组成圆锥花序，腋生；花两性；花萼 4 裂；花瓣 4；雄蕊管壶状，顶端具 8 裂齿，花药 8，着生于雄蕊管的裂齿内，与裂齿互生；花盘厚，肉质，半球形，与子房基部合生；子房 4 室；蒴果开裂为 4 个果爿；种子大，有角，内种皮海绵状。

3 种，产热带非洲、亚洲及大洋洲；中国 1 种，产海南。

木果楝 *Xylocarpus granatum* J. Koenig

7. 楝属 Melia L.

乔木或灌木，幼嫩部分常被星状毛；小枝有明显的叶痕和皮孔；一至三回羽状复叶，互生；圆锥花序，腋生；花两性；雄蕊管圆筒形，顶端 10~12 齿裂，花药 10~12，着生于裂齿间，内藏或部分突出；花盘环状；子房 3~6 室，柱头 3~6 裂；核果。

3 种，热带非洲及亚洲、温带亚洲有分布；中国 3 种，产秦岭以南地区。

楝 *Melia azedarach* L.

8. 鹧鸪花属 Heynea Roxb.

乔木或灌木；奇数羽状复叶；小叶 7~9，膜质，对生，全缘；聚伞花序组成圆锥花序；花萼 4~5 齿裂；花瓣 4~5；雄蕊管略短于花瓣，10 深裂，裂片复 2 裂，花药 8 或 10；子房 2 室，柱头 2 裂；蒴果 1 室；种子 1~2，黑色，有光泽。

2 种，产亚洲热带及亚热带地区；中国 2 种，产海南。

茸果鹧鸪花 *Heynea velutina* F. C. How & T. C. Chen

9. 割舌树属 Walsura Roxb.

乔木或灌木；奇数羽状复叶，互生，小叶 1~5，对生或互生，全缘；叶柄基部膨大；雄蕊 10，花丝中部以下连成管或仅基部合生或全部分离，较花瓣略短；花盘杯状，肉质；子房 2~3 室，柱头顶端 2~3 裂或不裂；浆果，通常 1 室，稀 2 室；种子 1~2。

约 16 种，产热带亚洲；中国 2 种，产华南和西南地区。

割舌树 *Walsura robusta* Roxb.

10. 浆果楝属 Cipadessa Blume

灌木或乔木；奇数羽状复叶，互生或近对生，小叶全缘；圆锥花序，腋生；花两性，5 基数；雄蕊 10，花丝基部或下端连成浅杯状的雄蕊管，顶端 2 齿裂，花药着生于顶端 2 齿裂间；花盘与雄蕊管基部合生；子房 1~5 室；核果，浆果状，稍肉质。

1 种，产亚洲热带及亚热带地区；中国产广西和西南地区。

浆果楝 *Cipadessa baccifera* (Roth) Miq.

11. 杜楝属 Turraea L.

乔木或灌木；叶为单叶，互生，全缘或具钝锯齿；无托叶；花两性；花萼 4~5 齿裂；花瓣 4~5；雄蕊管狭长，顶端膨大且有裂齿；花药 8~10，着生于雄蕊管口部之内，且与裂齿互生；花盘环状或无；子房小，4 至多室；蒴果，4 至多室，室背开裂。

约 60 种，产热带非洲、亚洲及大洋洲；中国 1 种，产海南。

杜楝 *Turraea pubescens* Hellenius

12. 地黄连属 Munronia Wight

矮小灌木或半灌木；单叶或三小叶奇数羽状复叶，互生，全缘或具钝齿；花两性；萼片 5；花瓣 5，中部以下合生成一管，上部分离；雄蕊管圆柱状，下部与花冠管合生，上部分离，顶端通常 10 齿裂，稀 5 裂；花药 10；花盘膜质，管状，约与子房等长；子房 5 室，柱头顶端 5 裂；蒴果，室背 5 裂。

10 余种，产亚洲热带及亚热带地区；中国 6 种，产中部、西南部和南部。

羽状地黄连 *Munronia pinnata* (Wall.) W. Theobald

13. 樫木属 Dysoxylum Blume

乔木或小乔木，稀灌木；羽状复叶，互生，稀对生；花两性，4 或 5 基数，圆锥花序，腋生；雄蕊管圆筒形，稍短于花瓣，顶端通常具条裂或钝齿，花药 8~10，内藏于雄蕊管顶部；花盘管状，与子房等长或更长，全缘或具钝齿；子房 4~5 室，很少 3 室；蒴果。

约 80 种，产亚洲热带及亚热带地区及大洋洲；中国 11 种，产西南至台湾。

香港樫木 *Dysoxylum hongkongense* (Tutcher) Merr.

14. 溪桫属 Chisocheton Blume

乔木；大型羽状复叶，互生；小叶全缘；花两性或杂性异株，4~5 基数，圆锥花序或近穗状花序，腋生；雄蕊管长圆柱状，稍短于花瓣，狭裂或近全缘；花盘环状或浅杯状或缺如；子房 2~4 室；蒴果。

约 53 种，产亚洲热带及亚热带地区；中国 1 种，产云南和广东。

溪桫 *Chisocheton cumingianus* subsp. *balansae* (C. DC.) Mabberley

15. 雷楝属 Reinwardtiodendron Koord.

乔木或灌木；奇数羽状复叶；小叶全缘；花单性，雌雄异株，雄花排列成疏散的圆锥花序，雌花组成总状花序或穗状花序；花 5 数；雄蕊管球形或卵形，花药 10，内藏，常 2 轮排列；花盘不明显；子房 3~5 室；肉质浆果。

7 种，产亚洲热带及亚热带地区；中国 1 种，产海南。

16. 山楝属 Aphanamixis Blume

乔木或灌木；奇数羽状复叶；小叶对生，全缘；花杂性异株，雄花排成圆锥花序，雌花或两性花排成总状花序；萼片5；花瓣3；雄蕊管近球形，花药3~6，内藏；花盘极小或不存在；子房3室；蒴果，室背开裂。

8种，产亚洲热带及亚热带地区；中国3种，产云南、广西、广东。

山楝 *Aphanamixis polystachya* (Wall.) R. Parker

17. 米仔兰属 Aglaia Lour.

乔木或灌木；叶为羽状复叶或3小叶，稀单叶；花杂性异株，圆锥花序，腋生或顶生；花萼3~5齿裂或深裂；花瓣3~5；雄蕊管稍短于花瓣，球形、壶形或钟形，全缘或有短钝齿，花药5~10，1轮；花盘不明显或缺如；子房1~2室或3~5室；蒴果或浆果。

约120种，产亚洲热带及亚热带地区及大洋洲；中国12种，产云南、广西、广东、台湾。

马肾果 *Aglaia edulis* (Roxb.) Wall.

科 162. 苦木科 Simaroubaceae

20属约95种，主要分布于热带和亚热带，少数分布于温带；中国3属10种（特有6种），南北分布（图127）。

乔木或灌木，树皮味苦；叶多为羽状复叶，常互生；花序总状、圆锥状或聚伞状；花两性、单性或杂性；萼片4或5（~8）；花瓣常4~5（~8），离生；雄蕊与花瓣同数并与其互生，或为花瓣2倍（或更多）；花丝离生，基部常有一附属物；常具花盘，有时为雌蕊柄或雌雄蕊柄；核果或翅果。

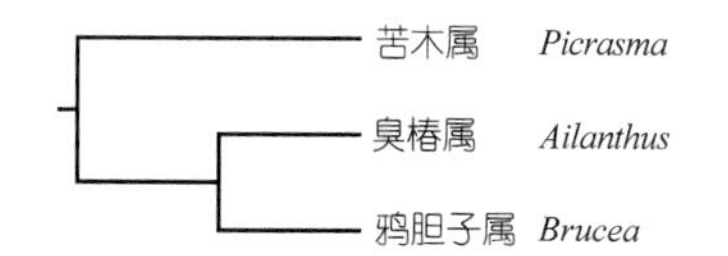

图127 中国苦木科植物的分支关系

1. 苦木属 Picrasma Blume

乔木，枝具髓；奇数羽状复叶，小叶柄基部或叶柄基部膨大成结；聚伞状圆锥花序，花单性或杂性；4或5基数，花梗下半部具关节；萼片离生或下半部合生；花瓣在雌花中宿存；雄蕊4或5；心皮2~5，离生，在雄花内退化或不发育；核果，具宿存花萼。

约9种，分布于美国和亚洲的热带与亚热带地区；中国2种（特有1种），南北分布。

中国苦木 *Picrasma chinensis* P. Y. Chen

2. 臭椿属 Ailanthus Desf.

乔木或小乔木；小枝具髓；羽状复叶，互生，小叶13~41，叶基偏斜；聚伞圆锥花序，腋生或顶生；花小，杂性异株；花瓣5，镊合状排列；雄蕊10，在雌花内发育不完全或不育；心皮2~5，离生或基部稍合生，花柱2~5，但在雄花中仅见雌性的痕迹；翅果。

约10种，分布于亚洲至太平洋北部；中国6种（特有5种），南北分布。

臭椿 *Ailanthus altissima* (Mill.) Swingle

3. 鸦胆子属 Brucea J. f. Mill.

灌木或小乔木；奇数羽状复叶，无托叶；小叶3~15，叶基稍偏斜，背面或两面被柔毛；聚伞状圆锥花序，花单性同株或异株；萼片4，基部合生；花瓣4，离生；雄蕊4，在雌花里仅有痕迹或完全退化，花丝短；子房4心皮，离生，花柱离生或基部合生；核果，具宿存花萼。

约6种，主要分布于非洲、亚洲和大洋洲北部；中国2种，分布于东南、西南和南部。

鸦胆子 *Brucea javanica* (L.) Merr.

科 163. 芸香科 Rutaceae

约157属1 600种，全世界分布，主产热带和亚热带地区；中国23属（特有1属，引进1属）127种及杂交种（特有49种，至少引进2种），主产西南和南部。

灌木、乔木或草本，稀攀缘；植株各部通常具透明油点；叶互生或对生，单叶、单身复叶、三出或羽状复叶；花两性或单性，通常3~5基数；萼片离生至全部合生；花瓣离生；雄蕊数通常为花瓣的2倍或更多，花丝离生或有时贴合或合生；花盘生于雄蕊内，具花蜜；雌蕊1~5个离生心皮，或2至多个心皮部分或完全合生，中轴胎座；蒴果、浆果或蓇葖果。

芸香科常被分为6亚科，中国分布有4亚科：亚科Ⅰ芸香亚科Rutoideae，分5族，中国2族，族1花椒族Zanthoxyleae（●）、族2芸香族Ruteae（●）；亚科Ⅲ戟橄榄亚科Cneoroideae牛筋果属，该属是由苦木科划归芸香科，位于基部（■）；亚科Ⅳ飞龙掌雪亚科Toddalioideae（▲）；亚科Ⅵ柑橘亚科Aurantioideae，分2族，族1柑橘族Aurantieae（▲）和族2黄皮族Clauseneae（▲）。分支图显示，除飞龙掌雪亚科的关系尚需研究外，其他亚科或族的分子分析结果近似于形态系统（图128）。

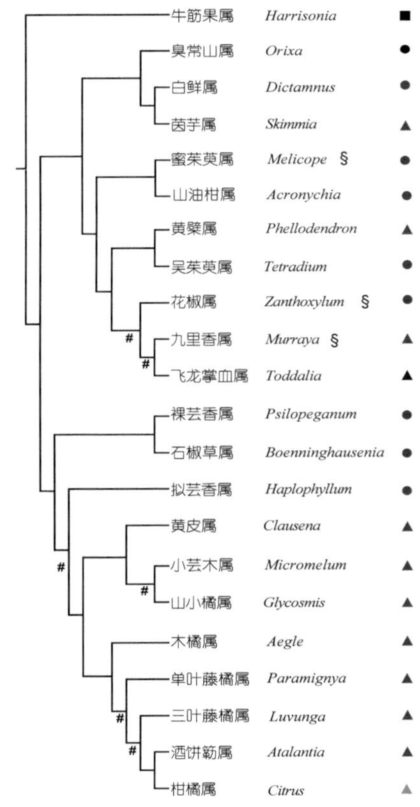

图128 中国芸香科植物的分支关系

1. 牛筋果属 Harrisonia R. Br. ex A. Juss.

直立或稍攀缘的有刺灌木；奇数羽状复叶或三出复叶，叶轴具狭翅；聚伞或总状花序；萼细小，4~5 裂；花瓣 4~5；雄蕊为花瓣数的 2 倍，花丝生于花盘基部，基部有被毛的舌状附属物；花盘半球形或杯状；子房 4~5（或 6）室，每室 1 胚珠，柱头头状或稍裂；浆果状，熟时干燥。

3 种，分布于非洲热带、亚洲、澳大利亚北部；中国 1 种，产广东、福建及海南等。

牛筋果 *Harrisonia perforata* (Blanco) Merr.

2. 臭常山属 Orixa Thunb.

落叶灌木或小乔木，无刺，雌雄异株；单叶，互生；花聚为总状花序或在雌株上单生，腋生；萼片 4，基部合生；花瓣 4；雄蕊 4；花盘 4 裂；子房 4 心皮，在雄花中缺或退化，心皮基部贴合，每心皮 1 胚珠，柱头 4 裂；蓇葖果，开裂为 1~4 个基部贴合的分果瓣，内果皮软骨质；种子具肉质胚乳。

1 种，分布于亚洲东部；中国 1 种，产华东、华中、西南和陕西。

臭常山 *Orixa japonica* Thunb.

3. 白鲜属 Dictamnus L.

多年生草本；奇数羽状复叶，互生；花序顶生；花两性，两侧对称；萼片 5，基部合生；花瓣 5，4 枚向上，1 枚向下；雄蕊 10，离生；花盘厚，不对称环形；子房 5 心皮，基部贴合，每室 3 胚珠；蓇葖果，基部贴合，熟后开裂为 5 个分果瓣，分果瓣 2 瓣裂，顶部具尖长的喙；胚乳肉质，子叶厚，胚根短。

1~5 种，分布于亚洲和欧洲；中国 1 种，产东北、东南至江西北地区。

白鲜 *Dictamnus dasycarpus* Turcz.

4. 茵芋属 Skimmia Thunb.

常绿灌木或乔木，无刺，雌雄异株或同株；单叶互生；圆锥状聚伞花序，顶生；萼片 4 或 5，离生或基部合生；花瓣 4 或 5；雄蕊 4 或 5，离生，在雌花中退化；花盘环状或垫状；子房 2~5 室，心皮合生，在雄花中退化，每室 1（或 2）胚珠；核果状浆果。

5~6 种，分布于亚洲东部、南部和东南部；中国 5 种，主要产长江北岸以南地区。

茵芋 *Skimmia reevesiana* (Fortune) Fortune

5. 蜜茱萸属 **Melicope** J. R. Forst. & G. Forst.

乔木或灌木，雌雄同株或异株，或雄花两性花同株；单叶或掌状三出复叶，具透明油点；圆锥状聚伞花序，腋生或生于叶基部；萼片 4，基部合生或几乎全合生；花瓣 4；雄蕊 4 或 8；花盘垫状、环状或杯状；子房 4 心皮，心皮基部合生，每室具 1 或 2 胚珠，花柱贴合；蓇葖果，开裂为 4 个分果瓣。

约 233 种，分布于热带大洋洲、亚洲及马达加斯加；中国 8 种，产南方。

三桠苦 *Melicope pteleifolia* (Benth.) T. G. Hartley

6. 山油柑属 **Acronychia** J. R. Forst. & G. Forst.

灌木或乔木；叶对生，单叶，稀三出掌状复叶；圆锥状聚伞花序，腋生或生于叶基部；花两性，萼片 4，离生或基部合生；花瓣 4；雄蕊 8，离生，两轮，花丝被毛；花盘垫状；雌蕊长度为花瓣的一半，子房 4 室，完全合生或近离生，每室具 2 胚珠；核果状浆果，具 4 室，完全合生或仅基部合生。

约 48 种，分布于亚洲南部和东南部、澳大利亚；中国 1 种，产华南、福建、台湾和云南。

山油柑 *Acronychia pedunculata* (L.) Miq.

7. 黄檗属 **Phellodendron** Rupr.

落叶乔木，雌雄异株；树皮较厚，木栓发达，内皮黄色；腋芽被叶柄基部包盖；叶对生，奇数羽状复叶，叶缘具油点；圆锥状聚伞花序，顶生；萼片与花瓣均5(~8)；雄蕊5(~7)，离生；花盘圆柱状；雄花：雄蕊长度为花瓣 1.5 倍；雌花：雌蕊 5（~10）室，合生，每室具 1 胚珠；核果状浆果。

2~4 种，分布于亚洲东部和东南部；中国 2 种，由东北至西南分布。

川黄檗 *Phellodendron chinense* C. K. Schneid.

8. 吴茱萸属 **Tetradium** Lour.

灌木或乔木，多雌雄异株；腋芽裸露；叶对生，奇数羽状复叶；圆锥状聚伞花序；萼片、花瓣、雄蕊均为 4 或 5；雄花：雄蕊长度为花瓣的 1.5 倍；花盘圆锥状至圆柱状；退化雌蕊具 4 个或 5 个基部合生心皮；雌花：退化雄蕊比花瓣短，花盘垫状或筒状，心皮 4 或 5，基部合生；果实由 1~5 果瓣组成。

9 种，分布于亚洲东部、南部和东南部；中国 7 种（特有 1 种），主产黄河以南地区。

臭檀吴萸 *Tetradium daniellii* (Bennett) T. G. Hartley

9. 花椒属 Zanthoxylum L.

灌木、乔木或木质藤本，常雌雄异株，多具刺；叶互生，奇数羽状复叶，小叶3至多数；花序多样；若花被片2轮，萼片、花瓣及雄蕊均为4~5；若花被片1轮，无萼片与花瓣区分，具5~9花被片，雄蕊3~8（~10）；具花盘；子房1~5心皮，子房基部合生；蓇葖果，具1~5个果瓣，有油点。

200多种，广布于亚洲和北美的泛热带地区，温带较少；中国41种，全国分布。

花椒 *Zanthoxylum bungeanum* Maxim.

10. 九里香属 Murraya J. Koenig ex L.

灌木或乔木，无刺；叶互生，奇数羽状复叶；圆锥、聚伞或总状花序，花两性，花芽椭圆形、倒卵形或近圆柱形；萼片4或5，基部或全部合生；花瓣4或5；雄蕊8或10，不等长，排成两轮；花盘环状、垫状或圆柱状；雌蕊2~5室，心皮合生，每室1或2胚珠，花柱长度为子房3~7倍；浆果。

约12种，分布于亚洲东部、南部和东南部，澳大利亚及太平洋西南部岛屿；中国9种，产南部。

豆叶九里香 *Murraya euchrestifolia* Hayata

11. 飞龙掌血属 Toddalia Juss.

灌木或木质攀缘藤本，雌雄异株，常具刺；叶互生，三出复叶；圆锥、总状或聚伞花序；萼片、花瓣及雄蕊均为4或5；萼片基部合生；在雌花中雄蕊退化；花盘垫状；子房4~7室，心皮合生，在雄花中退化，每室2胚珠；核果状浆果，4~7室；种子肾形。

1种，分布于非洲、亚洲、马达加斯加；中国主产秦岭以南。

飞龙掌血 *Toddalia asiatica* (L.) Lam.

12. 裸芸香属 Psilopeganum Hemsl.

多年生草本；叶互生，掌状三出复叶；花腋生，两性，辐射对称，单生或聚为总状花序；萼片4，基部合生；花瓣4或5；雄蕊8或10；花盘圆柱状；雌蕊2~3心皮，子房顶部离生，下部2/3均合生，每室具多数胚珠；花柱贴合；蒴果，室背开裂。

1种，中国特产，产贵州、湖北和四川。

裸芸香 *Psilopeganum sinense* Hemsl.

13. 石椒草属 Boenninghausenia Rchb. ex Meisn.

多年生草本，有浓烈刺激气味；叶互生，二至三回羽状或掌状三出复叶；圆锥花序，花两性，辐射对称，4基数；萼片4，基部或几乎全部合生；花瓣4；雄蕊（6~）8；花盘环状或杯状，包围细长的子房柄；雌蕊4心皮，子房基部贴生，每室多枚胚珠，花柱4，黏合；蓇葖果，开裂为4个果瓣。

1种，亚洲东部、南部和东南部特有；中国产长江北岸以南至台湾、西南至西藏东南部。

臭节草 *Boenninghausenia albiflora* (Hook.) Meisn.

14. 拟芸香属 Haplophyllum A. Juss.

多年生草本，稀小灌木，分枝多；单叶互生，几无柄；花序顶生，聚伞或伞房花序，花两性，辐射对称；萼片5，离生或下半部合生；花瓣5；雄蕊10；花盘垫状；雌蕊多为3~5心皮，子房下半部合生；每室有多数胚珠；花柱3~5贴合或合生；蒴果，室背开裂，稀不裂。

约65种，分布于欧洲南部、非洲北部和亚洲；中国3种，产西北及东北的西部。

北芸香 *Haplophyllum dauricum* (L.) G. Don

15. 黄皮属 Clausena Burm. f.

灌木或乔木，无刺；奇数羽状复叶，互生；圆锥或松散总状花序，花两性，花芽球形、梨形；萼片4~5，基部或全部合生；花瓣4~5；雄蕊8或10，排成两轮；花丝直或膝状弯曲，向基部扩大；花盘圆柱状、圆锥状、钟状或漏斗状；雌蕊4或5室，心皮合生，每室2胚珠；浆果；种子光滑。

15~30种，分布于非洲、亚洲、澳大利亚东北部及太平洋岛屿；中国10种，产长江以南。

黄皮 *Clausena lansium* (Lour.) Skeels

16. 小芸木属 Micromelum Blume

灌木或乔木，无刺；叶互生，奇数羽状复叶；圆锥花序，花两性，花芽椭球形至卵形；萼片5浅裂或具5齿，花瓣5；雄蕊10，排成两轮，花丝近线形；花盘环状或圆柱状；雌蕊3~5室，心皮合生，每室2胚珠；花柱长度为子房的1.5倍，果期脱落；浆果，含黏胶质液；种子椭球形；子叶薄，扁平，反复折叠。

约10种，分布于亚洲南部和东南部、澳大利亚、太平洋岛屿西南部；中国2种，产华南及云南、西藏。

小芸木 *Micromelum integerrimum* (DC.) M. Roem.

17. 山小橘属 Glycosmis Corrêa

灌木或乔木，无刺；幼嫩部分常被红色或褐锈色柔毛；单叶或奇数羽状复叶，常互生；圆锥或总状花序，或减少至1至几朵花，花两性；萼片4或5，基部合生；花瓣4或5；雄蕊8或10；花盘形状多样；雌蕊2~5室，心皮合生；花柱果期宿存；浆果，富黏胶质液；子叶平凸，不卷曲或折叠。

约50种，主要分布于亚洲和澳大利亚；中国11种，产南岭以南及云南和西藏南部。

山小橘 *Glycosmis pentaphylla* (Retz.) DC.

18. 木橘属 Aegle Corrêa

落叶小乔木，叶腋具直刺；叶互生，多为指状三出复叶；花两性，簇生或聚为总状花序；花萼杯状，4或5裂；花瓣4或5；雄蕊30~50或更多，花丝短，离生或基部不规则贴合；花盘圆柱状或钟状；雌蕊8~20室，心皮合生；每室具多个胚珠，排成2列；花柱短而厚；浆果，外果皮薄，中果皮木质，内果皮肉质；种子多数，包于透明的黏胶质液中。

1种，印度特有；中国云南南部和东南部栽培。

木橘 *Aegle marmelos* (L.) Corrêa

19. 单叶藤橘属 Paramignya Wight

直立或攀缘灌木或木质藤本；小枝具直刺或钩刺；植株幼嫩部分无红色或褐锈色柔毛；单小叶或单叶，互生；叶柄常弯曲或扭曲，顶部膨大；花两性，单生或簇生；萼片4或5，基部或2/3合生；花瓣4；雄蕊8或10，离生；花盘多样；雌蕊3~5室，心皮合生，每室1~2胚珠；花柱长，果期脱落；浆果。

约15种，主要分布于亚洲南部和东南部，澳大利亚北部；中国1种，产华南和云南南部。

20. 三叶藤橘属 Luvunga (Roxb.) Buch.-Ham. ex Wight & Arn.

木质攀缘藤本，具腋生直刺或钩刺，植株幼嫩部分无红色或褐锈色柔毛；叶互生，三出掌状复叶，稀单叶，叶柄较长；圆锥花序或总状花序，花两性；花萼杯状，3~5裂；花瓣3~5；雄蕊6~10，离生或单体雄蕊；花盘各式；雌蕊2~4室，心皮合生；花柱长，果期脱落；浆果，果肉有黏胶质液；子叶平凸。

约10种，分布于亚洲南部和东南部；中国1种，产广东、海南和云南南部。

三叶藤橘 *Luvunga scandens* (Roxb.) Wight & Arn.

21. 酒饼簕属 Atalantia Corrêa

灌木或乔木，无刺或具腋生直刺，幼嫩部分无红色或褐锈色柔毛；叶互生，1小叶或单叶，叶柄通常不弯曲、扭曲或膨大；花两性，簇生或聚为总状或圆锥花序；萼片3~5，基部或全部合生；花瓣3~5；雄蕊6~10，花丝离生、合生或贴合为雄蕊束；雌蕊2~5室；花柱果期脱落；浆果，具汁胞。

约17种，分布于亚洲南部和东南部；中国7种，产华南、台湾、福建、云南和海南。

酒饼簕 *Atalantia buxifolia* (Poiret) Benth.

22. 柑橘属 Citrus L.

常绿灌木或小乔木；幼枝扁平具棱，叶腋具单一刺；单身复叶，稀3小叶或单叶，密生有芳香气味的油点；花两性，单生或簇生；花萼杯状，3~5裂；花瓣通常4或5；雄蕊通常为花瓣数的4倍或更多；花盘具蜜腺；子房为

5~14 室；浆果（柑果），具革质外果皮和海绵质中果皮。

20~25 种，分布于亚洲热带亚热带、澳大利亚，现广泛栽培；中国 11 种，另有 5 个杂交种。

宜昌橙 *Citrus cavaleriei* H. Lév. ex Cav.

23. 贡甲属 Maclurodendron T. G. Hartley

常绿乔木，雌雄异株；叶对生，具 1 小叶；圆锥状聚伞花序或总状花序，腋生；萼片 4，基部合生；花瓣 4；雄蕊 8，花丝光滑无毛，花药近线形，雌花与雄花的雄蕊形态相似，但雌花中不产生花粉；雌蕊 4 室，在雄花中退化或极小，与花瓣几乎等长；心皮合生，每室 2 胚珠；核果状浆果，4 室。

6 种，东南亚特有；中国 1 种，产广东和海南。

目 40. 腺椒树目 Huerteales

腺椒树目 Huerteales 包括 4 科（APG Ⅲ，2009），分为 2 支：红毛椴科 Petenaeaceae + 柳红莓科 Gerrardinaceae 支和瘿椒树科 Tapisciaceae + 十齿花科 Dipentodontaceae 支。红毛椴科 1 属（*Petenaea*）1 种，产中美洲，原归属椴树科 Tiliaceae；柳红莓科 1 属（*Gerrardina*）2 种，产热带东非和南非，原归属刺篱木科 Flacourtiaceae；瘿椒树科是 Takhtajan（1987）从省沽油科 Staphyleaceae 中分出，含 2 属，瘿椒树属 *Tapiscia* 为我国特有属，另 1 属腺椒树属 *Huertea* 4 种，分布于中美洲、南美洲；十齿花科含 2 属 16 种，核子木属 *Perrottetia* 产热带亚洲和热带美洲，十齿花属 *Dipentodon* 特产中国西南地区和缅甸北部，自建立以来系统位置一直存在问题（吴征镒等，2003），曾放在卫矛科 Celastraceae（Engler & Diels，1936）、铁青树目 Olacales（Melchior，1964；Cronquist，1981），后来作为堇菜目 Violales 成员（Dahlgren，1975，1983；Thorne，1983，1992；Takhtajan, 1987，2009）。可见，该目包括的 4 个小科在形态上和分布上十分隔离。我们的研究结果显示以亚洲为主分布的两个科，瘿椒树科和十齿花科为姐妹群（图 129）。

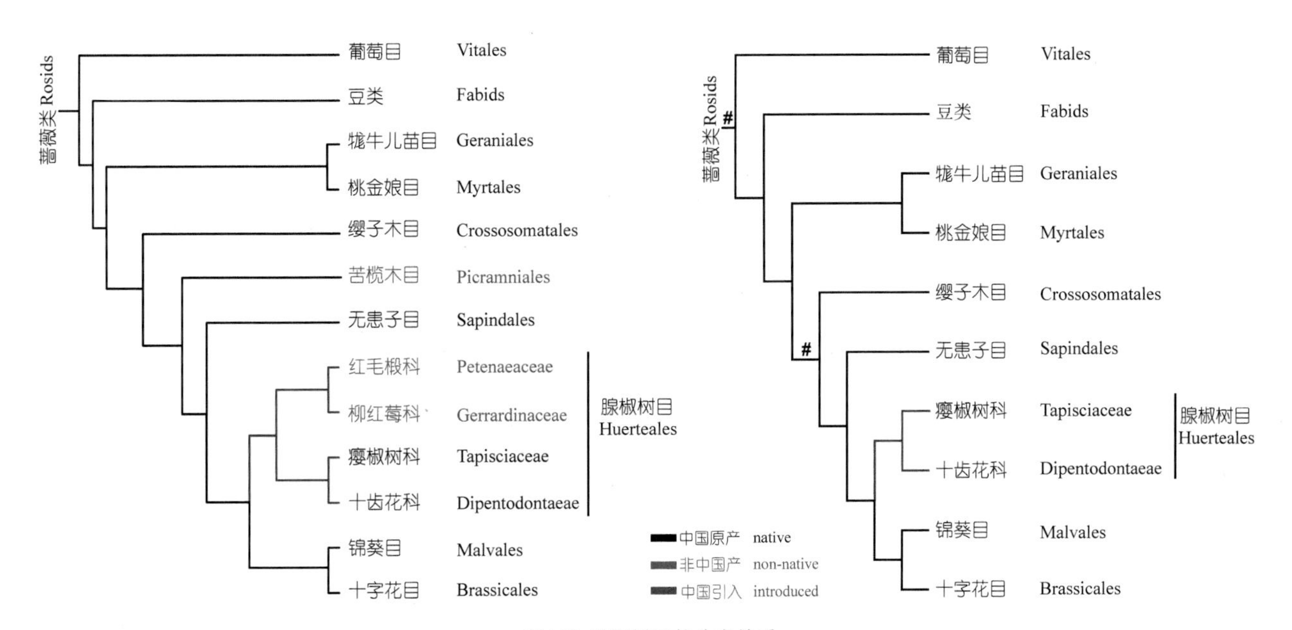

图 129 腺椒树目的分支关系

被子植物 APG Ⅲ系统（左）；中国维管植物生命之树（右）

164. 十齿花科 Dipentodontaceae

2 属 16 种，主要分布于东亚、东南亚，中美洲及南美洲西北部，澳大利亚及大洋洲部分岛屿；中国 2 属 3 种，主要分布于西南和华南地区。

乔木或灌木；单叶，互生，具叶柄；聚伞花序排列成总状、穗状或伞形花序，腋生；花 4 或 5~7 数，萼片与花瓣同数、近同形等大；花盘显著；雄蕊着生于花盘下或边缘；子房上位；蒴果或浆果，具 1~4 种子。

1. 十齿花属 Dipentodon Dunn

聚伞花序排列成伞形花序；花两性，5 数，偶为 6~7 数；萼片与花瓣的数目、形状、大小均相似，花盘较薄，基部呈杯状，上部深裂成 5（6）个直立肉质裂片，状如腺体；雄蕊 5，着生于花盘裂片下的杯状边缘上，与裂片互生；子房 3 心皮，不完全 3 室，只 1 室 1 胚珠发育；蒴果被毛，花被宿存稍增大，花柱宿存成喙。

1 种，分布于中国南部、西南部及缅甸北部。

十齿花 *Dipentodon sinicus* Dunn

2. 核子木属 Perrottetia Kunth

花 5 数或 4 数，两性或有时单性或杂性，同株或异株；聚伞花序排列成总状、穗状；萼片与花瓣同数、近同形等大；花盘较薄，扁平或杯状；雄蕊与花萼同数，着生于花盘边缘；子房通常 2 室；浆果通常 2 种子，少为 4 种子。

约 15 种，主要分布于中美洲及南美洲西北部，东南亚及大洋洲；中国 2 种，产四川、贵州、湖北和台湾。

台湾核子木 *Perrottetia arisanensis* Hayata

165. 瘿椒树科 Tapisciaceae

2 属 5 种，产印度西部，南美洲西北部及中国江南地区；中国 1 属 2 种。

落叶乔木；叶互生，奇数羽状复叶或三数复叶，小叶柄关节处具腺体或托叶；腋生圆锥花序或总状花序，花极小，两性或单性异株，辐射对称、5 数；子房 1 室；浆果或核果。

1. 瘿椒树属 Tapiscia Oliv.

奇数羽状复叶，小叶常 3~10 对，具短柄，有小托叶；雄花单生于苞腋内，花密，组成长而纤弱的总状花序，子房退化；两性花较大，组成腋生的圆锥花序；花 5 数；子房有胚珠 1；浆果核果状。

2 种，中国特有，产江南各省。

瘿椒树 *Tapiscia sinensis* Oliv.

目 41. 锦葵目 Malvales

锦葵目 Malvales 有 10 科，是一个自然群，它的单系性得到分子数据 *rbc*L、*atp*B 和 18S rDNA 序列的支持（Alverson et al.，1998；Savolainen et al.，2000；Soltis et al.，2000），也得到形态学资料的证明。共衍征包括具纤维层和软层迭失韧皮部、楔形射线、有黏液道和黏液腔、星状毛、合生萼片、锦葵型叶齿等（Judd et al.，2008）。锦葵目的分支图显示沙莓草科 Neuradaceae（3 属 10 种，分布于非洲北部、阿拉伯半岛和中亚的干旱地区）位于该目的基部，是其他科的姐妹群。然后分为两支：①锦葵科 Malvaceae－瑞香科 Thymelaeaceae－（文定果科 Muntingiaceae + 岩寄生科 Cytinaceae）支，其中锦葵科包括传统上的椴树科 Tiliaceae、梧桐科 Sterculiaceae、木棉科 Bombocaceae 和狭义的锦葵科，这 4 科在过去的分类系统中都认为是关系密切的科，具有掌状脉、具腺毛的蜜腺及相似的花序结构等（Judd & Manchester，1997；Judd et al.，2008）。瑞香科是一个系统位置不很清楚的科，分子数据证明它同锦葵科关系密切。我国不产的文定果科 3 属 3 种，产热带中美洲、南美洲，与岩寄生科形成姐妹科。岩寄生科 2 属 8 种，间断分布于南非、马达加斯加、地中海地区和中美洲，Takhtajan（2009）将其归在寄生目大花草目 Rafflesiales。②龙眼茶科 Sphaerosepalaceae－红木科 Bixaceae－半日花科 Cistaceae－（苞杯花科 Sarcolaenaceae + 龙脑香科 Dipterocarpaceae）支，龙眼茶科 2 属 17 种，产马达加斯加；红木科包含基柱木科 Diegodendraceae 和弯子木科 Cochlospermaceae，4 属约 22 种，泛热带分布；苞杯花科 10 属 35 种，产马达加斯加；我国有分布的半日花科，过去大多数学者认为它同红木科近缘，得到分子数据的支持；龙脑香科以旧世界热带地区分布为主，曾认为它同椴树科有密切关系，我们分析表明，该科的单系性尚需进一步证明（图 130）。

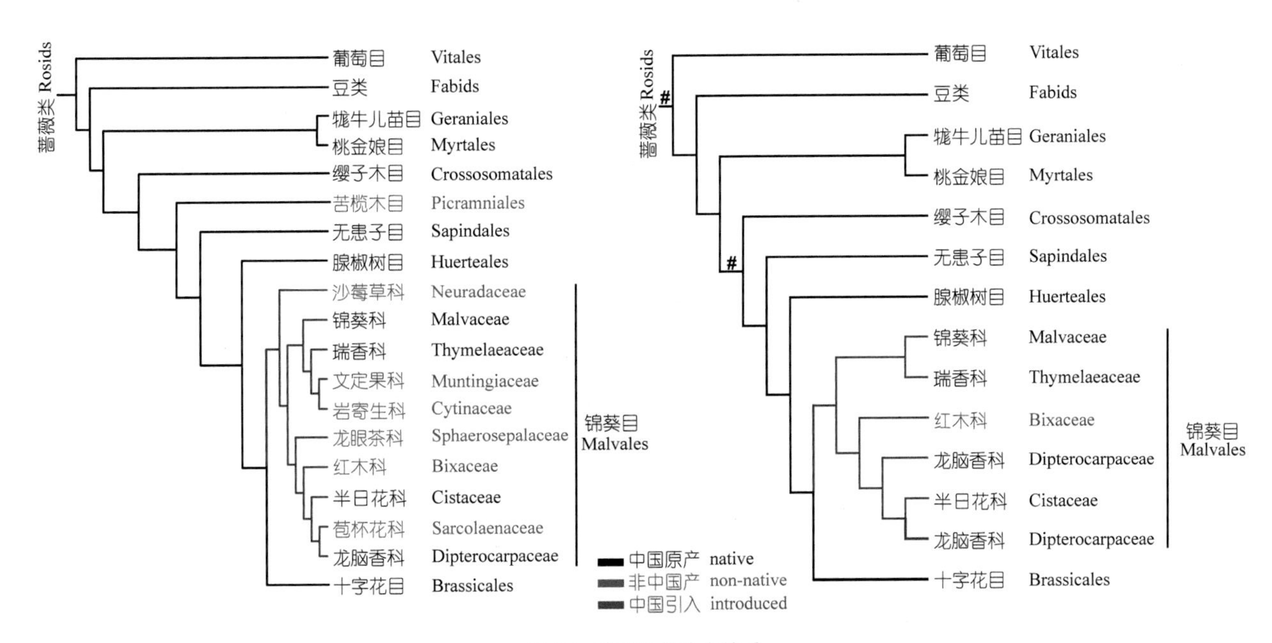

图 130 锦葵目的分支关系
被子植物 APG Ⅲ系统（左）；中国维管植物生命之树（右）

166. 锦葵科 Malvaceae

约 243 属 4 300 种，主要分布于热带和南北半球的温带；中国 47 属 244 种，全国均产，热带和亚热带地区多样性较高。

乔木、灌木、藤本或草本；具黏液道；单叶互生，常掌状裂或掌状复叶，掌状脉或羽状脉；具托叶；聚伞状至圆锥状花序，稀单花；花两性或单性，辐射对称；具副萼；花部 5 数，离生至合生，稀缺失；雄蕊 5 至多数，有时着生在雌、雄蕊柄上，花丝离生或合生成柱；花药 1 或 2 室；子房上位，常为中轴胎座，2 至多室，每室 1 至多胚珠；果为室背开裂的蒴果、分果、坚果，或为不开裂的荚果、聚合蓇葖果、核果或浆果；种子常 1，肾形或倒卵形，被毛或光滑，偶具假种皮或翅。

本研究的分支分析采用 APG 系统的广义锦葵科，它包括梧桐科 Sterculiaceae（S）、椴树科 Tiliaceae（T）、木棉科 Bombacaceae（B）和狭义锦葵科 Malvaceae（M）。国产属的分子数据分析显示：首先分为两大支，第一大支为梧桐科和椴树科的部分成员，可可属位于基部；第二大支包含全部 4 个科的成员。总体上看，木棉科和锦葵科分支比较自然，它们原来包含的属聚集在各自的分支；梧桐科和椴树科的属或属群相互穿插，说明按形态划分的系统相当不自然，将 4 科合并为锦葵科是可取的。分支图上标注的符号代表形态学系统中该属所隶属的科、亚科或族，如 S-5 表示可可属是梧桐科族 5 可可族 Theobromateae 成员；T-I 1 表示椴树属是椴树科第 1 亚科椴树亚科 Tilioideae 族 1 椴树族 Tilieae 成员；M-2 表示苘麻属是锦葵科族 2 锦葵族 Malveae 的成员等（图 131）。详细的系统可参考吴征镒等（2003）。

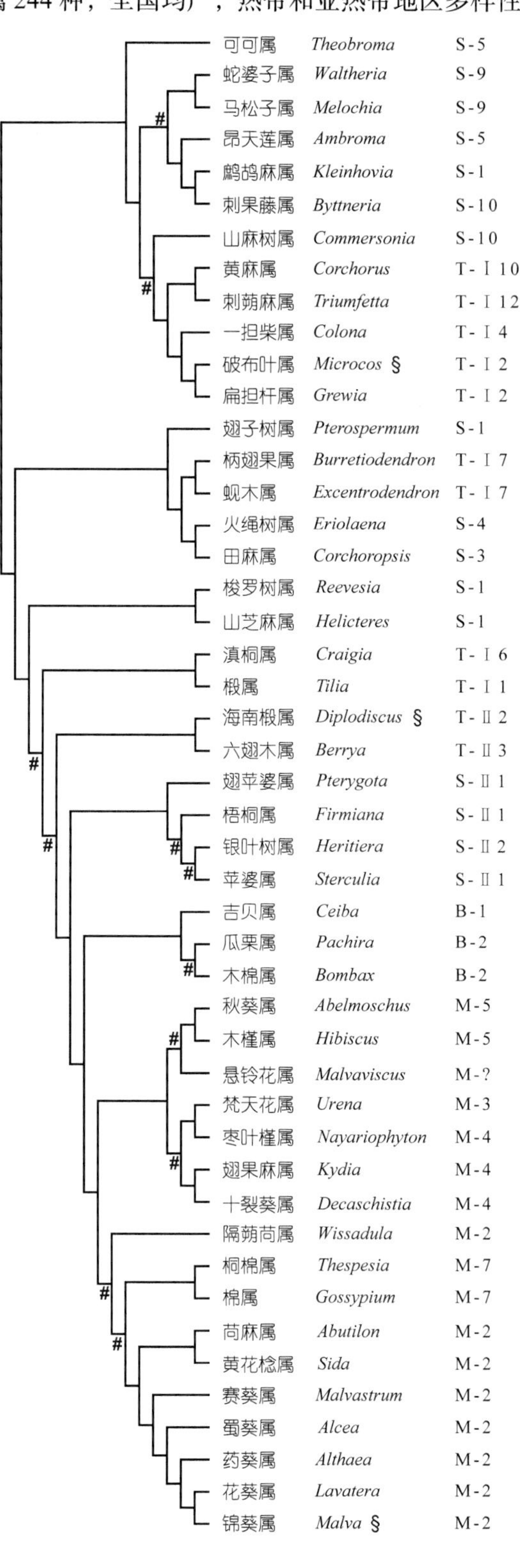

图 131 中国锦葵科植物的分支关系

1. 可可属 Theobroma L.

乔木；叶互生，大而全缘；花两性，单生或排成聚伞花序；花萼 5，近分离；花瓣 5，上部匙形，中部变窄，下部凹陷成盔状；退化雄蕊 5，伸长；发育雄蕊 1~3 枚聚成一组，与退化雄蕊互生，花丝的基部合生成筒状；子房无柄，5 室，每室多胚珠；核果大，种子多数，埋藏于果肉中；种子子叶肉质。

22 种，分布于热带美洲；中国海南、云南南部栽培 1 种。

可可 *Theobroma cacao* L.

2. 蛇婆子属 Waltheria L.

草本或亚灌木，被星状柔毛；单叶，齿缺；托叶披针形；花细小，聚伞或团伞花序；花萼5，基部合生；花瓣5，长椭圆状匙形，宿存；雄蕊5，基部合生，与花瓣对生；子房无柄，1室2胚珠；花柱顶端棒状或流苏状；蒴果小，2爿裂，1种子。

50种，大部分分布于热带美洲；中国东南部至南部仅产1种。

蛇婆子 *Waltheria indica* L.

3. 马松子属 Melochia L.

草本或亚灌木；叶卵形或广心形；花小，头状花序或聚伞花序；花萼5裂；花瓣5，匙形或长圆形，宿存；雄蕊5，与花瓣对生，基部连合成管状；无退化雄蕊；子房无柄或短柄，5室，每室1~2胚珠；花柱5，分离或基部合生；蒴果扁球形或锥状球形，具柔毛，室背开裂为5爿，每室1种子；种子倒卵形，偶具翅。

50~60种，分布于马来西亚、太平洋岛屿、中美洲、南美洲，少数至泛热带地区；中国1种，产南部。

马松子 *Melochia corchorifolia* L.

4. 昂天莲属 Abroma L. f.

灌木或乔木，被星状柔毛；叶心形或卵状椭圆形；花红紫色；花5数，花瓣柄基部扩大而凹陷；雄蕊花丝成筒状包围雌蕊；退化雄蕊5，边缘具纤毛；花药15，每3枚一束，着生在雄蕊柱外侧；子房具沟槽，5室，每室数胚珠；蒴果，顶部平截，具纵翅，顶裂，具长纤毛；种子多数。

1~2种，主要分布于亚洲热带至澳大利亚；中国1种，产南部。

昂天莲 *Abroma augusta* (L.) L. f.

5. 鹧鸪麻属 Kleinhovia L.

乔木；叶互生，阔卵状心形，掌状脉3~7条；花两性，圆锥花序；副萼细披针形；花萼5，分离；花瓣5，互不等；雄蕊柱顶部5裂，每裂片具3花药；退化雄蕊尖齿状，与具药花丝束互生；子房着生在雌雄蕊柄顶端，5室，5裂，每室3~4胚珠；蒴果倒卵形，膜质，膨胀，5爿裂，每室种子1~2；种子圆球形。

1种，分布于热带非洲、亚洲和澳大利亚；中国海南和台湾亦盛产。

鹧鸪麻 *Kleinhovia hospita* L.

6. 刺果藤属 Byttneria Loefl.

藤本、灌木，稀小乔木；常具刺；叶中脉基部有腺点；花排成聚伞花序；萼片5，基部连合；花瓣5，具爪，上部凹陷似盔状，顶端有长带状附属体；雄蕊的花丝合生成筒状，退化雄蕊 5，具药雄蕊 5，与花瓣对生；子房 5 室，每室 2 胚珠；蒴果，木质，有刺，分果爿 5，成熟时与果轴分离。

130 种，主要分布于美洲热带地区、非洲、东南亚及马达加斯加；中国 3 种，产南部至西南地区。

刺果藤 *Byttneria grandifolia* DC.

7. 山麻树属 Commersonia J. R. Forst. & G. Forst.

乔木或灌木；叶卵圆形，微歪斜，有锯齿；花小，聚伞花序与叶对生；花萼 5 裂；花瓣 5，基部扩大且凹入，顶端延长成带状的附属体；退化雄蕊 5，披针形，与萼片对生，发育雄蕊 5，与花瓣对生；子房无柄，5 室合生，每室 2~6 胚珠；蒴果圆球形，具刚毛，5 室，每室 1~2 种子；种子无翅。

9 种，分布于热带亚洲和澳大利亚；中国 1 种，产海南。

山麻树 *Commersonia bartramia* (L.) Merr.

8. 黄麻属 Corchorus L.

一年生草本或亚灌木；叶纸质，基部三出脉；有锯齿；花小，黄色，两性，单生或聚伞花序；花部 5 数，无腺体；雄蕊多数，着生于雌雄蕊柄上，无退化雄蕊；子房 2~5 室，每室多胚珠；柱头盾状；蒴果长筒形或球形，有棱或短角，室背开裂为 2~5 果爿；种子多数。

40~100 种，广布于热带地区；中国 4 种，产长江流域以南各地区。

甜麻 *Corchorus aestuans* L.

9. 刺蒴麻属 Triumfetta L.

草本或亚灌木，被星状柔毛；单叶具基出脉，边缘齿缺或掌状 3~5 裂；花黄色，两性，单生或聚伞花序；花部 5 数，花瓣内侧基部有增厚的腺体；雄蕊 5 至多数，离生，着生于肉质具裂片的雌雄蕊柄上；子房 2~5 室，每室 2 胚珠；蒴果近球形，3~5 爿裂开，常有先端尖细或倒钩的刺；种子光滑。

100~160 种，分布于全球的热带和亚热带地区；中国 7 种，产西南部至台湾。

单毛刺蒴麻 *Triumfetta annua* L.

10. 一担柴属 Colona Cav.

乔木或灌木，通常被星状毛；单叶互生，卵形，常偏斜，基出脉 5~7，具长叶柄；花两性，圆锥花序；具副萼，2 裂；花部 5 数，花瓣基部有腺体；雌雄蕊柄极短；多数雄蕊着生于隆起的花盘上；子房 3~5 室，每室 2~4 胚珠；蒴果近球形，有 3~5 直翅，室间开裂。

20 种，分布于热带亚洲；中国 2 种，产云南。

一担柴 *Colona floribunda* (Kurz) Craib

11. 破布叶属 Microcos L.

灌木或小乔木; 叶革质，互生，卵形或长卵形，基出脉3; 花小，两性，具柄，常3朵排成聚伞花序再组成顶生圆锥花序；副萼3裂；花萼5；花瓣5或无，内面基部有腺体；雄蕊多数，着生于短的雌雄蕊柄上；子房上位，常3室，每室4~6胚珠；核果球形或梨形，果皮肉质，无沟槽，不具分核。

60种，分布于非洲及亚洲的印度、马来半岛地区；中国3种，产东南部和南部。

破布叶 *Microcos paniculata* L.

12. 扁担杆属 Grewia L.

灌木或乔木，偶攀缘状，多少被星状柔毛；叶互生，基出脉，叶基微歪斜；花两性或单性异株，伞形花序，有时花序与叶对生；花部5数，花瓣5，短于萼片，基部常有鳞片状腺体；具雌雄蕊柄，雄蕊多数，生于短的花托上；子房2~4室，每室2~8胚珠；柱头盾形；核果肉质，裂为2~4分核；种子间具假隔膜。

90种，分布于东半球热带地区；中国27种，产西南、西北、东部至东北，主产西南地区。

扁担杆 *Grewia biloba* G. Don

13. 翅子树属 Pterospermum Schreb.

乔木或灌木，被星状茸毛或鳞秕；叶互生，常偏斜；花大，单花顶生或聚伞花序；副萼常3；花部5数；雌雄蕊柄无毛，较雄蕊短；雄蕊15，每3枚成束；退化雄蕊5，与雄蕊群互生；子房5室；每室4~22胚珠；中轴胎座；蒴果木质或革质，有或无棱角；种子顶端有矩圆形膜质翅。

18~40种，分布于亚洲热带和亚热带地区；中国9种，产西南部至台湾。

翻白叶树 *Pterospermum heterophyllum* Hance

14. 柄翅果属 Burretiodendron Rehder

乔木；叶纸质，心形，基出脉5~9；花单性，雌雄异株，聚伞花序；雄花具苞片2~3，早落；花柄无节；萼片5，外被星状毛，内面基部具腺点；花瓣5，分离，具短爪；无雌雄蕊柄；雄蕊多数，与花瓣互生；花丝基部连成5束；子房5室，每室2胚珠，中轴胎座；蒴果长圆形，具5条薄翅，室间裂开。

4种，分布于中国、越南、泰国和缅甸；中国4种，产西南地区。

柄翅果 *Burretiodendron esquirolii* (H. Lév.) Rehder

15. 蚬木属 Excentrodendron Hung T. Chang & R. H. Miao

常绿乔木; 叶革质，基出脉3，脉腋有囊状腺体; 具长柄; 花雌雄异株，圆锥花序; 花柄有节，雄花4~5数; 萼片长圆形，外被柔毛，无腺体或具2球形腺体；花瓣4~5数，有短爪，比萼片稍短; 雄蕊20~40，分成5组; 子房5室，每室2胚珠; 蒴果长圆形，5室，具5条薄翅，每室1种子，生于子房底。

2种，分布于中国和越南；中国2种，产广西及云南。

节花蚬木 *Excentrodendron tonkinense* (A. Chev.) Hung T. Chang & R. H. Miao

16. 火绳树属 Eriolaena DC.

乔木或灌木；叶心形，掌状裂，边缘具齿，被星状毛；花单生或聚生；副萼 3~5；花萼幼时佛焰苞状，花时 5 深裂，条形，被短柔毛；花瓣 5，下部收缩成扁平爪，具绒毛；多数雄蕊连合为单体雄蕊；子房无柄，5~10 室，被柔毛，每室多胚珠；蒴果木质；种子具翅，膜质，翅为种子长的一半。

17 种，分布于中国、不丹、印度、缅甸、泰国、老挝、越南；中国 6 种，产西南地区和广西。

五室火绳 *Eriolaena quinquelocularis* (Wight & Arn.) Wight

17. 田麻属 Corchoropsis Siebold & Zucc.

一年生草本；茎被柔毛；叶互生，基出三脉，具钝齿，被星状柔毛；花黄色，单生于叶腋；花萼 5，狭窄披针形；花瓣 5，倒卵形；雄蕊 20，5 枚败育，与花萼对生，余下雄蕊每 3 枚一束；子房被短茸毛或无毛，3~4 室，每室多胚珠；蒴果角状长圆筒形，分果爿 3，室背裂开；种子被星芒状柔毛。

1 种，主要分布于中国、日本及韩国；中国南北各地均产。

田麻 *Corchoropsis crenata* Siebold & Zucc.

18. 梭罗树属 Reevesia Lindl.

乔木，稀灌木；单叶；花两性，伞房花序或圆锥花序；花萼不规则 3~5 裂；花瓣 5，具爪；雄蕊的花丝合生成管状，并与雌蕊柄贴生而形成雌雄蕊柄，雄蕊柱 5 裂，每一裂片顶端外生花药 3 枚；子房具柄，包藏于雄蕊柱内，5 室，每室 2 倒生胚珠；蒴果木质，裂为 5 果爿，室背开裂；种子具膜质翅。

25 种，主要分布于喜马拉雅区至中国，以及中美洲；中国 15 种，产西南地区至台湾。

两广梭罗 *Reevesia thyrsoidea* Lindl.

19. 山芝麻属 Helicteres L.

灌木或小乔木，被星状柔毛；单叶互生；花两性，聚伞花序；副萼细小，花萼管状，5 裂，二唇状；花瓣 5，具柄，柄常有耳；雄蕊 10 枚位于雌雄蕊柄顶端；退化雄蕊 5，位于发育雄蕊之内；子房生于柱顶，具 5 棱，5 室，每室多胚珠；蒴果长椭圆形或螺旋状扭曲，侧裂，被毛；种子具瘤状突起。

60 种，分布于亚洲和美洲热带地区；中国 10 种，产西南部至东部，南部尤盛。

黏毛山芝麻 *Helicteres viscida* Blume

20. 滇桐属 Craigia W. W. Sm. & W. E. Evans

落叶乔木或灌木；叶革质，椭圆形或长圆形，基出3脉；花两性，短圆锥花序腋生，花柄具节；萼片5，肉质，外被锈色短星状毛；无花瓣；无雌雄蕊柄；雄蕊多数，退化雄蕊10，每对包藏4枚能育雄蕊；子房上位，5室，每室6胚珠；翅果椭球形，具脉纹膜质翅5条，每室1~4种子；种子长圆形，黑或褐色。

2种，分布于中国和越南邻接地域；中国2种，产云南和广西。

滇桐 *Craigia yunnanensis* W. W. Sm. & W. E. Evans

21. 椴属 Tilia L.

落叶乔木；单叶互生，具长柄；基部常为斜心形；花两性，聚伞花序，花序柄下半部常与长舌状的苞片合生；花萼5；花瓣5，覆瓦状排列，基部常具小鳞片；雄蕊多数，离生或合生成5束，退化雄蕊花瓣状，与花瓣对生；子房5室，每室2胚珠；果实圆球形或椭球形，核果状；种子1~3。

23~40种，主要分布于北温带和亚热带地区；中国19种，南北均产，主产黄河流域以南。

心叶椴 *Tilia cordata* Mill.

22. 海南椴属 Diplodiscus Turcz.

乔木或灌木；叶卵圆形，具基出脉5~7，背面密被星状毛；花小，两性，圆锥花序；花萼钟状，不规则2~5裂；花瓣5；雄蕊20~30，分离或合生成5束；退化雄蕊5，披针形，与花瓣对生；子房上位，5室，每室5胚珠；蒴果倒卵形，突起5棱，背开裂为5爿，每室1~3种子；种子密生长茸毛。

9~10种，主要分布于中国、加里曼丹、马来西亚、菲律宾、斯里兰卡；中国1种，产海南和广西。

海南椴 *Diplodiscus trichospermus* (Merr.) Y. Tang

23. 六翅木属 Berrya Roxb.

乔木；叶心形，基出脉5~7，全缘；花多数，圆锥花序；花萼钟形，3~5裂；花瓣5，匙形；雄蕊全发育；子房3~5室，每室2~6胚珠，悬垂；蒴果球形，室背开裂为3果爿，每果爿具2倒卵形直翅；每室1~2种子；种子被刚毛。

6种，分布于印度、马来西亚和波利尼西亚；中国1种，产台湾。

六翅木 *Berrya cordifolia* (Willd.) Burret

24. 翅苹婆属 **Pterygota** Schott & Endl.

乔木；叶心形，全缘，基生脉指状；花单性，总状或圆锥花序；花萼钟状，5深裂；无花瓣；雄花：雌雄蕊柄圆柱形，顶端杯状，花药无柄，集成5束，常有退化雌蕊；雌花：雌雄蕊柄很短，有5束不育的雄蕊；心皮4~5，近分离，每室多胚珠；蓇葖果木质或革质，内有多数种子；种子顶端具长而阔的翅。

20种，分布于热带亚洲和热带非洲；中国1种，产海南。

翅苹婆 *Pterygota alata* (Roxb.) R. Br.

25. 梧桐属 **Firmiana** Marsili

乔木，稀灌木；树皮淡绿色；单叶掌状3~5裂，或全缘；花单性或杂性，常圆锥花序；花萼5深裂，萼片向外卷曲，稀4裂；无花瓣；雄蕊合生成柱，柱顶有花药10~15，聚成头状；子房基部围绕着不育花药，5室，每室2至多胚珠；蓇葖果；果瓣膜质，在成熟前裂成叶状，种子生于果爿内缘，圆球形。

16种，分布于亚洲的热带、亚热带及温带地区；中国7种，南北分布或有栽培。

梧桐 *Firmiana simplex* (L.) W. Wight

26. 银叶树属 **Heritiera** Aiton

乔木，干基常板状；叶互生，单叶或掌状复叶，革质，背面密被银灰色的鳞片；花单性，圆锥花序；花萼钟状，4~6浅裂；无花瓣；雄蕊花药4~15，环状排列在雌雄蕊柄顶端，具不育雌蕊；心皮3~5室，相互黏合，不育花药贴生于子房基部，每室1胚珠；蓇葖果木质或革质，有龙骨状突起或翅。

35种，分布于热带非洲、亚洲及澳大利亚；中国3种，产南部。

蝴蝶树 *Heritiera parvifolia* Merr.

27. 苹婆属 **Sterculia** L.

乔木或灌木；单叶，全缘或具齿或掌状裂；花单性或杂性，圆锥花序；花萼管状，5裂；无花瓣；雄蕊柱与子房柄合生，顶部常着生15枚花药，聚合成头状体；心皮5，每心皮2至多数胚珠；蓇葖果革质或木质，肿胀，成熟时开裂，内有1至多数种子；种子光滑，无翅。

100~150种，主产亚洲热带地区，在两半球的热带与亚热带均有分布；中国26种，产西南部和南部。

假苹婆 *Sterculia lanceolata* Cav.

光瓜栗 *Pachira glabra* Pasq.

28. 吉贝属 Ceiba Mill.

落叶乔木，高达30m，树干基部具板根，通常具刺；掌状复叶，小叶3~9；花先叶开放，单生或簇生，下垂；花萼不规则3~5（~12）裂，厚肉质，宿存；花瓣5，基部合生并贴生于雄蕊柱；雄蕊柱短，花丝3~15，分离或成5束，每束具花药1~3；子房5室，每室多胚珠；蒴果木质或革质，下垂；分果爿5，内壁密被绵毛；种子藏于绵毛内，具假种皮。

17种，分布于热带美洲，亦扩伸至非洲西部和亚洲；中国海南引入1种。

美丽异木棉 *Ceiba speciosa* (A. St.-Hil.) Ravenna

29. 瓜栗属 Pachira Aubl.

乔木；叶互生，掌状复叶，小叶3~9；花白色或淡红色，单生或簇生，具梗；副萼2~3；花萼杯状；花瓣长圆形或线形，开放后常扭转，外被茸毛；雄蕊柱基部合生或裂为5至多束，每束花丝多数；子房5室，每室多胚珠；蒴果近长圆形，木质或革质；分果爿5，内面具绵毛；种子多数，近梯状楔形。

50种，分布于美洲热带地区；中国引种1种。

30. 木棉属 Bombax L.

落叶乔木，树干基部密生瘤刺；5~9掌状复叶；花大，常红色，先叶开放，单生或簇生；无苞片；花萼肉质，早落；花瓣5；雄蕊多数，合生成管；花丝若干轮，最外轮排为5束，各束与花瓣对生；花药肾形，盾状着生；子房5室，每室多胚珠；蒴果木质，分果爿5，革质，内布丝状绵毛；种子藏于绵毛内，黑色。

50种，主产美洲热带地区，亚洲、非洲及澳大利亚的热带也有；中国3种，产云南和广东。

木棉 *Bombax ceiba* L.

31. 秋葵属 Abelmoschus Medik.

一年生或多年生草本或灌木，具刚毛或绒毛；叶全缘或掌状分裂；单花腋生；副萼4~16，线形，宿存；花萼佛焰苞状，一侧开裂，先端具5齿；花大，黄色或红色，中心暗红色，漏斗形，花瓣5；雄蕊柱不超出花冠，基部具花药；子房5室，每室多胚珠；蒴果长尖，室背开裂，密被长硬毛；种子常球形，光滑。

15种，分布于东半球的热带和亚热带地区；中国6种，产西南至台湾。

木里秋葵 *Abelmoschus muliensis* K. M. Feng

32. 木槿属 Hibiscus L.

亚灌木、灌木或乔木；叶互生，不分裂或多少掌状裂；花大，单生或总状花序；副萼常 5；花萼 5，浅裂或深裂；花瓣 5，基部与雄蕊柱合生；雄蕊柱顶端截平或 5 齿裂；花药多数，生于柱顶；子房 5 室，每室 3 至多胚珠；蒴果卵球形或椭球形；种子肾形，具瘤突或被毛。

200 种，分布于热带和亚热带地区；中国南北分布或栽培 25 种。

木槿 *Hibiscus syriacus* L.

33. 悬铃花属 Malvaviscus Fabr.

灌木或亚灌木；叶 3~5 裂或不分裂；花冠管状，聚伞状花序，下垂；副萼 5~9；花萼钟状，5 裂；花瓣永不开展，基部耳钩直立；雄蕊柱突出于花冠外，顶端 5 齿，近顶端具药；子房 5 室；花柱分枝 10；果实扁球形，肉质浆果状，红色，干后分裂。

5 种，产美洲热带地区；中国引入栽培 2 种。

垂花悬铃花 *Malvaviscus penduliflorus* DC.

34. 梵天花属 Urena L.

多年生草本或亚灌木，被星状柔毛；叶互生，浅裂，掌状或深波状，常中脉近基部具腺体；花粉红色，单生或簇生或聚成总状花序；副萼 5 裂，基部合生；花部 5 数；雄蕊柱与花瓣等长；子房 5 室，每室 1 胚珠；花柱顶端具睫毛；蒴果近球形，分果爿具倒钩刺，不裂，与果轴分离；种子倒卵状三棱形或肾形，光滑。

6 种，主要分布于全球的热带和亚热带区域；中国 3 种，产长江以南地区。

小叶梵天花 *Urena procumbens* var. *microphylla* K. M. Feng

35. 枣叶槿属 Nayariophyton T. K. Paul

灌木或乔木，被星状绒毛；叶片卵形或近圆形，掌状脉；花两性；单花或短圆锥花序；副萼 4~6，长圆状披针形；花萼 5 浅裂，远短于副萼；花瓣 5，多少具流苏状腺体；雄蕊柱多分枝，顶端具 2 花药；子房球状，2 室，每室 2 至多胚珠；花柱顶部 2 裂；果实近球形，为增大的花萼包埋，干后不裂；种子肾形。

1 种，主要分布于中国、不丹、印度及泰国；中国分布于南部。

36. 翅果麻属 Kydia Roxb.

乔木，雌雄异株；叶掌脉，中脉腺点显著；花白色，圆锥花序；副萼 4~6，叶状，果时扩大而成广展的翅；花部 5 数；雄花：雄蕊柱 5 裂，每裂 3~5 花药，肾形；不发育子房圆球形，不孕花柱内藏；雌花：子房 2~3 室，每室 2 胚珠；不孕花药 5，生于短雄蕊柱上；蒴果分果爿 3，密被柔毛；种子肾形，有槽。

2 种，分布于印度东北部、不丹、缅甸、柬埔寨、越南和中国；中国 2 种，产云南。

光叶翅果麻 *Kydia glabrescens* Mast.

37. 十裂葵属 Decaschistia Wight & Arn.

多年生草本或灌木，具绒毛；叶具叶柄和托叶；花具短柄，聚生于上部叶腋内或枝顶；副萼 10，线形或披针形；花部 5 数；雄蕊柱在顶部以下具多数花药；子房 6~10 室，每室 1 胚珠；花柱分枝与子房室同数；蒴果扁球形，为宿萼所包，分果爿 10；种子肾形，光滑。

10 种，分布于热带亚洲；中国 1 种，产海南。

十裂葵 *Decaschistia nervifolia* Masam.

38. 隔蒴苘属 Wissadula Medik.

草本或亚灌木；叶脉掌状；花黄色，单生或圆锥花序；副萼缺失；花萼 5 裂；花瓣 5，下部合生，与雄蕊柱黏生；雄蕊柱顶部分裂为多枚具药花丝；子房 5 室，每室 1~3 胚珠；蒴果倒圆锥形，分果爿 5，顶端有喙，具假横隔膜，种子多数；种子具腺点，稀被毛。

25~30 种，主要分布于美洲热带地区，在亚洲和非洲热带有少数分布；中国 1 种，产云南和海南。

隔蒴苘 *Wissadula periplocifolia* (L.) Thwaites

39. 桐棉属 Thespesia Sol. ex Corrêa

灌木或乔木，被鳞片或星状毛；叶背常具腺点；花大，常黄色，中心基部有紫斑，单生或聚伞花序；副萼 3~5，花后脱落；花萼平截或 5 齿裂；花瓣 5；雄蕊柱顶部有多枚具药花丝；子房 3~5 室，每室多胚珠；花柱棒状，具 5 齿；蒴果扁球形，木质或稍肉质；种子倒卵球形。

17 种，分布于热带亚洲和非洲、美洲及澳大利亚；中国 2 种，产南部海岸。

桐棉 *Thespesia populnea* (L.) Corrêa

40. 棉属 Gossypium L.

一年生或多年生亚灌木；叶掌状分裂，常有紫色斑点；花大，两性，单花腋生；副萼 3~7，有腺点；花萼浅碟状；花瓣 5，芽时旋转状排列；雄蕊柱具多数花药，顶部平截；

子房上位，3~5 室；蒴果室背开裂；种子球形，密被长绵毛，或混生贴着种皮的短纤毛，或光滑。

20 种，分布于热带和亚热带地区；中国 4 种，均为引入栽培。

陆地棉 *Gossypium hirsutum* L.

41. 苘麻属 Abutilon Mill.

草本或灌木；叶互生，基部心形，叶脉掌状；花常黄色或橘色，钟形或轮形；单花或总状花序；无副萼；花萼 5 裂，裂片披针形或卵形；花瓣 5，与雄蕊柱合生；雄蕊柱顶端具多数花药；心皮 5 至多数，成熟时与果轴分离，每室 2~9 胚珠，有芒或无；蒴果形状多样，分果爿 8~20；种子肾形，具星状毛或乳头状突起。

150~200 种，分布于热带和亚热带地区；中国 9 种，南北有分布。

金铃花 *Abutilon pictum* (Hook.) Walp.

42. 黄花棯属 Sida L.

多年生草本或亚灌木，具星状毛；单叶，稍裂；花有时中心暗色，单花或总状花序；无副萼；花萼钟状或杯状，5 浅裂；花瓣 5；雄蕊柱顶端具多数花药；子房 5~14 室，每室 1 胚珠，倒垂；柱头头状；蒴果盘状或球形；分果爿 5~14，每室 1 种子，成熟时与果轴分离，顶有芒；种脐处偶具茸毛。

100~150 种，广布于非洲、亚洲、澳大利亚、南北美洲及太平洋岛屿；中国 14 种，产西南部至东部。

拔毒散 *Sida szechuensis* Matsuda

43. 赛葵属 Malvastrum A. Gray

草本或亚灌木；叶掌状分裂或有齿缺；单花腋生或排成顶生的总状花序；副萼 3，钻形或线形，分离；花萼杯状，5 裂，果时呈叶状；花瓣与萼片同数，长于萼片；雄蕊柱顶部无齿；花丝纤细；子房 5 至多室；蒴果扁球形；分果爿由果轴上分离，5 至多数，马蹄形，具凹槽；每室 1 种子，成熟心皮具短芒 3 条。

14 种，分布于美洲的北部、中部及南部；中国东南部和南部引入 2 种。

赛葵 *Malvastrum coromandelianum* (L.) Garcke

44. 蜀葵属 Alcea L.

一年生至多年生草本，具星状柔毛；叶多少有裂；托叶宽卵形，先端 3 裂；花大，腋生，单生或总状花序顶生；副萼 5~11 裂，密被绵毛和刺；花萼钟形，5 裂；花瓣倒卵状楔形，爪被髯毛；雄蕊柱光滑，顶端着生花药；花药黄色，密集；子房多数，每室1胚珠；蒴果盘状，常不裂，分果爿多数，成熟时与果轴分离。

60种，主要分布在中亚和亚洲西南部，以及欧洲东部、南部；中国2种，产新疆和西南地区。

蜀葵 *Alcea rosea* L.

45. 药葵属 Althaea L.

一年生或多年生草本，密被星状糙毛；叶3~5裂或不分裂；托叶锥形；花漏斗状，单生或簇生；副萼常9裂；花萼5裂；花瓣卵圆形，顶端锯齿状；雄蕊柱圆柱状，具柔毛；花药聚生顶端，紫褐色；子房1室1胚珠；柱头下延，线形；蒴果扁球或盘状，分果爿8~25，半圆形，背面有凹槽，成熟时与果轴分离。

12种，分布于欧洲西部至西伯利亚东南部；中国1种，产新疆塔城县沙拉依灭勒河沿岸。

药葵 *Althaea officinalis* L.

46. 花葵属 Lavatera L.

草本或灌木；叶有棱角或分裂；花腋生或总状花序顶生；副萼3；花萼钟形，5裂；花瓣5，花后外弯，有爪；雄蕊柱顶部裂为多数具药花丝；心皮7~25，环绕果轴合生，果轴顶部伞状而突出心皮外，每室1胚珠；蒴果盘状，分果爿7~25，侧面观C形；种子肾形，平滑。

25种，主要分布于美洲、亚洲、澳大利亚、欧洲；中国1种，产新疆。

花葵 *Lavatera arborea* L.

47. 锦葵属 Malva L.

一年生或多年生草本；叶有角或5~7分裂；花单生或簇生或在顶端成束；副萼3；花萼5裂，果期增大；花瓣5，顶部凹入；雄蕊柱顶部具花药；子房6~15室，每室1胚珠；柱头与心皮同数；蒴果扁球形，分果爿6~15，每室1种子，成熟时各心皮彼此分离且与果轴脱离。

30种，分布于非洲北部、亚洲及欧洲；中国3种，南北分布。

冬葵 *Malva verticillata* var. *crispa* L.

167. 瑞香科 Thymelaeaceae

48属约650种，广布于南北两半球；中国9属约115种，各省均有分布，但主产长江流域及以南地区。

灌木或小乔木，稀草本，韧皮纤维发达；单叶，对生或互生，基部具关节；花序多总状；花常两性，4或5(6)基数；花萼连合成萼管，钟状、漏斗状或圆筒形；花瓣常缺，或鳞片状与萼裂片同数；雄蕊数常为萼裂片的2倍；花盘鳞片状、环状或杯状，有时缺；子房上位，1~2室，柱头多头状；浆果、核果或坚果，稀蒴果，常被宿存萼管包被。

主要分布于南半球，常被分为2~4亚科，每亚科含3~4族，中国分布属不多，仅有瑞香亚科 Thymelaeoideae 瑞香族 Daphneae（●）和欧瑞香族 Thymelaeeae（●），以及沉香亚科 Aquilarioideae 沉香族 Aquilarieae（●）的少数成员，分支图上显示的只能看作中国产属间的近缘性（图132）。

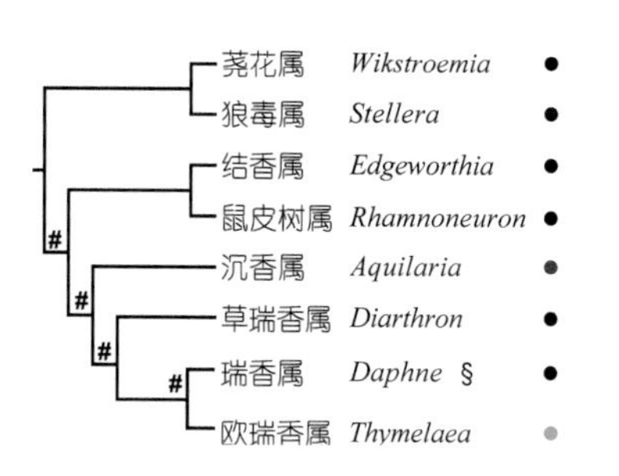

图132 中国瑞香科植物的分支关系

1. 荛花属 Wikstroemia Endl.

灌木或亚灌木；叶对生，稀互生；花序各式，花两性或单性；萼管4~5裂，筒状或漏斗状；无花瓣；雄蕊数为萼裂片的2倍，排成2轮，上轮多在萼筒喉部着生，下轮着生于萼筒中上部；花盘膜质；子房1室，花柱短，柱头头状；浆果多汁或干燥，萼筒凋落或残存包果。

约70种，分布于亚洲东部、马来西亚、澳大利亚和太平洋岛屿；中国49种，全国分布。

了哥王 *Wikstroemia indica* (L.) C. A. Mey.

2. 狼毒属 Stellera L.

多年生草本或灌木；叶多互生；花序头状或穗状，果期不延长，具总苞；花两性；萼管圆柱状或漏斗状，下部膨胀包围子房；萼裂片4~6；无花瓣；雄蕊数为萼裂片2倍，排成2轮；花盘生于一侧，全缘或2裂；子房1室，花柱短，柱头具粗硬毛状突起；小坚果，干燥，被宿存的萼管包围，萼管周裂。

10~12种，分布于亚洲中部和东部；中国1种，产北方地区及西南地区。

狼毒 *Stellera chamaejasme* L.

3. 结香属 Edgeworthia Meisn.

落叶灌木；叶互生，常簇生于枝顶；花序聚成密集头状，具总苞；花两性，4基数；萼管圆柱形，内弯，外面密被白色长柔毛，萼裂片4；无花瓣；雄蕊数为萼裂片的2倍，排成2轮；花盘杯状，浅裂；子房1室，被毛，花柱长，柱头圆柱状或棒状、具乳突；果实干燥或稍肉质，基部被宿存花萼包被。

5种，分布于亚洲；中国4种（特有3种），主要分布于西南、华南和华中等地区。

结香 *Edgeworthia chrysantha* Lindl.

4. 鼠皮树属 Rhamnoneuron Gilg

灌木；叶互生；圆锥花序由许多头状花序组成，苞片白色；花两性，4 基数；萼管白色或红色，常囊状膨大，外面密被绢毛，4 裂；无花瓣；雄蕊数为萼裂片的 2 倍，排成 2 轮，花丝短或无；花盘杯状，膜质，全缘或波状；子房密被长柔毛，1 室，花柱短，柱头头状；果实被宿存的花萼包裹，密被长柔毛。

2 种，分布于中国和越南；中国 1 种，产云南东南部。

鼠皮树 *Rhamnoneuron balansae* (Drake) Gilg

5. 沉香属 Aquilaria Lam.

乔木；叶互生，羽状平行脉；伞形花序或圆锥花序；花两性，5 基数；萼管宿存，黄色或黄绿色，钟状，裂片 5；花瓣退化为鳞片状，10 枚，基部连合成环，生于花萼喉部，密被柔毛；雄蕊数为萼裂片 2 倍，与鳞片状花瓣互生，花丝短或无；无花盘；子房 2 室或不完全 2 室，被毛；蒴果，基部被宿存的花萼包被。

约 15 种，主要分布于东南亚国家；中国 2 种，均为特有，分布于广东、广西、海南、福建和云南。

土沉香 *Aquilaria sinensis* (Lour.) Spreng.

6. 草瑞香属 Diarthron Turcz.

草本或小灌木；叶互生，线形或披针形；总状花序；花两性，4~5 基数；萼片红色、白色或绿色，萼管纤细，坛状、漏斗状或圆柱状，在子房上部收缩，萼裂片 4；无花瓣；雄蕊数为萼裂片的 2 倍，排成 1~2 轮；花盘环状，有时小或无；子房 1 室，柱头近棒状；坚果，包藏于宿存花萼基部，萼管周裂。

16 种，主要分布于亚洲中部和西南部、欧洲东南部；中国 4 种，分布于西北至东北地区。

草瑞香 *Diarthron linifolium* Turcz.

7. 瑞香属 Daphne L.

灌木或亚灌木；叶多互生；多为头状或短总状花序；花两性或单性，4~5 基数；萼管钟形、圆筒形或漏斗状，裂片 4~5；无花瓣；雄蕊数为萼裂片的 2 倍，排成 2 轮，花丝短，花药不外露；花盘环形、杯状或一侧伸长；子房1室，花柱短，头状；浆果肉质或干燥、革质，多为宿存萼筒包被，有时裸露。

约95种，分布于亚洲和欧洲；中国52种（特有41种），主产西南和西北地区。

芫花 *Daphne genkwa* Siebold & Zucc.

欧瑞香 *Thymelaea passerina* (L.) Coss. & Germ.

8. 欧瑞香属 Thymelaea Mill.

一年生草本、亚灌木或灌木，小枝通常具疣状痕迹；单叶互生；花单生或簇生；萼管宿存，圆筒状、漏斗状或坛状，在子房顶端收缩，萼裂片4；无花瓣；雄蕊数为萼裂片的2倍，排成2轮，包藏于萼管或稍伸出喉部；花盘小或缺；子房1室，花柱短，柱头头状或扁圆形、具疣状突起；果实不开裂，果皮膜质。

20~30种，分布于非洲北部，亚洲中部和西南，欧洲中部、东部和南部；中国1种，产新疆。

9. 毛花瑞香属 Eriosolena Blume

乔木或灌木；叶互生；头状花序常具5~10花，具长柄，有总苞；花两性，无柄，4基数；萼管，白色，漏斗状，外面密被长柔毛；4裂，花期裂片直立；无花被；雄蕊8，排成2轮，花丝短，上轮4枚一半伸出；花盘杯状、膜质，锯齿或浅裂，有时向一侧发展；子房1室，花柱短，柱头头状，内藏；核果状浆果。

2种，分布于南亚和东南亚；中国1种，分布于云南。

科 168. 红木科 Bixaceae

1属5种，原产于热带美洲；中国引进1种，云南、广东、台湾等地栽培。

灌木或小乔木；幼枝和叶具盾状鳞片；单叶互生，叶柄基部和顶端膨大；顶生圆锥花序；花两性，辐射对称；萼片5，离生，覆瓦状排列，基部和远轴面具腺体，早落；花瓣5，覆瓦状排列，大而明显；雄蕊多数，离生或基部稍合生；子房上位，1室；蒴果，2瓣裂，通常具刺。

红木 *Bixa orellana* L.

1. 红木属 Bixa L.

属的鉴定特征及分布同科。

169. 龙脑香科 Dipterocarpaceae

17 属约 550 种，分布于热带非洲、亚洲及南美洲；中国 5 属 12 种，分布于云南、广西、海南及西藏。

乔木，常具芳香树脂；小枝通常具托叶痕；单叶，互生，侧脉羽状，托叶宿存或早落；总状或圆锥花序；花序及花部多被各种毛；花两性；萼裂片及花瓣均为5，分离或基部连合；雄蕊（10~）15 至多数，花丝基部常扩大，花药 2 室，药隔附属物芒状、丝状或钝；子房上位，常 3 室；果实坚果状，稀蒴果；被宿存、增大的翅状萼裂片包被；种子 1，无胚乳。

本科包括半日花科 Cistaceae 成员（●），狭义龙脑香科常分为3~4族，国产2族：娑罗双族 Shoreeae（●）和龙脑香族 Dipterocarpeae（●）。分支图显示：坡垒属和青梅属聚为 1 支，半日花属插入其中，使该科属间关系不甚明晰（图 133）。

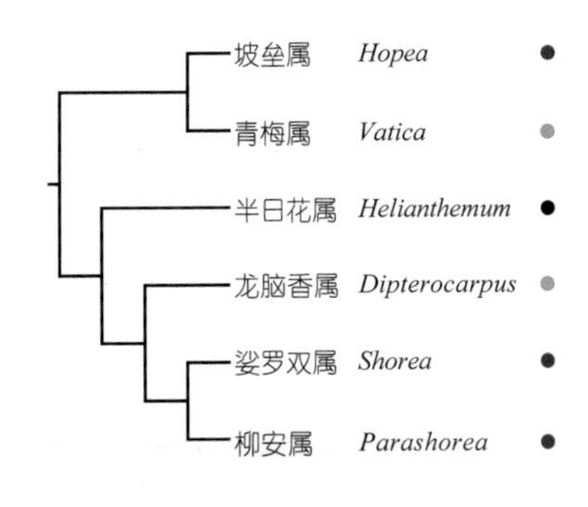

图 133 中国龙脑香科植物的分支关系

1. 坡垒属 Hopea Roxb.

乔木，具白色树脂；叶全缘，羽状脉，三级脉梯状；圆锥花序或圆锥状总状花序，花偏生于花序一侧；萼片 5 裂；花瓣 5，花蕾时裸露部分被毛；雄蕊（10~）15，与花瓣合生或贴生，药隔附属物芒状或丝状；子房 3 室，花柱锥状或丝状，具明显花柱基；坚果，萼裂片基部增厚并紧贴果实，其中 2 枚萼裂片增大为翅。

约 100 种，主要分布于东南亚；中国 4 种（特有 1 种），分布于海南、广西和云南。

狭叶坡垒 *Hopea chinensis* (Merr.) Hand.-Mazz.

2. 青梅属 Vatica L.

乔木，具白色树脂；叶全缘，羽状脉，三级脉网状；聚伞状圆锥花序，常被短柔毛；萼裂片 5，萼管短；花瓣 5，白色，长为萼片的 2~3 倍；雄蕊 15，花丝不等长，药隔附属物短而钝；子房 3 室，被柔毛，花柱短圆柱形，柱头头状或圆锥状；坚果，萼裂片等长或不等长，基部不增厚，其中 2 枚扩大成长翅。

约 65 种，分布于东南亚；中国 3 种（特有 1 种），主要分布于海南、广西和云南。

广西青梅 *Vatica guangxiensis* X. L. Mo

3. 龙脑香属 Dipterocarpus C. F. Gaertn.

大乔木，具白色芳香树脂；叶革质，侧脉直、排成羽状，三级脉近梯状；托叶大，脱落后有环状托叶痕；总状花序；花具芳香味；萼管罐状或杯状，与子房离生；花瓣白色，具短柔毛或星状毛；雄蕊黄色，药隔附属物芒状或丝状；子房 3 室；果实坚果状，包在膨大的萼管内，2 枚萼裂片增大为翅状。

约 70 种，主要分布于东南亚；中国 2 种（引进 1 种），分布于云南和西藏。

东京龙脑香 *Dipterocarpus retusus* Blume

4. 娑罗双属 Shorea Roxb. ex C. F. Gaertn.

大乔木；叶革质，侧脉羽状，全缘；圆锥花序；萼裂片 5，外面 3 枚大于里面 2 枚；花瓣常被柔毛；雄蕊（12~）15 或 20~100，花药卵形或长圆形；药隔附属物棒状，尖端锥形或钝；子房 3 室，每室具胚珠 2，花柱锥状，无花柱基；果实具种子 1；萼裂片扩大成翅，3 长 2 短，基部增厚包被果实。

约 200 种，主要分布于东南亚；中国 2 种，分布于云南和西藏。

云南娑罗双 *Shorea assamica* Dyer

5. 柳安属 Parashorea Kurz

大乔木，常具板状根；树皮不规则开裂或鳞片状开裂；托叶披针形，在幼枝上宿存；总状花序；萼裂片 5；花瓣 5，白色或淡黄色；雄蕊 15，花丝短，药隔附属物短或圆柱形；子房小，被短柔毛，花柱丝状，无花柱基；果时萼裂片全部增大成等长或 3 长 2 短的翅，基部狭窄不包被果实。

14 种，分布于东南亚；中国 1 种，分布于云南和广西。

望天树 *Parashorea chinensis* Wang Hsie

科 170. 半日花科 Cistaceae

8 属约 170 种，分布于非洲北部、亚洲西南部、欧洲、北美和南美；中国 1 属 1 种，分布于新疆、甘肃和内蒙古。

草本、亚灌木或灌木；单叶常对生，稀互生；花序聚伞状、总状或圆锥状；花两性，辐射对称；萼片 5，外部的 2 片小，有时无；花瓣（3 或）5；雄蕊多数，花丝离生，不等长；雌蕊 3~5（~10）心皮，子房上位，侧膜胎座；蒴果革质或木质。

1. 半日花属 Helianthemum Mill.

灌木或亚灌木；叶对生或上部互生；花单生或聚生为各种花序；萼片 5，外轮 2 片短小，内轮 3 片等大，果期扩大；花瓣 5，黄色、橙黄色或粉红色；花柱丝状，柱头大，头状；蒴果具 3 棱。

约 110 种，分布于非洲北部、亚洲、欧洲、北美洲和南美洲；中国 2 种，分布于甘肃、内蒙古和新疆。

半日花 *Helianthemum songaricum* Schrenk

目 42. 十字花目 Brassicales

十字花目 Brassicales 包括 17~19 科，它作为一个单系类群得到形态学，尤其是化学性状及 DNA 数据分析的支持，以其具有硫苷类为特征，这类化合物在与黑芥子酶（存在特化的球形黑芥子油细胞中）发生反应时，可释放具刺激性的芥子油，这类化合物的存在是十字花目的共衍征（Judd et al.，2008）。十字花目在 Takhtajan（2009）系统中分为相互联系的 6 个目，即双子叶植物的第 69~74 目，实际上是目的复合群，共同组成山柑超目 Capparanae。在 APG Ⅲ系统中将中国产的单型科伯乐树科 Bretschneideraceae 归并到澳大利亚东部产的单型特有的叠珠树科 Akaniaceae 中，Takhtajan 将它们作为独立的姐妹科组成叠珠树目 Akaniales，但他所列出的大段检索特征（Takhtajan，2009）足以将它们分成不同的科；加之该二科南北半球间断分布，说明有一个很远的共同祖先，随着联合古陆的解体，它们在南、北陆块分化，呈现孑遗状态。在分支图上，我们基于中国材料的分析，结果为伯乐树科（或叠珠树科）和旱金莲科 Tropaeolaceae 形成姐妹群，辣木科 Moringaceae 和番木瓜科 Caricaceae 形成姐妹群，以及节蒴木科 Borthwickiaceae –（斑果藤科 Stixaceae + 木樨草科 Resedaceae）支［APG Ⅳ（2016）将该支所属 3 科归并为 1 科，木樨草科］和山柑科 Capparaceae –（白花菜科 Cleomaceae + 十字花科）支（即广义的十字花科），都同 APG Ⅲ系统相一致。中国有分布的刺茉莉科 Salvadoraceae 系统位置一直未定，曾放在卫矛目 Celastrales（Melchior，1964）、木樨目 Oleales（Thorne，1983）或独立成刺茉莉目 Salvadorales（Dahlgren，1983，但指出其位置未定）。分子分析最终将它确定在十字花目（图 134）。

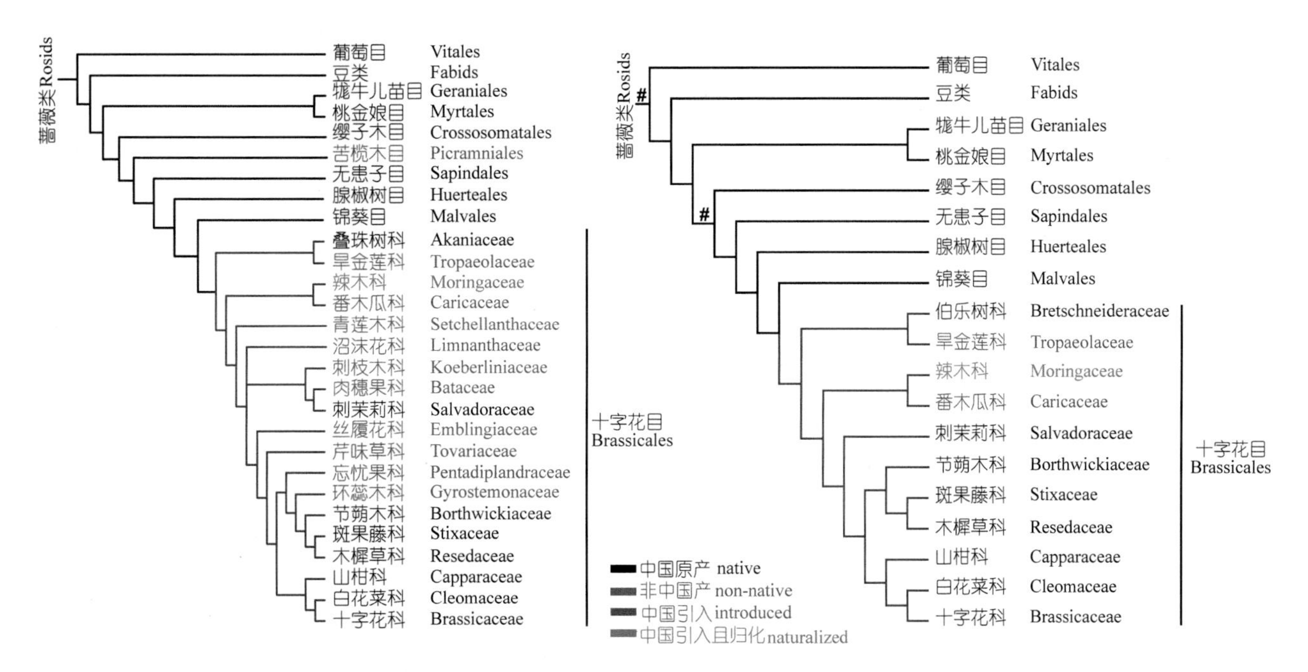

图 134 十字花目的分支关系

被子植物 APG Ⅲ系统（左）；中国维管植物生命之树（右）

科 171. 旱金莲科 Tropaeolaceae

3 属约 90 种，分布于中南美洲；中国引种 1 属 1 种。

一年生或多年生、稍肉质草本，常有汁液；单叶互生或茎下部对生，无托叶；花单生，两性，两侧对称；萼片 5，其中之一延长成一长距；花瓣 5；雄蕊 8，分离；子房上位，3 室，每室 1 胚珠，花柱 1，柱头 3；果不裂。

旱金莲 *Tropaeolum majus* L.

1. 旱金莲属 Tropaeolum L.

一年生或多年生草本，有时有块根；叶互生，盾状，有时分裂；花黄色、橙色或紫色，生于腋生长柄上；花瓣 5 或更少，具柄，常细裂，上面 2 枚常较小且着生于距的开口处；3 心皮合生。

约 90 种，分布于中南美洲；中国引种 1 种。

科 172. 伯乐树科 Bretschneideraceae

1 属 1 种，分布于中国南部、泰国北部和越南北部。

乔木，叶互生，奇数羽状复叶；花两性，两侧对称，排成顶生直立的总状花序；萼钟状，不明显 5 裂；花瓣 5，不等长，具柄；雄蕊 8；子房 3~5 室，每室有胚珠 2；木质蒴果。

伯乐树 *Bretschneidera sinensis* Hemsl.

1. 伯乐树属 Bretschneidera Hemsl.

属的鉴定特征及分布同科。

科 173. 辣木科 Moringaceae

1 属约 13 种，分布于非洲东北部和西南部、亚洲西南部、印度、马达加斯加；中国引进 1 属 4 种，栽培于广东、台湾和云南。

落叶乔木、灌木或草本，幼时具块状茎；叶互生，一至三回奇数羽状复叶；花两性，聚生成圆锥花序；萼片 5；花瓣 5，白色至黄色或红色；雄蕊 2 轮，5 枚发育完全，5 枚退化，花丝分离；雌蕊 1，子房上位；蒴果，具 3~12 棱，有时具伸长的喙。

象腿树 *Moringa drouhardii* Jum.

1. 辣木属 Moringa Adans.

属的鉴定特征及分布同科。

科 174. 番木瓜科 Caricaceae

6 属 34 种，主要分布在中美和南美，1 属分布在热带非洲，1 属在世界热带地区广泛栽培；中国引进 1 属 1 种，广泛栽培于热带和温暖的亚热带地区。

小乔木或灌木，稀藤本；茎多不分枝，叶簇生于顶端，具乳汁；叶互生，掌状裂，具长叶柄；花单性或两性，同株或异株，雄花聚合成聚伞状圆锥花序，雌花单生或成伞房花序；花萼 5 浅裂；花冠 5 裂，雄花花管长，雌花花管短；雄蕊 5 或 10；子房上位，1 或 5 室，花柱 1 或 5，柱头 5；浆果。

1. 番木瓜属 Carica L.

小乔木或灌木；叶聚生于枝顶，近盾形，掌状裂；花单性或两性；雄花：花冠裂片椭圆形或线形，雄蕊 10，不育子房钻形；雌花：花冠裂片线状椭圆形，雄蕊缺，子房 1 室，侧膜胎座，柱头 5；浆果，肉质；种子具假种皮。

1 种，栽培种起源于中美洲，世界各地热带广泛引种；中国引进 1 种，栽培于热带和亚热带地区。

番木瓜 *Carica papaya* L.

科 175. 刺茉莉科 Salvadoraceae

3 属 9 种，分布于热带非洲和亚洲，常生于盐碱地；中国仅 1 属 1 种。

乔木或灌木，无刺或有腋生的刺；单叶对生，全缘，常有退化的托叶；花小，单性，两性或杂性，辐射对称，排成腋生或顶生的总状花序、圆锥花序或密伞花序；萼钟状或卵状，2~4 齿裂；花瓣 4~5，分离或部分合生，覆瓦状排列；雄蕊 4~5，花丝分离或基部合生，花丝间有时有腺体；子房上位，1~2 室。每室 1~2 胚珠；浆果或核果。

1. 刺茉莉属 Azima Lam.

藤状灌木，叶揉烂后有腐味，有腋生刺；花单性或两性，圆锥花序或密伞花序；花瓣 4，分离；雄蕊 4，与花瓣互生；子房 2 室或不完全 4 室；浆果。

3~4 种，分布于南非至菲律宾；中国 1 种，产海南。

刺茉莉 *Azima sarmentosa* (Blume) Benth. & Hook. f.

科 176. 节蒴木科 Borthwickiaceae

1 属 1 种，为中南半岛北部特有，主要分布于中国及缅甸的东部至北部；中国主要分布于云南南部至东南部（金平、屏边、河口、勐腊和绿春等）。

灌木或小乔木；幼枝四棱形；叶对生，三出掌状复叶；总状花序；花萼 5~8，完全合生成帽状包于其他花部外面，开花时多撕裂为 2 片；花冠 5~8；雄蕊 60~70；子房线柱形，4~6 室，中轴胎座；蒴果，表面具 4~6 棱角，种子在果实表面突起成念珠形。

1. 节蒴木属 Borthwickia W. W. Sm.

属的鉴定特征及分布同科。

节蒴木 *Borthwickia trifoliata* W. W. Sm.

科 177. 斑果藤科 Stixaceae

4 属约 19 种，分布于东南亚地区和墨西哥、西印度群岛及中美洲；中国 1 属 3 种，主要在云南南部、海南、广东、广西西部等地分布。

灌木、乔木或木质藤本；单叶或三出复叶，互生；花两性或单性，单生或聚成总状或圆锥状；萼片（4~）6（~8），基部合生；花瓣 0~6，分离；雄蕊 3 至多数；心皮 2（~4），子房 2 至多室，中轴胎座，柱头发育完全，花柱常分枝；核果或浆果。

1. 斑果藤属 Stixis Lour.

木质藤本或攀缘灌木；单叶互生，中脉上有水泡状小突起，叶柄顶端增粗，膝曲，无托叶刺；两性花，总状花序或圆锥花序；核果；种子 1。

约 7 种，分布于东南亚；中国 3 种，分布于广东、海南及云南的南部和东南部。

斑果藤 *Stixis suaveolens* (Roxb.) Pierre

科 178. 木樨草科 Resedaceae

6 属约 80 种，分布于非洲、亚洲中部和西南部、大西洋岛屿、欧洲南部、北美洲西南部；中国 2 属 4 种，其中 1 属 3 种为引进。

一年生或多年生草本，稀为木本；单叶互生，托叶小，腺状；花两性，稀为单性，排列成总状或穗状花序；花萼宿存，常 4~7 裂；花瓣通常 4~7，分离或稍连合；雄蕊 3~40，在芽中不为花瓣所被盖；心皮 2~6，分离或合生成 1 室子房，顶端开裂或闭合；蒴果或浆果。

1. 木樨草属 Reseda L.

一年生或多年生直立或俯卧草本，稀为灌木；叶不分裂至羽状裂；花两性，总状花序；花瓣 4~7，常具瓣爪；雄蕊 7~40；有花盘；蒴果 1 室，顶部开裂。

约 60 种，分布于非洲东部和北部、亚洲中部和西南部、北大西洋岛屿、欧洲南部；中国 3 种，引种栽培于上海、台湾等地，1 种已逸生。

2. 川樨草属 Oligomeris Cambess.

草本；叶散生或簇生，线形，不分裂；花小，疏花，组成顶生的穗状花序；花瓣 2；雄蕊 3~8；无花盘；蒴果有角棱，顶部开裂。

3 种，2 种分布在南非，1 种分布在非洲北部、亚洲南部、大西洋岛屿和北美洲西南部；中国 1 种，产四川。

黄木樨草 *Reseda lutea* L.

科 179. 山柑科 Capparaceae

16 属约 480 种，广布于热带和亚热带地区，少数在温带；中国 2 属 42 种（特有 10 种），主要在西南和华南地区分布。

灌木、乔木或木质藤本；单叶或掌状复叶，互生，托叶刺状或无；花序总状、圆锥或伞形等；花两性或有时单性；萼片4（~8），排成1~2轮，离生或仅基部连合；花瓣（0~）4（~8），与萼片互生；花托常延伸成雌雄蕊柄；雄蕊（4~）6至多数；子房具2（~8）心皮，有雌蕊柄，侧膜胎座；浆果或蒴果。

1. 山柑属 Capparis Tourn. ex L.

灌木、乔木或藤本，新生枝常被毛；单叶，互生，常有托叶刺；花聚成多种花序，排成一短纵列；花萼4，2轮，外轮质地较厚，常不等大；花瓣4，2对形状稍不相似的2对，上面1对中部以下紧密贴合，下面1对花瓣分裂；雄蕊7~120；子房1室，侧膜胎座；浆果。

250（~400）种，多数在热带和亚热带分布，少数温带分布；中国37种，主要分布于西南至台湾，新疆和西藏各1种。

山柑 *Capparis spinosa* L.

2. 鱼木属 Crateva L.

乔木或灌木，常无毛；掌状复叶，互生，3小叶；总状或伞房状花序；花两性或单性；花托内凹，盘状，具蜜腺；萼片4，等大，明显较花瓣小；花瓣4，有爪，近等大；雄蕊（8~）12~50，花丝基部连合成雌雄蕊柄；雌蕊柄在雄花中退化；子房1室，侧膜胎座2，柱头头状或不明显；浆果。

8种，广泛分布于热带和亚热带地区；中国5种，主产西南、华南至台湾。

鱼木 *Crateva religiosa* G. Forst.

180. 白花菜科 Cleomaceae

约17属150种，广布于全世界热带及温带地区；中国5属5种，其中3种为引进种（图135，缺洋白花菜属 *Cleoserrata*）。

草本，稀灌木；叶互生，掌状复叶；花两性或单性，单生或聚生成总状或伞形花序；萼片4；花瓣4；花药纵裂，常具雄蕊内蜜腺盘或腺体；子房上位，2心皮，侧膜胎座，花柱1，柱头头状；蒴果；种子具细疣状或瘤状突起；有时具外胚乳。

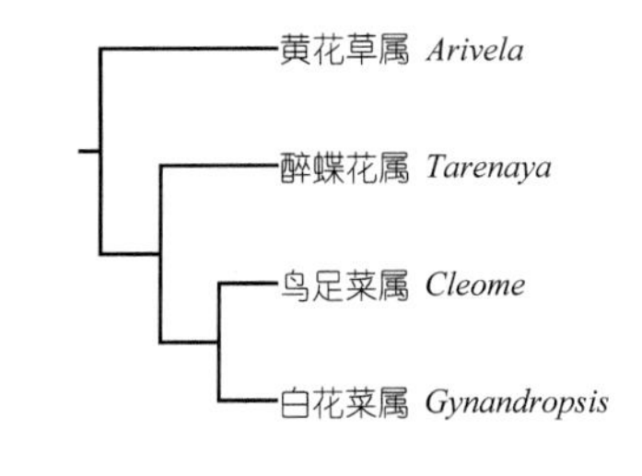

图135 中国白花菜科植物的分支关系

1. 黄花草属 Arivela Raf.

一年生草本；叶互生，掌状复叶，具3或5小叶，叶柄基部合生成叶枕状盘；萼片4；雄蕊14~25（~35）；雌蕊无柄；蒴果，部分开裂，具宿存的果瓣；种子球状，无假种皮。

约10种，分布于非洲和亚洲；中国1种，主产南方各省。

黄花草 *Arivela viscosa* (L.) Raf.

2. 醉蝶花属 Tarenaya Raf.

一年生或多年生草本或灌木；叶互生，掌状复叶，小叶（1~）3~7（~11）；总状花序；萼片 4，每个萼片包着一个基部蜜腺；花瓣 4；雄蕊 6；蒴果。

33 种，分布于热带非洲西部和南美洲；中国引进 1 种，主要在广东、海南、江苏、四川和浙江栽培。

醉蝶花 *Tarenaya hassleriana* (Chodat) Iltis

皱子鸟足菜 *Cleome rutidosperma* DC.

3. 鸟足菜属 Cleome L.

一年生草本；叶互生，掌状复叶，小叶（1~）3~7（~11），无托叶或具鳞片状托叶，早落；总状花序顶生或腋生；萼片 4，从长度 1/2 以下合生；花冠 4，离生；雄蕊 4（~6），离生；种子肾形。

约 20 种，主要分布于旧世界热带和暖温带地区；中国引进 1 种，主产安徽、广西、海南、台湾和云南等地。

4. 白花菜属 Gynandropsis DC.

一年生草本；叶互生，掌状复叶，小叶 3~7；总状花序，苞片由 3 枚小叶组成；萼片 4，花冠 4，离生；雌雄蕊柄长 5~18mm；果圆柱形。

2 种，产热带和温带地区；中国 1 种，除东北、西北外均有分布。

科 181. 十字花科 Brassicaceae

约 330 属 3 500 种，除南极洲外，其他各大洲均有分布，温带区域为主要分布区；中国 105 属（特有 9 属）418 种，全国各地均有分布。

草本，具辛辣汁液；有时具块根或肉质直根；单叶，全缘或各种羽状裂；基生叶通常莲座状，茎生叶基部有时耳状、抱茎；总状花序，稀单生；萼片 4，内轮 2 枚基部有时呈囊状；花瓣 4，十字形排列；雄蕊通常 6，4 强，花丝基部有时扩大成翅状；花丝基部有蜜腺，中蜜腺有或无；雌蕊 2 心皮，1 室，或被假隔膜分为 2 室；侧膜胎座；长角果或短角果；子叶背倚、缘倚或斜倚胚根。

十字花科为公认的自然科和世界性大科。以果实、种子、蜜腺、毛被等性状为主进行分类，分类较为困难，单型和寡型属多样，且有较多短命植物，科下系统难以确定。根据 Takhtajan（1997，2009）和吴征镒等（2003）采用并修订的系统，分 14 族（Takhtajan 于 2009 年分为 18 族），中国有 7 族：族 1 长柄芥族 Thelypodieae 约 14 属，国产 1 属 1 种（未取样）；族 4 双果荠族 Megadenieae，仅有一个 2 种属；族 5 大蒜芥族 Sisymbrieae 约 60 属，国产 16~17 属；族 6 香花芥族 Hesperideae 约 83 属，国产 12 属；族 7 南芥族 Arabideae 约 64 属，国产 21 属；族 9 独行菜族 Lepidieae 约 60 属，国产 20 属；族 10 芸薹族 Brassiceae 约 50 属，国产 8 属。中国不分布的 7 族多为分布于南半球的单型或寡属族。在分支图上，每个属后面标注的阿拉伯数字为该属所归隶的族序号，可以看出，在形态学分类系统中，除了少数族（如芸薹族）和一些近缘属相聚外，多数族所包含的属分散在不同的分支（图 136）。因此借助可靠的多基因分子数据的研究结果并综合形态学证据，建立十字花科一个自然的分类系统，还任重而道远。

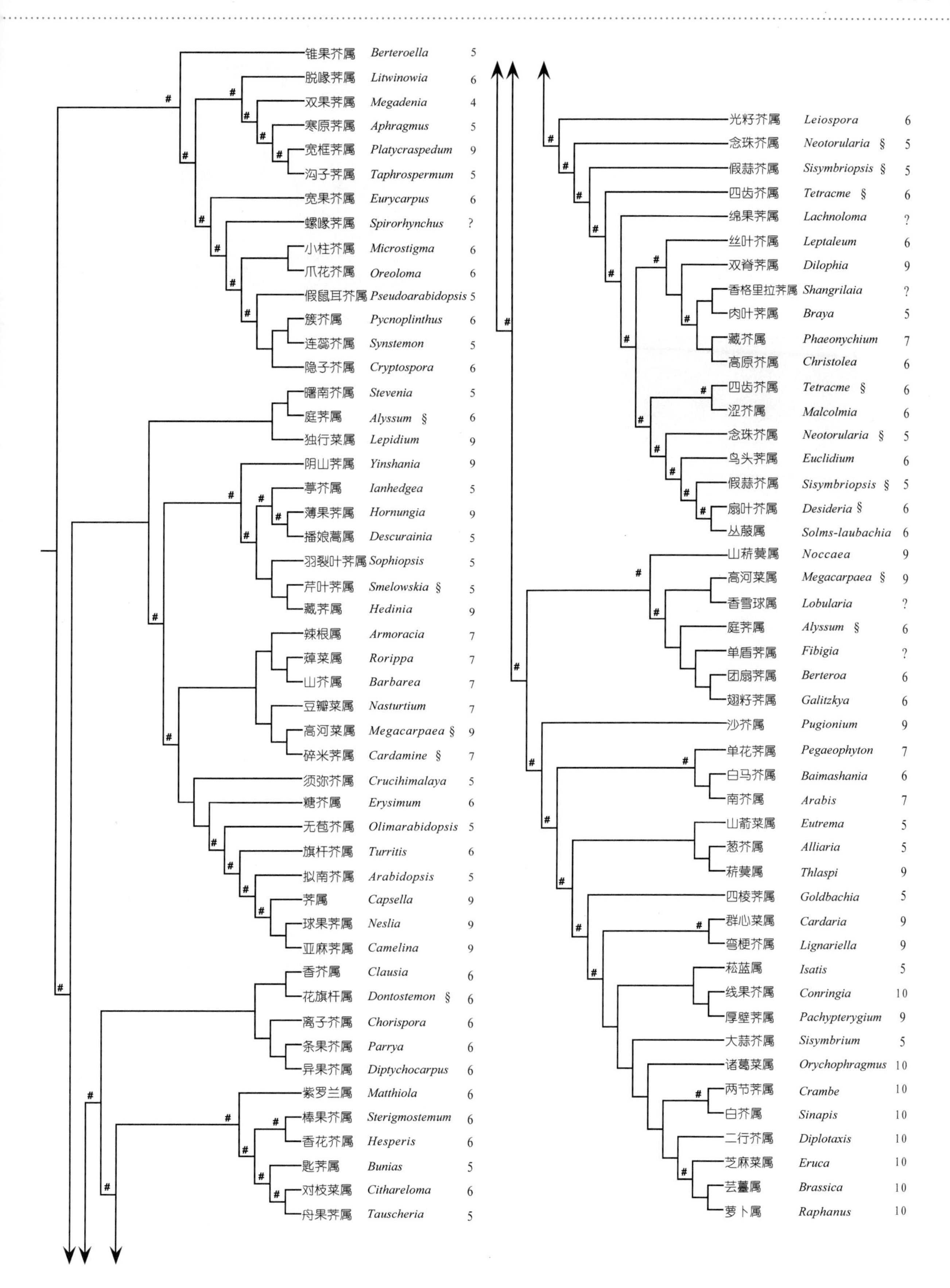

图 136 中国十字花科植物的分支关系

1. 锥果芥属 Berteroella O. E. Schulz

一年生草本；密被星状毛；叶全缘，茎生叶基部不呈耳状；总状花序，花密生；萼片密被毛，内轮2枚基部稍呈囊状；花瓣白色或淡紫色；雄蕊6，稍4强，长雄蕊花丝基部加宽成翅；侧蜜腺4，位于短雄蕊两侧；子房具胚珠6~14；长角果线状圆柱形；果瓣脉上被星状毛；子叶背倚胚根。

1种，分布于中国、日本和朝鲜；中国产河北、河南、江苏、辽宁、山东。

锥果芥 *Berteroella maximowiczii* (Palibin) O. E. Schulz

2. 脱喙荠属 Litwinowia Woronow

一年生草本；植株被单毛；基生叶羽裂、有锯齿，花期枯落；茎生叶全缘或有锯齿；总状花序；萼片直立，内轮2枚基部不呈囊状；花瓣白色或淡紫色，有爪；雄蕊6，稍4强，花丝基部扩大；蜜腺6，有中蜜腺；子房具胚珠2；短角果球形，小坚果状，不开裂；花柱细，易从基部关节处脱落；种子扁；子叶缘倚胚根。

1种，分布于亚洲中部和西南部；中国产新疆。

3. 双果荠属 Megadenia Maxim.

一年生矮小草本；全株无毛；通常无茎；基生叶莲座状，掌状脉；花常单生，花梗莲座状丛生，稀总状花序；内轮2枚萼片基部不呈囊状，边缘厚；花瓣白色，无爪；雄蕊6，近等长；侧蜜腺4；子房具胚珠2；短角果具成对分果，不裂；分果横卵形或近双凸镜形；子叶缘倚胚根。

1种，产中国和俄罗斯；中国产甘肃、青海、四川和西藏。

双果荠 *Megadenia pygmaea* Maxim.

4. 寒原荠属 Aphragmus Andrz. ex DC.

多年生矮小草本；无毛，或有单毛及分叉毛；茎在地面分枝；基生叶肉质，全缘；总状花序；内轮2枚萼片基部不呈囊状；花瓣有爪；雄蕊6，稍4强，花丝基部扩大或细弱；蜜腺合生，包围所有雄蕊基部；短角果或长角果，卵形或椭圆形，开裂；胎座框基部扁；种子每室1~2行，种皮具细网纹，子叶背倚胚根。

5种，分布于亚洲中部、喜马拉雅地区及北美洲；中国1种，产青海、四川、新疆、西藏和云南。

尖果寒原荠 *Aphragmus oxycarpus* (Hook. f. & Thomson) Jafri

5. 宽框荠属 Platycraspedum O. E. Schulz

二年生或多年生草本；植株被单毛；根纺锤形，肉质；茎生叶边缘波状锯齿或掌状裂，叶基心形；总状花序，有苞片；内轮2枚萼片基部呈囊状；花瓣白色；雄蕊6，4强，短雄蕊花丝翅状、有1齿；侧蜜腺2，环状；子房具3~9胚珠；长角果线状圆柱形或四棱形，开裂；胎座框加宽；无隔膜；花柱不明显，柱头2裂；子叶缘倚胚根。

2种，中国特有，产四川和西藏东部。

6. 沟子荠属 Taphrospermum C. A. Mey.

二年生或多年生草本；根常肉质；基生叶不呈莲座状，全缘；最下部茎生叶有时轮生；内轮 2 枚萼片基部不呈囊状；花瓣白色，爪不明显；短雄蕊花丝基部扩大；蜜腺合生，几包围花丝基部；长角果或短角果，开裂；果瓣具明显中脉；胎座框扁平；隔膜通常完整；子叶背倚、斜倚或缘倚胚根。

7 种，分布于喜马拉雅、中亚、蒙古国和俄罗斯；中国 6 种，产西部和西北地区。

7. 宽果芥属 Eurycarpus Botsch.

多年生草本；植株被单毛，兼有分叉毛；基生叶有柄，莲座状；无茎生叶；内轮 2 枚萼片基部不呈囊状；花瓣紫色，爪明显；雄蕊 6，4 强，花丝基部扩大；蜜腺合生，包围所有雄蕊基部，有中蜜腺；短角果，开裂；隔膜完整或退化成窄边；花柱圆锥形或近圆锥形，柱头头状、微小；子叶背倚或缘倚胚根。

2 种，分布于中国和克什米尔；中国 2 种（特有 1 种），产西藏。

8. 螺喙荠属 Spirorhynchus Kar. & Kir.

一年生草本；无毛或被柔毛；基生叶早枯；茎生叶全缘、具齿、波状，稀羽裂；内轮 2 枚萼片基部囊状；花瓣无爪；雄蕊 6，4 强，花丝基部稍扩大，短雄蕊败育；侧蜜腺 2、半环状；长角果 S 形，不裂；果柄基部有关节；果瓣脉明显，顶端具宿存长喙，镰刀状或螺状弯曲；子叶背倚胚根。

1 种，分布于亚洲中部和西南部；中国 1 种，产新疆。

9. 小柱芥属 Microstigma Trautv.

一年生或多年生草本；全株密被分枝毛及腺毛；叶有柄，边缘有疏齿或全缘；总状花序，无苞片；内轮 2 枚萼片基部囊状；花瓣白色或淡黄色；雄蕊 6，4 强；侧蜜腺 2、环状；长角果或短角果，悬垂；果梗粗、下弯；果瓣革质，无脉，密被腺毛；花柱短，柱头头状、2 裂；种子具翅，子叶缘倚胚根。

2 种，分布于中国、蒙古国和俄罗斯；中国 1 种，产甘肃。

10. 爪花芥属 Oreoloma Botsch.

多年生草本，根颈明显；植株被星状毛和具柄腺毛；基生叶羽状半裂、全裂、波状或全缘；萼片内轮 2 枚基部呈囊状；花瓣紫色、粉色或黄色；雄蕊 6，4 强，长雄蕊花丝合生成 2 对，基部扩大；侧蜜腺 2，无中蜜腺；子房具胚珠 8~50；长角果，不横裂成节段；果瓣无脉；种子无翅，子叶背倚胚根。

3 种，分布于中国和蒙古国；中国 3 种（特有 2 种），产于内蒙古、新疆、宁夏、青海、西藏和甘肃。

11. 假鼠耳芥属 Pseudoarabidopsis Al-Shehbaz, O'Kane & R. A. Price

二年生或多年生草本；全株被无柄星状毛；基生叶有柄，莲座状；茎生叶无柄，基部抱茎；总状花序，无苞片；内轮 2 枚萼片基部囊状；花瓣白色或粉色；雄蕊 6，4 强，花丝基部不扩大；蜜腺合生，几包围所有雄蕊基部；子房具胚珠 60~100；长角果，开裂；果瓣中脉不明显；种子无翅，子叶背倚胚根。

1 种，分布于阿富汗、中国、哈萨克斯坦和俄罗斯；中国 1 种，产新疆和西藏。

12. 簇芥属 Pycnoplinthus O. E. Schulz

多年生簇生草本，垫状；无毛；根状茎粗，无地上茎；基生叶莲座状，近肉质，全缘，叶柄宿存；花莛丛生，具单花；萼片连合成钟状，基部不呈囊状；花瓣白色或粉色；侧蜜腺 4 或 2，无中蜜腺；子房具胚珠 6~12，花柱明显；长角果，开裂；果瓣纸质，具明显中脉和边脉；种子无翅；子叶背倚胚根。

1 种，分布于中国和克什米尔；中国产甘肃、青海、新疆和西藏。

簇芥 *Pycnoplinthus uniflora* (Hook. f. & Thomson) O. E. Schulz

13. 连蕊芥属 Synstemon Botsch.

一年生草本；被单毛或分叉毛；基生叶羽状深裂或全裂；内轮萼片基部不呈囊状；花瓣白色或淡紫色，爪与萼片近等长，稀疏或密被柔毛；雄蕊 6，4 强，长雄蕊基部连合；侧蜜腺与中蜜腺合生；子房具胚珠 20~36；长角果，开裂，念珠状；果瓣具明显中脉；隔膜透明，无脉；柱头头状；种子末端具翅；子叶背倚胚根。

2 种，中国特有，分布于甘肃和内蒙古。

连蕊芥 *Synstemon petrovii* Botsch.

14. 隐子芥属 Cryptospora Kar. & Kir.

一年生草本；被单毛和具柄分叉毛；基生叶不呈莲座状；茎生叶基部不呈耳状；总状花序；内轮2枚萼片基部不呈囊状；花瓣白色，顶端微凹，爪明显；雄蕊6，4强，花丝基部扩大；侧蜜腺环状，中蜜腺无；子房具胚珠3~7；长角果，不裂，种子间缢缩，在缢缩处断裂；无隔膜；子叶背倚胚根。

3种，分布于亚洲中部和西南部；中国1种，产新疆西部。

15. 曙南芥属 Stevenia Adams ex Fisch.

二年生或多年生草本；全株被星状毛及分枝毛；基生叶莲座状，茎生叶线形或长椭圆形，全缘；内轮萼片基部不呈囊状或近囊状；花瓣白色、粉红色、紫色或黄色；雄蕊6，4强，花丝基部加宽；侧蜜腺4；子房具胚珠4~40；长角果，近念珠状；隔膜完整，无脉；种子每室1行，子叶缘倚胚根。

4种，分布于中国、蒙古国、俄罗斯；中国1种，产内蒙古。

曙南芥 *Stevenia cheiranthoides* DC.

16. 庭荠属 Alyssum L.

一年生、二年生或多年生草本；植株被星状毛，有时有鳞片状毛；叶全缘；内轮2枚萼片基部不呈囊状；花瓣顶端全缘或微凹；花丝有齿或翅；侧蜜腺4；子房具胚珠1或2（4~8）；短角果；果瓣无脉；花柱明显，柱头头状；种子有翅或无翅；湿时有或无黏性；子叶背倚或缘倚胚根。

约170种，主要分布于亚洲西南部和欧洲东南部；中国10种，主产西部和北部。

北方庭荠 *Alyssum lenense* Adams

17. 独行菜属 Lepidium L.

一年生、二年生或多年生草本；无毛或常被单毛；叶二型，基生叶羽状深裂；茎生叶全缘，基部楔形、箭形、耳状或抱茎；内轮萼片基部不呈囊状；花瓣有时退化或缺；雄蕊2或4，有时6；蜜腺4或6，具中蜜腺；子房具胚珠2；短角果；开裂，隔膜完整或具孔；种子每室1；湿时具有黏性；子叶常背倚胚根。

约180种，除南极外，分布于全球；中国16种，全国分布。

宽叶独行菜 *Lepidium latifolium* L.

18. 阴山荠属 Yinshania Ma & Y. Z. Zhao

一年生或多年生草本；具块茎或根状茎；叶不裂、羽状裂或掌状裂，具3小叶或羽状复叶；萼片基部不呈囊状；花瓣白色、稀粉红色；雄蕊6，近等长；中蜜腺缺，侧蜜腺成对；子房具胚珠1~24；短角果，开裂；隔膜完整、有孔或缺；种子每室1~2行；种皮具细网纹或乳突；子叶背倚胚根。

13种，分布于中国和越南北部；中国13种（特有12种），主产阴山山脉。

河岸阴山荠 *Yinshania rivulorum* (Dunn) Al-Shehbaz et al.

19. 葶芥属 Ianhedgea Al-Shehbaz & O'Kane

一年生草本；被分枝状毛；叶羽状裂或3裂；花序轴弯曲；内轮2枚萼片基部不呈囊状；花瓣白色或粉红色；雄蕊6，4强；蜜腺合生，包围所有雄蕊基部；子房具胚珠（6~）10~20；长角果，圆柱形，念珠状，开裂；果瓣纸质，无脉或脉不清晰；隔膜完整；花柱退化或无；种子每室1行，无翅，不具黏液；子叶背倚胚根。

1种，产亚洲中部和西南部；中国产西藏。

20. 薄果荠属 Hornungia Rchb.

一年生或多年生草本；无毛，或具分枝毛并杂生单毛；叶羽状深裂或全裂；总状花序，无苞片；萼片开展或反卷，内轮2枚萼片基部不呈囊状；花瓣白色，无爪；雄蕊6，近4强，花丝基部扩大；子房具胚珠4~20；短角果，开裂；果瓣具明显中脉，光滑；种子每室1~2行，无翅；子叶通常背倚胚根。

3种，分布于欧洲，1种延伸至亚洲和北美洲；中国1种，产新疆。

21. 播娘蒿属 Descurainia Webb & Berthel.

一年生、二年生或多年生草本；被单毛、分枝毛或腺毛；基生叶二至三回羽状全裂；总状花序，无苞片或仅基部有苞片；内轮2枚萼片基部不呈囊状；花瓣黄色；蜜腺合生，包围所有雄蕊基部，有中蜜腺；子房具胚珠5~100；长角果；果瓣具明显中脉；种子每室1~2行，无翅；湿时有黏性；子叶背倚胚根。

约40种，主要分布于北美洲和南美洲（30种）和马卡罗尼西亚（7种）；中国1种，除华南外，全国分布。

播娘蒿 *Descurainia sophia* (L.) Prantl

22. 羽裂叶荠属 Sophiopsis O. E. Schulz

一年生或二年生草本；被分枝毛及单毛；叶通常一至二回羽状全裂；内轮萼片基部不呈囊状；花瓣黄色，有爪；雄蕊6，稍4强，花丝基部不扩大；蜜腺合生，包围所有雄蕊基部，有中蜜腺，侧蜜腺半环状；子房具胚珠4~16；短角果，稍具4棱，开裂；隔膜膜质；种子每室1行，无翅，湿时具黏性；子叶背倚胚根。

4种，主要分布于中亚；中国2种，产新疆。

23. 芹叶荠属 Smelowskia C. A. Mey.

多年生簇生草本，密被分枝毛、杂生单毛和分叉毛；根状茎粗；基生叶莲座状，具柄，一至二回羽状全裂，密被柔毛；总状花序；花瓣白色、乳白色或紫色；雄蕊6，4强，花丝基部扩大；子房具胚珠6~30；长角果或短角果，圆筒状或近四棱形；果瓣具明显中脉；种子不具黏性；子叶背倚胚根。

7种，分布于亚洲中部和东部、北美洲；中国2种，分布于黑龙江、甘肃、青海、新疆、四川和西藏。

芹叶荠 *Smelowskia calycina* (Steph.) C. A. Mey.

24. 藏荠属 Hedinia Ostenf.

一年生、二年生或多年生草本；植株被单毛及分叉毛；茎铺散，基部多分枝；基生叶一至二回羽状全裂；总状花序，有叶状苞片；内轮萼片基部不呈囊状；花瓣白色，具爪；雄蕊 6，稍 4 强；侧蜜腺 4；子房具胚珠 18~46；短角果，开裂；果瓣纸质，扁平或扭曲，具明显主脉；子叶背倚胚根。

4 种，分布于亚洲中部、蒙古国、俄罗斯和喜马拉雅；中国 1 种，产甘肃、青海、四川、新疆和西藏。

藏荠 *Hedinia tibetica* (Thomson) Ostenf.

25. 辣根属 Armoracia G. Gaertn., B. Mey. & Scherb.

多年生草本；无毛；根肉质；叶全缘、具圆齿或羽状浅裂；总状花序组成伞房状圆锥花序；内轮萼片基部不呈囊状；花瓣白色，爪短；雄蕊 6，稍 4 强；蜜腺合生，包围所有雄蕊基部，具中蜜腺；子房具胚珠 8~20；短角果；果瓣无脉；柱头头状，不裂或 2 裂；子叶缘倚胚根。

3 种，分布于欧洲中部和东部、俄罗斯；中国引进 1 种，栽培于江苏、河北、黑龙江、吉林和辽宁。

辣根 *Armoracia rusticana* P. Gaertn., B. Mey. & Scherb.

26. 蔊菜属 Rorippa Scop.

一年生、二年生或多年生草本；植株无毛或被单毛；基生叶莲座状，全缘、羽状浅裂或深裂；茎生叶基部耳状、箭形；内轮萼片基部通常不呈囊状；花瓣 4 或缺，通常黄色；雄蕊 6，4 强；蜜腺合生，包围所有雄蕊基部，中蜜腺狭窄，侧蜜腺半环形或环形；子房具胚珠 10~300；长角果或短角果，开裂；果瓣通常 2；种子通常 2 行；子叶缘倚胚根。

约 75 种，世界广布；中国 9 种，南北均有分布。

欧亚蔊菜 *Rorippa sylvestris* (L.) Besser

27. 山芥属 Barbarea R. Br. ex W. T. Aiton

二年生或多年生草本；无毛或被单毛；茎具纵棱；基生叶羽状分裂；茎生叶具齿或羽状裂，基部耳状抱茎；内轮萼片基部囊状；花瓣黄色，爪不明显；雄蕊 6，4 强；蜜腺 4，侧蜜腺环状，中蜜腺齿状；子房具胚珠 10~40；长角果，开裂，具 4 棱；果瓣具明显中脉和侧脉；隔膜完整；子叶缘倚胚根。

约 22 种，分布于亚洲、澳大利亚、欧洲和北美洲；中国 5 种，产东北、西北、西部及台湾。

台湾山芥 *Barbarea taiwaniana* Ohwi

28. 豆瓣菜属 Nasturtium R. Br. ex W. T. Aiton

一年生或多年生草本，水生或陆生；无毛或被单毛；茎基部生不定根；茎生叶为羽状复叶或单叶，篦齿状深裂或全缘；萼片光滑；花瓣通常白色，无爪；雄蕊 6，4 强；侧蜜腺 2，环状或半环状；子房具胚珠 25~50；长角果开裂；果瓣脉不明显；种子每室 1~2 行；子叶缘倚胚根。

5 种，分布于欧洲、非洲、北美洲及亚洲；中国 1 种，栽培或野生于东北、华北、西北和华南地区。

豆瓣菜 *Nasturtium officinale* R. Br.

29. 高河菜属 Megacarpaea DC.

多年生草本；基生叶羽状裂或一至三回羽状全裂；茎生叶基部耳状或抱茎；总状花序成圆锥状；萼片，内轮 2 枚基部不呈囊状；花瓣全缘或具 3~5 齿；雄蕊（6~8~）12~ 16（~24）；蜜腺合生，包被雄蕊基部；子房具胚珠 2；短角果，不裂；2 果瓣成对着生；果瓣革质，具宽翅；种子扁平；子叶背倚胚根。

9 种，产亚洲中部和喜马拉雅地区；中国 3 种，产新疆、甘肃、青海、西藏、四川和云南。

高河菜 *Megacarpaea delavayi* Franch.

30. 碎米荠属 Cardamine L.

一年生、二年生或多年生草本；无毛或被单毛；茎直立或铺散；单叶、各种羽状或掌状裂或复叶；内轮萼片基部多呈囊状；花瓣有时具爪；雄蕊 6，4 强；蜜腺合生，包围所有雄蕊基部；中蜜腺通常 2；子房具胚珠 4~50；长角果，果瓣自下而上开裂或弹裂卷起；胎座框扁平；子叶通常缘倚胚根。

约 200 种，世界广布；中国 48 种（特有 24 种，引进 1 种），广布南北各地。

白花碎米荠 *Cardamine leucantha* (Tausch) O. E. Schulz

31. 须弥芥属 Crucihimalaya Al-Shehbaz, O'Kane & R. A. Price

一年生或二年生草本，具根颈；被单毛或具柄分叉毛；叶全缘或有齿，茎生叶基部耳状、箭形；总状花序；萼片被柔毛，内轮基部不呈囊状；花瓣白色、粉色或紫色；雄蕊6，稍4强；蜜腺合生，几包围花丝基部；子房具胚珠(30~)40~120(~150)；长角果，稍4棱，开裂；果瓣具明显中脉；子叶背倚胚根。

9种，产亚洲中部和西南部、喜马拉雅、蒙古国和俄罗斯；中国6种，产甘肃、新疆及西南地区。

须弥芥 *Crucihimalaya himalaica* (Edgew.) Al-Shehbaz et al.

32. 糖芥属 Erysimum L.

一年生、二年生或多年生草本；植株贴生2~4叉丁字毛；叶全缘或羽状裂；总状花序呈伞房状；萼片被柔毛；花瓣通常黄色或橘色；蜜腺1、2或4，离生或合生包围所有雄蕊基部；子房具胚珠15~100；长角果，稍4棱，开裂；果瓣具明显中脉；隔膜完整；种子具黏性，子叶通常背倚胚根。

约150种，分布于北半球，非洲北部也有分布；中国17种，产西部和北部。

糖芥 *Erysimum bungei* (Kitag.) Kitag.

33. 无苞芥属 Olimarabidopsis Al-Shehbaz, O'Kane & R. A. Price

一年生草本；被星状毛；基生叶有柄，全缘、稀羽状裂；茎生叶无柄，基部耳状；总状花序具少数花，无苞片；内轮2枚萼片基部不呈囊状；花瓣黄色或黄白色；雄蕊6，稍4强；蜜腺合生，几包围所有花丝基部；子房具胚珠18~60；长角果，线状圆柱形；果瓣被短柄星状毛，有明显中脉；子叶背倚胚根。

3种，主要分布于亚洲中部和西南部、欧洲东部；中国2种，产甘肃和新疆。

34. 旗杆芥属 Turritis L.

通常为二年生草本；植株上部无毛，被粉霜，基部被单毛及分叉毛；茎生叶基部，抱茎；内轮2枚萼片基部不呈囊状；雄蕊6，4强；蜜腺合生，包围所有花丝基部，具中蜜腺；子房具胚珠130~200；长角果，略四棱形，紧贴花序轴，无毛；果瓣革质；子叶缘倚胚根。

2种，分布于非洲北部、亚洲、欧洲和北美洲；中国1种，产辽宁、江苏、山东、浙江和新疆。

旗杆芥 *Turritis glabra* L.

35. 拟南芥属 Arabidopsis (DC.) Heynh.

一年生、二年生或多年生草本，无毛或单毛，或杂生分叉毛；基生叶莲座状；茎生叶有柄，基部不呈耳状；总状花序，具少数花，无苞片；花瓣白色、粉色或紫色；雄蕊6，稍4强；蜜腺合生，包围花丝基部；子房具胚珠15~80；长角果，开裂；果瓣平滑或念珠状；种子每室1行，子叶通常背倚胚根。

9 种，分布于亚洲东部和北部、欧洲、北美洲；中国 3 种，产北部、西部、华中、台湾。

叶芽拟南芥 *Arabidopsis halleri* subsp. *gemmifera* (Matsum.) O' Kane & Al-Shehbaz

36. 荠属 Capsella Medik.

一年生或二年生草本；无毛或被星状毛，有时杂生单毛或叉状毛；基生叶羽状裂或大头羽状裂；茎生叶基部耳状、抱茎；花瓣白色、粉色、红色，有时缺；雄蕊 6，4 强；子房具胚珠（12~）20~40；短角果，倒三角形或倒心状三角形，压扁，顶端微凹或截平；开裂；果瓣龙骨状，有明显中脉；种子每室 1 行，种皮湿时具黏性；子叶背倚胚根。

1 种，产亚洲西南部和欧洲；中国南北广布。

荠 *Capsella bursa-pastoris* (L.) Medik.

37. 球果荠属 Neslia Desv.

一年生草本；被分叉毛，杂生单毛；茎生叶无柄，基部耳状、箭形；总状花序，无苞片；内轮萼片基部不呈囊状；花瓣黄色；雄蕊 6，稍 4 强，花丝基部不扩大；蜜腺 2 或 4；子房具胚珠 2~4；短角果，小坚果状，压扁球形或近双凸透镜形；果瓣木质化，因具明显网纹而呈蜂窝状；子叶背倚胚根。

1 种，分布于非洲北部、亚洲、欧洲，北美有引种；中国产辽宁、内蒙古和新疆。

球果荠 *Neslia paniculata* (L.) Desv.

38. 亚麻荠属 Camelina Crantz

一年生或二年生草本；常被单毛及分枝毛；基生叶花期常枯落；茎生叶基部两侧具披针形叶耳，抱茎；花瓣黄色，稀白色；雄蕊 6，不等长；蜜腺 4；子房具胚珠 8~25；短角果，椭圆形、倒卵形或梨形，开裂；果瓣革质，中脉明显；种子每室 2 行，种皮湿时具丰富黏液；子叶通常背倚胚根。

6~7 种，分布于亚洲西南部和欧洲南部；中国 2 种，产于东北、内蒙古、新疆、甘肃、河南和山东。

小果亚麻荠 *Camelina microcarpa* DC.

39. 香芥属 Clausia Korn.-Trotzky

一年生、二年生或多年生草本；有腺毛和单毛；叶全缘或有锯齿；萼片直立，内轮2枚基部明显囊状；花瓣紫色或淡紫色，不皱折，爪明显；雄蕊6，4强；侧蜜腺2，半环形；子房具胚珠25~45；长角果，窄线形，开裂；果瓣具明显中脉及侧脉，无毛，念珠状；胎座框扁平；子叶缘倚胚根。

5种，分布于亚洲中部和东部、欧洲东南部；中国2种，产新疆、河北、吉林、内蒙古、山东和山西。

毛萼香芥 *Clausia trichosepala* (Turcz.) Dvorak

40. 花旗杆属 Dontostemon Andrz. ex Ledeb.

一年生、二年生或多年生草本；被单毛或腺毛；单叶，全缘，具齿或羽状半裂；茎生叶基部不抱茎；花瓣具爪；雄蕊6，4强，长雄蕊花丝成对合生，有时离生，花丝基部扩大；子房具胚珠7~60，具雌蕊柄；长角果；果瓣具明显中脉和边脉，念珠状；胎座框扁平；种子有翅，子叶缘倚或背倚胚根。

11种，分布于东亚、中亚、喜马拉雅；中国11种，产北部、华东、西南等地区。

花旗杆 *Dontostemon dentatus* (Bunge) Ledeb.

41. 离子芥属 Chorispora R. Br. ex DC.

一年生至多年生草本；植株具单毛和腺毛；叶具波状齿或羽状裂；内轮2枚萼片基部明显囊状；花瓣爪明显；雄蕊6，4强，花丝基部不扩大；侧蜜腺2或4；子房具胚珠（5~）10~25（~30）；长角果，种子间收缩，通常断裂；胎座框扁平，宿存；花柱喙状，柱头2裂、裂片下延；子叶缘倚胚根。

11种，主要分布于亚洲中部和西南部；中国8种（特有1种），产西北、华北、东北和华中地区。

西伯利亚离子芥 *Chorispora sibirica* (L.) DC.

42. 条果芥属 Parrya R. Br.

多年生草本；根颈木质化，具宿存叶柄；叶全缘或羽状裂；茎生叶有时缺；萼片不等大，早落，内轮2枚基部囊状；花瓣紫色、粉红色或白色，爪明显；雄蕊6，4强；侧蜜腺2，环状或半环状；长角果，线形；胎座框扁平；果瓣革质，具明显中脉；柱头圆锥形或圆柱形，2裂，裂片下延；种子常具宽翅。

约25种，分布于亚洲中部、喜马拉雅地区和北美洲；中国4种，分布于新疆和西藏。

43. 异果芥属 Diptychocarpus Trautv.

一年生草本；被单毛，杂生腺毛；叶倒披针形至条形，上部叶全缘；内轮萼片基部囊状；花瓣紫色或白色，爪不明显；雄蕊6，4强；蜜腺4；子房具胚珠10~40；长角果，二型：最下部果实近圆柱形，不裂；上部果实压扁条形，开裂，果瓣革质；胎座框圆形；种子具宽翅，扁平。

1种，分布于亚洲中部和西南部、欧洲东南部；中国产甘肃、内蒙古和新疆。

44. 紫罗兰属 Matthiola R. Br. ex W. T. Aiton

一年生或多年生草本；常被星状毛或分枝毛；叶全缘、有锯齿或羽状分裂；萼片靠合，直立，内轮基部囊状；花瓣具爪；雄蕊 6，4 强；侧蜜腺 4 或 2；子房具胚珠（5~）15~60；长角果，线状圆柱形，开裂；无花柱，柱头圆锥形、2 裂，裂片下延，通常有 2 或 3 个角状附属物；种皮具细网纹。

约 50 种，分布于非洲东部和北部、亚洲和欧洲；中国 1 种，产新疆和西藏。

紫罗兰 *Matthiola incana* (L.) R. Br.

45. 棒果芥属 Sterigmostemum M. Bieb.

一年生、二年生或多年生草本；密被单毛和分叉毛；叶羽状裂、具疏齿或全缘；内轮 2 枚萼片基部不呈囊状；雄蕊 6，4 强，长雄蕊花丝多合生；侧蜜腺 2，环形；子房具胚珠 10~40；长角果，不裂或迟裂，常为节荚状，以 1~2 种子为单位横裂；果瓣脉不明显；柱头 2 裂，裂片不下延；种子无翅，子叶背倚胚根。

7 种，分布于亚洲中部和西南部；中国 1 种，产新疆。

棒果芥 *Sterigmostemum caspicum* (Lam.) Rupr.

46. 香花芥属 Hesperis L.

二年生或多年生草本；植株被单毛及分叉毛，有时杂生腺毛；叶全缘、有深锯齿或羽状裂；总状花序，无苞片或有苞片；内轮 2 枚萼片基部囊状；花瓣具长爪；雄蕊 6，4 强；侧蜜腺 2，环形或月牙形；子房具胚珠 4~40；长角果，线状圆柱形，开裂；果瓣中脉明显；柱头 2 裂，裂片下延；子叶背倚胚根。

约 25 种，主要分布于亚洲中部和西南部、欧洲东南部；中国 2 种，分布于新疆、辽宁和河北。

北香花芥 *Hesperis oreophila* Kitag.

47. 匙荠属 Bunias L.

一年生、二年生或多年生草本；植株被分叉毛或单毛；叶全缘、羽状深裂或大头羽状深裂；内轮 2 枚萼片基部不呈囊状；花瓣白色或黄色，爪明显；雄蕊 6，4 强；蜜腺合生，包围所有雄蕊基部，有中蜜腺；子房具胚珠 2~4；短角果，坚果状，不裂；胎座框不明显；种子无翅；种皮光滑；子叶旋转，背倚胚根。

3 种，分布于非洲北部、亚洲东部和西南部、欧洲；中国 2 种，产黑龙江、辽宁和河北。

疣果匙荠 *Bunias orientalis* L.

48. 对枝菜属 Cithareloma Bunge

一年生草本；植株被星状毛，有时杂生具柄分枝毛；茎基部常有2条对生分枝，其余分枝互生；内轮2枚萼片基部囊状；花瓣有爪；侧蜜腺2，半环状；子房具胚珠4~24；长角果或短角果，纵裂；果瓣念珠状，中脉明显；隔膜厚、不透明；柱头圆锥形，2裂，下延；种子具宽翅，扁平。

2种，分布于亚洲中部和西南部；中国1种，产甘肃和新疆。

对枝菜 *Cithareloma vernum* Bunge

49. 舟果荠属 Tauscheria Fisch. ex DC.

一年生草本；通常无毛；叶全缘，茎生叶基部耳状、箭形、抱茎；总状花序，少花，无苞片；内轮萼片基部不呈囊状，边缘不膜质；花瓣无爪；雄蕊6，稍4强；侧蜜腺环状，具中蜜腺；子房具胚珠1或2；短角果，具翅，翅边缘向上反折，使得果实呈舟状，不开裂；隔膜缺；种子1，子叶背倚胚根。

1种，分布于亚洲中部和西南部及喜马拉雅西部；中国1种，产内蒙古、新疆和西藏西部。

50. 光籽芥属 Leiospora (C. A. Mey.) Dvořák

多年生草本；被单毛或分叉毛；根状茎或根颈具宿存叶基；常无茎；基生叶莲座状，全缘或具齿；无茎生叶；总状花序，或花单生；萼片不等大，内轮2枚萼片基部囊状；花瓣具爪；侧蜜腺2；子房具胚珠18~50；长角果，纵裂；具宽隔膜；果瓣革质；无花柱，柱头2裂，裂片下延；种子具宽翅。

6种，分布于中国、印度、克什米尔、中亚、俄罗斯和蒙古国；中国4种，产新疆和西藏。

51. 念珠芥属 Neotorularia Hedge & J. Léonard

一年生、二年生或多年生草本；被分叉毛或单毛；茎通常从基部分枝；叶长圆形，全缘或羽状裂；总状花序；萼片直立或开展，稀反折，内轮2枚萼片基部不呈囊状；雄蕊6，4强，花丝离生；子房具胚珠（8~）16~36（~44）；长角果，无柄；果瓣具分枝毛，有时杂生单毛。

约14种，主要分布于中亚及地中海地区；中国6种，主产西北和西南地区。

念珠芥 *Neotorularia torulosa* (Desf.) Hedge & J. Léonard

52. 假蒜芥属 Sisymbriopsis Botsch. & Tzvelev

一年生、二年生或多年生草本；植株被单毛和叉状毛；叶羽状裂、全缘或有锯齿，茎生叶基部不呈耳状；萼片直立，内轮萼片基部不呈囊状；雄蕊6，稍4强；蜜腺合生，包围所有雄蕊基部；子房具胚珠15~50；长角果，近4棱，开裂；果瓣具明显中脉和2条边脉，念珠状；种子每室1行；子叶缘倚胚根。

5种，分布于中国、吉尔吉斯斯坦和塔吉克斯坦；中国4种（特有3种），产新疆、西藏、甘肃和青海。

53. 四齿芥属 Tetracme Bunge

一年生草本；植株被星状毛、分枝毛和单毛；茎自基部分枝；叶全缘、具波状齿或羽状深裂；萼片直立，内轮2枚萼片基部不呈囊状；花瓣白色；雄蕊6，稍4强，花丝基部扩大；蜜腺4枚；子房具胚珠2~14；长角果开裂，或短角果不裂，有时具4棱；果瓣脉不清晰，近顶端具4枚角状附属物；胎座框扁平；子叶背倚胚根。

8种，主要分布于中亚；中国2种，产新疆。

四齿芥 *Tetracme quadricornis* (Stephan) Bunge

54. 绵果荠属 Lachnoloma Bunge

一年生草本；密被分叉毛并杂生单毛；叶全缘、具波状齿或羽状裂；总状花序，花排列松散；内轮2枚萼片基部囊状；花瓣爪明显；雄蕊6，4强；花丝基部不扩大；侧蜜腺2，半环形；子房具胚珠2；坚果状短角果，或稍4棱；果瓣厚，密被白色长绵毛；胎座框圆柱形；柱头深2裂；子叶背倚胚根。

1种，分布于亚洲中部和西南部；中国1种，产新疆。

绵果荠 *Lachnoloma lehmannii* Bunge

55. 丝叶芥属 Leptaleum DC.

一年生小草本；无毛或具分叉毛、单毛；叶全缘或羽状裂为丝状；总状花序，有2~4朵花；内轮2枚萼片基部不呈囊状；花瓣爪明显；雄蕊6，长雄蕊花丝合生；侧蜜腺4；子房具胚珠多数；长角果，不裂或迟裂；果瓣革质，具明显中脉和网状侧脉；具宽隔膜；柱头圆锥形，2裂；子叶背倚胚根。

1种，分布于亚洲中部和西南部；中国1种，产新疆。

丝叶芥 *Leptaleum filifolium* (Willd.) DC.

56. 双脊荠属 Dilophia Thomson

多年生草本；无毛或具单毛；根肉质，圆锥形；茎自地面分枝；基生叶肉质，莲座状；茎生叶基部不呈耳状；总状花序密集，近头状或伞房状；萼片宿存，内轮2枚基部不呈囊状；蜜腺合生；子房具胚珠4~12；短角果，开裂；果瓣膜质或薄纸质；胎座框扁平；子叶背倚或斜倚胚根。

2种，分布于喜马拉雅、中亚地区；中国2种，产甘肃、青海、新疆和西藏。

盐泽双脊荠 *Dilophia salsa* Thomson

57. 香格里拉荠属 Shangrilaia Al-Shehbaz, J. P. Yue & H. Sun

多年生垫状草本，基部有宿存叶基；被单毛；茎密生叶，节不明显；叶针状线形，很厚，被毛；花单生于茎顶端；萼片卵形，直立，基部不呈囊状；雄蕊6，4强，花丝基部不扩大；蜜腺合生，包围所有雄蕊基部，具中蜜腺；子房具胚珠6~12；短角果卵形，具短柄，开裂；果瓣革质，被柔毛，至少基部具明显中脉；子叶背倚胚根。

1种，中国特有，分布于云南。

香格里拉荠 *Shangrilaia nana* Al-Shehbaz, J. P. Yue & H. Sun

58. 肉叶荠属 **Braya** Sternb. & Hoppe

多年生矮小草本，有时呈垫状；基生叶莲座状，叶柄基部宿存；茎生叶通常缺；总状花序，仅下部有苞片；萼片直立，内轮基部不呈囊状；花瓣白色、粉红色或紫色；花丝基部扩大；侧蜜腺4；子房具胚珠4~26；长角果或短角果，长圆柱形；果瓣具明显中脉；种子无翅，种皮具细网纹；子叶背倚胚根。

6种，分布于欧亚大陆高山及北极；中国3种，主产西北及西南高山区。

蚓果芥 *Braya humilis* (C. A. Mey.) B. L. Rob.

59. 藏芥属 **Phaeonychium** O. E. Schulz

多年生草本；基生叶莲座状，叶柄宿存；茎生叶缺；内轮萼片基部不呈囊状；花丝基部扩大；蜜腺合生，包围雄蕊基部，侧蜜腺环状，具中蜜腺；子房具胚珠10~18；长角果或短角果，开裂，果瓣具中脉；胎座框圆柱形；花柱宿存，柱头不裂或2裂；子叶背倚胚根。

7种，分布于中亚、喜马拉雅地区；中国6种，产新疆、青海、西藏和云南。

60. 高原芥属 **Christolea** Cambess.

多年生草本，被单毛；茎自基部分枝；基生叶缺，茎生叶有柄；总状花序，无苞片；萼片早落，内轮基部不呈囊状；花瓣爪紫色；雄蕊6，4强，花丝基部扩大；蜜腺合生，包围雄蕊基部，具中蜜腺；子房具胚珠10~20；长角果，开裂；果瓣纸质，念珠状；种子末端有时有附属物；子叶背倚胚根。

2种，分布于中亚、喜马拉雅地区；中国2种，产青海、新疆和西藏。

高原芥 *Christolea crassifolia* Cambess.

61. 涩芥属 **Malcolmia** W. T. Aiton

一年生、二年生或多年生草本；被单毛、分叉毛或星状毛；叶全缘、有锯齿或羽裂；总状花序疏散；萼片直立，内轮2枚基部呈囊状或无；花丝基部扩大或丝状；侧蜜腺成对；子房具胚珠20~90；长角果，线形、四棱柱形或圆柱形，开裂；柱头圆锥形，2裂；种子每室1行，无翅；子叶背倚胚根。

约35种，分布于亚洲中部和西南部、地中海区域；中国4种，产西北、华北及华中等地区。

卷果涩荠 *Malcolmia scorpioides* (Bunge) Boiss.

62. 鸟头荠属 **Euclidium** W. T. Aiton

一年生草本；被单毛或分叉毛；叶全缘或有锯齿，花期枯落；总状花序；萼片内轮2枚基部不呈囊状；花瓣爪不明显；雄蕊6，稍4强，花丝基部不扩大；侧蜜腺4；子房具胚珠2；坚果状短角果，鸟头状，稍4棱，不裂；果瓣厚，木质，无脉；柱头2裂，裂片不下延；种子无翅，子叶缘倚或斜倚胚根。

1种，分布于亚洲中部和西南部、欧洲东部；中国1种，产新疆。

鸟头荠 *Euclidium syriacum* (L.) R. Br.

63. 扇叶芥属 **Desideria** Pamp.

多年生草本；有时无茎；茎生叶具柄，扇形或倒卵形，通常掌状脉；萼片离生或合生，内轮2枚基部不呈囊状；花丝基部扩大；侧蜜腺2，或合生包围雄蕊基部；长角果，开裂，横切面有直角；果瓣纸质，具明显中脉和边脉，隔膜完整、具穿孔或退化成窄边，或不具隔膜；子叶缘倚胚根。

12种，分布于喜马拉雅地区和中亚地区；中国8种，产青海、新疆和西藏。

64. 丛菔属 **Solms-laubachia** Muschl. ex Diels

多年生草本，有时垫状；被单毛或无毛；通常无茎，具残留叶基；叶全缘；花通常单生；萼片宿存，内轮2枚基部不呈囊状，边缘不呈膜质；花瓣紫色、蓝色、粉红色或白色，爪明显；雄蕊6；侧蜜腺2，环状；长角果或短角果；果瓣纸质，有明显中脉和边脉；种子扁平；种皮具网纹或乳突；子叶缘倚胚根。

9种，分布于不丹、中国和印度东北部；中国9种（特有8种），主产西南地区。

中甸丛菔 *Solms-laubachia zhongdianensis* J. P. Yue, Al-Shehbaz & H. Sun

65. 山菥蓂属 **Noccaea** Moench

二年生或多年生草本，常被白霜；基生叶莲座状，茎生叶全缘或具齿；总状花序；花瓣白色、粉红色或紫色；雄蕊稍4强，花丝基部不膨大；果实无柄，光滑，具狭隔；种子无翅。

120种，分布于欧亚大陆和非洲；中国3种，产东北、内蒙古、河北、甘肃、西藏。

山菥蓂 *Noccaea cochleariformis* (DC.) Á. Löve & D. Löve

66. 香雪球属 **Lobularia** Desv.

一年生或多年生草本，有时为亚灌木；被丁字毛；叶全缘；总状花序，无苞片；内轮2枚萼片基部不呈囊状；花瓣白色或紫色，爪明显；雄蕊6，稍4强，花丝基部扩大；蜜腺8，中蜜腺长于侧蜜腺；子房具胚珠2~14；短角果，椭圆形；果瓣纸质；柱头头状，不裂；种子每室1~2行，扁平；种皮具网纹；子叶缘倚胚根。

4种，主产地中海地区；中国引进栽培1种。

香雪球 *Lobularia maritima* (L.) Desv.

团扇荠 *Berteroa incana* (L.) DC.

67. 单盾荠属 Fibigia Medik.

多年生草本，极稀亚灌木，被柔毛；叶茎生，无柄；总状花序；萼片直立，靠合；花瓣黄色或紫色；四强雄蕊，外窥，花药长圆形，中间花药常有翅；角果倒卵形至圆形，隔膜完全或稀缺如；种子 2 列，有翅。

约 13 种，分布于欧洲、中东、北非；中国 1 种，产新疆。

单盾荠 *Fibigia clypeata* (L.) Medik.

68. 团扇荠属 Berteroa DC.

一年生或多年生草本；被星状毛，杂生单毛；叶全缘、有锯齿或波状；萼片被柔毛，内轮基部不呈囊状；花瓣顶端深 2 裂，爪短；雄蕊 6，4 强，长雄蕊花丝基部扩大，短雄蕊花丝基部具齿状附属物；蜜腺 4，无中蜜腺；子房具胚珠 4~16，花柱长，宿存；短角果，开裂；种子扁平，具窄边；子叶缘倚胚根。

5 种，分布于亚洲、欧洲及北美洲；中国 1 种，产甘肃、辽宁、内蒙古和新疆。

69. 翅籽荠属 Galitzkya V. V. Botschantz.

多年生草本；被星状毛、单毛及分叉毛；根颈常分枝，被宿存枯叶柄；叶全缘；萼片早落，内轮 2 枚基部呈囊状；花瓣深 2 裂；雄蕊 6，4 强，花丝基部稍扩大；侧蜜腺 4；子房具胚珠 6~14；短角果，果瓣扁；胎座框稍扁，花柱丝状，柱头头状，不裂；种子具宽翅；种皮平滑；子叶缘倚胚根。

3 种，分布于中国西部、哈萨克斯坦和蒙古国；中国 2 种，产新疆、内蒙古和甘肃。

70. 沙芥属 Pugionium Gaertn.

一年生草本；全株无毛；基生叶一至三回羽状全裂；茎生叶近全缘、有锯齿、羽状半裂或全裂；萼片稍合生，基部囊状；雄蕊 6，4 强；侧蜜腺 2，环状；子房具胚珠 2；翅果状短角果，2 室横向连接，每侧有一个翅状附属物；具 2~16 个不等长刺；不开裂；种子每室 1，无翅；子叶背倚或斜倚胚根。

3 种，分布于中国、蒙古国及俄罗斯；中国 2 种（特有 1 种），产内蒙古、宁夏和陕西。

斧翅沙芥 *Pugionium dolabratum* Maxim.

71. 单花荠属 Pegaeophyton Hayek & Hand.-Mazz.

多年生草本；无毛或仅有单毛；茎短缩；基生叶莲座状，全缘或具齿；茎生叶缺；花单生；萼片基部不呈囊状；雄蕊6，近等长，花丝基部扩大；蜜腺合生，包围所有雄蕊基部；子房具胚珠2~15；短角果，宽卵形或圆形，开裂；果瓣膜质或纸质；胎座框扁平；隔膜缺；种子每室1行，无翅；子叶缘倚胚根。

6种，分布于喜马拉雅和中亚地区；中国4种，产甘肃、青海、新疆、西藏和云南。

单花荠 *Pegaeophyton scapiflorum* (Hook. f. & Thomson) C. Marquand & Airy Shaw

72. 白马芥属 Baimashania Al-Shehbaz

多年生垫状草本；根茎具少至多数分枝，有残存叶和叶基；无茎；基生叶具柄，莲座状，全缘，宿存；无茎生叶；总状花序有2~3花，或花单生，无苞片；内轮2枚萼片基部不呈囊状；花瓣粉红色；蜜腺合生，包围所有雄蕊基部；有中蜜腺；子房具胚珠6~12；长角果，线状；果瓣中脉不明显；隔膜具明显中脉；种子无翅；子叶缘倚胚根。

2种，中国特有，分布于云南和青海。

白马芥 *Baimashania pulvinata* Al-Shehbaz

73. 南芥属 Arabis L.

一年生、二年生或多年生草本；植株被分叉毛、星状毛，有时杂生单毛；茎生叶全缘或有锯齿，基部箭形、耳状、抱茎；总状花序，有时圆锥状；花瓣爪短；蜜腺合生，包围所有雄蕊基部，有中蜜腺；子房具胚珠12~110；长角果线形；果瓣纸质，隔膜无脉；种子每室1~2行，有翅或有边；子叶缘倚胚根。

约70种，分布于亚洲温带、欧洲和北美洲；中国14种，分布于北部、西部及西南各地。

新疆南芥 *Arabis borealis* Andrz. ex Ledeb.

74. 葶苈属 Draba L.

多年生草本；被单毛、分叉毛、星状毛和分枝毛；叶全缘或有齿；茎生叶基部楔形或有耳，有时缺；内轮2枚萼片基部近囊状；蜜腺1、2或4，离生，或合生并包围所有雄蕊基部，侧蜜腺齿状、半环形或环形；子房具胚珠4至多数；短角果，通常弯曲，具宽隔膜；种子每室2行；子叶缘倚胚根。

约350种，主要分布于北半球北部高山地区；中国48种，主产西部高山地区。

抱茎葶苈 *Draba amplexicaulis* Franch.

75. 山嵛菜属 Eutrema R. Br.

多年生草本；无毛或有单毛；基生叶具长柄，卵形或心形，全缘或掌状裂，具掌状脉；茎生叶基部楔形或耳状，羽状或掌状脉；内轮2枚萼片基部不呈囊状；花瓣无爪；蜜腺合生，包围所有雄蕊基部，具中蜜腺；子房具胚珠2~10；长角果或短角果，有时念珠状；开裂；隔膜完整或具穿孔；子叶背倚胚根。

9种，产中亚、东亚和喜马拉雅地区，1种延伸至北美；中国7种，主产西南和西北地区。

山嵛菜 *Eutrema yunnanense* Franch.

76. 葱芥属 Alliaria Heist. ex Fabr.

一年生或二年生草本；无毛或被单毛；基生叶卵状心形，边缘有锯齿、圆齿或波状；总状花序；内轮2枚萼片基部不呈囊状；花瓣白色；雄蕊6，稍4强，花丝基部不扩大；蜜腺合生，包围所有雄蕊基部；子房具胚珠4~20；长角果；果瓣具明显中脉和边脉，念珠状；种子每室1行，无翅；子叶背倚胚根。

2种，分布于欧洲、亚洲和非洲北部；中国1种，产新疆和西藏。

77. 菥蓂属 Thlaspi L.

一年生、二年生或多年生草本；无毛或具单毛；茎生叶基部箭形、耳状、抱茎；内轮2枚萼片基部无囊状；花瓣通常白色；雄蕊6，4强；侧蜜腺2或4；子房具胚珠4~24；短角果，椭圆形、倒心形、披针形或近圆形；果瓣龙骨状；种子每室1行，无翅；种皮平滑、具网纹或具条纹；子叶通常缘倚胚根。

75种，产北温带欧洲及亚洲大陆，少数产北美和南美；中国6种，主产四川、云南和西藏。

菥蓂 *Thlaspi arvense* L.

78. 四棱荠属 Goldbachia DC.

一年生草本；常无毛；基生叶有长柄；茎生叶基部耳状、抱茎；萼片近直立，内轮2枚基部近囊状或无囊状；雄蕊6，稍4强，长雄蕊花丝基部扩大，短雄蕊花丝丝状；蜜腺4，中蜜腺与侧蜜腺离生或合生；子房具胚珠1~3；坚果状短角果，圆筒形或具4棱，种子间缢缩；子叶背倚胚根。

6种，分布于亚洲中部和西南部、欧洲东部；中国3种，产甘肃、宁夏、新疆、内蒙古、青海和西藏。

四棱荠 *Goldbachia laevigata* (M. Bieb.) DC.

79. 群心菜属 Cardaria Desv.

多年生草本；被单毛；叶全缘或有锯齿，茎生叶基部耳状、箭形、抱茎；总状花序或伞房状圆锥花序；内轮2枚萼片基部不呈囊状；花瓣白色，爪与萼片近等长；雄蕊6，4强；蜜腺合生，包围所有雄蕊基部，具中蜜腺；子房具胚珠2；短角果，不裂；花柱长，柱头头状；种子湿时有黏性；子叶背倚胚根。

2种，分布于欧洲和亚洲；中国2种，主产甘肃、内蒙古、宁夏、青海、新疆、西藏、陕西和山东。

毛果群心菜 *Cardaria pubescens* (C. A. Mey.) Rollins

80. 弯梗芥属 Lignariella Baehni

二年生或多年生草本；被单毛或棍棒状乳突；基生叶无；茎生叶具柄，掌状3(~5)浅裂或深裂；萼片基部近囊状；花瓣爪短；雄蕊6，近等长，花丝基部扩大；蜜腺合生，包围所有雄蕊基部；子房具胚珠2~6（~12）；长角果或短角果，果梗弯曲，开裂；果瓣有稀疏乳突；无隔膜；子叶背倚胚根。

4种，分布于喜马拉雅地区；中国3种，产西藏和云南。

81. 菘蓝属 Isatis L.

一年生、二年生或多年生草本，植株通常灰绿色；无毛或有单毛；基生叶有柄；茎生叶无柄，基部有箭形耳、抱茎；总状花序聚成圆锥花序；内轮2枚萼片基部不呈囊状；花瓣黄色，无爪；蜜腺合生，或中蜜腺和侧蜜腺离生；子房具胚珠1~2；长角果或短角果，翅果状，不裂；果瓣和胎座框合生。

50种，主要分布于亚洲中部和西南部；中国4种，主产西部和西北部，其他地区也有分布。

菘蓝 *Isatis indigotica* Fortune

82. 线果芥属 Conringia Heist. ex Fabr.

一年生或二年生草本；植株灰绿色，通常无毛；基生叶近肉质，全缘；茎生叶基部通常心形抱茎；总状花序，无苞片；内轮2枚萼片基部无囊状或囊状；花瓣爪不明显；4强雄蕊；侧蜜腺2，半环形，中蜜腺通常缺；子房具胚珠10~50；长角果，4或8棱；种子每室1行，无翅；子叶通常背倚胚根。

6种，主要分布于亚洲中部和西南部、高加索山脉和欧洲；中国1种，产新疆和西藏。

83. 厚壁荠属 Pachypterygium Bunge

一年生草本；除果实外，其他部分无毛；叶全缘，茎生叶基部有耳、箭形、抱茎；总状花序再聚成圆锥花序；内轮2枚萼片基部不呈囊状；花瓣黄色，无爪；雄蕊6，4强；蜜腺合生，包围所有雄蕊基部，侧蜜腺环状，有中蜜腺；子房具胚珠1；瘦果状短角果；果瓣纸质；胎座框退化；无隔膜；子叶背倚胚根。

3种，分布于亚洲中部和西南部；中国2种，产新疆。

84. 大蒜芥属 Sisymbrium L.

一年生、二年生或多年生草本；叶全缘或各种羽状裂，茎生叶基部无耳状结构；总状花序；内轮2枚萼片基部近囊状；花瓣爪明显；雄蕊6，4强，花丝基部不扩大；蜜腺合生，包围所有雄蕊，有中蜜腺；子房具胚珠6~160；长角果，开裂；果瓣具中脉和边脉；花柱宿存，柱头头状或2裂；子叶背倚或斜倚胚根。

约40种，分布于非洲、亚洲、欧洲和南美洲；中国10种，主要分布于东北、西北和华东地区。

垂果大蒜芥 *Sisymbrium heteromallum* C. A. Mey.

85. 诸葛菜属 Orychophragmus Bunge

一年生、二年生或多年生草本；无毛或单毛；基生叶不裂或羽状全裂、每侧具1~6个小叶状裂片；茎生叶基部耳状、抱茎；内轮2枚萼片基部囊状；雄蕊6，4强，花丝基部扩大；侧蜜腺2；子房具胚珠20~70；长角果，线形或具4棱；果瓣革质，念珠状；柱头2裂，裂片下延；子叶对折。

2种，分布于中国和朝鲜；中国2种，分布于东北、华北、华中、西北及西南地区。

诸葛菜 *Orychophragmus violaceus* (L.) O. E. Schulz

86. 两节荠属 Crambe L.

一年生或多年生草本；无毛或具单毛；茎高，多分枝；叶大，不裂或大头羽状裂或羽状浅裂；萼片基部无囊状；花瓣白色，爪短；雄蕊6，4强；长雄蕊花丝有翅或齿；蜜腺4，中蜜腺大，侧蜜腺小；子房成2节，每节具胚珠1，下节不育；坚果状短角果，不裂；胎座框和隔膜退化；无花柱；子叶对折。

约35种，分布于非洲、亚洲和欧洲；中国1种，产新疆和西藏。

两节荠属 *Crambe* sp.

87. 白芥属 Sinapis L.

一年生草本；无毛或具单毛；基生叶羽状半裂至深裂；茎生叶，基部不呈耳状；萼片基部无囊状；花瓣黄色，具脉纹，爪与萼片近等长；雄蕊6，4强；蜜腺4，离生，中蜜腺卵形，侧蜜腺扁平、棱镜形；子房具胚珠4~20；长角果，具4棱；果瓣具平行脉；花柱明显，柱头头状、2裂；种子每室1行；子叶对折。

7种，主要分布于地中海区域；中国2种，产西北及四川、山西、河北和山东。

白芥 *Sinapis alba* L.

88. 二行芥属 Diplotaxis DC.

一年生或多年生草本；基生叶羽状浅裂至深裂；内轮2枚萼片基部通常无囊状；花瓣具脉纹；雄蕊6，4强；蜜腺4，离生，有中蜜腺；子房具胚珠16~260；长角果，通常分节，下部节发育完全，具多数种子，开裂；顶端节仅具种子1~2、不裂；果瓣具明显中脉；种子每室2行；子叶对折。

约30种，主要分布于欧洲和地中海区域，延伸至中亚；中国引进1种，辽宁海岸可见。

薄叶二行芥 *Diplotaxis tenuifolia* DC.

89. 芝麻菜属 Eruca Mill.

一年生或多年生草本；基生叶通常大头羽状裂；内轮2枚萼片基部囊状；花瓣有深棕色和紫色脉纹；蜜腺4或2，中蜜腺有或无；子房具胚珠10~50；长角果或短角果，有时4棱；果瓣革质，具明显中脉，顶端不裂，压扁成剑形；柱头圆锥形，2裂，裂片下延；每室2行种子，无翅；子叶对折。

1种，分布于亚洲、非洲和欧洲；中国1种，主产西北、内蒙古、河北、辽宁和黑龙江。

芝麻菜 *Eruca vesicaria* subsp. *sativa* (Mill.) Thellung

90. 芸薹属 Brassica L.

一年生、二年生或多年生草本；通常无毛；基生叶有柄；茎生叶基部通常有箭形耳、抱茎；内轮2枚萼片基部有或无囊；花瓣通常黄色；雄蕊6，4强；蜜腺4，有中蜜腺；子房具胚珠4~50；长角果，有时4棱，开裂；下部具多数种子，上部种子1（~3）；花柱无或喙状；种子每室1行，子叶对折。

约40种，主要分布于地中海区域，尤其是欧洲西南部和非洲西北部；中国6种，各地广泛栽培。

青菜 *Brassica rapa* var. *chinensis* (L.) Kitam.

91. 萝卜属 Raphanus L.

一年生或二年生草本；根肉质或非肉质；叶有锯齿、羽状浅裂至深裂；内轮2枚萼片基部囊状；花瓣通常具紫色脉纹；蜜腺4，中蜜腺椭圆形，侧蜜腺棱柱状；长角果或短角果，不裂；具节荚，下节短，无种子；上节长，具2至多数种子，顶部形成1细喙；果瓣间稍缢缩，成熟时节间断裂；子叶对折。

3种，分布于地中海区域；中国引进2种，全国各地普遍栽培。

萝卜 *Raphanus sativus* L.

92. 长柄芥属 Macropodium R. Br. ex W. T. Aiton

多年生草本；植株无毛，或被单毛及分叉毛；叶全缘或有锯齿；总状花序，密生多数花；内轮2枚萼片基部不呈囊状；花瓣白色，有爪；雄蕊6，明显长于花瓣，花丝基部扩大；侧蜜腺2，半环形或环形；子房具胚珠8~22，具雌蕊柄；长角果，下垂；果瓣纸质，隔膜无脉；种子具翅；子叶缘倚胚根。

长柄芥 *Macropodium nivale* (Pall.) R. Br.

2种，分布于中国、日本、哈萨克斯坦、蒙古国和俄罗斯；中国1种，产新疆。

93. 臭荠属 Coronopus Zinn

一年生、二年生或多年生草本；无毛或被单毛；基生叶一至三回羽状裂；茎生叶全缘、有锯齿或羽状裂；总状花序，无苞片；内轮2枚萼片基部无囊状；花瓣白色，有时退化或缺；雄蕊6，4强，有时为2；蜜腺2、4或6，有中蜜腺；子房具胚珠2；短角果，2室分离；果瓣皱缩或网状；子叶背倚胚根。

10种，分布于非洲、欧洲西南部和南美洲；中国引进栽培2种。

臭荠 *Coronopus didymus* (L.) Sm.

94. 半脊荠属 Hemilophia Franch.

多年生草本；茎平卧或上升；叶小，全缘；总状花序，有苞片；内轮萼片基部近囊状；花瓣黄色、白色、粉红色或紫色，长于萼片；雄蕊6，短雄蕊花丝丝状，长雄蕊基部扩大；蜜腺合生，包围所有雄蕊基部；子房具胚珠2；短角果，开裂；果瓣舟形，无脉，有3列脊；种子1~2，无翅；种皮平滑；子叶缘倚胚根。

4种，中国特有，产四川和云南。

半脊荠 *Hemilophia pulchella* Franch.

95. 蛇头荠属 Dipoma Franch.

多年生草本；基生叶莲座状，全缘或顶端具3~5裂，具缘毛；茎生叶全缘，或上部有锯齿；内轮2枚萼片基部无囊状；花瓣白色，有时具紫色脉纹；雄蕊6，花丝基部不扩大；侧蜜腺4；子房具胚珠4；短角果，开裂；花梗明显弯曲，有时呈环状，有糙硬毛；果瓣被稀疏或稠密的刚毛状毛；胎座框扁平；种子扁平，种皮具细网纹；子叶缘倚胚根。

1种，中国特有，分布于四川和云南。

蛇头荠 *Dipoma iberideum* Franch.

96. 革叶荠属 Stroganowia Kar. & Kir.

多年生草本；茎基部不分枝，有老叶残余；基生叶全缘，革质，近似掌状脉；茎生叶基部耳状、箭形，或抱茎；总状花序聚成圆锥花序状；内轮2枚萼片基部无囊状；花瓣白色或粉红色，爪短；四强雄蕊；蜜腺6，中蜜腺2，侧蜜腺4；子房具胚珠2；短角果，开裂，具4棱，有时膨胀；果瓣革质；种皮平滑，湿时具黏性；子叶背倚胚根。

约20种，主产中亚和伊朗；中国1种，产新疆。

97. 穴丝荠属 Coelonema Maxim.

多年生矮小草本；被单毛，杂生分叉毛和星状毛；茎直立或匍匐；叶全缘，具纤毛，叶柄基部宿存；总状花序，无苞片或仅基部花有苞片；萼片不等大，被短柔毛，内轮基部近囊状；花瓣黄色；雄蕊6，4强，花丝基部扩大；子房具胚珠8~10；短角果，开裂；果瓣纸质，具明显脉；种子每室2行，扁平；种皮具网纹；子叶缘倚胚根。

1种，中国特有，产甘肃和青海。

98. 堇叶芥属 Neomartinella Pilg.

一年生草本；无毛；无茎或茎极短；叶心形至肾形，边缘具圆齿，顶端微凹，有凸尖；掌状脉；内轮2枚萼片基部不呈囊状；花瓣白色，倒卵形，顶端深凹，无爪；雄蕊6，近等长，花丝基部扩大；蜜腺合生，包围所有雄蕊基部，有中蜜腺；子房具胚珠10~40；长角果，线形，开裂；果瓣纸质，主脉不明显，念珠状；种子略扁，子叶缘倚胚根。

3种，中国特有，产华中和西南地区。

99. 假葶苈属 Drabopsis K. Koch

一年生草本；被星状毛，有时叶缘及萼片被分叉毛或单毛；基生叶莲座状，全缘；总状花序；内轮2枚萼片基部无囊状；雄蕊6，4强，花丝基部不扩大；中蜜腺缺，侧蜜腺位于短雄蕊花丝两侧；子房具胚珠12~40；长角果，开裂；果瓣具明显中脉；种子每室1行；湿时稍有黏性；子叶缘倚胚根。

1种，分布于亚洲中部、西南部和欧洲东南部；中国产新疆西部。

100. 鳞蕊芥属 Lepidostemon Hook. f. & Thomson

一年生或多年生簇生草本；密被树枝状毛、分叉毛或单毛；叶全缘或有锯齿，有时羽状裂；内轮2枚萼片基部不呈囊状；花瓣爪明显；雄蕊6，4强，花丝常有宽翅、具齿；子房具胚珠8~28；长角果，开裂；果瓣纸质，具厚边缘，基部与胎座框结合紧密；花柱宿存；子叶通常缘倚胚根。

5种，分布于不丹、中国、尼泊尔；中国3种（特有2种），产西藏。

101. 假香芥属 Pseudoclausia Popov

二年生草本；有单毛和有柄毛；叶通常羽状全裂或半裂；内轮2枚萼片基部囊状；花瓣线形或线状倒披针形，有皱折，爪明显；雄蕊6，4强；侧蜜腺2；子房具胚珠10~45；长角果，窄线形，开裂；果瓣具明显中脉和侧脉，念珠状；胎座框扁平；柱头线形，2裂，合生；子叶缘倚胚根。

10种，分布于亚洲中部和西南部；中国1种，产新疆。

102. 异药芥属 Atelanthera Hook. f. & Thomson

一年生草本；无基生叶；子叶宿存，全缘；茎生叶基部无耳；总状花序，有少数花；萼片内轮2枚基部不呈囊状；花瓣白色、后紫色；雄蕊6，4强，长雄蕊具1室花药，短雄蕊具2室花药；侧蜜腺2；子房具胚珠10~25；长角果，圆柱形或略扁；果瓣纸质；柱头头状，不裂；子叶缘倚胚根。

1种，分布于阿富汗、中国、克什米尔、巴基斯坦和塔吉克斯坦；中国产西藏。

103. 假簇芥属 Pycnoplinthopsis Jafri

多年生簇生草本；被分枝状毛或叉状毛，稀有单毛；基生叶莲座状，非肉质，先端有粗齿或缺刻；茎生叶缺；花单生；萼片合生为钟形，宿存，基部无囊状；花瓣白色，爪不明显；雄蕊6，4强；侧蜜腺2，半环形；子房具胚珠8~20；长角果或短角果，开裂；果瓣纸质，不呈舟形，脉不明显；子叶背倚胚根。

1种，分布于喜马拉雅地区；中国产西藏。

104. 盐芥属 Thellungiella O. E. Schulz

一年生草本；基生叶有时略肉质；茎生叶，基部耳状或抱茎；总状花序；内轮2枚基部不呈囊状；雄蕊6，稍4强；侧蜜腺位于短雄蕊两侧；子房具胚珠15~90；长角果，开裂；果瓣具明显中脉；种子每室1~2行；子叶背倚胚根。

3种，分布于亚洲东部及北部、北美洲西部；中国3种，产新疆、内蒙古、河北、山东、吉林和江苏。

盐芥 *Thellungiella salsuginea* (Pall.) O. E. Schulz

105. 华羽芥属 Sinosophiopsis Al-Shehbaz

一年生草本；植株被单毛和分叉毛；茎具棱和纵条纹；茎生叶羽状深裂，基部不呈耳状；内轮2枚萼片基部不呈囊状；花瓣白色，爪明显；雄蕊6，4强，花丝基部不扩大；蜜腺合生，包围所有雄蕊基部，有中蜜腺；子房具胚珠（20~）26~40；长角果；果瓣纸质，念珠状；柱头头状，不裂；湿时有黏性；子叶背倚胚根。

2种，中国特有，分布于青海、西藏和四川。

目 43. 檀香目 Santalales

檀香目 Santalales 在 APG Ⅲ系统中包括 7（~14）科，其中许多种类是寄生、半寄生植物。基于含聚乙炔、根缺少根毛、不开裂果实仅有 1 枚种子、种皮退化或压碎等特征显示它们是单系类群，同时也得到 DNA 序列数据的支持（Nickrent & Soltis，1995；Hilu et al.，2003；Judd et al.，2008）。该目的界定和目下科的划分尚存在问题。Takhtajan（2009）将蛇菰科 Balanophoraceae 单立为蛇菰目 Balanophorales，而在 1997 年版曾将蛇菰科分成 6 科，现均降级为亚科；铁青树科 Olacaceae 取广义概念，并未分立赤苍藤科 Erythropalaceae、润肺木科 Strombosiaceae、檀榛科 Coulaceae、海檀木科 Ximeniaceae 和青皮木科 Schoepfiaceae，在分支图上也显示它们的近缘关系。我们取自中国材料所作的分析显示，赤苍藤科和海檀木科、铁青树科（狭义）和青皮木科、檀香科 Santalaceae 和山柚子科 Opiliaceae 各聚在一支成姐妹科关系（图 137），唯桑寄生科 Loranthaceae 的系统位置和檀香科（包括槲寄生科 Viscaceae）的科内关系尚需深入研究。

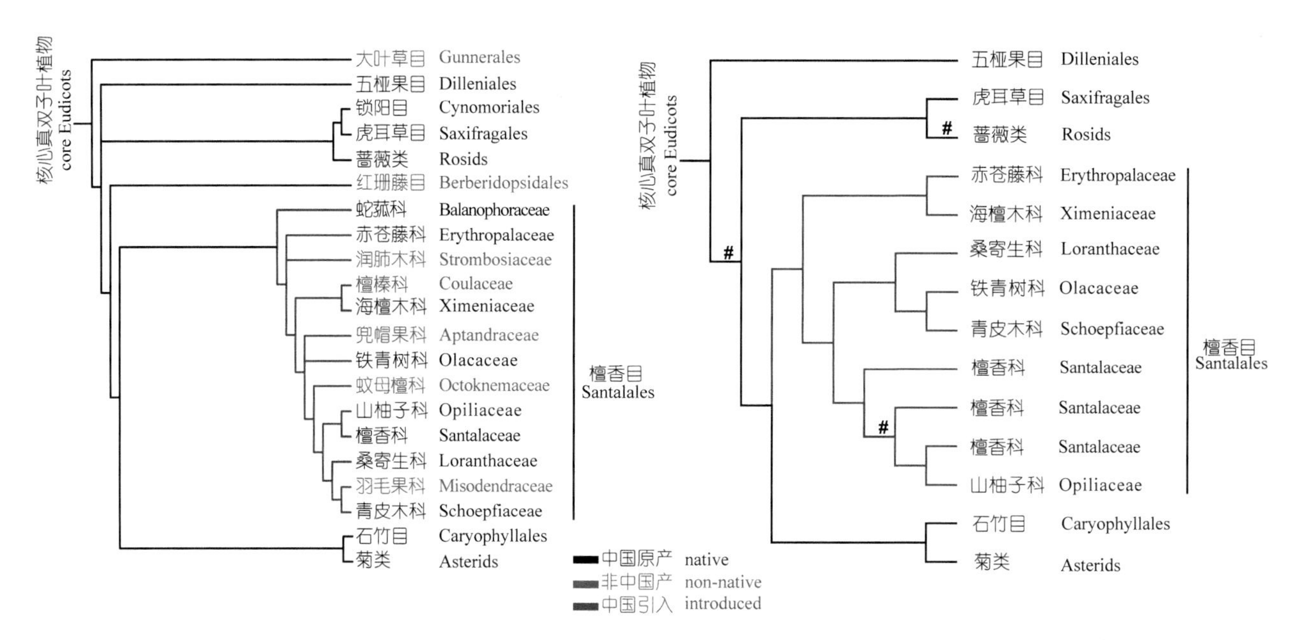

图 137 檀香目的分支关系

被子植物 APG Ⅲ系统（左）；中国维管植物生命之树（右）

科 182. 海檀木科 Ximeniaceae

4 属 13 种，泛热带分布；中国 2 属 2 种，产广东、广西、云南、海南。

灌木或小乔木；叶互生，叶脉羽状；蝎尾状聚伞花序；花瓣 4（~5），内面被毛；雄蕊 8（~10）；子房上位；核果。

1. 蒜头果属 Malania Chun & S. K. Lee

乔木，枝无刺；花瓣内面下部有毛，先端内曲；子房下部2室、顶端1室，特立中央胎座；花柱粗短，柱头微2裂；浆果状核果，坚硬，呈扁球形或基部收缩成近梨形。

中国特有属，仅1种，分布于广西西部和云南东部。

蒜头果 *Malania oleifera* Chun & S. K. Lee

2. 海檀木属 Ximenia L.

灌木或小乔木，具短枝及枝刺；短枝上的叶呈簇生状；花瓣狭窄，离生或其中2~3片合生，外卷；子房4室，中轴胎座，柱头不裂；核果。

8种，主产热带地区；中国1种，产广东和海南。

海檀木 *Ximenia americana* L.

科 183. 赤苍藤科 Erythropalaceae

4属40种，泛热带分布，多数分布于中美和南美地区；中国1属1种，主产南部和东南部。

木质藤本，具腋生、卷须；叶脉掌状；花序丛生或二歧聚伞状；花萼裂片4~6；雄蕊5，与花冠裂片对生；子房下位，胚珠具外珠孔，花柱短。

1. 赤苍藤属 Erythropalum Blume

木质藤本，具腋生卷须；花萼有4~5裂齿；花冠宽钟形，5深裂；雄蕊5；3心皮，1室，顶生胎座，胚珠2~3；核果，成熟时为增大成壶状的花萼筒所包围。

3种，分布于南亚和东南亚；中国1种，产广东、广西、云南、贵州。

赤苍藤 *Erythropalum scandens* Blume

科 184. 桑寄生科 Loranthaceae

60~73属700~1 000种，主要分布于热带和亚热带地区；中国8属51种，主要分布于热带和亚热带地区，少数分布至暖温带地区。

半寄生灌木，多数寄生于种子植物的茎或枝；寄生部位形成“吸器”；多为两性花，花瓣离生或不同程度地合生成冠管；多为浆果，中果皮具黏胶质。

常分2族：鞘花族 Elytrantheae（●）和桑寄生族 Lorantheae（●）。鞘花族中国有2属，除鞘花属外，还有大苞鞘花属 *Elytranthe*（本研究未取样），国产2种。在分支图上鞘花属在基部，梨果寄生属和钝果寄生属在分支的“顶部”（图138）。

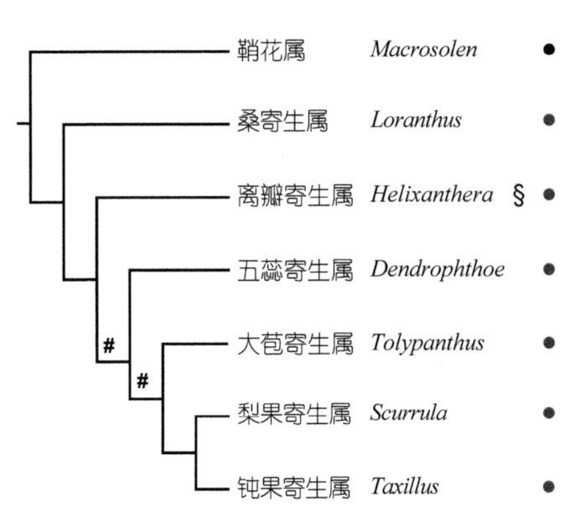

图138 中国桑寄生科植物的分支关系

1. 鞘花属 Macrosolen (Blume) Rchb.

灌木，全株无毛；叶对生；花序总状、伞形或穗状，每朵花具苞片 1，小苞片 2；花两性，6 数，花瓣合生为管状花冠；浆果顶端具宿存副萼或花柱基。

25~40 种，亚洲南部、东南部至新几内亚分布；中国 5 种，主产热带和亚热带地区。

鞘花 *Macrosolen cochinchinensis* (Lour.) Tiegh.

2. 桑寄生属 Loranthus Jacq.

灌木，全株无毛；叶对生或近对生；花序穗状，每朵花具苞片 1；花两性或单性（雌雄异株），5~6 数，辐射对称，花瓣离生；浆果卵球状或近球状，外果皮平滑。

8~10 种，分布于欧洲至亚洲南部的温带至热带地区；中国 6 种，主产暖温带至热带地区。

北桑寄生 *Loranthus tanakae* Franch. & Sav.

3. 离瓣寄生属 Helixanthera Lour.

灌木，嫩枝和叶无毛或被毛；叶对生或互生，稀近轮生；花序总状或穗状，每朵花具苞片 1；花两性，4~6 数，辐射对称，花瓣离生；浆果卵球状或椭圆状，外果皮平滑或被毛。

约 50 种，分布于亚洲和非洲的热带与亚热带地区；中国 7 种，主产福建至云南等热带和亚热带地区及西藏东南部（墨脱）。

离瓣寄生 *Helixanthera parasitica* Lour.

4. 五蕊寄生属 Dendrophthoe Mart.

灌木；嫩枝叶和花常被毛，叶互生或近对生；花序总状或穗状，每朵花具苞片 1；花两性，5 数，花瓣合生为管状花冠；浆果卵球形。

30~35 种，分布于亚洲和大洋洲热带地区；中国 1 种，主产广东、广西和云南南部。

五蕊寄生 *Dendrophthoe pentandra* (L.) Miq.

5. 梨果寄生属 Scurrula L.

灌木，嫩枝叶和花被毛；叶对生或近对生；花序总状或伞形，每朵花具苞片 1；花两性，4 数，两侧对称，花瓣合生为管状花冠；花托梨形或陀螺状，基部渐狭；浆果梨形、棒状或陀螺状，基部渐狭或骤狭，呈柄状。

约 50 种，分布于亚洲南部和东南部；中国 10 种，主产西南、华南和东南等热带和亚热带地区。

小红花寄生 *Scurrula parasitica* var. *graciliflora* (Wall. ex DC.) H. S. Kiu

6. 钝果寄生属 Taxillus Tiegh.

灌木，嫩枝叶和花常被毛；叶对生或互生；花序伞形或总状，每朵花具苞片 1；花两性，4~5 数，两侧对称，花瓣合生为管状花冠；花托椭圆状或卵球形，基部圆钝；浆果基部圆钝，外果皮常具疣状或颗粒状突起。

25~35 种，分布于亚洲南部、东南部的热带和亚热带地区；中国 18 种，主产西南和秦岭以南地区。

滇藏钝果寄生 *Taxillus thibetensis* (Lecomte) Danser

7. 大苞寄生属 Tolypanthus (Blume) Blume

灌木，嫩枝叶被毛；叶互生或对生；密簇聚伞花序，每朵花具苞片 1；苞片离生或合生成钟状总苞；花两性，5 数，辐射对称，花瓣合生为管状花冠；浆果椭圆状，外果皮被毛。

5~7 种，分布于亚洲南部至东部；中国 2 种，主产贵州、湖南、广西、广东、江西、福建等地。

黔桂大苞寄生 *Tolypanthus esquirolii* (H. Lév.) Lauener

8. 大苞鞘花属 Elytranthe (Blume) Blume

灌木，全株无毛；叶对生；花序穗状，每朵花具苞片 1，小苞片 2；苞片具脊，包围花托及冠管基部；花两性，6 数，花瓣合生为管状花冠；浆果顶端具宿存副萼及花柱基。

10 种，分布于亚洲南部和西南部热带地区；中国 2 种，主产云南和西藏。

大苞鞘花 *Elytranthe albida* (Blume) Blume

科 185. 铁青树科 Olacaceae

3 属 57 种，主产非洲、亚洲、澳大利亚及南美洲；中国 1 属 3 种，分布于广东、广西、云南、海南及台湾。

乔木、灌木或藤本；单叶互生，光滑，无托叶；花两性，辐射对称，萼片 4~6，花瓣 3~6，雄蕊 3 至多数，两轮，具退化雄蕊；子房上位或半下位，3 心皮，1 室；核果。

1. 铁青树属 Olax L.

乔木或灌木，有时为藤本；叶脉羽状；花序短穗状、总状或圆锥状；花瓣 3，可育雄蕊 3，退化雄蕊 5，花盘环状；子房上位，胚珠 3；核果为肉质、扩大的花萼筒包藏。

约 40 种，分布于热带非洲、亚洲和澳大利亚；中国 3 种，产云南、广西、广东、海南及台湾，其中疏花铁青树 *Olax austrosinensis* 为我国特有。

尖叶铁青树 *Olax acuminata* Benth.

186. 青皮木科 Schoepfiaceae

3 属约 55 种，产中南美洲、东亚南部和东部、东南亚；中国 1 属 4 种，主产南方各省区，向北可到甘肃、陕西、河南三省的南部。

乔木、灌木或草本；叶互生，疏离或螺旋状排列；腋生聚伞花序，或顶生的穗状或头状花序；花单被或双被，辐射对称，单被花者花被管状，檐部 5 裂，雄蕊 5，子房上位，坚果，成熟时为苞片所包；双被花的花冠管状，檐部 4~6 裂，雄蕊 4~6，子房半下位，特立中央胎座，核果，成熟时被增大的萼筒所包围。

1. 青皮木属 Schoepfia Schreb.

直立乔木或灌木；叶互生，叶脉羽状；花排成腋生的蝎尾状或螺旋状的聚伞花序；花萼筒与子房贴生，花冠管状，冠檐 4~6 裂；雄蕊 4~6，着生于花冠管上；子房半下位，半埋在肉质隆起的花盘中，下部 3 室、上部 1 室，特立中央胎座，柱头 3 浅裂；核果，成熟时被增大的花萼筒所包围。

约 30 种，产美洲和亚洲的热带与亚热带地区；中国 4 种，产南部各省。

香芙木 *Schoepfia fragrans* Wall.

187. 檀香科 Santalaceae

（34~）39~44 属 450~900 种，分布于全世界的热带和温带地区；中国产 10 属 51 种，南北分布。

草本或灌木，稀小乔木，常为寄生或半寄生；单叶，有时退化为鳞片，无托叶；花小，辐射对称，两性或单性，常雌雄异株，花单生或集成聚伞、伞形、圆锥、总状或穗状花序；萼花瓣状，常肉质，裂片 3~6；无花瓣，有花盘；雄蕊 3~6，与萼片对生；子房下位或半下位，1 室或 5~12 室；核果、浆果或坚果；种子 1。

包括狭义檀香科 Santalaceae *s. s.*，分 3 族，中国产 2 族：檀香族 Santaleae（●）、百蕊草族 Thesieae（●）。分支分析显示，由于檀香族的成员聚集在不同分支，而使狭义檀香科成为多系，其他 2 科的属各自聚集在同一分支（图 139），槲寄生科 Viscaceae（●）和山柚子科 Opiliaceae（●）嵌入在檀香科内部，后者在本书中暂分立为科。

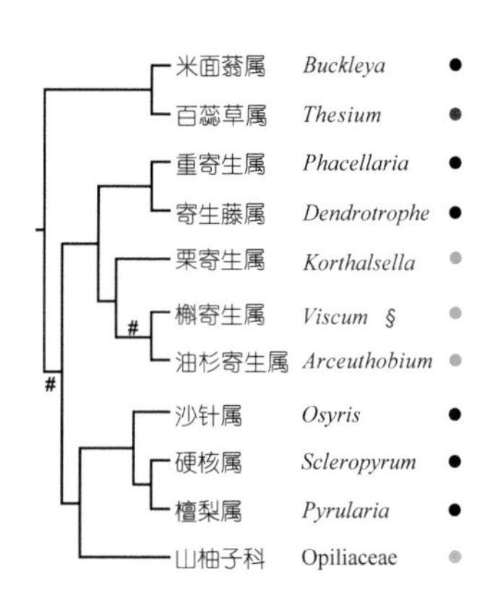

图 139 中国檀香科植物的分支关系

1. 米面蓊属 Buckleya Torr.

半寄生落叶灌木；芽顶端锐尖，有鳞片 2~5 对；叶对生，厚膜质；雄花集成腋生或顶生的聚伞或伞形花序，无苞片，花被 4（~5）裂，雄蕊 4（~5），花盘上位；雌花单花顶生或腋生，4（~5）数，苞片叶状，4（~5），宿存；核果。

约 4 种，产于亚洲东部和北美；中国 2 种，产中部和西北部。

米面蓊 *Buckleya henryi* Diels

2. 百蕊草属 **Thesium** L.

纤细草本，寄生于其他植物根部；叶互生，狭长或鳞片状，具 1~3 脉；花序常为总状，花两性，苞片叶状；花被裂片（4~）5，内面或雄蕊之后常具丛毛一撮；雄蕊（4~）5，花盘上位；胚珠 2~3；坚果具干燥的外果皮。

约 245 种，广布于全世界温带地区，少数产于热带地区；中国 16 种（特有 9 种），南北大部分省区都有分布。

急折百蕊草 *Thesium refractum* C. A. Mey.

3. 重寄生属 **Phacellaria** Benth.

寄生草本或亚灌木，无叶或具鳞片状叶；花序木质化；花单生或簇生，杂性或单性，常雌雄同株；雄花：雄蕊 4~6（~8），花药叉开，花盘边缘弯缺；雌花：花被裂片（3~）4~8；核果具脆骨质内果皮。

约 8 种，分布于东南亚的热带和亚热带地区；中国 6 种（特有 2 种），产西南和华南各地。

硬序重寄生 *Phacellaria rigidula* Benth.

4. 寄生藤属 **Dendrotrophe** Miq.

半寄生木质藤本；革质，全缘，叶脉基出弧形；花单性或两性，单生，簇生或集成聚伞或伞形花序；花被 5~6 裂，雄蕊 5~6；雌花单生或簇生，退化雄蕊存在；核果。

约 10 种，分布于喜马拉雅、东南亚和大洋洲南部；中国 6 种，产南部和云南。

寄生藤 *Dendrotrophe varians* (Blume) Miq.

5. 栗寄生属 **Korthalsella** Tiegh.

寄生小灌木，雌雄同株；小枝扁平；叶鳞片状；聚伞花序腋生，花基部有毛，花被萼片状；雄花 3，聚药雄蕊球形，花药 2 室，纵裂；浆果具宿萼。

约 25 种，分布于非洲东部、马达加斯加，亚洲南部、东南部，澳大利亚和新西兰；中国 1 种，产东南部至西南部。

栗寄生 *Korthalsella japonica* (Thunb.) Engl.

6. 槲寄生属 **Viscum** L.

寄生性灌木；叶对生，具基出脉或退化成鳞片状；雌雄同株或异株；聚伞花序腋生或顶生，常具 2 枚苞片组成的舟形总苞；花单性，萼片 4，花药多室，孔裂；浆果具宿存花柱。

约 70 种，广布于旧世界的热带和温带地区；中国 12 种（特有 4 种），除新疆外各省区均有分布。

槲寄生 *Viscum coloratum* (Kom.) Nakai

7. 油杉寄生属 Arceuthobium M. Bieb.

寄生性亚灌木或小草本，仅寄生于松科或柏科植物上；茎、枝圆柱状；叶对生，退化成鳞片状，合生成鞘状；花单性异株，单朵腋生或一至数朵顶生；花药 1 室，横裂；浆果，上半部为宿萼包围，成熟时在基部环状弹裂。

约 45 种，产非洲东北部、亚洲、欧洲东部和北美洲的热带和温带地区；中国 5 种，产西南地区。

高山松寄生 *Arceuthobium pini* Hawksw. & Wiens

8. 沙针属 Osyris L.

灌木或小乔木；枝常呈三棱形；叶互生，薄革质，具羽状脉；花腋生，两性或单性，雄花集成聚伞花序，两性花或雌花常单生；两性花：离生部分 3(~4) 裂，内面有一撮疏毛；雄蕊 3（~4），花药平行纵列，花盘边缘弯缺；雌花：雄蕊略长，子房退化；核果。

6~7 种，产非洲、亚洲和欧洲；中国 1 种，产四川、云南、广西。

沙针 *Osyris quadripartita* Decne.

9. 硬核属 Scleropyrum Arn.

小乔木或灌木，茎节常具木质粗刺；单叶互生，革质，全缘，有羽状脉；花单性或两性，雌雄同株或异株，集成腋生的柔荑式短穗状花序；雄蕊 5，花药室叉开；核果浆果状。

约 6 种，分布于东南亚；中国 1 种，产云南、广东。

硬核 *Scleropyrum wallichianum* (Wight & Arn.) Arn.

10. 檀梨属 Pyrularia Michx.

灌木或小乔木；枝圆柱形；叶互生，膜质或纸质，具羽状脉；花两性或单性，集成腋生或顶生的总状、穗状或聚伞花序，稀单生；花被裂片 5（~6），雄蕊 5，花药平行纵列，花盘在雄蕊之间有鳞片；核果。

约 2 种，分布于亚洲中南部、南部和北美洲；中国 1 种，产西南至东南地区。

檀梨 *Pyrularia edulis* (Wall.) A. DC.

科 188. 山柚子科 Opiliaceae

10 属 33 种，多分布于亚洲和非洲的热带地区，少数产澳大利亚东北部和美洲的热带地区；中国 5 属 5 种，产云南、广西、广东及台湾等省区。

常绿小乔木、灌木或木质藤本；单叶互生，全缘，无托叶；花小，组成腋生或顶生的穗状、总状或圆锥状聚伞花序；花 3~5 数，花盘环状或杯状，或为分离的腺体；核果。

台湾山柚属 *Champereia* 为最早分出的属，之后鳞尾木属 *Lepionurus*、山柑藤属 *Cansjera*、山柚子属 *Opilia* 和尾球木属 *Urobotrya* 相继分出。其中，尾球木属 *Urobotrya* 和山柚子属 *Opilia* 较近缘（图 140）。

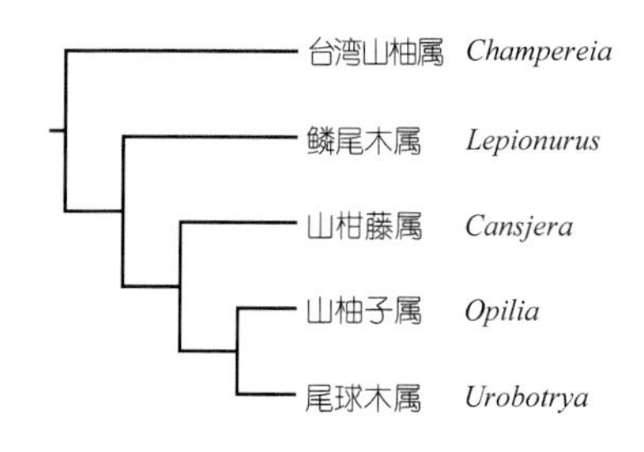

图 140 中国山柚子科植物的分支关系

1. 台湾山柚属 Champereia Griff.

直立灌木或小乔木；圆锥状聚伞花序，苞片小，早落；花杂性，单被，花被5裂，雌花具退化雄蕊；子房上位，半埋于环状花盘中，柱头垫状。

2种，分布于亚洲南部和东南部热带地区；中国1种，产云南和台湾。

台湾山柚 *Champereia manillana* (Blume) Merr.

2. 鳞尾木属 Lepionurus Blume

灌木；总状花序腋生，每个苞片内有3朵花；苞片阔，鳞片状，于开花前脱落；花单被，花被深4裂；雄蕊长度短于花被，花丝扁平；花盘杯状；花柱常缺，柱头不裂或4浅裂。

1种，分布于尼泊尔、印度东北部、马来西亚的热带地区；中国1种，产广西西南部。

鳞尾木 *Lepionurus sylvestris* Blume

3. 山柑藤属 Cansjera Juss.

灌木，有时具刺；穗状花序腋生，每朵花具1枚苞片；花单被，下部合生成坛状或钟状，上部4~5裂；雄蕊4~5，花丝分离或基部与腺体结合；腺体4~5；子房上位，1室，柱头4浅裂。

约5种，分布于亚洲和澳大利亚的热带地区；中国1种，产海南、广西西南部、云南东南部。

山柑藤 *Cansjera rheedei* J. F. Gmel.

4. 山柚子属 Opilia Roxb.

藤本或灌木；叶革质；总状花序腋生，每个苞片内有3朵花，苞片早落；花瓣4~5，离生，顶端伸展外弯；腺体5，肉质，与花瓣互生。

约22种，分布于非洲、亚洲的热带地区和澳大利亚东北部；中国1种，产云南南部。

山柚子 *Opilia amentacea* Roxb.

5. 尾球木属 Urobotrya Stapf

灌木或小乔木；花两性，排成总状花序，每个苞片内着生3朵花，苞片于开花前脱落；花单被，3~5数，花被离生；雄蕊与花被片对生，长于花被片；花盘环状，肉质，花柱缺。

7种，分布于非洲的热带地区和亚洲东南部；中国1种，产云南。

189. 蛇菰科 Balanophoraceae

18 属约 50 种，主要分布于热带和亚热带地区；中国 2 属 13 种，产长江以南。

一年生或多年生肉质草本，寄生于根上，无叶绿素和气孔；花单性，很少两性，密集成一个单性或两性的花序；雄花无花被或有 3~8 裂的花被；果小，坚果状。

1. 蛇菰属 Balanophora J. R. Forst. & G. Forst.

肉质草本，集生于其他植物的根上；茎退化为单一或分枝的块茎，具 1 至多个穗状或头状花序；叶和苞片退化为鳞片状，有色；花单性；雄花花被 3~6 裂，雄蕊 3~6；雌花无花被；心皮 1，胚珠 1。

约 19 种，主要分布于热带非洲和澳大利亚，温带至热带亚洲和太平洋岛屿；中国 12 种，产长江以南地区。

疏花蛇菰 *Balanophora laxiflora* Hemsl.

2. 盾片蛇菰属 Rhopalocnemis Jungh.

粗壮、肉质草本，有块状茎；花序柄极粗壮，破根茎而出，基部被具瘤的管所围绕；肉穗花序大，圆柱状，覆以六角形、盾状脱落的苞片；花单性异株；雄花花被钟状或漏斗状，雄蕊 3；雌花花被与子房壁黏合，椭圆状压扁，裂片极短，二唇形；果线形或卵状长椭圆形，肿胀。

2 种，分布于马达加斯加、东亚和东南亚；中国 1 种，产云南东南部。

盾片蛇菰 *Rhopalocnemis phalloides* Jungh.

目 44. 石竹目 Caryophyllales

石竹目 Caryophyllales 在被子植物中是一个较大的自然类群。自 Bartling（1830）建立石竹目或称中央子目 Centrospermae（Eichler，1878）以来，目的概念和范畴在各大系统中基本上是一致的。最近的 APG Ⅲ（2009）系统包括 39 科，在 Takhtajan（2009）系统中隶属于双子叶植物第 42~47 目，实际上是目的复合群，共同组成石竹超目 Caryophyllanae。该群植物所具有的特立中央至基底胎座、弯生胚珠、存在外胚乳、P 型筛管分子质体、含甜菜色素、存在阿魏酸等曾被作为共同特征。Bittrich（1993）从 8 个方面（包括胚胎学、化学、血清学、超微结构、花特征、果实和种子特征、花粉、营养器官特征）进行了论证（吴征镒等，2003）。现代分子数据支持它是一个单系类群。APG Ⅲ的分支图和我们根据中国类群所作的分支图惊人的一致，包括两大支：一支传统上处理为蓼目 Polygonales 或蓼亚目 Polygonineae，另一支为石竹目（狭义）或石竹亚目 Caryophyllineae。蓼亚目包括两个主要分支：（瓣鳞花科 Frankeniaceae + 柽柳科 Tamaricaceae）－（白花丹科 Plumbaginaceae + 蓼科 Polygonaceae）支以基底胎座、果实不开裂为特征；茅膏菜科 Droseraceae + 猪笼草科 Nepenthaceae － 钩枝藤科 Ancistrocladaceae 支，前二科以食肉习性为特征。石竹亚目包含 21 科，分支关系比较复杂，Judd 等（2008）做了详细讨论，其中主要科中国均有分布或引种，石竹科 Caryohyllaceae － 苋科 Amaranthaceae 聚为一支，甜菜拉因缺如（丢失）；番杏科 Aizoaceae－针晶粟草科 Gisekiaceae－商陆科 Phytolaccaceae－数珠珊瑚科 Rivinaceae－紫茉莉科 Nyctaginaceae 组成一支，均具有针状晶体，并得到分子证据的支持；粟米草科 Molluginaceae－落葵科 Basellaceae－土人参科 Talinaceae－（马齿苋科 Portulacaceae＋仙人掌科 Cactaceae）支（图 141），后 2 科为肉质植物、内韧皮部缺如。但是，该目一些科的分类界限不清楚，许多小科研究尚不深入、人们知之甚少，需要进一步研究。

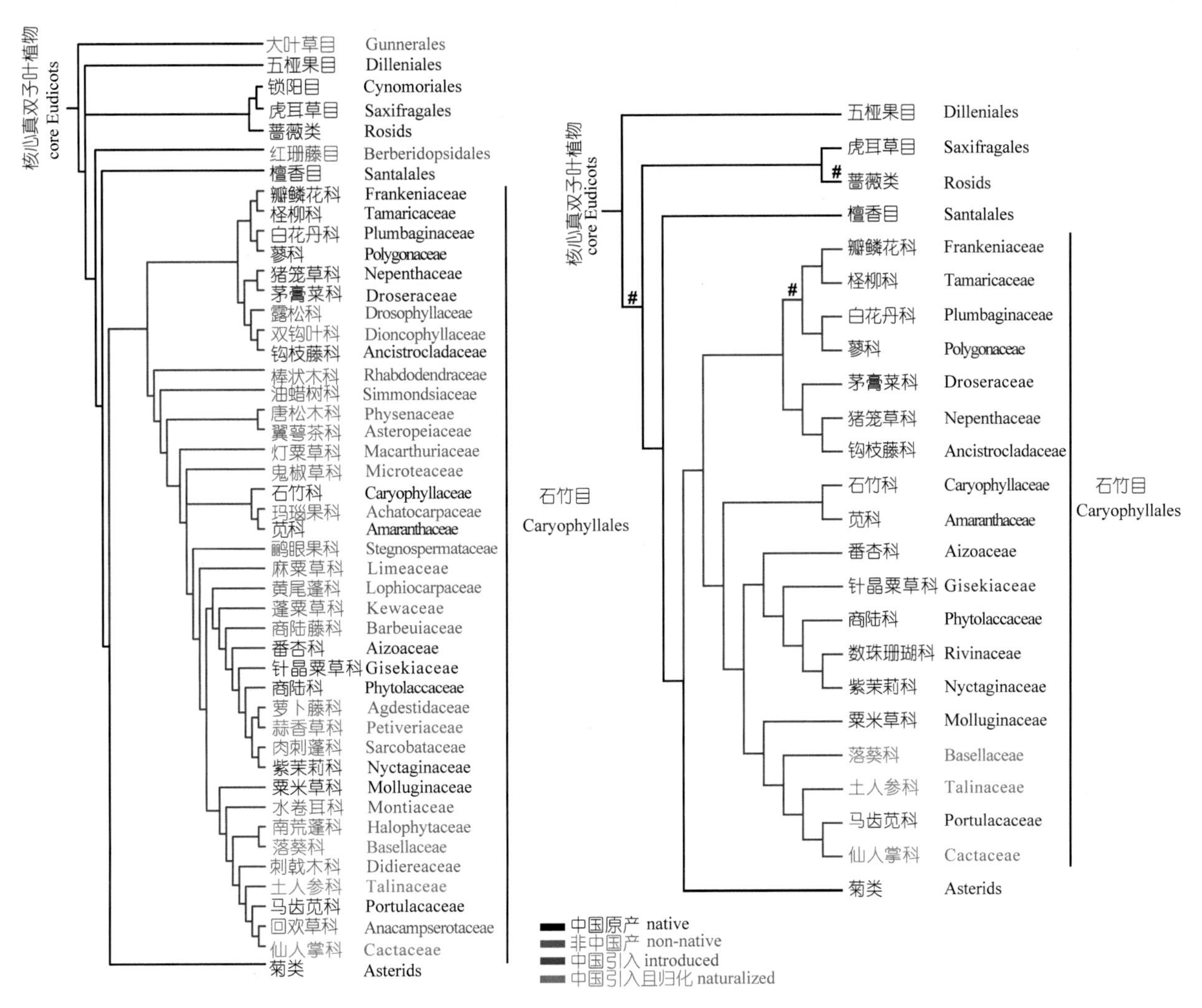

图 141 石竹目的分支关系

被子植物 APG Ⅲ系统（左）；中国维管植物生命之树（右）

科 190. 苋科 Amaranthaceae

约 174 属 2 050~2 500 种，世界广布；中国 57 属 233 种，全国各地分布。

草本、半灌木、灌木，稀为小乔木；叶常互生，稀对生；无托叶；单被花，两性、杂性或单性，如为单性时，雌雄同株或雌雄异株；有苞片或无苞片；花被膜质、干膜质、草质或肉质，3~5，花被片（裂片）覆瓦状；雄蕊与花被片（裂片）同数对生或较少；心皮 2~3，合生，基生胎座；胞果，很少为盖果、小坚果或浆果；果皮膜质、革质或肉质。

本研究依据APG系统将藜科归并入苋科，传统系统中两科一直被认为是石竹亚纲中两个平行发展的顶级。同形态学系统相比对，我们的分子分析结果显示：首先分为两大支：一支基本上为原苋科成员，另一支为原藜科成员。在苋科分支，多节草属位于基部（●），该属原为藜科多节草族Polycnemeae一员，在Takhtajan（2009）系统中，依据分子结果，将它归入苋科，立多节草亚科Polycnemoideae，原苋科的属分2亚科：苋亚科Amaranthoideae，下分青葙族Celosieae（●）和苋族Amarantheae（●）2族；千日红亚科Gomphrenoideae，分2族，车前苋族Pseudoplantagineae中国不产，只有千日红族Gomphreneae（●）。从分支图上可见原苋科的科下分类得到分子的完全支持。藜科在Takhtajan（2009）系统中分为4亚科；吴征镒等（2003）依据传统的系统分为2亚科14族：环胚亚科Cyclolobeae（族1~族12）和螺胚亚科Spirolobeae（族13~族14）。分子分析的结果显示：多数族所包含的属都聚集在相应的分支，如族1千针苋族Hablitzieae（●）位于基部、族2甜菜族Beteae（■）、族3藜族Chenopodieae（■）、族5樟味藜族Camphorosmeae（▲）、族7虫实族Corispermeae（■）、族13碱蓬族Suaedeae（■）、族14猪毛菜族Salsoleae（▲）；只有族4滨藜族Atripliceae（●）、族9盐千屈菜族Halopeplideae（■）和族10盐角草族Salicornieae（■）所包含的属不完全聚集在一起（图142）。从分子证据同形态学证据相结合分析，Takhtajan（2009）将藜科多节草族转移到苋科后2科分立的处理似乎是可取的。

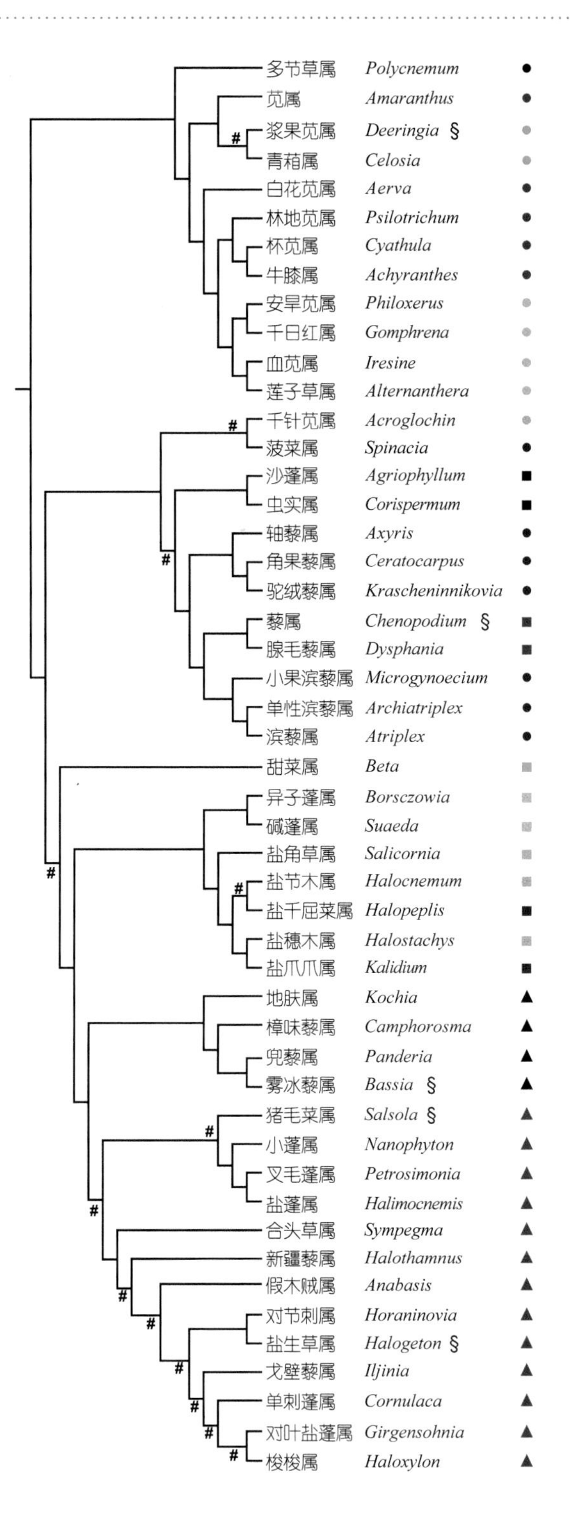

图142 中国苋科植物的分支关系

1. 多节草属 Polycnemum L.

一年生草本或亚灌木；叶互生，无柄；花两性，单生叶腋，苞片2，干膜质；花被片5，离生；雄蕊（1~）3（~5）；胞果果皮薄膜质，不裂；种子直立；胚环形，具胚乳。

6~8种，分布于中亚、西伯利亚和欧洲；中国1种，产新疆。

多节草 *Polycnemum arvense* L.

2. 苋属 Amaranthus L.

一年生草本；叶互生；花单性，集成花簇，再集合成穗状或圆锥状花序；每朵花有1苞片和2小苞片；花被片5，稀1~4，薄膜质，在果期直立，或在花期后变硬或基部加厚；雄蕊5，稀1~4，分离；子房具胚珠1，花柱极短或缺，宿存；胞果盖裂或不规则开裂，常为花被片包裹，或不裂，和花被片同落。

约40种，世界广布；中国14种，全国各地分布，至少8种为引种栽培。

苋 *Amaranthus tricolor* L.

3. 浆果苋属 Deeringia R. Br.

直立草木、亚灌木，披散或攀缘状灌木；叶互生，具柄；花两性或单性异株，排成腋生及顶生的穗状或总状花序，或由总状花序再组成圆锥花序；每朵花有1苞片和2小苞片；花被片5，稀4；雄蕊与花被片同数，花丝基部合生成杯状，无退化雄蕊；子房有胚珠少数或多数；浆果不裂，成熟时从宿存花被脱落。

约7种，产非洲、亚洲和澳大利亚；中国2种，主要分布于西部、西南部及华南地区。

浆果苋 *Deeringia amaranthoides* (Lam.) Wall.

4. 青葙属 Celosia L.

草本、亚灌木或灌木；叶互生；花两性，成顶生或腋生穗状花序，总花梗有时扁化；每花有1苞片和2小苞片，干膜质，宿存；花被片5，着色，干膜质，宿存；雄蕊5，花丝基部连合成杯状；无退化雄蕊；子房具2至多数胚珠，花柱宿存；胞果或蒴果盖裂。

45~60种，分布于非洲、美洲、亚洲；中国3种，1种野生，常见于中南部，另2种广泛栽培。

青葙 *Celosia argentea* L.

5. 白花苋属 Aerva Forssk.

草本或亚灌木，有时攀缘状；叶互生或对生；花小，两性或单性同株或异株；穗状花序或再成圆锥花序；花被片4或5，薄，被绵毛；雄蕊4或5，不等长，基部连合成短杯状，有退化雄蕊；胞果盖裂或不开裂。

约10种，分布于非洲和亚洲；中国2种，主要分布于中国西南、华南地区。

白花苋 *Aerva sanguinolenta* (L.) Blume

6. 林地苋属 Psilotrichum Blume

草本或灌木，茎三歧分枝；叶对生，有叶柄；花小，两性，成头状花序或穗状花序；每花有1苞片及2小苞片，干膜质；花被片5，直立，干膜质，花后变硬或不变，有数纵脉；雄蕊5，基部连合成杯状或管状，花药2室，无退化雄蕊；子房具1胚珠；胞果不裂，包裹在宿存花被片内。

林地苋 *Psilotrichum ferrugineum* (Roxb.) Moq.

约14种，分布于非洲及亚洲东南部；中国3种，产云南、海南。

7. 杯苋属 Cyathula Blume

草本或亚灌木；叶对生；花簇生，花束呈聚伞花序，每束1~3花可育，其他为不育花，不育花的花被变形成尖锐硬钩毛；苞片常具锐刺；花被片5，干膜质，基部不变硬；雄蕊5，花丝基部连合成短杯状，有退化雄蕊；子房具胚珠1；胞果不裂，包裹在宿存花被内。

川牛膝 *Cyathula officinalis* K. C. Kuan

约27种，广布于亚洲、非洲、美洲及太平洋岛屿的热带地区；中国4种，产西南部至东南部。

8. 牛膝属 Achyranthes L.

粗壮草本；茎具显明节，枝对生；叶对生；花两性，穗状花序，在花期直立，花期后反折、平展或下倾；小苞片刺状；花被片4~5，花后变硬，包裹果实；花丝基部合生一短杯，有退化雄蕊；子房有胚珠1；胞果和花萼及小苞片同时脱落。

约15种，分布于热带和亚热带地区；中国3种，南北广布。

牛膝 *Achyranthes bidentata* Blume

9. 安旱苋属 Philoxerus R. Br.

匍匐草本，常稍肉质；叶对生；花两性，紧密排列成头状花序，有苞片和2枚小苞片，小苞片具龙骨状突起；花被片5，基部具短爪；雄蕊5，花丝基部连合成杯状，花药1室；子房有胚珠1；胞果不开裂；胚环状，有胚乳。

约15种，分布于非洲西部、亚洲东部、美洲东部及太平洋岛屿；中国1种，产台湾。

安旱苋 *Philoxerus wrightii* Hook. f.

10. 千日红属 Gomphrena L.

草本或亚灌木；叶对生，少数互生；花两性，头状花序；小苞片末端有冠；花被片5；雄蕊5，花药1室，花丝基部合生成管状或杯状；无退化雄蕊；子房有胚珠1；胞果不开裂。

约100种，主要分布于热带美洲；中国2种，1种在各地常见栽培，1种产海南和台湾。

千日红 *Gomphrena globosa* L.

11. 血苋属 Iresine P. Browne

直立草本或攀缘亚灌木；叶对生，有时紫红色；花小，两性或单性，穗状花序，再复结成圆锥花序；花被片5，干膜质；雄蕊5，在雌花中退化成极短不育雄蕊或不存在，子房扁平，具1胚珠；在雌花具胚珠1；胞果不裂，膜质。

约70种，分布于亚洲、美洲及太平洋岛屿的热带地区；中国引种1种，江苏、广东、广西、云南等地有栽培。

血苋 *Iresine herbstii* Lindl.

12. 莲子草属 Alternanthera Forssk.

草本；叶对生；花两性，成有或无总花梗的头状花序，单生在苞片腋部；花被片5，干膜质，常不等；雄蕊2~5，花丝基部连合成管状或短杯状，花药1室，有退化雄蕊；子房有胚珠1；胞果不裂。

约200种，主产美洲热带地区；中国5种，为外来入侵植物，分布广泛。

喜旱莲子草 *Alternanthera philoxeroides* (C. Mart.) Griseb.

13. 千针苋属 Acroglochin Schrad.

一年生草本；叶互生；复二歧聚伞花序腋生，最末端的分枝针刺状；花两性，无苞片和小苞片；花被片5深裂；雄蕊1~3；果实为盖果，果皮革质，成熟时盖裂；种子横生；胚环形，具胚乳。

1种，分布于亚洲东部到喜马拉雅地区；中国产中部及西南部。

千针苋 *Acroglochin persicarioides* (Poiret) Moq.

14. 菠菜属 Spinacia L.

一年生或二年生草本；花单性，雌雄异株；雄花通常构成顶生的间断穗状花序或圆锥花序，花被片及雄蕊4~5；雌花腋生，无花被片；小苞片果时增大，变硬，合生，包被果实，背部具棘刺或无刺；种子直立；胚球形，胚乳丰富，粉质。

3种，产地中海地区；中国各地栽培1种。

菠菜 *Spinacia oleracea* L.

15. 沙蓬属 Agriophyllum M. Bieb.

一年生草本；叶顶端具刺状尖；花序穗状；花两性，单生于苞片腋部，无小苞片；花被片1~5，膜质，顶端啮蚀状撕裂；雄蕊1~5；子房背腹扁；胞果边缘具狭翅，顶端具2裂喙，果皮与种皮分离；种子直立；胚环形，胚乳丰富。

5~6种，分布于东亚、中亚及西亚；中国3种，产东北、华北和西北的沙漠地区。

沙蓬 *Agriophyllum squarrosum* (L.) Moq.

16. 虫实属 Corispermum L.

一年生草本，被柔毛或星状毛；叶互生，扁平或半圆柱状；花序穗状，花单生于苞腋；苞片叶状，有膜质边缘；花被片 1~3，不等大，膜质；雄蕊 1~5；胞果背腹扁，种皮与果皮贴生；种子直立；胚马蹄形，胚乳丰富。

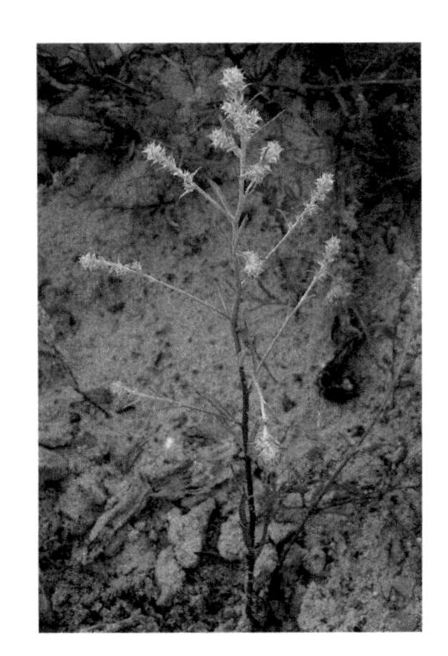

兴安虫实 *Corispermum chinganicum* Iljin

约 60 种，分布于北半球温带地区；中国 26 种，分布于东北、华北、西北和青藏高原。

17. 轴藜属 Axyris L.

一年生草本；花单性，雌雄同株；雄花数朵簇生，在小枝顶部密集成穗状花序，无苞片和小苞片；花被片 3~4，膜质；雌花通常数朵排成紧密的二歧聚伞花序，具苞片及 2 个小苞片；花被片膜质，被毛；胞果顶端通常具附属物；种子直立；胚马蹄形，胚乳丰富。

约6种，分布于北半球温带地区；中国3种，分布于东北、华北、西北及西藏。

轴藜 *Axyris amaranthoides* L.

18. 角果藜属 Ceratocarpus L.

一年生草本，被星状毛；叶顶端具刺状尖；花单性，雌雄同株；雄花常 2~3 朵成簇，腋生，无苞片及小苞片，花被管状，雄蕊 1；雌花单生，无花被，具苞片及小苞片，小苞片 2，合生，顶端具 2 个针状附属物，被星状毛；胞果包藏于合生的小苞片内；种子直立；胚马蹄形，有胚乳。

1 种，分布于欧洲东南部、小亚细亚和中亚；中国产新疆北部。

角果藜 *Ceratocarpus arenarius* L.

19. 驼绒藜属 Krascheninnikovia Gueldenst.

半灌木或小灌木，直立或呈垫状，密被星状毛；花单性，雌雄同株；雄花数朵成簇，集聚成穗状花序，无小苞片，花被片 4，膜质，被毛，雄蕊 4；雌花 1~2 朵腋生，无花被，小苞片 2，合生成筒状，具 4 束长毛，顶端 2 裂，果时变硬，包被胞果；种子直立；胚马蹄形，有胚乳。

6~7 种，分布于欧亚大陆和北美；中国 4 种，产西北、华北、东北及西藏。

驼绒藜 *Krascheninnikovia ceratoides* (L.) Gueldenst.

20. 藜属 Chenopodium L.

草本，稀为半灌木，被泡状毛，稀无毛；花两性或兼有雌性，无苞片和小苞片，簇生成团伞花序，再排成腋生的穗状或圆锥状花序；花被和雄蕊通常5；胞果不开裂；种子横生，稀直立；胚环形或马蹄形，胚乳丰富，粉质。

约170种，世界广布；中国15种（1种为栽培），各地均产。

小藜 *Chenopodium serotinum* L.

21. 腺毛藜属 Dysphania R. Br.

草本，常具强烈气味，被腺毛，稀无毛（花序分枝末端为针状不育枝）；花序顶生或腋生的聚伞花序或穗状花序；花两性或兼有雌性，无苞片和小苞片；花被片及雄蕊1~5；花柱及柱头1~3；胞果包于花被片内；种子横生或直立；胚环形或马蹄形，胚乳丰富，粉质。

约30种，世界广布；中国4种（1种为栽培），主要分布于北部及西南地区。

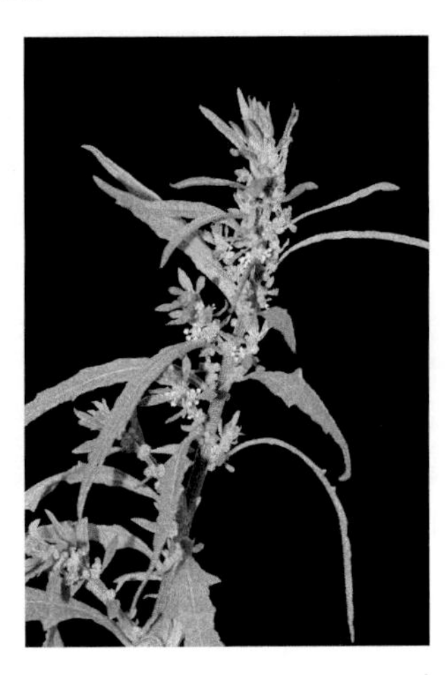

土荆芥 *Dysphania ambrosioides* (L.) Mosyakin & Clemants

22. 小果滨藜属 Microgynoecium Hook. f.

一年生草本，稍有囊状毛；花极小，单性，雌雄同株，无小苞片；雄花花被近膜质，5裂，雄蕊1~4；雌花簇生于具3个裂片而两个侧裂片内折的叶状苞片的腋部，通常仅1~3个发育；花被退化成丝状；胞果顶端有鸡冠状突起；果皮薄，贴伏于种子；种子直立；胚马蹄形，胚乳粉质。

1种，分布于喜马拉雅、青藏高原；中国产甘肃、青海及西藏。

小果滨藜 *Microgynoecium tibeticum* Hook. f.

23. 单性滨藜属 Archiatriplex G. L. Chu

一年生草本；叶对生或互生，有柄，具单细胞泡状毛；花单性，雌雄同株；穗状花序间断；雄花位于上部，无苞片，花被近膜质，先端稍肉质，5裂；可育雌花位于雄花序下部，基部具叶状苞片，花被片3或4裂，果时稍增大；胞果果皮薄，具乳头状突起，贴伏于种子；胚环形，胚乳丰富。

1种，特产中国四川。

24. 滨藜属 Atriplex L.

一年生草本或小灌木，常被白色粉粒；团伞花序腋生；花单性，稀两性，雌雄同株或异株；雄花无苞片；花被5裂，稀3~4裂；雌花通常无花被，具2个小苞片，小苞片分离或合生，果时增大；胞果包藏于增大的小苞片内；种子直立，极少横生；胚环形，具胚乳。

约250种，分布于温带或亚热带地区；中国17种，主产北部各省区，新疆种类最多，少数种类分布于东南部沿海各省。

西伯利亚滨藜 *Atriplex sibirica* L.

25. 甜菜属 Beta L.

一年生或多年生草本；花两性，单生或几朵簇生，组成穗状花序或圆锥状花序；花被坛状，基部连合，果时变硬，背面具纵脊；胞果下部与花被的基部合生；种子横生；胚环形，胚乳丰富。

约 10 种，分布于欧洲、亚洲及非洲北部；中国栽培 1 种。

甜菜 *Beta vulgaris* L.

26. 异子蓬属 Borsczowia Bunge

草本；花单性；每花有 2 膜质鳞片状小苞片；雄花花被裂片开花时开展，花后早落；雌花花被透明膜质，先端浅裂或不裂，结果时随子房增大成浆果状；胞果包于花被内，有大小二型：大型果倒卵形，小型果梨形；胚平面螺旋状，胚乳贫瘠。

1 种，分布于中亚；中国产新疆。

27. 碱蓬属 Suaeda Forssk. ex J. F. Gmel.

草本至灌木；花两性，有时兼有雌性，单生或数朵成束，腋生；小苞片鳞片状；花被肉质，果时背面具瘤状、角状或横生的狭翅状附属物；胞果为花被所包围；胚螺旋状，无胚乳。

约 100 种，世界广布；中国 20 种，主产新疆及北方各省。

碱蓬 *Suaeda glauca* (Bunge) Bunge

28. 盐角草属 Salicornia L.

草本或小灌木；茎光滑；枝对生，肉质，多汁，有关节；叶不发育，鳞片状；穗状花序；花两性，无柄，陷入肉质的花序轴内；无小苞片；花被合生，果时为海绵质；胞果包藏于花被内；种子直立；胚半环形，无胚乳。

约 30 种，分布于亚洲、欧洲、非洲及美洲；中国 3 种，产东北、华北、西北及山东、江苏北部沿海地区。

盐角草 *Salicornia europaea* L.

29. 盐节木属 Halocnemum M. Bieb.

半灌木；小枝具关节；叶不发育，鳞片状；花序穗状，无柄；花两性，腋生，每一苞片内具 3 朵花，稀 2 朵；苞片呈盾状的鳞片状，对生，无小苞片；花被 3 深裂；雄蕊 1；胞果；种子直立，密生小突起；胚马蹄形，有胚乳。

1 种，分布于欧洲南部、中亚及非洲北部；中国产新疆及甘肃西北部。

盐节木 *Halocnemum strobilaceum* (Pall.) M. Bieb.

30. 盐千屈菜属 Halopeplis Bunge ex Ung.-Sternb.

草本，无毛；叶轮生或互生，肉质，近球形，抱茎；花序穗状；花两性，腋生，每一苞片内具 3 朵花；苞片鳞片状，螺旋状排列；花被合生；雄蕊 1~2；胞果；种子直立，密生小突起；胚马蹄形，胚乳丰富。

3 种，分布于中亚、欧洲南部和非洲北部；中国 1 种，产新疆。

31. 盐穗木属 Halostachys C. A. Mey. ex Schrenk

灌木；枝对生，小枝肉质；叶鳞片状；穗状花序；花两性，腋生，每一苞片内生3朵花；苞片鳞片状；花被合生，顶端3浅裂，裂片内弯，果时海绵质；雄蕊1；种子直立；胚马蹄形，有胚乳。

1种，分布于亚洲及欧洲东南部，中国产新疆及甘肃。

盐穗木 *Halostachys caspica* Schrenk

32. 盐爪爪属 Kalidium Moq.

小灌木；枝互生，小枝无关节；叶互生，圆柱状或不发育，肉质；花序穗状，有柄；花两性或兼具雌性，基部嵌入肉质的花序轴内；苞片肉质，螺旋状排列，无小苞片；花被合生，具4~5小齿，果时呈海绵状；胞果包藏于花被内，果皮膜质，具小突起；种子直立；胚马蹄形，有胚乳。

5种，分布于欧洲东南部、亚洲中部及西南部；中国5种，产西北、华北和东北地区。

里海盐爪爪 *Kalidium caspicum* (L.) Ung.-Sternb.

33. 地肤属 Kochia Roth

草本，稀半灌木，被柔毛；叶互生；花两性，有时兼有雌性，单生或2~3朵簇生于叶腋，排成穗状花序；无小苞片；花被片果时背面檐生翅状附属物；雄蕊5；胞果包藏于花被内；种子横生；胚环形，有胚乳。

10~15种，广布于非洲北部、亚洲、欧洲和北美洲的温带地区；中国7种，主产西北、华北和东北地区。

地肤 *Kochia scoparia* (L.) Schrad.

34. 樟味藜属 Camphorosma L.

半灌木，密生白色绒毛；叶互生，钻形或针形，在小枝上的叶密集成簇；花序穗状，紧密，具苞片，无小苞片；花两性或杂性；花被筒状，上部4裂，果时不变化；雄蕊4；胞果包藏于宿存花被内；种子直立；胚马蹄形，有胚乳。

约10种，分布于亚洲中部和西部及欧洲东南部；中国1种，产新疆。

樟味藜 *Camphorosma monspeliaca* L.

35. 兜藜属 Panderia Fisch. & C. A. Mey.

一年生草本；茎被柔毛；叶互生，无柄；花两性或兼具雌性，无小苞片，单生或簇生，组成穗状花序；花被筒状，膜质，被粗毛，上部5裂，果时背面上部具瘤状或翅状附属物；雄蕊5；胞果包藏于花被内；种子直立；胚马蹄形，有胚乳。

3种，分布于亚洲中部和西南部；中国1种，产新疆。

36. 雾冰藜属 Bassia All.

一年生草本，具毛；叶互生，肉质；花两性，单生或簇生于叶腋，排成穗状花序；无苞片和小苞片；花被筒状，被毛，上部5裂，裂片果时背部具刺状、钻状、三角状附属物；雄蕊5；种子横生；胚环形，有胚乳。

10~12种，分布于东半球的温带地区和大洋洲；中国3种，产北方各省及青藏高原。

雾冰藜 *Bassia dasyphylla* (Fisch. & C. A. Mey.) Kuntze

37. 猪毛菜属 Salsola L.

一年生草本至灌木；花序总状或圆锥状；花两性，单生或成簇；花被片 5，果时背面横生翅状附属物，在翅以上部分内折，通常顶部聚集成圆锥体；胞果包藏于花被内；种子横生，稀直立；胚螺旋状，无胚乳。

约 130 种，分布于非洲、亚洲和欧洲，少数在北美洲；中国 36 种，产西北、东北和华北，少数种类分布于西南及华东沿海地区。

猪毛菜 *Salsola collina* Pall.

38. 小蓬属 Nanophyton Less.

垫状半灌木；叶互生，三角状钻形，革质，边缘膜质，先端锐尖；花两性；小苞片 2；花被片 5，披针形，膜质，果时增大，纸质，有光泽，无附属物；雄蕊 5，花药顶端具狭披针形的附属物；胞果包藏于增大的花被内；胚螺旋状，无胚乳。

1 种，分布于中亚及西亚；中国产新疆。

小蓬 *Nanophyton erinaceum* (Pall.) Bunge

39. 叉毛蓬属 Petrosimonia Bunge

一年生草本，被柔毛及丁字毛；叶对生或互生，圆柱状或半圆柱状；花两性，单生叶腋；小苞片 2；花被片 2~5，膜质，果时基部略增大成软骨质并内凹，不具附属物；雄蕊 1~5，花药顶端具附属物；胞果包藏于花被内；胚螺旋状，无胚乳。

11~15 种，分布于亚洲中部和西南部及欧洲东南部；中国 4 种，产新疆。

叉毛蓬 *Petrosimonia sibirica* (Pall.) Bunge

40. 盐蓬属 Halimocnemis C. A. Mey.

一年生草本；叶互生，肉质，半圆柱状，顶端钝或具易脱落的短刺状尖；花两性，单生于苞腋；小苞片 2；花被片 4 或 5，膜质，具毛，极少无毛，果时下部变硬，彼此黏合成坛状；雄蕊 4~5，花药顶部具膀胱状附属物；胚螺旋状，无胚乳。

约 12 种，分布于中亚至里海、黑海沿岸；中国 3 种，产新疆。

柔毛盐蓬 *Halimocnemis villosa* Kar. & Kir.

41. 合头草属 Sympegma Bunge

半灌木；叶互生，圆柱状，肉质；花两性，无小苞片，单生或数个簇生于仅具 1 节间的腋生小枝顶端；花被片 5，果时变硬，在背面顶部具横生的翅状附属物；雄蕊 5；胞果包藏于花被内；种子直立，胚螺旋状，无胚乳。

1种，产亚洲中部；中国产西北地区。

合头草 *Sympegma regelii* Bunge

42. 新疆藜属 Halothamnus Jaub. & Spach

草本或半灌木；叶互生，半圆柱形或卵形；花两性，穗状花序；花被片5，果时自背面中部生翅，翅以下部分增大，木质化，基部扩展；雄蕊5，花药无附属物；胞果；种子横生；胚螺旋状，无胚乳。

约6种，分布于中亚及西亚；中国1种，产新疆。

43. 假木贼属 Anabasis L.

木质茎多分枝或退缩成瘤状肥大的茎基；叶对生，肉质，先端钝或锐，有时具刺状尖，基部合生；花两性；小苞片2，通常短于花被；花被片5，膜质，果时每片或仅外轮3片的背面各具1翅状附属物，稀全无翅状附属物；雄蕊5，另有退化雌蕊5，相间排列；种子直立；胚螺旋状，无胚乳。

短叶假木贼 *Anabasis brevifolia* C. A. Mey.

约30种，分布于地中海沿岸，西亚、中亚及西伯利亚；中国8种，主产新疆。

44. 对节刺属 Horaninovia Fisch. & C. A. Mey.

一年生草本，无毛或有短硬毛；枝对生；叶对生或互生，圆柱状，顶端具针刺；花两性，单生或成簇，腋生，有小苞片；花被片4~5，果时增厚，背面通常具硬的横翅；胞果顶基扁；种子横生；胚螺旋状，无胚乳。

约7种，分布于中亚；中国1种，产新疆。

对节刺 *Horaninovia ulicina* Fisch. & C. A. Mey.

45. 盐生草属 Halogeton C. A. Mey.

一年生草本；叶互生，肉质，圆柱状，顶端钝或具刺毛；花两性或兼有雌性；花被5深裂，圆锥状；花被片果时自背面的近顶部横生膜质翅；花药无附属物；胞果包藏于花被内；种子直立或横生；胚螺旋状，无胚乳。

约3种，分布于亚洲中部、西部及非洲北部；中国2种，产西北、华北和西藏。

白茎盐生草 *Halogeton arachnoideus* Moq.

46. 戈壁藜属 Iljinia Korovin

半灌木；叶互生，肉质，圆柱状，顶部稍膨大成棒状；花两性，单生于苞腋；花被球形；花被片5，果时稍变硬，背面上部横生翅状附属物；胞果半球形；种子横生；胚螺旋状，无胚乳。

1种，分布于中亚；中国产新疆及甘肃。

戈壁藜 *Iljinia regelii* (Bunge) Korovin

47. 单刺蓬属 Cornulaca Delile

草本或小灌木；叶互生，钻状或半圆柱状，顶端具针刺；花两性；单生小苞片 2；花被片 5 数，离生或合生，顶端各具 1 个离生的膜质裂片，果实增大变硬并由远轴的一侧生出 1 个刺状附属物，刺状附属物与增大的花被合成一根细圆锥状刺；胞果包藏于增大的花被内；胚螺旋状，无胚乳。

阿拉善单刺蓬 *Cornulaca alaschanica* C. P. Tsien & G. L. Chu

约 6 种，产非洲西北部及亚洲西南部；中国 1 种，产甘肃、内蒙古西部。

48. 对叶盐蓬属 Girgensohnia Bunge ex Fenzl

一年生草本或半灌木；枝具关节；叶对生，较小，三角状卵形，顶端急尖或锐尖；花两性，腋生；小苞片 2；花被片 5，果实一部分或全部花被片背面中上部具横生的翅状附属物；种子直立；胚螺旋状，无胚乳。

约 6 种，分布于亚洲中部；中国 1 种，产新疆。

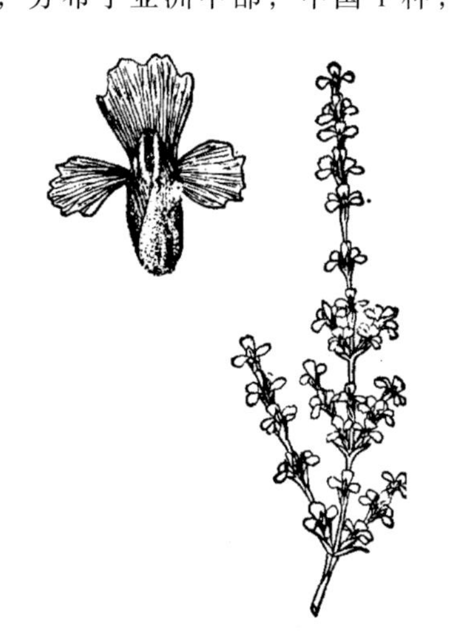

对叶盐蓬 *Girgensohnia oppositiflora* (Pall.) Fenzl

49. 梭梭属 Haloxylon Bunge

灌木或小乔木，无毛或叶腋具绵毛；枝具关节；叶对生，退化成鳞片状，基部合生，顶端钝或具短芒尖；花两性，组成间断的穗状花序，生于从二年生枝条发出的侧生短枝上；花被片膜质，果时增大，背面上部横生翅状附属物；种子横生；胚螺旋状，无胚乳。

约 11 种，分布于地中海至中亚；中国 2 种，产西北地区。

梭梭 *Haloxylon ammodendron* (C. A. Mey.) Bunge

50. 节节木属 Arthrophytum Schrenk

垫状半灌木或小灌木；枝具关节，无毛；叶对生，肉质，半圆柱状、钻状或鳞片状；花两性，单生叶腋，具小苞片；花被片稍肉质，边缘膜质，果时背面上部具横生翅或突起；胞果果皮肉质；种子横生；胚螺旋状，无胚乳。

约 20 种，分布于中亚地区；中国 3 种，产新疆。

51. 棉藜属 Kirilowia Bunge

一年生草本；茎密生柔毛；叶互生、对生或近轮生，被柔毛；花两性或兼有雌性，腋生，组成短穗状花序，无苞片及小苞片；花被筒状，膜质，顶端具 4~5 齿，密被长柔毛，果时不变，无附属物；种子直立；胚马蹄形，有胚乳。

1 种，分布于中亚；中国产新疆。

52. 绒藜属 Londesia Fisch. & C. A. Mey.

一年生草本；茎被毛；两性花和雌花混生，无柄，腋生，数朵簇生成球状，无小苞片；花被筒状，膜质，顶端 5 裂，密被长绵毛，果时背部无附属物；胞果包藏于花被内；种子在两性花中直立，在雌性花中横生；马蹄形，有胚乳。

1 种，分布于亚洲中部和西南部；中国产新疆。

53. 苞藜属 Baolia H. W. Kung & G. L. Chu

一年生草本，无毛；叶互生，具叶柄；花两性，簇生叶腋，具苞片和小苞片；花被近球形，5 深裂，果时显著增大；胞果果皮与种子贴生；种子直立，有极明显的蜂窝状深洼；胚环形，胚乳丰富。

1 种，为中国特有，产甘肃西南部。

苞藜 *Baolia bracteata* H. W. Kung & G. L. Chu

54. 砂苋属 Allmania R. Br. ex Wight

草本；叶互生；花两性，由 3~7 朵花的聚伞花序组成头状花序；花被片 5，干膜质；雄蕊 5，基部合生成杯状，无退化雄蕊；子房有胚珠 1；胞果盖裂；种子直立，有短杯状肉质假种皮。

1 种，产热带亚洲；中国产广西、海南。

砂苋 *Allmania nodiflora* (L.) Wight

55. 青花苋属 Psilotrichopsis C. C. Towns.

草本；叶对生，有叶柄；花两性，穗状花序，有花梗；花被片 5，花后稍变硬，有 5 纵脉；雄蕊 5，有三角状退化雄蕊；胞果不规则周裂。

2 种，分布于东南亚；中国 1 种，产海南。

56. 针叶苋属 Trichuriella Bennet

多年生草本；叶及枝对生，偶有轮生；花两性，穗状花序；花被片 4，披针状钻形，宿存；雄蕊 4，花丝基部稍连合，与三角形或四角形的退化雄蕊互生；子房有胚珠 1；胞果盖裂；种子干燥时在种脐对面有窠状凹陷。

1 种，产东南亚；中国产海南。

针叶苋 *Trichuriella monsoniae* (L. f.) Bennet

57. 巨苋藤属 Stilbanthus Hook. f.

大型木质藤本；枝条下垂；叶对生；穗状花序常再复合成圆锥花序；小苞片刺状；花被片 5，坚硬；雄蕊 5，花丝短，基部合生，花药 2 室；退化雄蕊具长缘毛；子房有胚珠 1；胞果不裂。

1 种，分布于非洲及中国；中国产广西、云南。

科 191. 石竹科 Caryophyllaceae

70~80 属近 2 000 种，世界广布，主要分布于北半球的温带和暖温带，少数在非洲、大洋洲和南美洲；中国 30 属 390 种，全国各地均有，以北部和西部为主要分布区。

多为草本，稀亚灌木或灌木；茎节常膨大；单叶对生，稀互生或轮生，全缘，基部多少连合；聚伞花序或聚伞圆锥花序，稀单生，少数呈总状花序、头状花序、假轮伞花序或伞形花序；花辐射对称，常两性，有时具雌雄蕊柄；萼片（4）5，草质或干膜质，宿存；花瓣（4）5，离生，常基部具爪，顶部扩展为檐，稀缺花瓣；雄蕊（2）5~10，排成1或2轮；雌蕊1，2~5心皮合生；子房上位，特立中央胎座，稀中轴或基底胎座；蒴果，稀浆果状或瘦果。

在形态学系统中，石竹科一般分为3亚科：指甲草亚科 Paronychioideae，分为3族，白鼓钉族 Polycarpeae（●）、指甲草族 Paronychieae（●）、韦草族 Corrigioleae（中国无分布）；繁缕亚科 Alsinoideae，分3族，中国只有繁缕族 Alsineae（●），另外两个单属族中国不产；石竹亚科 Caryophylloideae，分3族，中国有2族，石竹族 Caryophylleae（●）、蝇子草族 Sileneae（●）。分子分析显示：治疝草属和裸果木属位于基部，其他各分支基本上是各族的成员相聚，唯有牛漆姑属、大爪草属、麦蓝菜属稍离其形态划分的位置（图143）。

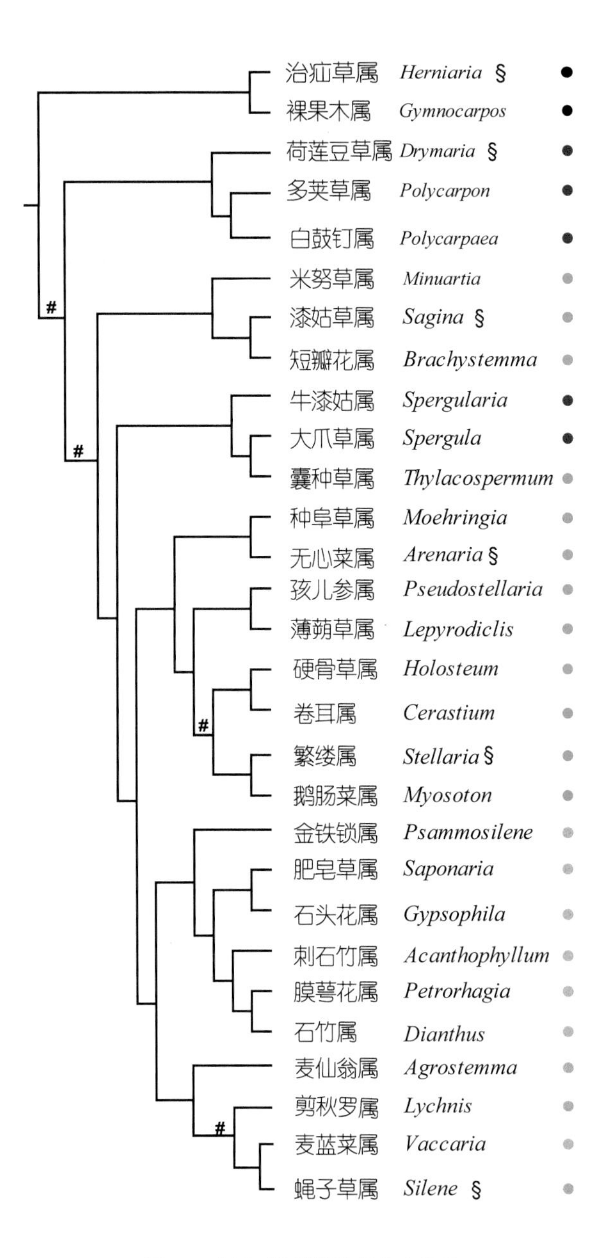

图143 中国石竹科植物的分支关系

1. 治疝草属 **Herniaria** L.

草本；茎铺散或俯卧；叶对生，叶片长圆状椭圆形或近圆形；托叶小，膜质，早落；花两性，绿色，单生或成聚伞花序；苞片膜质；萼片（4）5，顶端无芒尖；花瓣缺；雄蕊（4）5；雌蕊2心皮合生；花柱极短，基部连合；瘦果。

约45种，分布于非洲、欧洲和亚洲；中国3种，产新疆、四川。

治疝草 *Herniaria glabra* L.

2. 裸果木属 **Gymnocarpos** Forssk.

亚灌木；茎粗壮；叶对生，叶片线形；托叶膜质；花两性，小形，成聚伞花序，具苞片；萼片5，顶端具芒尖；花瓣缺；雄蕊10，排列2轮，外轮5枚退化，内轮5枚与萼片对生；雌蕊由3心皮合生；花柱短，基部连合；果实为瘦果。

约15种，分布于非洲、亚洲；中国1种，产西北地区。

裸果木 *Gymnocarpos przewalskii* Maxim.

3. 荷莲豆草属 **Drymaria** Willd. ex Schult.

草本；茎匍匐或近直立，二歧分枝；叶对生，叶片圆形或卵状心形；托叶小，刚毛状，常早落；花单生或成聚伞花序；萼片离生，绿色，草质；花瓣2~6深裂；雄蕊（2~）5，与萼片对生，花丝基部连合；花柱2~3，基部合生；蒴果。

约48种，主产美洲地区；中国2种，分布于长江以南及台湾。

荷莲豆草 *Drymaria diandra* Blume

4. 多荚草属 **Polycarpon** Loefl. ex L.

草本；茎铺散或直立；叶对生或有时呈假轮生，叶片卵形或匙形；托叶膜质；花小形，多数，成密聚伞花序；苞片薄膜质；萼片5，白色，边缘透明，背部中央具脊；花瓣通常少于5，透明；雄蕊3~5；花柱3，基部合生；蒴果3爿裂。

约16种，分布于热带、亚热带地区；中国1种，产南部和西南地区。

多荚草 *Polycarpon prostratum* (Forssk.) Asch. & Schweinf.

5. 白鼓钉属 **Polycarpaea** Lam.

草本；茎直立或铺散；叶对生或假轮生，叶片狭线形或长圆形；托叶膜质；花多数，排成密聚伞花序；萼片5，膜质，全透明，无脊；花瓣5，小，全缘或2齿裂；雄蕊（2~）5；花柱合生，伸长，顶端不分裂；蒴果。

约50种，分布于热带、亚热带地区；中国2种，产南部和西南地区。

白鼓钉 *Polycarpaea corymbosa* (L.) Lam.

6. 米努草属 Minuartia Loefl. ex L.

草本；茎丛生，平卧，分枝；叶片线形或线状锥形，叶腋常具叶簇；花单生或少数成聚伞花序；萼片5，具1~3脉；花瓣5；雄蕊10；花柱3；蒴果3瓣裂。

约120种，主要分布于北极地区至喜马拉雅地区；中国9种，产东北、内蒙古和新疆。

长白米努草 *Minuartia macrocarpa* var. *koreana* (Nakai) H. Hara

7. 漆姑草属 Sagina L.

草本；茎多丛生；叶片线形或线状锥形，基部合生成鞘状；托叶无；花单生叶腋或顶生成聚伞花序；萼片4~5，顶端圆钝；花瓣白色，4~5，有时无花瓣；雄蕊4~5，有时为8或10；花柱4~5；蒴果4~5瓣裂，裂瓣与萼片对生。

约30种，主要分布于北温带地区；中国4种，南北均产。

漆姑草 *Sagina japonica* (Sw.) Ohwi

8. 短瓣花属 Brachystemma D. Don

一年生草本；茎铺散或上升，分枝；叶对生，叶片披针形；花两性，多数，聚伞状圆锥花序；萼片5，边缘膜质；花瓣5，披针形，全缘；雄蕊10，5枚退化无花药；花柱2；蒴果4裂，具成熟种子1。

1种，分布于东南亚；中国产西南地区。

短瓣花 *Brachystemma calycinum* D. Don

9. 牛漆姑属 Spergularia (Pers.) J. Presl & C. Presl

草本；茎常铺散；叶对生，叶片线形；托叶小，膜质；花两性，具细梗，聚伞花序；萼片5，离生，草质，边缘膜质；花瓣5，白色或粉红色，全缘，稀无花瓣；雄蕊10或2~5；花柱3；蒴果3瓣裂。

约25种，分布于北温带；中国4种，主产东北和西北地区。

牛漆姑 *Spergularia marina* (L.) Griseb.

10. 大爪草属 Spergula L.

草本；基部多分枝，茎斜生或匍匐；叶对生，在短侧枝上呈假轮生状叶束；托叶小，膜质；聚伞花序；萼片离生，边缘干膜质；花瓣白色，全缘；雄蕊10，稀为5；花柱5；蒴果通常5瓣裂，与萼片对生。

5种，分布于北温带，现广泛栽培；中国1种，产东北和西北地区。

大爪草 *Spergula arvensis* L.

11. 囊种草属 Thylacospermum Fenzl

垫状草本；主根木质；叶极小，常呈覆瓦状排列；无托叶；花两性，5基数，单生枝端，近无梗；萼片中部以下合生成倒圆锥形，近直立；花瓣全缘；雄蕊约10，花丝基部具腺体；花柱3，丝状；蒴果革质，常6齿裂。

1种，产亚洲中部；中国分布于喜马拉雅西部地区。

囊种草 *Thylacospermum caespitosum* (Cambessedes) Schischk.

12. 种阜草属 Moehringia L.

草本；茎纤细，丛生；叶线形、长圆形至倒卵形或卵状披针形，无柄或具短柄；花两性，单生或数花集成聚伞花序；萼片5；花瓣5，白色，全缘；雄蕊通常10；花柱3；蒴果6齿裂；种子种脐旁有白色、膜质种阜，有时种阜可达种子周围1/3。

约25种，产北温带；中国3种，产北部、华东及西南地区。

种阜草 *Moehringia lateriflora* (L.) Fenzl

13. 无心菜属 Arenaria L.

草本；茎直立，稀铺散，常丛生或垫状；单叶对生，稀轮生；叶片全缘，卵形、椭圆形至线形；花单生或多数，常为聚伞花序；花5数，稀4数；萼片全缘，稀顶端微凹；花瓣全缘或顶端齿裂至缝裂；雄蕊10（2~5或8）；花柱3，稀2；蒴果裂瓣为花柱的同数或2倍。

约300种，产北温带至寒带；中国102种，主产西南至西北的高山、亚高山地区。

华北老牛筋 *Arenaria grueningiana* Pax & K. Hoffm.

14. 孩儿参属 Pseudostellaria Pax

草本；块根纺锤形、卵形或近球形；茎直立或上升，有时匍匐；托叶无；叶对生，叶片卵状披针形至线状披针形；花两型：开花受精花较大形，生于茎顶或上部叶腋，常不结实；闭花受精花生于茎下部叶腋，较小，缺花瓣，结实；蒴果3瓣裂，稀2~4瓣裂，裂瓣再2裂。

约18种，主产亚洲东部或北部，稀产欧洲、北美洲；中国9种，产长江流域及以北地区。

蔓孩儿参 *Pseudostellaria davidii* (Franch.) Pax

15. 薄蒴草属 Lepyrodiclis Fenzl

草本；茎上升或铺散，分枝；叶对生，叶片线状披针形或披针形；托叶缺；花两性，5数，集为圆锥状聚伞花序；花瓣全缘或顶端凹缺；雄蕊（7~）10（~14）；花柱2，稀3；蒴果2~3瓣裂。

3种，产亚洲；中国2种，产西部。

薄蒴草 *Lepyrodiclis holosteoides* (C. A. Mey.) Fisher & C. A. Mey.

16. 硬骨草属 Holosteum L.

一年生草本；茎上部常具腺状柔毛；叶对生，叶片狭线形；花两性，5数，伞形花序；萼片披针形；花瓣全缘，稀微凹缺或具齿；雄蕊3~5（10）；花柱3；蒴果6齿裂；种子盾状。

4种，产欧洲和亚洲；中国1种，产新疆。

17. 卷耳属 Cerastium L.

草本，多数被柔毛或腺毛；叶对生，叶片卵形或长椭圆形至披针形；二歧聚伞花序，顶生；萼片（4）5，离生；花瓣（4）5，白色，顶端2裂，稀全缘或微凹；雄蕊10（3或5）；花柱3~5，与萼片对生；蒴果顶端裂齿为花柱数的2倍。

约100种，主产温带、寒带地区；中国23种，产北部至西南地区。

卷耳 *Cerastium arvense* subsp. *strictum* Gaudin

18. 繁缕属 Stellaria L.

草本；叶扁平，有各种形状，稀针形；无托叶；花小，多数组成顶生聚伞花序，稀单生叶腋；萼片4（5）；花瓣4（5），白色，稀绿色，2深裂，稀微凹或多裂，有时无花瓣；雄蕊2~5或（6~）10；花柱（2~）3（~4）；蒴果裂齿数为花柱数的2倍。

约190种，主产温带、寒带地区；中国64种，全国广布。

沼生繁缕 *Stellaria palustris* Retz.

19. 鹅肠菜属 Myosoton Moench

多年生草本；茎下部匍匐；叶对生；无托叶；花两性，白色，顶生二歧聚伞花序；萼片5；花瓣5，比萼片短，2深裂至基部；雄蕊10；花柱5；蒴果5瓣裂至中部，裂瓣顶端再2齿裂。

1种，主产亚洲、欧洲；中国南北分布。

鹅肠菜 *Myosoton aquaticum* (L.) Moench

20. 金铁锁属 Psammosilene W. C. Wu & C. Y. Wu

草本；根倒圆锥形，肉质；叶对生；托叶缺；花两性，三出二歧聚伞花序；花序密被腺毛；苞片2，草质；花萼筒状钟形，萼齿5；花瓣5，紫红色，狭匙形，全缘，爪渐狭；副花冠缺；雄蕊5，与萼片对生；花柱2；蒴果棒状，几不开裂；种子1。

1种，中国特有，产西南地区。

金铁锁 *Psammosilene tunicoides* W. C. Wu & C. Y. Wu

21. 肥皂草属 Saponaria L.

草本；茎单生，直立；叶对生，叶片披针形、椭圆形或匙形；托叶缺；花两性，聚伞花序、圆锥花序或头状花序；花萼筒状，萼齿5；花瓣5，全缘、微凹缺或浅2裂，爪狭长；有副花冠；雄蕊10；花柱2，稀3；蒴果4齿裂。

约 30 种，产亚洲、欧洲，主产地中海地区；中国引种 1 种，广泛栽培。

肥皂草 *Saponaria officinalis* L.

22. 石头花属 Gypsophila L.

草本；叶对生，叶片形状多样；花两性，小形，二歧聚伞花序，有时伞房状、圆锥状或近头状；花萼钟形或漏斗状，稀筒状，具 5 条宽纵脉，脉间膜质，顶端 5 齿裂；花瓣 5，长圆形或倒卵形；雄蕊 10；花柱 2；蒴果 4 瓣裂。

约 150 种，主产亚洲、欧洲，稀产非洲、澳大利亚和北美洲；中国 17 种，主要分布于东北、华北和西北地区。

大叶石头花 *Gypsophila pacifica* Kom.

23. 刺石竹属 Acanthophyllum C. A. Mey.

亚灌木状草本；叶对生，叶片针状、锥形或线状披针形；托叶缺；花两性，圆锥、伞房或头状花序；苞片草质，针刺状、卵形或披针形，有时边缘具刺；花萼筒状或钟形，具 5 纵脉，脉间膜质，萼齿 5；花瓣 5，全缘，稀凹缺，爪狭长；副花冠缺；雄蕊 10；花柱 2；蒴果下部膜质，不规则横裂或齿裂。

约 50 种，主产亚洲中部、西部；中国 1 种，分布于新疆。

刺石竹 *Acanthophyllum pungens* (Ledeb.) Boiss.

24. 膜萼花属 Petrorhagia (Ser. ex DC.) Link

草本；叶对生，叶片线形或线状锥形；托叶缺；花两性，小形，二歧聚伞式圆锥花序；花萼钟形，具 5~15 条突起纵脉，脉间膜质，萼齿 5；花瓣 5，全缘或凹缺；副花冠缺；雄蕊 10；花柱 2；蒴果 4 齿裂或瓣裂。

约 30 种，产地中海至亚洲中部；中国 1 种，分布于新疆。

直立膜萼花 *Petrorhagia alpina* (Hablitz) P. W. Ball & Heywood

25. 石竹属 Dianthus L.

草本；叶禾草状，对生，叶片线形或披针形；花单生或成聚伞花序，有时簇生成头状，围以总苞片；花萼圆筒状，5 齿裂；花瓣 5，具长爪，瓣片边缘具齿或縫状细裂；雄蕊 10；花柱 2；蒴果顶端 4 齿裂或瓣裂。

约 600 种，广布于北温带地区，主产亚洲、欧洲；中国 16 种，多分布于北方草原和山区草地。

石竹 *Dianthus chinensis* L.

26. 麦仙翁属 Agrostemma L.

草本；叶对生，无托叶；花两性，单生枝端；花萼具突起纵脉，裂片5，线形，叶状，常比萼筒长；花瓣5，常比花萼短，爪明显，瓣片微凹缺；副花冠缺；雄蕊10；花柱5，与萼裂片互生；蒴果5齿裂。

约3种，产地中海地区；中国1种，分布于东北和西北地区。

麦仙翁 *Agrostemma githago* L.

27. 剪秋罗属 Lychnis L.

草本；叶对生，无托叶；二歧聚伞花序或单生；花萼筒状或狭漏斗形或钟形，常不膨大，无腺毛，具突起纵脉，萼齿5；花瓣5，具长爪，瓣片2裂或多裂；花冠喉部具副花冠；雄蕊10；花柱5，离生；蒴果裂齿（瓣）与花柱同数。

约25种，分布于非洲、亚洲、欧洲的温带地区；中国6种，产东北、华北、西北和长江流域。

浅裂剪秋罗 *Lychnis cognata* Maxim.

28. 麦蓝菜属 Vaccaria Wolf

草本，全株灰绿色；叶对生，叶片卵状披针形至披针形，基部微抱茎；托叶缺；花两性，伞房花序或圆锥花序；花萼具5条翅状棱，花后下部膨大，萼齿5；花瓣5，微凹缺或全缘，具长爪；副花冠缺；雄蕊10；花柱2；蒴果顶端4齿裂。

1种，产亚洲和欧洲温带地区；中国分布于北部至长江流域。

麦蓝菜 *Vaccaria hispanica* (Mill.) Rauschert

29. 蝇子草属 Silene L.

草本，稀亚灌木状；叶对生；托叶无；花两性，稀单性，聚伞花序或圆锥花序，稀呈头状花序或单生；花萼筒状、钟形、棒状或卵形，花后多少膨大，具纵脉，萼齿5；花瓣5，上部扩展成耳状；花冠喉部具副花冠；雄蕊10；花柱3或5；蒴果顶端6或10齿裂，稀5瓣裂。

约600种，主产北温带地区，非洲和南美洲也有分布；中国110种，广布长江流域和北部地区，主产西北和西南地区。

石生蝇子草 *Silene tatarinowii* Regel

30. 假卷耳属 Pseudocerastium C. Y. Wu, X. H. Guo & X. P. Zhang

多年生草本；茎直立或斜升；叶对生，无托叶；二歧聚伞花序顶生；萼片5，离生，边缘膜质；花瓣5，深2裂；雄蕊10；花柱5，对萼；蒴果短圆柱状，10齿裂，残花柱连同基盘整体成帽状脱落。

1种，中国特有，分布于安徽。

科 192. 粟米草科 Molluginaceae

约13属120种，分布于热带及亚热带地区；中国2属6种，主要分布于华南、西南地区。

草本或亚灌木；单叶，全缘；花序顶生或腋生的聚伞花序，稀单生；花小不显著，辐射对称，多青白色，稀粉色或红色，两性，稀单性；萼片5，稀4，离生，稀合生，宿存；花瓣小或缺；雄蕊3~5或多数；子房上位，中轴胎座；蒴果；种子肾形，多数。

1. 星粟草属 Glinus L.

茎铺散或仰卧，多分枝，密被星状柔毛或无毛；花小，腋生成簇；雄蕊（3~）5（~20），花具退化雄蕊，花丝状；蒴果；种子具种阜和纤维状假种皮。

约 10 种，分布于热带、亚热带或温带地区；中国 2 种，分布于华南、西南地区。

长梗星粟草 *Glinus oppositifolius* (L.) Aug. DC.

2. 粟米草属 Mollugo L.

茎铺散、斜生或直立，多分枝，无毛；花序顶生或腋生，排成聚伞或伞形花序；雄蕊 3（~5），无退化雄蕊；蒴果，包于宿存的花被内，果皮膜质，室背开裂。

约 35 种，欧洲、亚洲、北美洲的热带或亚热带地区有分布，温带亦有少量分布；中国 4 种，华南、西南、东南及西北地区有分布。

粟米草 *Mollugo stricta* L.

193. 落葵科 Basellaceae

4 属约 19 种，热带、亚热带地区分布，主产美洲、非洲；中国 2 属（栽培）3 种，南北地区均有栽培。

缠绕草质藤本，全株无毛；单叶，互生，全缘，稍肉质；花序通常穗状、总状、圆锥状；花被片 5，宿存；小苞片 2，宿存；雄蕊 5，与花被片对生；雌蕊 3 心皮合生，1 室 1 胚珠；浆果状核果或胞果，不开裂。

1. 落葵属 Basella L.

攀缘状草本；穗状花序；花无梗；花被片肉质，花期开展，花丝在花蕾中直立；浆果状核果。

5 种，主产非洲及马达加斯加；中国 1 种，南方广泛栽培。

落葵 *Basella alba* L.

2. 落葵薯属 Anredera Juss.

草质藤本；具块茎；总状花序；花具梗，花被片不肉质，花期不开展；花丝在花蕾中反折；胞果包于宿存的花被片内。

约 12 种，主产美洲；中国 2 种，多在南方栽培，北方亦有。

落葵薯 *Anredera cordifolia* (Tenore) Steenis

194. 土人参科 Talinaceae

3 属约 28 种，主产美洲、非洲、马达加斯加；中国 1 属，华南、华中地区栽培 1 种。

草本或矮灌木，常具粗根；茎直立，肉质；叶互生、对生或簇生，扁平稍肉质；圆锥花序顶生或单花生于叶腋；花两性，萼片 2，早落；花瓣 5（2~4）；雄蕊 5 至多数；子房上位；浆果或顶端开裂的蒴果。

1. 土人参属 Talinum Adans.

多年生肉质草本或亚灌木；叶常互生；茎直立；蒴果3瓣裂。

约15种，主产美洲温带地区；中国中部、南部均栽培2种，有的逸为野生。

棱轴土人参 *Talinum triangulare* (Jacq.) Willd.

科 195. 马齿苋科 Portulacaceae

1属约116种，世界广布，主产热带、亚热带地区，温带地区亦有少量分布；中国1属5种，全国各地均产。

一年生或多年生肉质草本；茎铺散、平卧或斜生；叶互生，稀对生，扁平至圆柱形，肉质；花单生或簇生，萼片2，基部合生；花瓣4~6；雄蕊5或更多；子房半下位，1室，花柱3~8；蒴果盖裂。

1. 马齿苋属 Portulaca L.

肉质、平卧或斜生草本; 叶互生或对生; 花单生或簇生; 萼片2,基部合生,且与子房合生; 花瓣4~6; 雄蕊5或更多; 子房半下位或下位,1室,具多数胚珠; 花柱3~8; 蒴果盖裂; 种子肾形。

约200种，广布热带、亚热带至温带地区；中国5种，全国分布。

马齿苋 *Portulaca oleracea* L.

科 196. 仙人掌科 Cactaceae

约110属近2 000种，主要分布于美洲热带至温带沙漠或干旱地区；中国栽培60余属600种以上，其中4属7种在南部和西南部归化。

多年生灌木、乔木或草本；茎肉质，常缢缩成节，小巢内有刺或刺毛；叶常退化，稀具扁平叶；花常单生，无梗或具梗，两性，花托常与子房合生；浆果。

1. 木麒麟属 Pereskia Mill.

攀缘灌木; 叶扁平，全缘，有叶柄; 花白天开放，具梗，组成总状、聚伞状或圆锥花序；花托杯状；花被片多数，外轮萼片，内轮花瓣状；雄蕊多数；柱头3~20。

17种，分布于热带、亚热带美洲；中国栽培5种，其中1种在福建逸为野生。

木麒麟 *Pereskia aculeata* Mill.

2. 仙人掌属 Opuntia Mill.

肉质灌木；茎具圆柱状、钻形或锥形，叶小而早落；花无梗，单生，辐状，白天开放；柱头5~10；浆果球状。

约90种，分布于美洲热带至温带地区；中国栽培30余种，其中4种在华南、西南地区逸为野生。

仙人掌 *Opuntia dillenii* (Ker Gawl.) Haw.

3. 昙花属 Epiphyllum Haw.

攀缘肉质灌木，具气生根；茎不具叶，分枝叶状侧扁，具粗大的中肋，柔软，无刺；花白色，单生，无梗，夜间开放。

约 13 种，热带美洲；中国栽培 4 种，其中 1 种在云南逸为野生。

昙花 *Epiphyllum oxypetalum* (DC.) Haw.

4. 量天尺属 Hylocereus (A. Berger) Britton & Rose

攀缘肉质灌木，具气生根；茎不具叶，分枝三棱柱状或三角柱状，坚硬，具刺；花白色，单生，无梗，夜间开放；花被片多数，外轮细长、萼片状，内轮花瓣状、开展；柱头 20~24。

约 15 种，中美洲、西印度群岛及南美洲；中国栽培 4 种，其中 1 种在南方逸为野生。

量天尺 *Hylocereus undatus* (Haw.) Britton & Rose

科 197. 番杏科 Aizoaceae

约 135 属 1 800 种，主要分布于非洲、澳大利亚、美洲的亚热带干旱地区，部分为泛热带分布；中国 3 属 3 种，分布于沿海地区。

肉质草本、亚灌木或灌木；单叶，多对生，常肉质、全缘，表皮常含气泡状细胞；聚伞花序或单花，顶生或腋生；花常两性，辐射对称，具花托杯；花被 5 裂，近合生；雄蕊 3 至多数，外部的常为伸长花瓣状的退化雄蕊；蒴果，稀浆果或坚果。

分子证据表明番杏科的 5 个亚科中，海马齿亚科 Sesuvioideae、日中花亚科 Mesembryanthemoideae、舟叶花亚科 Ruschioideae 为单系类群，番杏亚科 Tetragonioideae 和景天番杏亚科 Aizooideae 为并系类群。中国产的番杏科有 3 属，番杏属 *Tetragonia* 位于基部，海马齿属 *Sesuvium* 与假海马齿属 *Trianthema* 互为姐妹群（图 144）。

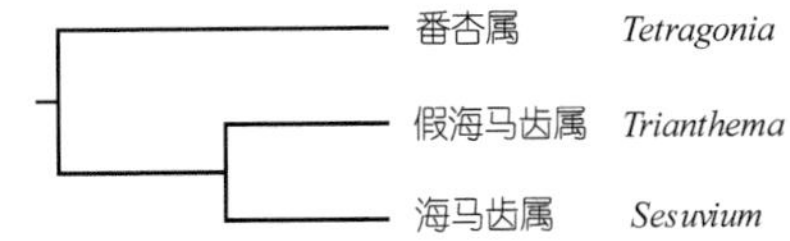

图 144 中国番杏科植物的分支关系

1. 番杏属 Tetragonia L.

草本或灌木，具小的白色气泡状细胞，稀具毛；叶常互生；花被片（3~）4（~7），宿存；子房下位，3~8 室，花柱线形，与室同数；坚果陀螺状或倒卵球形，具角或翅。

约 60 种，产非洲、亚洲东部、澳大利亚、新西兰和南美洲；中国 1 种，产沿海地区及台湾。

番杏 *Tetragonia tetragonioides* (Pall.) Kuntze

2. 假海马齿属 Trianthema L.

一年生或多年生草本；叶对生，对生叶不等大；花单生或簇生，花被片 5 裂，钟状，外面在顶端下具短尖；花柱 1；蒴果圆柱形或陀螺状，具囊盖。

约 28 种，主产非洲、亚洲、澳大利亚；中国 1 种，产广东、海南（含南海诸岛）及台湾。

假海马齿 *Trianthema portulacastrum* L.

3. 海马齿属 Sesuvium L.

草本或灌木，具白色气泡状细胞；叶对生；花被片 5 深裂，末端为伸长的刺状；花柱 3~5，与心皮同数，线形；蒴果椭圆形，果皮薄、膜质，环裂。

约 17 种，产热带及亚热带海岸；中国 1 种，产福建、广东、海南（含南海诸岛）及台湾海岸。

海马齿 *Sesuvium portulacastrum* (L.) L.

科 198. 针晶粟草科 Gisekiaceae

1 属 7 种，其中 5 种分布于非洲，1 种产亚洲，1 种分布于非洲与亚洲热带、亚热带地区；中国 2 种，产海南、广东。

铺散草本，多分枝；叶稍肉质，匙形，富有针状结晶体；聚伞花序或伞形花序，腋生；萼片 5，近分离，干膜质边缘，宿存；雄蕊 5~15，花丝离生，中部以下扩大；心皮 3~5，离生；双悬果肾形，果皮脆壳质，有针状结晶体。

针晶粟草科（吉粟草科）Gisekiaceae 属于石竹目 Caryophyllales，形态系统学研究常将其置于番杏科 Aizoaceae、粟米草科 Molluginaceae 或商陆科 Phytolaccaceae 中，本研究支持将其独立为科的观点，并与商陆科 Phytolaccaceae、紫茉莉科 Nyctaginaceae、数珠珊瑚科 Rivinaceae 和番杏科 Aizoaceae 近缘。

针晶粟草 *Gisekia pharnaceoides* L.

1. 针晶粟草属 Gisekia L.

属的鉴定特征及分布同科。

科 199. 商陆科 Phytolaccaceae

约 4 属 31 种，广布于热带和暖温带地区，主产美洲热带和南非；中国 1 属 4 种，1 种为栽培，其余分布于除东北、内蒙古、青海和新疆以外的地区。

草本、藤本或软木质乔木；单叶互生，螺旋状排列，全缘，具羽状脉；总状或穗状花序，顶生；花两性或有时退化成单性，辐射对称；花被片常 4~5，分离；雄蕊 5 至多数；心皮 3 至多数，心皮常合生，每心皮生 1 基生的胚珠，花柱离生；浆果。

1. 商陆属 Phytolacca L.

多为草本，稀软木质灌木或乔木；根肥大肉质；花被片 5；雄蕊 6~33；心皮 5~16，分离或连合；浆果为黑色或暗红色。

约25种，世界广布，主产南美洲；中国4种，1种为栽培，其余分布于除东北、内蒙古、青海和新疆以外的地区。

商陆 *Phytolacca acinosa* Roxb.

科 200. 蒜香草科 Petiveriaceae

约 9 属 13 种，多分布于美洲、澳大利亚的热带、亚热带地区；中国 1 属 1 种，多在南方栽培。

草本、藤本或乔木；植物体有大蒜气味；总状或穗状花序；花被片常 4（5），分离；雄蕊 4 至多数，离心式发育；1 心皮；浆果、翅果、胞果或核果。

1. 数珠珊瑚属 Rivina L.

半灌木；茎直立，二叉分枝；花被片 4；雄蕊 4；果实鲜红色或橙色。

1种，产美洲热带及亚热带地区；中国1种，多在南方栽培。

数珠珊瑚 *Rivina humilis* L.

科 201. 紫茉莉科 Nyctaginaceae

约 30 属 300 种，分布于热带、亚热带地区，主产于热带美洲；中国 6 属 13 种，主要分布于华南和西南地区（其中 2 属 3 种为栽培）。

草本、灌木或乔木；单叶，全缘，具羽状脉；花辐射对称，常有色彩鲜艳的苞片组成的总苞；花被自子房上部缢缩成管状，近末端呈管状、钟状或漏斗状，顶部 5~10 裂，花蕾时镊合状或折叠状排列；果为瘦果状掺花果，且常为宿存花被管基部所包围。

紫茉莉科常被分为 6 族，中国分布 3 族：避霜花族 Pisonieae（●）、叶子花族 Bougainvilleeae（●）和紫茉莉族 Nyctagineae（●）。分子分析显示属的聚类同形态学分类基本一致，唯有避霜花属与叶子花属相聚值得研究（图 145）。

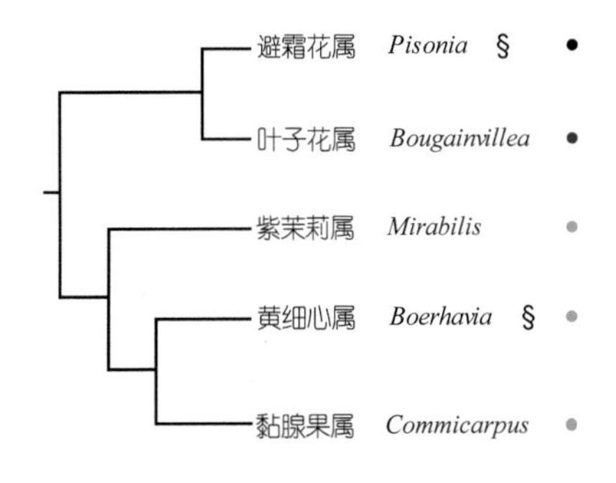

图 145 中国紫茉莉科植物的分支关系

1. 避霜花属 Pisonia L.

灌木、乔木或藤本；叶对生或互生；聚伞花序或圆锥花序，多花；雌雄异株，雄花漏斗状，雌花管状；总苞缺乏或不显著；子房无柄；果具腺体，有黏胶质。

35~40（~75）种，产热带、亚热带地区；中国 3 种，产海南、台湾。

避霜花 *Pisonia aculeata* L.

2. 叶子花属 Bougainvillea Comm. ex Juss.

灌木、乔木或具刺藤本；叶互生；花两性，通常3朵簇生枝端；叶状苞片3，红色、紫色或橘黄色，稀白色或黄色；花梗贴生苞片中脉上；子房具柄；果不具腺体。

约18种，原产南美洲，广泛栽培于热带、亚热带地区；中国2种，南北地区广泛栽培。

叶子花 *Bougainvillea spectabilis* Willd.

3. 紫茉莉属 Mirabilis L.

草本；根粗肥，呈到圆锥形；叶对生；花两性，聚伞花序或单生；每花基部具1枚5深裂的萼状总苞；花大艳丽，午后开放；花被高脚蝶状；果不具黏腺。

约50种，主产热带美洲；中国1种，全国广泛栽培。

紫茉莉 *Mirabilis jalapa* L.

4. 黄细心属 Boerhavia L.

草本；茎直立或平卧；叶对生，常不等大；聚伞圆锥花序，有时似头状；花被檐部钟状；花丝、花柱内藏或短伸出；果实具腺毛。

20~40种，广泛分布于热带及亚热带地区；中国4种，主要分布于南方地区。

黄细心 *Boerhavia diffusa* L.

5. 黏腺果属 Commicarpus Standl.

草本或半灌木；叶对生，近相等，常肉质；伞形花序或数朵轮生；花被檐部漏斗状；花丝、花柱长，伸出；果具瘤状黏腺，有黏质或钩毛状。

约25种，产热带及亚热带地区，主产非洲和阿拉伯半岛南部；中国2种，分布于海南和西南地区。

澜沧黏腺果 *Commicarpus lantsangensis* D. Q. Lu

6. 伞茉莉属 Oxybaphus L'Hér. ex Willd.

草本；有时具块根；叶对生；聚伞花序或圆锥花序，稀单生；总苞钟状，花后增大，包有1~3花，果时膜质；花不显著，早晨开放；花被钟状或漏斗状；果不具黏腺。

约25种，主产温带美洲；中国1种，产西北、西南地区。

中华山紫茉莉 *Oxybaphus himalaicus* var. *chinensis* (Heimerl) D. Q. Lu

202. 茅膏菜科 Droseraceae

4 属 100 余种，主产世界热带、亚热带和温带地区；中国 2 属 7 种，主产长江以南地区，少数分布于东北地区。

草本，陆生或水生；叶通常被头状黏腺毛并借以捕捉昆虫，幼叶常拳卷；花两性，辐射对称；花萼和花瓣 4~5 数；雄蕊 4~20，花丝分离，稀基部合生；子房上位，侧膜胎座或基生胎座；蒴果，室背 2~5 爿裂。

1. 茅膏菜属 Drosera L.

草本，陆生植物；叶互生或基生成莲座状，密被分泌黏液的腺毛，萼片和花瓣 5；侧膜胎座 3~5；蒴果，室背 3~5 爿裂。

约 100 种，从热带到苔原均有分布，但主产大洋洲；中国 6 种，主要分布于长江以南地区，东北地区亦有少量分布。

圆叶茅膏菜 *Drosera rotundifolia* L.

2. 貉藻属 Aldrovanda L.

水生草本，无根；叶轮生，每轮基部合生；花单个腋生，5 数，侧膜胎座 5；蒴果 5 爿裂。

1 种，东半球广布；中国产黑龙江。

貉藻 *Aldrovanda vesiculosa* L.

203. 钩枝藤科 Ancistrocladaceae

1 属 16~17 种，分布于热带非洲、亚洲地区；中国 1 种，仅见于海南。

藤本；枝具环状沟；单叶互生，常聚于枝顶；花两性；萼片 5，果时增大为不等大的翅；花瓣 5，基部稍合生；雄蕊 5~10；子房下位，1 室；坚果，由增大的萼筒包被。

1. 钩枝藤属 Ancistrocladus Wall.

属的鉴定特征及分布同科。

钩枝藤 *Ancistrocladus tectorius* (Lour.) Merr.

科 204. 猪笼草科 Nepenthaceae

猪笼草 *Nepenthes mirabilis* (Lour.) Druce

1 属约 85 种，主产东半球热带地区；中国 1 种，产南部。

草本，或半木质植物；叶互生，叶片中脉延长成卷须、卷须上部扩大反卷成瓶状体、卷须末端扩大成瓶盖，瓶状体能捕食昆虫，故称为食虫植物；花单性，雌雄异株；花丝合生成一柱体；中轴胎座；蒴果 4 瓣裂。

1. 猪笼草属 Nepenthes L.

属的鉴定特征及分布同科。

科 205. 柽柳科 Tamaricaceae

3 属 100 余种，广布于温带和亚热带地区，欧洲、亚洲、非洲均产；中国 3 属 32 种，主产西北、内蒙古及华北地区（图 146）。

亚灌木或小乔木；叶互生，极小而鳞片状，多具泌盐腺体；花单生或排列成总状或圆锥花序；花萼和花瓣 4~5，脱落或宿存；雄蕊 4、5 或多数，常分离；子房上位，侧膜胎座或基底胎座；蒴果，室背开裂；种子多具毛。

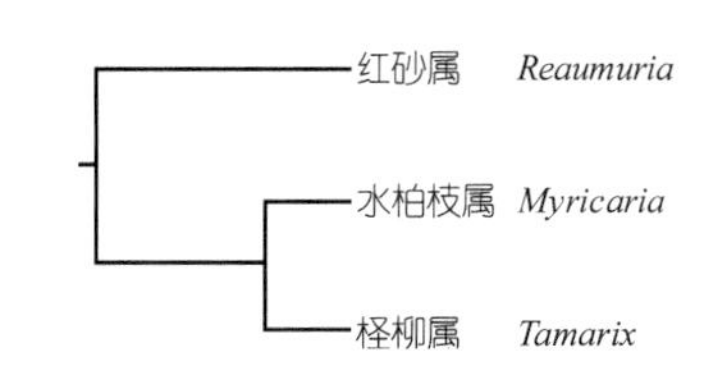

图 146 中国柽柳科植物的分支关系

1. 红砂属 Reaumuria L.

矮小灌木或半灌木；花单生于枝顶或聚集成稀疏的总状花序；花瓣内侧具 2 附属物；花丝基部合生；蒴果 3~5 瓣裂；种子部分被褐色长毛，顶端无芒柱。

12 种，分布于非洲、亚洲、欧洲；中国 4 种，主产西北及内蒙古干旱地区。

红砂 *Reaumuria soongarica* (Pall.) Maxim.

宽苞水柏枝 *Myricaria bracteata* Royle

2. 水柏枝属 Myricaria Desv.

灌木或乔木；叶扁平，长圆形或线形；花集生成总状或穗状花序；雄蕊 10，5 长 5 短相间排列，基部或下半部合生成筒；雄蕊 3 心皮，基底胎座；蒴果 3 瓣裂；种子顶端具芒柱。

约 13 种，产亚洲和欧洲；中国 10 种，分布于西南、西北、华北和西藏。

3. 柽柳属 Tamarix L.

大型灌木或乔木；叶鳞片状，抱茎或呈鞘状；花集生成总状或圆锥状花序；花萼草质或肉质，深 4~5 裂，宿存；雄蕊 4~5，与花瓣同数，等长，花丝分离；蒴果室背 3 瓣裂；种子顶端具芒柱。

90 种，产非洲、亚洲和欧洲；中国 18 种，主产西北和华北干旱地区。

甘蒙柽柳 *Tamarix austromongolica* Nakai

科 206. 瓣鳞花科 Frankeniaceae

1 属约 70 种，温带至亚热带的海岸或盐碱地区分布；中国 1 种，主产新疆、甘肃。

草本、亚灌木或灌木；单叶，叶小，对生，具泌盐腺体，对生两叶常基部连合成短鞘；花两性，单生或排成聚伞花序，辐射对称；萼片 4~7，合生成筒状，宿存；花瓣基部缩为楔状爪，近轴面具一鳞片状附属物；雄蕊通常 6；子房上位，侧膜胎座；蒴果瓣裂。

海滨瓣鳞花 *Frankenia laevis* L.

1. 瓣鳞花属 Frankenia L.

属的鉴定特征及分布同科。

科 207. 白花丹科 Plumbaginaceae

约 25 属 440 种，世界广布，主要分布于亚洲中部和地中海地区；中国 7 属 46 种，分布于北部和西南地区，主产新疆。

草本、小灌木或半灌木；单叶互生或基生，叶片基部通常渐狭成柄，叶柄基部扩张或抱茎；花两性，整齐，5 数；萼宿存，而常有色彩；花冠花后卷缩于萼筒内；雄蕊与花冠裂片对生；柱头与萼裂片对生；蒴果包藏于萼筒内。

在形态系统中，白花丹科通常分为两亚科：白花丹亚科 Plumbaginoideae（●）和补血草亚科 Limonioideae（●）。分子分析结果显示，中国产属分为 2 支，类同于形态证据的划分，分子和形态达到了统一（图 147）。

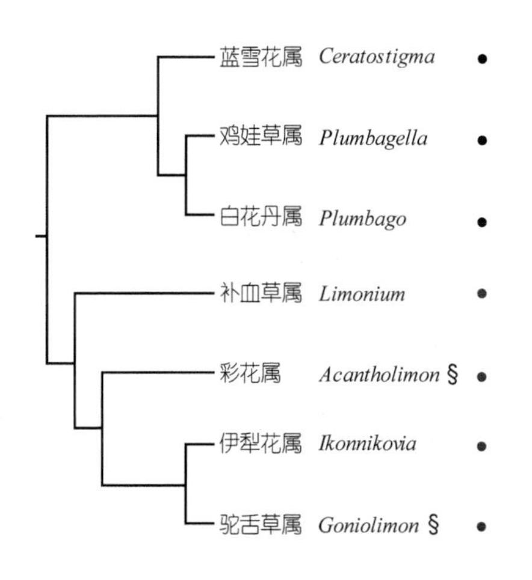

图 147 中国白花丹科植物的分支关系

1. 蓝雪花属 Ceratostigma Bunge

灌木、半灌木或多年生草本；花序通常头状；花萼管状，5 深裂，无外展萼檐，无腺体；花冠高脚碟状，筒长于花萼；花柱 1，柱头 5，伸长，指状，内侧具钉状或头状腺质突起；蒴果盖裂。

8 种，产非洲东部和亚洲；中国 5 种，主产西南地区。

岷江蓝雪花 *Ceratostigma willmottianum* Stapf

2. 鸡娃草属 Plumbagella Spach

一年生草本；花序短穗状；花萼管状，无外展萼檐，裂片边缘具腺体；花冠管长于花萼；花柱 1，柱头 5，伸长，指状，内侧具钉状腺质突起；蒴果尖长卵状。

1 种，分布于中国、哈萨克斯坦、吉尔吉斯斯坦、蒙古国、俄罗斯；中国主产西南和西北地区。

鸡娃草 *Plumbagella micrantha* (Ledeb.) Spach

3. 白花丹属 Plumbago L.

灌木、半灌木或多年生草本；花序通常穗状；花萼管状，无外展萼檐，萼筒上半部至裂片具腺体；花冠管长于花萼；花柱 1，柱头 5，伸长，指状，内侧具钉状或头状腺质突起；蒴果基部周裂。

约 17 种，产热带地区；中国 2 种，产西南、华南地区。

蓝花丹 *Plumbago auriculata* Lam.

4. 补血草属 Limonium Mill.

多年生草本、灌木或半灌木；叶基生，少有生于枝端；花序伞房状、穗状、圆锥状；花由鳞片状苞片所托；花萼漏斗状、倒圆锥状、管状，萼檐先端 5 裂；花冠略长于花萼；花柱 5，分离，柱头 5，圆柱形至丝状圆柱形，光滑；蒴果倒卵圆状。

约 300 种，世界广布，主产地中海沿岸；中国 22 种，分布于北部、西藏及滨海地区，主产新疆。

补血草 *Limonium sinense* (Girard) Kuntze

5. 彩花属 Acantholimon Boiss.

垫状小灌木，植株外貌呈团块状；老枝有枯叶宿存；叶密集，纤细；花序穗状；花萼漏斗状，萼檐先端 5 裂或 10 裂；花冠略长于花萼；花柱 5，分离，柱头 5，扁头状，光滑；蒴果长圆状线形。

约 190 种，产亚洲和欧洲；中国 11 种，分布于西藏、新疆。

颖状彩花 *Acantholimon glumaceum* (Jaub. & Spach) Boiss.

6. 伊犁花属 Ikonnikovia Lincz.

矮小灌木；叶集生枝端，呈莲座状；花序穗状、圆锥状；花萼管状，萼檐狭钟状，先端 5 裂；花冠略长于花萼；花柱 5，分离，柱头 5，扁头状，下半部具疣状突起；蒴果长圆状线形。

1 种，分布于中国和哈萨克斯坦；中国分布于伊犁河流域。

伊犁花 *Ikonnikovia kaufmanniana* (Regel) Lincz.

7. 驼舌草属 Goniolimon Boiss.

多年生草本；根端有肥大的茎基；叶基生，呈莲座状；花序穗状；花萼漏斗状，萼檐外展，先端 5 裂；花冠略长于花萼；花柱 5，分离，柱头 5，扁头状，下半部具乳头状突起；蒴果长圆形或卵状长圆形。

20 种，产非洲北部、亚洲和欧洲；中国 4 种，主产新疆，黑龙江、内蒙古亦有分布。

疏花驼舌草 *Goniolimon callicomum* (C. A. Mey.) Boiss.

科 208. 蓼科 Polygonaceae

约 50 属 1 120 余种，全世界广布，但主产北温带；中国 14 属 213 种，全国各地均有分布。

草本、灌木或半灌木；茎直立、平卧或缠绕，通常茎节膨大；叶为单叶，通常互生，全缘，稀分裂；托叶通常闭合成鞘状（托叶鞘），宿存；花序穗状、总状、头状或圆锥状；瘦果三棱形，或为双凸形或双凹形，花被片宿存。

在形态系统中，蓼科通常分为 3 个亚科：榄仁蓼亚科 Symmerioideae、苞蓼亚科 Eriogonoideae 和蓼亚科 Polygonoideae。中国产蓼科植物均属于蓼亚科，分为 5 个分支，即沙拐枣族 Calligoneae（●）、蓼族 Persicarieae（●）、荞麦族 Fagopyreae（●）、酸模族 Rumiceae（●）和萹蓄族 Polygoneae（●）。沙拐枣族包含沙拐枣属 *Calligonum* 和翼蓼属 *Pteroxygonum*，与蓼科其他类群互为姐妹群（图 148）。

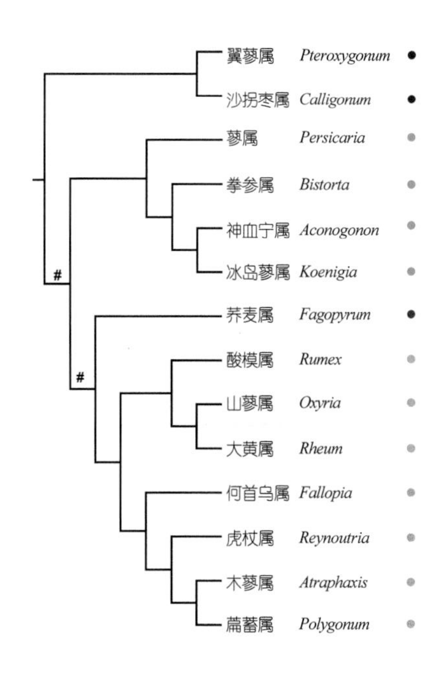

图 148 中国蓼科植物的分支关系

1. 翼蓼属 Pteroxygonum Dammer & Diels

多年生草质藤本；根状茎粗壮，近圆形，横断面暗红色；叶三角状卵形或三角形；花序总状；瘦果三棱形，沿棱生膜质翅，基部具 3 个角状附属物。

1 种，中国特有，产西北部和北部。

翼蓼 *Pteroxygonum giraldii* Dammer & Diels

2. 沙拐枣属 Calligonum L.

灌木或半灌木；茎直立；叶退化成线形或鳞片状，与托叶鞘连合；花单生或 2~4 朵生于叶腋；花被片 5，果时不增大，通常反折；瘦果，果皮木质坚硬，具 4 条果肋，肋上生翅或刺。

约 35 种，分布于非洲、亚洲及欧洲；中国 23 种，主产西北地区。

头状沙拐枣 *Calligonum caput-medusae* Schrenk

3. 蓼属 Persicaria (L.) Mill.

一年生或多年生草本；茎直立，稀匍匐或缠绕；部分种类茎及叶柄具有倒钩刺；花序总状或头状；花被 5 深裂，宿存；雄蕊通常 8；花柱 2-3，柱头头状；瘦果卵形，具 3 棱或双凸镜状，常包于宿存花被内。

约 100 种，世界性分布；中国 23 种，全国各地均产。

春蓼 *Persicaria maculosa* Gray

4. 拳参属 Bistorta (L.) Scop.

多年生草本；根状茎粗壮；具基生叶；总状花序穗状，紧密，顶生。

约 50 种，以亚洲东部和环北极地区为分布中心；中国 22 种，主产西南地区。

拳参 *Bistorta major* Gray

5. 神血宁属 Aconogonon (Meisn.) Rchb.

多年生草本；茎直立，分枝开展；圆锥花序，松散，顶生。

20~30 种，主要分布于亚洲高山地区；中国 21 种，主要分布于西南地区。

高山神血宁 *Aconogonon alpinum* (All.) Schur

6. 冰岛蓼属 Koenigia L.

一年生矮小草本，稀多年生；茎细弱，外倾上升或直立；花簇顶生或腋生，或形成密集的聚伞花序或头状花序。

8 种，环两极地区及欧、亚高山地区分布；中国 8 种，主产青藏高原。

冰岛蓼 *Koenigia islandica* L.

7. 荞麦属 Fagopyrum Mill.

一年生或多年生草本，稀灌木或半灌木；茎直立；花序总状或伞房状；瘦果三棱形，明显比宿存的花被长，稀近等长。

约 16 种，亚洲、欧洲分布；中国 11 种，全国各地均产。

荞麦 *Fagopyrum esculentum* Moench

8. 酸模属 Rumex L.

一年生或多年生草本，稀为灌木；茎直立；叶基生和茎生；花两性，稀单性或杂性，雌雄异株；花序圆锥状，多花簇生成轮；花被片 6，内轮 3 片果时增大，柱头画笔状。

约 200 种，世界性分布，主产于温带地区；中国 27 种，全国各地均产。

羊蹄 *Rumex japonicus* Houtt.

9. 山蓼属 Oxyria Hill

多年生草本；茎直立，根状茎粗壮；叶肾形或圆肾形；圆锥花序，花被片 4，2 轮，果时内轮 2 片增大，外轮 2 片反折；花柱 2，柱头画笔状；瘦果双凸形，两侧边缘具翅。

2 种，欧洲、亚洲及北美洲分布；中国全产，主产东北、西北及西南山区。

山蓼 *Oxyria digyna* (L.) Hill

10. 大黄属 Rheum L.

多年生高大草本；根粗壮，内部多为黄色；茎直立；叶片多宽大，主脉掌状或掌羽状；花被片 6，2 轮；瘦果三棱形，棱缘具翅。

约 60 种，亚洲温带及亚热带分布；中国 38 种，主产西北、西南及华北地区。

华北大黄 *Rheum franzenbachii* Munter

11. 何首乌属 Fallopia Adans.

一年生或多年生草本，稀亚灌木；茎缠绕；花序总状或圆锥状，顶生或腋生，花被片外面 3 片具翅或龙骨状突起，果期增大，稀无齿或龙骨状突起。

约 9 种，广泛分布于北温带地区；中国 8 种，主产东北到西北及西南地区。

何首乌 *Fallopia multiflora* (Thunb.) Haraldson

12. 虎杖属 Reynoutria Houtt.

多年生草本，雌雄异株；根状茎横走，茎直立，中空；圆锥花序腋生，花单性，雌花外面 3 枚花被片果期增大，背部具翅。

2 种，亚洲分布；中国 1 种，主产华东、华中、华南及四川、云南及贵州，甘肃、陕西南部亦有分布。

虎杖 *Reynoutria japonica* Houtt.

13. 木蓼属 Atraphaxis L.

灌木；茎直立；叶小，革质；由腋生花簇组成总状花序，顶生或侧生；花被片内面 3（2）枚果时增大，草质。

约 25 种，亚洲、非洲及欧洲分布；中国 12 种，主产新疆。

沙木蓼 *Atraphaxis bracteata* Losinsk.

萹蓄 *Polygonum aviculare* L.

14. 萹蓄属 Polygonum L.

一年生或多年生草本，稀小灌木或半灌木；茎平卧或半直立；叶小，基部具关节；花单生或数朵簇生，生于叶腋。

50~80 种，世界性分布；中国 16 种，全国各地均产。

目 45. 山茱萸目 Cornales

山茱萸目 Cornales 的单系性得到 DNA 序列数据的支持，也得到一些形态学性状的支持，如子房多少呈下位、萼片简化、具上位蜜腺盘及多核果状果实等。APG III（2009）系统中，该目包括 6 科，在分支图（图 149）上铩木科 Curtisiaceae − 愚人莓科 Grubbiaceae 聚为 1 支，均为单属 1~3 种的小科；山茱萸科 Cornaceae − 水穗草科 Hydrostachyaceae −（绣球科 Hydrangeaceae + 刺莲花科 Loasaceae）聚为 1 支。山茱萸科采取广义，包括八角枫科 Alangiaceae、蓝果树科 Nyssaceae、单室茱萸科 Mastixiaceae、珙桐科 Davidiaceae 及狭义山茱萸科。根据我们的分析，山茱萸属 *Cornus* + 八角枫属 *Alangium* 为 1 支；蓝果树属 *Nyssa* + 喜树属 *Camptotheca* + 珙桐属 *Davidia* + 马蹄参属 *Diplopanax* + 单室茱萸属 *Mastixia* 为 1 支，两支都有很高的支持率（100%），因此支持将广义山茱萸科分为山茱萸科（狭义）和蓝果树科（广义）。绣球科和刺莲花科近缘，为姐妹群，Takhtajan（2009）将二科组成刺莲花目 Loasales（或绣球目 Hydrangeales），近缘于山茱萸目。分布于马达加斯加和热带非洲的水生草本植物水穗草科 1 属 22 种，其系统位置尚不确定，Takhtajan（2009）将其作为单科（属）目水穗草目 Hydrostachyales 放在双子叶植物最后一目，认为它可能同车前科 Plantaginaceae 有共同祖先。

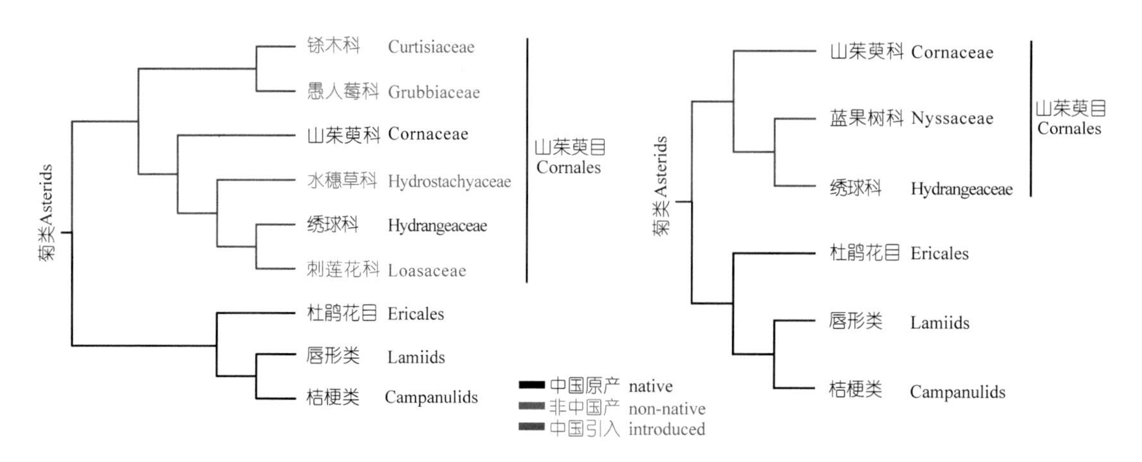

图 149 山茱萸目的分支关系

被子植物 APG III系统（左）；中国维管植物生命之树（右）

209. 山茱萸科 Cornaceae

2 属约 76 种，全球广泛分布；中国 2 属 36 种，除新疆外，均产。

乔木、灌木或多年生草本，单叶对生或互生，稀轮生；花两性或单性，排成聚伞花序、圆锥花序、伞房花序、伞形花序或具 4 枚总苞片的头状花序；萼片和花瓣 4~10；子房下位；核果或浆果。

1. 八角枫属 Alangium Lam.

落叶乔木或灌木；单叶互生；花两性，排成腋生聚伞花序；萼片和花瓣 4~10；花瓣线形，常外卷；雄蕊 8~20 或更多；核果。

约 21 种，分布于非洲和亚洲热带与亚热带地区；中国 11 种，广布长江以南地区，少数种可散布到河北。

八角枫 *Alangium chinense* (Lour.) Harms

2. 山茱萸属 Cornus L.

落叶乔木或灌木；叶对生，稀互生或轮生；全缘，羽状脉；雌雄同株；苞片小，早落，或具 4（~6）艳丽的花瓣状苞片；花瓣 4，乳白色或黄色，很少深紫红色或暗紫红色，镊合状；雄蕊 4，周边有肉质的花盘；子房下位；心皮 2；核果状浆果，离生或融合成肉质的聚花果。

约 55 种，广布于北半球温带地区；中国 25 种，南北分布。

山茱萸 *Cornus officinalis* Siebold & Zucc.

210. 蓝果树科 Nyssaceae

7 属约 60 种，主要分布于东亚、北美洲东部的温带地区、东南亚和太平洋岛屿。中国 5 属 14 种，主要分布于西南、华中、华南地区。

乔木，常绿或落叶，单叶互生或对生；叶多全缘或少有锯齿，花两性或单性、辐射对称；圆锥状或伞房状或伞形状聚伞花序、头状花序，顶生或腋生；花瓣 5 或更多或缺；雄蕊 5~10 或更多；子房下位，核果或翅果。

广义蓝果树科包括 3 科：单室茱萸科 Mastixiaceae（●）、珙桐科 Davidiaceae（●）和狭义蓝果树科 Nyssaceae（●）；分子分析显示，原隶属各科的属各自聚集在同一个分支上（图 150）。

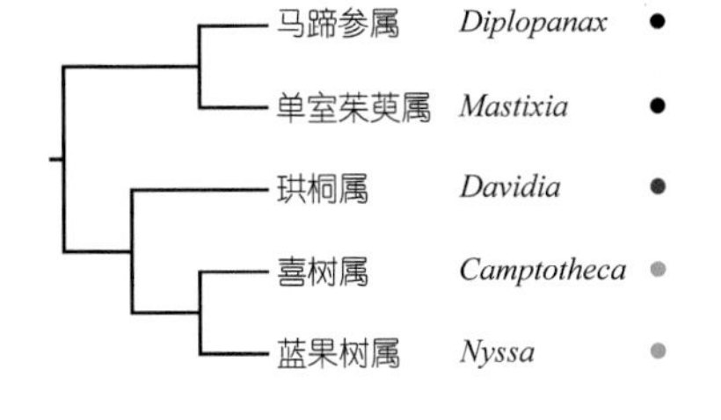

图 150 中国蓝果树科植物的分支关系

1. 马蹄参属 **Diplopanax** Hand.-Mazz.

常绿乔木；单叶互生，叶革质，全缘；花排成顶生的穗状式圆锥花序，上部单生，下部成伞形花序；萼5齿裂；花瓣5；雄蕊10，有5枚常不育；子房下位，1室，有胚珠1；核果木质，阔卵形，横切面为马蹄形。

2种，产中国和越南；中国1种，产华南地区。

马蹄参 *Diplopanax stachyanthus* Hand.-Mazz.

2. 单室茱萸属 **Mastixia** Blume

常绿乔木；叶具柄，互生或对生，全缘；两性花，有小苞片2，顶生圆锥花序；花梗短或无，具节；萼管钟状，被毛，裂齿4~5；花瓣4~5，被丝毛；雄蕊4~5；花盘肉质；子房下位，1室1胚珠；核果椭圆形或卵形，顶部有萼齿或疤痕。

约25种，分布于亚洲南部和东南部；中国3种，产海南、广西和西南地区。

云南单室茱萸 *Mastixia pentandra* subsp. *chinensis* (Merr.) K. M. Matthew

3. 珙桐属 **Davidia** Baill.

落叶乔木；单叶互生，无托叶，叶缘有锯齿；花杂性，圆头状花序顶生，花序下有2~3枚白色的叶状苞片；头状花序由1朵两性花和许多雄花组成或全由雄花组成；雄花无花被，雄蕊1~7；子房下位，6~10室，每室1胚珠；核果。

1种，中国特有，分布于华中和西南地区。

珙桐 *Davidia involucrata* Baill.

4. 喜树属 **Camptotheca** Decne.

乔木；单叶互生，全缘；花杂性同株，无梗，头状花序；萼杯状，5齿裂；花瓣5，雄蕊10，不等长；花盘杯状；子房下位，1室，有胚珠1；翅果聚成球形果序。

2种，中国特有，产长江以南地区。

喜树 *Camptotheca acuminata* Decne.

5. 蓝果树属 Nyssa Gronov. ex L.

落叶乔木；单叶互生，全缘或仅有疏齿；伞房状或伞形状聚伞花序；花单性异株或杂性，雄花多数，腋生，具梗；萼杯状，5齿裂；花瓣5，着生于花盘边缘；雄蕊5~12，突出；雌花无梗或具短梗，基部有小苞片，1至数朵着生于花序梗上；退化雄蕊5~10，花盘稍不发达；子房下位，1~2室，核果。

约12种，分布于北美和亚洲；中国7种，产长江以南地区。

蓝果树 *Nyssa sinensis* Oliv.

科 211. 绣球科 Hydrangeaceae

17属约170种，主产北半球温带和亚热带地区；中国11属131种，全国分布。

灌木、稀草本或小乔木；叶常对生，单叶，无托叶；花两性或兼具不孕花，辐射对称，两型或一型；萼片4或5，合生；花瓣4或5，离生；雄蕊为8或10至多数；柱头2~5；心皮2~5，合生；子房半下位至下位，具肋；蜜腺盘常在子房顶部；蒴果，室背开裂或室间开裂；种子常具翅。

在形态学系统中，绣球科常被分为3亚科：山梅花亚科 Philadelphoideae，下分2族山梅花族 Philadelpheae（●）、溲疏族 Deutzieae（●）；绣球亚科 Hydrangeoideae，下分绣球族 Hydrangeeae（●）、草绣球族 Cardiandreae（●）；黄山梅亚科 Kirengeshomoideae（●）。分子分析显示：山梅花属位于基部，黄山梅属和溲疏属聚为1支；绣球亚科包含的属聚集在各自近缘的位置；唯隶属溲疏族的常山属出现在远离近缘属溲疏属的位置，值得研究（图151）。

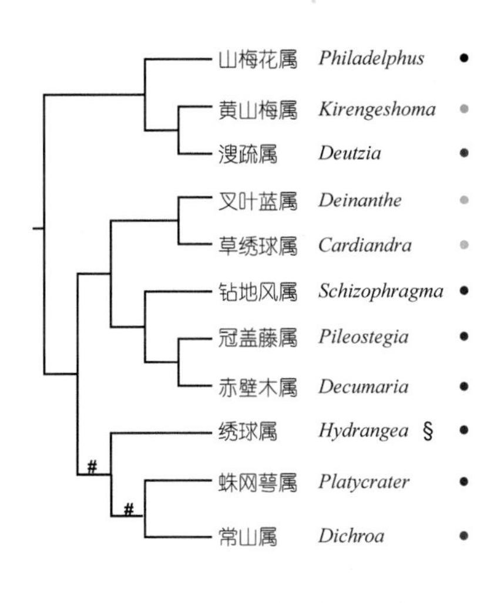

图151 中国绣球科植物的分支关系

1. 山梅花属 Philadelphus L.

直立灌木，稀攀缘，少具刺；叶对生，离基3或5出脉；总状花序，常呈聚伞状或圆锥状排列，稀单花；花白色，芳香，筒陀螺状或钟状；萼裂片、花瓣4（~5）；雄蕊13~90，花丝分离，稀基部连合；子房下位或半下位，4（~5）室，胚珠多数，中轴胎座；花柱（3~）4（~5）；蒴果，瓣裂。

约70种，北温带分布，主产东亚；中国22种，全国分布，主产西南地区。

太平花 *Philadelphus pekinensis* Rupr.

2. 黄山梅属 Kirengeshoma Yatabe

多年生草本；茎不分枝，四棱形；叶对生，掌状分裂；聚伞花序；花两性，无不育花；萼筒半球形，上部5裂；花瓣5，离生，与花萼裂片互生；雄蕊15，排成3轮，外面一轮最长；花丝着生于花瓣基部，向上渐狭，花药2室，药室纵裂；子房半下位，3~4室，中轴胎座；花柱3~4，离生；蒴果，室背开裂。

1种，分布于中国、日本和朝鲜；中国产安徽（黄山）、浙江（天目山）。

黄山梅 *Kirengeshoma palmata* Yatabe

3. 溲疏属 Deutzia Thunb.

落叶灌木，常被星状毛；叶边缘具锯齿；花两性，稀单花；萼筒钟状，与子房壁合生，裂片5，果时宿存；花瓣5；雄蕊10，稀12~15，常成形状和大小不等的两轮，花丝常具翅；花盘环状，扁平；子房下位，稀半下位，3~5室，中轴胎座；花柱3~5，离生；蒴果；室背开裂。

60多种，产北温带；中国53种，全国分布，主产西南地区。

大花溲疏 *Deutzia grandiflora* Bunge

4. 叉叶蓝属 Deinanthe Maxim.

多年生草本；有根状茎；伞形状或伞房状聚伞花序顶生；花二型，不育花生于花序外侧，较小，孕性花生于花序内侧，较大；萼筒与子房贴生，萼齿5，花瓣状，宿存；花瓣5~8；雄蕊极多数，着生于环状花盘的周缘；子房半下位，不完全的5室，胚珠多数；花柱5，中下部合生；蒴果，室间开裂。

2种，分布于中国和日本；中国1种，产湖北。

叉叶蓝 *Deinanthe caerulea* Stapf

5. 草绣球属 Cardiandra Siebold & Zucc.

亚灌木至灌木，具地下茎；叶互生或4~8片聚生，具锯齿或粗齿；伞房状聚伞花序或圆锥花序顶生；花二型，不育花大，着生于花序外侧，萼片2~3，花瓣状；孕性花小，着生于花序内侧，花瓣5，覆瓦状排列；雄蕊多数；子房近下位，不完全的2~3室，胚珠多数；花柱2~3；蒴果卵球形。

约4种，产亚洲亚热带东部；中国2种，产东南部至西南部。

台湾草绣球 *Cardiandra formosana* Hayata

6. 钻地风属 Schizophragma Siebold & Zucc.

落叶灌木；茎平卧或藉气生根高攀；伞房状或圆锥状聚伞花序顶生，花二型或一型，不育花存在或缺，花瓣状，全缘；孕性花小，花瓣分离，镊合状排列，早落；雄蕊10枚，分离；子房近下位，4~5室，胚珠多数，着生于中轴胎座上；花柱单生，短，头状，4~5裂；蒴果，具棱，棱间开裂。

约10种，分布于中国、日本和韩国；中国9种，产东部、东南部至西南部。

绣球钻地风 *Schizophragma hydrangeoides* Siebold & Zucc.

7. 冠盖藤属 **Pileostegia** Hook. f. & Thomson

常绿攀缘状灌木，常以气生根攀附于他物上；叶对生，革质，全缘或具波状锯齿；伞房状圆锥花序，常具二歧分枝；花两性，小，花冠一型，无不孕花；萼筒与子房贴生，萼裂片 4~5；花瓣 4~5；雄蕊 8~10；子房下位，4~6 室，胚珠多数，着生于中央胎座上，花柱 1，柱头圆锥状，4~6 浅裂；蒴果陀螺状，平顶，具宿存花柱和柱头，沿棱脊间开裂。

3 种，产亚洲东南部；中国 2 种，产南部。

冠盖藤 *Pileostegia viburnoides* Hook. f. & Thomson

8. 赤壁木属 **Decumaria** L.

常绿攀缘状灌木，常具气生根；叶对生；伞房状圆锥花序顶生；花两性，花冠一型，无不孕花；萼筒与子房贴生，裂片 7~10；花瓣 7~10；雄蕊 20~30；花丝线形，花药 2 室，药室纵裂；子房下位，5~10 室，胚珠多数，生于中央胎座上；花柱粗短，柱头扁盘状，7~10 裂；蒴果室背棱脊间开裂。

2 种，间断分布于中国和美国东南部；中国 1 种，产陕西、甘肃、湖北、四川和贵州。

赤壁木 *Decumaria sinensis* Oliv.

9. 绣球属 **Hydrangea** L.

常绿或落叶亚灌木、灌木或小乔木；叶常对生或 3 片轮生；花序排成伞形状、伞房状或圆锥状，顶生；花二型，极少一型，不育花存在或缺，生于花序外侧，萼片花瓣状，2~5 片；孕性花较小，生于花序内侧，萼齿小，花瓣 4~5；雄蕊通常 10；子房半下位或下位，3~4 室，胚珠多数，花柱 2~4（~5）；蒴果，孔裂。

约 73 种，主产东亚及东南亚；中国 33 种，除海南、黑龙江、吉林、新疆外，其他省区均有分布。

东陵绣球 *Hydrangea bretschneideri* Dippel

10. 蛛网萼属 **Platycrater** Siebold & Zucc.

落叶灌木；茎直立、平卧或匍匐状；叶薄纸质，对生；伞房状聚伞花序；花二型；不育花位于花序的外侧，萼片 3~4，盾状，半透明，具密集柔弱的网脉；孕性花位于花序内侧，萼齿 4~5，三角状卵形，先端尖，宿存，花瓣 4；雄蕊多轮着生于环状花盘下侧，花丝丝状，基部稍合生；子房下位，2 室，胚珠多数，花柱 2；蒴果倒圆锥形，2 室，孔裂。

1 种，分布于中国和日本；中国产东南部。

蛛网萼 *Platycrater arguta* Siebold & Zucc.

11. 常山属 Dichroa Lour.

落叶灌木；叶对生，稀上部互生；花两性，一型，成伞房状圆锥花序或聚伞花序；萼筒倒圆锥形，裂片5（~6）；花瓣5（~6），分离；雄蕊4~5或10（~20），花丝线形或钻形，花药卵形或椭圆形；子房近下位或半下位，不完全4~6室；花柱（2~）3~6，分离或仅基部合生，柱头长圆形或近球形；浆果，略干燥。

12种，产亚洲东南部及其邻近岛屿；中国6种，产西南部至东部。

云南常山 *Dichroa yunnanensis* S. M. Hwang

目46. 杜鹃花目 Ericales

杜鹃花目Ericales包括22科，其单系性得到了DNA序列分析结果的支持（Soltis et al.，2000；Albach et al.，2001；Bremer et al.，2002；Judd et al.，2008）。但是形态学证据对该目的单系支持较弱，Judd等（2008）指出可能的共衍征有山茶型叶齿和胎座凸入子房室，但这只是在大多数科的某些成员出现。由于形态学性状在科间的隔离，Takhtajan（2009）将它们分别置于13个目。在分支图上，凤仙花科Balsaminaceae –（蜜囊花科Marcgraviaceae + 四贵木科Tetrameristaceae）组成一支，是本目其余科的姐妹群，在Takhtajan（2009）系统中是双子植物第51目凤仙花目Balsaminales的成员；帽蕊草科Mitrastemonaceae比较孤立，单立第16目帽蕊草目Mitrastemonales；福桂树科Fouquieriaceae – 花荵科Polemoniaceae构成姐妹科，它们分别在56目福桂树目Fouquieriales和57目花荵目Polemoniales，均为单科目；玉蕊科Lecythidaceae在58目玉蕊目Lecythidales；肋果茶科Sladeniaceae – 五列木科Pentaphylaceae在50目山茶目Theales；山榄科Sapotaceae –（柿科Ebenaceae + 报春花科Primulaceae），分别在61~63目柿目Ebenales、山榄目Sapotales和报春花目Primulales，并组成报春花超目Primulanae；山茶科Theaceae在50目山茶目；在山矾科Symplocaceae –（岩梅科Diapensiaceae + 安息香科Styracaceae）支中，岩梅科在55目岩梅目Diapensiales，其他2科在61目安息香目Styracales；瓶子草科Sarraceniaceae在59目瓶子草目Sarraceniales。捕虫木科Roridulaceae在60目捕虫木目Roridulales，均为单科目，归在杜鹃花超目Ericanae；猕猴桃科Actinidiaceae – 桤叶树科Clethraceae –（鞣木科Cyrillaceae + 杜鹃花科Ericaceae）支，被称为核心杜鹃花目成员，是明确的单系，共衍征包括花药在发育过程中倒置、子房顶部凹陷形成中空花柱、胚乳两端有基足（Judd et al.，2008）。我们的分析显示从山矾科到杜鹃花科分支同APG系统的结果相似，其他分支表明杜鹃花目科间关系尚需要进一步研究，以求得分子数据和形态证据相对统一（图152）。

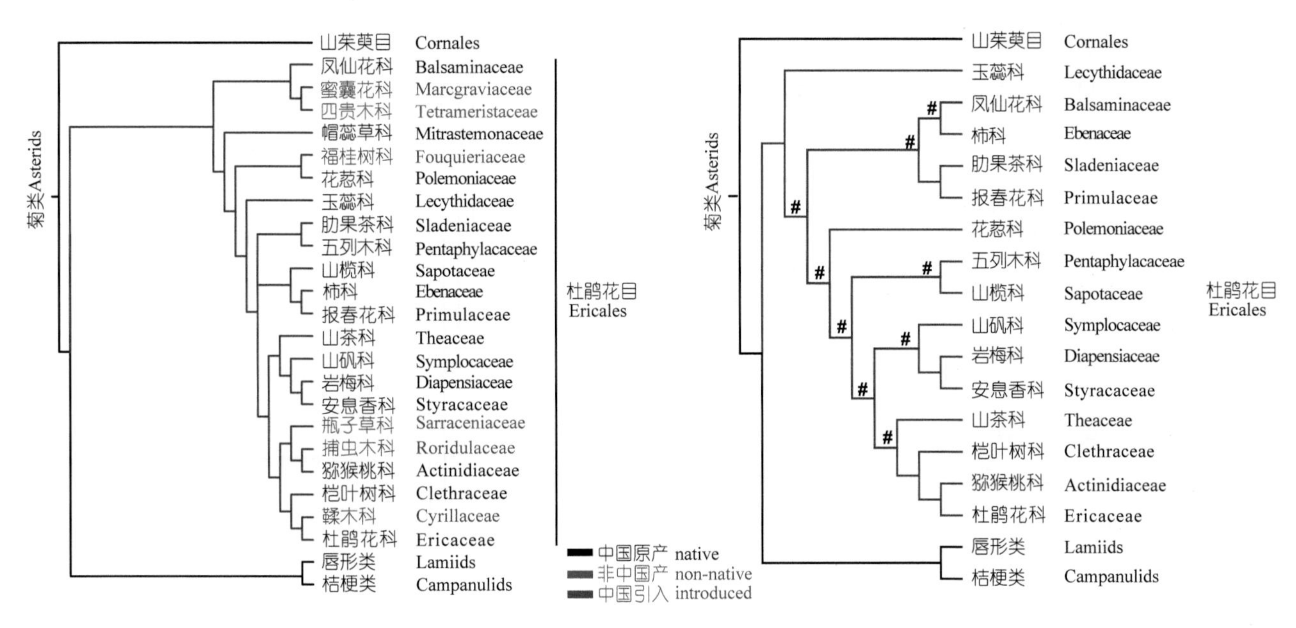

图 152 杜鹃花目的分支关系

被子植物 APG Ⅲ系统（左）；中国维管植物生命之树（右）

科 212. 玉蕊科 Lecythidaceae

约 25 属 340 余种，泛热带分布，主要分布于中南美洲和非洲；中国 1 属 3 种，主要分布于云南、海南和台湾。

乔木或灌木；叶螺旋状排列，常丛生枝顶，稀对生；花单生、簇生，或成总状花序、穗状花序及圆锥花序，顶生、腋生，或在老茎、老枝上侧生，两性，辐射对称或左右对称；花瓣通常 4~6，稀无花瓣，基部通常与雄蕊管贴生；雄蕊极多数，数轮，外轮常不发育或有时呈副花冠状，花丝基部多少合生；子房下位或半下位，2~6 室，稀多室，隔膜完全或不完全；果实浆果状、核果状或蒴果状，通常大，常有棱角或翅，顶端常冠以宿萼；果皮通常厚，纤维质、海绵质或近木质；种子 1 至多数，有翅或无翅。

1. 玉蕊属 Barringtonia J. R. Forst. & G. Forst.

乔木或灌木；叶常丛生枝顶，有柄或近无柄，全缘或有齿；总状花序或穗状花序，顶生或在老枝及老茎上侧生，通常长而俯垂，稀短而直立，总梗基部常有一丛苞叶；花芽球形；花瓣 4，稀 3 或 6；雄蕊多数，排成 3~8 轮，最内的 1~3 轮退化至仅存花丝；花盘环状；花柱宿存，子房 2~4 室；种子 1。

约 40 种，泛热带分布；中国 3 种，产台湾、海南和云南。

滨玉蕊 *Barringtonia asiatica* (L.) Kurz

科 213. 报春花科 Primulaceae

58 属约 2 590 种，除干旱地区外，全世界广布；中国 18 属 648 种，除西北干旱地区外，全国均有分布。

草本、灌木、乔木、木质藤本；叶互生、对生或轮生，草本类群基生叶常呈莲座状；单叶，全缘或具各式齿，或羽状深裂；花两性或单性；花通常5数，稀4~6（~7）数；常为特立中央胎座，胚珠1至多数；蒴果，各式开裂；或为浆果，常核果状。

本研究的报春花科包括紫金牛科 Myrsinaceae，分支图显示：原2科的属分散在不同分支。原隶属于紫金牛科的杜茎山属（■）位于基部，报春花科水茴草族 Samoleae 的水茴草属（■）相继分出；其后分为2支：1支为报春花科报春族 Primuleae 的成员（●），该族的假婆婆纳属位于另1支基部，最后的2分支中，1个分支为原紫金牛科紫金牛亚科 Myrsinoideae 紫金牛族 Ardisieae（●）、铁仔族 Myrsineae（●）及蜡烛果亚科 Aegiceratoideae（▲）成员，最后1支为报春花科珍珠菜族 Lysimachieae 的成员（▲）（图153）。可以看出，紫金牛科同报春花科（狭义）亲缘性得到形态和分子证据的证明；原来2科中属间的近缘性也得到支持。

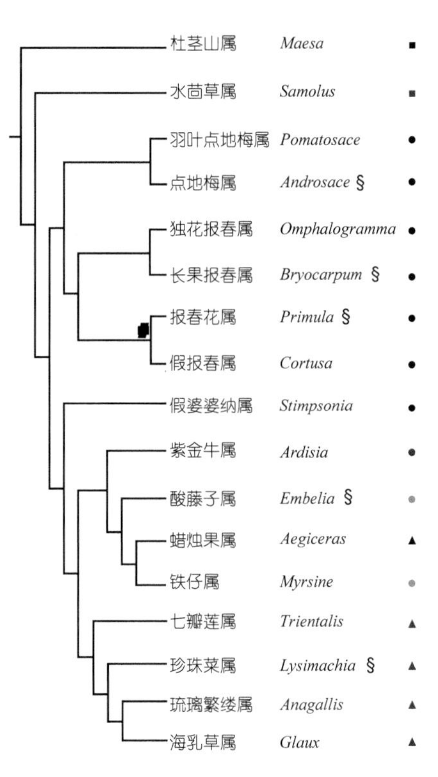

图153 中国报春花科植物的分支关系

1. 杜茎山属 Maesa Forssk.

灌木或小乔木，稀藤本；单叶，全缘或具各式齿；总状花序或圆锥花序；具一对小苞片；花4~5数，两性或杂性；花萼宿存；花瓣常具脉状条纹；雄蕊与花被同数；子房下位或半下位；肉质浆果或干果，具宿存花柱和宿存萼；种子多数，具棱角。

150种，产亚洲及非洲热带及亚热带地区，部分延伸到澳大利亚；中国29种，广布于长江以南地区。

鲫鱼胆 *Maesa perlarius* (Lour.) Merr.

2. 水茴草属 Samolus L.

一年生或多年生草本；单叶互生，或具莲座状基生叶；叶片线形至倒卵形，全缘；总状花序或伞房花序顶生；花5数；雄蕊5，花丝短，药隔有时伸长；退化雄蕊5，线状或舌状，与花冠裂片互生；子房半下位；蒴果球形，先端5裂；种子多数。

15种，温带美洲、欧洲、非洲、亚洲，热带非洲和大洋洲分布；中国1种，产西南部和南部。

水茴草 *Samolus valerandi* L.

3. 羽叶点地梅属 Pomatosace Maxim.

小草本；叶基生，莲座状，羽状深裂；伞形花序顶生；花5数；花冠坛状，喉部缢缩成环状突起；雄蕊5，花丝极短，贴生于花冠管上；蒴果横裂成两半。

1种，中国特有，分布于川、甘、青、藏四省区交界地区。

羽叶点地梅 *Pomatosace filicula* Maxim.

4. 点地梅属 Androsace L.

草本；稀基部木质化，常具根出条，有时呈垫状体；叶基生或簇生，莲座状，稀互生；伞形花序顶生，稀花单生；花 5 数；花冠喉部常缢缩成环状突起；雄蕊 5，花丝极短，贴生于花冠管上；蒴果 5 瓣裂。

约 150 种，北半球温带广布；中国 73 种，主产西北部和西南部。

点地梅 *Androsace umbellata* (Lour.) Merr.

5. 独花报春属 Omphalogramma (Franch.) Franch.

多年生草本，常具木质根茎；叶基生，具柄，两面具褐色腺点；花大，单生，深紫色至紫红色；花 5~7 数；花冠漏斗状或高脚碟状，稀钟状，略两侧对称；蒴果顶端 5~7 浅裂。

9 种，分布于东喜马拉雅、缅甸北部至中国西南部和西部；中国 9 种，产西南部和南部。

独花报春 *Omphalogramma vinciflorum* (Franch.) Franch.

6. 长果报春属 Bryocarpum Hook. f. & Thomson

多年生草本，具根状茎；叶基生，具柄；花单生，黄色；花 7 数；花冠漏斗状钟形；子房狭长，胚珠多数，特立中央胎座；蒴果长筒状，顶端盖裂。

1 种，分布于喜马拉雅南部至中国西南部。

长果报春 *Bryocarpum himalaicum* Hook. f. & Thomson

7. 报春花属 Primula L.

多年生草本，稀二年生；叶基生，莲座状；伞形花序顶生，稀花单生；花 5 数；雄蕊贴生于花冠管上；花药先端钝；花柱常 2 型；蒴果顶端瓣裂或不规则开裂，稀盖裂。

约 600 种，北半球广布；中国约 300 种，南北分布，主产西部和西南部。

胭脂花 *Primula maximowiczii* Regel

8. 假报春属 Cortusa L.

多年生草本；叶基生，具长柄；叶基心形；掌裂；伞形花序顶生；花 5 数；花萼宿存；雄蕊着生于花冠管基部；花药顶端具小尖头；蒴果顶端 5 瓣裂。

约 8 种，欧洲中部至亚洲北部分布；中国 1 种，产西北、东北和华北地区。

河北假报春 *Cortusa matthioli* subsp. *pekinensis* (V. Richter) Kitag.

9. 假婆婆纳属 Stimpsonia C. Wright ex A. Gray

一年生或二年生草本；基生叶具柄，近莲座状；茎生叶具短柄或无柄，互生；边缘均有粗齿；花单生于茎上部叶腋，多数；子房上位；蒴果球形，5 深裂至基部。

1 种，东亚分布；中国产东部和中部。

假婆婆纳 *Stimpsonia chamaedryoides* A. Gray

10. 紫金牛属 Ardisia Sw.

灌木、亚灌木、近草本或乔木；叶互生，常具各式齿，或全缘；聚伞花序、伞房花序、伞形花序或由它们组成大型圆锥花序；花两性，通常 5 数；花瓣基部稍连合，常具腺点；浆果核果状，常具腺点。

约 450 种，泛热带分布；中国 64 种，产长江以南地区。

多枝紫金牛 *Ardisia sieboldii* Miq.

11. 酸藤子属 Embelia Burm. f.

攀缘灌木或木质藤本；单叶互生、2 列或近轮生；总状花序、圆锥花序、伞形花序或聚伞花序，顶生或腋生；花通常单性，同株或异株；花 5 数；花柱伸长；浆果核果状，光滑，种子 1。

100 种，旧热带广布；中国 14 种，产东南部至西南部。

12. 蜡烛果属 Aegiceras Gaertn.

红树林灌木或小乔木；叶互生，在顶端近对生；伞形花序顶生；花两性，5 数；萼片革质，宿存；花瓣基部连合成管；药室具横隔；子房上位；蒴果圆柱形。

2 种，东南亚、澳大利亚东北部及太平洋岛屿分布；中国 1 种，产南部海岸。

蜡烛果 *Aegiceras corniculatum* (L.) Blanco

13. 铁仔属 Myrsine L.

小灌木或小乔木；叶互生，全缘或具锯齿，叶柄常下延使小枝具棱；聚伞花序腋生或簇生于小枝上；花单性或两性；花 4~5（~6）数，萼片常宿存；雄蕊与花瓣对生，花丝长或极短，与花瓣贴生，浆果核果状，种子 1。

155 种，泛热带分布；中国 11 种，产西南部至台湾。

铁仔 *Myrsine africana* L.

14. 七瓣莲属 Trientalis L.

多年生草本；叶轮生于枝端，茎下部叶互生、较小；花单生；花 7 数；花萼宿存；花瓣白色；雄蕊着生于花冠裂片基部；花药花后反卷；子房具多数胚珠；蒴果 5 瓣裂；种子具灰白色网状表皮层。

2 种，北温带、亚寒带分布；中国 1 种，产西北部和东北部。

七瓣莲 *Trientalis europaea* L.

15. 珍珠菜属 Lysimachia L.

草本，稀灌木，茎直立或匍匐；叶互生、对生或轮生，全缘；花单生叶腋，总状花序或伞形花序顶生或腋生，总状花序常缩短成近头状花序；花 5 数，花萼宿存；雄蕊 5，花丝分离或基部合生成筒；蒴果 5 瓣裂；种子具棱角或具翅。

狼尾花 *Lysimachia barystachys* Bunge

约 150 种，北半球温带及亚热带地区广布；中国 138 种，全国分布，以西南部最多。

16. 琉璃繁缕属 Anagallis L.

一年生或多年生草本，茎直立或匍匐；叶对生或互生，稀轮生，全缘，无柄或具短柄；花单生于叶腋，或成松散的总状花序；花 5 数；花丝常被毛；蒴果横裂成两半。

约 20 种，产欧洲、非洲、亚洲和南美洲温带地区；中国 1 种，产东南部。

琉璃繁缕 *Anagallis arvensis* L.

17. 海乳草属 Glaux L.

多年生草本，稍肉质，茎直立或匍匐；叶对生，有时在茎上部互生，全缘，近无柄；花单生于叶腋；花萼 5；无花瓣；雄蕊 5；蒴果上部 5 裂，萼筒宿存。

1 种，北半球温带广布；中国 1 种，产西北部至东北部。

海乳草 *Glaux maritima* L.

18. 管金牛属 Sadiria Mez

灌木或小乔木；叶互生，具圆齿或全缘，圆锥花序腋生，花数量较少，花两性，5 数；花冠管长于裂片；雄蕊内藏，贴生于花冠管基部，浆果核果状，常具腺点。

4 种，分布于东喜马拉雅地区、中国和缅甸北部；中国 1 种，产西南地区。

科 214. 肋果茶科 Sladeniaceae

2 属 3 种，亚洲东南部及东非热带地区间断分布；中国 1 属 1 种，仅分布于云南、贵州。

乔木；叶互生或螺旋状排列，全缘或具齿；花序腋生；花 5 或 6 数；花瓣离生或基部合生；雄蕊 8~15，分离或连合成 3 束，花药孔裂或纵裂；蒴果，室背开裂，种子具翅或缺如。

1. 肋果茶属 Sladenia Kurz

乔木；叶互生，叶缘具小锯齿；无托叶；聚伞花序，腋生；花白色；萼片 5；花瓣 5，基部稍合生；雄蕊 10~13，花药孔裂；子房上位，3 室，花柱短，柱头 3 浅裂；蒴果，圆锥状，具纵棱 10 条以上，熟时 3 裂，花萼花柱宿存。

2 种，分布于缅甸、泰国、越南和中国；中国 1 种，产云南、贵州。

肋果茶 *Sladenia celastrifolia* Kurz

科 215. 柿科 Ebenaceae

4 属 500 余种，全球热带、亚热带广布，温带有少量分布；中国 1 属 60 种，除西北地区外几乎广布。

乔木或灌木；单叶，互生，很少对生，排成 2 列，全缘，无托叶；花单性，通常雌雄异株，或为杂性；雌花腋生，单生，雄花常成聚伞花序，或簇生，或为单生；花萼 3~7 裂，宿存，常在果时增大，花冠 3~7 裂，早落；雄蕊常为花冠裂片数的 2~4 倍，很少和花冠裂片同数；子房上位或下位，2~16 室；花柱分离或基部合生；浆果多肉质。

1. 柿属 Diospyros L.

单叶，互生，排成 2 列；花单性，雌雄异株，或杂性；雄花成聚伞花序，腋生，雌花常单生叶腋；萼 4（3~7）裂，果时常增大；花 4~5（3~7）裂；雄蕊 4 至多数，通常 16，常 2 枚连生成对而形成两列；子房上位，2~16 室；花柱分离或在基部合生；浆果肉质；种子较大，通常两侧压扁。

约 500 种，全球热带、亚热带广布，温带有少量分布；中国 60 种，除西北地区外几乎广布。

君迁子 *Diospyros lotus* L.

科 216. 凤仙花科 Balsaminaceae

2 属 1 000 余种，主要分布于欧洲、亚洲、非洲热带地区及亚热带山区，欧洲、亚洲及北美洲温带亦有少量分布；中国 2 属约 270 种，全国各地均产，主产西南地区。

草本，稀附生或亚灌木；茎通常肉质；单叶，无托叶，有时叶柄基部具腺点或腺毛；花序形式多样；花萼 5 或 3，下面 1 枚倒置花瓣状，通常呈舟状、漏斗状或花瓣状，基部缩成具蜜腺的距，稀无距；花瓣 5，背面 1 枚旗瓣离生，侧生花瓣成对合生成 2 裂翼瓣，稀 5 枚全部离生；雄蕊 5，连合（称为雄蕊群）；果实为假浆果或多少肉质，通常果实成熟时种子从开裂的裂爿中弹出。

1. 水角属 Hydrocera Blume ex Wight & Arn.

水生或沼生草本；茎伸长，直立或浮于水面；花瓣 5，全部离生；果为肉质假浆果，成熟时不开裂。

1 种，产热带亚洲；中国海南分布。

水角 *Hydrocera triflora* (L.) Wight & Arn.

2. 凤仙花属 Impatiens L.

肉质草本；花瓣 4，侧生的花瓣成对合生成翼瓣；果实为多少肉质弹裂的蒴果；果实成熟时种子从裂爿中弹出。

约 1000 种，分布于欧洲、亚洲、非洲热带地区及亚热带山区，欧洲、亚洲及北美洲温带亦有少量分布；中国约 270 种，全国各地均产，主产西南地区。

水金凤 *Impatiens noli-tangere* L.

科 217. 花荵科 Polemoniaceae

约 18 属 385 种，主要分布于北美洲及南美洲西部，欧洲及亚洲寒温带有少数种类；中国 1 属 3 种，主产东北、西北及华北北部，西南高海拔地区零星分布。

草本或灌木，有时为攀缘草本；叶通常互生，或下方或全部对生，全缘或分裂或羽状复叶；无托叶；花通常颜色鲜艳，组成二歧聚伞花序，圆锥花序，有时成穗状或头状花序，很少单生叶腋；花两性，整齐或微两侧对称；花萼钟状或管状，5 裂，宿存；花冠高脚碟状、钟状至漏斗状，裂片有时不等大；雄蕊 5，常以不同的高度着生花冠管上；花盘通常显著；子房上位，由 3（少有 2 或 5）心皮组成，3（~5）室，花柱 1，柱头 3；中轴胎座；蒴果室背开裂，仅在电灯花属 *Cobaea* 为室间开裂，1 室，通常果瓣间有一半的假隔膜。外种皮具 1 层黏液细胞。

花荵 *Polemonium caeruleum* L.

1. 花荵属 Polemonium L.

一年生或多年生草本；叶互生，一次羽状分裂；顶生聚伞花序，或疏散伞房花序或近头状的聚伞圆锥花序；花蓝紫色或白色，通常显著；花萼钟状，5 裂，花后扩大；雄蕊基部着生位置相等，花丝基部具髯毛，向外折曲；花盘具圆齿；蒴果，3 瓣裂；种子具锐角棱，种皮潮湿时外面具黏液。

约 27 种，分布于欧洲及亚洲北部，美洲北部和西部；中国 3 种，产西北至东北地区。

科 218. 山榄科 Sapotaceae

53 属约 1 100 种，泛热带分布；中国 11 属 24 种，主产西南、华南地区。

乔木或灌木，有时具乳汁，幼嫩部分常被锈色、通常二叉的绒毛；单叶互生，近对生或对生，有时聚集枝端，通常革质，全缘，羽状脉；花两性，稀单性或杂性；花萼裂片 4~6，稀至 12，基部连合；花冠合瓣，具短管，裂片与花萼裂片同数或为其 2 倍；能育雄蕊与花冠裂片同数对生，或多数而排列成 2~3 轮，分离；退化雄蕊有或无，鳞片状至花瓣状；子房上位，心皮 4 或 5（1~14），合生；浆果，有时为核果状；种子 1 至数枚，种皮褐色，硬而光亮，常具各式疤痕。

山榄科包括仅含一属的肉实树科 Sarcospermataceae（●），分支图上肉实树属位于基部；原山榄科常分为 4 族：香榄族 Mimusopeae（●）、金叶树族 Chrysophylleae（●）、倍蕊榄族 Isonandreae（●）、铁榄族 Sideroxyleae（●）。在图 154 上，香榄族所属的 2 属位于不同的分支，铁榄族的铁榄属和金叶树族的桃榄属位置尚需进一步确定（图 154）。

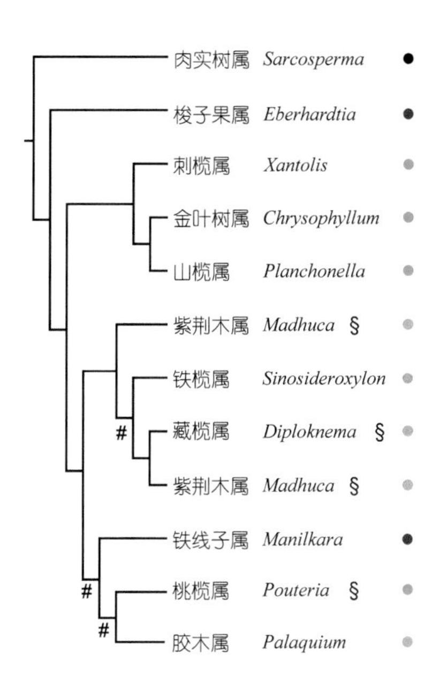

图 154 中国山榄科植物的分支关系

1. 肉实树属 Sarcosperma Hook. f.

乔木或小乔木，具乳汁，常具托叶痕；单叶对生或近对生，稀互生，全缘，近革质；花萼裂片 5；花冠阔钟形，裂片 5；能育雄蕊 5，花丝极短；退化雄蕊钻形或三角形，着生于花冠管喉部；子房无毛，1~2 心皮，2 或 1 室；浆果核果状，具白粉，果皮极薄；种子 1 或 2，种皮基部有一小的圆形疤痕。

约 9 种，产东南亚；中国 4 种，产西南部至东部。

肉实树 *Sarcosperma laurinum* (Benth.) Hook. f.

2. 梭子果属 Eberhardtia Lecomte

乔木，具托叶痕；单叶互生；花萼 2~6 裂；花冠管近圆筒形，裂片 5，线形，每裂片背面有 2 个膜质附属物；能育雄蕊 5；退化雄蕊 5，肥厚，比能育雄蕊长；子房上位，5 室；浆果核果状，近无毛或被毛，先端具残存花柱；种子 5，疤痕长圆形。

约 3 种，产越南、老挝、中国；中国 2 种，产云南、广西、广东。

梭子果 *Eberhardtia tonkinensis* Lecomte

3. 刺榄属 Xantolis Raf.

乔木或灌木，常具刺；叶互生，有时聚生于短枝顶部，全缘；花单生或簇生；花萼具短管；花冠裂片被毛；能育雄蕊花丝无毛，基部两侧常有簇生的锈色硬毛，稀仅一侧具毛；退化雄蕊花瓣状，通常具长芒，边缘流苏状撕裂，稀齿状或全缘；子房 5 室，稀 4 室；浆果核果状；种皮疤痕卵形或线形，或小而圆形。

约 14 种，产东南亚；中国 4 种，产海南和云南。

琼刺榄 *Xantolis longispinosa* (Merr.) H. S. Luo

山榄 *Planchonella obovata* (R. Br.) Pierre

4. 金叶树属 **Chrysophyllum** L.

灌木或乔木；叶互生；2至多花簇生叶腋；花萼裂片5或6；花冠管钟形，裂片4~11；能育雄蕊4~10，1轮排列; 无退化雄蕊; 通常无花盘; 子房被长柔毛或无毛，1~10室; 种皮疤痕狭或宽，侧生或几乎覆盖种子的表面。

约70种，泛热带分布，美洲盛产; 中国1种，产南部。

星苹果 *Chrysophyllum cainito* L.

5. 山榄属 **Planchonella** Pierre

乔木或灌木，具乳汁；叶互生、近对生或对生，有时聚集枝端；花单生或数朵簇生叶腋；花5数，稀4~6数，两性，稀单性；花萼裂片5，基部连合成短管；能育雄蕊5;退化雄蕊花瓣状；花盘杯状或环状，或缺如，通常被柔毛;子房5室，稀4或6室; 浆果，种子1~6，种皮疤痕狭长圆形，侧生。

约100种，主产大洋洲及东南亚，塞舌尔及南美亦有分布；中国2种，产南部和西南部。

6. 紫荆木属 **Madhuca** Ham. ex J. F. Gmel.

乔木，具乳汁；叶互生，常聚生枝端；花单生或簇生于叶腋，有时顶生，常具长梗；花萼裂片4，2轮，稀5裂而1轮，极稀6裂；花冠喉部常有毛环，裂片8，或5~18，不具附属物；能育雄蕊1~3轮，通常为花冠裂片数的2~3倍，花丝无或极短；子房6~8（12）室；浆果，种皮疤痕线形或长圆形。

约100种，产东南亚及澳大利亚；中国2种，产南部和西南部。

紫荆木 *Madhuca pasquieri* (Dubard) H. J. Lam

7. 铁榄属 **Sinosideroxylon** (Engl.) Aubrév.

乔木，稀灌木；叶互生；花簇生叶腋，或呈总状花序；花萼5裂，稀6裂; 花冠管状钟形，裂片5，稀6; 能育雄蕊5，稀6；退化雄蕊5，稀6，线形、鳞片状或近花瓣状；子房5室；浆果，种子1，稀2~5，种皮疤痕基生，有时侧基生。

4种，分布于越南北部及中国；中国3种，产华南和西南地区。

革叶铁榄 *Sinosideroxylon wightianum* (Hook. & Arn.) Aubrév.

8. 藏榄属 **Diploknema** Pierre

乔木；叶互生，常聚生枝端，叶柄基部增粗；托叶宿存；花萼裂片 4~6；花冠裂片 7~16；能育雄蕊 16~80，2~4 列；子房 5~14 室；浆果，种子 1~5，种皮疤痕宽。

约 10 种，产东南亚；中国 2 种，西藏东南部和云南西南部各 1 种。

云南藏榄 *Diploknema yunnanensis* D. D. Tao, Z. H. Yang & Q. T. Zhang

9. 铁线子属 **Manilkara** Adans.

乔木或灌木；花数朵簇生于叶腋；花萼 6 裂，2 轮；花冠裂片 6，每裂片的背部有 2 枚等大的花瓣状附属物；能育雄蕊 6；退化雄蕊 6，卵形，不规则的齿裂、流苏状或分裂，有时鳞片状；子房 6~14 室；浆果，种子 1~6，侧扁。

约 65 种，泛热带分布；中国 1 种，产海南。

人心果 *Manilkara zapota* (L.) P. Royen

10. 桃榄属 **Pouteria** Aubl.

乔木或灌木，具乳汁；叶互生，多少聚生枝端；花簇生叶腋，有时生于短枝上；花萼基部连合，裂片 4~6；花冠管状或钟状，裂片 5~8；能育雄蕊 4~8；退化雄蕊 5~8；子房圆锥形，5~6 室，每室 1 胚珠；种皮疤痕长圆形或阔卵形。

约 50 种，分布于热带美洲、亚洲、非洲；中国 2 种，产西南部至台湾。

龙果 *Pouteria grandifolia* (Wall.) Baehni

11. 胶木属 **Palaquium** Blanco

乔木，具乳汁；叶簇生；花通常 3 基数；花萼 6 裂，稀 4 裂，2 轮排列，有时 5 或 7 裂；花冠裂片 4~6；能育雄蕊（8~）12~18（~36），2 或 3 轮，无退化雄蕊；子房被长柔毛，（5~）6（~11）室；浆果，种子 1~3，种皮疤痕宽，通常长为种子的一半。

约 110 种，产东南亚及太平洋岛屿；中国 1 种，产台湾。

台湾胶木 *Palaquium formosanum* Hayata

科 219. 五列木科 Pentaphylacaceae

12 属 345 种，热带和亚热带亚洲、美洲分布，热带非洲零星分布；中国 7 属 82 种，主产西南、华南地区。

常绿乔木或灌木;单叶互生,有时聚集枝端,全缘或具齿;花两性,稀单性;花萼裂片 5，分离至基部连合，常宿存；花瓣 5；雄蕊 5 至多数，常排列成 2 至多轮；药隔常具小尖头；花柱常中空；子房上位或半下位，心皮合生；蒴果，常为浆果状，室背开裂或不裂、不规则开裂；种子 1 至多数；胚弯曲。

五列木科原仅有五列木属（●），APG 系统的五列木科包括山茶科 Theaceae 的厚皮香亚科 Ternstroemioideae，该亚科分为厚皮香族 Ternstroemieae（●）和杨桐族 Adinandreae（●）。分支图显示五列木属位于基部，除猪血木属的关系尚需确定外，其他属的近缘关系得到形态和分子证据的支持（图 155）。

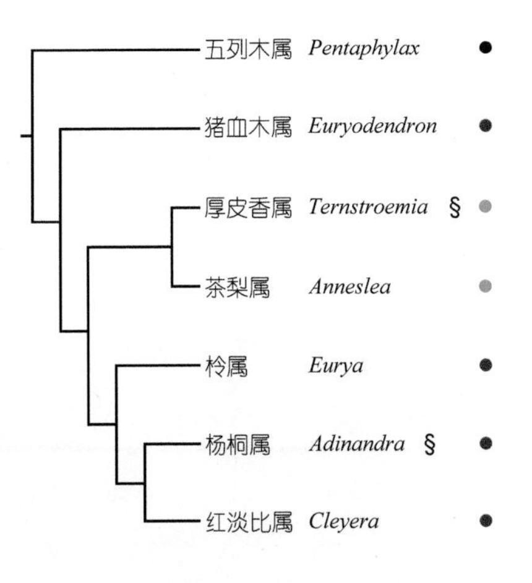

图 155 中国五列木科植物的分支关系

1. 五列木属 Pentaphylax Gardner & Champ.

常绿乔木或灌木；单叶互生，全缘，革质；总状花序；花萼 5，密被灰白色鳞片；花瓣 5，白色；雄蕊 5，花丝花瓣状；花药顶孔开裂；花柱宿存；子房无毛，5 心皮，5 室；蒴果室背开裂；种子多数，先端翅状。

1 种，分布于中国、越南至苏门答腊；中国产华南和西南地区。

五列木 *Pentaphylax euryoides* Gardner & Champ.

2. 猪血木属 Euryodendron Hung T. Chang

常绿乔木；单叶互生，具细锯齿，网脉明显；花单生或 2~3 朵簇生；花萼 5；花瓣 5；雄蕊 25~28；花丝纤细；花药被长丝毛；子房上位，3 室，表面具不规则瘤状突起；柱头单一；果实浆果状，萼片宿存。

1 种，中国特有，产广西、广东。

猪血木 *Euryodendron excelsum* Hung T. Chang

3. 厚皮香属 Ternstroemia Mutis ex L. f.

常绿乔木或灌木;单叶互生,螺旋状排列,常聚生枝端,全缘或具不明显腺齿；花两性或杂性，单生；萼片 5；花瓣 5；雄蕊 30~50，1~2 轮排列，花丝基部合生；子房 2~5 室，每室有胚珠 2 或 1~5；柱头单一或 2~5 裂；果实浆果状，不开裂或不规则开裂。

约 100 种，产热带和亚热带亚洲、美洲；中国 13 种，产西南部至台湾。

厚皮香 *Ternstroemia gymnanthera* (Wight & Arn.) Bedd.

4. 茶梨属 Anneslea Wall.

常绿乔木或灌木；单叶互生，常聚生枝端，全缘；花腋生，单生或呈近伞房花序状；萼裂片 5，宿存；花瓣 5，基部稍合生；雄蕊 30~40，药室有一长突尖；子房半下位，（2~）3（~5）室，胚珠倒垂；花柱 3 裂；果实浆果状，不开裂或不规则开裂。

约 3 种，东南亚分布；中国 1 种，产西南地区。

茶梨 *Anneslea fragrans* Wall.

5. 柃属 Eurya Thunb.

常绿乔木或灌木；单叶互生，叶具齿，稀全缘；花单性，单生或数朵簇生于叶腋，雌雄异株；花萼5；花瓣5；雄蕊 5~35；花药常具分格，药隔顶端具小尖头；花柱分离或不同程度结合，柱头 2~5 裂；子房 2~5 室；浆果。

约 75 种，产热带和亚热带亚洲；中国 35 种，主产西南部至台湾。

细枝柃 *Eurya loquaiana* Dunn

6. 杨桐属 Adinandra Jack

常绿乔木或灌木，嫩枝通常被毛；单叶互生，常具腺点，全缘或具锯齿；花两性，单生或对生于叶腋；萼片5，花后增大，宿存；花瓣5，基部稍合生；雄蕊 15~60，1~5轮，花丝常连合，药隔突出；子房 3~6 室，每室胚珠多数；花柱 1，稀 3~5 裂，宿存；果实浆果状，不开裂；种子细小，多数。

约 80 种，主产热带和亚热带亚洲，非洲有 2 种；中国 22 种，主产南部和西南部。

川杨桐 *Adinandra bockiana* E. Pritzel

7. 红淡比属 Cleyera Thunb.

常绿小乔木或灌木；单叶互生；花单生或 2~3 朵簇生叶腋；花萼 5，基部稍合生，宿存；花瓣 5，基部稍合生；雄蕊 25~30，离生；子房 2~3 室；柱头 2~3 浅裂；果实浆果状，种子少数。

约 24 种，产热带和亚热带亚洲、美洲；中国 9 种，产西南部至南部。

红淡比 *Cleyera japonica* Thunb.

科 220. 山矾科 Symplocaceae

1 属约 300 种，亚洲、美洲及大洋洲热带、亚热带及部分温带地区广布；中国 1 属 42 种，主要分布于西南部至东南部，东北、华北及华中亦有少量分布。

灌木或乔木；单叶，互生，无托叶；穗状花序、总状花序、圆锥花序或团伞花序，很少单生；花常具 1 枚苞片和 2 枚小苞片；萼 3~5 深裂或浅裂，通常宿存；花瓣裂片分裂至近基部或中部，裂片 3~11 片；雄蕊多数，稀 4~5；

子房下位或半下位，顶端常具花盘和腺点，2~5 室，通常 3 室；核果，顶端具宿存的萼裂片，内果皮木质坚硬；核具棱或光滑，1~5 室，每室有种子 1。

1. 山矾属 Symplocos Jacq.

属的鉴定特征及分布同科。

光亮山矾 *Symplocos lucida* (Thunb.)Siebold & Zucc.

科 221. 岩梅科 Diapensiaceae

6 属 19 种，泛北极及北温带分布，部分间断分布于中国西南及台湾；中国 3 属 6 种，主要分布于西南及台湾山地（图 156）。

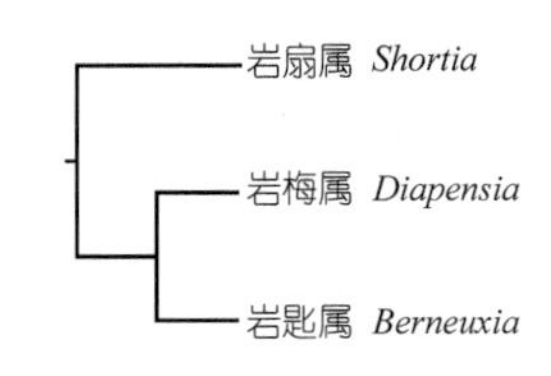

图 156 中国岩梅科植物的分支关系

小灌木或多年生草本，具莲座状的基生叶丛；具花莛；花单生或为伞形总状花序或头状花序，两性，萼片、花瓣、雄蕊均为 5 数，下面有 2 苞片；萼片宿存；花冠深裂；雄蕊与花冠裂片互生，或与退化雄蕊连合成环；子房上位，3 心皮，3 室；蒴果革质，花柱宿存。

1. 岩扇属 Shortia Torr. & A. Gray

多年生草本，根状茎斜生；叶簇生，边缘具钝牙齿或锯齿；具长叶柄；花莛伸长，花单生于顶端，俯垂；花萼深 5 裂，具纵脉，宿存；花冠深 5 裂，边缘撕裂状；雄蕊 5；退化雄蕊 5，鳞片状，内屈；蒴果包于膨大的花萼内。

6 种，东亚及北美东北部间断分布；中国 2 种，产云南和台湾。

台湾岩扇 *Shortia rotundifolia* (Maxim.) Makino

2. 岩梅属 Diapensia L.

垫状平卧半灌木；叶小，互生，全缘，具鞘状叶柄；花单生于枝顶端，几无花梗；萼片 5；花冠浅 5 裂；雄蕊 5；退化雄蕊无或极小；蒴果，果期花梗伸长。

4 种，间断分布于北半球寒温带地区和青藏高原；中国 3 种，产西南部高山地区。

喜马拉雅岩梅 *Diapensia himalaica* Hook. f. & Thomson

3. 岩匙属 Berneuxia Decne.

多年生草本，根状茎略弯曲；叶呈莲座状，革质，基部下延，全缘，微反卷，叶柄伸长；花莛伸长，总状花序呈伞形或头状；花 5 数，花冠深裂，裂片全缘；雄蕊与匙状退化雄蕊连合成环；蒴果包于宿存的绿色花萼内。

1 种，产东喜马拉雅至中国西南地区。

岩匙 *Berneuxia thibetica* Decne.

科 222. 安息香科 Styracaceae

11 属约 160 种，东亚、东南亚和美洲的温带、热带及地中海地区分布；中国 10 属 54 种，除西北和东北大部分地区外，全国均有分布。

木本植物，常被星状毛或鳞片状毛；单叶互生，无托叶；花两性，花冠裂片通常 4~5，很少 6~8；雄蕊常为花冠裂片数的 2 倍，稀为同数且与其互生，花药两室，纵裂，花丝常基部合生成管，极少离生；子房上位、半下位或下位；核果或蒴果，稀浆果，具宿存花萼；种子无翅或有翅。

安息香科在形态系统中一般不作科下次级单元的划分，分支图上所显示的属间关系基本上反映了按照形态证据所作的属的排列：通常认为安息香属性状分化最强烈，以该属为基干，其他属都可能是它的直接或间接的衍生类群（图 157）。

山茉莉属 *Huodendron*
安息香属 *Styrax*
歧序安息香属 *Bruinsmia*
赤杨叶属 *Alniphyllum*
秤锤树属 *Sinojackia*
木瓜红属 *Rehderodendron*
陀螺果属 *Melliodendron*
银钟花属 *Halesia*
白辛树属 *Pterostyrax*

图 157 中国安息香科植物的分支关系

1. 山茉莉属 Huodendron Rehder

冬芽裸露；圆锥花序顶生或腋生，常作伞房状排列；花瓣 5，线状长圆形，分离，花后常反卷；雄蕊 8~10，花丝分离，药隔突出于花药顶端而成 2~3 齿；子房半下位，3~4 室；蒴果卵形，下部约 2/3 与萼管合生，室背 3~4 瓣裂；种子具流苏状翅。

4 种，产中国南部和中南半岛；中国 3 种，产南部。

岭南山茉莉 *Huodendron biaristatum* var. *parviflorum* (Merr.) Rehder

2. 安息香属 Styrax L.

花序形式多样，极少单花或数花聚生、顶生或腋生；花萼与子房基部完全分离或稍合生；花冠深裂；雄蕊 10，稀 8~13，近等长，稀 5 长 5 短，花丝基部联成管，贴生于花冠管上，稀离生；子房上位，上部 1 室，下部 3 室；核果；种子 1~2。

约 130 种，东亚、东南亚和美洲的温带、热带有分布，1 种产地中海；中国 31 种，产长江以南地区。

台湾安息香 *Styrax formosanus* Matsum.

3. 歧序安息香属 Bruinsmia Boerl. & Koord.

聚伞花序顶生或腋生；花萼具 5 齿，在果期扩大；花冠 5 裂；雄蕊 10~12，花丝基部稍连合，与花冠稍贴生；子房上位，5 室；蒴果梨型，柱头宿存，不裂；种子多数，两端尖。

2 种，产印度、马来西亚和新几内亚；中国 1 种，产云南。

4. 赤杨叶属 Alniphyllum Matsum.

乔木；花有长梗；花梗与花萼之间有关节；花萼顶端 5 齿；花冠 5 深裂；雄蕊 10，5 长 5 短，相间排列，花丝下部合生成管；子房近上位，5 室；蒴果室背纵裂成 5 果瓣；种子细小多数，两端有不规则膜翅。

3 种，中国特有，产南部及东南亚。

台湾赤杨叶 *Alniphyllum pterospermum* Matsum.

5. 秤锤树属 Sinojackia Hu

冬芽裸露；总状聚伞花序，生于侧生小枝顶端；花萼几全部与子房合生，萼齿4~7，宿存；花冠4~7裂；雄蕊8~14；花丝等长或5长5短，下部连合成短管；子房下位，3~4室；果实除喙外全部为宿存花萼所包围并与其合生，外果皮具皮孔；种子1。

7种，中国特有，产华中、华东、华南及西南地区。

秤锤树 *Sinojackia xylocarpa* Hu

6. 木瓜红属 Rehderodendron Hu

冬芽具数枚鳞片；总状花序或圆锥花序，腋生，先花后叶或与叶同时开放；花梗与花萼之间有关节；花萼管与子房几全部贴生；雄蕊10，5长5短，花丝基部连合成管，贴生于花冠管上；子房下位，3~4室；果实有5~10棱，中果皮厚，纤维状，内果皮木质，向中果皮放射状延伸而成许多间隙；种子每室1。

广东木瓜红 *Rehderodendron kwangtungense* Chun

5种，产中国及越南、缅甸；中国5种，产南部。

7. 陀螺果属 Melliodendron Hand.-Mazz.

冬芽具数枚鳞片；花单生或成对，腋生，先花后叶或与叶同时开放，有长梗；花梗与花萼之间有关节；花萼管与子房的大部分合生；花冠5深裂几达基部；雄蕊10，等长，花丝基部连合成管，贴生于花冠管上；子房2/3下位，不完全5室；果大，木质，稍具棱或脊，宿存花萼与果实合生。

1种，中国特有，产南方各省。

陀螺果 *Melliodendron xylocarpum* Hand.-Mazz.

8. 银钟花属 Halesia J. Ellis ex L.

冬芽具鳞片；总状花序或数花丛生，先花后叶或与叶同时开放；花梗细长，与花萼之间有关节；花萼管贴生于子房上，有4棱，花萼具4齿；花冠裂片4，少5；雄蕊8~16，花丝近分离或有时基部合生；子房下位，2~4室；核果有纵翅2~4个，宿存花萼几全部包围果实。

5种，分布于北美洲和中国；中国1种，产浙江、福建、广东、广西。

银钟花 *Halesia macgregorii* Chun

9. 白辛树属 Pterostyrax Siebold & Zucc.

冬芽裸露；圆锥花序伞房状，顶生或腋生，花具短梗；

花梗与花萼之间有关节；花萼管具5脉，花萼5齿；花冠5裂；雄蕊10，5长5短或有时近等长，伸出，花丝扁平，下部合生成管；子房近下位，3室，稀4~5室；核果，除喙外几全部为宿存的花萼所包围，并与其合生，有翅或棱。

4种，产中国、日本及缅甸；中国2种，产西南、华南地区。

小叶白辛树 *Pterostyrax corymbosus* Siebold & Zucc.

10. 茉莉果属 Parastyrax W. W. Sm.

冬芽裸露；总状花序或聚伞花序，腋生；花排列密集，有短梗或近无梗；花梗与花萼之间有关节；花冠5裂，裂片基部稍合生，花蕾时作覆瓦状排列；雄蕊10~16，内藏，近等长或5长5短，花丝下部连合成管，基部不与花冠贴生；子房近下位，3室；核果无翅或棱，顶端膨大成脐状。

2种，产中国和缅甸；中国2种，产西南地区。

茉莉果 *Parastyrax lacei* (W. W. Sm.) W. W. Sm.

科 223. 山茶科 Theaceae

9属约250种，热带和亚热带亚洲、美洲分布；中国6属145种，主产西南、华南地区。

常绿或落叶乔木或灌木；单叶互生，通常革质；花两性；花萼5；花瓣5~12；雄蕊常多数，排列成2~6轮；子房上位，3~5室；蒴果室背开裂或不裂；种子数枚，胚直立。

形态系统中的山茶科常分为山茶亚科 Theoideae 和厚皮香亚科 Ternstroemioideae，分子系统将后一亚科归并在五列木科。狭义山茶科分为3族：紫茎族 Stewartieae（●）、湿地茶族 Gordonieae（●）和山茶族 Theaeae（●），在分支图上显示的属间关系基本上得到形态性状和分子证据的支持（图158）。

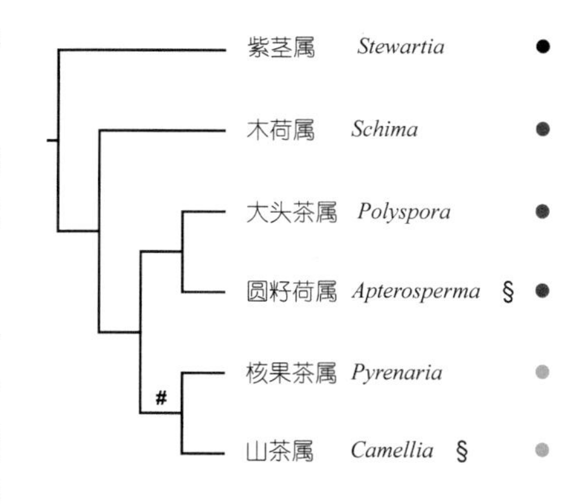

图158 中国山茶科植物的分支关系

1. 紫茎属 Stewartia L.

常绿或落叶乔木或灌木；单叶互生，叶柄具对折翅或无；花单生或排成短总状花序；花萼5，宿存；花瓣5；雄蕊多数，花丝基部合生成短管，与花瓣贴生；花药顶孔开裂；子房5室；花柱宿存；蒴果室背开裂，常不达基部；种子周围具翅或无。

约20种，产东亚、东南亚及北美东部；中国15种，主产江南。

尖萼紫茎 *Stewartia sinensis* var. *acutisepala* (P. L. Chiu & G. R. Zhong) T. L. Ming & J. Li

2. 木荷属 Schima Reinw. ex Blume

常绿乔木，顶芽被绢毛；单叶互生，全缘或具锯齿；花单生于叶腋，近顶生；花萼5，宿存；花瓣5，最外一片风帽状；雄蕊多数；花丝扁平，离生；药隔常增厚；子房5室，被毛；柱头单一；蒴果室背开裂，木质；种子扁平具翅。

约20种，产东亚、东南亚；中国13种，产东部至西南部。

西南木荷 *Schima wallichii* (DC.) Choisy

3. 大头茶属 Polyspora Sweet ex G. Don

常绿小乔木或灌木；单叶互生，常聚生枝端，全缘或具锯齿；花单生叶腋；花萼5，宿存；花瓣5~6，基部略合生；雄蕊多数，多轮排列，花丝离生；子房3~5（~7）室；柱头3~5裂；蒴果室背开裂，木质，长筒状；种子扁平，顶端具长翅。

约40种，产东亚、东南亚；中国6种，产华南及西南地区。

四川大头茶 *Polyspora speciosa* (Kochs) B. M. Bartholomew & T. L. Ming

4. 圆籽荷属 Apterosperma Hung T. Chang

常绿小乔木；单叶互生，常聚生枝端，边缘具锯齿；花5~9朵成总状花序；花萼5，宿存；花瓣5；雄蕊近30，2轮；子房5室，花柱极短；柱头5浅裂；蒴果室背开裂，木质；种子无翅。

1种，中国特有，产广东、广西。

圆籽荷 *Apterosperma oblata* Hung T. Chang

5. 核果茶属 Pyrenaria Blume

常绿小乔木或灌木；单叶互生，边缘具锯齿；花单生于叶腋；花萼5；花瓣5，基部稍合生；雄蕊多数，最外轮花丝常连合；子房2~6室，每室胚珠2~5；花柱3~5，常分离；蒴果不裂或由下至上开裂；种子无翅。

约26种，产东亚、东南亚；中国13种，产云南及广西。

大果核果茶 *Pyrenaria spectabilis* (Champ.) C. Y. Wu & S. X. Yang

6. 山茶属 Camellia L.

常绿小乔木或灌木；单叶互生；花单生或2~5朵簇生叶腋；花萼5；花瓣5~12；雄蕊多数，排成2~6轮；子房5室；花柱极短；蒴果室背开裂。

约120种，产东亚、东南亚；中国97种，主产华南和西南地区，个别种达山东半岛。

杜鹃叶山茶 *Camellia azalea* C. F. Wei

224. 桤叶树科 Clethraceae

2属约75种，主要分布于东亚、东南亚和北美东部、中南美洲；中国1属7种，主要分布于华中、华南和西南地区。

灌木或乔木；嫩枝常被星状毛或单毛；单叶互生，常聚生枝端，无托叶；花两性；花萼碟状，5（~7）深裂，宿存；花瓣5（~7），分离；雄蕊5~7或10~12，分离；花药倒箭头形或倒卵形，孔裂；子房上位，被毛，1或3室，花柱细长或极短；果为蒴果，近球形，有宿存的花萼及宿存的花柱，室背开裂成3果瓣，或不裂。

1. 桤叶树属 Clethra Gronov. ex L.

灌木或乔木；嫩枝常被星状毛或单毛；花两性；花萼碟状，5（~6）深裂，宿存；花瓣5（~6），分离；雄蕊10~12，分离，排列成两轮；子房上位，被毛，3室，花柱细长；果为蒴果，近球形，有宿存的花萼及宿存的花柱，室背开裂成3果瓣。

约65种，分布于东亚、东南亚和北美东部、中南美洲；中国7种，产西南部至东部。

云南桤叶树 *Clethra delavayi* Franch.

225. 猕猴桃科 Actinidiaceae

3属350余种，分布于亚洲温带、热带，美洲热带及大洋洲；中国3属约85种，主产南方各省，华北及东北也有分布（图159）。

乔木、灌木或藤本；毛被发达；单叶，互生，无托叶；花单生，或成聚伞花序或总状花序，腋生；花两性，或雌雄异株，辐射对称；萼片5片，稀2~3片；花瓣4~5片或更多；雄蕊10至多数；子房上位，3~5室或多室，花柱分离或合生为一体，中轴胎座；果为浆果或蒴果。

图159 中国猕猴桃科植物的分支关系

1. 水东哥属 Saurauia Willd.

乔木或灌木；叶侧脉繁密，叶缘具锯齿；聚伞花序或圆锥花序，单生或簇生，常具鳞片；花两性；萼片5，不等大；花瓣5，基部常合生；雄蕊多数，花丝不等长；子房上位，3~5室；浆果，通常具棱。

约300种，广布于亚洲热带、亚热带及美洲热带地区；中国13种，产云南至华南及台湾。

尼泊尔水东哥 *Saurauia napaulensis* DC.

2. 猕猴桃属 Actinidia Lindl.

木质藤本；无毛或被毛；髓大多片层状，少数实心；枝条通常有皮孔；花单性，雌雄异株，单生或成聚伞花序，腋生或生于短枝下部；萼片5，或2~4；雄蕊多数；子房上位，花柱与心皮同数；浆果，秃净，少数被毛；种子多数，细小褐色。

约55种，自西伯利亚东部至亚洲南部及东南部分布；中国52种，全国分布，主产秦岭以南地区。

刺毛猕猴桃 *Actinidia chinensis* var. *setosa* H. L. Li

3. 藤山柳属 Clematoclethra (Franch.) Maxim.

木质藤本；髓全是实心；花单生或成聚伞花序；萼片 5，果时宿存；花瓣 5；子房上位，无毛，具 5 棱，5 室，中轴胎座，花柱圆柱形，有 5 细条纹；果熟时浆果状，干燥后具 5 棱，为不开裂的蒴果，顶端有宿存柱头，有种子 5。

约 20 种，中国特有，广布于华中及西南各省。

藤山柳 *Clematoclethra scandens* (Franch.) Maxim.

科 226. 杜鹃花科 Ericaceae

约 126 属约 4 010 种，除干旱地区外，全世界广布；中国 23 属 826 种，除西北干旱地区外，全国均有分布。

乔木、小乔木、灌木、草本及腐生草本；单叶互生，稀轮生或对生，无托叶；花单生，或呈各式花序，两性，稀单性；辐射对称至两侧对称；萼裂片 4~5，常宿存；花瓣常合生，辐射对称至两侧对称; 雄蕊常 8~10，或简化为 2~3; 花药常有芒状、角状附属物，或缺如；通常顶端孔裂；子房上位或下位，中轴胎座或侧膜胎座；花柱中空；蒴果开裂，稀不裂，或为浆果，稀核果。

杜鹃花科是一个较大的自然科，常常被分为广义和狭义，本研究采用广义科。Takhtajan（2009）系统将它分为 11 亚科，吴征镒等（2003）分为 5 亚科，分支图显示属于越橘亚科 Vaccinioideae 吊钟花族 Enkiantheae 的吊钟花属位于基部（●）；鹿蹄草属等 4 属聚为一支，它们属于鹿蹄草亚科 Pyroloideae（●），该亚科有时独立成鹿蹄草科 Pyrolaceae；水晶兰属隶属于水晶兰亚科 Monotropoideae 水晶兰族 Monotropeae（●），该亚科有时独立成水晶兰科 Monotropaceae；北极果属在越橘亚科 Vaccinioideae 草莓树族 Arbuteae（●）；其余属分为 2 支：1 支为越橘亚科青姬木族 Andromedeae（●）和越橘族 Vaccinieae（▲）的成员；1 支为欧石南亚科 Ericoideae 松毛翠族 Phyllodoceae（▲）、杉叶杜族 Diplarcheae（▲）、杜鹃花族 Rhododendreae（▲）的成员，越橘亚科岩须族 Cassiopeae（▲）的属位于该支基部；岩高兰属（▲）同杉叶杜族相聚，它有时独立为岩高兰科 Empetraceae。总体上看，分子分析的结果类同于形态学系统划分（图 160）。

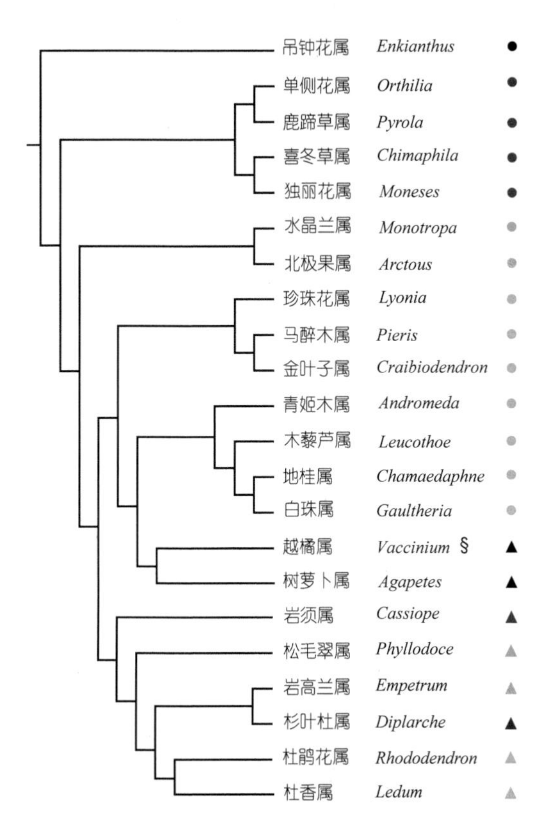

图 160 中国杜鹃花科植物的分支关系

1. 吊钟花属 Enkianthus Lour.

落叶灌木或小乔木，顶端分枝轮生；单叶互生，全缘或具锯齿；花单生或为下垂的伞形花序或伞形花序状的总状花序，花梗下弯；萼裂片 5，宿存；花冠钟状或坛状，5 浅裂；雄蕊 10，常内藏；花药顶端常叉开，每药室顶端具一芒，顶端孔裂；子房上位，5 室；蒴果 5 棱，室背开裂；种子常具翅或角。

约 16 种，产东亚及印度；中国 7 种，产西南至东南地区。

齿缘吊钟花 *Enkianthus serrulatus* (E. H. Wilson) C. K. Schneid.

2. 单侧花属 Orthilia Raf.

小草本状半灌木；叶在茎下部互生或近轮生；总状花序顶生，小花偏向一侧、下倾；花萼 5，宿存；花瓣 5，易脱落；雄蕊 10，药室顶端不具小角；花柱细长、直立；花盘 10 齿裂；蒴果由下向上纵裂。

约 2 种，北温带及寒带广布；中国 2 种，分布于北部。

单侧花 *Orthilia secunda* (L.) House

3. 鹿蹄草属 Pyrola L.

小草本状半灌木；叶基生，在茎下部互生或近对生；总状花序顶生；花萼 5，宿存；花瓣 5，易脱落；雄蕊 10，花丝扁平；药室顶端具小角，顶部孔裂；花柱长而弯，稀短而直；蒴果下垂，由下至上纵裂。

约 40 种，北半球广布；中国 26 种，南北分布。

台湾鹿蹄草 *Pyrola morrisonensis* (Hayata) Hayata

4. 喜冬草属 Chimaphila Pursh

小草本状半灌木；根状茎细长、横走；叶对生或轮生；花单生，或呈伞形或伞房花序，顶生；花萼 5，宿存；花瓣 5；雄蕊 10，花丝短，下部膨大；药室顶端具小角，顶部孔裂；子房上位，柱头呈盾形；花盘盘状；蒴果直立，由上至下纵裂。

约 5 种，北温带及亚热带广布；中国 3 种，分布于西北、东北、四川、湖北至台湾。

喜冬草 *Chimaphila japonica* Miq.

5. 独丽花属 Moneses Salisb. ex Gray

小草本，茎匍匐；单叶对生或近轮生于近基部；花单生于花莛顶端，下垂；花萼 5；花瓣 5，水平张开；无花盘；雄蕊 10；花药有小长角，顶端孔裂；子房上位，5 室，中轴胎座；花柱直立，柱头 5 裂；蒴果，由下向上纵裂；种子细小、多数。

1 种，北温带及亚热带广布；中国分布于北部。

独丽花 *Moneses uniflora* (L.) A. Gray

6. 水晶兰属 Monotropa L.

腐生草本，茎肉质；叶鳞片状，互生；花单生或呈总状花序，顶生；花萼 4~5；花瓣 4~6；雄蕊 8~12；中轴胎座，4~5 室；花盘 8~12 齿裂；蒴果，直立。

2 种，北温带广布；中国 2 种，分布于东北至西南地区。

松下兰 *Monotropa hypopitys* L.

7. 北极果属 Arctous (A. Gray) Nied.

落叶小灌木；叶互生，常聚生枝端，具细锯齿；花2~5朵成短总状花序或簇生；花萼4~5裂，宿存；花钟形或壶形，花瓣4~5裂；雄蕊8~10，背部具两枚附属体；子房上位，4~5室，每室胚珠1；浆果。

5种，北温带及寒带广布；中国3种，产东北至西北及四川。

红北极果 *Arctous ruber* (Rehder & E. H. Wilson) Nakai

8. 珍珠花属 Lyonia Nutt.

乔木或灌木；叶面具多细胞盾状鳞片或腺毛；总状花序或单花；花萼4~8裂，宿存但不增大；雄蕊10，稀8~16；花丝膝曲，基部膨大；花药背部具一对芒状附属物或无，顶部孔裂；子房上位，4~8室；蒴果室背开裂，缝线通常增厚；种子细小、多数。

约35种，东亚、东南亚及北美洲、中美洲分布；中国5种，产西南部至东部。

珍珠花 *Lyonia ovalifolia* (Wall.) Drude

9. 马醉木属 Pieris D. Don

小乔木或灌木；单叶互生或假轮生；总状或圆锥花序，顶生或腋生；花萼5裂，宿存但不增大；花瓣5浅裂；雄蕊10；花丝劲直，稀膝曲，基部膨大；花药背部具一对芒状附属物，顶部孔裂；子房上位，5室；蒴果室背开裂，缝线不增厚；种子细小、多数。

约7种，东亚、北美洲、地中海地区分布；中国3种，产东部至西南部。

马醉木 *Pieris japonica* (Thunb.) D. Don ex G. Don

10. 金叶子属 Craibiodendron W. W. Sm.

乔木或灌木；总状或圆锥花序；花萼5深裂，宿存但不增大；雄蕊10，顶部孔裂；花丝膝曲，基部膨大；花药无附属物；子房上位，5室；蒴果室背开裂，缝线不增厚；种子较大，一侧具翅。

约5种，东南亚分布；中国4种，产南部和西南部。

金叶子 *Craibiodendron stellatum* (Pierre) W. W. Sm.

11. 青姬木属 Andromeda L.

小灌木，幼枝被白霜；叶边缘反卷；近伞房花序，稀单生，顶生；花梗顶部弯曲使花下垂；花萼5齿裂；花瓣几全部愈合；雄蕊10；花药顶端一对芒状附属物，顶部孔裂；子房上位，5室；蒴果室背开裂，缝线不增厚。

约2种，泛北极分布；中国1种，产东北。

青姬木 *Andromeda polifolia* L.

12. 木藜芦属 Leucothoe D. Don

灌木，枝曲折；单叶互生；总状花序，顶生或腋生；花萼5裂，宿存但不增大；花瓣5浅裂；雄蕊10；花丝较短；花药背部具一对芒状附属物或无，顶部孔裂；子房上位，5室；蒴果室背开裂，缝线不增厚；种子细小，具细网纹。

约6种，东南亚，北美洲分布；中国2种，产西藏、云南、广西。

腋花木藜芦 *Leucothoe axillaris* D. Don

13. 地桂属 Chamaedaphne Moench

小灌木；单叶互生，背面密被鳞片；总状花序顶生；苞片叶状；花萼5深裂，宿存；花瓣5浅裂；雄蕊10；花丝扁平；花药顶端具一对芒状附属物，顶部孔裂；子房上位，5室；蒴果室背开裂，缝线不增厚；种子细小、多数。

1种，北温带广布；中国产东北地区。

地桂 *Chamaedaphne calyculata* (L.) Moench

14. 白珠属 Gaultheria Kalm ex L.

常绿灌木；单叶互生；花单生，或呈总状或圆锥花序；花萼5深裂，宿存并肉质膨大；花瓣5浅裂；雄蕊10，稀5；花丝短粗；花药顶端具1~2对芒状附属物或无；子房上位，5室；花盘10裂或缺如；蒴果浆果状，室背开裂；种子多数。

约135种，环太平洋分布；中国32种，产西南部、南部至台湾。

刺毛白珠 *Gaultheria trichophylla* Royle

15. 越橘属 Vaccinium L.

灌木；花单生，或呈总状花序；花萼5裂，宿存；花瓣5浅裂；雄蕊8~10，稀4；花丝扁平；花药背部具距或无；子房下位，4~5室或假8~10室；花盘垫状；浆果肉质；种子细小、多数。

约450种，北温带广布，少数产非洲南部、马达加斯加、南美洲北部，主产东南亚地区；中国92种，南北分布。

越橘 *Vaccinium vitis-idaea* L.

16. 树萝卜属 Agapetes D. Don ex G. Don

乔木或灌木，茎或根常增粗；总状或伞房花序，稀单花；花梗先端常扩大；花萼5裂，通常宿存；花瓣5裂；雄蕊10；花丝扁平；花药背部具距或无；子房下位，5室或假10室；花盘环状；浆果；种子细小、多数。

约80种，东南亚分布；中国53种，主产西南地区。

近无柄树萝卜 *Agapetes subsessilifolia* S. H. Huang, H. Sun & Z. K. Zhou

17. 岩须属 Cassiope D. Don

常绿小灌木或半灌木；叶鳞片状，互生或交互对生；单花腋生或顶生，花梗下垂；花萼4~5裂；花冠钟形，4~5裂；雄蕊8~10；花药顶部具两芒，常反折；子房上位，4~5室；蒴果室背开裂；种子细小、多数。

约17种，泛北极分布；中国11种，产西南地区。

岩须 *Cassiope selaginoides* Hook. f. & Thomson

18. 松毛翠属 Phyllodoce Salisb.

常绿灌木；叶线形、密集，互生或交互对生，具细锯齿；伞形花序顶生，花梗下垂；花萼4~5裂；花冠钟形或壶形，4~5裂；雄蕊8~12，内藏；花药顶部孔裂；子房上位，5室；蒴果室间开裂；种子细小、多数、无翅。

约7种，北温带广布；中国2种，产东北及新疆。

松毛翠 *Phyllodoce caerulea* (L.) Babington

19. 岩高兰属 Empetrum L.

常绿匍匐状小灌木；叶椭圆形至线形、密集，轮生、近轮生或交互对生，边缘略反卷；花单性，1~3朵腋生；花萼3~6；无花瓣；雄蕊4~6；子房上位，6~9室；花柱短；柱头6~9裂；核果肉质，具多核。

约2种，泛北极分布，南美洲南部高山有分布；中国1种，产东北地区。

东北岩高兰 *Empetrum nigrum* var. *japonicum* K. Koch

20. 杉叶杜属 Diplarche Hook. f. & Thomson

常绿小灌木；叶线形，聚集枝端，边缘反卷，具芒刺状细锯齿；总状花序顶生，或缩短成近头状花序；花萼5，具腺状缘毛；花冠裂片5；雄蕊10，排成两轮；子房上位，5室；花柱短；柱头头状；蒴果室间开裂。

2种，产东喜马拉雅地区；中国2种，产西藏和云南。

杉叶杜 *Diplarche multiflora* Hook. f. & Thomson

21. 杜香属 **Ledum** L.

常绿小灌木；叶条形，边缘反卷，下面具白色或锈色绵毛；伞形总状花序顶生；花萼5齿裂，宿存；花冠裂片5；雄蕊5~10，顶部孔裂；子房上位，5室；花柱线形；柱头5裂；蒴果由下至上室间开裂。

约3种，泛北极分布；中国1种，产东北及内蒙古。

杜香 *Ledum palustre* L.

22. 杜鹃花属 **Rhododendron** L.

乔木或灌木，毛被和鳞片多样或缺如；单叶互生，全缘，稀具锯齿；伞形总状或短总状花序、稀单花，顶生、稀腋生；花萼5~8裂或不裂；花冠漏斗状、钟状、管状或高脚碟状，5~8裂；雄蕊5~10，稀15~27，顶部孔裂；花药无附属物；子房上位，5室，稀6~20室；花柱宿存；蒴果由上至下室间开裂。

约850种，北半球广布，澳大利亚、大洋洲有零星分布；中国570余种，除新疆外，全国有分布，主产西南地区。

云雾杜鹃 *Rhododendron chamaethomsonii* (Tagg) Cowan & Davidian

23. 沙晶兰属 **Monotropastrum** Andres

腐生草本，茎肉质；叶鳞片状，互生；花单生或呈总状花序，顶生；花萼3~5；花瓣3~5，基部囊状；雄蕊6~12；侧膜胎座，1室；花盘10齿裂；浆果，下垂。

2种，东亚、东南亚分布；中国2种，产西南地区。

球果假沙晶兰 *Monotropastrum humile* (D. Don) H. Hara

科 227. 帽蕊草科 **Mitrastemonaceae**

1属2种，东南亚、日本、中美洲及南美洲西北部零星分布；中国1属1种，主要分布于云南、广西、广东、福建和台湾。

矮小、寄生草本；茎极短，直立，单生；叶退化为鳞片，覆瓦状排列，交互对生，排成4列；花两性，单生于茎顶；花被杯状，顶截平，宿存；雄蕊合生成一筒状，套住雌蕊，花后脱落；花药极多数，合生成环状，药室汇合，药隔于顶部合生成锥状体；子房上位，1室，侧膜胎座8~15，花柱粗厚，柱头扁锥形；浆果；种子多数，小，种皮坚硬，具网纹。

1. 帽蕊草属 **Mitrastemon** Makino

属的鉴定特征及分布同科。

帽蕊草 *Mitrastemon yamamotoi* Makino

目 47. 丝缨花目 Garryales

丝缨花目 Garryales 在 APG Ⅲ系统中包括杜仲科 Eucommiaceae 和丝缨花科 Garryaceae（图 161）。中国特有的单型科杜仲科的系统位置和亲缘关系曾有种种悬揣，吴征镒等（2003）对历来系统学家的各种观点做了详细的阐述。自 Dahlgren（1975，1983）将它作为独立目杜仲目 Eucommiales 归在山茱萸超目 Cornanae 后，才逐渐地被接受（Takhtajan，1997，2009；Wu et al.，2002），并得到 *rbc*L 序列分析的支持（Xiang et al.，1993）。丝缨花科包含桃叶珊瑚科 Aucubaceae，实际上产于北美西部的单属科丝缨花科（狭义）和产于东亚的单属科桃叶珊瑚科在花形态学、胚胎学、细胞学等方面有明显的不同，足以将它们分成不同的科，Takhtajan 将二科分立，列出了详细的检索特征比较（Takhtajan，2009），作为姐妹科归入丝缨花目，并认为杜仲目同它关系密切，又作为姐妹目放在山茱萸超目 Cornanae。

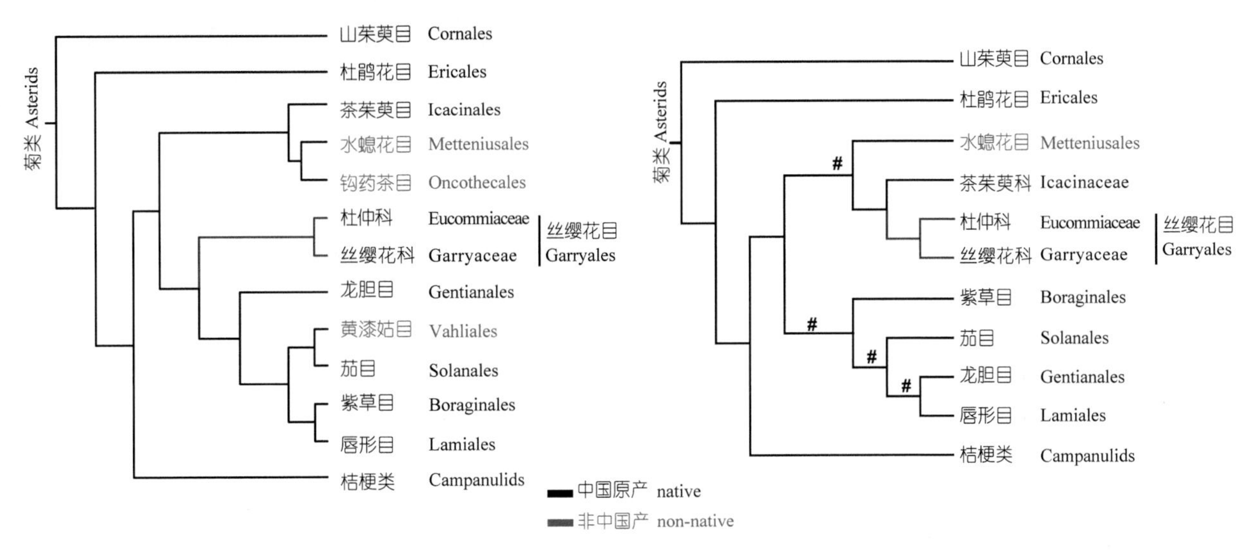

图 161 丝缨花目的分支关系

被子植物 APG Ⅲ系统（左）；中国维管植物生命之树（右）

228. 杜仲科 Eucommiaceae

中国特有科，1 属 1 种，原产华中地区，现已广泛栽培。

落叶乔木，植株各部有胶质乳管，撕裂有胶丝；雌雄异株，花无花被；雄花有（4~）5~10（~12）枚雄蕊，花药线形，药隔伸出；雌花单生于苞片腋内，雌蕊两个心皮合生，其中一个败育；坚果扁平，周围环有薄革质翅；含环烯醚萜类化合物。

杜仲 *Eucommia ulmoides* Oliv.

1. 杜仲属 Eucommia Oliv.

属的鉴定特征及分布同科。

229. 丝缨花科 Garryaceae

2 属约 28 种，主要分布于北美和东亚的暖温带与亚热带地区；中国 1 属 10 种，产南部。

常绿灌木或小乔木，单叶对生；花 4 数，单性异株；雄花有 4 雄蕊和一个四角形的大花盘；子房下位，1 心皮，具 1 下垂胚珠；浆果状核果。

产东亚的桃叶珊瑚属 *Aucuba* 和产北美的丝缨花属 *Garrya* 互为近缘群。

1. 桃叶珊瑚属 Aucuba Thunb.

常绿灌木；叶全缘或有粗齿；圆锥花序生于上部叶腋内；萼 4 齿裂；花瓣 4，卵形或披针形，镊合状排列，先端常尾尖；雄花有雄蕊 4 和一个四角形大花盘；花柱头状；浆果状核果。

约 10 种，分布于喜马拉雅地区至日本；中国 10 种，产南部。

桃叶珊瑚 *Aucuba chinensis* Benth.

目 48. 茶茱萸目 Icacinales

茶茱萸目 Icacinales 只有一个系统位置始终未确定的科，茶茱萸科 Icacinaceae。APG Ⅲ（2009）将它放在唇形类 Lamiids 开始未确定目的科之列；Takhtajan（2009）虽然认为与冬青科有许多共同特征，放在第 113 目冬青目 Aquifoliales，但列出该科 14 个属系统位置未定。吴征镒等（2003）对自 Bentham & J. D. Hooker 以来各系统学家对该科系统位置的变动做了详细的讨论，并结合中国分布的类群对茶茱萸科的分类进行了论述。我们的分析也说明该科属间的关系是混乱的。因此，在被子植物系统学研究中茶茱萸科的系统位置及科内分类关系是一个世界性研究难题（图 162）。

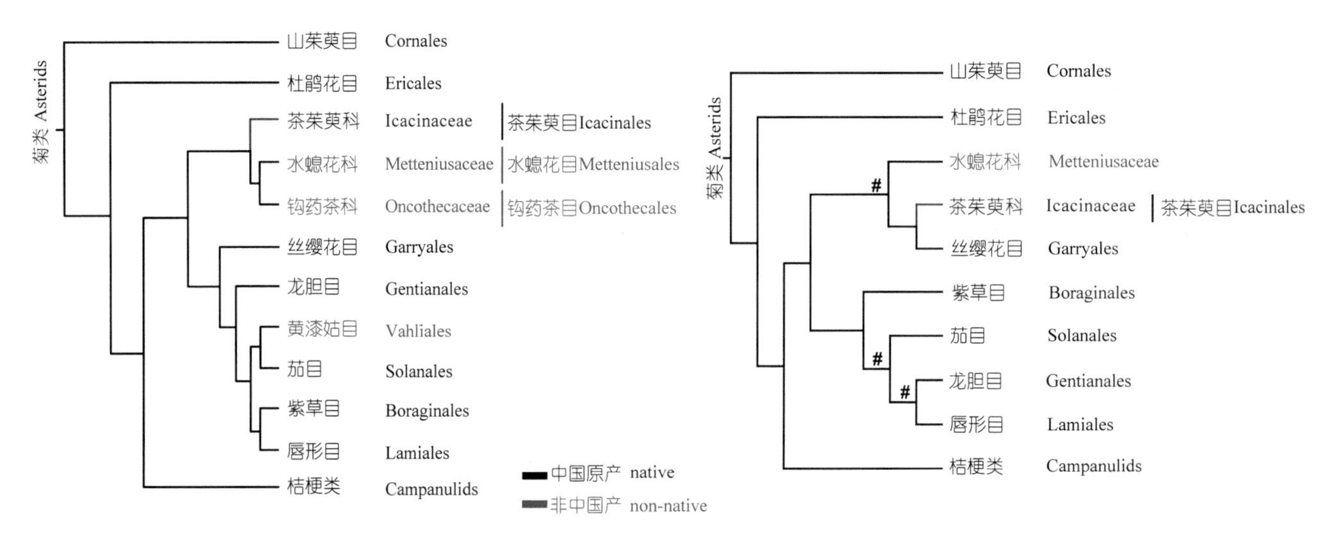

图 162 茶茱萸目的分支关系

被子植物 APG Ⅲ系统（左）；中国维管植物生命之树（右）

科 230. 茶茱萸科 Icacinaceae

约 43 属 40 种，泛热带分布，主产南半球；中国 10 属 19 种，主产华南和西南地区。

乔木、灌木或藤本，有些具卷须或白色乳汁；单叶互生，稀对生，通常全缘，多羽状脉；无托叶；花两性或雌雄异株，辐射对称，排列成穗状、总状、圆锥或聚伞花序，花序腋生、顶生；苞片小或无；花萼小，通常 4~5 裂，常宿存；花瓣（3~）4~5，极稀无花瓣；雄蕊与花瓣同数对生；子房上位，1 室；果核果状，有时为翅果。

茶茱萸科是一个系统关系不清楚的科，不少属的归属仍不确定，中国不是分布中心，本分析仅为世界性研究提供参考。该科一般分为 4~5 族，中国有 3 族，族 1 茶茱萸族 Icacineae（●），族 2 微花藤族 Iodeae（●），族 3 肉柱藤族 Sarcostigmateae（●）（属后的符号代表它们归隶的族）（图 163）。

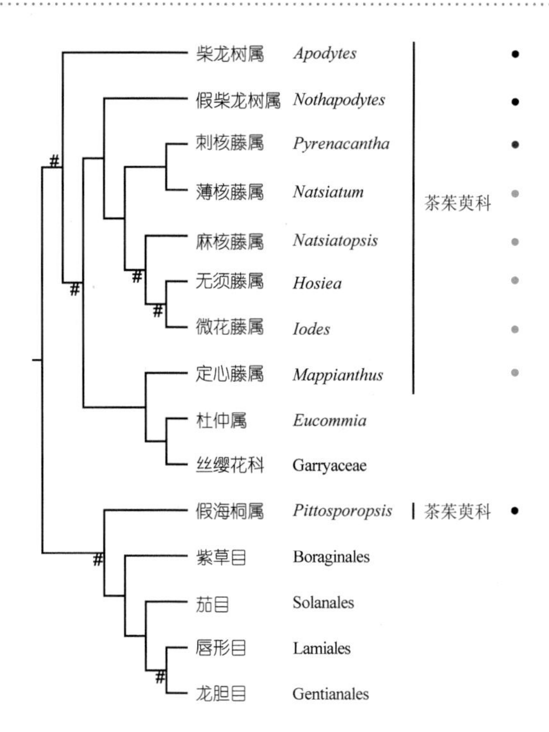

图 163 中国茶茱萸科植物的分支关系

1. 柴龙树属 Apodytes E. Mey. ex Arn.

乔木或灌木；叶互生，具柄，干后变黑，羽状脉，全缘；花小，两性，排成顶生或腋生的圆锥花序或聚伞状圆锥花序；萼杯状，小，5 齿裂；花瓣 5，离生或仅基部合生，无毛；雄蕊 5，与花瓣互生；花丝略扩大；柱头箭头形，2 浅裂；子房斜囊状；核果卵球形或椭圆形。

1 种，产热带和亚热带非洲、热带亚洲；中国产华南地区。

柴龙树 *Apodytes dimidiata* Arn.

2. 假柴龙树属 Nothapodytes Blume

乔木或灌木；叶互生或近对生，全缘；花两性，排成顶生的聚伞花序或伞房花序；萼杯状，5 裂；花瓣 5，常两面被毛；雄蕊 5，分离；花盘肉质；子房 1 室；核果椭圆形，中果皮肉质。

7 种，产亚洲热带，延伸至中国温带地区；中国 6 种，产西南部和中南部，东至台湾。

马比木 *Nothapodytes pittosporoides* (Oliv.) Sleumer

3. 刺核藤属 Pyrenacantha Hook. ex Wight

木质藤本；叶互生，全缘，有裂齿或分裂；花小，单性异株，无花瓣；雄花排成纤细的穗状花序；雌花排成密集的穗状花序或退化为单花；花萼合生，深 4 裂；雄蕊 4，分裂；子房 1 室；核果，核薄，里面有很多平生的刺穿入胚乳内。

约 10 种，产热带非洲和亚洲；中国 1 种，产海南。

锦葵叶刺核藤 *Pyrenacantha malvifolia* Engl.

4. 薄核藤属 Natsiatum Buch.-Ham. ex Arn.

攀缘灌木；叶互生，心形，具7~9掌状脉；花单性异株，排成腋上生的总状花序；雄花萼5深裂，宿存；雄蕊5，与花瓣互生；雌花退化雄蕊5，与5枚鳞片互生；子房1室；核果斜卵形，压扁。

1种，产亚洲热带地区；中国产云南。

5. 麻核藤属 Natsiatopsis Kurz

攀缘灌木；单叶互生，具长柄，边缘波状，背面密被毛；花小，雌雄异株，总状花序，簇生叶腋；雄花花萼4裂；花冠管状，4裂；雄蕊4，花丝宽线形；退化子房密被黄褐色硬毛；子房卵圆形，被长硬毛；核果。

1种，分布于中国和缅甸；中国产云南南部（西双版纳）。

麻核藤 *Natsiatopsis thunbergiifolia* Kurz

6. 无须藤属 Hosiea Hemsl. & E. H. Wilson

披散灌木；叶具长柄，心形，有波状齿；花杂性，排成疏散的聚伞花序；萼小，5裂；花瓣5，长椭圆状披针形，先端长，渐尖而旋卷；雄蕊5，与花瓣互生，有5个互生、肉质的鳞片；子房1室；果压扁。

2种，分布于中国和日本；中国1种，产湖北、湖南、浙江和四川。

无须藤 *Hosiea sinensis* (Oliv.) Hemsl. & E. H. Wilson

7. 微花藤属 Iodes Blume

藤状灌木；叶对生或近对生；花单性异株，排成腋生或腋外生的聚伞花序，下部的花序柄常变为卷须；雄花杯状，5齿裂，花冠3~5裂，外被毛，雄蕊3~5；雌花花瓣4~5，下部合生成管状，无退化雄蕊；子房1室；核果，基部为宿萼多围绕。

约19种，产非洲、亚洲热带地区；中国4种，产西南和海南岛。

瘤枝微花藤 *Iodes seguinii* (H. Lév.) Rehder

8. 定心藤属 Mappianthus Hand.-Mazz.

攀缘灌木，有卷须，被硬毛；叶对生或近对生，革质，全缘；花雌雄异株，雄聚伞花序单生于节上，与叶并生，花少；萼短，杯状，不明显5裂；花冠钟状漏斗形，5裂，外面被毛；雄蕊5，退化子房被毛；雌花比雄花稍小，有退化雄蕊；核果压扁状。

2种，产亚洲热带地区；中国1种，产华南、福建、浙江、湖南、贵州、云南。

定心藤 *Mappianthus iodoides* Hand.-Mazz.

9. 假海桐属 Pittosporopsis Craib

无刺灌木；叶互生，纸质，长椭圆状倒披针形或长椭圆形，边缘软骨质而呈浅波状；花稍大，两性，排成腋生的聚伞花序；花柄短，具节，有小苞片3~4；萼5裂，宿存；花瓣5，匙形；雄蕊5，与花瓣互生；子房1室，花柱宿存；核果大而圆。

1种，分布于中国、老挝、缅甸、泰国、越南北部；中国产云南南部。

假海桐 *Pittosporopsis kerrii* Craib

10. 肖榄属 Platea Blume

乔木；叶全缘，革质，幼时背面被绣色鳞片；花单性或杂性异株，雄花排成腋生、团聚的短穗状花序，雌花排成极短的穗状花序；萼片5，分裂；花瓣5，合生成管状，上部分离；雄蕊5；子房1室，柱头阔盘状；核果圆柱状。

5种，产亚洲热带地区；中国2种，产广东、广西、海南。

阔叶肖榄 *Platea latifolia* Blume

目 49. 紫草目 Boraginales

紫草科 Boraginaceae *s. l.* 在 APG Ⅲ系统中是一个未确定目的科，暂放在唇形类 Lamiids，APG Ⅳ（2016）系统确定立单科目。该科以其独特的花序形态和 DNA 序列资料被认为是一个单系群。科内分成 4（Al-Shehbaz, 1991）或 5（Takhtajan, 2009）亚科或各自提升为科：厚壳树亚科（科）Ehretioideae（-aceae）、破布木亚科（科）Cordioideae（-aceae）、天芥菜亚科（科）Heliotropioideae（-aceae）、紫草亚科（科、狭义）Boraginoideae（-aceae *s.s.*）和蒴紫草亚科（科）Wellstedioideae（-aceae）。在分支图上蒴紫草科和紫草科（狭义）聚为姐妹群，天芥菜科 −（破布木科 + 厚壳树科）聚为 1 支，同我们的分析结果相似。刺钟花科 Codonaceae 常归入水叶草科 Hydrophyllaceae 作为刺钟花亚科 Codonoideae（Takhtajan，2009），但在分支图上却分布在不同的分支，这是需要研究的问题（图 164）。

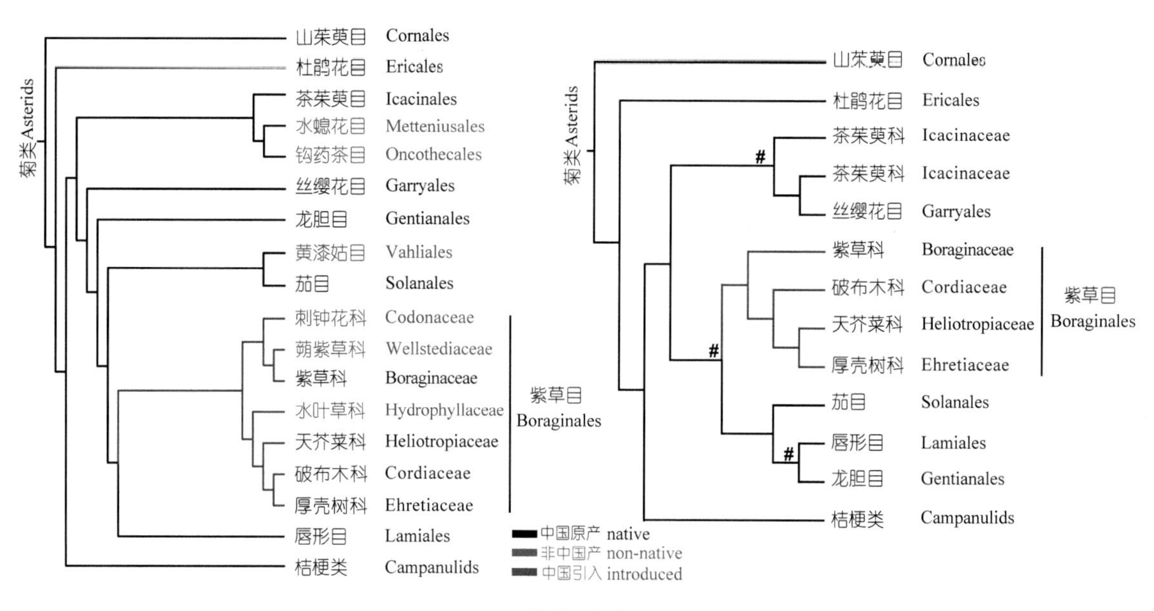

图 164 紫草目的分支关系

被子植物 APG Ⅲ系统（左）；中国维管植物生命之树（右）

科 231. 紫草科 Boraginaceae

约 110 属 1 195 种，大部分分布于温带地区，北半球温带地区分布尤为广泛，少数分布于热带山区。中国 41 属约 266 种，在我国各省均有分布，西南地区分布尤为广泛。

一年生至多年生草本，稀灌木；叶中脉明显，果实一般为 4 个小坚果；花柱着生于小坚果间的雌蕊基上，先端不裂或 2 裂，稀两次 2 裂。

紫草科通常被分为 7 族，分支分析显示各族所包含的国产属都聚集在相应的分支：第一大支族 5 紫草族 Lithospermeae（●）；第二大支族 6 玻璃苣族 Boragineae（●）位于基部，依次为族 2 齿缘草族 Eritrichieae（●），族 3 李果鹤虱族 Rochelieae（▲）嵌在其中；族 7 勿忘草族 Myosotideae（●）位于最后 1 支的基部，该部分为 2 小支，1 小支为族 1 附地菜族 Trigonotideae（●），另 1 支为族 4 琉璃草族 Cynoglosseae（●）。分支图上毛束草属（●）、滨紫草属（●）和锚刺果属（●）分别嵌入其他族的成员中，它们的关系尚需研究；另外按照分支图所出现的次序，族的排列尚需重新调整（图 165）。

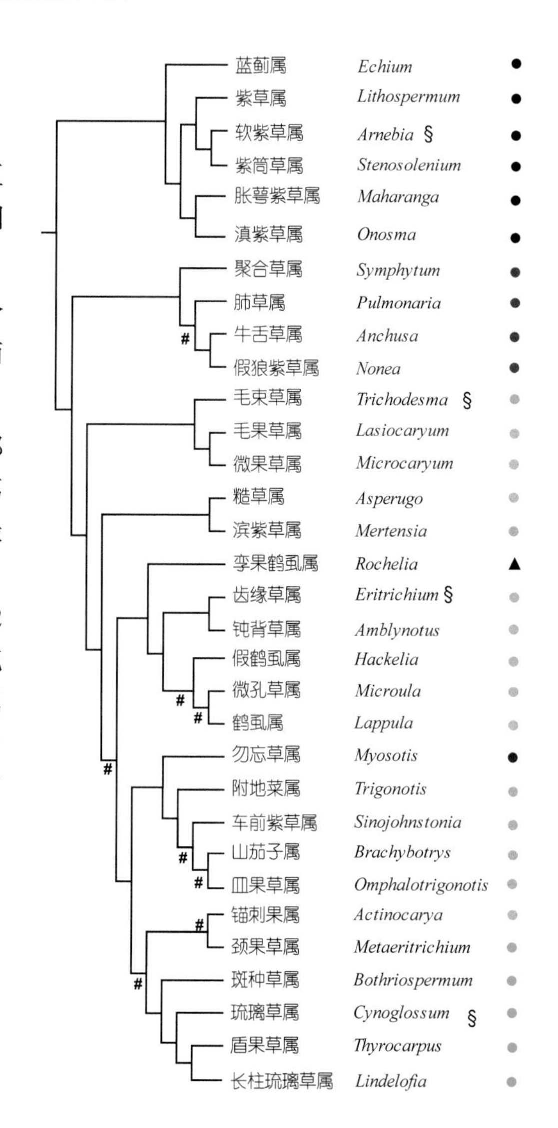

图 165 中国紫草科植物的分支关系

1. 蓝蓟属 Echium L.

草本，被糙硬毛；叶披针形；镰状聚伞花序圆锥状，有苞片；花萼深5裂，裂片近轴的2片较小；花冠左右对称，常被毛，喉部无附属物；雄蕊5，不着生在花冠管的同一平面上，花丝伸出花冠；子房4裂，花柱伸出，被毛，中部以上或顶端2裂；雌蕊基平；小坚果着生面在果的基部。

约40种，分布于非洲、欧洲及亚洲西部；中国1种，产新疆北部。

蓝蓟 *Echium vulgare* L.

2. 紫草属 Lithospermum L.

草本，被毛；叶互生；花单生叶腋或顶生镰状聚伞花序具苞片；花萼5裂至基部；花冠喉部具附属物，或在附属物的位置上有毛带或纵褶，檐部5浅裂；雄蕊5，内藏，花药长圆状线形；子房4裂，花柱丝形，不伸出花冠管；雌蕊基平；小坚果，着生面在腹面基部。

约60种，分布中心在墨西哥和美国西南部，非洲、欧洲及亚洲也有；中国5种，除青海、西藏外，各地均有分布。

小花紫草 *Lithospermum officinale* L.

3. 软紫草属 Arnebia Forssk.

草本，有硬毛或柔毛；根常含紫色物质；镰状聚伞花序；花有长柱花和短柱花异花现象；花冠漏斗状，喉部无附属物；长柱花中雄蕊着生花冠管中部，花柱仅达花冠管中部；子房4裂，花柱先端2~4裂；雌蕊基平；小坚果斜卵形，有疣状突起，着生面居腹面基部。

约25种，分布于非洲北部、欧洲、中亚及喜马拉雅；中国6种，分布于西北及华北地区。

黄花软紫草 *Arnebia guttata* Bunge

4. 紫筒草属 Stenosolenium Turcz.

草本；根有紫红色物质；叶互生；镰状聚伞花序；花萼5裂至基部；花冠淡紫色，檐部钟状，5裂，喉部无附属物，筒基部具褐色毛环；雄蕊5，花丝短，螺旋状着生；子房4裂，花柱不伸出花冠管，2裂，柱头球形；雌蕊基近平坦；小坚果斜卵形，腹面基部有短柄。

1种，分布于西伯利亚、蒙古国；中国产东北、华北至西北地区。

紫筒草 *Stenosolenium saxatile* (Pall.) Turcz.

5. 胀萼紫草属 Maharanga A. DC.

草本；镰状聚伞花序顶生；花萼5裂至中部；花冠管膨胀，末端缢缩，骤开展，喉部宽大，冠檐裂片下具褶及沟槽，中部以上稍外弯，蜜腺环状，稀被毛；花药基部箭头状，侧面基部靠合；花柱内藏或稍伸出，雌蕊基宽塔形；小坚果腹面龙骨状，着生面位于果基部。

约 9 种，分布于不丹、印度、尼泊尔、泰国及中国；中国 5 种，分布于云南和西藏。

二色胀萼紫草 *Maharanga bicolor* (G. Don) A. DC.

6. 滇紫草属 Onosma L.

草本，稀半灌木；根常含紫色素；单叶全缘；镰状聚伞花序圆锥状；花辐射对称，花萼 5 裂至中部或基部；花冠管状钟形或高脚碟状，内面基部有腺体，花药侧面结合成筒或仅基部连合，先端不育，微缺，常透明；子房 4 裂；雌蕊基平；小坚果 4，背面稍外凸，着生面位于基部。

约 146 种，欧亚大陆特有属；中国约 30 种，分布于云南、西藏、四川、甘肃、陕西、新疆。

密花滇紫草 *Onosma confertum* W. W. Sm.

7. 聚合草属 Symphytum L.

草本，被毛；镰状聚伞圆锥花序；无苞片；花萼 5 裂，裂齿不等长；花冠管状钟形，檐部 5 浅裂，附属物边缘有乳头状腺体；雄蕊 5，不超出花冠檐；子房 4 裂，花柱丝形，伸出；雌蕊基平；小坚果卵形，着生面在基部，碗状，边缘常具细齿。

约 2 种，分布于阿富汗、印度、巴基斯坦及亚洲西南部；世界各地均有栽培；中国栽培 1 种。

聚合草 *Symphytum officinale* L.

8. 肺草属 Pulmonaria L.

草本，有长硬毛；基生叶大型；镰状聚伞花序；花萼钟状，5 浅裂，果时包被小坚果；花冠紫红色或蓝色，筒部与花萼等长，檐部平展，5 裂，喉部无附属物，具短毛丛；雄蕊 5，内藏；子房 4 裂，柱头头状，2 裂；雌蕊基平；小坚果，腹面龙骨状，先端钝，着生面位于小坚果基部，微凹，有环状边缘。

约 15，分布于中亚至欧洲；中国 1 种，产山西、内蒙古。

腺毛肺草 *Pulmonaria mollissima* A. Kerner

9. 牛舌草属 Anchusa L.

草本，被硬毛或刚毛；叶互生；蝎尾状聚伞圆锥花序；花萼 5 深裂，常不等大；花冠檐部裂片 5，覆瓦状排列，先端钝；雄蕊 5，内藏；子房 4 裂；雌蕊基平或稍凸；小坚果斜卵形，直立，有皱褶，腹面龙骨状，着生面在果的底部，有环状边缘和脐状突起。

约 50，主要分布于地中海沿岸、非洲、欧洲及亚洲西部；中国 1 种，分布于华北、西北和西藏。

药用牛舌草 *Anchusa officinalis* L.

台湾毛束草 *Trichodesma calycosum* var. *formosanum* (Matsum.) I. M. Johnst.

10. 假狼紫草属 Nonea Medik.

草本，被毛；叶互生；镰状聚伞花序，苞片叶状；花萼筒状5裂至1/3或中部，果期囊状膨胀；花冠裂片覆瓦状排列，附属物鳞片状；雄蕊5，花药长圆形；子房4裂，柱头2，球形或花柱先端短2裂；雌蕊基平；小坚果稍弯，着生面居腹面稍下方，内凹，有环状边缘和脐状突起。

约40种，分布于欧洲、非洲北部和亚洲西部；中国1种，产新疆。

假狼紫草 *Nonea caspica* (Willd.) G. Don

11. 毛束草属 Trichodesma R. Br.

草本或亚灌木，被毛；复聚伞花序呈总状或圆锥状，顶生，有苞片；萼5裂，呈金字塔形或卵形膨胀，基部具5条肋棱或翅，稀呈耳状延伸；花冠宽筒形，檐部5裂；雄蕊5，着生花冠管下部，花药先端外伸并螺旋状扭转，子房4裂，雌蕊具4条纵棱；小坚果背腹扁，背面边缘突出成腕状，有齿。

约10种，分布于非洲、大洋洲和亚洲的热带地区；中国2种，产西南部和台湾。

12. 毛果草属 Lasiocaryum I. M. Johnst.

草本，被柔毛，茎生叶互生；镰状聚伞花序，无苞片；花萼5裂至基部，花冠管状，筒部与萼近等长，檐部5裂，裂片覆瓦状排列，喉部附属物5；雄蕊5；子房4裂，花柱不伸出，柱头头状，雌蕊基钻状；小坚果狭卵形，着生面狭长，居果的腹面中下部。

5~6种，分布于伊朗和中国；中国4种，产西南地区。

毛果草 *Lasiocaryum densiflorum* (Duthie) I. M. Johnst.

13. 微果草属 Microcaryum I. M. Johnst.

一年生小草本，有长柔毛；叶互生；伞形聚伞花序顶生；花具梗；花萼5裂至基部，裂片窄；花冠宽筒形或钟形，筒部与萼等长或稍短，喉部具附属物；雄蕊5，着生花冠管中部，内藏；子房4裂；雌蕊基柱状；小坚果长圆状卵形，直立，中线纵龙骨状突起，腹面纵脊上有浅沟，着生面居腹面基部。

3种，分布于印度东北部至中国；中国1种，产四川西部和云南。

微果草 *Microcaryum pygmaeum* (C. B. Clarke) I. M. Johnst.

14. 糙草属 Asperugo L.

一年生蔓生草本，有糙硬毛；叶互生；花单生或簇生叶腋，花萼深 5 裂；裂片之间各有 2 小齿，果期不规则增大，有明显网脉；花冠檐部 5 裂，喉部有附属物；雄蕊 5；花柱不伸出花冠管；雌蕊基钻状；小坚果 4，两侧扁，有白色疣状突起，着生面位于腹面近先端。

1 种，分布于欧洲、非洲、亚洲；中国产西北、内蒙古、山西、四川及西藏。

糙草 *Asperugo procumbens* L.

15. 滨紫草属 Mertensia Roth

草本，具根茎；茎生叶互生；聚伞圆锥状花序，无苞片；花萼 5 半裂至深裂，比花冠管短；花冠漏斗状，冠檐 5 裂，喉部附属物横皱折状或鳞片状；雄蕊 5，花药比花丝长，伸出喉部；子房 4 裂；雌蕊基圆锥状；小坚果四面体型，稀沿边缘有狭翅，着生面在腹面基部。

约 45 种，分布于东欧、北美和亚洲热带以外的地区；中国 6 种，产华北和东北地区。

长筒滨紫草 *Mertensia davurica* (Sims) G. Don

16. 孪果鹤虱属 Rochelia Rchb.

一年生草本；茎生叶互生；镰状聚伞花序，具苞片；花萼 5 裂至基部，裂片先端常钩状；花冠漏斗状，檐部 5 裂，喉部具附属物；雄蕊 5，内藏，花丝短，花药药隔微突出；子房 2 裂，胚珠 2，雌蕊基钻状；小坚果孪生，被疣状突起及锚状刺，着生面在腹面靠基部。

约 15 种，主要分布于亚洲西南部、中部至欧洲及大洋洲；中国 5 种，分布于新疆。

光果孪果鹤虱 *Rochelia leiocarpa* Ledeb.

17. 齿缘草属 Eritrichium Schrad.

草本，被毛；茎生叶互生；镰状聚伞花序顶生，稀花单生；花萼 5 裂至基部；花冠钟状或漏斗状，喉部常具附属物；花柱和柱头单一；雌蕊基金字塔状或半球状；小坚果 4，完全发育或部分发育，两面体型；棱缘具翅、齿、刺或锚状刺，稀无。

约 50 种，分布于中亚至喜马拉雅、欧洲、北美的西部，南美有少数种；中国约 40 种，17 种为特有种，主要分布于西北、西南、东北和内蒙古、河北等地。

北齿缘草 *Eritrichium borealisinense* Kitag.

18. 钝背草属 Amblynotus I. M. Johnst.

多年生草本，丛生，有糙伏毛；叶互生，先端钝；镰状聚伞花序，有苞片；花萼5裂，裂片线形，直伸；花冠蓝色，筒部比萼短，覆瓦状排列，喉部有附属物；雄蕊5，着生花冠管中部；子房4裂；雌蕊基近平坦；小坚果直立，微弯，背面凸，无毛，有光泽，腹面纵龙骨状，着生面在腹面基部，三角形。

1种，分布于西伯利亚、蒙古国及中国；中国产黑龙江和内蒙古。

钝背草 *Amblynotus rupestris* (Georgi) L. Sergievskaja

19. 假鹤虱属 Hackelia Opiz

草本，被糙毛或柔毛；镰状聚伞花序顶生；花具梗；花萼5裂近基部，裂片果时增大，常反折；花冠钟状或筒状，冠檐具5裂片；雄蕊内藏；雌蕊基高金字塔形；小坚果背腹扁，背面盘状，边缘具扁平锚状刺。

约47种，分布于北半球温带、中美洲及南美洲；中国4种，分布于西南及新疆、甘肃、河北、吉林、黑龙江。

宽叶假鹤虱 *Hackelia brachytuba* (Diels) I. M. Johnst.

20. 微孔草属 Microula Benth.

二年生草本；茎生叶互生；镰状聚伞花序；具苞片；花萼5深裂，果时包住小坚果；花冠5裂，喉部附属物5；雄蕊5，内藏；子房4裂；雌蕊基近平或低金字塔形；小坚果卵形，常有疣状小突起，稀被锚状刺毛，着生面位于腹面基部至顶端。

29种，分布于不丹、印度北部、尼泊尔和中国；中国29种，产陕西、甘肃、青海、四川、云南和西藏。

甘青微孔草 *Microula pseudotrichocarpa* W. T. Wang

21. 鹤虱属 Lappula Moench

草本，被毛；镰状聚伞花序，有苞片；花萼5深裂；花冠管短，檐部5裂，喉部附属物5；雄蕊5；子房4裂；雌蕊基棱锥状，与小坚果腹面整个棱脊相结合或仅与其棱脊基部相结合；小坚果4，背面具行锚状刺，稀退化成疣状突起。

约70种，分布于亚洲、欧洲、非洲及北美；中国约36种，主产西北、华北、内蒙古及东北地区。

鹤虱 *Lappula myosotis* Moench

峨眉附地菜 *Trigonotis omeiensis* Matsuda

22. 勿忘草属 Myosotis L.

草本；茎生叶互生；镰状聚伞花序；花萼 5；花冠裂片 5，芽时旋转状，喉部附属物 5，鳞片状；雄蕊 5，内藏；子房 4 深裂，柱头呈盘状；雌蕊基平坦或稍凸出；小坚果 4，背腹扁，着生面小，位于腹面基部。

约 100 种，分布于温带地区；中国 5 种，分布于东北、西北、华北及华东地区。

勿忘草 *Myosotis sylvatica* Ehrh. ex Hoffm.

23. 附地菜属 Trigonotis Steven

草本；茎生叶互生；镰状聚伞花序；花萼 5 裂；花冠管状，冠筒常较萼短，裂片 5，喉部附属物 5，半月形或梯形；雄蕊 5，内藏；子房深 4 裂；雌蕊基平；小坚果四面体型，常具棱或棱翅，腹面具 3 个面，着生面位于 3 面交汇处。

约 60 种，分布于中亚、东亚至东南亚；中国 41 种，产西南至东北地区。

24. 车前紫草属 Sinojohnstonia Hu

多年生草本，具根茎；茎直立或平卧；基生叶具长柄；茎生叶互生；镰状聚伞花序，无苞片；花萼 5 裂至近基部，果期增大，呈囊状；花冠管状或漏斗状，檐部 5 裂，喉部附属物 5；雄蕊 5；子房 4 裂；雌蕊基低金字塔形；小坚果四面体型，着生面居果的腹面中部稍下。

3种，中国特有，分布于华北、华东、华中、四川、甘肃、宁夏等地。

短蕊车前紫草 *Sinojohnstonia moupinensis* (Franch.) W. T. Wang

25. 山茄子属 Brachybotrys Maxim. ex Oliv.

多年生草本，具根状茎；叶近轮生，花萼 5 裂至基部，裂片钻状披针形；花冠管部比檐部短，檐部裂片卵状长圆形，附属物位于喉部，顶端微 2 裂；雄蕊着生喉部之下，花丝钻形；子房 4 裂，雌蕊基近平坦；小坚果四面体型，着生面位于腹面近基部。

1 种，分布于中国、朝鲜及俄罗斯远东地区；中国产东北地区。

山茄子 *Brachybotrys paridiformis* Oliv.

26. 皿果草属 Omphalotrigonotis W. T. Wang

一年生草本；茎直立；叶互生，具柄；叶片有短糙伏毛；镰状聚伞花序无苞片；花具短梗；花萼5裂至基部，裂片长圆形，近平展；花冠钟状，无毛，筒部与檐部近等长，喉部具附属物；雄蕊5，着生于花冠管中部稍上，内藏；子房4裂，花柱着生于子房裂片之间，不伸出花冠；雌蕊基平；小坚果四面体型，背面具皿状突起，着生面居腹面3个面的汇合处。

2种，中国特有，分布于长江下游。

皿果草 *Omphalotrigonotis cupulifera* (I. M. Johnst.) W. T. Wang

27. 锚刺果属 Actinocarya Benth.

一年生草本，茎细弱或肉质压扁；叶互生，倒卵状长圆形至匙形；花单生叶腋，有细花梗；花萼5深裂，开展；花冠钟状，檐部裂片5，开展，喉部具5个附属物；雄蕊5；子房4裂；雌蕊基微凸或平；小坚果4，狭倒卵形，有锚状刺，基部有连合而成的杯状或鸡冠状突起，着生面在腹面。

2种，分布于印度北部及中国；中国2种，分布于西南和西北地区。

锚刺果 *Actinocarya tibetica* Benth.

28. 颈果草属 Metaeritrichium W. T. Wang

一年生小草本；茎从基部辐射状分枝；叶互生，叶片匙形至披针形；花单生叶腋；花萼5裂至近基部；花冠钟状筒形，檐部5裂，附属物小；雄蕊5，内藏；小坚果4，背腹二面体型，卵状，棱缘具三角形的锚状刺，刺基部连合形成宽翅。

1种，中国特有，产西藏、青海。

颈果草 *Metaeritrichium microuloides* W. T. Wang

29. 斑种草属 Bothriospermum Bunge

草本，被毛；镰状聚伞花序，具苞片；花冠短筒状，冠檐5，檐部5个附属物，近闭锁；雄蕊5，着生花冠管近基部，内藏；子房4裂，各具倒生胚珠1，雌蕊基平；小坚果4，背面圆，具疣状突起，腹面有长圆形、椭圆形或圆形的环状凹陷，小坚果着生面位于“基部”，近胚根一端。

5种，广布亚洲热带及温带；中国5种，广布南北地区。

多苞斑种草 *Bothriospermum secundum* Maxim.

30. 琉璃草属 Cynoglossum L.

草本，被毛；叶全缘；镰状聚伞圆锥花序顶生及腋生；花萼钟状，5 裂至基部；花冠管部短，不超过花萼，喉部有 5 个附属物，雄蕊 5，内藏；子房 4 裂，胚珠倒生；雌蕊基金字塔形或金字塔状圆锥形；小坚果 4，卵形，有锚状刺，着生面居果的顶部。

约 75 种，除北极地区外广布于全世界；中国约 12 种，主产西南地区。

倒提壶 *Cynoglossum amabile* Stapf & J. R. Drumm.

31. 盾果草属 Thyrocarpus Hance

一年生草本；茎生叶互生；镰状聚伞花序具苞片；花萼 5 裂至基部；花冠钟状，檐部 5 裂，裂片宽卵形，喉部附属物 5；雄蕊着生花冠管中部，内藏；子房 4 裂；雌蕊基圆锥状；小坚果卵形，背腹稍扁，密生疣状突起，背面有 2 层突起，内层突起碗状，膜质，全缘，外层角质，有篦状牙齿，着生面在腹面顶部。

约 3 种，分布于中国和越南、韩国；中国 2 种，产西南至西北地区。

盾果草 *Thyrocarpus sampsonii* Hance

32. 垫紫草属 Chionocharis I. M. Johnst.

多年生垫状草本；叶互生，覆瓦状排列，密集；单花顶生，有细花梗；花萼 5 深裂，裂片线状匙形；花冠钟状，筒与萼近等长，喉部附属物 5，檐部裂片钝，开展；雄蕊 5，着生喉部附属物之下，内藏；子房 4 裂；雌蕊基短圆锥形；小坚果卵形，背面鼓状，有短毛，着生面居腹面基部。

1 种，分布于中国西南部、不丹、尼泊尔至印度东北部。

垫紫草 *Chionocharis hookeri* (C. B. Clarke) I. M. Johnst.

33. 长蕊琉璃草属 Solenanthus Ledeb.

草本，被毛；叶互生；镰状聚伞花序，无苞片；花萼 5 裂至基部；花冠管状，稀钟状，附属物长圆形；雄蕊具长花丝，通常远伸出或稍伸出花冠，着生花冠附属物之上；雌蕊基金字塔形；小坚果背腹扁，背面具盘状突起，密生锚状刺，着生面在腹面靠上部，与雌蕊基贴合。

约 10 种，分布于欧洲东南部及亚洲的西部和中部；中国 1 种，产新疆。

长蕊琉璃草 *Solenanthus circinnatus* Ledeb.

34. 长蕊斑种草属 Antiotrema Hand.-Mazz.

多年生草本，基生叶莲座状；镰状聚伞花序顶生，无苞片；花冠漏斗状，檐部裂片比筒部短 2 倍以上；雄蕊 5，着生于花冠附属物之间，花丝下部约一半与花冠管部贴生；雌蕊基平坦；小坚果半卵形，直立，背面凸，有疣状突起，腹面有 2 层纵长的环状突起，内层膜质，外层角质化，着生面在底部；宿存花柱超出小坚果约 2 倍。

1种，中国特有，分布于西南地区。

长蕊斑种草 *Antiotrema dunnianum* (Diels) Hand-Mazz.

35. 双柱紫草属 Coldenia L.

一年生草本，多分枝；叶被糙毛，两侧不对称；花常单生腋外；花萼4裂；花冠管状，冠檐4；雄蕊4~5，内藏；子房具4沟槽，2室各含胚珠2，或假4室各含胚珠1，花柱2，顶生，基部离生或合生至中部；果实肉质或干燥，分裂为4个不易分离，各具1粒种子的骨质小坚果。

1种，分布于南亚、东南亚及非洲、大洋洲、美洲；中国分布于海南、台湾。

双柱紫草 *Coldenia procumbens* L.

36. 颅果草属 Craniospermum Lehm.

草本；叶互生；镰状聚伞花序；花萼5深裂，裂片具长硬毛，直伸并包住果实；花冠长筒形，冠檐5裂；雄蕊5，有长花丝，外伸；子房4裂，花柱伸出花冠，先端不裂；雌蕊基狭金字塔形；小坚果背面有碗状突起，边缘狭翅状，全缘或有齿，着生面位于腹面中部之下。

4~5种，分布于中亚及西伯利亚；中国2种，分布于新疆及内蒙古。

颅果草 *Craniospermum mongolicum* I. M. Johnst.

37. 腹脐草属 Gastrocotyle Bunge

一年生草本；茎被具疣状基盘的白色刺毛；叶互生；花单生叶腋；花萼5裂至近基部，裂片稍不等大；花冠管状，5裂，筒部较裂片长2倍，喉部有5个附属物；雄蕊5，内藏；子房4裂，雌蕊基突出；小坚果4，肾形，背面有小乳头突起，着生面的边缘增厚而突起成球状。

2种，分布于地中海东部至中亚、印度及巴基斯坦；中国1种，产新疆南部。

38. 异果鹤虱属 Heterocaryum A. DC.

一年生草本，被具疣状基盘的长糙毛；茎直立或外倾，有分枝；聚伞花序有苞片；花萼5裂至基部；花冠漏斗状或钟状，喉部具5个梯形附属物；雄蕊5，内藏；子房4裂；雌蕊基细柱状；小坚果同型或异型，背腹扁，以腹面全长与雌蕊基结合，不易分离，背面盘状，边缘具刺状或其他形状的附属物。

约7种，分布于亚洲中部及西南部，中亚特有属；中国1种，产新疆北部荒漠。

39. 长柱琉璃草属 Lindelofia Lehm.

多年生草木，被柔毛；叶全缘；基生叶具叶柄；茎生叶互生；镰状聚伞花序无苞片；花萼5裂；花冠漏斗状，檐部裂片近直伸，喉部有附属物；雄蕊着生喉部之下；花柱丝形，伸出花冠外，果期增粗宿存；雌蕊基短圆锥形；小坚果背腹扁，有锚状刺，着生面在腹面靠上部，与雌蕊基贴合牢固。

约10种，分布于亚洲的中部和西部；中国1种，产西藏、新疆及甘肃。

长柱琉璃草 *Lindelofia stylosa* (Kar. & Kir.) Brand

40. 盘果草属 Mattiastrum (Boiss.) Brand

草本，常被毛；基生叶具短柄；镰状聚伞花序顶生及腋生，无苞片；花萼5裂至近基部，花冠钟形，喉部具5个附属物；雄蕊着生花冠管中部，内藏；子房4裂，花柱短柱状，内藏，柱头不分裂；雌蕊柱状；小坚果具宽翅，着生面在靠上部，呈狭卵形。

约30种，主要分布于亚洲西南部；中国1种，分布于西藏。

41. 翅果草属 Rindera Pall.

草本；茎丛生；叶互生；镰状聚伞花序顶生，无苞片；花萼5裂，裂片果期反折；花冠管状钟形，裂片5，常披针形；雄蕊5，花药基部箭形；子房4裂，花柱丝状，外伸；小坚果4，无毛，中央具1线形的龙骨突起，腹面具长卵形的着生面，边缘具伸展的宽翅，翅缘通常具细牙齿，稀全缘。

约25种，分布于地中海至中亚；中国1种，产新疆北部。

翅果草 *Rindera tetraspis* Pall.

科 232. 破布木科 Cordiaceae

3属约330种，分布于热带，南美洲地区及非洲部分地区较为丰富；中国1属约6种，分布于西南、华南及台湾，尤以海南分布普遍。

乔木或灌木；核果通常具多水分及多胶质的肉质中果皮及骨质的内果皮，成熟时内果皮不分裂，具1或4室；花柱顶生，两次2裂。

1. 破布木属 Cordia L.

乔木，稀灌木；叶互生；具叶柄；聚伞花序无苞片，呈伞房状排列；花两性及雄性；花萼花后增大，宿存；花冠钟状或漏斗状，常5裂，稀4~8裂，裂片伸展或下弯；雄蕊与花冠裂片同数，花丝基部被毛；子房4室，无毛，每室1胚珠，花柱基部合生，先端两次2裂，各具1匙形或头状的柱头；核果；种子无胚乳。

约325种，主产美洲热带地区；中国6种，产西南、华南及台湾，尤以海南较多。

破布木 *Cordia dichotoma* G. Forst.

科 233. 厚壳树科 Ehretiaceae

约 9 属 150 种，分布于热带或亚热带地区；中国 1 属约 16 种，产西南部经中南部至东部。

乔木、灌木或半灌木；核果成熟时内果皮通常分裂为 2 个 2 室或 4 个 1 室的分核；花柱顶生，2 裂，稀不裂。

1. 厚壳树属 Ehretia P. Browne

乔木或灌木；叶互生，有叶柄；聚伞花序呈伞房状或圆锥状；花萼 5 裂；雄蕊 5，子房圆球形，2 室，每室含 2 胚珠，花柱顶生，中部以上 2 裂，柱头 2；核果，内果皮成熟时分裂为 2 个具 2 粒种子或 4 个具 1 粒种子的分核。

约 42 种，主产非洲、亚洲南部，3 种产北美及中美；中国约 16 种，主产长江以南地区。

厚壳树 *Ehretia acuminata* R. Br.

科 234. 天芥菜科 Heliotropiaceae

4 属约 405 种，分布于热带、亚热带及温带地区；中国 2 属约 14 种，产南部至东部。

灌木、半灌木或草本，稀小乔木。核果干燥，无明显分化的中果皮或稀具木栓质或肉质中果皮，成熟时骨质的内果皮分裂为 2 个 2 室或 4 个 1 室的分核；花柱顶生，不裂或不存在，具 1 圆锥状柱头，柱头下方环状膨大。

1. 天芥菜属 Heliotropium L.

草木，稀亚灌木，被糙伏毛；叶互生；镰状聚伞花序；花 2 行排列于花序轴一侧；花萼 5 裂；花冠裂片 5，近圆形，边缘具褶或为皱波状，喉部无附属物；雄蕊 5，着生花冠管上；子房 4 室，或不完全 4 裂；花柱基部环状膨大，柱头不分裂；核果干燥，中果皮不明显，开裂为 4 个含单种子或 2 个含双种子的分核。

约 390 种，广布全世界热带及温带地区；中国 10 种，主产南部至东南部，新疆亦产。

伏毛天芥菜 *Heliotropium procumbens* var. *depressum* (Cham.) H. Y. Liu

2. 紫丹属 Tournefortia L.

灌木、草本，稀乔木；叶互生；聚伞花序蝎尾状，顶生或腋生；无苞片；花萼（4）5；花冠管状或漏斗状，裂片（4）5，喉部无附属物；雄蕊（4）5，内藏；子房 4 室，每室 1 悬垂胚珠，花柱极短，柱头单一或稍 2 裂，基部肉质，环状膨大；核果具多胶质的中果皮，内果皮分裂为 2 个具 2 粒种子或 4 个具单种子的分核。

约 150 种，分布于热带或亚热带地区；中国 4 种，产西南至东南地区。

银毛紫丹 *Tournefortia argentea* L. f.

目 50. 茄目 Solanales

茄目 Solanales 的单系性得到分子数据和形态学性状的支持，其共衍征有单叶互生、无托叶，花辐射对称、具褶、合瓣花冠、雄蕊数多同花冠裂片数相等，不含环烯醚萜类化合物等。茄目包括 5 科（图 166）：旋花科 Convolvulaceae、茄科 Solanaceae、瓶头梅科 Montiniaceae、楔瓣花科 Sphenocleaceae 和田基麻科 Hydroleaceae（APG Ⅲ，2009）。旋花科和茄科为姐妹科得到分子数据的支持，它们具内生韧皮部、相似的托烷类生物碱。瓶头梅科 –（楔瓣花科 + 田基麻科）聚为 1 支。其中 Takhtajan（2009）将瓶头梅科放在山茱萸超目 Cornanae 的枸骨黄目 Desfontainiales，2 属 4 种，分布于南非、热带非洲与马达加斯加；楔瓣花科归于桔梗目 Campanulales，1 属 2 种，1 种为泛热带分布，另 1 种产西非。田基麻科原属水叶草科 Hydrophyllaceae（吴征镒等，2003），广义的水叶草科早期放在花荵目 Polemoniales（Hutchinson，1959），Melchior（1964）将其归入管花类 Tubiflorae 紫草亚目 Boraginineae，Cronquist（1981）和 Thorne（1983）将其归入茄目，Dahlgren（1983）将其归入紫草目 Boraginales，Takhtajan（2009）改变了他放在紫草目的观点，依据分子的结果（APG Ⅱ，2003；Erbar et al.，2005）认为同茄科有亲缘关系，归入茄目，但从水叶草科 Hydrophyllaceae 分立，仅包括田基麻属 *Hydrolea* 12 种，热带分布。

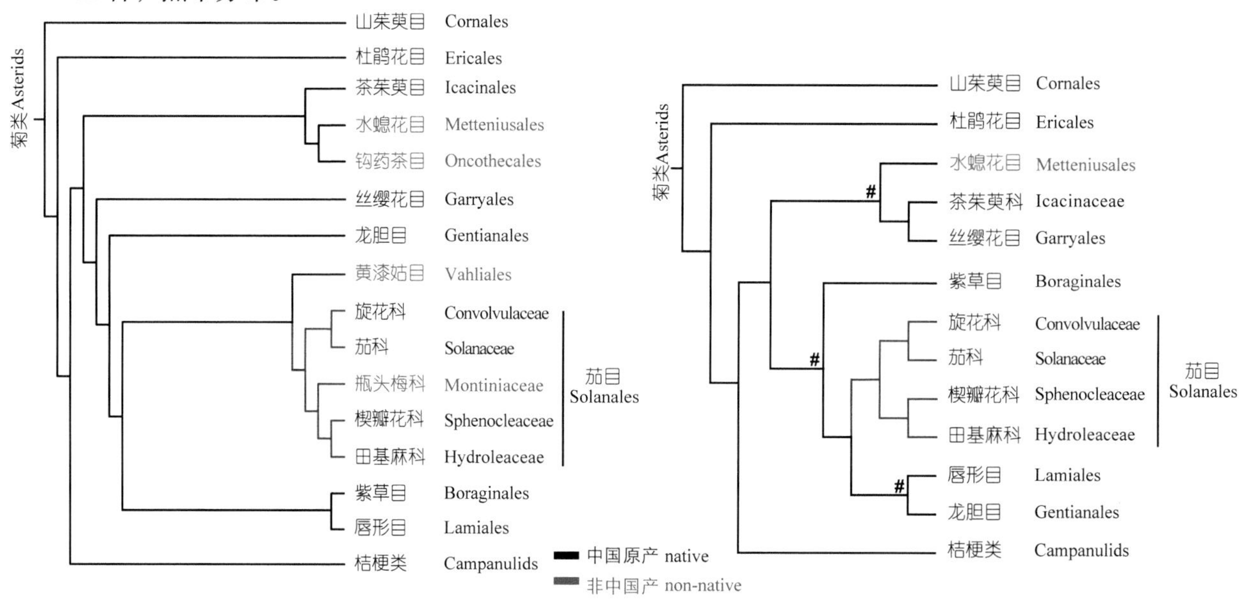

图 166 茄目分支关系
被子植物 APG Ⅲ系统（左）；中国维管植物生命之树（右）

科 235. 茄科 Solanaceae

约 95 属 2 300 种，广布于全世界温带及热带地区，以美洲热带种类最为丰富；中国 20 属约 101 种，南北广布，以西南地区种类较多。

草本、灌木、小乔木或藤本；叶互生或大小不等的二叶双生；单叶或复叶；花两性或杂性；花单生或为各式聚伞花序；花辐射对称或两侧对称；花萼裂片常 5，宿存并常膨大；花冠裂片常 5 数；雄蕊常 5，稀 2 或 4，花药纵缝开裂或孔裂；子房 2 室，少数具 3~5 室，2 心皮不位于花正中轴线上而偏斜；胚珠 1 至多数；浆果或蒴果；种子胚乳丰富，胚弯曲成钩状、环状或螺旋状或弓曲至通直。

按照吴征镒等（2003）引用的 D'Arcy（1991）建立在综合形态学上的分类系统，茄科分 3 亚科：茄亚科

Solanoideae，下分 8 族；夜香树亚科 Cestroideae，下分 6 族；假茄亚科 Nolanoideae（有的系统独立为单属科 Nolanaceae）。我国有茄亚科茄族 Solaneae（■）、天仙子族 Hyoscyameae（●）、曼陀罗族 Datureae（●）、枸杞族 Lycieae（●）；夜香树亚科夜香树族 Cestreae（●）和烟草族 Nicotianeae（●）成员。本分支分析显示：夜香树属位于基部，两个大分支是茄族和天仙子族的属，构成自然的亲缘关系，表现出分子和形态性状的统一。其他属在形态系统中也相对孤立，在系统树上位于各自的分支（图 167）。

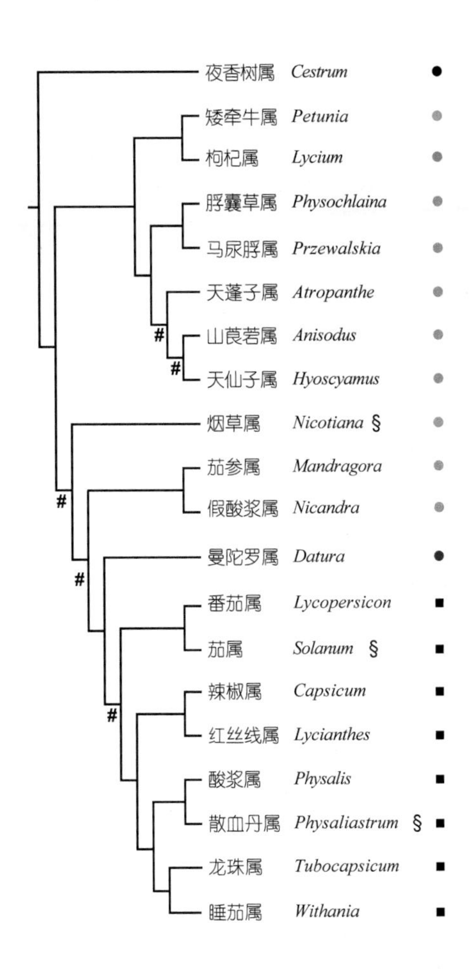

图 167 中国茄科植物的分支关系

1. 夜香树属 Cestrum L.

灌木或乔木；叶互生，全缘；花顶生或腋生，伞房式或圆锥式聚伞花序，有时簇生于叶腋；花萼钟状或漏斗状，有 5 齿或 5 浅裂；花冠长筒状或高脚碟状，5 浅裂，裂片镊合状；雄蕊着生于花冠管中部，花丝在着生位置下端有时具毛或附属物；花盘明显；浆果，常少汁液；种子少数或因败育而仅 1 枚，长圆形。

50~160 种，分布于南美洲和北美洲；中国引种 3 种供园艺栽培。

毛茎夜香树 *Cestrum elegans* (Brongn.) Schltdl.

2. 矮牵牛属 Petunia Juss.

草本，常具腺毛；茎直立或偏斜，多分支；叶具柄，全缘；花单独腋生；花萼深5裂；花冠漏斗状或高脚碟状，檐部有折襞，对称或偏斜而稍二唇形；雄蕊5，其中4枚强，1枚短，稀不育或退化；花盘腺质，全缘或缺刻；蒴果2瓣开裂；种子表面具网纹状凹穴。

约35种，主要分布于南美洲；中国栽培1种。

矮牵牛 *Petunia hybrida* Vilmorin

3. 枸杞属 Lycium L.

灌木，常具刺；叶互生，常簇生于短枝，叶片扁平或条状圆柱形，全缘；花单生或簇生于侧枝，花具梗；花萼钟状，2或5齿状或瓣裂；花冠漏斗状或近钟状，常具5或4裂片；雄蕊着生于花冠管；浆果肉质或多汁；果萼略膨大；种子扁平，表面网纹状凹穴。

约80种，间断分布于全球温带和亚热带地区；中国7种，主要分布于北部和西北部。

宁夏枸杞 *Lycium barbarum* L.

4. 马尿脬属 Przewalskia Maxim.

多年生草本，被腺毛；根肉质粗壮；茎短缩；叶密集簇生于茎端，全缘，基部叶呈鳞片状；花1~3朵成簇腋生，辐射对称，5数；花萼筒状钟形；花冠管漏斗状，裂片花开后向内反卷；雄蕊5，生于花冠管喉部，不伸出花冠管；果萼膨大，并具明显网脉，完全包被果实，仅顶部略开口；蒴果球形，远小于果萼，盖裂；种子扁肾形。

1种，中国特有，产青藏高原及其周边地区。

马尿脬 *Przewalskia tangutica* Maxim.

5. 脬囊草属 Physochlaina G. Don

多年生草本；根肉质粗壮；根状茎短粗；叶具柄；叶片膜质，全缘或稀具三角形齿；花腋生或顶生，常聚成各式聚伞房花序；花萼筒状钟形、漏斗状或筒状；花冠钟状或漏斗状，檐部稍偏斜；雄蕊生于花冠管内；果萼膜质或近革质，包被蒴果，具10条纵向肋和明显网状纹饰；蒴果盖裂；种子肾状，密布凹穴。

约11种，分布于喜马拉雅、中亚至亚洲东部；中国6种，分布于西部、中部和北部。

脬囊草 *Physochlaina physaloides* (L.) G. Don

6. 天蓬子属 Atropanthe Pascher

亚灌木或多年生草本；根状茎粗壮；单叶互生或大小不等2叶双生，全缘；花单生，俯垂，花梗长；花萼漏斗状至钟形，具15条脉，裂片近等长；花冠略两侧对称，管状至钟状，具15条脉，裂片近等长，覆瓦状排列；雄蕊生于花冠管基部，不等长；果萼基部膨大，顶端收缩但不闭合；蒴果扁球形。

1种，特产中国中部及西南部。

天蓬子 *Atropanthe sinensis* (Hemsl.) Pascher

天仙子 *Hyoscyamus niger* L.

7. 山莨菪属 Anisodus Link ex Spreng.

亚灌木或多年生草本；根肉质粗壮；茎2~3歧分枝；叶单生或二叶双生；花单生，多俯垂，呈辐射对称；花萼常为钟状漏斗形，具10条明显条纹，4~5裂；裂片不等；花冠近钟状，裂片5，基部常呈耳形；雄蕊生于花冠管近基部；果萼膨大，陀螺状或钟状，长于果实，肋明显隆起；蒴果，周裂。

4种，分布于中国、不丹、印度和尼泊尔；中国4种，主产青藏高原和云南西北部。

山莨菪 *Anisodus tanguticus* (Maxim.) Pascher

8. 天仙子属 Hyoscyamus L.

一年生、二年生或多年生草本，被腺毛；基生叶有时聚生为莲座状，茎生叶具短柄或无柄；花在茎下部单独腋生，向上聚生成蝎尾式、总状或穗状花序；花具短梗或无梗；花萼筒状钟形、坛状或倒圆锥形；花冠钟状或漏斗状，花冠裂片不等大；果萼包被蒴果，有明显纵脉；蒴果盖裂；种子密布凹穴痕。

约20种，分布于非洲北部、亚洲和欧洲；中国2种，分布于北部地区。

9. 烟草属 Nicotiana L.

草本，灌木或小乔木；被单毛或腺毛；叶具柄或无柄，全缘或稀波状；花序顶生，聚伞花序或单生；花4~5数，花萼整齐或不整齐，卵状或筒状钟形；花冠管状、漏斗状或高脚碟状，檐5裂片或近全缘；雄蕊生于花冠管中部；花盘环形，具花蜜；果萼宿存，略膨大，完全或部分包被果实；蒴果，顶部瓣裂。

60~95种，主要分布于热带和亚热带美洲和大洋洲；中国约引种4种。

烟草 *Nicotiana tabacum* L.

10. 茄参属 Mandragora L.

多年生草本被柔毛；根肉质粗壮；茎短缩或有时伸长；叶几无柄，基生叶莲座状；叶片全缘，皱波状，或缺刻状齿；花单生于叶腋或苞片腋处，辐射对称，5数；花萼辐状钟形，5裂；花冠辐状钟形，5裂或浅裂；雄蕊生于花冠管中下部；花丝具软毛；花药距圆形；果萼稍膨大，多汁浆果；种子表面具网状凹穴。

4种，分布于地中海区域至喜马拉雅；中国2种，主产青藏高原。

茄参 *Mandragora caulescens* C. B. Clarke

11. 假酸浆属 Nicandra Adans.

草本，具单毛或腺毛；叶具柄，单叶；花单独腋生，或单生于分枝处，辐射对称；花萼钟状，5深裂；花冠钟状；雄蕊生于花冠管基部；柱头近头状，3~5浅裂；果萼显著膨大，包被果实，裂片心形或箭形，基部具2尖锐耳片；浆果球状，干燥；种子扁压，表面具小凹穴。

1种，原产南美洲秘鲁；中国作为观赏或药用引种，已逸为野生。

假酸浆 *Nicandra physalodes* (L.) Gaertn.

12. 曼陀罗属 Datura L.

灌木、一年生或多年生草本；叶片全缘或具缺刻状齿；花单生于叶腋或分枝处，辐射对称，大型；花萼长筒状，筒部五棱形或圆筒形，近基部周裂；花冠长漏斗状，檐部具折襞，裂片常具尖头；子房2室，由于假隔膜而分成假4室；干燥蒴果，4瓣裂或无规律开裂，具刺或稀无刺，基部常被断裂宿存萼包围。

约11种，主产北美和南美洲；中国3种，广布南北。

曼陀罗 *Datura stramonium* L.

13. 番茄属 Lycopersicon Mill.

一年生或多年生草本，无刺；被单毛或腺毛；叶多为羽状复叶，小叶不等大；花圆锥式聚伞花序，腋外生；花萼辐状，5~6数；花冠辐状，檐部有折襞，5~6裂；雄蕊5~6，花丝短，花药靠合，向顶端渐尖，纵缝开裂；子房2~3室；果萼稍膨大，浆果多汁光滑；种子多数，扁圆形。

9种，主要分布于中美洲、南美洲；中国引种1种，广泛栽培。

番茄 *Lycopersicon esculentum* Mill.

14. 茄属 Solanum L.

草本、灌木、攀缘藤本或小乔木，有时具刺；单叶或二叶双生或羽状复叶；花组成各式顶生聚伞花序或聚伞式圆锥花序，稀单生，两性或雄全同株，多数为辐射对称，常5数；花冠漏斗状辐形或星状辐形；雄蕊生于花冠喉部，花药常贴合，顶孔开裂；子房2~5室；果萼稍膨大包围浆果基部；种子有网纹状凹穴。

约2 000种，大多数分布于热带和亚热带地区，南美洲种类最多；中国约41种，南北分布。

树茄 *Solanum macranthum* Dunal

红丝线 *Lycianthes biflora* (Lour.) Bitter

15. 辣椒属 Capsicum L.

灌木、一年生或多年生草本；茎多分枝；叶单生或二叶双生；花单生或簇生，俯垂或直立，辐射对称；花萼宽钟状至杯状，有5~7小齿或近全缘，花后稍膨大宿存；花冠辐状，5中裂；雄蕊贴生于花冠管基部；子房2~3室；果实为无汁浆果，果皮肉质或革质，直立至下垂生；种子圆盘形。

20~27种，全部产南美洲，2种全球栽培并归化；中国广泛栽培1种。

辣椒 *Capsicum annuum* L.

16. 红丝线属 Lycianthes (Dunal) Hassl.

灌木、亚灌木，少数为草本或匍匐草本；被单毛或分枝毛；叶单生或二叶双生，全缘；花数朵成簇生于叶腋，无总花梗，稀单生；花辐射对称；花萼杯状，截形，常具10齿，齿线形至近钻形；花冠辐状或星状，5中裂；雄蕊生于花冠喉部，花药顶孔偏斜开裂；浆果球状，光滑；种子表面具网纹。

约180种，主要分布于中南美洲热带地区；中国9种，分布于西南部和南部。

17. 酸浆属 Physalis L.

一年生或多年生草本，无毛或具柔毛；叶互生或大小不等二叶双生；花单生于叶腋或枝腋，辐射对称，5数；花萼钟状、辐状或辐状钟形，近全缘或具裂片；雄蕊生于花冠管基部；果萼膨大，包被果实，远较果实大，具5或10条纵向肋，基部常向内凹陷；多汁球状浆果；种子扁平，平圆形或肾形，密布凹穴。

约120种，分布于暖温带和亚热带地区，绝大多数分布于美洲；中国5种，南北分布。

小酸浆 *Physalis minima* L.

18. 散血丹属 Physaliastrum Makino

多年生草本，被单毛；茎二歧分枝；叶单生或大小不等二叶双生；花单生或2~3朵花簇生，俯垂；花萼短钟状或倒圆锥状，裂片等大或不等大；花冠阔钟状，筒部内具毛，有时具蜜腺；雄蕊插生花冠管内，花丝有毛或无毛；果萼膨大，贴敷于浆果，有三角形鳞片状突起；多汁浆果；种子圆盘状肾形，密被凹穴。

约9种，分布于亚洲东部；中国7种，南北分布。

日本散血丹 *Physaliastrum echinatum* (Yatabe) Makino

19. 龙珠属 Tubocapsicum (Wettst.) Makino

多年生草本，近无毛；叶单生或不等大二叶双生，近全缘；花单生或数朵成簇生于分枝处，有时腋生，不具总梗；花辐射对称，5 数；花梗细长；花萼皿状，顶端近截形；花冠黄色，阔钟形，具5裂片；雄蕊插生花冠中部；花盘略呈波状，果时增高成垫座状；子房2室；浆果球状，俯垂，多汁；种子近扁圆形。

1种，分布于印度尼西亚、日本、韩国、菲律宾和泰国；中国产南部。

龙珠 *Tubocapsicum anomalum* (Franch. & Sav.) Makino

20. 睡茄属 Withania Pauquy

灌木或多年生草本，被柔毛；茎多二歧分枝；叶单生或二叶双生，全缘，无毛或具柔毛，多为分枝状毛；花常数朵簇生，花梗极短；花萼钟状，边缘 5 齿裂；花冠狭钟状，5 中裂；雄蕊 5，插生于花冠管基部；花盘，环状，围绕子房基部；果萼膨大，包被浆果；种子扁平肾状。

约 6 种，分布于非洲北部、欧洲南部及亚洲西部；中国 1 种，产甘肃。

睡茄 *Withania somnifera* (L.) Dunal

科 236. 旋花科 Convolvulaceae

约 58 属 1 650 种，广布于热带、亚热带和温带地区，主产美洲和亚洲的热带、亚热带地区；中国 20 属 129 种，南北均产，主产西南和华南地区。

草本、亚灌木或灌木，或为寄生植物，稀乔木；常有乳汁；茎缠绕或攀缘，平卧或匍匐，偶直立；单叶互生，螺旋状排列，寄生种类无叶或退化；花单生于叶腋，或少至多花组成腋生聚伞花序；花整齐，两性，5 数；花萼分离或仅基部连合，外萼片常比内萼片大，宿存，或在果期增大；花冠合瓣，漏斗状、钟状、高脚碟状或坛状，冠檐近全缘或 5 裂，极少每裂片又具 2 小裂片，蕾期旋转折扇状或镊合状至内向镊合状，花冠外常有 5 条明显的被毛或无毛的瓣中带；雄蕊着生花冠管基部或中部稍下，花药 2 室；子房上位，由 2（稀 3~5）心皮组成，常 1~2 室，中轴胎座，花柱 1~2；蒴果，室背开裂、周裂、盖裂或不规则破裂，或为不开裂的肉质浆果，或果皮干燥坚硬，呈坚果状。

本研究的旋花科包括菟丝子科 Cuscutaceae（●），其余的属通常分为 3 亚科 8 族。国产属的分子分析显示：首先分为两大支：第一大支又分为 2 支，心被藤族 Cardiochlamydeae（●）的 3 属聚为一支；丁公藤族 Erycibeae（●）与旋花族 Convolvuleae（●）的 2 属相聚；马蹄金族 Dichondreae（●）和盾苞藤属相聚；菟丝子属单独分出；种类最多的旋花族 6 属相聚；最进步的 1 支番薯族 Ipomoeeae（●）和银背藤族 Argyreieae（■）聚为一支，可见分子分析与形态学性状的划分有明显的相似性（图 168）。

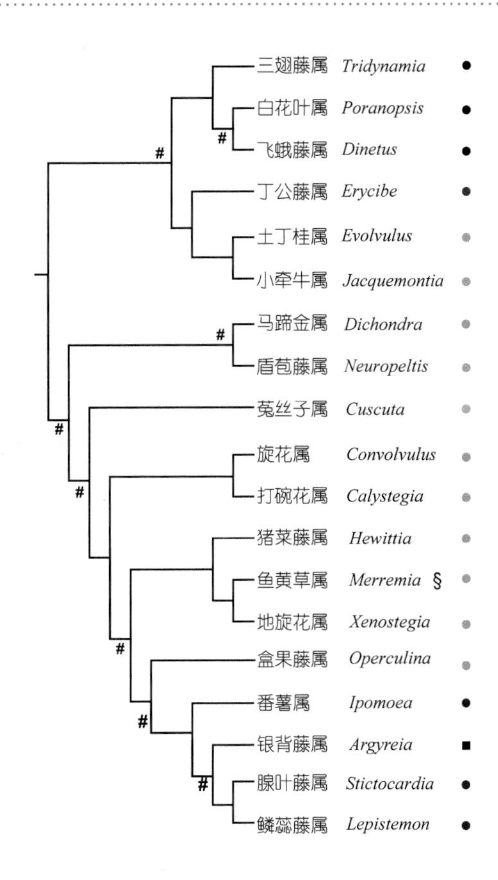

图 168 中国旋花科植物的分支关系

1. 三翅藤属 Tridynamia Gagnep.

藤本；叶片心形，具叶枕，背面密被毛，掌状脉；总状或圆锥花序，腋生或顶生，稀单花；苞片叶状；小苞片 3，不等大，鳞片状，宿存；萼片分离，不等大，果时外面的 2~3 枚极增大；花冠钟形或漏斗形，冠檐近全缘或 5 裂；雄蕊 5；花盘环状或缺；子房 1 室，胚珠 2 或 4，花柱 1，柱头单生或 2 裂；蒴果。

大果三翅藤 *Tridynamia sinensis* (Hemsl.) Staples

4 种，产亚洲热带地区；中国 2 种，产长江以南及甘肃、陕西。

2. 白花叶属 Poranopsis Roberty

藤本；叶具叶枕；叶片心状卵形，纸质，掌状脉；圆锥花序腋生或顶生；苞片叶状；小苞片 2，鳞片状；花白色；萼片分离，果时不等增大，外面的 3 枚极增大；花冠钟形或漏斗形，冠檐 5 裂；雄蕊 5；花盘环状或缺；子房 1 室，胚珠 4，基着，花柱 1，柱头 2，球状；蒴果球形至椭圆形。

3 种，产亚洲热带地区；中国 3 种，产四川、西藏和云南。

3. 飞蛾藤属 Dinetus Buch.-Ham. ex Sweet

缠绕草本；茎具条纹；叶柄圆柱形；叶片心形，掌状脉；总状或圆锥花序，腋生；苞片叶状，抱茎，宿存；小苞片 2（或 3），鳞片状；萼片 5，分离或基部稍连合，相等或不相等，果时极增大；花冠漏斗状或近管状；雄蕊 5，内藏；花盘环状或缺；子房 1 室，胚珠 2，基着，花柱 1，柱头椭圆形，顶端微凹或 2 裂。

8 种，产亚洲热带及亚热带地区；中国 6 种，产长江以南各省。

三列飞蛾藤 *Dinetus duclouxii* (Gagnep. & Courchet) Staples

4. 丁公藤属 Erycibe Roxb.

木质大藤本或攀缘灌木，稀小乔木；叶卵形或狭长圆形，全缘，革质；总状或圆锥花序；苞片早落；萼片5，近相等，革质，宿存；花冠钟状，花冠管深5裂，每裂片具一近三角形的外面被毛的瓣中带和2片质地较薄的小裂片；雄蕊5，近内藏；花盘不明显；子房1室，胚珠4；浆果稍肉质，含种子1。

约67种，主产热带亚洲；中国10种，产广东、广西、海南、台湾和云南。

锈毛丁公藤 *Erycibe expansa* G. Don

5. 土丁桂属 Evolvulus L.

草本，亚灌木或灌木；茎不缠绕；常被毛；叶全缘；单花腋生，或成各式花序；萼片相等或近相等，不增大；花冠辐状、漏斗状、钟状或高脚碟状；瓣中带在外面被疏柔毛；雄蕊在花冠管中部着生，稀基部着生；花盘小杯状，或不存在；子房2室，每室具2胚珠，稀1室，4胚珠；花柱2，每1花柱2尖裂；蒴果球形或卵形，2~4瓣裂；种子1~4。

约100种，产美洲；中国南部归化2种。

土丁桂 *Evolvulus alsinoides* (L.) L.

6. 小牵牛属 Jacquemontia Choisy

草本或木质藤本，缠绕或平卧；叶常心形；花序各式，稀单生；苞片线形或披针形，或较大而叶状；萼片等长或稍不等长，常外面的较大；花冠漏斗状或钟状；具5条明显的瓣中带，冠檐5齿或近全缘；雄蕊贴生于花冠基部；子房2室，每室2胚珠；花柱1，顶端2尖裂；蒴果球形，4或最后8瓣裂；种子4或较少。

约120种，主产美洲热带及亚热带地区；中国1种，产广东、广西、云南及台湾。

小牵牛 *Jacquemontia paniculata* (Burm. f.) Hallier f.

7. 马蹄金属 Dichondra J. R. Forst. & G. Forst.

匍匐小草本；叶小，具柄，肾形或心形至圆形，全缘；花单生叶腋；苞片小，萼片分离，近等长；花冠宽钟形，深5裂，裂片内向镊合状，或近覆瓦状排列；雄蕊较花冠短；花盘小，杯状；子房深2裂，2室，每室2胚珠，花柱2，基生，丝状，柱头头状；蒴果，分离成两个直立果瓣；种子近球形，光滑。

4种，主产美洲，1种产新西兰，1种广布于热带亚热带地区；中国1种，产长江以南地区。

马蹄金 *Dichondra micrantha* Urb.

8. 盾苞藤属 Neuropeltis Wall.

高大缠绕藤本；叶全缘；腋生总状花序或近顶生圆锥花序，被锈色绒毛；苞片贴生于花梗，果时极增大；小苞片被毛；萼片5，近等大；花冠整齐，辐状至宽钟形，深5裂；雄蕊5，着生于花冠近基部；子房被毛，2室，4胚珠；花柱2；柱头形状多样；蒴果球形，4瓣裂；种子通常1，暗黑色。

约11种，7种产热带非洲西部，4种产热带亚洲；中国1种，产海南、云南。

盾苞藤 *Neuropeltis racemosa* Wall.

9. 菟丝子属 Cuscuta L.

寄生草本，无根，全体不被毛；茎缠绕，线形，黄色或红色；无叶或退化成小的鳞片；穗状、总状或簇生成头状花序；苞片小或无；萼片近等大；花冠形状多样，在花冠管内面基部具有边缘分裂或流苏状的鳞片；雄蕊着生于花冠喉部；子房2室，每室2胚珠，花柱2，柱头球形或伸长；蒴果；种子1~4。

约170种，广布于全世界暖温带，主产美洲；中国11种，南北均产。

啤酒花菟丝子 *Cuscuta lupuliformis* Krock.

10. 旋花属 Convolvulus L.

平卧，直立或缠绕草本，直立亚灌木或有刺灌木；通常被毛；叶全缘或浅裂；花腋生，具总梗，聚伞花序或具总苞的头状花序，或为聚伞圆锥花序；萼片等长或近等长；花冠钟状或漏斗状，具5条通常不太明显的瓣中带；冠檐浅裂或近全缘；雄蕊内藏；花盘环状或杯状；子房2室，4胚珠；花柱1，柱头2，线形或近棒状；蒴果，4瓣裂或不规则开裂；种子1~4。

约250种，世界广布；中国8种，产北部。

田旋花 *Convolvulus arvensis* L.

11. 打碗花属 Calystegia R. Br.

多年生缠绕或平卧草本；叶箭形或戟形；花腋生，单生或为聚伞花序；苞片2，叶状，宿存；萼片，宿存；花冠钟状或漏斗状，外面具5条明显的瓣中带，冠檐不明显5裂或近全缘；雄蕊贴生于花冠管；花盘环状；子房1室或不完全2室，4胚珠；花柱1，柱头2，扁平；蒴果，4瓣裂；种子4。

约70种，广布于温带和亚热带地区；中国6种，南北分布。

打碗花 *Calystegia hederacea* Wall.

12. 猪菜藤属 Hewittia Wight & Arn.

缠绕或平卧草本；叶心形，全缘或稍裂；1 至少花的聚伞花序腋生；苞片 2；萼片 5，通常具短尖，外面的 3 片大，卵形，果时膨大，内面的 2 片很小；花冠钟状至漏斗状，冠檐具折，浅 5 裂；雄蕊内藏；花盘环状；子房 1 室或不完全 2 室，胚珠 4；花柱 1，柱头 2 裂；蒴果，4 瓣裂，种子 4 或较少。

单种属，产热带非洲和亚洲；中国产广东、广西、海南、台湾和云南。

猪菜藤 *Hewittia malabarica* (L.) Suresh

13. 鱼黄草属 Merremia Dennst. ex Endl.

草本或灌木，常缠绕；叶大小形状多变；花腋生、单生或成聚伞花序；苞片通常小；萼片 5，近等大或外面 2 片稍短，常具小尖头；花冠漏斗状或钟状，常有 5 条明显有脉的瓣中带；冠檐浅 5 裂；雄蕊 5，内藏；子房 2 或 4 室，4 胚珠；花柱丝状，柱头 2，头状；花盘环状；蒴果 4 瓣裂或不规则开裂；种子 4 或更少。

约 80 种，广布于热带地区；中国约 19 种，产华南至西南地区。

山土瓜 *Merremia hungaiensis* (Lingelsh. & Borza) R. C. Fang

14. 地旋花属 Xenostegia D. F. Austin & Staples

多年生草本，平卧；叶具柄，基部多少呈戟形；基部裂片多少抱茎，具短尖头或 3 齿；聚伞花序腋生，有 1~3 朵花；萼片椭圆形或长卵形，近等大或外面 2 枚稍短，里面 3 枚顶端渐尖成一锐尖的细长尖头，果时增大；花冠漏斗状或钟状；花盘环状；花柱内藏；子房 2 室，胚珠 4，花柱 1，柱头 2，头状；蒴果 4 瓣裂。

2 种，产热带亚洲、非洲和大洋洲；中国 1 种，产云南、广东、广西、海南和台湾。

地旋花 *Xenostegia tridentata* (L.) D. F. Austin & Staples

15. 盒果藤属 Operculina Silva Manso

大型缠绕草本，有翅；全缘或掌状分裂；1 至数花的聚伞花序；苞片，早落；花萼通常一侧肿胀，果时增大，边缘不规则撕裂；花丝贴生于花冠管；子房 2 室，每室 2 胚珠；柱头 2 裂，蒴果藏于增大的花萼内，中部或上部横裂，成熟时脱落。

约 15 种，广布于热带地区；中国 1 种，产广东、海南、台湾、广西和云南。

盒果藤 *Operculina turpethum* (L.) Silva Manso

16. 番薯属 Ipomoea L.

草本或灌木，常缠绕；叶具柄；花单生或成腋生聚伞或伞形至头状花序；苞片各式；萼片 5，相等或不等，宿存，结果常多少增大；花冠漏斗状或钟状，具五角形或多少5裂的冠檐，瓣中带以2明显的脉清楚分界；雄蕊不等长；子房2~4室；花盘环状；蒴果4（或2）瓣裂；种子4或较少。

约500种，广布于热带、亚热带和温带地区；中国29种，南北均产。

番薯 *Ipomoea batatas* (L.) Lam.

17. 银背藤属 Argyreia Lour.

攀缘灌木或藤本；单叶，全缘；聚伞花序腋生；苞片宿存或早落；萼片 5，草质或近革质，内面无毛，宿存，果时稍增大或增大；花冠整齐，冠檐近全缘或至深 5 裂，瓣中带外面常被毛；雄蕊着生于花冠近基部；花盘环状或杯状，全缘或 5 浅裂；子房 2~4 室，4 胚珠；柱头头状，2 裂；浆果；种子 4 或较少。

约 90 种，主产热带亚洲，1 种产澳大利亚；中国 22 种，产云南、贵州、广西、广东。

银背藤 *Argyreia mollis* (Burm. f.) Choisy

18. 腺叶藤属 Stictocardia Hallier f.

木质或草质藤本；叶全缘，背面具小腺点；聚伞花序腋生；苞片早落；萼片 5，近革质，结果时增大，包围果实；花冠漏斗状，瓣中带外面常被疏毛及具腺点；雄蕊生于近冠管基部；子房 4 室，每室具 1 胚珠，柱头球状 2 裂；蒴果球形，表面具 2 条狭翅，成熟时 4 裂瓣；种被毛。

约 12 种，产非洲和亚洲热带地区；中国 1 种，产海南和台湾。

红腺叶藤 *Stictocardia beraviensis* (Vatke) Hallier f.

19. 鳞蕊藤属 Lepistemon Blume

缠绕草本；叶草质；聚伞花序；苞片早落；萼片 5，近等长，草质或近革质；花冠坛状，冠檐 5 浅裂，瓣中带外面被毛；雄蕊及花柱内藏；雄蕊着生于花冠基部 1 大而凹形的鳞片背面，拱盖着子房；花盘大，环状或杯状；子房 2 室，每室 2 胚珠；柱头头状，2 裂；蒴果 4 瓣裂；种子 4 或较少。

约 10 种，产热带非洲、亚洲和大洋洲；中国 2 种，产广西、福建、广东、海南、浙江和台湾。

鳞蕊藤 *Lepistemon binectariferum* (Wall.) Kuntze

20. 苞叶藤属 Blinkworthia Choisy

苞叶藤 *Blinkworthia convolvuloides* Prain

攀缘小灌木；茎被长柔毛或粗伏毛；叶线形或椭圆形，背面被丝毛或粗伏毛；单花腋生；具苞片3，近叶状；萼片卵状长圆形，近等长，革质，果期稍增大；花冠圆筒状至坛状，或钟状，冠檐5齿裂；雄蕊内藏；子房圆锥状，无毛，花柱1，丝状，柱头头状，2裂；浆果不开裂，为宿萼包围，无毛；种子1，无毛。

2种，分布于中国、缅甸和泰国；中国1种，产广西、云南。

科 237. 田基麻科 Hydroleaceae

18~22属约300种，主要分布于北美和南美，有一些种类分布于非洲、亚洲和澳大利亚；中国1属1种，产南部。

草本或亚灌木；叶互生或对生，常形成基生莲座式，无托叶；花两性，辐射对称，通常5数，单生或排成二歧蝎尾状聚伞花序或头状花序；萼片基部合生，有时其间有托叶状附属物；花冠5裂，裂片覆瓦状排列，冠管内常有具折或鳞片状的附属体；雄蕊5，罕4或多数；2心皮，1室，胚珠多数，稀2；蒴果。

田基麻科 Hydroleaceae 和楔瓣花科 Sphenocleaceae 互为姐妹群。

1. 田基麻属 Hydrolea L.

田基麻 *Hydrolea zeylanica* (L.) Vahl

草本或亚灌木，有时具腺毛和针刺；叶互生，全缘；花两性，辐射对称，5数，为顶生或腋生、具叶的总状花序或聚伞花序；萼裂片披针形；花冠蓝色，近轮状或钟状；雄蕊5；子房2室；花柱2，分离；球形或卵形的蒴果。

约20种，产非洲、亚洲、澳大利亚、北美洲和南美洲；中国1种，产南部。

科 238. 楔瓣花科 Sphenocleaceae

楔瓣花 *Sphenoclea zeylanica* Gaertn.

1属1种，旧世界热带地区广泛分布；中国产华南地区。

一年生草本，喜生于稻田中；单叶互生，全缘；花小，无柄，与苞片、小苞片一起聚合成稠密的、侧生或顶生穗状花序；萼5裂；花冠辐状，5裂；雄蕊5，与花冠裂片互生；子房2室，下位；蒴果盖裂。

1. 楔瓣花属 Sphenoclea Gaertn.

属的鉴定特征及分布同科。

目 51. 龙胆目 Gentianales

龙胆目 Gentianales 作为单系群得到了分子数据和形态学性状的一致支持（Judd et al.，2008；APG Ⅲ，2009；Takhtajan，2009）。龙胆目包含 5 科：茜草科 Rubiaceae、钩吻科 Gelsemiaceae、马钱科 Loganiaceae、龙胆科 Gentianaceae 和夹竹桃科 Apocynaceae。它们的叶对生、有附物纹孔、有黏液毛，花冠合生、在芽中旋卷，雄蕊着生于花冠并与裂片同数，胚珠单珠被、薄珠心，有独特的吲哚类生物碱等为共衍征。在分支图上，茜草科位于基部，是其他科的姐妹群；钩吻科和马钱科聚为 1 支，龙胆科和夹竹桃科聚为 1 支，互为姐妹群。我们的分析同上述结果相似，只有钩吻科稍为独立，该科 3 属约 14 种，钩吻属 *Gelsemium* 为东亚至东南亚和北美东南部至南部隔离对应分布，银帚木属 *Mostuea* 则是热带非洲、马达加斯加和中美至南美北部间断分布，产东南亚的鼠莉木属 *Pteleocarpa* 也可能属于此科（吴征镒等，2003；Takhtajan，1997，2009）（图 169）。

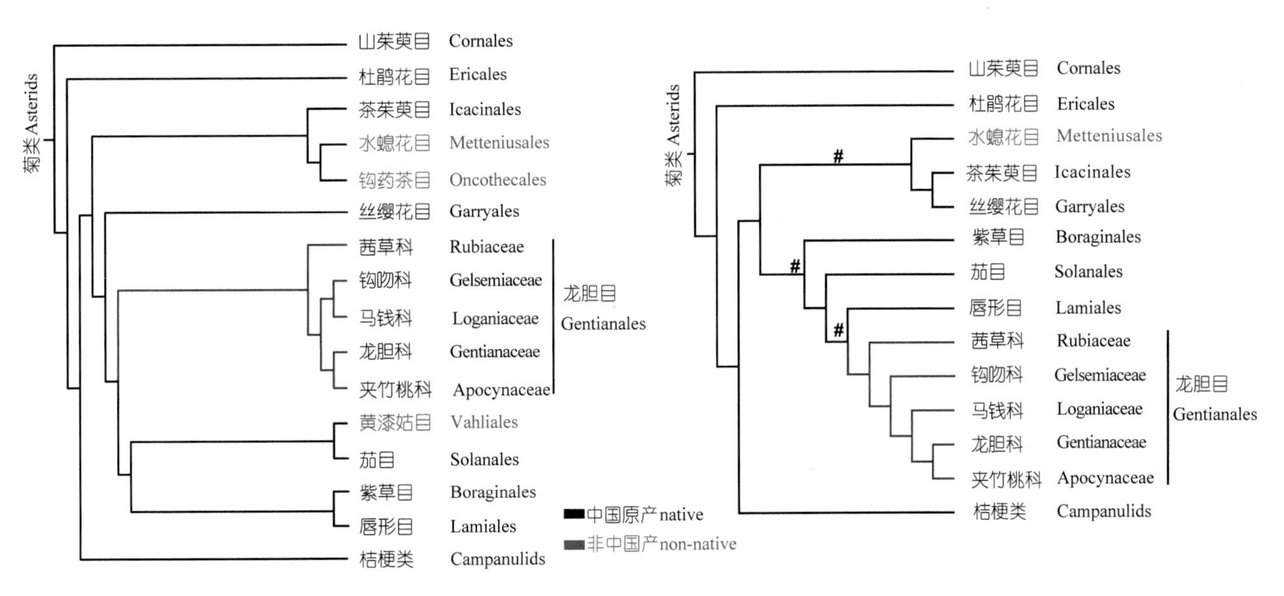

图 169 龙胆目的分支关系

被子植物 APG Ⅲ系统（左）；中国维管植物生命之树（右）

科 239. 茜草科 Rubiaceae

约 614 属 13 150 种，广布于全世界热带和亚热带地区，少数分布至北温带；中国 103 属约 810 种，其中有特有属 3 个，特有种约 355 个，主要分布于南部和东南部，少数分布于西北部和东北部。

乔木、灌木、藤本或草本；单叶，常对生，有时假轮生或三出叶；托叶，宿存或早落；花单生或为各式花序；小苞片有时呈花瓣状；花两性或单性或杂性，4~5 基数；萼裂片有时变态成叶状或花瓣状；花冠管状、漏斗状、高脚碟状、钟状、坛状或辐状，裂片芽时镊合状、覆瓦状或旋转状排列；雄蕊着生在花冠管上，花药 2 室，伸出或内藏；子房常下位，1 至多室，每室具 1 至多数胚珠，柱头常 2 裂，伸出或内藏；蒴果、浆果、核果、坚果、裂果或聚合果；种子有时具翅。

茜草科是一个热带广布大科，根据 Robbrecht（1988，1993，参见吴征镒等，2003）系统，该科分为 3~4 亚科。国产属的分子分析显示，首先分为两大分支：一大支基本上由茜草亚科 Rubioideae 的成员组成，但金鸡纳亚科 Cinchonoideae 金鸡纳族 Cinchoneae（●）的滇丁香属位于基部，该族的成员分布在不同的分支；该亚科的耳草族 Hedyotideae（●）、蛇根草族 Ophiorrhizeae（●）、九节族 Psychotrieae（●）、巴戟天族 Morindeae（●）、鸡屎藤族 Paederieae（●）、假繁缕族 Theligoneae（▲）、茜草族 Rubieae（▲）等所包含的属多能聚在各自的分支。另一大支为其他 3 个亚科的成员；金鸡纳亚科的乌檀族 Naucleeae（▲）、郎德木族 Rondeletieae（▲），龙船花亚科 Ixoroideae 的玉叶金花族 Mussaendeae（▲）、栀子族 Gardenieae（▲）、大沙叶族 Pavetteae（■），毛茶亚科 Antirheoideae 鱼骨木族 Vanguerieae（■）、海岸桐族 Guettardeae（■）的成员多能聚集在各自的分支。这表明国产的多数属的系统关系依据分子证据的分析和依据形态证据建立的分类系统得到印证，还有一些属（?）的系统关系尚需进一步研究（图 170）。

1. 滇丁香属 Luculia Sweet

灌木或乔木；叶对生；伞房状聚伞花序或圆锥花序，顶生；花两性，5 基数；花萼裂片近叶状；花冠高脚碟状，裂片覆瓦状排列，有时每一裂片间的内面基部有 2 个片状附属物；雄蕊内藏或顶端伸出；子房 2 室，胚珠多数，柱头 2 裂，内藏或伸出；蒴果 2 室，室间开裂为 2 果爿；种子两端延长为狭翅。

约 5 种，分布于亚洲南部至东南部；中国 3 种，产广西、云南、西藏。

滇丁香 *Luculia pinceana* Hook.

2. 流苏子属 Coptosapelta Korth.

藤本或攀缘灌木；叶对生；托叶生于叶柄间；花单生于叶腋或为顶生的圆锥状聚伞花序；花 5 基数；花萼裂片宿存；花冠高脚碟状，裂片旋转状排列；雄蕊伸出；子房 2 室，胚珠多数，中轴胎座，柱头伸出；蒴果，近球形，室背开裂；种皮膜质，周围具翅。

13 种，分布于亚洲南部和东南部；中国 1 种，产长江以南各地。

流苏子 *Coptosapelta diffusa* (Benth.) Steenis

3. 尖药花属 Acranthera Arn. ex Meisn.

草本或亚灌木；茎钝方柱形；叶对生，具托叶；聚伞花序；花两性，花萼裂片 4 或 5，裂片间有明显的腺体；花冠漏斗状或高脚碟状，裂片 4 或 5，外向镊合状排列；雄蕊 5，着生于花冠管近基部，花药顶端尖锐或有距，黏合成管状包围棒状柱头，形成具 10 槽的受粉托；子房 2 室，胚珠多数；浆果。

约 40 种，分布于亚洲南部至东南部；中国 1 种，产云南东南部。

中华尖药花 *Acranthera sinensis* C. Y. Wu

4. 岩黄树属 Xanthophytum Reinw. ex Blume

亚灌木至小乔木；茎常金黄色至锈色；叶常对生；托叶基部有黏液毛；聚伞花序或密伞花序腋生；花两型或单型，两性，5 基数；花萼裂片基部常有黏液毛；花冠管状或漏斗状，裂片顶端内弯；雄蕊内藏或伸出；子房 2 室，胚珠多数；果不开裂或蒴果，室间开裂为 2 个分果爿或再室背开裂；种子具角。

约 30 种，分布于亚洲东南部和太平洋岛屿；中国 4 种，产海南、广西和云南。

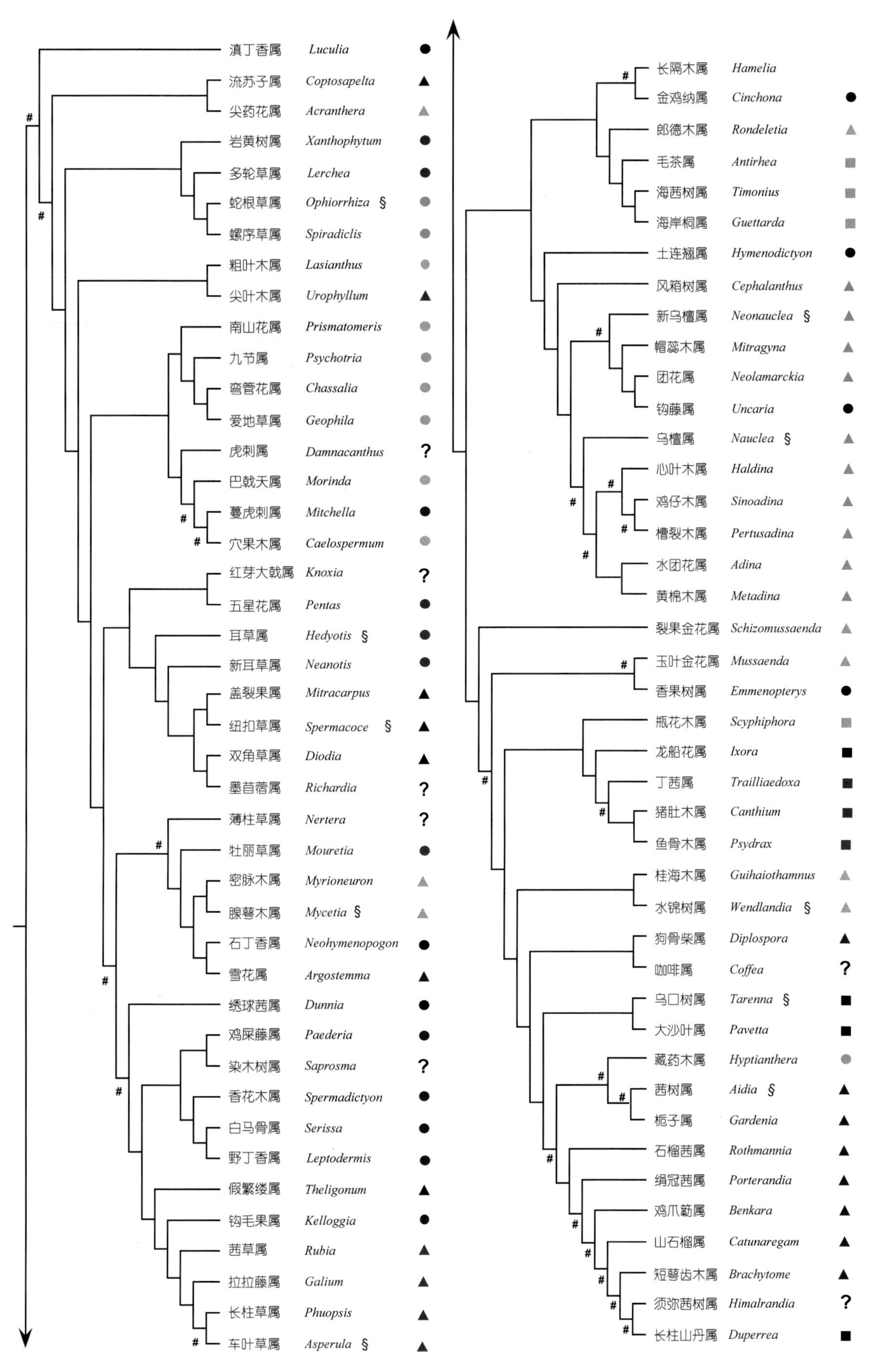

图 170 中国茜草科植物的分支关系

5. 多轮草属 Lerchea L.

小灌木或草本；叶通常生于上部的节上；托叶多少叶状，基部有黏液毛；聚伞花序，或分枝呈伞房状，分枝上呈蝎尾状、穗状或头状排列；花两性，两型，5 基数；花萼裂片基部有黏液毛，花冠管状或漏斗状；花药具端毛；子房 2 室，胚珠多数，中轴胎座，柱头 2 浅裂；果浆果状，具宿存裂片；种子小而有棱。

约 10 种，分布于印度尼西亚、越南北部和中国；中国 2 种，产云南（河口）。

多轮草 *Lerchea micrantha* (Drake) H. S. Lo

6. 蛇根草属 Ophiorrhiza L.

草本至亚灌木状；叶对生；聚伞花序或头状花序顶生、假腋生或腋生；花常两型，有时单型，两性或单性；花萼陀螺状或倒圆锥状，裂片 5（~6）；花冠近管状，或高脚碟状至漏斗状，裂片 5（~6）；雄蕊常 5（~6）；子房 2 室，胚珠多数，生于中轴胎座，柱头 2 裂；蒴果僧帽状或倒心形，侧扁。

约 200 种，分布于亚洲、大洋洲热带和亚热带地区；中国 70 种，产长江流域及其以南地区。

日本蛇根草 *Ophiorrhiza japonica* Blume

7. 螺序草属 Spiradiclis Blume

草本，直立、匍匐或莲座状，稀亚灌木状；叶对生；聚伞花序，蝎尾状或圆锥状，顶生或腋生；花常两型，两性，5 基数；花萼裂片长或短，等大；花冠裂片背部常有龙骨或狭翅，芽时镊合状排列；雄蕊内藏或伸出；子房 2 室，柱头 2 裂；蒴果；室背室间均开裂为 4 果瓣，果瓣有时扭曲；种子有棱角。

约 45 种，分布于亚洲东南部，常见于石灰岩地区；中国 38 种，主产西南和华南地区。

峨眉螺序草 *Spiradiclis emeiensis* H. S. Lo

8. 粗叶木属 Lasianthus Jack

灌木；叶对生，排列两行，等大或不等大；聚伞状或头状花序腋生；花两性；花萼裂片 3~6；花冠漏斗状、高脚碟状或坛状，喉部被长柔毛，裂片 4~6；雄蕊 4~6，内藏或稍伸出；子房 3~9 室，每室有胚珠 1，柱头 3~9 裂，伸出或内藏；核果，外果皮肉质，内含 1~9 分核，分核具 3 棱，软骨质或革质；种皮膜质。

约 184 种，分布于亚洲热带和亚热带地区、大洋洲和非洲；中国 33 种，产长江流域以南。

斜基粗叶木 *Lasianthus attenuatus* Jack

9. 尖叶木属 Urophyllum Jack ex Wall.

乔木或灌木；叶对生；托叶大；头状聚伞花序或伞房状聚伞花序，腋生；花两性或有时单性；花萼裂片（4~）5（~7），宿存；花冠短管状或漏斗状，裂片（4~）5（~7）；雄蕊（4~）5（~7），内藏；子房（4~）5（~7）室，胎座生于子房室内角，花柱基部常肿胀，柱头3~8裂，伸出；浆果；种子近球形，种皮脆壳质。

约150种，分布于亚洲热带、亚热带地区至非洲；中国3（或2）种，产广东、广西和云南。

尖叶木 *Urophyllum chinense* Merr. & Chun

10. 南山花属 Prismatomeris Thwaites

灌木至小乔木；小枝具棱或略呈四棱柱形；叶对生；托叶顶端2裂；伞形花序顶生或兼腋生；花两型，两性；花萼裂片4~5裂或不开裂；花冠高脚碟状，裂片4~5；雄蕊4~5；子房2室，每室具胚珠1，着生于隔膜中部和上部，柱头2裂；核果，腹面具1纵沟纹，具环状宿萼；种子腹面具1深凹陷种脐。

约15种，分布于亚洲南部、东南部热带和亚热带地区至太平洋岛屿；中国1种，产华南至西南地区。

四蕊三角瓣花 *Prismatomeris tetrandra* (Roxb.) K. Schum.

11. 九节属 Psychotria L.

灌木或小乔木，有时为匍匐草本；叶常对生；托叶常合生，顶端全缘或2裂；花序各式；花两型或单型，两性，4~6基数；花萼顶端浅裂或深裂；花冠漏斗形、管形或近钟形，裂片芽时镊合状排列；雄蕊内藏或稍伸出；子房2室，胚珠每室1，柱头2，伸出或内藏；核果常含2分核；种子与小核同形，种皮薄。

约1 650种，广布于全世界的热带和亚热带地区，美洲尤盛；中国18种，产西南、华南至华东地区。

九节 *Psychotria rubra* (Lour.) Poir.

12. 弯管花属 Chassalia Comm. ex Poir.

灌木或小乔木；叶对生或3片轮生；托叶分离或合生成鞘；聚伞花序再组成各式花序，顶生；花两性，两型，5基数；花冠管常弯曲，喉部无毛或有须毛，裂片镊合状排列；雄蕊内藏或伸出；子房2室，每室有基生直立的胚珠1，柱头2，伸出或内藏；核果，稍肉质，分核表面平或凹陷，有时腹面具2条沟槽。

约40种，分布于热带亚洲、非洲、马达加斯加和马斯克林群岛；中国1种，产华南到西南地区。

弯管花 *Chassalia curviflora* (Wall.) Thwaites

13. 爱地草属 Geophila D. Don

匍匐草本；叶对生；托叶全缘或有时2裂；花序聚伞状，花1至数朵，顶生或假腋生；花两性；花萼裂片4~7；花冠管漏斗形，喉部被毛，裂片4~7，芽时镊合状排列；雄蕊内藏或略伸出；子房2室，每室具1胚珠，柱头2裂，内藏或突出；核果；分核2，背面平滑或脊状，腹面具脊及纵向沟槽；种皮膜质。

约30种，主要分布于热带非洲、亚洲和美洲；中国1种，产华南和西南地区。

爱地草 *Geophila herbacea* (Jacq.) K. Schum.

14. 虎刺属 Damnacanthus C. F. Gaertn.

灌木；枝具针状刺或无刺；根肉质，念珠状或不规律缢缩；叶对生；托叶常具2~4锐尖；花单生或聚伞花序，假腋生、腋上生或顶生；花萼裂片4（~5），宿存；花两型或单型，花冠管漏斗形，裂片4；雄蕊4；子房2或4室，每室具1胚珠，柱头2或4裂；核果；分核平凸或钝三棱形；种子角质，腹面具脐。

约13种，主产亚洲东部；中国11种，产南岭山脉至长江流域和台湾。

虎刺 *Damnacanthus indicus* C. F. Gaertn.

15. 巴戟天属 Morinda L.

藤本、藤状或直立灌木或小乔木；叶常对生；托叶分离或2片合生成筒状，紧贴；头状花序腋生、对生或顶生；花两性；花冠漏斗状、高脚碟状或钟状，裂片3~7；雄蕊3~7；子房2室且每室具2胚珠，或为不完全4室且每室具1胚珠；聚合果，由核果和花托发育而成；分核近三棱形；种子与分核同形。

80~100种，分布于世界热带、亚热带地区；中国27种，产西南、华南、东南和华中地区。

巴戟天 *Morinda officinalis* F. C. How

16. 蔓虎刺属 Mitchella L.

半灌木状草本；茎匍匐；叶对生；托叶全缘或顶端3~5裂；花2朵合生，顶生或假腋生；花两性，两型；花萼裂片3或4；花冠漏斗状，裂片3或4，芽时镊合状排列；雄蕊3或4，伸出或内藏；子房4室，每室具胚珠1，着生于子房隔膜上，柱头4裂，伸出或内藏；核果近球形，常2果合生，肉质，具2个宿存的萼裂片，分核8枚，每室1枚，三棱形；种子椭球形。

2种，美洲和亚洲各产1种；中国1种，产浙江和台湾。

蔓虎刺 *Mitchella undulata* Siebold & Zucc.

17. 穴果木属 Caelospermum Blume

藤本，常灌木状或小乔木状；叶对生；托叶合生；花序各式，顶生或兼腋生；花4或5基数；花萼合生成一环；花冠高脚碟状或漏斗状；雄蕊伸出；子房常4室，每室胚珠1，有时下部变成2室，每室胚珠2；柱头2裂；核果浆果状，萼裂片宿存，通常具4分核，分核坚硬，向内弯曲。

约7种，分布于亚洲热带至澳大利亚；中国1种，产广西和海南。

穴果木 *Caelospermum truncatum* (Wall.) K. Schum.

18. 红芽大戟属 Knoxia L.

草本或亚灌木；叶对生；托叶于叶柄合生成一短鞘；聚伞花序、伞房花序或近头状花序顶生；花两性，两型，4基数；花萼裂片有时不等大，宿存；花冠漏斗形、高脚碟状或管状；雄蕊生于花管喉部或近花冠管中部；子房2室，每室胚珠1，柱头2裂；裂果，有时侧扁，果爿2，不开裂；种子长椭球形，种皮薄。

7~9种，分布于亚洲热带和大洋洲地区；中国2种，产华东、华南和西南地区。

红芽大戟 *Knoxia sumatrensis* (Retz.) DC.

19. 五星花属 Pentas Benth.

草本或亚灌木；叶对生或轮生；托叶生于叶柄间，或有时与叶柄合生，边缘常具腺齿；聚伞花序通常复合成伞房状，顶生；花两型，两性；花萼裂片4~5，不等大；花冠、裂片4~6；雄蕊4~6；子房2室，胚珠多数，柱头2裂；蒴果，顶端常具果喙，沿果顶孔室背开裂；种子具棱或近球形。

约50种，原产于非洲和马达加斯加；中国引种1种，产华东和华南地区。

五星花 *Pentas lanceolata* (Forssk.) Deflers

20. 耳草属 Hedyotis L.

草本至灌木；叶对生；托叶全缘，边缘常具腺齿；聚伞花序、圆锥花序、头状花序或伞形花序，顶生或腋生；萼管4(~5)裂；花两性，两型或同型；花冠管状或漏斗状；雄蕊内藏或伸出；子房2室，胚珠多数，柱头2裂，伸出或内藏；蒴果先顶部室背开裂，后室间再完全开裂，形成2分果爿；种子有窝孔。

100余种，主要分布于亚洲热带及亚热带地区至太平洋岛屿；中国约55种，产华东、华南和西南等地区。

伞房花耳草 *Hedyotis corymbosa* (L.) Lam.

21. 新耳草属 Neanotis W. H. Lewis

草本；叶对生；聚伞或头状花序腋生或顶生；花两型；花冠漏斗状或管状，裂片 4，镊合状排列；雄蕊 4，内藏或伸出；子房常 2 室，胚珠每室数枚，生于隔膜近基部的上举的胎座上，柱头常 2 裂；蒴果扁椭球形，顶部冠以宿存的萼檐裂片，成熟时室背开裂，每室数枚种子；种子盾形、舟形或平凸形，表面具粗窝孔。

28 种，分布于亚洲至澳大利亚的热带和亚热带地区；中国 8 种，产华东、华南、西南等地区。

新耳草 *Neanotis thwaitesiana* (Hance) W. H. Lewis

22. 盖裂果属 Mitracarpus Zucc.

直立草本；茎四棱形，下部木质；叶对生；头状花序顶生或腋生；花单型，两性；萼裂片 4~5，通常 2 枚略长，宿存；花冠高脚碟状或漏斗形，裂片 4；雄蕊 4；子房 2（3~4）室，胚珠每室 1，生于隔膜中部盾形的胎座上，柱头 2 裂；蒴果，在近中部环形盖裂；种子腹面 4 裂，沟槽呈 X 状，表面具网状窝孔。

约 50 种，主要分布于美洲热带和亚热带，非洲和大洋洲也有；中国华南有 1 外来入侵物种。

盖裂果 *Mitracarpus hirtus* (L.) DC.

23. 纽扣草属 Spermacoce L.

草本或亚灌木；茎和枝通常四棱柱形；叶对生；托叶成截头状鞘，顶端具刺毛状；花数朵簇生或排成聚伞花序，腋生或顶生；花萼裂片 2 或 4(~8)；花冠高脚碟状或漏斗状，裂片 4；雄蕊 4；子房 2 室，每室有胚珠 1，柱头头状或 2 裂，内藏或伸出；蒴果，成熟时先室间再室背开裂；种子腹面有沟槽。

约 275 种，分布于美洲、非洲和亚洲热带及亚热带地区；中国 7 种，产南部，多为归化种。

阔叶丰花草 *Spermacoce alata* Aubl.

24. 双角草属 Diodia L.

草本；叶对生；托叶合生成鞘，鞘的顶部有刚毛；花单生或 2~3 朵组成，腋生，部分被托叶鞘包围；花两性，单型；萼裂片常 2 或 4；花冠漏斗状，裂片 4，镊合状排列；雄蕊常 4，伸出；子房 2（~3~4）室，胚珠每室 1，生于隔膜中部，柱头 2，伸出；果不开裂，肉质或干燥；种子长圆形，平凸状，腹面有纵槽。

约 50 种，分布于美洲和非洲的热带与亚热带地区；中国 2 种，分布于华东及广东，为外来入侵物种。

双角草 *Diodia virginiana* L.

25. 墨苜蓿属 **Richardia** L.

草本；叶对生；托叶与叶柄合生成鞘状，上部分裂成丝状或钻状的裂片多条；花序头状顶生，有叶状总苞片；花两性，单型；花冠漏斗状，裂片4~6，芽时镊合状排列；雄蕊3~6，伸出；子房（2~）3~4（~6）室，胚珠每室1，生于隔膜中部，花柱3~4分枝，伸出；蒴果，环状裂开，分果爿不开裂；种子平凸状。

约15种，原产美洲，现已经在亚洲和非洲归化；中国2种，广东、海南和台湾等地已归化。

墨苜蓿 *Richardia scabra* L.

26. 薄柱草属 **Nertera** Banks & Sol. ex Gaertn.

匍匐草本；叶对生；托叶全缘或具2齿或合生成一鞘型；花单生、腋生或顶生；花两性，同型；花萼裂片4~6，宿存；花冠管漏斗形，裂片5，芽时镊合状排列；雄蕊4，长伸出；子房2或4室，每室有1胚珠，柱头2或4裂，长伸出；核果，卵形或球形；小核平凸形，软骨质；种子与小核同形，种皮膜质。

约6种，分布于亚洲热带和亚热带地区、大洋洲、美洲等地；中国3种，产华东、华南至西南地区。

薄柱草 *Nertera sinensis* Hemsl.

27. 牡丽草属 **Mouretia** Pit.

草本；叶对生，同一节上的叶鞘不等大或极不等大；托叶叶状，上部常反折；花序头状、近头状或为密生的聚伞花序，顶生、假腋生或有时腋生；花5基数；萼裂片比管长或与之近等长；花冠裂片在芽时镊合状排列；子房2室，胚珠多数，柱头2裂；果实蒴果状，沿宿萼内面环状盖裂；种子有棱角。

5种，分布于亚洲东部和东南部；中国1种，产福建、广东和广西。

28. 密脉木属 **Myrioneuron** R. Br. ex Benth. & Hook. f.

草本或小灌木；叶和托叶均较大；头状花序或伞房状聚伞花序顶生或腋生；花两型；花萼裂片5，宿存；花冠管状，裂片5，通常直立，有时外折，芽时镊合状排列；雄蕊5，内藏或稍伸出，子房2室，胚珠多数，柱头2裂，内藏或稍伸出；浆果卵球状，干燥或肉质，白色；种子有棱角，表面穴窝状。

约14种，分布于亚洲热带地区；中国4种，产南部和西南部。

密脉木 *Myrioneuron faberi* Hemsl.

29. 腺萼木属 **Mycetia** Reinw.

灌木；叶对生，常不等大；托叶通常大而叶状；聚伞花序，顶生或腋生；花通常两型；花萼裂片（4~）5（~6），宿存，裂片间常具腺体；花冠裂片（4~）5（~6），外向镊合状排列；雄蕊（4~）5（~6）；子房2或4~5室，胚珠多数，着生在肉质胎座上，柱头2或4~5裂；果浆果状或在干燥时蒴果状；种子有棱角。

约45种，分布于亚洲热带、亚热带地区；中国15种，产西南部至东南部。

毛腺萼木 *Mycetia hirta* Hutch.

30. 石丁香属 Neohymenopogon Bennet

灌木，叶对生；托叶具稍肉质腋生的黏液毛；伞房状聚伞花序顶生；苞片有时变态为大型、白色、叶状；花两性，单型，5 基数；花萼裂片宿存；花冠高脚碟状，裂片中部有髯毛；雄蕊内藏；子房 2 室，胚珠多数，着生于半球形胎座上，柱头 2 裂；蒴果具 2 槽，室间开裂为 2 果爿，果爿 2 裂；种子两端尾状。

约 3 种，分布于喜马拉雅脉以东地区；中国 2 种，产云南和西藏。

石丁香 *Neohymenopogon parasiticus* (Wall.) Bennet

31. 雪花属 Argostemma Wall.

草本；叶轮生或对生，同一节上的叶常不等大，较少近等大，具托叶；聚伞花序或伞形花序顶生或腋生；花 4~5 基数；萼管常钟状；花冠阔辐状至钟状，裂片芽时覆瓦状排列，开放时伸展而稍外反；雄蕊离生或通常黏合成管状或圆锥状，部分或全部伸出；子房 2 室，胚珠多数；蒴果，顶部盖裂；种子有棱角。

约 106 种，分布于亚洲和非洲的热带及亚热带地区；中国 6 种，产华南、云南和台湾。

小雪花 *Argostemma verticillatum* Wall.

32. 绣球茜属 Dunnia Tutcher

灌木；叶对生；托叶常 2 裂；伞房状聚伞花序，顶生；花两性，两型，4~5 基数；花萼裂片可变态成白色花瓣状；花冠高脚碟状或漏斗状，裂片镊合状排列；雄蕊内藏或伸出；子房 2 室，胚珠多数，柱头 2 裂，伸出或内藏；蒴果近球形，室间开裂为 2 果爿；种子多数，扁平，周围有膜质撕裂状的阔翅。

1 种，中国特有，产广东中部至西部。绣球茜现为国家 II 级重点保护野生植物。

绣球茜 *Dunnia sinensis* Tutcher

33. 鸡屎藤属 Paederia L.

灌木或藤本；叶常对生，揉之发出强烈的臭味；圆锥花序式的聚伞花序，腋生或顶生；花萼裂片 4~5 裂；花冠管漏斗形或管形，裂片 4~5，镊合状排列；雄蕊 4~5，内藏；子房 2 室，胚珠每室 1，柱头 2；果核果状变成裂果状，外果皮膜质，成熟时分裂为 2 小坚果；小坚果背面压扁；种子与小坚果合生，种皮薄。

约 30 种，多分布于亚洲热带地区，非洲有少量分布；中国 9 种，产西南和中南至华东地区。

鸡屎藤 *Paederia foetida* L.

34. 染木树属 Saprosma Blume

灌木；叶对生或3~4叶轮生；托叶全缘或具1~3刺毛；花单生、簇生或组成具总梗的聚伞花序，腋生或顶生；花萼裂片4~6，等大或不等大；花冠裂片常4，芽时内向镊合状排列；雄蕊4~6，部分伸出；子房2室，每室有1胚珠，柱头2裂，内藏或伸出；核果有1~2壳质的分核；种子直立，近倒卵形或椭球形。

约30种，分布于亚洲热带地区；中国5种，产海南和云南。

染木树 *Saprosma ternata* (Wall.) Hook. f.

35. 香花木属 Spermadictyon Roxb.

直立灌木；叶对生；托叶宿存；三歧分枝的圆锥花序或伞形花序式的聚伞花序，顶生；花5基数，花萼5裂，裂片宿存；花冠漏斗状，裂片长圆形，镊合状排列；雄蕊5，生于冠管喉部，花丝短，花药背着，内藏；花盘枕状；子房5室，胚珠每室1枚；花柱线形，柱头5裂；核果，后变成蒴果状或裂果状，顶端5裂；种子长圆形或三棱形，种皮具网状纹；胚直立，子叶叶状心形。

约6种，原产于印度和马来西亚；中国1种，在西藏有引种栽培，可能已经归化。

36. 白马骨属 Serissa Comm. ex Juss.

多分枝灌木；叶对生，通常聚生于短枝上；托叶与叶柄合生成一短鞘，有3~8条刺毛，不脱落。花腋生或顶生，单朵或多朵丛生，无梗；花萼檐4~6裂，裂片锥形，宿存；花冠漏斗形，4~6裂，裂片扩展，内曲，镊合状排列；雄蕊4~6，生于冠管上部，花丝略与冠管连生，花药近基部背着，内藏；花盘大；子房2室，每室1胚珠，花柱线状，二分叉，被粗毛，核果球形，先室间再室背开裂。

2种，分布于喜马拉雅东部经中国至日本；中国2种，产华东和华南地区。

六月雪 *Serissa japonica* (Thunb.) Thunb.

37. 野丁香属 Leptodermis Wall.

灌木；叶对生；花序聚伞状或簇生，顶生或腋生；小苞片膜质，合生成具2凸尖的管；花两性，两型，5基数；花冠通常漏斗形，裂片镊合状排列；雄蕊伸出或内藏；子房5室，每室有胚珠1；柱头3~5裂，伸出或内藏；蒴果，圆柱形或卵形，5爿裂至基部；种子具网状假种皮，与种皮分离或黏生。

约40种，分布于喜马拉雅地区至日本；中国35种，产西南、华北、华南等地，西南为分布中心。

薄皮木 *Leptodermis oblonga* Bunge

云南钩毛果 *Kelloggia chinensis* Franch.

38. 假繁缕属 Theligonum L.

矮小肉质草本；通常下部叶对生，上部叶互生；托叶与叶柄基部合生；聚伞花序；花常单性，雌雄同株或偶两性花，2 或 3 基数；雄花：常 2~3 朵聚生，腋上生；花被裂片 2~5，镊合状排列；雄蕊多数；雌花：1~3 朵聚生，腋生，花被片在喉部有 2~4 齿裂；心皮 1，胚珠 1，基生，花柱 1，伸出；核果坚果状，两侧压扁；种子 U 形。

约 4 种，分布于地中海沿岸及亚洲东部；中国 3 种，产台湾、浙江、安徽、湖北、四川等。

日本假繁缕 *Theligonum japonicum* Ôkubo & Makino

39. 钩毛果属 Kelloggia Torr. ex Benth.

草本，有时基部木质化；叶对生；聚伞或伞形花序顶生和腋生；花萼管外部密被白色钩毛，裂片 4~5，宿存；雄蕊伸出；子房 2 室，胚珠每室 1，从基部直立；花柱有 2 条短线形的刺；分果，近球形，密被钩毛，分裂为 2 个平凸形的分果瓣；种子长圆形，外果皮薄。

2 种，美洲西部和中国云南各产 1 种。

40. 茜草属 Rubia L.

草本，通常有糙毛或小皮刺；茎有直棱或翅；叶常 4~6 个轮生；聚伞花序腋生或顶生；花常两性；花冠辐状或近钟状，裂片（4~）5，镊合状排列；雄蕊（4~）5，内藏或稍伸出；子房 2 室或有时退化为 1 室，胚珠每室 1，生在中部隔膜上，柱头 2 裂；果浆果状，肉质，2 裂；种子近直立，和果皮贴连，种皮膜质。

约 80 种，分布于地中海沿岸、非洲、亚洲温带和亚热带及美洲；中国 38 种，主产西南和西北地区。

茜草 *Rubia cordifolia* L.

41. 拉拉藤属 Galium L.

直立、攀缘或匍匐草本；茎常 4 棱，具小皮刺；叶常 3 至多片轮生；托叶叶状；聚伞花序常再排成圆锥花序式，腋生或顶生；花两性，常 4 基数；花冠辐状，稀钟状或短漏斗状；雄蕊伸出；子房 2 室，每室 1 胚珠，横生于隔膜上；柱头 2 裂；坚果，常为双生、稀单生的分果爿；种子附着在外果皮上，背面凸。

600 余种，广布于温带和亚热带地区，其他地区较少；中国 63 种，南北分布。

刺果猪殃殃 *Galium echinocarpum* Hayata

42. 长柱草属 Phuopsis (Griseb.) Benth. & Hook. f.

草本；叶和叶状托叶6~10片轮生，边缘有小刺状细缘毛；头状花序顶生，被叶状轮生的总苞片包围；花两性，5基数；花萼裂片缺失；花冠高脚碟状，裂片5，芽时镊合状排列；雄蕊5，内藏或突出；子房2室，每室具1胚珠，柱头微2裂，长伸出，远超花冠裂片；坚果具2分果爿，坚硬；种子椭球形，弯曲。

单种属，原产俄罗斯、土耳其、伊朗；中国陕西有引入栽培。

长柱草 *Phuopsis stylosa* (Trin.) B. D. Jacks.

43. 车叶草属 Asperula L.

亚灌木或草本；叶对生，常与叶状托叶4~14片轮生；花序头状、聚伞状或圆锥状；花两性，（3~）4（~5）基数；花冠高脚碟状、漏斗状或管状漏斗形；雄蕊伸出；子房2室，每室1胚珠，着生在隔膜上，花柱2裂或为2枚；坚果球形，干燥或稍肉质，为2分果爿，果爿不开裂；种子棒状或具沟槽。

约200种，产欧洲、亚洲、大洋洲，尤以地中海地区最多；中国2种，1种产西藏，1种华东有栽培。

阿卡迪亚车叶草 *Asperula arcadiensis* Sims

44. 长隔木属 Hamelia Jacq.

灌木或草本；叶对生或3~4片轮生；托叶多裂或刚毛状；二或三歧聚伞花序，分枝蝎尾状，顶生；花两性，单型，5基数；萼裂片宿存；花冠管上具5纵棱，裂片覆瓦状排列；雄蕊内藏或伸出，花药药隔顶端有附属体；子房5室，胚珠多数；柱头稍扭曲；浆果小，冠以肿胀的花盘，5裂；种子不规则，种皮膜质，有网纹。

约16种，分布于美洲中部地区；中国引入1种。

长隔木 *Hamelia patens* Jacq.

45. 金鸡纳属 Cinchona L.

灌木或乔木；叶对生；托叶常脱落；圆锥状聚伞花序顶生和腋生；花两型，两性，5基数；花冠高脚碟状或喇叭状，花冠裂片镊合状排列；雄蕊内藏或稍伸出；子房2室，胚珠多数，胎座线形，柱头2裂，内藏或稍伸出；蒴果，通常卵形、锥形或近圆筒形，室间开裂为2果爿；种子稍扁平，周围具膜质翅。

23种，原产中美洲、南美洲，现全世界热带地区广泛引种或栽培；中国2种，海南、广西、云南有引种。

鸡纳树 *Cinchona pubescens* Vahl

毛茶 *Antirhea chinensis* (Benth.) F. B. Forbes & Hemsl.

46. 郎德木属 Rondeletia L.

灌木或乔木；叶常对生；聚伞花序、伞房花序或圆锥花序；腋生或顶生；花单型，两性；花冠漏斗状或高脚碟状，裂片 4~5，覆瓦状排列，花冠管喉部具一环状胼胝体；雄蕊 4~5，内藏或伸出；子房 2 室，胚珠多数，胎座着生在隔膜上，柱头顶部不裂或短 2 裂，伸出或内藏；蒴果，室背开裂为 2 果爿；种子有翅。

约 20 种，原产于美洲的热带地区；中国广东、福建和香港等地引入栽培 1 种。

郎德木 *Rondeletia odorata* Jacq.

47. 毛茶属 Antirhea Comm. ex Juss.

乔木或灌木；叶对生；聚伞花序，二歧状或常明显的蝎尾状，腋生；花单性，萼裂片 4~5，常不对称；花冠漏斗形，冠管常呈狭窄的圆筒形，裂片 4~5，双盖覆瓦状排列；雄蕊内藏；子房 2 至多室，胚珠每室 1，柱头头状或 2~3 裂，内藏；核果细小，外果皮肉质，内果皮木质或骨质；种子圆柱形。

36 种，分布于大洋洲和热带亚洲至马达加斯加，西印度群岛至巴拿马；中国 1 种，产华南地区。

48. 海茜树属 Timonius DC.

乔木或灌木；叶对生；聚伞花序腋生；花单性；花萼裂片 4~5，宿存；花冠漏斗形，裂片 4（~10），镊合状排列，雄蕊伸出，在雌花中不育；子房多室，胚珠每室 1，花柱分枝 4~12，常不等长，有乳突，柱头 4~12 裂，伸出或内藏；核果有 4 或 5 条纵棱，肉质，内有小核数个至多数；种子直立或弯曲，倒垂。

154~180 种，主要分布于亚洲东南部亚热带地区和太平洋岛屿；中国 1 种，产台湾。

49. 海岸桐属 Guettarda L.

灌木或乔木；叶常对生，有时 3 枚丛生或轮生；聚伞花序，花序轴常二叉状或蝎尾状，腋生；花两性、杂性或杂性异株；花冠高脚碟状，裂片 4~9，芽时双覆瓦状排列；雄蕊内藏；子房 4~9 室，胚珠每室 1，倒生，柱头近头状，微 2 裂，内藏；核果有木质或骨质的小核；小核具 4~9 个角或槽；种子倒垂，直或弯曲。

约 150 种，分布于自非洲东部至热带美洲地区；中国 1 种，产广东、海南和台湾。

海岸桐 *Guettarda speciosa* L.

50. 土连翘属 Hymenodictyon Wall.

落叶灌木或乔木；叶对生；托叶常有腺体状锯齿；花序圆锥状、总状或穗状，顶生或兼腋生；苞片 1~4，叶状，有柄；花两性，5基数；花冠漏斗形或钟形，裂片镊合状排列；雄蕊内藏，子房2室，胚珠多数，着生在隔膜上，柱头纺锤形或头状，长伸出，蒴果室背开裂成2果爿；种子扁平，具膜质阔翅。

22种，分布于亚洲和非洲的热带及亚热带地区；中国2种，产广西、四川、云南。

土连翘 *Hymenodictyon flaccidum* Wall.

51. 风箱树属 Cephalanthus L.

灌木或乔木；叶轮生或对生；花序具多个头状花序，顶生或腋生；花4基数；花萼管筒状；花冠高脚碟状或漏斗状，裂片在芽内近覆瓦状排列；雄蕊稍伸出；子房2室，每室胚珠1，柱头伸出；聚合果，由多数不开裂的小坚果聚合而成，近球形或倒圆锥形；种子有海绵质假种皮。

约6种，分布于亚洲、非洲和美洲；中国1种，产广东及海南等地。

风箱树 *Cephalanthus tetrandrus* (Roxb.) Ridsdale & Bakh. f.

52. 新乌檀属 Neonauclea Merr.

乔木或灌木；叶对生；托叶大；1~9个头状花序排成圆锥花序状，顶生；花5基数；花萼裂片线形，尾尖；花冠高脚碟状至长漏斗状，裂片在芽内覆瓦状排列；雄蕊伸出；子房2室，胚珠多数，柱头伸出；蒴果，自基部向上先室间再室背裂成4果爿；种子椭球形，两侧略压扁，两端具短翅。

约65种，分布于亚洲东南部至澳大利亚北部；中国4种，产华东、华南至西南地区。

新乌檀 *Neonauclea griffithii* (Hook. f.) Merr.

53. 帽蕊木属 Mitragyna Korth.

乔木；叶对生；托叶有明显或略明显的龙骨，内面基部有黏液毛，有时近叶状；头状花序，二歧或复二歧式分枝，有时排成聚伞状圆锥花序式，顶生；花5基数；花冠漏斗状至狭高脚碟状；子房2室，胚珠多数，柱头长棒形至僧帽状，伸出；蒴果2室，先室间开裂再室背纵裂；种子两端有短翅。

约10种，分布于非洲和亚洲热带地区；中国3种，产云南南部。

异叶帽蕊木 *Mitragyna diversifolia* (Wall. ex G. Don) Haviland

54. 团花属 Neolamarckia Bosser

乔木；顶芽圆锥状；叶对生；头状花序紧缩成圆球状，顶生；花两性，单型，5基数；花冠高脚碟状，裂片覆瓦状排列；雄蕊稍伸出；子房基部2裂，顶部2~4室，胎座呈Y形或单一，胚珠多数，柱头顶部2裂，长伸出；果实核果状，不开裂成4果瓣至4果爿，花萼裂片宿存；种子有棱角，种皮膜质。

2种，分布于亚洲南部、东南亚及澳大利亚；中国1种，产华南和云南等地。

团花 *Neolamarckia cadamba* (Roxb.) Bosser

55. 钩藤属 Uncaria Schreb.

木质藤本；茎枝有钩刺；叶对生；托叶有时略具龙骨或近叶状；头状花序单生或分枝为复聚伞圆锥花序状，顶生；花5基数；花冠高脚碟状或近漏斗状，裂片芽时镊合状排列，在顶部近覆瓦状；雄蕊伸出；子房2室，柱头顶部有乳突，伸出；蒴果纵裂，内果皮厚骨质，室背开裂；种子两端有长翅，下端翅深2裂。

约40种，主要分布于亚洲、大洋洲、非洲及美洲热带地区；中国12种，产南部和西南部。

毛钩藤 *Uncaria hirsuta* Havil.

56. 乌檀属 Nauclea L.

乔木；顶芽常两侧压扁；叶对生，托叶有龙骨；头状花序，顶生或兼腋生，节上有退化叶和托叶；花4或5基数；萼裂片宿存；花冠漏斗形，裂片覆瓦状排列；雄蕊伸出，子房2室，胎座呈Y形，胚珠多数，多数败育，柱头伸出；聚花果由小果融合而成，不开裂；种子卵球形至椭圆形，有时两侧略压扁。

约10种，主要分布于亚洲、非洲、南美洲及澳大利亚；中国1种，产广东、广西和海南。

乌檀 *Nauclea officinalis* (Pitard) Merr. & Chun

57. 心叶木属 Haldina Ridsdale

大乔木；叶对生；每节1或2（~5）个单生的头状花序，腋生，托叶苞片状；花5基数；花冠高脚碟状，裂片镊合状排列，但在顶部覆瓦状；雄蕊着生于花冠管的上部，伸出；子房2室，胎座位于隔膜上部1/3处，胚珠多数，柱头伸出；蒴果，先室间再室背开裂成4果爿，萼裂片宿存；种子卵圆形，两侧略压扁，具短翅。

1种，分布于印度、缅甸、尼泊尔、斯里兰卡、泰国、越南和中国；中国产西南地区。

心叶木 *Haldina cordifolia* (Roxb.) Ridsdale

58. 鸡仔木属 Sinoadina Ridsdale

乔木；叶对生；聚伞状圆锥花序由7~11个头状花序组成，顶生；花5基数；花萼裂片短而钝，宿存；花冠高脚碟状或窄漏斗形，裂片镊合状排列，但在顶端近覆瓦状；雄蕊伸出；子房2室，每室有胚珠4~12，胎座位于子房隔膜上部1/3处，柱头伸出；蒴果，内果皮硬，室背室间4爿开裂；种子两端具翅。

1种，分布于亚洲东部和东南部；中国产长江以南省区。

鸡仔木 *Sinoadina racemosa* (Siebold & Zucc.) Ridsdale

59. 槽裂木属 Pertusadina Ridsdale

乔木或灌木；树干常有纵沟槽；叶对生；聚伞状或圆锥状花序，有1~5个头状花序，腋生或顶生；花5基数；花冠高脚碟状至窄漏斗形，裂片5，镊合状排列，但顶部近覆瓦状；雄蕊伸出；子房2室，每室有悬垂胚珠4~10，柱头伸出；蒴果先室间开裂再室背开裂，形成2或4果爿；种子略具翅。

4种，原产于马来半岛、新几内亚和菲律宾；中国1种，华东和华南地区有引种。

海南槽裂木 *Pertusadina metcalfii* (H. L. Li) Y. F. Deng & C. M. Hu

60. 水团花属 Adina Salisb.

灌木或小乔木；叶对生；花序常由1（~3）个头状花序组成，顶生或腋生；花5基数，花冠高脚碟状至漏斗状，花冠裂片在芽时镊合状排列，但顶部常近覆瓦状；雄蕊伸出；子房2室，胚珠多数，柱头伸出；蒴果，先室间再室背开裂成4果爿，宿存萼裂宿存；种子卵球状至三角状球形，略具翅。

4种，分布于亚洲东南部和东部；中国3种，产华南、华东和贵州。

水团花 *Adina pilulifera* (Lam.) Drake

61. 黄棉木属 Metadina Bakh. f.

乔木；叶对生；花序具多个头状花序顶生；花5基数；花萼裂片三角形或椭圆形，宿存；花冠高脚碟状或窄漏斗状，裂片在芽内镊合状排列，顶部近覆瓦状；雄蕊伸出；子房2室，每室有胚珠4~12，柱头伸出；蒴果室背室间4爿开裂；种子近球形、三角锥形或椭球形，不具翅。

1种，主要分布于南亚和东南亚；中国产广东、广西、湖南和云南。

黄棉木 *Metadina trichotoma* (Zoll. & Mor.) Bakh. f.

62. 裂果金花属 Schizomussaenda H. L. Li

灌木，叶对生；托叶顶端尾状；聚伞花序，末回分枝穗形蝎尾状，顶生；花两型，5基数；花萼裂片有时有1枚裂片扩大为椭圆形或卵形的花叶；花冠高脚碟状，裂片内向镊合状排列；雄蕊内藏或部分伸出；子房2室，胚珠多数，胎座盾状，柱头2，伸出或内藏；蒴果陀螺形或倒卵形，顶部室间开裂；种子小，多数。

1种，主要分布于亚洲东南部；中国产广西和云南。

裂果金花 *Schizomussaenda dehiscens* (Craib) H. L. Li

63. 玉叶金花属 Mussaenda L.

乔木、灌木或缠绕藤本；叶对生或偶有 3 枚轮生；托叶全缘或 2 裂；聚伞花序顶生；花萼裂片 5，有时裂片中有 1 枚极度发育成花瓣状；花冠高脚碟状，花冠管喉部密生黄毛，裂片 5；雄蕊 5，内藏；子房 2 室，胚珠多数，着生于肉质胎座上，柱头 2 裂；浆果，萼裂片宿存或脱落；种皮有小孔穴。

约 132 种，主要分布于热带亚洲、非洲和太平洋岛屿；中国 29 种，主产华东、华南和西南地区。

红纸扇 *Mussaenda erythrophylla* Schumach. & Thonn.

64. 香果树属 Emmenopterys Oliv.

乔木；叶对生；圆锥状聚伞花序顶生；花 5 基数；花萼裂片覆瓦状排列，有些花的萼裂片中有 1 片变成叶状，白色且宿存；花冠漏斗形，裂片覆瓦状排列；雄蕊内藏；子房 2 室，胚珠多数，着生于盾状的胎座上，柱头头状或不明显 2 裂，内藏；蒴果室间开裂为 2 果爿，有或无 1 片花瓣状的变态萼裂片；种子有翅。

单种属，分布于缅甸、泰国和中国；中国产西北、西南、东南和华南地区。

香果树 *Emmenopterys henryi* Oliv.

65. 瓶花木属 Scyphiphora C. F. Gaertn.

灌木或小乔木；叶对生；二歧式聚伞花序腋生；花两性，单型；萼裂片 4~5，宿存；花冠管圆筒形，裂片 4~5，旋转状排列；雄蕊 4~5，部分或全部伸出；子房 2 室，每室有胚珠 2，着生于隔膜的中部，1 直立，1 倒垂，珠柄连接成一假隔膜将室再分为 2；柱头 2 裂，伸出；核果，有纵棱；种子有纵棱 5 条，种皮膜质。

单种属，分布于亚洲南部至东南部、澳大利亚和马达加斯加；中国产海南。

瓶花木 *Scyphiphora hydrophyllacea* C. F. Gaertn.

66. 龙船花属 Ixora L.

灌木或小乔木；叶常对生；托叶常合生成鞘，顶端延长或芒尖；伞房花序式或三歧分枝的聚伞花序，顶生；花萼裂片 4（~5）；花冠高脚碟形，裂片 4（~5），芽时旋转状排列；雄蕊伸出，子房 2 室，每室有胚珠 1，柱头 2，伸出；核果，有 2 纵槽，革质或肉质；小核革质；种子与小核同形。

约 500 种，分布于热带亚洲、美洲、非洲、马达加斯加；中国 18 种，产华东、华南和西南地区。

龙船花 *Ixora chinensis* Lam.

67. 丁茜属 Trailliaedoxa W. W. Sm. & Forrest

亚灌木；叶对生；托叶2裂；聚伞花序顶生或腋生；花5基数；萼裂片宿存；花冠漏斗形，裂片芽时旋转状排列；雄蕊稍伸出；子房2室，胚珠每室1；花柱弯曲，柱头2裂至花柱的1/3~1/2，伸出；分果，干燥，倒披针形，具宿存的萼裂片，分果爿2，不开裂；种子椭球形，种皮革质。

1种，中国特有，产四川和云南。

丁茜 *Trailliaedoxa gracilis* W. W. Sm. & Forrest

68. 猪肚木属 Canthium Lam.

灌木或乔木，具成对直刺或无刺；叶对生；托叶基部合生；花单生或簇生，或排成伞房花序式的聚伞花序，腋生；花4或5基数；萼裂片极短，或有时极度发育；花冠漏斗形、坛状或管状，裂片4~5；雄蕊伸出；子房2~5室，每室胚珠1；核果，肉质，小核骨质或脆壳质；种子平凸，种皮膜质。

约30种，分布于亚洲、非洲和大洋洲热带地区；中国4种，产华南、云南和台湾。

猪肚木 *Canthium horridum* Blume

69. 鱼骨木属 Psydrax Gaertn.

灌木至小乔木；叶常对生；托叶生于叶柄间或与茎合生，三角形或卵形；聚伞花序腋生；花单型，两性；花冠管圆筒形或漏斗形，裂片4~5，明显外反，镊合状排列；雄蕊4~5，伸出；子房2室，每室有1胚珠，柱头2裂，伸出；核果，肉质，具宿存的萼裂片；种子椭球形、柱状或平凸，种皮膜质。

约100种，分布于热带亚洲和非洲；中国1种，产西南、华南地区。

鱼骨木 *Psydrax dicocca* Gaertn.

70. 桂海木属 Guihaiothamnus H. S. Lo

矮小灌木，主茎极短或近无茎；叶簇生枝顶，有柄；聚伞花序顶生，密花，小苞片钻状线形；萼管倒卵状椭圆形，檐部5裂；花冠高脚碟状，裂片5；雄蕊5，生喉部；果稍肉质，不开裂，球状，萼裂片宿存。

1种，中国特有，产广西东北部。

71. 水锦树属 Wendlandia Bartl. ex DC.

亚灌木或乔木；叶对生；托叶顶端尖或上部扩大常呈圆形而反折；聚伞花序排列成圆锥花序式，顶生；花两性；花萼裂片5，宿存；花冠（4~）5裂，覆瓦状排列；雄蕊（4~）5；子房2（~3）室，胚珠多数，柱头伸出；蒴果或有时呈浆果状，不开裂或从顶部室背开裂成2果爿；种子有时有狭翅。

约91种，主产亚洲热带和亚热带，极少数分布在大洋洲；中国32种，产台湾、华南、贵州和云南。

水锦树 *Wendlandia uvariifolia* Hance

72. 狗骨柴属 Diplospora DC.

灌木或小乔木；叶对生；托叶合生；聚伞花序簇生或头状腋生和腋上生；花4（~5）数，两性或单性，单型；雌雄同株或杂性异株；花冠高脚碟状，裂片旋转状排列；雄蕊伸出；雌花具退化雄蕊；子房2室，具1~3（~6）胚珠，中轴胎座；雄花有退化雌蕊；果实浆果状，常具宿存萼；种子具角。

约100种，分布于亚洲和非洲的热带及亚热带地区；中国39种，产长江流域以南和台湾。

狗骨柴 *Diplospora dubia* (Lindl.) Masam.

73. 咖啡属 Coffea L.

灌木或乔木；叶对生；托叶阔；头状或数花簇生而成聚伞花序，腋生；萼裂片4~6，内面常具腺体，宿存；花冠高脚碟形或漏斗形，裂片5~9，芽时旋转状排列；雄蕊4~8，伸出；子房2室，胚珠每室1，贴生于中部隔膜上，柱头2裂，伸出；核果球形或长圆形；小核背部突起；种子腹面凹陷或具纵槽。

约103种，原产于热带非洲、马达加斯加等地区；中国5种，华南至西南地区有引种栽培。

小粒咖啡 *Coffea arabica* L.

74. 乌口树属 Tarenna Gaertn.

灌木或乔木；叶对生；托叶基部合生或离生；伞房状聚伞花序，顶生或假腋生；花5基数；花冠漏斗状或高脚碟状，裂片旋转状排列；雄蕊伸出；子房2室，每室有胚珠1至多数，生于中轴胎座上，柱头有槽纹，伸出；浆果革质或肉质；种皮膜质、革质或脆壳质。

约370种，分布于亚洲、大洋洲至非洲热带地区；中国18种，产西南、华南至华东地区。

假桂乌口树 *Tarenna attenuata* (Hook. f.) Hutch.

75. 大沙叶属 **Pavetta** L.

灌木或小乔木；叶常对生；托叶常常合生成鞘状；伞房花序式的聚伞花序；苞片托叶状；花萼裂片4~5；花冠高脚碟形，裂片4；雄蕊4~5；子房2室；每室具胚珠1，生于肉质胎座上，柱头伸出，远超花冠裂片；浆果，有小核2；小核背孔突起；种子与小核同形。

约400种，分布于亚洲、非洲热带地区及澳大利亚北部；中国6种，产华南至西南地区。

香港大沙叶 *Pavetta hongkongensis* Bremek.

76. 藏药木属 **Hyptianthera** Wight & Arn.

灌木或小乔木；叶对生；托叶宿存；密伞花序，腋生；萼裂片5，等大或不等大；花冠裂片4~5，旋转状排列；雄蕊4~5，内藏，花药基部和背部有柔毛；子房2室，胚珠每室6~10，柱头具长硬毛，内藏；浆果卵形或球形；种子扁平，具角，种皮纤维状及有皱褶。

2种，分布于亚洲南部至东南部；中国1种，产云南和西藏。

藏药木 *Hyptianthera stricta* (Roxb.) Wight & Arn.

77. 茜树属 **Aidia** Lour.

灌木或乔木；叶对生；托叶离生或基部合生；聚伞花序腋生或与叶对生；花两性，萼裂片(4~)5；花冠高脚碟状，喉部有毛，裂片（4~）5，旋转状排列，开放时常外反；雄蕊（4~）5，伸出；子房2室，胚珠多数，嵌生于肉质的中轴胎座上；柱头2裂，伸出；浆果球形，平滑或具纵棱；种子常具角，嵌生于果肉中。

约50种，分布于非洲、亚洲南部和东南部至大洋洲热带地区；中国8种，主产西南部至东南部。

茜树 *Aidia cochinchinensis* Lour.

78. 栀子属 **Gardenia** J. Ellis

灌木；叶对生；托叶基部常合生；花单生、簇生或组成伞房状的聚伞花序，腋生或顶生；花两性或单性，雌雄同株或异株；花萼管管状或佛焰苞状，裂片常宿存；花冠裂片旋转状排列；子房1室，或因胎座沿轴黏连而为假2室，胚珠多数，2列，侧膜胎座，柱头全缘或2裂；浆果；种子常与肉质的胎座胶结而成一球状体。

约200种，分布于亚洲、大洋洲、非洲热带和亚热带地区；中国53种，产中部以南地区。

长管栀子 *Gardenia tubifera* Wall. ex Roxb.

79. 石榴茜属 Rothmannia Thunb.

灌木或大乔木；叶对生或 3 叶轮生状；聚伞状花序或有时仅 1 花，顶生或假腋生；花两性；花萼裂片 5；花冠漏斗形或钟状，裂片 5，芽时卷叠成左旋或右旋状；雄蕊 5（~7），内藏或部分外漏，子房 1 或 2 室，胚珠多数，柱头短 2 裂；果实浆果状，厚肉质至革质；种子具棱或近透镜状，嵌生于果肉中。

约 40 种，分布于亚洲南部和东南部、非洲南部、马达加斯加；中国 1 种，产云南。

80. 绢冠茜属 Porterandia Ridl.

无刺灌木或乔木；叶对生，常不相等；聚伞花序生于上部叶腋，常具总花梗；苞片小，卵形；花萼管被柔毛，萼裂片 5；花冠白色，高脚碟状，外面被白色绢毛，内面常无毛；雄蕊 5；浆果近球形，外果皮薄，内果皮木质；种子常多数。

约 22 种，产南亚、东南亚、太平洋群岛；中国 1 种，产广西、云南。

81. 鸡爪簕属 Benkara Adans.

灌木或小乔木，常具直刺；叶对生；花单生或多朵簇生成聚伞状花序，生于枝顶；花两性，5 基数；花萼漏斗形；花冠高脚碟状，裂片旋转状排列；雄蕊略伸出；子房 2 室，胚珠多数，中轴胎座，柱头 2 裂，伸出；浆果，球形至椭球形，果皮较薄，顶冠以宿萼；种子常具角，种皮具网纹。

约 19 种，分布于亚洲东南部、马来西亚至菲律宾；中国 7 种，产华南至西南地区。

鸡爪簕 *Benkara sinensis* (Lour.) Ridsdale

82. 山石榴属 Catunaregam Wolf

灌木或小乔木，通常具刺；叶对生或簇生于短缩的侧生短枝上；花单生或 2~3 朵簇生，生于侧生短枝顶部；花萼裂片 5；花冠钟状，裂片通常 5，扩展或者外反，旋转状排列；雄蕊常 5，稍伸出；子房 2 室，胚珠多数，胎座位于隔膜两边的中部，柱头常 2 裂，常伸出；浆果，果皮厚，冠以宿存的萼裂片。

约 10 种，分布于亚洲南部和东南部至非洲；中国 1 种，产华南至西南地区。

山石榴 *Catunaregam spinosa* (Thunb.) Tirveng.

83. 短萼齿木属 Brachytome Hook. f.

灌木或小乔木；叶对生；圆锥状的聚伞花序，腋生或与叶对生；花 5 基数，杂性异株；萼裂片宿存；花冠管状漏斗形或近圆筒形，裂片旋转状排列；雄蕊内藏；子房 2 室，胚珠多数，着生于盾状的隔膜胎座上，柱头 2 裂；浆果，2 室；种子常楔形，扁平，种皮有网纹。

约 5 种，分布于印度、不丹、缅甸、孟加拉国、越南、马来西亚等；中国 3 种，产海南、云南和西藏（墨脱）。

滇短萼齿木 *Brachytome hirtellata* Hu

84. 须弥茜树属 Himalrandia T. Yamaz.

灌木；叶常聚生于抑生的侧生短枝上；托叶有刚毛；花单朵，顶生于短缩的侧生短枝顶端；花 5 基数；花冠管高脚碟状，裂片旋转状排列；雄蕊稍伸出；子房无毛，2 室，每室有胚珠 2，柱头常 2 裂，伸出；浆果球形，花萼裂片宿存；种子椭圆形。

约 3 种，分布于喜马拉雅东部地区；中国 1 种，产云南和四川。

须弥茜树 *Himalrandia lichiangensis* (W. W. Sm.) Tirveng.

85. 长柱山丹属 Duperrea Pierre ex Pit.

灌木或者小乔木；叶对生，托叶基部合生成鞘状；伞房状聚伞花序，顶生和腋生；花萼裂片 5~6，长过萼管近 2 倍；花冠高脚碟状，冠管外面被粗毛，裂片 5~6，芽时旋转状排列；雄蕊 5~6，着生于冠管喉部，稍伸出；子房 2 室，每室有胚珠 1，生于盾形的胎座上，柱头长伸出；浆果有浅槽；种子腹面凹陷。

2 种，分布于印度、中南半岛；中国 1 种，产海南、广西、云南地区。

长柱山丹 *Duperrea pavettifolia* (Kurz) Pit.

86. 木瓜榄属 Ceriscoides (Benth. & Hook. f.) Tirveng.

灌木或小乔木；腋生小枝常硬化成刺；叶对生；花 1~3 朵生于枝顶或茎生；花单性、两性或假杂性，雌雄异株；雄花 2 或 3 个呈聚伞状，雌花常单生；花冠钟形或漏斗状，裂片 5（~7），在芽时旋转状排列；雄蕊 5（~7），内藏；子房 1 室，胚珠多数，着生于 2~4（~6）个侧膜胎座上，柱头顶端 2（~6）裂，内藏；浆果，光滑；种子嵌生于肉质果皮中。

约 11 种，分布于亚洲热带地区；中国 1 种，产海南。

87. 白香楠属 Alleizettella Pit.

灌木；叶对生；托叶基部合生；聚伞花序，顶生于侧生短枝或老枝的节上；花两性，5 基数；花冠高脚碟状，裂片旋转状排列，开放时常外反；雄蕊内藏；子房 2 室，每室有胚珠 2~3，着生在中轴胎座上，柱头 2 裂，伸出；浆果球形，果皮平滑；种子椭球形到卵球形。

约 2 种，分布于越南和中国；中国 1 种，产福建、广东、海南和广西。

白香楠 *Alleizettella leucocarpa* (Benth.) Tirveng.

88. 岩上珠属 Clarkella Hook. f.

草本，具块根；叶对生，常不等大；聚伞花序顶生；花两性；萼裂片 5~7 裂；花冠管细长，裂片镊合状排列；雄蕊内藏；子房 2 室，胚珠多数，生于中轴胎座的中部稍下；柱头 2 裂，内藏；果干燥，倒圆锥形，冠以扩大的宿存萼檐；种子近椭圆形。

单种属，分布于亚洲南部和东南部；中国产华南至西南地区。

岩上珠 *Clarkella nana* (Edgew.) Hook. f.

89. 小牙草属 Dentella J. R. Forst. & G. Forst.

草本，茎平卧；多分枝；托叶与叶柄合生；花单生，腋生或生于小枝分叉处；花两性，5 基数；花萼裂片宿存；花冠漏斗状，裂片芽时镊合状排列；雄蕊内藏；子房 2 室，胚珠多数，生于半球形的胎座上，柱头 2 裂，内藏；果近球形，不开裂，被长腺毛和宿存萼裂片；种子小而有棱角，覆有网纹或斑点。

约 10 种，分布于亚洲东南部、大洋洲及北美洲南部；中国 1 种，产广东、海南、云南和台湾。

小牙草 *Dentella repens* (L.) J. R. Forst. & G. Forst.

90. 大果茜属 Fosbergia Tirveng. & Sastre

乔木或灌木；叶对生但有时聚生于茎顶端；托叶基部合生；花单生或 2~7 朵形成聚伞花序，顶生或假腋生；花两性，单型，5 基数；花冠高脚碟状，裂片芽时旋转状排列；雄蕊内藏；子房 2 室，胚珠多数，中轴胎座，柱头 2 浅裂；浆果状，肉质，花萼裂片宿存并渐落；种子嵌生于果肉中。

约 5 种，分布于缅甸、泰国、越南和中国；中国 3 种，产云南。

中越大果茜 *Fosbergia petelotii* Tirveng. & Sastre

91. 溪楠属 Keenania Hook. f.

草本或亚灌木；叶对生；托叶常下部阔，上部钻状；花序头状，顶生；萼裂片 4~5（~6），不等大，覆瓦状排列；花冠与花萼裂片等长或较长，裂片 4~5（~6），芽时镊合状排列；雄蕊 5，内藏或稍伸出；子房 2 室，胚珠多数，生于半球形或盾状胎座上，柱头 2 裂，伸出或内藏。

约 5 种，分布于中南半岛和中国南部；中国 2 种，产广西。

92. 报春茜属 Leptomischus Drake

草本至亚灌木；叶对生，有时聚生或莲座状；托叶大；聚伞花序顶生或假腋生；花两型，5 基数；花冠漏斗状或高脚碟状，裂片芽时镊合状排列；雄蕊伸出或内藏；子房 2 室，胚珠多数，着生于隔膜近基部，柱头 2 裂；蒴果近球形、倒圆锥形或倒卵形，成熟时由于顶盖脱落而开裂；种子表面网状或穴状。

7 种，分布于亚洲南部和东南部；中国 5 种，产云南、广西和海南。

报春茜 *Leptomischus primuloides* Drake

93. 假盖果草属 Pseudopyxis Miq.

草本；根茎匍匐，地上茎直立；叶对生；托叶三角形或顶端具 3 或 5 裂片，边缘具腺齿；聚伞花序顶生，有叶状总苞片；花两性，单型，5 基数；花萼裂片果时增大；花冠细管状漏斗形，裂片内向镊合状排列；雄蕊内藏；子房 4~5 室，每室具 1 倒生的胚珠，柱头 2，4 或 5 裂，伸出；蒴果成熟后自萼筒顶盖或孔开裂；种子倒卵形，有纵沟。

3 种，分布于亚洲东部；中国 1 种，产浙江。

异叶假盖果草 *Pseudopyxis heterophylla* (Miq.) Maxim.

94. 越南茜属 Rubovietnamia Tirveng.

灌木；叶对生，有时呈三出叶状；托叶基部合生；花单生或2~8朵组成聚伞花序，顶生或假腋生；花两性，5基数；花冠高脚碟状至漏斗状，花冠裂片芽时呈旋转状；雄蕊内藏或伸出，花药药隔突出成三角状附属物；子房1室，胚珠2~4，有时仅2枚可育，侧膜胎座，柱头2裂；果实浆果状；种子光滑。

2种，分布于中国和越南；中国2种，产云南和广西。

长管越南茜 *Rubovietnamia aristata* Tirveng.

科 240. 钩吻科 Gelsemiaceae

2属11种，分布于东亚和东南亚、美洲、非洲和马达加斯加；中国1属1种，见于福建至云南。

灌木或木质藤本；单叶对生或轮生，具托叶；花黄色或白色，单生或排成腋生的花束或顶生的聚伞花序；萼片5，分离；花冠漏斗状，5裂；雄蕊5；蒴果。

1. 钩吻属 Gelsemium Juss.

木质藤本；叶对生或轮生，全缘，羽状脉，具短柄；花单生或组成三歧聚伞花序，顶生或腋生；花萼5深裂；花冠漏斗状或窄钟状；雄蕊着生于花冠管内壁上，花丝丝状，通常伸出花冠管之外；子房2室，花柱细长，柱头上部2裂；蒴果。

3种，2种产北美、1种产东亚和东南亚；中国1种，产云南至福建。

钩吻 *Gelsemium elegans* (Gardner & Champ.) Benth.

科 241. 马钱科 Loganiaceae

15属420余种，主要分布于热带和亚热带地区；中国5属23种，主产西南部和南部。

乔木、灌木、木质藤本，或草本，有时附生，有时腋生刺或卷须；叶对生，偶有互生，很少轮生，束状，或轮生；托叶通常存在，分离或连合成鞘，或退化成连接2个叶柄间的托叶线；叶片通常全缘，羽状脉或基出3脉；聚伞花序，通常分为聚伞圆锥花序，蝎尾状或减少单花；苞片通常小；花通常两性；花萼4或5浅裂；裂片自由或合生，多数宿存，覆瓦状或镊合状；花冠合瓣；裂片4或5（~16），镊合状、覆瓦状或旋卷状。雄蕊着生于花冠，花药基着，2~4

室，子房上位或很少半下位，（1 或）2（~4）室，胎座腋生或顶；柱头通常头状，全缘或短 2~4 裂；果为蒴果、浆果或核果，1 到多数种子；种子有时具翅。

本研究采取广义马钱科，包括度量草科 Spigeliaceae（●）、髯管花科 Geniostomataceae（●）和狭义马钱科 Strychnaceae（●）。分支图显示：原马钱科的 2 属聚为一支；其他 2 科的 3 属聚为一支，不支持将它们分为不同的科（图 171）。

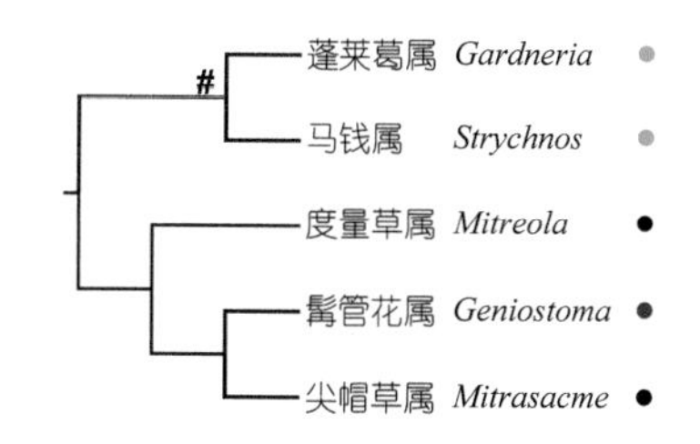

图 171 中国马钱科植物的分支关系

1. 蓬莱葛属 Gardneria Wall.

攀缘状大灌木；单叶对生，全缘，羽状脉，叶柄间有连结的托叶线；花单生、簇生或组成二至三歧聚伞花序，生于叶腋；萼小，4~5 深裂；花冠近轮状，裂片 4~5，镊合状排列；雄蕊 4~5；子房 2 室；花柱圆柱状；浆果球形。

5 种，产东亚和东南亚；中国 5 种，产西南部至南部。

柳叶蓬莱葛 *Gardneria lanceolata* Rehder & E. H. Wilson

2. 马钱属 Strychnos L.

灌木或乔木，常攀缘状；枝有时变为螺旋状的钩刺；单叶对生，全缘，基出 3~5 脉；花小，白色或淡黄色，排成聚伞花序；萼 4~5 深裂，花冠 4~5 深裂；雄蕊 4~5；子房 2 室；浆果球形。

约 190 种，产热带和亚热带地区；中国 11 种，产西南部和南部。

华马钱 *Strychnos cathayensis* Merr.

3. 度量草属 Mitreola L.

一年生或多年生草本；直立或匍匐；单叶对生，膜质；托叶膜质或小；花小，白色，常偏生于二至三歧聚伞花序的分枝一侧；萼 5 裂，裂片披针形；花冠壶状，裂片 5；雄蕊 5，内藏；子房半下位，2 室；花柱 2；蒴果倒卵形，侧向压扁。

7 种，分布于非洲、亚洲、美洲和太平洋岛屿；中国 4 种，产西南部至中部。

网子度量草 *Mitreola reticulata* Tirel

4. 髯管花属 Geniostoma J. R. Forst. & G. Forst.

灌木；花小，排成对生、腋生、无柄的聚伞花序；苞片小，萼 5 裂；花冠管短，圆柱状，喉部有毛，裂片 5，广展；雄蕊 5，突出；子房 2 室；蒴果开裂成 2 个果瓣。

约 20 种，产东亚和东南亚、澳大利亚北部和太平洋岛屿；中国 1 种，产台湾。

髯管花 *Geniostoma rupestre* J. R. Forst. & G. Forst.

5. 尖帽草属 Mitrasacme Labill.

一年生纤细草本；单叶对生，无托叶；花小，1至数朵簇生于上部叶腋内或排成伞形花序；萼4裂，稀2裂；花冠钟状，4裂；雄蕊4，子房上位或半下位，2室；蒴果球形，顶部常冠以宿存分裂的花柱。

约40种，主产澳大利亚，延伸至东亚、南亚、东南亚和太平洋岛屿；中国2种，产华东、华南和西南地区。

尖帽草 *Mitrasacme indica* Wight

科 242. 龙胆科 Gentianaceae

约80属700种，世界广布；中国20属418种，南北均产。

一年生或多年生草本，茎直立或斜升，有时缠绕；单叶对生，少有互生或轮生，全缘，基部合生，无托叶；聚伞花序或复聚伞花序，有时单花顶生，花两性，稀单性，辐射状或两侧对称，4~5数，花萼筒状、钟状或辐状，花冠管状、漏斗状或辐状，基部全缘，裂片在蕾片中右向旋转呈覆瓦状排列，雄蕊着生于冠筒上与裂片互生，雌蕊由2个心皮组成，子房上位，1室，侧膜胎座，稀中轴胎座，致子房变成2室，柱头全缘或2裂；胚珠常多数；腺体或腺窝着生于子房基部或花冠上；蒴果2瓣裂，稀不裂；种子小，无种毛，常多数。

龙胆科通常被分为4族，中国有2族。族1灰莉族Potalieae（●），中国仅1属1种；族2龙胆族Gentianeae，分3亚族：亚族1藻百年亚族Exacinae（●），亚族2百金花亚族Erythraeinae（●），亚族3龙胆亚族Gentianinae（●）。分支图显示，百金花亚族的2属位于基部，随之是藻百年亚族的2属，族1灰莉族的灰莉属单独分出，最后一大支均为龙胆亚族的成员。可见，分子证据分析结果同形态学性状的划分基本一致，只是亚族的排列需要改变（图172）。

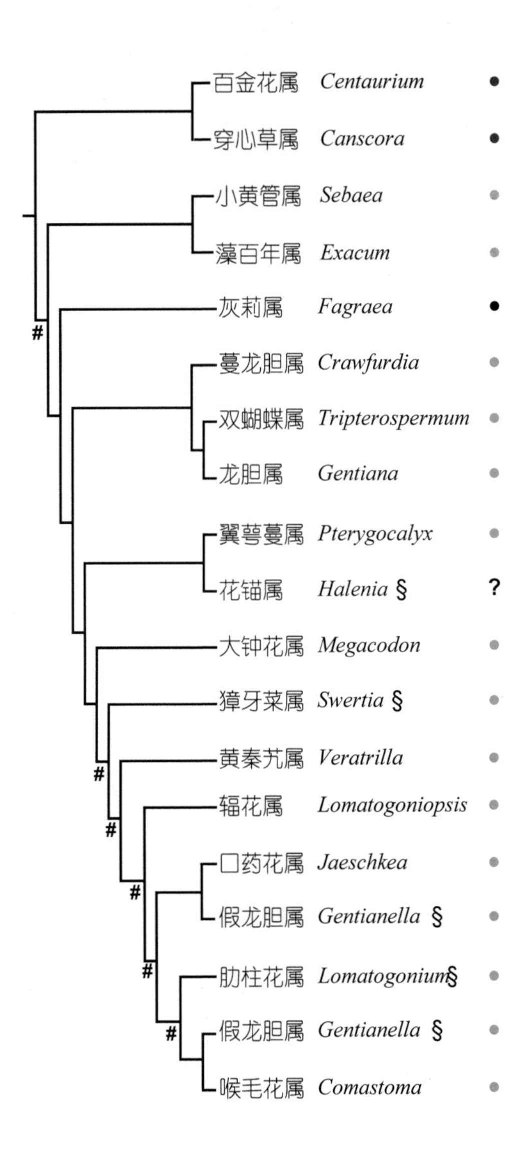

图172 中国龙胆科植物的分支关系

1. 百金花属 Centaurium Hill

一年生草本，茎纤细；叶无柄；花多数，假二叉的聚伞花序或穗状聚伞花序，4~5数，花萼筒形，深裂，花冠高脚杯状，冠筒细长，浅裂；雄蕊着生于冠筒喉部，与裂片互生；子房半2室，无柄，花柱细长，线形，柱头2裂，裂片膨大，圆形；蒴果内藏，成熟后2瓣裂；种子多数，极小。

40~50种，除撒哈拉以南的非洲外，世界广布；中国2种，南北均产。

百金花 *Centaurium pulchellum* var. *altaicum* (Griseb.) Kitag. & H. Hara

2. 穿心草属 Canscora Lam.

一年生草本；花萼筒形，深裂；花冠管形或钟形，浅裂，雄蕊着生于冠筒上部与裂片互生，1~2个具有长的花丝和发育的花药，2~3个具有短的花丝和不发育的、小的花药，子房1室，无柄，花柱细长，线形；种子扁平，近圆形，表面具网纹。

约30种，产非洲、亚洲及大洋洲的热带和亚热带地区；中国2种，产华南地区。

穿心草 *Canscora lucidissima* (H. Lév. & Vaniot) Hand.-Mazz.

3. 小黄管属 Sebaea Sol. ex R. Br.

一年生小草本；叶对生，小鳞片形至披针形；花5数，顶生成聚伞花序，花萼开展，深裂至近基部，花冠深裂，冠筒与裂片近等长，雄蕊着生于花冠裂片间弯缺处；子房2室，花柱极长，线形，柱头2裂；蒴果矩圆形或近圆球形。

约100种，分布于非洲温带、马达加斯加、斯里兰卡、印度、尼泊尔、中国和大洋洲；中国1种，产云南。

小黄管 *Sebaea microphylla* (Edgew.) Knoblauch

4. 藻百年属 Exacum L.

草本，茎分枝；聚伞花序顶生及腋生，花近辐状，4~5数，花萼分裂至近基部，萼筒甚短，裂片背面具龙骨状突起，花冠深裂，冠筒短，圆柱形，雄蕊着生于花冠裂片弯缺处，与裂片互生，花丝短而细，花药2室，花柱极长，线形；种子多数。

约40种，产热带非洲、热带至亚热带亚洲、马达加斯加；中国2种，产云南、贵州、广西、广东和江西。

藻百年 *Exacum tetragonum* Roxb.

5. 灰莉属 Fagraea Thunb.

乔木或灌木；叶对生，托叶合生成鞘；花常较大，单生或少花组成顶生聚伞花序，有时花较小而多朵组成二歧聚伞花序，花冠漏斗状或近高脚碟状，裂片5，在花蕾时螺旋状向右覆盖，子房具柄，胚珠多数，花柱细长；浆果肉质，不开裂。

约35种，产东南亚、澳大利亚、太平洋岛屿；中国1种，产广西、广东、海南、台湾和云南南部。

灰莉 *Fagraea ceilanica* Thunb.

6. 蔓龙胆属 Crawfurdia Wall.

多年生缠绕草本；花常为聚伞花序，5数，花萼钟形，萼筒具10条脉，无翅，花冠裂片间具褶，雄蕊着生于冠筒上，整齐、直立，两侧向下逐渐加宽成翅，子房1室，含多数胚珠，子房柄的基部有5个小的腺体；种子扁平、盘状具宽翅。

16种，产不丹、中国、印度、缅甸；中国14种，西南、华南和华东均产。

云南蔓龙胆 *Crawfurdia campanulacea* C. B. Clarke

7. 双蝴蝶属 Tripterospermum Blume

多年生缠绕草本；花5数，花萼筒钟形，花冠钟形或筒状钟形，裂片间有褶，雄蕊着生于冠筒上，不整齐，顶端向一侧弯曲，花丝线形，子房1室，含多数胚珠，子房柄的基部具环状花盘；浆果或蒴果2瓣裂；种子多数，无翅或扁平具盘状宽翅。

约25种，产亚洲东部和南部；中国19种，产西南、华南、华东和西北地区。

峨眉双蝴蝶 *Tripterospermum cordatum* (C. Marquand) Harry Sm.

8. 龙胆属 Gentiana Tourn. ex L.

草本，茎四棱形，直立或斜升；叶对生；花两性，花萼筒形或钟形，浅裂，萼筒内面具萼内膜，花冠管形、漏斗形或钟形，常浅裂，冠筒与裂片等长或较短，雄蕊着生于冠筒上，与裂片互生，子房1室，花柱短或细长，腺体轮状着生于子房基部；蒴果2裂；种子无翅。

约360种，产欧洲、亚洲、澳大利亚北部、新西兰、北美和非洲北部；中国248种，南北分布，主产西南地区。

阿里山龙胆 *Gentiana arisanensis* Hayata

9. 翼萼蔓属 Pterygocalyx Maxim.

草本植物，茎缠绕；单叶对生，叶全缘，具短叶柄；花4数，单生或成聚伞花序，花萼钟形，具4条翼状突起，无萼内膜，花冠管状，4裂，裂片间无褶，腺体着生于花冠管基部，雄蕊4，着生于花冠管上与裂片间互生，雌蕊具柄；种子多数，盘状，具翅。

1种，产亚洲；中国产北部和西南部。

翼萼蔓 *Pterygocalyx volubilis* Maxim.

10. 扁蕾属 Gentianopsis Ma

草本，茎直立，多少近四棱形；叶无柄；花蕾稍扁压，具明显的4棱，花4数，花萼筒状钟形，上部4裂，裂片2对，内对宽而短，外对狭而长，萼内膜位于裂片间稍下方，三角形，花冠上部4裂，裂片间无褶，腺体4，着生于花冠管基部，雄蕊较冠筒稍短，子房有柄，柱头2裂；种子表面有密的指状突起。

24种，产北美、亚洲和欧洲；中国5种，除华南外，其余地区均产。

湿生扁蕾 *Gentianopsis paludosa* (Hook. f.) Ma

11. 大钟花属 Megacodon (Hemsl.) Harry Sm.

多年生高大草本；叶对生，基部2~4对叶小，上部叶较大；假总状聚伞花序，花梗长，具苞片2，花大型，5数，花萼钟形，宿存，萼筒短，花冠钟形，冠筒短，裂片间无褶，裂片有明显网脉，雄蕊着生于冠筒中上部，与裂片互生，子房1室，花柱粗短，柱头2裂，腺体轮状着生于子房基部，蒴果2瓣裂。

2种，产不丹、印度、尼泊尔、中国；中国2种，产湖北、四川、西藏、云南。

大钟花 *Megacodon stylophorus* (C. B. Clarke) Harry Sm.

12. 獐牙菜属 Swertia L.

草本；花4或5数，辐状，花萼深裂，萼筒甚短，花冠深裂近基部，冠筒甚短，长至3mm，裂片基部或中部具腺窝或腺斑，雄蕊着生于冠筒基部，与裂片互生，花丝多为线形，子房1室，花柱短，柱头2裂；蒴果常包被于宿存的花被中；种子表面平滑、有褶皱状突起或有翅。

约150种，世界广布，主产亚洲和非洲；中国75种，主产西南地区。

瘤毛獐牙菜 *Swertia pseudochinensis* H. Hara

13. 黄秦艽属 Veratrilla Baill. ex Franch.

多年生草本，不育茎的叶呈莲座状；花单性，雌雄异株，辐状，4数；花萼分裂至近基部，萼筒甚短；花冠深裂，冠筒短；雄蕊着生于花冠裂片间弯缺处，与裂片互生，花丝极短；子房1室，花柱短；种子多数，周缘具宽翅，表面有网纹或网隙。

2种，产不丹、中国、印度；中国2种，产西南地区。

黄秦艽 *Veratrilla baillonii* Franch.

14. 花锚属 Halenia Borkh.

草本，茎直立，常分枝或单一不分枝；叶全缘；花 4 数，花萼深裂，萼筒短，花冠钟形，深裂，裂片基部有窝孔并延伸成一长距，距内有蜜腺，雄蕊着生于冠筒上，与裂片互生，子房 1 室，胚珠多数；种子多数，常褐色。

约 100 种，产美洲、亚洲和欧洲；中国 2 种，西南、西北、华北和东北地区均产。

花锚 *Halenia corniculata* (L.) Cornaz

15. 辐花属 Lomatogoniopsis T. N. Ho & S. W. Liu

一年生草本；花辐状，5 数；花萼深裂；花冠深裂，冠筒甚短，裂片在蕾中向右旋转状排列，互相重叠着生，开放时呈二色，一侧色深，一侧色浅，无腺窝，具 5 个与裂片对生的膜质附属物，片状或盔状，无脉纹；雄蕊着生于冠筒上，与裂片互生；子房 1 室，花柱不明显，柱头 2 裂，自雌蕊顶端沿心皮的缝合线下延。

3 种，中国特有，产青藏高原。

辐花 *Lomatogoniopsis alpina* T. N. Ho & S. W. Liu

16. 口药花属 Jaeschkea Kurz

一年生草本；花 4~5 数，花萼深裂近基部，萼筒极短，花冠管状，分裂至近中部，冠筒基部有腺体裂片间无褶，不重叠或彼此以 1/3 的宽度互相覆盖，右旋呈深的覆瓦状排列；雄蕊着生于裂片一侧的基部，花丝短，或极短，花柱短，胚珠较少；种子表面光滑。

2 种，产印度、克什米尔、巴基斯坦、印度东北部；中国 2 种，产新疆。

17. 假龙胆属 Gentianella Moench

一年生草本，茎单一或有分枝；叶对生，基生叶早落，茎生叶无柄或有柄；花 4~5 数，花萼深裂，萼筒短，裂片间无萼内膜，花冠管状或漏斗状，冠筒上着生有小腺体，裂片间无褶，裂片基部常光裸，稀具有维管束的柔毛状流苏，雄蕊着生于冠筒上；种子表面光滑或有疣状突起。

约 125 种，产南北半球温带地区；中国 9 种，产大部分省区。

异萼假龙胆 *Gentianella anomala* (Marq.) T. N. Ho

18. 肋柱花属 Lomatogonium A. Braun

草本；花 5 数，花萼深裂，萼筒短，花冠辐状，深裂近基部，冠筒极短，裂片开放时呈明显的二色，一侧色深，一侧色浅，基部有 2 个腺窝；雄蕊着生于冠筒基部，与裂片互生；花药蓝色或黄色，无花柱，柱头沿着子房的缝合线下延；种子小，常光滑。

18 种，产北美、亚洲温带和欧洲；中国 16 种，产西南地区。

肋柱花 *Lomatogonium carinthiacum* (Wulf.) Reichb.

19. 喉毛花属 Comastoma (Wettst.) Toyok.

草本；基生叶常早落，茎生叶无柄；花萼深裂，萼筒极短，无萼内膜，花冠4~5裂，裂片间无褶，裂片基部有白色流苏状副冠，流苏内无维管束，冠筒基部有小腺体，雄蕊着生冠筒上，花柱短，柱头2裂；种子光滑。

15种，产北美、亚洲和欧洲；中国11种，产西南、西北及北部地区。

镰萼喉毛花 *Comastoma falcatum* (Kar. & Kir.) Toyok.

20. 杯药草属 Cotylanthera Blume

寄生小草本；叶对生，膜质，鳞片形；花单生茎顶，辐状，4数，花萼膜质，分裂近基部，萼筒甚短，花冠分裂近基部，冠筒甚短，雄蕊着生于花冠裂片间弯缺处，花药有2个不完全的室，药室在下部贯通，顶孔开裂，子房2室，无柄，花柱极长，线形，柱头头状，2裂；蒴果圆球形，成熟时2瓣裂；种子多数。

4种，产不丹、尼泊尔、中国、泰国、印度、缅甸、印度尼西亚、菲律宾；中国1种，产广东、香港、四川、西藏、云南。

杯药草 *Cotylanthera paucisquama* C. B. Clarke

科 243. 夹竹桃科 Apocynaceae

约366属5 100种，产热带和亚热带，少数到温带地区；中国76属389种，产西南至东南地区。

乔木、灌木、藤本或草本；具乳汁或水液；单叶对生，全缘；托叶无或为假托叶；叶柄顶端有时具腺体。单花或为各式花序；花两性，5基数；花萼裂片基部内面常有腺体；花喉部常具副花冠、鳞片或附属体；雄蕊离生或形成合蕊冠，有时腹部与雌蕊黏生成合蕊柱；花药2或4室，若为花粉块，常2或4个，顶端常具膜片，有时具载粉器；子房1~2室，每室具胚珠1至多数，侧膜胎座；花柱1~2；柱头基部具5棱或2裂。蓇葖果、蒴果、浆果或瘦果。种子光滑，被端毛，具膜翅或假种皮。

广义夹竹桃科包括狭义夹竹桃科 Apocynaceae *s. s.*、杠柳科 Periplocaceae 和萝藦科 Asclepiadaceae。根据 Takhtajan（2009）所引用的系统分为5亚科：亚科Ⅰ萝芙木亚科 Rauvolfioideae（= 鸡蛋花亚科 Plumerioideae），分9族，中国有6族，族1鸡蛋花族 Plumerieae、族2假虎刺族 Carisseae、族5狗牙花族 Tabernaemontaneae、族6海杧果族 Cerbereae、族7萝芙木族 Rauvolfieae、族8黄蝉族 Allamandeae（栽培1属）；亚科Ⅱ夹竹桃亚科 Apocynoideae，分6族，中国均有，族1夹竹桃族 Apocyneae、族2止泻木族 Holarrheneae、族3倒吊笔族 Wrightieae、族4同心结族 Parsonsieae、族5腰骨藤族 Ichnocarpeae、族6思茅藤族 Epigyneae；亚科Ⅲ杠柳亚科 Periplocoideae，分2族，族1海岛藤族 Gymnanthereae、族2杠柳族 Periploceae；亚科Ⅳ鲫鱼藤亚科 Secamonoideae，分2族，族1弓果藤族 Toxocarpeae、族2鲫鱼藤族 Secamoneae；亚科Ⅴ马利筋亚科 Asclepiadoideae，分5族，中国有4族，族1马利筋族 Asclepiadeae、族2水根藤族 Fockeeae（栽培1属）、族4牛奶菜族 Marsdenieae、族5豹皮花族 Stapelieae。在分支图上，每个属后表示其在形态系统中的位置，罗马数字表示亚科序号，阿拉伯数字表示它们隶属族的序号（图173）。分支图显示，分子数据分析的结果和形态学证据的分类系统有很大的相似性：亚科Ⅰ和Ⅱ为狭义夹竹桃科的成员，亚科Ⅲ为杠柳科成员，亚科Ⅳ和Ⅴ为萝藦科成员。亚科内各族所包含的属大多数都聚集在一起，说明分子数据和形态学证据得到相互印证［形态系统学的分析参考吴征镒等（2003）］。

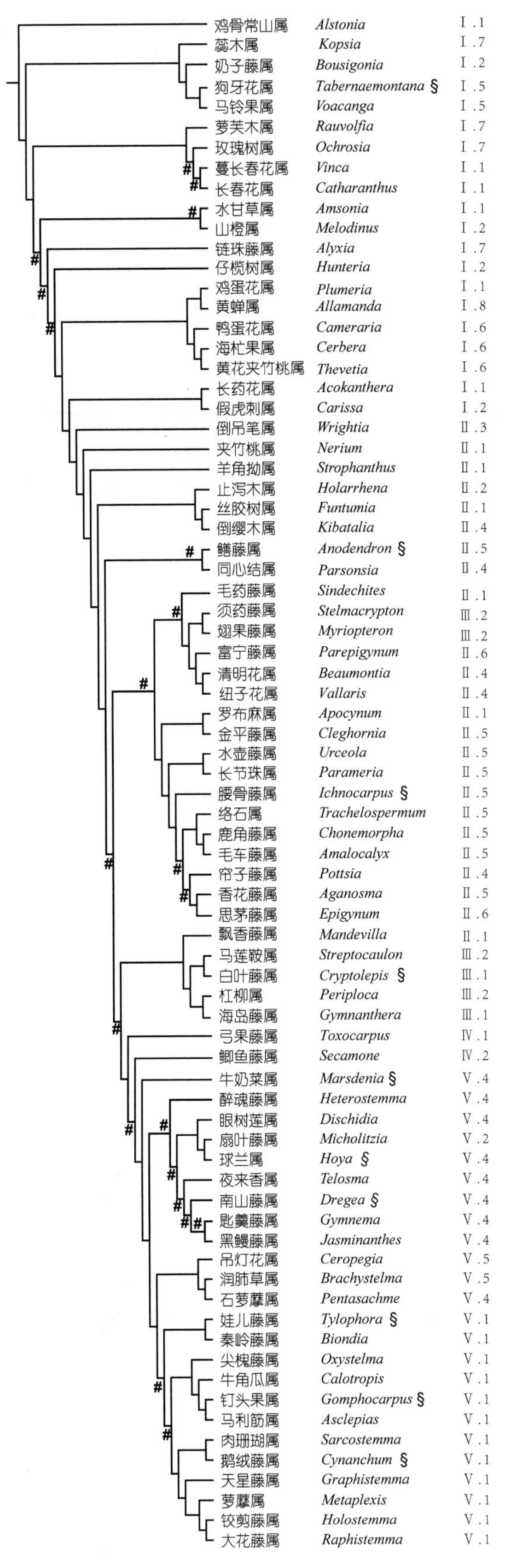

图 173 中国夹竹桃科植物的分支关系

1. 鸡骨常山属 Alstonia R. Br.

乔木或灌木，具乳汁；侧枝轮生；叶轮生，稀对生，侧脉密生而平行；花白色，排成顶生或近顶生的伞房状聚伞花序；花萼裂片为双盖覆瓦状排列，无腺体；花冠高脚碟状，喉部无副花冠，花冠裂片短，芽期向左覆盖；花药与柱头分离，雄蕊内藏；心皮2，离生，胚珠多数；蓇葖果2，离生；种子两端被毛。

约60种，产热带亚洲和非洲、澳大利亚北部、太平洋岛屿；中国8种，产广东、广西、云南和海南。

鸡骨常山 *Alstonia yunnanensis* Diels

2. 蕊木属 Kopsia Blume

乔木或灌木，有白色乳汁；叶对生；花排成顶生的聚伞花序；萼小，5裂，裂片顶有腺体，里面无腺体；花冠高脚碟状，管纤弱，顶端裂片向右覆盖，喉部有毛；雄蕊生于冠管的近顶部，内藏；花盘舌状，2枚，与心皮互生；心皮2，分离，每心皮有胚珠2；核果双生，倒卵形或椭圆形。

约20种，产亚洲东南部；中国4种，产广东、广西、云南和海南。

红花蕊木 *Kopsia fruticosa* (Ker Gawl.) A. DC.

3. 奶子藤属 Bousigonia Pierre

攀缘灌木；叶对生，羽状脉；聚伞花序顶生或腋生；萼管短，裂片5，基部有腺体；花冠高脚碟状，管基部肿胀，裂片5，短，左向旋转状排列；雄蕊5，内藏，着生于冠管的中部；花盘圆筒状，厚肉质，顶部全缘或微缺；子房1室，花柱短，柱头卵状；胎座2，每胎座有胚珠2；浆果，内有种子3~4。

2种，分布于中国、老挝和越南；中国2种，产云南南部。

闷奶果 *Bousigonia angustifolia* Pierre

4. 狗牙花属 Tabernaemontana L.

灌木或乔木，具乳汁；假托叶针状，基部扩大而合生；叶对生，卵圆形至长圆形；花白色，花单生或呈聚伞或伞房花序，生于小枝分叉处；萼裂片基部腺体不明显或较多，宿存；花冠高脚碟状，裂片向左覆盖而向右旋转；雄蕊着生在花冠管膨大处；心皮2，部分合生；胚珠多数；蓇葖叉开；种子被假种皮。

99种，产亚洲、非洲、美洲及太平洋岛屿；中国5种，产西南、华南至台湾。

狗牙花 *Tabernaemontana divaricata* (L.) R. Br. ex Roem. & Schult.

5. 马铃果属 Voacanga Thouars

乔木或灌木，有乳汁，二叉分枝；叶对生，叶柄或叶基部有托叶鞘，具 1 列黏液毛；聚伞花序顶生，花芳香，白色或黄色，花萼钟状到圆筒状，基部腺体多，花冠高脚碟状；伸出或内藏，花盘环形或 5 裂片贴生于子房，子房 2，离生或基部合生，胚珠多数；雌蕊头状花序灯罩形，先端 2 半裂；蓇葖果，下垂。

12 种，7 种产非洲，5 种产东南亚；中国引种 2 种，栽培于广东和云南。

非洲马铃果 *Voacanga africana* Stapf

6. 萝芙木属 Rauvolfia L.

乔木或灌木；叶轮生，稀对生，叶腋间及腋内具腺体；花排成二歧聚伞花序，有时呈伞形或伞房式；花序梗与顶叶互生；萼 5 裂，里面无腺体；花冠高脚碟状，管圆柱状，喉部收缩，里面常有毛；雄蕊内藏；花盘大，杯状或环状；心皮 2，分离或合生；每心皮有胚珠 1~2；核果，2 个离生或合生，有种子 1。

约 60 种，产非洲、亚洲和美洲；中国 7 种，产南部。

萝芙木 *Rauvolfia verticillata* (Lour.) Baill.

7. 玫瑰树属 Ochrosia Juss.

乔木；叶对生或轮生；花排成聚伞花序，生于顶枝的叶腋；花萼 5 深裂，内有腺体或无；花冠高脚碟状，喉部无鳞片，花冠裂片向右覆盖；管筒形，裂片 5，向右覆盖；雄蕊着生于花冠管的中部以上，花药分离；花盘缺；心皮 2，离生，有胚珠 2 列；核果坚硬，有种子 1 至数枚。

约 25 种，产马来西亚及西太平洋岛屿；中国引种 2 种，产广东和台湾。

古城玫瑰树 *Ochrosia elliptica* Labill.

8. 蔓长春花属 Vinca L.

蔓性亚灌木，有水液；叶对生，叶柄内和叶柄间具腺体；花常单生，稀 2 朵，腋生；花萼 5 裂；花冠漏斗状，花冠管比花萼为长；雄蕊内藏，花丝扁平；花药顶端膜片具毛，贴着柱头；花盘为 2 至数个舌状片所组成，与心皮互生而略短；心皮 2，离生；花柱顶部有毛，基部有环状的盘；果为 2 个蓇葖果，直立或开展。

约 5 种，产西亚及欧洲；中国引种 2 种，广泛栽培。

蔓长春花 *Vinca major* L.

9. 长春花属 Catharanthus G. Don

草本，有水液；叶对生；叶腋内和叶腋间有腺体；花红色或白色，2~3 朵组成聚伞花序，顶生或腋生；萼小，基部内面无腺体；花冠高脚碟状，裂片 5，花冠喉部紧缩，内面具刚毛，花冠裂片芽期向左覆盖；雄蕊内藏，花药顶端无毛；心皮 2，分离，下有 2 腺体与彼等互生；柱头盘状，顶有束毛；果为 2 个蓇葖。

8 种，7 种马达加斯加特有，1 种产印度和斯里兰卡；中国引种 1 种，广泛栽培。

长春花 *Catharanthus roseus* (L.) G. Don

10. 水甘草属 Amsonia Walter

直立草本；叶互生；花蓝色至白色，排成顶生的聚伞花序；萼 5 裂，萼裂片基部内面常无腺体，双盖覆瓦状排列；花冠高脚碟状，裂片 5，直立或广展，花冠管圆筒形，上部膨大，喉部被长柔毛，花冠裂片芽期向左覆盖；雄蕊 5；花盘缺；蓇葖 2 个，圆柱形，内有种子多数；种子无附属物。

约 20 种，产北美及东亚；中国 1 种，产安徽和江苏。

柳叶水甘草 *Amsonia tabernaemontana* Walter

11. 山橙属 Melodinus J. R. Forst. & G. Forst.

木质藤本，具乳汁；叶对生；顶生或腋生的三歧圆锥状或假总状的聚伞花序；萼 5 深裂，裂片双盖覆瓦状排列；花冠高脚碟状，花冠管圆柱形，在雄蕊着生处膨大，花冠裂片狭镰刀状，向左覆盖，喉部的副花冠呈鳞片状，有小鳞片 5~10；无花盘；花药长椭圆形，内藏；子房 2 室，胚珠多数；肉质浆果。

约 50 种，产亚洲亚热带及热带至大洋洲；中国 12 种，产西南至华南及台湾。

山橙 *Melodinus suaveolens* (Hance) Benth.

12. 链珠藤属 Alyxia Banks ex R. Br.

木质藤本或灌木，有乳汁；3 或 4 叶轮叶，稀对生；聚伞花序顶生或腋生，花小，花萼深分裂，基部无腺体，花冠白色，稀黄色，高脚碟状，花冠管圆筒状，雄蕊内藏，花丝极短，无花盘，子房由 2 枚离生心皮组成，花柱丝状，每心皮有胚珠 4~6，2 排；核果，常连结成链珠状；种子卵形或长圆形。

70 种，产热带亚洲、澳大利亚和太平洋岛屿；中国 12 种，产西南至华南地区。

筋藤 *Alyxia levinei* Merr.

13. 仔榄树属 Hunteria Roxb.

乔木，具乳汁；叶对生，侧脉密而近平行，革质；花小，排成顶生或腋生的聚伞花序；萼小，5裂，无腺体；花冠高脚碟状，喉部膨大，裂片在花蕾时向左覆盖；雄蕊生于冠管的中部以上，药室基部浑圆；花盘缺；心皮2，每心皮有胚珠2~4；肉质浆果。

10种，主产热带非洲，1种分布到亚洲热带地区；中国1种，产海南。

仔榄树 *Hunteria zeylanica* (Retz.) Thwaites

14. 鸡蛋花属 Plumeria L.

落叶灌木或小乔木，具乳汁，枝具有明显的叶痕；叶互生，羽状脉；花大，排成顶生的聚伞花序；萼小，5深裂，内面无腺体；花冠漏斗状，喉部无鳞片亦无毛，裂片芽期向左覆盖；花盘缺；心皮2，分离，有胚珠多数；双生蓇葖果；种子多数，顶端具膜质的翅，无种毛。

7种，产美洲热带地区；中国南部栽培2种。

红鸡蛋花 *Plumeria rubra* L.

15. 黄蝉属 Allamanda L.

直立或藤状灌木；叶生或轮生；花大而美丽，黄色，数朵排成总状花序，萼5深裂，基部里面无腺体；花冠钟状或漏斗状，裂片向左覆盖，喉部有被毛的鳞片；花药与花柱分离；花盘环状，全缘或5裂；子房1室，具两个侧膜胎座，有胚珠多数；果为一有刺的蒴果，开裂为2果瓣；种子有翅。

14种，产美洲热带地区；中国引种2种。

黄蝉 *Allamanda schottii* Pohl

16. 鸭蛋花属 Cameraria L.

乔木或灌木；叶对生；聚伞花序伞房状，腋生，1至多花；花萼小，无腺体，裂片卵形，花冠黄色或白色，漏斗状或高脚碟状，花冠管基部或顶部一边肿胀，喉部无鳞片，裂片边缘不等，芽时向左覆盖；雄蕊贴生于花冠管中上部，伸出或内藏，药隔延伸成长的具刚毛的附属物；子房2室，离生，胚珠多数；柱头圆锥形，2裂；蓇葖果2，翅果状，反折或平展；种子卵球形。

4种，产加勒比地区；中国广东引种1种。

17. 海杧果属 Cerbera L.

乔木，具乳汁；叶螺旋状互生；聚伞花序顶生；花萼深裂，基部无腺体，花冠白色，漏斗状，具肋，或5枚被短柔毛的鳞片；雄蕊着生在花冠上，花药狭长圆形，具细尖，裂片在基部圆形；无花盘，子房2，每室4胚珠，花柱丝状，上部膨大，短的雌蕊头状花序2半裂；核果1或2，椭圆形或球状。

3种，产非洲、亚洲热带、澳大利亚和太平洋岛屿；中国1种，产南部海岸。

海杧果 *Cerbera manghas* L.

18. 黄花夹竹桃属 Thevetia L.

常绿乔木或灌木，具白色乳汁；叶互生；聚伞花序顶生，花萼深裂，裂片内面基部具腺体；花冠黄色，漏斗状，裂片阔，花冠管短，下部圆筒状，花冠管喉部具被毛的鳞片5；雄蕊着生于花冠管的喉部；花药与花柱分离；子房2室，2深裂，每室有胚珠2；核果，内果皮木质，坚硬。

8种，产美洲热带地区；中国引种2种，产南部。

黄花夹竹桃 *Thevetia peruviana* (Pers.) K. Schum.

19. 长药花属 Acokanthera G. Don

灌木或小乔木，具白色乳汁；叶对生；伞房花序腋生，通常簇生，花有甜香味，花萼小，裂片内面无腺体，花冠白色或粉红色，高脚碟状，花冠裂片向左覆盖；副花冠缺失；雄蕊着生于花冠管部，花药药隔凸尖，被毛；子房2室，每室胚珠1，花柱丝状；柱头短锥形，基部具1圈乳突，顶端微2裂；浆果，球形或椭球形。

5种，产热带非洲和阿拉伯半岛；中国引种1种，产南部。

长药花 *Acokanthera oppositifolia* (Lam.) Codd

20. 假虎刺属 Carissa L.

灌木，具刺；叶对生；聚伞花序，顶生或腋生；花萼5深裂，裂片基部内面有时具离生腺体；花冠高脚碟状，雄蕊内藏；花冠喉部无鳞片，花冠裂片芽期向右或向左覆盖；花冠管圆筒形，通常在雄蕊着生处膨大；雄蕊5，离生；无花盘；子房2室，每室有胚珠1~4；浆果，球形或椭圆形；种子盾状。

36种，产亚洲、大洋洲及非洲的热带和亚热带地区；中国4种，产台湾、广东、云南和贵州。

大花假虎刺 *Carissa macrocarpa* (Eckl.) A. DC.

21. 倒吊笔属 Wrightia R. Br.

灌木或乔木，具乳汁；叶对生，叶腋内具腺体；聚伞花序顶生或腋生；萼5裂，裂片双盖覆瓦状排列，内有5~10鳞片状腺体；花冠高脚碟状、漏斗状或辐射状，花冠裂片芽时向左覆盖；副花冠多形，全缘或近全缘；雄蕊伸出；心皮2，分离或合生，胚珠多数；蓇葖果粗厚，分离或合生；种子顶端具种毛。

约23种，产非洲热带、亚洲和澳大利亚；中国6种，产西南部和南部。

胭木 *Wrightia arborea* (Dennst.) Mabberley

22. 夹竹桃属 Nerium L.

灌木，含水液；叶革质，对生或3~4枚轮生；伞房状聚伞花序，顶生；花萼裂片双覆盖瓦状排列，内面基部具腺体；花冠漏斗状，喉部有撕裂状的附属物；副花冠生于喉部，鳞片状，顶端撕裂；雄蕊内藏，花药隔丝状，被长柔毛；心皮2；蓇葖果双生，离生，长圆形，有被短柔毛、顶端具种毛的种子。

1种，产亚洲、欧洲和北非；中国引种1种，产南部。

夹竹桃 *Nerium indicum* Mill.

23. 羊角拗属 Strophanthus DC.

木质藤本或灌木或小乔木；叶对生；聚伞花序顶生；萼5裂，内有腺体；花冠漏斗状，花冠裂片在芽时向右覆盖，裂片顶部延长成一带状长尾，副花冠鳞片状；花药环绕靠合在柱头上，药隔顶端丝状；离生心皮2，胚珠多数；柱头全缘或2裂；蓇葖果木质，叉生；种子顶端具长喙，喙周围生有种毛。

38种，产热带非洲和亚洲；中国6种，产南部及西南地区。

羊角拗 *Strophanthus divaricatus* (Lour.) Hook. & Arn.

24. 止泻木属 Holarrhena R. Br.

乔木或灌木，含乳汁；叶对生，膜质；伞房状聚伞花序，顶生或腋生；花萼裂片内面基部具腺体；花冠高脚碟状，喉部收缩，花冠管圆筒形，内面无鳞片也无副花冠，花冠裂片在花蕾时向右覆盖；雄蕊生于冠管的基部，内藏；花盘缺；心皮2，离生，胚珠多数；蓇葖果2，圆柱形，延长；种子线形或长圆形，顶端具绢质种毛。

4种，产热带非洲和亚洲东南部；中国1种，产云南。

止泻木 *Holarrhena pubescens* G. Don

25. 丝胶树属 Funtumia Stapf

常绿乔木或灌木，具乳汁；叶对生，边缘波状；聚伞花序腋生或顶生；花萼深分裂，裂片基部内面具腺体；花冠高脚碟状，花冠管中部一侧肿胀，喉部紧缩，无鳞片，花冠裂片芽期向右覆盖；雄蕊花冠管近中部，花药箭头形，花盘杯状，深5裂，子房2，离生，胚珠多数；蓇葖果2，分叉；种子具朝向果实基部的长喙，被毛。

2种，产热带非洲；中国引种1种，产南部。

26. 倒缨木属 Kibatalia G. Don

灌木或小乔木；叶对生；花白色，伞房状聚伞花序，腋生；花萼裂片5，基部内面有鳞片；花冠高脚碟状，花冠裂片向右覆盖，花冠管圆柱状，喉部稍扩大，裂片5，右向覆叠；雄蕊5，着生于喉部，花药围绕着柱头且与柱头紧贴，离生心皮2，顶端有长柔毛，胚珠多数；蓇葖果2，宽展像人字；种子狭长圆形，基部具长喙，种毛沿种子的长喙而向上轮生。

15种，产亚洲；中国1种，产云南。

倒缨木 *Kibatalia macrophylla* (Hua) Woodson

27. 鳝藤属 Anodendron A. DC.

攀缘灌木；叶对生；聚伞花序，顶生或腋生；萼5裂，裂片钝，里面有少数腺体；花冠高脚碟状，喉部收缩，无鳞片，裂片狭，芽时向右覆盖；雄蕊着生于冠管的中部以下，花药黏合而环绕柱头；花盘环状或杯状，有时浅5裂；心皮2，离生，胚珠多数；柱头基部膨胀成环状；蓇葖果双生，端部渐尖；种子具喙，有长种毛。

约16种，分布于斯里兰卡、印度、越南和马来西亚；中国5种，产长江以南地区。

台湾鳝藤 *Anodendron benthamianum* Hemsl.

28. 同心结属 Parsonsia R. Br.

攀缘灌木；叶对生；伞房状聚伞花序，腋生或顶生；萼基部内面有腺体；花冠高脚碟状，冠管短，花冠管喉部紧缩，无鳞片，花冠裂片向右覆盖；雄蕊伸出，花药胶黏成球状且腹面黏合于柱头的中部；子房为2个离生心皮所组成，胚珠多数；柱头顶端2裂或全缘；蓇葖果圆筒状；种子线形或长圆形，顶端具种毛。

约50种，产亚洲东南部和太平洋岛屿；中国2种，产华南和华东至台湾。

海南同心结 *Parsonsia alboflavescens* (Dennst.) Mabberley

29. 毛药藤属 Sindechites Oliv.

木质藤本，具乳汁；叶对生，顶端渐尖，呈尾状；花白色，排成顶生、圆锥花序式聚伞花序；萼内面基部具腺体，裂片卵形，顶端2裂；花冠高脚碟状，喉部秃裸，裂片向右旋转状排列；雄蕊着生于冠管的中部，花药内藏，基部有距；心皮分离，顶部为一环状花盘所围绕；蓇葖果双生；种子有柔毛。

2种，分布于中国和泰国；中国2种，产西南、华中和华南部分省区。

毛药藤 *Sindechites henryi* Oliv.

30. 须药藤属 Stelmacrypton Baill.

木质藤本，具乳汁；叶对生；聚伞花序，腋生；萼片椭圆形，里面有腺体；花冠钟状，有短管，右向旋转状排列；副花冠的裂片5，短，生于雄蕊之上，花丝分离，与花冠基部黏合；花药卵形，顶端有长毛，伸出花喉之外；花粉器匙形，载粉器黏盘黏着柱头基部；子房具离生心皮2，胚珠多数；蓇葖果长椭圆形，平滑；种子顶端具种毛。

1种，产印度和中国云南、贵州和广西。

31. 翅果藤属 Myriopteron Griff.

木质藤本，具乳汁；叶对生；圆锥状聚伞花序，腋生；萼片里面有小腺体5；花冠辐状，裂片芽期向右覆盖；副花冠的鳞片5；鳞片的基部阔，上部丝状；雄蕊生于花冠的基部，花丝下部合生成一环；花药顶端膜质；花粉器匙形；雌蕊具离生心皮2，胚珠多数；柱头隆起，2裂；蓇葖果短，肿胀，有多数、膜质的纵翅；种子有白色绢质种毛。

1种，分布于亚洲热带地区至中国西南部。

翅果藤 *Myriopteron extensum* (Wight & Arn.) K. Schum.

32. 富宁藤属 **Parepigynum** Tsiang & P. T. Li

粗壮藤本；叶对生，叶脉稀；聚伞花序伞房状；花萼5深裂，裂片基部有5个钻状腺体；花冠浅高脚碟状，冠管内面雄蕊背后的管壁上具倒生刚毛，裂片向左覆盖；雄蕊着生于花冠管的近基部；花药基部有距；心皮2，子房半下位，胚珠多数；蓇葖果2枚合生；种子顶端有短而阔的喙，沿喙围生黄白色种毛。

1种，中国特有，产云南、贵州。

富宁藤 *Parepigynum funingense* Tsiang & P. T. Li

33. 清明花属 **Beaumontia** Wall.

藤本，有乳汁；叶对生，叶腋内有腺体；花极大，排成顶生或腋生的聚伞花序，稀圆锥花序或伞房花序，有叶状大苞片承托着；花萼5深裂，裂片叶状，里面基部有腺体；花冠钟状，稀辐状，喉部无鳞片；花盘由5个肉质腺体组成，腺体与花萼裂片互生；雌蕊2合生心皮；胚珠多数；蓇葖果长柱形、木质。

15种，产亚洲热带地区；中国5种，产南部和西南部。

清明花 *Beaumontia grandiflora* Wall.

34. 纽子花属 **Vallaris** Burm. f.

攀缘灌木；叶对生，具透明腺点；花白色，总状或伞房状聚伞花序，腋生；萼裂片内面基部腺体有或无；花冠高脚碟状，管短，喉部秃裸，花冠裂片向右覆盖；雄蕊生于冠管中部，花药突出，黏合成一球状体与柱头贴连，药隔有背生的大腺体1，药室基部有距；心皮2，胚珠多数；蓇葖果；种子顶端具种毛。

10种，产亚洲热带和亚热带地区；中国2种，产华南和西南地区。

大纽子花 *Vallaris indecora* (Baill.) Tsiang & P. T. Li

35. 罗布麻属 **Apocynum** L.

半灌木，具乳汁；叶对生，稀近对生或互生，叶柄基部及腋间具腺体；圆锥状聚伞花序，顶生和侧生；萼5裂，里面无腺体；花冠钟状，在雄蕊间有附属体5；雄蕊着生于冠管的近基部，内藏；花药黏合且与柱头合生，药室基部有距；花盘肉质，5裂；心皮2，分离，胚珠多数；蓇葖果2；细长；种子顶端具绢毛。

14 种，产北温带地区；中国 1 种，产西北、华北及东北地区。

罗布麻 *Apocynum venetum* L.

36. 金平藤属 Cleghornia Wight

攀缘灌木；叶对生；二至三歧圆锥状或伞房状聚伞花序，腋生或顶生；花萼裂片内面具腺体；花冠高脚碟状，裂片芽期向右覆盖；雄蕊内藏，花药腹部与柱头黏连，顶部被长柔毛，基部有距；心皮 2，分离，胚珠多数，着生于腹缝线的胎座上；蓇葖果双生，长圆柱形，内有种子多颗；种子顶端有白色绢质种毛。

4 种，产亚洲东南部；中国 1 种，产云南南部和贵州。

金平藤 *Cleghornia malaccensis* (Hook. f.) King & Gamble

37. 水壶藤属 Urceola Roxb.

木质藤本，具白色乳汁；叶对生，叶柄间及叶腋内具少数腺体；聚伞花序圆锥状，顶生或腋生；花萼深裂，裂片内面基部具 5 枚腺体；雄蕊内藏，花药腹部与柱头黏生；子房由 2 枚离生心皮组成，顶端被长柔毛，胚珠多数；柱头顶端全缘或短 2 裂；蓇葖双生，略叉开，线状披针形；种子长圆状披针形或线形，顶端具黄色绢质种毛。

15 种，产东南亚；中国 8 种，产长江以南省区。

酸叶胶藤 *Urceola rosea* (Hook. & Arn.) D. J. Middleton

38. 长节珠属 Parameria Benth.

常绿攀缘灌木，具乳汁；叶对生，稀 3 枚轮生；圆锥状聚伞花序，顶生或腋生；萼裂片里面有腺体；花冠高脚碟状或近钟状，喉宽而无鳞片，裂片蕾时向左覆盖；雄蕊着生于花冠的基部，花药箭头形，黏合而围绕着柱头，药室基部有距；花盘的鳞片 5；心皮 2，分离；蓇葖果长，近念珠状；种子顶有束毛。

4 种，产东南亚；中国 1 种，产云南和广西。

长节珠 *Parameria laevigata* (Juss.) Moldenke

39. 腰骨藤属 Ichnocarpus R. Br.

木质藤本；叶对生；聚伞花序，顶生或腋生；萼 5 裂，内面有或无腺体；花冠高脚碟状，裂片狭；花冠管短柱形，光滑或被向上的柔毛，花冠裂片在芽期向右覆盖；雄蕊着生于冠管中部或稍下，花药围绕着花柱，内藏，基部有距；心皮 2，离生，有胚珠多数；蓇葖果双生，纤细，圆柱形或稍压扁，一长一短；种子有种毛。

12 种，产东南亚、澳大利亚北部和太平洋岛屿；中国 4 种，产广东、广西和云南。

小花藤 *Ichnocarpus polyanthus* (Blume) P. I. Forst.

40. 络石属 Trachelospermum Lem.

攀缘灌木，具乳汁；叶对生；聚伞花序或圆锥状聚伞花序；花萼内面基部有腺体 5~10；花冠高脚碟状，花冠管圆柱状，裂片芽时向右覆盖；雄蕊着生于冠管的中部以上膨大处，花丝短，花药连合，围绕着柱头；花盘环状，截平或 5 裂；心皮 2，离生，有胚珠多数，花柱丝状；蓇葖果双生，长柱形，延长；种子有种毛。

15 种，产亚洲热带和亚热带地区及北美洲；中国 6 种，产华北、西北、华中、西南和华南地区。

络石 *Trachelospermum jasminoides* (Lindl.) Lem.

41. 鹿角藤属 Chonemorpha G. Don

攀缘灌木，具乳汁；叶对生，叶柄间具连线和腺体；花大，白色，为顶生或假腋生、疏散总状花序式的聚伞花序；萼 5 裂，内有腺体一轮；花冠高脚碟状，喉部秃净，裂片阔，右向旋转状排列；雄蕊着生于花冠管顶部，花药黏合而紧贴柱头，基部有短距；花盘环状，心皮 2，分离，胚珠多数；蓇葖果双生；种子顶有束毛。

约 15 种，产亚洲热带和亚热带地区；中国 8 种，产西南和华南地区。

鹿角藤 *Chonemorpha eriostylis* Pit.

42. 毛车藤属 Amalocalyx Pierre

木质藤本；叶对生；聚伞花序腋生或顶生；萼钟状，裂片 5，基部有腺体；花冠近钟状，喉部无毛，花冠管中部以下紧缩成圆筒形，右向旋转状排列；雄蕊着生于冠管中部；花药内藏；子房 2 心皮，胚珠多数；柱头倒卵状，有一个膜质、基生的环；胚珠 4 列；蓇葖果 2，倒卵状，并生；种子卵圆形，有黄色绢质种毛。

2 种，分布于中南半岛；中国 1 种，产云南。

毛车藤 *Amalocalyx microlobus* Pierre

43. 帘子藤属 Pottsia Hook. & Arn.

木质藤本，具乳汁；叶对生；三至五歧圆锥状聚伞花序；萼内面有腺体；花冠高脚碟状，喉部收缩，花冠裂片向右覆盖；无副花冠；雄蕊着生于冠管的顶部，花药箭头形，黏合而围绕着柱头，药室基部有距；花盘环状、5 裂，裂片长于子房；心皮 2，离生，被毛，有胚珠多数；蓇葖果双生，细长；种子顶端具白色绢质种毛。

5 种，分布于亚洲东南部；中国 3 种，产西南、华南至华东地区。

帘子藤 *Pottsia laxiflora* (Blume) Kuntze

44. 香花藤属 Aganosma (Blume) G. Don

攀缘灌木；叶对生；花白色，聚伞花序，顶生或腋生；苞片和小苞片萼片状；花萼裂片内有腺体，常较花冠管长；花冠高脚碟状，管短，花冠裂片芽时裂片向右覆盖；雌蕊内藏，花药与柱头贴连；花盘5裂，环绕子房；心皮2，分离，有胚珠多数；蓇葖果圆柱形，延长，叉生；种子多数，顶端具白色或黄色绢质种毛。

12 种，产亚洲热带至亚热带地区；中国 5 种，产西南至华南地区。

广西香花藤 *Aganosma siamensis* Craib

45. 思茅藤属 Epigynum Wight

攀缘灌木，具乳汁；叶对生；近伞房状或近圆锥状的聚伞花序，顶生；花萼裂片内面基部无腺体或稀有腺体；花冠高脚碟状，裂片向右覆盖，喉部有长柔毛；雄蕊 5，着生在花冠管的中部以下膨大处；花丝短；花药基部有距，腹部黏生在柱头上；花盘 5 裂，围绕子房；心皮 2，离生；子房半下位，内有多数胚珠；蓇葖双生，圆柱状；种子顶端具种毛。

约 14 种，产东南亚；中国 1 种，产云南南部。

思茅藤 *Epigynum auritum* (C. K. Schneid.) Tsiang & P. T. Li

46. 飘香藤属 Mandevilla Lindl.

藤本，具乳汁；叶对生，托叶线状；总状花序，腋生；花萼深分裂，内面基部具许多腺体；花冠漏斗状，花冠管狭窄，钟状，裂片向右覆盖；雄蕊内藏，着生于花冠管肿胀处；花药与柱头黏连，药室具尾尖；子房离生，胚珠多数；柱头 2 裂；蓇葖果长，纤细；种子狭长圆形，被丛毛。

120 种，原产中美洲和南美洲；中国引种 1 种，产南部。

飘香藤 *Mandevilla laxa* (Ruiz & Pav.) Woodson

47. 马莲鞍属 Streptocaulon Wight & Arn.

木质藤本、半灌木或灌木，具乳汁；叶对生；三歧圆锥状聚伞花序，腋生，花萼裂片双盖覆瓦状排列，内面基部具小腺体 5；花冠辐状，花冠裂片芽时向右覆盖；副花冠丝状，内弯，其基部与花丝同着生于花冠的基部，并与花丝背部合生；花药与柱头贴连；子房具2离生心皮；蓇葖果叉生；种子顶端具毛。

5种，分布于印度、中国、马来半岛地区；中国2种，产南部和西南部。

暗消藤 *Streptocaulon juventas* (Lour.) Merr.

48. 白叶藤属 Cryptolepis R. Br.

木质藤本，具乳汁；叶对生；聚伞花序；花萼裂片双盖覆瓦状排列，萼内面基部有腺体5~10；花冠高脚碟状，花冠管短，圆柱状或钟状，裂片线形，右向旋转状排列；副花冠鳞片5；雄蕊着生于花冠管中部，内藏，每室具1花粉块；子房由2枚离生心皮所组成，胚珠多数；蓇葖双生；种子顶端具白色绢质种毛。

12种，分布于亚洲和非洲的热带地区；中国2种，产南部和西南部。

白叶藤 *Cryptolepis sinensis* (Lour.) Merr.

49. 杠柳属 Periploca L.

藤状灌木，具乳汁；叶对生；聚伞花序，顶生或腋生；萼内有腺体；花冠辐状；副花冠异形，环状，着生于花冠基部，5~10裂；雄蕊着生在副花冠内面不同位置；花药背面被髯毛，与柱头黏连，顶端具内弯的膜片；子房由2枚离生心皮所组成；柱头盘状，顶端2裂；蓇葖果叉生；种子顶端具白色绢质种毛。

10种，产亚洲温带地区、欧洲南部和热带非洲；中国4种，产北部和西南部。

杠柳 *Periploca sepium* Bunge

50. 海岛藤属 Gymnanthera R. Br.

本质藤本，具乳汁；叶对生；聚伞花序，顶生或腋生；萼5裂，基部里面有腺体；花冠高脚碟状；副花冠肉质，着生于花冠喉部之下；雄蕊着生于冠管喉部之下，花丝离生，花粉器匙形，直立；子房由2枚离生心皮组成，胚珠多数；花柱丝状，柱头盘状，5棱，顶端2裂；蓇葖果叉生；种子顶端具白色绢质的毛。

2种，产亚洲南部及东南部和澳大利亚；中国1种，产广东。

海岛藤 *Gymnanthera oblonga* (Burm. f.) P. S. Green

51. 弓果藤属 Toxocarpus Wight & Arn.

攀缘灌木；叶对生，基部双耳形；聚伞花序腋生；花萼裂片钝形，内面基部具腺体5或全缺；花冠辐状，管极短，芽时左向旋转状排列；副花冠裂片5，着生于合蕊冠基部；花药小，无附属体；花粉块每室2，每个着粉腺上有花粉块4，无花粉块柄；柱头伸出于花冠，2裂或全缘；蓇葖果稍弯；种子有种毛。

70种，分布于亚洲、非洲热带地区；中国11种，产西南、华南地区。

弓果藤 *Toxocarpus wightianus* Hook. & Arn.

52. 鲫鱼藤属 Secamone R. Br.

藤状灌木，具乳汁；叶对生，常有腺点；二至三歧聚伞花序；花萼基部通常无腺体；花冠辐状，5深裂，裂片向右旋转状排列；副花冠的鳞片5，常2轮；雄蕊腹面与雌蕊黏生成合蕊柱；花药顶端具透明膜片，覆盖着柱头；花粉块每花药4，每室2；心皮2；蓇葖果叉生；种子顶端具白色绢质种毛。

约80种，产非洲南部和马达加斯加，亚洲南部和东南部至大洋洲地区；中国6种，产西南至华南地区。

鲫鱼藤 *Secamone elliptica* R. Br.

53. 牛奶菜属 Marsdenia R. Br.

木质藤本；叶对生；伞形聚伞花序；花萼5裂，基部有腺体；花冠钟状或近壶状，很少高脚碟状，裂片右向覆盖，喉部常为束毛所封闭，有时秃净；与雄蕊合生的副花冠裂片5，全缘，花药顶端具透明的膜片；花粉块直立，具柄；子房2心皮；柱头平坦或有喙；蓇葖果平滑或有翅，常肉质；种子顶端具绢质种毛。

约100种，产美洲、亚洲及热带非洲；中国22种，产华东、华南及西南地区。

牛奶菜 *Marsdenia sinensis* Hemsl.

54. 醉魂藤属 Heterostemma Wight & Arn.

缠绕灌木或亚灌木；叶对生，基部3~5脉；伞形状或总状聚伞花序；花萼5裂，基部有小腺体5~10；花冠辐状，镊合状排列或向右覆盖；副花冠裂片5，着生于合蕊冠的顶端；花丝合生成筒状，花药顶端有内弯的膜片；花粉块每室1；子房2心皮；柱头基部5棱；蓇葖果光滑；种子顶端具绢质种毛。

30种，分布于亚洲热带和亚热带地区；中国11种，产西南和华南地区。

大花醉魂藤 *Heterostemma grandiflorum* Costantin

55. 眼树莲属 Dischidia R. Br.

附生缠绕藤本，具乳汁；叶对生；伞形花序；花萼5裂，基部有腺体5；花冠喉部常收缩；副花冠5，锚状，着生于合蕊冠上，合蕊冠极短；花粉块每室1，边缘透明；花药顶端具薄膜片；雌蕊2心皮；柱头平顶或圆锥状；果为1~2个纤细、渐尖的蓇葖果；种子顶端有绢质种毛。

约80种，产亚洲和大洋洲的热带与亚热带地区；中国5种，产南部及西南部。

台湾眼树莲 *Dischidia formosana* Maxim.

多脉球兰 *Hoya polyneura* Hook. f.

56. 扇叶藤属 Micholitzia N. E. Br.

亚灌木，附生或石生；叶对生，肉质；花序腋外生，轴分枝，分枝总状花梗，伞状花序，花萼不具腺体，花冠管状，裂片直立，5，肉质，边缘在背面下弯，膜质，花药有顶端附属物，花粉块2，基部边缘半透明；蓇葖果线状披针形；种子长圆形。

1种，分布于中国、印度、缅甸和泰国；中国产云南。

扇叶藤 *Micholitzia obcordata* N. E. Br.

57. 球兰属 Hoya R. Br.

灌木或半灌木，附生或卧生；叶肉质而厚；腋生聚伞花序；花冠辐状，5裂；副花冠为5个肉质鳞片，着生于雄蕊背部，上部扁平，两侧反折而背面中空；花药黏合于柱头之上，顶有一直立或内弯的膜；花粉块每室1，边缘有透明的薄膜；蓇葖果，先端渐尖；种子顶端具绢质种毛。

至少100种，产亚洲东南部至大洋洲；中国32种，产南部省区。

58. 夜来香属 Telosma Coville

藤本，具乳汁；叶对生，基部有腺体；伞形或总状聚伞花序，腋外生；花萼裂片内面基部具小腺体5；花冠高脚碟状，右向旋转状排列；副花冠膜质；雄蕊着生于花冠的基部，花药顶端有内弯的膜片；花粉块每室1；离生心皮2，花柱柱状、头状或短圆锥状；蓇葖果圆柱形，肿胀；种子有丰富的种毛。

约10种，产亚洲、大洋洲及非洲热带地区；中国4种，产华南和西南地区。

夜来香 *Telosma cordata* (Burm. f.) Merr.

59. 南山藤属 Dregea E. Mey.

攀缘木质藤本；叶对生；伞形状聚伞花序，腋生；花萼裂片，内面有腺体；花冠辐状，裂片向右覆盖；副花冠5裂；肉质，贴生在合蕊柱的背后，呈放射状开展，内角延长成一尖齿，紧靠花药；花药顶端有内弯的膜片；花粉块每室1；离生心皮2，胚珠多数；柱头圆锥状，蓇葖果双生；种子顶端有绢质种毛。

约12种，产亚洲南部和非洲；中国4种，产南部地区。

丽子藤 *Dregea yunnanensis* (Tsiang) Tsiang & P. T. Li

假木藤 *Jasminanthes chunii* (Tsiang) W. D. Stevens & P. T. Li

60. 匙羹藤属 Gymnema R. Br.

木质藤本，具乳汁；叶对生；伞形状聚伞花序；萼5裂，基部有腺体5~10；花冠裂片略向右覆盖或近镊合状排列；花冠管内具5条纵脊，有时突出为肉质裂片；副花冠缺失；花丝合生成筒；花药顶端具膜片；花粉块每室1；子房2心皮；蓇葖果双生，基部膨大；种子顶端具绢质种毛。

25种，产亚洲热带和亚热带，非洲南部和大洋洲；中国7种，产西南和南部地区。

匙羹藤 *Gymnema sylvestre* (Retz.) Schult.

61. 黑鳗藤属 Jasminanthes Blume

藤本，具乳汁；叶对生，革质；聚伞花序；萼叶状，基部通常无腺体；花冠管内面基部有5行两列柔毛，裂片向右覆盖；副花冠的裂片5，背部与花药合生，或无副花冠；花丝合生成筒状；花药顶有膜片；花粉块每室1，直立；离生心皮2，柱头圆锥状或头状；蓇葖果粗厚；种子顶端具绢质种毛。

约5种，分布于中国和泰国；中国4种，产云南、广西、广东、湖南、福建、浙江和台湾。

62. 吊灯花属 Ceropegia L.

多年生草本，直立或攀缘；茎近肉质；叶对生，稀缺；聚伞花序；花萼裂片基部有腺体；花冠管状，基部常膨大，裂片顶端经常黏合，具缘毛；副花冠着生于雄蕊柱上，2轮，钟状或辐状，5、10或15裂；花药顶端无膜片；花粉块每室1，其内角具透明的膜边；柱头扁平；蓇葖果披针形；种子顶端有种毛。

约170种，产非洲、亚洲和大洋洲；中国17种，产西南地区。

巴东吊灯花 *Ceropegia driophila* C. K. Schneid.

63. 润肺草属 Brachystelma R. Br.

直立或缠绕草本，有块根；叶对生；花单生或数朵组成腋生的伞形花序或顶生的总状花序；花萼裂片基部具腺体5；花冠裂片5，延长；副花冠短，着生于合蕊冠上，环状，5~10裂，其中5枚裂片再分成3小裂片；合蕊柱极短，顶无附属体；花粉块每室1；离生心皮2，柱头近平坦；蓇葖果纤细；种子有种毛。

约60种，产非洲、大洋洲及亚洲东南部；中国2种，产云南和广西。

润肺草 *Brachystelma edule* Collett & Hemsl.

64. 石萝藦属 Pentasachme Wall. ex Wight

直立草本，有根茎；叶对生；伞形状聚伞花序，腋生；花萼裂片内面基部有腺体；花冠钟状或近辐状，花冠裂片向右覆盖；副花冠5裂；花丝合生成短筒，花药直立，顶部有膜片；花粉块每室1，顶部具透明的小尖头；离生心皮2；花柱柄短，柱头盘状五角形；蓇葖果纤细，圆柱状；种子顶端具白色绢质种毛。

8种，分布于亚洲东部和东南部；中国1种，产华南和西南地区。

石萝藦 *Pentasachme caudatum* Wight

65. 娃儿藤属 Tylophora R. Br.

稍木质藤本；叶对生，羽状脉，稀基脉3条；伞形或总状聚伞花序，常腋外生；花萼裂片里面有腺体5或缺；花冠辐状或钟状，5深裂，裂片向右覆盖或近镊合状排列；副花冠裂片5，肉质，与雄蕊柱的花丝部合生；花药顶有膜片；花粉块2，每室1个；离生心皮2；蓇葖果纤弱；种子有种毛。

60种，产东半球热带、亚热带地区；中国32种，产黄河以南地区。

人参娃儿藤 *Tylophora kerrii* Craib

66. 秦岭藤属 Biondia Schltr.

多年生草质藤本；叶对生；聚伞花序有花单朵至数朵，腋生；花萼裂片镊合状排列，内面基部有5个腺体；花冠壶状钟形；副花冠的鳞片与雄蕊管合生，稍肉质；花药长椭圆状菱形，附属体透明；花粉块每室1，长椭圆形，下垂；离生心皮2；柱头盘状五角形，顶端略2裂；蓇葖果单生，稀成对，线状披针形；种子线形，顶端具白色绢质种毛。

6种，中国特有，产西南部和东部。

宽叶秦岭藤 *Biondia hemsleyana* (Warb.) Tsiang

67. 尖槐藤属 Oxystelma R. Br.

藤状灌木或草本，具乳汁；叶对生；总状或伞形聚伞花序或花单生，腋生；花萼裂片双盖覆瓦状排列，基部具5或更多的小腺体；花冠裂片向右覆盖；副花冠2轮；雌雄蕊黏生，花丝合生成合蕊冠；花药顶端具膜片；花粉块每室 1；离生心皮 2；柱头基部 5 棱；蓇葖果双生或单生，两侧具纵狭翅；种子顶端具种毛。

2 种，产亚洲热带和亚热带及非洲热带地区；中国 1 种，产广东、广西和云南。

尖槐藤 *Oxystelma esculentum* (L. f.) Sm.

68. 牛角瓜属 Calotropis R. Br.

直立灌木或小乔木；叶对生；伞形或近总状聚伞花序，腋外生或顶生；花萼裂片基部有腺体；花冠阔钟状，裂片阔，镊合状排列；副花冠的裂片着生在雄蕊的背部，肉质，背有距；花药顶膜质，内弯；花粉块每室 1；离生心皮 2，柱头平压状，五角形或 5 裂；蓇葖果通常单生，粗厚；种子有种毛。

3 种，产热带亚洲和非洲；中国 1 种，产南部及西南部。

牛角瓜 *Calotropis gigantea* (L.) W. T. Aiton

69. 钉头果属 Gomphocarpus R. Br.

灌木或半灌木，具乳汁；叶对生或轮生；聚伞花序，顶生或腋生；花萼裂片内面基部有腺体；花冠辐状或反折，裂片镊合状排列；副花冠兜状或舟状或凹形；花药顶端有薄膜片；花粉块每室 1，下垂；雌蕊由 2 个离生心皮组成；柱头顶端五角形，肉质；蓇葖果肥大，外果皮有软刺；种子顶端有白色绢质种毛。

50 种，产热带非洲；中国南部引种 1 种。

钝钉头果 *Gomphocarpus physocarpus* E. Mey.

70. 马利筋属 Asclepias L.

多年生草本；叶对生或轮生；花紫红色，伞形花序，顶生或腋生；花萼基部有腺体 5~10；花冠辐状，裂片镊合状排列，反折；副花冠黄色，为 5 个直立的帽状体，每一帽状体里面有一角状体突出于外；花药有一膜质的附属体；花粉块每室 1；离生心皮 2；柱头五角状或 5 裂；蓇葖果披针形；种子顶端具种毛。

约 120 种，产美洲、非洲、南欧及亚洲热带和亚热带地区；中国逸生 1 种。

狭叶马利筋 *Asclepias angustifolia* Elliott

71. 肉珊瑚属 Sarcostemma R. Br.

无叶藤本，枝下垂，状如青珊瑚；伞形花序侧生；花萼裂片基部有 5 个腺体或缺；花冠辐状；副花冠 2 轮，外面的环状或杯状，内面肉质或基部囊状；雄蕊腹部黏生于雌蕊上，花丝合生成短筒，花药顶部有膜片；花粉块 2，下垂；离生心皮 2，胚珠多数，柱头圆锥状或短纺锤状；蓇葖果平滑；种子顶端具种毛。

至少 10 种，产亚洲和非洲的热带及亚热带地区；中国 1 种，产广东和海南。

肉珊瑚属 *Sarcostemma* sp.

72. 鹅绒藤属 Cynanchum L.

亚灌木或多年生草本，直立或缠绕；叶对生；伞状聚伞花序；花萼裂片内面有腺体或无，裂片常双盖覆瓦状排列；花冠辐状，裂片向左或右覆盖；副花冠杯状、筒状或5深裂，膜质或肉质，生于合蕊冠基部；花粉块每室1；柱头全缘或2裂；蓇葖果双生或1个不发育，有时具软刺或狭翅；种子顶端具种毛。

约200种，产非洲、美洲、亚洲和欧洲；中国57种，产西南、西北及东北地区。

竹灵消 *Cynanchum inamoenum* (Maxim.) Loes.

73. 天星藤属 Graphistemma (Champ. ex Benth.) Champ. ex Benth.

木质藤本，具乳汁；叶对生，常退化成托叶状；单歧或二歧总状聚伞花序，腋生；花萼裂片内面基部有腺体；花冠辐状，向右覆盖；副花冠生于合蕊冠上，比花药短，环状；雄蕊生于花冠基部，花药顶端具膜片；花粉块每室1，下垂；离生心皮2，花柱短，柱头五角形，顶端突起；蓇葖果常单生；种子有薄边，顶端具白色绢质种毛。

1种，产越南和中国南部。

天星藤 *Graphistemma pictum* (Benth.) Maxim.

74. 萝藦属 Metaplexis R. Br.

缠绕状亚灌木，具乳汁；叶心形；聚伞花序成总状花序式排列；花萼5深裂，基部有腺体5；花冠近辐状，裂片左向旋转状排列，里面被毛；副花冠环状，着生于雄蕊管上，裂片5，极短，兜状；雄蕊与雌蕊黏生，花药顶端有1膜片；花粉块每室1；离生心皮2，胚珠多数；花柱延伸成1长喙，顶端2裂；蓇葖果有小刺或平滑；种子顶端具种毛。

约6种，产亚洲东部；中国2种，南北分布。

萝藦 *Metaplexis japonica* (Thunb.) Makino

75. 铰剪藤属 Holostemma R. Br.

缠绕、秃净灌木，具乳汁；叶对生，心形；花紫色，腋生的聚伞花序；萼片无腺体；花冠近辐状，右向覆盖；副花冠肉质，环状，10裂，着生于合蕊冠基部；雄蕊贴生于雌蕊上；花药角质，黏合成一个有10翅的柱；花粉块每室1，黑色；离生心皮2，胚珠多数；柱头有5翅；蓇葖果双生或单生；种子顶端具种毛。

2种，分布于中国、印度、斯里兰卡、缅甸；中国1种，产云南、贵州、广西、广东。

铰剪藤 *Holostemma ada-kodien* Schult.

76. 大花藤属 Raphistemma Wall.

攀缘灌木，具乳汁；叶对生，心形，基出 3~5 脉；伞形聚伞花序，腋生；花萼裂片里面基部有腺体 5；花冠钟状，裂片芽期右旋覆盖；副花冠的裂片膜质，伸出花冠喉部之外；雄蕊着生于花冠的基部，花药顶部有内弯的膜片；花粉块每室 1；离生心皮 2，胚珠多数，花柱短，柱头膨大；蓇葖果平滑；种子有种毛。

2 种，分布于中国、印度、泰国和马来西亚；中国 2 种，产广西和云南。

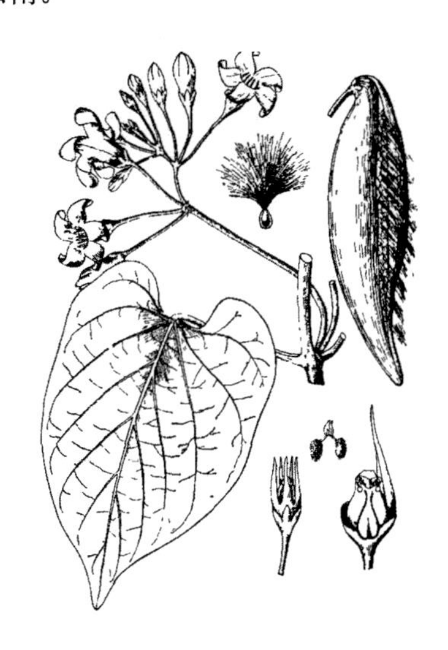

大花藤 *Raphistemma pulchellum* (Roxb.) Wall.

目 52. 唇形目 Lamiales

唇形目 Lamiales 包括 22~24 科，是一个自然类群，得到了形态学性状分支分析的支持（Lu，1990），作为单系群也得到了分子数据的证明（Judd et al.，2008；APG Ⅲ，2009），它的共衍征包括具有腺毛，花冠合瓣、通常二唇形，雄蕊着生于花冠管，常具雄蕊内蜜腺盘，雌蕊多数为 2 心皮合生，稀 3 或 4 心皮，蓼型胚囊，单珠被，薄珠心，细胞型胚乳、胚乳吸器发育，通常产生环烯醚萜类生物碱等。在分支图上戴缨木科 Plocospermataceae –（香茜科 Carlemanniaceae + 木樨科 Oleaceae）– 四核香科 Tetrachondraceae 位于基部，为其他科连续的姐妹群；苦苣苔科 Gesneriaceae、车前科 Plantaginaceae、玄参科 Scrophulariaceae、母草科 Linderniaceae 等成系统关系较近的连续分支；芝麻科 Pedaliaceae –（角胡麻科 Martyniaceae + 爵床科 Acanthaceae）组成姐妹支；紫葳科 Bignoniaceae 稍孤立，在我们的分析中该科同角胡麻科 + 马鞭草科 Verbenaceae 组成一支，但支持率不高；唇形科 Lamiaceae – 通泉草科 Mazaceae – 透骨草科 Phrymaceae –（泡桐科 Paulowniaceae + 列当科 Orobanchaceae）组成的分支得到我们研究结果的完全支持（图 174）。在唇形目中木樨科以花辐射对称（常具 4 数花冠裂片）和仅具有 2 枚雄蕊为特征，Takhtajan（2009）将它独立木樨目 Oleales，作为唇形目姐妹目。传统上有 200 多属 3 000 多种的玄参科分崩离析；原来只有 3 属 270 种的车前科在 APG 系统包括花极端简化的单属水生科水马齿科 Callitrichaceae 和单属水生科杉叶藻科 Hippuridaceae，以及原玄参科的婆婆纳属 *Veronica*（450 种）、柳穿鱼属 *Linaria*（120 种）、金鱼草属 *Antirrhinum*（40 种）等多属，广义车前科包括 104 属 1 820 种；原来 15 属 210 种的列当科归并了原玄参科的地黄属 *Rehmannia*、崖白菜属 *Triaenophora*、钟萼草属 *Lindenbergia* 及所有的半寄生属如马先蒿属 *Pedicularis*（600 种）、火焰草属 *Castilleja*、小米草属 *Euphrasia* 等多属，成为包含 65 属 1 540 种的科；狭义的玄参科现在只有 52 属 1 680 种，但合并了苦槛蓝科 Myoporaceae 和原属马钱科的醉鱼草亚科 Buddlejoideae。马鞭草科和唇形科常常被认为是姐妹群，在形态上，它们都具有4胚珠子房，假隔膜将其分成4室，有芳香精油，而分子数据显示它们分在不同的分支。泡桐科、母草科、钟萼桐科 Schlegeliaceae 从玄参科分出各立成科。分子分析的结果，还没有得到形态证据的有力支持。因此，唇形目内的关系还有进一步研究的必要。

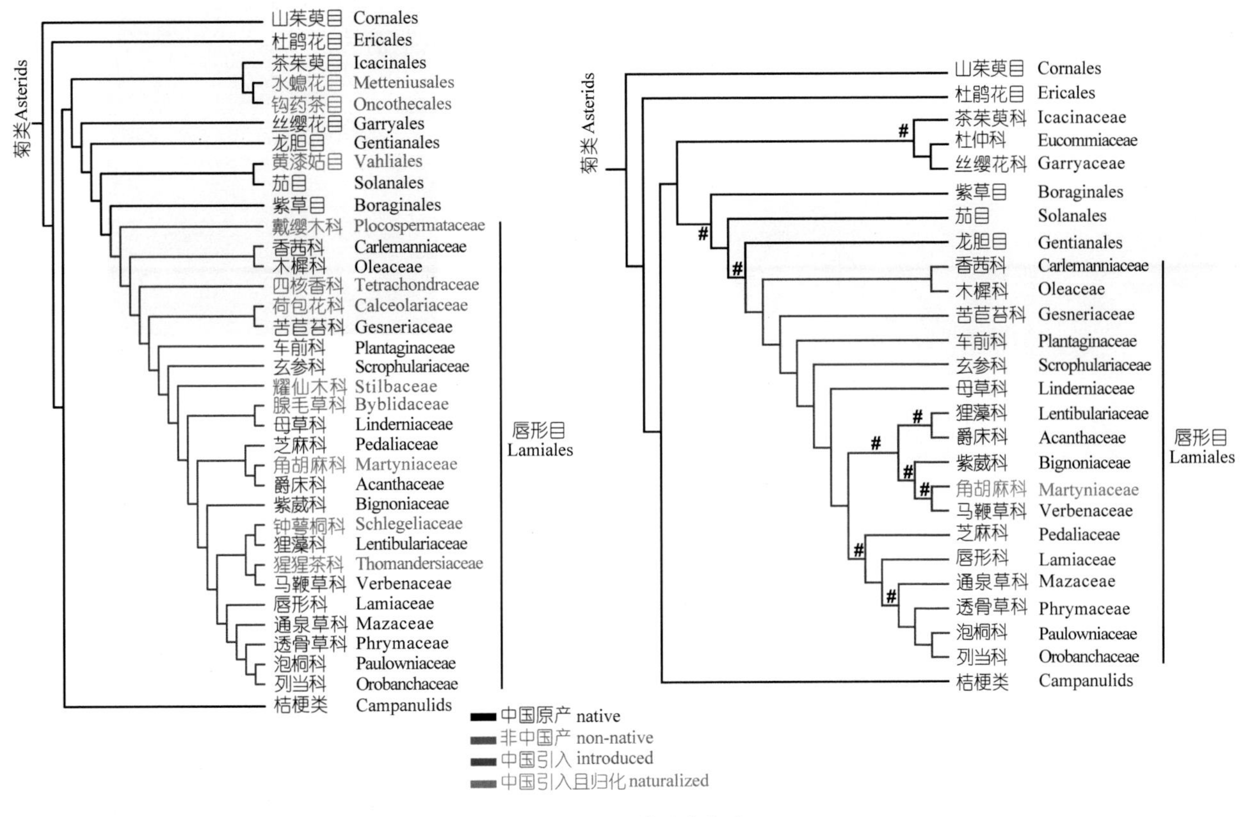

图174 唇形目的分支关系

被子植物 APG Ⅲ系统（左）；中国维管植物生命之树（右）

科 244. 木樨科 Oleaceae

约28属400种，广布于温带和热带地区，主产亚洲；中国10属160种，南北各省均产。

乔木、灌木或木质藤本；茎或果皮上常有明显皮孔；叶多对生，很少互生或轮生；单叶、三出复叶或羽状复叶，无托叶；花辐射对称，两性，少有单性或杂性异株，常组成顶生或腋生圆锥花序或聚伞花序，有时簇生，很少单生；萼4（~15）裂或顶部近截平；花冠4（~15）裂，有时缺；雄蕊2，少有3~5；子房上位，2室；核果、蒴果、浆果或翅果。

木樨科通常分为2亚科：木樨榄亚科 Oleoideae，又分2族，梣族 Fraxineae（●）和木樨榄族 Oleae（●）；素馨亚科 Jasminoideae，分5族，中国有4族，族1素馨族 Jasmineae（●）、族2雪柳族 Fontanesieae（●）、族3连翘族 Forsythieae（●）和族4胶核木族 Myxopyreae（●）。分支图显示：胶核木属位于基部，素馨亚科各族的代表属相继分出；木樨榄亚科的梣族成员梣属嵌入木樨榄族的成员之中（图175）。

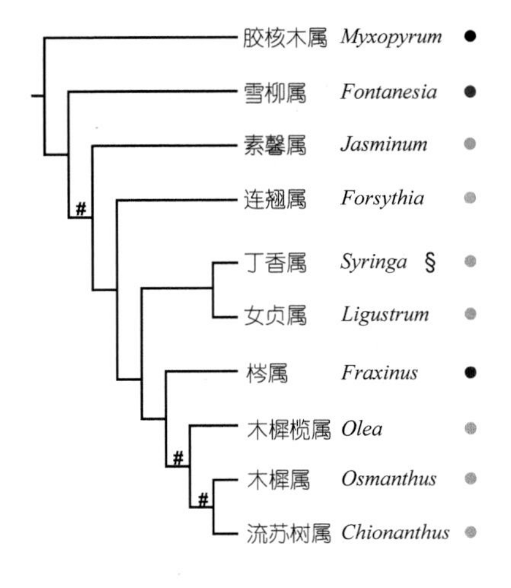

图175 中国木樨科植物的分支关系

1. 胶核木属 Myxopyrum Blume

常绿灌木，攀缘状；小枝光滑，四棱柱形；单叶对生，有叶柄，全缘或有锯齿，基出3脉；花小，极多数，腋生或顶生圆锥花序；花两性，萼深4裂，花冠红色或黄色，壶状，肥厚，花冠管短，裂片4；浆果近球形，有种子1~4；种子包藏于黏液中。

约4种，分布于亚洲南部和东南部；中国2种，产海南。

海南胶核木 *Myxopyrum pierrei* Gagnep.

2. 雪柳属 Fontanesia Labill.

落叶灌木；单叶对生，全缘；花小，两性，圆锥花序；萼小，4裂；花瓣4，白色，仅于基部稍合生；花丝伸出花冠外；翅果。

1种，分布于亚洲西南部和中国中部至东部，普遍栽培。

雪柳 *Fontanesia phillyreoides* subsp. *fortunei* (Carrière) Yaltirik

3. 素馨属 Jasminum L.

落叶或常绿，乔木或攀缘状灌木；叶对生，很少互生，单叶、三出复叶或奇数羽状复叶，无托叶；叶柄常有关节；花两性，聚伞花序或伞房花序，很少单生；萼钟状或杯状，顶部4~10裂；花冠高脚碟状，4~10裂，广展；浆果常双生或其中1个不发育，有宿萼。

200余种，分布于非洲、亚洲、大洋洲及地中海地区；中国43种，产西南部至东部。

矮探春 *Jasminum humile* L.

4. 连翘属 Forsythia Vahl

落叶灌木；单叶对生，全缘、3裂或羽状三出复叶；花先叶开放；花两性，具花梗，1至数朵生于叶腋，花冠黄色，深4裂；着生于花冠管基部；蒴果卵圆形或长圆形。

大约11种，主要分布于东亚，欧洲东南部有1种；中国6种，产西北至东北部和东部。

连翘 *Forsythia suspensa* (Thunb.) Vahl

5. 丁香属 Syringa L.

落叶灌木或乔木；单叶对生，全缘，稀羽状深裂或羽状复叶；圆锥花序顶生或侧生；花两性，萼钟状4裂，宿存；花冠紫色、淡红色或白色，漏斗状，4裂，开展；蒴果长圆形或近圆柱形。

大约20种，分布于欧洲和亚洲；中国16种，产西南、西北、华北和东北地区。

红丁香 *Syringa villosa* Vahl

6. 女贞属 Ligustrum L.

常绿或落叶，灌木或小乔木；单叶对生，全缘；花两性，组成聚伞花序再排成顶生圆锥花序；萼钟形，不规则齿裂或 4 齿裂；花冠白色，近漏斗状，裂片 4；核果。

约 45 种，分布于亚洲、澳大利亚和欧洲；中国 27 种，多分布于南部和西南部。

女贞 *Ligustrum lucidum* W. T. Aiton

7. 梣属 Fraxinus L.

落叶或稀常绿，乔木或稀灌木；叶对生，奇数羽状复叶，很少为单叶，常有锯齿；花杂性或单性，雌雄异株，排成圆锥花序或总状花序，有时近簇生；萼小，4 齿裂或无萼；花冠缺或存在，常深裂，裂片 2~4；翅果。

约 60 种，大部分产北半球的温带和亚热带地区；中国 22 种，各地均有分布。

小叶梣 *Fraxinus bungeana* A. DC.

8. 木樨榄属 Olea L.

常绿灌木或小乔木；单叶对生，全缘或有疏齿，常被细小的腺点；顶生或腋生圆锥花序，有时为总状或伞形花序；花两性或单性，萼短，4 齿裂；花冠白色或很少粉红色，4 裂达中部或缺；核果。

约 40 种，分布于东半球热带至温带地区；中国 13 种，产西南部至南部。

木樨榄 *Olea europaea* L.

9. 木樨属 Osmanthus Lour.

常绿灌木或小乔木；单叶对生，全缘或有锯齿；花芳香，两性或单性，雌雄异株或雄花、两性花异株，簇生于叶腋或组成聚伞花序；萼杯状，顶 4 齿裂；花冠白色、黄色至橙黄色，钟形或管状钟形，4 浅裂或深裂至近基部；雄蕊 2，很少 4，花丝短；核果。

约 30 种，分布于亚洲和美洲；中国 23 种，产长江以南地区。

木樨 *Osmanthus fragrans* Lour.

10. 流苏树属 Chionanthus L.

落叶或常绿，乔木或灌木；单叶对生，有叶柄，全缘；圆锥花序腋生或很少顶生，有时为聚伞或伞形花序；花两性，萼4裂，花冠白色或黄色，4裂；核果。

本研究中，流苏树属 *Chionanthus* 包含李榄属 *Linociera*。约80种，分布于热带和亚热带非洲、美洲、亚洲及大洋洲；中国7种，主要分布于南部。

流苏树 *Chionanthus retusus* Lindl. & Paxton

科 245. 香茜科 Carlemanniaceae

2属5种，分布于亚洲热带地区；中国2属4种，产西南地区。

草本或亚灌木；单叶对生，无托叶；花两性，略为两侧对称或近辐射对称，排成顶生或腋生的聚伞花序；花萼4~5裂，裂片不等，宿存；花冠4~5裂；雄蕊2，着生于花冠上；花盘显著；子房下位，2室，柱头2裂；蒴果开裂为2或5果瓣。

1. 香茜属 Carlemannia Benth.

分枝草本，干时有香味；叶有锯齿；托叶小齿状；花小，排成二歧状聚伞花序；萼管近球形，裂片4~5，线形；花冠管状，檐4~5裂；雄蕊2；子房下位，2室；蒴果多少金字塔形。

3种，分布于中国、喜马拉雅东部、印度东北部、缅甸、越南、泰国北部；中国2种，产云南和西藏。

香茜 *Carlemannia tetragona* Hook. f.

2. 蜘蛛花属 Silvianthus Hook. f.

灌木；花紫色，组成无柄、腋生的聚伞花序；萼管倒圆锥形，裂片（4）5，近叶状，线形，宿存；花冠漏斗状，裂片5；雄蕊2；花盘大；子房下位，2室；果近肉质，开裂成5果瓣。

2种，分布于中国、印度东北部、老挝、缅甸、泰国、越南北部；中国2种，产云南。

蜘蛛花 *Silvianthus bracteatus* Hook. f.

科 246. 苦苣苔科 Gesneriaceae

约 133 属 3 000 种，世界广布；中国 58 属 446 种，主产长江以南各省区，少数种类到达华北。

多年生草本，常具根状茎、块茎或匍匐茎，或为灌木或木质藤本；聚伞花序生叶腋，苞片常 2；单叶不分裂，稀羽状分裂或为羽状复叶，对生或轮生，或基生成簇，稀互生，草质或纸质，稀革质，无托叶；花两性，常两侧对称；花冠钟状或管状，冠檐二唇形；能育雄蕊 2~5；花盘位于花冠及雌蕊之间，环状或杯状；心皮 2，子房上位、半下位或完全下位，胚珠多数，倒生；花柱 1；为蒴果或浆果；种子多数。

苦苣苔科属于泛亚热带分布科，一般分 2 亚科：大岩桐亚科 Gesnerioideae（主产中南美洲和大洋洲）；苦苣苔亚科 Didymocarpoideae（Cyrtandroideae）分布于亚洲、欧洲、非洲及澳大利亚东北部。Takhtajan（2009）分 4 亚科，除上述两亚科外，还分出木岩桐亚科 Coronantheroideae（含 4 属）和盾座苣苔亚科 Epithematoideae（含 7 属）。中国仅有苦苣苔亚科，分 4 族（李振宇，1999）或 8 族（吴征镒等，2003），族 1 苦苣苔族 Ramondeae、族 2 尖舌苣苔族 Klugieae、族 3 长蒴苣苔族 Didymocarpeae、族 4 海角苣苔族 Streptocarpeae、族 5 半蒴苣苔族 Hemiboeeae、族 6 芒毛苣苔族 Aeschynantheae、族 7 浆果苣苔族 Cyrtandreae、族 8 鲸鱼花族 Columneae（热带南美洲分布）。族 2 尖舌苣苔族的尖舌苣苔属、盾座苣苔属及十字苣苔属位于基部，其次是形态上比较特殊的台闽苣苔属 *Titanotrichum*，其他各族的成员多分散在不同分支，说明根据形态学性状划分的族不自然，在 Takhtajan（2009）分类系统中苦苣苔亚科包括 78 属，亚科下不再分族，说明分族是困难的，而他的大岩桐亚科 Gesnerioideae 含 57 属却分为 7 个族。各个族近缘属的相聚表明属之间的亲缘性（分支图上属后的阿拉伯数字表示其所隶属的族序号）（图 176）。

苦苣苔科最新的分子系统学研究结果变动较大，如唇柱苣苔属 (*Chirita*)、报春苣苔属 (*Primulina*)、马铃苣苔属 (*Oreocharis*)、石山苣苔属 (*Petrocodon*) 等的变动，涉及到 10 余属的拆分和合并，本书暂按 *Flora of China* 属的概念。

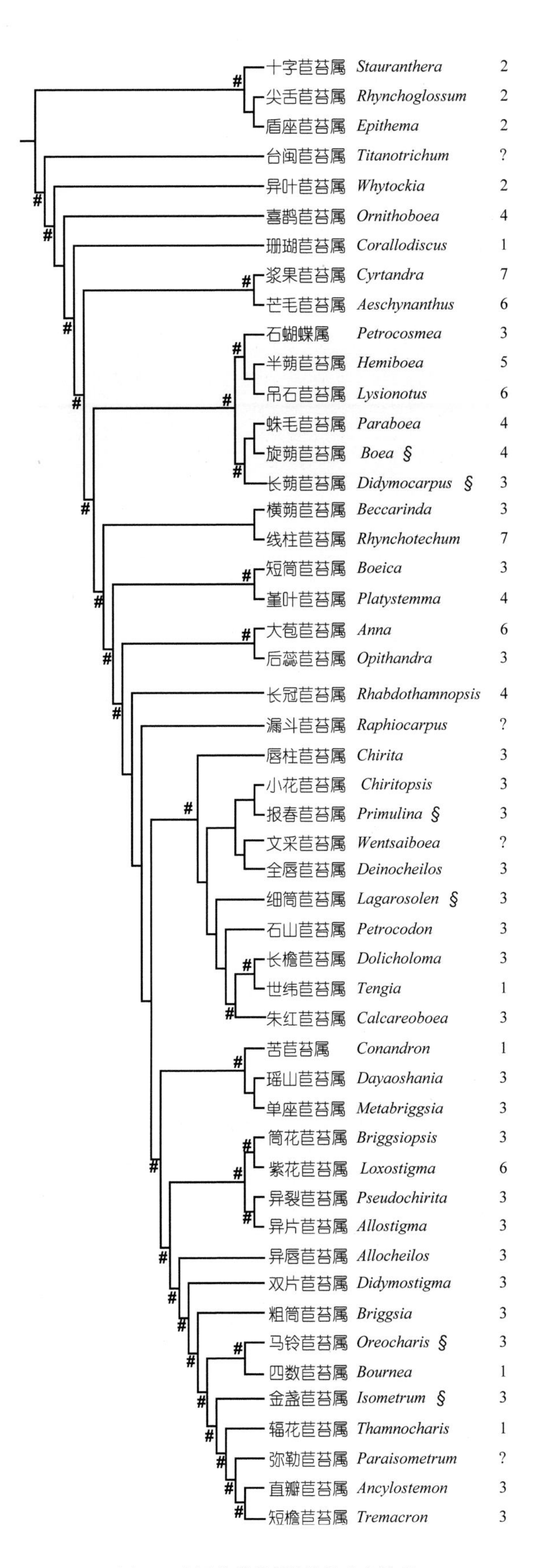

图 176 中国苦苣苔科植物的分支关系

1. 十字苣苔属 Stauranthera Benth.

肉质草本；叶互生或对生，两侧极不对称；花萼宽钟状，5裂，裂片之间有纵褶；花冠钟状，基部具距或囊状，檐部上唇2裂，下唇3裂；能育雄蕊4，花丝短，花药以侧面合生成扁圆锥状；花盘不存在；子房近球形，花柱短，柱头宽漏斗状；蒴果扁球形；种子倒卵球形。

约10种，产东南亚及太平洋岛屿；中国1种，产广西、海南和云南。

十字苣苔 *Stauranthera umbrosa* (Griff.) C. B. Clarke

2. 尖舌苣苔属 Rhynchoglossum Blume

一年生或多年生草本；叶互生，两侧不对称，基部极斜；总状花序，花偏向一侧；花萼近筒状；花冠蓝色，檐部二唇形，上唇2裂，下唇3裂，偶不分裂；雄蕊内藏，2强，或只下方2枚能育；退化雄蕊3、2或不存在；花盘环状；子房卵球形，花柱细，柱头近球形；蒴果椭圆球形，室背开裂为2瓣；种子长椭圆形。

约12种，产东南亚及太平洋岛屿；中国2种，产四川、云南、广西、贵州及台湾。

尖舌苣苔 *Rhynchoglossum obliquum* Blume

3. 盾座苣苔属 Epithema Blume

肉质小草本；茎常不分枝；叶1或少数，上部对生，下部互生；蝎尾状聚伞花序生茎上部叶腋；苞片1；花冠管状，檐部短，二唇形，上唇2裂，下唇3裂，裂片近等大；能育雄蕊2，花药近球形，连着，2室极叉开；子房卵球形，胎座具柄，盾状，全部生胚珠；蒴果球形，被宿存花萼包着，周裂；种子两端尖。

约10种，产亚洲东南部和非洲；中国2种，产云南、贵州、广西和广东。

盾座苣苔 *Epithema carnosum* Benth.

4. 台闽苣苔属 Titanotrichum Soler.

多年生草本，根状茎有肉质鳞片；茎有4条纵棱或圆柱形；叶常对生，同一对叶常不等大；总状花序，有苞片；花冠漏斗状筒形，檐部二唇形，上唇2裂，下唇3裂；二强雄蕊，2药室平行；退化雄蕊1；雌蕊内藏，子房卵球形，有2侧膜胎座，柱头2，2浅裂；蒴果卵球形，4瓣裂；种子近杆状，两端有膜质鳞状翅。

1种，分布于中国福建和台湾，以及琉球群岛。

台闽苣苔 *Titanotrichum oldhamii* (Hemsl.) Soler.

5. 异叶苣苔属 **Whytockia** W. W. Sm.

多年生草本；茎直立或渐升；叶对生，两侧不对称，基部极斜；聚伞花序腋生，无苞片；花萼5裂近基部；花冠管状漏斗形，檐部二唇形，上唇2裂，下唇3裂；能育雄蕊4，2强；2药室叉开，顶端汇合；退化雄蕊1；花盘环状，子房2室，柱头2；蒴果，2瓣裂或不规则2裂；种子近椭圆球形。

6种，中国特有，产云南、广西、贵州、四川、湖南、湖北和台湾。

白花异叶苣苔 *Whytockia tsiangiana* (Hand.-Mazz.) A. Weber

6. 喜鹊苣苔属 **Ornithoboea** Parish ex C. B. Clarke

多年生有茎草本，被蛛丝状绵毛或柔毛；叶对生；叶片膜质，偏斜；聚伞花序，顶生和腋生；苞片2或不明显；花萼钟状，5深裂；花冠管短于檐部，内面具髯毛，檐部二唇形；能育雄蕊2，花丝不分叉，花药顶端连着；退化雄蕊2；子房卵球形，花柱上部弯曲，柱头头状；蒴果螺旋状卷曲；种子卵形或卵状纺锤形。

约11种，分布于中国西南部、越南、泰国至缅甸东部，南至马来西亚；中国5种，产广西、贵州、云南。

灰岩喜鹊苣苔 *Ornithoboea calcicola* C. Y. Wu ex H. W. Li

7. 珊瑚苣苔属 **Corallodiscus** Batalin

多年生草本；叶基生，莲座状；叶片革质，近叶缘；聚伞花序2~3次分枝；苞片不存在；花冠管状，内面下唇一侧具髯毛和两条带状斑纹，檐部二唇形，上唇2浅裂，下唇3裂至中部；二强雄蕊，花丝弧状；子房长圆形，柱头头状；蒴果长圆形；种子纺锤形。

3~5种，分布于中国、不丹、尼泊尔和印度北部；中国3种，产西南、西北和华北地区。

珊瑚苣苔 *Corallodiscus lanuginosus* (Wall. ex R. Br.) B. L. Burtt

8. 浆果苣苔属 **Cyrtandra** J. R. Forst. & G. Forst.

灌木或亚灌木，稀小乔木；叶对生或互生；聚伞花序腋生；花冠漏斗状筒形，檐部常二唇形，上唇2裂，下唇3裂；能育雄蕊2，常内藏，花药连着或分生；子房卵球形或长圆形，1室，侧膜胎座2；柱头近球形或2裂；浆果肉质或革质，卵球形或长圆形，不开裂，具宿存花柱；种子椭圆球形，光滑。

350~600种，产东南亚和太平洋岛屿；中国1种，产台湾南部。

浆果苣苔 *Cyrtandra umbellifera* Merr.

9. 芒毛苣苔属 Aeschynanthus Jack

附生小灌木；叶对生或3~4叶轮生；花1~2朵腋生，或组成聚伞花序；苞片通常脱落；花冠管形或漏斗状筒形，檐部上唇2裂，下唇3裂；能育雄蕊4，2强，花药成对相连；子房长圆形或线形，柱头增大或盾状；蒴果近线形，2瓣纵裂；种子两端有毛。

约140种，产东南亚和太平洋岛屿；中国34种，产西藏南部和东南部、云南、四川南部、贵州南部、广西、广东和台湾。

芒毛苣苔 *Aeschynanthus acuminatus* Wall. ex A. P. DC.

10. 石蝴蝶属 Petrocosmea Oliv.

多年生草本，根状茎短而粗；叶基生；聚伞花序腋生，有2苞片；花萼5裂达基部；花冠粗筒状，檐部比筒长，上唇2裂，下唇3裂；花药底着，2药室平行；花盘无；雌蕊稍伸出花冠管，子房卵球形，1室，柱头近球形；蒴果长椭圆球形，室背2瓣裂；种子椭圆形。

27种，分布于中国、印度、缅甸、越南和泰国；中国24种，产云南、四川、陕西、湖北、贵州和广西。

中华石蝴蝶 *Petrocosmea sinensis* Oliv.

11. 半蒴苣苔属 Hemiboea C. B. Clarke

多年生草本，直立；叶对生；总苞球形；花序假顶生或腋生；花冠管内多具一毛环；花萼5裂；花冠漏斗状筒形；能育雄蕊2，一对花药以顶端或腹面连着；子房线形，2室，1室发育，另1室退化，2室平行并于子房上端汇合成1室，柱头截形或头状；蒴果极偏斜；种子具6条纵棱及多数网状突起。

23种，分布于中国、越南和日本；中国23种，产陕西、甘肃及华东、华中、华南和西南地区。

台湾半蒴苣苔 *Hemiboea bicornuta* (Hayata) Ohwi

12. 吊石苣苔属 Lysionotus D. Don

小灌木或亚灌木，常附生；叶对生或轮生，稀互生；聚伞花序；苞片对生；花萼5裂达或接近基部，稀浅裂；花冠管细漏斗状，檐部二唇形，上唇2裂，下唇3裂；雄蕊下方2枚能育，内藏；花丝常扭曲，花药连着，2室近平行；花盘环状或杯状；子房线形，侧膜胎座2；蒴果，室背开裂成2瓣；种子两端各有1附属物。

约25种，产亚洲亚热带至热带地区；中国23种，产秦岭以南地区。

细萼吊石苣苔 *Lysionotus petelotii* Pellegr.

13. 蛛毛苣苔属 Paraboea (C. B. Clarke) Ridl.

多年生草本，稀半灌木，幼时被蛛丝状绵毛；叶对生；聚伞花序腋生或组成顶生圆锥状聚伞花序；苞片1~2；花冠斜钟状；雄蕊2，花药常狭长圆形，两端钝或尖，顶端连着；无明显花盘；蒴果筒形，稍扁，不卷曲或稍螺旋状卷曲；种子具蜂巢状网纹。

约 87 种，分布于中国及不丹至印度尼西亚和菲律宾；中国 18 种，产台湾、广东、海南、广西、云南、贵州、四川及湖北。

蛛毛苣苔 *Paraboea sinensis* (Oliv.) B. L. Burtt

14. 旋蒴苣苔属 Boea Comm. ex Lam.

草本；叶对生，或螺旋状；聚伞花序伞状，腋生；苞片不明显；花萼 5 裂至基部；花冠狭钟形，5 裂近相等或明显二唇形；雄蕊 2，花药大，椭圆形，顶端连着，药室 2，汇合，极叉开；退化雄蕊 2~3；花盘不明显；子房长圆形，柱头 1，头状；蒴果螺旋状卷曲；种子具蜂巢状网纹。

约 20 种，主产亚洲热带和大洋洲；中国 3 种，产南部、西南部及陕西、山西、河北和辽宁。

旋蒴苣苔 *Boea hygrometrica* (Bunge) R. Br.

15. 长蒴苣苔属 Didymocarpus Wall.

草本，稀灌木或亚灌木；叶对生、轮生、互生或簇生；聚伞花序腋生；苞片对生，通常小；花冠管细筒状或漏斗状筒形，比筒短；能育雄蕊 2，花药腹面连着；子房线形，1 室，2 侧膜胎座内伸，极叉开，柱头盘状；蒴果线形或披针状线形，室背开裂为 2 瓣；种子椭圆形或纺锤形。

约 180 种，产东南亚；中国 31 种，产西藏南部、云南、华南，向北达四川、贵州、湖南和安徽南部。

迭裂长蒴苣苔 *Didymocarpus salviiflorus* Chun

16. 横蒴苣苔属 Beccarinda Kuntze

多年生草本，稀小灌木，具根状茎；茎不分枝；叶全部基生或茎生；聚伞花序；苞片 2，对生；花萼钟状，裂片近相等；花冠近斜钟状，檐部二唇形；雄蕊 4，内藏；药室近平行；退化雄蕊小或不存在；花盘环状；子房卵球形，花柱上部稍弯曲；柱头头状；蒴果，偏斜，顶端具较长尖头；种子无附属物。

约 7 种，分布于中国、缅甸及越南；中国 5 种，产广东、广西、贵州、云南及四川。

少毛横蒴苣苔 *Beccarinda paucisetulosa* H. W. Li

17. 线柱苣苔属 Rhynchotechum Blume

亚灌木；叶对生，稀互生；聚伞花序腋生；苞片对生；花萼钟伏，宿存；花冠钟状粗筒形，筒粗，比檐部短，檐部不明显二唇形；能育雄蕊 4，分生；花丝短，花药近球形，2 药室平行；退化雄蕊 1，花盘环状，或缺；子房卵球形，侧膜胎座，常在子房室中央相连接，柱头扁球形；浆果近球形，白色。

约 13 种，产东南亚及太平洋岛屿；中国 5 种，产西南部及广西、广东、福建和台湾。

异色线柱苣苔 *Rhynchotechum discolor* (Maxim.) B. L. Burtt

18. 短筒苣苔属 Boeica T. Anderson ex C. B. Clarke

亚灌木或多年生草本；叶互生；聚伞花序；花萼5裂至近基部；花冠钟状，筒部稍短于檐部，檐部稍二唇形，5裂；能育雄蕊4，内藏，分生，花丝极短，花药宽卵圆形；退化雄蕊1；子房卵球形，花柱无附属物，或具宽大而扁平的附属物，柱头小，头状；蒴果线形，顶端具尖头；种子多数。

约12种，分布于中国、缅甸、不丹、印度和越南；中国7种，产西藏、云南、广西、香港。

孔药短筒苣苔 *Boeica porosa* C. B. Clarke

19. 堇叶苣苔属 Platystemma Wall.

低矮小草本；1（~2）叶生于茎顶端；叶心形，边缘具粗齿；聚伞花序生叶腋，无苞片；萼钟状，5深裂；花冠斜钟形，筒极短，檐部大，上唇2裂，下唇3裂；雄蕊4，花药2室，极叉开，药室汇合，退化雄蕊1；花盘环状；子房卵球形，2侧膜胎座，胚珠多数；花柱细，长于子房，柱头1，头状；蒴果卵状长圆形。

1种，分布于中国西藏南部、尼泊尔、不丹至印度北部。

堇叶苣苔 *Platystemma violoides* Wall.

20. 大苞苣苔属 Anna Pellegr.

亚灌木；小枝有棱；叶对生，稍不等大；伞状聚伞花序，腋生；苞片扁球形；花萼钟状，5裂至近基部，裂片近相等；花冠漏斗状筒形，上部下方一侧肿胀，喉部无毛；檐部二唇形，内面具两个弧形囊状突起；能育雄蕊4，2强，花药成对连着，药室2，汇合；花盘环状；雌蕊线形，无毛，花柱比子房短，柱头1，盘状；蒴果线形；种子两端各具1条钻形附属物。

3种，分布于越南及中国的广西、云南、四川。

大苞苣苔 *Anna submontana* Pellegrin

21. 后蕊苣苔属 Opithandra B. L. Burtt

草本，具根状茎；叶基生；聚伞状花序，腋生；苞片对生；花萼5裂达或近基部；花冠漏斗状筒形；上方侧生能育雄蕊2，内藏，花药分生或顶端连着，2药室平行，顶端不汇合；花盘环状或杯状；雌蕊内藏；子房线形，1室，有2侧膜胎座；柱头2或合生成1；蒴果线形，室背开裂为2瓣；种子小，椭圆形。

10种，分布于中国和日本；中国9种，产广西、广东、福建、江西、湖南、贵州及四川。

小花后蕊苣苔 *Opithandra acaulis* (Merr.) B. L. Burtt

22. 长冠苣苔属 Rhabdothamnopsis Hemsl.

小灌木；叶对生或密集于节上；花1朵生于叶腋；苞片2；花萼钟状，5裂至基部；花冠钟状筒形，檐部二唇形；能育雄蕊2，花药被髯毛，顶端连着，药室2，汇合；退化雄蕊2，位于花冠上方；花盘环状，不裂；雌蕊被短柔毛，花柱比子房长2倍，柱头2，不等；蒴果长圆形，螺旋状卷曲；种子小，多数。

1种，中国特有，产云南、四川、贵州。

长冠苣苔 *Rhabdothamnopsis sinensis* Hemsl.

23. 漏斗苣苔属 Raphiocarpus Chun

草本，稀灌木，具匍匐茎；叶密集于茎顶端，或数对散生，每对不等大，基部偏斜；聚伞花序腋生；花萼钟状，5深裂；花冠管状漏斗形，檐部二唇形；雄蕊2对，内藏，花药顶端成对连着或腹面连着；花盘环状；子房线形，柱头2，相等，不裂，或柱头2，不等，上方1枚不裂，下方1枚微2裂。

约31种，分布于中国、印度至马来西亚；中国5种，产广东、广西、贵州、云南和四川西南部。

马关漏斗苣苔 *Raphiocarpus maguanensis* Y. M. Shui & W. H. Chen

24. 唇柱苣苔属 Chirita Buch.-Ham. ex D. Don

草本；单叶，稀羽状复叶，对生或簇生；聚伞花序腋生；苞片对生；花萼5裂达基部；花冠檐部二唇形；能育雄蕊2，位于下方；花丝膝状弯曲，常被髯毛；2药室极叉开，在顶端汇合；花盘环状；子房1室，侧膜胎座；柱头1，不分裂或2裂；蒴果线形，室背开裂；种子小，椭圆形，光滑，常有纵纹。

约140种，产亚洲南部和东南部；中国99种，产西南、华南、华中和华东地区。

牛耳朵 *Chirita eburnea* Hance

25. 小花苣苔属 Chiritopsis W. T. Wang

多年生草本植物，仅具根状茎；叶基生；花序聚伞状，腋生，具2苞片；花萼钟状，5裂达基部；裂片狭披针形；花冠管粗筒状或筒状，檐部二唇形；下方能育雄蕊2，花丝稍膝状弯曲；上侧方退化雄蕊2；花盘环状或间断；雄蕊稍伸出；子房卵球形，柱头1，片状，2浅裂或不分裂；蒴果长卵球形，室背2瓣裂；种子小，椭圆球形。

7种，中国特有，产广西和广东。

丹霞山小花苣苔 *Chiritopsis danxiaensis* W. B. Liao

26. 报春苣苔属 Primulina Hance

多年生草本；叶基生，羽状浅裂；聚伞花序，苞片对生；花萼5深裂；花冠紫色，近高脚碟状；花冠管细筒状，檐部平展，不明显二唇形；下方能育雄蕊2，内藏；花丝比花药短；花药连着，2室极叉开，顶端汇合；退化雄蕊3；花盘由2腺体组成；雌蕊内藏，花柱短，柱头1，顶端2浅裂；蒴果长椭圆球形，室背开裂；种子狭椭圆球形。

1种，中国特有，产广东，广西，湖南，江西。

报春苣苔 *Primulina tabacum* Hance

27. 文采苣苔属 Wentsaiboea D. Fang & D. H. Qin

多年生无茎草本；叶基生，圆形；聚伞花序腋生；苞片2，对生；花萼钟状，5裂至基部；花冠斜钟状，下方肿胀，二唇形，筒部与檐部近等长，檐部二唇形，上唇2深裂，下唇3中裂；能育雄蕊2，内藏；花丝线形，花药肾形；

文采苣苔 *Wentsaiboea renifolia* D. Fang & D. H. Qin

退化雄蕊2；子房狭卵形，1室，侧膜胎座2，具多数胚珠，柱头2，小，斜马蹄形。

3种，中国特有，产广西。

28. 全唇苣苔属 Deinocheilos W. T. Wang

多年生无茎草本，具根状茎；叶基生；花萼钟状，5裂达基部；花冠管状或漏斗状，上唇正三角形或半圆形，不分裂，下唇3浅裂；能育雄蕊2，伸出，花丝狭线形，花药底着，在腹面顶端连着或分生；退化雄蕊3；花盘杯状；雌蕊内藏，子房线形；蒴果线形，室背开裂；种子纺锤形。

2种，中国特有，产四川东部和江西南部。

江西全唇苣苔 *Deinocheilos jiangxiense* W. T. Wang

29. 细筒苣苔属 Lagarosolen W. T. Wang

多年生草本，无茎，根状茎圆柱形；叶基生；花序聚伞状，有2苞片；花萼钟状，5裂达基部；花冠紫色，檐部二唇形，上唇2裂，下唇3裂，裂片狭三角形；下侧方能育雄蕊2，内藏，花药长圆形，腹面连着，2药室极叉开，顶端汇合；退化雄蕊3，位于上方；花盘杯状；雌蕊内藏，子房线形，侧膜胎座，花柱细长，柱头2；蒴果卵圆形。

2种，中国特有，产云南东南部、广西西南部及北部。

30. 石山苣苔属 Petrocodon Hance

草本，具根状茎；叶基生；聚伞花序有2苞片；花萼钟状，5裂达基部；花冠白色，坛状粗筒形；筒部比檐部稍长；

齿缘石山苣苔 *Petrocodon dealbatus* var. *denticulatus* (W. T. Wang) W. T. Wang

檐部不明显二唇形，下方 2 雄蕊能育，内藏，着生于花冠管中部之下，花药连着，2 室近极叉开，顶端汇合；退化雄蕊 2~3；花盘环形；雌蕊常伸出，子房线形，2 侧膜胎座，柱头近球形；蒴果线形，室背开裂成 2 瓣；种子纺锤形，种皮近平滑。

1 种，中国特有，分布于南部至中部。

31. 长檐苣苔属 Dolicholoma D. Fang & W. T. Wang

草本，具根状茎；叶基生，椭圆形，边缘的小齿退化成腺体；聚伞花序腋生；花萼 5 裂达基部；花冠淡红色，花冠管细筒状，檐部大，比花冠管稍长，上唇 2 裂几达基部，下唇 3 深裂，裂片狭三角形；下方能育雄蕊 2，内藏，花药近背着，连着；退化雄蕊 2；花盘环状；雌蕊内藏，子房狭卵球形，花柱细，柱头盘状；蒴果长椭圆球形，纵裂成 4 瓣；种子长椭圆形，两端尖。

1 种，中国特有，产广西西南部。

32. 世纬苣苔属 Tengia Chun

草本，具根状茎；叶基生，椭圆形；聚伞花序腋生；花辐射对称；花萼 5 裂达基部；花冠近壶状，筒比檐部长；檐部 5 裂，裂片狭三角形，近直展；雄蕊 5，与花冠裂片互生，内藏，花药近肾形；花盘环状；雌蕊稍伸出花冠之外，子房细圆锥状筒形，1 室，2 侧膜胎座内伸，2 裂，花柱比子房长，柱头点状；蒴果线形，裂成 4 瓣。

1 种，中国特有，产贵州。

世纬苣苔 *Tengia scopulorum* Chun

33. 朱红苣苔属 Calcareoboea C. Y. Wu ex H. W. Li

草本，具圆柱形根状茎；叶全部基生，长圆形；花序似伞形，腋生，具总苞；花萼 5 裂达基部；花冠朱红色，细漏斗状筒形，筒比檐部长 4~5 倍，檐部二唇形，上唇大，4 浅裂，下唇小，不分裂；下方能育雄蕊 2，花药连着；退化雄蕊 2；雌蕊稍伸出，子房线形，有 2 侧膜胎座，花柱细，柱头扁球形；蒴果线形，2 瓣裂。

1 种，产越南和中国云南、广西。

朱红苣苔 *Calcareoboea coccinea* H. W. Li

34. 圆唇苣苔属 Gyrocheilos W. T. Wang

草本，具根状茎；叶基生；花萼宽钟状，5 裂至基部或 2~5 深裂；花冠粗筒状，檐部二唇形，上唇半圆形，不分裂，下唇 3 深裂；下方能育雄蕊 2，花丝不膝状弯曲，花药宽椭圆球形；退化雄蕊 2；花盘环状；雌蕊自花冠口伸出甚高，子房线形，侧膜胎座 2，柱头头状；蒴果线形或披针状线形，室背开裂为 2 瓣；种子纺锤形。

4 种，中国特有，产广东和广西。

稀裂圆唇苣苔 *Gyrocheilos retrotrichus* var. *oligolobus* W. T. Wang

35. 苦苣苔属 Conandron Siebold & Zucc.

草本，具根状茎；叶基生，椭圆状卵形；聚伞花序腋生，有 2 苞片；花辐射对称；花萼宽钟状，宿存；花冠紫色，辐状，檐部 5 深裂；雄蕊 5，花药底着；花盘不存在；雌蕊稍伸出花药筒之外，子房狭卵球形，1 室，侧膜胎座 2，内伸，2 裂，柱头扁球形；蒴果长椭圆球形，室背开裂成 2 瓣；种子纺锤形，表面光滑。

1 种，分布于中国东部及日本。

苦苣苔 *Conandron ramondioides* Siebold & Zucc.

36. 瑶山苣苔属 Dayaoshania W. T. Wang

草本，具根状茎；叶基生；聚伞花序腋生；花萼钟状，5裂达基部；花冠淡紫色或白色，近钟状，筒与檐部近等长，檐部二唇形，上唇2裂，下唇与上唇近等长，（2~）3裂；下方（1~）2能育雄蕊，稍伸出，分生，花丝着生于花冠近基部处，花药背着；退化雄蕊2或不存在；花盘环状；雌蕊稍伸出，子房线形，2侧膜胎座不分裂，花柱纤细，柱头2；蒴果线形。

1种，中国特有，产广西。

瑶山苣苔 *Dayaoshania cotinifolia* W. T. Wang

37. 单座苣苔属 Metabriggsia W. T. Wang

草本；茎直立；叶对生，同一对叶不等大；聚伞花序腋生，有近球形总苞；花萼钟状，5裂至基部；花冠白色，筒漏斗状，檐部二唇形，比筒短；下方能育雄蕊2，花药基着，顶端连着；退化雄蕊2~3；雌蕊内藏，子房线形，侧膜胎座1，呈薄片状，花柱比子房长，顶端变粗成扁球形的小柱头；蒴果线形，宿存胎座近圆筒状；种子多宽椭圆形，两端尖。

2种，中国特有，产广西。

单座苣苔 *Metabriggsia ovalifolia* W. T. Wang

38. 筒花苣苔属 Briggsiopsis K. Y. Pan

草本，具根状茎；叶集生近顶；聚伞花序腋生，苞片2，对生；花萼钟状，5裂至近基部；花冠管状漏斗形，檐部二唇形；能育雄蕊4，花药基着，肾形，成对在复面顶端连着；退化雄蕊1；花盘5深裂；雌蕊内藏，子房长圆形，2室，中轴胎座，上方1室发育，花柱细，比子房长，柱头2，倒卵形；蒴果长圆形，偏斜，室背开裂不达基部。

1种，中国特有，产四川中南部、云南东北部。

筒花苣苔 *Briggsiopsis delavayi* (Franch.) K. Y. Pan

39. 紫花苣苔属 Loxostigma C. B. Clarke

草本或亚灌木；茎具棱，被柔毛；叶对生，每对不等大，基部偏斜；花萼5裂至近基部；聚伞花序伞状，花冠粗筒状，筒长于檐部，上部下侧肿胀；雄蕊4，花药肾形，顶端成对连着，两对雄蕊又紧密靠合；子房长圆形，柱头2；蒴果线状长圆形，种子两端具毛状附属物。

7种，分布于中国、尼泊尔、不丹、印度、缅甸及越南；中国7种，产广西、贵州、云南及四川。

滇黔紫花苣苔 *Loxostigma cavaleriei* (H. Lév. & Vaniot) B. L. Burtt

40. 异裂苣苔属 Pseudochirita W. T. Wang

多年生草本，茎粗壮，与叶密被柔毛；叶对生，边缘具齿；花萼钟状，5 浅裂，裂片扁三角形；花冠白色，筒漏斗状筒形；下方能育雄蕊 2，内藏，花丝狭线形，花药基着，顶端连着，2 药室平行，药隔背面隆起；退化雄蕊 3；花盘杯状；雌蕊内藏，子房线形，2 侧膜胎座稍内伸后极叉开，花柱细，柱头 2，不等大；蒴果线形，室背开裂为 2 瓣；种子纺锤形。

1 种，分布于中国广西和越南。

粉绿异裂苣苔 *Pseudochirita guangxiensis* var. *glauca* Y. G. Wei & Y. Liu

41. 异片苣苔属 Allostigma W. T. Wang

多年生草本，具茎；叶对生；聚伞花序腋生；花萼钟状，5 深裂；花冠管漏斗形，檐部二唇形，比筒短，上唇 2 深裂，下唇 3 浅裂；下方能育雄蕊 2，花丝稍弧状弯曲，在中部最宽，向两端渐变狭，花药基着，顶端连着；退化雄蕊 3；花盘环状；雌蕊近内藏，子房线形，基部具柄，具中轴胎座，2 室，花柱细，柱头 2，不等大；蒴果线形；种子椭圆形。

1 种，中国特有，产广西西南部。

42. 异唇苣苔属 Allocheilos W. T. Wang

草本，具根状茎；叶基生，近圆形；聚伞花序腋生，有 2 苞片；花萼 5 裂达基部；花冠斜钟状，檐部二唇形，上唇 4 裂，下唇与上唇近等长，不分裂；下方能育雄蕊 2，着生于花冠基部稍上处，花丝狭线形，弧状弯曲，花药连着；退化雄蕊 2；雌蕊长伸出，子房近长圆形，花柱比子房长 2.5 倍，柱头扁球形；蒴果近线形，最后裂成 4 瓣。

1 种，中国特有，产贵州西南部。

43. 双片苣苔属 Didymostigma W. T. Wang

一年生草本，具茎；叶对生；聚伞花序腋生，苞片对生；花萼狭钟状，5 裂达基部；花冠淡紫色，筒细漏斗状，檐部二唇形，比筒短，上唇 2 浅裂，下唇 3 浅裂；下方能育雄蕊 2，花药基着，顶端连着；退化雄蕊 2；花盘环状；雌蕊内藏，子房线形，侧膜胎座 2，花柱细，柱头 2，等大，片状；蒴果线形，室背纵裂；种子椭圆形。

3 种，中国特有，产广东、广西和福建。

双片苣苔 *Didymostigma obtusum* (C. B. Clarke) W. T. Wang

44. 粗筒苣苔属 Briggsia Craib

草本，具根状茎；叶对生或全部基生，似莲座状；聚伞花序腋生，苞片 2；花萼 5 裂至近基部；花冠粗筒状；能育雄蕊 4，2 强，内藏，花药卵圆形或肾形，顶端成对连着，药室 2；退化雄蕊 1；雌蕊内藏，子房长圆形，下部成狭柄，花柱明显，柱头 2 裂；蒴果披针状长圆形或倒披针形；种子纺锤形。

约 22 种，分布于中国、缅甸、不丹、印度、越南；中国 21 种，产西南、华南、华中地区。

川鄂粗筒苣苔 *Briggsia rosthornii* (Diels) B. L. Burtt

45. 马铃苣苔属 Oreocharis Benth.

草本，无直立茎，根状茎短而粗；叶基生；聚伞花序腋生；花冠钟状或筒状，檐部二唇形；能育雄蕊 4，分生，花丝着生于花冠管近基部，花药长圆形，稀马蹄形；退化雄蕊 1~2；花盘环状，全缘或 5 裂；子房长圆形，花柱比子房短，柱头 1；蒴果长圆形；种子卵圆形，两端无附属物。

约 28 种，产中国、越南、泰国；中国 27 种，产南部。

长瓣马铃苣苔 *Oreocharis auricula* (S. Moore) C. B. Clarke

46. 四数苣苔属 Bournea Oliv.

草本，具短根状茎；叶基生，长圆形或卵形；聚伞花序腋生，有总苞；花辐射对称；花萼钟状，4~5 深裂；花冠钟状，4~5 裂至中部；雄蕊 4~5，与花冠裂片互生，伸出，花丝狭线形，花药背着；花盘环状；雌蕊内藏，子房线形，1 室，2 侧膜胎座内伸，2 裂，花柱极短，柱头 2；蒴果长圆状线形，室背开裂为 2 瓣；种子纺锤形，光滑。

2 种，中国特有，产广东和福建。

四数苣苔 *Bournea sinensis* Oliv.

47. 金盏苣苔属 Isometrum Craib

草本，具根状茎；叶基生，似莲座状；聚伞花序腋生；苞片 2（~3）；花萼钟状，5 裂至基部；花冠钟状、细筒状，紫色，檐部稍二唇形，上唇 2 裂至近中部，下唇 3 裂；能育雄蕊 4，内藏花丝近平行，花药卵圆形，顶端成对连着；退化雄蕊 1；花盘环状；子房狭长圆形，柱头 2，扁球形；蒴果线状长圆形或倒披针形。

14 种，中国特有，产四川西北部至东部、秦岭、大巴山及鄂西山地。

龙胜金盏苣苔 *Isometrum lungshengense* (W. T. Wang) W. T. Wang & K. Y. Pan

48. 辐花苣苔属 Thamnocharis W. T. Wang

小草本，具根状茎；叶基生；聚伞花序腋生，二回分枝；苞片 2；花小，近辐射对称；花萼钟状；花冠辐状，4~5 深裂；雄蕊 4~5，与花冠裂片互生，分生，伸出，不等长，花丝狭线形；花药椭圆形；花盘环状；雌蕊伸出，子房狭卵球形，1 室，侧膜胎座 2，花柱细；蒴果线状披针形，室背分裂成 2 瓣。

1 种，中国特有，产贵州西南部。

辐花苣苔 *Thamnocharis esquirolii* (H. Lév.) W. T. Wang

49. 弥勒苣苔属 Paraisometrum W. T. Wang

草本，无地上茎，根状茎短而粗；叶基生，椭圆形；聚伞花序腋生；苞片 2；花萼 5 裂达基部；花冠管状，橙黄色或黄白色，檐部二唇形，上唇不等 4 浅裂，下唇不裂；能育雄蕊 4，花药扁球形，顶端成对连着；退化雄蕊 1；花盘环状；子房线形，侧膜胎座 2，花柱短，柱头 1；蒴果长圆状披针形，种子多数。

1 种，中国特有，产云南、贵州和广西。

弥勒苣苔 *Paraisometrum mileense* W. T. Wang

50. 直瓣苣苔属 Ancylostemon Craib

草本，具根状茎；叶基生；聚伞花序，腋生；苞片 2，对生；花萼钟状，5 裂达基部，裂片近相等；花冠管状，筒向下渐狭窄，下方稍膨大，檐部二唇形；能育雄蕊 4，花药卵圆形，顶端成对连着，药室 2；花盘环状；雌蕊多无毛，子房线状长圆形，柱头 2；蒴果长圆状披针形或倒披针形；种子多数，两端无附属物。

12 种，中国特有，产湖北、四川、云南、贵州及广西。

直瓣苣苔 *Ancylostemon saxatilis* (Hemsl.) Craib

51. 短檐苣苔属 Tremacron Craib

草本，具根状茎；叶基生；聚伞花序腋生；苞片 2；花萼钟形，5 裂至近基部；花冠管状，黄色或白色，檐部二唇形，上唇极短，下唇 3 裂；能育雄蕊 4，分生，全部或仅下雄蕊伸出花冠外，着生于花冠近基部，花药卵圆形；退化雄蕊 1；花盘环状；花柱短，柱头 2；蒴果长圆状披针形；种子多数，两端无附属物。

7 种，中国特有，产云南及四川。

橙黄短檐苣苔 *Tremacron aurantiacum* K. Y. Pan

52. 扁蒴苣苔属 Cathayanthe Chun

草本，具根状茎；叶基生，全缘；花萼左右对称，萼筒短，上唇 1 裂，下唇 4 浅裂；花冠管状，檐部二唇形，上唇 2 裂，下唇 3 裂；能育雄蕊 4，内藏，花药成对连着；退化雄蕊不存在；花盘筒状；子房狭椭圆形，花柱细长，柱头 1，半圆形；蒴果狭椭圆形，扁平，稍长于花萼，室背开裂而不分裂成 2 分离的果瓣；种子椭圆状纺锤形，顶端无附属物。

1 种，中国特有，产海南。

扁蒴苣苔 *Cathayanthe biflora* Chun

53. 圆果苣苔属 Gyrogyne W. T. Wang

草本，具根状茎；茎直立；叶对生，每对叶稍不相等；聚伞花序顶生；花萼斜宽钟状；花冠白色，筒短而粗，基部囊状，檐部二唇形，稍短于筒，上唇 2 深裂，下唇比上唇长约 2 倍；雄蕊 4，分生，内藏，钻形，药隔顶端突出成小尖头；退化雄蕊 1；花盘环状；雌蕊与花冠管近等长，子房扁球形，侧膜胎座 2，柱头扁球形。

1 种，中国特有，产广西。

54. 密序苣苔属 Hemiboeopsis W. T. Wang

亚灌木；对生；聚伞花序腋生，有少数密集的花；苞片 2，对生，形成近球形的总苞；花萼 5 裂达基部；花冠漏斗状筒形，檐部二唇形；下方能育雄蕊 2，内藏，花丝在中部最宽，花药背着，腹面连着药隔有 1 附属物；退化雄蕊 2；雌蕊内藏，子房线形，2 室，具中轴胎座，柱头 2，不等大；蒴果狭线形；种子椭圆形，光滑。

1 种， 产老挝、越南和中国；中国 1 种，产云南。

密序苣苔 *Hemiboeopsis longisepala* (H. W. Li) W. T. Wang

55. 细蒴苣苔属 Leptoboea Benth.

亚灌木；茎分枝和叶均对生；叶常密集于当年生短枝上；花萼及花冠钟状，黄色，檐部不明显二唇形，筒稍长于檐部；能育雄蕊 4，生于花冠近基部，内藏，分生，药室 2；退化雄蕊 1；无花盘；子房椭圆形，稍长于花柱，柱头 1，不裂，头状；蒴果线形，室间开裂，不扭曲；种子椭圆形，无附属物。

3 种，产缅甸、印度东北部、不丹、加里曼丹及中国；中国 1 种，产云南。

细蒴苣苔 *Leptoboea multiflora* (C. B. Clarke) C. B. Clarke

56. 唇萼苣苔属 Trisepalum C. B. Clarke

多年生草本；叶对生或莲座状，密被蛛丝状绵毛；花萼上唇 3 裂，下唇 2 裂至基部；花冠狭钟状，檐部上唇 3 裂，下唇 2 裂；雄蕊 2，位于花冠下方近基部，花丝较短，内藏，花药椭圆形，药室 2，顶端连着，叉开；子房椭圆形，柱头 2，舌状；蒴果螺旋状卷曲。

约 13 种，分布于中国、缅甸、马来西亚和泰国；中国 1 种，产四川、云南和广西。

唇萼苣苔 *Trisepalum birmanicum* (Craib) B. L. Burtt

科 247. 车前科 Plantaginaceae

约 105 属 1 820 种，世界广布，主产温带地区；中国 17 属 150 种，南北均产。

草本，稀灌木；叶螺旋状互生，或对生，有时轮生；花序多样，花常两性，萼片 4 或 5，合生，花瓣常 5，合生，花冠二唇形，雄蕊 4，二强雄蕊，有时为 2，或有退化雄蕊，花丝贴生于花冠，药室 2，室分离、纵裂，心皮 2，合生，子房上位，中轴胎座，胎座膨大，柱头 2 裂，胚珠每室多数；蒴果，室间开裂，孔裂或周裂；种子有角或具翅。

车前科传统上只有 3 属 255 种，APG 系统将许多原属于玄参科的属归并于该科，现在车前科全世界有 104 属 1820 种。本研究分支分析显示，国产车前科（广义）分为两支，第一支包含的属原隶属于玄参科玄参亚科 Scrophularioideae 水八角族 Gratioleae（●）；第二支关系较复杂，位于基部的是幌菊属 *Ellisiophyllum*（●），有人分出单型科幌菊科 Ellisiophyllaceae，随后是两个单型水生属，有人将杉叶藻属（●）提升为单型科杉叶藻科 Hippuridaceae，水马齿属（●）被提升为水马齿苋科 Callitrichaceae，其余的属多是原玄参科鼻花亚科 Rhinanthoideae 婆婆纳族 Veroniceae（●）的成员。车前属（●）嵌入在分支图中（图 177）。最新的研究结果表明原属芝麻科的茶菱属 *Trapella* 应归入车前科，本研究暂未取样。

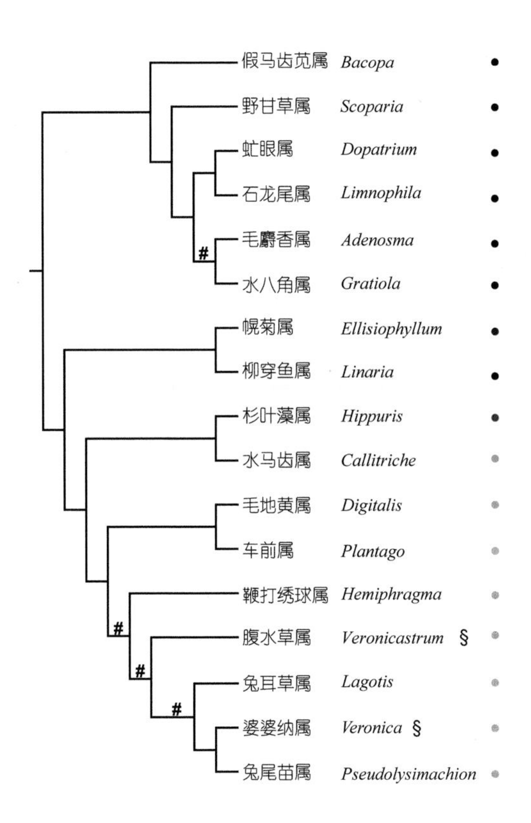

图 177 中国车前科植物的分支关系

1. 假马齿苋属 Bacopa Aubl.

草本；叶对生，全缘或有齿缺，匙形；花单生于叶腋内，具柄，或排成总状花序，萼片 5，完全分离，后方一枚常常最宽大，前方一枚次之，侧面 3 枚最狭小，花冠淡青紫色，二唇形，雄蕊 4，2 强，极少 5，药室平行而分离，柱头扩大，头状或短 2 裂；蒴果，有 2 条沟槽，室背 2 裂或 4 裂；种子多数，微小。

65 种，产热带和亚热带地区，主产美洲；中国 2 种，产台湾、福建、广东、云南。

假马齿苋 *Bacopa monnieri* (L.) Wettst.

2. 野甘草属 Scoparia L.

草本或亚灌木；叶对生或轮生，小，全缘或有齿缺；花小，白色，单生或成对生于叶腋内，萼片 4~5，花冠辐状，喉部有毛，裂片 4，近相等，雄蕊 4，几等长，药室分离，子房球形，内含多数胚珠；蒴果球形，室间开裂，果爿边缘内卷；种子小，有棱角，种皮有蜂窝状孔纹。

10 种以上，产热带美洲，其中 1 种广布于全球热带地区；中国 1 种，产福建、广东、广西、云南。

野甘草 *Scoparia dulcis* L.

3. 虻眼属 **Dopatrium** Buch.-Ham. ex Benth.

一年生纤细草本；叶对生，全缘，肉质，有时退化为鳞片状，生于上部的小、疏离；花小，淡紫色，单生于叶腋内或排成一顶生、疏散的总状花序；萼深5裂；花冠管上部扩大，二唇形；雄蕊上部2枚发育，花丝丝状，药室并行，分离而相等，下部2枚极小而不发育；蒴果小，卵形，室背开裂；种子细小有节结或略有网脉。

10种，产非洲、亚洲和大洋洲的热带地区；中国1种，产南部。

虻眼 *Dopatrium junceum* (Roxb.) Buch.-Ham. ex Benth.

4. 石龙尾属 **Limnophila** R. Br.

水生或沼生草本；叶有齿缺或分裂，沉水的轮生，羽状细裂；花无柄或具柄，单生或排成穗状花序或总状花序；萼片筒状，萼齿5，近相等或后方1枚较大；花冠管筒状，5裂，裂片二唇形，上唇全缘或2裂，下唇3裂；雄蕊4，两两成对，内藏；蒴果卵形或长椭圆形，为宿萼所包，室间开裂；种子小，多数。

35种，产东半球热带、亚热带地区；中国约9种，产西南部至东北部。

异叶石龙尾 *Limnophila heterophylla* (Roxb.) Benth.

5. 毛麝香属 **Adenosma** R. Br.

草本，直立或匍匐而下部节上生根，有香味；叶对生，有锯齿，被腺点；花紫蓝色，腋生或顶生穗状花序；萼片5，离生；花冠管状，二唇形，上唇直立，下唇伸展，3裂；雄蕊4，2枚发育，花药1室或2室均不发育，花药分离，花丝短；花柱顶部扁平；柱头下常有2翅；蒴果卵状，室背和室间均开裂而成4爿。

15种，产印度、马来西亚、大洋洲和中国；中国4种，产南部。

毛麝香 *Adenosma glutinosum* (L.) Druce

6. 水八角属 **Gratiola** L.

肉质草木；叶对生，全缘或有齿缺；单花腋生，小苞片2；萼5深裂；花冠管圆柱形，唇广展，上唇全缘或2裂，下唇3裂；雄蕊2，内藏，药室分离；退化雄蕊2，线状或缺；花柱丝状，柱头扩大或二片状；胚珠多数；蒴果卵状，室背和室间开裂成4裂片，裂片边缘内折；种子多数，种皮具条纹和横网纹。

25种，产温带和亚热带地区；中国3种，产新疆、江苏、江西、广东、黑龙江、辽宁、吉林、云南。

黄花水八角 *Gratiola griffithii* Hook. f.

7. 幌菊属 Ellisiophyllum Maxim.

柔弱、匍匐草本；叶互生，具长柄，羽状深裂；花单朵腋生，柄延长；苞片小，钻形；花小，白色；萼5裂，结果时稍增大；花冠钟状；5裂，裂片有脉3条，覆瓦状排列；雄蕊4，着生于冠喉部，2室；子房扁球形，2室，顶部被毛，每室有胚珠4；花盘发达；花柱顶生；蒴果包藏于萼内，1室，膜质；种皮革质，有黏胶质。

1种，产东亚及南亚；中国产西南、西北及东部。

幌菊 *Ellisiophyllum pinnatum* (Benth.) Makino

8. 柳穿鱼属 Linaria Mill.

草本；叶对生或轮生或上部的互生，羽状脉，全缘、齿状或分裂；花颜色丰富，总状花序或穗状花序；萼5裂，几达基部；花冠管长，基部有长距，裂片二唇形，上唇直立，2裂，下唇中央向上唇隆起并扩大，3裂，在隆起处密被腺毛；雄蕊4，2强，药室并行，裂后叉开；蒴果于顶部下孔裂或纵裂。

150种，产北温带，主产欧亚温带；中国8种，产西南部和北部。

柳穿鱼 *Linaria vulgaris* subsp. *sinensis* (Debeaux) D.Y. Hong

9. 杉叶藻属 Hippuris L.

水生植物，有匍匐状的根茎和直立、粗厚、不分枝的茎，上部常突出水面；叶长椭圆形或线形，4~12枚轮生，生于水中的较长而脆；花小，单生，无柄，两性或单性，无花瓣；雄蕊1；子房下位，1室，有倒生胚珠1；瘦果。

2种，全球广布；中国2种，产西南部至东北部。

杉叶藻 *Hippuris vulgaris* L.

10. 水马齿属 Callitriche L.

草本，水生、沼生或湿生；茎细弱；叶对生，或呈莲座状（水生种），全缘；无托叶；花细小，单性同株，腋生或单生；苞片2，膜质；无花被片；雄花仅1雄蕊，花丝纤细，花药2室；雌花具1雌蕊，子房上位，4室，4浅裂，花柱2，具细小乳突体；果4浅裂，边缘具膜质翅，成熟后4室分离；种子具膜质种皮。

25种，全球广布；中国4种，南北均产。

水马齿 *Callitriche palustris* L.

11. 毛地黄属 Digitalis L.

草本；叶互生，下部的常密集而伸长；花顶生、朝向一侧的为总状花序；萼5裂；花冠倾斜，花冠管一面膨大成钟形，子房以上处收缩，裂片近二唇形，上唇短，微凹缺或2裂，下唇3裂；雄蕊4，2强，药室叉开，顶端汇合；蒴果室间开裂；种子多数，微小。

25 种，产欧洲和亚洲中部与西部；中国引种 1 种，南北均产。

毛地黄 *Digitalis purpurea* L.

12. 车前属 Plantago L.

草本植物，稀小灌木；叶莲座状；叶柄基部常扩大成鞘状；穗状花序圆柱状至头状，有时单花，苞片及萼片中脉常具龙骨状突起或加厚，花两性，花冠高脚碟状或筒状，至果期宿存，雄蕊 4，着生冠筒内面，花药多形，开裂后明显增宽，先端骤缩成小突起，子房 2~4 室，中轴胎座，具 2 至 40 多枚胚珠；蒴果，果皮膜质。

大车前 *Plantago major* L.

190 种，广布于温带及热带地区；中国 20 种，南北分布。

13. 鞭打绣球属 Hemiphragma Wall.

鞭打绣球 *Hemiphragma heterophyllum* Wall.

平卧、披散草本，被柔毛；叶二型，茎生叶对生，有短柄，圆心形至肾形，有钝齿，小枝上的叶簇生，针状；花腋生，无柄，玫瑰红色；萼片 5，狭窄；花冠管短，裂片 5，圆形，近相等；雄蕊 4，生于冠管基部，花药箭头形，药室顶端结合；果肉质，卵状，光亮，纵缝线开裂；种子小，多数，卵形，光滑。

1 种，产亚洲亚热带地区；中国 1 种，产西南部及湖北、陕西、甘肃及台湾。

14. 腹水草属 Veronicastrum Heist. ex Fabr.

多年生，有根茎的草本；叶互生，对生或 3~5（~8）枚轮生，阔披针形或长椭圆形，有锐锯齿；花青紫色，排成穗状花序式的总状花序；萼 4~5 深裂；花冠管长于裂片 2 倍，内面常密生一圈柔毛，裂片 4，辐射对称或近二唇形；雄蕊 2，突出，药室并连而不汇合；柱头小；蒴果卵形，4 裂；种子多数，有网纹。

腹水草 *Veronicastrum stenostachyum* subsp. *plukenetii* (T. Yamaz.) D. Y. Hong

约 20 种，产美洲东北部和东亚；中国 13 种，南北分布。

15. 兔耳草属 Lagotis Gaertn.

多年生肉质草本；叶基生及茎生，全缘、钝齿状或分裂；花蓝色或紫色，穗状花序或头状花序，无小苞片；苞片阔，覆瓦状排列；萼佛焰苞状或为 2 萼片；花冠管弯曲，裂片二唇形，上唇全缘或 2 裂，下唇 2~4 裂；雄蕊 2，着生于冠喉部，花药极大，肾状；子房 2 室；核果小而不开裂，或裂为 2 枚小坚果，有种子 1~2。

圆穗兔耳草 *Lagotis ramalana* Batalin

约 30 种，产中亚、北亚和北美；中国 17 种，产西南部至西北部。

16. 婆婆纳属 Veronica L.

多年生、肉质草本；叶基生及茎生，全缘、钝齿状或分裂；花蓝色或紫色，穗状花序或头状花序，无小苞片；苞片阔，覆瓦状排列；萼佛焰苞状或为 2 萼片；花冠管弯曲，裂片二唇形，上唇全缘或 2 裂，下唇 2~4 裂；雄蕊 2，着生于冠喉部，花药极大，肾状；子房 2 室；核果小而不开裂，或裂为 2 枚小坚果，有种子 1~2。

约 250 种，世界广布，主产亚洲和欧洲；中国 53 种，南北均产，主产西南地区。

阿拉伯婆婆纳 *Veronica persica* Poiret

17. 兔尾苗属 Pseudolysimachion (W. D. J. Koch) Opiz

多年生草本；茎单一或丛生，有时木质；叶对生或轮生，很少互生；花序顶生，密集的总状花序或穗状花序，苞片小、窄；花萼 4 裂，裂片；花冠 4，管很少低于 1/3 花冠的长度，在里面具长柔毛，上部叶宽，稍左右对称；雄蕊 2，花丝贴生于花冠管的后部，药室汇合；花柱宿存；蒴果近球形，稍侧扁，先端圆钝或微缺，室背开裂；种子多数、光滑。

20 种，产亚洲和欧洲；中国 10 种，南北均产。

兔尾苗 *Pseudolysimachion longifolium* (L.) Opiz

18. 茶菱属 Trapella Oliv.

浮水草本；叶对生，浮水叶三角状圆形或心形，沉水叶披针形；花单生叶腋，果期花梗下弯；萼齿 5，萼筒与子房合生；花冠漏斗状，檐部广展，二唇形；能育雄蕊 2，内藏；子房下位，2 室，上室退化；果实窄长，顶端具锐尖的 3 长 2 短的钩状附属物，不开裂。

1~2 种，产亚洲东部；中国 1 种，产东北、华北、华东和华中地区。

茶菱 *Trapella sinensis* Oliv.

科 248. 玄参科 Scrophulariaceae

59 属 1 800 种，全球广布；中国 7 属 66 种，南北分布。

一年生或多年生草本，有时为灌木，稀为乔木；大叶互生、对生或轮生，或基部对生、上部互生，单叶或有时羽状深裂；花序总状、穗状或聚伞圆锥花序，花两性，通常两侧对称，花萼常宿存，花冠合瓣，常二唇形；雄蕊 4，2 强，有时有 1 或 2 个退化雄蕊，较少雄蕊 2 或 5；子房基部常有蜜腺，环状、杯状或退化成腺体，柱头头状；果为蒴果，室背或室间开裂，或室轴开裂，有时孔裂或不规则开裂，稀为浆果。

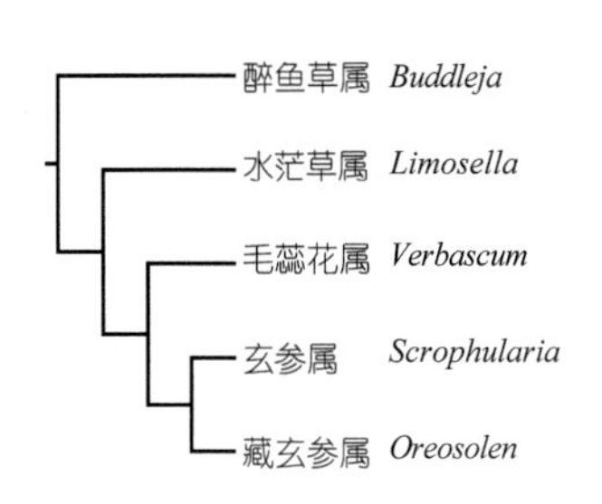

图 178 中国玄参科植物的分支关系

玄参科原来拥有300~310属约5 000种，依据分子数据有100余属归入车前科Plantaginaceae，大量半寄生属划入列当科Orobanchaceae，APG系统的玄参科只有52属约1 680种。Takhtajan（2009）没有采用APG系统的意见，坚持广义玄参科，反而将列当科划归玄参科作为一个亚科，即列当亚科Orobanchoideae。狭义玄参科中，国产由原来62属现只剩少数属。分支分析显示，醉鱼草属位于基部（也有将该属作为模式属成立醉鱼草科Buddlejaceae，见吴征镒等，2003），相继是水茫草属、毛蕊花属分支，玄参属和藏玄参属结合为近缘属（图178）。随着研究的深入，玄参科的范畴和科内关系还会有变化。

1. 醉鱼草属 Buddleja L.

灌木，稀乔木或亚灌木，植株常被毛，枝条常具窄翅；单叶对生，羽状脉；有托叶；花4数，聚伞花序密集成圆锥状、总状、穗状或头状；花萼钟状，常密被星状毛；花冠高脚碟状或钟状，裂片辐射对称；雄蕊着生花冠管内壁，与花冠裂片互生；子房上位，2（~4）室；蒴果，室间开裂，或浆果。

约100种，产美洲、非洲和亚洲的热带至温带地区；中国20种，除东北及新疆外，各地均产。

互叶醉鱼草 *Buddleja alternifolia* Maxim.

2. 水茫草属 Limosella L.

水茫草 *Limosella aquatica* L.

湿生或水生矮小草本，丛生，匍匐或浮水；叶对生、束生或在长枝上互生，条形、椭圆形或匙形，全缘；花小，单生叶腋，花萼钟状，萼齿5；花冠辐射状钟形，整齐；花冠管短，裂片5；雄蕊4，等长，着生花冠管中部；子房基部2室，上部1室，柱头头状；蒴果不明显开裂。

约7种，世界广布；中国1种，产东北和西南地区。

3. 毛蕊花属 Verbascum L.

二年生、稀多年生草本或亚灌木，有粗壮的主根；叶互生，全缘，钝齿状或羽状分裂；花排成顶生的穗状花序或总状花序；萼5深裂；花冠辐状，管几乎缺，裂片5，稍不等；雄蕊5或4，其中后面3枚的花丝或全部有须毛；子房上位，2室，每室有胚珠极多数；蒴果球形，室间2爿开裂。

约300种，产欧洲和亚洲温带；中国6种，主产新疆。

毛蕊花 *Verbascum thapsus* L.

4. 玄参属 Scrophularia L.

华北玄参 *Scrophularia moellendorffii* Maxim.

多年生草本或亚灌木状草本；叶常对生；聚伞圆锥花序、穗状花序或近头状花序；花萼4裂，花冠唇形，上唇常具2裂片，较长，下唇3裂片；可育雄蕊4，多少呈2强，花药汇合成1室、横生，退化雄蕊微小，位于上唇一方；花盘偏斜，柱头通常很小；蒴果室间4片开裂。

约200种，产北半球温带，地中海地区尤多；中国36种，南北均产。

5. 藏玄参属 Oreosolen Hook. f.

多年生矮小草本，全体被粒状腺毛；叶对生，在茎顶端集成莲座状，边缘具不规则缺齿，基出掌状脉5~9，叶柄下部叶鳞片状；花数朵簇生叶腋，花萼5裂几达基部，花冠黄色，具长筒，檐部二唇形，上唇2裂，下唇3裂；雄蕊4，内藏或稍伸出，花丝粗壮，顶端膨大，花药1室、横置，退化雄蕊1，贴生于上唇中央；蒴果卵圆形，顶端渐尖。

单种属，产喜马拉雅和中国唐古拉山。

藏玄参 *Oreosolen wattii* Hook. f.

6. 石玄参属 Nathaliella B. Fedtsch.

多年生小草本，无茎；叶基生，莲座状，具明显叶柄；花单生叶腋，花梗短；花萼5裂；花冠具不明显二唇形，下唇3裂，上唇2裂；雄蕊4，2强，前面2个略长于后面2个，药室基部分离，退化雄蕊1；雌蕊花柱丝状，柱头平面扩张，子房具多数胚珠；蒴果，2裂。

单种属，分布于中国新疆和吉尔吉斯斯坦。

石玄参 *Nathaliella alaica* B. Fedtsch.

7. 苦槛蓝属 Pentacoelium Siebold & Zucc.

常绿灌木；茎直立，稀平卧；叶螺旋状互生，稀对生，叶片具半透明腺点；聚伞花序或单花生于叶腋；花萼5裂，宿存；花冠钟状或漏斗状筒形，常5深裂，裂片白色或粉红色，常具紫斑；雄蕊4；子房2室，每室1~2胚珠，或3~10个分隔室，每室1胚珠；核果多少肉质，先端有小尖头，熟时红色或蓝紫色。

单种属，分布于中国东南部、日本南部和越南北部的沿海地区。

苦槛蓝 *Pentacoelium bontioides* Siebold & Zucc.

科 249. 母草科 Linderniaceae

19属约124种，广布于热带和亚热带地区；中国4属41种（三翅萼属未取样），主产西南（图179）。

草本，直立、倾卧或匍匐；单叶对生，叶缘具齿，稀全缘；花对生，稀单生，或排成总状花序、圆锥花序、伞形花序，花序腋生或顶生；花具梗，有或无苞片；萼4裂，或具3齿或5齿；花冠二唇形；雄蕊4，2强；花柱先端二片状；萼宿存；蒴果。

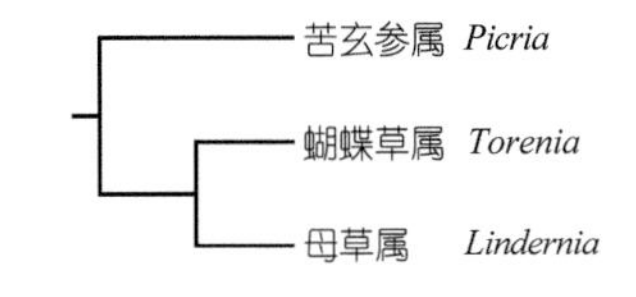

图179 中国母草科植物的分支关系

1. 苦玄参属 Picria Lour.

匍匐或铺散的草本；叶有波状齿；花序总状，开始顶生，后变腋生，苞片小；花梗，顶端膨大；萼4裂，裂片伸张，前方与后方者很大，果期膨大，基部心形；花冠管短圆筒形，上唇基部很宽，端有缺刻，下唇较长，3裂；雄蕊4，后方2枚完全，着生于花冠裂片基部，前方2枚常退化；蒴果卵形，包于萼内。

2种，分布于东亚和南亚；中国1种，产广东、广西、贵州和云南南部。

苦玄参 *Picria fel-terrae* Lour.

2. 蝴蝶草属 Torenia L.

植株无毛或被柔毛，稀被硬毛；叶具齿；花具梗，排列成总状或伞形花序，或单朵腋生或顶生，无小苞片；花萼具棱或翅，萼齿通常5；花冠管状，5裂；裂片二唇形，上唇直立，先端微凹或2裂；下唇开展，裂片3；雄蕊4，均发育，后方2枚内藏；通常子房上部被短粗毛；蒴果矩圆形，为宿萼所包藏。

约50种，分布于亚洲和非洲热带地区；中国10种，产西南部和南部。

兰猪耳 *Torenia fournieri* Fourn.

3. 母草属 Lindernia All.

茎直立、倾卧或匍匐；叶有柄或无，形状多变，常有齿，稀全缘；花常对生、稀单生，生于叶腋之中或在茎枝之顶形成疏总状花序；花常具梗，无小苞片；萼具5齿，齿相等或微不等；花冠紫色、蓝色或白色，上唇直立、微2裂，下唇较大而伸展，3裂；雄蕊4，均有性，或前方一对无花药；蒴果多形。

约70种，广布于新世界和旧世界热带地区；中国29种，产西南部至东北部。

细茎母草 *Lindernia pusilla* (Willd.) Boldingh

4. 三翅萼属 Legazpia Blanco

草本，无毛或被短硬毛；茎伸长，匍匐，下部节上生根；叶具齿；伞形花序腋生；总花梗短，具2枚很小的总苞片或不具总苞片；花具梗和苞片；萼具3枚半圆形的宽翅，顶端具3枚小齿；花冠小裂片呈二唇形；雄蕊4，2强，前方1对花丝各有1枚丝状附属物；蒴果。

2种，分布于亚洲东南部至大洋洲；中国1种，分布于广东、广西、台湾。

三翅萼 *Legazpia polygonoides* (Benth.) T. Yamaz.

科 250. 爵床科 Acanthaceae

约 250 属 4 000 种，广布于热带和亚热带地区；中国 35 属约 309 种，主要分布于长江流域以南各省区；中国特有 1 属。

草本、灌木或藤木，稀为小乔木；节通常膨大而具关节；单叶对生，无托叶，常具钟乳体；花两性，两侧对称；苞片 1 或无；小苞片 2 或退化；花萼 4 或 5 裂，稀多裂或环状而平截；花冠近整齐，或二唇形，上唇 2 裂或全缘，稀退化，下唇 3 裂，稀全缘；能育雄蕊 2 或 4，2 强，花药 1 或 2 室，基部具芒状附属物或无；退化雄蕊 1 或 3 或无；子房上位，2 室，中轴胎座，稀不完全的 4 室，具 1 分离的翅状中央胎座，胚珠倒生，着生于珠柄钩上，稀无珠柄钩；蒴果室背开裂；种子有珠柄钩承托，或无珠柄钩。

在形态学系统中，本科常分为 3~4 亚科，本研究分支分析显示：瘤子草亚科 Nelsonioideae（●）位于基部；随后是山索牛亚科 Thunbergioideae（●），其中海榄雌属 *Avicennia* Takhtajan（2009）分为单属科海榄雌科 Avicenniaceae；第 3 支是老鼠簕亚科 Acanthoideae（●），有的作者将该亚科同第 4 亚科合并为一个亚科；第 4 亚科爵床亚科 Justicioideae 分为 3~4 族，中国均有代表：族 1 芦莉草族 Ruellieae（●），族 2 鳞花草族 Lepidagathideae（●），族 3 穿心莲族 Andrographideae（●），族 4 爵床族 Justicieae（■）。分子分析的结果反映出绝大多数属在形态学上的系统关系，仅有个别属的关系尚需研究，如海榄雌属、裸柱草属 *Gymnostachyum*、枪刀药属 *Hypoestes*、号角花属 *Mackaya*、喜花草属 *Eranthemum* 等（图 180）。

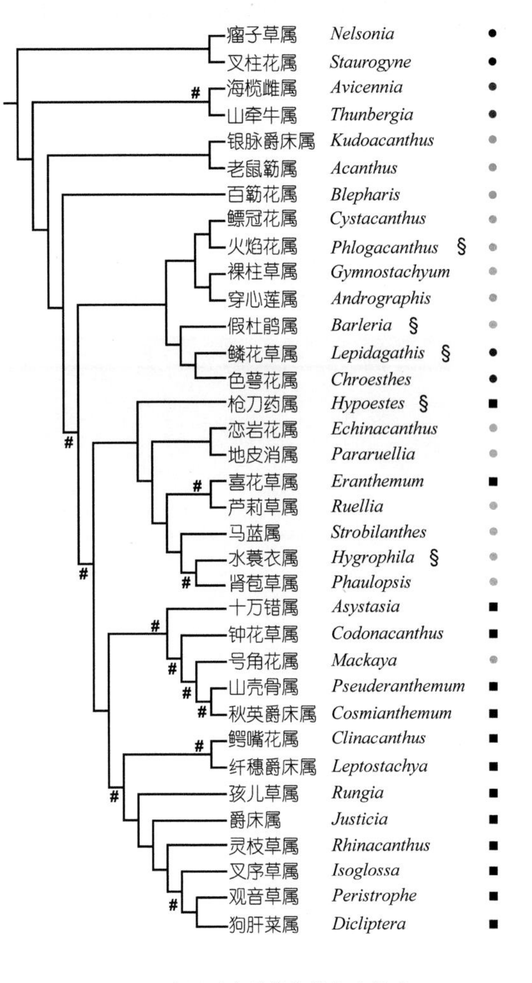

图 180 中国爵床科植物的分支关系

1. 瘤子草属 Nelsonia R. Br.

多年生草本，无钟乳体；穗状花序顶生或腋生；苞片叶状；花萼 4 裂至近基部，前方裂片先端 2 浅裂；花冠上唇 2 裂，下唇 3 裂，花冠管纤细，上部弯曲；雄蕊 2，内藏或稍露出，花药 2 室，药室近球形，无芒状附属物；子房每室具胚珠 8~28，排列成 2~4 行，无珠柄钩，蒴果开裂时胎座不从基部弹起；种子多数。

4 种，全世界热带分布；中国 1 种，产云南南部及广西南部。

瘤子草 *Nelsonia canescens* (Lam.) Spreng.

2. 叉柱花属 Staurogyne Wall.

一年生或多年生草本，无钟乳体；叶茎生或基生成莲座状；总状花序或穗状花序顶生或腋生；苞片叶状或匙状；花萼 5 裂至近基部；花冠近辐射对称至二唇形，5 裂；二强雄蕊，内藏或前雄蕊稍伸出，花药 2 室，无芒状附属物；胚珠多数，排成 2 列或 4 列，无珠柄钩；蒴果开裂时胎座不从基部弹起；种子多数，细小。

100 种，世界热带地区分布，主要分布在东南亚，以马来西亚种类最多；中国 17 种，产华南、西南地区。

叉柱花 *Staurogyne concinnula* (Hance) Kuntze

3. 海榄雌属 Avicennia L.

常绿灌木或乔木，无钟乳体；穗状花序通常短缩成头状，顶生或腋生；花萼5深裂至近基部；花冠钟状，近辐射对称，4或5裂；雄蕊4，稍外露，花药2室，药室基部无芒状附属物；子房不完全4室，具1分离的翅状中央胎座，每室具悬垂胚珠1，无珠柄钩；蒴果被开裂时胎座不从基部弹起；种子直立，子叶纵折。

10种，分布于热带和亚热带的沿海海岸红树林中；中国1种，产东南沿海地区。

海榄雌 *Avicennia marina* (Forssk.) Vierhapper

4. 山牵牛属 Thunbergia Retz.

草质或木质藤木，稀直立灌木，无钟乳体；叶对生；花单生或2朵并生，有时穗状花序；小苞片叶状，常合生或呈佛焰苞状；花萼杯状，12~16齿裂，或顶端平截；花冠5裂；二强雄蕊，花药2室，基部有或无芒状附属物；子房每室具2胚珠，无珠柄钩，柱头漏斗状；蒴果顶端具剑状长喙，胎座不从基部弹起。

100种，分布于亚洲或非洲的热带地区；中国6种，产华南和西南地区。

直立山牵牛 *Thunbergia erecta* (Benth.) T. Anderson

5. 银脉爵床属 Kudoacanthus Hosok.

草本；茎平卧，下部节上生根；叶脉常银白色；穗状花序顶生，有时再组成圆锥花序；花萼5深裂至基部；花冠管短，上部稍扩大至喉部，上唇2浅裂，下唇3裂；雄蕊2，花药2室，药室基部无芒状附属物；无退化雄蕊；子房每室具2胚珠，具珠柄钩；蒴果和种子未见。

1种，中国特有，产台湾。

银脉爵床 *Kudoacanthus albonervosa* Hosok.

6. 老鼠簕属 Acanthus L.

多年生草本或灌木；无钟乳体；叶边缘羽状分裂或波状分裂，有时有齿或刺，稀为全缘，具羽状脉；穗状花序顶生；苞片边缘具刺；花萼4裂，外面的1对较大；花冠单唇形，上唇极度退化，下唇3浅裂；二强雄蕊，花药1室，药室基部无芒状附属物；子房2室，每室胚珠2，具珠柄钩；蒴果胎座不从基部弹起。

约50，分布于亚洲、非洲等热带、亚热带地区；中国3种，2种产东南海岸红树林中，1种产云南。

老鼠簕 *Acanthus ilicifolius* L.

7. 百簕花属 **Blepharis** Juss.

多年生草本或亚灌木；无钟乳体；叶通常4片轮生，稀对生；花单生，或穗状花序短缩成头状；苞片多达5对，簇生；花萼4裂；花冠单唇形，上唇退化，下唇3浅裂；二强雄蕊，前面1对花丝顶端延伸成1塔状附属物，花药无芒状附属物；子房每室2胚珠，具珠柄钩；蒴果胎座不从基部弹起；种子被柔毛。

约100种，分布于非洲、亚洲及大洋洲热带地区；中国1种，产海南。

8. 鳔冠花属 **Cystacanthus** T. Anderson

灌木或多年生草本，具钟乳体；聚伞圆锥状花序顶生，稀聚伞花序或总状花序腋生；花萼5深裂至近基部；花冠在中部90°弯曲，一侧膨大肿胀，上唇2裂，下唇3裂；雄蕊2，花药2室，药室基部无芒状附属物；退化雄蕊2；子房每室具4~6胚珠；蒴果棒状，开裂时胎座不从基部弹起；种子被毛。

15种，分布于热带亚洲；中国8种，产西藏、云南、四川、广西和海南。

金江鳔冠花 *Cystacanthus yangtsekiangensis* (H. Lév.) Rehder

9. 火焰花属 **Phlogacanthus** Nees

草本、灌木或小乔木；具钟乳体；聚伞花序、圆锥花序顶生或聚伞花序腋生；花萼5深裂；花冠圆筒状或钟状，直或稍弯曲，二唇形，上唇2裂，下唇3裂；雄蕊2，花药2室，药室基部无芒状附属物；退化雄蕊2；子房每室5~8胚珠，具珠柄钩；蒴果开裂时胎座不从基部弹起；种子无毛或被毛。

15种，分布于亚洲热带地区；中国2种，产广西、贵州、云南和西藏地区。

糙叶火焰花 *Phlogacanthus vitellinus* (Roxb.) T. Anderson

10. 裸柱草属 **Gymnostachyum** Nees

多年生草本或亚灌木；具钟乳体；总状花序、穗状花序或聚伞圆锥花序顶生；花萼5深裂至近基部；花冠上唇2齿裂，下唇3裂；雄蕊2，花药2室，药室平行，1或2室基部具短芒状附属物；子房每室具3至多数胚珠，蒴果开裂时胎座不从基部弹起；种子具吸湿性白色短柔毛。

30种，分布于亚洲热带地区；中国4种，产广西和云南。

矮裸柱草 *Gymnostachyum subrosulatum* H. S. Lo

11. 穿心莲属 **Andrographis** Wall. ex Nees

草本或亚灌木，具钟乳体；叶具羽状脉；总状花序、穗状花序或圆锥花序顶生或腋生，花通常偏向一侧；苞片短于花萼；花萼5深裂至近基部；花冠二唇形；雄蕊2，花药2室，基部无芒状附属物；无退化雄蕊；子房每室胚珠3至多数，具珠柄钩；蒴果开裂时胎座不从基部弹起；种子无毛。

约80，分布于热带亚洲地区；中国3种，产云南、贵州、广西和海南。

穿心莲 *Andrographis paniculata* (Burm. f.) Wall. ex Nees

12. 假杜鹃属 Barleria L.

多年生草本、亚灌木或灌木，具钟乳体；叶具羽状脉；聚伞花序或穗状花序顶生，有时花单生或数朵簇生；小苞片2，有时呈刺状；花萼裂片两两成对；花冠5裂，整齐或稍二唇形；雄蕊4，花药基部无芒状附属物；退化雄蕊1；子房2室，每室2胚珠，具珠柄钩；蒴果胎座不从基部弹起；种子被贴伏长毛。

80~120种，分布于亚洲和非洲的热带地区；中国4种，产华南和西南地区。

假杜鹃 *Barleria cristata* L.

13. 鳞花草属 Lepidagathis Willd.

多年生草本或亚灌木；穗状花序顶生或腋生，常数个聚生成头状；花萼5裂，裂片不等大，前方2裂片不同程度合生；花冠上唇2浅裂，下唇3裂；二强雄蕊，花药基部无芒状附属物；子房每室2胚珠；蒴果开裂时胎座不从基部弹起；种子被毛。

100种，分布于热带地区；中国7种，产台湾、广东、广西、海南和云南地区。

台湾鳞花草 *Lepidagathis formosensis* C. B. Clarke ex Hayata

14. 色萼花属 Chroesthes Benoist

灌木，具钟乳体；聚伞圆锥花序顶生；花萼5裂，裂片不等大，基部连合；花冠上唇2裂，下唇3裂；二强雄蕊，花药2室，药室基部具芒状附属物；子房每室具胚珠2，具珠柄钩；蒴果开裂时胎座不从基部弹起；种子4，被柔毛。

约3种，分布于缅甸、泰国、中国、老挝、越南和马来西亚；中国1种，产云南和广西。

色萼花 *Chroesthes lanceolata* (T. Anderson) B. Hansen

15. 枪刀药属 Hypoestes Sol. ex R. Br.

多年生草本或亚灌木；具钟乳体；聚伞花序组成穗状花序或圆锥花序，每一聚伞花序常仅1朵花发育，其余退化，仅有残余的花萼和小苞片；苞片叶状，具柄，小苞片4或2；花萼5深裂至近基部；花冠扭曲，二唇形；雄蕊2，花药1室，药室基部无芒状附属物；子房每室具2胚珠；蒴果胎座不从基部弹起。

40 种，分布于东半球的热带地区；中国 3 种，产广东、海南、广西和云南地区。

三花枪刀药 *Hypoestes triflora* (Forssk.) Roem. & Schult.

16. 恋岩花属 Echinacanthus Nees

多年生草本或灌木；具钟乳体；聚伞花序顶生或腋生；苞片近叶状；花萼 5 深裂至近基部；花冠漏斗形或钟状，5 裂，裂片等大；二强雄蕊，花丝基部成对合生，花药 2 室，药室基部均具 2 个芒刺状距；子房每室具 4~8 胚珠；蒴果开裂时胎座不从基部弹起；种子表面具吸湿性柔毛。

5 种，分布于中国、越南、不丹、印度和尼泊尔；中国 4 种，产广东、广西、贵州和云南等。

黄花恋岩花 *Echinacanthus lofouensis* (H. Lév.) J. R. I. Wood

17. 地皮消属 Pararuellia Bremek. & Nann.-Bremek.

多年生草本，具钟乳体；叶基生，呈近莲座状；聚伞穗状花序或穗状花序顶生或腋生；苞片叶状；花萼 5 深裂至近基部；花冠 5 裂；二强雄蕊，花药 2 室，蝴蝶形，基部无芒状附属物；子房每室具 4~8 胚珠，具珠柄钩；蒴果开裂时胎座不从基部弹起；种子被螺旋状吸湿性柔毛。

10 种，产中南半岛、马来半岛及印度尼西亚；中国 5 种，产西南、湖北、广西和海南地区。

地皮消 *Pararuellia delavayana* (Baill.) E. Hossain

18. 喜花草属 Eranthemum L.

多年生草本或灌木；具钟乳体；穗状花序顶生或腋生，有时圆锥状；苞片叶状，有时具不同颜色；花萼 5 深裂至近基部；花冠高脚碟状，檐部 5 裂；雄蕊 2，花药药室基部无附属物；退化雄蕊 2；子房每室具 2 胚珠；蒴果棒状；种子开裂时胎座不从基部弹起；种子具吸湿性柔毛。

30 种，分布于亚洲热带地区；中国 3 种，产华南和西南地区。

云南可爱花

Eranthemum splendens (T.Anderson) Bremek. & Nann.-Bremek.

19. 芦莉草属 Ruellia L.

多年生草本或灌木；具钟乳体；花序各式，有时为单花腋生；花萼 5 裂至基部；花冠烟斗状或浅盘状，5 裂，裂片近等大；二强雄蕊，花丝基部有薄膜连结，花药 2 室，基部无芒状附属物；子房每室具 4~13 胚珠；具珠柄钩；蒴果开裂时胎座不从基部弹起；种子通常具螺旋状吸湿性柔毛。

250 种，分布于世界热带地区；中国 1 种，产广东和海南。

蓝花草 *Ruellia simplex* C. Wright

20. 马蓝属 Strobilanthes Blume

多年生草本、灌木或亚灌木，稀为小乔木；具钟乳体；花序各式；苞片宿存或早落，小苞片 2，稀无；花萼 5 裂，有时二唇形；花冠内常具 2 列毛，二强雄蕊，稀 2，花丝基部由薄膜相连，药室无芒状附属物；子房每室 2 胚珠，稀 3~8；具珠柄钩；蒴果胎座不从基部弹起；种子具长柔毛。

400 种，分布于亚洲热带和亚热带地区；中国 130 种，产秦岭 - 淮河以南地区。

长苞蓝 *Strobilanthes echinata* Nees

21. 水蓑衣属 Hygrophila R. Br.

一年生或多年生草本，稀亚灌木；具钟乳体；茎 4 棱；穗状花序顶生，簇生于叶腋；花萼 5 裂至中部；花冠一侧膨大，上唇 2 浅裂，下唇 3 浅裂；二强雄蕊，或 2，花丝基部有膜相连，药室无附属物；退化雄蕊 2 或无；子房每室具胚珠 4 至多数；具珠柄钩；蒴果胎座不从基部弹起；种子具螺旋状长柔毛。

100 种，分布于热带或亚热带水湿或沼泽地区；中国 6 种，分布于长江流域以南地区。

大安水蓑衣 *Hygrophila pogonocalyx* Hayata

22. 肾苞草属 Phaulopsis Willd.

多年生草本；具钟乳体；叶在同一节上常不等大；穗状花序顶生或腋生，偏向一侧；苞片叶状，圆形或肾形，覆瓦状排列；无小苞片；花萼 5 裂至近基部；花冠上唇 2 浅裂，下唇 3 裂；二强雄蕊，花丝基部合生，花药 2 室，药室具短芒或无芒；子房每室具 2 胚珠，具珠柄钩；蒴果，开裂时胎座自基部弹起；种子被柔毛。

20 种，分布于亚洲和非洲的热带地区；中国 1 种，产云南。

肾苞草 *Phaulopsis dorsiflora* (Retz.) Santapau

23. 十万错属 Asystasia Blume

多年生草本或灌木；具钟乳体；总状花序或圆锥花序顶生；苞片和小苞片均短于花萼，有时无小苞片；花萼 5 深裂至近基部；花冠钟状，上唇 2 裂，下唇 3 裂；二强雄蕊，花丝基部成对连合，花药药室平，基部无附属物；子房每室具胚珠 2，蒴果长椭圆形，开裂时胎座不从基部弹起；种子无毛。

70 种，分布于东半球热带地区；中国 3 种，产华南及西南地区。

宽叶十万错 *Asystasia gangetica* (L.) T. Anderson

24. 钟花草属 Codonacanthus Nees

多年生草本；具钟乳体；总状花序或圆锥花序顶生或腋生；花在花序上互生，每一节上常仅有1朵花；苞片和小苞片钻形；花萼5深裂至近基部；花冠钟形，花冠管短，上唇2裂，下唇3裂；雄蕊2，花药2室，药室基部无芒状附属物，退化雄蕊2；蒴果具实心的短柄，胎座不从基部弹起；种子光滑至多少具皱纹。

2种，分布于东亚；中国1种，产台湾、广东、广西、海南、贵州和云南地区。

钟花草 *Codonacanthus pauciflorus* (Nees) Nees

25. 号角花属 Mackaya Harv.

多年生草本；具钟乳体；总状花序顶生，花常偏向一侧；苞片线形到尖三角形；花萼5深裂至近基部；花冠钟形，上唇2裂，下唇3裂；雄蕊2，花药2室，药室基部无芒状附属物；退化雄蕊2；子房每室具2胚珠，蒴果基部具明显的实心柄，开裂时胎座不从基部弹起；种子2或4，表面有皱纹。

3种，间断分布于非洲南部与喜马拉雅地区；中国1种，产云南。

26. 山壳骨属 Pseuderanthemum Radlk.

多年生草本或小灌木；具钟乳体；总状花序、穗状花序或聚伞圆锥花序；苞片和小苞片钻形，宿存；花萼5深裂至近基部；花冠高脚碟状，上唇2裂至中部或基部，下唇3裂；雄蕊2，花药2室，药室无附属物；退化雄蕊2，稀无；子房每室2胚珠，具珠柄钩；蒴果具长柄，胎座不从基部弹起；种子无毛。

60种，分布于世界热带地区；中国7种，产广西、海南、贵州、云南和西藏等地区。

云南山壳骨 *Pseuderanthemum crenulatum* (Wall. ex Lindl.) Radlk.

27. 秋英爵床属 Cosmianthemum Bremek.

多年生草本或亚灌木；具钟乳体；聚伞圆锥花序顶生或腋生，有时为1至多数花的聚伞花序；花萼5裂至基部；花冠上唇2浅裂或有时不裂，下唇3深裂；雄蕊2，花药2室，药室基部无附属物；退化雄蕊2；子房每室具2胚珠，具珠柄钩；蒴果棒状，基部具实心的短柄，开裂时胎座不从基部弹起。

10种，分布于亚洲东南部热带与亚热带地区；中国3种，产海南、广东及广西等地。

28. 鳄嘴花属 Clinacanthus Nees

多年生草本或亚灌木；具钟乳体；聚伞圆锥花序顶生或腋生；花萼5深裂至近基部；花冠扭曲，花冠管狭窄，上唇直立2浅裂，下唇3裂；雄蕊2，花药1室，药室基部无附属物；子房每室具胚珠2，具珠柄钩；蒴果基部具不育的实心短柄，开裂时胎座不从基部弹起；种子4。

3种，分布于东亚和东南亚的热带地区；中国1种，分布于南部至西南部。

鳄嘴花 *Clinacanthus nutans* (Burm. f.) Lindau

29. 纤穗爵床属 Leptostachya Nees

多年生草本；具钟乳体；穗状花序顶生，有时再组成圆锥花序；花萼5深裂至近基部；花冠上唇2浅裂，下唇3浅裂；雄蕊2，花药2室，平行，药室基部无附属物；无退化雄蕊；子房每室具2胚珠；蒴果开裂时胎座不从基部弹起；种子无毛。

1种，分布于印度、泰国、越南、菲律宾和中国；中国产华南和西南地区。

纤穗爵床 *Leptostachya wallichii* Nees

30. 孩儿草属 Rungia Nees

一年生或多年生草本，或亚灌木，稀灌木；具钟乳体；穗状花序常偏向一侧，有时具4列花；苞片4列，仅2列有花，稀为2列，全部有花；花萼5深裂；花冠上唇全缘或2浅裂，下唇3裂；雄蕊2，花药2室、叠生，下方1室有芒状附属物；胚珠具珠柄钩；蒴果，胎座不从基部弹起；种子具小疣点。

50种，分布于亚洲和非洲热带地区；中国17种，产华南、台湾、贵州及云南。

密花孩儿草 *Rungia densiflora* H. S. Lo

31. 灵枝草属 Rhinacanthus Nees

多年生草本、亚灌木或灌木，稀为攀缘状灌木；具钟乳体；穗状花序或总状花序顶生或腋生，有时为圆锥花序；花萼5深裂至近基部；花冠上唇2浅裂，下唇3深裂；雄蕊2，花药2室，药室基部无附属物；子房每室具2胚珠，具珠柄钩；蒴果基部具不育的实心短柄，开裂时胎座不从基部弹起；种子无毛。

25种，分布于亚洲、大洋洲、非洲的热带地区；中国2种，产云南、海南、广西和广东。

滇灵枝草 *Rhinacanthus beesianus* Diels

32. 爵床属 Justicia L.

多年生草本、亚灌木或灌木，稀小乔木；具钟乳体；花序各式；苞片形状多样，有时具各种颜色；花萼4或5裂至近基部；花冠上唇全缘或2裂，下唇3裂；雄蕊2，花药2室，药室不等高或平行，或叉开，有时斜生，1室或全部基部具距状附属物；胚珠具珠柄钩；蒴果开裂时胎座不从基部弹起；种子无毛。

约 600 种，产世界热带地区；中国 44 种，产秦岭 - 淮河以南地区。

爵床 *Justicia procumbens* L.

33. 叉序草属 Isoglossa Oerst.

亚灌木或多年生草本；具钟乳体；聚伞圆锥花序或圆锥花序顶生或腋生；苞片短于花萼，无小苞片；花萼 5 深裂至近基部；花冠长漏斗状，二唇形，上唇 2 浅裂，下唇 3 浅裂；雄蕊 2，花药 2 室，药室基部无芒状附属物；子房每室具 2 胚珠，蒴果棒状，开裂时胎座不从基部弹起；种子具小疣点。

约 50 种，分布于亚洲和非洲的热带地区；中国 3 种，产广西、广东、云南、西藏等地。

叉序草 *Isoglossa collina* (T. Anderson) B. Hansen

34. 观音草属 Peristrophe Nees

一年生或多年生草本或灌木；具钟乳体；聚伞花序，常 2 至数个聚合成圆锥状；苞片 2（1 或 4），呈总苞状，小苞片 2 对，花萼 5 深裂；花冠扭曲，檐部二唇形，上唇全缘或 2 浅裂，下唇 3 裂；雄蕊 2，花药 2 室，药室基部无芒状附属物；胚珠具珠柄钩；蒴果，胎座不从基部弹起。

40 种，分布于亚洲、非洲或大洋洲的热带和亚热带地区；中国 10 种，产秦岭 - 淮河以南地区。

九头狮子草 *Peristrophe japonica* (Thunb.) Bremek.

35. 狗肝菜属 Dicliptera Juss.

一年生或多年生草本；具钟乳体；聚伞花序，常数个再组成聚伞状或圆锥状；苞片 2，叶状，其内常仅 1 朵花发育；花萼 5 深裂；花冠扭曲，喉部扩大，上唇全缘或 2 浅裂，下唇 3 浅裂；雄蕊 2，花药 2 室，药室卵形，斜叠生，基部无附属物；子房每室具 2 胚珠；蒴果开裂时胎座从基部弹起；种子具小疣点或小乳凸。

100 种，分布于热带和亚热带地区；中国 4 种，产秦岭、淮河以南地区。

狗肝菜 *Dicliptera chinensis* (L.) Juss.

科 251. 芝麻科 Pedaliaceae

13~14 属 62~85 种，产旧世界热带与亚热带地区，主产非洲；中国 1 属 1 种，广泛栽培。在最新的研究结果中，茶菱属（*Trapella*）已划归车前科。

一年生或多年生草本；叶对生或上部互生；花左右对称，单生、腋生或组成顶生总状花序；花萼 5 裂；花冠一侧肿胀，不明显二唇形，檐部裂片 5；雄蕊 4 或稀 2，2 强，有退化雄蕊，花盘肉质；花柱丝形，柱头 2 浅裂，胚珠多数，倒生；蒴果 2~4 瓣开裂，或不开裂，常覆以硬钩刺或翅。

1. 芝麻属 Sesamum L.

直立或匍匐草本；下部叶对生，其他的互生或近对生；花萼小，5深裂；花冠管状，基部稍肿胀，檐部裂片5，圆形，近轴的2片较短；二强雄蕊，着生花冠管近基部，箭头形；子房上位，2~4室，每室再由一假隔膜分为2室；蒴果长圆状，室背开裂为2果瓣。

21种，主产非洲、印度和斯里兰卡；中国栽培1种。

芝麻 *Sesamum indicum* L.

科 252. 狸藻科 Lentibulariaceae

3属约290种，世界广布，主要分布在热带地区；中国2属27种，全国分布。

一年生陆生或水生草本；叶轮生，宿存，羽状分裂，裂片丝状，基部有小囊体，或在某些陆生种类中互生，开花前消失；花两性，左右对称，少数，总状花序式排列于花茎上；萼2~5裂；花冠唇形，基部有距，上唇全缘或2裂，下唇3~5裂；雄蕊2；子房上位；蒴果，2~4裂。

1. 捕虫堇属 Pinguicula L.

草本，有根茎；叶旋叠状，有腺体，腺有些具柄，有些无柄，并能分泌黏液为捕捉昆虫用，叶缘稍向上弯，若虫体被雨水冲至叶缘时，叶缘即旋卷将虫包于其内，然后由无柄腺体分泌酵素将虫体消化后叶缘再恢复原状；花茎直立，具1朵花；萼4~5裂；花冠有距，紫色至黄色；蒴果2~4瓣裂。

约55种，分布于北温带地区，美国中部种类最丰富，南至巴塔哥尼亚；中国2种，产东北、秦岭至西南地区。

高山捕虫堇 *Pinguicula alpina* L.

2. 狸藻属 Utricularia L.

草本；水生或陆生；无真正的根和叶；茎枝变态；叶基生成莲座状或互生于匍匐枝上，全缘或一至多回深裂，末回裂片线形至毛发状；捕虫囊生于叶器、匍匐枝及假根上，卵球形或球形；花序总状；有时为单花，具苞片；花萼2深裂，宿存；花冠二唇形；雄蕊2；子房上位，1室，多数胚珠；蒴果。

约220种，全球广布，主产热带地区；中国25种，全国分布。

圆叶挖耳草 *Utricularia striatula* Sm.

科 253. 紫葳科 Bignoniaceae

约 110 属 700 种，主产热带和亚热带地区；中国 12 属 34 种，南北均产。

乔木、灌木或木质藤本，稀草本；叶对生，稀互生，单叶或复叶，无托叶。花两性，两侧对称，排成顶生或腋生的圆锥花序或总状花序；萼管状，截平形或齿裂；花合瓣，钟状至漏斗状，4~5 裂，裂片通常呈二唇形；可育雄蕊 4，有时 2，退化雄蕊 1~3；有花盘；子房上位，2 室；柱头 2 裂。蒴果，少数呈浆果状；种子常有翅。

紫葳科常被分成 7 族，中国有 3 族，位于较原始位置。族 1 黄钟花族 Tecomeae（●），族 2 木蝴蝶族 Oroxyleae（●），族 3 号角藤族 Bignonieae（●）。分支图显示隶属族 2 和族 3 分支嵌在族 1 中，但属间关系是清楚的（图 181）。

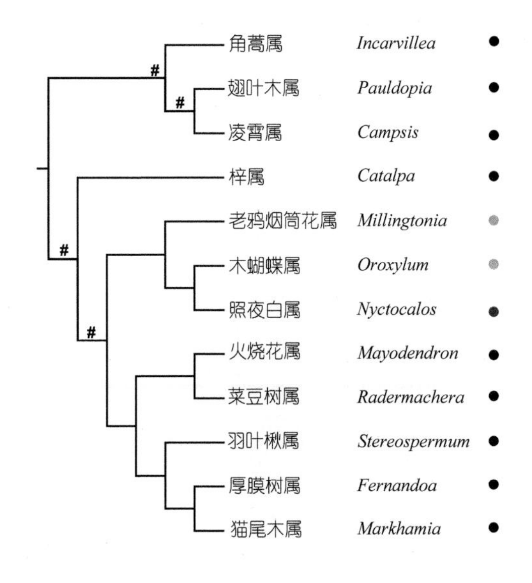

图 181 中国紫葳科植物的分支关系

1. 角蒿属 Incarvillea Juss.

一年生或多年生草本；叶互生，单叶或二至三回羽状复叶；花黄色或红色，组成顶生的花束；萼钟形，5 裂；花冠长，二唇形，裂片 5；二强雄蕊；花盘环状，子房 2 室；蒴果；种子有翅。

约 16 种，产中亚和东亚；中国 12 种，产西南、西北至北部。

两头毛 *Incarvillea arguta* (Royle) Royle

2. 翅叶木属 Pauldopia Steenis

灌木或小乔木；叶对生，二至三回奇数羽状复叶，叶具狭翅；小叶无柄；圆锥花序，花萼钟形，顶端具 5 小齿；花冠管圆柱形，裂片 5，半圆形；二强雄蕊；蒴果长圆柱形；种子扁圆形，无翅。

1 种，分布于中国、印度、老挝、缅甸、尼泊尔、斯里兰卡、泰国、越南；中国分布于云南南部。

翅叶木 *Pauldopia ghorta* (G. Don) Steenis

3. 凌霄属 Campsis Lour.

攀缘木质藤本，以气生根攀缘，落叶；一回奇数羽状复叶，叶对生，小叶有粗锯齿；花红色，排成顶生圆锥花序；花萼管钟状，革质，具不等的5齿；花冠漏斗状钟形，5裂，裂片稍呈二唇形；四强雄蕊；子房2室；长蒴果；

2种，产北美和东亚；中国1种，产福建、广东、广西、河北、山东、山西。

美国凌霄 *Campsis radicans* (L.) Seem.

4. 梓属 Catalpa Scop.

落叶乔木；单叶对生，稀轮生；花两性，圆锥花序顶生；萼二唇形或不规则开裂；花冠钟形，裂片二唇形，上唇2裂，下唇3裂；可育雄蕊2；子房2室；蒴果长柱形，2裂；种子两端有束毛。

约13种，产东亚和北美；中国4种，除华南外各地均产。

楸 *Catalpa bungei* C. A. Mey.

5. 老鸦烟筒花属 Millingtonia L. f.

乔木；树皮栓皮状；叶对生，二至三回奇数羽状复叶；圆锥花序顶生；萼小，钟状，裂齿5；花冠白色，管细长，裂片5；二强雄蕊；子房近无柄；蒴果线状，压扁；种子碟状，有宽翅。

1种，产印度及东南亚、中国；中国产云南南部。

老鸦烟筒花 *Millingtonia hortensis* L. f.

6. 木蝴蝶属 Oroxylum Vent.

乔木；叶对生，二至四回羽状复叶；小叶卵形，全缘；顶生的总状花序；萼大，钟状；花冠钟状或圆柱形，淡紫色，裂片5；雄蕊5；子房2室；蒴果大，极长，扁平；种子周围有膜质的阔翅。

1种，产印度至东南亚、中国；中国产西南部至南部。

木蝴蝶 *Oroxylum indicum* (L.) Kurz

7. 照夜白属 Nyctocalos Teijsm. & Binn.

藤本；一回奇数羽状复叶对生，小叶3~5，全缘；总状花序；花萼管状钟形，顶端具5小齿；花冠白色，管极长，顶端钟形，裂片5；雄蕊4~5；花盘垫状；子房短圆柱状；蒴果长椭圆形，具宿萼；种子周围具透明膜质翅。

3~5种，产印度至东南亚；中国2种，产云南。

照夜白 *Nyctocalos brunfelsiiflora* Teijsm. & Binn.

8. 火烧花属 Mayodendron Kurz

乔木；三出二回羽状复叶，小叶全缘；总状花序生于侧枝枝顶；萼佛焰苞状，一边开裂，密被细柔毛；花冠管状，裂片5；雄蕊4，两两成对，近等长；子房2室；蒴果线形；种子两端具白色膜质翅。

1种，分布于中国、印度、老挝、缅甸、越南；中国产广东、广西、云南和台湾。

火烧花 *Mayodendron igneum* (Kurz) Kurz

9. 菜豆树属 Radermachera Zoll. & Moritzi

乔木；叶对生，一至二回羽状复叶；小叶具柄，全缘；圆锥花序顶生；萼钟状，截平或短裂；花冠漏斗状，管短，裂片多少二唇形；四强雄蕊；花盘杯状；子房圆柱形；蒴果长柱形；种子有翅。

约16种，产亚洲热带地区；中国6种，产西南部和南部。

菜豆树 *Radermachera sinica* (Hance) Hemsl.

10. 羽叶楸属 Stereospermum Cham.

乔木；二至三回羽状复叶；小叶全缘，具柄；圆锥花序顶生；萼阔椭圆形；花冠管状，一侧肿胀，黄色或淡红色，裂片5，皱缩或撕裂状；二强雄蕊；花盘垫状；蒴果长柱形；种子两端具翅。

约15种，产亚洲热带和非洲热带地区；中国3种，产西南和华南地区。

羽叶楸 *Stereospermum colais* (Dillwyn) Mabberley

11. 厚膜树属 Fernandoa Welw. ex Seem.

乔木；一回奇数羽状复叶；小叶2~5（~6）对，全缘；聚伞花序顶生或腋生；花萼筒状或钟状，通常2~5裂，宿存；花冠漏斗状或钟状，裂片5；二强雄蕊；花盘环状；子房圆柱形；蒴果，长圆柱形，具有细的棱肋或四棱柱状；种子两端具狭长的膜质翅。

约 14 种，产非洲热带、马达加斯加、东南亚；中国 1 种，产广西和云南。

毛叶猫尾木 *Markhamia stipulata* var. *kerrii* Sprague

12. 猫尾木属 Markhamia Seem. ex Baill.

乔木；叶对生，一回奇数羽状复叶；花黄色或黄白色，顶生总状聚伞花序；花萼开花成佛焰苞状，外面密被灰褐色棉毛；花冠管短，钟状，裂片 5；二强雄蕊；蒴果长柱形，外面被灰黄褐绒毛，似猫尾状；种子长椭圆形，两端具白色透明膜质阔翅。

约 10 种，产非洲热带和亚洲热带地区；中国 1 种，产南部和西南部。

科 254. 角胡麻科 Martyniaceae

3 属约 290 种，世界广布，主要分布于热带地区；中国 1 属 1 种，产云南。

一年生或多年生草本，植株常被黏毛，具块根；单叶互生或对生，无托叶；总状花序顶生，苞片早落；花两性，左右对称；萼片 5，分离或部分合生，有时为佛焰苞状；花冠管近筒状、钟状或漏斗状，檐部二唇形，裂片 5；雄蕊 2 或 4，着生于花冠基部；花盘环状；子房上位，1 室；蒴果，具喙。

1. 角胡麻属 Martynia L.

一年生或多年生草本，直立，全珠被黏质柔毛；叶对生，阔卵形，具掌状脉；总状花字顶生或近于顶生，苞片早落，花萼基部具膜质小苞片 2；萼片 5，不等大；花冠钟状，基部紧缩，檐部裂片 5，不等大，圆形；雄蕊 2，退化雄蕊存在；子房 1 室；蒴果，外果皮薄，易脱落，内果皮木质，具纵棱纹。

1 种，原产中美洲；中国归化 1 种，产云南南部。

角胡麻 *Martynia annua* L.

科 255. 马鞭草科 Verbenaceae

35 属 900 余种，产泛热带至暖温带地区；中国 6 属 7 种，各地均产。

草本、灌木或小乔木，稀为藤本；叶交互对生，有时互生、轮生或簇生，叶片不裂或羽状分裂，无托叶；花序总状，有时穗状或紧缩成头状；花通常两性，稀为单性异株，4~5 数；花萼管状或钟状，花冠唇形，有时近辐射对称；雄蕊（2~）4（~5），着生于花冠管上；子房上位，2 心皮，2 室，每室 1~2 胚珠；蒴果，熟时 2 或 4 裂，或为核果。

狭义马鞭草科常被分为 4 族，中国 3 族有代表：族 1 马鞭草族 Verbeneae（●），族 2 琴木族 Citharexyleae（●），族 3 马缨丹族 Lantaneae（●）。分子分析中族 3 的假马鞭属 *Stachytarpheta* 同族 2 聚为一支，值得研究（图 182）。

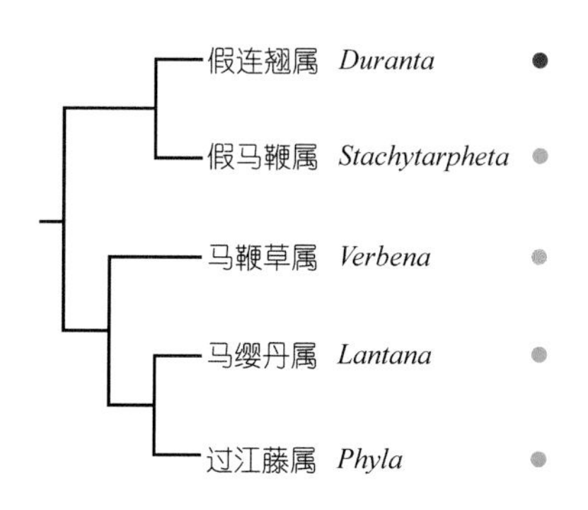

图 182 中国马鞭草科植物的分支关系

1. 假连翘属 Duranta L.

灌木或小乔木；枝有刺或无刺，常下垂；叶对生或轮生，全缘或有齿；总状花序顶生；萼有短齿，宿存；花冠高脚碟状，顶端 5 裂；二强雄蕊；子房 8 室；核果肉质，包藏于扩大的宿萼内。

约 30 种，产美洲热带地区；中国归化 1 种，产西南、华东和华南地区。

假连翘 *Duranta erecta* L.

2. 假马鞭属 Stachytarpheta Vahl

草本或亚灌木；茎四棱柱形，常二歧式分枝；单叶对生，有齿缺；穗状花序顶生；花单生于苞腋内；萼狭管状，4~5 齿裂或截平；花冠蓝色，顶端 5 齿裂；雄蕊 4，上方 2 枚退化，下方 2 枚可育；子房 2 室；果藏于宿萼内。

约 65 种，产美洲热带地区；中国 3 种，为归化杂草，产西南、华东和华南地区。

假马鞭 *Stachytarpheta jamaicensis* (L.) Vahl

3. 马鞭草属 Verbena L.

一年生或多年生草本或亚灌木；茎四棱柱形，叶对生，稀轮生或互生，有齿缺或分裂；穗状花序顶生，稀腋生，延长或紧缩，有苞片；萼管状，5 齿裂；花冠裂片稍二唇形，5 裂；雄蕊 4，两两成对；子房全缘或稍 4 裂，4 室；果干燥，藏于宿萼内，分裂为 4 小坚果。

约 250 种，主要产热带美洲地区；中国 2 种，黄河以南各省区均产。

马鞭草 *Verbena officinalis* L.

4. 马缨丹属 Lantana L.

直立或披散灌木，有强烈气味；茎四棱柱形，常有刺；单叶对生，有皱纹和钝齿；花小，组成一稠密的穗状花序或头状花序，腋生或顶生；苞片明显，比花萼长；萼小，膜质；花冠管纤细，上部 4~5 裂；雄蕊 4；子房 2 室；肉质核果。

约 150 种，产美洲热带和亚热带地区；中国归化 1 种，产西南、华东和华南地区。

马缨丹 *Lantana camara* L.

5. 过江藤属 Phyla Lour.

多年生匍匐草本；叶对生，有锯齿；花排成稠密的头状花序生于叶腋；花萼小，膜质，二唇形，不规则 4 裂；花冠管纤细，裂片二唇形，上唇 2 裂，下唇 3 裂；二强雄蕊；子房 2 室，柱头头状；果干燥，包在宿萼内。

约 10 种，产非洲、美洲和亚洲；中国 1 种，产西南部、南部和台湾。

过江藤 *Phyla nodiflora* (L.) Greene

科 256. 唇形科 Lamiaceae

220 余属 3 500 余种，世界广布，主产地中海及亚洲西南部；中国 99 属 941 种，全国广布。

草本、亚灌木或灌木，稀乔木，通常含芳香油；茎通常四棱柱形；叶对生或轮生，稀互生；花两性；轮伞或聚伞花序，再排成穗状、总状、圆锥花序或头状花序；花萼合生，常二唇形，宿存；花冠合瓣，冠檐（4~）5，常二唇形；雄蕊常 4，2 强，有时退化为 2；子房上位，假 4 室；果通常裂成 4 枚小坚果。

本研究采取广义唇形科，包括原马鞭草科 Verbenaceae 的六苞藤亚科 Symphorematoideae、牡荆亚科 Viticoideae、莸亚科 Caryopteridoideae 和狭义唇形科 Lamiaceae *s. s.*。根据吴征镒等（2003）综合分析，后者包括 6~7 亚科：亚科 I 香科科亚科 Teucrioideae、亚科 II 筋骨草亚科 Ajugoideae、亚科 III 木薄荷亚科 Prostantheroideae（中国无分布）、亚科 IV 保亭花亚科 Wenchengioideae、亚科 V 黄芩亚科 Scutellarioideae、亚科 VI 野芝麻亚科 Lamioideae（国产属分在 3 族，族 1 水苏族 Stachyeae、族 2 刺蕊草族 Pogostemoneae、族 3 野芝麻族 Lamieae）、亚科 VII 荆芥亚科 Nepetoideae（国产属分布在 4 族，族 1 香薷族 Elsholtzieae、族 2 薄荷族 Mentheae、族 3 荆芥族 Nepeteae、族 4 罗勒族 Ocimeae）。在我们的分支图上，每个属后标出在形态系统中它们的隶属关系，罗马数字表示亚科的序号；六苞藤亚科的属标▲、牡荆亚科和莸亚科的属标●（图 183）。分支图显示原牡荆亚科的紫珠属位于基部，为其他属的姐妹属。然后分两大支：在第一分支六苞藤亚科的 2 属相聚（六苞藤属 *Symphorema* 未取样），其后相继为原牡荆亚科成员分支、亚科 I 和亚科 II 分支、亚科 IV 和亚科 V 分支、亚科 VI 各族分支，在第二大支聚集了亚科 VII 的各族。从分支图上可以看出：基于分子数据分析，六苞藤亚科、牡荆亚科和莸亚科从马鞭草科转移至唇形科是合理的。Takhtajan（2009）将香科科亚科并入筋骨草亚科得到分子证据的支持，关于唇形科的两个大群野芝麻亚科和荆芥亚科族的划分，以及亚科内属间的关系，分子系统和形态学系统极为相似，两者可以相互印证（图 183）。

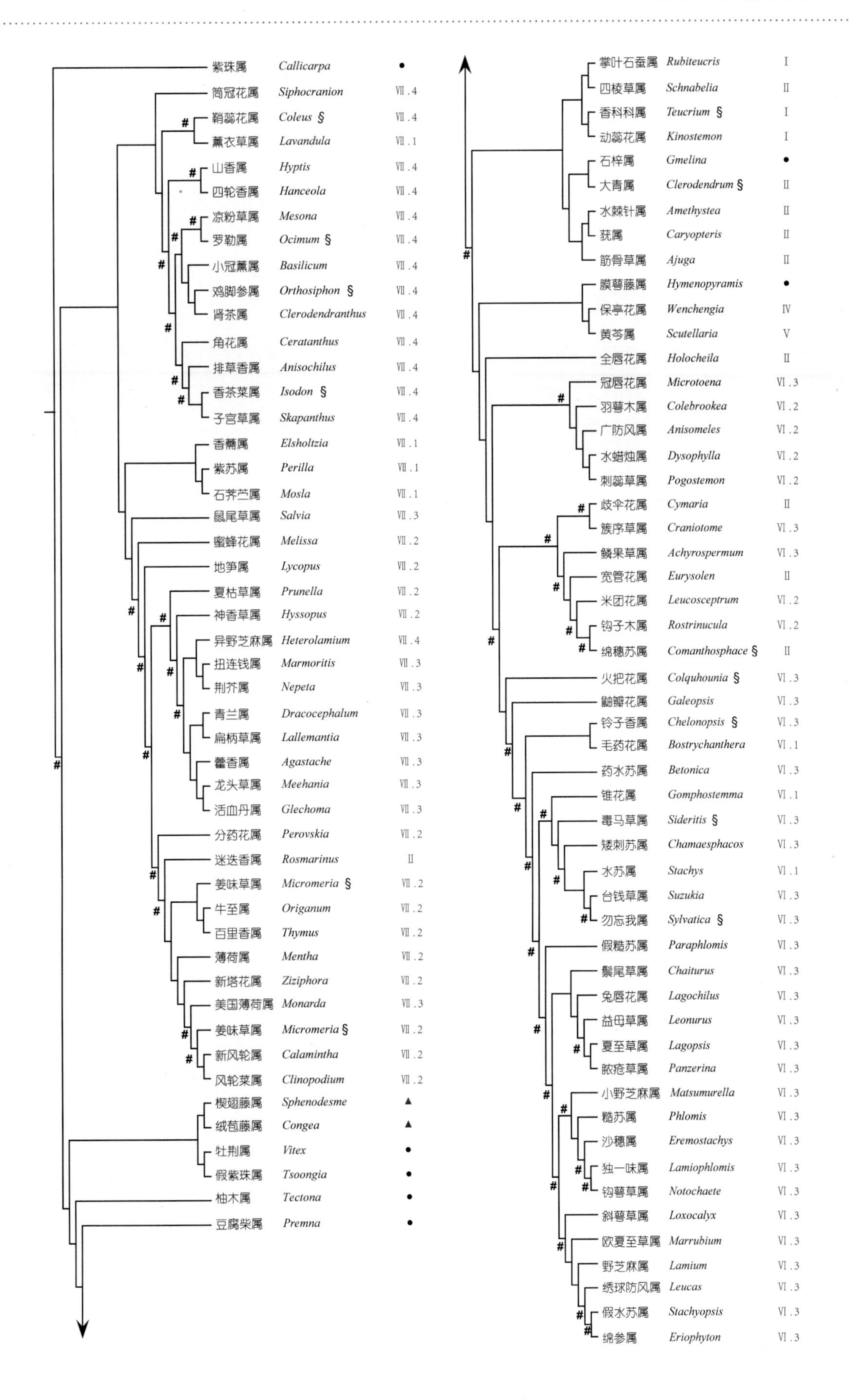

图 183 中国唇形科植物的分支关系

1. 紫珠属 Callicarpa L.

直立灌木，稀乔木、藤本或攀缘灌木；小枝被毛；叶片边缘具齿，被毛及腺点，具锯齿；聚伞花序腋生；花小，整齐，花萼杯状或钟状，4 裂，宿存；花冠 4 裂，雄蕊 4，着生花冠管基部，子房不完全 2 室；浆果状核果，具 4 分核。

约 140 种，主产热带和亚热带亚洲；中国 48 种，主产长江以南地区。

大叶紫珠 *Callicarpa macrophylla* Vahl

2. 筒冠花属 Siphocranion Kudô

多年生草本，茎细长，下部无叶，具根茎；叶多聚生茎端；轮伞花序具 2 花，组成总状花序顶生；花萼宽钟形，萼檐二唇形，上唇 3 齿，下唇 2 齿；花冠长筒形，喉部稍膨大，冠檐短，二唇形，上唇 4 裂，下唇稍大；雄蕊 4，内藏，前对较长；柱头等 2 浅裂；小坚果长圆形或卵球形，具点。

2 种，分布于中国、印度、缅甸北部、越南北部；中国 2 种，产长江以南地区。

光柄筒冠花 *Siphocranion nudipes* (Hemsl.) Kudô

3. 鞘蕊花属 Coleus Lour.

草本或灌木；叶具齿及柄；轮伞花序组成总状或圆锥花序，花具梗，花萼卵球状或钟形，5 齿裂或二唇形，后裂片较大，果萼增大，花冠上唇（3~）4 裂，反折，下唇全缘，舟形；雄蕊 4，下倾，内藏于下唇片；柱头相等 2 浅裂；小坚果卵球形或球形。

90~150 种，主产东半球热带及澳大利亚；中国 6 种，主产西南及华南地区。

五彩苏 *Coleus scutellarioides* (L.) Benth.

4. 薰衣草属 Lavandula L.

小灌木或亚灌木；轮伞花序具 2~10 花，组成顶生穗状花序；花萼卵状管形或管形，直伸，二唇形，上唇全缘，延伸成附属物，下唇（2~）4 齿相等；花冠管喉部稍膨大，冠檐上唇 2 裂，下唇 3 裂；雄蕊 4，前对较长；花柱生于子房基部，柱头 2 浅裂，卵形；花盘 4 裂，裂片与子房裂片对生；小坚果平滑，有光泽。

约 28 种，产大西洋群岛及地中海地区至索马里，巴基斯坦及印度；中国仅栽培 2 种。

薰衣草 *Lavandula angustifolia* Mill.

5. 山香属 Hyptis Jacq.

直立草本、亚灌木或灌木；叶对生，具齿；苞片钻形或刺状；头状、穗状或圆锥花序；花萼管状钟形或管形，喉部被簇生长柔毛或无毛，萼齿5，直伸；花冠管圆筒形或一侧膨胀，冠檐上唇2裂，下唇3裂，基部缢缩；雄蕊4，前对较长，下倾；柱头2浅裂或近全缘；花盘全缘或前面稍膨大；小坚果粗糙。

350~400种，产美洲热带至亚热带地区；中国归化4种，产南部沿海。

山香 *Hyptis suaveolens* (L.) Poit.

6. 四轮香属 Hanceola Kudô

一年生或多年生草本；叶基部下延成具翅的柄；轮伞花序具梗，组成顶生总状花序；花萼近钟形，萼齿5，后齿稍大，前2齿较窄，果萼增大；花冠管直伸或弧曲，漏斗形，冠檐二唇形，上唇2裂，下唇3裂，中裂片长；雄蕊4，着生花冠管上部；花柱与雄蕊等长或较长；花盘前面膨大；小坚果长圆形，具纵纹。

约8种，中国特有，产于长江以南地区。

四轮香 *Hanceola sinensis* (Hemsl.) Kudô

7. 凉粉草属 Mesona Blume

草本；叶具齿及柄；轮伞花序组成顶生总状花序；苞片无柄，先端尾状骤尖；花梗细长，被毛；花萼钟形，果时筒形或坛状筒形；花冠喉部膨大，冠檐上唇平截或具4齿，下唇较长，全缘，舟形；雄蕊4，伸出，后对花丝基部具齿状附属物；花柱超出雄蕊，柱头不等3浅裂；小坚果长圆形或卵球形。

8~10种，产亚洲；中国2种，产台湾、浙江、江西、广东、广西及云南。

凉粉草 *Mesona chinensis* Benth.

8. 罗勒属 Ocimum L.

草本、亚灌木或灌木，芳香；叶具齿及柄；具梗聚伞圆锥花序或圆锥花序；花梗直伸，先端下弯；花萼被腺点，萼檐上唇3齿，下唇2齿；花冠喉部常膨大成斜钟形，冠檐上唇近相等（3~）4裂，下唇全缘；雄蕊4，下倾于花冠下唇；柱头2浅裂；小坚果湿时具黏液，基部具白色果脐。

100~150种，广布于温带地区；中国5种，南北分布。

罗勒 *Ocimum basilicum* L.

9. 小冠薰属 Basilicum Moench

草本，茎具细腺点；轮伞花序具6~10花，成顶生的总状或穗状花序，花序多数组成复圆锥状花序；花萼筒卵珠状钟形或钟形，萼齿5，萼筒外面被毛；花冠管喉部呈钟形扩大，冠檐上唇3裂，下唇全缘；雄蕊4，前对较长，下倾，花丝离生；花柱先端棍棒状头形，2裂，裂片近等大；小坚果倒卵珠形，光滑。

6~7种，产热带非洲、亚洲至澳大利亚；中国1种，产长江以南地区。

小冠薰 *Basilicum polystachyon* (L.) Moench

10. 鸡脚参属 Orthosiphon Benth.

多年生草本或亚灌木，根粗厚、木质；叶具齿；轮伞花序组成聚伞圆锥花序；花萼管形或宽管形，带艳色，二唇形，上唇干膜质，下唇具4齿；花冠管伸出，倒锥形，下唇全缘，内凹；雄蕊4，前对较长，下倾；柱头球形，花盘前方指状膨大；小坚果卵球形或近球形，被细瘤点。

约45种，产热带非洲、东南亚至澳大利亚；中国2种，产南部和西南部。

鸡脚参 *Orthosiphon wulfenioides* (Diels) Hand.-Mazz.

11. 肾茶属 Clerodendranthus Kudô

多年生草本或亚灌木状；叶具齿及柄；轮伞花序组成顶生聚伞圆锥花序；苞片圆卵形，全缘，先端骤尖；花具梗，花萼卵球形，被毛及腺点，上唇长圆形，下唇具4齿；花冠二唇形，被毛，内面无毛环；雄蕊4，下倾，伸出花冠，前对稍长；花柱稍超出雄蕊，柱头棒状，2浅裂；小坚果卵球形或长圆形，具皱纹。

约5种，产东南亚至澳大利亚；中国1种，产广西、福建、台湾、海南、云南。

肾茶 *Clerodendranthus spicatus* (Thunb.) H. W. Li

12. 角花属 Ceratanthus F. Muell. ex G. Taylor

多年生草本；叶具齿及柄；轮伞花序组成顶生总状花序；花萼宽漏斗形，二唇形，上唇3裂，中裂片圆形，侧裂片小，下唇梯形；花冠管窄，基部具长距，冠檐二唇形，上唇反折，下唇舟状；雄蕊4，2强，后对基部被毛，着生于冠筒基部，前对无毛，着生于冠筒喉部，花柱与后对雄蕊等长；小坚果近球形。

约8种，产亚洲和澳大利亚；中国1种，产广西和云南。

角花 *Ceratanthus calcaratus* (Hemsl.) G. Taylor

13. 排草香属 Anisochilus Wall. ex Benth.

草木或亚灌木；叶常带肉质，边缘具钝锯齿；轮伞花序组成顶生的穗状花序；花萼筒状，近直立，喉部斜，后齿大，卵形或延长，有缘毛和腺点；花冠管细长，外露，冠檐二唇形，上唇短而钝，3~4裂，下唇全缘，内弯；雄蕊4，2强，伸出花冠外；小坚果扁卵圆形，平滑，具腺点。

约20种，产非洲和亚洲热带地区；中国1种，产云南。

14. 香茶菜属 **Isodon** (Schrad. ex Benth.) Spach

灌木、亚灌木或多年生草本，根茎常肥大；叶具柄；聚伞花序排列成疏离的总状、狭圆锥状或开展圆锥状花序；花萼管状或管状钟形，萼齿5，近等大或是3/2式二唇形；花冠管斜向，冠檐二唇形，上唇外反，先端具4圆裂，下唇全缘，常呈舟状；雄蕊4，2强，下倾；花柱先端相等2浅裂；花盘环状；小坚果。

约150种，主产亚洲，少数种类到达非洲；中国77种，南北分布，主产西南地区。

内折香茶菜 *Isodon inflexus* (Thunb.) Kudô

15. 子宫草属 **Skapanthus** C. Y. Wu & H. W. Li

多年生草本，根茎块状，木质；叶4~6基生，宽卵圆形或菱状椭圆形，先端钝，基部骤窄下延，叶柄具翅，两面密被灰白或褐色糙伏毛，下面密被褐色腺点，茎生叶全缘；聚伞花序疏散，组成顶生聚伞圆锥花序；花萼宽钟形，密被腺毛或腺点；花冠紫蓝色，被柔毛及褐色腺点，冠筒喉部稍缢缩；小坚果球形，平滑。

1种，中国特有，产云南西北部。

子宫草 *Skapanthus oreophilus* (Diels) C. Y. Wu & H. W. Li

16. 香薷属 **Elsholtzia** Willd.

草本、亚灌木或灌木；叶对生，卵形，长圆状披针形或线状披针形，边缘具锯齿；轮伞花序组成穗状、头状或圆锥花序；花萼萼齿5，近等长或前2齿较长；花冠常被毛及腺点，冠筒漏斗形，冠檐上唇直伸，下唇3裂，中裂片较大，侧裂片全缘；雄蕊4，前对较长，稀不育；子房无毛，花柱超出雄蕊；小坚果。

约40种，主产亚洲东部，1种至欧洲及北美；中国33种，南北均产。

香薷 *Elsholtzia ciliata* (Thunb.) Hyl.

17. 紫苏属 **Perilla** L.

一年生芳香草本；叶具齿；轮伞花序组成偏向一侧总状花序；花具梗；花萼钟形，直伸，基部一边肿胀，喉部被柔毛环，檐部二唇形，上唇3齿，下唇2齿；花冠钟形，喉部斜，冠檐二唇形，上唇微缺，下唇3裂；雄蕊4，近相等或前对稍大；花柱内藏，柱头2浅裂，裂片钻形，近相等；小坚果近球形，被网纹。

1种，产亚洲东部；中国各地栽培。

紫苏 *Perilla frutescens* (L.) Britton

18. 石荠苎属 Mosla (Benth.) Buch.-Ham. ex Maxim.

一年生芳香草本；叶具齿及柄，下面被腺点；轮伞花序2花，组成顶生总状花序；花具梗；花萼钟形，喉部被毛；花冠近二唇形，上唇微缺，下唇3裂，侧裂片与上唇近似，中裂片常具圆齿；雄蕊4，后对能育；柱头近相等2浅裂；小坚果近球形。

约22种，产东亚、东南亚；中国12种，主产长江以南，少数到华北地区。

杭州石荠苎 *Mosla hangchowensis* Matsuda

19. 鼠尾草属 Salvia L.

草本、亚灌木或灌木；单叶或羽状复叶；轮伞花序常组成总状、圆锥状或穗状花序；花萼管形或钟形，二唇形，上唇全缘，下唇2齿；花冠二唇形，上唇褶叠、直伸或镰状，全缘或微缺，下唇开展，3裂；能育雄蕊2，药隔线形，具斧形关节，与花丝相连；柱头2浅裂，后裂片不明显；花盘前面稍膨大或环状；小坚果。

900（~1 100）种，南北半球均产，主产中美洲、地中海至西亚和东亚；中国84种，各地均产。

丹参 *Salvia miltiorrhiza* Bunge

20. 蜜蜂花属 Melissa L.

多年生草本；叶对生，叶片卵形，具柄及锯齿；轮伞花序腋生；花萼钟形，花后下垂，稍被毛，二唇形；花冠二唇形，上唇直伸，下唇开展；雄蕊4，前对较长，紧靠上唇；柱头相等2浅裂，裂片钻形，外卷；小坚果卵球形，平滑。

约4种，产欧洲及亚洲；中国3种，主产西南地区。

香蜂花 *Melissa officinalis* L.

21. 地笋属 Lycopus L.

多年生草本；叶具齿或羽状分裂；轮伞花序具多花；苞叶与茎叶同形，花萼钟形，内面无毛，萼齿4~5；花冠钟形，二唇形，喉部被交错长柔毛，上唇全缘或微缺，下唇3裂；前对雄蕊能育，后对退化雄蕊丝状；花柱伸出，柱头2裂，裂片尖；小坚果背腹稍扁，腹面稍具棱。

约10种，广布于东半球温带及北美；中国4种，南北均产。

地笋 *Lycopus lucidus* Benth.

22. 夏枯草属 Prunella L.

多年生草本；叶羽状分裂或近全缘；轮伞花序具6花，多数组成卵球形穗状花序；苞片具缘毛；花萼二唇形，上唇顶端平截，具3短齿，下唇2裂；花冠管向上一侧膨大，喉部稍缢缩，内面近基部具鳞状毛环，冠檐二唇形，上唇盔状，下唇3裂；雄蕊4，前对较长；柱头2裂；小坚果，顶端钝圆。

约7种，广布于欧亚温带及热带、非洲及北美洲；中国4种，各地均产。

山菠菜 *Prunella asiatica* Nakai

23. 神香草属 Hyssopus L.

多年生草本或亚灌木；叶多线形或长圆形，全缘；轮伞花序偏于一侧，腋生，组成顶生穗状花序；花萼管形或近钟形，被毛及腺点，萼齿5，等大；花冠外被毛及腺点，内面无毛；雄蕊4，直伸，前对稍长；柱头2浅裂；小坚果长圆形或长圆状卵球形。

约15种，产非洲、欧洲和亚洲；中国2种，产新疆。

硬尖神香草 *Hyssopus cuspidatus* Boriss.

24. 异野芝麻属 Heterolamium C. Y. Wu

直立草本；叶心形，具长柄；轮伞花序具梗，组成偏向一侧顶生窄圆锥花序；花萼管状，内面近喉部具毛环，二唇形，上唇3齿，下唇2齿；花冠二唇形，上唇直立，2裂，下唇3裂，裂片大而张开，外面近中部被白色髯毛；雄蕊4，后对自花冠上唇2裂片间伸出，前对内藏；花柱伸出，与雄蕊等长，柱头2浅裂；小坚果三角状卵球形。

1种，中国特有，产湖北、湖南、陕西、四川及云南。

异野芝麻 *Heterolamium debile* (Hemsl.) C. Y. Wu

25. 扭连钱属 Marmoritis Benth.

多年生草本，具根茎或匍匐茎；叶两面具皱，具齿；轮伞花序；花萼管形，内面通常具一毛环，二唇形，上唇3齿，下唇2齿；花冠管状，倒扭或偶有不倒扭，上唇（倒扭后变下唇）2裂，下唇（倒扭后变上唇）3裂；雄蕊4，前对短，内藏；子房4裂，柱头2裂；花盘前方呈指状膨大；小坚果，基部具一微小果脐。

约5种，分布于中国、巴基斯坦和印度；中国5种，产西藏、四川、云南及青海。

扭连钱 *Marmoritis complanatum* (Dunn) A. L. Budantzev

26. 荆芥属 Nepeta L.

常为多年生或一年生草本，常芳香；花两性，偶有雌花和两性花同株或异株；轮伞花序组成穗状花序，或成对聚伞花序组成总状或圆锥状花序；花萼管形或钟形，萼齿5；花冠二唇形，冠筒下部窄，上唇近扁平或内凹，下唇3裂；雄蕊4，后对较长，均能育；花柱伸出，柱头2裂；小坚果腹面稍具棱。

约250种，主产欧亚温带地区；中国42种，主产云南、四川、西藏及新疆。

荆芥 *Nepeta cataria* L.

27. 青兰属 Dracocephalum L.

常为多年生草本；基生叶具长柄，茎生叶具短柄或无柄，叶全缘或羽状分裂；轮伞花序集成头状、穗状或稀疏排列；苞片具锐齿或刺；花萼管形或钟状管形，5齿，萼齿间具小瘤；花冠管下部细，喉部宽，冠檐二唇形；雄蕊4，后对较前对长，花药无毛；小坚果长圆形，平滑，有时具黏液。

约70种，产旧世界温带地区；中国35种，产东北、华北、西北及西南地区。

光萼青兰 *Dracocephalum argunense* Link

28. 扁柄草属 Lallemantia Fisch. & C. A. Mey.

一年生、二年生或多年生草本；叶近全缘；轮伞花序腋生，具6花；苞片具睫毛状或芒状齿；花萼管状，喉部花后闭合，萼齿5，后齿较宽；花冠管细，冠檐二唇形，上唇直立，下唇3裂；雄蕊4，后对较长，花丝疏被柔毛；柱头2裂，裂片钻形；小坚果深褐色，长圆形，腹面具棱，湿时具黏液。

5种，产中亚至欧洲；中国1种，产新疆。

扁柄草 *Lallemantia royleana* (Benth.) Benth.

29. 藿香属 Agastache J. Clayton ex Gronov.

多年生草本；叶具齿及柄；轮伞花序组成顶生穗状花序；花萼管状倒圆锥形，喉部偏斜；花冠管二唇形，上唇2裂，下唇3裂，中裂边缘波状，侧裂片直伸；雄蕊4，能育，后对雄蕊较长且下倾，前对雄蕊上升，较花冠长；柱头2裂；小坚果平滑，顶部被毛。

9种，1种产东亚，8种产北美；中国1种，广布且多栽培。

藿香 *Agastache rugosa* (Fisch. & C. Mey.) Kuntze

30. 龙头草属 Meehania Britton

一年生或多年生草本，具匍匐茎，茎节被毛；叶心状卵形或披针形，具齿；轮伞花序具少花，组成总状花序；

花萼被毛，内面无毛；花冠管形，内面无毛环，冠檐二唇形，上唇较短，下唇3裂；二强雄蕊；花柱细长，柱头2浅裂；小坚果长圆形或长圆状卵球形，被毛。

约7种，1种产北美，6种产东亚；中国5种，产东北、江南及西南地区。

华西龙头草 *Meehania fargesii* (H. Lév.) C. Y. Wu

31. 活血丹属 Glechoma L.

多年生草本，具匍匐茎；叶具长柄，基部心形；雌花和两性花异株或同株；轮伞花序腋生；花萼管形或钟形，上唇3齿，下唇2齿；花冠管形，上部膨大，上唇直伸，下唇平展；雄蕊4，前对着生于下唇侧裂片下方，后对着生于上唇下方近喉部，雌花雄蕊不育；子房无毛，花柱纤细；小坚果深褐色，长圆状卵球形。

约8种，广布欧亚大陆温带地区；中国5种，产东北部沿海至西南地区。

活血丹 *Glechoma longituba* (Nakai) Kupr.

32. 分药花属 Perovskia Kar.

亚灌木，无毛或被单毛及星状毛，被黄色腺点；叶全缘或羽裂；轮伞花序组成圆锥花序；花无梗或具短梗；花萼管状钟形，上唇近全缘或具不明显3齿，下唇具2齿；花冠较花萼长2倍，冠筒漏斗形，上唇具4裂片，下唇椭圆状卵形；雄蕊4，前对能育，后对不育；花柱伸出，柱头2裂；小坚果褐色，倒卵球形，无毛。

约7种，产亚洲；中国2种，产新疆和西藏。

分药花 *Perovskia abrotanoides* Kar.

33. 迷迭香属 Rosmarinus L.

常绿灌木；叶线形，全缘；枝顶端集成总状花序；花萼卵状钟形，二唇形，上唇全缘或具3小齿，下唇2齿；花冠二唇形，喉部膨大，上唇直伸，下唇宽大；前对雄蕊能育，靠上唇上升，后对退化雄蕊缺如；花柱长于雄蕊，柱头不等2浅裂，裂片钻形；花盘平顶，具浅裂片；小坚果卵球形，平滑。

约3种，均产地中海地区；中国栽培1种。

迷迭香 *Rosmarinus officinalis* L.

34. 姜味草属 Micromeria Benth.

芳香亚灌木或草本；叶近无柄或具短柄，稍被毛，被腺点；轮伞花序腋生，具1至多花，组成顶生穗状或圆锥花序；花萼管形；稍被毛或被腺点，喉部内面被柔毛；花冠内面无毛或稍被毛，冠筒直伸，上唇全缘，下唇3裂；雄蕊4，前对较长，上升，顶端弧曲靠近；柱头2裂，裂片钻形；小坚果卵球形或长圆状三棱形。

约100种，产于非洲、欧洲和亚洲；中国5种，主产西南地区。

姜味草 *Micromeria biflora* (D. Don) Benth.

35. 牛至属 Origanum L.

亚灌木或多年生草本，芳香；叶卵形或长圆状卵形，全缘或具疏齿；雌花和两性花异株；穗状花序，多花，组成伞房状圆锥花序，苞片绿色或紫红色，长圆状倒卵形或披针形；花萼钟形，喉部具毛环，萼齿5；花冠钟形，冠檐上唇直伸，下唇开展；雄蕊雌花不育，雄蕊内藏；柱头2浅裂；小坚果卵球形，稍具棱。

15~20种，主产西南亚至中亚；中国1种，全国广布。

牛至 *Origanum vulgare* L.

36. 百里香属 Thymus L.

亚灌木，茎粗短，枝条细长；叶全缘或疏生细齿；轮伞花序组成头状或穗状花序；花萼管状钟形或窄钟形，喉部具白色毛环，萼檐上唇具3齿，下唇2齿，钻形；花冠冠檐上唇直伸，下唇开展，3裂；雄蕊4，前对较长；柱头2裂，裂片钻形；小坚果卵球形或长圆形，平滑。

300~400种，产非洲北部、欧洲及亚洲温带；中国11种，主产黄河以北地区。

百里香 *Thymus mongolicus* (Ronniger) Ronniger

37. 薄荷属 Mentha L.

一年生或多年生草本，芳香，常具根茎或匍匐茎；单叶对生，具齿；轮伞花序2至多花；花两性或单性，花萼具10~13脉；花冠漏斗形，冠筒常不伸出花萼，喉部稍膨大或前方呈囊状，冠檐4裂；雄蕊4，近等大，叉开，直伸，两性花雄蕊伸出，雌花雄蕊内藏或退化；花柱伸出，柱头相等2浅裂；小坚果卵球形，顶端圆。

约30种，广布于北半球的温带地区，少数种见于南半球；中国6种，南北均产。

薄荷 *Mentha canadensis* L.

38. 新塔花属 Ziziphora L.

一年生或多年生草本或亚灌木，叶下面被腺点，具短柄或近无柄；轮伞花序腋生，组成穗状花序或密集成头状花序；花萼喉部具长柔毛环，上唇3齿，下唇2齿；花冠二唇形，上唇直伸，全缘，下唇开展，3裂；前对雄蕊能育，延伸至上唇，后对退化，花药2室或1室发育；柱头2浅裂，小坚果卵形。

25~30种，产地中海至亚洲中部及阿富汗；中国4种，均产新疆。

新塔花 *Ziziphora bungeana* Juz.

39. 美国薄荷属 Monarda L.

一年生或多年生草本；叶具齿及柄；轮伞花序多花，密集成头状花序，顶生；花萼窄管形，喉部被长毛，5齿近相等；花冠具斑点，冠筒在喉部稍宽大，上唇窄，下唇开展；前对雄蕊能育，着生于冠筒上部，伸出，后对雄蕊退化；柱头2裂，裂片钻形，近相等；小坚果平滑。

6~12种，产北美；中国栽培2种。

美国薄荷 *Monarda didyma* L.

40. 新风轮属 Calamintha Mill.

多年生草本；茎基部或节红色；聚伞花序腋生；花萼管状或管状钟形，喉部不收缩，内面被疏生硬毛，萼果时微囊状；萼檐二唇形，上唇3齿，外反，下唇2齿；花冠与花萼近等长或超出萼很多，冠筒向上渐宽大，冠檐二唇形，上唇几扁平，先端微缺，直立，下唇反折，3裂，中裂片较大；雄蕊4，2强，前对较长；花柱短于花冠，先端扁平或2裂；小坚果卵形，先端钝。

6~7种，产非洲、亚洲和欧洲；中国1种，产新疆。

荆芥新风轮 *Calamintha nepeta* (L.) Savi

41. 风轮菜属 Clinopodium L.

多年生草本；叶具齿，向上渐小，苞片状；轮伞花序近球形，组成圆锥花序；苞片线形或针形；花萼管形，喉部稍缢缩，喉部内面疏被毛，萼檐上唇3齿，下唇2齿，齿具芒尖及缘毛；花冠被微柔毛，下唇片内面下方喉部具2行毛；雄蕊4，前对较长，伸至上唇片下，后对有时不育；柱头不等2裂；小坚果卵球形或近球形。

约20种，产欧洲及亚洲；中国11种，南北广布。

风轮菜 *Clinopodium chinense* (Benth.) Kuntze

42. 楔翅藤属 Sphenodesme Jack

攀缘藤本，小枝具4棱；单叶对生，全缘；聚伞花序密集成头状；花萼管状或钟状，花冠管短，5~6浅裂；雄蕊5(~6~7)，着生于冠筒喉部；子房不完全2室，花柱线状，柱头2浅裂；核果球形或倒卵圆形，为宿萼包被。

约16种，分布于热带东南亚；中国3种1变种，产台湾、广东及云南。

楔翅藤 *Sphenodesme pentandra* Jack

43. 绒苞藤属 Congea Roxb.

攀缘灌木，小枝稍圆，被单毛及星状毛；单叶对生，全缘；头状聚伞花序再排成圆锥花序，花萼钟状或漏斗状，5 齿裂，花冠管细长，喉部具毛环，二唇形，上唇 2 裂，下唇 3 浅裂；雄蕊 4，2 强，着生于花冠喉部，子房顶端被腺点；核果倒卵圆形，革质。

约 10 种，主产东南亚；中国 2 种，产云南。

绒苞藤 *Congea tomentosa* Roxb.

44. 牡荆属 Vitex L.

乔木或灌木，小枝常四棱形；常掌状复叶对生，小叶 3~8; 圆锥状聚伞花序; 花萼钟状或管状，近平截或具 5 小齿，常被微柔毛及黄色腺点；花冠二唇形，上唇 2 裂，下唇 3 裂；雄蕊 4，2 强或近等长；子房 2~4 室，每室 1~2 胚珠；核果球形或倒卵圆形，外包宿萼。

约 250 种，多数分布于热带地区，少数种类到达温带；中国 14 种，各地均产。

单叶蔓荆 *Vitex rotundifolia* L. f.

45. 假紫珠属 Tsoongia Merr.

小乔木或灌木状，幼枝、叶柄及花序梗被绣色绒毛及黄褐色腺点；单叶或在同一枝上具 3 小叶复叶，叶椭圆形或卵状椭圆形，两面被柔毛及黄色腺点，全缘；聚伞花序少花，腋生；花萼钟状，3 齿裂，呈二唇形；花冠管管状，4~5 裂，二唇形，黄色，冠筒喉部具柔毛环；雄蕊 4，近等长；子房顶端密被黄色腺点；核果倒卵状球形，疏被腺点。

1 种，分布于中国南部及越南北部。

假紫珠 *Tsoongia axillariflora* Merr.

46. 柚木属 Tectona L. f.

落叶大乔木，小枝 4 棱，被星状毛；叶形大，对生或轮生；二歧聚伞花序组成顶生圆锥花序；花萼钟状，5~6 齿裂，花后增大全包果实；花冠管短，5~6 裂，裂片外卷；雄蕊 5~6，着生于花冠管上部；子房 4 室；核果外果皮薄，内果皮骨质。

约3种，产印度、缅甸、马来西亚及菲律宾；中国于云南、广西、广东、福建栽培1种。

柚木 *Tectona grandis* L. f.

47. 豆腐柴属 Premna L.

乔木、灌木或亚灌木，有时攀缘，枝条具腺状皮孔；单叶对生；顶生花序、聚伞花序组成伞房状、圆锥状、头状、穗状或总状花序；花萼杯状或钟状，宿存，平截；花冠4（~5）裂，稍二唇形，冠筒喉部被毛；雄蕊4，2强；子房（2~）4室，每柱头2裂；小核果。

约200种，产旧世界热带至亚热带地区；中国46种，主产南部。

狐臭柴 *Premna puberula* Pamp.

48. 掌叶石蚕属 Rubiteucris Kudô

多年生草本，具匍匐茎；叶卵状三角形或心形，掌状3裂或3小叶复叶，下面疏被柔毛；聚伞圆锥花序顶生；花萼钟形，二唇形，上唇3齿，下唇2齿；花冠管前方基部膨胀，冠檐二唇形，上唇直伸，2裂，下唇与冠筒成直角，3裂；雄蕊4，自花冠后方伸出，前对稍长；柱头2深裂；小坚果倒卵状球形。

1种，产印度东北部和中国西南部、甘肃、湖北、陕西及台湾。

掌叶石蚕 *Rubiteucris palmata* (Hook. f.) Kudô

49. 四棱草属 Schnabelia Hand.-Mazz.

多年生草生，茎四棱柱形，棱边有翅；叶对生，具短柄；聚伞花序退化成仅具1~3花；花有开花授粉和闭花授粉两种类型，开花授粉的花：花萼钟状，萼管极短；花冠管细长，上部稍外倾开展，二唇形，上唇直，2裂，下唇略长，3裂；雄蕊4，2长2短；花柱高出雄蕊，顶端2浅裂；花盘不明显；闭花授粉的花：花冠极小，内藏，闭合，雄蕊、花柱均内藏；小坚果。

2种，分布于中国南部及西南部。

四棱草 *Schnabelia oligophylla* Hand.-Mazz.

50. 香科科属 Teucrium L.

草本或亚灌木，具地下茎及匍匐茎；单叶具羽状脉；轮伞花序具2~3花，组成顶生穗状、总状或总状圆锥花序；花萼10脉，萼筒基部前面臌胀，萼檐具5齿或二唇形，上唇3齿，下唇2齿；花冠单唇，冠檐具5裂片，中裂片圆形或匙形；雄蕊4，前对稍长；子房球形，花柱与花丝等长或稍长，柱头2浅裂；小坚果倒卵状球形，合生面约为果长1/2。

约260种，世界广布；中国18种，产全国各地。

铁轴草 *Teucrium quadrifarium* Buch.-Ham. ex D. Don

51. 动蕊花属 Kinostemon Kudô

多年生草本；叶卵形或线状长圆形，具短柄；轮伞花序具 2 花，组成疏散总状或总状圆锥花序；花萼钟形，上唇 3 齿，下唇 2 齿；花冠二唇形，上唇 2 裂，下唇 3 裂；雄蕊 4，自花冠上唇伸出，前对较花冠管长 2 倍；子房 4 浅裂，顶端平截；小坚果倒卵球形。

3 种，分布于中国西南地区。

动蕊花 *Kinostemon ornatum* (Hemsl.) Kudô

52. 石梓属 Gmelina L.

乔木或灌木，小枝被绒毛，有时具刺；单叶对生，常全缘，基部具大腺体；复聚伞花序圆锥状，顶生或腋生；花萼钟状，宿存；花冠稍二唇形，花冠管管状，上部漏斗状；雄蕊 4，2 强，着生于花冠管下部；子房（2~）4 室，每室 1（2）胚珠，花柱纤细，柱头 2 裂；肉质核果。

约 35 种，主产热带亚洲至大洋洲，少数产热带非洲；中国 7 种，产西南、华南和福建、江西。

苦梓 *Gmelina hainanensis* Oliv.

53. 大青属 Clerodendrum L.

常为灌木或小乔木；单叶对生，全缘、波状或具锯齿；聚伞花序或组成伞房状 / 圆锥状花序或近头状，顶生；花萼色艳，钟状或杯状，宿存；花冠高脚杯状或漏斗状，5（6）裂；雄蕊 4（5~6），等长或 2 强，着生于花冠管上部，伸出花冠；子房 4 室；浆果状核果，具 4 分核，有时分裂为 2 或 4 个分果爿。

约 400 种，产东半球热带和亚热带地区；中国 34 种，主产西南、华南地区。

海州常山 *Clerodendrum trichotomum* Thunb.

54. 水棘针属 Amethystea L.

一年生草本；叶常 3 深裂，具锯齿，叶柄具窄翅；聚伞花序组成圆锥花序；苞片与茎叶同形，小苞片线形；花萼钟形，5 齿；花冠管内藏或略长于萼；花冠蓝色或紫蓝色，冠筒内无毛环，冠檐上唇 2 裂，下唇稍大；雄蕊 4，前对能育，后对为退化雄蕊；花柱细长，柱头 2 浅裂；花盘环状；小坚果倒卵球状三棱形。

1 种，广布于亚洲温带地区；中国广布。

水棘针 *Amethystea caerulea* L.

55. 莸属 Caryopteris Bunge

草本或半灌木，茎直立或匍匐；叶对生，全缘或具齿，常被腺点；常为聚伞圆锥花序；花萼钟形或杯形，宿存，(4~)5(~6)裂；花冠5裂，呈二唇形，下唇中裂片较大；雄蕊4，2强或近等长，着生于冠筒喉部，与花柱均伸出花冠管，子房不完全4室；蒴果裂成4个果瓣。

14种，产亚洲中部和东部，尤以中国最多；中国13种2变种及1变型，南北分布，主产西南地区。

蒙古莸 *Caryopteris mongolica* Bunge

56. 筋骨草属 Ajuga L.

一年生、二年生或多年生草本；单叶对生，常具齿或缺刻；轮伞花序组成穗状花序；苞叶与茎叶同形；花近无梗，花萼钟状或漏斗状，萼齿5；花冠常宿存，冠筒内具毛环，冠檐二唇形，上唇不明显或近无，下唇3裂；雄蕊4，2强；花柱细长，柱头2浅裂，裂片钻形；花盘小；小坚果倒卵球状三棱形，被网纹。

40~50种，广布于欧亚大陆，尤以近东地区为多；中国18种，南北分布，主产西南地区。

白苞筋骨草 *Ajuga lupulina* Maxim.

57. 膜萼藤属 Hymenopyramis Wall. ex Griff.

攀缘灌木或小乔木；叶对生，全缘；聚伞花序常组成顶生圆锥花序；花萼4浅裂，果时增大成囊状，膜质透明，具4纵翅，顶端闭合，包果；花冠管漏斗状，不等4裂，开展，远轴一片较长；雄蕊4，着生于喉部，伸出；子房2室，每室2胚珠，花柱细长，柱头2裂；蒴果球形，4瓣裂。

约6种，主产东南亚；中国1种，产海南。

58. 保亭花属 Wenchengia C. Y. Wu & S. Chow

亚灌木，茎圆，实心；叶互生或近对生，叶倒披针形，脉被微硬毛；总状花序上花螺旋状排列，花序梗被微硬毛；花萼漏斗形，19脉，5齿，下方2齿宽；花冠斜管状钟形，疏被微柔毛，中部内面被髯毛，上唇小，2裂，下唇大，3深裂；雄蕊4，后对较长；花柱近顶生，子房顶部4浅裂；花托盘状，中央具喙；小坚果4，有时下方一对不发育，倒卵球形。

1种，中国特有，产海南。

保亭花 *Wenchengia alternifolia* C. Y. Wu & S. Chow

59. 黄芩属 Scutellaria L.

草本或亚灌木；叶全缘或羽状分裂；总状或穗状花序，腋生、对生或上部花有时互生；花萼短筒形，背腹扁，二唇，唇片全缘，果时闭合沿缝线开裂达基部，上唇具盾片或囊状突起，早落，下唇片宿存；花冠二唇，喉部宽大，上唇盔状，下唇3裂；雄蕊4，2强，前对长，药隔稍尖，前对花药败育为1室；柱头锥尖，不等2浅裂；小坚果扁球形、球形或卵球形。

约350种，世界广布；中国98种，南北均产。

京黄芩 *Scutellaria pekinensis* Maxim.

60. 全唇花属 Holocheila (Kudô) S. Chow

多年生草本，具匍匐茎；叶心形，具长柄；伞房状聚伞花序，腋生；花萼斜钟形，二唇，上唇3齿，下唇2齿；花冠二唇形，上唇小，全缘，下唇匙形内凹；雄蕊4，前对稍长，着生于花冠管近顶部；花柱近顶生，与雄蕊等长，柱头2浅裂，前裂片较长；花盘大；小坚果近球形，被蜂巢状雕纹。

1种，中国特有，产云南。

全唇花 *Holocheila longipedunculata* S. Chow

61. 冠唇花属 Microtoena Prain

直立草本；聚伞花序二歧式，单生叶腋或组成顶生圆锥花序；花萼钟形，萼齿5，果时常呈囊状，基部圆；花冠上唇直伸，基部窄，下唇直立，盔状；雄蕊4，近等长，包于上唇内或稍伸出；花柱与雄蕊等长，柱头不等2浅裂，前裂片钻形，后裂片短或不明显；小坚果卵球形。

约24种，产东南亚热带至中国南部；中国20种，产南部。

宝兴冠唇花 *Microtoena moupinensis* (Franch.) Prain

62. 羽萼木属 Colebrookea Sm.

灌木，全株几密被绵状绒毛；圆锥花序顶生，小苞片线形，雌花及两性花异株，花萼钟形，萼齿羽毛状，花冠细小，两性花冠管明显伸出，冠檐二唇形，上唇微凹，下唇3裂；雄蕊4，花丝丝状；花盘平顶，全缘；花柱在两性花中略超出花冠，在雌花中伸出，先端2裂；小坚果倒卵珠形，顶端具柔毛。

1种，分布于中国云南、印度、缅甸、尼泊尔、泰国。

羽萼木 *Colebrookea oppositifolia* Sm.

63. 广防风属 Anisomeles R. Br.

草本；叶具齿，向上渐变小成苞片状；轮伞花序花多密集，在枝顶排列成长穗状花序；花萼钟形，直伸，具5齿；

花冠管内有疏柔毛毛环，冠檐二唇形，上唇直伸，下唇平展，3裂；雄蕊4，伸出，前对花药2室，后对药室退化成1室；花柱先端2浅裂；花盘平顶，具圆齿；小坚果近圆球形，黑色，具光泽。

5~6种，产热带亚洲至澳大利亚；中国1种，产长江以南地区。

广防风 *Anisomeles indica* (L.) Kuntze

64. 水蜡烛属 **Dysophylla** Blume

草本，茎中空；叶3~10轮生，线形或披针形；轮伞花序多花，组成顶生穗状花序；花萼钟形，被毛，内面无毛，具5短齿；花冠长1.5~2.5mm，冠筒向上渐增大，冠檐4裂；雄蕊4，花丝极长；花柱与雄蕊近等长，先端2浅裂；花盘平顶，近全缘；小坚果近球形，平滑。

约27种，主产东南亚，1种产澳大利亚；中国7种，产西南部及东南部。

小穗水蜡烛 *Dysophylla fauriei* H. Lév.

65. 刺蕊草属 **Pogostemon** Desf.

草本或亚灌木；叶窄卵形或圆形，稍被毛或被绒毛；轮伞花序整齐或偏向一侧，组成穗状、聚伞圆锥状或圆锥花序；苞片及小苞片线形或卵形；花萼卵球状筒形或钟形，具5齿，有晶体；冠檐近二唇形，上唇3裂，下唇全缘，较上唇长或等长；雄蕊4，分离，花丝中部被髯毛；柱头2裂；小坚果。

约60种，主产热带至亚热带亚洲，热带非洲有2种；中国16种，产南部。

水珍珠菜 *Pogostemon auricularius* (L.) Hassk.

66. 歧伞花属 **Cymaria** Benth.

灌木，茎多分枝，小枝密被卷曲糙伏毛；叶卵形或卵状菱形，具齿，叶柄稍具窄翅；聚伞花序腋生，二歧状或蝎尾状，疏花，具花序梗；花萼钟形，果时近壶形，萼齿5，三角形；花冠白色，冠筒筒形，内面花丝着生处被髯毛；雄蕊4，前对稍长；柱头不等2裂；小坚果倒卵球形，被凹点。

约3种，分布于中国、印度尼西亚、马来西亚、缅甸、菲律宾、越南；中国2种，产海南。

歧伞花 *Cymaria dichotoma* Benth.

67. 簇序草属 Craniotome Rchb.

多年生直立分枝草本，密被平展长硬毛；叶宽卵状心形具圆齿，两面密被平展长硬毛及黄色腺点；螺形聚伞花序再组成圆锥花序；花萼卵球形，果时近壶状球形，喉部稍缢缩，花冠被毛，二唇形，冠筒喉部稍增大，上唇直伸，下唇较长，3裂，中裂片卵形；雄蕊4，前对较长；柱头2浅裂；小坚果近球状二棱形。

1种，产不丹、中国、印度、老挝、缅甸、尼泊尔、越南；中国产云南、四川。

簇序草 *Craniotome furcata* (Link) Kuntze

68. 鳞果草属 Achyrospermum Blume

草本，基部常匍匐；叶多数，具柄及齿；轮伞花序具6花，组成腋生或穗状花序；花萼管状钟形，果时囊状膨大；花冠管二唇形，上部稍宽大，上唇先端微缺或2裂，下唇3裂；雄蕊4；柱头2浅裂；花盘浅杯状，具齿；小坚果顶端及腹面密被线形鳞片。

约30种，星散分布于亚洲及非洲的热带地区；中国2种，产西藏东南部及海南。

西藏鳞果草 *Achyrospermum wallichianum* (Benth.) Hook. f.

69. 宽管花属 Eurysolen Prain

灌木，直立或攀缘状，枝被褐黄色糙伏毛；叶倒卵状菱形，两面疏被长硬毛及淡黄色腺点；轮伞花序密集组成穗状花序，顶生于短枝；苞片宿存，具缘毛；花萼管状钟形，萼齿5，三角状，前2齿稍长；花冠被长硬毛及腺点，冠筒内具毛环，冠檐二唇形，上唇直立，2裂，下唇平展，3裂；雄蕊稍伸出花冠；子房被半透明粉状突起；小坚果黑褐色，扁倒卵球形。

1种，产印度、缅甸至马来西亚；中国产云南。

宽管花 *Eurysolen gracilis* Prain

70. 米团花属 Leucosceptrum Sm.

小乔木或灌木状，全株密被灰色或淡黄色星状线毛；叶椭圆状卵形；轮伞花序组成长圆柱形穗状花序，具肾形苞片和线形小苞片；花萼钟形，花冠管状，内无毛环，冠檐上唇微缺，下唇3裂；雄蕊4，前对较长，着生于冠筒中部，花丝基部密被微柔毛；子房4裂，柱头2浅裂；花盘近环状，4浅裂；小坚果，被瘤点。

1种，产不丹、尼泊尔、印度东北部、缅甸北部、老挝、越南，以及中国云南、四川。

米团花 *Leucosceptrum canum* Sm.

71. 钩子木属 Rostrinucula Kudô

灌木，植株被星状绒毛；轮伞花序组成顶生穗状花序；花萼钟形，萼齿5，前2齿较宽；花冠伸出部分被腺点，前裂片内面基部具突起，冠檐上唇直伸，下唇3裂；雄蕊4，着生于花冠喉部，花丝基部毛环；柱头被星状毛及腺点；小坚果三棱状椭圆形，褐色，被星状绒毛及腺点，顶端具喙。

2种，中国特有，产湖北、湖南、广西、贵州、云南、四川及陕西。

长叶钩子木 *Rostrinucula sinensis* (Hemsl.) C. Y. Wu

72. 绵穗苏属 Comanthosphace S. Moore

多年生草本或亚灌木，具根茎，茎常不分枝；叶具齿；轮伞花序组成顶生长穗状花序，密被白色星状绒毛；苞片早落；花萼管状钟形，外被星状绒毛，萼齿5，前2齿稍宽大；花冠管漏斗形，内面近中部具毛环；雄蕊4，前对稍长，花丝无毛；小坚果三棱状椭圆形，黄褐色，被黄色腺点。

约6种，分布于中国及日本；中国3种，产四川、贵州、湖南、广东、江西、安徽、浙江、江苏及台湾。

绵穗苏 *Comanthosphace ningpoensis* (Hemsl.) Hand.-Mazz.

73. 火把花属 Colquhounia Wall.

直立或攀缘灌木；叶具柄，被单毛或星状毛，具锯齿或圆齿；轮伞花序具少花，组成穗状花序或头状花序，花梗短或近无；花萼管状钟形，萼齿5，近等大，花冠色艳，有时具斑点，冠筒上唇直伸，下唇3裂，雄蕊4，前对较长，花丝稍被毛；子房无毛，柱头不等2浅裂；小坚果长圆形或倒披针形，顶端具膜质翅。

约6种，产尼泊尔、印度东北部、不丹、缅甸、泰国、老挝、越南及中国；中国5种，产西南地区。

秀丽火把花 *Colquhounia elegans* Benth.

74. 鼬瓣花属 Galeopsis L.

一年生草本，茎叉开分枝；轮伞花序疏离或聚生茎顶；花萼管状钟形，萼齿5，先端锥状刺尖；花冠漏斗状，二唇形，常具斑纹，喉部宽大，上唇被毛，下唇3裂；雄蕊4，平行；柱头2裂，裂片钻形；花盘平截或远轴裂片指状增大；小坚果近扁平。

约10种，产欧洲及亚洲温带，主产西欧；中国1种，南北均产。

鼬瓣花 *Galeopsis bifida* Boenn.

75. 铃子香属 Chelonopsis Miq.

草本或灌木；叶具圆齿或锯齿；聚伞花序生于上部叶腋，花萼钟形，膜质，花后膨大，上唇3齿，下唇2齿；花冠二唇形，冠筒近基部膨大，上唇短小，下唇3裂，中裂片边缘波状或具牙齿；雄蕊 4，伸至上唇片之下；子房无毛，柱头 2 浅裂；小坚果背腹扁，顶端具斜翅。

约 16 种，产亚洲；中国 13 种，主产西南干热河谷地区。

浙江铃子香 *Chelonopsis chekiangensis* C. Y. Wu

76. 毛药花属 Bostrychanthera Benth.

匍匐或直立草本；叶长披针形或卵形，具锯齿；聚伞花序腋生，二歧，蝎尾状，具花序梗；花萼钟形，萼齿 5；花冠冠檐上唇短，先端圆，下唇 3 裂，中裂片较大；雄蕊 4，前对较长，花药近球形；子房无毛，花柱丝状，柱头 2 浅裂；小坚果黑色，核果状，近球形。

2 种，中国特有，产长江以南。

毛药花 *Bostrychanthera deflexa* Benth.

77. 药水苏属 Betonica L.

多年生草本，直立，被柔毛；基生叶及下部茎叶具长柄，叶基部常深心形；轮伞花序多花，排成穗状花序；花萼管状钟形，被毛，萼齿 5，等大，具硬刺尖；花冠管圆柱形，冠檐二唇形，上唇内凹，全缘或微缺，下唇开展；雄蕊 4，平行；柱头 2 浅裂；小坚果顶端钝圆或近平截。

约 15 种，产欧洲至亚洲西南部；中国引种栽培 1 种。

药水苏 *Betonica officinalis* L.

78. 锥花属 Gomphostemma Wall. ex Benth.

灌木或多年生草本，茎被星状毛；叶具锯齿及柄，上面被星状微柔毛或硬毛，下面密被星状绒毛；聚伞花序，有时组成穗状或圆锥花序，常腋生；花萼常为钟形，齿 5；花冠二唇形，上唇稍盔状，下唇 3 裂；雄蕊 4；花柱内藏，柱头 2 浅裂；小坚果核果状。

约 36 种，产南亚、东南亚热带地区；中国 15 种，产云南、广西、广东、江西、福建及台湾。

紫珠状锥花 *Gomphostemma callicarpoides* (Yamam.) Masam.

79. 毒马草属 Sideritis L.

半灌木或多年生草本，全株被绵毛或绒毛；聚伞花序多花，组成顶生穗状花序，花萼管状钟形，5~10 脉，5 齿，萼齿具硬刺尖，花冠黄色，二唇形，冠筒内藏，上唇直伸，全缘或 2 浅裂，下唇开展，3 裂，中裂片最大，雄蕊 4，内藏，前对稍长，药室退化，后对稍短，药室2裂，花柱内藏，顶端不等2裂；小坚果三角状卵圆形，顶端钝圆。

约100种，产亚洲及欧洲温带；中国2种，产西部。

神香草叶毒马草 *Sideritis hyssopifolia* L.

80. 矮刺苏属 **Chamaesphacos** Schrenk ex Fisch. & C. A. Mey.

一年生草本，近无毛；叶长圆状卵形或长圆形，光滑，顶端及两侧具膜质窄翅，具刺齿；轮伞花序下部疏离，上部密集，苞片钻形；花萼管状钟形，上唇3齿，下唇2齿；花冠紫色，冠筒细，下唇较短，开展，3裂；雄蕊4，前对稍长；柱头近相等2浅裂，裂片钻形；小坚果黑色，长圆形。

单种属，产中亚、自伊朗经哈萨克斯坦延伸至中国新疆。

矮刺苏 *Chamaesphacos ilicifolius* Fisch. & C. A. Mey.

81. 水苏属 **Stachys** L.

常为一年生或多年生草本；轮伞花序具2至多花，组成顶生穗状花序；花萼管状钟形，倒圆锥形或管形，萼齿5，等大，或后3齿较大；花冠管圆柱形，内面具毛环，冠檐二唇形，上唇直立或近开展，下唇较上唇长，3裂；雄蕊4，上升至上唇片之下，前对较长；柱头近相等2浅裂，裂片钻形；小坚果卵球形或长圆形。

约300种，广布于南北半球的温带地区；中国18种，各地均产。

毛水苏 *Stachys baicalensis* Benth.

82. 台钱草属 **Suzukia** Kudô

草本，具匍匐茎，茎细长，密被平展白色长硬毛；叶圆形、心形或肾形，具卵状三角形或宽卵形胼胝质齿；轮伞花序具少花，组成间断顶生总状花序；花萼倒锥状钟形，萼齿卵状三角形，上唇3齿，下唇2齿；花冠管形，内面近基部具毛环，冠檐二唇形，上唇卵形，盔状，下唇中裂片梯形；雄蕊4，2强；柱头2裂；小坚果卵球状三棱形，背部及顶端圆。

2种，分布于中国和日本；中国2种，产台湾。

台钱草 *Suzukia shikikunensis* Kudô

83. 假糙苏属 Paraphlomis (Prain) Prain

草本或亚灌木，具根茎；叶膜质或近革质；轮伞花序腋生；花萼口部有时稍缢缩，萼齿 5，先端具小尖头；花冠二唇形，冠筒内具毛环，上唇扁平，直伸或盔状，密被毛，下唇近水平开展；雄蕊 4，前对较长；子房顶部平截，柱头 2 浅裂，裂片钻形；花盘环状或杯状，平顶；小坚果倒卵球形或三棱状长圆形。

约 24 种，产亚洲南部和东南部；中国 23 种，产长江以南地区。

中间假糙苏 *Paraphlomis intermedia* C. Y. Wu & H. W. Li

84. 鬃尾草属 Chaiturus Willd.

一年生或二年生草本，茎被倒向糙伏毛；基生叶圆形，茎生叶卵形，上面被微柔毛，下面密被平伏灰色柔毛；轮伞花序，小苞片刺状；花萼管形，萼齿 5，等大，先端刺尖；花冠上下唇近等大，上唇卵形，下唇 3 裂；雄蕊 4，近等大；柱头不等 2 浅裂；小坚果椭圆状三棱形，顶端被微柔毛。

1 种，主产西欧至中亚；中国产新疆。

鬃尾草 *Chaiturus marrubiastrum* (L.) Spenner

85. 兔唇花属 Lagochilus Bunge ex Benth.

亚灌木或多年生草本，茎疏被长硬毛，根茎木质；叶菱形，掌状或羽状深裂，裂片具刺尖；轮伞花序，花序基部及叶腋具刺状小苞片；萼齿 5，先端针状；花冠被柔毛，内面具柔毛环，上唇长圆形，下唇斜展；雄蕊 4，前对较长；花柱丝状，柱头 2 浅裂；小坚果多形，被腺点、粉状毛、鳞片或无毛。

约 35 种，产亚洲；中国 11 种，产内蒙古、宁夏、甘肃、陕西及新疆。

冬青叶兔唇花 *Lagochilus ilicifolius* Benth.

86. 益母草属 Leonurus L.

一年生、二年生或多年生草本；基生叶 3~7 裂，下部叶近掌状分裂，茎叶具缺刻或 3 裂；轮伞花序具多花，组成长穗状花序；花萼稍二唇，上唇 3 齿，下唇 2 齿较长，靠合；花冠二唇形，上唇全缘，下唇被斑纹，3 裂；雄蕊 4，前对较长，后对平行，药室 2，平行；柱头 2 浅裂，裂片钻形；小坚果尖三棱形。

约 20 种，分布于欧洲、亚洲温带，少数种在美洲、非洲逸生；中国 12 种，南北分布。

益母草 *Leonurus japonicus* Houtt.

87. 夏至草属 Lagopsis (Bunge ex Benth.) Bunge

多年生草本；叶圆形或心形，掌状裂；轮伞花序腋生；花萼管形或管状钟形，萼齿5，2齿稍长；花冠二唇形；冠筒上唇直伸，下唇3裂，伸展；雄蕊4，内藏，前对较长；花柱内藏，柱头2浅裂；小坚果卵球状三棱形，平滑，被鳞片或被细网纹。

4种，主产亚洲北部；中国3种，南北均产。

夏至草 *Lagopsis supina* (Willd.) Knorring

88. 脓疮草属 Panzerina Soják

多年生草本，多少被白色绒毛；叶掌状分裂，具长柄；轮伞花序多花，多数组成穗状花序；花萼管状钟形，齿5，先端刺尖；花冠管约与萼筒等长，冠檐二唇形，上唇直伸，盔状，外密被柔毛，下唇直伸；雄蕊4，前对稍长；花柱先端相等2浅裂；花盘平顶；小坚果卵圆状三棱形。

约7种，产蒙古国、俄罗斯和中国；中国3种，产西北地区。

脓疮草 *Panzerina lanata* var. *alaschanica* (Kuprianova) H. W. Li

89. 小野芝麻属 Matsumurella Makino

灌木或草本；轮伞花序，花萼钟形，被毛，内面仅齿被毛，萼齿5，后3齿稍大；花冠二唇形，外面被各式毛被，通常上唇上的较密，内面有毛环，下唇3裂；雄蕊4，前对较长；子房裂片顶端平截，柱头2浅裂；小坚果三棱状长圆形、倒卵球形或倒卵锥形，顶端近平截。

约6种，分布于中国、日本、西欧及伊朗北部；中国5种，产东部、南部至西南地区。

90. 糙苏属 Phlomis L.

多年生草本；叶具皱纹；轮伞花序腋生；花萼管形或管状钟形，萼齿5，齿间弯缺，具三角形齿；花冠二唇形，内面常具毛环，上唇直立、盔状或龙骨状，下唇3裂；二强雄蕊，前对较长，后对花丝基部常具附属物；柱头裂片钻形，后裂片长为前裂片之半；小坚果卵状三棱形。

100种以上，产非洲、亚洲和欧洲；中国43种，分布于全国各地，主产西南地区。

串铃草 *Phlomis mongolica* Turcz.

91. 沙穗属 Eremostachys Bunge

多年生直立草本；基生叶大，茎生叶较小；轮伞花序具多花，组成穗状花序；花萼具5齿，萼齿先端具刺尖，齿间具附属物；花冠二唇形，上唇盔状或镰状，内面及边缘被髯毛或长柔毛，下唇3裂，中裂片较大；雄蕊4，前对较长，有些花丝基部具篦齿状流苏附属物；柱头不等2浅裂；小坚果顶端密被髯毛。

约60种，主产亚洲中部及西部；中国2种，均产于新疆。

沙穗 *Eremostachys moluccelloides* Bunge

92. 独一味属 **Lamiophlomis** Kudô

多年生无茎草本，根茎长；叶莲座状，密被白色柔毛；轮伞花序密集组成具短葶头状、穗状或短圆锥状花序；花萼管形，具长刺尖，内面被簇生毛；花冠管稍圆筒形，密被微柔毛，冠檐二唇形，上唇具细牙齿，内面密被柔毛，下唇3裂，中裂片较大；雄蕊4，前对较长；柱头2浅裂；小坚果，倒卵球状三棱形。

1种，产东喜马拉雅及横断山区；中国产青海、甘肃、西藏、四川、云南。

独一味 *Lamiophlomis rotata* (Hook. f.) Kudô

93. 钩萼草属 **Notochaete** Benth.

草本；叶具长柄，卵形至圆形，具齿；轮伞花序腋生；花萼管状，齿5，先端稍下方在脉背上延伸成刺芒；花冠管直伸，内藏，冠檐二唇形，上唇盔状，外被极密的毛，下唇3裂；雄蕊4，前对较长，花丝下部有微柔毛；子房花柱先端近相等2浅裂；小坚果三棱状长圆形。

2种，产东喜马拉雅地区；中国2种，产西藏、云南。

钩萼草 *Notochaete hamosa* Benth.

94. 斜萼草属 **Loxocalyx** Hemsl.

多年生直立草本；叶具齿及长柄；轮伞花序腋生，花萼长陀螺状，脉被毛，内面无毛，二唇形，上唇3齿较下唇2齿短；花冠二唇形，被微柔毛，内面近基部具柔毛环，上唇盔状，下唇张开；雄蕊4，近等长，花丝扁平，被微柔毛；花盘平顶，果时伸长；小坚果卵球状三棱形，被微柔毛。

2种，中国特有，产西南、西北、中南部及河南。

斜萼草 *Loxocalyx urticifolius* Hemsl.

95. 欧夏至草属 **Marrubium** L.

多年生、稀一年生草本，稍被柔毛或绵毛；叶圆形或卵形，具齿；轮伞花序腋生；花小，花萼管形，萼齿针刺状；花冠二唇形，内面具毛环，上唇直伸，下唇开展；雄蕊4，前对较长；花柱内藏，柱头2浅裂；小坚果卵球状三棱形，顶端圆。

约40种，主产欧亚大陆温带及非洲北部；中国1种，产新疆。

欧夏至草 *Marrubium vulgare* L.

96. 野芝麻属 Lamium L.

一年生或多年生草本；轮伞花序；苞片早落；花萼管状钟形至钟形，萼齿5；花冠外面被毛，内面在冠筒近基部有或无毛环，冠檐二唇形，上唇直伸，下唇向下伸展，3裂；雄蕊4，前对较长，花丝丝状，被毛，插生在花冠喉部，花药被毛；花柱丝状，先端近相等2浅裂；花盘平顶，具圆齿；子房裂片先端截形。

约40种，产欧洲、北非及亚洲；中国4种，南北均产。

野芝麻 *Lamium barbatum* Siebold & Zucc.

97. 绣球防风属 Leucas R. Br.

草本或亚灌木；叶全缘或具齿；轮伞花序疏散，花萼管形或倒锥形，10脉；花冠管内藏，冠檐上唇盔状，密被长柔毛，下唇3裂，中裂片大；雄蕊上升至上唇片之下，成对靠近；柱头不等2浅裂；小坚果卵球状三棱形。

约100种，产非洲、亚洲、澳大利亚；中国8种，产热带及亚热带地区。

疏毛白绒草 *Leucas mollissima* var. *chinensis* Benth.

98. 假水苏属 Stachyopsis Popov & Vved.

多年生草本；叶具粗锯齿；轮伞花序具多花，组成穗状花序；花萼倒圆锥形，萼齿5，先端刺状长渐尖，被微柔毛或丝状长柔毛；花冠二唇形，冠筒内下部具毛环，上唇卵形，全缘，密被长柔毛，下唇无毛，3裂；雄蕊4，前对较长，后对花丝被微柔毛；柱头2浅裂，裂片钻形；花盘平顶，波状；小坚果长圆状三棱形。

约3种，分布于中国、哈萨克斯坦、吉尔吉斯斯坦、塔吉克斯坦；中国3种，产新疆。

假水苏 *Stachyopsis oblongata* (Fisch. & C. A. Mey.) Popov & Vved.

99. 绵参属 Eriophyton Benth.

多年生草本，茎不分枝，质硬，被绵毛；叶菱形或近圆形，茎基叶鳞片状；轮伞花序常具6花，小苞片刺状；花萼宽钟形，稍透明，萼齿5，近等大，三角形；花冠上唇盔状，覆盖下唇；雄蕊4，前对较长，顶端具突起，上升至上唇片之下，后对花丝基部厚；柱头2浅裂，裂片钻形，子房无毛；小坚果宽倒卵球状三棱形，顶端圆，平滑。

1种，产尼泊尔、印度东北部及中国西南部。

绵参 *Eriophyton wallichii* Benth.

257. 通泉草科 Mazaceae

3 属 33 种，分布于亚洲和大洋洲；中国 3 属约 28 种，各地分布，以西南部和中部最盛。

一年生或多年生草本；茎直立或横卧；叶对生或互生；花序总状顶生；花萼钟状或漏斗状，宿存；萼齿 5；花冠二唇形，花冠管筒状；二强雄蕊；果实浆果状或蒴果。

1. 肉果草属 **Lancea** Hook. f. & Thomson

矮小草本，近于无毛；叶少，近于基出或对生；花序短而少花；苞片披针形；花萼钟状；花冠蓝色或深紫蓝色，花冠管上部稍扩大，上唇 2 浅裂或全裂，下唇较长大，开展，基部有被毛的褶襞两条，前方 3 裂；果实球形，浆果状，近肉质而不裂。

2 种，产喜马拉雅地区及中国；中国 2 种，产西南、西北高山。

肉果草 *Lancea tibetica* Hook. f. & Thomson

2. 野胡麻属 **Dodartia** L.

多年生草本，直立，茎单一或束生，极多分枝；叶少而小，对生或互生，无柄，条形或为鳞片状；总状花序生于枝端，花稀疏，单生于苞腋；花萼钟状；花冠紫色或深紫红色；蒴果近圆球形，不明显开裂。

1 种，产亚洲西部至中国西北部。

野胡麻 *Dodartia orientalis* L.

3. 通泉草属 **Mazus** Lour.

矮小草本，茎圆柱形，少为四方形，直立或倾卧；叶以基生为主，多为莲座状或对生，茎上部的多为互生；花萼漏斗状或钟形；花冠紫白色，筒部短；蒴果被包于宿萼内，球形或多少压扁，室背开裂。

约 35 种，产东亚、东南亚、蒙古国、俄罗斯、澳大利亚、新西兰；中国 25 种，除新疆、青海外均有分布，集中分布于西南和华中地区。

通泉草 *Mazus pumilus* (Burm. f.) Steenis

258. 透骨草科 Phrymaceae

13 属约 180 种，世界广布，主产北美和澳大利亚；中国产 4 属 8 种，全国各地均有分布（图 184）。

一年生或多年生草本，灌木或亚灌木；直立或匍匐；茎 4 棱，有时具翅或圆柱状；单叶对生，无托叶，叶缘有齿或全缘；花单朵腋生，或排成腋生或顶生的穗状、总状、聚伞花序；花具苞片及小苞片，有时无；萼筒 5 浅裂或具齿；花冠管状或圆筒状，二唇形；雄蕊 2 或 4，内藏或外露；2 心皮合生，子房上位，1 或 2 室；瘦果或蒴果，或有时浆果状。

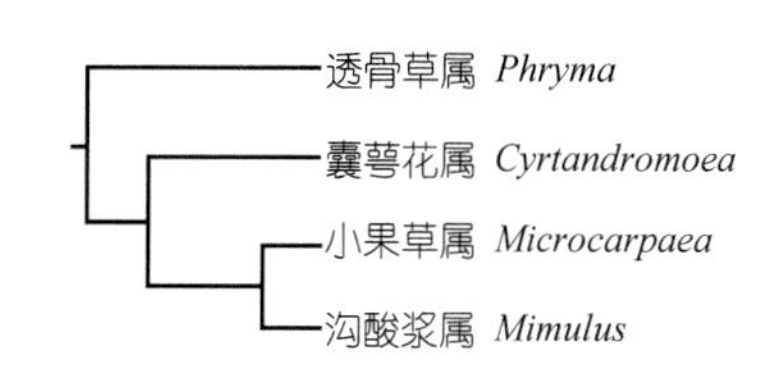

图 184 中国透骨草科植物的分支关系

1. 透骨草属 Phryma L.

直立、多年生草本；叶膜质；花小，两侧对称；淡紫色，顶生长穗状花序；萼圆筒状，二唇形，裂齿锥尖；花冠管圆柱形；雄蕊 4，二强雄蕊；子房 1 室；瘦果。

1 种，产东亚和南亚及北美洲东部；中国 1 种，各省均有分布。

透骨草 *Phryma leptostachya* subsp. *asiatica* (H. Hara) Kitam.

2. 囊萼花属 Cyrtandromoea Zoll.

多年生草本；茎直立，稍四棱形；单叶对生；花序腋生或从茎基部生出；花萼管状，果时膨大成坛状，具 5 齿；花冠漏斗状，檐部稍二唇形，裂片圆形；雄蕊 4，2 强；子房圆锥形或圆柱形，花柱丝状，柱头二片状；蒴果圆球形，包藏于花萼内；种子多数，椭圆形。

约 10 种，产南亚和东南亚；中国 2 种，产云南。

囊萼花 *Cyrtandromoea grandiflora* C. B. Clarke

3. 小果草属 Microcarpaea R. Br.

湿生或沼生；一年生矮小草本，多分枝；单叶对生，近无柄，长椭圆形或披针状线形，长约 3mm；花单生于叶腋，无柄；萼管钟状，5 齿裂；花冠钟状，4 裂，二唇形，上唇短而直，下唇 2 裂；雄蕊 2；蒴果卵形。

1 种，分布于亚洲东部和太平洋岛屿；中国产广东、贵州、台湾、云南、浙江。

小果草 *Microcarpaea minima* (Retz.) Merr.

4. 沟酸浆属 Mimulus L.

草本或灌木，常有黏质和腺毛；叶全缘或有齿；花单生叶腋或排成顶生总状花序；萼管状，裂齿 5；花冠圆柱形，裂片二唇形；二强雄蕊；子房 2 室；蒴果长椭圆形或线形。

150 种，世界广布；中国 5 种，主要分布于西南地区。

沟酸浆 *Mimulus tenellus* Bunge

科 259. 泡桐科 Paulowniaceae

2 属 9 种，世界广布，分布于中国、不丹、印度尼西亚、缅甸、尼泊尔、巴基斯坦、印度（锡金）、老挝和越南；中国 2 属 7 种，南北分布或栽培。

落叶乔木、灌木或藤本；枝和叶均对生，枝上多皮孔；植株多被毛；萼钟形或倒圆锥形，萼翅 5；花冠紫色、粉红色或白色，漏斗状，花冠檐部二唇形，上唇 2 裂，下唇 3 裂；二强雄蕊，子房 2 室；蒴果。

1. 泡桐属 Paulownia Siebold & Zucc.

落叶乔木，在热带地区常绿；枝常无顶芽；叶有长柄，心形至长卵状心形，基部心形，全缘或 3~5 浅裂，无托叶；花 1 (3)~5 (8) 朵成小聚伞花序；萼钟形或倒圆锥形；萼齿 5，稍不等；花冠紫色或白色，漏斗状钟形至管状漏斗形，内常有深紫色斑点，檐部二唇形；雄蕊 4，2 强，子房 2 室；

蒴果卵圆形、椭圆形或长圆形。

7种，分布于中国、老挝和越南；中国6种，南北分布。

兰考泡桐 *Paulownia elongata* S. Y. Hu

2. 美丽桐属 Wightia Wall.

落叶乔木，或为半附生的假藤本，或为寄生的灌木，小枝有髓；叶对生，革质，全缘，多少有星毛；花集合为侧生的聚伞圆锥花序或总状花序，每一小聚伞花序有花3~9；萼钟形，质厚，不规则3~4裂；花冠二唇形，粉红色；二强雄蕊，着生于近管基部，蒴果卵圆形至披针形。

2种，分布于喜马拉雅东部至亚洲东南部；中国1种，产西南地区。

美丽桐 *Wightia speciosissima* (D. Don) Merr.

科 260. 列当科 Orobanchaceae

约99属2 060种，世界广布（除南极洲），分布于北温带至非洲大陆和马达加斯加；中国35属约471种，各省区广布，主产西南地区。

草本，极少数灌木；半寄生至全寄生，具吸器，极少数非寄生；叶螺旋状互生或对生、单叶；无限花序；花萼管状；花冠二唇形，上唇呈盔状，伸直或先后翻卷，或延长成喙，下唇3裂；雄蕊4，二强雄蕊，花丝贴生于花冠，花药2室，纵缝开裂；心皮2，合生；子房上位，中轴到侧膜胎座，胚珠2~4或多数，倒生；蒴果室背或室间开裂，裂片2~3；种子具棱角，网状纹饰。

列当科传统上有15属210种，APG系统将原来属于玄参科的属，主要是寄生、半寄生属归隶于本科，广义的列当科现有96~99属2 060~2 100种。本研究的分支分析显示崖白菜属和地黄属分支位于基部，它们是原玄参科鼻花亚科Rhinanthoideae族1毛地黄族Digitalideae（●）成员，多数属隶于鼻花亚科族5鼻花族Rhinantheae（●）及族3黑草族Buchnereae（●），它们作为亲缘属聚集在不同的分支，原列当科的成员（●）聚为1支，表现出它们的近缘性。原隶属玄参亚科Scrophularioideae水八角族Gratioleae的钟萼草属（?）及泡桐族Paulownieae的来江藤属（?）的位置尚需研究（图185）。

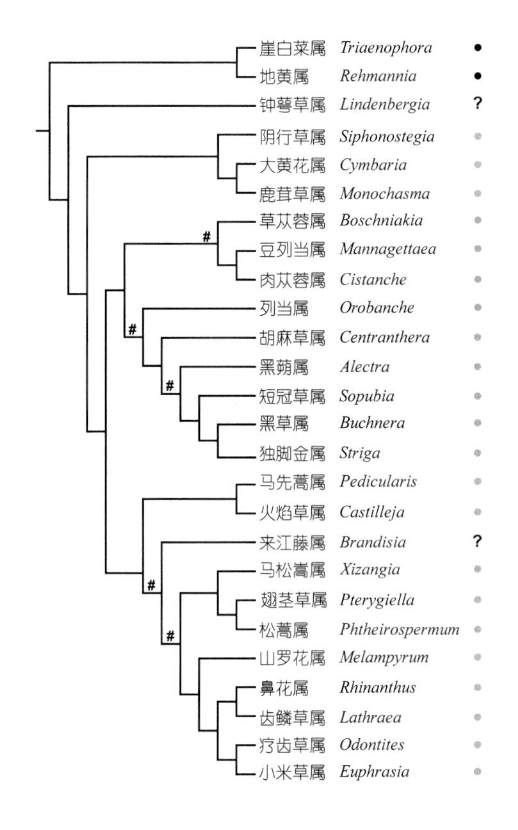

图185 中国列当科植物的分支关系

1. 崖白菜属 Triaenophora (Hook. f.) Soler.

多年生草本，具根茎，全体密被白色绵毛；茎简单或具分枝，顶端多少下垂；基生叶略呈莲座状；花排列成稍偏于一侧的总状花序；小苞片2；萼筒状，或近钟状，萼齿5，各又3深裂，而使小裂齿达15，彼此不等；花冠管状，裂片5，略呈二唇形；雄蕊4，2强，子房2室；蒴果矩圆形；种子多数。

2种，中国特有，分布于中部地区。

崖白菜 *Triaenophora rupestris* (Hemsl.) Soler.

2. 地黄属 Rehmannia Libosch. ex Fisch. & C. A. Mey.

多年生草本，具根茎，植体被多细胞长柔毛和腺毛；叶具柄，边缘具齿或浅裂；单生叶腋或成总状花序；萼卵状钟形，具5齿；花冠紫红色或黄色，筒状，上部扩大，裂片5，略呈二唇形，下唇基部有2褶襞；雄蕊4，2强，稀为5，但1枚较小花丝弓曲，药室2；子房2室，基部具花盘，花柱顶部浅2裂，胚珠多数；蒴果具宿萼，室背开裂；种子小，具网眼。

6种，中国特有，产中部和东部地区。

天目地黄 *Rehmannia chingii* H. L. Li

3. 钟萼草属 Lindenbergia Lehm.

自养草本，草质或基部木质，多分枝，被毛；叶对生或上部的互生，有锯齿；穗状或总状花序；花萼钟形，5裂，被毛；花冠二唇形，花冠管圆筒形，上唇在外方，短而阔，下唇较大，3裂，常有褶襞；雄蕊4，2强；柱头不裂；蒴果常被包于宿萼之内，有2沟纹，果瓣全缘；种子矩圆形或圆柱形。

12种，产非洲、亚洲的热带和亚热带地区；中国3种，产西南地区。

野地钟萼草 *Lindenbergia muraria* (D. Don) Bruhl

4. 阴行草属 Siphonostegia Benth.

寄生草本，密被短毛或腺毛；茎上部常多分枝；叶对生，或上部假对生；叶片轮廓为长卵形羽状深裂；总状花序；花对生，稀疏；花梗短，小苞片1对；花冠二唇形，盔（上唇）略作镰状弓曲，额部圆，短齿1对，下唇约与上唇等长，3裂，裂片近于相等；二强雄蕊；花药2室；子房2室，胚珠多数；蒴果黑色；种子表面网眼状。

约4种，产东亚；中国2种，产西南至东北地区。

阴行草 *Siphonostegia chinensis* Benth.

5. 大黄花属 Cymbaria L.

大黄花 *Cymbaria daurica* L.

多年生半寄生草本；根茎直生横行；茎丛生；被鳞片；叶对生，先端有一小尖头；花序总状，顶生；花每茎 1~4 朵；小苞片 2；萼管筒状，被毛，裂片 5；花冠大，黄色，喉部扩大，二唇形，上唇 2 裂，下唇 3 裂；雄蕊 4，2 强；蒴果革质，长卵圆形；种子周围有一圈狭翅。

4 或 5 种，分布于中国、俄罗斯；中国 2 种，产北方地区。

6. 鹿茸草属 Monochasma Maxim. ex Franch. & Sav.

半寄生草本；茎多数，丛生，多基部倾卧而弯曲上升，被绵毛、腺毛或柔毛；叶对生，无柄，披针形至线形；花具梗，总状花序；小苞片 2 枚；萼筒状，齿 4~5；花冠白色或粉红色，二唇形，上唇多少反卷或略作盔状，下唇 3 裂，常有缘毛；雄蕊 4，2 强，花药 2 室；子房不完全 2 室，胚珠倒生；蒴果卵形，具 4 沟，室背开裂；种子多数，种皮上常有微刺毛。

2 种，分布于中国，日本；中国 2 种，产中部和东部。

鹿茸草 *Monochasma sheareri* (S. Moore) Franch. & Sav.

7. 草苁蓉属 Boschniakia C. A. Mey. ex Bong.

寄生肉质草本；茎单生，有鳞片状叶；花排成稠密的穗状花序或总状花序；萼杯状，截平或不等的 5 裂；花冠二唇形，上唇直立，盔状，下唇极短，3 裂；雄蕊 4，2 强，花药 2 室；子房 1 室，侧膜胎座 2 或 3，柱头盘状，2~3 浅裂；蒴果 2 或 3 瓣开裂，常具宿存的花柱基部而使顶端呈喙状；种子小，多数。

草苁蓉 *Boschniakia rossica* (Cham. & Schltdl.) B. Fedtsch.

2 种，主产东亚、俄罗斯和北美；中国 2 种，产西南、西北及东北地区。

8. 豆列当属 Mannagettaea Harry Sm.

矮小寄生草本；茎粗短；叶鳞片状；花常簇生，呈近头状或伞房状花序；苞片 1；小苞片 2；花萼筒状，顶端 5 裂，后面 1~2 枚裂片极小；花冠黄色或紫色，二唇形，上唇大，5 浅裂，下唇 3 裂；雄蕊 4，内藏，花药 2 室；雌蕊 2 心皮，子房 1 室，胎座 4，柱头近球形；蒴果；种子微小。

2 种，分布于中国和西伯利亚；中国 2 种，产甘肃、青海、西藏及四川。

矮生豆列当 *Mannagettaea hummelii* Harry Sm.

9. 肉苁蓉属 Cistanche Hoffmanns. & Link

多年生全寄生草本；茎肉质，圆柱状；叶鳞片状，螺旋状排列；穗状花序；苞片 1；小苞片常 2；花萼筒状或钟状，顶端 5 浅裂，裂片常等大；花冠管状钟形或漏斗状，顶端

肉苁蓉 *Cistanche deserticola* Ma

5裂，裂片几等大；雄蕊4，2强，花药2室；子房上位，1室，侧膜胎座，花柱细长，柱头近球形，稀稍2浅裂；蒴果2瓣裂，稀3瓣裂，具宿存柱头；种子极细小，近球形。

约20种，产欧洲和亚洲；中国5种，产西北地区。

10. 列当属 Orobanche L.

肉质全寄生草本，植株常被毛；叶鳞片状，螺旋状排列；穗状或总状花序；苞片1，小苞片常2；花萼杯状或钟状；花冠弯曲，二唇形，裂片不等大，上唇龙骨状，下唇顶端3裂；雄蕊4，2强，花药2室；雌蕊2心皮合生，侧膜胎座4，倒生胚珠；蒴果，2瓣开裂；种子小，长圆形或近球形。

约100种，主产北温带地区，少数产中美洲南部、非洲东部和北部；中国25种，产东北部至西南部。

弯管列当 *Orobanche cernua* Loefl.

11. 胡麻草属 Centranthera R. Br.

半寄生草本；叶对生或偶有互生；花单生叶腋，小苞片2；萼单面开裂，呈佛焰苞状，全缘或具3~5小齿或裂片；花冠管状，喉部以下多少膨胀；花冠裂片5，略呈二唇形；雄蕊4，2强，花药背着，药室有距或凸尖；花柱顶端常舌状扩大；蒴果室背开裂，具全缘的裂片；种子有螺纹或网纹。

约9种，产亚洲热带和亚热带地区；中国3种，产华中至华南地区。

胡麻草 *Centranthera cochinchinensis* (Lour.) Merr.

12. 黑蒴属 Alectra Thunb.

一年生草本，干后变成黑色；茎简单或有少数分枝，基部木质化；叶对生或有时上部互生；叶无柄或近无柄，基出3脉；总状花序；花萼钟状，果时膨大，萼齿5；花冠近钟形，花冠管粗；雄蕊4，2强；柱头舌状，被短绒腺毛；蒴果圆球形，被包于宿存的花萼内，室背开裂；种子小，圆柱形。

约30种，分布于非洲热带、美洲、亚洲；中国1种，产广东、广西、台湾、云南。

黑蒴 *Alectra arvensis* (Benth.) Merr.

13. 短冠草属 Sopubia Buch.-Ham. ex D. Don

寄生草本；茎常多分枝，枝对生；叶对生，偶互生，全缘或全裂而有狭细的裂片；花集成总状或穗状或圆锥花序；有苞片；萼钟状，具5齿；花冠管状，裂片5，伸张；雄蕊4，2强，花药1室，另1室退化；花柱上部变宽而多少舌状，有柱头面，子房胚珠多数；蒴果卵形至矩圆形，室背开裂；种子有松散的种皮。

约40种，产非洲、亚洲东部的热带和亚热带地区；中国2种，产南部。

短冠草 *Sopubia trifida* D. Don

14. 黑草属 Buchnera L.

半寄生草本，干时变黑；叶下部的对生，上部的互生；花无梗，成穗状或总状花序，小苞片 2；萼筒状，萼齿 5；花冠管纤细，伸直或多少向前弯曲，裂片 5，彼此近于相等；雄蕊 4，2 强，内藏；花药 1 室，直立；花柱上部增粗或棍棒状；蒴果矩圆形，室背开裂，裂片全缘；种子多数。

约 60 种，产热带至亚热带地区；中国 1 种，产长江以南地区。

黑草 *Buchnera cruciata* Buch.-Ham. ex D. Don

15. 独脚金属 Striga Lour.

寄生草本；花无梗，单生叶腋或集成穗状花序，常有一对小苞片；花萼管状，具 5~15 条纵棱，5 裂或具 5 齿；花冠高脚碟状，花冠管弯曲，檐部开展，二唇形，上唇短，下唇 3 裂；雄蕊 4，2 强，花药仅 1 室，顶端有突尖，基部无距；柱头棒状；蒴果矩圆状，室背开裂；种子多数，种皮具网纹。

约 20 种，分布于非洲、亚洲热带和亚热带、大洋洲；中国 4 种，产南部。

独脚金 *Striga asiatica* (L.) Kuntze

16. 马先蒿属 Pedicularis L.

半寄生草本；基生叶丛生或脱落，茎生叶互生、对生或轮生；叶片羽状裂；无限花序；花萼管状至钟状，萼齿 2~5 裂；花冠二唇形，上唇盔状，花药内藏，盔端常具齿或伸长为喙，下唇 3 裂，依附上唇，锐角或直角开展；花柱细长，常伸出盔端，胚珠 4 至多数；蒴果室背开裂；种子多数，卵圆形至长椭圆形。

约 600 种，广布于北半球的高山和高纬度地区；中国 352 种，南北分布。

卷喙马先蒿 *Pedicularis mussotii* Franch.

17. 火焰草属 Castilleja Mutis ex L. f.

半寄生草本，稀为灌木；叶互生或最下部的对生；穗状花序顶生；苞片常比叶大；花萼管状，基部常膨大，顶端 2 裂；花冠管藏于萼内，上唇狭长，倒舟状，全缘，下唇短而开展，3 裂；雄蕊 4，2 强，花药藏于上唇下；蒴果卵状，稍侧扁，室背开裂；种子多数。

约 200 种，产北温带，主产北美洲的西部；中国 1 种，产黑龙江和内蒙古。

火焰草 *Castilleja pallida* (L.) Kunth

18. 来江藤属 Brandisia Hook. f. & Thomson

半寄生灌木，常有星状绒毛；叶对生，稀亚对生，有短柄；花腋生或形成总状花序，小苞片 2；萼钟状，稀管状卵圆形；花冠管部，多少内弯，瓣片二唇状，上唇较长且大，2 裂，凹陷，下唇较短而 3 裂，伸展；雄蕊 4，2 强，花药缘或顶部有长毛；蒴果，卵圆形，室背开裂；种子线形，种皮有薄翅。

约 11 种，产亚洲亚热带地区；中国 8 种，产长江流域以南地区。

来江藤 *Brandisia hancei* Hook. f.

19. 马松蒿属 Xizangia D. Y. Hong

半寄生草本；叶对生；总状花序顶生，疏松；苞片大，端锯齿状；花萼 5 浅裂；花冠深棕色，二唇形，花管粗短，上唇短而宽，盔状，顶端微缺，裂片外卷，下唇与上唇等长，深 3 裂，裂片长圆形；2 裂的上唇；雄蕊 4，二强雄蕊，花药 2 室，长卵形，被白色长毛；胚珠每室多数；蒴果黑褐色，短卵圆形，室背开裂；种子多数，种皮透明。

1 种，中国特有，产西藏。

20. 翅茎草属 Pterygiella Oliv.

草本或灌木；茎基部木质化圆柱状，嫩枝沿棱有 4 条狭翅，或圆筒形无翅；叶对生，无柄或近无柄，多披针形；总状花序；小苞片 2；花冠二唇形，稍长于花萼，上唇拱曲，裂片反卷，下唇 3 浅裂，具 2 突起折叠；二强雄蕊，药室被长柔毛；子房 2 室，密被长硬毛；蒴果黑棕色；种子小，多数。

5 种，中国特有，产广西、贵州、四川和云南。

翅茎草 *Pterygiella nigrescens* Oliv.

21. 松蒿属 Phtheirospermum Bunge ex Fisch. & C. A. Mey.

半寄生草本，全体密被黏质腺毛；叶对生；一至三回羽状开裂；花腋生，成疏总状花序；萼钟状，5 裂；萼齿全缘至羽状深裂；花冠管状，具 2 褶襞，上部扩大，5 裂，二唇形，上唇较短，2 裂，裂片外卷，下唇较长而平展，3 裂；雄蕊 4，2 强，花药无毛或疏被棉毛，2 室；子房长卵形，柱头匙状扩大，浅 2 裂；蒴果。

约 3 种，产东亚；中国 2 种，除新疆外地区均产。

松蒿 *Phtheirospermum japonicum* (Thunb.) Kanitz

22. 山罗花属 Melampyrum L.

半寄生草本；叶对生，全缘；总状花序或穗状花序，花具短梗，无小苞片；花萼钟状，萼齿 4，后面 2 枚较大；花冠檐部扩大，二唇形，上唇盔状，顶端钝，边缘翻卷，下唇稍长，开展，基部有两条皱褶，顶端 3 裂；雄蕊 4，2 强，位于盔下；子房每室有 2 胚珠；柱头全缘；蒴果，室背开裂；

滇川山罗花 *Melampyrum klebelsbergianum* Soó

种子矩圆状，平滑。

约20种，产北半球温带；中国3种，产东部至西南部。

23. 鼻花属 Rhinanthus L.

寄生草本；叶对生；总状花序顶生；花萼侧扁，果期鼓胀成囊状，4裂，后方裂达中部，其余3方浅裂，裂片狭三角形；花冠上唇盔状，顶端延成短喙，喙2裂，下唇3裂；雄蕊4，伸至盔下，花药靠拢，药室横叉开，无距，开裂后沿裂口露出须毛；蒴果圆而几乎扁平，室背开裂；种子每室数枚，扁平，具宽翅。

约50种，产北美、亚洲北部和欧洲；中国1种，产黑龙江、吉林、辽宁、内蒙古、新疆。

鼻花 *Rhinanthus glaber* Lam.

24. 齿鳞草属 Lathraea L.

寄生肉质草本；叶鳞片状，螺旋状排列；总状或穗状花序；苞片1，无小苞片，花有短梗或几无梗；花萼钟状，顶端4裂；花冠二唇形，筒部近直立，上唇盔状，下唇短

齿鳞草 *Lathraea japonica* Miq.

于上唇，截形或3裂；雄蕊4，2强，雄蕊出花冠之外；花药2室能育；子房1室，胎座2，柱头盘状；蒴果2瓣开裂；种子球形或近球形。

约5种，分布于中国、日本、俄罗斯、欧洲；中国1种，产西南和西北地区。

25. 疗齿草属 Odontites Ludw.

半寄生草本；叶对生；花萼管状或钟状，均等4裂；花冠管管状，二唇形，上唇稍弓曲，呈不明显盔状，边缘不反卷，下唇稍开展，3裂，两侧裂片全缘，中裂片顶端微凹；雄蕊4，2强，药室略叉开，基部突尖；柱头头状；蒴果长矩圆状，稍侧扁，室背开裂；种子多数，下垂，具纵翅，翅上有横纹。

约20种，产北半球温带地区；中国1种，产北部。

疗齿草 *Odontites vulgaris* Moench

26. 小米草属 Euphrasia L.

一年生或多年生半寄生草本；叶自下而上逐渐增大，苞叶比叶大，叶和苞叶均对生，掌状叶脉，边缘具齿；穗状花序，花无小苞片；花萼管状或钟状，4裂，前后两方裂得较深；花冠管管状，上部稍扩大，檐部二唇形，上唇直而盔状，顶端2裂，下唇3裂；雄蕊4，2强；蒴果矩圆状，室背2裂；种子多数，椭圆形。

约200种，世界广布；中国11种，产北部和西南地区及台湾的高山。

台湾小米草 *Euphrasia transmorrisonensis* Hayata

目 53. 冬青目 Aquifoliales

冬青目 Aquifoliales 包括 4~5 科，是一个自然类群，其单系性得到分子数据（Olmstead et al.，2000；Bremer et al.，2002；Soltis et al.，2007；APG Ⅲ，2009）和形态分析（Takhtajan，2009）较一致的支持，也得到本研究结果的证明。该目形态学共衍征有木本，叶常互生、单叶，有托叶，花小、淡绿色或淡白色、4~5 数，萼片和花瓣分离或稍合生，雄蕊单轮、与萼片对生等。在分支图上冬青目分为两支：粗丝木科 Stemonuraceae 和心翼果科 Cardiopteridaceae 聚为 1 支，在 Takhtajan（2009）系统将粗丝木科归于茶茱萸科 Icacinaceae，并将茶茱萸科放在冬青目，而 APG Ⅲ系统将茶茱萸科单立 1 目即茶茱萸目 Icacinales；冬青科 Aquifoliaceae 与两个叶生花序的科，即叶顶花科 Phyllonomaceae（1 属 4 种，产墨西哥到玻利维亚西北部）和青荚叶科 Helwingiaceae 聚为 1 支，后 2 科互为姐妹群（图 186）。

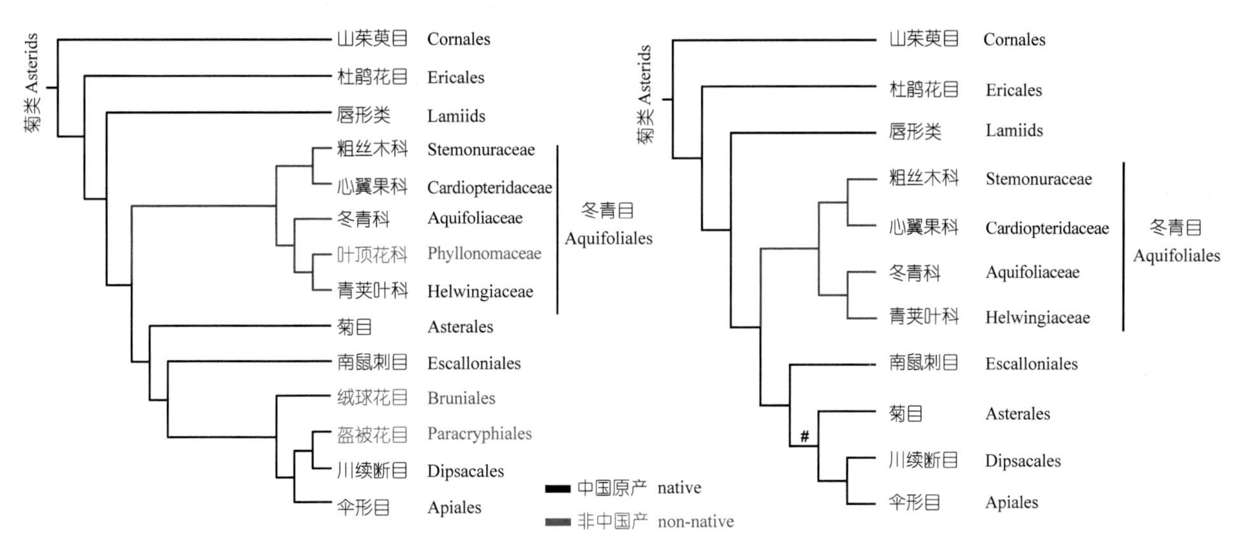

图 186 冬青目的分支关系

被子植物 APG Ⅲ系统（左）；中国维管植物生命之树（右）

科 261. 心翼果科 Cardiopteridaceae

5 属 43 种，泛热带分布，主要分布于东南亚、大洋洲、热带非洲、马达加斯加，中南美洲有零星分布；中国 2 属 3 种，主要分布于云南、广西、广东、海南和台湾等地。

灌木、乔木、草质藤本；单叶互生，革质；花两性或杂性，聚伞花序、穗状花序或总状花序；花萼 5 裂；花冠 4~5 裂；雄蕊 4~5；核果；花盘肉质；子房短，1 室，有下垂胚珠 1~2。

1. 心翼果属 Cardiopteris Wall. ex Royle

草质藤本，具白色乳汁；单叶互生，全缘或分裂，具长柄，心形或心状戟形，3~7 掌状脉，薄膜质，无托叶；稀疏二歧聚伞花序腋生，先端蝎尾状；花两性或杂性，细小无梗；花萼 5 裂，宿存；花瓣 5，脱落；雄蕊 5，花丝极短；无花盘；子房 1 室；果具膜质翅，圆形或倒心形，压扁；种子 1 枚，线形，有纵槽纹。

2 种，分布于东南亚及澳大利亚东部；中国 1 种，产海南和云南。

心翼果 *Cardiopteris quinqueloba* (Hassk.) Hassk.

2. 琼榄属 Gonocaryum Miq.

灌木或小乔木；单叶互生，具柄，全缘，革质；花杂性异株或两性，组成 1 至数个腋生密集、间断的短穗状花序或总状花序；萼片 5~6 裂；花冠管状，5 裂；雄蕊 5，花丝比花药长 3~5 倍；子房 1 室；核果，外果皮韧，中果皮海绵状，内果皮薄、木质。

约 10 种，分布于东南亚；中国 2 种，产云南、广东和台湾。

琼榄 *Gonocaryum lobbianum* (Miers) Kurz

科 262. 粗丝木科 Stemonuraceae

12 属约 95 种，环太平洋泛热带间断分布，主要分布于东亚、东南亚和中南美洲；中国 1 属 3 种，主要分布于西南及华南地区。

乔木或灌木；单叶，互生，全缘，无托叶；聚伞花序或圆锥花序，腋生或顶生；花两性或单性；花萼 5 裂，或 4~6 裂；花瓣 5，或 4~7，分离，稀连合；花丝通常短而扁平，先端常具棒状或柱状的毛，或具附属物，稀无毛；常具花盘，或缺如；核果，通常侧扁，稀纺锤形，内果皮常具纵向肋。

1. 粗丝木属 Gomphandra Wall. ex Lindl.

乔木或灌木；单叶，互生，全缘；雌雄异株，2~3 歧聚伞花序，腋生、顶生或对叶生；花萼杯状，4~5 裂；花瓣 4~5，合生成短管；雄花：雄蕊 4~5，花丝肉质阔扁，具棒状髯毛，稀无毛，与花冠管分离；花盘垫状，与子房或退化子房融合；雌花：雄蕊不发育，常无花盘；核果顶部常有宿存的柱头。

约 55 种，分布于东南亚、新几内亚岛、印度及澳大利亚北部；中国 3 种，产云南、广西、海南。

粗丝木 *Gomphandra tetrandra* (Wall.) Sleumer

科 263. 青荚叶科 Helwingiaceae

1 属 4 种，世界广布，主要分布于喜马拉雅地区经中国中南部至日本；中国 1 属 4 种，除东北、新疆、青海、宁夏、内蒙古外均有分布。

灌木，稀小乔木；冬芽鳞片 4；单叶，互生，边缘有腺状锯齿；花小，3~4(~5) 数，单性，雌雄异株；花盘肉质；雄花 4~20，伞形或密伞花序，生于叶面中脉上或幼枝上部及苞叶上，雄蕊 3~4(~5)，与花冠互生；雌花 1~4，伞形花序，着生于叶面中脉上，稀着生于叶柄上，花柱短，柱头 3~4 裂，子房 3~4(~5) 室；浆果状核果，具分核 1~4(~5)。

中华青荚叶 *Helwingia chinensis* Batalin

1. 青荚叶属 Helwingia Willd.

属的鉴定特征及分布同科。

科 264. 冬青科 Aquifoliaceae

1 属 400 余种，世界广布，主要分布于中南美洲和亚洲亚热带、热带地区；中国 1 属 204 种，主要分布于西南、华中、华南地区。

常绿或落叶乔木或灌木；单叶互生，稀对生；聚伞花序或伞形花序，单生于当年生枝条的叶腋内或簇生于二年生枝条的叶腋内，稀单花腋生；花单性，雌雄异株；雄花：花萼盘状，4~6 裂；花瓣 4~8；雄蕊通常与花瓣同数，且互生；败育子房上位，近球形或叶枕状，具喙；雌花：花萼 4~8 裂；花瓣 4~8，伸展；败育雄蕊箭头状或心形；子房上位，1~10 室，通常 4~8 室，柱头头状、盘状或柱状；果为浆果状核果；分核 1~18，通常 4~6，表面平滑或具条纹、棱、沟槽或多皱具洼穴，每分核具种子 1。

狭叶冬青 *Ilex fargesii* Franch.

1. 冬青属 Ilex L.

属的鉴定特征及分布同科。

目 54. 南鼠刺目 Escalloniales

南鼠刺目 Escalloniales 只有 1 科，即南鼠刺科 Escalloniaceae（APG Ⅲ，2009）（图 187），7 属约 130 种，由东喜马拉雅分布到东南亚、澳大利亚、新西兰、南美智利。Takhtajan（2009）将该科放在山茱萸超目 Cornanae 枸骨黄目 Desfontainiales，并指出是相当异质性的。中国有分布的多香木属 *Polyosma*，在早期的分类系统中作为广义虎耳草科 Saxifragaceae 成员，Takhtajan（1980）将其提升为单属科，后来他于 1997 年跟随 Brummitt（1992）又将其放在南鼠刺科 Escalloniaceae 中，作为一族；Cronquist（1981）和 Mabberley（1997 年，代 K. Kubitzki 发表）将其放在蔷薇目茶藨子科 Grossulariaceae（包括 Escalloniaceae）；吴征镒等采取单型科多香木科 Polyosmaceae，放在山茱萸亚纲 Cornidae 绣球目 Hydrangeales（Wu et al.，2002；吴征镒等，2003）。

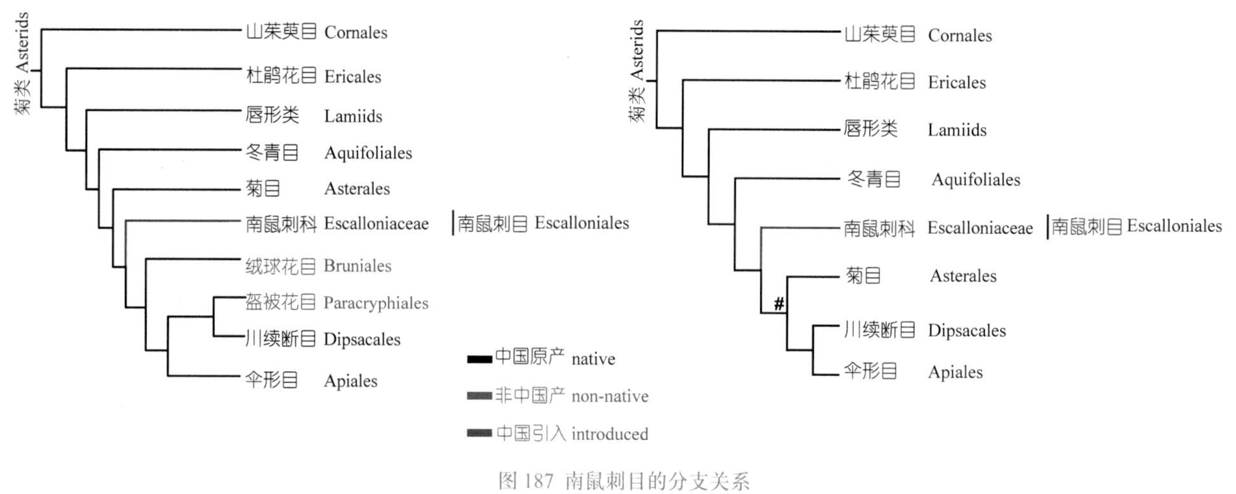

图 187 南鼠刺目的分支关系
被子植物 APG Ⅲ系统（左）；中国维管植物生命之树（右）

科 265. 南鼠刺科 Escalloniaceae

7 属约 130 种，主要分布于南美洲和澳大利亚；中国 1 属 1 种，产西南地区。

灌木或乔木，单叶互生，稀对生或轮生；小花两性，辐射对称，排成顶生或腋生的聚伞花序，稀为雌雄异株或杂性，萼片 4~6，分离或连合成短筒；花瓣 4~6 分离；雄蕊常 5；有腺质花盘；雌蕊 2~5 心皮，子房上位或下位，具多数胚珠；蒴果或浆果。

1. 多香木属 Polyosma Blume

灌木或乔木；叶对生或近对生，干时变为黑色；花白色或淡绿色，排成顶生的总状花序；萼管与子房合生，裂片 4，宿存；花瓣 4，线形，镊合状排列，常黏合成管；子房下位，1 室，胚珠多数；浆果卵形，有种子 1。

约 60 种，分布于印度至大洋洲；中国 1 种，产西南地区。

多香木 *Polyosma cambodiana* Gagnep.

目 55. 菊目 Asterales

菊目 Asterales 有 11 科，是一个单系群，得到叶绿体 DNA *rbc*L、*atp*B、*ndh*F、*mat*K 及 18S rDNA 序列的强烈支持（Soltis et al.，2000；Savolainen et al.，2000；Albach et al.，2001a，2001b；Bremer et al.，2002；Hilu et al.，2003；APG Ⅲ，2009）。形态学证据有花瓣镊合状排列，以菊粉寡糖形式储藏碳水化合物，柱塞式传粉，雄蕊连合形成一个围绕花柱的管，花粉囊内向开裂等（Judd et al.，2008）。在分支图上，守宫花科 Rousseaceae（4 属 6 种，产毛里求斯、澳大利亚及太平洋岛屿）+ 桔梗科 Campanulaceae 聚为 1 支位于基部，以及五膜草科 Pentaphragmataceae 为其他 8 科连续的姐妹群；花柱草科 Stylidiaceae − 岛海桐科 Alseuosmiaceae（5 属 10

种，分布于新几内亚、澳大利亚、新喀里多尼亚、新西兰）-（新冬青科 Phellinaceae（1 属 12 种，产新喀里多尼亚）+ 雪叶木科 Argophyllaceae（2 属 21 种，产大洋洲））聚为 1 支；睡菜科 Menyanthaceae - 草海桐科 Goodeniaceae -（萼角花科 Calyceraceae（5 属 60 种，产南美洲）+ 菊科 Asteraceae）聚为 1 支（图 188）。科间关系同本研究的分析结果基本一致。在 Takhtajan（2009）系统，菊目包含的科分在双子叶植物第 115~119 目，均归入菊超目 Asteranae，守宫花科归守宫花目 Rousseales，桔梗科和五膜草科归桔梗目 Campanulales，花柱草科归花柱草目 Stylidiales，岛海桐科、新冬青科和雪叶木科归新冬青目 Phellinales，其余 4 科属于菊目，从中也可看出菊目是一个自然群。

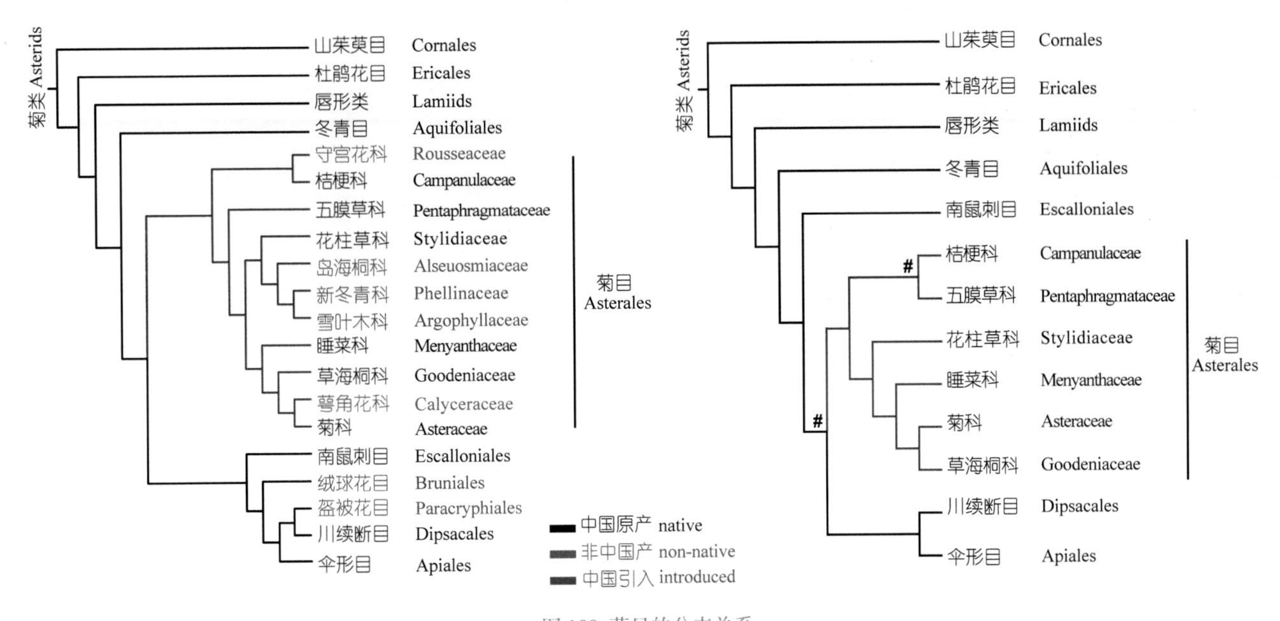

图 188 菊目的分支关系
被子植物 APG Ⅲ系统（左）；中国维管植物生命之树（右）

266. 桔梗科 Campanulaceae

86 属 2 300 余种，世界广布，主产温带和亚热带地区；中国 16 属约 159 种，全国分布，以西南地区最丰富。

草本或稀亚灌本，具根状茎或无，常有乳汁；单叶互生，稀对生或轮生；花序各式或有时单生；花两性、稀单性，辐射或两侧对称；萼筒和花冠常 5 裂，管状或钟状，雄蕊常 5；心皮 2~5，合生，花盘有或无，有则为上位，分离或为筒状（或环状）；子房下位、半下位；花柱单一，柱头 2~5 裂，常有毛，胚珠多数，多中轴胎座；蒴果，稀浆果。

桔梗科在 Takhtajan 系统分为 8 亚科，中国有 4 亚科：半边莲亚科 Lobelioideae（●），风铃草亚科 Campanuloideae（●），蓝钟花亚科 Cyananthoideae（●），萼风铃亚科 Canarinoideae（●）。在分支图上，半边莲亚科的 2 属位于基部，它们也常被独立为半边莲科 Lobeliaceae；轮钟草属也有人将其并入金钱豹属，另外刺萼参属的位置尚需研究（图 189）。

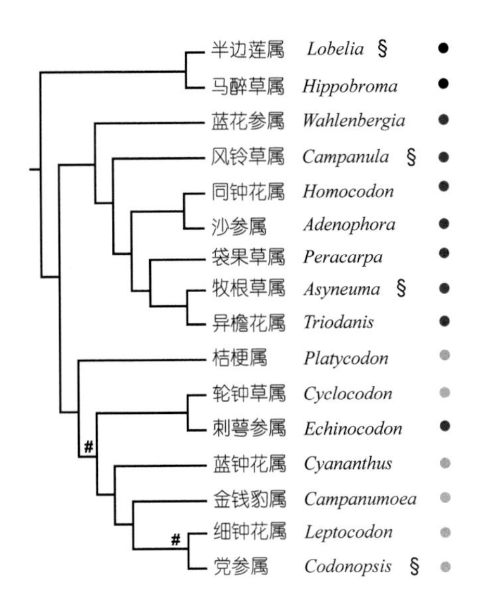

图 189 中国桔梗科植物的分支关系

1. 半边莲属 Lobelia L.

草本或灌木；叶互生，排成两列或螺旋状；花单生或成顶生总状或圆锥花序；两性；花萼宿存；花冠两侧对称，二唇形；雄蕊筒包围花柱；柱头2裂，授粉面上生柔毛；子房下位、半下位，稀上位，2室；蒴果，室背2裂。

约414种，广布热带和亚热带地区，主产非洲和美洲；中国23种，南北均产。

半边莲 *Lobelia chinensis* Lour.

2. 马醉草属 Hippobroma G. Don

多年生草本；根簇生，粗壮；叶互生，叶缘具波状齿或波状；单花腋生，芳香；花梗基部具2丝状小苞片；萼筒钟形、倒圆锥形或椭圆形，裂片线形；花冠高脚杯状，白色；花丝连合成管状，贴生花冠；子房2室；蒴果，顶端2瓣裂。

1种，原产牙买加，热带地区引种或归化；中国南方有引种。

马醉草 *Hippobroma longiflora* (L.) G. Don

3. 蓝花参属 Wahlenbergia Schrad. ex Roth

一年生或多年生草本，稀亚灌木；叶互生，稀对生；花单生或簇生，或聚伞圆锥和圆锥花序；花萼常5裂，宿存；花冠蓝色钟状或漏斗状，常5裂；雄蕊5，离生；子房下位，2~5室，2或3（~5）室，柱头2或3（~5）裂，裂片条形；蒴果，顶部于萼齿间室背开裂。

约100种，主产南半球；中国2种，产长江以南。

蓝花参 *Wahlenbergia marginata* (Thunb.) A. DC.

4. 风铃草属 Campanula L.

多年生或稀一年生草本，根状茎横走；单叶互生，基生，常莲座状；花单朵顶生，或成聚伞花序、圆锥花序、头状花序；花萼宿存，与子房贴生，裂片5；花冠钟状，漏斗状或管状钟形，有时几乎辐状，5裂；雄蕊离生；柱头3~5裂，裂片弧状反卷或螺旋状卷曲；无花盘；子房下位，3~5室；蒴果孔裂。

约420种，广布北温带至北极，主产地中海至高加索；中国22种，主产西南山区。

西南风铃草 *Campanula colorata* Wall.

5. 同钟花属 Homocodon D. Y. Hong

一年生匍匐草本；叶互生；茎具3翼；花小无梗，1~2朵生于极缩短的侧枝上；花萼上位，5裂，裂片具齿；花冠管状钟形，5裂；雄蕊5，与花冠分离，且各自分离，疏生缘毛；子房下位，3室，花柱长，柱头3裂，裂片条形，反卷曲；干果，在基部不规则撕裂或孔裂。

2种，分布于中国和不丹；中国2种，产西南地区。

长梗同钟花 *Homocodon pedicellatum* D. Y. Hong & L. M. Ma

6. 沙参属 Adenophora Fisch.

多年生草本；肉质根胡萝卜状；具茎基；叶互生，稀轮生；聚伞或圆锥花序，稀单花；子房下位；萼裂片5，全缘或具齿；花冠钟状、漏斗状或筒状，紫色或蓝色，5浅裂；雄蕊5，花丝密生长绒毛，围成筒状包着花盘；花盘常筒状，或环状；柱头3裂，裂片狭长而卷曲；子房下位，3室；蒴果在基部3孔裂。

约50种，产亚洲东部，仅1种延伸至欧洲；中国38种，产西南至东北地区。

荠苨 *Adenophora trachelioides* Maxim.

7. 袋果草属 Peracarpa Hook. f. & Thomson

多年生草本；根状茎细长，具鳞片和芽，末端有块根；叶互生；花单生叶腋，具细长花梗；花萼完全上位，5裂；花冠漏斗状钟形，5裂；雄蕊与花冠分离，花丝有缘毛；子房下位，3室，花柱上部有细毛，柱头3裂，裂片狭长而反卷；干果，不裂或不规则撕裂。

1种，分布于东亚至远东地区；中国1种，产长江以南地区。

袋果草 *Peracarpa carnosa* (Wall.) Hook. f. & Thomson

8. 牧根草属 Asyneuma Griseb. & Schenk

多年生草本；根胡萝卜状；茎粗壮；叶互生；穗状花序由多个生于总苞腋内的聚伞花序组成；花具短梗，基部有一对条形小苞片；花萼5裂，裂片条形；花冠5裂至基部，呈离瓣花状，裂片条形；雄蕊5，花丝基部扩大，边缘密生绒毛；子房下位，3室；花柱上部被毛，柱头3裂，裂片反卷；蒴果3孔裂。

33种，产欧亚温带，主产地中海地区；中国3种，产西南和东北地区。

球果牧根草 *Asyneuma chinense* D. Y. Hong

9. 异檐花属 Triodanis Raf.

一年生草本；根纤维状；茎具棱；叶无柄，互生；花异型，1~3（~8）成腋生聚伞花序；闭锁花生于下部叶腋；花萼 3~4(~6)裂；正常花生于中部或上部叶腋，花萼 5(或6)裂；花冠旋转，5(~6)裂至近基部，裂片披针形；雄蕊 5(或6)；子房下位，（2 或）3 室；柱头（2 或）3 裂；蒴果近圆柱形或棒状，（2 或）3 孔裂。

6 种，产美洲；中国引入 2 种，在华东地区已逸生。

异檐花 *Triodanis perfoliata* subsp. *biflora* (Ruiz & Pavon) Lammers

10. 桔梗属 Platycodon A. DC.

多年生草本，有白色乳汁；根胡萝卜状；茎直立；叶对生、轮生或互生；单花顶生；花萼 5 裂；花冠宽漏斗状钟形，5 裂；雄蕊 5，离生，花丝基部扩大成片状；无花盘；子房半下位，5 室，柱头 5 裂；蒴果在顶端室背 5 裂，裂爿带隔膜。

单种属，产东亚；中国南北均产。

桔梗 *Platycodon grandiflorus* (Jacq.) A. DC.

11. 轮钟草属 Cyclocodon Griff. ex Hook. f. & Thomson

多年生或一年生草本；茎多分枝；叶对生，稀轮生；花单生枝顶或叶腋，或成二歧聚伞花序；小苞片丝状、叶状，或缺失；萼筒裂片 4~6，条形或披针形；花冠 4~6 裂；雄蕊 4~6；子房相对于花冠下位，而对花萼为半下位至上位，3~6 室；浆果。

3 种，产喜马拉雅至日本、菲律宾、巴布亚新几内亚；中国 3 种，产南部地区。

轮钟草 *Cyclocodon lancifolius* (Roxb.) Kurz

12. 刺萼参属 Echinocodon D. Y. Hong

多年生草本；根胡萝卜状；叶互生，羽状深裂；花单生或 2~3 朵成聚伞花序；花萼 2~5（常 4）裂，具 2~4 刺状小裂片；花冠管状，3~5 裂；雄蕊 3~5；子房几乎完全下位，3~5 室，胚珠多数，柱头 3~5 裂，裂片条形反卷；蒴果球形，顶部圆锥形，室背开裂。

1 种，中国特有，产湖北西北部和陕西南部。

刺萼参 *Echinocodon lobophyllus* D. Y. Hong

13. 蓝钟花属 Cyananthus Wall. ex Benth.

矮小草本，一年生或多年生；叶互生或有时花梗下有4~5枚叶呈轮生状；叶全缘、具齿或分裂；单花顶生，稀二歧聚伞花序；花有梗；花萼筒状或筒状钟形，5齿裂；花冠管状钟形，蓝色、紫蓝色或黄色至白色，裂片5，近圆形至长矩圆形；雄蕊5，常聚药于子房顶部；子房上位，（3或4）5室；蒴果。

18种，产喜马拉雅及横断山区；中国17种，产西藏、云南、四川、甘肃和青海地区。

大萼蓝钟花 *Cyananthus macrocalyx* Franch.

14. 金钱豹属 Campanumoea Blume

多年生草本；根胡萝卜状；茎直立或缠绕；叶对生，稀互生；花单朵腋生或顶生，或成有3朵花的聚伞花序；花有花梗；花4~7数；花萼不同程度地贴生于子房；花冠具明显的筒部，檐部5（6）裂；雄蕊5，花丝有或无毛；子房仅对花冠而言为下位，对花萼则为下位、半下位或上位，3~6室；柱头3~6裂；浆果球状。

2种，产亚洲东部热带、亚热带地区；中国南部2种均产。

藏南金钱豹 *Campanumoea inflata* (Hook. f.) C. B. Clarke

15. 细钟花属 Leptocodon (Hook. f.) Lem.

草质藤本；叶互生，有时对生或近对生；花单生于叶腋外部分，少生于叶腋内，或与叶对生；花萼筒部为很短的倒圆锥状，裂片5；花冠长管状，5浅裂；花丝长，基部稍扩大，与5个离生的片状腺体互生；子房半下位，上位部分长圆锥状，3室，花柱长，柱头3裂；蒴果在上位部分室背3爿裂。

2种，产东喜马拉雅中段至横断山；中国2种，产云南和四川。

毛细钟花 *Leptocodon hirsutus* D. Y. Hong

16. 党参属 Codonopsis Wall.

多年生草本，有乳汁，常具恶臭味；根常肥大，肉质或木质；茎直立或缠绕、攀缘；叶互生，对生或假轮生；聚伞花序或单花；花萼宿存，5裂，筒部与子房贴生，常有10条辐射脉；花冠多形，5浅裂或全裂，常有花脉或晕斑；雄蕊5；子房下位，常3室，中轴胎座，柱头常3裂；蒴果，先端室背3瓣裂。

42种，产亚洲东部和中部；中国40种，南北均产，主产西南地区。

小花党参 *Codonopsis micrantha* Chipp

科 267. 五膜草科 Pentaphragmataceae

五膜草 *Pentaphragma sinense* Hemsl. & E. H. Wilson

1 属约 25 种，分布于热带亚洲；中国 2 种，产华南地区。

多年生草本；茎短；叶大，互生，常为斜卵形，稍肉质；花两性，稀单性，近无柄，排成腋生、蝎尾状的穗状花序；萼管钟形或线状圆柱形，内面具 5 条纵隔，贴生于子房，裂片 5，长，宿存；花冠钟状，白色，5 裂；雄蕊 5，分离；子房下位，3~5 室，花柱短，柱头盾状，不明显 3~5 裂；浆果，顶部有宿萼。

1. 五膜草属 Pentaphragma Wall. ex G. Don

属的鉴定特征及分布同科。

科 268. 花柱草科 Stylidiaceae

花柱草 *Stylidium uliginosum* Willd.

4 属约 320 种，分布于澳大利亚、新西兰、南美南部和亚洲热带地区；中国 1 属 2 种，产南部。

一年生或多年生草本，稀亚灌木；单叶，对生、互生或簇生于茎上，或基生而成莲座状，无托叶或托叶退化为鳞片状；花两性或单性，常两侧对称，稀辐射对称，排成总状花序、聚伞花序或伞房花序，稀单生；萼管与子房贴生，5~7 裂，多少二唇形；合瓣花，裂片覆瓦状排列，不等，最下裂片成唇瓣；雄蕊 2，合生成柱，与花柱贴生，花药 2 室；花盘有或无，有时有腺体。子房下位，蒴果。

1. 花柱草属 Stylidium Sw. ex Willd.

一年生或多年生纤细草本；叶小无柄，无托叶；花两性；柱头全缘或 2 裂；蒴果延长，2 瓣裂。

约 300 种，分布于热带亚洲、澳大利亚和新西兰；中国 2 种，产南部。

科 269. 睡菜科 Menyanthaceae

睡菜 *Menyanthes trifoliata* L.

5 属约 60 种，分布于热带和温带地区；中国 2 属 7 种，南北分布。

浮水或沼生草本；叶互生或基生，单叶或 3 小叶；萼 5 深裂；花冠辐状或钟状；雄蕊 5；子房 1 室，2 个侧膜胎座，胚珠多数；蒴果卵形或长椭圆形。

1. 睡菜属 Menyanthes Tourn. ex L.

多年生沼生草本；根茎匍匐状；叶基生，具鞘状长柄，有小叶 3；花异型，总状花序；萼 5 裂；花冠白色或淡紫色，裂片 5，广展，里面有须毛；子房 1 室；蒴果阔卵形，顶部不规则开裂；种子多数。

仅 1 种，分布于北温带地区；中国南北分布。

2. 荇菜属 Nymphoides Ség.

浮水草本；叶互生或近花下的近对生，卵形或圆形，基部心形；花两性，腋生成簇，很少单生，黄色或白色；萼5深裂，稀4裂；花冠辐射状或钟状，（4~）5深裂，裂片常撕裂状；雄蕊5；蜜腺5，常与花冠裂片对生；子房1室；蒴果卵形或长椭圆形。

约40种，分布于温带至热带地区；中国6种，南北分布。

金银莲花 *Nymphoides indica* (L.) Kuntze

科 270. 草海桐科 Goodeniaceae

12属约400种，分布于泛热带地区，主产大洋洲；中国2属3种，产南部海岸。

草本或灌木，稀小乔木或藤本；单叶互生，稀对生或轮生，螺旋状排列；花两性，左右对称，单生或总状花序或圆锥花序；萼管与子房合生，很少分离，5裂；合瓣花，一边分裂至基部，裂片5；雄蕊5；子房下位，很少半下位，1~2室，每室有胚珠1至多数；花柱单生或3裂；蒴果，有时为核果或坚果。

1. 草海桐属 Scaevola L.

草本、亚灌木至灌木；单叶互生，稀对生；花5数，单生叶腋或成聚伞花序；有苞片和小苞片；萼管与子房贴生，萼裂片极短；花冠偏斜，一边分裂至基部，裂片5；花药分离；子房1~2室，下位或半下位；核果。

约80种，泛热带分布，但主要分布于澳大利亚；中国2种，产南部海岸至台湾。

草海桐 *Scaevola sericea* Vahl

2. 离根香属 Goodenia Sm.

一年生或多年生草本，直立或披散；叶多变；花生于叶腋，花序多变；苞片或小苞片有或无；萼管与子房合生，5浅裂；花冠一边分裂达基部，二唇形；雄蕊5；子房下位，2室；花柱3裂，顶有柔毛环；蒴果，裂为2果瓣。

约180种，分布于东亚和东南亚；中国仅1种，产广东、福建。

离根香 *Goodenia pilosa* subsp. *chinensis* (Benth.) D. G. Howarth & D. Y. Hong

科 271. 菊科 Asteraceae

1 692属24 000~32 000种，泛球分布；中国248属2 300余种，另引种栽培100余属，广布全国。

草本、亚灌木或灌木，稀为乔木，有时具乳汁；叶互生或对生，稀轮生，无托叶；花两性或单性，5基数，少数或多数集成头状花序，为1至多层总苞片组成的总苞所围绕，头状花序单生或排列成总状、聚伞状、伞房状或圆锥状，花序托平或突起，具托片或无托片；萼片通常形成鳞片状、刚毛状或毛状的冠毛；花冠常辐射对称、管状，或左右对称、二唇形，或舌状；雄蕊 4~5，着生于花冠管上，花药内向，常合生成筒状；花柱上端两裂，花柱分枝上端有附器或无附器；子房下位，由 2 合生心皮组成，1 室，具 1 直立胚珠；瘦果。

本研究依据分子数据作出的中国菊科属的生命之树同高天刚团队发表的基本上一致（Fu et al.，2016），按照该文发表的中国菊科分类系统排列如下。

亚科 I 须菊木亚科 Mutisioideae
族 1 须菊木族 Mutisieae
亚科 II 风菊木亚科 Wunderlichioideae
族 2 粉菊木族 Hyalideae
亚科 III 飞廉亚科 Carduoideae
族 3 菜蓟族 Cynareae
亚族 3.a 蓝刺头亚族 Echinopinae
亚族 3.b 刺苞菊亚族 Carlininae
亚族 3.c 飞廉亚族 Carduinae
亚族 3.d 矢车菊亚族 Centaureinae
亚科 IV 帚菊亚科 Pertyoideae
族 4 帚菊族 Pertyeae
亚科 V 异头菊亚科 Gymnarrhenoideae
族 5 异头菊族 Gymnarrheneae
亚科 VI 菊苣亚科 Cichorioideae
族 6 斑鸠菊族 Vernonieae
族 7 菊苣族 Cichorieae
亚科 VII 紫菀亚科 Asteroideae
族 8 多榔菊族 Doroniceae
族 9 千里光族 Senecioneae
亚族 9.a 款冬亚族 Tussilagininae
亚族 9.b 千里光亚族 Senecioninae
族 10 金盏花族 Calenduleae
族 11 鼠曲草族 Gnaphalieae
族 12 紫菀族 Astereae
族 13 春黄菊族 Anthemideae
亚族 13.a 山芫荽亚族 Cotulinae
亚族 13.b 蒿亚族 Artemislinae
亚族 13.c 天山蓍亚族 Handeliinae
亚族 13.d 母菊亚族 Matricaninae
亚族 13.e 春黄菊亚族 Anthemidinae
亚族 13.f 滨菊亚族 Leucantheminae
亚族 13.g 茼蒿亚族 Glebionidinae
族 14 旋覆花族 Inuleae
亚族 14.a 旋覆花亚族 Inulinae
亚族 14.b 阔苞菊亚族 Plucheinae
族 15 山黄菊族 Athroismeae
族 16 堆心菊族 Helenieae（缺）
族 17 金鸡菊族 Coreopsideae
族 18 沼菊族 Neurolaeneae
族 19 万寿菊族 Tageteae
族 20 菝葜菊族 Millieae
族 21 泽兰族 Eupatorieae
族 22 向日葵族 Heliantheae

本研究的分支图（图 190）显示：亚科 I 须菊木亚科（族）和亚科 II 风菊木亚科粉菊木族是先分出的 1 支，位于基部；接着是亚科 IV 帚菊亚科帚菊族分支；然后分为两大支：一大支为亚科 III 飞廉亚科各族的成员聚集在相应的分支；另一大支亚科 V 异头菊亚科异头菊族莛菊属位于基部，其后为 2 支，1 支为亚科 VI 菊苣亚科族 6 斑鸠菊族和族 7 菊苣族的成员，1 支是亚科 VII 紫菀亚科族 8~ 族 22 的成员，各个族和亚族所包含的属都分别聚集在它们所隶属的分支。唯紫菀亚科鼠曲草族的棉毛菊属出现在最基部分支，值得研究。

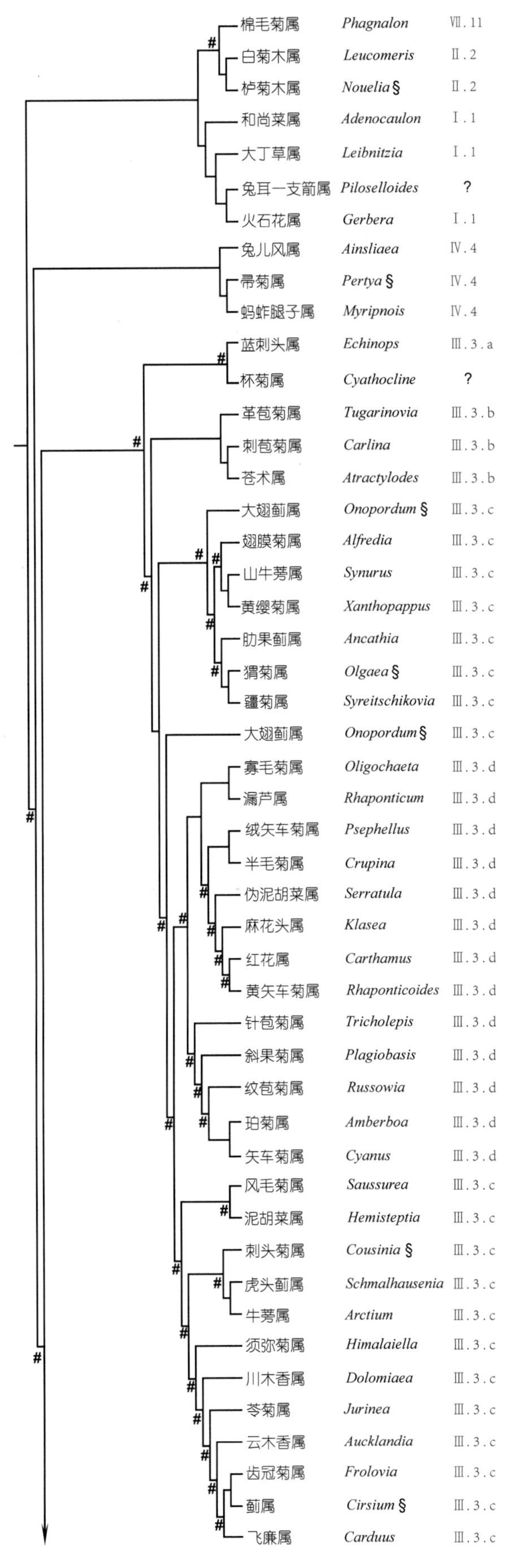

图 190 中国菊科植物的分支关系（1）

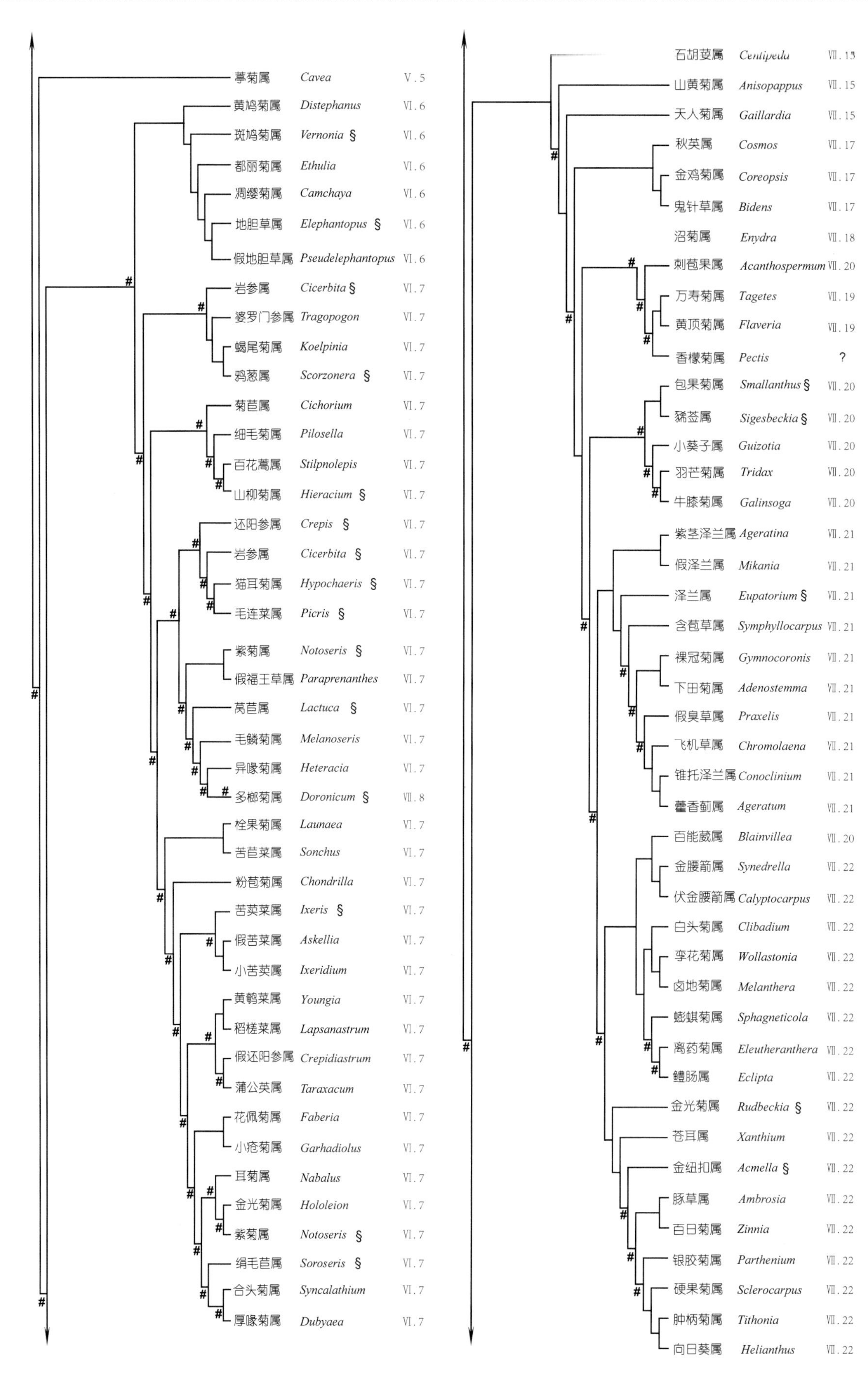

图 190 中国菊科植物的分支关系（2）

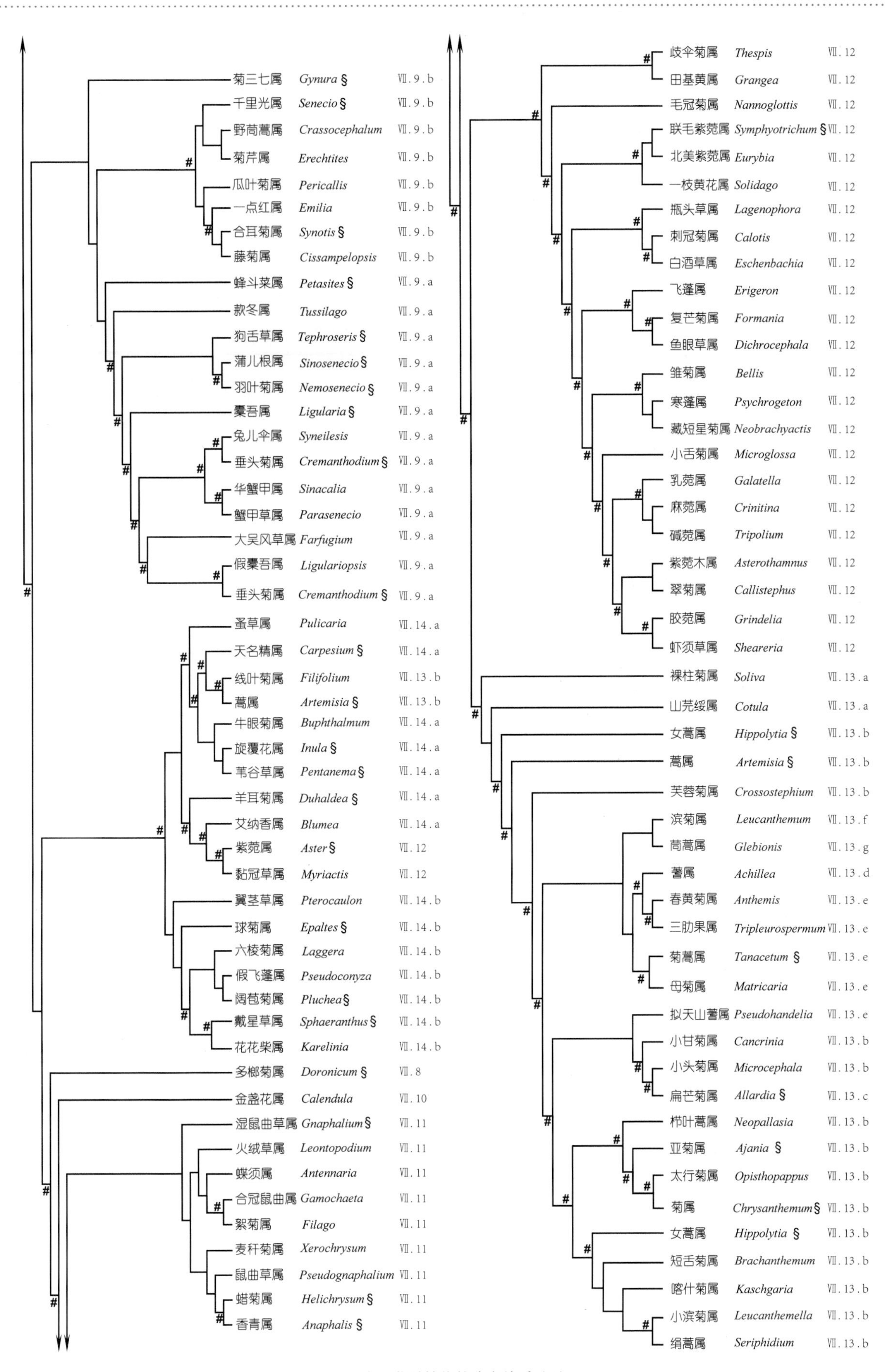

图 190 中国菊科植物的分支关系（3）

1. 棉毛菊属 Phagnalon Cass.

灌木、亚灌木或多年生草本；叶互生，全缘或有浅齿；头状花序较小，单生或排列成团伞状；总苞钟形，总苞片数层，被棉毛或绒毛；小花全部管状；瘦果小，稍扁压，无沟棱；冠毛 1 层。

约 43 种，产地中海地区、亚洲西部、中亚和喜马拉雅西部；中国 1 种，产西藏。

2. 白菊木属 Leucomeris D. Don

灌木或小乔木；叶互生；头状花序排列成伞房状或圆锥状，稀单生；总苞倒锥形，总苞片多层；小花全部管状，两性，白色；瘦果近圆柱形，具纵棱，冠毛多数，2 层。

2 种，产缅甸、中国、印度、尼泊尔、巴基斯坦、泰国、越南；中国 1 种，产云南。

白菊木 *Leucomeris decora* Kurz

3. 栌菊木属 Nouelia Franch.

灌木或小乔木；叶互生；头状花序大，单生于枝顶；总苞钟形，总苞片多层；小花全部管状，两性，白色；瘦果圆柱形，具纵棱，冠毛 1 层，刚毛状。

1 种，分布于中国西南部，产云南和四川西南部。

栌菊木 *Nouelia insignis* Franch.

4. 和尚菜属 Adenocaulon Hook.

一年生或多年生草本；叶互生，具长柄；头状花序小，排列成圆锥状；总苞宽钟形，总苞片 1 层，草质；小花全为管状，白色；瘦果棍棒形，有不明显纵肋，被头状具柄腺毛，无冠毛。

5 种，产亚洲东部及南北美洲；中国 1 种，产西南、华东、华中、西北、东北及河北。

和尚菜 *Adenocaulon himalaicum* Edgew.

5. 大丁草属 Leibnitzia Cass.

多年生草本，植株有春秋二型；叶基生，呈莲座状；头状花序单生花莛顶端；春型植株花序有管状花和舌状花，舌片白色或带红色，秋型植株为闭锁花，可直接结实；冠毛粗糙，刚毛状，宿存。

6 种，主产非洲、亚洲东部及东南部；中国 4 种，产西南地区及青海、新疆。

大丁草 *Leibnitzia anandria* (L.) Turcz.

6. 兔耳一支箭属 Piloselloides (Less.) C. Jeffrey ex Cufod.

多年生草本，叶基生，呈莲座状；头状花序单生花莛顶端；总苞盘状，中央两性花管状，外围雌花 2 层，外层花冠舌状，舌片长，伸出于冠毛之外，内层管状二唇形，与冠毛等长或略长。

2种，产非洲、亚洲及澳大利亚；中国1种，产长江以南地区及西藏地区。

兔耳一支箭 *Piloselloides hirsuta* (Forssk.) Cufod.

7. 火石花属 Gerbera L.

多年生草本，叶基生，呈莲座状；头状花序单生花莛顶端；总苞钟形或陀螺形，总苞片2至多层；中央两性花管状，外围雌花1层，舌状；冠毛粗糙，刚毛状。

约30种，产亚洲、非洲；中国7种，产西南地区。

火石花 *Gerbera delavayi* Franch.

8. 兔儿风属 Ainsliaea DC.

一年生或多年生草本；叶互生或基生，呈莲座状；头状花序排成穗状、总状或稀为圆锥状；总苞圆筒状，总苞片多层；小花管状，冠檐不扩大，呈二唇形；瘦果圆柱状或近纺锤形，近压扁，常具5~10棱，冠毛1层。

约50种，产亚洲东南部；中国40种，产长江流域及其以南地区，个别种产东北地区。

槭叶兔儿风 *Ainsliaea acerifolia* var. *subapoda* Nakai

9. 帚菊属 Pertya Sch. Bip.

灌木、亚灌木或多年生草本；叶在长枝上互生，在短枝上数片簇生；头状花序单生、双生或排成伞房状；总苞钟形、狭钟形或圆筒状，总苞片少层至多层；小花全部管状，冠檐微扩大，5深裂，裂片狭而长，外卷；冠毛糙毛状，1层。

约25种，产亚洲；中国17种，产西南、华南、西北地区，以及河南、山西、湖北。

聚头帚菊 *Pertya desmocephala* Diels

10. 蚂蚱腿子属 Myripnois Bunge

灌木；叶互生；头状花序腋生，同性，雌花和两性花异株；总苞钟形或圆筒状，总苞片层数少；雌花花冠具明显的舌片，两性花花冠管状二唇形；瘦果纺锤形，密被白色长毛，冠毛粗糙。

1种，分布于中国北部。

蚂蚱腿子 *Myripnois dioica* Bunge

11. 蓝刺头属 Echinops L.

一年生或多年生草本；叶互生，不裂或一至多回羽状分裂，具刺；头状花序仅含有 1 个小花，多数头状花序再排成复头状花序；苞片 3~5 层，膜质或革质；小花管状，白色、蓝色或紫色；瘦果倒圆锥形，冠毛刚毛膜片状。

约 120 种，产非洲、亚洲及欧洲；中国 17 种，多产长江以北地区，江苏亦有分布。

蓝刺头 *Echinops davuricus* Trevir.

12. 杯菊属 Cyathocline Cass.

一年生草本；叶互生，羽状分裂；头状花序在枝端排成圆锥状或总状；总苞片 2 层，草质；小花全部管状，白色，边花多层，雌性；瘦果压扁，无加厚边缘。

3 种，产印度及中国西南部的亚热带地区；中国 1 种，产广东、广西、贵州、四川及云南。

杯菊 *Cyathocline purpurea* (D. Don) Kuntze

13. 革苞菊属 Tugarinovia Iljin

多年生低矮草本；叶基生，革质，羽状分裂，裂片具刺；头状花序单生茎顶；总苞倒卵圆形，总苞片多层，外层较宽大，叶状，具刺；小花全部管状，白色，顶端褐黄色；瘦果具细沟，无毛。

1 种，中国特有，分布于内蒙古。

14. 刺苞菊属 Carlina L.

二年生或多年生草本，有时无茎；叶基生或茎生，羽裂或具锯齿，稀全缘；头状花序排列成伞房状；总苞宽钟状或半球形，总苞片多层，外层和中层边缘有刺；小花全部管状，淡白色、黄色或有时紫色；瘦果圆柱形，冠毛 1 层，膜片状。

约 28 种，产地中海地区、西欧、东欧和亚洲温带地区；中国 1 种，产新疆。

无茎刺苞菊 *Carlina acaulis* L.

15. 苍术属 Atractylodes DC.

多年生草本；叶互生，分裂或不分裂，具刺；头状花序单生枝端，雌雄异株；苞叶近2层，羽状全裂、深裂或半裂，总苞钟状或圆柱状，总苞片多层；小花全部管状，白色、黄色或紫红色；瘦果倒卵圆形，冠毛1层，羽毛状。

约6种，产亚洲东部地区；中国4种，全国分布。

苍术 *Atractylodes lancea* (Thunb.) DC.

16. 大翅蓟属 Onopordum L.

二年生草本；叶互生或基生，茎有翼；头状花序单生枝端；总苞卵形或圆球形，总苞片多层，顶端针刺状，有时成倒钩刺；小花全部管状，紫色、红色、黄色或白色；瘦果长倒卵形，具纵肋，冠毛多层，不等长。

约40种，产西亚、中亚及欧洲；中国2种，产新疆。

大翅蓟 *Onopordum acanthium* L.

17. 翅膜菊属 Alfredia Cass.

多年生草本；叶互生；头状花序大型，单生枝端；总苞钟形，总苞片多层，中外层苞片中部以上边缘及顶端宽膜质，附片状；小花全部管状，黄色；瘦果倒长卵形，冠毛多层。

6种，产中亚地区；中国5种，产新疆。

翅膜菊 *Alfredia cernua* (L.) Cass.

18. 山牛蒡属 Synurus Iljin

多年生草本；叶互生，大型；头状花序大，下垂；总苞球状，总苞片多层，顶端渐尖；小花全部管状，紫黑色，花药基部附属物结合成管，包围花丝；瘦果长椭圆形，冠毛多层。

11种，产欧洲、亚洲温带地区；中国2种，除海南、台湾、西藏外，全国分布。

山牛蒡 *Synurus deltoides* (Aiton) Nakai

19. 黄缨菊属 Xanthopappus C. Winkl.

二年生草本；叶基生，莲座状，羽状分裂；头状花序集生于茎顶；总苞宽钟形，总苞片多层，具硬针刺；小花全部管状，黄色；瘦果倒卵形，冠毛多层，糙毛状。

1种，中国特有，产甘肃、内蒙古西部、宁夏、青海、四川、云南。

黄缨菊 *Xanthopappus subacaulis* C. Winkl.

20. 肋果蓟属 Ancathia DC.

多年生草本；叶互生，边缘有针刺；头状花序单生枝端；总苞钟形，总苞片多层，具针刺；小花全部管状，紫红色；瘦果长椭圆形，有纵肋，冠毛刚毛长羽毛状。

1种，产中亚及西伯利亚地区；中国1种，产新疆。

肋果蓟 *Ancathia igniaria* (Spreng.) DC.

21. 猬菊属 Olgaea Iljin

多年生草本；叶互生，沿茎下延成翅；头状花序单生枝端；总苞宽钟形，总苞片多层，坚硬，革质，顶端针刺状；小花全部管状，紫色；瘦果倒卵形，冠毛刚毛糙毛状。

约16种，分布于中亚地区；中国6种，产北部地区。

猬菊 *Olgaea lomonosowii* (Trautv.) Iljin

22. 疆菊属 Syreitschikovia Pavlov

多年生草本；叶互生；头状花序单生枝端；总苞钟形，总苞片多层，顶端有针刺；小花全部管状，蓝色或紫红色；瘦果椭圆形，冠毛多层。

2种，产亚洲；中国1种，产新疆天山地区。

23. 寡毛菊属 Oligochaeta (DC.) K. Koch

一年生草本；叶互生，不裂或大头羽状分裂；头状花序排成伞房状；总苞椭圆形，总苞片多层，顶端有针刺；小花全部管状，粉红色；瘦果椭圆形，冠毛2层，基部连合成环。

4种，产亚洲；中国1种，产新疆。

24. 漏芦属 Rhaponticum Vaill.

多年生草本；叶互生；头状花序单生枝端；总苞半球形，总苞片多层，顶端有或无膜质附属物；小花全部管状，紫色；瘦果长椭圆形，冠毛刚毛糙毛状或短羽毛状。

约26种，产欧洲、非洲、亚洲及大洋洲；中国4种，全国分布。

漏芦 *Rhaponticum uniflorum* (L.) DC.

25. 绒矢车菊属 Psephellus Cass.

多年生草本；叶互生，密被绒毛；头状花序单生枝端；总苞卵球形，总苞片多层，具干膜质的附属物；小花全部管状，紫色或粉色，边花无性或雌性，中央花两性；瘦果疏被毛，冠毛二型。

约75种，产亚洲中部和西南部、欧洲及俄罗斯；中国1种，产新疆。

26. 半毛菊属 Crupina (Pers.) DC.

一年生草本；叶互生，羽状分裂；头状花序排成伞房状或圆锥状；总苞椭圆形，总苞片5~6层；小花全部管状，边花无性，无雄蕊和雌蕊，中央盘花两性；瘦果圆柱形，冠毛2列，外列毛状，边缘糙毛状至羽毛状，内列极短。

2~3种，产欧洲、西南亚及亚洲中部地区；中国1种，产新疆。

半毛菊 *Crupina vulgaris* Cass.

27. 伪泥胡菜属 Serratula L.

多年生草本；叶互生，羽状分裂或羽状复叶；头状花序排列成伞房状；总苞卵球形，总苞片多层；小花全部管状，紫色或粉色，边花雌性，中央花两性；瘦果椭圆形，冠毛刚毛糙毛状。

2种，产亚洲、欧洲；中国1种，产长江以北地区，安徽及江苏、湖北西北部也有分布。

伪泥胡菜 *Serratula coronata* L.

28. 麻花头属 Klasea Cass.

多年生草本；叶互生，羽状分裂；头状花序排成伞房状，稀单生；总苞球形、半球形、卵形、卵圆形、碗状或圆柱形，总苞片多层，内层顶端有附片；小花全部管状，红色、紫红色、黄色或白色；瘦果椭圆形，冠毛刚毛毛状。

约45种，产欧亚大陆及北非；中国8种，产长江以北地区，西北地区居多。

麻花头 *Klasea centauroides* L.

29. 红花属 Carthamus L.

一年生草本；叶互生，革质，羽裂或不裂；头状花序排列成伞房状；总苞球形，总苞片多层，顶端有带刺齿的革质绿色叶质附属物；小花全部管状，黄色、杏黄色、红色或紫色；瘦果四棱形，冠毛有或无。

约47种，产中亚、西南亚及地中海区；中国1种，产长江以北地区，但西南及东南沿海地区亦有分布。

红花 *Carthamus tinctorius* L.

30. 黄矢车菊属 Rhaponticoides Vaill.

多年生草本；叶互生；头状花序单生枝端；总苞卵球形，总苞片多层；小花全部管状，黄色，边花无性或雌性，中央花两性；瘦果褐色，冠毛二型。

约 30 种，产亚洲中部、西南部及北非；中国 3 种，产新疆。

欧亚黄矢车菊 *Rhaponticoides ruthenica* (Lam.) M. V. Agab. & Greuter

31. 针苞菊属 Tricholepis DC.

一年生或多年生草本；叶互生，羽裂或不裂；头状花序单生枝端；总苞半球形，总苞片多层，柔软，针芒状；小花全部管状，红色或黄色；瘦果楔状长椭圆形，顶端有果缘，冠毛有或无。

约 17 种，产亚洲；中国 3 种，产西藏、云南。

32. 斜果菊属 Plagiobasis Schrenk

多年生草本；叶互生，不裂；头状花序排成伞房状；总苞碗状，总苞片 7 层，内层顶端有透明的膜质附属物；小花全部管状，紫色，中部以上被稀疏的长柔毛；瘦果椭圆状圆柱形，冠毛刚毛锯齿状。

1 种，分布于中国、哈萨克斯坦及吉尔吉斯斯坦；中国 1 种，产新疆。

33. 纹苞菊属 Russowia C. Winkl.

一年生草本；叶互生，叶羽状全裂或大头羽状全裂；头状花序排成圆锥状，含少数小花；总苞圆柱形，总苞片 5 层；小花全部管状，黄色、紫色或红色，中部以上被稀疏的长柔毛；瘦果长椭圆形，压扁，被白色柔毛，冠毛多层。

1 种，产中亚地区；中国 1 种，产新疆。

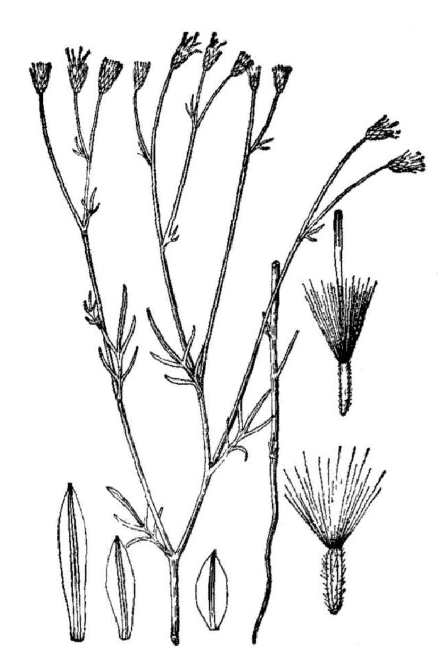

纹苞菊 *Russowia sogdiana* (Bunge) B. Fedtsch.

34. 珀菊属 Amberboa (Pers.) Less.

一年生或二年生草本；叶互生，羽裂或不裂；头状花序单生枝端；总苞半球形，总苞片多层；小花全部管状，红色或黄色；瘦果椭圆形或楔状，稍压扁，有多数细脉纹，冠毛刚毛长膜片状。

7 种，产西南亚及中亚地区；中国 2 种，产新疆、甘肃。

黄花珀菊 *Amberboa turanica* Iljin

35. 矢车菊属 Cyanus Mill.

一年生草本; 叶互生; 头状花序单生枝端; 总苞卵球形，总苞片多层，具流苏状裂的附属物；小花全部管状，蓝色，稀白色，边花无性或雌性，中央花两性；瘦果被毛，冠毛二型。

25~30 种，产亚洲西南部、地中海、欧洲地区；中国 1 种，产青海和新疆。

矢车菊 *Cyanus segetum* Hill

36. 风毛菊属 Saussurea DC.

一年生或多年生草本；叶互生，有时基生；头状花序单生或排成伞房状、圆锥状、总状，或集生于茎顶；总苞球形、钟形、卵形或圆柱状，总苞片多层，有时具附属物；小花全部管状，紫红色或淡紫色，稀白色；瘦果圆柱形，冠毛1~2层，外层短，糙毛状或短羽毛状。

约415种，分布于亚洲与欧洲；中国289种，全国分布。

紫苞雪莲 *Saussurea iodostegia* Hance

37. 泥胡菜属 Hemisteptia Bunge ex Fisch. & C. A. Mey.

一年生或二年生草本；叶互生，大头羽状分裂；头状花序排列成伞房状；总苞钟形，总苞片多层，外层与中层外面上方近顶端直立鸡冠状突起的附属物；小花全部管状，紫红色；瘦果压扁，具纵肋，冠毛2层，异型。

1种，分布于东亚、南亚及澳大利亚；中国1种，除西北外，全国均产。

泥胡菜 *Hemisteptia lyrata* (Bunge) Fisch. & C. A. Mey.

38. 刺头菊属 Cousinia Cass.

一年生或多年生草本；叶互生，有时基生；头状花序单生或排成伞房状、圆锥状、总状；总苞球形、钟形、卵形或圆柱状，总苞片多层，坚硬，革质，顶端渐尖成硬针刺；小花全部管状，黄色、白色或紫红色；瘦果倒卵形，冠毛糙毛状。

约600种，产亚洲西南部、中亚及南亚；中国11种，产新疆、西藏。

毛苞刺头菊 *Cousinia thomsonii* C. B. Clarke

39. 虎头蓟属 Schmalhausenia C. Winkl.

多年生草本；叶基生及茎生，二回羽状全裂，具刺；头状花序排成复头状；总苞球形，总苞片数层，顶端长针刺状渐尖；小花全部管状，紫色；瘦果倒卵形，冠毛多层，短羽毛状。

1种，中国特有，产新疆。

40. 牛蒡属 Arctium L.

二年生草本；叶互生，大型；头状花序排成伞房状或圆锥状；总苞球形，总苞片多层，顶端有钩刺；小花全部管状，紫色；瘦果倒卵形，冠毛多层。

11 种，产欧亚温带地区；中国 2 种，除海南、台湾、西藏以外地区均产。

牛蒡 *Arctium lappa* L.

41. 须弥菊属 Himalaiella Raab-Straube

多年生草本；叶互生；头状花序大型，单生枝端；总苞半球形或钟形，总苞片多层；小花全部管状，紫色或白色；瘦果 4~5 棱，顶部具齿，冠毛 1 层，羽毛状。

13 种，产亚洲东南和西南地区；中国 7 种，全国分布，但西南地区尤多。

小头须弥菊 *Himalaiella nivea* (DC.) Raab-Straube

42. 川木香属 Dolomiaea DC.

多年生草本；叶基生，莲座状；头状花序多数或少数集生于茎顶；总苞钟形，总苞片多层；小花全部管状，紫色或红色；瘦果圆柱形，具纵肋，冠毛 2 至多层，等长。

13 种，分布于中国、印度西北、克什米尔、缅甸、尼泊尔；中国 12 种，产西南地区。

厚叶川木香 *Dolomiaea berardioidea* (Franch.) C. Shih

43. 苓菊属 Jurinea Cass.

多年生草本或小半灌木；叶不分裂或分裂；头状花序排列成伞房状；总苞碗状、钟状或半球形，总苞片多层；小花全部管状，红色或紫色；瘦果长倒卵形，冠毛刚毛锯齿状、短糙毛状、短羽毛状或羽毛状，最内层通常有 2~5 根超长的冠毛刚毛。

约 250 种，产欧洲、非洲西北部、中亚和西南亚；中国 10 种，产内蒙古、宁夏、陕西、新疆。

蒙疆苓菊 *Jurinea mongolica* Maxim.

44. 云木香属 Aucklandia Falc.

多年生高大草本；叶互生，大型；头状花序单生枝端或集成伞房状；总苞半球形，总苞片7层，外层顶端短针刺状软骨质渐尖；小花全部管状，暗紫色；瘦果三棱状，冠毛1层，羽毛状。

1种，产印度北部、克什米尔及巴基斯坦北部；中国引种1种，长江以南及陕西地区栽培。

云木香 *Aucklandia costus* Falc.

45. 齿冠菊属 Frolovia (DC.) Lipsch.

多年生草本；叶互生，大型；头状花序单生茎顶；总苞半球形，总苞片多层；小花全部管状，暗紫色；瘦果四棱状，顶部具齿，冠毛1层，羽毛状。

5种，产东亚及俄罗斯；中国1种，产新疆。

大序齿冠菊 *Frolovia frolowii* (Ledeb.) Raab-Straube

46. 蓟属 Cirsium Mill.

一年生或多年生草本；叶互生，有时基生，边缘有针刺；头状花序单生或排成伞房状、圆锥状、总状；总苞卵状、卵圆状、钟状或球形，总苞片多层，无针刺或有缘毛状针刺；小花全部管状，紫红色，少为黄色或白色；瘦果压扁，通常有纵条纹，冠毛多层。

250~300种，泛球分布；中国46种，全国分布。

野蓟 *Cirsium maackii* Maxim.

47. 飞廉属 Carduus L.

一年生或二年生草本；茎有翼；叶互生，不裂或羽裂；头状花序排成伞房状；总苞卵状、圆柱状或钟状，总苞片8~10层；小花全部管状，紫色、红色或白色；瘦果长椭圆形，冠毛多层，基部连合成环，整体脱落。

约95种，产欧亚及北非及非洲热带地区；中国3种，全国分布，以西北、西南地区居多。

丝毛飞廉 *Carduus crispus* L.

48. 莛菊属 **Cavea** W. W. Sm. & J. Small

多年生草本；叶互生，基出叶排列成莲座状；头状花序单生茎端；总苞片多层，外层草质，较内层稍短，内层多少干膜质；中央两性花长管状，外围雌花花冠细长，线状，上端有 3~4 细小裂片；瘦果圆柱形或不明显四角形，冠毛紫色，有光泽，一层，有多数糙毛。

1 种，产喜马拉雅地区、中国四川西南部及西藏。

莛菊 *Cavea tanguensis* (J. R. Drumm.) W. W. Sm. & J. Small

49. 黄鸠菊属 **Distephanus** Cass.

灌木，有时攀缘状；叶互生，3 出脉；头状花序排成圆锥状；总苞钟形，总苞片多层；小花全部管状，黄色，花柱分枝细长；瘦果具肋，冠毛 2 层。

40 种以上，主产马达加斯加，亚洲西南部及非洲亦有；中国 2 种，产云南。

50. 斑鸠菊属 **Vernonia** Schreb.

草本、灌木、乔木或藤本；叶互生；头状花序排成圆锥状、伞房状或总状；总苞钟形，总苞片多层；小花全部管状，淡紫色、粉色或白色，花柱分枝细长；瘦果圆柱状或陀螺状，具棱或肋，冠毛通常 2 层，稀 1 层，内层细长，

斑鸠菊 *Vernonia esculenta* Hemsl.

糙毛状，脱落或宿存，外层极短，多数或少数，刚毛状或鳞片状。

约 1 000 种，产美洲、亚洲和非洲的热带及温带地区；中国 31 种，产西南、华南及东南沿海地区。

51. 都丽菊属 **Ethulia** L. f.

多年生草本；叶互生；头状花序小，排成疏伞房状；总苞钟形，总苞片多层；小花全部管状，淡紫色，花柱分枝细长；瘦果倒塔形，具 4~5(~6)个高起的肋，肋间有腺点，顶端截形，具五角形厚质的环，无冠毛。

约 19 种，产非洲、马达加斯加和亚洲热带地区；中国 2 种，产台湾、云南。

斑鸠菊状都丽菊 *Ethulia vernonioides* (Schweinf.) M. G. Gilbert

52. 地胆草属 **Elephantopus** L.

多年生草本；叶互生；头状花序多数，密集成团球状复头状花序，基部被数个叶状苞片所包围；总苞圆柱形，总苞片 2 层；小花全部管状，紫色，花柱分枝细长；瘦果具 10 条纵肋，冠毛 1 层，具 5 条硬刚毛。

约 30 种，产美洲，少数种分布于热带非洲、亚洲及大洋洲；中国 2 种，产西南地区、东南沿海地区及江西。

地胆草 *Elephantopus scaber* L.

53. 假地胆草属 **Pseudelephantopus** Rohr

多年生草本；叶互生；头状花序密集成团球状复头状

花序；总苞圆柱形，总苞片4层；小花全部管状，紫色，花柱分枝细长；瘦果具10条纵肋，冠毛刚毛状，其中2条极长且顶端常扭曲。

2种，产热带美洲和非洲；中国1种，产广东、台湾。

假地胆草 *Pseudelephantopus spicatus* (Aublet) C. F. Baker

54. 岩参属 Cicerbita Wallr.

多年生草本，植株有乳汁；叶不分裂、羽状分裂或大头羽状分裂；总苞圆柱状，总苞片2层；小花全部舌状，蓝色或紫色；瘦果长椭圆形，压扁或不明显压扁，每面有6~9条高起纵肋；冠毛2层，异形，外层极短，糙毛状，内层细长。

20~30种，产欧洲、中亚及西南亚和喜马拉雅地区；中国7种，产西北地区、四川及西藏。

川甘岩参 *Cicerbita roborowskii* (Maxim.) Beauverd

55. 婆罗门参属 Tragopogon L.

二年生或多年生草本，植株有乳汁；茎直立，不分枝或少分枝，无毛或被蛛丝状毛；总苞圆柱形，总苞片1层；小花全部舌状，黄色或紫色；瘦果圆柱状，有5~10条高起纵肋，冠毛1层，羽毛状。

150种以上，产地中海沿岸地区、中亚及高加索；中国19种，产新疆，个别种在北京、贵州、陕西、四川、云南亦有分布。

红花婆罗门参 *Tragopogon ruber* S. G. Gmel.

56. 蝎尾菊属 Koelpinia Pall.

一年生草本，植株有乳汁；叶线形、丝形或长椭圆形；总苞圆柱形，总苞片1~2层；小花全部舌状，黄色；瘦果细长，线状圆柱形，蝎尾状内弯，背面有多数针刺，顶端有针刺，针刺放射状排列。

5种，产北非、南欧、西亚、南亚部分地区、中亚；中国1种，产新疆及西藏西南部。

蝎尾菊 *Koelpinia linearis* Pall.

57. 鸦葱属 Scorzonera L.

多年生草本，稀为半灌木或一年生草本，植株有乳汁；头状花序单生茎顶或少数排成伞房状；总苞圆柱状，总苞片多层，覆瓦状排列；小花全部舌状，黄色；瘦果圆柱状或长椭圆状，冠毛中下部或大部羽毛状，上部锯齿状。

约 180 种，产欧洲、西南亚及中亚，北非有少数种；中国 24 种，产长江以北地区，以西北地区尤多。

桃叶鸦葱 *Scorzonera sinensis* (Lipsch. & Krasch.) Nakai

58. 菊苣属 Cichorium L.

一年生或多年生草本，植株有乳汁；基生叶莲座状，茎生叶无柄，抱茎；总苞圆柱形，总苞片 2 层；小花全部舌状，蓝色；冠毛极短，膜片状。

约 7 种，产欧洲、亚洲、北非，主要分布于地中海地区和西南亚；中国 1 种，产长江以北地区，台湾亦有分布。

菊苣 *Cichorium intybus* L.

59. 细毛菊属 Pilosella Hill

多年生草本，植株有乳汁；叶基生及互生；头状花序排成伞房状，稀单生；总苞半球状，总苞片数层；小花全部舌状，黄色；瘦果有 8~14 条椭圆状高起的等粗的纵肋，顶端无喙，冠毛糙毛状。

约 110 种，产亚洲、欧洲及北非；中国 2 种，产新疆。

60. 百花蒿属 Stilpnolepis Krasch.

一年生草本；叶互生，线形或基部羽状浅裂；头状花序腋生；总苞半球形，总苞片 3~4 层，边缘干膜质，无托片；小花全部管状，黄色；瘦果具纵肋。

2 种，产蒙古国和中国；中国 2 种，产西北地区。

百花蒿 *Stilpnolepis centiflora* (Maxim.) Krasch.

61. 山柳菊属 Hieracium L.

多年生草本，植株有乳汁；头状花序排成圆锥状、伞房状或假伞形；总苞圆柱状，总苞片 3~4 层；小花全部舌状，黄色；瘦果圆柱形或椭圆形，有 8~14 条椭圆状高起的等粗的纵肋，顶端无喙，冠毛 1~2 层。

约 800 种，产欧洲、亚洲、美洲与非洲山地；中国 6 种，主产新疆，个别种从南至北皆有分布。

山柳菊 *Hieracium umbellatum* L.

62. 还阳参属 Crepis L.

一年生或多年生草本，植株有乳汁；头状花序排成圆锥状、伞房状或总状；总苞圆柱状，总苞片 2~4 层，外层及最外层短或极短，内层及最内层长或最长；小花全部舌状，黄色；瘦果圆柱状、纺锤状，有10~20条高起的等粗纵肋，冠毛1层。

约200种，产欧洲、亚洲、非洲及北美大陆；中国18种，产西南、西北及东北地区。

宽叶还阳参 *Crepis coreana* (Nakai) H. S. Pak

63. 猫耳菊属 Hypochaeris L.

多年生草本，植株有乳汁；头状花序单生枝端；总苞卵形，总苞片多层，花托有膜片状托毛；小花全部舌状，黄色或橙黄色；瘦果圆柱状，有少数纵肋，冠毛1层，羽毛状。

约60种，主产南美洲，欧洲与亚洲有少数种；中国6种，主产长江以南地区，西北、东北地区亦有个别种分布。

猫耳菊 *Hypochaeris ciliata* (Thunb.) Makino

64. 毛连菜属 Picris L.

一年生或多年生草本，植株有乳汁；全部茎枝被钩状硬毛或硬刺毛；头状花序排成伞房状或圆锥状；总苞钟形，总苞片3层；小花全部舌状，黄色；瘦果椭圆形或纺锤形，有5~14条高起的纵肋，肋上有横皱纹，冠毛2层，外层短，糙毛状，内层长，羽毛状。

约50种，产欧洲、亚洲与北非地区；中国7种，全国分布。

台湾毛连菜 *Picris hieracioides* subsp. *morrisonensis* (Hayata) Kitam.

65. 紫菊属 Notoseris C. Shih

多年生草本，植株有乳汁；头状花序排成圆锥状；总苞狭钟形，总苞片3~5层；小花全部舌状，紫色；瘦果长倒披针形，压扁，紫色，顶端截形，无喙，每面有6~9条椭圆状高起的纵肋，冠毛2层，白色，纤细。

约11种，分布于中国及喜马拉雅地区；中国10种，产长江流域及秦岭以南。

黑花紫菊 *Notoseris melanantha* (Franch.) C. Shih

66. 假福王草属 Paraprenanthes C. C. Chang ex C. Shih

一年生或多年生草本，植株有乳汁；头状花序排成圆锥状或伞房状；总苞圆柱形，总苞片3~4层；小花全部舌状，紫红色；瘦果黑色，纺锤状，无喙或有不明显喙状物，每面有4~6条高起的纵肋，冠毛2层。

12 种，分布于东亚及南亚；中国 12 种，产长江及秦岭以南到西藏东部广大地域。

圆耳假福王草 *Paraprenanthes auriculiformis* C. Shih

67. 莴苣属 Lactuca L.

一年生或多年生草本，植株有乳汁；头状花序排成伞房状或圆锥状；总苞长卵球形，总苞片 3~5 层；小花全部舌状，黄色或蓝色；瘦果褐色，压扁，每面有数条细脉纹或细肋，顶端急尖成细喙，冠毛 2 层，白色，纤细。

50~70 种，产北美洲、欧洲、中亚、西亚及地中海地区；中国 12 种，产新疆，少数见于横断山脉地区。

翅果菊 *Lactuca indica* L.

68. 毛鳞菊属 Melanoseris Decne.

多年生草本，植株有乳汁；头状花序排成圆锥状、总状或伞房状；总苞钟形，总苞片 3~5 层；小花全部舌状，红色或蓝色；瘦果椭圆形，压扁，每面有 3~6 条高起的细钝纵肋，冠毛 2 层，外层极短，糙毛状，内层长，白色。

60~80 种，分布于中国西南部至印度东北部、不丹、尼泊尔；中国 25 种，产西南地区。

毛鳞菊 *Melanoseris beesiana* (Diels) N. Kilian

69. 异喙菊属 Heteracia Fisch. & C. A. Mey.

一年生草本，植株有乳汁；总苞钟形，总苞片 2 层；小花全部舌状，黄色；瘦果异形，外层菱形，边缘宽厚翅状，顶端凸尖或几成喙状，无冠毛，内层倒金字塔状，顶端截形收窄成长喙，喙顶有冠毛；果体上部有鳞状或瘤状突起。

1 种，产西亚及俄罗斯（欧洲部分）、高加索及中亚地区；中国 1 种，产新疆。

异喙菊 *Heteracia szovitsii* Fisch. & C. A. Mey.

70. 多榔菊属 Doronicum L.

多年生草本；叶互生；头状花序单生或排列成伞房状；总苞半球形或宽钟形，总苞片 2 层；管状花黄色，舌状花黄色；瘦果长圆形，具 10 条等长的纵肋；冠毛多数，白色或淡红色。

约 40 种，产欧洲和亚洲温带山区及北非洲；中国 7 种，产西北和西南地区。

西藏多榔菊 *Doronicum calotum* (Diels) Q. Yuan

71. 栓果菊属 Launaea Cass.

多年生草本或半灌木，植株有乳汁；头状花序排成伞房状、圆锥状或总状；总苞圆柱状，总苞片 3~4 层，外层最短，内层最长；小花全部舌状，黄色或紫红色；瘦果同型，顶端截形，无喙，有 3~6 条纵肋，冠毛极纤细，单毛状，白色。

54 种，产非洲、南欧、西南亚及中亚；中国 4 种，主产长江以南地区，甘肃、新疆亦有分布。

河西菊 *Launaea polydichotoma* (Ostenf.) Amin ex N. Kilian

72. 苦苣菜属 Sonchus L.

一年生或多年生草本，植株有乳汁；叶互生；头状花序在枝端排成伞房状或圆锥状；总苞钟状，总苞片 3~5 层；小花极多，通常 80 朵以上，全部舌状，黄色；瘦果卵形或椭圆形，有多数高起的纵肋，冠毛多层，白色，单毛状。

约 90 种，产欧洲、亚洲与非洲；中国 5 种，全国分布。

苦苣菜 *Sonchus oleraceus* L.

73. 粉苞菊属 Chondrilla L.

多年生草本，植株有乳汁，自基部或自上部分枝；总苞钟状，总苞片 2~3 层，外层极小，内层长；小花全部舌状，黄色；瘦果近圆柱状，有 5 条高起的纵肋，顶端有细喙，冠毛 2~4 层，白色。

约 30 种，产中亚、北亚和欧洲；中国 10 种，产新疆。

沙地粉苞菊 *Chondrilla ambigua* Kar. & Kir.

74. 苦荬菜属 Ixeris (Cass.) Cass.

一年生或多年生草本，植株有乳汁；头状花序排成伞房状；总苞钟形，总苞片 2~3 层，外层最短，内层最长；小花全部舌状，黄色；瘦果压扁，褐色，纺锤形或椭圆形，无毛，有 10 条尖翅肋，喙长或短，冠毛白色，2 层，纤细。

约 8 种，产东亚和南亚；中国 6 种，全国分布，以长江流域及秦岭以南地区居多。

苦菜 *Ixeris chinensis* (Thunb.) Kitag.

云南小苦荬 *Ixeridium yunnanense* C. Shih

75. 假苦菜属 Askellia W. A. Weber

多年生草本，植株有乳汁；叶基生或茎生；头状花序排成伞房状；总苞狭圆柱状，总苞片数层，外层及最外层短或极短，内层及最内层长或最长；小花全部舌状，黄色，稀紫红色；瘦果狭圆柱状、纺锤状，有10条高起的等粗纵肋，冠毛糙毛状。

约11种，产亚洲中部、西南部及东北部，北美地区；中国6种，产新疆、西藏，青海、陕西亦有个别种分布。

弯茎假苦菜 *Askellia flexuosa* (Ledeb.) W. A. Weber

76. 小苦荬属 Ixeridium (A. Gray) Tzvelev

多年生草本，植株有乳汁；头状花序排成伞房状；总苞钟形，总苞片2~3层，外层最短，内层最长；小花全部舌状，黄色；瘦果压扁，褐色，有8~10高起的钝肋，顶端具短喙，冠毛纤细，不等长。

约15种，产东亚及东南亚地区；中国8种，产西南地区、长江流域及秦岭以南地区。

77. 黄鹌菜属 Youngia Cass.

一年生或多年生草本，植株有乳汁；头状花序小，排成圆锥状、伞房状或总状；总苞圆柱状，总苞片3~4层，外层及最外层短，内层及最内层长；小花全部舌状，黄色；瘦果纺锤形，有10~15条椭圆形的粗细不等的纵肋，冠毛白色，1~2层。

约30种，产亚洲；中国28种，产长江流域及秦岭以南，西北地区亦有分布。

黄鹌菜 *Youngia japonica* (L.) DC.

78. 稻槎菜属 Lapsanastrum Pak & K. Bremer

一年生或多年生草本，植株有乳汁；叶有锯齿或羽状深裂或全裂；总苞钟形，总苞片2层；小花全部舌状，黄色；瘦果稍压扁，长椭圆形或圆柱状，稍弯曲，有12~20条细小纵肋，无冠毛。

4种，产欧亚温带地区及非洲西北部；中国4种，产长江流域及秦岭以南地区。

稻槎菜 *Lapsanastrum apogonoides* (Maxim.) Pak & K. Bremer

79. 假还阳参属 Crepidiastrum Nakai

多年生草本或半灌木，植株有乳汁；头状花序排成伞房状；总苞圆柱状，总苞片2~3层，外层最短，内层最长；小花全部舌状，黄色或白色；瘦果圆柱形，有10条高起纵肋，顶端有喙或无喙，冠毛1层，白色，糙毛状。

约15种，产中亚、东亚及北太平洋小笠原群岛；中国9种，全国分布。

尖裂假还阳参 *Crepidiastrum sonchifolium* (Maxim.) Pak & Kawano

80. 蒲公英属 Taraxacum F. H. Wigg.

多年生草本，植株有乳汁；叶基生成莲座状；头状花序单生茎顶；总苞钟状，总苞片多层，先端背部不增厚、增厚或有小角；小花全部舌状，黄色；瘦果纺锤形或倒锥形，上端突然缢缩或逐渐收缩为圆柱形或圆锥形的喙基，喙细长，冠毛多层。

2 500种以上，产北半球温带至亚热带地区，少数产热带南美洲；中国116种，全国分布，西南、西北地区尤多。

白缘蒲公英 *Taraxacum platypecidum* Diels

81. 花佩菊属 Faberia Hemsl.

多年生草本，植株有乳汁；叶基生，大头羽裂或不裂；总苞钟形，总苞片3~5层；小花全部舌状，紫红色或淡蓝色；瘦果长椭圆形，每面有7~10条纵肋或脉纹，有小刺毛，顶端无喙，冠毛1~3层，等长，糙毛状。

7种，中国特有，产云南、四川、贵州及重庆。

贵州花佩菊 *Faberia cavaleriei* H. Lév.

82. 小疙菊属 Garhadiolus Jaub. & Spach

一年生草本，植株有乳汁；叶有锯齿或羽状分裂；总苞圆柱形，总苞片2层；小花全部舌状，黄色；内层总苞片果期变形，坚硬，内弯，包围外层瘦果；冠毛刚毛单毛状，短。

4种，产西亚及中亚、中东、伊朗、巴基斯坦和中国；中国1种，产新疆。

小疮菊 *Garhadiolus papposus* Boiss. & Buhse

全光菊 *Hololeion maximowiczii* Kitam.

83. 耳菊属 Nabalus Cass.

多年生草本，植株有乳汁；头状花序小，排成圆锥状或总状；总苞钟状，总苞片3~4层，小花全部舌状，黄色或污白色；瘦果红色或紫褐色，压扁，倒披针形，顶端截形，无喙，每面有5至多数高起的纵肋，冠毛2~3层，细锯齿状或糙毛状。

约15种，产亚洲与北美地区；中国2种，产长江流域及其以北地区，四川、云南亦有分布。

福王草 *Nabalus tatarinowii* (Maxim.) Nakai

84. 全光菊属 Hololeion Kitam.

多年生草本，植株有乳汁，全株无毛；头状花序排成圆锥状或伞房状；总苞圆柱状，总苞片3~4层；小花全部舌状，黄色；瘦果圆柱形，有5条细肋，冠毛糙毛状。

3种，产东亚；中国1种，产长江流域及其以北的部分地区。

85. 绢毛苣属 Soroseris Stebbins

一年生或多年生草本，植株有乳汁；茎直立，有时粗厚而中空，或茎极短缩或无茎；头状花序半球状的团伞花序；总苞圆柱形，总苞片2层；小花全部舌状，黄色；瘦果长圆柱状，微扁，顶端无喙，有多数粗细不等的纵肋，冠毛3层，等长，锯齿状。

约7种，中国特有，产西南、西北地区。

皱叶绢毛苣 *Soroseris hookeriana* Stebbins

86. 合头菊属 Syncalathium Lipsch.

一年生或多年生草本，植株有乳汁；茎低矮或无茎；头状花序密集成团伞状；总苞狭圆柱形，总苞片1层；小花全部舌状，紫色或紫红色，稀黄色；瘦果椭圆形或椭圆状卵形，压扁，每面有1~2条高起细肋或细脉纹，冠毛3层，细锯齿状或微糙毛状。

5种，中国特有，分布于青藏高原及其周围地区。

合头菊 *Syncalathium kawaguchii* (Kitam.) Y. Ling

87. 厚喙菊属 Dubyaea DC.

一年生或多年生草本，植株有乳汁；总苞圆柱状，总苞片 3~4 层；小花全部舌状，紫红色或蓝色；瘦果棒状、纺锤状或椭圆状等，稍压扁，淡黄色或褐色，有 6~17 条不等粗的纵肋，顶端无喙，冠毛黄色或棕褐色，2 层。

约 15 种，分布于中国西南地区及尼泊尔、印度（东北部、北部）、不丹；中国 12 种，产西南地区。

厚喙菊 *Dubyaea hispida* DC.

88. 石胡荽属 Centipeda Lour.

一年生匍匐小草本；叶互生，楔状倒卵形，有锯齿；头状花序单生叶腋；总苞半球形，总苞片 2 层，边缘透明，无托片；小花全部管状，绿色；瘦果四棱形，无冠毛。

10 种，产亚洲、大洋洲及南美洲；中国 1 种，产华南、西南、东南沿海各省及山东、陕西。

石胡荽 *Centipeda minima* (L.) A. Braun & Asch.

89. 山黄菊属 Anisopappus Hook. & Arn.

一年生草本；叶互生，有锯齿；头状花序单生枝顶；总苞半球形，总苞片数层，草质；管状花黄色，舌状花黄色；瘦果背部稍压扁，有多数纵肋，无毛或被柔毛，冠毛短冠状，膜片撕裂，有 2~5 个长短不等且长于膜片的细芒。

约 40 种，产热带非洲的东部及喀麦隆、亚洲南部；中国 1 种，产福建、广东、广西、江西、四川及云南。

山黄菊 *Anisopappus chinensis* Hook. & Arn.

90. 天人菊属 Gaillardia Foug.

一年生或多年生草本；叶互生或全部基生；头状花序大，单生枝端；总苞宽钟形，总苞片 2~3 层；管状花黄色，舌状花黄色或红色；瘦果长椭圆形或倒塔形，有 5 棱，冠毛鳞片状，有长芒。

20 种，产南北美洲热带地区；中国 1 种，全国分布，栽培、归化种均有。

天人菊 *Gaillardia pulchella* Foug.

91. 秋英属 Cosmos Cav.

一年生或多年生草本；叶对生，二回羽状分裂；头状花序较大，单生或排成疏松的伞房状，有长花序梗；总苞半球形，总苞片 2 层，基部连合；管状花黄色，舌状花颜色多样；瘦果狭长，具 4~5 棱，端有 2~4 个具倒刺毛的芒刺。

约 26 种，产美洲热带地区；中国 2 种，全国分布，栽培种。

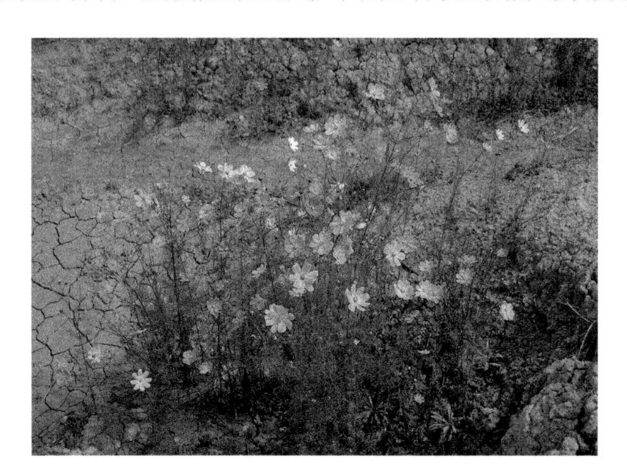

秋英 *Cosmos bipinnatus* Cav.

92. 金鸡菊属 Coreopsis L.

一年生或多年生草本；叶对生或上部叶互生，不裂或一回羽状分裂；头状花序较大，单生或排成疏松的伞房状，有长花序梗；总苞半球形，总苞片 2 层；管状花黄色，舌状花黄色；瘦果扁，边缘有翅或无翅，顶端截形，或有 2 尖齿或 2 小鳞片或芒。

约 35 种，产美洲、非洲南部及夏威夷群岛等地；中国 3 种，全国分布，栽培及归化。

两色金鸡菊 *Coreopsis tinctoria* Nutt.

93. 鬼针草属 Bidens L.

一年生或多年生草本；叶对生或有时在茎上部互生，全缘或具齿牙、缺刻，或一至三回三出或羽状分裂；头状花序单生枝端或排列成不规则的伞房状、圆锥状；总苞钟状或近半球形，苞片 1~2 层，基部常合生；管状花黄色，舌状花黄色、白色或无；瘦果扁平或具 4 棱，顶端有芒刺 2~4 枚，其上有倒刺状刚毛。

150~250 种，产全球热带及温带地区，尤以美洲种类最为丰富；中国 10 种，全国分布。

柳叶鬼针草 *Bidens cernua* L.

94. 沼菊属 Enydra Lour.

沼生草本；叶对生；头状花序少数，单生；总苞片 4，叶状；小花全部管状，中央花两性，外围雌性；瘦果长圆形，隐藏于坚硬的托片中，无毛，无冠毛。

约 5 种，产热带和亚热带地区；中国 1 种，产海南、云南。

沼菊 *Enydra fluctuans* Lour.

95. 刺苞果属 Acanthospermum Schrank

一年生草本；茎多分枝，被柔毛或糙毛；叶对生；头状花序小，单生于二叉分枝的顶端或腋生；总苞钟状，总苞片2层，中央花两性，边花雌性，舌片小，淡黄色；瘦果长圆形，藏于扩大变硬的内层总苞片中，外面具倒刺。

约6种，产美洲南部；中国1种，产广东、云南，驯化种。

刺苞果 *Acanthospermum australe* (Loefl.) Kuntze

96. 万寿菊属 Tagetes L.

一年生草本；叶对生，稀互生，羽状分裂，具油腺点；头状花序单生枝顶；总苞圆柱形或杯形，总苞片1层，几全部连合成管状或杯状；管状花黄色或橙色，舌状花金黄色、橙黄色或褐色；瘦果线形或线状长圆形，具棱，冠毛具3~10个不等长的鳞片或刚毛。

约40种，产美洲中部及南部；中国引种栽培2种。

万寿菊 *Tagetes patula* L.

97. 黄顶菊属 Flaveria Juss.

一年生或多年生草本；叶对生；头状花序排列成伞房状或近球状；总苞圆柱形，总苞片2~6；管状花黄色，舌状花1~2，舌片短，黄色；瘦果具10条纵肋，冠毛鳞片状或无。

约21种，产非洲、澳大利亚、加勒比海地区及美洲中部和北部，印度亦有分布；中国1种，产河北，新近引种。

黄顶菊 *Flaveria bidentis* (L.) Kuntze

98. 香檬菊属 Pectis L.

一年生或多年生草本，植株常具有强烈香气；叶对生；头状花序单生或排列成聚伞状；总苞钟形，总苞片1层；管状花黄色，舌状花黄色或淡红色；瘦果窄圆柱形，冠毛鳞片状、芒状或糙毛状。

约85种，产热带、亚热带美洲；中国1种，产台湾，新近引种。

伏生香檬菊 *Pectis prostrata* Cav.

99. 包果菊属 **Smallanthus** Mack.

一年生或多年生草本，或灌木；叶对生，无柄或具翅状柄；头状花序单生或数个簇生；总苞半球形，总苞片2层；管状花黄色或橙色，舌状花黄色、白色或橙色；瘦果具多条纵肋，无冠毛。

约23种，产美洲中部、南部及北部；中国2种，产长江流域及山东、台湾。

雪莲果 *Smallanthus sonchifolius* (Poeppig) H. Rob.

100. 豨莶属 **Sigesbeckia** L.

一年生草本；茎多少被腺毛；叶对生；头状花序小，排列成疏散的圆锥状；总苞钟状或半球形，总苞片2层，背面被头状具柄的腺毛；管状花黄色，舌状花黄色，舌片顶端3浅裂；瘦果四棱形，无冠毛。

约4种，产两半球热带、亚热带及温带地区；中国3种，产长江流域及其以南地区。

腺梗豨莶 *Sigesbeckia pubescens* (Makino) Makino

101. 小葵子属 **Guizotia** Cass.

一年生或多年生草本，或亚灌木、灌木；叶对生；头状花序单生或排成伞房状；总苞钟形，总苞片2层；管状花黄色，舌状花黄色；瘦果略压扁，具3~4棱，无冠毛。

6种，产非洲；中国1种，产福建、四川及云南，栽培种。

匍茎小葵子 *Guizotia jacksonii* (S. Moore) Baagøe

102. 羽芒菊属 **Tridax** L.

多年生草本；叶对生，有缺刻状齿或羽状分裂；头状花序单生枝端，具长柄；总苞卵形、钟形或近半球状，总苞片数层；管状花黄色，舌状花白色或淡黄色；瘦果陀螺状或圆柱状，被毛，冠毛羽状。

约26种，产美洲热带及亚洲东南部；中国1种，产福建、海南及台湾。

羽芒菊 *Tridax procumbens* L.

103. 牛膝菊属 Galinsoga Ruiz & Pav.

一年生草本；叶对生；头状花序小，排列成疏松的伞房状；总苞宽钟状或半球形，总苞片 1~2 层；管状花黄色，舌状花白色，舌片开展，全缘或 2~3 齿裂；瘦果有棱，通常背腹压扁，被微毛，冠毛膜片状。

15~33 种，产美洲；中国 2 种，全国分布，归化种。

粗毛牛膝菊 *Galinsoga quadriradiata* Ruiz & Pav.

104. 紫茎泽兰属 Ageratina Spach

多年生草本或灌木；叶对生；头状花序排列成伞房状；总苞碟形，总苞片 2~3 层，草质；小花全为管状，白色或淡紫色，花柱分枝圆柱形；瘦果具 5 棱，冠毛糙毛状，易脱落。

约 265 种，主产新世界热带和亚热带地区；中国 1 种，产广西、贵州、南海诸岛及云南。

紫茎泽兰 *Ageratina adenophora* (Spreng.) R. M. King & H. Rob.

105. 假泽兰属 Mikania Willd.

灌木或攀缘草本；叶对生；头状花序排列成伞房状或圆锥状；总苞圆柱状，总苞片 1 层，草质；小花全为管状，白色或微黄色，花柱分枝圆柱形；瘦果具 4~5 棱，冠毛糙毛状。

约 430 种，泛热带分布，主产巴西；中国 2 种，产海南、台湾及云南。

假泽兰 *Mikania cordata* (Burm. f.) B. L. Rob.

106. 泽兰属 Eupatorium L.

一年生或多年生草本；叶对生或轮生；头状花序排列成伞房状或圆锥状；总苞卵形或钟形，总苞片 2~5 层，草质；小花全为管状，白色或紫色，花柱分枝圆柱形；瘦果具 5 棱，冠毛刚毛状，1 层。

45 种，产中南美洲温带及热带地区；欧、亚、非及大洋洲的种类很少；中国 14 种，产东南、西南及西北地区。

林泽兰 *Eupatorium lindleyanum* DC.

107. 含苞草属 Symphyllocarpus Maxim.

一年生草本；叶互生，有齿或全缘；头状花序小，无柄，2~4个密集于枝腋成团球状，为对生和轮生的苞叶所环绕；总苞半球形，总苞片约2层，膜质，边缘透明；管状花黄色，舌状花具3齿的舌片；瘦果圆柱形，有柄，上端有宿存花冠。

1种，分布于中国和俄罗斯；中国1种，产黑龙江和吉林。

含苞草 *Symphyllocarpus exilis* Maxim.

108. 裸冠菊属 Gymnocoronis DC.

一年生或多年生草本；叶对生；头状花序排列成伞房状；总苞半球形，总苞片2层，草质；小花全为管状，白色，花柱分枝圆柱形；瘦果具5棱，无冠毛。

5种，产墨西哥和南美；日本、中国归化种；中国1种，产广西、台湾及云南。

裸冠菊 *Gymnocoronis spilanthoides* (Hook. & Arn.) DC.

109. 下田菊属 Adenostemma J. R. Forst. & G. Forst.

一年生草本，全珠被腺毛或光滑无毛；叶对生，三出脉；头状花序排列成伞房状或圆锥状；总苞钟形或半球形，总苞片2层，草质；小花全为管状，白色，花柱分枝圆柱形；瘦果具3~5棱，有腺点或乳突，冠毛毛状。

约26种，泛热带分布；中国1种，产西南、东部地区及南海诸岛。

下田菊 *Adenostemma lavenia* (L.) Kuntze

110. 假臭草属 Praxelis Cass.

一年生或多年生草本；叶对生或轮生；头状花序单生或排列成聚伞房、伞房状；总苞钟形，总苞片3~4层，早落，花序托锥形；小花全为管状，白色、蓝色或紫色，花柱分枝圆柱形；瘦果具3~4棱。

16种，产南美，个别种分布到东亚和澳大利亚地区；中国1种，产广东和台湾。

假臭草 *Praxelis clematidea* R. M. King & H. Rob.

111. 飞机草属 Chromolaena DC.

多年生草本、亚灌木或灌木；叶对生；头状花序排列成伞房状；总苞钟形，总苞片 4~6 层，早落；小花全为管状，白色、蓝色或紫色，花柱分枝圆柱形；瘦果具 3~5 棱。

约 165 种，产新世界热带和亚热带地区，个别种是泛热带地区的杂草；中国 1 种，产福建、海南及云南。

飞机草 *Chromolaena odorata* (L.) R. M. King & H. Rob.

112. 锥托泽兰属 Conoclinium DC.

多年生草本；叶对生；头状花序排列成伞房状；总苞钟形，总苞片 2~3 层，花序托锥形；小花全为管状，蓝色，稀白色，花柱分枝圆柱形；瘦果具 3~5 棱，冠毛刚毛状。

4 种，产美国和墨西哥，个别种主要是栽培或逸出分布到别的地区；中国 1 种，产贵州和云南。

锥托泽兰 *Conoclinium coelestinum* DC.

113. 藿香蓟属 Ageratum L.

一年生或多年生草本；叶对生；头状花序排列成伞房状；总苞钟形，总苞片 2~3 层，草质；小花全为管状，白色或紫色，花柱分枝圆柱形；瘦果具 5 棱，冠毛膜片状或鳞片状。

约 40 种，泛热带分布，主产中美洲；中国 2 种，产西南地区、东部地区及台湾、南海诸岛；河北、浙江有栽培种。

藿香蓟 *Ageratum conyzoides* L.

114. 百能葳属 Blainvillea Cass.

一年生或多年生草本；叶对生或上部互生；头状花序小，顶生或腋生；总苞阔卵形、卵状钟形或近半球形，总苞片少数，外层叶质；管状花淡黄色，舌状花淡黄色，舌片短；瘦果具棱，冠毛刚毛状、刺毛状或有时近鳞片状，基部连合成浅杯状或环状。

约 10 种，产全球热带地区；中国原记载 1 种，后发现为错误鉴定，本书暂记于此。

115. 金腰箭属 Synedrella Gaertn.

一年生草本；叶对生；头状花序小，簇生于叶腋和枝顶；总苞卵形或长圆形，总苞片数枚，不等大；管状花黄色，舌状花黄色，舌片短，顶端 2~3 齿裂；瘦果压扁，边缘具翅或无翅；冠毛硬，刚刺状。

1 种，产热带美洲，非洲、亚洲、澳大利亚及太平洋岛屿有引种，逸生为野草；中国广东、海南、台湾、云南有栽培或逸生。

金腰箭 *Synedrella nodiflora* (L.) Gaertn.

116. 伏金腰箭属 Calyptocarpus Less.

一年生或多年生草本；叶对生；头状花序小，簇生；总苞卵形或长圆形，总苞片 5；管状花黄色，舌状花黄色；瘦果倒圆锥形，冠毛具 2 芒。

3 种，原产美洲南部到北部；中国归化 1 种，产台湾。

伏金腰箭 *Calyptocarpus vialis* Less.

117. 白头菊属 Clibadium F. Allam. ex L.

灌木或小乔木；叶对生；头状花序集生成圆锥状或伞房状；总苞圆柱状，总苞片 2~6 层；管状花白色，舌状花白色、淡黄色或绿白色；瘦果倒卵形，无冠毛。

约 24 种，产热带地区；中国 1 种，产台湾。

白头菊 *Clibadium surinamense* L.

118. 李花菊属 Wollastonia DC. ex Decne.

多年生草本；叶对生，3 出脉；头状花序单生枝端或排成圆锥状；总苞钟形，总苞片 2 层；管状花黄色或绿黄色，舌状花黄色，雌性或不育；瘦果压扁或具棱，具 1 短冠毛或无冠毛。

约 2 种，产印度洋至太平洋海域海岸线及山地地区；中国 2 种，产华南、西南地区及湖北、湖南、江西、台湾。

李花菊 *Wollastonia biflora* (L.) DC.

119. 卤地菊属 Melanthera Rohr

多年生草本；叶对生；头状花序单生枝端或排成伞房状；总苞钟形，总苞片 2 层；管状花黄色，舌状花黄色；瘦果压扁或具棱，具 1 短冠毛或无冠毛。

约 20 种，产太平洋岛屿、非洲、亚洲及美洲中部、北部和南部；中国 1 种，产广东、台湾。

卤地菊 *Melanthera prostrata* (Hemsl.) W. L. Wagner & H. Rob.

120. 蟛蜞菊属 Sphagneticola O. Hoffm.

一年生或多年生草本；茎匍匐；叶对生；头状花序单生枝端；总苞钟形，总苞片 2 层，外层长于内层；管状花黄色或橙色，舌状花黄色或橙色；瘦果压扁或三棱形，无冠毛。

约 4 种，产全球热带和亚热带地区；中国 2 种，产东南至西南各省。

南美蟛蜞菊 *Sphagneticola trilobata* (L.) Pruski

121. 离药菊属 Eleutheranthera Poit. ex Bosc

一年生草本; 叶对生; 头状花序腋生，下垂; 总苞钟形，总苞片 2~3 层; 小花黄色，花药离生; 瘦果压扁，具刺状冠毛。

2 种，产热带地区，其中 1 种泛球分布；中国 1 种，产台湾。

122. 鳢肠属 Eclipta L.

一年生草本; 叶对生; 头状花序小，常生于枝端或叶腋; 总苞钟状，总苞片 2 层，草质；管状花白色，舌状花白色，舌片短而狭；瘦果三角形或扁四角形，顶端截形，有 1~3 个刚毛状细齿。

约 5 种，产南美洲和大洋洲；中国 1 种，产东部及西南地区。

鳢肠 *Eclipta prostrata* (L.) L.

123. 金光菊属 Rudbeckia L.

二年生或多年生草本；叶互生，稀对生，全缘或羽状分裂；头状花序大，排列成伞房状；总苞碟形或半球形，总苞片 2 层，托片干膜质；管状花黄色，舌状花黄色、橙色或红色；瘦果具 4 棱或近圆柱形，冠毛短冠状或无冠毛。

约 17 种，产北美及墨西哥；中国 2 种，全国分布，野生、栽培均有。

金光菊 *Rudbeckia laciniata* L.

124. 苍耳属 Xanthium L.

一年生草本；叶互生；头状花序单性，雌雄同株，在叶腋单生或密集成穗状，或成束聚生于枝顶；雌头状花序总苞卵圆形，在果实成熟时变硬，上端具 1~2 个坚硬的喙，外面具钩状的刺。

2~3 种，产美洲的北部和中部、欧洲、亚洲及非洲北部；中国 2 种，西南到东北地区均产。

苍耳 *Xanthium sibiricum* Widder

125. 金纽扣属 Acmella Rich. ex Pers.

一年生或多年生草本；叶对生；头状花序单生枝端或上部叶腋；总苞盆状或钟状，总苞片 1~2 层；管状花黄色，舌状花黄色或白色；瘦果长圆形，冠毛有 2~3 个短细芒或无冠毛。

约 30 种，产热带地区；中国 6 种，产华南、西南及台湾。

金纽扣 *Acmella paniculata* (Wall. ex DC.) R. K. Jansen

126. 豚草属 Ambrosia L.

一年生或多年生草本；叶互生或对生；头状花序小，单性，雌雄同株；雄头状花序在枝端密集成穗状或总状；雌头状花序无花序梗，在上部叶腋单生或密集成团伞状；瘦果倒卵形，无毛，藏于坚硬的总苞中。

约 43 种，产美洲的北部、中部和南部；中国 3 种，全国分布，多引种栽培，台湾有归化种。

三裂叶豚草 *Ambrosia trifida* L.

127. 百日菊属 Zinnia L.

一年生或多年生草本；叶对生；头状花序单生茎顶或二歧式分枝枝端；总苞钟状或狭钟状，总苞片 3 至多层；管状花黄色，舌状花颜色多样；瘦果上部截形或有短齿，冠毛有 1~3 个芒或无冠毛。

约 25 种，产美洲中部和南部，以及墨西哥和美国；中国 1 种，产甘肃、河北、河南、四川及云南。

百日菊 *Zinnia elegans* Jacq.

128. 银胶菊属 Parthenium L.

一年生或多年生草本、亚灌木或灌木；叶互生，全缘、具齿或羽裂；头状花序小，排列成圆锥状或伞房状；总苞钟状或半球形；总苞片 2 层；管状花白色，舌状花白色，舌片短宽，顶端 2 或 3 齿裂；瘦果无毛或被短柔毛，冠毛 2~3，刺芒状或鳞片状。

约 16 种，产美洲北部、中部和南部及加勒比海地区；中国引入 1 种，产广东、广西、贵州及云南。

银胶菊 *Parthenium hysterophorus* L.

129. 硬果菊属 Sclerocarpus Jacq.

一年生或多年生草本；叶对生；头状花序单生枝端；总苞半球状，总苞片 1 层；管状花黄色、橙色或紫色，舌状花黄色或橙色；瘦果压扁，冠毛鳞片状或缺。

约 12 种，主产墨西哥和美国，美洲中部及热带非洲和亚洲亦有分布；中国 1 种，产西藏。

130. 肿柄菊属 Tithonia Desf. ex Juss.

一年生草本；叶互生，全缘或 3~5 深裂；头状花序大，有粗壮长棒锤状的花序梗；总苞半球形或宽钟状，总苞片 2~4 层；管状花黄色，舌状花黄色或橙色；瘦果长椭圆形，具纵肋，冠毛鳞片状，顶端有芒或无芒。

约 11 种，产美洲中部及墨西哥；中国 1 种，广东、台湾、云南引种栽培。

肿柄菊 *Tithonia diversifolia* (Hemsl.) A. Gray

131. 向日葵属 Helianthus L.

一年生或多年生草本；叶对生或互生，常离基三出脉；头状花序大，单生或排列成伞房状；总苞盘形或半球形，总苞片 2 至多层，膜质或叶质，具托片；管状花黄色，舌状花黄色，舌片开展；瘦果长圆形或倒卵圆形，稍扁或具 4 厚棱，冠毛膜片状，具 2 芒，脱落。

约 52 种，产美洲北部，少数分布于南美洲的秘鲁、智利等地，其中一些种在世界各地栽培很广；中国 3 种，全国分布，栽培种、归化种皆有。

向日葵 *Helianthus annuus* L.

132. 菊三七属 Gynura Cass.

多年生草本；叶互生；头状花序排成伞房状；总苞钟形，总苞片 1 层；小花全为管状，黄色或橙黄色，花柱分枝直立，顶端具钻状乳头状毛的长附器；瘦果圆柱形，具 10 条肋，两端截平，冠毛白色绢毛状。

约 40 种，产亚洲、非洲及澳大利亚；中国 10 种，产南部、西南部及东南部。

菊三七 *Gynura japonica* (Thunb.) Juel

133. 千里光属 Senecio L.

直立或攀缘状草本；叶互生；头状花序少数至多数，排列成圆锥状或复伞房状；总苞半球形、钟形或圆柱形，总苞片 1 层；小花全为管状或兼有舌状花，黄色、白色或紫色；瘦果圆柱形，具肋，冠毛毛状，白色。

1 200 种以上，除南极洲以外，泛球分布；中国 65 种，产西南部山区，少数种也产北部、西北部、东南部至南部。

菊状千里光 *Senecio laetus* Edgew.

134. 野茼蒿属 Crassocephalum Moench

一年生或多年生草本；叶互生；头状花序排列成伞房状；总苞圆柱形，总苞片 1 层；小花全为管状，黄色、橙黄色或蓝色，花柱分枝顶端具合并的乳状毛的中央附器；瘦果狭圆柱形，具肋，冠毛绢毛状，白色。

约 21 种，产热带非洲；中国 2 种，产长江流域，多见于西南地区。

蓝花野茼蒿 *Crassocephalum rubens* (Jacq.) S. Moore

135. 菊芹属 Erechtites Raf.

一年生或多年生草本；叶互生；头状花序排成圆锥状；总苞圆柱形，总苞片 1 层；小花全为管状，淡紫色，边缘小花雌性，丝状；瘦果近圆柱形，具 10 条细肋；冠毛多层，近等长，细毛状。

约 5 种，产美洲和大洋洲；中国 2 种，产华南、西南、福建、台湾（逸生种）。

败酱叶菊芹 *Erechtites valerianifolius* (Spreng.) DC.

136. 瓜叶菊属 Pericallis D. Don

草本或半灌木；叶互生或基生；头状花序排列成疏伞房状；总苞钟形，总苞片 1 层；管状花黄色，舌状花色彩多样，花柱分枝顶端截形，有画笔状毛；瘦果卵形，通常具翅，管状花瘦果具 5 棱，冠毛 1~2 层。

15 种，产加那利群岛、马德拉群岛及亚速尔群岛；中国引入 1 种，全国有栽培。

瓜叶菊 *Pericallis hybrida* B. Nord.

137. 一点红属 Emilia (Cass.) Cass.

一年生或多年生草本；叶互生；头状花序排列成疏伞房状；总苞圆柱形，总苞片 1 层；小花全为管状，黄色或粉红色；瘦果近圆柱形，具 5 棱或纵肋，冠毛雪白色，刚毛状。

约 100 种，产亚洲和非洲热带，少数产美洲；中国 5 种，产华中、华南、华东和西南地区。

一点红 *Emilia sonchifolia* (L.) DC.

138. 合耳菊属 Synotis (C. B. Clarke) C. Jeffrey & Y. L. Chen

直立或攀缘多年生草本或亚灌木；叶互生；头状花序少数至多数，排成聚伞状圆锥花序；总苞钟形，总苞片 1 层；小花全为管状，黄色，花药基部具尾状的耳；瘦果圆柱形，具肋，无毛，冠毛毛状，同形。

约 54 种，产喜马拉雅中部地区及中国北部；中国 43 种，产西南山区，宁夏贺兰山有 1 特有种。

锯叶合耳菊 *Synotis nagensium* (C. B. Clarke) C. Jeffrey & Y. L. Chen

139. 藤菊属 Cissampelopsis (DC.) Miq.

藤状多年生草本或亚灌木，以叶柄攀缘；叶互生，掌状脉；头状花序排成聚伞状圆锥花序；总苞钟形，总苞片 1 层；小花全为管状，白色、粉色或黄色，花药基部具尾状的耳；瘦果圆柱形，具肋，无毛，冠毛毛状，同形，白色。

10 种，产热带非洲和亚洲；中国 6 种，产华南、西南地区及湖南。

革叶藤菊 *Cissampelopsis corifolia* C. Jeffrey & Y. L. Chen

140. 蜂斗菜属 Petasites Mill.

多年生草本；叶基生；头状花序近雌雄异株，排成伞房状或圆锥状；总苞钟形，总苞片 1 至多层；小花全为管状，白色或淡红色；瘦果圆柱形，无毛，具肋，冠毛糙毛状。

19 种，产欧洲、亚洲和北美洲；中国 6 种，产东北、华东和西南地区。

蜂斗菜 *Petasites japonicus* (Siebold & Zucc.) Maxim.

141. 款冬属 Tussilago L.

多年生草本；叶基生；头状花序单生，先叶开放；总苞钟形，总苞片 1~2 层；小花全为管状，黄色；瘦果狭圆柱形，具肋，冠毛糙毛状。

1 种，产欧亚温带地区；中国 1 种，产长江流域。

款冬 *Tussilago farfara* L.

142. 狗舌草属 Tephroseris (Rchb.) Rchb.

多年生草本；叶多为基生，羽状脉；头状花序排列成复伞房状；总苞半球形，总苞片 1 层；管状花黄色，舌状花黄色；瘦果圆柱形，具肋，冠毛细毛状，同形，白色或变红色。

约 50 种，产温带及极地欧亚地区，1 种延伸至北美洲；中国 14 种，产北部、东北部至西南部。

长白狗舌草 *Tephroseris phaeantha* (Nakai) C. Jeffrey & Y. L. Chen

143. 蒲儿根属 Sinosenecio B. Nord.

二年生或多年生草本；叶多为基生，掌状脉；头状花序排列成复伞房状；总苞半球形，总苞片 1 层；管状花黄色，舌状花黄色；瘦果圆柱形或倒卵状，具肋，冠毛细，同形，白色。

41 种，主要分布于中国，朝鲜、缅甸及中南半岛亦有分布，另有 1 种产北美洲；中国 41 种，产长江流域。

蒲儿根 *Sinosenecio oldhamianus* (Maxim.) B. Nord.

144. 羽叶菊属 Nemosenecio (Kitam.) B. Nord.

多年生草本；叶互生，羽状分裂；头状花序排列成伞状；总苞宽钟形，总苞片 1 层；管状花黄色，舌状花黄色；瘦果圆柱形，具肋，被短柔毛或无毛，冠毛毛状，白色，或全部小花无冠毛。

6 种，分布于中国和日本；中国 5 种，产西南部，台湾有 1 特有种。

刻裂羽叶菊 *Nemosenecio incisifolius* (C. Jeffrey) B. Nord.

145. 橐吾属 Ligularia Cass.

多年生草本；叶基生；头状花序排成总状或伞房状，稀单生；总苞狭筒形或钟形，总苞片 1 层或 2 层；小花全为管状或兼有舌状花，黄色，稀白色；瘦果光滑，有肋，冠毛 2~3 层，糙毛状。

约140种，主产亚洲，仅2种分布于欧洲；中国123种，产西南山区。

狭苞橐吾 *Ligularia intermedia* Nakai

146. 兔儿伞属 Syneilesis Maxim.

多年生草本；叶基生及互生；头状花序排成伞房状或圆锥状；总苞圆柱形，总苞片1层；小花全为管状，白色或淡红色；瘦果圆柱形，无毛，具多数肋，冠毛细刚毛状。

7种，产东亚，主要分布于中国、朝鲜和日本；中国4种，产华东、华北和东北地区。

兔儿伞 *Syneilesis aconitifolia* (Bunge) Maxim.

147. 垂头菊属 Cremanthodium Benth.

多年生草本；叶基生；头状花序单生或排成总状，下垂；总苞半球形，总苞片2层；管状花黄色，舌状花黄色、白色、粉色或紫黑色；瘦果光滑，有肋，冠毛糙毛状。

约69种，产喜马拉雅及其毗邻地区；中国69种，产青藏高原和西南山区。

矮垂头菊 *Cremanthodium humile* Maxim.

148. 华蟹甲属 Sinacalia H. Rob. & Brettell

多年生草本，具粗大地下块状根状茎；叶互生；头状花序单生或排成伞房状、圆锥状；总苞圆柱形，总苞片1层；管状花黄色，舌状花黄色；瘦果圆柱形，无毛，有肋，冠毛丝状。

4种，中国特有，产华中、华北和西南地区。

华蟹甲 *Sinacalia tangutica* (Maxim.) B. Nord.

149. 蟹甲草属 Parasenecio W. W. Sm. & J. Small

多年生草本；叶互生，不裂或掌状或羽状分裂；头状花序排成总状或圆锥状；总苞圆柱形，总苞片1层；小花全为管状，黄色、白色或橘红色；瘦果圆柱形，无毛，具肋，冠毛刚毛状。

约 60 种，产东亚及中国喜马拉雅地区，俄罗斯欧洲部分及远东地区亦有；中国 52 种，产西南山区。

山尖子 *Parasenecio hastatus* (L.) H. Koyama

150. 大吴风草属 Farfugium Lindl.

多年生草本；叶基生，幼时内卷成拳状；头状花序排成伞房状；总苞钟形，总苞片 2 层；管状花黄色，舌状花黄色；瘦果圆柱形，冠毛白色，糙毛状。

2 种，分布于中国、日本；中国 1 种，产长江以南地区。

大吴风草 *Farfugium japonicum* (L.) Kitam.

151. 假橐吾属 Ligulariopsis Y. L. Chen

多年生草本；叶互生，在花期宿存；头状花序排成总状，先叶开放；总苞圆柱形，总苞片 1 层；小花全为管状，黄色；瘦果狭圆柱形，具肋，冠毛 1 层，紫褐色。

1 种，中国特有，产甘肃、陕西。

152. 蚤草属 Pulicaria Gaertn.

一年生或多年生草本；叶互生；头状花序单生或排成总状、圆锥状；总苞宽钟形，总苞片多层，外层草质或边缘膜质；管状花黄色，舌状花黄色；瘦果圆柱形，无毛或有密毛；冠毛 2 层，内层毛状，外层膜片状。

约 77 种，产地中海地区和非洲热带，较少数分布于非洲南部、欧洲北部、中亚、西亚、印度和中国西部；中国 6 种，产新疆、西藏、青海及四川。

臭蚤草 *Pulicaria insignis* Dunn

153. 天名精属 Carpesium L.

多年生草本；叶互生；头状花序顶生或腋生，有梗或无梗，通常下垂；总苞钟形、盘状或半球形，总苞片 3~4 层，干膜质或外层草质；小花全为管状，中央两性，外围雌性；

烟管头草 *Carpesium cernuum* L.

瘦果有纵条纹，无冠毛。

约 20 种，产亚洲中部，少数种类广布欧亚大陆；中国 16 种，几乎全国分布，以西南地区居多。

154. 线叶菊属 Filifolium Kitam.

多年生小草本；叶互生，羽状全裂；头状花序排成伞房状；总苞半球形，总苞片 3 层，边缘干膜质，无托片；小花全部管状，黄色；瘦果球状倒卵形，腹面有 2 条纹，无冠毛。

1 种，分布于中国、日本、韩国、蒙古国及俄罗斯；中国产东北地区及山西、河北。

线叶菊 *Filifolium sibiricum* (L.) Kitam.

155. 蒿属 Artemisia L.

一年生或多年生草本，或半灌木、小灌木，植株常有

黄花蒿 *Artemisia annua* L.

香味；叶互生，常多回羽状分裂；头状花序排成总状、圆锥状或穗状；总苞卵形、半球形或球，总苞片 3~4 层，边缘干膜质，有或无托毛；小花全部管状，黄色或绿色；瘦果小，具细条纹，无冠毛。

约 380 种，全球分布；中国 186 种，全国分布，北部及西南部居多。

156. 牛眼菊属 Buphthalmum L.

多年生草本；叶互生；头状花序大，单生枝端；总苞半球形，总苞片 3 层；管状花黄色，舌状花暗黄色；瘦果具翅，冠毛膜片状，顶端全缘或短芒状。

3 种，产欧洲；中国 1 种，全国分布，栽培种。

157. 旋覆花属 Inula L.

一年生或多年生草本；叶互生；头状花序单生或排成伞房状、圆锥状；总苞宽钟形，总苞片多层，边缘干膜质；管状花黄色，舌状花黄色；瘦果近圆柱形，有 4~5 个多少明显的棱或更多的纵肋或细沟。

约 100 种，产欧洲、非洲及亚洲，以地中海地区为主；中国 14 种，产西部和西南部。

欧亚旋覆花 *Inula britannica* L.

158. 苇谷草属 Pentanema Cass.

一年生或多年生草本；叶互生；头状花序较小，单生枝端；总苞宽钟形，总苞片多层，边缘干膜质；管状花黄色，舌状花黄色；瘦果近圆柱形或稍四角形，无肋或棱。

约 18 种，产亚洲南部和西南部、非洲热带地区；中国 3 种，产西南部及西藏西部。

白背苇谷草 *Pentanema indicumhy* var. *poleucum* (Hand.-Mazz.) Y. Ling

159. 羊耳菊属 Duhaldea DC.

多年生草本或灌木；叶互生；头状花序单生或排成伞房状；总苞钟形，总苞片多层，边缘干膜质；管状花黄色，舌状花舌片短小，黄色，稀白色；瘦果椭球形，具毛。

约 15 种，产亚洲中部、东部及东南部；中国 7 种，产西南、华南地区，以及福建、浙江。

羊耳菊 *Duhaldea cappa* (Buch.-Ham. ex D. Don) Pruski & Anderb.

160. 艾纳香属 Blumea DC.

一年生或多年生草本、亚灌木或藤本，植株常有香气；叶互生，具齿或羽裂；头状花序排列成圆锥状；总苞半球形或钟形，总苞片多层；小花全部管状，黄色、紫色或白色，中央花两性，边花雌性；瘦果小，冠毛 1 层，糙毛状。

约 50 种，产热带、亚热带的亚洲、非洲及大洋洲；中国 30 种，产长江流域及以南的地区。

东风草 *Blumea megacephala* (Randeria) C. C. Chang & Y. Q. Tseng

161. 紫菀属 Aster L.

多年生草本、亚灌木或灌木；叶互生，有齿或全缘；头状花序单生或排成伞房状、圆锥状；总苞半球形，总苞片 2 至多层，草质或革质，边缘常膜质；管状花黄色，辐射对称或微两侧对称，舌状花白色、淡红色或蓝紫色；瘦果扁或两面稍凸，有或无边肋，冠毛 1~2 层，发达或退化为齿状，或无冠毛。

约 152 种，产亚洲、欧洲及北美洲；中国 123 种，全国分布，西南、西北地区居多。

高山紫菀 *Aster alpinus* L.

162. 黏冠草属 Myriactis Less.

一年生或多年生草本；叶互生；头状花序在枝端排列成伞房状或圆锥状；总苞半球形，总苞片 2 层，草质，花序托突起；小花全部管状，边花雌性，2 至多层；瘦果顶端有黏质分泌物。

12~16 种，产亚洲及非洲热带地区；中国 5 种，产西南、华南地区及湖南、湖北、台湾、江西。

圆舌黏冠草 *Myriactis nepalensis* Less.

163. 翼茎草属 **Pterocaulon** Elliott

多年生草本；叶互生，全缘或有齿，基部沿茎枝下延成翅；头状花序小，在枝顶密集成球状或圆柱状穗状花序；总苞卵形或钟形，总苞片数层；小花全部管状，中央花两性，边花雌性；瘦果圆柱形，具 4~5 棱，冠毛毛状。

约 18 种，产全球热带地区；中国 1 种，产海南。

翼茎草 *Pterocaulon redolens* (Willd.) Fern.-Vill.

164. 球菊属 **Epaltes** Cass.

直立或铺散矮小草本；叶互生；头状花序单生或排列成伞房状；总苞球形，总苞片多层；小花全部管状，中央花两性，边花雌性；瘦果近圆柱形，具 5~10 棱，无冠毛或有早落的刺毛状冠毛。

约 14 种，产非洲、美洲、澳大利亚及亚洲东南部；中国 2 种，产南部及西南部。

球菊 *Epaltes australis* Less.

165. 六棱菊属 **Laggera** Sch. Bip. ex Benth. & Hook. f.

一年生或多年生草本；叶互生，全缘或具齿，基部沿茎下延成茎翅；头状花序排列成圆锥状；总苞钟形，总苞片多层；小花全部管状，黄色或紫红色，中央花两性，边花雌性；瘦果圆柱形，具 10 棱，冠毛 1 层，刚毛状。

约 17 种，产非洲热带及亚洲东南部；中国 2 种，产长江流域以南及西南部。

翼齿六棱菊 *Laggera pterodonta* (DC.) Oliv.

166. 假飞蓬属 **Pseudoconyza** Cuatrec.

多年生草本；叶互生，全缘或羽裂；头状花序排成伞房状或圆锥状；总苞钟形，总苞片 5~6 层；小花全部管状，白色至淡紫色，中央花两性，边花雌性；瘦果矩圆形，具毛，冠毛 1 层。

1 种，产非洲、亚洲及美洲中部；中国 1 种，产台湾。

167. 阔苞菊属 Pluchea Cass.

灌木或亚灌木，稀多年生草本；叶互生；头状花序排列成伞房状；总苞卵形或阔钟形，总苞片多层；小花全部管状，白色、黄色或淡紫色，花药基部有尾，中央花两性，边花雌性；瘦果略扁，具4~5棱，冠毛1层，毛状。

约80种，产美洲、非洲、亚洲和澳大利亚的热带及亚热带地区；中国5种，产南部及西南部。

长叶阔苞菊 *Pluchea eupatorioides* Kurz

168. 戴星草属 Sphaeranthus L.

多年生草本；叶互生，具齿，稀全缘，基部沿茎枝下延成翅；头状花序小，密集成复头状花序；总苞狭窄，总苞片1~2层；小花全部管状，中央花两性，边花雌性；瘦果圆柱形，具棱，无冠毛。

约40种，产亚洲、非洲及大洋洲的热带地区；中国3种，产台湾至云南西南部。

狭叶戴星草 *Sphaeranthus angustifolius* DC.

169. 花花柴属 Karelinia Less.

多年生草本；茎直立，多分枝；叶互生；头状花序排列成伞房状；总苞卵圆形，总苞片多层，宽阔，坚韧；小花全部管状，紫色，花药基部具小尖头，中央花两性，边花雌性；瘦果具4~5棱，冠毛糙毛状。

1种，产亚洲中部；中国1种，产西北部。

花花柴 *Karelinia caspia* (Pall.) Less.

170. 金盏花属 Calendula L.

一年生或多年生草本；叶互生，全缘或具波状齿；头状花序顶生；总苞钟状或半球形，总苞片1~2层，边缘干膜质；管状花黄色，舌状花2~3层，黄色或橙色；瘦果2~3层，无冠毛。

15~20种，产地中海、西欧和西亚；中国1种，全国分布，栽培种。

金盏菊 *Calendula officinalis* L.

171. 湿鼠曲草属 Gnaphalium L.

一年生或多年生草本，茎被白色棉毛或绒毛；叶互生，全缘；头状花序小，单生或少数簇生；总苞卵形或钟形，总苞片2~4层，褐色，纸质；小花全部管状，紫色，中央花两性，边花雌性；瘦果矩圆形，冠毛1层，分离。

约80种，泛球分布；中国6种，南北方均产，新疆、西藏居多。

细叶湿鼠曲草 *Gnaphalium japonicum* Thunb.

172. 鼠曲草属 Pseudognaphalium Kirp.

一年生或多年生草本，茎被白色棉毛或绒毛；叶互生，全缘；头状花序小，排列成伞房状；总苞卵形或钟形，总苞片 2~4 层，白色、玫红色或褐色，纸质；小花全部管状，黄色，中央花两性，边花雌性；瘦果矩圆形，冠毛 1 层，分离。

约 90 种，泛球分布，北美、南美居多，温带地区居多；中国 6 种，产秦岭淮河以南大部分地区，山东、陕西、甘肃亦有分布。

鼠曲草 *Pseudognaphalium affine* (D. Don) Anderb.

173. 火绒草属 Leontopodium R. Br. ex Cass.

多年生草本或亚灌木；叶互生，全缘；头状花序排列成伞房状，周围有星状苞片群；总苞半球形或钟形，总苞片数层；小花全部管状，雌雄同株或异株；瘦果小，稍扁；冠毛有多数近等长的毛。

约 58 种，产亚洲和欧洲的寒带、温带及亚热带地区的山地；中国 37 种，产西部和西南部，安徽、河南、湖北、江苏、浙江亦有分布。

长叶火绒草 *Leontopodium longifolium* Y. Ling

174. 蝶须属 Antennaria Gaertn.

多年生草本；叶互生，全缘；头状花序排列成伞房状，稀单生；总苞倒卵形或钟形，总苞片数层；小花全部管状，雌雄异株；瘦果小，长圆形，稍扁，有棱，无毛或有短毛。

约 40 种，产亚洲、欧洲、美洲（北部、南部）和大洋洲寒带与温带的高山地区；中国 1 种，产黑龙江、甘肃、新疆。

蝶须 *Antennaria dioica* (L.) Gaertn.

175. 合冠鼠曲属 Gamochaeta Wedd.

一年生或多年生草本，茎被白色棉毛或绒毛；叶互生，全缘；头状花序小，排列成聚伞状或伞房状；总苞卵形或钟形，总苞片 2~4 层，褐色，纸质；小花全部管状，紫色，中央花两性，边花雌性；瘦果矩圆形，冠毛 1 层，连合成环状。

约 53 种，主产美洲（中部、北部及南部）、加勒比海地区，亚洲、澳大利亚及欧洲亦有少数种分布；中国 7 种，产长江流域及新疆、海南、台湾。

匙叶合冠鼠曲 *Gamochaeta pensylvanica* (Willd.) Cabrera

麦秆菊 *Xerochrysum bracteatum* (Vent.) Tzvelev

176. 絮菊属 Filago Loefl.

一年生细弱草本；叶互生，全缘；头状花序小，排列成团伞状；总苞圆锥状或卵圆状，总苞片2至数层，具托片；小花全部管状，中央花两性，边花雌性；瘦果近圆柱形，无毛。

约46种，产欧洲、非洲北部、亚洲西部和中部；中国2种，产新疆、西藏。

絮菊 *Filago arvensis* L.

177. 麦秆菊属 Xerochrysum Tzvelev

草本或亚灌木；叶互生，全缘；头状花序大，单生枝端；总苞钟形或球形，总苞片数层，膜质，有光泽；小花全部管状，黄色、白色、红色或紫色；瘦果具棱，无毛。

6种，产东半球各地，在非洲南部、马达加斯加、大洋洲的种类尤多；中国1种，全国分布。

178. 蜡菊属 Helichrysum Mill.

草本、灌木或亚灌木；叶互生，全缘；头状花序小，单生或排列成伞房状；总苞钟形或球形，总苞片数层，干膜质；小花全部管状，黄色或白色；瘦果具棱，无毛。

约600种，产非洲、亚洲、欧洲及马达加斯加；中国3种，产新疆。

沙生蜡菊 *Helichrysum arenarium* (L.) Moench

179. 香青属 Anaphalis DC.

一年生或多年生草本，稀亚灌木；叶互生，全缘；头状花序排列成伞房状；总苞半球形或钟形，总苞片数层，膜质；小花全部管状，白色、黄白色，稀红色；瘦果长圆形。

约110种，产亚洲热带和亚热带，少数分布于温带及北美和欧洲；中国54种，产西部及西南部。

尼泊尔香青 *Anaphalis nepalensis* (Spreng.) Hand.-Mazz.

180. 歧伞菊属 Thespis DC.

一年生矮小草本；叶互生；头状花序小，数个在二歧分枝上簇生且排成伞房状；总苞半球形，总苞片2层，草质；小花黄色，中央两性花少数，不结实，外围雌花多层，无花冠，结实；冠毛短毛状。

3种，产东南亚地区；中国1种，产广东、云南。

歧伞菊 *Thespis divaricata* DC.

181. 田基黄属 Grangea Adans.

一年生或多年生草本；叶互生；头状花序顶生或与叶对生；总苞宽钟状，总苞片2~3层，草质，花序托突起；小花全部管状，黄色；瘦果顶端平截，通常有明显的短软骨质的环。

9种，产亚洲和非洲的热带与亚热带地区；中国1种，产华南地区及台湾、云南。

田基黄 *Grangea maderaspatana* (L.) Poiret

182. 毛冠菊属 Nannoglottis Maxim.

多年生草本；叶互生；头状花序排成伞房状；总苞半球形，总苞片2~4层，草质；管状花黄色，舌状花黄色、淡红色或褐色；瘦果矩圆形，疏被糙毛，冠毛异型，多数长糙毛状，少数短刚毛状。

9种，产不丹、中国、印度及尼泊尔；中国9种，产西南地区及甘肃、青海、陕西。

狭舌毛冠菊 *Nannoglottis gynura* (C. Winkl.) Y. Ling & Y. L. Chen

183. 联毛紫菀属 Symphyotrichum Nees

一年生或多年生草本；叶互生；头状花序排成圆锥状；总苞圆锥状或钟形，总苞片4~6层；管状花黄色，舌状花白色、粉色、蓝色或紫色；瘦果压扁，具2~6脉纹，冠毛4层。

短星菊 *Symphyotrichum ciliatum* (Ledeb.) G. L. Nesom

约 90 种，产亚洲、欧洲及美国（南部、北部）；中国 3 种，产西北、东北、华北地区、东南沿海各省及香港。

184. 北美紫菀属 Eurybia (Cass.) Cass.

多年生草本；叶互生；头状花序排成伞房状；总苞宽钟形，总苞片 3~7 层；管状花黄色，舌状花紫色至白色；瘦果具 7~10 脉纹，冠毛 4 层。

23 种，产亚洲、欧洲及北美；中国 1 种，产黑龙江。

西伯利亚紫菀 *Eurybia sibirica* (L.) G. L. Nesom

185. 一枝黄花属 Solidago L.

多年生草本；叶互生；头状花序排成总状、圆锥状或伞房状，管状花黄色；总苞片多层，覆瓦状；舌状花黄色；瘦果近圆柱形，有 8~12 个纵肋，冠毛多数，细毛状，1~2 层。

一枝黄花 *Solidago decurrens* Lour.

约 120 种，产美洲，亚洲、欧洲也有少数分布；中国 6 种，产长江流域、东北地区及山西。

186. 瓶头草属 Lagenophora Cass.

一年生无茎草本；头状花序单生花莛顶端；总苞片 2~4 层，草质；管状花黄色，舌状花白色；瘦果极扁，边缘脉状加厚，无冠毛。

18 种，产泛热带地区；中国 1 种，产台湾、福建、广东、广西。

瓶头草 *Lagenophora stipitata* (Labill.) Druce

187. 刺冠菊属 Calotis R. Br.

一年生或多年生草本；叶互生；头状花序生枝顶；总苞半球形，总苞片 3 层，草质，边缘干膜质；管状花黄色，舌状花白色，有时蓝紫色；冠毛毛状或有 2 至多数芒，具短髯，或兼有芒和膜片。

28~30 种，产大洋洲及东南亚；中国 1 种，产海南。

刺冠菊 *Calotis caespitosa* C. C. Chang

188. 白酒草属 Eschenbachia Moench

一年生或多年生草本；叶互生，全缘、具齿或羽状分裂；头状花序排列成总状、伞房状或圆锥状；总苞半球形至钟形，总苞片3~4层，草质，具膜质边缘；中央两性花少数，外围雌花多数，花冠丝状，无舌片或具短舌片；瘦果极扁，冠毛污白色或变红色，细刚毛状，1层。

10种以上，产东、西半球的热带和亚热带地区；中国6种，产南部和西南部，有些种为广布的杂草。

熊胆草 *Eschenbachia blinii* (H.Lév.) Brouillet

189. 飞蓬属 Erigeron L.

一年生或多年生草本；叶互生；头状花序单生、数个或多数排成总状、伞房状或圆锥状；总苞半球形或钟形，总苞片数层，草质；管状花黄色或黄绿色，舌状花多层，舌片显著或不显著，紫色、蓝色或白色；瘦果长圆状披针形，扁压，常有边脉，冠毛通常2层。

约400种，产欧洲、亚洲大陆及北美洲，少数也分布于非洲和大洋洲；中国39种，产新疆和西南部山区。

飞蓬 *Erigeron acer* L.

190. 复芒菊属 Formania W. W. Sm. & J. Small

小灌木；叶互生，羽状分裂；头状花序排成伞房状；总苞片多层，边缘干膜质，无托片；管状花黄色，舌状花淡黄白色；瘦果具微柔毛，冠毛短刚毛状。

1种，中国特有，产西藏东南部、云南西北部及四川西部。

191. 鱼眼草属 Dichrocephala L'Hér. ex DC.

一年生草本；叶互生，大头羽状分裂；头状花序在枝端排成圆锥状或总状；总苞片2层，草质，花序托突起；小花全部管状，边花多层，雌性；瘦果压扁，边缘脉状加厚。

4种，产亚洲、非洲及大洋洲的热带地区；中国3种，产长江流域，以西南地区居多。

鱼眼草 *Dichrocephala integrifolia* (L. f.) Kuntze

192. 雏菊属 Bellis L.

一年生或多年生草本；叶基生或互生；头状花序常单生；总苞半球形，总苞片2层，草质，花序托突起；管状花黄色，舌状花白色或浅红色；瘦果扁，有边脉，无冠毛。

8种，产北半球温带地区；中国1种，产四川，为园艺品种，广泛栽培。

雏菊 *Bellis perennis* L.

193. 寒蓬属 Psychrogeton Boiss.

多年生草本；叶互生；头状花序单生或少数；总苞半球形，总苞片2~3层，外层草质，内层具干膜质边缘；管状花少数，不结实，舌状花雌性，黄色或浅红色；冠毛1层。

约20种，产中亚和亚洲西部；中国2种，产新疆和西藏。

194. 藏短星菊属 Neobrachyactis Brouillet

一年生或多年生草本；叶互生；头状花序排成总状或圆锥状；总苞半球形，总苞片2~3层，草质，外层边缘具狭膜质或具粗缘毛；中央两性管状，外围雌花1至数层，无舌片；冠毛白色，2层。

3种，产亚洲北部和北美洲；中国3种，产西北、东北及华北地区。

西疆短星菊 *Neobrachyactis roylei* (DC.) Brouillet

195. 小舌菊属 Microglossa DC.

直立或攀缘半灌木；叶互生；头状花序小，多数密集成复伞房状；总苞钟形，总苞片多层，干膜质；管状花黄色，舌状花白色，舌片丝状；瘦果圆柱状，长圆形，边缘具棱，冠毛略红色，1~2层。

10种，产亚洲和非洲；中国1种，产西南、华南及台湾。

小舌菊 *Microglossa pyrifolia* (Lam.) Kuntze

196. 乳菀属 Galatella Cass.

多年生草本；叶互生；头状花序排成伞房状；总苞半球形，总苞片多层，草质，具白膜质边缘；管状花黄色，两性，舌状花粉紫色，不结实；瘦果长圆形，冠毛糙毛状，2~3层。

40~50种，产欧洲和亚洲大陆；中国11种，产新疆、东北地区。

兴安乳菀 *Galatella dahurica* DC.

197. 麻菀属 Crinitina Soják

多年生草本；叶互生；头状花序极小，排成伞房状；总苞半球形，总苞片3至多层，草质；小花全部管状，黄色；瘦果长圆形，冠毛糙毛状，2层。

约5种，产欧洲和亚洲草原及森林草原地区；中国2种，产新疆。

198. 碱菀属 Tripolium Nees

一年生草本；叶互生，稍肉质；头状花序排成伞房状；总苞半球形，总苞片 2~3 层，肉质；管状花黄色，舌状花紫红色；瘦果长圆形，有厚边肋，冠毛多层，极纤细。

1 种，产亚洲、欧洲、非洲北部、北美洲；中国 1 种，产长江流域、东北地区及河北、山西地区。

碱菀 *Tripolium pannonicum* (Jacq.) Dobrocz.

199. 紫菀木属 Asterothamnus Novopokr.

多分枝半灌木，全珠被白色或灰白色蛛丝状或卷绒毛；叶小，互生，密集，近革质；头状花序排成伞房状；总苞宽倒卵形或近半球形，总苞片 3 层，革质，有白色宽膜质边缘；管状花黄色，舌状花淡紫色或淡蓝色；瘦果具三棱，冠毛白色，糙毛状。

约 7 种，产中亚和蒙古国，为亚洲中部干旱草原和荒漠地区的特有属；中国 5 种，产西北地区。

灌木紫菀木 *Asterothamnus fruticosus* (C. Winkl.) Novopokr.

200. 翠菊属 Callistephus Cass.

一年生草本；叶互生，有粗齿或浅裂；头状花序大型，生枝端；总苞半球形，总苞片 3 层，外层大而草质，叶状，内层膜质或干膜质；管状花黄色，舌状花蓝紫色；瘦果稍扁，有多数纵棱，冠毛 2 层。

1 种，分布于中国东北、西北、华北地区及江苏、山东、云南。

翠菊 *Callistephus chinensis* (L.) Nees

201. 胶菀属 Grindelia Willd.

一年或多年生草本，或亚灌木，部分种类能够分泌树胶；叶互生；头状花序排成伞房状或圆锥状；总苞半球形，总苞片数层，草质；管状花黄色，舌状花黄色或橙色；瘦果具棱，冠毛脱落。

约 30 种，原产美国西北部、南部；中国 1 种，在辽宁归化。

202. 虾须草属 Sheareria S. Moore

一年生草本；叶互生，全缘；头状花序小，顶生或腋生；总苞钟形，总苞片 2 层；管状花 1~3，两性，舌状花 2，雌性，舌片白色；瘦果长圆形，有 3 个狭窄的翅，翅缘具细齿，无冠毛。

1 种，中国特有，产东部、中部及南部各省。

203. 裸柱菊属 Soliva Ruiz & Pav.

矮小草本；叶互生，羽状全裂；头状花序无梗，生于茎基部；总苞半球形，总苞片 2 层，边缘干膜质，无托片；小花全部管状，黄色；瘦果压扁，具厚翅。

8 种，产美洲及大洋洲；中国 2 种，产华南、华东部分省份及台湾。

裸柱菊 *Soliva anthemifolia* (Juss.) R. Br.

204. 山芫荽属 Cotula L.

一年生小草本；叶互生，羽状分裂或全裂；头状花序单生枝端或叶腋；总苞半球形，总苞片2~3层，边缘干膜质，无托片；小花全部管状，黄色；瘦果压扁，边缘具翅，无冠毛。

55种，产南半球；中国2种，产台湾、福建、广东、湖北、四川及云南。

芫荽菊 *Cotula anthemoides* L.

205. 女蒿属 Hippolytia Poljakov

小半灌木、垫状或无茎草本；叶互生，羽状分裂或3裂；头状花序排成伞房状；总苞钟形，总苞片3~5层，边缘干膜质，无托片；小花全部管状，黄色；瘦果具4~7条纵脉棱，无冠毛。

19种，产亚洲中部及喜马拉雅地区；中国11种，产西北地区及西藏。

贺兰山女蒿 *Hippolytia kaschgarica* (Krasch.) Poljakov

206. 芙蓉菊属 Crossostephium Less.

半灌木，小枝及叶密被灰色短柔毛；叶互生，全缘或2~5裂；头状花序排成总状或圆锥状；总苞半球形，总苞片3层，边缘干膜质；小花全部管状，黄色；瘦果具5棱，具短冠毛。

1种，分布于中国、日本；中国产台湾、浙江、福建、广东、云南。

芙蓉菊 *Crossostephium chinensis* (L.) Makino

207. 滨菊属 Leucanthemum Mill.

多年生草本；叶互生；头状花序单生茎顶；总苞碟形，总苞片3~4层，边缘干膜质，无托片；管状花黄色，舌状花白色；瘦果具冠齿。

33种，产中欧和南欧山区及中国；中国1种，产福建、甘肃、河北、河南、江苏、江西。

滨菊 *Leucanthemum vulgare* Lam.

208. 茼蒿属 Glebionis Cass.

一年生草本；叶互生，羽裂或具锯齿；头状花序单生茎顶；总苞宽杯形，总苞片 4 层，边缘干膜质，无托片；管状花黄色，舌状花黄色或在栽培条件下具其他颜色；瘦果具肋，无冠毛。

3 种，产地中海，各地有引种；中国引入 3 种，分布于东北、华南、华东、华中及河北、云南。

茼蒿 *Glebionis coronaria* (L.) Spach

209. 蓍属 Achillea L.

多年生草本；叶互生，羽状浅裂至全裂或不分裂而有锯齿；头状花序排成伞房状；总苞卵形或半球形，总苞片边缘干膜质，花序托突起或圆锥状，有托片；管状花黄色，舌状花白色、粉色、红色或黄白色；瘦果矩圆形，光滑，无冠毛。

约 200 种，产欧洲、亚洲温带地区；中国 11 种，产西北、东北及河北，西南、华中部分地区亦有分布。

高山蓍 *Achillea alpina* L.

210. 春黄菊属 Anthemis L.

一年生或多年生草本；叶互生，一至二回羽状全裂；头状花序单生枝端；总苞钟形，总苞片边缘干膜质，花序托突起或伸长，有托片；管状花黄色，舌状花白色；瘦果矩圆状或倒圆锥形，有 4~5（~8）条突起的纵肋，无冠毛或冠毛极短。

100~150 种，产欧洲和地中海地区；中国 1 种，产内蒙古。

春黄菊 *Anthemis tinctoria* L.

211. 三肋果属 Tripleurospermum Sch.-Bip.

一年生或多年生草本；叶互生，二至三回羽状全裂；头状花序单生或排成伞房状；总苞浅碟形，总苞片 4~5 层，边缘干膜质，无托片；管状花黄色，舌状花白色；瘦果有 3 条椭圆形突起的纵肋，冠毛膜质，短。

38 种，产北半球；中国 5 种，产新疆、东北地区，个别种分布在江苏、河北。

三肋果 *Tripleurospermum limosum* (Maxim.) Pobed.

212. 菊蒿属 Tanacetum L.

多年生草本或半灌木；叶互生，一至二回羽状分裂；头状花序单生或排成伞房状；总苞浅盘状，总苞片3~5层，边缘干膜质，无托片；管状花黄色，舌状花白色、红色或黄色，或缺；瘦果圆柱形，有多条突起的纵肋。

约100种，产北半球；中国19种，产西北地区、西藏、云南、安徽及河北，新疆居多。

菊蒿 *Tanacetum vulgare* L.

213. 母菊属 Matricaria L.

一年生草本；叶互生，一至二回羽状分裂；头状花序排成伞房状；总苞半球形，总苞片3~4层，边缘干膜质，花序托长圆锥状，无托片；管状花黄色，舌状花白色；瘦果圆柱形，无冠毛。

7种，产欧洲、地中海、亚洲（西部、北部和东部）、非洲（南部）及北美；中国2种，产华东、华北、东北和西北地区。

母菊 *Matricaria chamomilla* L.

214. 拟天山蓍属 Pseudohandelia Tzvelev

多年生草本，茎密被蛛丝状毛；叶互生，二至三回羽裂；头状花序具长柄；总苞半球形，总苞片2~3层，边缘干膜质，有托片；小花全为管状，黄色；瘦果狭圆锥形，有5肋。

1种，产阿富汗、中国、哈萨克斯坦、塔吉克斯坦、土库曼斯坦及亚洲西南部；中国1种，产新疆。

215. 小甘菊属 Cancrinia Kar. & Kir.

多年生草本或小半灌木；叶互生，羽状分裂；头状花序单生或排成伞房状；总苞半球形，总苞片3~4层，边缘干膜质，无托片；小花全部管状，黄色；瘦果具纵肋，冠状冠毛膜质。

约30种，产亚洲中部；中国5种，产西北地区及西藏和云南。

灌木小甘菊 *Cancrinia maximowiczii* C. Winkl.

216. 小头菊属 Microcephala Pobed.

一年生草本；叶互生，羽状分裂；头状花序单生；总苞半球形，总苞片2~3层，边缘宽膜质；管状花黄色或淡红色，舌状花白色或无；瘦果具 3~5 肋，肋间具毛。

5 种，产亚洲中部、西南部；中国 1 种，产新疆。

217. 扁芒菊属 **Allardia** Decne.

多年生草本；叶互生，匙形或楔形，顶端 3~5 裂，或矩圆形，一至二回羽状分裂；头状花序单生枝端；总苞半球形，总苞片 3~4 层，边缘干膜质，无托片；管状花黄色，舌状花粉红色；瘦果具 5 条纵肋，冠毛 1 层，毛状，扁平，膜质。

8 种，产东亚、中亚及俄罗斯；中国 8 种，产新疆、西藏。

羽叶扁芒菊 *Allardia tomentosa* Decne.

218. 栉叶蒿属 **Neopallasia** Poljakov

一年生草本；叶互生，栉齿状羽状全裂；头状花序排成穗状或圆锥状；总苞卵球形，总苞片 2~4 层，边缘干膜质，无托片；小花全部管状，绿黄色；瘦果具细条纹，无冠毛。

1 种，分布于中国、哈萨克斯坦、蒙古国及俄罗斯；中国 1 种，产东北、西北及河北、云南、四川、西藏。

栉叶蒿 *Neopallasia pectinata* (Pall.) Poljakov

219. 亚菊属 **Ajania** Poljakov

多年生草本或小半灌木；叶互生，羽状或掌式羽状分裂；头状花序排成伞房状或复伞房状；总苞钟形，总苞片 4~5 层，草质，边缘干膜质，无托片；小花全部管状，黄色，稀红紫色；瘦果具纵肋，无冠毛。

35 种，主要产于中国，蒙古国、俄罗斯及朝鲜北部和阿富汗北部也有少数种；中国 35 种，除东南沿海地区外，全国均产。

铺散亚菊 *Ajania khartensis* (Dunn) C. Shih

220. 太行菊属 **Opisthopappus** C. Shih

多年生草本，植株具强烈香气；叶互生，羽状分裂；头状花序单生或排成伞房状；总苞浅碟形，总苞片 4 层，边缘干膜质，无托片；管状花黄色，舌状花白色；瘦果具翅状加厚的纵肋，冠毛芒片状。

1 种，中国特有，产河北、河南、山西。

太行菊 *Opisthopappus taihangensis* (Y. Ling) C. Shih

221. 菊属 Chrysanthemum L.

多年生草本；叶互生，不裂或一至二回掌状或羽状分裂；头状花序单生或排成伞房状、复伞房状；总苞浅碟形，总苞片4~5层，边缘干膜质，无托片；管状花黄色，舌状花黄色、白色或红色；瘦果近圆柱形，有5~8条脉纹，无冠毛。

37种，分布于中国及日本、朝鲜、俄罗斯；中国22种，产东北、西北、华北、华东及西南地区。

小红菊 *Chrysanthemum chanetii* H. Lév.

222. 短舌菊属 Brachanthemum DC.

小半灌木；叶互生或近对生，羽状或掌状或掌式羽状分裂；头状花序单生枝端或排成伞房状；总苞半球形，总苞片4~5层，边缘干膜质，无托片；管状花黄色，舌状花黄色，稀白色；瘦果圆柱形，有5条脉纹，无冠毛。

10种，产亚洲中部；中国6种，产西北地区。

223. 喀什菊属 Kaschgaria Poljakov

半灌木；叶互生，不裂或羽裂；头状花序排成伞房状；总苞卵形，总苞片2~4层，边缘干膜质，无托片；小花全部管状，黄色，花冠外面散生星状毛；瘦果具钝棱，无冠毛。

2种，分布于中国及蒙古国西部和哈萨克斯坦；中国2种，产新疆。

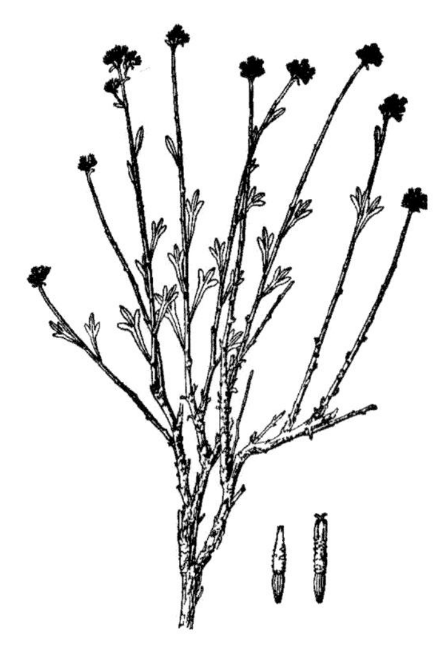

喀什菊 *Kaschgaria komarovii* (Krasch. & N. I. Rubtzov) Poljakov

224. 小滨菊属 Leucanthemella Tzvelev

多年生沼生草本；叶互生，不裂或羽状深裂；头状花序单生或排成伞房状；总苞碟形，总苞片2~3层，边缘干膜质，无托片；管状花黄色，舌状花白色；瘦果具冠齿。

2种，分别产欧洲东南部和亚洲东北部；中国1种，产黑龙江、吉林及内蒙古。

小滨菊 *Leucanthemella linearis* (Matsum.) Tzvelev

225. 绢蒿属 Seriphidium (Besser ex Less.) Fourr.

多年生草本或半灌木、小灌木，植株常有浓烈的香味；叶互生，多回羽状分裂或掌状分裂；头状花序排成总状、圆锥状或穗状；总苞椭圆形或长卵形，总苞片4~6层，边缘干膜质；小花全部管状，黄色或绿色，两性花同型；瘦果小，具细条纹，无冠毛。

约100种，产亚洲（中部、南部、西南部，包含阿拉伯半岛）、北非及欧洲；中国31种，产西北地区，以新疆居多。

草原绢蒿 *Seriphidium schrenkianum* (Ledeb.) Poljakov

226. 女菀属 Turczaninovia DC.

多年生草本；叶互生；头状花序小，排成复伞房状；总苞钟形，总苞片 3~4 层；管状花黄色，舌状花白色；瘦果边缘具细肋，冠毛 1 层，污白色。

1 种，分布于中国北部至东部及朝鲜、日本和俄罗斯西伯利亚东部；中国 1 种，产东北、长江流域及河南、山西、山东。

女菀 *Turczaninovia fastigiata* (Fisch.) DC.

227. 重羽菊属 Diplazoptilon Y. Ling

多年生草本；叶基生，莲座状；头状花序单生或集生于茎顶；总苞钟形，总苞片 4~5 层；小花全部管状；瘦果倒圆锥形，具纵肋，冠毛 2 层，基部连合成环，整体脱落。

1 种，中国特有，产西藏东南部、云南西北部。

重羽菊 *Diplazoptilon picridifolium* (Hand.-Mazz.) Y. Ling

228. 丝苞菊属 Bolocephalus Hand.-Mazz.

多年生草本；叶多基生；头状花序单生茎顶；总苞球形，被膨松的稠密长棉毛，总苞片多层；小花全部管状，紫红色；瘦果倒圆锥形，冠毛刚毛糙毛状。

1 种，中国特有，产西藏。

丝苞菊 *Bolocephalus saussureoides* Hand.-Mazz.

229. 白刺菊属 Schischkinia Iljin

矮小一年生草本；叶互生，不裂，边缘有坚硬的白色针刺；头状花序单生枝端，为外围茎叶包围，不显露；总苞卵状长椭圆形，总苞片 6 层；小花全部管状，黄色；瘦果长椭圆状倒卵形，冠毛刚毛毛状。

1 种，分布于中亚及西亚；中国产新疆。

白刺菊 *Schischkinia albispina* (Bunge) Iljin

230. 疆矢车菊属 Centaurea L.

一年生或多年生草本；叶互生，不裂或羽状分裂；头状花序排列成伞房状或总状；总苞卵球形、卵形或短圆柱状，总苞片多层，具流苏状裂、齿裂或全缘的附属物；小花全部管状，紫色、粉色或白色，边花无性或雌性，中央花两性；瘦果疏被毛，冠毛二型。

300~450 种，产地中海地区及西南亚地区；中国 7 种，产新疆、内蒙古。

小花矢车菊 *Centaurea virgata* subsp. *squarrosa* (Boiss.) Gugler

231. 滇麻花头属 **Archiserratula** L. Martins

多年生草本；茎具帚状长分枝；叶互生，不裂；头状花序单生枝顶；总苞狭圆柱形，总苞片多层；小花全部管状，淡红色或白色；瘦果椭圆形，冠毛刚毛毛状。

1 种，中国特有，产云南西北部。

滇麻花头 *Archiserratula forrestii* (Iljin) L. Martins

232. 鼠毛菊属 **Epilasia** (Bunge) Benth. & Hook. f.

一年生草本，植株有乳汁；总苞钟形，总苞片 2 层；小花全部舌状，淡黄色、淡红色或蓝色；瘦果黑色或灰色，有 5~10 条纵肋或无纵肋，冠毛稠密，鼠灰色或褐色。

约 3 种，产亚洲中部和西南部；中国 2 种，产新疆。

鼠毛菊 *Epilasia hemilasia* (Bunge) Kuntze

233. 柄果菊属 **Podospermum** DC.

多年生草本；叶互生；头状花序大型，单生枝端；总苞半球形或钟形，总苞片多层；小花全部管状，紫色或白色；瘦果具柱状的长柄，冠毛羽毛状。

约 17 种，产非洲（北部）、亚洲（中部、西南）、欧洲；中国 1 种，产新疆。

234. 碱苣属 **Sonchella** Sennikov

多年生草本，植株有乳汁；头状花序排成狭总状或圆锥状，具 10 小花；总苞半球状，总苞片数层；小花全部舌状，黄色；瘦果圆柱状或纺锤形，具 5 肋，冠毛白色。

2 种，分布于中国、蒙古国及俄罗斯东部；中国 2 种，产北部地区。

碱苣 *Sonchella stenoma* (DC.) Sennikov

235. 凋缨菊属 Camchaya Gagnep.

一年生草本；叶互生；头状花序单生枝端或排列成伞房状；总苞钟形，总苞片多层；小花全部管状，紫色，花柱分枝细长；瘦果具10条纵肋，冠毛有1~10个易脱落或部分脱落的毛，或无冠毛。

5种，主产中南半岛；中国1种，产云南。

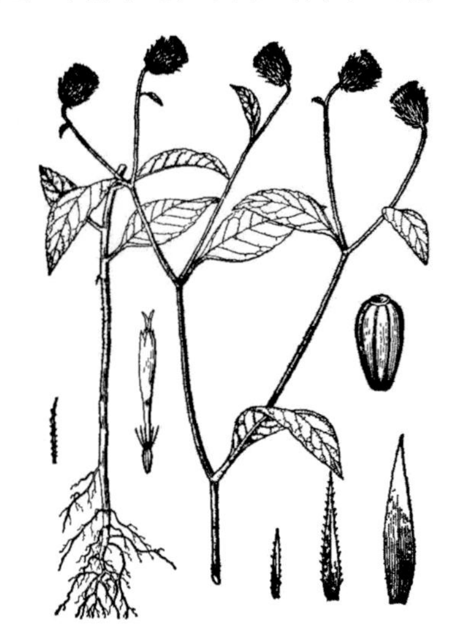

凋缨菊 *Camchaya loloana* Kerr

236. 歧笔菊属 Dicercoclados C. Jeffrey & Y. L. Chen

多年生草本；叶互生；头状花序单生；总苞圆柱形，总苞片1层；小花全部管状，黄色，花药线形，伸出花冠，基部有尾，顶端具披针形附片；冠毛糙毛状。

1种，中国特有，产贵州。

237. 海南菊属 Hainanecio Ying Liu & Q. E. Yang

多年生草本；叶基生，莲座状；头状花序单生茎顶；总苞半球形，总苞片1层；管状花黄色，舌状花白色；瘦果无毛，具肋，无冠毛。

1种，中国特有，产海南。

海南菊 *Hainanecio hainanensis* (C. C. Chang & Y. C. Tseng) Ying Liu & Q. E. Yang

238. 垫头鼠曲属 Gnomophalium Greuter

一年生或多年生草本，茎被白色棉毛或绒毛；叶互生，全缘；头状花序小，簇生于叶丛中；总苞卵形或钟形，总苞片2~4层，纸质，透明；小花全部管状，黄色，中央花两性，边花雌性；瘦果矩圆形，冠毛1层，连合成环状。

1种，产北非和亚洲；中国1种，产西藏东南部。

239. 君范菊属 Sinoleontopodium Y. L. Chen

多年生垫状草本；叶互生，密集；头状花序单生，雌雄异株；总苞钟形，总苞片5~6层，纸质；小花全部管状，黄色，中央花两性，边花雌性；瘦果无毛，冠毛异型。

1种，分布于中国西藏。

240. 异裂菊属 Heteroplexis C. C. Chang

攀缘或直立草本；叶互生；头状花序单生或2~3个簇生枝端；总苞钟状圆柱形，总苞片多层，草质；管状花黄色，花冠檐部具不等长的5齿裂，舌状花白色；冠毛黄白色，1层。

3种，中国特有，产广西。

241. 莎菀属 Arctogeron DC.

多年生草本；叶密集于基部，线状钻形；头状花序单生茎顶；总苞半球状，总苞片3层，草质，具白色干膜质边缘；管状花黄色，舌状花白色或粉白色；瘦果长圆形，密被银白色长柔毛，冠毛多层，糙毛状。

1种，分布于中国、蒙古国、西伯利亚及远东地区；中国1种，产黑龙江、内蒙古。

242. 岩菀属 Rhinactinidia Novopokr.

多年生草本；叶互生；头状花序单生枝端或排成总状；总苞宽钟形，总苞片3~4层，革质；管状花黄色，花冠二唇形，舌状花淡紫色；冠毛2层，白色或污白色。

4种，产西伯利亚和中亚地区；中国2种，产新疆。

243. 灰叶匹菊属 Richteria Kar. & Kir.

亚灌木；叶互生，羽状分裂；头状花序单生枝端；总苞浅盘状，总苞片4层，边缘干膜质，无托片；管状花黄色，舌状花白色或淡红色；瘦果圆柱形，有6~10条突起的纵肋。

3种，产亚洲中部、西北部及俄罗斯；中国1种，产新疆。

灰叶匹菊 *Richteria pyrethroides* Kar. & Kir.

244. 天山蓍属 Handelia Heimerl

多年生草本；叶互生，三回羽状全裂；头状花序排成伞房状；总苞半球形，总苞片边缘干膜质，有托片；小花全为管状，黄色；瘦果楔形，有 5 条不明显的小肋。

1 种，分布于中亚及中国；中国产新疆。

245. 画笔菊属 Ajaniopsis C. Shih

一年生小草本；叶互生，羽状分裂或 3 全裂；头状花序排成伞房状；总苞倒卵形，总苞片 2 层，边缘干膜质，无托片；小花全部管状，黄色，花冠顶端或雌花自中部以上外围以稠密、光洁、整齐的毛刷状硬毛；瘦果具纵肋，无冠毛。

1 种，中国特有，产西藏。

246. 鹿角草属 Glossocardia Cass.

鹿角草 *Glossocardia bidens* (Retz.) Veldkamp

多年生草本；叶互生或下部叶对生，羽状深裂或楔状 3 齿裂；头状花序单生枝端或排列成稀疏伞房状；总苞钟形，总苞 2~3 层，近革质；管状花黄色，舌状花舌片开展或缺；瘦果无毛，背部压扁，有 2 个宿存的被倒刺毛的芒。

11 种，产亚洲热带地区及大洋洲；中国 1 种，产华南地区、福建、台湾及西藏。

247. 绸叶菊属 Lagascea Cav.

一年生或多年生草本；叶对生；头状花序仅含 1 小花，单生或聚成总状、聚伞状；小花黄色、白色、粉色或红色；瘦果窄圆锥形，冠毛具短芒。

约 9 种，主产墨西哥，个别种是遍布热带的野草；中国 1 种，产香港。

248. 南泽兰属 Austroeupatorium R. M. King & H. Rob.

一年生或多年生草本；下部叶对生，上部叶互生；头状花序排列成伞房状或圆锥状；总苞卵形或钟形，总苞片 2~3 层，草质；小花全为管状，白色，稀紫色，花柱分枝圆柱形；瘦果具 5 棱，冠毛刚毛状，1 层。

13 种，主产南美洲；中国 1 种，产台湾。

南泽兰 *Austroeupatorium inulifolium* (Kunth) R. M. King & H. Rob.

目 56. 川续断目 Dipsacales

川续断目 Dipsacales 在 APG Ⅲ（2009）系统的科采用广义概念，只有五福花科 Adoxaceae 和忍冬科 Caprifoliaceae（图 191），两科的单系性得到 *ndh*F、*rbc*L、*atp*B、*mat*K 和 18S rDNA 序列的支持（Judd et al.，1994，2008；Bell et al.，2001；Bremer et al.，2002；Hilu et al.，2003）。形态学共衍征有叶对生、3 心皮、细胞型胚乳、花药壁绒毡层具 3 或 4 层细胞等。Takhtajan（2009）仍然坚持科细分，其系统中的川续断目分为荚蒾科 Viburnaceae、接骨木科 Sambucaceae、五福花科（相当于 APG Ⅲ系统中的五福花科，吴征镒等的荚蒾目 Viburnales），以及忍冬科（狭义）、败酱科 Valerianaceae、双参科 Triplostegiaceae、川续断科 Dipsacaceae、刺参科 Morinaceae（相当于 APG Ⅲ系统中的忍冬科，吴征镒等的川续断目）。因此，川续断目中科的划分值得进一步研究，随着研究的深入可能还会有变化。

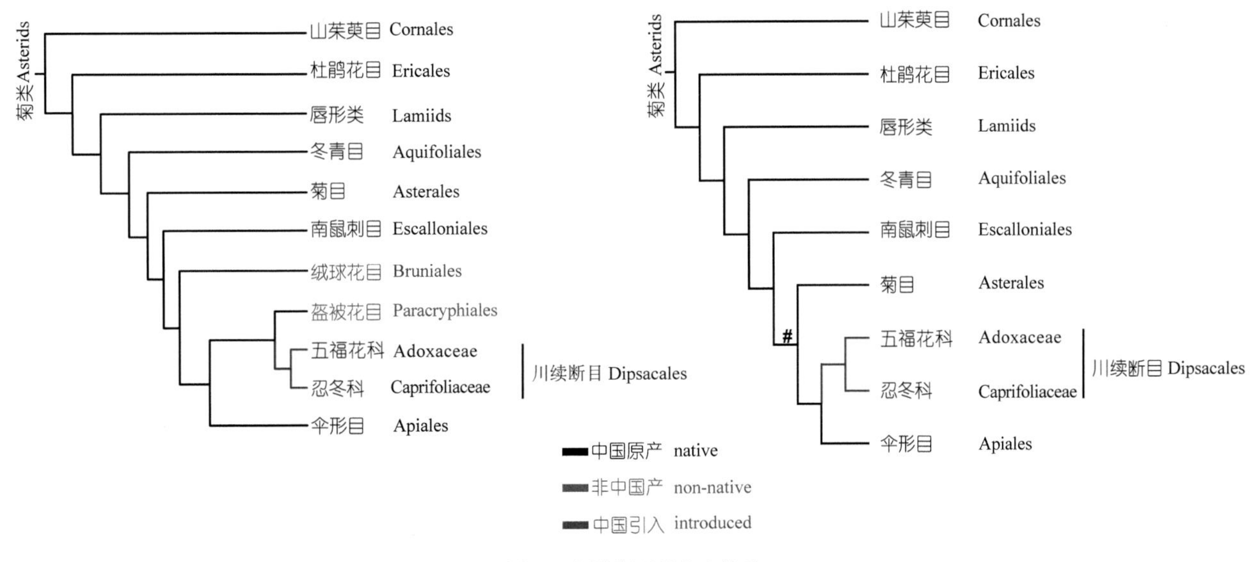

图 191 川续断目的分支关系

被子植物 APG Ⅲ系统（左）；中国维管植物生命之树（右）

科 272. 忍冬科 Caprifoliaceae

42 属约 890 种，世界广布，主要分布于北半球温带；中国 21 属 143 种，南北广布，以西南地区种类最多。

灌木或木质藤本，稀多年生草本或小乔木；单叶对生，稀羽状分裂或复叶；通常无托叶，有时托叶形小而不显著或退化成腺体；圆锥或伞形花序，穗状或聚伞花序；花两性，两侧对称或近辐射对称；花萼和花冠合生，（3~）5 裂；雄蕊 3~5；子房下位，常部分子房室不发育，柱头 3~5，合生或离生，柱头头状或 2~3 裂；瘦果、浆果、核果或蒴果；种子胚直立，有时无胚乳。

忍冬科有广义和狭义之分，本研究采取广义科，包括刺参科 Morinaceae（●）、败酱科 Valerianaceae（分为 2 族）败酱族 Patrinieae（■）和缬草族 Valerianeae（■）、双参科 Triplostegiaceae（■）、川续断科 Dipsacaceae（●）及狭义忍冬科 Caprifoliaceae，后者常被分为 4 族：锦带花族 Diervilleae（●）、忍冬族 Lonicereae（●）、莛子藨族 Triosteeae（●）和北极花族 Linnaeeae（●），在分支图上均找到了各自的位置，分子分析基本上类同于形态学分析（图 192）。

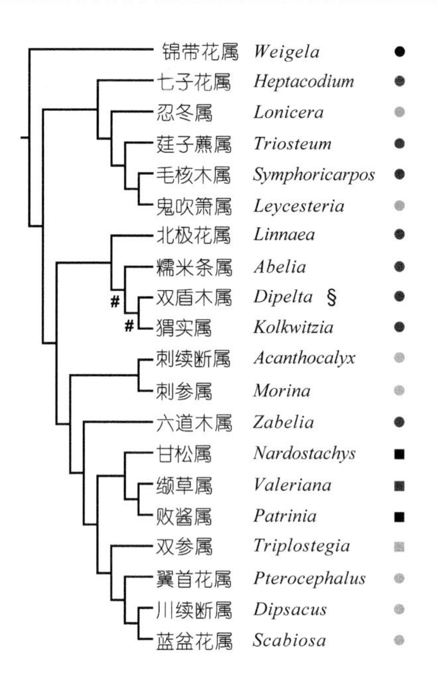

图 192 中国忍冬科植物的分支关系

1. 锦带花属 Weigela Thunb.

落叶灌木；冬芽有锐尖的鳞片数枚；叶对生，缘有锯齿，无托叶；花稍大，白色、淡红色至紫色，1 至数朵排成腋生的聚伞花序生于前年生的枝上；萼裂片 5，分离或下部合生；花冠左右对称或近辐射对称，管状钟形或漏斗状，裂片 5；雄蕊 5，短于花冠；子房上部一侧生 1 腺体，2 室，有胚珠多数；柱头头状；蒴果 2 爿裂，中轴残留；种子常有翅。

约 10 种，分布于亚洲东北部；中国 2 种，南北分布。

海仙花 *Weigela coraeensis* Thunb.

2. 七子花属 Heptacodium Rehder

落叶灌木；叶对生，全缘，近基部三出脉，无托叶；花无柄，7 朵花结成有总苞的头状花序，此等花序复排成直立、顶生的圆锥花序；萼 5 裂，裂片宿存；花冠管状漏斗形，檐部稍二唇形，5 裂；雄蕊 5，着生于冠喉部；子房下位，3 室，其中 2 室有不发育的多数胚珠，1 室有发育的胚珠 1；瘦果状核果，长椭圆形，有宿存、扩大的萼。

仅 1 种，中国特有，产中部和东部。

七子花 *Heptacodium miconioides* Rehder

3. 忍冬属 Lonicera L.

直立或攀缘状灌木；叶脱落或常绿，单叶，对生，全缘或很少波状分裂；花左右对称或辐射对称，成对生于腋生的花序柄之顶，或无柄花轮生于枝顶；萼 5 齿裂；花冠管长或短，檐部二唇形或几乎 5 等裂；雄蕊 5；子房下位，2~3 室，很少 5 室，每室有多数胚珠；浆果，有种子数枚。

约 180 种，分布于非洲北部、东亚、欧洲、北美；中国 57 种，全国分布。

金花忍冬 *Lonicera chrysantha* Ledeb.

4. 莛子藨属 Triosteum L.

多年生草本，具根茎；茎直立，单生；叶对生，无柄；花腋生轮伞花序，或于枝顶排成短的穗状花序；萼管卵形，裂片 5，短或长而叶状，宿存；花冠狭漏斗状，基部一侧呈囊状，裂片 5，不等，覆瓦状排列；雄蕊 5，花药内藏；子房下位，3~5 室，每室有 1 胚珠；花柱丝状；浆果状核果，种子 2~3。

约 6 种，分布于北美、东亚和中亚；中国 3 种，产中部和西南部。

穿心莛子藨 *Triosteum himalayanum* Wall.

5. 毛核木属 Symphoricarpos Duhamel

落叶灌木；单叶，对生，全缘（国产种）或有时分裂；花排成顶生或腋生的花束或穗状花序（国产种）；萼 4~5 齿裂；花冠高脚碟状或钟状（国产种），4~5 裂，近辐射对称；雄蕊与花冠裂片同数；子房下位，4 室，但只有 2 室发育而每室有 1 下垂胚珠；果为浆果状的核果，有 2 分核，国产种的小分核被长毛。

16 种，分布于中国、北美和墨西哥；中国 1 特有种，产中部和西南部。

毛核木 *Symphoricarpos sinensis* Rehder

6. 鬼吹箫属 Leycesteria Wall.

落叶灌木；小枝常中空；单叶对生；由 2~6 朵花的轮伞花序合成的穗状花序顶生或腋生，有时紧缩成头状，常具显著的叶状苞片；萼裂片 5；花冠白，漏斗状，整齐，裂片 5；雄蕊 5，花药丁字状背着；子房 5~8（~10）室，每室有多数胚珠，花柱细长，柱头盾状或头状；浆果，具宿存萼；种子微小，多数。

5 种，分布于喜马拉雅地区；中国 4 种，产西南地区。

鬼吹箫 *Leycesteria formosa* Wall.

7. 北极花属 Linnaea Gronov. ex L.

常绿、蔓状亚灌木；叶对生，无托叶；花成对顶生于小枝；苞片 1 对，着生于两花梗基部；萼 5 裂；花冠钟状，5 裂片；雄蕊 4，2 强，着生于花冠管的近基部；子房下位，3 室，仅 1 室发育而有胚珠 1；瘦果状核果，不开裂。

1 种，广布于北半球高寒地区；中国产东北至西北高山。

北极花 *Linnaea borealis* L.

8. 双盾木属 Dipelta Maxim.

落叶灌木；叶对生，具短柄，托叶缺；花单生叶腋或由4~6朵花排成具叶的聚伞花序生于枝端；4小总苞片交互对生，不等大；萼裂片5；花冠管状钟形，檐部二唇形；雄蕊4，内藏；子房下位，4室，其中2室各有发育的胚珠1，2室不发育；核果包藏于增大、通常翅状的小苞片内。

3种，中国特有，产西南部和西北部，供庭园观赏用。

双盾木 *Dipelta floribunda* Maxim.

9. 糯米条属 Abelia R. Br.

落叶或半常绿灌木；冬芽裸露；叶对生，稀3或4轮生，无托叶；花单生或对生；双生者具6苞片，单花具4苞片生于子房基部；萼片2~5宿存；花冠5裂，漏斗状或二唇形；花冠管基部腹部拱起含密腺；二强雄蕊，花药内曲；子房3室；柱头头状，具乳突；瘦果革质，冠以宿存萼片；种皮膜质，胚乳肉质。

5种，分布于中国和日本；中国5种（3特有种，1栽培杂交种），主产中部和西南部。

糯米条 *Abelia chinensis* R. Br.

10. 猬实属 Kolkwitzia Graebn.

落叶灌木；叶对生，具短柄，无托叶；花粉红色，成对生于叶腋内，排成顶生的伞房花序；萼5裂，外面密生长刚毛；花冠钟状，5裂；雄蕊4，2强；子房椭圆状，顶端渐狭成一长喙，密被长刚毛，3室，只1室发育而有胚珠1；瘦果状核果，两个合生（有时1个不发育）、外被刺刚毛；具1种子。

1种，中国特有，产北部至中部。

蝟实 *Kolkwitzia amabilis* Graebn.

11. 刺续断属 Acanthocalyx (DC.) Tiegh.

多年生草本，根肉质；叶对生或轮生，具刺毛或硬毛；叶柄接合成鞘；花密集成假头状花序或轮伞花序；总苞片离生；小总苞边缘有齿刺；花萼筒偏斜，边缘有齿刺；花冠管状，下部膨胀；雄蕊4，2强；子房1室，胚珠下垂；瘦果光滑或具褶皱。

2种，分布于喜马拉雅山脉和横断山区；中国2种，产西南地区。

刺续断 *Acanthocalyx nepalensis* (D. Don) M. J. Cannon

12. 刺参属 Morina L.

多刺灌木；叶轮生、稀对生，全缘至羽状深裂，具刺毛；顶生假头状花序或轮伞花序；小总苞钟状；萼筒斜，钟状；花冠管细长，二唇形，上唇2裂，下唇3浅裂；雄蕊4，2强，或2枚退化，与花冠中下部合生；蜜腺1，位于花冠管的基部，3裂；子房下位，1室；柱头盘状；胚珠单生，下垂；瘦果，有褶皱。

约10种，分布于巴尔干半岛、中亚至东喜马拉雅；中国8种，其中4特有种，分布于西部。

青海刺参 *Morina kokonorica* K. S. Hao

13. 六道木属 Zabelia (Rehder) Makino

落叶灌木；老枝常有6深纵沟；叶全缘或具齿，无托叶；对生叶基部合生，包裹冬芽；聚伞花序；花萼4或5萼片，宿存；花冠高脚碟状，4或5浅裂；筒基部有腺体；二强雄蕊，基部贴生花冠管；花药内曲；子房常3室，1室发育具1胚珠；柱头头状，黏液质；瘦果，冠以宿存萼片；种子近圆柱状；胚乳肉质。

共6种，分布于印度、中亚、西亚到东亚；中国3种，分布于北部和西南部。

六道木 *Zabelia biflora* (Turcz.) Makino

14. 甘松属 Nardostachys DC.

多年生草本；根状茎粗短，有浓烈气味；叶丛生，长匙形或线状倒披针形，全缘，3~5平行脉；茎生叶1~2（~4）对，披针形；顶生聚伞花序密集成头状，花后伸长或否，总苞2~3对，每花有苞片1、小苞片2；花萼5齿裂，果时常增大；花冠钟状，5裂；雄蕊4；子房3室，其中1室发育为瘦果。

2种，分布于喜马拉雅地区；中国1种，产西部高山。

甘松 *Nardostachys jatamansi* (D. Don) DC.

15. 缬草属 Valeriana L.

草本、亚灌木或灌木，直立或攀缘状；根茎有强烈的气味；基生叶全缘或有锯齿，茎生叶为一至三回羽状复叶；聚伞花序、穗状花序或圆锥花序；花两性，萼5~15裂，裂片果时冠毛状；花冠管基部囊状，5裂；雄蕊3，稀1或2；子房3室，仅1室发育而有胚珠1；瘦果，顶端有冠毛状宿存花萼。

约300种，分布于亚洲、欧洲、北美洲和南美洲；中国21种，其中13特有种，南北广布。

缬草 *Valeriana officinalis* L.

16. 败酱属 Patrinia Juss.

多年生草本；根茎有强烈的腐臭味；基生叶丛生，茎生叶对生，一回或二回羽状分裂或全裂；花黄色，伞房花序式排列；具叶状总苞；萼截平形或5齿裂；花冠管基部一侧常膨大，内生蜜腺，辐射对称，5裂；雄蕊4，很少3或5；子房下位；瘦果基部与果时增大的苞片合生，有种子1。

约20种，分布于亚洲中部至东部；中国11种，其中5特有种，南北广布。

败酱 *Patrinia scabiosifolia* Link

17. 双参属 Triplostegia Wall. ex DC.

多年生直立草本；主根常增粗成纺锤状；叶交互对生；基生叶假莲座状；茎生叶和基生叶同形；二歧聚伞圆锥花序；小总苞2层，4裂，顶端具钩，密生腺毛；花两性，5数，近辐射对称；萼坛状；花冠管状漏斗形，顶端4~5裂；雄蕊4；柱头头状；子房下位；瘦果；具1种子包藏于囊状小总苞内。

2种，分布于喜马拉雅地区、印度尼西亚及中国；中国2种，产西南、陕西、甘肃、湖北及台湾。

双参 *Triplostegia glandulifera* DC.

18. 翼首花属 Pterocephalus Vaill. ex Adans.

草本、亚灌木或灌木；叶对生，通常全部基生成莲座状，全缘或分裂；花排成顶生的头状花序；总苞片叶状、线形或卵状长椭圆形；萼齿刺毛状，刚硬，10~20，有羽毛状缘毛或短硬毛；花冠二唇形，上唇短，2裂，很少阔大或微缺，下唇大，3裂；雄蕊4，稀2~3；花柱短，突出；瘦果平滑或具棱。

约25种，分布于热带非洲、地中海地区到中亚及喜马拉雅地区；中国2种，其中1特有种，产西南地区。

匙叶翼首花 *Pterocephalus hookeri* (C. B. Clarke) E. Pritzel

19. 川续断属 Dipsacus L.

有刺或被粗毛草本；茎生叶基部常合生；花排成顶生的头状花序或短穗状花序；总苞片质硬，具刺尖；萼檐杯状，4 裂；花冠近辐射对称，4 裂，裂片近相等，倾斜或二唇形；雄蕊 4，全发育；花柱丝状，柱头斜形或侧生；瘦果，与萼状总苞合生且为其所包藏。

约 20 种，分布于非洲北部、东亚及欧洲；中国 7 种，其中 2 特有种，南北分布，主产西南地区。

日本续断 *Dipsacu japonicus* Miq.

20. 蓝盆花属 Scabiosa L.

草本，有时基部木质成亚灌木状；叶对生，茎生叶基部连合，羽状半裂或全裂，稀不裂；头状花序扁球形、卵形或卵状圆锥形，顶生，具长柄或在上部成聚伞状分枝；总苞草质，1~2 列；花冠二唇形或管形、裂片近等长；雄蕊 4，外露；子房下位，花柱纤细，柱头盾形；瘦果，冠以宿存刚毛状花萼。

约 100 种，产欧洲、亚洲、非洲南部和西部，主产地中海地区；中国 6 种，分布于北方及台湾。

蓝盆花 *Scabiosa comosa* Fisch. ex Roem. & Schult.,

21. 双六道木属 Diabelia Landrein

落叶灌木；冬芽裸露；叶对生，无托叶，叶全缘或有齿；花成对，具 6 枚生于子房基部的苞片；花萼裂片 2~5，平展，狭长圆形或椭圆形，宿存，在果期增大；花冠 5 裂，二唇形；花冠管基部拱起，有腺毛；二强雄蕊，贴生于花冠管，内生或外露；子房 3 室；柱头头状；瘦果冠以宿存萼片；种子近圆柱形，种皮膜质；胚乳肉质。

3 种，分布于中国和日本；中国 2 种。

温州双六道木 *Diabelia spathulata* (Siebold & Zucc.) Landrein

科 273. 五福花科 Adoxaceae

4 属约 220 种，主要分布于北温带；中国 4 属 81 种，其中 1 特有属 49 特有种（图 193）。

灌木，稀多年生草本或小乔木；叶对生，单叶或二至三回三出羽状复叶；伞形圆锥状、穗状花序；花两性，辐射对称；花萼和花冠合生，（3~）5 裂片；雄蕊 3~5 生于花冠管上，花丝不裂或 2 裂；花药 1 室，盾形，向外，纵向开裂；退化雄蕊 3~5，生于内轮，与花冠裂片对生；子房半下位至下位，1 或 3~5 室，花柱 3~5，合生或离生，柱头头状或 2~3 裂；核果；种子 1 或 3~5。

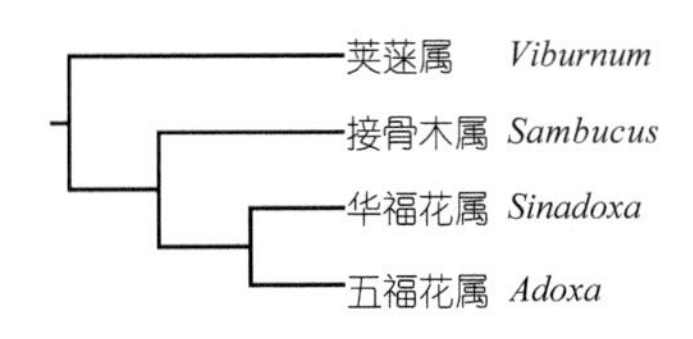

图 193 中国五福花科植物的分支关系

1. 荚蒾属 Viburnum L.

直立灌木，稀为小乔木；单叶对生，稀 3 叶轮生，常绿或脱落，托叶微小或无托叶；花排成顶生的圆锥花序或伞形花序式的聚伞花序，有时具白色的不孕边花；萼有 5 微齿，宿存；花冠辐状或钟状，稀管状；雄蕊 5；子房下位，1 室，有胚珠 1 至多枚；花柱极短，头状或浅 2~3 裂；核果，核骨质，具 1 种子。

约 200 种，分布于北半球温带和亚热带地区；中国 73 种，其中 45 个特有种，南北广布。

鸡树条 *Viburnum opulus* subsp. *calvescens* (Rehder) Sugim.

2. 接骨木属 Sambucus L.

灌木或小乔木，稀多年生草本；叶对生，奇数羽状复叶，小叶有锯齿；花小，通常两性，5 数，排成顶生的复聚伞花序或圆锥花序；花萼裂片小；花冠辐状；雄蕊 5；子房下位，3~5 室；果为浆果状核果，核果 3~5。

约 10 种，主要分布于温带和亚热带地区，以及热带的高山地区；中国 4 种，其中 1 特有种，南北分布。

接骨草 *Sambucus chinensis* Lindl.

3. 华福花属 Sinadoxa C. Y. Wu, Z. L. Wu & R. F. Huang

多年生多汁草本；根状茎直立；茎稍粗，无毛，2~4 条丛生；一至二回羽状三出复叶；花小，由 3~5 朵花的团伞花序排列成间断的穗状花序；花萼杯状，肉质，常 3 裂；花冠辐状，3~4 裂，具短管；雄蕊与花冠裂片同数互生，着生于花冠管口部，2 裂至近基部；花药 1 室，外向；子房卵球形，半下位；心皮 2；无花柱，柱头不明显。

1 种，中国特有，产青海南部。

4. 五福花属 Adoxa L.

草本；根状茎匍匐；茎 1 或 2，无毛；基生叶 1~3，茎生叶 2，对生，少互生；叶片 3 裂或全缘；顶生聚伞式头状或总状花序；花淡黄绿色，4 或 5 数；花萼浅杯状；顶生花 2 裂，侧生花 3 瓣，花冠辐状；雄蕊 4 或 5，与花冠管合生；花药 1 室，盾形，外向，纵向开裂；子房下位至半下位；心皮 4 或 5，子房 4 或 5 室；柱头 4 或 5，基部合生；柱头头状；浆果状，肉质。

3 或 4 种，主要分布于北温带高海拔地区；中国 3 种，2 特有种，分布于北部和西南部高山地区。

五福花 *Adoxa moschatellina* L.

目 57. 伞形目 Apiales

伞形目 Apiales 有 7~9 科，是一个自然类群，得到 APG III（2009）和 Takhtajan（2009）比较一致的认识。DNA 数据支持它是一个单系群（Downie & Palmer, 1992；Olmstead et al., 1993，2000；Soltis et al., 2005）；其形态学共衍征有单珠被胚珠、薄珠心，花冠裂片十分发育，雄蕊与花冠分离或近分离，每心皮有 1 或 2 胚珠，一些类群含有多炔类化合物（Judd et al.，2008）。在分支图上，海桐科 Pittosporaceae、五加科 Araliaceae、裂果枫科 Myodocarpaceae（2

属 17 种，东马来西亚、新喀里多尼亚、澳大利亚分布）和伞形科 Apiaceae 关系密切，其潜在的衍征有小枝基部有简化的苞片状叶、输导组织有独特树脂 / 精油管、含多炔类化合物，后 3 科的共衍征有伞形花序，有花柱基，种子含伞形花子油酸，碳水化合物储藏产物为伞形糖（Judd et al.，2008）。其他 3 科毛柴木科 Pennantiaceae（1 属 4 种，澳大利亚东部和新西兰分布）、鞘柄木科 Torricelliaceae、南茱萸科 Griseliniaceae（1 属 7 种，新西兰、智利、阿根廷、巴拉圭、巴西南部分布）位于基部，为上述 4 科连续的姐妹群（图 194）。

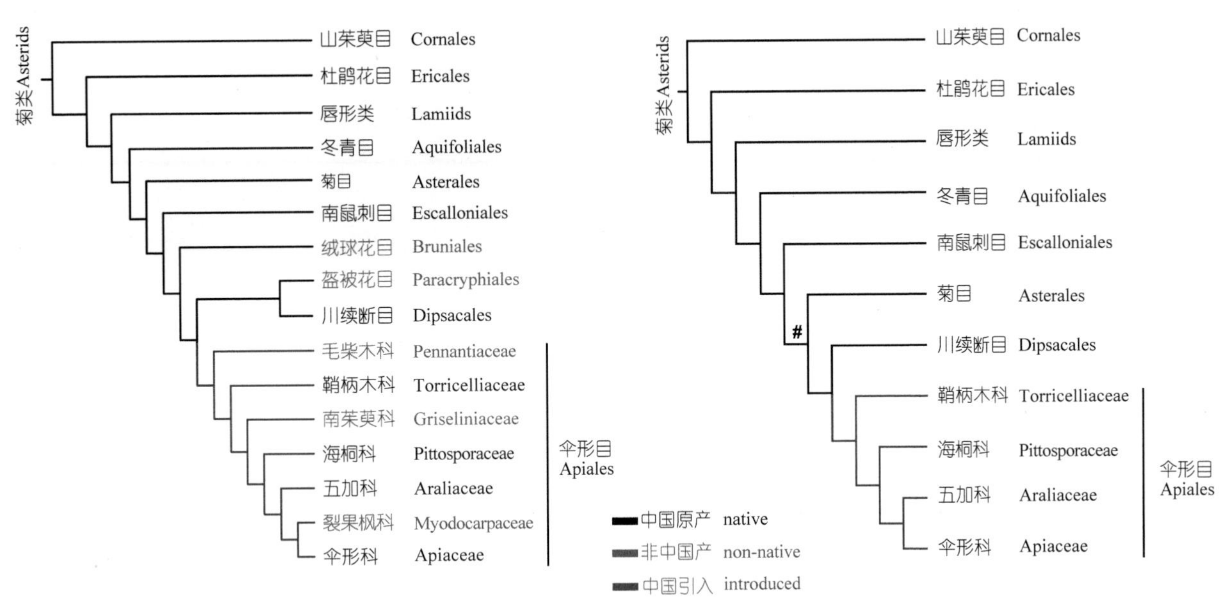

图 194 伞形目的分支关系

被子植物 APG Ⅲ系统（左）；中国维管植物生命之树（右）

科 274. 鞘柄木科 Torricelliaceae

3 属 10 种，产不丹、中国、印度（锡金）、尼泊尔；中国 2 种，1 种为特有种，产西南地区。

落叶小乔木；单叶互生，心形，常 5 裂，叶柄长，基部扩大；花单性异株，圆锥花序；雄花萼 5 裂；花瓣 5，向内镊合状排列；雌花无花瓣；子房 3~4 室，每室有胚珠 1，下位。核果。

1. 鞘柄木属 Torricellia DC.

属的鉴定特征及分布同科。

鞘柄木 *Torricellia tiliifolia* DC.

科 275. 海桐科 Pittosporaceae

9 属约 250 种，产非洲、亚洲、大洋洲和太平洋岛屿，分布于热带和亚热带地区，主产澳大利亚；中国 1 属 46 种，主产南部和西南部。

常绿乔木或灌木，无毛或被短柔毛，有时有刺；单叶互生或轮生，无托叶；花两性，稀单性或杂性，辐射对称，腋生或顶生，单生或伞房花序或聚伞花序排成圆锥花序式，稀簇生；萼片、花瓣和雄蕊 5，花瓣常有爪；子房上位，1 室，有时分成 2~5 室；浆果或蒴果；种子多数。

1. 海桐属 Pittosporum Banks ex Gaertn.

常绿乔木或灌木，有时为亚灌木；叶互生，簇生在小枝先端；叶革质或膜质，叶全缘或具波状齿或波纹；顶生圆锥花序或伞房花序，或单生于叶腋内或顶生；萼片、花瓣和雄蕊 5；子房上位，不完全 2 室，稀 3~5 室；球形或倒卵形的蒴果，果瓣 2~5，木质或革质。

约 160 种，分布于东半球的热带和亚热带地区；中国 46 种，产西南部至台湾。

海桐 *Pittosporum tobira* (Thunb.) W. T. Aiton

科 276. 五加科 Araliaceae

约 50 属 1 350 种，广布于南北半球的亚热带和热带地区，温带地区较少；中国 24 属 181 种，南北均有分布。

多年生草本，灌木或乔木，有时攀缘状，茎有时有刺；叶互生，稀对生或轮生，单叶、羽状复叶或掌状复叶；花小，两性或单性，辐射对称，常排成伞形花序或头状花序，稀穗状花序和总状花序；萼小，与子房合生；花瓣 5~10，常分离。子房下位；浆果、核果或双悬果（天胡荽属 *Hydrocotyle*）。

在形态学系统，五加科常被分为 2 亚科，天胡荽亚科 Hydrocotyloideae 和楤木亚科 Aralioideae，本研究的分支分析中（图 195），天胡荽属（●）位于基部，该属及相近的 2 属归天胡荽亚科，它们也常独立成天胡荽科 Hydrocotylaceae。Takhtajan（2009）将楤木亚科分为 5 族，中国 4 族：鹅掌柴族 Schefflereae（●），楤木族 Aralieae（●）、人参族 Panaceae（●）和常春藤族 Hedereae（●）。吴征镒等（2003）将常春藤族的成员归入鹅掌柴族，在分支图上隶属于常春藤族的成员都分别嵌入鹅掌柴族的成员中，本分析支持吴征镒等的分类。另外，吴征镒等将幌伞枫属归在羽叶五加族 Tetraplasandreae，南洋参属嵌入鹅掌柴族需要进一步研究。

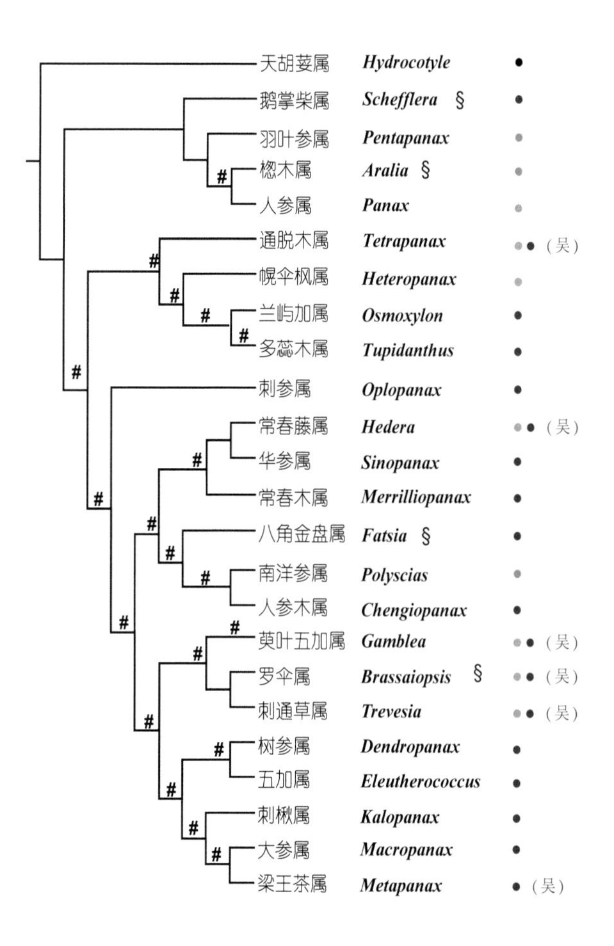

图 195 中国五加科植物的分支关系

1. 天胡荽属 Hydrocotyle L.

匍匐草本，节上生根；叶肾形或圆形；花通常组成单伞形花序，常呈头状；萼无齿；花瓣在蕾中呈镊合状排列；果实卵形，侧扁。

约 75 种，分布于热带至温带地区；中国 17 种，主要产华东、中南和西南地区。

天胡荽 *Hydrocotyle sibthorpioides* Lam.

2. 鹅掌柴属 Schefflera J. R. Forst. & G. Forst.

灌木或乔木，有时攀缘状，无刺；掌状复叶；伞形花序或总状花序，稀头状花序或穗状花序，此等花序通常再组成圆锥花序；萼全缘或 5 齿裂；花瓣 5~7；雄蕊与花瓣同数；子房 5~7 室；核果球形或卵形。

约 1 100 种，广布于热带和亚热带地区；中国 34 种，产西南部至东南部。

穗序鹅掌柴 *Schefflera delavayi* (Franch.) Harms

3. 羽叶参属 Pentapanax Seem.

乔木或灌木，常绿或落叶，有时附生，无刺；羽状复叶，稀单叶；小叶全缘或有锯齿；两性或雄花两性花同株；伞形、头状或小总状花序，基部苞片宿存；萼 5 齿裂，花瓣 5（~7）；雄蕊 5（~7），（~3）5（~7）心皮；核果，球形、椭圆形或卵球形。

18~22 种，分布于亚洲南部、大洋洲和南美洲；中国 9 种，产西南部至中部。

羽叶参 *Pentapanax fragrans* (D. Don) T. D. Ha

4. 楤木属 Aralia L.

草本、灌木或小乔木，常有刺；一至三回羽状复叶；花杂性同株，伞形花序，稀头状花序，常再组成圆锥花序；萼 5 齿裂；花瓣、雄蕊 5；子房下位，2~5 室；浆果或核果状，球形。

约 40 种，主产东南亚和中国，美洲也有一些种类；中国 29 种，各地分布。

台湾楤木 *Aralia bipinnata* Blanco

5. 人参属 Panax L.

多年生草本，有肉质根茎，地上茎单生；掌状复叶，轮生茎顶，小叶有齿；花两性或杂性异株，顶生且单生的伞形花序或 2 至数个花序集生花莛顶端；萼不明显的 5 齿裂；花瓣、雄蕊 5；子房下位，2~3 室；核果状浆果。

约 8 种，分布于北美、东亚、喜马拉雅地区和中南半岛；中国 6 种，产西南部至东北部。

疙瘩七 *Panax japonicus* var. *bipinnatifidus* (Seem.) C. Y. Wu & K. M. Feng

6. 通脱木属 Tetrapanax (K. Koch) K. Koch

灌木或小乔木，全株密被锈色或淡褐色星状绒毛，无刺；茎髓白色；叶柄圆柱状；叶片卵状长圆形，纸质或近革质，正面无毛，7~12 浅裂，基部钝或心形，全缘或有粗锯齿；花序顶生；伞形花序；花淡黄白色；花萼密被星状绒毛；花瓣 4（或 5），密被星状绒毛；雄蕊 4（或 5）；果熟时紫黑色，球状。

1 种，中国特有，产长江以南各省。

通脱木 *Tetrapanax papyrifer* (Hook.) K. Koch

7. 幌伞枫属 Heteropanax Seem.

常绿灌木或乔木，无刺，被星状短柔毛；叶二至五回羽状复叶，小叶全缘；雄花两性花同株；由伞形花序结成顶生的大型圆锥花序；苞片和小苞片宿存；子房下面无梗；花萼边缘细齿状；花瓣 5，雄蕊 5，2 心皮，花柱 2；核果，扁平状。

约 8 种，产南亚和东南亚；中国 6 种，产华东、华南和西南地区。

幌伞枫 *Heteropanax fragrans* (DC.) Seem.

8. 兰屿加属 Osmoxylon Miq.

常绿乔木；枝粗壮，无毛；单叶，叶柄基部具刚毛；叶片宽卵形，革质，叶背脉上具短柔毛，正面无毛，（3~）5~7 浅裂，基部宽楔形，边缘具粗锯齿；雌雄同株，复伞形花序；萼边缘具 4~5 小齿；花冠裂片 4~5，基部管状；雄蕊 4~5；子房（4 或）5（或 6）心皮；果球形，干燥后具肋。

约 50 种，产加里曼丹和菲律宾，东至新几内亚，密克罗尼西亚和美拉尼西亚；中国 1 种，产台湾。

兰屿加 *Osmoxylon pectinatum* (Merr.) Philipson

9. 多蕊木属 Tupidanthus Hook. f. & Thomson

小乔木，初直立，后变为大型藤本，无毛；茎直径约 15cm；掌状复叶，小叶 7~10；小叶椭圆形、倒卵形或长圆状披针形，基部锐尖到渐狭，全缘，先端短渐尖；伞形花序组成假侧生的复合伞形花序或圆锥花序，基部具大卵形鞘革质苞片；萼筒革质，光滑；雄蕊 30~70，密集；果扁球形，外果皮肉质。

单种属，产印度东北部、孟加拉国、柬埔寨、老挝、缅甸、泰国、越南、中国（云南、西藏）。

多蕊木 *Tupidanthus calyptratus* Hook. f. & Thomson

10. 刺人参属 Oplopanax (Torr. & A. Gray) Miq.

落叶灌木；枝具密集的黄橙色刺；叶柄密被刚毛；叶片近圆形或扁球形，两面被短柔毛或脉上具刚毛，5~7 浅裂；裂片三角形或宽三角形，基部心形，边缘有不规则锯齿，先端锐尖或稍渐尖；雌雄同株，总状花序或伞形花序，密被刚毛或短柔毛；伞形花序具 6~12 花；萼齿无毛；花柱合生至中部，细长，顶部弯；果成熟时黄红色，倒卵形，有时球状。

3 种，产东亚和北美；中国 1 种，产吉林。

刺人参 *Oplopanax elatus* (Nakai) Nakai

11. 常春藤属 Hedera L.

常绿木质藤本；两性或雄花两性花同株，匍匐或气根攀缘，无刺；单叶，全缘或分裂；花序顶生，伞形花序排成总状花序，伞形花序偶单生；花梗无关节；子房下位；花萼近全缘或 5 齿裂；花瓣 5，镊合状排列；雄蕊 5；核果球形。

约 15 种，产北非、欧洲及亚洲热带和亚热带地区；中国 2 种，产南部。

台湾菱叶常春藤 *Hedera rhombea* var. *formosana* (Nakai) H. L. Li

12. 华参属 Sinopanax H. L. Li

常绿灌木或小乔木；小枝、叶柄、叶背面及花序密被星状茸毛；叶大，阔圆形，全缘或 3~5 裂；花两性，排成头状花序再组成顶生圆锥花序，每一花有 3 苞片，花瓣 5，早落；雄蕊 5；核果球形。

1 种，中国特有，产台湾。

华参 *Sinopanax formosanus* (Hayata) H. L. Li

13. 常春木属 Merrilliopanax H. L. Li

常绿、无刺灌木或乔木；单叶，全缘或有锯齿；托叶与叶柄合生；雌雄同株，伞形花序再组成圆锥花序，顶生或腋生；萼齿细；花瓣 5，雄蕊 5， 心皮 2，花柱 2，离生或基部合生；核果椭圆形。

3 种，产不丹、中国、印度、缅甸、尼泊尔；中国 3 种，产云南。

长梗常春木 *Merrilliopanax membranifolius* (W. W. Sm.) C. B. Shang

14. 八角金盘属 Fatsia Decne. & Planch.

常绿灌木或小乔木，无刺；单叶，掌状浅裂，边缘有锯齿；托叶与叶柄合生；雄花两性花同株，由伞形花序组成的圆锥花序顶生；苞片大，膜质，早落；子房下无梗；萼齿 5；花瓣 5，镊合状排列；雄蕊 5；子房 5 或 10 室；花柱 5 或 10；核果近球形。

2~3 种，产日本和中国；中国 1 种，产台湾。

八角金盘 *Fatsia japonica* (Thunb.) Decne. & Planch.

15. 南洋参属 Polyscias J. R. Forst. & G. Forst.

灌木或乔木；叶多型，一至五回羽状复叶；花序多型；花梗有节；花萼有齿或平截；花瓣镊合状排列；子房 4~8 室；浆果，有棱。

约 150 种，产旧世界热带地区；中国南部引种栽培 5 种。

线叶南洋参 *Polyscias cumingiana* (C. Presl) Fern.-Vill.

16. 人参木属 Chengiopanax C. B. Shang & J. Y. Huang

落叶乔木，无刺；叶互生，掌状复叶，小叶 3~7（~9），边缘具细锯齿，托叶小，与叶柄连生；叶柄长；花两性，伞形花序组成伞房状圆锥花序，苞片脱落；花萼杯状，具 5 萼齿；花瓣 5，雄蕊 5，子房 2 室、花柱 2，合生成柱状，果实宿存；浆果，扁球形。

2 种，分布于中国和日本；中国 1 种，产重庆、湖南。

人参木 *Chengiopanax fargesii* (Franch.) C. B. Shang & J. Y. Huang

17. 萸叶五加属 Gamblea C. B. Clarke

常绿乔木或灌木；两性或雄花两性花同株，无刺；掌状复叶；小叶 3~5，无柄或近无柄，全缘或有细锯齿；花序顶生于短枝上，单生或复合的伞形花序，或圆锥花序；花萼边缘全缘或 4~5 齿；花瓣 4（或 5），镊合状排列；雄蕊 4（或 5）；核果，椭圆形至球状或长椭圆形，有时压扁。

4 种，产亚洲东部和东南部；中国 2 种，产重庆、湖南。

吴茱萸五加 *Gamblea ciliata* var. *evodiifolia* (Franch.) C. B. Shang, Lowry & Frodin

18. 罗伞属 **Brassaiopsis** Decne. & Planch.

乔木或灌木；两性或雄花两性花同株，有刺或无刺；单叶，不裂、掌状浅裂或掌状复叶，全缘或有锯齿；托叶与叶柄在基部合生；伞形花序排成顶生的圆锥花序或总状花序；苞片小或无，常早落；花萼5齿；花瓣5，镊合状排列；核果，球状至椭圆形或长椭圆形，有时稍压扁。

约45种，产南亚和东南亚；中国24种，产南部和西南部。

盘叶罗伞 *Brassaiopsis fatsioides* Harms

19. 刺通草属 **Trevesia** Vis.

常绿灌木或乔木；两性，具刺，无毛或星状短柔毛；单叶，掌状浅裂或掌状复叶，基部扇形，裂片缢缩到中脉，边缘有锯齿；托叶舌状；伞形花序排成顶生或侧生的总状花序或圆锥花序；苞片宿存或脱落；花萼全缘或稍浅裂；花瓣7~12，镊合状排列，通常紧凑，具帽状体；核果，球状到卵球形。

约10种，产东南亚、中南半岛、印度和尼泊尔；中国1种，产西南地区。

刺通草 *Trevesia palmata* (Lindl.) Vis.

20. 树参属 **Dendropanax** Decne. & Planch.

常绿乔木或灌木；两性或雄花两性花同株，无刺，光滑；单叶，或掌状2~3（~5）浅裂，常有黄色或红色的腺体，全缘或有不规则的齿；托叶小；顶生的单伞形花序，总状花序或复伞形花序；花萼全缘或齿；花瓣5，镊合状排列；雄蕊5；核果。

约80种，产热带美洲和东亚；中国14种，产西南至东南地区。

树参 *Dendropanax dentiger* (Harms) Merr.

21. 五加属 **Eleutherococcus** Maxim.

直立或攀缘灌木，稀小乔木；两性或雄花两性花同株，无毛或被短柔毛，通常具皮刺，偶尔无刺；掌状复叶；托叶无或不明显；伞形花序单生或排成顶生的圆锥花序；花萼全缘或有5小齿；花瓣5，镊合状排列；雄蕊5；核果近球形，侧扁或近球形。

约40种，产东亚和喜马拉雅地区；中国18种，南北分布。

刺五加 *Eleutherococcus senticosus* (Rupr. & Maxim.) Maxim.

22. 刺楸属 Kalopanax Miq.

落叶乔木，两性；茎和枝通常具皮刺；单叶，掌状浅裂，边缘有锯齿；托叶与叶柄合生；花序顶生，伞形花序组成伞房状的圆锥花序，无毛；花萼5齿；花瓣5，镊合状排列；雄蕊5；核果，近球形。

1种，产东亚；中国产南部至东北部。

刺楸 *Kalopanax septemlobus* (Thunb.) Koidz.

23. 大参属 Macropanax Miq.

常绿乔木或灌木；雌雄同株，无刺；单叶掌状浅裂，或掌状复叶，小叶3~7，全缘或有锯齿；伞形花序排成顶生的圆锥花序；苞片小，早落；花萼全缘或齿；花瓣5，镊合状排列；雄蕊5；核果，近球形或卵形，有时横向压扁。

约20种，产亚洲南部和东南部；中国7种，产南部和西南部。

短梗大参 *Macropanax rosthornii* (Harms) G. Hoo

24. 梁王茶属 Metapanax J. Wen & Frodin

常绿小灌木；雌雄同株，无刺，光滑；单叶不裂或掌状分裂，有时为掌状复叶，边缘有锯齿；伞形花序排成顶生的圆锥花序；花萼全缘或齿；花瓣5，镊合状排列；雄蕊5；核果，横向压扁。

2种，分布于中国（中部、西部）和越南北部；中国2种，产西南部至中部。

异叶梁王茶 *Metapanax davidii* (Franch.) J. Wen & Frodin

科 277. 伞形科 Apiaceae

300~440（455）属3 000~3 750种，广布温带地区，主产欧亚，尤其是中亚；中国99属600余种，全国分布。

草本，稀亚灌木；根常直生，常肉质；茎直立或匍匐上升，空心或有髓；叶互生，常为掌状或羽状分裂的复叶，稀单叶；叶柄基部有叶鞘；复伞形或单伞形花序，稀头状，基部有总苞片；花萼与子房贴生；花瓣5；雄蕊5，与花瓣互生；子房下位，2室，倒悬胚珠1，花柱2；常为双悬果，心皮外面有棱，中果皮内层的棱槽内和合生面常有纵走的油管。

伞形科是一个以温带分布为主的大科，科内分化以成熟果实的特征为主，区分属种困难。全球约 450 属中，有 186 个单型属、76 个二型属、44 个三型属，9 种以上的属仅占 20%，因此建立自然分类系统难度很大。一般分为 3~4 亚科：亚科 I 天胡荽亚科 Hydrocotyloideae，含族 1 天胡荽族 Hydrocotyleae（或独立分科为天胡荽科 Hydrocotylaceae，后转入五加科）和族 2 马蹄芹族 Mulineae；亚科 II 变豆菜亚科 Saniculoideae，分 2 族，国产族 1 变豆菜族 Saniculeae；亚科Ⅲ芹亚科 Apioideae，分 12 族，国产有族 2 针果芹族 Scandiceae、族 3 窃衣族 Caucalideae、族 4 芫荽族 Coriandreae、族 5 马芹族 Smyrnieae、族 8 芹族 Apieae、族 9 当归族 Angeliceae、族 10 前胡族 Peucedaneae、族 11 环翅芹族 Tordylieae（参见吴征镒等，2003）。在分支图上，每个属后标注它们的归属，罗马数字表示亚科，阿拉伯数字表示族次序。在分支图（图 196）上显示：天胡荽亚科的积雪草属和变豆菜亚科的变豆菜属和刺芹属处于基部；芹亚科的族 2、族 3 的成员基本上聚在一起，族 8、族 9 形态上相近或姐妹属也常相聚，族 5 和族 8 的成员分散在分支图的不同分支，说明基于分子数据和形态学证据相结合的伞形科演化系统的建立是一项艰巨的研究任务。

1. 积雪草属 Centella L.

匍匐草本，节上生根；单叶生于节，肾形；单伞形花序，呈头状，单生或 2~4 个生于叶腋；苞片 2；花瓣覆瓦状排列，顶端向内弯折；花柱与花丝等长；果实肾形或球形，基部心形或截形，两侧压扁，合生面收缩；分果棱间有 7~9 条横脉；中果皮与内果皮之间有晶体细胞层；种子侧扁。

约 20 种，产热带及亚热带地区，主产南非；中国 1 种，产华东、中南及西南地区。

积雪草 *Centella asiatica* (L.) Urb.

2. 变豆菜属 Sanicula L.

草本；茎直立或倾卧；叶掌状 3~5 裂，裂片边缘有锯齿；单伞形或不规则伸长的复伞形花序；花单性，有萼齿，雄花有柄，两性花无柄或有短柄；萼齿卵形、线状披针形或呈刺芒状；果实长椭圆状卵形或近球形，有皮刺或瘤状突起，刺基部膨大或呈薄片状相连，顶端尖直或呈钩状。

约 40 种，主产温带，少数到达亚热带地区；中国 17 种，南北均产。

直刺变豆菜 *Sanicula orthacantha* S. Moore

3. 刺芹属 Eryngium L.

一年生或多年生直立草本；单叶，全缘或分裂，有刺状锯齿；花组成有总苞的头状花序或穗状花序或总状花序；萼齿直立，硬而尖；花瓣狭，中部以上内折成舌片；果球形或卵圆形，侧面略扁，表面有鳞片或瘤状突起；棱不明显。

220~250 种，产热带和温带地区，主产南美洲；中国 2 种，产广东、广西、云南及新疆。

扁叶刺芹 *Eryngium planum* L.

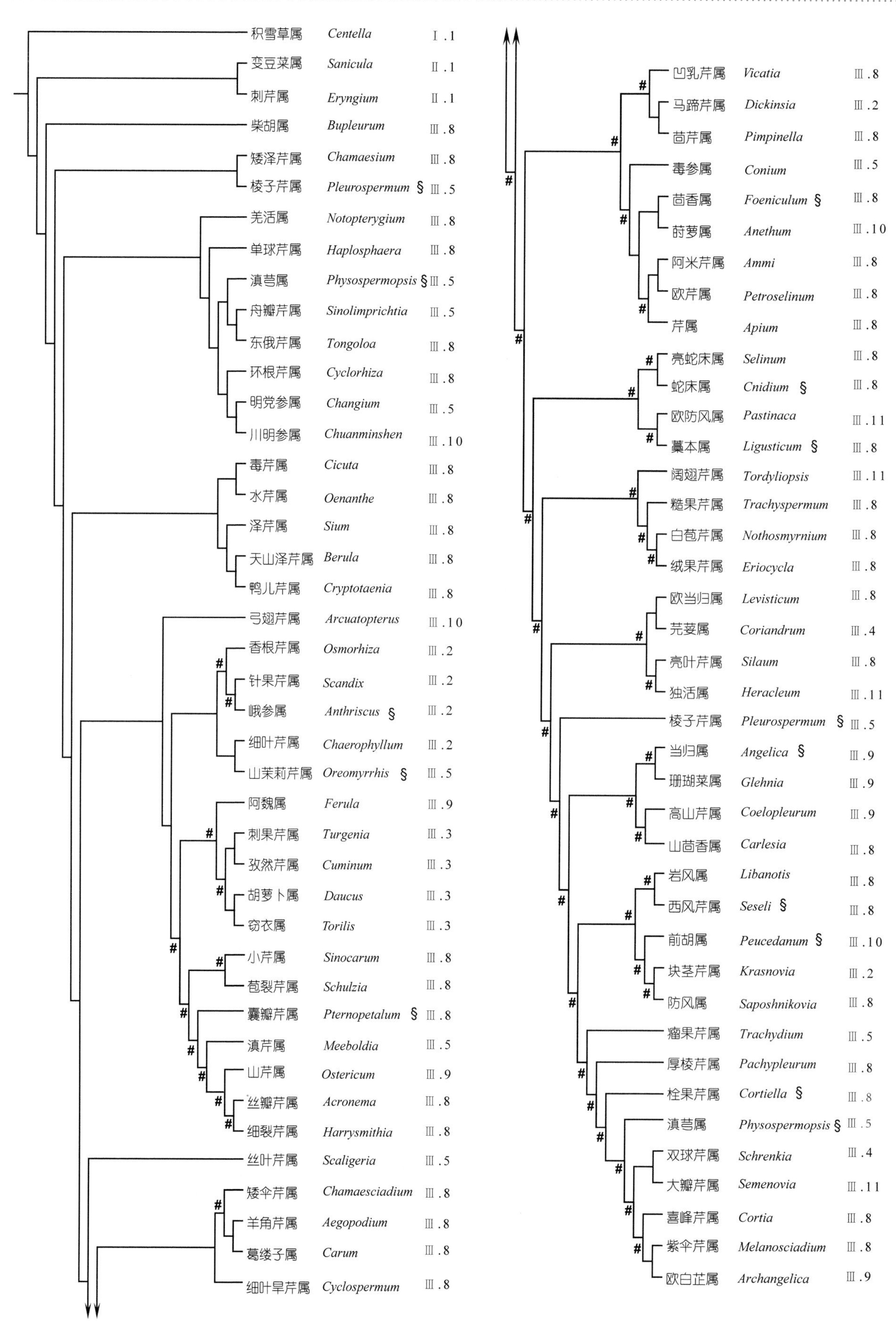

图 196 中国伞形科植物的分支关系

4. 柴胡属 Bupleurum L.

草本，根木质化；单叶全缘，基生叶柄有鞘；茎生叶抱茎；复伞形花序；总苞和小总苞宿存；花两性；萼齿不明显；花瓣顶端有内折小舌片，背部有突起的中脉；花柱短；分生果椭圆形或卵状长圆形，果棱线形；心皮五角形，主棱明显或扩大成翅，每棱槽内有油管 1~3，合生面油管 2~6；心皮柄 2 裂至基部。

约 180 种，广布于北半球的温带地区；中国 42 种，主产西北与西南地区。

黑柴胡 *Bupleurum smithii* H. Wolff

5. 矮泽芹属 Chamaesium H. Wolff

矮小草本，茎有纵棱；基部常残留黑紫色膜质叶鞘；叶羽状全裂；复伞形花序，总苞片少数；伞辐不等长，小总苞片少或无；萼齿小，花瓣顶端钝，基部窄，常不反折；花柱基平压状，扩展；果卵形至椭圆形，合生面收缩，光滑；5 条主棱及 4 条次棱均显著隆起成狭翅状；每棱槽油管 1，合生面油管 2。

8 种，主产东喜马拉雅至中国西南部高山；中国 7 种，产西南地区。

矮泽芹 *Chamaesium paradoxum* H. Wolff

6. 棱子芹属 Pleurospermum Hoffm.

草本，根茎有叶鞘，茎直立；叶羽状或三出式羽状分裂；复伞形花序；总苞片及小总苞片常有白色膜质边缘；花瓣顶端小舌片内曲，白色或带紫红色；花柱基圆锥形；果稍两侧压扁，常密生瘤状突起；果棱显著，锐尖，有时呈波状、鸡冠状或半翅状，棱槽内油管 1(~3)，合生面油管 2(~4~6)；心皮柄 2 叉。

50 种，主产亚洲北部和欧洲东部，尤以喜马拉雅地区为多；中国 39 种，产西南、西北至东北地区。

棱子芹 *Pleurospermum uralense* Hoffm.

7. 羌活属 Notopterygium H. Boissieu

多年生草本，根木质化；主茎粗短，具芳香味，中空，圆柱状；叶羽状分裂；复伞形花序；苞片少，线形；小总苞片线形，萼齿小；花瓣卵形或卵圆形，淡黄色或白色；果近圆形，背腹扁压，主棱均扩展成翅，但发育不均匀，棱槽内油管 3~4，合生面油管 4~6，胚乳腹面内凹；种子表面凹陷；果瓣柄 2 裂。

6 种，中国特有，产四川、云南、贵州、青海、甘肃、湖北。

羌活 *Notopterygium incisum* C. T. Ting ex H. T. Chang

8. 单球芹属 Haplosphaera Hand.-Mazz.

草本；茎直立；基生叶具长柄，叶鞘膜质；叶片三回羽裂；花序顶生或腋生，伞形花序花密集近球形，小总苞片数枚，线状披针形，全缘；萼齿明显；花瓣深褐色或紫褐色，卵形，尖端短尖，内弯；花柱基压扁；分生果椭圆形至长圆形，背腹稍压扁，果棱显著、狭翅状，每棱槽油管 1~3，合生面油管 3~6。

2 种，分布于中国、不丹和印度；中国 2 种，产四川、青海、西藏、云南。

单球芹 *Haplosphaera phaea* Hand.-Mazz.

9. 滇芎属 Physospermopsis H. Wolff

多年生草本；茎具棱，基部被叶鞘包裹；叶通常一至二回羽状分裂；复伞形花序，总苞数枚；萼齿不明显；花瓣基部有短爪，顶端有内折的小舌片；花柱基幼时扁压，花柱短；果卵形至广卵形，基部心形，侧扁，主棱丝状，果棱 5；每棱槽有油管 2~3，合生面油管 2~4。

约 10 种，产印度东北部、不丹、尼泊尔及中国；中国 8 种，产云南、四川、西藏。

滇芎 *Physospermopsis delavayi* (Franch.) H. Wolff

10. 舟瓣芹属 Sinolimprichtia H. Wolff

矮小草本；茎粗壮，有沟纹，中空；叶二回三出或羽状多裂；复伞形花序顶生或腋生；无总苞片或有；伞辐近等长；小总苞片多数；花密集；萼齿明显；花瓣舟形、卵形以至倒卵形，基部狭窄，花柱向外反曲；果实略侧扁，背棱丝状，侧棱有翅状边缘；每棱槽有油管 2~3，合生面油管 2，油管大，胚乳腹面有沟。

1 种，中国特有，分布于青海、四川、西藏和云南。

裂苞舟瓣芹 *Sinolimprichtia alpina* var. *dissecta* R. H. Shan & S. L. Liou

11. 东俄芹属 Tongoloa H. Wolff

草本；主根圆锥形；茎直立，有分枝；叶鞘膜质；叶片羽状分裂；复伞形花序；总苞片和小总苞片少数或无；萼有齿；花瓣基部狭窄或爪状，顶端钝或有小舌片；花柱基平压状，花柱短，向外反曲；双悬果合生面收缩，主棱 5；每棱槽有油管 2~3，合生面油管 2~4；胚乳腹面凹陷；心皮柄自中部分叉。

约 15 种，产印度东北部、不丹、尼泊尔及中国；中国 15 种，产西南地区。

城口东俄芹 *Tongoloa silaifolia* (H. Boissieu) H. Wolff

12. 环根芹属 Cyclorhiza M. L. Sheh & R. H. Shan

草本；主根短粗，老时具环纹状突起，每层环纹具整齐的条状纵裂，但不剥落；茎直立，中空，被叶鞘；叶柄具叶鞘；叶片羽状全裂；复伞形花序；萼齿小，花瓣黄色至黄绿色，不规则矩形至长圆形，中肋深色，先端稍反折；果实卵形至椭圆形，果棱5；心皮柄自基部分叉。

2种，中国特有，分布于西藏、云南、四川。

环根芹 *Cyclorhiza waltonii* (H. Wolff) M. L. Sheh & R. H. Shan

13. 明党参属 Changium H. Wolff

多年生草本，有纺锤形的圆锥根；茎长而纤细；基部叶有长柄，近三回三出；复伞形花序或有圆锥花序式的分枝；无总苞；小总苞片钻形；花白色；萼齿小，花瓣披针状卵形，1脉；果近球形，有纵纹，棱不显，油管多数，在中果皮中散生；胚乳腹面强烈内凹；心皮柄二叉状。

1种，中国特有，分布于安徽、湖北、江苏、江西、浙江。

明党参 *Changium smyrnioides* H. Wolff

14. 川明参属 Chuanminshen M. L. Sheh & R. H. Shan

多年生草本；茎圆柱形，中空，基部紫红色；叶片三出式二至三回羽状全裂；复伞形花序，伞辐4~8；总苞片少数或无，小总苞片1~2，线形；萼齿显著；花瓣长椭圆形，紫色；花柱长，下弯；果实长椭圆形，顶部狭窄，背腹扁压，果棱线形突起，侧棱增厚，稍显翅状；棱槽内油管2~3，合生面油管4~6；胚乳腹面平直。

仅1种，中国特有，产四川、湖北。

川明参 *Chuanminshen violaceum* M. L. Sheh & R. H. Shan

15. 毒芹属 Cicuta L.

高大直立草本，无毛；叶有柄；叶片二至三回羽状分裂；复伞形花序；伞辐多数，细长；小总苞片多数；花白色；萼齿5；花瓣顶端有内折的小舌片；花柱基幼时扁压，圆盘状，花柱短，向外反曲；分生果卵形至卵圆形；每棱槽内油管1，合生面油管2；胚乳腹面平直或微凹；心皮柄2裂。

约3种，产北温带；中国1种，1变种，产西北至东北地区。

毒芹 *Cicuta virosa* L.

16. 水芹属 Oenanthe L.

草本；有叶鞘；叶羽状分裂；复伞形花序；小总苞片多数；萼齿短尖；花瓣先端窄狭，反折，小伞形花序外缘花的花瓣较大；花柱基平陷或圆锥形，花柱伸长，宿存；果圆光滑，果棱钝圆；两个心皮的侧棱通常略相联，较宽大；分生果背面扁平，每棱槽中有油管1，合生面油管2；胚乳腹面平直；无心皮柄。

25~30种，产东半球温带地区；中国5种，主产西南部至中部。

水芹 *Oenanthe javanica* (Blume) DC.

17. 泽芹属 Sium L.

多年生草本，光滑，有成束的须根或块根；羽状复叶，小叶全缘或有齿；复伞形花序顶生或侧生；总苞片或小总苞片极多数；花白色，花瓣顶端内折；花柱反折；萼齿细小或不明显；果实球状卵形或卵状长圆形，光滑，果棱显著；每棱槽中有油管 1~3，合生面油管 2~6；胚乳腹面平直；心皮柄 2 裂达基部。

约 10 种，产北半球和南非；中国 5 种，产西南部至东北部。

泽芹 *Sium suave* Walter

18. 天山泽芹属 Berula W. D. J. Koch

草本，常湿生，具根茎；基部有走茎；基生叶羽状全裂或沉水叶多裂，有羽片约 8 对；叶柄有鞘；茎生叶羽片 4~6 对；复伞形花序，有总苞片和小总苞片；小伞形花序有花 10~20，柄不等长；萼齿小，花瓣白色；花柱基圆锥状；果实光滑，果棱线形；油管多数，沿胚乳表面排成一圈；胚乳腹面平直；心皮柄 2 裂至基部。

2 种，产欧洲、亚洲、中美洲及澳大利亚；中国 1 种，产新疆。

天山泽芹 *Berula erecta* (Hudson) Coville

19. 鸭儿芹属 Cryptotaenia DC.

草本；茎直立，圆柱形；叶柄有叶鞘；叶片三出式分裂，边缘有重锯齿；复伞形花序或呈圆锥状；伞辐少数，不等长；萼齿细小，花瓣白色，顶端内折；花丝短于花瓣，花药卵圆形；花柱基圆锥形，花柱短；分生果长圆形，主棱 5 条，圆钝，光滑；胚乳腹面平直，每棱槽内油管 1~3，合生面油管 4。

5~6 种，产欧洲、非洲、北美洲及东亚；中国 1 种，主产华东、中南及西南地区。

鸭儿芹 *Cryptotaenia japonica* Hassk.

20. 弓翅芹属 Arcuatopterus M. L. Sheh & R. H. Shan

草本；根圆柱形或块根，根颈部有节；茎中空；叶片羽状全裂；复伞形花序，伞辐较少，纤细、开展且极不等长，小伞花序花少数；萼齿显著；花瓣基部具爪；果实背腹压扁，成熟时为棕色或红褐色，背棱不显著，侧棱宽翅状并向合生面弯曲，横剖面呈弓形；每棱槽油管 1，合生面油管 2，胚乳腹面平直。

3~5 种，特产东喜马拉雅和中国；中国 3 种，产西藏、四川、云南。

21. 香根芹属 Osmorhiza Raf.

草本；茎有分枝；叶柄鞘状，干膜质；叶三角状卵形，二至三出羽状复叶；裂片锯齿状至羽状半裂；复伞形花序；伞辐少，不等长；小苞片反折；萼齿细长；花瓣顶端有内折舌片；花柱基圆锥形；果狭棍棒状，圆柱状，侧面轻微压扁，先端钝，基部具尾；油管不明显或无；种子横截面近圆柱状，合生面凹。

约 11 种，分布于东亚及北美；中国 1 种，产西南部、中部至东北部。

香根芹 *Osmorhiza aristata* (Thunb.) Rydb.

22. 针果芹属 Scandix L.

草本；茎纤细，被短柔毛；叶柄大部分成狭窄的叶鞘；叶片一至三回羽状分裂，末回裂片呈狭线形；伞辐很少；小苞片浅裂或全裂；萼齿退化；花瓣有一个内折顶点，外花有时不等；花柱基扁平，花柱小；果近圆筒形，略微横向压扁，直立；侧向长达种子轴承部长度的 4 倍；棱细长，突出；油管小；果瓣柄先端深裂。

约 20 种，产亚洲和地中海地区；中国 1 种，产新疆。

23. 峨参属 Anthriscus Pers.

草本；根细长或增厚；茎直立，中空；二至三回羽状分裂；复伞形花序松散；小苞片数枚，边缘具缘毛，反折；花杂性；萼齿不明显；花瓣顶端有一个内折；花柱基圆锥形，花柱短；果实长卵圆形至线形，先端狭成喙，侧面扁平，合生面常收缩，光滑或具刚毛；种子横切近圆柱状，表面具深槽。

15 种，产温带亚洲和欧洲；中国 1 种，广布北方至西南、华中地区。

峨参 *Anthriscus sylvestris* (L.) Hoffm.

24. 细叶芹属 Chaerophyllum L.

草本；根纺锤形或结节；茎直立，分枝；叶柄鞘状，叶片二至多回羽状分裂；复伞形花序；苞片常无，小苞片 2~6；花瓣倒卵圆形，顶端内折；果长圆形，侧面压扁，合生面窄，无毛；具 5 棱，钝状，有时不明显；双悬果横截面近圆柱状；每棱槽油管 1，合生面油管 2；种子表面凹，或具一宽浅沟。

约 40 种，产欧洲、亚洲及北美洲；中国 2 种，产西北及西南地区。

细叶芹 *Chaerophyllum villosum* DC.

25. 山茉莉芹属 Oreomyrrhis Endl.

丛生草本；茎极短，自基部分枝；叶基生；羽状复叶；单伞形花序；总苞 4~10，长于伞幅；花两性；无萼齿；花瓣顶端具短尖；花柱基扁圆锥形至圆锥形；果实长椭圆形至线状椭圆形，顶端渐尖，略微两侧压扁，合生面收缩；主棱 5，钝；每棱槽油管 1，合生面油管 2；胚乳腹面凹陷；心皮柄 2 裂。

约 22 种，产中南美洲、大洋洲、亚洲南部；中国 1 种，产台湾。

山茱莉芹 *Oreomyrrhis involucrata* Hayata

26. 阿魏属 Ferula L.

多年生高大草本，有特殊气味；根肉质；茎折断后有白色胶质分泌物；叶片三出式多裂，末回裂片各式；伞形花序常组成总状花丛，中央花序为两性花，侧生花序为雄花与杂性花；常无总苞片，小苞片少数或无；萼齿较小；花瓣黄色；果卵形或椭圆形，背部扁压，侧棱扩展成狭翅；果实卵形或椭圆形。

约 150 种，产非洲北部、地中海区、亚洲（西南部、中部）；中国 26 种，产西北、西南、华北和华中地区。

硬阿魏 *Ferula bungeana* Kitag.

27. 刺果芹属 Turgenia Hoffm.

草本，密被柔毛；主根细长；茎具干薄竖棱；羽状复叶；叶柄窄，具膜质鞘；羽片具粗齿；伞形花序；具苞片和小苞片；花杂性；萼齿突出；外扩花瓣辐射状；花柱基圆锥形，花柱短；果卵形，侧面扁平，密布刺或刚毛；主棱和次棱明显，每棱槽油管 1，主棱下油管 2，合生面油管 2；双悬果顶端开裂。

1 种，产西北非、中亚、西南亚及欧洲（中部、南部和西部）；中国 1 种，产新疆。

刺果芹 *Turgenia latifolia* (L.) Hoffm.

28. 孜然芹属 Cuminum L.

二年生草本，全株带粉绿色或绿色泛白，无毛；叶片二回三出全裂，末回裂片丝线形；复伞形花序有总苞片 3~6，线形，伞辐 3~5，小总苞片 3~5；萼齿钻形；花瓣白色；分生果两端渐狭，两侧稍扁压；双悬果果瓣不易分离，果棱丝状，略钝圆突起，棱间有明显的次棱，棱槽内油管 1，合生面油管 2；胚乳腹面微凹。

4 种，分布于非洲北部、地中海地区和亚洲（中部、西南部）；中国新疆栽培 1 种。

孜然芹 *Cuminum cyminum* L.

29. 胡萝卜属 Daucus L.

草本，根肉质；茎具糙硬毛；叶二至三回羽状分裂；复伞形花序，伞辐多数，开花后伸展或弯曲，果期紧实；总苞片和小总苞片具多数；萼齿不明显；花瓣白色或黄色，小伞形花序中心的花有时为紫色，有辐射瓣；果实多少侧向压扁，棱上有刚毛或刺毛，每一棱槽有 1 个油管，合生面 2 个，胚乳腹面略凹陷或平直。

约 20 种，产欧洲、亚洲西南部、非洲北部；中国 2 种，产西南、华中、华东地区。

胡萝卜 *Daucus carota* var. *sativa* Hoffm.

30. 窃衣属 Torilis Adans.

草本，具毛；茎具脊；叶一至二回羽状分裂或多裂；末回裂片具密集深齿至深裂，两面具糙毛；伞形花序；总苞片少或无；小苞片线形；萼齿小，花瓣顶端具内折小舌片；花柱基厚，花柱短；果实圆卵形或长圆形；表面有皮刺；种子背侧扁平。

约 20 种，产欧洲、亚洲、南北美洲及非洲热带和新西兰；中国 2 种，南北均产。

小窃衣 *Torilis japonica* (Houtt.) DC.

31. 小芹属 Sinocarum H. Wolff ex R. H. Shan & F. T. Pu

草本，根胡萝卜状；茎直立，具纵条纹；叶柄基部有阔膜质叶鞘，羽状分裂；复伞形花序；花瓣白色或带紫色，基部有爪，顶部钝圆或 2~4 裂；花柱基垫状，花柱较短；果卵形或阔卵形，两侧扁压，分生果横剖面五角形，每棱槽内油管常 1，胚乳腹面平直，稀微凹。

约 20 种，产尼泊尔及中国西南部高山；中国 8 种，产西藏东南部、四川西部和云南西北部。

紫茎小芹 *Sinocarum coloratum* (Diels) R. H. Shan & F. T. Pu

32. 苞裂芹属 Schulzia Spreng.

多年生草本，基生叶基部扩大成宽鞘；叶片二至三回羽状全裂；复伞形花序，伞辐粗壮，不等长或近等长；总苞片和小总苞片羽状全裂，膜质或近膜质；萼齿不显著或无；花瓣卵形，白色；花柱基扁圆锥形；分生果长圆形或卵形，两侧扁压，果棱稍突起，油管棱槽内 3~4，合生面 4~8。

约 4 种，产中亚和喜马拉雅地区；中国 4 种，产新疆。

长毛苞裂芹 *Schulzia crinita* (Pall.) Spreng.

33. 囊瓣芹属 Pternopetalum Franch.

草本；常有根茎，茎直立；叶片三出式分裂或羽状分裂；复伞形花序常无总苞片，小总苞片 1~4，小伞形花序有花 2~4，花柄极不等长；萼齿披针形或三角形；花瓣基部呈囊状；花柱基圆锥形，花柱伸长，少数种类较短而弯曲；果两侧压扁，果棱光滑或有丝状齿，每棱槽内有油管 1~3，合生面油管 2~4。

约 25 种，产东亚和喜马拉雅地区；中国 23 种，产南部，尤其是西南部。

薄叶囊瓣芹 *Pternopetalum leptophyllum* (Dunn) Hand.-Mazz.

34. 滇芹属 Meeboldia H. Wolff

多年生草本；茎直立，有纵纹；叶柄有鞘；叶三回羽状全裂；复伞形花序；总苞片少或无，小总苞片多数；萼齿明显，钻形，急尖；花瓣近圆形，顶端微凹，有内折的小舌片，基部有爪；花柱基圆锥形，花柱短粗，外弯；果狭卵形，果棱丝状，每棱槽有油管 2~3，合生面油管 4；胚乳腹面凹陷；心皮柄二叉状。

3 种，产不丹、尼泊尔和中国；中国 2 种，产云南和西藏。

滇芹 *Meeboldia yunnanensis* (H. Wolff) Constance & F. T. Pu

35. 山芹属 Ostericum Hoffm.

草本，茎中空；叶二至三回羽状分裂；复伞形花序；总苞片少数，小总苞片数枚；萼齿明显，宿存；果卵状长圆形，背棱稍隆起，侧棱有宽翅，果皮薄膜质，透明，有光泽，外果皮细胞向外凸出，棱槽内油管 1~3，合生面油管 2~8；成熟后，内果皮和中果皮结合，与外果皮分离；胚乳腹面平直；心皮柄 2 裂。

约 10 种，产东亚和中亚、东欧；中国 7 种，产东北、西北和华东地区。

山芹 *Ostericum sieboldii* (Miq.) Nakai

36. 丝瓣芹属 Acronema Falc. ex Edgew.

草本，根块状，稀胡萝卜状或串珠状；叶羽状分裂；复伞形花序，伞辐常不等长；总苞片和小总苞片通常无；萼齿有或无；花瓣顶端丝状或尾尖状，少有短尖或钝；花柱基扁压或稍隆起，花柱短；果实合生面缢缩，主棱 5；心皮柄顶端 2 裂或裂至基部；每棱槽内油管 1~3，合生面油管 2~4，胚乳腹面近平直。

约 23 种，主产喜马拉雅地区；中国 18 种，产西南各省。

圆锥丝瓣芹 *Acronema paniculatum* (Franch.) H. Wolff

37. 细裂芹属 Harrysmithia H. Wolff

一年生草本；叶异形，近羽状全裂，上部偶为异型叶；复伞形花序，无总苞，小总苞少数；花柱较长，叉开，花柱基扁圆锥形；萼齿无；果实卵状球形，果棱明显突起或呈狭翅状，翅等宽，棱槽较宽，果实表皮散生疣状毛或乳头状毛；每棱槽内有油管1，合生面油管2；分生果横剖面近五角形；胚乳腹面近平直；心皮柄近顶端2裂。

2种，中国特有，分布于四川、云南和西藏。

38. 丝叶芹属 Scaligeria DC.

多年生草本，有块茎；茎直立，有棱；叶羽状全裂，末回裂片线形；有总苞片和小总苞片；花两性，萼齿无；花瓣白色，倒卵形，顶端凹，有内折小舌片；花柱基近圆锥状；花柱短，外弯；果椭圆形或球形，果棱不显著，油管在棱槽内1或3~5；胚乳腹面深凹或平直。

约22种，产地中海地区、西亚、中亚、俄罗斯；中国1种，产新疆。

39. 矮伞芹属 Chamaesciadium C. A. Mey.

草本，茎常较短；叶羽状分裂；复伞形花序有总苞及小总苞；萼齿不明显，花瓣有内折小舌片；花柱基短圆锥形，较花柱短；果实长卵形，光滑，果棱5，隆起；每棱槽中有油管3~4；胚乳腹面平直；心皮柄紧贴于合生面上，仅顶端2裂。

1种，产亚洲中部和西南部；中国1种，产新疆。

40. 羊角芹属 Aegopodium L.

多年生草本，有匍匐状根茎；茎直立；叶有柄，叶鞘小，基生叶及下部茎生叶羽状分裂，上部叶常为羽状复叶；复伞形花序；无总苞片和小苞片；萼齿细小，花瓣有内折的小舌片；花柱基圆锥形，花柱细长，顶端叉开成羊角状；果实侧扁，光滑，主棱丝状；油管无；胚乳腹面平直；心皮柄顶端2浅裂。

东北羊角芹 *Aegopodium alpestre* Ledeb.

约7种，产欧洲及亚洲；中国5种，产东北部至西北部。

41. 葛缕子属 Carum L.

多年生草本，直根肉质；茎具纵条纹；叶羽状分裂；复伞形花序；总苞片少或缺；常无萼齿；花瓣有内折的小舌片；花柱基圆锥形，短于花柱；果实长卵形或卵形，两侧扁压，果棱明显；棱槽内油管常单生，稀3，合生面油管2~4；胚乳腹面平直或略突起；心皮柄2裂至基部。

约20种，产北半球温带地区；中国4种，产西南部、西北部至东北部。

葛缕子 *Carum carvi* L.

42. 细叶旱芹属 Cyclospermum Lag.

一年生草本；茎纤细，多分枝；叶鞘膜质；叶羽状多裂；茎生叶向上退化，叶柄完全变为叶鞘；复伞形花序；无总苞片和小苞片；伞幅很少，纤细；小伞形花序花很少；无萼齿；花瓣先端反折，中肋突出；果无毛，两端略窄，稍压扁；果棱圆钝，突出，有些木栓质；每棱槽内油管1，合生面油管2；胚乳腹面平直。

约3种，产热带和温带美洲；中国归化1种，产台湾、福建、广东、江西。

细叶旱芹 *Cyclospermum leptophyllum* (Pers.) Britton & P. Wilson

43. 凹乳芹属 Vicatia DC.

草本，根粗壮；茎直立；叶柄下部有膜质叶鞘；羽状复叶；复伞形花序，总苞片少数；小总苞线形；萼齿细小，花瓣白色、粉红色或紫红色；花柱基圆盘状，花柱短；分生果卵状长圆形，基部明显向内弯曲，主棱 5；棱槽油管 2~5，合生面油管 4~6；胚乳腹面呈深槽状；心皮柄不裂或 2 浅裂。

约 5 种，产阿富汗、不丹、尼泊尔及中国；中国 2 种，产四川、云南和西藏。

西藏凹乳芹 *Vicatia thibetica* H. Boissieu

44. 马蹄芹属 Dickinsia Franch.

一年生或二年生草本；根状茎短粗，根丛生；茎直立，光滑，不分枝，叶少数；叶柄长；叶片圆形或肾形；单伞形花序顶生；总苞 2；花瓣卵形，平展，顶端圆钝；花柱基圆锥状，花柱短；果实近四棱形，背腹压扁；背棱丝状，凸出，中棱不发达，侧棱扩展成翅状；无油管或油管不发达；种子扁平；心皮柄在顶端稍裂，宿存。

1 种，中国特有，产西南部。

马蹄芹 *Dickinsia hydrocotyloides* Franch.

45. 茴芹属 Pimpinella L.

多年生，稀为二年生或一年生草本；茎常直立；单叶或复叶，茎生叶向上逐渐变小，常无柄，有叶鞘；复伞形花序；小伞形花序常有多数花；萼齿不明显；花瓣顶端有内折小舌片；花柱基圆锥形，稀垫状；果实卵形；每棱槽内油管 1~4，合生面油管 2~6；胚乳腹面平直或微凹；心皮柄 2 裂至中部或基部。

约 150 种，产亚洲、非洲、欧洲；中国 44 种，南北分布。

杏叶茴芹 *Pimpinella candolleana* Wight & Arn.

46. 毒参属 Conium L.

草本，根肥厚；茎中空，具斑点；叶二回羽状分裂；复伞形花序二歧式分支，总苞片和小总苞片膜质；总苞片卵状披针形，反曲向下，小总苞片卵形，基部连合；无萼齿；花瓣白色，倒心形，顶端内折；花柱基平压圆锥形，花柱外折；果实阔卵形，果棱线形，带波状弯曲；油管沿胚乳排成一环，胚乳腹面深陷。

仅 6 种，原产地中海地区，北半球温带广泛归化；中国引入 1 种，产新疆。

毒参 *Conium maculatum* L.

47. 茴香属 Foeniculum Mill.

草本，有强烈香味；茎光滑；叶鞘边缘膜质；叶片多回羽状分裂；复伞形花序；无总苞片和小苞片；伞辐多数，开展；萼齿不明显；花瓣黄色，顶端有内折的小舌片；花柱基圆锥形，花柱短，向外反折；果实主棱5，尖锐或圆钝；每棱槽内有油管1，合生面油管2；胚乳腹面平直或微凹；心皮柄2裂至基部。

1种，产地中海地区，世界各地广泛栽培；中国大部分地区栽培。

茴香 *Foeniculum vulgare* (L.) Mill.

48. 莳萝属 Anethum L.

草本；茎直立，无毛；基生叶有柄，边缘膜质；叶片羽状全裂；复伞形花序；无总苞片和小总苞片；伞辐多数，稍不等长；无萼齿；花瓣黄色，内曲，早落；花柱果期向下弯曲，花柱基圆锥状或垫状；分生果背棱稍突起，侧棱呈狭翅状；每棱槽内油管1，合生面油管2；分生果易分离和脱落；胚乳腹面平直。

仅1种，原产欧洲南部，世界各地广泛栽培；中国大部分地区栽培。

莳萝 *Anethum graveolens* L.

49. 阿米芹属 Ammi L.

草本；直根细长；叶片羽状分裂；小总苞片羽状分裂；萼齿极小，花白色或带黄色，边缘花瓣增大，基部收缩成短爪；花柱基短圆锥形；柱头头状；果实卵形或卵状长圆形，合生面狭窄，光滑；果棱丝线形，每棱槽内油管1，合生面油管2；胚乳的横剖面半圆形，合生面近于平直；心皮柄不裂或分裂达基部。

约6种，分布于地中海地区；中国引种2种。

大阿米芹 *Ammi majus* L.

50. 欧芹属 Petroselinum Hill

二年生草本，稀一年生；叶二至三回羽状分裂；花黄绿色或白色；萼齿不明显；花瓣近基部心形，顶端凹入，凹处有内折小舌片；花柱基短圆锥形，花柱有头状柱头；果实卵形，侧面稍扁压，合生面稍收缩或呈现双球形；分生果有线形果棱5；每棱槽内油管1，合生面油管2；胚乳腹面平直。

约2种，产欧洲西部和南部，世界各地广泛栽培或逸生；中国栽培1种。

欧芹 *Petroselinum crispum* (Mill.) Hill

51. 芹属 Apium L.

草本，根圆锥形；茎分枝；叶羽状分裂至多裂，有叶鞘；伞形花序，有些花序无梗；花柄不等长；萼齿细小，花瓣顶端有内折小舌片；花柱基幼时扁压，花柱短或向外反曲；果实近圆形；果棱尖锐或圆钝，每棱槽油管1，合生面油管2；胚乳腹面平直，心皮柄不分裂或顶端2浅裂至深裂。

约20种，广布于全世界温带地区；中国2种，南北分布。

旱芹 *Apium graveolens* L.

52. 亮蛇床属 Selinum L.

草本，直根粗壮，根茎宿存枯鞘纤维；茎直立，基生叶叶柄基部膨大为膜质叶鞘，叶片二至三回羽裂；复伞形花序顶生或侧生；总苞片少或无，小总苞片多数，线形或羽裂；萼齿发达；花瓣白色，先端具内折小舌片；分生果卵形或近圆形，背腹压扁，背棱突起，侧棱宽翅状，每棱槽油管1~4，合生面油管2~8。

约8种，产欧洲和亚洲；中国3种，产云南和西藏。

53. 蛇床属 Cnidium Cusson

一年生或多年生草本；茎直立，多分枝；叶片常二至三回羽裂；复伞形花序顶生或侧生，总苞片少数，线形至披针形，小总苞片线形；花瓣倒心形，白色，稀带粉红色；萼齿不发达；分生果卵形至长圆形，果棱翅状且木栓化，剖面近五角形，每棱槽油管1，合生面油管2。

6~8种，产欧洲、亚洲；中国5种，南北均产。

滨蛇床 *Cnidium japonicum* Miq.

54. 藁本属 Ligusticum L.

草本，根茎发达或生不定根；茎基部有枯鞘纤维；叶片羽状全裂；复伞形花序，总苞片少数或缺，果期伞辐常呈弧形外曲；小总苞片多数；花瓣先端具内折小舌片；萼齿显著，极少不显；分生果背腹扁压或不压扁，背棱突起至狭翅状，侧棱翅状至宽翅状，每棱槽油管1~4，合生面油管6~8，胚乳腹面平直或微凹。

约60种，分布于北半球；中国约30种，大部分地区都有分布。

辽藁本 *Ligusticum tachiroei* (Nakai & Kitag.) Nakai & Kitag.

55. 欧防风属 Pastinaca L.

草本；纺锤状根粗大，长圆锥形；茎具棱，呈叉状或近乎轮状分枝；叶薄膜质，羽状多裂；复伞形花序顶生和侧生，苞片和小苞片无，伞辐多；萼齿微小，花黄色，顶端内凹；花柱基短圆锥形，花柱叉开；果实广椭圆形，无毛，背部强烈压扁，背棱薄丝状，侧棱宽展成翅；每棱槽油管1，合生面油管2~4；胚乳腹面平直。

约14种，产欧、亚两洲；中国引种1种，广泛栽培。

欧防风 *Pastinaca sativa* L.

56. 阔翅芹属 Tordyliopsis DC.

丛生草本；根茎短，粗壮；茎基部被叶鞘；基生叶羽状多裂；复伞形花序，苞片和小苞片多数；萼齿线形；花瓣二型，外花瓣辐射状，顶端缺口，具狭小内折舌片；花柱基圆顶形，花柱长；果椭圆形，背部强烈压缩，幼时疏生毛，成熟后平滑；背棱不明显，侧棱延伸成宽翅；心皮柄2半裂至基部。

1种，产不丹、中国、尼泊尔和印度东北部；中国产西藏南部。

57. 糙果芹属 Trachyspermum Link

草本；茎圆柱形；叶有柄，羽状分裂或深裂；复伞形花序疏生，花序梗细弱，总苞片和小总苞片常无；伞辐少数，纤细；花柄不等长；萼齿退化；花瓣顶端有内折的小舌片，背面疏生糙毛；花柱基圆锥形，花柱短，外展；心皮柄2裂至基部；分生果主棱5，表面白色糙毛；每棱槽内有油管2~3；胚乳腹面平直。

约12种，产非洲至亚洲；中国2种，产广西、贵州、四川和云南。

糙果芹 *Trachyspermum scaberulum* (Franch.) H. Wolff

58. 白苞芹属 Nothosmyrnium Miq.

多年生草本；茎直立，近叉式分枝，有纵条纹；叶片羽状分裂；叶柄长；复伞形花序；总苞片和小总苞片数枚，边缘薄膜质；花瓣白色，倒卵形；花柱基短圆锥形，花柱细长开展；萼齿不显；果实双球状卵形，光滑，侧面扁平，合生面收缩，背棱和中棱线形，侧棱不明显，油管多数，心皮柄2裂。

2种，中国特有，产黄河以南各地。

白苞芹 *Nothosmyrnium japonicum* Miq.

59. 绒果芹属 Eriocycla Lindl.

草本；茎基部多木质化；叶羽状分裂；复伞形花序，伞辐2~10，不等长；小伞形花序有线形的小苞片；萼齿小，花瓣顶端内折；子房密被柔毛，花柱基扁压或为短圆锥状，花柱近直立或反卷；分生果卵状长圆形至椭圆形，密被柔毛，果棱细，每棱槽内有油管1，合生面油管2，胚乳腹面平直或稍凹入。

6~8种，产伊朗北部至中国；中国3种，产西藏、新疆、内蒙古、辽宁和河北。

绒果芹 *Eriocycla albescens* (Franch.) H. Wolff

60. 欧当归属 Levisticum Hill

多年生高大草本；叶片大，二至三回羽状分裂；复伞形花序；萼齿不明显；花瓣黄绿色至黄色，椭圆形，顶端短而反折；果实卵形至椭圆形，略侧扁，分生果的侧棱厚翅状，背棱钝翅状，棱槽内有油管1，合生面油管2（稀4）。

3种，产阿富汗、亚洲西南部和欧洲；中国引种1种。

欧当归 *Levisticum officinale* W. D. J. Koch

61. 芫荽属 Coriandrum L.

草本，有强烈芳香气味；茎直立，有叶鞘；叶片一至二回羽状分裂；复伞形花序顶生或与叶对生；无苞片或稀具1枚；伞幅少数，小总苞线形；萼齿短，常不等大；花瓣白色或玫瑰粉色，有辐射瓣；花柱基圆锥形，花柱直立；果实球形，成熟时不分离；无油管或仅具一不明显油管；胚乳内侧凹陷；子房柄深裂。

1种，产地中海区；中国各地均有栽培。

芫荽 *Coriandrum sativum* L.

62. 亮叶芹属 Silaum Mill.

草本，无毛；茎直立，实心，具条纹；叶羽状分裂；复伞状花序大；总苞片常无或少数；小苞片多数；萼齿小，花瓣黄绿色或淡黄色，顶端狭窄成内折的小舌片；花柱基短圆锥形，花柱短，外弯；果实长圆状卵形，分生果有5条尖锐相等几成翅状突起的主棱；油管小，多数，果实成熟时消失；胚乳腹面近于平直；心皮柄2裂，分离。

1~5种，产欧洲和地中海地区；中国引种1种，产江苏。

63. 独活属 Heracleum L.

草本；根纺锤形或圆柱形；叶片大，羽状多裂；复伞形花序，顶生伞形花序有两性花，外侧常只有雄花，具辐射瓣，总苞片少或缺，小苞片数枚；萼齿细小，花瓣白色；花柱基圆锥形，花柱短；果实背棱和中棱丝状，侧棱常翅状；每棱槽油管1（~2），合生面油管2（~6）或无；胚乳腹面平直；心皮柄深裂。

约60种，分布于北温带；中国20余种，产西南、西北至东北地区。

短毛独活 *Heracleum moellendorffii* Hance

64. 当归属 Angelica L.

草本，直根圆锥状；茎中空；叶羽状分裂或多裂，有叶鞘；复伞形花序；有总苞片和小总苞；萼齿不明显；花瓣顶端内凹成小舌片；花柱基扁圆锥状至垫状，花柱短至细长；果实卵形至长圆形，背棱线形，侧棱有阔翅；分生果横剖面半月形，每棱槽中有油管1至数个，合生面油管2至数个；心皮柄2裂至基部。

90余种，产北半球温带地区；中国45种，产南北各地。

白芷 *Angelica laxifoliata* (Fisch. ex Hoffm.) Benth. & Hook. f. ex Franch. & Sav.

65. 珊瑚菜属 Glehnia F. Schmidt ex Miq.

草本，全珠被柔毛；根粗壮，茎短或近无；叶片革质羽状分裂；复伞形花序顶生；总苞片少数或无；小总苞片多数；小伞形花序近头状；萼齿细小，薄膜质；花瓣倒卵状披针形；花柱基扁圆锥形；果实椭圆形至圆球形，果棱有木栓翅，每棱槽内有油管1~3，合生面油管2~6；胚乳腹面微凹陷。

2种，分布于东亚和北美；中国1种，产沿海地区。

珊瑚菜 *Glehnia littoralis* Miq.

66. 高山芹属 Coelopleurum Ledeb.

草本，茎中空；叶羽状全裂或分裂，叶鞘膨大；复伞形花序；萼齿不明显；花瓣顶端有内折小舌片；花柱基扁平；双悬果横切面近圆形或背部稍扁，果棱肥厚，三角形或翅状，常木栓质化，油管多数，紧贴种子周围；棱槽中有油管 1，合生面油管 2，分生果成熟时，果皮与种皮仅部分相连；种子核果状。

约 4 种，产东亚和北美；中国 2 种，产吉林长白山地区。

67. 山茴香属 Carlesia Dunn

草本；根粗厚，圆锥形；茎直立；叶羽状分裂；有叶鞘；复伞形花序；总苞片和小总苞片钻形至线形；萼齿明显；花瓣倒卵形，基部渐狭，先端长而内折；雄蕊长于花瓣；花柱基隆起，圆锥形；果实长倒卵形或长椭圆状卵形，表面被短糙毛，主棱钝；每棱槽内油管 3；胚乳腹面平直。

仅 1 种，产韩国和中国；中国产山东、辽宁。

山茴香 *Carlesia sinensis* Dunn

68. 岩风属 Libanotis Haller ex Zinn

草本，稀小灌木；茎有尖锐突起，稀贴地生长；基生叶柄有叶鞘；叶片羽状分裂或全裂；复伞形花序；总苞片有时近无；小苞片多数；花瓣小舌片内折；萼齿显著；花柱长，花柱基短圆锥形；果棱线形或尖锐突起；每棱槽中油管 1，少数 2~3，合生面油管 2~4，稀为 6~8；胚乳腹面平直。

约 30 种，产欧洲和亚洲；中国 18 种，产西北、东北、华东和华中地区。

密花岩风 *Libanotis condensata* (L.) Crantz

69. 西风芹属 Seseli L.

草本；根茎多木质化；根圆锥状；茎有纵长细条纹和浅纵沟；叶片羽状分裂或全裂；复伞形花序；萼齿宿存；花瓣白色或黄色；花柱基常圆锥形或垫状，较花柱短；分生果卵形，长圆形或圆筒形，果棱线形突起，钝；胚乳腹面平直；心皮柄 2 裂达基部。

约 80 种，产欧洲和亚洲；中国 19 种，产西北和西南地区。

粗糙西风芹 *Seseli squarrulosum* R. H. Shan & M. L. Sheh

70. 前胡属 Peucedanum L.

草本；根颈部常残留枯鞘纤维和环状叶痕；基生叶有柄，基部具叶鞘；复伞形花序；总苞片多数或缺，小苞片多数；花常杂生；萼齿不显著；花瓣白色；果实椭圆形或近圆形，中棱和背棱线形突起，侧棱扩展成较厚的窄翅，合生面契合，棱槽内油管 1 至数个，合生面油管 2 至多数。

100~200 种，全球广布；中国 40 种，南北均产。

兴安前胡 *Peucedanum baicalense* (Willd.) W. D. J. Koch

71. 块茎芹属 Krasnovia Popov ex Schischk. & Bobrov

草本；块茎球形，茎具棱；叶羽状分裂或全裂；总苞片无或早落；伞辐明显不等长；小苞片 5；萼齿不显著；花瓣凹口具内折先端，外花瓣略有放大；花柱基短圆锥形，花柱下弯，是花柱基的 3 倍长，早落；果卵圆球形，侧面稍压扁，表面光滑，先端收缩，棱明显，每宽棱槽油管 1，合生面油管 2。

仅 1 种，分布于中国和哈萨克斯坦；中国产新疆。

72. 防风属 Saposhnikovia Schischk.

草本，根粗壮，有环纹，上部被叶鞘；茎多分枝，具细棱；叶羽状深裂至全裂；复伞形花序，有总苞；小苞片数枚；萼齿短；花瓣白色，花柱基圆锥形；子房具横向排列的瘤状突起；双悬果椭圆形，背腹压扁；背棱稍突起，侧棱具狭翅；每棱槽和主棱各有油管 1，合生面油管 2；胚乳腹面平坦。

仅 1 种，产亚洲东北部；中国产东北、华北地区。

防风 *Saposhnikovia divaricata* (Turcz.) Schischk.

73. 瘤果芹属 Trachydium Lindl.

草本，根长圆锥形；茎常缩短；叶片羽状分裂，稀单叶；复伞形花序；伞辐长而粗壮，不等长，小总苞片与总苞片同形；花瓣白色或紫红色，基部有爪，顶端有内折小舌片；花柱较短，花基扁圆锥形，果皮有泡状小瘤，果棱隆起；每棱槽中油管 1~3，合生面 2~6；胚乳腹面微凹，有的深凹或近平直。

约6种，产中亚至喜马拉雅地区；中国6种，产西南地区。

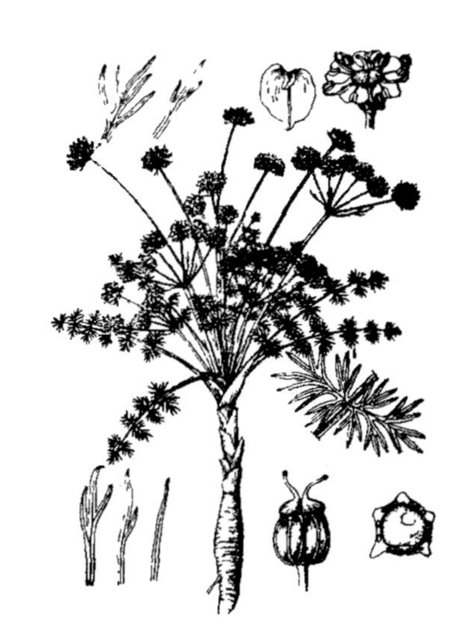

天山瘤果芹 *Trachydium tianschanicum* Korov.

74. 厚棱芹属 Pachypleurum Ledeb.

草本，根粗壮，多分枝；茎基部密被枯鞘纤维；叶片羽裂；复伞形花序顶生或侧生；总苞片数枚，披针形；小总苞片披针形；萼齿显著；花瓣卵形至长圆形，基部具爪，末端有反折的小舌片；果实长圆形至阔卵形，背腹压扁，果棱均为翅状、近等长，每棱槽油管 1~2，合生面油管 2~4 或缺失。

约6种，产亚洲和欧洲；中国5种，产四川、西藏和新疆。

高山厚棱芹 *Pachypleurum alpinum* Ledeb.

75. 栓果芹属 **Cortiella** C. Norman

多年生垫状草本；主根粗壮、圆锥形，根颈宿存枯鞘纤维；主茎退化或缩短；叶片羽裂；复伞形花序的花序梗退化而近于单伞花序，总苞片数枚、叶状，小总苞片多数，线形或3裂；萼齿显著；花瓣卵形，全缘或微缺；分生果近圆形，背腹压扁，果棱均为宽翅状且木栓化、不等长，每棱槽油管1，合生面油管2。

3种，产喜马拉雅地区；中国3种，产西藏。

栓果芹 *Cortiella hookeri* (C. B. Clarke) C. Norman

76. 双球芹属 **Schrenkia** Fisch. & C. A. Mey.

草本，主根木质；茎有纵棱，基部被叶鞘包围；下部枝互生，上部枝对生、轮生或分歧成聚伞状；叶羽状分裂；复伞形花序；总苞片小，小总苞片数枚；萼齿显著；花瓣椭圆形至卵形，基部具爪，顶端凹缺；花柱基扁圆锥形，花柱向外倾斜；果实双扁球形，不分离，宽大于长，无毛；果皮革质，棱显著；油管不显著；胚乳腹面凹陷。

双球芹 *Schrenkia vaginata* (Ledeb.) Fisch. & C. A. Mey.

约7种，产欧洲及中亚；中国1种，产新疆。

77. 大瓣芹属 **Semenovia** Regel & Herder

草本；根纺锤形；叶片全裂或羽状分裂；复伞形花序；萼齿微小，花瓣白色，外花具辐射瓣，先端2深裂，背面被微柔毛；花柱基圆锥形，比花柱稍短；果卵球形或卵圆形、长圆形，背棱和中棱突起，侧棱宽展成翅或与背棱等宽；每棱槽油管1，合生面油管2；胚乳腹面平直或略凹；心皮柄2深裂至基部。

约20种，产亚洲中部和西南部；中国4种，产新疆。

大瓣芹 *Semenovia transiliensis* Regel & Herder

78. 喜峰芹属 **Cortia** DC.

草本；根圆锥形、粗壮，上部宿存多数枯鞘纤维；茎退化；叶呈莲座状，叶鞘和叶柄内侧有短柔毛；叶片羽状深裂或全裂；复伞形花序无花梗，似单伞形花序，伞辐不等长，总苞片少数；小总苞片多数；萼齿显著；花瓣白色；果实背腹压扁，背棱狭翅状，侧棱宽翅状，每棱槽内油管1~2，合生面油管2~4。

3~4种，产喜马拉雅地区；中国1种，产四川和西藏。

79. 紫伞芹属 **Melanosciadium** H. Boissieu

高大草本，根长圆锥形；茎带紫色，中上部分枝较多；复伞形花序无总苞；伞辐短，多数，极不等长；小总苞线形；小花柄极不等长；花瓣近圆形，向内弯曲成兜状，顶端凹陷，有内折小舌片，脉明显，深紫色；花柱基矮圆锥形，与花柱近等长，向两侧弯曲；果实近球形；棱槽内油管2~4，合生面油管6。

1种，中国特有，产四川、贵州、湖北。

80. 欧白芷属 **Archangelica** Wolf

多年生高大草本；茎中空；叶大型，二至三回羽状全裂；复伞形花序，伞辐多数；萼片无齿或有短齿；花瓣椭圆形，顶端稍内折；花柱基扁平，边缘浅波状；果实卵形、椭圆形或近正方形，稍扁压，果棱均翅状增厚，背棱比棱槽宽，油管多数，几连接成环状，并同种子层连合。

约 10 种，产北温带地区；中国 2 种，产新疆及内蒙古。

下延叶欧白芷 *Archangelica decurrens* Ledeb.

81. 隐棱芹属 **Aphanopleura** Boiss.

一年生草本；叶羽状分裂或全缘，上部 3 齿裂；花两性；萼齿不显；花瓣稍凹陷，顶端尖而内曲；花柱基短圆锥形，花柱向外叉开，较花柱基约长 2 倍；分生果卵形或近球形，两侧扁压，有不明显的钝棱，并有棒状或头状柔毛；每棱槽内油管 1，合生面油管 2；果实横剖面五角形；胚乳腹面平直；心皮柄分裂至顶端。

3~4 种，产中亚；中国 2 种，产新疆。

82. 空棱芹属 **Cenolophium** W. D. J. Koch

草本，根粗壮，宿存枯鞘纤维；茎有纵槽，常为紫色；基生叶有长柄，基部为宽阔叶鞘；叶片羽状全裂；复伞形花序；无总苞片，小伞形花序有多数花，小总苞片多数、线形；萼齿不显著；花瓣白色，阔卵形；顶端有内折小舌片；分生果卵形，两侧压扁，果棱均有翅，棱下中空，每棱槽油管 1，合生面油管 2。

1 种，产亚洲和欧洲温带地区；中国产新疆。

空棱芹 *Cenolophium denudatum* (Hornem.) Tutin

83. 滇藏细叶芹属 **Chaerophyllopsis** H. Boissieu

草本；茎直立，纤细；叶柄长，叶片羽状分裂或羽状半裂；上部茎生叶较小，叶柄叶鞘化；复伞形花序；苞片不存在或 1，伞辐近等长，小苞片比花梗短；花两性，萼齿突出；花瓣背面具短柔毛，先端内折；花柱基宽矮圆锥形，花柱极短，早落；果实小，每棱槽油管 1~2，合生面油管 2；果瓣柄先端 1 裂。

1 种，中国特有，产云南和西藏。

84. 山芎属 **Conioselinum** Fisch. ex Hoffm.

草本，茎圆柱形，中空，具纵条纹；叶柄基部扩大成鞘；叶片羽状全裂；复伞形花序；总苞片少数或无；小总苞片多数，线形；萼齿不发育；花瓣具内折小舌片；花柱基隆起至圆锥状；分生果背腹扁压，背棱狭翅状，侧棱成宽翅；每棱槽内油管 1~3，合生面油管 2~6；胚乳腹面平直或微凹。

约 12 种，产北半球；中国 3 种，产新疆、安徽、江西及台湾。

山芎 *Conioselinum chinense* (L.) Britton, Sterns & Poggenb.

85. 柳叶芹属 Czernaevia Turcz. ex Ledeb.

草本；叶羽状全裂；复伞形花序；总苞片无或有 1 片，早落；小总苞片 3~5；萼齿不明显；花瓣顶端有内卷的小舌片；双悬果近圆形或阔卵圆形；分生果横切面近半圆形，常 5 条棱为翼状，稀呈肋状，背棱狭翅状，侧棱宽翅状，约比背棱宽一倍，棱槽中各具油管 3~5，心皮柄 2 裂，分离。

1 种，分布于中国、朝鲜和俄罗斯；中国产东北和华北地区。

柳叶芹 *Czernaevia laevigata* Turcz.

86. 斑膜芹属 Hyalolaena Bunge

草本，具块根；基生叶有宽阔叶鞘；叶片羽状全裂；复伞形花序；总苞片和小苞片各 5；伞辐不等长；萼齿不显著；花瓣有内折的小舌片；花柱基圆锥状，花柱短，叉开或弯曲；分生果长圆形或长圆状椭圆形，背腹略扁压，外果皮紧贴，果棱丝状突起；每棱槽内油管 1~4，合生面油管 2~10；心皮柄 2 深裂至基部。

6~10 种，产亚洲中部至西南部；中国 2 种，产新疆。

87. 石蛇床属 Lithosciadium Turcz.

多年生草本，根颈部残留枯鞘纤维；茎多分枝；叶片一至二回羽裂；复伞形花序顶生或侧生，总苞片少，小总苞片多数，线形、全缘；萼齿退化；花瓣绿色；花柱基扁平；果实长圆形，背腹稍压扁，果棱突起、近等长，合生面较窄，每棱槽油管 1，合生面油管 2。

2 种，产亚洲中部和北部；中国 1 种，产新疆。

88. 羽苞芹属 Oreocomopsis Pimenov & Kljuykov

多年生草本；茎直立，基部宿存枯鞘纤维；叶片二至四回羽裂；总苞片数枚、羽裂，小总苞片线形至丝状，常反折；萼齿缺失；花瓣长圆形或倒卵形，基部楔形，先端渐尖；果实椭圆形、无毛，背腹压扁，合生面较窄，果棱翅状，侧棱较宽，每棱槽油管 2~3，合生面油管 4~6；胚乳合生面略凹。

2 种，产喜马拉雅地区；中国 1 种，产西藏。

89. 胀果芹属 Phlojodicarpus Turcz. ex Ledeb.

草本，茎髓部充实；叶鞘边缘膜质；叶片羽状全裂；复伞形花序；萼齿披针形或线形；花瓣淡紫色；花柱初时直立，后向下弯曲，花柱基短圆锥形；分生果椭圆形或近圆形，背棱或中棱粗钝而隆起，侧棱宽翅状，外果皮肥厚，木栓质；每棱槽内有油管 1~3，合生面油管 2~4；胚乳腹面平直；心皮柄 2 裂至基部。

2~4 种，产朝鲜、中国、蒙古国和俄罗斯；中国 2 种，产东北和西北地区。

胀果芹 *Phlojodicarpus sibiricus* (Spreng.) Koso-Pol.

90. 簇苞芹属 Pleurospermopsis C. Norman

芳香草本；根粗壮；茎直立被叶鞘；叶柄基部具骤然开展的叶鞘；羽状复叶，无柄，边缘具粗锯齿；复伞形花序，总苞片数枚，硬纸质，浅裂；伞幅缩短成簇状；小苞片显著；萼齿小，花瓣深紫红色至黑紫色；花柱基短于花柱；果狭椭圆形，光滑；果棱具狭翅；每棱槽 1~2 油管，合生面 4 油管；胚乳腹面凹陷；心皮柄 2 叉。

1 种，产印度东北部、不丹、尼泊尔及中国；中国产西藏。

91. 栓翅芹属 Prangos Lindl.

多年生草本，根长圆锥状，木质；茎直立；叶三出或羽状分裂，小叶裂片细线形；复伞形花序，顶生或侧生；总苞片数枚，线形或披针形，小苞片似总苞片；花瓣先端内折；萼齿退化；果实长圆形，背腹扁压；背棱线状，侧棱有木栓质的翅；棱槽中油管多数，合生面数个；胚乳腹面平直或稍凹。

约30种，产亚洲中部至西南部，地中海地区；中国4种，产西藏和新疆。

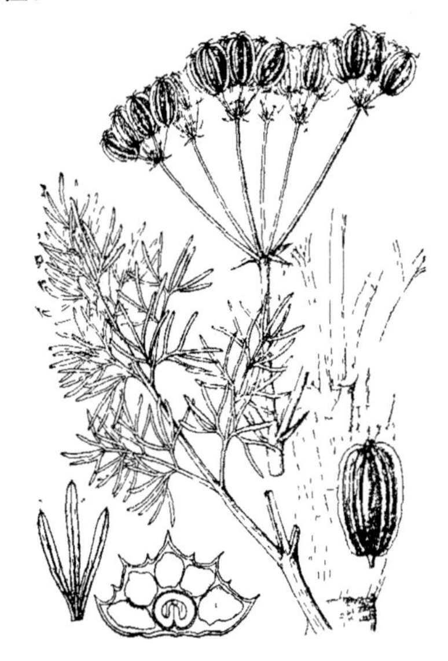

大果栓翅芹 *Prangos ledebourii* Herrnst. & Heyn

92. 翅棱芹属 Pterygopleurum Kitag.

多年生草本；茎有纵槽；基生叶有柄，叶柄基部具膜质叶鞘；叶片羽裂，末回裂片线形或线状披针形；复伞形花序疏松，顶生或侧生，总苞片和小总苞片少数、线形；萼齿显著；花瓣白色，倒心形，顶端有内折小舌片；果实长椭圆形、无毛，两侧稍压扁，果棱突起、有翅，基部膨大；每棱槽油管1，合生面油管2。

1种，分布于中国、日本和朝鲜；中国产安徽、江苏和浙江。

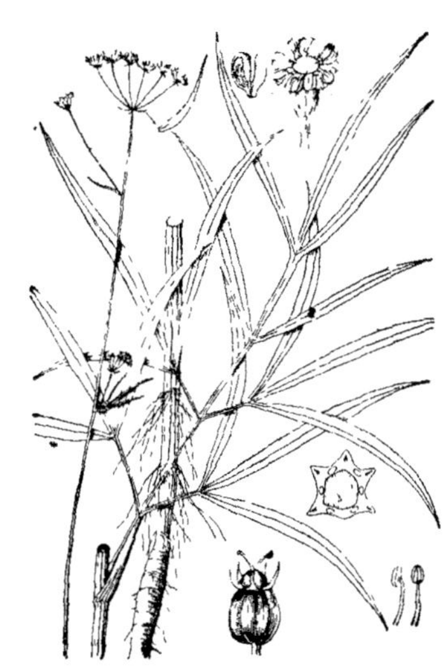

脉叶翅棱芹 *Pterygopleurum neurophyllum* (Maxim.) Kitag.

93. 球根阿魏属 Schumannia Kuntze

草本，根块茎状，增粗；叶片多回三出全裂，末回裂片线形；复伞形花序无总苞片；小伞形花序的花密集为头状；萼齿钻形或披针形，花后增大；花瓣淡黄色，外面被柔毛；花柱基扁圆锥形，花柱延长；分生果椭圆形或长圆形，具密集的短柔毛；背棱丝状，每棱槽内有油管3~5，合生面油管10~12；心皮柄2深裂；种子胚乳腹面平直。

1种，产亚洲中部至西南部；中国产新疆。

94. 西归芹属 Seselopsis Schischk.

多年生草本，根块状；茎有浅纵细条纹；基生叶有柄，具宽阔叶鞘，边缘膜质；叶片羽状全裂；复伞形花序，无总苞，有小总苞；伞辐不等长；花柄不等长；无萼齿；花瓣倒心形，有内折的小舌片；花柱基短圆锥状，柱头头状；分生果椭圆形或卵形，背面稍扁压，果棱翅状突起；每棱槽内油管1，合生面油管2。

2种，产中亚；中国1种，产新疆。

西归芹 *Seselopsis tianschanica* Schischk.

95. 簇花芹属 Soranthus Ledeb.

草本，根圆柱形；叶片羽状全裂；复伞形花序；小伞形花序几乎成头状，花近无柄，小总苞片有白色短刺毛；萼齿短；花瓣淡绿色，卵形，外面有毛；花柱基扁圆锥形，花柱外弯；分生果椭圆形，背腹扁压，背棱丝状突起，侧棱宽翅状，每棱内有油管1，合生面油管4；心皮柄2裂，种子胚乳腹面平直。

1种，分布于中国、哈萨克斯坦和西伯利亚地区；中国产新疆。

96. 迷果芹属 Sphallerocarpus Besser ex DC.

草本，茎多分枝，被短柔毛；二至三回羽状复叶，裂片细碎；复伞形花序；伞辐众多，小苞片数枚；花瓣常具辐射瓣；萼齿微小，花柱基圆锥形或向下压扁；花柱短；果椭圆球形，侧面压扁，合生面缢缩，具5棱，每棱槽油管2~3，合生面油管4~6；种子表面具宽槽；果瓣柄2裂。

1种，分布于中国、日本、蒙古国和西伯利亚东部地区；中国产北部和西南地区。

迷果芹 *Sphallerocarpus gracilis* (Trevir.) Koso-Pol.

97. 狭腔芹属 Stenocoelium Ledeb.

草本，根粗壮，根颈残留枯鞘纤维；茎缩短；有叶鞘，叶片二回羽状全裂；复伞形花序较大，伞辐粗壮且不等长；总苞片和小总苞片线形或线状披针形，小伞花序多花，小总苞片多毛；萼齿显著；花瓣白色，顶端有内折小舌片；果实背腹稍压扁，背棱突起、粗钝，侧棱宽翅状，每棱槽内油管1，合生面油管2。

3种，产中亚高海拔地区和西伯利亚；中国2种，产新疆。

狭腔芹 *Stenocoelium popovii* V. M. Vinogr. & Fedor.

98. 伊犁芹属 Talassia Korovin

草本，根粗，根颈分叉，木质化；茎多数；叶柄基部扩展成鞘；叶片三回羽状全裂；复伞形花序；无总苞片和小总苞片；萼齿三角形；花瓣黄色，广椭圆形；花柱基扁圆锥形，花柱短；分生果椭圆形，背腹扁压，背棱3条稍突起，侧棱不明显；每棱槽内有油管1，窄小合生面油管2。

2种，产中亚；中国1种，产新疆。

99. 艾叶芹属 Zosima Hoffm.

草本，根纺锤形；茎密被短柔毛；叶片羽状全裂；复伞形花序，苞片和小苞片存在；花雌雄同株；萼齿微小，花瓣白色，倒心形；果宽卵形，背腹强烈压缩，背棱丝状，侧棱有薄翅，翅远端部分膨胀和木栓质；油管大，每棱槽油管1，合生面油管2；心皮柄2，深裂至基部。

4种，产亚洲中部和西南部；中国1种，产新疆。

主要参考文献

梁松筠 (1999) 百合科 (狭义) 植物的分布区对中国植物区系研究的意义 // 路安民 . 种子植物科属地理 . 北京 : 科学出版社 : 543–564.

刘玉壶 (1984) 木兰科分类系统的初步研究 . *植物分类学报* , **22**, 89–109.

路安民 (1981) 现代有花植物分类系统初评 . *植物分类学报* , **19**, 279–290.

路安民 (1984) 诺·达格瑞 (R. Dahlgren) 被子植物分类系统介绍和评注 . *植物分类学报* , **22**, 497–508.

路安民 , 汤彦承 (2005) 被子植物起源研究中几种观点的思考 . *植物分类学报* , **43**, 420–430.

路安民 , 张芝玉 (1978) 对于被子植物进化问题的述评 . *植物分类学报* , **16**, 1–15.

路安民 , 张志耘 (1990) 胡桃目的分化、进化和系统关系 . *植物分类学报* , **28**, 96–102.

汤彦承 , 路安民 (2003) 系统发育和被子植物"多系－多期－多域"系统——兼答傅德志的评论 . *植物分类学报* , **41**, 199–208.

王伟 , 张晓霞 , 陈之端 , 路安民 (2017) 被子植物 APG 系统评论 . *生物多样性* , **25**, 418–426.

吴兆洪 , 秦仁昌 (1991) 中国蕨类植物科属志 . 北京 : 科学出版社 .

吴征镒 , 路安民 , 汤彦承 , 陈之端 , 李德铢 (2003) 中国被子植物科属综论 . 北京 : 科学出版社 .

吴征镒 , 汤彦承 , 路安民 , 陈之端 (1998) 试论木兰植物门的一级分类——一个被子植物八纲系统的新方案 . *植物分类学报* , **36**, 385–402.

张芝玉等译 , 秦仁昌等校 (1981) 被子植物的起源和早期演化 . 北京 : 科学出版社：134–141.

郑万钧 , 傅立国 (1978) 裸子植物门 // 中国植物志编辑委员会 . 中国植物志 , 第 7 卷 . 北京 : 科学出版社 .

Airy Shaw HK (1973) A dictionary of the flowering plants and ferns. Cambridge: Cambridge University Press.

Albach DC, Soltis PS, Soltis DE, Olmstead RG (2001a) Phylogenetic analysis of asterids based on sequences of four genes. *Annals of the Missouri Botanical Garden*, **88**, 163–212.

Albach DC, Soltis PS, Soltis DE (2001b) Patterns of embryological and biochemical evolution in the asterids. *Systematic Biology*, **26**, 242–262.

Alverson W, Karol K, Baum D, Chase MW, Swensen SM, McCourt R, Sytsma K (1998) Circumscription of the Malvales and relationships to other Rosidae: evidence from *rbc*L sequence data. *American Journal of Botany*, **85**, 876–876.

APG Ⅱ (2003) An update of the Angiosperm Phylogeny Group classification for the orders and families of flowering plants: APG Ⅱ. *Botanical Journal of the Linnean Society*, **141**, 399–436.

APG Ⅲ (2009) An update of the Angiosperm Phylogeny Group classification for the orders and families of flowering plants: APG Ⅲ. *Botanical Journal of the Linnean Society*, **161**, 105–121.

APG Ⅳ (2016) An update of the Angiosperm Phylogeny Group classification for the orders and families of flowering plants: APG Ⅳ. *Botanical Journal of the Linnean Society*, **181**, 1–20.

Bailey IW, Nast CG (1945) Morphology and relationships of *Trochodendron* and *Tetracentron*: I. Stem, root, and leaf. *Journal of the Arnold Arboretum*, **26**, 143–154.

Barkman TJ, McNeal JR, Lim SH, Coat G, Croom HB, Young ND, dePamphilis CW (2009) Mitochondrial DNA suggests at least 11 origins of parasitism in angiosperms and reveals genomic chimerism in parasitic plants. *BMC Evolutionary Biology*, **7**, 248.

Bartling FG (1830) Ordines naturales plantarum eorumque characteres et affinitates adjecta generum enumeratione. Göttingen: Dietrich.

说明：文中引证但未在此处列出的文献见吴征镒等（2003）的《中国被子植物科属综论》，或 Judd 等（2012）的《植物系统学》（李德铢等译，原著 2008 年出版）。

Bell CD, Edwards EJ, Kim ST, Donoghue MJ (2001) Dipsacales phylogeny based on chloroplast DNA sequences. *Harvard Papers in Botany*, **6**, 481–499.

Bittrich V (1993) Introduction to Centrospermae // Kubitzki K, Rohwer JG, Bittrich V. Flowering plants—dicotyledons. The families and genera of vascular plants. Vol. 2. Berlin: Springer.

Bowe LM, Coat G, de Pamphilis CW (2000) Phylogeny of seed plants based on all three genomic compartments: extant gymnosperms are monophyletic and Gnetales' closest relatives are conifers. *Proceedings of the National Academy of Sciences of the United States of America*, **97**, 4092–4097.

Bremer B, Bremer KA, Heidari N, Erixon P, Olmstead RG, Anderberg AA, Källersjö M, Barkhordarian E (2002) Phylogenetics of asterids based on 3 coding and 3 non-coding chloroplast DNA markers and the utility of non-coding DNA at higher taxonomic levels. *Molecular Phylogenetics and Evolution*, **24**, 274–301.

Brenner GJ (1996) Evidence for the earliest stage of angiosperm pollen evolution: a paleoequatorial section from Israel // Taylor DW, Hickey LJ. Flowering plant origin, evolution and phylogeny. New York: Chapman and Hall, 91–115.

Brummitt RK (1992) Vascular plant families and genera. Richmond: Royal Botanic Gardens, Kew.

Burleigh JG, Mathews S (2004) Phylogenetic signal in nucleotide data from seed plants: implications for resolving the seed plant tree of life. *American Journal of Botany*, **91**, 1599–1613.

Chase MW, Duvall MR, Hills HG, Conran JG, Cox AV, Eguiarte LE, Hartwell J, Fay MF, Caddick LR, Cameron KM, Hoot S (1995) Molecular phylogenetics of Lilianae // Rudall PJ, Cribb PJ, Cutler DF, Humphries CJ. Monocotyledons: systematics and evolution. Vol. 1. Richmond: Royal Botanic Gardens, Kew: 109–137.

Chase MW, Fay MF, Devey DS, Maurin O, Ronsted N, Davies TJ, Pillon Y, Petersen G, Seberg O, Tamura MN, Asmussen CB, Hilu K, Borsch T, Davis JI, Stevenson DW, Pires JC, Givnish TJ, Sytsma KJ, McPherson MA, Graham SW, Rai HS (2006) Multigene analyses of monocot relationships: a summary. *Aliso*, **22**, 63–75.

Chase MW, Freudenstein JF, Cameron KM (2003) DNA data and Orchidaceae systematics: a new phylogenetic classification // Dixon KW, Pell SP, Barrett RL, Cribb PJ. Orchid conservation. Kota Kinabalu, Sabah: Natural History Publications: 69–89.

Chase MW, Hanson L, Albert VA, Whitten WM, Williams NH (2005) Life history evolution and genome size in subtribe Oncidiinae (Orchidaceae). *Annals of Botany*, **95**, 191–199.

Chase MW, Rudall PJ, Conran JG (1996) New circumscriptions and a new family of asparagoid lilies: genera formerly included in Anthericaceae. *Kew Bulletin*, **51**, 667–680.

Chase MW, Soltis DE, Olmstead RG, Morgan D, Les DH, Mishler BD, Duvall MR, Price RA, Hillis HG, Qiu YL, Kron KA, Rettig JH, Conti E, Palmer JD, Manhart JR, Sytsma KJ, Michaels HJ, Kress WJ, Karol KG, Clark WD, Hedren M, Gaut BS, Jansen RK, Kim KJ, Wimpee CF, Smith JF, Furnier GR, Strauss SH, Xiang QY, Plunkett GM, Soltis PS, Swensen SM, Williams SE, Gadek PA, Quinn CJ, Eguiarte LE, Golenberg E, Learn GHJ, Graham SW, Barret SCH, Dayanandan S, Albert VA (1993) Phylogenetics of seed plants: an analysis of nucleotide sequences from the plastid gene *rbc*L. *Annals of the Missouri Botanical Garden*, **80**, 528–580.

Chase MW, Soltis DE, Soltis PS, Rudall PJ, Fay MF, Hahn WH, Sullivan S, Joseph J, Givinish TJ, Sytsma KJ, Pires JC (2000) Higher-level systematics of the monocotyledons: an assessment of current knowledge and a new classification // Wilson KL, Morrison DA. Monocots: systematics and evolution. Victoria: CSIRO, Collingwood: 3–16.

Chatrou LW, Pirie MD, Erkens RHJ, Couvreur TLP, Neubig KM, Abbott JR, Mols JB, Maas JW, Saunders RMK, Chase MW (2012) A new subfamilial and tribal classification of the pantropical flowering plant family Annonaceae informed by molecular phylogenetics. *Botanical Journal of the Linnean Society*, **169**, 5–40.

Chen ZD, Wang XQ, Sun HY, Han Y, Lu AM (1998) The systematic position of the Rhoipteleaceae: evidence from nuleotide sequences of *rbc*L gene. *Acta Phytotaxonomica Sinica*, **36**, 1–7

Christenhusz MJM, Zhang XC, Schneider H (2011) A linear sequence of extant families and genera of lycophytes and ferns. *Phytotaxa*, **19**, 7–54.

Conti EK, Sytsma KJ, Alversion WS (1998) Neither oak nor alder, but nearly: the relationships of Ticodendron based on *rbc*L sequences.

Abstract. *American Journal of Botany*, **81**, 149.

Copeland EB (1938) Genera Hymenophyllacearum. *Philippine Journal of Science*, 67, 1–100

Crane PR, Friis EM, Pedersen KR (1995) The origin and early evolution of angiosperms. *Nature*, **374**, 27–33.

Cronquist A (1981) An integrated system of classification of flowering plants. New York: Columbia University Press.

Cronquist A (1988) The evolution and classification of flowering plants. 2nd edn. New York: New York Botanical Garden.

Dahlgren G (1989) The last Dahlgrenogram. System of classification of the dicotyledons // Tan K. Plant taxonomy. The Davis and Hedge Festschrift. Edinburgh: Edinburgh University Press.

Dahlgren G (1995) On Dahlgrenograms–a system for the classification of angiosperms and its use in mapping characters. *Anais da Academia Brasileira de Ciencisa*, **67**, 383–404.

Dahlgren RMT (1975) A system of classification of angiosperms to be used to demonstrate the distribution of characters. *Botaniska Notiser*, **128**, 19–147.

Dahlgren RMT (1983) General aspects of angiosperm evolution and macro-systematics. *Nordic Journal of Botany*, **3**, 119–149.

Dahlgren RMT, Clifford HT (1981) Some conclusions from a comparative study of the monocotyledons and related dicotyledonous orders. *Plant Biology*, **94**, 203–227.

Dahlgren RMT, Clifford HT (1982) The monocotyledons: a comparative study. London: Academic Press.

Dahlgren RMT, Clifford HT, Yeo PF (1985) The families of monocotyledons: structure, evolution and taxonomy. Berlin: Springer.

Dahlgren RMT, Rasmussen FN (1983) Monocotyledon evolution: characters and phylogenetic estimation. *Evolutionary Biology*, **16**, 255–395.

Davis CC, Chase MW (2004) Elatinaceae are sister to Malpighiaceae; Peridiscaceae belong to Saxifragales. *American Journal of Botany*, **91**, 262–273.

Davis JI, Stevenson DW, Petersen G, Seberg O, Campbell LM, Freudenstein JV, Goldman DH, Hardy CR, Michelangeli FA, Simmons MP, Specht CD, Vergara–Silva F, Gandolfo M (2004) A phylogeny of the monocots, as inferred from *rbc*L and *atp*A sequence variation, and a comparison of methods for calculating jackknife and bootstrap values. *Systematic Botany*, **29**, 467–510.

Dilcher DL (1989) The occurrence of fruits with affinities to Ceratophyllaceae in lower and mid–Cretaceous sediments. *American Journal of Botany*, **76**, 162.

Dickison WC (1989) Comparisons of primitive Rosidae and Hamamelidae // Crane PR, Blackmore S. Evolution, systematics, and fossil history of the Hamamelidae. Vol. 1. Oxford: Clarendon Press: 47–73.

Downie SR, Palmer JD (1992) Restriction site mapping of the chloroplast DNA inverted repeat: a molecular phylogeny of the Asteridae. *Annals of the Missouri Botanical Garden*, **79**, 266–283.

Doyle JA (1998) Molecules, morphology, fossils, and the relationship of angiosperms and Gnetales. *Molecular Phylogenetics and Evolution*, **9**, 448–462.

Doyle JA, Hickey LJ (1976) Pollen and leaves from the mid–Cretaceous Potomac Group and their bearing on early angiosperm evolution // Beck CB. Origin and early evolution of angiosperms. New York: Columbia University Press: 139–206.

Doyle JA, Endress PK (2000) Morphological phylogenetic analysis of basal angiosperms: comparison and combination with molecular data. *International Journal of Plant Sciences*, **161**, S121–S153.

Duvall MR, Learn GH Jr., Eguiarte LE, Clegg MT (1993) Phylogenetic analysis of *rbc*L sequences identifies *Acorus calamus* as the primal extant monocotyledon. *Proceedings of the National Academy of Sciences of the United States of America*, **90**, 4641–4644.

D'Arcy WG(1991) The Solanaceae since 1976, with a review of its biogeography // Hawkes JG, Lester RN, Nee M, Estrada N. Solanaceae Ⅲ: taxonomy, chemistry, evolution. Richmond: Royal Botanic Garden, Kew: 75–138.

Eichler AW (1878) Blüthendiagramme II. Leipzig: Wilhelm Engelmann.

Endress PK, Doyle JA (2009) Reconstructing the ancestral flower and its initial specializations. *American Journal of Botany*, **96**, 22–66.

Erbar C, Porembski S, Leins P (2005) Contributions to the systematic position of *Hydrolea* (Hydroleaceae) based on floral development. *Plant Systematics and Evolution*, **252**, 71–83.

Erdtman G (1952) Pollen morphology and plant taxonomy — angiosperms. Stockholm: Almqvist and Wiksell: 539.

Engler A, Diels L (1963) Syllabus der Pflanzenfamilien. Aufl. II Berlin

Friis EM, Crane PR, Pedersen KR (2019) The early cretaceous mesofossil flora of Torres Vedras (NE of Forte da Forca), Portugal: a palaeofloristic analysis of an early angiosperm community. *Fossil Imprint*, **75**, 153–257.

Friis EM, Crane PR (1989) Reproductive structures of Cretaceous Hamamelidae // Crane PR, Blackmore S. Evolution, systematics, and fossil history of the Hamamelidae. Vol. 1. Oxford: Clarendon Press: 153–174

Friis EM, Crane PR, Pedersen KR (2011) Early flowers and angiosperm evolution. Cambridge: Cambridge University Press.

Fu ZX, Jiao BH, Nie B, Zhang GJ, Gao TG (2016) A comprehensive generic-level phylogeny of the sunflower family: implications for the systematics of Chinese asteraceae. *Journal of Systematics and Evolution*, 54, 416–437.

Gadek P, Fernando ES, Quinn CJ, Hoot SB, Terrazas T, Sheahan MC, Chase MW (1996) Sapindales: molecular delimitation and infraordinal groups. *American Journal of Botany*, **83**, 802–811.

Graham SW, Zgurski JM, McPherson MA, Cherniawsky DM, Saarela JM, Horne ESC, Smith SY, Wong WA, O'Brien HE, Pires JC, Olmstead RG, Chase MW , Rai HS (2006) Robust inference of monocot deep phylogeny using an expanded multigene plastid data set. *Aliso*, **22**: 3–20.

Grayum MH (1987) A summary of evidence and arguments supporting the removal of *Acorus* from the Araceae. *Taxon*, **36**, 723–729.

Grayum MH (1990) Evolution and phylogeny of the Araceae. *Annals of the Missouri Botanical Garden*, **77**, 628–697.

Harrington M, Edwards K, Johnson S, Chase M, Gadek P (2005) Phylogenetic inference in Sapindaceae *sensu lato* using plastid *mat*K and *rbc*L DNA sequences. *Systematic Botany*, **30**, 366–382.

Hilu KW, Borsch T, Müller KK, Soltis DE, Soltis PS, Savolainen V, Chase MW, Powell MP, Alice LA, Evans R, Sauquet H, Neinhuis C, Slotta TAB, Rohwer JG, Campbell CS, Chatrou LW (2003) Angiosperm phylogeny based on *mat*K sequence information. *American Journal of Botany*, **90**, 1758–1776.

Hutchinson J (1969) The families of flowering plants, Vol. I. London: MacMillan Co.

Hutchinson J (1969) Evolution and phylogeny of flowering plants: dicotyledons, facts and theory. London: Academic Press.

Jansen RK, Cai Z, Raubeson LA, Daniell H, de Pamphilis CW, Leebens-Mack J, Müller KF, Guisinger-Bellian M, Haberle RC, Hansen AK, Chumley TW, Lee SB, Peery R, McNeal JR, Kuehl JV, Boore JL (2007) Analysis of 81 genes from 64 chloroplast genomes resolves relationships in angiosperms and identifies genome–scale evolutionary patterns. *Proceedings of the National Academy of Sciences of the United States of America*, **104**, 19369–19374.

Jian S, Soltis PS, Gitzendanner MA, Moore MJ, Li R, Hendry TA, Qiu YL, Dhingra A, Bell C, Soltis DE (2008) Resolving an ancient, rapid radiation in Saxifragales. *Systematic Biology*, **57**, 38–57.

Judd WS, Campbell CS, Kellogg EA, Stevens PF, Donoghue MJ (2008) Plant systematics: a phylogenetic approach. 3rd edn. Sunderland: Sinauer.

Judd WS, Manchester SR (1997) Circumscription of Malvaceae (Malvales) as determined by a preliminary cladistic analysis of morphological, anatomical, palynological, and chemical analysis. *Brittonia*, **49**: 384–405

Judd WS, Sanders RW, Donoghue MJ (1994) Angiosperm family pairs: preliminary phylogenetic analyses. *Harvard Papers in Botany*, **5**, 1–51.

Kao PC, Kubitzki K (1998) Acanthochlaydaceae // Kubitzki K. The families and genera of vascular plants, III. Berlin: Springer: 55–58.

Kedves M (1989) Evolution of the Normapolles complex // Crane PR, Blackmore S. Evolution, systematics and fossil history of the Hamamelidae. Vol. 2, "Higher" Hamamelidae. Systematics Association Special Volume 40B, 1–7. Oxford: Clarendon Press.

Kress WJ (1990) The phylogeny and classification of the Zingiberales. *Annals of the Missouri Botanical Garden*, **77**, 698–721.

Kress WJ (1995) Phylogeny of the Zingiberanae: morphology and molecules // Rudall P, Cribb PJ, Cutler DF, Humphries CJ.

Monocotyledons: systematics and evolution. Richmond: Royal Botanic Gardens, Kew: 443–460.

Kubitzki K (1997) System for arrangment of vascular plants // Mabberley DJ. The Plant-Book: a portable dictionary of the vascular plants. 2nd edn. Cambridge: Cambridge University Press: 771–781.

Les DH (1988) The origin and affinities of the Ceratophyllaceae. *Taxon*, **37**, 326–345.

Les DH, Schneider EL, Padgett DL (1997) Water lily relationships revisited: lessons learned from anatomy, morphology and molecules. *The Water Garden Journal*, **13**, 21–28.

Li MH, Zhang GQ, Lan SR, Liu ZJ (2015) A molecular phylogeny of Chinese orchids. *Journal of Systematics and Evolution*, **54**, 349–362.

Li RQ, Chen ZD, Lu AM, Soltis DE, Soltis PS, Manos PS (2004) Phylogenetic relationships in Fagales based on DNA sequences from three genomes. *International Journal of Plant Sciences*, **165**, 311–324.

Lu AM (1990) A preliminary cladistic study of the families of the superorder Lamiiflorae. *Botanical Journal of the Linnean Society*, **103**, 39–57.

Manchester SR (1990) Biogeographical relationships of North American Tertiary floras. *Annals of the Missouri Botanical Garden*, **86**, 472–522.

Matthews ML, Endress PK (2005) Comparative floral structure and systematics in Celastrales (Celastraceae, Parnassiaceae, Lepidobotryaceae). *Botanical Journal of the Linnean Society*, **149**, 129–194.

Melchior H (1964) Engler's Syllabus der Pflanzenfamilien, mit besonderer Berücksichtigung der Nutzpflanzen nebst einer Übersicht über die Florenreiche und Florengebiete der Erde, 12th edn. Berlin-Nikolassee: Gebrueder Borntraeger.

Moore MJ, Bell CD, Soltis PS, Soltis DE (2007) Using plastid genome-scale data to resolve enigmatic relationships among basal angiosperms. *Proceedings of the National Academy of Sciences of the United States of America*, **104**, 19363–19368.

Muller J, Leenhouts PW (1976) A general survey of pollen types of Sapindaceae in relation to taxonomy // Ferguson IK, Muller J. The evolutionary significance of the exine. London: Linnean Society (Symposium Series 1): 407–455.

Nickrent DL (2002) Orígenes filogenéticos de las plantas parásitas // López-Sáez JA, Catalán P, Sáez L. Plantas Parásitas de la Península Ibérica e Islas Baleares. Madrid: Mundi-Prensa: 29–56.

Nickrent DL, Der JP, Anderson FE (2002) Discovery of the photosynthetic relatives of the "Maltese mushroom" *Cynomorium*. *BMC Evolutionary Biology*, **5**, 38.

Nickrent DL, Malécot V, Vidal-Russell R, Der JP (2010) A revised classification of Santalales. *Taxon*, **59**, 538–558.

Nickrent DL, Soltis DE (1995) A comparison of angiosperm phylogenies from nuclear 18S rDNA and *rbc*L sequences. *Annals of the Missouri Botanical Garden*, **82**, 208–234.

Nixon KC, Crepet WL, Stevenson DW, Friis EM (1994) A reevaluation of seed plant phylogeny. *Annals of the Missouri Botanical Garden*, **81**, 484–533.

Olmstead RG, Bremer B, Scott KM, Palmer JD (1993) A parsimony analysis of the Asteridae *sensu lato* based on *rbc*L sequences. *Annals of the Missouri Botanical Garden*, **80**, 700–722.

Olmstead RG, Kim KJ, Jansen RK, Wagstaff SJ (2000) The phylogeny of the Asteridae *sensu lato* based on chloroplast *ndh*F gene sequences. *Molecular Phylogenetics and Evolution*, **16**, 96–112.

PPG I (2016) A community-derived classification for extant lycophytes and ferns. *Journal of Systematics and Evolution*, **54**, 563–603.

Qiu YL, Lee J, Bernasconi-Quadroni F, Soltis DE, Chase MW, Soltis PS, Zanis M, Chen ZD, Savolainen V (1999) The earliest angiosperms: evidence from mitochondrial, plastid and nuclear genomes. *Nature*, **402**, 404–407.

Reveal JL, Chase MW (2011) APG Ⅲ : bibliographical information and synonymy of Magnoliidae. *Phytotaxa*, **19**, 71–134.

Robbrecht E (1988) Tropical woody Rubiaceae: characteristics features and progressions: contributions to a new subfamilial classification. *Opera Botanica Belgica*, **1**, 272.

Robbrecht E (1993) Supplement to the 1988 outline of the classification of the Rubiaceae. *Opera Botanica Belgica*, **6**, 173–196.

Saarela JM,Rai HS, Doyle JA, Endress PK, Mathews S, Marchant AD, Briggs BG, Graham SW (2007) Hydatellaceae identified as a new branch near the base of the angiosperm phylogenetic tree. *Nature*, **446**, 312–315.

Savolainen V, Fay MF, Albach DC, Backlund A, van der Bank M, Cameron KM, Johnson SA, Lledó MD, Pintaud JC, Powell M, Sheahan MC, Soltis DE, Soltis PS, Weston P, Whitten WM, Wurdack KJ, Chase MW (2000) Phylogeny of the eudicots: a nearly complete familial analysis based on *rbc*L gene sequences. *Kew Bulletin*, **55**, 257–309.

Simpson MG (2006) Plant systematics. NewYork: Elsevier Academic Press.

Smith AR, Pryer KM, Schuettpelz E, Korall P, Schneider H, Wolf PG (2006) A classification for extant ferns. *Taxon*, **55**, 705–731.

Soltis DE, Gitzendanner MA, Soltis PS (2007) A 567 taxon data set for angiosperms: the challenges posed by bayesian analyses of large data sets. *International Journal of Plant Sciences*, **168**, 137–157.

Soltis DE, Hibsch-Jetter C, Soltis PS, Chase MW, Farris JS (1997) Molecular phylogenetic relationships among angiosperms: an overview based on *rbc*L and 18S rDNA Sequences // Iwatsuki K, Raven PH. Evolution and diversification of land plants. Tokyo: Springer: 157–178.

Soltis DE, Mort ME, Soltis PS, Albach DC, Zanis M, Savolainen V, Hahn WH, Hoot SB, Fay MF, Axtell M, Swensen SM, Price LM, Kress WJ, Nixon KC, Farris JS (2000) Angiosperm phylogeny inferred from 18S rDNA, *rbc*L, and *atp*B sequences. *Botanical Journal of the Linnean Society*, **133**, 381–461.

Soltis DE, Soltis PS, Endress PK, Chase MW (2005) Phylogeny and evolution of angiosperms. Sunderland: Sinauer.

Soltis DE, Soltis PS, Nickrent DL, Johnson LA, Hahn WJ, Hoot SB, Sweere JA, Kuzoff RK, Kron KA, Chase MW, Swensen SM, Zimmer EA, Chaw SM, Gillespie LJ, Kress WJ, Sytsma KJ (1997) Angiosperm phylogeny inferred from 18S ribosomal DNA sequences. *Annals of the Missouri Botanical Garden*, **84**, 1–49.

Soltis PS, Soltis DE, Kim S, Chanderbali A, Buzgo M (2006) Expression of floral regulators in basal angiosperms and the origin and evolution of ABC-function // Soltis DE, Soltis PS, Leebens-Mack J. Advances in botanical research. Vol. 44. New York: Academic Press: 323–347.

Stevenson DWH, Loconte (1995) Cladistic analysis of monocot families // Rudall PJ, Cribb PJ, Cutler DF, Humphries CJ. Monocotyledons: systematics and evolution. Richmond: Royal Botanic Gardens, Kew: 543–578.

Sun G, Dilcher DL, Zheng S, Zhou ZK (1998) In search of the first flower: a Jurassic angiosperm, *Archaefructus*, from Northeast China. *Science*, **282**, 1601–1772.

Sun G, Ji Q, Dilcher DL, Zheng SL, Nixon KC, Wang X (2002) Archaefructaceae, a new basal angiosperm family. *Science*, **296**, 899–904.

Sun G, Zheng SL, Dilcher DL, Wang YD, Mei SW (2001) Early angiosperms and their associated plants from western Liaoning, China. Shanghai: Shanghai Scientific and Technological Publishing House.

Takhtajan A (1967) Systema Magnoliophytorum. Leninopli: Officina editorial "Nauka".

Takhtajan A (1980) Outline of the classification of flowering plants (Magnoliophyta). *The Botanical Review*, **46**, 225–359.

Takhtajan A (1997) Diversity and classification of flowering plants. New York: Columbia University Press.

Takhtajan A (2009) Flowering plants. Netherlands: Springer.

Tamura MN (1998) Calochortaceae, pp. 164–172, Liliaceae, pp. 343–353, Melanthiaceae, pp. 369–380, Nartheciaceae, pp. 381–391, and Trilliaceae, pp. 444–451 // Kubitzki K. The families and genera of vascular plants. III. Flowering plants: Monocotyledons. Lilianae (except Orchidaceae). Berlin: Springer.

Taylor DW, Hickey LJ (1992) Phylogenetic evidence for the herbaceous origin of angiosperms. *Plant Systematics and Evolution*, **180**, 137–156.

Thorne RF (1983) Proposed new realignments in angiosperms. *Nordic Journal of Botany*, **3**, 85–117.

Thorne RF (1992) An updated phylogenetic classification of the flowering plants. *Aliso*, **13**, 365–389.

Thorne RF (2001) The classification and geography of the flowering plants: dicotyledons of the class Angiospermae. *The Botanical Review*, **66**, 441–647.

Thorne RF, Reveal JL (2007) An updated classification of the class Magnoliopsida ("Angiospermae"). *The Botanical Review*, **73**, 67–182.

Trevisan L (1988) Angiospermous pollen (monosulcate-trichotomosulcate phase) from the very early Lower Cretaceous of southern Tuscany (Italy): some aspects // 7th International Palynological Congress Abstracts Volume. Brisbane: University of Queensland, 165.

Van Vliet GJCM, Baas P (1984) Wood anatomy and classification of the Myrtales. *Annals of the Missouri Botanical Garden*, **71**, 783–800.

Wang W, Lu AM, Ren Y, Endress ME, Chen ZD (2009) Phylogeny and classification of Ranunculales: evidence from four molecular loci and morphological data. *Perspectives in Plant Ecology, Evolution and Systematics*, **11**, 81–110.

Wu ZY, Lu AM, Tang YC, Chen ZD, Li DZ (2002) Synopsis of a new "polyphyletic-polychronic-polytopic" system of the angiosperms. *Acta Phytotaxonomica Sinica*, **40**, 298–322.

Xiang QY, Soltis DE, Soltis PS (1993) Phylogenetic relationships of *Cornus* L. *sensu lato* and putative relatives inferred from *rbc*L sequence data. *Annals of the Missouri Botanical Garden*, **80**, 723–734.

Zhang DX, Saunders RMK, Hu CM (1999) *Corsiopsis chinensis* gen. et sp. nov. (Corsiaceae): first record of the family in Asia. *Systematic Botany*, **24**, 311–314

Zhang LB, Simmons MP (2006) Phylogeny and delimitation of the Celastrales inferred from nuclear and plastid genes. *Systematic Botany*, **31**, 122–137.

Zhang ZH, Li CQ, Li J (2009) Phylogenetic placement of *Cynomorium* in Rosales inferred from sequences of the inverted repeat region of the chloroplast gene. *Journal of Systematics and Evolution*, **47**, 297–304.

科属中文名索引

D

E

F

K

L

N

T

科属拉丁名索引

M

T

U

V

附录1　PPG I 和APG IV分类系统中非国产科的种类和分布

石松类植物

石松目 Lycopodiales

本目没有中国不产的科。

水韭目 Isoetales

本目没有中国不产的科。

卷柏目 Selaginellales

本目没有中国不产的科。

蕨类植物

木贼目 Equisetales

本目没有中国不产的科。

松叶蕨目 Psilotales

本目没有中国不产的科。

瓶尔小草目 Ophioglossales

本目没有中国不产的科。

合囊蕨目 Marattiales

本目没有中国不产的科。

紫萁目 Osmundales

本目没有中国不产的科。

膜蕨目 Hymenophyllales

本目没有中国不产的科。

里白目 Gleicheniales

罗伞蕨科 Matoniaceae2 属，4 种；产东南亚至新几内亚。

莎草蕨目 Schizaeales

双穗蕨科 Anemiaceae1 属，100 种以上；产北美西南部至中南美洲，撒哈拉以南的非洲，马达加斯加，马斯克林群岛。

槐叶蘋目 Salviniales

本目没有中国不产的科。

桫椤目 Cyatheales

伞序蕨科 Thyrsopteridaceae1 属，1 种；产胡安·费尔南德斯群岛。

柱囊蕨科 Loxsomataceae2 属，2 种；产新西兰北部，哥斯达黎加，南美北部和中部（哥伦比亚至玻利维亚）。

垫囊蕨科 Culcitaceae1 属，2 种；产热带美洲，马卡罗尼西亚，伊比利亚半岛西部。

丝囊蕨科 Metaxyaceae1 属，约 6 种；产热带美洲。

蚌壳蕨科 Dicksoniaceae3 属，30 余种；产热带亚洲至大洋洲，热带美洲，大西洋的圣赫勒拿岛。金毛狗科 Cibotiaceae 已经独立，故蚌壳蕨科为中国不产的科。

水龙骨目 Polypodiales

袋囊蕨亚目 Saccolomatineae

袋囊蕨科 Saccolomataceae1 属，约 18 种；产热带亚洲，热带美洲，马达加斯加。

鳞始蕨亚目 Lindsaeineae

花楸蕨科 Cystodiaceae1 属，1 种；产马来群岛至所罗门群岛。

番茄蕨科 Lonchitidaceae1 属，2 种；产热带美洲，热带非洲和马达加斯加。

凤尾蕨亚目 Pteridineae

本亚目没有中国不产的科。

碗蕨亚目 Dennstaedtiineae

本亚目没有中国不产的科。

铁角蕨亚目 Aspleniineae

链脉蕨科 Desmophlebiaceae1 属，2 种；产热带美洲。

半网蕨科 Hemidictyaceae1 属，1 种；产热带美洲。

水龙骨亚目 Polypodiineae

翼囊蕨科 Didymochlaenaceae1 属，1 种；泛热带分布。此科也产中国云南南部，为我国分布新纪录，本书暂未收录此科。

裸子植物

百岁兰科 Welwitschiaceae1 属，1 种；产非洲西南部的沙漠地区（安哥拉，纳米比亚）。

另有南洋杉科 Araucariaceae 和金松科 Sciadopityaceae 在中国有引种栽培，故本书收录了这两个科。

被子植物

无油樟目 Amborellales

无油樟科 Amborellaceae1 属，1 种；产西太平洋新喀里多尼亚。

睡莲目 Nymphaeales

独蕊草科 Hydatellaceae1 属，12 种；产澳大利亚，新西兰，印度。

木兰藤目 Austrobaileyales

木兰藤科 Austrobaileyaceae1 属，1~2 种；产澳大利亚昆士兰州。

苞被木科 Trimeniaceae1 属，（6~）8 种；产苏拉威西、新几内亚至澳大利亚东部和太平洋群岛。

白樟目 Canellales

白樟科 Canellaceae6 属，21 种；产中美洲，西印度群岛，南美洲，非洲东部至南部，马达加斯加。

林仙科 Winteraceae5 属，约 76 种；产中美洲，南美洲，马达加斯加，东南亚至大洋洲。

胡椒目 Piperales

鞭寄生科 Hydnoraceae 和囊粉花科 Lactoridaceae 在 APG Ⅳ系统中已被归并入马兜铃科 Aristolochiaceae，故本目没有中国不产的科。

木兰目 Magnoliales

单心木兰科 Degeneriaceae1 属，2 种；产斐济。

瓣蕊花科 Himantandraceae1 属，1~3 种；产苏拉威西至新几内亚，澳大利亚东部。

帽花木科 Eupomatiaceae1 属，2 种；产新几内亚，澳大利亚东部。

樟目 Laurales

坛罐花科 Siparunaceae4 属，约 150 种；产中美洲，南美洲，热带西非。

奎乐果科 Gomortegaceae1 属，1 种；产智利。

香皮檫科 Atherospermataceae7 属，20 种；产新几内亚，澳大利亚东部，新西兰，新喀里多尼亚，智利。

玉盘桂科 Monimiaceae26 属，200~270 种；产所有热带或南半球热带。

金粟兰目 Chloranthales

本目没有中国不产的科。

菖蒲目 Acorales

本目没有中国不产的科。

泽泻目 Alismatales

花香蒲科 Maundiaceae1 属，1 种；产澳大利亚的昆士兰南部，新南威尔士北部。

海神草科 Posidoniaceae1 属，9 种；产地中海和太平洋西海岸；原认为中国近海也有分布，但也有学者认为是错误鉴定，本书收录了该科，但是否为中国原产科尚有待考证。

无叶莲目 Petrosaviales

本目没有中国不产的科。

薯蓣目 Dioscoreales

本目没有中国不产的科。

露兜树目 Pandanales

翡若翠科 Velloziaceae 7 属，约 260 种；产中国西南部，阿拉伯半岛南部，热带非洲，马达加斯加，美洲中部和南部。APG 系统合并了芒苞草科 Acanthochlamydaceae，但本书承认芒苞草科独立，故翡若翠科为中国不产的科。

环花草科 Cyclanthaceae12 属，220~230 种；产美洲热带。

百合目 Liliales

翠菱花科 Campynemataceae2 属，4 种；产澳大利亚的塔斯马尼亚，新喀里多尼亚。

花须藤科 Petermanniaceae1 属，1 种；产澳大利亚北部温带地区。

六出花科 Alstroemeriaceae5 属，约 170 种；产澳大利亚东部，新西兰，中南美洲。

金钟木科 Philesiaceae2 属，2 种；产智利南部。

鱼篓藤科 Ripogonaceae1 属，6 种；产澳大利亚东部，巴布亚新几内亚，新西兰。

天门冬目 Asparagales

耐旱草科 Boryaceae2 属，12 种；产澳大利亚。

火铃花科 Blandfordiaceae1 属，4 种；产澳大利亚东部。

聚星草科 Asteliaceae3 属，35 种；产澳大利亚，新西兰，太平洋群岛，印度洋岛屿，南美南部。

雪绒兰科 Lanariaceae1 属，1 种；产南非。

矛花科 Doryanthaceae1 属，2 种；产澳大利亚东部。

蓝嵩莲科 Tecophilaeaceae8 属，约 23 种；产加利福尼亚，智利，热带和南部非洲，马达加斯加。

鸢尾麻科 Xeronemataceae1 属，2 种；产新西兰，新喀里多尼亚。

棕榈目 Arecales

鼓槌草科 Dasypogonaceae4 属，16 种；产澳大利亚西南部和南部。

鸭跖草目 Commelinales

钵子草科 Hanguanaceae1 属，18 种；产热带东南亚，密克罗尼西亚和澳大利亚。

血草科 Haemodoraceae14 属，约 100 种；产北美东部和东南部，中美洲，西印度群岛，南美洲北部，南非，新几内亚，澳大利亚。

姜目 Zingiberales

鹤望兰科 Strelitziaceae3 属，7 种；产热带美洲，南非，马达加斯加。

蝎尾蕉科 Heliconiaceae1 属，约 200 种；产美洲热带和美拉尼西亚群岛。

美人蕉科 Cannaceae1 属，10 种；产新世界热带和亚热带地区。中国常见栽培，故本书收录了该科。

禾本目 Poales

凤梨科 Bromeliaceae73 属，约 3140 种；产美洲，1 种延伸至西非。中国引种栽培数十属，故本书收录了该科。

泽蔺花科 Rapateaceae17 属，约 80 种；产热带美洲，西非。

花水藓科 Mayacaceae1 属，约 7 种；产热带和暖温带美洲，热带西非。

梭子草科 Thurniaceae2 属，4 种；产热带美洲，南非。

拟苇科 Joinvilleaceae1 属，（2~）4 种；产马来群岛至太平洋群岛。

沟秆草科 Ecdeiocoleaceae2 属，3 种；产澳大利亚西部。

金鱼藻目 Ceratophyllales

本目没有中国不产的科。

毛茛目 Ranunculales

本目没有中国不产的科。

山龙眼目 Proteales

悬铃木科 Platanaceae1 属，9（~11）种；产北美洲，中美洲，欧洲东南部，亚洲西部，老挝和越南北部。中国常见栽培，故本书收录了该科。

昆栏树目 Trochodendrales

本目没有中国不产的科。

黄杨目 Buxales

无知果科 Haptanthaceae 在 APG Ⅳ系统中被并入了黄杨科 Buxaceae，故本目没有中国不产的科。

大叶草目 Gunnerales

折扇叶科 Myrothamnaceae1 属，2 种；产非洲南部，马达加斯加。

大叶草科 Gunneraceae1 属，40~60 种；产中南美洲，非洲东部至南部，马达加斯加，马来群岛，塔斯马尼亚，新西兰，太平洋群岛。

五桠果目 Dilleniales

本目没有中国不产的科。

虎耳草目 Saxifragales

围盘树科 Peridiscaceae4 属，12（~13）种；产热带南美，热带西非。

隐瓣藤科 Aphanopetalaceae1 属，2 种；产澳大利亚西部和东部。

四心木科 Tetracarpaeaceae1 属，1 种；产塔斯马尼亚。

葡萄目 Vitales

本目没有中国不产的科。

蒺藜目 Zygophyllales

刺球果科 Krameriaceae1 属，18 种；产美国南部，墨西哥，西印度群岛，中美洲至南美洲的热带和亚热带地区。

豆目 Fabales

皂皮树科 Quillajaceae1 属，2 种；产南美南部。

蔷薇目 Rosales

钩毛树科 Barbeyaceae1 属，1 种；产索马里，埃塞俄比亚，阿拉伯半岛西南部。

八瓣果科 Dirachmaceae1 属，2 种；产索马里，索科特拉岛。

壳斗目 Fagales

南青冈科 Nothofagaceae4 属，43 种；产大洋洲（澳大利亚、新西兰、新喀里多尼亚至新几内亚），南美洲最南部（智利和阿根廷），北半球有引种栽培。

木麻黄科 Casuarinaceae4 属，96 种；产马来群岛至太平洋群岛，澳大利亚。中国有栽培，故本书收录了该科。

核果桦科 Ticodendraceae1 属，1 种；产墨西哥南部至巴拿马。

葫芦目 Cucurbitales

风生花科 Apodanthaceae2 属，约 24 种；产北美西南部，中南美洲，非洲中部和东部，西亚，澳大利亚西南部。

异叶木科 Anisophylleaceae4 属，34 种；产热带美洲，热带非洲，东南亚。

毛利果科 Corynocarpaceae1 属，5（~6）种；产澳大利亚东部，新西兰，新几内亚，太平洋群岛。

野麻科 Datiscaceae1 属，2 种；产北美西部，欧洲东南部，西亚，中亚至喜马拉雅。

卫矛目 Celastrales

鳞球穗科 Lepidobotryaceae2 属，2 种；产热带中南美洲，热带西非。

酢浆草目 Oxalidales

蒜树科 Huaceae2 属，4 种；产热带西非和中非。

合椿梅科 Cunoniaceae28 属，280~300 种；产中南美洲，南非，马达加斯加，马来群岛至大洋洲。

土瓶草科 Cephalotaceae1 属，1 种；产澳大利亚西南部。

槽柱花科 Brunelliaceae1 属，52~61 种；产中美洲，西印度群岛，南美中部和北部。

金虎尾目 Malpighiales

假杧果科 Irvingiaceae4 属，12（~13）种；产西非，中非，马达加斯加，东南亚。

泥沱树科 Ctenolophonaceae1 属，2 种；产西非，东南亚。

泽茶科 Bonnetiaceae3 属，35~40 种；产西印度群岛，热带南美，东南亚。

油桃木科 Caryocaraceae2 属，27 种；产热带美洲（中美洲南部至南美）。

五翼果科 Lophopyxidaceae1 属，1 种；产东南亚至太平洋群岛。

橡子木科 Balanopaceae1 属，9 种；产昆士兰北部，新喀里多尼亚，斐济，瓦努阿图。

三角果科 Trigoniaceae5 属，约 30 种；产中南美洲，马达加斯加，马来群岛。

银鹃木科 Euphroniaceae1 属，3 种；产南美北部。

可可李科 Chrysobalanaceae21 属，460~531 种；泛热带分布。

香膏木科 Humiriaceae8 属，50 种；产中南美洲，热带西非。

尾瓣桂科 Goupiaceae1 属，2 种；产热带美洲。

荷包柳科 Lacistemataceae2 属，14 种；产中南美洲。

苦皮桐科 Picrodendraceae26 属，100 种；产全球热带地区，少数种类延伸至北美西南部，马达加斯加，澳大利亚，新西兰。

牻牛儿苗目 Geraniales

新妇花科 Francoaceae8 属，约 40 种；产南美，撒哈拉以南的非洲。蜜花科 Melianthaceae 和巍安草科 Vivianiaceae 在 APG Ⅳ系统中均被并入新妇花科。

桃金娘目 Myrtales

萼囊花科 Vochysiaceae8 属，约 200 种；产热带美洲，西非。

双隔果科 Alzateaceae1 属，1 种；产中美洲南部，南美西部（哥斯达黎加至秘鲁）。

管萼木科 Penaeaceae9 属，32 种；产非洲东部至南部。

缨子木目 Crossosomatales

脱皮檀科 Aphloiaceae1 属，1 种；产非洲东南部，马达加斯加，科摩罗，马斯克林群岛，塞舌尔。

四轮梅科 Geissolomataceae1 属，1 种；产南非。

栓皮果科 Strasburgeriaceae2 属，2 种；产新西兰，新喀里多尼亚。

马拉花科 Guamatelaceae1 属，1 种；产中美洲。

缨子木科 Crossosomataceae4 属，约 9 种；产墨西哥，美国西部。

苦榄木目 Picramniales

苦榄木科 Picramniaceae3 属，49 种；产美国东南部，西印度群岛，中南美洲。

腺椒树目 Huerteales

柳红莓科 Gerrardinaceae1 属，2 种；产非洲东南部至南部。

红毛椴科 Petenaeaceae1 属，1 种；产中美洲。

无患子目 Sapindales

四合椿科 Kirkiaceae1 属，6 种；产非洲东部至南部，马达加斯加。

锦葵目 Malvales

岩寄生科 Cytinaceae3 属，12 种；产中美洲至南美北部，地中海，南非，马达加斯加。

文定果科 Muntingiaceae3 属，3 种；产热带美洲。

沙莓草科 Neuradaceae3 属，约 8 种；产南非，北非，西亚至印度。

龙眼茶科 Sphaerosepalaceae2 属，20 种；产马达加斯加。

红木科 Bixaceae4 属，21~22 种；泛热带分布。中国南部引种栽培 1 种，故本书收录了该科。

苞杯花科 Sarcolaenaceae10 属，49~69 种；产马达加斯加。

十字花目 Brassicales

叠珠树科 Akaniaceae1 属，1 种；产东亚和东澳大利亚。APG Ⅳ系统合并了伯乐树科 Bretschneideraceae，但本书承认伯乐树科独立，故叠珠树科为中国不产的科。

旱金莲科 Tropaeolaceae1 属，约 90 种；产中南美洲。中国常见栽培，故本书收录了该科。

辣木科 Moringaceae1 属，13 种；产非洲西南部和东部，马达加斯加，阿拉伯半岛至印度。中国南部地区常见栽培，故本书收录了该科。

番木瓜科 Caricaceae6 属，约 35 种；产中南美洲，热带非洲。中国南部地区常见栽培，故本书收录了该科。

沼沫花科 Limnanthaceae2 属，8 种；产北美温带地区。

青莲木科 Setchellanthaceae1 属，1 种；产墨西哥。

刺枝木科 Koeberliniaceae1 属，2 种；产美国西南部，墨西哥，玻利维亚。

肉穗果科 Bataceae1 属，2 种；产热带美洲，新几内亚和澳大利亚北部，生于滨海地区。

丝履花科 Emblingiaceae1 属，1 种；产澳大利亚西部。

芹味草科 Tovariaceae1 属，（1~）2 种；产热带美洲。

忘忧果科 Pentadiplandraceae1 属，1 种；产热带西非。

环蕊木科 Gyrostemonaceae5 属，约 19 种；产澳大利亚。

红珊藤目 Berberidopsidales

毒羊树科 Aextoxicaceae1 属，1 种；产南美南部。

红珊藤科 Berberidopsidaceae2 属，3 种；产澳大利亚东部和南美南部。

檀香目 Santalales

润肺木科 Strombosiaceae6 属，约 24 种；产热带非洲，东南亚，南美。APG Ⅳ系统不承认该科，本书依从 Nickrent 等（2010）的处理意见。

兜帽果科 Aptandraceae8 属，约 40 种；泛热带分布。APG Ⅳ系统不承认该科，本书依从 Nickrent 等（2010）的处理意见。

蚁母檀科 Octoknemaceae1 属，约 14 种；产热带非洲。APG Ⅳ系统不承认该科，本书依从 Nickrent 等（2010）的处理意见。

檀榛科 Coulaceae3 属，3 种；产热带西非，马来西亚，热带美洲。APG Ⅳ系统不承认该科，本书依从 Nickrent 等（2010）的处理意见。

羽毛果科 Misodendraceae1 属，约 8 种；产南美南部。

石竹目 Caryophyllales

露松科 Drosophyllaceae1 属，1 种；产西班牙，葡萄牙，摩洛哥。

双钩叶科 Dioncophyllaceae3 属，3 种；产热带西非。

棒状木科 Rhabdodendraceae1 属，3 种；产热带南美。

油蜡树科 Simmondsiaceae1 属，1 种；产墨西哥西北部和美国西南部。

唐松木科 Physenaceae1 属，2 种；产马达加斯加。

翼萼茶科 Asteropeiaceae1 属，8 种；产马达加斯加。

灯粟草科 Macarthuriaceae1 属，9 种；产澳大利亚。

鬼椒草科 Microteaceae1 属，9 种；产中南美洲，西印度群岛。

玛瑙果科 Achatocarpaceae2 属，约 10 种；产美国西南部，中南美洲。

鹂眼果科 Stegnospermataceae1 属，3~5 种；产中美洲，西印度群岛。

麻粟草科 Limeaceae1 属，20~21 种；产非洲，阿拉伯半岛至南亚。

黄尾蓬科 Lophiocarpaceae2 属，5~6 种；产非洲，阿拉伯半岛至南亚西部。

蓬粟草科 Kewaceae1 属，8 种；产非洲南部，东部，马达加斯加。

商陆藤科 Barbeuiaceae1 属，1 种；产马达加斯加。

蒜香草科 Petiveriaceae9 属，约 23 种；产美洲热带和亚热带地区。

肉刺蓬科 Sarcobataceae2 属，3 种；产北美，中美洲，西印度群岛。

水卷耳科 Montiaceae15 属，226 种；产北美，中美洲，南美安第斯山地区，欧洲，西亚，东非，亚洲东北部，大洋洲。

刺戟木科 Didiereaceae7 属，20 种；产非洲东部，南部，马达加斯加。

落葵科 Basellaceae4 属，约 19 种；主产美洲和非洲的热带、亚热带地区，亚洲热带也有分布。中国常见栽培，故本书收录了该科。

南荒蓬科 Halophytaceae1 属，1 种；产南美南部。

土人参科 Talinaceae3 属，28 种；产美洲，非洲。中国常见栽培并有逸生，故本书收录了该科。

回欢草科 Anacampserotaceae3 属，36 种；产美国西南部，墨西哥北部，南美南部，非洲南部和东部，阿拉伯半岛南部，澳大利亚中部和南部。

仙人掌科 Cactaceae133 属，1500~1800 种；产美洲，有 1 属延伸至热带非洲，马达加斯加，马斯克林群岛，斯里兰卡。中国常见栽培并有逸生，故本书收录了该科。

山茱萸目 Cornales

水穗草科 Hydrostachyaceae1 属，22 种；产非洲中部和南部，马达加斯加。

刺莲花科 Loasaceae21 属，约 330 种；产美洲，马克萨斯群岛，非洲西南部和东北部，阿拉伯半岛南部。

铩木科 Curtisiaceae1 属，1 种；产南非南部和东部。

愚人莓科 Grubbiaceae1 属，3 种；产南非。

杜鹃花目 Ericales

蜜囊花科 Marcgraviaceae8 属，约 130 种；产中南美洲，西印度群岛。

四贵木科 Tetrameristaceae3 属，3 种；产中美洲，南美北部，马来半岛，苏门答腊，加里曼丹岛。

福桂树科 Fouquieriaceae1 属，11 种；产美国西南部至墨西哥南部。

瓶子草科 Sarraceniaceae3 属，约 35 种；产北美，南美北部。

捕虫木科 Roridulaceae1 属，2 种；产南非。

鞣木科 Cyrillaceae2 属，2 种；产北美东南部，中美洲，西印度群岛，南美北部。

茶茱萸目 Icacinales

钩药茶科 Oncothecaceae1 属，2 种；产新喀里多尼亚。

水螅花目 Metteniusales

原茶茱萸科 Icacinaceae 的一部分属转移至水螅花科 Metteniusaceae（其中包含中国原产属），故本目没有中国不产的科。

丝缨花目 Garryales

本目没有中国不产的科。

龙胆目 Gentianales

本目没有中国不产的科。

紫草目 Boraginales

本目没有中国不产的科。

黄漆姑目 Vahliales

黄漆姑科 Vahliaceae1 属，5（~8）种；产非洲，马达加斯加，伊拉克，伊朗至印度，越南。

茄目 Solanales

瓶头梅科 Montiniaceae3 属，5 种；产热带非洲的西部和东部，南非，马达加斯加。

唇形目 Lamiales

戴缨木科 Plocospermataceae1 属，1 种；产中美洲。

四核香科 Tetrachondraceae2 属，3 种；产美国东南部，中南美洲，新西兰。

盾药花科 Peltantheraceae1 属，1 种；产中南美洲（哥斯达黎加至玻利维亚）。该科为 APG Ⅳ系统发表之后成立的新科。

荷包花科 Calceolariaceae2 属，300 余种；产中美洲，南美安第斯山地区，新西兰。

耀仙木科 Stilbaceae13 属，42 种；产撒哈拉以南的非洲，马达加斯加，阿拉伯半岛。

腺毛草科 Byblidaceae1 属，7 种；产澳大利亚，新几内亚。

角胡麻科 Martyniaceae5 属，13 种；产美洲。中国有逸生，故本书收录了该科。

芝麻科 Pedaliaceae13 属，约 70 种；产撒哈拉以南的非洲，南亚，马来群岛，澳大利亚。中国常见栽培，故本书收录了该科。

钟萼桐科 Schlegeliaceae4 属，25 种；产中美洲，西印度群岛，南美北部和中部。

猩猩茶科 Thomandersiaceae1 属，6 种；产热带西非和中非。

冬青目 Aquifoliales

叶顶花科 Phyllonomaceae1 属，4 种；产中美洲，南美西北部。

菊目 Asterales

守宫花科 Rousseaceae4 属，6~15 种；产毛里求斯，新几内亚，澳大利亚东部，新西兰，所罗门群岛。

岛海桐科 Alseuosmiaceae5 属，10~12 种；产新几内亚，澳大利亚东部，新西兰，新喀里多尼亚。

新冬青科 Phellinaceae1 属，10 种；产新喀里多尼亚。

雪叶木科 Argophyllaceae2 属，21 种；产澳大利亚东部，豪勋爵岛，新西兰，新喀里多尼亚，拉帕岛。

萼角花科 Calyceraceae8 属，约 60 种；产南美南部。

南鼠刺目 Escalloniales

本目没有中国不产的科。

绒球花目 Bruniales

弯药树科 Columelliaceae2 属，8 种；产中南美洲。

绒球花科 Bruniaceae6 属，81 种；产南非。

盔被花目 Paracryphiales

盔被花科 Paracryphiaceae3 属，38 种；产菲律宾，新几内亚，澳大利亚东部，新喀里多尼亚，新西兰。

川续断目 Dipsacales

本目没有中国不产的科。

伞形目 Apiales

毛柴木科 Pennantiaceae1 属，4 种；产澳大利亚东部，新西兰，诺福克岛。

南茱萸科 Griseliniaceae1 属，7 种；产南美南部，新西兰。

裂果枫科 Myodocarpaceae2 属，15 种；产澳大利亚东北部，马来群岛东部，新几内亚，新喀里多尼亚，所罗门群岛，瓦努阿图，集中产新喀里多尼亚。

附录 2 因缺少样品，本书未研究的中国维管植物属名录

（按音序排列）

安息香科 Styracaceae

茉莉果属 *Parastyrax* W. W. Sm.

白花菜科 Cleomaceae

洋白花菜属 *Cleoserrata* Iltis

白玉簪科 Corsiaceae

白玉簪属 *Corsiopsis* D. X. Zhang, R. M. K. Saunders & C. M. Hu

报春花科 Primulaceae

管金牛属 *Sadiria* Mez

茶茱萸科 Icacinaceae

肖榄属 *Platea* Blume

车前科 Plantaginaceae

泽番椒属* *Deinostema* T. Yamaz.

胡黄连属* *Neopicrorhiza* D. Y. Hong

细穗玄参属* *Scrofella* Maxim.

茶菱属 *Trapella* Oliv.

唇形科 Lamiaceae

假野芝麻属* *Paralamium* Dunn

尖头花属* *Acrocephalus* Benth.

箭叶水苏属* *Metastachydium* Airy Shaw ex C. Y. Wu & H. W. Li

辣莸属* *Garrettia* H. R. Fletcher

菱叶元宝草属* *Alajja* Ikonn.

六苞藤属* *Symphorema* Roxb.

龙船草属* *Nosema* Prain

扭藿香属* *Lophanthus* Adans.

网萼木属* *Geniosporum* Wall. ex Benth.

喜雨草属* *Ombrocharis* Hand.-Mazz.

香简草属* *Keiskea* Miq.

小野芝麻属* *Galeobdolon* Adans.

大戟科 Euphorbiaceae

白大凤属* *Cladogynos* Zipp. ex Span.

齿叶乌桕属* *Shirakiopsis* Esser

粗柱藤属* *Pachystylidium* Pax & K. Hoffm.

大柱藤属* *Megistostigma* Hook. f.

三籽桐属* *Reutealis* Airy Shaw

异萼木属* *Dimorphocalyx* Thwaites

异序乌桕属* *Falconeria* Ryole

轴花木属* *Erismanthus* Wall. ex Müll. Arg.

豆科 Fabaceae

闭荚藤属* *Mastersia* Benth.

华扁豆属* *Sinodolichos* Verdc.

睫苞豆属* *Geissaspis* Wight & Arn.

两节豆属* *Aphyllodium* (DC.) Gagnep.

落地豆属* *Rothia* Pers.

琼豆属* *Teyleria* Backer

算珠豆属* *Urariopsis* Schindl.

耀花豆属* *Sarcodum* Lour.

野扁豆属* *Dunbaria* Wight & Arn.

肿荚豆属* *Antheroporum* Gagnep.

杜鹃花科 Ericaceae

沙晶兰属 *Monotropastrum* Andres

凤仙花科 Balsaminaceae

水角属 *Hydrocera* Blume ex Wight & Arn.

禾本科 Poaceae

稗荩属 *Sphaerocaryum* Nees ex Hook. f.

短枝竹属 *Gelidocalamus* T. H. Wen

纪如竹属 *Hsuehochloa* D. Z. Li & Y. X. Zhang

假高粱属 *Pseudosorghum* A. Camus

假硬草属 *Pseudosclerochloa* Tzvelev

假铁秆草属 *Pseudanthistiria* (Hack.) Hook. f.

拟金茅属 *Eulaliopsis* Honda

羽穗草属 *Desmostachya* (Stapf) Stapf

牛栓藤科 Connaraceae

---

* 本书未做特征及分布等描述的属

朱果藤属 *Roureopsis* Planch.

金丝桃科 Hypericaceae

惠林花属* *Lianthus* N. Robson

锦葵科 Malvaceae

大萼葵属* *Cenocentrum* Gagnep.

泡果苘属* *Herissantia* Medik.

景天科 Crassulaceae

合景天属 *Pseudosedum* (Boiss.) A. Berger

孔岩草属 *Kungia* K. T. Fu

岷江景天属 *Ohbaea* V. V. Byalt & I. V. Sokolova

菊科 Asteraceae

重羽菊属 *Diplazoptilon* Y. Ling

滇麻花头属 *Archiserratula* L. Martins

垫头鼠曲属 *Gnomophalium* Greuter

海南菊属 *Hainanecio* Ying Liu & Q. E. Yang

画笔菊属 *Ajaniopsis* C. Shih

碱苣属 *Sonchella* Sennikov

歧笔菊属 *Dicercoclados* C. Jeffrey & Y. L. Chen

丝苞菊属 *Bolocephalus* Hand.-Mazz.

鹿角草属 *Glossocardia* Cass.

爵床科 Acanthaceae

蛇根叶属* *Ophiorrhiziphyllon* Kurz

苦苣苔科 Gesneriaceae

扁蒴苣苔属 *Cathayanthe* Chun

唇萼苣苔属 *Trisepalum* C. B. Clarke

盾叶苣苔属* *Metapetrocosmea* W. T. Wang

方鼎苣苔属* *Paralagarosolen* Y. G. Wei

密序苣苔属 *Hemiboeopsis* W. T. Wang

十字苣苔属 *Stauranthera* Benth.

细蒴苣苔属 *Leptoboea* Benth.

圆唇苣苔属 *Gyrocheilos* W. T. Wang

圆果苣苔属 *Gyrogyne* W. T. Wang

兰科 Orchidaceae

长喙兰属 *Tsaiorchis* Tang & F. T. Wang

丹霞兰属 *Danxiaorchis* J. W. Zhai, F. W. Xing & Z. J. Liu

低药兰属 *Chamaeanthus* Schltr. ex J. J. Sm.

反唇兰属 *Smithorchis* Tang & F. T. Wang

虎舌兰属 *Epipogium* J. F. Gmel. ex Borkh.

金唇兰属 *Chrysoglossum* Blume

宽距兰属 *Yoania* Maxim.

锚柱兰属 *Didymoplexiella* Garay

密花兰属 *Diglyphosa* Blume

拟隔距兰属 *Cleisostomopsis* Seidenf.

拟锚柱兰属 *Didymoplexiopsis* Seidenf.

拟囊唇兰属 *Saccolabiopsis* J. J. Sm.

拟蜘蛛兰属 *Microtatorchis* Schltr.

全唇兰属 *Myrmechis* (Lindl.) Blume

绒兰属 *Dendrolirium* Blume

肉果兰属 *Cyrtosia* Blume

肉兰属 *Sarcophyton* Garay

肉药兰属 *Stereosandra* Blume

瘦房兰属 *Ischnogyne* Schltr.

双蕊兰属 *Diplandrorchis* S. C. Chen

天麻属 *Gastrodia* R. Br.

象鼻兰属 *Nothodoritis* Z. H. Tsi

宿唇兰属* *Chroniochilus* J. J. Sm.

盂兰属 *Lecanorchis* Blume

紫茎兰属 *Risleya* King & Pantl.

鳞毛蕨科 Dryopteridaceae

肉刺蕨属* *Nothoperanema* (Tagawa) Ching

列当科 Orobanchaceae

蔗寄生属* *Gleadovia* Gamble & Prain

滇钟草属* *Petitmenginia* Bonati

方茎草属* *Leptorhabdos* Schrenk ex Fisch. & C. A. Mey.

黄筒花属* *Phacellanthus* Siebold & Zucc.

假野菰属* *Christisonia* Gardner

脐草属* *Omphalotrix* Maxim.

五齿萼属* *Pseudobartsia* D. Y. Hong

野菰属* *Aeginetia* L.

直果草属* *Triphysaria* Fisch. & C. A. Mey.

龙胆科 Gentianaceae

杯药草属 *Cotylanthera* Blume

匙叶草属* *Latouchea* Franch.

腺鳞草属* *Anagallidium* Griseb.

萝藦科 Asclepiadaceae

白水藤属* *Pentastelma* Tsiang & P. T. Li

荟蔓藤属* *Cosmostigma* Wight

箭药藤属* *Belostemma* Wall. ex Wight

金凤藤属* *Dolichopetalum* Tsiang

马兰藤属* *Dischidanthus* Tsiang

勐腊藤属* *Goniostemma* Wight
乳突果属* *Adelostemma* Hook. f.
四川藤属* *Sichuania* M. G. Gilbert & P. T. Li
驼峰藤属* *Merrillanthus* Chun & Tsiang
须花藤属* *Genianthus* Hook. f.
折冠藤属* *Lygisma* Hook. f.

毛茛科 Ranunculaceae

毛茛莲花属* *Metanemone* W. T. Wang

帽蕊草科 Mitrastemonaceae

帽蕊草属 *Mitrastemon* Makino

母草科 Linderniaceae

三翅萼属 *Legazpia* Blanco

泡桐科 Paulowniaceae

美丽桐属 *Wightia* Wall.

漆树科 Anacardiaceae

单叶槟榔青属 *Haplospondias* Kosterm.
三叶漆属 *Searsia* F. A. Barkley
辛果漆属 *Drimycarpus* Hook. f.

茜草科 Rubiaceae

白香楠属 *Alleizettella* Pit.
报春茜属 *Leptomischus* Drake
大果茜属 *Fosbergia* Tirveng. & Sastre
假盖果草属 *Pseudopyxis* Miq.
乐土草属* *Leptunis* Steven
岭罗麦属* *Tarennoidea* Tirveng. & Sastre
木瓜榄属 *Ceriscoides* (Benth. & Hook. f.) Tirveng.
泡果茜草属* *Microphysa* Schrenk
微耳草属* *Oldenlandiopsis* Terrell & W. H. Lewis
溪楠属 *Keenania* Hook. f.
小牙草属 *Dentella* J. R. Forst. & G. Forst.
岩上珠属 *Clarkella* Hook. f.
越南茜属 *Rubovietnamia* Tirveng.

蔷薇科 Rosaceae

鲜卑花属* *Sibiraea* Maxim.

忍冬科 Caprifoliaceae

双六道木属 *Diabelia* Landrein

瑞香科 Thymelaeaceae

毛花瑞香属 *Eriosolena* Blume

伞形科 Apiaceae

艾叶芹属 *Zosima* Hoffm.
斑膜芹属 *Hyalolaena* Bunge
翅棱芹属 *Pterygopleurum* Kitag.
簇苞芹属 *Pleurospermopsis* C. Norman
簇花芹属 *Soranthus* Ledeb.
滇藏细叶芹属 *Chaerophyllopsis* H. Boissieu
空棱芹属 *Cenolophium* W. D. J. Koch
柳叶芹属 *Czernaevia* Turcz. ex Ledeb.
迷果芹属 *Sphallerocarpus* Besser ex DC.
球根阿魏属 *Schumannia* Kuntze
山芎属 *Conioselinum* Fisch. ex Hoffm.
石蛇床属 *Lithosciadium* Turcz.
栓翅芹属 *Prangos* Lindl.
西归芹属 *Seselopsis* Schischk.
狭腔芹属 *Stenocoelium* Ledeb.
伊犁芹属 *Talassia* Korovin
隐棱芹属 *Aphanopleura* Boiss.
羽苞芹属 *Oreocomopsis* Pimenov & Kljuykov
胀果芹属 *Phlojodicarpus* Turcz. ex Ledeb.

桑寄生科 Loranthaceae

大苞鞘花属 *Elytranthe* (Blume) Blume

蛇菰科 Balanophoraceae

盾片蛇菰属 *Rhopalocnemis* Jungh.
蛇菰属 *Balanophora* J. R. Forst. & G. Forst.

十字花科 Brassicaceae

半脊荠属 *Hemilophia* Franch.
长柄芥属 *Macropodium* R. Br. ex W. T. Aiton
臭荠属 *Coronopus* Zinn
革叶荠属 *Stroganowia* Kar. & Kir.
厚脉芥属* *Pachyneurum* Bunge
华羽芥属 *Sinosophiopsis* Al-Shehbaz
假簇芥属 *Pycnoplinthopsis* Jafri
假葶苈属 *Drabopsis* K. Koch
假香芥属 *Pseudoclausia* Popov
堇叶芥属 *Neomartinella* Pilg.
鳞蕊芥属 *Lepidostemon* Hook. f. & Thomson
蛇头荠属 *Dipoma* Franch.
穴丝荠属 *Coelonema* Maxim.
盐芥属 *Thellungiella* O. E. Schulz
异药芥属 *Atelanthera* Hook. f. & Thomson

石竹科 Caryophyllaceae

假卷耳属 *Pseudocerastium* C. Y. Wu, X. H. Guo & X. P. Zhang

水玉簪科 Burmanniaceae

腐草属 *Gymnosiphon* Blume

水玉杯属 *Thismia* Griff.

透骨草科 Phrymaceae

虾子草属* *Mimulicalyx* P. C. Tsoong

梧桐科 Sterculiaceae

梅蓝属* *Melhania* Forssk.

平当树属* *Paradombeya* Stapf

午时花属* *Pentapetes* L.

苋科 Amaranthaceae

苞藜属 *Baolia* H. W. Kung & G. L. Chu

节节木属 *Arthrophytum* Schrenk

巨苋藤属 *Stilbanthus* Hook. f.

棉藜属 *Kirilowia* Bunge

青花苋属 *Psilotrichopsis* C. C. Towns.

绒藜属 *Londesia* Fisch. & C. A. Mey.

砂苋属 *Allmania* R. Br. ex Wight

针叶苋属 *Trichuriella* Bennet

玄参科 Scrophulariaceae

石玄参属 *Nathaliella* B. Fedtsch.

苦槛蓝属 *Pentacoelium* Siebold & Zucc.

旋花科 Convolvulaceae

苞叶藤属 *Blinkworthia* Choisy

鸭跖草科 Commelinaceae

三瓣果属 *Tricarpelema* J. K. Morton

野牡丹科 Melastomataceae

长穗花属 *Styrophyton* S. Y. Hu

偏瓣花属 *Plagiopetalum* Rehder

罂粟科 Papaveraceae

黄药属* *Ichtyoselmis* Lidén & Fukuhara

疆罂粟属* *Roemeria* Medik.

远志科 Polygalaceae

鳞叶草属 *Epirixanthes* Blume

芸香科 Rutaceae

贡甲属 *Maclurodendron* T. G. Hartley

紫草科 Boraginaceae

翅果草属 *Rindera* Pall.

垫紫草属 *Chionocharis* I. M. Johnst.

腹脐草属 *Gastrocotyle* Bunge

颅果草属 *Craniospermum* Lehm.

盘果草属 *Mattiastrum* (Boiss.) Brand

异果鹤虱属 *Heterocaryum* A. DC.

长蕊斑种草属 *Antiotrema* Hand.-Mazz.

长蕊琉璃草属 *Solenanthus* Ledeb.

紫茉莉科 Nyctaginaceae

伞茉莉属 *Oxybaphus* L'Hér. ex Willd.

附录 3　中文名称中造字和生僻字读音

蕈 xùn 树科
藨 biāo 草属、茶藨 pāo 子科
蘋 pín 科、槐叶蘋 pín 科
酢 cù 浆草科
槲 hú 蕨属
蓧 tiáo 蕨科
绶 shòu 草属
胼 pián 胝 zhī 兰属
穇 cǎn 属
鬣 liè 刺属
擂鼓簕 lè 属
细莞 guān 属
刺子莞 guān 属
箣 sī 簩 láo 竹属
檵 jì 木属
马瓝 báo 儿属
赤瓟 báo 属（“瓟”为“瓝”的异体字）
脬 pāo 囊草属
蟛 péng 蜞 qí 菊属
苍术 zhú 属
橐 tuó 吾属
豨 xī 莶 xiān 属
肉苁 cōng 蓉属
莎 suō 草科
杉木，杉读 shā，其他情况读 shān，如铁杉、云杉
箣 cè 柊 zhōng 属、柊 zhōng 叶属
榼 kē 藤属
山靛 diàn 属
榅 wēn 桲 po 属
土圞 luán 儿属
山様 shē 子属
苎 zhù 麻属
桔 jié 梗属
柑橘 jú 属
越橘 jú 属（“桔”读 jú 时为“橘”的异体字）
蓍 shī 属
黄花棯 niān 属
丛菔 fú 属
菥 xī 蓂 mì 属
菘 sōng 蓝属
貉 hé 藻属
樫 jiān 木属
莛 tíng 菊属
蓍 shī 草属
莳 shí 萝属
藁 gǎo 本属
柔荑 tí 花序
荸 bí 艾属
阿 ā 福花科
荨 qián 麻 má 科
水蕹 wèng 科
菝 bá 葜 qiā 科
牻 máng 牛儿苗科
蛇菰 gū 科
黏 nián 木科
蒟 jǔ 蒻 ruò 科
柽 chēng 柳科
山菅 jiān 兰属
虉 yì 草属
桄 guāng 柳属
簕 lè 竹属
筱 xiǎo 竹属
莔 wǎng 草属
毛茛 gèn 科
蓼 liǎo 科

图片提供者名单

（按姓氏拼音排序）

安　昌	敖光魁	白重炎	白智林	蔡　磊	柴　勇	陈　彬	陈炳华	陈家瑞
陈敏愉	陈学达	陈又生	陈远山	陈志豪	成　斌	迟建才	从　睿	邓　涛
丁洪波	董仕勇	杜　巍	冯虎元	符　潮	高金伟	高龙霄	高信芬	顾余兴
郭连军	郭明裕	郭书普	郝朝运	何锦燕	胡美玲	胡喻华	华国军	黄　健
黄江华	黄青良	惠肇祥	吉占和	贾留坤	姜云传	蒋　蕾	蒋日红	金江群
金　宁	金文驰	康瑞华	康　宁	康瑞华	孔繁明	孔令锋	赖阳均	郎楷永
雷金睿	李　波	李策宏	李冠华	李光波	李洪文	李　敏	李　强	李西贝阳
李先源	李晓斌	李晓东	李　垚	梁珆硕	廖　廓	林广旋	林　建	林俊杰
林秦文	刘　昂	刘　冰	刘　博	刘方谱	刘凤清	刘桂清	刘金刚	刘　军
刘龙昌	刘　夙	刘　翔	刘新华	刘　演	刘　莹	刘永刚	刘宇峰	刘兆龙
刘忠义	刘宗才	卢　刚	罗柳青	罗毅波	吕志学	马　林	马炜梁	马欣堂
马政旭	毛礼米	毛伟青	聂廷秋	潘建斌	乔　娣	乔永明	秦位强	区崇烈
曲　上	施忠辉	石　明	石　硕	宋　鼎	苏　凡	苏丽飞	苏　涛	孙观灵
孙李光	孙学刚	谭运洪	汤　睿	田乾福	田　琴	王　栋	王峰祥	王　洪
王　晖	王　建	王军峰	王钧杰	王　雷	王黎明	王良珍	王明川	王　琦
王　强	王清隆	王　挺	王玉兵	王正元	韦宏金	卫　然	魏　毅	魏　泽
温　放	巫智敏	吴棣飞	吴　丰	吴明松	吴玉虎	武　晶	武丽琼	武　强
向春雷	邢艳兰	胥红林	徐　波	徐锦泉	徐克学	徐亚幸	徐晔春	徐永福
许为斌	薛　凯	薛自超	严岳鸿	阎丽春	阳　亿	杨冰洁	杨春江	杨虎彪
杨　拓	杨晓绒	杨晓洋	杨　雁	杨宗宗	姚天海	姚永飚	叶德平	叶建飞
叶喜阳	殷学波	尤水雄	由利修二	于俊林	余胜坤	喻勋林	袁彩霞	袁华炳
乐霁培	曾念开	曾秀丹	曾云保	张步云	张代贵	张宏伟	张华安	张建光
张金龙	张敬莉	张开文	张　凯	张　磊	张　玲	张翅楚	张寿洲	张思宇
张宪春	张亚洲	张中帅	赵芳玉	赵海宇	赵　宏	肇　谡	甄爱国	郑德柱
郑希龙	钟诗文	周洪义	周厚林	周华明	周　辉	周家宝	周建军	周立新
周欣欣	周　繇	朱国军	朱　弘	朱　强	朱仁斌	朱鑫鑫	朱正明	
Kirill Tkachenko		Maxim Nuraliev						

后　记

本书的主要目的是展示基于分子证据的中国维管植物目、科、属的演化和系统关系。为了使读者全面地了解中国维管植物在世界植物区系中的地位，我们在对科的系统位置和科间关系的论述中，将研究结果同国际上最新成果进行了比较。以被子植物为例，在目的介绍中，我们将“被子植物系统发育组”（the Angiosperm Phylogeny Group）系统，即 APG Ⅲ（2009）的分支图和本研究作出的分支图进行了比较。同时，对以分子数据为主结合形态学（广义）证据所作出的系统（APG Ⅲ，2009）同以形态学证据为主吸收分子数据作出的分类系统，如 Takhtajan（2009）系统进行了比较。20 世纪 90 年代兴起的利用分子数据研究生物类群的系统发育被称为 DNA 系统发育学（DNA phylogenetics），在被子植物研究中随着分子数据的增加，APG（1998，2003，2009，2016）系统四次修订，目、科的范畴从 40 目 462 科（APG，1998）、45 目 457 科（APG Ⅱ，2003）到 59 目 413 科（APG Ⅲ，2009），Reveal 和 Chase（2011）扩大到 68 目 414 科。俄罗斯著名植物系统学家 Armen Takhtajan 教授（1910 — 2010）在 1942 年发表了“一个初步的被子植物目的系统发育图”（*A preliminary phyletic diagram of the orders of angiosperms*），他根据不断发展的植物学各个学科的可以利用的证据，数次修订了他的分类系统，1966 年发表了“有花植物的系统和系统发育”（*A system and phylogeny of the flowering plants*）（俄文版），1969 年出版了“有花植物的起源和散布”（*Flowering plants: Origin and dispersal*，C. Jeffrey 译为英文），1980 年发表了“有花植物（木兰植物门）的分类纲要”（*Outline of the classification of flowering plants* (*Magnoliophyta*)，1987 年出版了俄文版“木兰植物门的系统”（*Systema Magnoliophytorum*），1997 年出版了英文版“有花植物的多样性和分类”（*Diversity and classification of flowering plants*），2009 年出版的英文版“有花植物”（*Flowering plants*）是他的最终版本。在这个系统中，Takhtajan 大量吸收了分子系统学所提供的证据，对他的系统做了全面的修订，将被子植物分为 12 亚纲 156 目 560 科（1997 年版本为 17 亚纲 231 目 592 科）。在论述科的系统位置和关系时，我们主要对 APG III（2009）和 Takhtajan（2009）这两个系统做了对比，对一些长期以来系统位置不定或意见分歧较多的类群也介绍了其他著名系统学家的观点，一方面可以看出分子系统学所作出的贡献，另一方面使读者了解分子数据同形态学证据结论的分异，以及若使两者相统一还需要研究的问题。

在以目为单位所显示的科间关系分支图比较中，本研究的分析结果，绝大多数同 APG Ⅲ系统的分支图一致或相近（本书成稿过程中 APG Ⅳ尚未发表），说明根据分子数据建立的系统的可重复性，也有一些不同的结果，在各个目的叙述中都做了说明。

通过对 APG Ⅲ (2009) 系统与 Takhtajan（2009）系统的比较发现，在 APG Ⅲ系统的 68 目中，有 22 目的范畴在两大系统是一致的：无油樟目 Amborellales 1 科，白樟目 Canellales 2 科，樟目 Laurales 7 科，金粟兰目 Chloranthales 1 科，无叶莲目 Petrosaviales 1 科，棕榈目 Arecales 1 科，鸭跖草目 Commelinales 5 科，姜目 Zingiberales 8 科，鼓槌草目 Dasypogonales 1 科，金鱼藻目 Ceratophyllales 1 科，清风藤目 Sabiales 1 科，昆栏树目 Trochodendrales 1 + 1 科 (Takhtajan 系统分为 2 科，下同），黄杨目 Buxales 1+1 科，五桠果目 Dilleniales 1 科，锁阳目 Cynomoriales 1 科，葡萄目 Vitales 1 科，卫矛目 Celastrales 3 科，牻牛儿苗目 Geraniales 3 科，桃金娘目 Myrtales 9 科，龙胆目 Gentianales 5 科，川续断目 Dipsacales 2 科，伞形目 Apiales 7 科。由于目的概念不同，APG 系统采取广义目而 Takhtajan 采取狭义目（细分），但作为自然类群有 22 目两个系统基本上是一致

的：木兰藤目 Austrobaileyales 3~4 科（=Takhtajan 分在 3 目，下同），胡椒目 Piperales 5 科 （在 2 目），木兰目 Magnoliales 6 科（在 4 目），泽泻目 Alismatales 13 科（在 5 目），露兜树目 Pandanales 5 科（在 5 目），百合目 Liliales 10 科（在 5 目），天门冬目 Asparagales 14 科（在 4 目），禾本目 Poales 16 科（在 6 目），毛茛目 Ranunculales 7~8 科（在 7 目），山龙眼目 Proteales 3 科（在 3 目），壳斗目 Fagales 7 科 （在 5 目），锦葵目 Malvales 10 科 （在 2 目），十字花目 Brassicales 20 科 （在 6 目），红珊瑚藤目 Berberidopsidales 2 科 （在 2 目），檀香目 Santalales 8 科 （在 2 目），石竹目 Caryophyllales 34 科（在 6 目），山茱萸目 Cornales 6 科（在 3 目），杜鹃花目 Ericales 22 科 （在 12 目），丝缨花目 Garryales 2 科 （在 2 目），唇形目 Lamiales 23 科 （在 2 目），冬青目 Aquifoliales 5 科 （在 2 目），菊目 Asterales 11 科 （在 5 目）。在两大系统中，科的归属分歧较大的有 12 目：睡莲目 Nymphaeales 3 科（Takhtajan 仍将独蕊草科 Hydatellaceae 归在单子叶的 26 目，下同），薯蓣目 Dioscoreales 3 科（归在单子叶的第 1、9、21 目），大叶草目 Gunnerales 2 科（归在双子叶的第 32、81 目），虎耳草目 Saxifragales 14 科（归在双子叶的第 29、31、33、34、66、81 目），蒺藜目 Zygophyllales 2 科（归在双子叶的第 98、100 目），豆目 Fabales 4 科（归在双子叶的第 84、88、89、94 目），蔷薇目 Rosales 9 科 （归在双子叶的第 76、84、105 目），葫芦目 Cucurbitales 8 科（归在双子叶的第 17、68、79、95、96 目），酢浆草目 Oxalidales 7 科（归在双子叶的第 67、78、80、90、101 目），金虎尾目 Malpighiales 36 科（归在双子叶的第 17、35、50、52、53、66、77、82、86、94、99、100、101 目），腺椒树目 Huerteales 4 科（归在双子叶的第 66、91 目），茄目 Solanales 5 科（归在双子叶的第 106、116、121 目）。

另外，APG 系统中有 6 目，在 Takhtajan 系统未设目而归于不同的目：如苦榄木目 Picramniales 归芸香目 Rutales，钩药茶目 Oncothecales 归山茶目 Theales，水螅花目 Metteniusales 归冬青目 Aquifoliales，黄漆姑目 Vahliales 归构骨黄目 Desfontainiales，南鼠刺目 Escalloniales 归构骨黄目 Desfontainiales。

APG 系统中，中国无分布的有 10 目：无油樟目 Amborellales（含 1 科）、白樟目 Canellales（2 科）、鼓槌草目 Dasypogonales （1 科）、大叶草目 Gunnerales （2 科）、苦榄木目（1 科）、红珊藤目 Berberidopsidales（2 科）、钩药茶目 Oncothecales （1 科）、水螅花目 Metteniusales （1 科）、黄漆姑目 Vahliales（1 科）和绒球花目 Bruniales（2 科）。

中国无分布的被子植物科 149（~150）科，属、种数及其分布见附录 1，它们在世界重要区系大区的科数是：南美大陆 44 科，澳大利亚、新西兰 40 科，非洲大陆 38 科，新几内亚、新喀里多尼亚 19 科，东南亚、南亚 19 科，中美、加勒比群岛（西印度群岛）18 科，马达加斯加 17 科，北美洲 7 科，西亚、中亚 7 科，欧洲 1 科。

根据上述分析，我们认为最值得进一步研究的目有：薯蓣目 Dioscoreales（含 3 科），虎耳草目（14 科），檀香目 Santalales，蔷薇目 Rosales（9 科），葫芦目 Cucurbitales（8 科），酢浆草目 Oxalidales（7 科），金虎尾目 Malpighiales（36 科）和缨子木目 Crossosomatales（7 科）；其次是大叶草目 Gunnerales（2 科），蒺藜目 Zygophyllales（2 科），腺椒树目 Huerteales（4 科）和茄目 Solanales（5 科）。最值得研究的科有茶茱萸科 Icacinaceae、蛇菰科 Balanophoraceae、龙脑香科 Dipterocarpaceae 和紫草科 Boraginaceae。

基于分子系统学的研究对于一些长期有争议的被子植物科系统位置的确定，如独蕊草科 Hydatellaceae、金粟兰科 Chloranthaceae、金鱼藻科 Ceratophyllaceae 等，结合目前发现的最早的被子植物化石如古果科 Archaefructaceae，金粟兰科的花粉、雌花、雄花化石，我们认为：水生植物在被子植物的演化早期就已分化，不都是从陆生植物演化而来的；被子植物中的简单花及单性花也是在被子植物起源的早期就分化出来了；简单花不都是从复杂花简化的；单性花也不都是从两性花退化来的。这些事实对长期以来人们普遍接受的“真花学派”的观点提出质疑，因此在我们的研究中还必须结合具体类群注意演化形态学的研究和分析。

长期以来在分类学中对于物种的概念和划分有两个学派，即归并派（lumper）和割裂派（splitter），即人们通常说的“大种概念”和“小种概念”。这在高级分类群的划分上同样是存在的。综观全局，“属”这一分类等级一般相对稳定，而“科”“目”的划分分歧较大。特别是自 20 世纪 60 年代分支分类学（cladistics）建立以来，人们都追求单系群（monophyletic group）的建立，以单系作为划分科、目的指导思想，但单系（monophyly）和多系（polyphyly）的概念，演化系统学家和分支系统学家的解释是不同的［参见汤彦承和路安民（2003）及吴征镒等（2003）］。在具体的研究中，存在着大量的并系群（paraphyletic group），一方面由于取材的局限性，特别是对世界性类群的研究，还不可能取得研究类群所有物种的材料，另一方面在大量的古老类群中因物种灭绝而造成形态性状的间断。按照进化系统学家的观点，“并系群”也是自然类群。在本书中我们对属、科、目的划分做了一些评论，作为一家之言，供读者参考。

徐克学研究员于 1995 年建立了“中国植物图像库”并培养生物信息化管理队伍，2008 年李敏工程师负责该图像库，建立了植物图像增加与共享的机制和平台。我们在本书中为绝大部分属选配了彩色照片，这一方面得益于中国植物图像库的大力支持，另一方面得益于我们研究组的刘冰、叶建飞、赖阳均、梁玢硕等诸位博士多年的野外工作积累的丰富照片。刘冰和叶建飞负责图片的选定、中文名称的标准化、拉丁名拼写及命名人缩写标准的校正。

本书试图利用分子数据获得中国维管植物属起源、分化的次序和系统发育关系，通过与根据形态学证据得到的系统关系的比较，进一步理解各个类群或门类的检索特征和关键创新；同时，我们希望为各属选配彩色图片，个别属选配线条图，尽可能地展示每个属的鉴别特征，使得本书不仅能呈现中国维管植物的进化历史，而且可以作为工具书帮助读者在野外按图认识植物。但由于数据和图片所限，我们或许不能完全达到这些目的，因此恳请国内同行指教和批评指正。

感谢国内同行共享实验材料，使得我们能对百分之九十以上的中国维管植物属进行了分子取样，对于目前尚未取样的 200 余属我们提供了名录（附录 2），方便同行开展研究，这些属，连同那些属下关系尚不清晰，特别是非单系的属是将来研究的重点。如果本书能为国内同行研究中国维管植物起源、分类和系统关系提供一些线索和帮助，那么我们将感到满足和欣慰。同时，我们提供了中文名称中造字和生僻字读音表，读音由我们研究组的刘冰博士和中国科学院上海辰山植物园的刘夙博士考证。敬请各位批评指正。

路安民　陈之端

2019 年 9 月于北京香山